S. G. MICHLIN

PARTIELLE DIFFERENTIALGLEICHUNGEN IN DER MATHEMATISCHEN PHYSIK

MATHEMATISCHE LEHRBÜCHER UND MONOGRAPHIEN

HERAUSGEGEBEN VON DER
AKADEMIE DER WISSENSCHAFTEN DER DDR
ZENTRALINSTITUT FÜR MATHEMATIK UND MECHANIK

I. ABTEILUNG
MATHEMATISCHE LEHRBÜCHER

BAND 30

PARTIELLE DIFFERENTIALGLEICHUNGEN IN DER MATHEMATISCHEN PHYSIK

VON

S. G. MICHLIN

AKADEMIE-VERLAG · BERLIN
1978

S. G. MICHLIN

PARTIELLE DIFFERENTIALGLEICHUNGEN IN DER MATHEMATISCHEN PHYSIK

In deutscher Sprache herausgegeben von

Prof. Dr. rer. nat. habil. S. PRÖSSDORF

Mit 56 Abbildungen

AKADEMIE-VERLAG · BERLIN

1978

Diese Erstveröffentlichung erfolgt in Zusammenarbeit mit dem Autor in deutscher Sprache

Deutsche Übersetzung: Dr. sc. BERND SILBERMANN, Karl-Marx-Stadt

Erschienen im Akademie-Verlag, 108 Berlin, Leipziger Straße 3 – 4

Lizenznummer: 202 · 100/428/78
Gesamtherstellung: VEB Druckerei „Thomas Müntzer", 582 Bad Langensalza
Bestellnummer: 762 372 3 (6311) · LSV 1064
Printed in GDR
DDR 68,– M

VORWORT

Das vorliegende Buch stellt eine Erweiterung von Vorlesungen dar, die der Verfasser im Laufe der letzten Jahre vor Mathematikstudenten der Leningrader Universität gehalten hat.

Der Verfasser ist der grundsätzlichen Auffassung, daß ein Lehrgang über partielle Differentialgleichungen einerseits eng mit den klassischen Gleichungen und Problemen der mathematischen Physik verknüpft sein soll, andererseits aber die Ideen und Methoden der Funktionalanalysis in ihm breit genutzt werden müssen. Inhalt und Aufbau dieses Buches (so scheint es zumindest dem Verfasser) entsprechen dieser Auffassung. Im besonderen erfolgt die Darlegung für Gleichungen mit einer beliebigen Anzahl von Variablen, hauptsächlicher Gegenstand der Untersuchungen sind jedoch die drei klassischen Typen von Gleichungen der mathematischen Physik: die elliptischen, parabolischen und hyperbolischen Gleichungen; dabei werden die wichtigsten Vertreter dieser Gleichungstypen — die LAPLACE-Gleichung, die Wärmeleitungsgleichung und die Wellengleichung — am stärksten berücksichtigt.

Das Buch besteht aus einer kleinen Einführung und vier Teilen unterschiedlichen Umfanges. In der Einführung werden die Aufgaben des Buches formuliert und einige Hinweise über die im Buch gebräuchlichen Begriffe, Bezeichnungen usw. gegeben. Der aus acht Kapiteln bestehende Teil I „Ergänzende Fragen der Analysis" enthält den notwendigen Apparat der Theorie partieller Differentialgleichungen: Parameterintegrale (Kap. 1); Mittelfunktionen, verallgemeinerte Ableitungen, SOBOLEWsche Räume (Kap. 2—4); die Variationsmethode für positiv-definite Probleme (Kap. 5—6); Elemente der Theorie singulärer Integrale und singulärer Integralgleichungen (Kap. 7—8).

Der Teil II „Allgemeines über partielle Differentialgleichungen" enthält die Kapitel 9 bis 11. Im Kapitel 9 erfolgt die Klassifizierung der partiellen Differentialgleichungen zweiter Ordnung nach Typen, werden Randwertprobleme und das CAUCHYsche Problem formuliert, wird der Begriff der Korrektheit des Problems eingeführt. Im Kap. 10 werden die Charakteristiken und mit ihnen verknüpfte Fragen untersucht sowie die GREENschen Formeln aufgestellt. Im Kap. 11 wird der Begriff der verallgemeinerten Lösung einer Differentialgleichung eingeführt, werden Elemente der Theorie verallgemeinerter Funktionen dargestellt und die singulären Lösungen der drei wichtigsten Gleichungen der mathematischen Physik — der LAPLACE-Gleichung, der Wärmeleitungsgleichung und der Wellengleichung — ermittelt.

Der dem Umfang nach größte Teil III ist den elliptischen Differentialgleichungen gewidmet. Hier bricht der Verfasser mit Traditionen, nach denen es üblich war, das Studium mit den hyperbolischen Gleichungen zu beginnen. Der Grund ist darin zu suchen, daß man parabolische und hyperbolische Differentialgleichungen (zumindest lokal) als abstrakte gewöhnliche Differentialgleichungen bezüglich der Zeit betrachten kann, die die unbekannte Funktion außerdem unter dem Symbol eines elliptischen Operators enthalten. Daraus leitet der Verfasser ab, daß es günstiger ist, das Studium mit den elliptischen Gleichungen zu beginnen. Teil III zerfällt faktisch in zwei Abschnitte: In den Kap. 12–18 wird die LAPLACE-Gleichung, in den Kap. 19–21 werden allgemeine elliptische Differentialgleichungen studiert.

Wir wenden uns nunmehr ausführlicher dem Inhalt des Teils III zu. Im Kap. 12 werden die wichtigsten Eigenschaften harmonischer Funktionen studiert, wird der Potentialbegriff eingeführt und werden die Eigenschaften des Volumenpotentials untersucht; die Ergebnisse des Teils I ermöglichen, letztere Untersuchungen mit der notwendigen Vollständigkeit durchzuführen.

Im Kap. 13 werden das DIRICHLETsche und das NEUMANNsche Problem formuliert, und es werden die entsprechenden Unitätssätze bewiesen. Ferner werden die POISSONschen Formeln für das Innen- und Außengebiet der Kugel sowie eine Reihe von Folgerungen aus diesen Formeln hergeleitet.

Das Kap. 14 ist der Theorie der Kugelfunktionen in Räumen beliebiger Dimension gewidmet. Es wird der Zusammenhang zwischen den Kugelfunktionen und den LEGENDREschen und TSCHEBYSCHEFFschen Polynomen hergestellt. Es werden die wichtigsten Eigenschaften der Kugelfunktionen ermittelt, ihre Vollständigkeit in verschiedenen Metriken wird bewiesen und die Abhängigkeit der Konvergenzgeschwindigkeit der Entwicklung nach Kugelfunktionen von den Differentialeigenschaften der zu entwickelnden Funktion geklärt.

Im Kap. 15 werden einige einfache Fälle betrachtet, in denen sich das DIRICHLETsche und NEUMANNsche Problem elementar lösen lassen.

Im Kap. 16 sind die wichtigsten Elemente der Potentialtheorie dargelegt, im Kap. 17 werden die Integralgleichungen hergeleitet und studiert, in die mittels der Potentialtheorie das DIRICHLETsche und NEUMANNsche Problem überführt werden. Es wird die Integralgleichung aufgestellt, die das DIRICHLETsche Problem für das Außengebiet vollständig löst. Ferner wird eine Reihe von Spezialfällen untersucht.

Das Kap. 18 ist der Lösung und der Untersuchung des Problems der Richtungsableitung in der zweidimensionalen Ebene mittels singulärer Integralgleichungen gewidmet; der Fall einer größeren Anzahl von Variablen wird kurz gestreift.

Im Kap. 19 wird die Konstruktion schwacher Lösungen des DIRICHLETschen und NEUMANNschen Problems für eine beliebige selbstadjungierte nicht ausgeartete elliptische Differentialgleichung zweiter Ordnung angegeben, für die diese Probleme positiv-definit sind. Außerdem werden Gleichungen höherer Ordnung und Gleichungssysteme betrachtet. Auf der Grundlage der Theorie verallgemeinerter Funktionen wird die GREENsche Funktion untersucht. Im Kap. 20 wird das Spektrum des DIRICHLETschen und NEUMANNschen Problems studiert; die erhaltenen Resultate werden zur Konstruktion der Lösung dieser Probleme im Falle einer nicht selbstadjungierten Gleichung zweiter Ordnung benutzt.

Im Kap. 21 wird bewiesen, daß die schwachen Lösungen des Kap. 19 unter hinreichend allgemeinen Bedingungen auch starke Lösungen sind.

Teil IV (Kap. 22–28) ist den nicht stationären Gleichungen gewidmet. Hauptsächlicher Untersuchungsgegenstand sind die Wärmeleitungs- und die Wellengleichung. Die allgemeinen Eigenschaften dieser Gleichungen und ihrer Lösungen werden in den Kap. 22 und 23 studiert. Im Kap. 24 wird für diese Gleichungen mittels der FOURIERschen Methode die gemischte Aufgabe gelöst; die Begründung der erhaltenen Lösung wird ausführlich durchgeführt.

Das CAUCHYsche Problem wird im Kap. 25 für die Wärmeleitungsgleichung, im Kap. 26 für die Wellengleichung gelöst und studiert. In beiden Fällen wird die Lösung auf zwei Wegen erhalten: mittels der FOURIER-Transformation und mittels der singulären Lösung. Im Kap. 27 wird die Potentialtheorie für nicht stationäre Gleichungen entwickelt; mit ihrer Hilfe wird die gemischte Aufgabe mit inhomogenen Randbedingungen gelöst. Im schwierigeren Fall der Wellengleichung beschränken wir uns auf das Problem für den Halbraum; im Falle der Wärmeleitungsgleichung gelingt es, die Lösung für ziemlich allgemeine Ränder zu erhalten. Im Kap. 28 wird schließlich die Eindeutigkeit und Existenz der Lösung des CAUCHYschen Problems für die Wellengleichung mit variablen Koeffizienten, die nur von den Koordinaten abhängen, bewiesen; es wird darauf verwiesen, daß diese Methode auch auf die Wärmeleitungsgleichung anwendbar ist.

Bei der Erstellung des vorliegenden Buches hat der Verfasser teilweise sein vorangegangenes Buch „Lehrgang der mathematischen Physik" („Nauka", Moskau 1968)[1] benutzt.

Der Autor dankt Herrn Prof. V. G. MAZJA für die wesentliche Hilfe bei der Darlegung der Einbettungssätze für den Grenzexponenten (§§ 7, 8, Kap. 4).

Leningrad, Juni 1976 S. MICHLIN

---

[1]) Deutsche Übersetzung: Akademie-Verlag, Berlin 1972.

INHALTSVERZEICHNIS

TEIL II

ALLGEMEINES ÜBER PARTIELLE DIFFERENTIALGLEICHUNGEN

TEIL III

GLEICHUNGEN VOM ELLIPTISCHEN TYP

EINFÜHRUNG

§ 1. Der Gegenstand des Lehrganges

Die Theorie der partiellen Differentialgleichungen entwickelte sich über lange Zeiträume hinweg vornehmlich als Theorie von Gleichungen der mathematischen Physik, die ein Teil der allgemeinen Theorie der partiellen Differentialgleichungen ist. Obwohl in den letzten Jahrzehnten große Erfolge bei der Entwicklung einer allgemeinen Theorie erreicht wurden, nimmt die mathematische Physik bis heute in dieser Theorie einen außerordentlich wichtigen Platz ein. Das vorliegende Buch ist hauptsächlich Fragen gewidmet, die den Problemen der mathematischen Physik näher stehen. Die Bezeichnung „mathematische Physik" selbst weist darauf hin, daß dieser Teil der Theorie der Differentialgleichungen aus der Betrachtung einiger einfacher und wichtiger physikalischer Probleme entstanden ist. Wir wollen einige von ihnen nennen.

1. Die Wellengleichung. Wir nehmen an, daß die Ruhelage einer Saite mit der x-Achse übereinstimmt und die Schwingung derselben in der vertikalen Ebene erfolgt. Auf Grund irgendwelcher Ursachen sei die Saite aus dem Gleichgewichtszustand gebracht worden. Eine solche Ursache kann z. B. ein auf die Saite erfolgter Stoß sein. Dabei ändert die Saite ihre ursprüngliche Form; jeder Punkt der Saite erfährt einen gewissen Ausschlag. Der Einfachheit halber wollen wir annehmen,

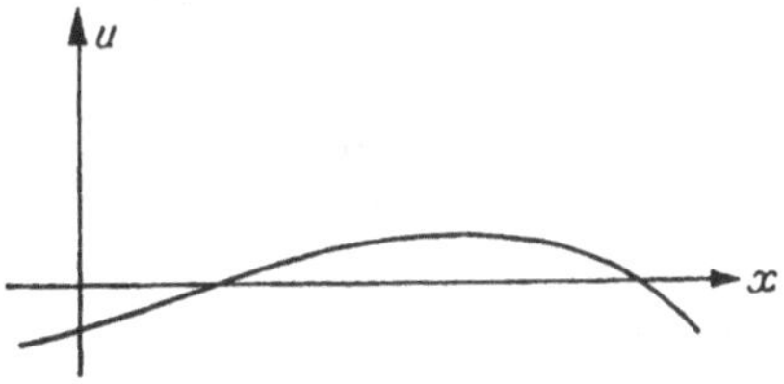

Abb. 1

daß der Ausschlag senkrecht zur x-Achse und ständig in ein und derselben x, u-Ebene erfolgt (s. Abb. 1). Die Ordinate u liefert dann die Abweichung der Saite von der Ruhelage. Offensichtlich ist u eine Funktion zweier Veränderlicher — des Punktes x und der Zeit t: $u = u(x, t)$. Wir setzen voraus, daß die Saite homogen ist, einen konstanten Querschnitt besitzt und daß zur Zeit $t > 0$ auf die Saite keinerlei äußere Kräfte einwirken; außerdem soll die Saite nicht dehnbar sein und keinen Widerstand gegen Biegung besitzen. Dann kann man zeigen, daß die Funktion u der linearen partiellen Differentialgleichung

$$\frac{\partial^2 u}{\partial x^2} = \frac{1}{a^2}\frac{\partial^2 u}{\partial t^2} \tag{1}$$

genügt.

Dabei bedeutet a eine von den physikalischen Eigenschaften der Saite abhängige konstante Größe.

Gleichung (1) beschreibt die tatsächlichen Vorgänge genähert und ist nur im Falle kleiner Ausschläge der Saite anwendbar. Sie heißt *Wellengleichung mit zwei unabhängigen Veränderlichen* oder *Saitenschwingungsgleichung*.

Schwierige physikalische Probleme führen auf Differentialgleichungen, die mit Gleichung (1) eine gewisse Ähnlichkeit besitzen, aber von komplizierterer Gestalt sind.

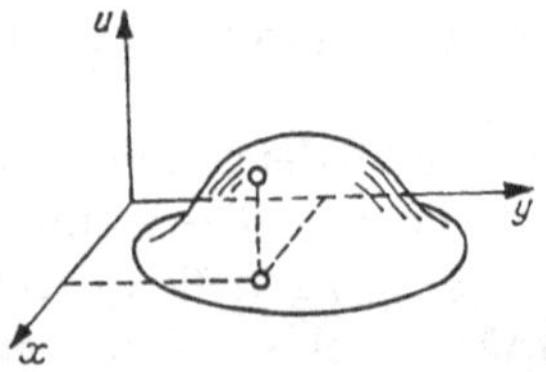

Abb. 1a

So werden die Transversalschwingungen einer dünnen Membran, welche in der Ruhelage ein Gebiet der x, y-Ebene einnimmt (s. Abb. 1a), unter entsprechenden Voraussetzungen durch folgende partielle Differentialgleichung zweiter Ordnung beschrieben:

$$\frac{\partial^2 u}{\partial x^2} + \frac{\partial^2 u}{\partial y^2} = \frac{1}{a^2}\frac{\partial^2 u}{\partial t^2}, \qquad a = \text{const.} \tag{2}$$

Gleichung (2) heißt *Wellengleichung mit drei unabhängigen Veränderlichen* oder *Membranschwingungsgleichung*. Ähnlich wie die Saitenschwingungsgleichung beschreibt auch Gleichung (2) nur kleine Schwingungen der Membran.

Die *Wellengleichung mit vier unabhängigen Veränderlichen* hat die Gestalt

$$\frac{\partial^2 u}{\partial x^2} + \frac{\partial^2 u}{\partial y^2} + \frac{\partial^2 u}{\partial z^2} = \frac{1}{a^2}\frac{\partial^2 u}{\partial t^2}. \tag{3}$$

Diese Gleichung bestimmt z. B. das Geschwindigkeitsfeld eines schwingenden Gases, wenn man voraussetzt, daß die Geschwindigkeiten der Gasteilchen klein sind und außerdem ein Potential besitzen; letzeres bedeutet, daß eine Funktion u existiert derart, daß für den Geschwindigkeitsvektor v eines Gasteilchens die Beziehung $v = \operatorname{grad} u$ gilt.

2. Die Wärmeleitungsgleichung. Wir betrachten einen homogenen festen Körper und stellen uns vor, daß ein gewisser Teil seiner Oberfläche erhitzt wird. Dann entsteht in diesem Körper ein Temperaturfeld, wobei die Temperatur im Körper offensichtlich von Punkt zu Punkt verschieden ist und sich außerdem noch mit der Zeit ändert. Folglich ist die Temperatur u eine Funktion der unabhängigen Veränderlichen x, y, z, t:

$$u = u(x, y, z, t).$$

Man kann nun beweisen, daß diese Funktion eine partielle Differentialgleichung der Form

$$\frac{\partial^2 u}{\partial x^2} + \frac{\partial^2 u}{\partial y^2} + \frac{\partial^2 u}{\partial z^2} = k\frac{\partial u}{\partial t}, \qquad k = \text{const}, \tag{4}$$

erfüllt.

Der durch den Ausdruck

$$\frac{\partial^2 u}{\partial x^2} + \frac{\partial^2 u}{\partial y^2} + \frac{\partial^2 u}{\partial z^2}$$

definierte Operator heißt gewöhnlich LAPLACE-*Operator* und wird mit dem Symbol Δ bezeichnet:

$$\Delta u = \frac{\partial^2 u}{\partial x^2} + \frac{\partial^2 u}{\partial y^2} + \frac{\partial^2 u}{\partial z^2}.$$

Gleichung (4) läßt sich somit auch in der Form

$$\Delta u = k \frac{\partial u}{\partial t} \tag{4'}$$

schreiben:

Gleichung (4) [oder (4')] heißt *Wärmeleitungsgleichung*. Sie ist eine lineare partielle Differentialgleichung zweiter Ordnung. Diese Gleichung war bereits EULER bekannt, sie wird aber häufiger mit dem Namen FOURIER in Zusammenhang gebracht.

3. Die Laplace-Gleichung. Betrachtet man den stationären Wärmeleitungsprozeß, dann ist u eine Funktion der Ortskoordinaten und von der Zeit unabhängig:

$$u = u(x, y, z).$$

Gleichung (4) nimmt jetzt folgende Gestalt an:

$$\frac{\partial^2 u}{\partial x^2} + \frac{\partial^2 u}{\partial y^2} + \frac{\partial^2 u}{\partial z^2} = 0 \tag{5}$$

oder

$$\Delta u = 0. \tag{5'}$$

Gleichung (5) [oder (5')] heißt LAPLACE-*Gleichung*; sie stellt eine lineare partielle Differentialgleichung zweiter Ordnung dar.

In den oben behandelten Beispielen wurden wir immer auf eine lineare partielle Differentialgleichung zweiter Ordnung geführt. Mit diesen Gleichungen sind allerdings die Anwendungen der mathematischen Physik keineswegs erschöpft.

Für die Anwendungen in der Physik sind viele lineare Differentialgleichungen höherer Ordnung von Interesse. Nicht selten führen Aufgaben aus der Geometrie und der Physik auf nichtlineare partielle Differentialgleichungen sowie auch auf Systeme von Differentialgleichungen (s. unten).

Die oben genannten Differentialgleichungen — die Wellen-, die Wärmeleitungs- und die LAPLACE-Gleichung — entsprechen verschiedenen physikalischen Problemen, sie sind aber auch aus mathematischer Sicht verschieden. Sie sind nämlich Vertreter der drei wichtigsten Typen von partiellen Differentialgleichungen: des *hyperbolischen*, des *parabolischen* und des *elliptischen Typs*. Man muß jedoch betonen, daß mit diesen drei Typen die Mannigfaltigkeit der partiellen Differentialgleichungen nicht erschöpft ist.

Über weitere Typen partieller Differentialgleichungen wird später, im Kap. 9, noch kurz einiges ausgeführt werden.

In den oben angeführten Beispielen (1)—(5) überstieg die Zahl der unabhängigen Variablen, in Übereinstimmung mit dem physikalischen Sinn des Problems, nicht die Zahl vier; im weiteren werden wir partielle Differentialgleichungen mit einer beliebigen Anzahl von unabhängigen Variablen studieren.

Wir nennen noch einige weitere Beispiele von partiellen Differentialgleichungen und von Systemen solcher Gleichungen.

4. Die biharmonische Gleichung

$$\Delta^2 u = \Delta(\Delta u) = f(x) . \tag{6}$$

Für Anwendungen (z. B. in der Elastizitätstheorie) ist die biharmonische Gleichung mit zwei unabhängigen Variablen besonders wichtig; ausführlich geschrieben nimmt sie die Gestalt

$$\frac{\partial^4 u}{\partial x^4} + 2\frac{\partial^4 u}{\partial x^2\,\partial y^2} + \frac{\partial^4 u}{\partial y^4} = f(x, y)$$

an. Eine bestimmte Rolle spielt in den Anwendungen auch die allgemeinere *polyharmonische Gleichung*

$$\Delta^n u = \underbrace{\Delta\Delta \ldots \Delta u}_{n \text{ mal}} = f(x) . \tag{7}$$

5. Die Schwingungsgleichung eines homogenen isotropen und elastischen Körpers (im dreidimensionalen Fall) hat die Gestalt

$$\varrho\frac{\partial^2 u}{\partial t^2} = \mu\,\Delta u + (\lambda + \mu)\operatorname{grad}\operatorname{div} u + f(x, t) . \tag{8}$$

Hierbei sind u der Vektor der elastischen Verschiebungen, f der Vektor der Volumenkräfte, ϱ die Dichte des elastischen Mediums, λ und μ die LAMEschen Konstanten. Wenn durch u_j und f_j, $j = 1, 2, 3$, entsprechend die Komponenten der Vektoren u und f bezeichnet werden und mit x_1, x_2, x_3 die cartesischen Koordinaten des Punktes x, so kann man die Gleichung (8) als ein System von drei skalaren Gleichungen

$$\varrho\frac{\partial^2 u_j}{\partial t^2} = \mu\,\Delta u_j + (\lambda + \mu)\frac{\partial\Theta}{\partial x_j} + f_j(x, t) , \qquad j = 1, 2, 3,$$

schreiben; hierbei wurde

$$\Theta = \operatorname{div} u = \frac{\partial u_1}{\partial x_1} + \frac{\partial u_2}{\partial x_2} + \frac{\partial u_3}{\partial x_3}$$

gesetzt. Wenn u nicht von t abhängt, so erhält man die *vektorielle Gleichung der statischen Elastizitätstheorie*

$$\mu\,\Delta u + (\lambda + \mu)\operatorname{grad}\operatorname{div} u + f(x) = 0 , \tag{9}$$

die dem System der drei skalaren Gleichungen

$$\mu\,\Delta u_j + (\lambda + \mu)\frac{\partial\Theta}{\partial x_j} + f_j(x) = 0 , \qquad j = 1, 2, 3,$$

äquivalent ist.

Alle oben aufgezählten Gleichungen und Systeme sind linear. Wir führen noch einige Beispiele von nichtlinearen Gleichungen und von Systemen solcher Gleichungen an.

6. Die Gleichung der minimalen Oberfläche

$$\left[1 + \left(\frac{\partial u}{\partial y}\right)^2\right]\frac{\partial^2 u}{\partial x^2} - 2\frac{\partial u}{\partial x}\frac{\partial u}{\partial y}\frac{\partial^2 u}{\partial x\,\partial y} + \left[1 + \left(\frac{\partial u}{\partial x}\right)^2\right]\frac{\partial^2 u}{\partial y^2} = 0 , \tag{10}$$

wobei u die dritte Koordinate des Oberflächenpunktes mit der Abszisse x und der Ordinate y ist.

Die nichtlineare Gleichung (10) ist linear bezüglich ihrer höchsten Ableitungen. Derartige Gleichungen werden *quasilinear* genannt.

7. Die Navier-Stokesschen Gleichungen

$$\frac{\partial v}{\partial t} - \nu\, \Delta v + \sum_{k=1}^{3} v_k \frac{\partial v}{\partial x_k} + \frac{1}{\varrho} \operatorname{grad} p = f(x, t)\,, \qquad \frac{\partial \varrho}{\partial t} + \operatorname{div}(\varrho \cdot v) = 0 \tag{11}$$

beschreiben die Bewegung einer Flüssigkeit oder eines Gases. Hierbei ist v der Geschwindigkeitsvektor eines Flüssigkeitsteilchens, das sich zum Zeitpunkt t im Punkt $x = (x_1, x_2, x_3)$ befindet. v_1, v_2, v_3 sind die Komponenten des Vektors v; p bezeichnet den Druck und ϱ die Dichte der Flüssigkeit; ν stellt den Zähigkeitskoeffizienten dar, und f ist der Vektor der Massenkräfte, die auf die Flüssigkeit wirken. Die Navier-Stokesschen Gleichungen sind quasilinear.

8. Die Gleichungen des ebenen Problems der idealen Plastizitätstheorie:

$$\frac{\partial \sigma_{xx}}{\partial x} + \frac{\partial \sigma_{xy}}{\partial y} = 0\,, \qquad \frac{\partial \sigma_{xy}}{\partial x} + \frac{\partial \sigma_{yy}}{\partial y} = 0\,, \qquad (\sigma_{yy} - \sigma_{xx})^2 + 4\sigma_{xy}^2 = 4K^2\,. \tag{12}$$

Hierbei sind $\sigma_{xx}, \sigma_{xy}, \sigma_{yy}$ die Komponenten des Spannungstensors und K eine Konstante.

Das System (12) wird auf ein quasilineares System zweier Gleichungen zurückgeführt, wenn neue unbekannte Funktionen durch die Formeln

$$\sigma_{xx} = K(\sigma - \cos\varphi)\,, \qquad \sigma_{yy} = K(\sigma + \cos\varphi)\,, \qquad \sigma_{xy} = K \sin\varphi$$

erklärt werden. Die dritte Gleichung aus (12) geht dann in eine Identität über, die ersten beiden nehmen die Gestalt

$$\frac{\partial \sigma}{\partial x} + \sin\varphi \frac{\partial \varphi}{\partial x} + \cos\varphi \frac{\partial \varphi}{\partial y} = 0\,, \qquad \frac{\partial \sigma}{\partial y} + \cos\varphi \frac{\partial \varphi}{\partial x} - \sin\varphi \frac{\partial \varphi}{\partial y} = 0 \tag{13}$$

an.

9. Die Monge-Ampèresche Gleichung

$$\frac{\partial^2 u}{\partial x^2} \frac{\partial^2 u}{\partial y^2} - \left(\frac{\partial^2 u}{\partial x\, \partial y} \right)^2 = f(x, y) \tag{14}$$

kann als Beispiel einer nichtlinearen Gleichung, die nicht quasilinear ist, dienen, die von großer Bedeutung für viele Fragen der Geometrie ist.

§ 2. Einige Definitionen und Bezeichnungen

Der m-dimensionale euklidische Raum wird mit dem Symbol E_m bezeichnet. Ist z. B. ein Punkt dieses Raumes mit dem Buchstaben x bezeichnet worden, dann bezeichnen wir die cartesischen Koordinaten dieses Punktes mit $x_1, x_2, \ldots, x_m$.

Wiederholt wird über Teilmengen des Raumes E_m verschiedener Dimensionen, am häufigsten über ein Gebiet oder über eine $(m - 1)$-dimensionale Fläche, zu integrieren sein. Eine solche Integration bezeichnen wir, unabhängig von der Vielfachheit des Integrals, stets nur mit einem Integralzeichen. Wenn die Integrationsvariable z. B.

mit dem Buchstaben x bezeichnet wird, dann kennzeichnen wir das LEBESGUEsche Maßelement im Raum E_m (das sog. „Volumenelement") mit dx. Das Maßelement auf einer Fläche (das sog. „Element des Flächeninhaltes") bezeichnen wir mit dS, $d\Gamma$ usw., wenn mit S, Γ usw. die entsprechende Fläche bezeichnet wird. Wenn M eine Punktmenge im Raum E_m bedeutet, dann bezeichnen wir mit $\overline{M}$ die Abschließung dieser Menge. Ist insbesondere Ω ein gewisses Gebiet im Raum E_m und Γ dessen Rand, dann gilt $\overline{\Omega} = \Omega \cup \Gamma$.

Im weiteren verwenden wir häufig die folgende Symbolik: Wenn ein Gebiet mit dem Buchstaben Ω bezeichnet wird, dann kennzeichnen wir mit $|\Omega|$ das Volumen dieses Gebietes. Analog bezeichnen wir mit $|\Gamma|$ den Flächeninhalt der Fläche Γ. Die Oberfläche der Kugel vom Radius R im Raum E_m wird mit S_R bezeichnet.

Den Rand einer Punktmenge G werden wir des öfteren mit ∂G bezeichnen. Wenn somit Ω ein Gebiet ist, gilt für das abgeschlossene Gebiet $\overline{\Omega} = \Omega \cup \partial\Omega$.

Im vorliegenden Buch werden ausschließlich (auch wenn dies nicht besonders betont wird) Gebiete mit stückweise glatten Rändern betrachtet.

Abstand $\varrho(x, G)$ des Punktes $x \in E_m$ zur Menge $G \subset E_m$ wird das Infimum der Abstände des Punktes x zu den Punkten der Menge G genannt.

Grenzstreifen des Gebietes Ω wird die Gesamtheit aller Punkte dieses Gebietes genannt, deren Abstand zum Rand $\partial\Omega$ dieses Gebietes eine gegebene Konstante δ, die sogenannte *Breite* des Streifens, nicht übersteigt. Den Grenzstreifen des Gebietes Ω mit der Breite δ werden wir mit Ω_δ bezeichnen. Überall wird im vorliegenden Buch vorausgesetzt, daß das Gebiet Ω folgende Eigenschaft aufweist:

$$\lim_{\delta \to 0} |\Omega_\delta| = 0 .$$

Wenn Ω und Ω' Gebiete sind und $\Omega' \subset \Omega$, so heißt Ω' *Teilgebiet* von Ω. Das Teilgebiet Ω' heißt *inneres Teilgebiet*, wenn $\overline{\Omega'} \subset \Omega$. Offenbar ist $\Omega \setminus \overline{\Omega}_\delta$ ein inneres Teilgebiet von Ω; andererseits kann man für jedes innere Teilgebiet Ω' eine Zahl δ derart finden, daß $\Omega' \subset \Omega \setminus \overline{\Omega}_\delta$.

Wenn Ω ein Gebiet und $K \subset \Omega$ eine abgeschlossene beschränkte Menge ist, so nennen wir K *Kompaktum* in Ω. Jedes beschränkte und abgeschlossene Teilgebiet ist ein Kompaktum.

Sei G eine Menge im Raum E_m. Die Menge aller auf G stetigen und beschränkten Funktionen bezeichnen wir mit $C(G)$. Mit $C^{(k)}(G)$ bezeichnen wir die Menge der Funktionen, die auf G stetige und beschränkte Ableitungen bis zur k-ten Ordnung einschließlich besitzen. Am häufigsten werden wir den Fall $G = \overline{\Omega}$ antreffen, wobei Ω ein beschränktes Gebiet ist; in diesem Fall braucht nicht betont zu werden, daß die Funktionen oder ihre Ableitungen beschränkt sein müssen.

Sei Ω ein beschränktes Gebiet. Mit $C_0^{(k)}(\overline{\Omega})$ bezeichnen wir die Menge aller Funktionen, die auf $\overline{\Omega}$ k-mal stetig differenzierbar sind und zusammen mit allen Ableitungen bis zur Ordnung $k - 1$ einschließlich auf $\partial\Omega$ verschwinden.

Sei Ω ein Gebiet und k eine ganze Zahl, $0 \leqq k \leqq \infty$. Mit $\mathfrak{M}^{(k)}(\Omega)$ bezeichnen wir die Menge der auf Ω k-mal stetig differenzierbaren Funktionen, die auf einem Randstreifen von Ω (der von der betrachteten Funktion abhängt) verschwinden; wenn Ω ein unbeschränktes Gebiet ist, so fordern wir zusätzlich, daß für jede Funktion aus

$\mathfrak{M}^{(k)}(\Omega)$ eine Kugel existiert, außerhalb derer sie verschwindet. Offenbar gilt $\mathfrak{M}^{(k)}(\Omega) \subset \mathfrak{M}^{(k-1)}(\Omega)$.

Funktionen der Klasse $\mathfrak{M}^{(\infty)}(\Omega)$ werden *finit* in Ω genannt.

Wir sagen, daß eine auf der Menge G definierte Funktion $u(x)$ eine LIPSCHITZ-*Bedingung mit dem Exponenten* λ erfüllt (symbolisch $u \in \mathrm{Lip}_\lambda(G)$), wenn für beliebige Punkte $x, x' \in G$ eine Ungleichung der Gestalt

$$|u(x') - u(x)| \leqq A\,|x' - x|^\lambda$$

gilt, in der A und λ positive Konstanten sind. Wie man leicht sieht, gilt $u(x) \equiv \mathrm{const}$, falls $\lambda > 1$. Deshalb wird gewöhnlich $0 < \lambda \leqq 1$ angenommen. Eine LIPSCHITZ-Bedingung mit dem Exponenten $\lambda < 1$ wird oftmals HÖLDER-*Bedingung* genannt.

Eine Funktion, die fast überall in einem Gebiet Ω definiert ist, heißt auf Ω *lokal summierbar*, wenn sie auf jedem in Ω enthaltenen Kompaktum lokal summierbar ist. Die Menge dieser Funktionen wird gewöhnlich mit $L_{\mathrm{loc}}(\Omega)$ bezeichnet. Wir sagen, daß $v_n \to v_0$ in $L_{\mathrm{loc}}(\Omega)$ gilt, wenn $v_n, v_0 \in L_{\mathrm{loc}}(\Omega)$ ist und für jedes innere Teilgebiet $\Omega' \subset \Omega$ die Beziehung

$$\|v_n - v_0\|_{L_1(\Omega')} \xrightarrow[n\to\infty]{} 0$$

Gültigkeit hat.

Sei $u(x)$ eine stetige Funktion. Die Abschließung der Menge aller derjenigen Punkte, in denen diese Funktion nicht verschwindet, heißt *Träger* dieser Funktion und wird mit $\mathrm{supp}\, u$ bezeichnet. Offensichtlich ist der Träger der Ableitung einer Funktion im Träger dieser Funktion enthalten.

Im weiteren werden wir, sofern nichts Gegensätzliches ausgesagt wird, äquivalente Funktionen (d. h. Funktionen, die sich höchstens auf einer Menge vom Maße Null unterscheiden) identifizieren.

Sei im Raume E_m eine Fläche Γ gegeben, die in jedem ihrer Punkte eine bestimmte Normale besitzt. Sei $x_0 \in \Gamma$. Das cartesische Koordinatensystem $y_1, y_2, \ldots, y_m$, dessen Ursprung mit x_0 übereinstimmt und dessen Achse y_m die gleiche Richtung hat wie die Normale zu Γ im Punkt x_0, wird *mit x_0 assoziiertes Ortskoordinatensystem* genannt. Wir schreiben $\Gamma \in C^{(k)}$ (wobei k eine natürliche Zahl ist), wenn eine Zahl $d = \mathrm{const} > 0$ mit der Eigenschaft existiert, daß die Kugel mit dem Radius d und dem Zentrum in einem beliebigen Punkt $x_0 \in \Gamma$ aus der Fläche Γ ein Stück heraustrennt, welches in dem mit x_0 assoziierten Ortskoordinatensystem durch die Gleichung $y_m = f(y_1, y_2, \ldots, y_{m-1})$ gegeben wird, wobei die Funktion f stetige Ableitungen bis zur k-ten Ordnung einschließlich besitzt. Wenn außerdem die k-ten Ableitungen von f einer LIPSCHITZ-Bedingung mit dem Exponenten λ, $0 < \lambda \leqq 1$, genügen und weder der Exponent noch die LIPSCHITZ-Konstante von x_0 abhängt, so schreiben wir $\Gamma \in C^{(k,\lambda)}$. Flächen der Klasse $C^{(1,\lambda)}$ werden LJAPUNOW-*Flächen* genannt.

Wenn A ein gewisser Operator ist, so wird sein Definitionsgebiet mit $D(A)$, sein Wertebereich mit $R(A)$ bezeichnet. Ist $M \subset D(A)$, so wird mit AM das Bild der Menge M bezeichnet, das durch die Abbildung A vermittelt wird. Im besonderen gilt $R(A) = AD(A)$.

Eine geordnete Folge von m ganzen und nicht negativen Zahlen

$$\alpha = (\alpha_1, \alpha_2, \ldots, \alpha_m)$$

wird *Multiindex der Ordnung* m genannt; die Zahl $|\alpha| = \alpha_1 + \alpha_2 + \ldots + \alpha_m$ heißt *Länge* dieses Multiindex. Für Multiindizes wird auf übliche Weise die Addition und die Multiplikation mit einer ganzen und nicht negativen Zahl definiert: Wenn n eine derartige Zahl ist und $\alpha = (\alpha_1, \alpha_2, \dots, \alpha_m)$, $\beta = (\beta_1, \beta_2, \dots, \beta_m)$ Multiindizes der gleichen Ordnung sind, so ist

$$\alpha + \beta = (\alpha_1 + \beta_1, \alpha_2 + \beta_2, \dots, \alpha_m + \beta_m), \qquad n\alpha = (n\alpha_1, n\alpha_2, \dots, n\alpha_m).$$

Ist $X = (X_1, X_2, \dots, X_m)$ ein Vektor, so wird $X^\alpha = X_1^{\alpha_1} X_2^{\alpha_2} \dots X_m^{\alpha_m}$ gesetzt. Stellt im besonderen x einen Punkt des Raumes E_m dar, so ist $x^\alpha = x_1^{\alpha_1} x_2^{\alpha_2} \dots x_m^{\alpha_m}$. Es wird auch $\alpha! = \alpha_1! \, \alpha_2! \dots \alpha_m!$ definiert.

Häufig werden wir die Bezeichnung

$$D^\alpha u = \frac{\partial^{|\alpha|} u}{\partial x_1^{\alpha_1} \, \partial x_2^{\alpha_2} \dots \partial x_m^{\alpha_m}}$$

benutzen.

Um zu unterstreichen, daß die Differentiation bezüglich der Koordinaten des Punktes x vorgenommen wird, schreiben wir bisweilen $D_x^\alpha u$.

Die einzelnen Kapitel dieses Buches sind durchgehend numeriert; dagegen hat jedes Kapitel seine eigene Numerierung der Paragraphen. Bei Hinweisen auf eine Formel innerhalb eines Paragraphen wird nur die Nummer dieser Formel angegeben; bei Hinweisen auf eine Formel eines anderen Paragraphen innerhalb eines Kapitels wird in Klammern zuerst die Nummer des Paragraphen und danach die Nummer der Formel angezeigt. Will man auf eine Formel eines anderen Kapitels verweisen, dann werden in Klammern die Nummern des Paragraphen und der Formel angegeben und außerhalb der Klammern wird die Nummer des Kapitels genannt.

Am Schluß des Buches ist in einem kurzen Verzeichnis die Literatur für jeden Teil zusammengestellt. In ihm sind die grundlegenden Lehrbücher und Monographien (seltener Zeitschriftenartikel) zu finden, die sich auf den entsprechenden Teil beziehen. Bei solchen Hinweisen wird in eckigen Klammern die Nummer angegeben, die das zitierte Werk im Literaturverzeichnis des betreffenden Teiles besitzt.

TEIL I

ERGÄNZENDE FRAGEN DER ANALYSIS

KAPITEL 1

PARAMETERINTEGRALE

§ 1. Gleichmäßig konvergente Integrale

Es seien D und G zwei meßbare und beschränkte Mengen, $D \subset E_m$ und $G \subset E_n$. Wir sagen, daß das Integral

$$\int_G f(x, y)\,dy\,, \qquad x \in D\,, \tag{1}$$

gleichmäßig auf D konvergiert, wenn folgende Bedingungen erfüllt sind:

a) Für jedes feste $x \in D$ ist die Funktion $f(x, y)$ bezüglich y in G summierbar.

b) Für jedes $\varepsilon > 0$ kann eine Zahl $\delta > 0$ derart angegeben werden, daß für jede Menge $g \subset G$, deren LEBESGUEsches Maß $\mu g < \delta$ ist, die Beziehung

$$\left|\int_g f(x, y)\,dy\right| < \varepsilon \tag{2}$$

erfüllt ist.

Satz 1.1.1. *Das Integral* (1) *konvergiere gleichmäßig auf D, und der Integrand erfülle folgende zusätzliche Bedingung: Bei vorgegebenem $\eta > 0$ und vorgegebenem Punkt $x_0 \in D$ kann eine Menge $g(x_0, \eta) \subset G$ derart gefunden werden, daß $\mu g(x_0, \eta) < \eta$ und der Integrand stetig in x_0 gleichmäßig bezüglich $y \in G \setminus g(x_0, \eta)$ ist. Dann ist das Integral* (1) *eine Funktion von x, die auf D stetig ist.*

Beweis. Wir wählen in D einen beliebigen Punkt x_0 und zeigen, daß in diesem Punkt das Integral (1) stetig ist. Das erwähnte Integral konvergiert gleichmäßig; deshalb kann für ein vorgegebenes $\varepsilon > 0$ eine hinreichend kleine Zahl $\eta > 0$ gefunden werden, so daß

$$\left|\int_{g(x_0, \eta)} f(x, y)\,dy\right| < \frac{\varepsilon}{3}.$$

Das Integral (1) bezeichnen wir mit $u(x)$; offenbar ist die Funktion $u(x)$ überall auf D definiert. Wir bilden die Differenz

$$u(x) - u(x_0) = \int_{G\setminus g(x_0, \eta)} [f(x, y) - f(x_0, y)]\,dy + \int_{g(x_0, \eta)} [f(x, y) - f(x_0, y)]\,dy\,.$$

Wir fixieren η und wählen $\delta = \delta(\varepsilon) > 0$ so klein, daß für $|x - x_0| < \delta$ die Beziehung

$$|f(x, y) - f(x_0, y)| < \frac{\varepsilon}{3\mu G}, \qquad y \in G \setminus g(x_0, \eta)\,,$$

gilt. Dann ist $|u(x) - u(x_0)| < \varepsilon$, und der Satz ist bewiesen.

Satz 1.1.2. *Sei*

$$U(x) = \int_G F(x, y)\,dy\,, \qquad x \in D\,, \tag{3}$$

wobei D ein beschränktes und abgeschlossenes Gebiet in E_m, G eine beschränkte und meßbare Menge in E_n und $F(x, y)$ summierbar auf G bezüglich y für jedes feste $x \in D$ sind.

Ferner existiere für eine gewisse Nummer j, $1 \leqq j \leqq m$, in jedem Punkt $x \in D$ für fast alle $y \in G$ die partielle Ableitung $f(x, y) = \frac{\partial F}{\partial x_j}$, und für hinreichend kleine h gelte die Newton-Leibniz*sche Formel*

$$F(x_1, \dots, x_{j-1}, x_j + h, x_{j+1}, \dots, x_m, y) - F(x_1, \dots, x_{j-1}, x_j, x_{j+1}, \dots, x_m, y) =$$
$$= \int_0^h f(x_1, \dots, x_{j-1}, x_j + t, x_{j+1}, \dots, x_m, y)\, dt\,. \tag{4}$$

Sei schließlich die Ableitung $\frac{\partial F}{\partial x_j}$ auf $D \times G$ summierbar. Dann existiert fast überall in D die partielle Ableitung $\frac{\partial U}{\partial x_j}$, und es gilt die Formel der Differentiation unter dem Integralzeichen

$$\frac{\partial U}{\partial x_j} = \int_G \frac{\partial F(x, y)}{\partial x_j}\, dy\,. \tag{5}$$

Beweis. Der Kürze halber setzen wir

$$x^t = (x_1, \dots, x_{j-1}, x_j + t, x_{j+1}, \dots, x_m)\,, \qquad x = x^0 = (x_1, \dots, x_{j-1}, x_j, x_{j+1}, \dots, x_m)\,.$$

Nach Formel (4) gilt

$$\frac{U(x^h) - U(x)}{h} = \frac{1}{h} \int_G \left\{ \int_0^h f(x^t, y)\, dt \right\} dy\,.$$

Infolge der Voraussetzungen des Satzes ist die Funktion $f(x, y)$ summierbar auf $D \times G$. Nach dem Satz von Fubini ist diese Funktion für fast alle $x \in D$ auf der Menge $[x, x^h] \times G$ summierbar. Für diese x kann man, wiederum nach dem Satz von Fubini, die Integrationsreihenfolge ändern:

$$\frac{U(x^h) - U(x)}{h} = \frac{1}{h} \int_0^h \left\{ \int_G f(x^t, y)\, dy \right\} dt\,.$$

Nach einem bekannten Satz von Lebesgue existiert für fast alle $x \in D$ der Grenzwert für die rechte Seite dieser Identität, und dieser ist gleich

$$\int_G f(x, y)\, dy\,. \tag{*}$$

Der Satz ist bewiesen.

Bemerkung. Die Behauptung über die Existenz der Ableitung $\frac{\partial U}{\partial x_j}$ und die Formel (5) ist auf jeden Fall für die Punkte $x \in D$ richtig, für die das Integral (*) stetig ist. Wenn im besonderen die Funktion $f(x, y)$ den Bedingungen des Satzes 1.1.1 genügt, besitzt das Integral (3) fast überall in D die stetige Ableitung $\frac{\partial U}{\partial x_j}$; diese kann nach Formel (5) berechnet werden.

Wir wenden uns nunmehr einem Spezialfall zu. Sei

$$w(x) = \int_G u(y)\, \omega(x, y)\, dy\,, \tag{6}$$

wobei $u(y)$ auf G summierbar ist, die Funktion $\omega(x, y)$ und alle ihre Ableitungen nach den Koordinaten des Punktes $x \in D$ und der Ordnung $\leqq 1$ stetig auf $D \times G$ sind. Unter diesen Voraussetzungen gilt

Satz 1.1.3. *Das Integral* (6) *ist l-mal auf D stetig differenzierbar.*

Beweis. Das Integral (6) und die Integrale

$$\int_G u(y)\, D_\alpha^x \omega(x, y)\, dy\,, \qquad |\alpha| \leqq l\,, \tag{7}$$

konvergieren offenbar gleichmäßig. Die Menge $g(x_0, \eta)$, die in Satz 1.1.1 figuriert, kann unabhängig von x_0 gewählt werden. Es genügt eine Menge $g(\eta)$ so zu wählen, daß $\mu g(\eta) < \eta$ gilt und die Funktion $u(y)$ stetig auf $G \setminus g(\eta)$ ist; danach wird $g(x_0, \eta) = g(\eta)$ gesetzt. Nach Satz 1.1.1 sind die Integrale (6) und (7) stetig in D. Indem wir $F(x, y) = u(y)\, \omega(x, y)$ setzen, bemerken wir, daß alle Voraussetzungen des Satzes 1.1.2 erfüllt sind und folglich die Funktion (6) in D stetige erste Ableitungen besitzt; diese kann man durch Differentiation unter dem Integralzeichen erhalten:

$$\frac{\partial w}{\partial x_j} = \int_G u(y) \frac{\partial \omega(x, y)}{\partial x_j} dy; \qquad j = 1, 2, \dots, m\,.$$

Analog dazu finden wir, daß für jeden Multiindex α, $|\alpha| \leqq l$, auf D die stetigen Ableitungen $D^\alpha w(x)$ existieren und

$$D^\alpha w(x) = \int_G u(y)\, D_x^\alpha \omega(x, y)\, dy \tag{8}$$

gilt.

Als Beispiel betrachten wir das Integral

$$U(x, y, z) = \int_K \frac{f(\xi, \eta, \zeta)\, d\xi\, d\eta\, d\zeta}{\sqrt{(z - \zeta)^2 - r^2}}\,, \tag{9}$$

wobei $z > 0$ gilt und K das Gebiet ist, das durch den unteren Mantel des Doppelkegels $\zeta = z - r$, $r^2 = (x - \xi)^2 + (y - \eta)^2$ und durch die Ebene $\zeta = 0$ begrenzt wird (Abb. 2).

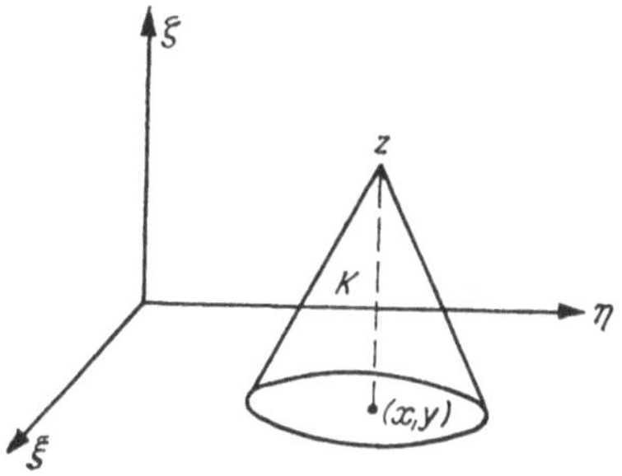

Abb. 2

Wir setzen voraus, daß die Funktion f auf der Abschließung eines gewissen beschränkten Gebietes G des Halbraumes $\zeta > 0$ stetig ist. Sei D eine derartige beschränkte und abgeschlossene Menge des Halbraumes $z > 0$ im Raume (x, y, z), daß für $(x, y, z) \in D$ das entsprechende Gebiet K (Abb. 2) in G enthalten ist. Wir beweisen $U \in C(D)$. Dazu führen wir neue Variable

$$\xi = x + z\varrho(1 - \tau) \cos \vartheta\,, \ \eta = y + z\varrho(1 - \tau) \sin \vartheta\,, \ \zeta = z\tau \tag{10}$$

ein, die das Parallelepiped $Q: 0 \leqq \varrho \leqq 1,\ 0 \leqq \vartheta \leqq 2\pi,\ 0 \leqq \tau \leqq 1$ durchlaufen. Die JACOBIsche Funktionaldeterminante der Transformation (10) ist gleich $z^3(1-\tau)^2\varrho$; somit ergibt sich

$$U(x, y, z) = z^2 V(x, y, z)\,,$$

wobei

$$V(x, y, z) = \int\limits_Q \frac{f(x + z\varrho(1-\tau)\cos\vartheta,\ y + z\varrho(1-\tau)\sin\vartheta,\ z\tau)\ \varrho(1-\tau)\,d\varrho\,d\vartheta\,d\tau}{\sqrt{1-\varrho^2}} \tag{11}$$

ist. Es genügt, $V \in C(D)$ zu beweisen.

Wir beweisen, daß das Integral (11) auf D gleichmäßig konvergiert. Ist $(x, y, z) \in D$, so ist offenbar der Integrand in D summierbar. Sei g eine Menge vom Maße $\mu g < \delta$. Mit Q_0 und Q_1 bezeichnen wir die Teile des Parallelepipedes Q, auf denen entsprechend $0 < \varrho < 1 - \delta$ und $1 - \delta < \varrho < 1$ gelten. Der Einfachheit halber bezeichnen wir den Zähler im Integral (11) mit φ; sei $|\varphi| \leqq C = \text{const}$. Nunmehr gilt

$$\left|\int\limits_g \frac{\varphi}{\sqrt{1-\varrho^2}}\,d\varrho\,d\vartheta\,d\tau\right| \leqq \frac{C}{\sqrt{2\delta-\delta^2}}\,\mu(g \cap Q_0) + C\int\limits_{g \cap Q_1} \frac{d\varrho\,d\vartheta\,d\tau}{\sqrt{1-\varrho^2}} < \frac{C\sqrt{\delta}}{\sqrt{2-\delta}} + O\,(\sqrt{\delta})\,;$$

die Größe rechts kann durch entsprechende Wahl von δ beliebig klein gemacht werden, das Integral (11) konvergiert somit gleichmäßig auf D.

Die Voraussetzung des Satzes 1.1.1 ist ebenfalls erfüllt: es genügt, als $g(x_0, \eta)$ das Parallelepiped Q_1 mit $\delta = \frac{\eta}{2\pi}$ zu wählen. Daraus folgt $V \in C(D)$.

Dem Leser wird die Überprüfung der Tatsache überlassen, daß der Integrand in (11) den Bedingungen des Satzes 1.1.2 genügt, sobald $f \in C^{(1)}(\overline{G})$. In diesem Falle gilt folglich $V \in C^{(1)}(D)$. Es ist auch leicht zu sehen, daß aus $f \in C^{(k)}(\overline{G})$, $k > 1$, stets $V \in C^{(k)}(D)$ folgt.

§ 2. Kugelkoordinaten

Sei x ein fester und y ein variabler Punkt des Raumes E_m. Kugelkoordinaten mit dem Ursprung im Punkt x werden durch die Formeln

$$\begin{aligned} y_1 &= x_1 + r\cos\vartheta_1 \\ y_2 &= x_2 + r\sin\vartheta_1\cos\vartheta_2\,, \\ &\ldots\ldots\ldots\ldots\ldots\ldots \\ y_{m-1} &= x_{m-1} + r\sin\vartheta_1\sin\vartheta_2\ldots\sin\vartheta_{m-2}\cos\vartheta_{m-1}\,, \\ y_m &= x_m + r\sin\vartheta_1\sin\vartheta_2\ldots\sin\vartheta_{m-2}\sin\vartheta_{m-1} \end{aligned} \tag{1}$$

definiert. Offenbar gilt $r = |y - x|$, die Winkel $\vartheta_1, \vartheta_2, \ldots, \vartheta_{m-2}$ durchlaufen das Intervall $[0, \pi]$, der Winkel ϑ_{m-1} das Intervall $[0, 2\pi]$.

Wir stellen uns die Aufgabe, den Ausdruck für das Volumenelement dy sowie für das Element dS_r des Flächeninhaltes der Oberfläche einer Kugel vom Radius r in Kugelkoordinaten zu finden. Dies kann auf einfache Weise folgendermaßen geschehen

Wir berechnen die JACOBIsche Funktionaldeterminante

$$J_m = \frac{D(y_1, y_2, \dots, y_m)}{D(r, \vartheta_1, \dots, \vartheta_{m-1})} =$$

$$= \begin{vmatrix} \cos\vartheta_1 & -r\sin\vartheta_1 & 0 & \dots & 0 \\ \sin\vartheta_1\cos\vartheta_2 & r\cos\vartheta_1\cos\vartheta_2 & -r\sin\vartheta_2 & \dots & 0 \\ \dots & \dots & \dots & \dots & \dots \\ \Phi\cos\vartheta_{m-1} & r\Phi\cot\vartheta_1\cos\vartheta_{m-1} & r\Phi\cot\vartheta_2\cos\vartheta_{m-1} & \dots & -r\sin\vartheta_{m-1} \\ \Phi\sin\vartheta_{m-1} & r\Phi\cot\vartheta_1\sin\vartheta_{m-1} & r\Phi\cot\vartheta_2\sin\vartheta_{m-1} & \dots & r\Phi\cos\vartheta_{m-1} \end{vmatrix}; \quad (2)$$

in den beiden letzten Zeilen haben wir der Kürze halber

$$\Phi = \sin\vartheta_1 \sin\vartheta_2 \dots \sin\vartheta_{m-2}$$

gesetzt. Man kann sich leicht davon überzeugen, daß $\frac{\partial J_m}{\partial \vartheta_{m-1}} \equiv 0$; deshalb kann für die Berechnung der Determinante J_m speziell $\vartheta_{m-1} = 0$ angenommen werden. Daraus leiten wir die Rekursionsformel

$$J_m = r \sin\vartheta_1 \dots \sin\vartheta_{m-2} J_{m-1}$$

ab. Indem wir nacheinander m durch $m - 1$, $m - 2$, ... ersetzen, erhalten wir

$$J_m = r^{m-1} \sin^{m-2}\vartheta_1 \sin^{m-3}\vartheta_2 \dots \sin\vartheta_{m-2}\,. \quad (3)$$

Nunmehr können wir das Volumenelement in Kugelkoordinaten ausdrücken:

$$\mathrm{d}y = r^{m-1} \sin^{m-2}\vartheta_1 \sin^{m-3}\vartheta_2 \dots \sin\vartheta_{m-2}\, \mathrm{d}r\, \mathrm{d}\vartheta_1 \dots \mathrm{d}\vartheta_{m-1}\,. \quad (4)$$

Wir leiten jetzt die Formel für das Element des Flächeninhaltes der Oberfläche S_r der Kugel her, deren Radius gleich r ist und deren Mittelpunkt mit dem Ursprung der Kugelkoordinaten zusammenfällt. Wie aus der Differentialgeometrie bekannt ist, gilt für jede Fläche Γ die Formel

$$\mathrm{d}\Gamma = \frac{\mathrm{d}y_1\, \mathrm{d}y_2 \dots \mathrm{d}y_{m-1}}{|\cos(\nu, y_m)|},$$

wobei ν die Normale zu Γ ist. Für die Kugeloberfläche S_r ist

$$|\cos(\nu, y_m)| = |\cos(r, y_m)| = \frac{|y_m - x_m|}{r} = \left| \prod_{k=1}^{m-1} \sin\vartheta_k \right|.$$

Auf dieser Kugeloberfläche ist die Koordinate r eine Konstante, und deshalb ist

$$\mathrm{d}y_1\, \mathrm{d}y_2 \dots \mathrm{d}y_{m-1} = \left| \frac{D(y_1, y_2, \dots, y_{m-1})}{D(\vartheta_1, \vartheta_2, \dots, \vartheta_{m-1})} \right| \mathrm{d}\vartheta_1\, \mathrm{d}\vartheta_2 \dots \mathrm{d}\vartheta_{m-1}\,.$$

Die JACOBIsche Funktionaldeterminante in der letzten Formel kann man bestimmen, indem man in der Determinante (2) die erste Spalte und die letzte Zeile streicht. In der Determinante, die sich daraus ergibt, sind alle Elemente rechts von der Hauptdiagonalen gleich Null, und diese Determinante ist gleich dem Produkt ihrer Diagonalelemente. Daraus ergibt sich leicht die gesuchte Formel

$$\mathrm{d}S_r = r^{m-1} \sin^{m-2}\vartheta_1 \sin^{m-3}\vartheta_2 \dots \sin\vartheta_{m-1}\, \mathrm{d}\vartheta_1\, \mathrm{d}\vartheta_2 \dots \mathrm{d}\vartheta_{m-1}\,. \quad (5)$$

Aus den Formeln (4) und (5) ergeben sich die nützlichen Beziehungen

$$\mathrm{d}S_r = r^{m-1}\, \mathrm{d}S_1 \quad (6)$$

und

$$dy = dr\, dS_r = r^{m-1}\, dr\, dS_1\,. \tag{7}$$

Wenn wir die Beziehung (6) integrieren, erhalten wir noch eine oft benutzte Formel

$$|S_r| = r^{m-1}\, |S_1|\,; \tag{8}$$

in Übereinstimmung mit der in der Einführung, § 2, vereinbarten Symbolik bezeichnet S_1 die Oberfläche der Einheitskugel.

Wir berechnen jetzt den Flächeninhalt $|S_1|$ der Oberfläche der Einheitskugel. Es gilt

$$|S_1| = \int_0^{\pi} \ldots \int_0^{\pi} \int_0^{2\pi} \sin^{m-2} \vartheta_1 \ldots \sin \vartheta_{m-2}\, d\vartheta_1 \ldots d\vartheta_{m-2}\, d\vartheta_{m-1} =$$

$$= 2\pi \prod_{k=1}^{m-2} \int_0^{\pi} \sin^k \vartheta\, d\vartheta = 2\pi \prod_{k=1}^{m-2} \left(2 \int_0^{\pi/2} \sin^k \vartheta\, d\vartheta \right).$$

Durch die Variablensubstitution $\sin^2 \vartheta = t$ erhalten wir

$$2 \int_0^{\pi/2} \sin^k \vartheta\, d\vartheta = \int_0^1 t^{(k-1)/2} (1-t)^{-1/2} dt = B\left(\frac{k+1}{2}, \frac{1}{2}\right) =$$

$$= \frac{\Gamma\left(\frac{k+1}{2}\right) \Gamma\left(\frac{1}{2}\right)}{\Gamma\left(\frac{k+2}{2}\right)} = \frac{\sqrt{\pi}\, \Gamma\left(\frac{k+1}{2}\right)}{\Gamma\left(\frac{k+2}{2}\right)}.$$

Daraus ergibt sich leicht die gesuchte Formel

$$|S_1| = \frac{2\pi^{m/2}}{\Gamma\left(\frac{m}{2}\right)}. \tag{9}$$

Hierbei sind B und Γ die Eulerschen Integrale erster und zweiter Art.

Ohne Schwierigkeiten läßt sich das Volumen einer Kugel vom Radius R ermitteln. Diese Kugel bezeichnen wir mit D_R und finden

$$|D_R| = \int_{r<R} dy = \int_{S_1} \left\{ \int_0^R r^{m-1}\, dr \right\} dS_1 = \frac{|S_1|\, R^m}{m}. \tag{10}$$

Zur Vereinfachung der Schreibweise vereinbaren wir für das weitere, daß der Koordinatenursprung in den Nullpunkt verlegt wird, d. h. $x_1 = x_2 = \ldots = x_m = 0$.

Man kann sich leicht davon überzeugen, daß die Kugelkoordinaten orthogonal sind, d. h. daß Flächen, die aus verschiedenen Scharen

$$r = c_0,\ \vartheta_1 = c_1, \ldots, \vartheta_{m-1} = c_{m-1} \tag{11}$$

($c_0, c_1, \ldots, c_{m-1}$ sind hierbei Konstanten) genommen werden, sich paarweise unter rechten Winkeln schneiden. Die Gleichungen (11) definieren folgende Scharen von Flächen zweiter Ordnung:

$$\sum_{k=1}^{m} y_k^2 - c_0^2 = 0, \quad \gamma_1^2 y_1^2 - \sum_{k=2}^{m} y_k^2 = 0, \quad \gamma_2^2 y_2^2 - \sum_{k=3}^{m} y_k^2 = 0, \ldots \gamma_{m-1}^2 y_{m-1}^2 - y_m^2 = 0;$$

$\gamma_k = \tan c_k$, und ihre Orthogonalität folgt sofort aus der bekannten Formel der Differentialgeometrie: Die Richtungskosinuse der Normalen zur Fläche $F(y_1, y_2, \dots, y_m) = 0$ ergeben sich als

$$\cos(\nu, y_k) = \pm \frac{1}{|\operatorname{grad} F|} \frac{\partial F}{\partial y_k}. \tag{12}$$

Aus der Orthogonalität der Flächen (11) folgen die Beziehungen

$$\left.\begin{aligned} &\frac{\partial r}{\partial y_k}\frac{\partial \vartheta_j}{\partial y_k} = 0, \qquad j = 1, 2, \dots, m-1; \\ &\frac{\partial \vartheta_i}{\partial y_k}\frac{\partial \vartheta_j}{\partial y_k} = 0, \qquad i \neq j, \qquad i, j = 1, 2, \dots, m-1. \end{aligned}\right\} \tag{13}$$

Sei $u(y)$ eine beliebige differenzierbare Funktion. Wir suchen den Ausdruck für $|\operatorname{grad} u|^2$ in Kugelkoordinaten. Zunächst gilt

$$|\operatorname{grad} u|^2 = \sum_{k=1}^{m} \left(\frac{\partial u}{\partial y_k}\right)^2, \qquad \frac{\partial u}{\partial y_k} = \frac{\partial u}{\partial r} \cdot \frac{\partial r}{\partial y_k} + \sum_{j=1}^{m-1} \frac{\partial u}{\partial \vartheta_j}\frac{\partial \vartheta_j}{\partial y_k}.$$

Durch Quadrieren und Aufsummieren erhalten wir daraus unter Berücksichtigung der Beziehungen (13)

$$|\operatorname{grad} u|^2 = \left(\frac{\partial u}{\partial r}\right)^2 \sum_{k=1}^{m} \left(\frac{\partial r}{\partial y_k}\right)^2 + \sum_{j=1}^{m-1} \left(\frac{\partial u}{\partial \vartheta_j}\right)^2 \sum_{k=1}^{m} \left(\frac{\partial \vartheta_j}{\partial y_k}\right)^2. \tag{14}$$

Ferner gilt $\sum_{k=1}^{m} \left(\frac{\partial r}{\partial y_k}\right)^2 = \sum_{k=1}^{m} \frac{y_k^2}{r^2} = 1$. Durch Differentiation der Identität $\cos \vartheta_1 = \frac{y_1}{r}$ finden wir sofort

$$\sum_{k=1}^{m} \left(\frac{\partial \vartheta_1}{\partial y_k}\right)^2 = \frac{1}{r^2}.$$

Nunmehr wenden wir uns der Berechnung der anderen Koeffizienten in der Summe (14) zu. Die Formeln (1) liefern

$$\sum_{k=j}^{m} y_k^2 = r^2 \sin^2 \vartheta_1 \sin^2 \vartheta_2 \dots \sin^2 \vartheta_{j-1}; \qquad j \geqq 2.$$

Wir setzen $\left(\sum_{k=j}^{m} y_k^2\right)^{1/2} = r'$ und erhalten somit

$$\cos \vartheta_j = \frac{y_j}{r'}. \tag{15}$$

Hieraus folgt, daß ϑ_j für $j \geqq 2$ nicht von $y_1, \dots, y_{j-1}$ abhängt. Aus den Formeln (15) erhalten wir wie oben

$$\sum_{k=1}^{m} \left(\frac{\partial \vartheta_j}{\partial y_k}\right)^2 = \sum_{k=j}^{m} \left(\frac{\partial \vartheta_j}{\partial y_k}\right)^2 = \frac{1}{r'^2} = \frac{1}{r^2 q_j},$$

wobei

$$q_1 = 1; \qquad q_j = (\sin \vartheta_1 \sin \vartheta_2 \dots \sin \vartheta_{j-1})^2, \qquad j \geqq 2, \tag{16}$$

ist. Indem wir die erhaltenen Ergebnisse in (14) einsetzen, erhalten wir den gesuchten Ausdruck

$$|\operatorname{grad} u|^2 = \left(\frac{\partial u}{\partial r}\right)^2 + \frac{1}{r^2} \sum_{j=1}^{m-1} \frac{1}{q_j} \left(\frac{\partial u}{\partial \vartheta_j}\right)^2. \tag{17}$$

Wir führen noch die Bezeichnung

$$|\mathrm{grad}_\Theta\, u|^2 = \sum_{j=1}^{m-1} \frac{1}{q_j} \left(\frac{\partial u}{\partial \vartheta_j}\right)^2$$

ein; bei $r = 1$ stellt die Größe $|\mathrm{grad}_\Theta\, u|$ die Projektion des Vektors $\mathrm{grad}\, u$ auf die Tangentialebene zur Sphäre $r = 1$ im Punkt Θ mit den Winkelkoordinaten $\vartheta_1, \vartheta_2, \ldots, \vartheta_{m-1}$ dar. Die Formel (17) kann nunmehr wie folgt geschrieben werden:

$$|\mathrm{grad}\, u|^2 = \left(\frac{\partial u}{\partial r}\right)^2 + \frac{1}{r^2} |\mathrm{grad}_\Theta\, u|^2 . \tag{18}$$

§ 3. Integraloperatoren mit schwacher Singularität

Integraloperatoren mit schwacher Singularität oder *schwach singuläre Integraloperatoren* nennen wir Operatoren der Gestalt

$$(K\varrho)(x) = u(x) = \int_G \varrho(y) \frac{A(x, y)}{r^\lambda} dy \; ; \qquad r = |y - x| , \qquad x \in G , \tag{1}$$

wobei $G \subset E_m$ eine meßbare beschränkte Menge, $A(x, y)$ eine auf $G \times G$ meßbare beschränkte Funktion und λ eine Konstante sind, $0 \leqq \lambda < m$.

Satz 1.3.1. *Die Menge G sei abgeschlossen, $\varrho \in L_p(G)$, $1 < p \leqq \infty$, und $\lambda p' < m$, $\frac{1}{p} + \frac{1}{p'} = 1$. Sei noch $A \in C(G \times G)$. Dann ist der Integraloperator mit schwacher Singularität* (1) *vollstetig als Operator von $L_p(G)$ in $C(G)$.*

Bevor wir uns dem Beweis dieses Satzes zuwenden, sei noch auf folgende einfache Identität hingewiesen, die im weiteren häufig benutzt wird: Ist $\beta < m$, so gilt

$$\int_{r<a} \frac{dy}{r^\beta} = \frac{|S_1|\, a^{m-\beta}}{m - \beta} . \tag{2}$$

Für ihren Beweis genügt es, Kugelkoordinaten mit dem Ursprung im Punkte x einzuführen.

Beweis des Satzes. Wir betrachten zunächst den Fall $p < \infty$. Für $\varrho \in L_p(G)$ und jeden fixierten Punkt $x \in G$ ist die Funktion $A(x, y)\, r^{-\lambda} \varrho(y)$ summierbar auf G. In der Tat, wenn wir $N = \max |A(x, y)|$ setzen, erhalten wir nach der Hölderschen Ungleichung

$$\int_G \frac{|A(x, y)|}{r^\lambda} |\varrho(y)|\, dy \leqq N \, ||\varrho||_p \left\{ \int_G \frac{dy}{r^{\lambda p'}} \right\}^{1/p'}$$

(Das Zeichen $||\cdot||_p$ kennzeichnet die Norm in $L_p(G)$).
Sei M der Durchmesser der Menge G, d. h. die obere Grenze der Abstände zwischen den Punkten dieser Menge. Offenbar ist G in der Kugel $|y - x| < H$ enthalten, und Formel (2) liefert

$$\int_G \frac{dy}{r^{\lambda p'}} < \int_{r<H} \frac{dy}{r^{\lambda p'}} = \frac{|S_1|\, H^{m-\lambda p'}}{m - \lambda p'} .$$

Letztere Konstante setzen wir gleich $Q^{p'}$ und erhalten

$$\int_G \frac{|A(x, y)|}{r^\lambda} |\varrho(y)| \, dy \leqq NQ \, ||\varrho||_p < \infty . \tag{3}$$

Somit ist der Integrand in (1) summierbar und die Bedingung a) aus § 1 ist erfüllt.

Wir geben eine Zahl $\varepsilon > 0$ vor. Wenn g eine Teilmenge von G ist, gilt in Analogie

$$\left| \int_g \frac{A(x, y)}{r^\lambda} \varrho(y) \, dy \right| \leqq NQ \left\{ \int_g |\varrho(y)|^p \, dy \right\}^{1/p} .$$

Man kann eine Zahl $\delta > 0$ derart wählen, daß für $\mu g < \delta$ der rechte Teil dieser Ungleichung kleiner als ε wird; die Bedingung b), § 1 ist ebenfalls erfüllt und das Integral (1) konvergiert gleichmäßig.

Wir fixieren jetzt in G einen beliebigen Punkt x_0 und bestimmen eine Menge $g(x_0, \eta)$ in Übereinstimmung mit den Bedingungen des Satzes 1.1.1. Dazu wählen wir eine offene Menge $g_1(\eta)$ so aus, daß $\mu g_1(\eta) < \frac{\eta}{2}$ und die Funktion $\varrho(y)$ auf $G \setminus g_1(\eta)$ stetig ist. Die Menge $G \setminus g_1(\eta)$ ist abgeschlossen, somit ist die Funktion $\varrho(y)$ auf ihr auch gleichmäßig stetig. Sei $g_2(x_0, \eta)$ die Kugel mit dem Mittelpunkt in x_0 und dem Radius $\sigma = \left(m \frac{\eta}{2}\right) |S_1|^{1/m}$; nach Formel (2.10) gilt $\mu g_2(x_0, \eta) = \frac{\eta}{2}$. Nunmehr setzen wir $g(x_0, \eta) = g_1(\eta) \cup g_2(x_0, \eta)$. Dann gilt $\mu g(x_0, \eta) < \eta$. Wenn y auf der Menge $G \setminus g(x_0, \eta)$ variiert und der Punkt x hinreichend nahe bei x_0 liegt $\left(\text{wenn z.B. } |x - x_0| \leqq \frac{\sigma}{2}\right)$, so ist der Integrand im Integral (1) gleichmäßig stetig bezüglich der Gesamtheit der Veränderlichen x und y. Dies liefert die gleichmäßige Stetigkeit der erwähnten Funktion in x_0 bezüglich $y \in G \setminus g(x_0, \eta)$. Nach Satz 1.1.1 ist die durch das Integral (1) definierte Funktion $u(x)$ stetig in G.

Aus dem Bewiesenen ist ersichtlich, daß der Operator K den Raum $L_p(G)$ in $C(G)$ abbildet. Formel (3) zeigt daß dieser Operator beschränkt ist und seine Norm die Größe

$$NQ = N \left[\frac{|S_1| \, H^{m - \lambda p'}}{m - \lambda p'} \right]^{1/p'} \tag{4}$$

nicht übersteigt. Wir zeigen jetzt, daß der betrachtete Operator vollstetig ist.

Sei M eine in $L_p(G)$ beschränkte Menge von Funktionen:

$\forall \varrho \in M, \ ||\varrho||_p \leqq C = \text{const.}$ Die Ungleichung (3) liefert die Beschränktheit der Menge MK: $\forall u \in KM, \ ||u||_{C(G)} \leqq CNQ$. Wir beweisen, daß die Funktionen dieser Menge gleichgradig stetig sind.

Für jede beliebige Zahl $\eta > 0$ erhalten wir mittels der Hölderschen Ungleichung

$$|u(x + \Delta x) - u(x)| = \left| \int_G \varrho(y) \left[\frac{A(x + \Delta x, y)}{r_1^\lambda} - \frac{A(x, y)}{r^\lambda} \right] dy \right| \leqq$$

$$\leqq ||\varrho||_p \left[\int_G \left| \frac{A(x + \Delta x, y)}{r_1^\lambda} - \frac{A(x, y)}{r^\lambda} \right|^{p'} dy \right]^{1/p'} \leqq$$

$$\leqq C \left\{ \int_{G \setminus (r < \eta)} \left| \frac{A(x + \Delta x, y)}{r_1^\lambda} - \frac{A(x, y)}{r^\lambda} \right|^{p'} dy + \int_{r < \eta} \left| \frac{A(x + \Delta x, y)}{r_1^\lambda} - \frac{A(x, y)}{r^\lambda} \right|^{p'} dy \right\}^{1/p'} . \tag{5}$$

Zweimaliges Anwenden der MINKOWSKIschen Ungleichung liefert

$$|u(x + \Delta x) - u(x)| \leqq C\left[\int\limits_{G\setminus(r<\eta)} \left|\frac{A(x + \Delta x, y)}{r_1^\lambda} - \frac{A(x, y)}{r^\lambda}\right|^{p'} dy\right]^{1/p'} +$$

$$+ CN\left\{\left[\int\limits_{r<\eta} \frac{dy}{r_1^{\lambda p'}}\right]^{1/p'} + \left[\int\limits_{r<\eta} \frac{dy}{r^{\lambda p'}}\right]^{1/p'}\right\}. \qquad (6)$$

Nach Formel (2) ist das letzte Integral in (6) gleich

$$\frac{|S_1|\, \eta^{m-\lambda p'}}{m - \lambda p'}.$$

Wir schätzen das zweite Integral ab. Sei $|\Delta x| < \frac{\eta}{2}$. Dann gilt $r_1 < r + \frac{\eta}{2}$. Weil $r < \eta$, ergibt sich $r_1 < \frac{3\eta}{2}$; folglich ist die Kugel $r < \eta$ in der Kugel $r_1 < \frac{3\eta}{2}$ enthalten. Mithin gilt

$$\int\limits_{r<\eta} \frac{dy}{r_1^{\lambda p'}} < \int\limits_{r_1<\frac{3\eta}{2}} \frac{dy}{r_1^{\lambda p'}} = \frac{|S_1| \left(\frac{3\eta}{2}\right)^{m-\lambda p'}}{m - \lambda p'}.$$

Folglich gilt

$$|u(x + \Delta x) - u(x)| \leqq C\left[\int\limits_{G\setminus(r<\eta)} \left|\frac{A(x + \Delta x, y)}{r_1^\lambda} - \frac{A(x, y)}{r^\lambda}\right|^{p'} dy\right]^{1/p'} + \gamma\eta^{(m-\lambda p')/p'};$$

$$\gamma = \frac{|S_1| \left[1 + \left(\frac{3}{2}\right)^{m-\lambda p'}\right] CN}{m - \lambda p'}.$$

Die Größe η wählen wir so klein, daß die Ungleichung $\gamma\eta^{(m-\lambda p')/p'} < \frac{\varepsilon}{2}$ erfüllt ist. Danach wird η fixiert. Weiterhin geben wir $\delta = \delta(\varepsilon)$ so vor, daß $\delta < \frac{\eta}{2}$ und für $|\Delta x| < \delta$ die Ungleichung

$$C\left[\int\limits_{G\setminus(r<\eta)} \left|\frac{A(x + \Delta x, y)}{r_1^\lambda} - \frac{A(x, y)}{r^\lambda}\right|^{p'} dy\right]^{1/p'} < \frac{\varepsilon}{2}$$

gilt. Dann ist $|u(x + \Delta x) - u(x)| < \varepsilon$ für $|\Delta x| < \delta$. Weil δ nicht von der Wahl der Funktion $\varrho(y)$ abhängt, ist die Menge KM gleichgradig stetig. Nach dem Satz von ARZELA-ASCOLI ist die Menge KM relativ kompakt[1]) in $C(\Gamma)$ und mithin der Operator K vollstetig.

Sei nun $p = \infty$. Dann ist $p' = 1$, und die Bedingung $\lambda p' < m$ ist erfüllt. In diesem Fall ist

$$\|\varrho\|_p = \|\varrho\|_\infty = \sup_{x \in G} \text{ess}\, |\varrho(x)|$$

(sup ess — das wesentliche Supremum).

---

[1]) Eine in einem metrischen Raum X enthaltene Menge M heißt relativ kompakt, wenn ihre Abschließung ein Kompaktum ist [Anm. d. Hrsg.].

Es gilt

$$|u(x + \Delta x) - u(x)| \leqq ||\varrho||_\infty \int\limits_G \left| \frac{A(x + \Delta x, y)}{r_1^\lambda} - \frac{A(x, y)}{r^\lambda} \right| dy .$$

Indem wir die Überlegungen, die sich auf die Ungleichung (5) bezogen, wiederholen, ermitteln wir, daß die Funktionen der Menge KM gleichgradig stetig sind. Der Satz ist somit auch für den Fall $p = \infty$ bewiesen.

Folgerung 1.3.1. *Wenn die Menge G abgeschlossen ist und $A \in C(G \times G)$, so ist der Operator* (1) *vollstetig in $C(G)$.*

Diese Folgerung ergibt sich unmittelbar aus Satz 1.3.1 für den Fall $p = \infty$ und der Tatsache, daß $C(G)$ ein Teilraum des Raumes $L_\infty(G)$ ist.

Satz 1.3.2. *Sei im Integral* (1) $\lambda p' \geqq m$ *und s eine ganze Zahl mit* $m - (m - \lambda)\, p < s \leqq m$. *Dann definiert das Integral* (1) *eine Funktion, die auf jedem Schnitt g_s der Menge G mit einer Ebene der Dimension s fast überall im Sinne des* LEBESGUE*schen Maßes für E_s definiert ist. Der durch die Formel* (1) *definierte Operator K ist als Operator von $L_p(G)$ in $L_q(g_s)$ beschränkt, wobei q eine beliebige Zahl ist, die die Ungleichung*

$$1 \leqq q < q_0 = \frac{sp}{m - (m - \lambda)\, p} \tag{7}$$

erfüllt.

Beweis. Zuerst betrachten wir den Fall $p \leqq q < q_0$. Sei $\sigma = \frac{s}{2}\left(\frac{1}{q} - \frac{1}{q_0}\right)$; offenbar ist $\sigma > 0$. Somit ist $\lambda = \frac{m}{p'} + \frac{s}{q} - 2\sigma$. Wir schätzen das Integral (1) ab und erhalten zunächst

$$|u(x)| \leqq N \int\limits_G \frac{|\varrho(y)|}{r^\lambda}\, dy = N \int\limits_G |\varrho(y)|^{p/q}\, r^{\sigma - (s/q)}\, |\varrho(y)|^{1-(p/q)}\, r^{\sigma - (m/p')}\, dy . \tag{8}$$

Wir setzen

$$p_1 = q\,, \qquad p_2 = \frac{pq}{q - p}, \qquad p_3 = p' .$$

Offenbar gilt $\frac{1}{p_1} + \frac{1}{p_2} + \frac{1}{p_3} = 1$, und auf das Integral (8) kann die HÖLDERsche Ungleichung für drei Faktoren angewandt werden:

$$|u(x)| \leqq N \left\{\int\limits_G |\varrho(y)|^p\, r^{\sigma q - s}\, dy\right\}^{1/q} \left\{\int\limits_G |\varrho(y)|^p\, dy\right\}^{1/p - 1/q} \left\{\int\limits_G r^{p'\sigma - m}\, dy\right\}^{1/p'} .$$

Der zweite Faktor rechts ist gleich $||\varrho||_p^{1-(p/q)}$, der dritte Faktor kann leicht abgeschätzt werden, wenn $G \subset (r < H)$ und Formel (2) berücksichtigt wird.

Im Resultat erhalten wir

$$|u(x)| \leqq \frac{N\, |S_1|^{1/p'}\, H^\sigma}{(p'\sigma)^{1/p'}}\, ||\varrho||_p^{1-(p/q)} \left\{\int\limits_G |\varrho(y)|^p\, r^{\sigma q - s}\, dy\right\}^{1/q} .$$

Folglich gilt

$$\int\limits_{g_s} |u(x)|^q\, d_s x \leqq C ||\varrho||_p^{q-p} \int\limits_G |\varrho(y)|^p \left\{\int\limits_{g_s} r^{\sigma q - s}\, d_s x\right\} dy; \qquad C = \text{const.} \tag{9}$$

Hierbei wurde mit $d_s x$ das Element des LEBESGUEschen Maßes in E_s bezeichnet.

In der Ungleichung (9) kann das innere Integral unschwer abgeschätzt werden. Wir wählen die Koordinatenachsen so, daß die s-dimensionale Ebene, in der der Schnitt g_s liegt, durch die Gleichung $x_{s+1} = x_{s+2} = \dots = x_m = 0$ definiert wird. Auf g_s gilt

$$r^2 = \sum_{k=1}^{s} (x_k - y_k)^2 + \sum_{k=s+1}^{m} y_k^2 \geqq \sum_{k=1}^{s} (x_k - y_k)^2 .$$

Die letzte Summe bezeichnen wir mit r_s^2; offenbar ist $r \geqq r_s$. Dabei ist $\sigma q < s$ und folglich

$$\int_{g_s} \frac{\mathrm{d}_s x}{r^{s-\sigma q}} \leqq \int_{g_s} \frac{\mathrm{d}_s x}{r_s^{s-\sigma q}} \leqq \int_{r_s<H} \frac{\mathrm{d}_s x}{r_s^{s-\sigma q}} ;$$

wenn wir Formel (2) benutzen und in ihr m durch s ersetzen, erhalten wir

$$\int_{g_s} \frac{\mathrm{d}_s x}{r^{s-\sigma q}} < \frac{2\pi^{s/2} H^{\sigma q}}{\Gamma\left(\frac{s}{2}\right)\sigma q} .$$

Nunmehr folgt aus der Ungleichung (8)

$$||u||_{L_q(g_s)} = \left\{\int_{g_s} |u(x)|^q \,\mathrm{d}_s x\right\}^{1/q} \leqq C' \, ||\varrho||_{L_p(G)}; \qquad C' = \text{const}, \tag{10}$$

und für den Fall $q \geqq p$ ist der Satz bewiesen.

Der Beweis für $q < p$ ergibt sich leicht, wenn folgendes berücksichtigt wird.

Sei $\Omega \subset E_k$ eine beschränkte und meßbare Menge, $1 < q < q_1$ und $u \in L_q(\Omega)$. Durch Anwendung der Hölderschen Ungleichung mit dem Exponenten q_1/q finden wir

$$||u||_q^q = \int_\Omega |u(x)|^q \,\mathrm{d}x \leqq \left\{\int_\Omega |u(x)|^{q_1} \,\mathrm{d}x\right\}^{q/q_1} \left\{\int_\Omega 1^{q_1/(q_1-q)} \,\mathrm{d}x\right\}^{(q_1-q)/q_1},$$

oder

$$||u||_q \leqq (\mu\Omega)^{1/q-1/q_1} \, ||u||_{q_1} . \tag{11}$$

Wenn nun $q < p$ ist, so nehmen wir irgendeine Zahl q_1, $p \leqq q_1 < q_0$. Die Formeln (10) und (11) liefern

$$||u||_{L_q(g_s)} \leqq (\mu g_s)^{1/q-1/q_1} \, C' ||\varrho||_{L_p(G)} ,$$

und der Satz ist vollständig bewiesen.

Satz 1.3.3. *Sei $\lambda p' \geqq m$ und s eine ganze Zahl mit $m - (m - \lambda)\, p < s \leqq m$. Sei ferner $g_s \subset G$ eine s-dimensionale stückweise glatte Mannigfaltigkeit. Dann behalten alle Aussagen des Satzes* 1.3.2 *ihre Gültigkeit.*

Beweis. Nach Definition ist eine stückweise glatte Mannigfaltigkeit die Vereinigung einer endlichen Anzahl von Teilen, $g_s = \bigcup_{i=1}^{n} g_s^{(i)}$, von denen jeder durch Parametergleichungen der Gestalt

$$x_j = f_{ij}(\xi_1, \xi_2, \dots, \xi_s) , \qquad j = 1, 2, \dots, m , \tag{12}$$

bestimmt wird, wobei die Funktionen f_{ij} auf ihrem Definitionsgebiet stetig differenzierbar sind und das Infimum der Summe

$$A(x) = \sum \left[\frac{D(x_{j_1}, x_{j_2}, \dots, x_{j_s})}{D(\xi_1, \xi_2, \dots, \xi_s)}\right]^2 \tag{13}$$

positiv ist; die Summierung in (13) erstreckt sich über alle möglichen Tupel von Indizes $j_1, j_2, \dots, j_s$, von denen jeder die Werte von 1 bis m annimmt.

Offenbar genügt es, den Satz für jede der Mengen $g_s^{(i)}$ zu beweisen, die als abgeschlossen angesehen werden können. Anderenfalls kann jede dieser Mengen durch ihre Abschließung ersetzt und für diese der Satz bewiesen werden. In einer gewissen Umgebung eines jeden Punktes der Menge $g_s^{(i)}$ ist wenigstens eine der JACOBIschen Funktionaldeterminanten (13) verschieden von Null; nach dem HEINE-BORELschen Überdeckungssatz kann diese Menge durch eine endliche Anzahl offener Mengen überdeckt werden, wobei auf jeder dieser Mengen eine der JACOBIschen Funktionaldeterminanten (13) verschieden von Null ist.

Sei g' eine dieser offenen Mengen. Wir nehmen ferner an, daß die Koordinatenachsen so numeriert sind, daß auf g' die JACOBIsche Funktionaldeterminante

$$\frac{D(x_1, x_2, \ldots, x_s)}{D(\xi_1, \xi_2, \ldots, \xi_s)}$$

nicht verschwindet. Diese JACOBIsche Funktionaldeterminante verschwindet auch nicht in einer gewissen Umgebung der Mannigfaltigkeit g'. Mit G_1 bezeichnen wir den Durchschnitt dieser Umgebung mit der Menge G, und es sei $G_2 = G \setminus G_1$. In G_1 führen wir neue Koordinaten $\xi_1, \ldots, \xi_s, \xi_{s+1}, \ldots, \xi_m$ so ein, daß sie für $j \leq s$ durch die ersten s Gleichungen aus (12) und für $j > s$ durch die Gleichungen

$$x_j = f_{ij}(\xi_1, \xi_2, \ldots, \xi_s) + \xi_j \tag{14}$$

bestimmt werden. Man überprüft leicht, daß für die JACOBIsche Funktionaldeterminante dieser Transformation

$$\frac{D(x_1, x_2, \ldots, x_m)}{D(\xi_1, \xi_2, \ldots, \xi_m)} = \frac{D(x_1, x_2, \ldots, x_s)}{D(\xi_1, \xi_2, \ldots, \xi_s)}$$

gilt und sie deshalb auf G_1 nicht verschwindet; wenn der Durchmesser dieser Menge hinreichend klein ist, kann immer angenommen werden, daß die hier eingeführte Transformation eineindeutig ist. Für das Weitere ist es wichtig, daß durch diese Transformation die Menge g' auf eine Menge d' abgebildet wird, die in der Ebene $\xi_{s+1} = \xi_{s+2} = \ldots = \xi_m = 0$ liegt. Wir bezeichnen noch mit D_1 das Bild der Menge G_1, das durch die erwähnte Abbildung vermittelt wird. Die Transformation selbst werden wir so schreiben: $x = f(\xi)$, die inverse Transformation $\xi = F(x)$.

Wir setzen jetzt $u(x) = u_1(x) + u_2(x)$, wobei

$$u_k(x) = \int_{G_k} \varrho(y) \frac{A(x, y)}{r^\lambda} \, dy; \qquad k = 1, 2\,. \tag{15}$$

Gilt $x \in g'$ und $y \in G_2$, so ist der Kern $A(x, y)\, r^{-\lambda}$ beschränkt. Dies liefert

$$|u_2(x)| \leq C \int_{G_2} |\varrho(y)| \, dy \leq C \int_G |\varrho(y)| \, dy = C\|\varrho\|_1 \leq C'\|\varrho\|_p\,;$$

hierbei sind C und C' gewisse Konstanten. Wenn wir diesen Ausdruck über g' in der q-ten Potenz integrieren, ergibt sich

$$\int_{g'} |u_2(x)|^q \, dx \leq C''\|\varrho\|_p^q\,, \qquad C'' = \text{const.} \tag{16}$$

Wir wenden uns nun der Funktion $u_1(x)$ zu. Sei $y = f(\eta)$. Wir setzen $|\xi - \eta| = R$. Dann ist

$$R = |F(y) - F(x)| = |J(\bar{x})\,(y - x)|\,;$$

hier ist J die JACOBIsche Funktionalmatrix der Transformation $\xi = F(x)$ und $\bar{x}$ ein gewisser Punkt des Intervalls, das x und y verbindet. Die Matrix J ist auf G_1 beschränkt, und deshalb gilt offensichtlich $R \leqq cr$, $c = \text{const.}$

Die Funktion $u_1(x)$ kann als

$$u_1(x) = \int_{D_1} \frac{A(f(\xi), f(\eta))\, |J^{-1}(\xi)| \left(\frac{R}{r}\right)^{\lambda}}{R^{\lambda}} \varrho(f(\eta))\, \mathrm{d}\eta \tag{17}$$

dargestellt werden. Der Zähler des unter dem Integral (17) stehenden Bruches ist beschränkt, und dieses Integral weist eine schwache Singularität auf. Die Mannigfaltigkeit d' ist eine ebene Mannigfaltigkeit, und nach Satz 1.3.2 ergibt sich

$$\int_{d'} |u_1(f(\xi))|^q \,\mathrm{d}\xi_1 \ldots \mathrm{d}\xi_s \leqq \beta_1^q \left\{ \int_{D_1} |\varrho(f(\eta))|^p \,\mathrm{d}\eta \right\}^{q/p} =$$

$$= \beta_1^q \left\{ \int_{G_1} |\varrho(y)|^p \left| \frac{D(\eta_1, \ldots, \eta_m)}{D(y_1, \ldots, y_m)} \right| \mathrm{d}y \right\}^{q/p} \leqq \beta_2^q \left\{ \int_{G_1} |\varrho(y)|^p \,\mathrm{d}y \right\}^{q/p} \leqq \beta_2^q ||\varrho||_p^{\frac{q}{p}}, \quad \beta_1, \beta_2 = \text{const.} \tag{18}$$

Andererseits gilt

$$||u_1||^q_{L_q(g')} = \int_{g'} |u_1(x)|^q \,\mathrm{d}_x g' = \int_{d'} |u_1(x(\xi))|^q \sqrt{A(x)}\, \mathrm{d}\xi_1 \ldots \mathrm{d}\xi_s \leqq \beta_3^q \int_{d'} |u_1(x(\xi))|^q \,\mathrm{d}\xi_1 \ldots \mathrm{d}\xi_s;$$

$$\beta_3 = \text{const}; \tag{19}$$

die Größe $A(x)$ ist beschränkt, weil die Ableitungen $\frac{\partial x_j}{\partial \xi_k}$ stetig und folglich beschränkt sind.

Wenn wir die Beziehungen (18) und (19) vergleichen, finden wir

$$||u_1||_{L_q(g')} \leqq \beta_4 ||\varrho||_p; \qquad \beta_4 = \text{const}\,.$$

Daraus und aus (16) folgt $||u||_{L_q(g')} \leqq \beta_5 ||\varrho||_p$.

Nachdem wir diese Ungleichungen über alle $g' \subset g_s^{(i)}$ und danach über alle i summiert haben, erhalten wir

$$||u||_{L_q(g_s)} \leqq \beta ||\varrho||_p, \qquad \beta = \text{const}\,. \tag{20}$$

Der Satz ist bewiesen.

§ 4. Integraloperatoren mit schwacher Singularität (Fortsetzung)

Satz 1.4.1. *Ist $\lambda p' \geqq m$, so ist der Integraloperator mit schwacher Singularität vollstetig als Operator von $L_p(G)$ in $L_q(G)$, wobei gilt*

$$1 \leqq q < q_0' = \frac{mp}{m - (m - \lambda)\, p}.$$

Bemerkung. Man kann beweisen, daß für $\lambda p' < m$ der Integraloperator mit schwacher Singularität auch vollstetig als Operator von $L_p(G)$ in $L_q(g_s)$ ist, wobei $g_s \subset G$ eine s-dimensionale stückweise glatte Mannigfaltigkeit ist, $m - (m - \lambda)\, p < s \leqq m$ und $1 \leqq q < q_0$; hierbei wird q_0 durch die Formel (3.7) bestimmt. Den Beweis kann man in [10], [11] finden.

Beweis des Satzes. Sei ε eine beliebige positive Zahl und $x, y \in G$. Wir setzen

$$K_1(x, y) = \begin{cases} A(x, y)\, r^{-\lambda}, & r \geqq \varepsilon, \\ 0, & r < \varepsilon, \end{cases}$$

$$K_2(x, y) = \begin{cases} 0, & r \geqq \varepsilon, \\ A(x, y)\, r^{-\lambda}, & r < \varepsilon \end{cases}$$

und bezeichnen mit K_j, $j = 1, 2$, den Integraloperator mit dem Kern $K_j(x, y)$; somit gilt $K_1 + K_2 = K$. Wir zeigen $\|K_2\| \underset{\varepsilon\to 0}{\longrightarrow} 0$.

Sei $\varrho \in L_p(G)$ und

$$v(x) = \int_G K_2(x, y)\, dy = \int_{G\cap(r<\varepsilon)} \frac{A(x, y)}{r^\lambda} \varrho(y)\, dy .$$

Wie im vorangegangenem Paragraphen erhalten wir mit $\sigma = \frac{m}{2}\left(\frac{1}{q} + \frac{1}{p'} - \frac{\lambda}{m}\right)$ die Abschätzung

$$|v(x)| \leqq N\Big\{\int_{G\cap(r<\varepsilon)} |\varrho(y)|^p\, r^{\sigma q - m}\, dy\Big\}^{1/q} \Big\{\int_{G\cap(r<\varepsilon)} |\varrho(y)|^p\, dy\Big\}^{1/p-1/q} \Big\{\int_{G\cap(r<\varepsilon)} r^{p'\sigma - m}\, dy\Big\}^{1/p'} .$$

Wenn man in den beiden ersten Faktoren auf der rechten Seite über G und im dritten über die Kugel $r < \varepsilon$ integriert, wird die rechte Seite nicht kleiner. Wenn wir dann noch Formel (3.2) benutzen und über G integrieren, erhalten wir

$$\|v\|_q \leqq c_1 \varepsilon^\sigma \|\varrho\|_p , \qquad c_1 = \text{const} .$$

Dies liefert $\|K_2\| \leqq c_1\varepsilon^\sigma$, und unsere Behauptung ist bewiesen.

Sei nun $T(x, y) \in L_\beta(G \times G)$ ein gewisser Kern, $\beta = \max(p', q)$, und der Operator T werde durch die Formel

$$(T\varrho)(x) = w(x) = \int_G T(x, y)\, \varrho(y)\, dy$$

definiert. Wir schätzen die Norm von T als Operator, der $L_p(G)$ in $L_q(G)$ abbildet, ab. Die Höldersche Ungleichung liefert

$$|w(x)| \leqq \|\varrho\|_p \Big[\int_G |T(x, y)|^{p'}\, dy\Big]^{1/p'} .$$

Indem wir in der Formel (3.11) $q = p'$, $q_1 = \beta$ setzen, erhalten wir

$$|w(x)| \leqq (\mu G)^{1/p' - 1/\beta} \|\varrho\|_p \big[\int_G |T(x, y)|^\beta\, dy\big]^{1/\beta} .$$

Der Kürze halber führen wir die Bezeichnungen

$$\varphi(x) = \Big[\int_G |T(x, y)|^\beta\, dy\Big]^{1/\beta}; \qquad (\mu G)^{1/p' - 1/\beta} = c$$

ein und erhalten $|w(x)| \leqq c\, \|\varrho\|_p\, \varphi(x)$. Wenn wir die q-te Potenz dieses Ausdruckes bezüglich x integrieren, ergibt sich

$$\|w\|_p^q \leqq c^q \|\varrho\|_p^q \|\varphi\|_q^q \leqq c_2^q \|\varrho\|_p^q \|\varphi\|_\beta^q; \qquad c_2 = (\mu G)^{1/p' + 1/q - 2/\beta} .$$

Hieraus folgt leicht die gesuchte Abschätzung:

$$\|T\| \leqq c_2 \Big[\int_G \int_G |T(x, y)|^\beta\, dx\, dy\Big]^{1/\beta} . \tag{1}$$

Wir wenden uns dem Operator K_1 zu. Sein Kern ist beschränkt und somit in jeder Potenz summierbar. Deshalb kann der Kern $K_1(x, y)$ durch ein Polynom $P(x, y)$ so approximiert werden, daß die Größe

$$\int_G \int_G |K_1(x, y) - P(x, y)|^\beta \, dx \, dy$$

kleiner als eine beliebig vorgegebene positive Zahl wird. Sei P der Integraloperator mit dem Kern $P(x, y)$. Durch geeignete Wahl des Polynoms $P(x, y)$ kann folglich erreicht werden, daß die Norm des Operators $K_1 - P$ beliebig klein wird.

Wir weisen jetzt nach, daß P vollstetig als Operator von $L_p(G)$ in $L_q(G)$ ist. Sei M eine in $L_p(G)$ beschränkte Menge:

$$\forall \varrho \in M, \ ||\varrho||_p \leqq C = \text{const}.$$

Es genügt zu zeigen, daß die Menge PM relativ kompakt in $L_q(G)$ ist. Die Höldersche Ungleichung liefert

$$|(P\varrho)(x)| \leqq ||\varrho||_p \left\{\int_G |P(x, y)|^{p'} \, dy\right\}^{1/p'} \leqq C\left\{\int_G |P(x, y)|^{p'} \, dy\right\}^{1/p'}.$$

Die Menge G ist beschränkt und das letzte Integral ebenfalls. Daraus folgt, daß die Funktionen der Menge PM bezüglich ihres Absolutbetrages durch eine Konstante beschränkt sind, die nicht von der Wahl der Funktion $\varrho(y)$ aus M abhängt. Nochmalige Anwendung der Hölderschen Ungleichung ergibt

$$|(P\varrho)(x + \Delta x) - (P\varrho)(x)| \leqq ||\varrho||_p \left\{\int_G |P(x + \Delta x, y) - P(x, y)|^{p'} \, dy\right\}^{1/p'} \leqq$$

$$\leqq C\left\{\int_G |P(x + \Delta x, y) - P(x, y)|^{p'} \, dy\right\}^{1/p'}. \tag{2}$$

Auf der beschränkten Menge G ist das Polynom $P(x, y)$ gleichmäßig stetig, und die Ungleichung (2) zeigt, daß die Funktionen der Menge PM gleichgradig stetig sind. Nach dem Satz von Arzela-Ascoli ist die Menge PM in $C(G)$ relativ kompakt, somit auch in $L_q(G)$. Der Operator P ist vollstetig.

Folglich gilt $K = P + (K_1 - P) + K_2$, wobei P vollstetig ist und die Normen der Operatoren $K_1 - P$ und K_2 beliebig klein gemacht werden können. Dann ist aber K vollstetig. Der Satz ist bewiesen.

Die Sätze der §§ 3 und 4 können ohne Schwierigkeiten auf den Fall übertragen werden, wo im schwach singulären Integral über eine meßbare Menge integriert wird, die in einer gewissen m-dimensionalen stückweise glatten Mannigfaltigkeit liegt; bezüglich dieser Mannigfaltigkeit setzen wir zusätzlich voraus, daß sie in einem euklidischen Raum höherer Dimension m' eingebettet ist. In diesem Falle kann man in der Formel (3.1), die ein schwach singuläres Integral definiert, unter r den Abstand von x zu y entweder in der Metrik des Raumes $E_{m'}$ oder in der inneren Metrik der Mannigfaltigkeit Γ verstehen.

KAPITEL 2

MITTELFUNKTIONEN

§ 1. Der Mittelungskern[1])

Es seien x und y beliebige Punkte des Raumes E_m, $r = |x - y|$ und h eine beliebige positive Zahl. Eine Funktion $\omega_h(x, y)$ nennen wir *Mittelungskern*, wenn sie folgende Eigenschaften besitzt:

1. Die Funktion $\omega_h(r)$ ist beliebig oft differenzierbar nach den cartesischen Koordinaten der Punkte x und y.
   Es sei schon hier darauf hingewiesen, daß für $r \neq 0$ dafür notwendig und hinreichend ist, daß diese Funktion beliebig oft nach r differenzierbar ist.
2. $\omega_h(r) > 0 \quad$ für $\quad r < h$,
   $\omega_h(r) = 0 \quad$ für $\quad r \geqq h$.
3. $\int\limits_{r<h} \omega_h(r)\, dy = \int\limits_{r<h} \omega_h(r)\, dx = 1.$

Wir überzeugen uns von der Existenz wenigstens eines solchen Kerns. Es sei

$$\omega_h(r) = \begin{cases} c_h\, e^{-h^2/(h^2-r^2)}, & r < h, \quad c_h = \text{const} > 0; \\ 0, & r \geqq h. \end{cases} \tag{1}$$

Die Eigenschaft 2 ist offensichtlich. Die Eigenschaft 3 ist erfüllt, wenn wir

$$c_h = \left\{ \int\limits_{r<h} e^{-h^2/(h^2-r^2)}\, dy \right\}^{-1} \tag{2}$$

setzen.

Wir bemerken noch, daß man dem Integral (2) eine einfachere Form geben kann. Zu diesem Zweck führen wir Kugelkoordinaten mit x als Mittelpunkt ein und benutzen die Formel (2.7), Kap. 1, nach der $dy = r^{m-1}\, dr\, dS_1$ gilt. Danach substituieren wir $r = ht$. Dann ergibt sich für c_h der Ausdruck

$$c_h = \frac{1}{h^m\, |S_1|} \left\{ \int\limits_0^1 e^{-1/(1-t^2)}\, t^{m-1}\, dt \right\}^{-1}.$$

Wir beweisen jetzt die Eigenschaft 1. Offensichtlich ist die Funktion (1) für $r < h$ und $r > h$ beliebig oft differenzierbar, wobei im Fall $r > h$ sämtliche Ableitungen gleich Null sind. Es ist deshalb hinreichend zu beweisen, daß die Funktion (1) für $r = h$ Ableitungen beliebiger Ordnung nach r besitzt, die alle gleich Null sind und daß die für $r < h$ berechneten Ableitungen mit $r \to h$ gegen Null streben.

Den Beweis führen wir für die erste Ableitung; für die höheren Ableitungen verläuft der Beweis analog.

---

[1]) Der Begriff des Mittelungskernes und der damit in engem Zusammenhang stehende Begriff der Mittelfunktion (s. § 2) wurden erstmalig von W. A. Steklow eingeführt. Weiterentwickelt wurden diese Begriffe von S. L. Sobolew, dessen Ideen wir hier auch darlegen. S. L. Sobolew führte auch den Begriff der verallgemeinerten Ableitungen ein, von denen im Kap. 2 die Rede ist, und untersuchte deren Eigenschaften.

a) Die Funktion $\omega_h(r)$ ist stetig für $r = h$. In der Tat folgt aus Formel (1), daß $\omega_h(h + 0) = 0 = \omega_h(h)$ ist. Andererseits gilt

$$\omega_h(h - 0) = c_h \lim_{r \to h-0} \mathrm{e}^{-h^2/(h^2 - r^2)} = 0$$

wegen

$$-\frac{h^2}{h^2 - r^2} \xrightarrow[r \to h-0]{} -\infty .$$

b) Die Ableitung $\omega_h'(h)$ existiert und ist gleich Null. Es ist nämlich

$$\lim_{r \to h+0} \frac{\omega_h(r) - \omega_h(h)}{h - r} = \lim_{r \to h+0} 0 = 0 .$$

Gleichzeitig gilt

$$\lim_{r \to h-0} \frac{\omega_h(r) - \omega_h(h)}{r - h} = \lim_{r \to h-0} \frac{\mathrm{e}^{-h^2/(r^2 - h^2)}}{r - h} = 0 ,$$

wovon man sich z. B. mit Hilfe der L'HOSPITALEschen Regel überzeugen kann. Somit existiert also der Grenzwert

$$\lim_{r \to h} \frac{\omega_h(r) - \omega_h(h)}{r - h} = \omega_h'(h)$$

und ist gleich Null.

c) Es gilt die Relation

$$\lim_{r \to h-0} \omega_h'(r) = c_h \lim_{r \to h-0} \frac{2rh^2}{(h^2 - r^2)^2} \mathrm{e}^{-h^2/(h^2 - r^2)} = 0 ,$$

die sich ebenfalls mit Hilfe der L'HOSPITALEschen Regel leicht nachprüfen läßt.

Also existiert die erste Ableitung $\omega_h'(r)$ und ist für beliebiges r stetig. Genauso weist man die Existenz und Stetigkeit der folgenden Ableitungen nach. Die Eigenschaft 1 ist bewiesen.

§ 2. Mittelfunktionen

Es sei Ω ein beschränktes Gebiet des Raumes E_m und $u(y)$ eine auf Ω summierbare Funktion. Wir setzen diese Funktion außerhalb von Ω fort, indem wir sie dort gleich Null setzen. Es sei x ein beliebiger Punkt des Raumes E_m. Wir setzen

$$u_h(x) = \int_\Omega \omega_h(r)\, u(y)\, \mathrm{d}y , \tag{1}$$

wobei $\omega_h(r)$ irgendein Mittelungskern ist, der die Eigenschaften 1—3 aus § 1 besitzt. Die Funktion u_h heißt *Mittelfunktion* bezüglich u; die Zahl h heißt *Radius der Mittelung*. Die Mittelfunktion kann man noch in zwei weiteren Formen darstellen:

1. Beachtet man, daß $u(y) = 0$ ist für $y \notin \Omega$, so kann man das Integral (1) auf den gesamten Raum ausdehnen, und dann gilt

$$u_h(x) = \int_{E_m} \omega_h(r)\, u(y)\, \mathrm{d}y . \tag{1a}$$

2. Infolge der Eigenschaft 2 des Mittelungskernes braucht man nicht über den gesamten Raum zu integrieren, sondern nur über die Kugel vom Radius h mit dem Mittelpunkt x:

$$u_h(x) = \int_{r<h} \omega_h(r)\, u(y)\, \mathrm{d}y . \tag{1b}$$

3. Es genügt auch, nur über den Durchschnitt $\Omega \cap (r < h)$ zu integrieren, da auf seiner Ergänzung entweder der eine oder andere Faktor im Integranden verschwindet.

Deshalb hat die Formel

$$u_h(x) = \int\limits_{\Omega\cap(r<h)} \omega_h(r)\, u(y)\, dy \tag{1c}$$

Gültigkeit.

Wir erwähnen die einfachsten Eigenschaften der Mittelfunktionen:

1. Die Mittelfunktion ist im ganzen Raum beliebig oft differenzierbar; ihre Ableitungen beliebiger Ordnung erhält man durch Differentiation unter dem Integralzeichen in einer beliebigen der Formeln (1)—(1c).

Diese Eigenschaft folgt sofort aus Satz 1.1.3. Die Ableitungen einer Mittelfunktion kann man folglich mittels der Formel

$$D^\alpha u_h(x) = \int\limits_{\Omega} u(y)\, D_x^\alpha \omega_h(r)\, dy \tag{2}$$

berechnen; hierbei ist α ein beliebiger Multiindex der Ordnung m. Das Gebiet Ω in der Formel (2) kann durch ein beliebiges der Gebiete E_m, $r < h$, $\Omega \cap (r < h)$ ersetzt werden.

2. Die Mittelfunktion ist gleich Null in allen Punkten, deren Abstand zum Gebiet Ω nicht kleiner als h ist. In diesem Fall liegt nämlich die Kugel $r < h$ ganz außerhalb von Ω, und unter dem Integralzeichen in (1b) steht $u(y) = 0$.

Somit kann die Mittelfunktion nur in dem Gebiet nicht identisch Null sein, welches wir mit $\Omega^{(h)}$ bezeichnen und das man wie folgt erhält: Um jeden Punkt $x \in \Omega$ beschreiben wir eine Kugel vom Radius h mit dem Mittelpunkt x; die Vereinigung dieser Kugeln ist $\Omega^{(h)}$. Offenbar gilt $\Omega^{(h)} \supset \Omega$. Wenn z. B. Ω eine Kugel vom Radius R ist, dann stellt $\Omega^{(h)}$ eine zu Ω konzentrische Kugel vom Radius $R + h$ dar.

§ 3. Konvergenz der Mittelfunktionen

Satz 2.3.1. *Ist $u \in C(\Omega)$, so gilt für die Mittelfunktionen*

$$u_h(x) \xrightarrow[h\to 0]{} u(x)$$

gleichmäßig in jedem abgeschlossenen inneren Teilgebiet des Gebietes Ω.

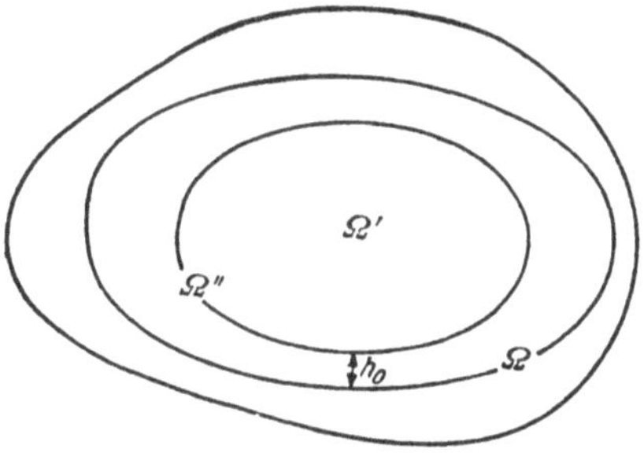

Abb. 3

Beweis. Es sei Ω' ein inneres Teilgebiet des Gebietes Ω. Wir konstruieren ein Gebiet Ω'', das ein inneres Teilgebiet von Ω ist und das seinerseits Ω' als inneres Teilgebiet enthält (Abb. 3). Sei h_0 der kleinste Abstand zwischen den Punkten der Ränder $\partial\Omega'$ und $\partial\Omega''$ der Gebiete Ω' und Ω''.

Wir wählen $h < h_0$. Auf Grund der Formel (2b) und der Eigenschaft 3 des Mittelungskernes aus § 1 erhalten wir

$$u_h(x) - u(x) = \int_{r<h} [u(y) - u(x)]\, \omega_h(r)\, dy\,. \tag{1}$$

Ist $x \in \bar{\Omega}'$, so ist im Integral (1) $y \in \bar{\Omega}''$. Im abgeschlossenen Gebiet $\bar{\Omega}''$ ist die stetige Funktion u gleichmäßig stetig, und deshalb gilt für eine beliebig kleine positive Zahl ε: $|u(y) - u(x)| < \varepsilon$ für $r \leqq h$ bei hinreichend kleinem h. Unter Berücksichtigung von $\omega_h(r) \geqq 0$ (Eigenschaft 2) erhalten wir aus Formel (1)

$$|u_h(x) - u(x)| \leqq \varepsilon \int_{r<h} \omega_h(r)\, dy = \varepsilon\,. \tag{2}$$

Der Satz ist somit bewiesen.

Satz 2.3.2. *Bei der Mittelung kann sich die Norm im Raum $L_p(\Omega)$ nicht vergrößern, wie auch p aus dem Intervall $1 \leqq p \leqq \infty$ gewählt sein möge.*

Beweis. Sei $u \in L_p(\Omega)$ und $1 < p < \infty$. Die Hölderische Ungleichung liefert

$$|u_h(x)|^p = \left|\int_\Omega u(y)\, \omega_h(r)\, dy\right|^p \leqq \left|\int_\Omega u(y)\, \omega_h^{1/p}(r)\, \omega_h^{1/p'}(r)\, dy\right|^p \leqq$$
$$\leqq \int_\Omega |u(y)|^p\, \omega_h(r)\, dy \left\{\int_\Omega \omega_h(r)\, dy\right\}^{p/p'} \leqq \int_\Omega |u(y)|^p\, \omega_h(r)\, dy\,, \tag{3}$$

da auf Grund der Eigenschaft 2 des Mittelungskernes

$$\int_\Omega \omega_h(r)\, dy = \int_{\Omega \cap (r<h)} \omega_h(r)\, dy \leqq \int_{r<h} \omega_h(r)\, dy = 1$$

ist. Durch Integration der Ungleichung (3) über das Gebiet Ω erhalten wir

$$\|u_h\|_p^p = \int_\Omega |u_h(x)|^p\, dx \leqq \int_\Omega |u(y)|^p \left\{\int_\Omega \omega_h(r)\, dx\right\} dy \leqq \int_\Omega |u(y)|^p\, dy = \|u\|_p^p\,,$$

was zu beweisen war. Dem Leser überlassen wir die Untersuchung der einfacheren Fälle $p = 1$ und $p = \infty$.

Satz 2.3.3. *Ist $u \in L_p(\Omega)$, $1 \leqq p < \infty$, so gilt*

$$\|u - u_h\|_p \xrightarrow[h \to 0]{} 0\,.$$

Beweis. Bekanntlich läßt sich für ein beliebiges $\varepsilon > 0$ ein Polynom f derart angeben, daß

$$\|u - f\|_p < \frac{\varepsilon}{3}$$

ist[1]). Wir wenden die Dreiecksungleichung an (im weiteren verzichten wir auf das Symbol p an der Norm):

$$\|u - u_h\| \leqq \|u - f\| + \|f - f_h\| + \|f_h - u_h\|\,.$$

Nach Satz 2.3.2 ist

$$\|f_h - u_h\| \leqq \|f - u\|$$

und somit

$$\|u - u_h\| \leqq 2\|f - u\| + \|f - f_h\| < \frac{2\varepsilon}{3} + \|f - f_h\|$$

---

[1]) Man vergleiche z. B. [10].

Wir wählen ein Gebiet Ω_1, für das Ω ein eigentliches inneres Teilgebiet ist. Das Polynom f ist stetig in Ω_1, deshalb gilt

$$f_h \xrightarrow[h\to 0]{} f$$

gleichmäßig in einem beliebigen inneren abgeschlossenen Teilgebiet von Ω_1, insbesondere in $\bar{\Omega}$. Aus der gleichmäßigen Konvergenz in einem abgeschlossenen Gebiet folgt die Konvergenz im Mittel, und für hinreichend kleine h ist

$$\|f - f_h\|_{L_p(\Omega)} < \tfrac{1}{3}\,\varepsilon\,.$$

Hieraus folgt nun leicht unsere Behauptung.

Satz 2.3.4. *Die Menge aller im Gebiet Ω finiten Funktionen ist dicht im Raum $L_p(\Omega)$, $1 \leqq p < \infty$.*

Beweis. Es ist zu beweisen, daß man eine beliebige Funktion $u \in L_p(\Omega)$ in der Metrik von $L_p(\Omega)$ durch eine finite Funktion mit einer beliebigen Genauigkeit approximieren kann.

Wir wählen eine Zahl δ derart, daß das Maß des Streifens Ω_δ hinreichend klein ist, nämlich: Wir geben $\varepsilon > 0$ vor und wählen δ so, daß gilt

$$\int_{\Omega_\delta} |u(x)|^p \, dx < \left(\frac{\varepsilon}{2}\right)^p.$$

Wir betrachten die durch die Gleichung

$$v(x) = \begin{cases} u(x)\,, & x \in \Omega \backslash \Omega_\delta\,, \\ 0\;\;, & x \in \Omega_\delta \end{cases}$$

definierte Funktion. Offenbar ist $v \in L_p(\Omega)$; dabei gilt

$$\|u - v\|^p = \int_{\Omega_\delta} |u(x)|^p \, dx < \left(\frac{\varepsilon}{2}\right)^p$$

und folglich

$$\|u - v\| < \frac{\varepsilon}{2}\,. \tag{4}$$

Wir nehmen $h < \dfrac{\delta}{2}$ und konstruieren die Mittelfunktion $v_h(x)$. Diese ist finit in Ω, da sie beliebig oft differenzierbar ist und gleich Null ist im Randstreifen $\Omega_{\delta-h}$ (siehe Eigenschaften 1 und 2 der Mittelfunktion aus § 2). Nach dem Satz 2.3.3 kann man eine Zahl h_0 wählen derart, daß für $h < h_0$ gilt

$$\|v - v_h\| < \frac{\varepsilon}{2}\,. \tag{5}$$

Aus der Dreiecksungleichung und den Beziehungen (4) und (5) folgt nun

$$\|u - v_h\| \leqq \|u - v\| + \|v - v_h\| < \varepsilon\,, \qquad h < h_0\,.$$

Der Satz ist bewiesen.

Folgerung 2.3.1. *Wenn eine Menge $M \subset L_p(\Omega)$ die Menge aller in Ω finiten Funktionen enthält, dann ist M dicht in $L_p(\Omega)$, $1 \leqq p < \infty$.*

KAPITEL 3

VERALLGEMEINERTE ABLEITUNGEN

§ 1. Der Begriff der verallgemeinerten Ableitung

Einleitend werden wir eine wichtige Formel der Integralrechnung herleiten, die unter der Bezeichnung *Formel der partiellen Integration* bekannt ist.

Es sei Ω ein beschränktes Gebiet des m-dimensionalen euklidischen Raumes, das durch die stückweise glatte Fläche Γ begrenzt wird. Wir erinnern an die GAUSS-OSTROGRADSKIsche Formel

$$\int_\Omega \frac{\partial P}{\partial x_k}\,dx = \int_\Gamma P\cos(\nu, x_k)\,d\Gamma\,; \tag{1}$$

hierbei ist ν die bezüglich Ω äußere Normale der Fläche Γ. Von der Funktion $P(x)$ genügt es zu fordern, daß sie der Klasse $C^{(1)}(\bar{\Omega})$ angehört.

Wir betrachten das Integral

$$\int_\Omega P\frac{\partial Q}{\partial x_k}\,dx = \int_\Omega \frac{\partial}{\partial x_k}(PQ)\,dx - \int_\Omega Q\frac{\partial P}{\partial x_k}\,dx$$

mit $P, Q \in C^{(1)}(\bar{\Omega})$. Ersetzt man das erste Integral auf der rechten Seite nach der GAUSS-OSTROGRADSKIschen Formel, so erhält man die Formel für die partielle Integration

$$\int_\Omega P\frac{\partial Q}{\partial x_k}\,dx = -\int_\Omega Q\frac{\partial P}{\partial x_k}\,dx + \int_\Gamma PQ\cos(\nu, x_k)\,d\Gamma.$$

Wir erwähnen einige Folgerungen aus dieser Formel. Wenn eine der Funktionen P oder Q auf Γ gleich Null ist, dann verschwindet das Oberflächenintegral, und man erhält die einfache Formel

$$\int_\Omega P\frac{\partial Q}{\partial x_k}\,dx = -\int_\Omega Q\frac{\partial P}{\partial x_k}\,dx\,.$$

Wir betrachten jetzt ein Integral von etwas komplizierterer Gestalt:

$$\int_\Omega P\frac{\partial^k Q}{\partial x_1^{k_1}\,\partial x_2^{k_2}\ldots\partial x_m^{k_m}}\,dx\,.$$

Wenn die Funktion P die nötigen stetigen Ableitungen besitzt, dann kann man dieses Integral k-mal partiell integrieren, so daß die Funktion Q unter dem Integralzeichen des Raumintegrals von der Differentiation befreit wird:

$$\int_\Omega P\frac{\partial^k Q}{\partial x_1^{k_1}\,\partial x_2^{k_2}\ldots\partial x_m^{k_m}}\,dx = -\int_\Omega \frac{\partial P}{\partial x_1}\frac{\partial^{k-1} Q}{\partial x_1^{k_1-1}\,\partial x_2^{k_2}\ldots\partial x_m^{k_m}}\,dx +$$

$$+\int_\Gamma P\frac{\partial^{k-1} Q}{\partial x_1^{k_1-1}\,\partial x_2^{k_2}\ldots\partial x_m^{k_m}}(\cos\nu, x_1)\,d\Gamma = \ldots = (-1)^k\int_\Omega Q\frac{\partial^k P}{\partial x_1^{k_1}\,\partial x_2^{k_2}\ldots\partial x_m^{k_m}} + \int_\Gamma R(P, Q)\,d\Gamma\,.$$

$R(P, Q)$ bezeichnet einen Ausdruck, der von den Funktionen P, Q und deren Ableitungen bis zur $(k - 1)$-ten Ordnung einschließlich abhängt.

Es sei Ω ein gewisses Gebiet. Ferner seien $u, v \in L_{\mathrm{loc}}(\Omega)$; diese Funktionen sind folglich auf jedem beliebigen inneren Teilgebiet von Ω summierbar. Wir nehmen an, daß für jede Funktion $\varphi \in \mathfrak{M}^{(k)}(\Omega)$ (Bezeichnungen s. Einführung, § 2) die Identität

$$\int_\Omega u D^\alpha \varphi \, dx = (-1)^k \int_\Omega v \varphi \, dx , \qquad k = |\alpha|$$

erfüllt ist, wobei $\alpha = (\alpha_1, \dots, \alpha_m)$ ein gewisser Multiindex ist. Dann heißt $v(x)$ *verallgemeinerte Ableitung* k-ter Ordnung der Funktion $u(x)$ im Gebiet Ω. Als Bezeichnung für die verallgemeinerte Ableitung benutzt man das übliche Symbol: Man schreibt

$$v(x) = D^\alpha u = \frac{\partial^{|\alpha|} u}{\partial x_1^{\alpha_1} \partial x_2^{\alpha_2} \dots \partial x_m^{\alpha_m}} . \tag{2}$$

Satz 3.1.1. *Die verallgemeinerte Ableitung* (2) *ist eindeutig bestimmt.*

Beweis. Es ist folgendes zu zeigen. Wenn $u(x)$, $v_1(x)$, $v_2(x) \in L_{\mathrm{loc}}(\Omega)$ Funktionen sind, die für jede Funktion $\varphi \in \mathfrak{M}^{(k)}(\Omega)$ die Beziehungen

$$\int_\Omega u D^\alpha \varphi \, dx = (-1)^k \int_\Omega v_1 \varphi \, dx , \qquad \int_\Omega u D^\alpha \varphi \, dx = (-1)^k \int_\Omega v_2 \varphi \, dx \tag{3}$$

erfüllen, in denen α ein gegebener Multiindex und $k = |\alpha|$ ist, dann gilt $v_1 \equiv v_2$.

Zieht man die zweite der Gleichungen (3) von der ersten ab und setzt $v_1(x) - v_2(x) = w(x)$, so erhält man die für beliebiges $\varphi \in \mathfrak{M}^{(k)}(\Omega)$ gültige Beziehung

$$\int_\Omega w(x) \, \varphi(x) \, dx = 0 . \tag{4}$$

Wir beweisen, daß Gleichung (4) für eine beliebige beschränkte meßbare Funktion $\varphi(x)$ gilt, die in einem gewissen Randstreifen verschwindet. Es sei $\varphi(x)$ eine solche Funktion, und sie sei gleich Null in einem Streifen der Breite δ. Wir wählen $h < \frac{\delta}{2}$ und bilden die Mittelfunktion $\varphi_h(x)$. Diese ist beliebig oft differenzierbar und gleich Null in einem Randstreifen der Breite $\delta - h$. Somit ist $\varphi_h \in \mathfrak{M}^{(\infty)}(\Omega)$ und erst recht $\varphi_h \in \mathfrak{M}^{(k)}(\Omega)$. Für die Funktion $\varphi_h(x)$ gilt die Beziehung

$$\int_\Omega w(x) \, \varphi_h(x) \, dx = 0 . \tag{5}$$

Man sieht leicht, daß für beliebiges h die Funktionen $\varphi_h(x)$ durch ein und dieselbe Konstante beschränkt sind:

Wenn gilt $|\varphi(x)| < N = \text{const}$, so ist

$$|\varphi_h(x)| = \left| \int_{r<h} \varphi(y) \, \omega_h(r) \, dy \right| \leq N \int_{r<h} \omega_h(r) \, dy = N .$$

Eine in Ω beschränkte und meßbare Funktion φ ist in jedem Fall quadratisch summierbar in Ω. Aus dem Satz 2.3.3 folgt

$$\|\varphi_h - \varphi\|_{L_2(\Omega)} \xrightarrow[h \to 0]{} 0 .$$

Nach dem bekannten Satz über im Mittel konvergente Funktionenfolgen[1]) läßt sich eine Zahlenfolge $h_n \to 0$ auswählen derart, daß fast überall in Ω gilt

$$\varphi_{h_n}(x) \to \varphi(x) .$$

---

[1]) Siehe z. B. I. P. Natanson, Theorie der Funktionen einer reellen Veränderlichen, 4. Aufl., Akademie-Verlag Berlin 1975, S. 167 (Übersetzung aus dem Russischen).

In der Beziehung (5) setzen wir $h = h_n$.

Der Integrand des Integrals (5) ist durch die summierbare Funktion $N|w(x)|$ beschränkt, und für $n \to \infty$ konvergiert er fast überall gegen die Funktion $w(x)\,\varphi(x)$. Nach dem bekannten Satz von LEBESGUE über den Grenzübergang unter dem Integralzeichen erhalten wir

$$\int_\Omega w(x)\,\varphi(x)\,dx = 0\,,$$

was zu beweisen war. Jetzt setzen wir in der Gleichung (4)

$$\varphi(x) = \begin{cases} 0, & x \in \Omega_{\delta/2} \\ \operatorname{sign} w(x), & x \in \Omega' = \Omega \setminus \Omega_{\delta/2} \end{cases}.$$

Wir erhalten dann

$$\int_\Omega |w(x)|\,dx = 0\,, \tag{6}$$

und folglich ist $w(x) \equiv 0$, $x \in \Omega'$. Da die Zahl $\delta > 0$ beliebig war, ist $w(x) \equiv 0$ in Ω. Der Satz ist bewiesen.

Wenn die Funktion $u(x)$ in Ω zusammen mit ihren Ableitungen bis zur k-ten Ordnung einschließlich stetig ist, dann existieren ihre verallgemeinerten Ableitungen k-ter Ordnung, und diese stimmen mit den gewöhnlichen Ableitungen überein. In der Tat kann man das Integral auf der linken Seite der Formel (1) k-mal partiell integrieren. Dabei verschwinden die Oberflächenintegrale, da auf dem Rand des Gebietes Ω die Funktion φ und ihre Ableitungen bis zur $(k-1)$-ten Ordnung einschließlich gleich Null sind. Als Ergebnis erhalten wir die Beziehung

$$\int_\Omega u \frac{\partial^k \varphi}{\partial x_1^{k_1}\,\partial x_2^{k_2} \ldots \partial x_m^{k_m}}\,dx = (-1)^k \int_\Omega \varphi \frac{\partial^k u}{\partial x_1^{k_1}\,\partial x_2^{k_2} \ldots \partial x_m^{k_m}}\,dx\,, \tag{7}$$

wobei rechts die gewöhnliche (stetige) Ableitung von u steht. Gleichung (7) zeigt, daß in diesem Fall die verallgemeinerte Ableitung existiert und gleich ist der stetigen Ableitung

$$\frac{\partial^k u}{\partial x_1^{k_1}\,\partial x_2^{k_2} \ldots \partial x_m^{k_m}}.$$

Wir behandeln jetzt einige Beispiele.

Beispiel 1. Es sei Ω das Intervall $(-1, 1)$. Die Funktion $u(x) = |x|$ besitzt die verallgemeinerte Ableitung $u'(x) = \operatorname{sign} x$. Wenn nämlich $\varphi(x) \in \mathfrak{M}^{(1)}(-1, +1)$ ist, so ist $\varphi(x)$ stetig differenzierbar auf dem Segment $[-1, +1]$ und $\varphi(-1) = \varphi(1) = 0$. Es gilt

$$\int_{-1}^{1} |x|\,\varphi'(x)\,dx = -\int_{-1}^{0} x\varphi'(x)\,dx + \int_{0}^{1} x\varphi'(x)\,dx\,.$$

Nach partieller Integration erhalten wir

$$\int_{-1}^{1} |x|\,\varphi'(x)\,dx = \int_{-1}^{0} \varphi(x)\,dx - \int_{0}^{1} \varphi(x)\,dx = -\int_{-1}^{1} \varphi(x) \operatorname{sign} x\,dx\,,$$

und unsere Behauptung ist bewiesen.

Beispiel 2. Die Funktion $\operatorname{sign} x$ hat im Intervall $(-1, 1)$ keine verallgemeinerte erste Ableitung (obgleich sie, ebenso wie die Funktion $|x|$, eine stetige Ableitung für

$x \neq 0$ besitzt). Um uns davon zu überzeugen, bilden wir das Integral

$$\int_{-1}^{1} \varphi'(x) \operatorname{sign} x \, dx = -\int_{-1}^{0} \varphi'(x) \, dx + \int_{0}^{1} \varphi'(x) \, dx = -2\varphi(0) \, , \tag{8}$$

wobei $\varphi \in \mathfrak{M}^{(1)}(-1, 1)$ ist.

Es existiert keine Funktion $v(x)$, die im Intervall $(-1, 1)$ summierbar ist und die für eine beliebige Funktion $\varphi(x) \in \mathfrak{M}^{(1)}(-1, +1)$ die Beziehung

$$\int_{-1}^{+1} v(x) \, \varphi(x) \, dx = 2\varphi(0) \tag{9}$$

erfüllt.

In der Tat: Nehmen wir an, daß eine solche Funktion existiert. Dann ist die Funktion

$$v(x) = \int_{0}^{x} v(y) \, dy$$

auf dem Segment $[-1, 1]$ absolut stetig und besitzt dort die summierbare Ableitung $v(x)$. Durch Anwendung der partiellen Integration auf das Integral (9) erhalten wir unter Verwendung der Formel (8) folgende Beziehung:

$$\int_{-1}^{+1} \varphi'(x) \, [\operatorname{sign} x - V(x)] \, dx = 0 \, .$$

Diese gilt für eine beliebige Funktion $\varphi(x) \in \mathfrak{M}^{(1)}(-1, +1)$. Dann ist aber[1])

$$\operatorname{sign} x = V(x) + \text{const} \, , \qquad x \in (-1, +1) \, ,$$

was nicht möglich ist, da im Punkte $x = 0$ die linke Seite unstetig, die rechte Seite dagegen stetig ist.

Beispiel 3. Die Funktionen $f(t)$ und $g(t)$ seien stetig auf dem Segment $[-1, +1]$, aber in keinem seiner Punkte differenzierbar. Man kann dann beweisen, daß die im Quadrat $0 \leqq x_1, x_2 \leqq 1$ stetige Funktion zweier Veränderlicher

$$u(x) = u(x_1, x_2) = f(x_1) + g(x_2) \tag{10}$$

keine verallgemeinerten Ableitungen hat. Dennoch besitzt diese Funktion eine verallgemeinerte Ableitung zweiter Ordnung $\dfrac{\partial^2 u}{\partial x_1 \partial x_2}$, und diese Ableitung ist gleich Null. Um das festzustellen, genügt es zu beweisen, daß für eine beliebige Funktion $\varphi(x) = \varphi(x_1, x_2) \in \mathfrak{M}^{(2)}(\Omega)$, wobei Ω das Quadrat $-1 \leqq x_1, x_2 \leqq 1$ bedeutet, die folgende Beziehung gilt:

$$\int_{-1}^{+1} \int_{-1}^{+1} u(x_1, x_2) \, \frac{\partial^2 \varphi \, dx_1 \, dx_2}{\partial x_1 \, \partial x_2} = 0 \, .$$

---

[1]) Man vergleiche z. B. [10], Satz 12.

Diese Beziehung ergibt sich aber aus den Gleichungen

$$\int_{-1}^{+1}\int_{-1}^{+1} u(x_1, x_2) \frac{\partial^2\varphi}{\partial x_1\, \partial x_2} \mathrm{d}x_1\, \mathrm{d}x_2 =$$

$$= \int_{-1}^{+1} f(x_1) \left\{ \int_{-1}^{+1} \frac{\partial^2\varphi}{\partial x_1\, \partial x_2} \mathrm{d}x_2 \right\} \mathrm{d}x_1 + \int_{-1}^{+1} g(x_2) \left\{ \int_{-1}^{+1} \frac{\partial^2\varphi}{\partial x_1\, \partial x_2} \mathrm{d}x_1 \right\} \mathrm{d}x_2 =$$

$$= \int_{-1}^{+1} f(x_1) \frac{\partial\varphi}{\partial x_1} \Big|_{x_2=-1}^{x_2=+1} \mathrm{d}x_1 + \int_{-1}^{+1} g(x_2) \frac{\partial\varphi}{\partial x_2} \Big|_{x_1=-1}^{x_1=+1} \mathrm{d}x_2 = 0\,.$$

Dieses Beispiel zeigt, daß aus der Existenz der verallgemeinerten Ableitung irgendeiner Ordnung keineswegs die Existenz der verallgemeinerten Ableitungen niedrigerer Ordnung folgt.

§ 2. Die einfachsten Eigenschaften der verallgemeinerten Ableitung

Satz 3.2.1. *Die Funktion $u(x)$ besitze im Gebiet Ω eine verallgemeinerte Ableitung $v(x)$ der Form (1.2): $v(x) = D^\alpha u(x)$, seien $u_h(x)$ und $v_h(x)$ die entsprechenden Mittelfunktionen. Dann ist im Gebiet $\Omega \backslash \Omega_h$ die Mittelfunktion dieser Ableitung gleich der entsprechenden Ableitung der Mittelfunktion.*

Beweis. Wir erinnern daran, daß Ω_h den Randstreifen des Gebietes Ω der Breite h bedeutet. Die Menge $\Omega^{(h)} = \Omega \backslash \Omega_h$ ist offen, und für $x \in \Omega \backslash \Omega_h$ ist der Abstand vom

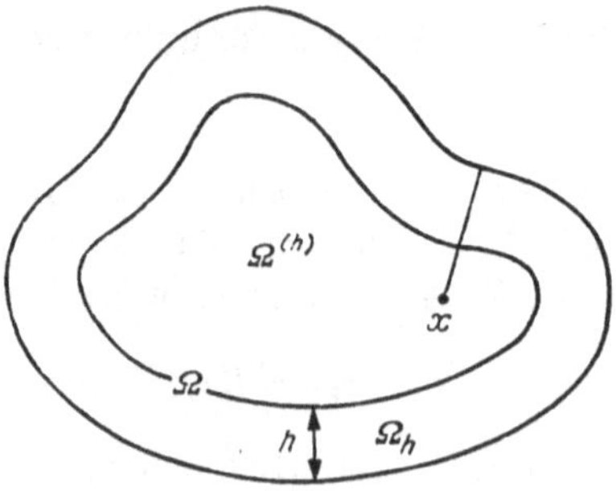

Abb. 4

Punkt x zum Rand des Gebietes Ω größer als h (Abb. 4). Deshalb ist der Mittelungskern $\omega_h(r) \in \mathfrak{M}^{(\infty)}(\Omega)$. Nach Formel (1.1) gilt

$$\int_\Omega u(y)\, D_y^\alpha \omega_h(r)\, \mathrm{d}y = (-1)^k \int_\Omega v(y)\, \omega_h(r)\, \mathrm{d}y = (-1)^k\, v_h(x) \qquad (|\alpha| = k)\,. \tag{1}$$

Da der Mittelungskern $\omega_h(r)$ nur von der Differenz $x - y$ abhängt, so ist

$$D_y^\alpha \omega_h(r) = (-1)^k\, D_x^\alpha \omega_h(r)\,.$$

Setzen wir dies in Gleichung (1) ein, so erhalten wir $v_h(x) = D^\alpha u_h(x)$, was zu beweisen war.

Satz 3.2.2. *Es sei Ω' ein Teilgebiet des Gebietes Ω. Wenn $v(x)$ die verallgemeinerte Ableitung*

$$v(x) = D^\alpha u(x)\,, \qquad |\alpha| = k\,, \tag{2}$$

der Funktion $u(x)$ im Gebiet Ω ist, dann ist $v(x)$ auch im Gebiet Ω' verallgemeinerte Ableitung von $u(x)$.

Beweis. Es sei $\varphi \in \mathfrak{M}^{(k)}(\Omega')$. Wir setzen die Funktion $\varphi(x)$ in $\Omega \backslash \Omega'$ gleich 0. Dann ist offenbar $\varphi \in \mathfrak{M}^{(k)}(\Omega)$. Auf die Funktionen $u(x)$ und $v(x)$ wenden wir die Formel (1.1) an. Da auf beiden Seiten dieser Formel die Integrale über $\Omega \backslash \Omega'$ Null sind, erhalten wir die Beziehung

$$\int_{\Omega'} u D^\alpha \varphi \,\mathrm{d}x = (-1)^k \int_{\Omega'} v\varphi \,\mathrm{d}x\,,$$

welche zeigt, daß im Teilgebiet Ω' gilt $v = D^\alpha u$.

Satz 3.2.3. *Es sei $v(x)$ im Gebiet Ω verallgemeinerte Ableitung von $u(x)$ der Gestalt $v(x) = D^\alpha u(x)$ und $w(x)$ verallgemeinerte Ableitung von $v(x)$ der Gestalt $w(x) = D^\beta v(x)$. Dann ist $w(x) = D^{\alpha+\beta} u(x)$ in Ω.*

Beweis. Wir setzen $|\alpha| = k$ und $|\beta| = l$. Sei $\varphi \in \mathfrak{M}^{(k+l)}(\Omega)$. Dann ist $D^\beta \varphi \in \mathfrak{M}^{(k)}(\Omega)$, und nach Formel (1.1) ist

$$\int_{\Omega} u D^{\alpha+\beta} \varphi \,\mathrm{d}x = (-1)^k \int_{\Omega} v D^\beta \varphi \,\mathrm{d}x\,. \tag{3}$$

Auf Grund derselben Formel (1.1) gilt auch

$$\int_{\Omega} v D^\beta \varphi \,\mathrm{d}x = (-1)^l \int_{\Omega} w\varphi \,\mathrm{d}x\,.$$

Setzen wir dieses Ergebnis in Gleichung (3) ein, so erhalten wir die Beziehung

$$\int_{\Omega} u D^{\alpha+\beta} \varphi \,\mathrm{d}x = (-1)^{k+l} \int_{\Omega} w\varphi \,\mathrm{d}x\,,$$

aus der nun der Satz 3.2.3 folgt.

Lemma 3.2.1. *Die Funktion $u(x)$ besitze im Gebiet Ω die verallgemeinerte Ableitung*

$$\frac{\partial^k u}{\partial x_{i_1}\,\partial x_{i_2} \dots \partial x_{i_k}}$$

sowie sämtliche verallgemeinerten Ableitungen niedrigerer Ordnung. Ist $\zeta(x) \in C^{(k)}(\Omega)$, so existiert die verallgemeinerte Ableitung

$$\frac{\partial^k (\zeta u)}{\partial x_{i_1}\,\partial x_{i_2} \dots \partial x_{i_k}}\,,$$

die nach der üblichen Produktregel berechnet werden kann.

Beweis. Sei $u_h(x)$ die Mittelfunktion. Wenn $\varphi \in \mathfrak{M}^{(k)}(\Omega)$ ist, kann partiell integriert werden:

$$\int_{\Omega} u_h \zeta \frac{\partial^k \varphi}{\partial x_{i_1}\,\partial x_{i_2} \dots \partial x_{i_k}} \,\mathrm{d}x = (-1)^k \int_{\Omega} \varphi \frac{\partial^k (u_h \zeta)}{\partial x_{i_1}\,\partial x_{i_2} \dots \partial x_{i_k}} \,\mathrm{d}x =$$

$$= (-1)^k \sum \int_{\Omega} \varphi \frac{\partial^\mu \zeta}{\partial x_{j_1} \dots \partial x_{j_\mu}} \cdot \frac{\partial^\nu u_h}{\partial x_{l_1} \dots \partial x_{l_\nu}} \,\mathrm{d}x\,; \tag{4}$$

hierbei sind, der Produktregel entsprechend, $(j_1, \dots, j_\mu)$ und $(l_1, \dots, l_\nu)$ Indextupel, deren Vereinigung die Gesamtheit $(i_1, i_2, \dots, i_k)$ ergibt, und die Summe in (4) erstreckt sich über alle möglichen Paare solcher Tupel. Es sei $\varphi \equiv 0$ im Randstreifen Ω_δ. Im Gebiet $\Omega \backslash \Omega_\delta$, über das in der Formel (4) faktisch integriert wird, gilt im Sinne der Metrik von L_1

$$u_h \underset{h\to 0}{\longrightarrow} u\,, \qquad \frac{\partial^\nu u_h}{\partial x_{l_1} \dots \partial x_{l_\nu}} \underset{h\to 0}{\longrightarrow} \frac{\partial^\nu u}{\partial x_{l_1} \dots \partial x_{l_\nu}}\,;$$

die erste Beziehung folgt aus Satz 2.3.3, die zweite aus den Sätzen 2.3.3 und 3.2.1. Wenn wir unter dem Integralzeichen zum Grenzwert übergehen (letzteres ist offenbar zulässig), erhalten wir die Formel

$$\int_\Omega u\zeta \frac{\partial^k \varphi}{\partial x_{i_1} \partial x_{i_2} \dots \partial x_{i_k}}\, dx = (-1)^k \int_\Omega \varphi \sum \frac{\partial^\mu \zeta}{\partial x_{j_1} \dots \partial x_{j_\mu}} \frac{\partial^\nu u}{\partial x_{l_1} \dots \partial x_{l_\nu}}\, dx\,.$$

Nach Definition folgt aus dieser Formel die Existenz der verallgemeinerten Ableitung

$$\frac{\partial^k (\zeta u)}{\partial x_{i_1} \partial x_{i_2} \dots \partial x_{i_k}}$$

und

$$\frac{\partial^k (\zeta u)}{\partial x_{i_1} \partial x_{i_2} \dots \partial x_{i_k}} = \sum \frac{\partial^\mu \zeta}{\partial x_{j_1} \dots \partial x_{j_\mu}} \frac{\partial^\nu u}{\partial x_{l_1} \dots \partial x_{l_\nu}}\,.$$

Das Lemma ist bewiesen.

§ 3. Grenzwerteigenschaften der verallgemeinerten Ableitungen

Satz 3.3.1. *Die Funktionen $u_n(x)$, $n = 1, 2, \dots$, mögen im beschränkten Gebiet $\Omega \subset E_m$ verallgemeinerte Ableitungen ein und derselben Gestalt besitzen: $v_n(x) = D^\alpha u_n(x)$. Wenn beide Folgen $\{u_n\}$ und $\{v_n\}$ in der Metrik des Raumes $L_1(\Omega)$ entsprechend gegen die Grenzfunktionen $u(x)$ und $v(x)$ konvergieren, so ist im Gebiet Ω die Funktion $v(x)$ verallgemeinerte Ableitung von $u(x)$ derselben Gestalt.*

Beweis. Nach Definition der verallgemeinerten Ableitung gilt

$$\int_\Omega u_n D^\alpha \varphi\, dx = (-1)^k \int_\Omega v_n \varphi\, dx\,; \qquad k = |\alpha|\,, \quad \forall \varphi \in \mathfrak{M}^{(k)}(\Omega)\,. \tag{1}$$

Jedes der Integrale in (1) stellt ein in $L_1(\Omega)$ beschränktes Funktional entsprechend über u_n und v_n dar. Deshalb darf unter dem Integralzeichen zum Grenzwert übergegangen werden; im Resultat gelangen wir zur Formel (1.1), und der Satz ist bewiesen.

Satz 3.3.2. *Es gelte $u, v \in L_p(\Omega)$, $1 \leqq p \leqq \infty$, und sei $v(x)$ im nicht notwendigerweise beschränkten Gebiet Ω verallgemeinerte Ableitung von $u(x)$: $v(x) = D^\alpha u(x)$. In einem beliebigen inneren beschränkten Teilgebiet $\Omega' \subset \Omega$ läßt sich eine Folge beliebig oft differenzierbarer Funktionen $\{u_n(x)\}$ derart konstruieren, daß in der Metrik des Raumes $L_p(\Omega')$ gilt*

$$u_n \to u \quad \textit{und} \quad D^\alpha u_n \to v\,. \tag{2}$$

Der Beweis ist sehr einfach. Man kann

$$u_n(x) = u_{h_n}(x)$$

wählen, wobei h_n eine gegen Null konvergente Folge positiver Zahlen ist. Dann folgt die erste der Beziehungen (2) aus dem Satz 2.3.3, die zweite Beziehung aus den Sätzen 2.3.3 und 3.2.1.

§ 4. Der Fall einer unabhängigen Veränderlichen

Es erweist sich, daß im Falle einer unabhängigen Veränderlichen zwischen der Klasse der Funktionen, die eine verallgemeinerte erste Ableitung besitzen, und der Klasse der absolut stetigen Funktionen ein enger Zusammenhang besteht. Wir erinnern daran, daß die Funktion $u(x)$ der reellen Veränderlichen x absolut stetig auf dem Segment $[a, b]$ ist, wenn eine auf diesem Segment summierbare Funktion $v(x)$ existiert derart, daß gilt

$$u(x) = \int_a^x v(t)\,\mathrm{d}t + \text{const}, \qquad x \in [a, b]\,.$$

Aus den bekannten Sätzen von Lebesgue folgt, daß die Funktion $u(x)$ fast überall auf dem Segment $[a, b]$ eine gewöhnliche Ableitung besitzt, die gleich $v(x)$ ist.

Satz 3.4.1. *Sei $u, v \in L_p(a, b)$, wobei $1 \leqq p \leqq \infty$ und das Intervall (a, b) beschränkt ist. Sei ferner $v(x)$ auf dem Intervall (a, b) erste verallgemeinerte Ableitung von $u(x)$: $v(x) = \dfrac{\mathrm{d}u(x)}{\mathrm{d}x}$. Dann ist die Funktion $u(x)$ auf dem Segment $[a, b]$ absolut stetig und hat fast überall in (a, b) eine gewöhnliche Ableitung, die gleich $v(x)$ ist.*

Beweis. Wir setzen

$$w(x) = \int_a^x v(y)\,\mathrm{d}y\,. \tag{1}$$

Die Funktion w ist auf dem Segment absolut stetig und hat fast überall auf diesem Segment eine gewöhnliche Ableitung, die gleich $v(x)$ ist. Sei $\varphi \in \mathfrak{M}^{(1)}(a, b)$. Wenn wir partiell integrieren, ergibt sich

$$\int_a^b w(y)\,\varphi'(y)\,\mathrm{d}y = w(y)\,\varphi(y)\Big|_a^b - \int_a^b \varphi(y)\,w'(y)\,\mathrm{d}y = -\int_a^b \varphi(y)\,v(y)\,\mathrm{d}y\,.$$

Nach Definition der verallgemeinerten Ableitung gilt anderseits

$$\int_a^b u(y)\,\varphi'(y)\,\mathrm{d}y = -\int_a^b \varphi(y)\,v(y)\,\mathrm{d}y\,.$$

Ziehen wir diese Beziehungen voneinander ab, erhalten wir

$$\int_a^b [u(y) - w(y)]\,\varphi'(y)\,\mathrm{d}y = 0\,. \tag{2}$$

Es sei $[\alpha, \beta] \subset (a, b)$. Indem man die Überlegungen aus dem Beweis des Satzes 3.1.1 wiederholt, überzeugt man sich davon, daß die Beziehung (2) für eine beliebige Funktion $\varphi \in C[a, b] \cap C^{(1)}[\alpha, \beta]$ mit $\varphi(x) = 0$ für $x \notin [\alpha, \beta]$ gilt. Setzt man $\varphi(x) = \sin \dfrac{n\pi(x-\alpha)}{\beta-\alpha}$ $(n = 1, 2, \ldots)$ für $x \in [\alpha, \beta]$ und $\varphi(x) = 0$ für $x \notin [\alpha, \beta]$, so ergibt sich, daß die Differenz $u(x) - w(x)$ auf $[\alpha, \beta]$ zu allen Funktionen $\cos \dfrac{n\pi(x-\alpha)}{\beta-\alpha}$ $(n = 1, 2, \ldots)$ orthogonal ist.

Wir setzen

$$C = \frac{1}{\beta - \alpha} \int_\alpha^\beta [u(x) - w(x)]\,dx\,; \qquad \sigma(x) = u(x) - w(x) - c\,.$$

Die Funktion $\sigma(x)$ ist auf $[\alpha, \beta]$ zu allen Funktionen $\cos \frac{n\pi(x-\alpha)}{\beta - \alpha}$ $(n = 0, 1, 2, \ldots)$ orthogonal. Wir beweisen, daß $\sigma(x) \equiv 0$ auf $[\alpha, \beta]$ gilt. Für beliebiges festes $h > 0$ ist der eindimensionale Mittelungskern $\omega_h(|x - y|)$ beliebig oft nach beiden Veränderlichen x und y differenzierbar, und deshalb konvergiert die FOURIER-Entwicklung nach den Kosinusfunktionen

$$\omega_h(|x - y|) = \sum_{k,n=0}^{\infty} A_{kn} \cos \frac{k\pi(x-\alpha)}{\beta-\alpha} \cos \frac{n\pi(y-\alpha)}{\beta-\alpha}$$

gleichmäßig auf dem Quadrat $[\alpha, \beta] \times [\alpha, \beta]$. Folglich kann diese Reihe nach Multiplikation mit einer summierbaren Funktion gliedweise integriert werden. Somit gilt

$$\sigma_h(x) = \int_\alpha^\beta \sigma(y)\, \omega_h(|x-y|)\,dy = \sum_{k,n=0}^{\infty} A_{kn} \cos \frac{k\pi(x-\alpha)}{\beta-\alpha} \int_\alpha^\beta \sigma(y) \frac{\cos n\pi(y-\alpha)}{\beta-\alpha}\,dy \equiv 0\,,$$

und nach Satz 2.3.3 ist $\sigma(x) \equiv 0$.
Daraus folgt

$$u(x) = c + w(x) = c + \int_a^x v(y)\,dy\,. \tag{3}$$

Weil $[\alpha, \beta]$ ein beliebiges, in dem Intervall (a, b) gelegenes Segment ist, gilt die Beziehung (3) überall in (a, b). Wenn wir $u(a) = c$, $u(b) = c + \int_a^b v(y)\,dy$ setzen, hat die Beziehung (3) überall auf $[a, b]$ Gültigkeit. Der Satz ist bewiesen.

Folgerung 3.4.1. *Sei $u, v \in L_p(a, b)$, wobei $1 \leqq p \leqq \infty$ und das Intervall (a, b) beschränkt ist. Sei $v(x)$ die k-te verallgemeinerte Ableitung von $u(x)$. Dann ist die Funktion $u(x)$ $(k-1)$-mal stetig auf $[a, b]$ differenzierbar und besitzt fast überall auf diesem Segment die gewöhnliche k-te Ableitung $u^{(k)}(x) = v(x)$. Außerdem ist die Ableitung $u^{(k-1)}(x)$ auf dem Segment $[a, b]$ absolut stetig.*

Im folgenden Paragraphen wird ein Satz bewiesen, den man als Verallgemeinerung des Satzes 3.4.1 auf den Fall mehrerer unabhängiger Veränderlicher ansehen kann.

§ 5. Über eine Eigenschaft von Funktionen, die eine verallgemeinerte erste Ableitung besitzen

Satz 3.5.1. *Die in einem beschränkten Gebiet $\Omega \subset E_m$ summierbare Funktion $u(x)$ besitze eine ebenfalls in Ω summierbare verallgemeinerte erste Ableitung $v_j = \frac{\partial u}{\partial x_j}$ und sei λ der Durchschnitt des Gebietes Ω mit einer zur Achse x_j parallelen Geraden. Dann ist auf fast jedem Schnitt λ die Funktion $u(x)$ bezüglich x_j absolut stetig und ihre Ableitung nach x_j stimmt fast überall (bezüglich des Maßes auf λ) mit der verallgemeinerten Ableitung $v_j(x)$ überein.*

Beweis. Zur Vereinfachung der Schreibweise numerieren wir die Koordinatenachsen so um, daß $j = 1$ gilt. Der Schnitt λ stellt eine eindimensionale offene Menge dar und ist deshalb die Vereinigung einer endlichen oder abzählbaren Menge von Intervallen. Sei (α, β) eines dieser Intervalle, offenbar gehören die Punkte α und β zu $\partial\Omega$. Nach dem Satz von Fubini sind beide Funktionen $u(x)$ und $v_1(x)$ auf fast jedem dieser Intervalle summierbar.

Wir setzen $x' = (x_2, x_3, \dots, x_m)$; auf jedem Schnitt λ bleibt der Punkt x' konstant. Jede Funktion von x kann man als Funktion von x_1 und x' betrachten; in Übereinstimmung damit werden wir $u(x) = u(x_1, x')$ usw. schreiben.

Auf dem von uns gewählten Intervall (α, β) betrachten wir die Funktion

$$w(x) = w(x_1, x') = \int_\alpha^{x_1} v_1(t, x')\, dt\ ;$$

als Funktion von x_1 ist diese auf dem Segment $[\alpha, \beta]$ absolut stetig und besitzt fast überall auf diesem Segment die Ableitung $\frac{\partial w}{\partial x_1} = v_1(x_1, x') = v_1(x)$. Sei $\varphi \in \mathfrak{M}^{(1)}(\Omega)$. Dann gilt unter anderem $\varphi(\alpha, x') = \varphi(\beta, x') = 0$. Partielle Integration ergibt

$$\int_\alpha^\beta w(x) \frac{\partial\varphi(x)}{\partial x_1} dx_1 = -\int_\alpha^\beta \varphi(x)\, v_1(x)\, dx_1\, .$$

Wenn wir über alle Intervalle summieren, die in einem gegebenen Schnitt liegen, erhalten wir

$$\int_\lambda w(x) \frac{\partial\varphi(x)}{\partial x_1} dx_1 = -\int_\lambda \varphi(x)\, v_1(x)\, dx_1\, .$$

Es sei Σ die Projektion von Ω auf die $(m-1)$-dimensionale Ebene mit den Koordinaten $x_2, \dots, x_m$. Wenn wir die letzte Identität über Σ integrieren, erhalten wir die neue Beziehung

$$\int_\Omega w(x) \frac{\partial\varphi(x)}{\partial x_1} dx = -\int_\Omega \varphi(x)\, v_1(x)\, dx\, .$$

Nach Definition der verallgemeinerten Ableitung gilt auch

$$\int_\Omega u(x) \frac{\partial\varphi(x)}{\partial x_1} dx = -\int_\Omega \varphi(x)\, v_1(x)\, dx\, .$$

Als $\varphi(x)$ wählen wir den Mittelungskern $\omega_h(r)$, wobei $h < \delta$ und δ eine feste Zahl ist. In $\Omega \backslash \Omega_\delta$ ist dann

$$\frac{\partial w_h(x)}{\partial x_1} = \frac{\partial u_h(x)}{\partial x_1}\ ;$$

folglich hängt die Differenz $w_h(x) - u_h(x)$ nicht von x_1 ab.

Wenn wir für $h \to 0$ zum Grenzwert übergehen, erkennen wir, daß die Differenz $w(x) - u(x)$ nicht von x_1 abhängt. Wir fixieren x' so, daß auf dem entsprechenden Schnitt λ die Funktion $w(x)$ bezüglich x_1 absolut stetig ist. Dann gilt auf jedem beliebigen Intervall $(\alpha, \beta) \subset \lambda$

$$u(x) = \int_\alpha^{x_1} v_1(t, x')\, dt + \text{const}\, .$$

Der Satz ist bewiesen.

Es gilt auch die umgekehrte Behauptung:

Satz 3.5.2. *Die Funktion u sei im beschränkten Gebiet $\Omega \subset E_m$ summierbar und auf fast jeder zur Achse x_j parallelen Geraden, die Ω schneidet, absolut stetig. Die Ableitung $v_j = \frac{\partial u}{\partial x_j}$ sei in Ω summierbar. Dann ist in Ω v_j verallgemeinerte Ableitung von u nach x_j.*

Der Beweis ist sehr einfach. Wir behalten die im Beweis des letzten Satzes eingeführten Bezeichnungen bei und können folgenden Sachverhalt als gültig ansehen: Für jedes $\varphi \in \mathfrak{M}^{(1)}(\Omega)$ gilt

$$\int_\Omega u \frac{\partial \varphi}{\partial x_j} dx = \int_\Sigma \left\{ \int_\lambda u \frac{\partial \varphi}{\partial x_j} dx_j \right\} dx' .$$

Sei λ ein Schnitt, auf dem die Funktion u absolut stetig ist. Wenn wir partiell integrieren, erhalten wir

$$\int_\lambda u \frac{\partial \varphi}{\partial x_j} dx_j = -\int_\lambda v_j \varphi \, dx_j$$

und folglich

$$\int_\Omega u \frac{\partial \varphi}{\partial x_j} dx = -\int_\Sigma \left\{ \int_\lambda v_j \varphi \, dx_j \right\} dx' = -\int_\Omega v_j \varphi \, dx ,$$

was zu beweisen war.

Folgerung 3.5.1. *Gilt $u \in \mathrm{Lip}_1(\Omega)$, dann besitzt die Funktion u in Ω sämtliche verallgemeinerten ersten Ableitungen, und diese Ableitungen sind beschränkt.*

§ 6. Ableitungen von Integralen mit schwacher Singularität

Satz 3.6.1. *Es sei Ω ein beschränktes Gebiet des Raumes E_m und*

$$u(x) = \int_\Omega \frac{A(x, y)}{r^\lambda} \varrho(y) \, dy \tag{1}$$

mit $\lambda < m - 1$ und $\varrho \in L_p(\Omega)$, $1 \leqq p \leqq \infty$. Außerdem wird vorausgesetzt, daß die Funktionen $A(x, y)$ und $\frac{\partial A(x, y)}{\partial x_j}$ auf $\bar{\Omega} \times \bar{\Omega}$ stetig sind.

Dann existiert die verallgemeinerte Ableitung

$$\frac{\partial u}{\partial x_j} = \int_\Omega \frac{\partial}{\partial x_j} \left[\frac{A(x, y)}{r^\lambda} \right] \varphi(y) \, dy , \tag{2}$$

die zur Klasse $C(\bar{\Omega})$ gehört, falls $(\lambda + 1) p' < m$ ist, und zur Klasse $L_q(\Omega)$ gehört, $q < mp/[m - (m - \lambda - 1) p]$, falls $(\lambda + 1) p' \geqq m$ gilt.

Beweis. Wir nehmen zunächst $\varrho \in C(\bar{\Omega})$ an. Dann gilt $(\lambda + 1 + \varepsilon < m)$

$$\frac{\partial}{\partial x_j} \left[\frac{A(x, y)}{r^\lambda} \right] = \frac{\beta(x, y)}{r^{\lambda + 1 + \varepsilon}} , \qquad \beta(x, y) = r^\varepsilon \left[r \frac{\partial A}{\partial x_j} + \lambda A \frac{y_j - x_j}{r} \right],$$

wobei offenbar $\beta \in C(\bar{\Omega} \times \bar{\Omega})$ ist. Weil $\lambda + 1 + \varepsilon < m$ ist, konvergiert das Integral (2) gleichmäßig (man vgl. den Beweis des Satzes 1.3.1), die formale Differentiation ist erlaubt und Formel (2) ist in diesem Fall gültig.

Nunmehr sei $\varrho \in L_p(\Omega)$. Wir betrachten die Mittelfunktion $\varrho_h(y)$ und das Integral

$$u(x, h) = \int_\Omega \frac{A(x, y)}{r^\lambda} \varrho_h(y) \, dy .$$

Die Funktion $\varphi_h(y)$ ist stetig in $\bar{\Omega}$; nach dem Bewiesenen existiert die Ableitung

$$\frac{\partial u(x, h)}{\partial x_j} = \int_\Omega \frac{\partial}{\partial x_j} \left[\frac{A(x, y)}{r^\lambda} \right] \varrho_h(y) \, dy .$$

Für $h \to 0$ folgt aus Satz 2.3.3 $\varrho_h \to \varrho$ in der Metrik von $L_p(\Omega)$. Satz 1.3.2 liefert nunmehr, daß wenigstens in der Metrik $L(\Omega)$ die Beziehungen

$$u(x, h) \to u(x) \quad \text{und} \quad \frac{\partial u(x, h)}{\partial x_j} \to \int_\Omega \frac{\partial}{\partial x_j} \left[\frac{A(x, y)}{r^\lambda} \right] \varrho(y) \, dy$$

gelten. Nach Satz 3.3.1 existiert die verallgemeinerte Ableitung $\frac{\partial u}{\partial x_j}$, und diese wird durch die Formel (2) gegeben. Die restlichen Behauptungen folgen aus den Sätzen 1.3.1 und 1.3.2.

KAPITEL 4

DIE SOBOLEWSCHEN RÄUME

Die SOBOLEWschen Räume (die Räume $W_p^{(k)}$) — dies sind Räume von Funktionen mit verallgemeinerten Ableitungen — wurden erstmalig von S. L. SOBOLEW im Jahre 1936 eingeführt. Eine ziemlich vollständige Darstellung der Theorie dieser Räume und ihrer wichtigsten Anwendungen in der mathematischen Physik wird im Buch von S. L. SOBOLEW [11] (s. auch [10]) gegeben. Im weiteren wurde die Theorie der SOBOLEWschen Räume intensiv weiterentwickelt und verallgemeinert. In diesem Kapitel werden die grundlegenden Fakten dieser Theorie dargelegt, die für das Weitere erforderlich sind.

§ 1. Die Definition der SOBOLEWschen Räume

Sei $\Omega \subset E_m$ ein beschränktes Gebiet mit stückweise glattem Rand; weiter unten werden Ω noch zusätzliche Bedingungen auferlegt. Wir betrachten die Menge der Funktionen, die in Ω summierbar sind und in diesem Gebiet sämtliche verallgemeinerten Ableitungen einer gegebenen Ordnung k besitzen, welche in einer gegebenen Potenz p $(1 \leqq p < \infty)$ in Ω summierbar sind. Diese Menge ist offenbar linear. Auf dieser erklären wir durch die Formel

$$||u||_{p,k} = ||u||_1 + \sum_{|\alpha|=k} ||D^\alpha u||_p \tag{1}$$

eine Norm. Mit dieser Norm stellt die genannte Menge einen normierten Raum dar, der SOBOLEW*scher Raum* heißt und mit $W_p^{(k)}(\Omega)$ bezeichnet wird.

Dabei ist es nicht sonderlich wichtig, daß die Norm durch die Formel (1) gegeben wird: In $W_p^{(k)}(\Omega)$ kann man jede Norm einführen, die der Norm (1) äquivalent ist. Solche Normen sind z. B. die Normen

$$||u||'_{p,k} = ||u||_1 + \left\{\int_\Omega \sum_{|\alpha|=k} |D^\alpha u|^p \,dx\right\}^{1/p} = ||u||_1 + \left\{\sum_{|\alpha|=k} ||D^\alpha u||_p^p\right\}^{1/p} \tag{1a}$$

und

$$||u||''_{p,k} = ||u||_1 + \left\{\int_\Omega \left[\sum_{|\alpha|=k} (D^\alpha u)^2\right]^{p/2} dx\right\}^{1/p}; \tag{1b}$$

die Norm (1b) besitzt den Vorteil, daß sie bezüglich Drehungen des Koordinatensystems invariant ist. Das Symbol $||\cdot||_{p,k}$ kann im weiteren jede Norm bezeichnen, die der Norm (1) äquivalent ist.

Satz 4.1.1. *Der Raum $W_p^{(k)}(\Omega)$ ist vollständig.*

Beweis. Sei $u_n \in W_p^{(k)}(\Omega)$, $n = 1, 2, \ldots$, und $||u_n - u_s|| \xrightarrow[n,s\to\infty]{} 0$; der Bestimmtheit halber nehmen wir an, daß die Norm in $W_p^{(k)}$ durch die Formel (1) gegeben ist.

Aus $||u_n - u_s|| \xrightarrow[n,s\to\infty]{} 0$ folgt $||u_n - u_s||_1 \xrightarrow[n,s\to\infty]{} 0$ und $||D^\alpha u_n - D^\alpha u_s||_p \xrightarrow[n,s\to\infty]{} 0$. Für beliebiges p ist der Raum $L_p(\Omega)$ vollständig. Deshalb existieren Funktionen $u \in L_1(\Omega)$ und $v_\alpha \in L_p(\Omega)$, $|\alpha| = k$, für die $||u_n - u||_1 \xrightarrow[n\to\infty]{} 0$ und $||D^\alpha u_n - v_\alpha||_p \xrightarrow[n\to\infty]{} 0$. gilt. Die Formel (3.11), Kap. 1, zeigt, daß auch $||D^\alpha u_n - v_\alpha||_1 \xrightarrow[n\to\infty]{} 0$ gilt. Nach Satz 3.3.1 existieren die verallgemeinerten Ableitungen $D^\alpha u = v_\alpha$, $|\alpha| = k$. Weil $u \in L_1(\Omega)$ und $D^\alpha u \in L_p(\Omega)$, $|\alpha| = k$ ist, gilt $u \in W_p^{(k)}(\Omega)$, und wir haben

$$||u_n - u||_{p,k} = ||u_n - u||_1 + \sum_{|\alpha|=k} ||D^\alpha u_n - D^\alpha u||_p \xrightarrow[n\to\infty]{} 0$$

bewiesen.

Man kann zeigen, daß die SOBOLEWschen Räume separabel sind (s. zum Beispiel [10]).

Wir weisen darauf hin, daß für $k = 0$ der Raum $W_p^{(k)}(\Omega)$ in den Raum $L_p(\Omega)$ übergeht.

In einer Reihe von Fällen sind die Räume $W_p^{(k)}(\Omega)$ mit nicht ganzzahligem k von Interesse, sie werden wie folgt definiert. Sei $k = l + \lambda$, wobei $l \geqq 0$ eine ganze Zahl und $0 < \lambda < 1$ sind. In diesem Falle sind die Elemente des Raumes $W_p^{(k)}(\Omega)$ Funktionen aus dem Raum $W_p^{(l)}(\Omega)$, für die das Integral

$$J(u) = \int_\Omega\int_\Omega \sum_{|\alpha|=1} \frac{|D^\alpha u(y) - D^\alpha u(x)|^p}{|y - x|^{m+\lambda p}}\, dx\, dy \tag{2}$$

konvergiert; die Norm wird in $W_p^{(k)}(\Omega)$ durch die Formel

$$||u||_{W_p^{(k)}} = ||u||_{W_p^{(l)}} + [J(u)]^{1/p} \tag{3}$$

definiert.

Anstelle von (3) kann man jede ihr äquivalente Norm einführen. Über die Anwendung des Raumes $W_p^{(k)}$ mit nicht ganzzahligem k siehe Kapitel 19; in den folgenden Paragraphen dieses Kapitels werden nur ganzzahlige k betrachtet.

Den Begriff des Raumes $W_p^{(k)}$ kann man auch auf den Fall übertragen, in dem Funktionen betrachtet werden, die nicht in einem Gebiet des euklidischen Raumes gegeben sind, sondern auf einer hinreichend glatten Mannigfaltigkeit. Wir nehmen an, daß diese als Vereinigung einer endlichen Anzahl von Teilmannigfaltigkeiten der gleichen Dimension dargestellt werden kann: $\Gamma = \bigcup_{j=1}^{N} \Gamma_j$, $N < \infty$, und jede der Teilmannigfaltigkeiten Γ_j kann eineindeutig und umkehrbar stetig auf ein Gebiet D_j des euklidischen Raumes E_m mittels einer Abbildung $\xi = \varphi_j(x)$ ($\xi \in \Gamma$, $x \in E_m$) abgebildet werden, die auf D_j $[k]$-mal stetig differenzierbar ist. Wir schreiben $u \in W_p^{(k)}(\Gamma)$, wenn $u(\varphi_j) \in W_p^{(k)}(D_j)$, $j = 1, 2, \ldots, N$, gilt. Die Norm in $W_p^{(k)}(\Gamma)$ kann z. B. durch die Formel

$$||u||_{W_p^{(k)}(\Gamma)} = \sum_{j=1}^{N} ||u(\varphi_j)||_{W_p^{(k)}(D_j)}$$

definiert werden.

§ 2. Die SOBOLEWsche Integralidentität

Ein Gebiet wird *sternförmig* bezüglich eines gewissen Punktes genannt, wenn jeder beliebige aus diesem Punkt austretende Strahl mit dem Rand dieses Gebietes einen und nur einen Punkt gemeinsam hat. Ein Gebiet wird sternförmig bezüglich einer Punktmenge genannt, wenn es bezüglich jedes Punktes dieser Menge sternförmig ist.

Wir betrachten ein Gebiet Ω, das bezüglich einer gewissen Kugel D (Abb. 5) mit dem Radius a sternförmig ist. Den Koordinatenursprung verlegen wir in den Mittelpunkt dieser Kugel und setzen $v(y) = \omega_a(|y|)$, wobei ω_a der durch die Formeln (1.1) und (1.2) des Kapitels 2 definierte Mittelungskern ist.

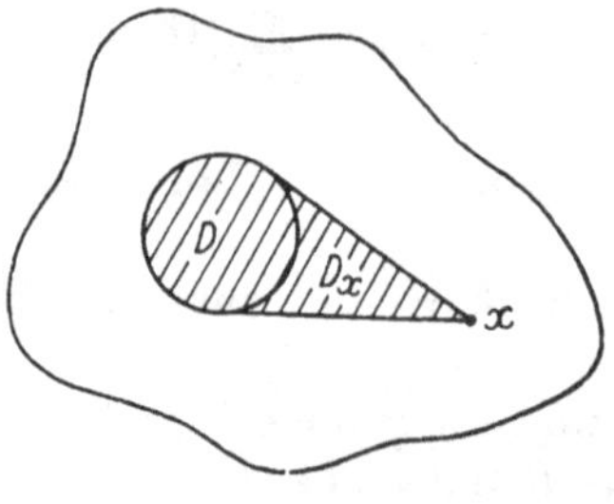

Abb. 5

Es seien x und y beliebige Punkte des Raumes E_m. Wir bezeichnen mit Θ den Einheitsvektor, der von x nach y gerichtet ist, mit Θ_j die Projektion dieses Vektors auf die Achse x_j. Wie üblich wird $r = |y - x|$ gesetzt. Jede Funktion von x und y kann als Funktion von x, r und Θ betrachtet werden und umgekehrt. In Übereinstimmung damit schreiben wir z. B. $v(y) = v(x, r, \Theta)$. Wir betrachten die Funktionen

$$t(x, y) = t(x, r, \Theta) = -\int_r^\infty v(x, \varrho, \Theta)\, \varrho^{m-1}\, d\varrho \tag{1}$$

und

$$z(x, y) = z(x, r, \Theta) = \frac{1}{(k-1)!}\, r^{k-1}\, t(x, r, \Theta)\,. \tag{2}$$

Die Funktionen $t(x, y)$ und $z(x, y)$ sind nur dann verschieden von Null, wenn der Punkt y in dem Gebiet D_x liegt, das durch die Sphäre ∂D und den an sie angelegten Tangentialkegel mit der Spitze in x begrenzt wird; ist $x \in D$, so stimmt das Gebiet D_x mit D überein. Außerhalb und auf der Oberfläche dieses Gebietes D_x sind die genannten Funktionen mit möglicher Ausnahme des Punktes $y = x$, in dem die Funktion $t(x, y)$ nicht definiert ist, gleich Null.

Es sei $u(x) \in C^{(k)}(\overline{\Omega})$, $k \geqq 1$. Wir konstruieren eine Funktion $U(x, r, \Theta)$ folgendermaßen: Ist $x \in \overline{\Omega}$, $y \in \overline{\Omega}$, so sei

$$U(x, r, \Theta) = u(y)\,\frac{\partial^{k-1} z}{\partial r^{k-1}} - \frac{\partial u}{\partial r}\,\frac{\partial^{k-2} z}{\partial r^{k-2}} + \dots + (-1)^{k-1}\,\frac{\partial^{k-1} u}{\partial r^{k-1}}\, z\,; \tag{3}$$

ist $x \in \overline{\Omega}$, $y \notin \overline{\Omega}$, so sei $U(x, r, \Theta) = 0$.

Wenn wir die Formel (3) differenzieren, erhalten wir

$$\frac{\partial U}{\partial r} = u(y)\,\frac{\partial^k z}{\partial r^k} + (-1)^{k-1}\,\frac{\partial^k u}{\partial r^k}\, z\,. \tag{4}$$

Setzt man in (3) $r = 0$, so verschwinden rechts alle Summanden bis auf den ersten:

$$U(x, 0, \Theta) = u(x)\, t(x, 0, \Theta) = -\,u(x)\int_0^\infty v(x, r, \Theta)\, r^{m-1}\, dr\,. \tag{5}$$

Integrieren wir (4) nach r in den Grenzen $(0, \infty)$ und berücksichtigen die Beziehung (5), so erhalten wir

$$u(x) \int_0^\infty v(x, r, \Theta)\, r^{m-1}\, dr = \int_0^\infty \left[u(y) \frac{\partial^k z}{\partial r^k} + (-1)^{k-1} z \frac{\partial^k u}{\partial r^k} \right] dr .$$

Diese Identität multiplizieren wir mit dem Element dS_1 des Flächeninhaltes der Oberfläche der Einheitskugel und integrieren über diese Sphäre. Wir erhalten

$$u(x) \int_{E_m} v(x, r, \Theta)\, dy = \int_{E_m} \left[u \frac{\partial^k z}{\partial r^k} + (-1)^{k-1} z \frac{\partial^k u}{\partial r^k} \right] \frac{dy}{r^{m-1}} . \tag{6}$$

Eigenschaft 3 des Mittelungskernes (Kap. 2, § 1) liefert

$$\int_{E_m} v(x, r, \Theta)\, dy = \int_{E_m} v(y)\, dy = \int_{E_m} \omega_a(|y|)\, dy = 1 .$$

Rechts in (6) braucht man nicht über E_m, sondern nur über Ω zu integrieren, und wir erhalten die *Integralidentität von* S. L. SOBOLEW:

$$u(x) = \int_\Omega u(y) \frac{\partial^k z}{\partial r^k} \frac{dy}{r^{m-1}} + (-1)^{k-1} \int_\Omega z \frac{\partial^k u}{\partial r^k} \frac{dy}{r^{m-1}} . \tag{7}$$

Die Identität (7) untersuchen wir näher. Zunächst zeigen wir, daß das erste Integral in dieser Formel ein Polynom in x ist, dessen Grad $k - 1$ nicht übersteigt; die Koeffizienten dieses Polynoms sind Integrale von Produkten der Funktion $u(y)$ mit gewissen beschränkten Funktionen, die von y abhängen.

Die LEIBNIZsche Formel liefert

$$\frac{\partial^k z}{\partial r^k} = \sum_{j=1}^{k} c_j r^{j-1} \frac{\partial^{j-1}}{\partial r^{j-1}} [r^{m-1} v(y)] = \sum_{j=1}^{k} \sum_{s=0}^{j-1} c_{js} r^{m+s-1} \frac{\partial^s v(y)}{\partial r^s} , \tag{8}$$

wobei c_j und c_{js} gewisse Konstanten sind. Weiterhin gilt

$$\frac{\partial^s v(y)}{\partial r^s} = \sum_{|\alpha|=s} \frac{s!}{\alpha!} D_y^\alpha v(y)\, \Theta^\alpha . \tag{9}$$

Aus $\Theta_j = \dfrac{|y_j - x_j|}{r}$ folgt sofort, daß das Produkt $r^s \Theta^\alpha$ ein Polynom bezüglich der Koordinaten der Punkte x und y ist, dessen Grad s nicht übersteigt. Formel (8) zeigt, daß $\dfrac{\partial^k z}{\partial r^k} = r^{m-1} P_{k-1}(x, y)$ gilt, wobei $P_{k-1}(x, y)$ ein Polynom bezüglich der Koordinaten des Punktes x ist, dessen Grad $k - 1$ nicht übersteigt und dessen Koeffizienten auf $\overline{\Omega}$ stetige Funktionen von y sind:

$$P_{k-1}(x, y) = \sum_{|\alpha|=0}^{k-1} b_\alpha(y)\, x^\alpha ; \qquad b_\alpha \in C(\overline{\Omega}) .$$

Aus Formel (9) ist ersichtlich, daß die Funktionen $b_\alpha(y)$ linear von den Ableitungen der Funktion $v(y)$ abhängen. Folglich gilt $b_\alpha(y) = 0$ für $y \notin D$.

Setzen wir den Ausdruck $\frac{\partial^k z}{\partial r^k}$ in das erste Integral der Formel (7) ein, so ergibt sich

$$\int_\Omega u(y) \frac{\partial^k z}{\partial r^k} \frac{dy}{r^{m-1}} = \sum_{|\alpha|=0}^{k-1} x^\alpha \int_\Omega b_\alpha(y)\, u(y)\, dy\,, \tag{10}$$

und unsere Behauptung ist bewiesen.

Wir wenden uns nun dem zweiten Integral in (7) zu. Analog zur Formel (9) ist

$$\frac{\partial^k u}{\partial r^k} = \sum_{|\alpha|=k} D_y^\alpha u(y)\, \Theta^\alpha\,,$$

woraus sich

$$\int_\Omega z \frac{\partial^k u}{\partial r^k} \frac{dy}{r^{m-1}} = \int_\Omega \sum_{|\alpha|=k} \frac{A_\alpha(x, y)}{r^{m-k}} D_y^\alpha u(y)\, dy \tag{11}$$

ergibt, wobei

$$A_\alpha(x, y) = \frac{1}{(k-1)!} t(x, r, \Theta)\, \Theta^\alpha \tag{12}$$

beschränkte Funktionen von x und y sind, die für $y \notin D_x$ verschwinden und beliebig oft differenzierbar sind, wenn $y \neq x$ ist. Wir verweisen noch darauf, daß die Funktionen A_α als Funktionen von x, r und Θ für jeden Wert dieser Argumente beliebig oft differenzierbar sind. Die Integralbeziehung (7) kann man nunmehr in der Gestalt

$$u(x) = \sum_{|\alpha|=0}^{k-1} x^\alpha \int_\Omega b_\alpha(y)\, u(y)\, dy + \sum_{|\alpha|=k} \int_\Omega \frac{A_\alpha(x, y)}{r^{m-k}} D_y^\alpha u(y)\, dy \tag{13}$$

darstellen oder, wenn die Eigenschaften der Funktionen $b_\alpha(y)$ und $A_\alpha(x, y)$ berücksichtigt werden, in der Gestalt

$$u(x) = \sum_{|\alpha|=0}^{k-1} x^\alpha \int_D b_\alpha(y)\, u(y)\, dy + \sum_{|\alpha|=k} \int_{D_x} \frac{A_\alpha(x, y)}{r^{m-k}} D_y^\alpha u(y)\, dy\,. \tag{14}$$

Wie wir sehen, gestattet die Identität von S. L. SOBOLEW die Darstellung einer Funktion durch ihre Ableitungen der vorgegebenen Ordnung k und durch ein Polynom, dessen Ordnung $k - 1$ nicht übersteigt.

Die SOBOLEWsche Integralidentität wurde von uns unter der Voraussetzung $u \in C^{(k)}(\bar{\Omega})$ bewiesen. Man kann ohne Schwierigkeiten nachweisen, daß diese Beziehung sogar für Funktionen aus $W_p^{(k)}(\Omega)$ gilt, wobei p eine beliebige Zahl aus dem Intervall $1 \leqq p \leqq \infty$ ist. Sei $u(x)$ eine derartige Funktion und $u_h(x)$ die entsprechende Mittelfunktion. Für die Funktion $u_h(x)$ hat die SOBOLEWsche Integralidentität Gültigkeit, und nach Formel (14) ist

$$u_h(x) = \sum_{|\alpha|=0}^{k-1} x^\alpha \int_D b_\alpha(y)\, u_h(y)\, dy + \sum_{|\alpha|=k} \int_{D_x} \frac{A_\alpha(x, y)}{r^{m-k}} D_y^\alpha u_h(y)\, dy\,. \tag{15}$$

Nach Satz 2.3.3 gilt $u_h(y) \to u(y)$ in der Metrik des Raumes $L_1(\Omega)$, dann erst recht in der Metrik von $L_1(D)$. Die Integrale der ersten Summe stellen auf $L_1(D)$ beschränkte Funktionale dar, und deshalb darf man in ihnen unter dem Integralzeichen zum Grenzwert übergehen. Weiterhin gilt nach den Sätzen 2.3.3 und 3.2.1 $D^\alpha u_h \underset{h \to 0}{\longrightarrow} D^\alpha u$ in der Metrik von $L_p(\Omega')$; hier ist Ω' ein beliebiges inneres Teilgebiet von Ω. Auf

Grund des Satzes 1.3.2 sind die Operatoren in (15), deren Argumente die Funktionen $D^\alpha u$ sind, beschränkt in $L_p(\Omega)$, dann erst recht in $L_p(\Omega')$. Deshalb darf man auch hier unter dem Integralzeichen den Grenzübergang vollziehen.

Der Punkt x durchlaufe ein gewisses inneres Teilgebiet Ω''. Dann durchläuft y die Menge $\Omega' = \bigcup_{x \in \Omega''} D_x$, die ebenfalls ein inneres Teilgebiet von Ω ist. Wenn wir in (15) für $h \to 0$ zum Grenzwert übergehen, finden wir, daß fast überall in Ω'' die Beziehung (14) für Funktionen aus $W_p^{(k)}(\Omega)$ gültig ist. Da Ω'' ein beliebiges Teilgebiet ist, gilt die genannte Identität fast überall in Ω.

Wir vereinbaren, daß in allen Punkten des Gebietes Ω, in denen die Integrale (14) konvergieren, die Werte der Funktion $u \in W_p^{(k)}(\Omega)$ durch diese Formel gegeben werden. Diese Bedingung ist gleichbedeutend damit, daß wir die Funktion $u(x)$ durch eine ihr äquivalente ersetzen; im Ergebnis erhalten wir, daß die Identität (14) nicht nur fast überall gilt, sondern überall gilt, wo die rechte Seite der genannten Identität erklärt ist.

§ 3. Einbettungssätze

Es seien X und Y zwei Banach-Räume; mögen alle Elemente des Raumes X auch dem Raum Y angehören. Man sagt dann, daß der Raum X in den Raum Y eingebettet ist. Mit V bezeichnen wir den Operator, der jedem Element $u \in X$ dasselbe Element u zuordnet, das nunmehr schon als Element des Raumes Y betrachtet wird. Der Operator V wird *Einbettungsoperator* des Raumes X in den Raum Y genannt; offenbar ist $D(V) = X$ und $R(V) \subset Y$. „Einbettungssätze" werden gewöhnlich Sätze genannt, die die Beschränktheit oder Vollstetigkeit des Einbettungsoperators zum Inhalt haben.

Man sagt, daß X *beschränkt* oder *vollstetig in Y eingebettet* ist, wenn der entsprechende Einbettungsoperator beschränkt oder vollstetig ist.

Im weiteren wird in diesem Paragraphen angenommen, daß Ω ein beschränktes Gebiet des Raumes E_m darstellt, das bezüglich einer gewissen Kugel sternförmig ist.

Satz 4.3.1. *Ist $pk > m$, so ist $W_p^{(k)}(\Omega)$ vollstetig in $C(\bar{\Omega})$ eingebettet.*

Beweis. Sei $a(x)$ eine beliebige Funktion aus $W_p^{(k)}(\Omega)$. Den ersten und zweiten Summanden in der Sobolewschen Integralidentität (2.7) bezeichnen wir entsprechend mit $u_1 = V_1 u$ und $u_2 = V_2 u$. Der Operator V_1 bildet offenbar $W_p^{(k)}(\Omega)$ in $C(\bar{\Omega})$ ab; er ist endlichdimensional und die in ihn eingehenden Funktionale sind beschränkt, deshalb ist der Operator V_1 vollstetig.

Den zweiten Summanden in der Formel (2.7) schreiben wir in der Gestalt

$$(V_2 u)(x) = u_2(x) = \sum_{|\alpha|=k} \int_\Omega \frac{r^\varepsilon A_\alpha(x, y)}{r^{m-k+\varepsilon}} D_y^\alpha u(y)\, dy\,; \tag{1}$$

die Konstante ε wählen wir positiv und so klein, daß $p(k - \varepsilon) > m$ gilt. Wenn wir $[r^\varepsilon A_\alpha(x, y)]_{y=x} = 0$ setzen, wird der Zähler unter jedem der Integrale (1) stetig in $\bar{\Omega} \times \bar{\Omega}$. Wenn wir $\lambda = m - k + \varepsilon$ setzen, finden wir $\lambda p' < m$. Nach Satz 1.3.1 ist $u_2 \in C(\bar{\Omega})$ und V_2 vollstetig als Operator von $W_p^{(k)}(\Omega)$ in $C(\bar{\Omega})$. Mithin ist $u = (u_1 + u_2) \in C(\bar{\Omega})$, und der Raum $W_p^{(k)}$ ist nach Definition in $C(\bar{\Omega})$ eingebettet. Offenbar ist der Einbettungsoperator gleich $V = V_1 + V_2$ und somit als Summe zweier vollstetiger Operatoren vollstetig.

Aus der Vollstetigkeit des Einbettungsoperators folgt seine Beschränktheit: Ist $pk > m$, so existiert eine Konstante β derart, daß

$$\|u\|_C \leqq \beta \|u\|_{p,k} \tag{2}$$

gilt, hier bedeutet $\|\cdot\|_C$ die Norm in $C(\bar{\Omega})$.

Satz 4.3.2. *Es seien $pk \leqq m$ und $g_s \subset \Omega$ eine stückweise glatte s-dimensionale Mannigfaltigkeit, $m - kp < s \leqq m$. Dann ist $W_p^{(k)}(\Omega)$ beschränkt in $L_q(g_s)$ eingebettet, wobei gilt*

$$1 \leqq q < q_s = \frac{sp}{m - kp}. \tag{3}$$

Dieser Satz folgt unmittelbar aus der SOBOLEWschen Integralidentität (2.7) und dem Satz 1.3.2: Setzen wir $m - k = \lambda$, so geht die Ungleichung (3) in die Ungleichung (3.7), Kap. 1, über.

Die Beschränktheit des Einbettungsoperators bedeutet die Existenz einer Konstanten β_1 mit

$$\|u\|_{L_q(g_s)} \leqq \beta_1 \|u\|_{p,k}. \tag{4}$$

Aus Satz 1.4.1 folgt der

Satz 4.3.3. *Gilt $pk \leqq m$, so ist $W_p^{(k)}(\Omega)$ vollstetig in $L_q(\Omega)$ eingebettet, dabei ist*

$$1 \leqq q < q_0' = \frac{m\,p}{m - kp}.$$

Bemerkung 1. Sind $pk \leqq m$ und $1 \leqq q < q_s$, so ist $W_p^{(k)}(\Omega)$ vollstetig in $L_q(g_s)$ eingebettet; s. [10], [11].

Bemerkung 2. Man kann zeigen, daß der Raum $W_p^{(k)}(\Omega)$ beschränkt in $L_{q_s}(g_s)$ eingebettet ist; für $s = m$ wird der Beweis später, im § 8, geführt. Diese Einbettung ist nicht vollstetig; s. [1].

Satz 4.3.4. *Ist $u \in W_p^{(k)}(\Omega)$, so besitzt u in Ω sämtliche verallgemeinerten Ableitungen der Ordnung $l < k$. Der Raum $W_p^{(k)}(\Omega)$ ist vollstetig eingebettet in $C^{(l)}(\bar{\Omega})$, falls $(k - l)\,p > m$, und in $W_q^{(l)}(\Omega)$, falls $(k - l)\,p \leqq m$ und $1 \leqq q < q_m$.*

Beweis. Für den Beweis benutzen wir die SOBOLEWsche Integralidentität in der Gestalt (2.1.3). Es sei $u \in C_p^{(k)}(\bar{\Omega})$. Wir zeigen, daß die Beziehung (2.13) l-mal unter dem Integralzeichen differenziert werden kann, wenn $l < k$ gilt. Wir erinnern daran, daß die rechte Seite der Formel (2.12) beliebig oft nach x, r, Θ differenzierbar ist. Außerdem gilt noch

$$\frac{\partial r}{\partial x_j} = -\frac{y_j - x_j}{r} = -\Theta_j, \qquad \frac{\partial \Theta_i}{\partial x_j} = \frac{\delta_{ij}}{r} - \frac{|y_i - x_i|\,|y_j - x_j|}{r^3}.$$

Durch weiteres Differenzieren überzeugen wir uns von

$$D_x^\beta r = O\left(\frac{1}{r^{|\beta|-1}}\right), \qquad D_x^\beta \Theta = O\left(\frac{1}{r^{|\beta|}}\right)$$

und davon, daß die Darstellungen

$$D_x^\beta A_\alpha(x, y) = r^{-l} C_{\alpha\beta}(x, y), \qquad l = |\beta|$$

gelten, wobei die Funktionen $C_{\alpha\beta}$ beschränkt und für $x \neq y$ beliebig oft differenzierbar sind.

Formale Differentiation der rechten Seite der Beziehung (2.13) ergibt den Ausdruck

$$\sum_{|\alpha|=0}^{k-1} D^\beta x^\alpha \int_\Omega b_\alpha(y)\, u(y)\, dy + \sum_{|\alpha|=k} \int_\Omega \frac{C_{\alpha\beta}(x, y)}{r^{m-k+l}} D_y^\alpha u(y)\, dy\,. \tag{6}$$

Die Integrale in dem zweiten Summanden stellen wir in der Gestalt

$$\int_\Omega \frac{r^\varepsilon C_{\alpha\beta}(x, y)}{r^{m-k+l+\varepsilon}} D_y^\alpha u(y)\, dy \tag{7}$$

dar, wobei ε eine Konstante mit $0 < \varepsilon < 1$ ist. Weil $l < k$ gilt, ist $m - k + l + \varepsilon < m$. Setzen wir $[r^\varepsilon C_{\alpha\beta}(x, y)]_{x=y} = 0$, so wird die Funktion $r^\varepsilon C_{\alpha\beta}(x, y)$ für alle Werte x und y stetig. Dann konvergiert aber, wie wir im Beweis des Satzes 1.3.1 ermittelten, das Integral (7) gleichmäßig, die Differentiation unter dem Integralzeichen darf vorgenommen werden, und wir gelangen zur Formel

$$D^\beta u(x) = \sum_{|\alpha|=0}^{k-1} D^\beta x^\alpha \int_\Omega b_\alpha(y)\, u(y)\, dy + \sum_{|\alpha|=k} \int_\Omega \frac{C_{\alpha\beta}(x, y)}{r^{m-k+l}} D_y^\alpha u(y)\, dy\,. \tag{8}$$

Die Formel (8) wurde zunächst für $u \in C^{(k)}(\bar{\Omega})$ bewiesen. Sei $u \in W_p^{(k)}(\Omega)$. Wir schreiben die Formel (8) für die Mittelfunktion $u_h(x)$ nieder und lassen h gegen Null konvergieren. Genau wie bei der Herleitung der Integralbeziehung (2.7) kann man den Grenzübergang unter dem Integralzeichen begründen und wir schließen, daß für jeden Multiindex β, $|\beta| < k$, die verallgemeinerte Ableitung $D^\beta u(x)$ existiert und durch Formel (8) definiert ist. Ist dabei $(k - l)\, p > m$, so ist diese Ableitung stetig, ist $(k - l)\, p \leqq m$ und $q < q_m$, so ist $D^\beta u(x)$ in der q-ten Potenz summierbar. Die beiden letzten Behauptungen werden genauso wie die Sätze 4.3.1 und 4.3.2 bewiesen.

Somit ist der Raum $W_p^{(k)}(\Omega)$ in den Raum $W_p^{(l)}(\Omega)$, $l < k$, eingebettet. Die Vollstetigkeit dieser Einbettung wird genauso wie in den eben genannten Sätzen dieses Paragraphen bewiesen.

§ 4. Die Übertragung auf allgemeinere Gebiete

Es sei Ω ein beschränktes Gebiet des Raumes E_m, das als Vereinigung $\Omega = \bigcup_{j=1}^{n} \Omega_j$ einer endlichen Anzahl von Gebieten Ω_j dargestellt werden kann, wobei jedes Gebiet Ω_j bezüglich einer Kugel (die von Ω_j selbst abhängt) sternförmig ist. Wir weisen nach, daß alle Sätze des vorangegangenen Paragraphen auch für das Gebiet Ω ihre Gültigkeit behalten. Die Überlegungen sind für alle Sätze des § 3 analog; wir führen sie z. B. für den Satz 4.3.1 durch.

Sei $u \in W_p^{(k)}(\Omega)$. Nach Satz 3.2.2 ist $u \in W_p^{(k)}(\Omega_j)$, $j = 1, \ldots, n$. Nach Voraussetzung des Satzes 4.3.1 gilt $pk > m$; dann ist die Funktion $u(x)$ auf jedem der abgeschlossenen Gebiete $\bar{\Omega}_j$ stetig, mithin auch auf ihrer Vereinigung $\bar{\Omega}$. Damit ist bewiesen, daß für $pk > m$ der Raum $W_p^{(k)}(\Omega)$ in $C(\bar{\Omega})$ eingebettet ist. Wir beweisen die Vollstetigkeit dieser Einbettung.

Es sei M eine in der Norm von $W_p^{(k)}(\Omega)$ beschränkte Menge. Dann ist, wie Formel (1.1) unmittelbar zeigt, diese Menge auch für beliebiges j in der Norm des Raumes

$W_p^{(k)}(\Omega_j)$ beschränkt. Nach Satz 4.3.1 ist die Einbettung von $W_p^{(k)}(\Omega_1)$ in $C(\bar{\Omega}_1)$ vollstetig. Deshalb existiert in M eine Folge $\{u_{i1}\}$, die auf $\bar{\Omega}_1$ gleichmäßig konvergiert. Als Teil der Menge M ist diese Folge in $W_p^{(k)}(\Omega_2)$ beschränkt; deshalb existiert wiederum nach Satz 4.3.1 eine Teilfolge (die wir mit $\{u_{i2}\}$ bezeichnen) dieser Folge, die auf $\bar{\Omega}_2$ gleichmäßig konvergiert. Offenbar konvergiert diese neue Folge auch gleichmäßig auf $\bar{\Omega}_1$. Indem wir diesen Prozeß fortsetzen, erhalten wir nach einer endlichen Anzahl von Schritten eine Folge $\{u_{in}\}$ aus M, die auf jedem der abgeschlossenen Gebiete $\bar{\Omega}_j$, $j = 1, 2, \ldots, n$, gleichmäßig konvergiert. Dann konvergiert diese Folge auch gleichmäßig auf $\bar{\Omega}$. Damit ist die Vollstetigkeit der Einbettung von $W_p^{(k)}(\Omega)$ in $C(\bar{\Omega})$ bewiesen.

Wir betrachten einige Beispiele. Sind $u \in W_2^{(1)}(\Omega)$ und $m = 2$, so gilt gleichzeitig für beliebiges p: $u \in L_p(\Omega)$ und $u \in L_p(\partial\Omega)$. Sind $u \in W_2^{(1)}(\Omega)$ und $m = 3$, so ist $u \in L_{6-\varepsilon}(\Omega)$ und $u \in L_{4-\varepsilon}(\partial\Omega)$, $\forall \varepsilon > 0$. Wenn $m = 2$ oder $m = 3$ und $u \in W_2^{(2)}(\Omega)$ ist, so gilt $u \in C(\bar{\Omega})$; für $m = 4$ kann in diesem Falle die Stetigkeit der Funktion u nicht behauptet werden, man kann aber zeigen, daß sie in jeder beliebigen Potenz summierbar ist.

In allen aufgezählten Beispielen ist jede beliebige Menge von Funktionen, die in der Metrik des Raumes $W_2^{(1)}(\Omega)$ oder $W_2^{(2)}(\Omega)$ beschränkt ist, relativ kompakt in der entsprechenden Metrik von $L_q(\Omega)$, $L_q(\partial\Omega)$ oder $C(\bar{\Omega})$. So ist z. B. für $m = 3$ eine in $W_2^{(1)}(\Omega)$ beschränkte Menge relativ kompakt in $L_{6-\varepsilon}(\Omega)$ und in $L_{4-\varepsilon}(\partial\Omega)$.

Für beliebiges m ist die Größe $\dfrac{(m-1)\,p}{(m-kp)} \geqq p$, da $kp \geqq 1$ gilt. Ist $u \in W_p^{(k)}(\Omega)$, so ist in jedem Fall $u \in L_p(\partial\Omega)$.

Spezialfälle von Einbettungssätzen sind der Satz 3.4.1 und die aus ihm gewonnene Folgerung.

Bemerkung. Berücksichtigt man Satz 4.8.1 (s. unten, § 8), so kann man in den oben betrachteten Beispielen bisweilen darauf verzichten, die Größe ε abzuziehen. So folgt für $m = 3$ aus $u \in W_2^{(1)}(\Omega)$ die Beziehung $u \in L_6(\Omega)$.

§ 5. Äquivalente Normen in $W_p^{(k)}$

Es seien $t_1, \ldots, t_N$ unabhängige Veränderliche, die beliebige Werte annehmen können, und die Zahl N sei endlich. Wir sagen, daß eine stetige Funktion $f(t_1, \ldots, t_N)$ die Eigenschaften der Norm besitzt, wenn

a) $f(t_1, \ldots, t_N) \geqq 0$ und $f(t_1, \ldots, t_N) = 0$ dann und nur dann gilt, wenn $t_1 = t_2 = \ldots$ $\ldots = t_N = 0$;

b) $f(\lambda t_1, \lambda t_2, \ldots, \lambda t_N) = |\lambda|\, f(t_1, \ldots, t_N)$;

c) $f(t_1 + \tau_1, t_2 + \tau_2, \ldots, t_N + \tau_N) \leqq f(t_1, t_2, \ldots, t_N) + f(\tau_1, \tau_2, \ldots, \tau_N)$.

Satz 4.5.1.[1]) *Es bezeichne N die Anzahl der verschiedenen Monome der Ordnung $\leqq k-1$. Es seien ferner $l_1, \ldots, l_N$ in der Metrik von $W_p^{(k)}(\Omega)$ beschränkte lineare Funktionale, die außer auf der Null nicht gleichzeitig auf einem Polynom vom Grad $\leqq k-1$ verschwinden. Sei schließlich $f(t_1, \ldots, t_N)$ eine Funktion, die die Eigenschaften der Norm aufweist.*

---

[1]) In der Beweisführung für diesen Satz folgen wir dem Buch [10].

Dann ist die Norm

$$||u||_{p,k}^* = f(l_1u, l_2u, \dots, l_Nu) + \sum_{|\alpha|=k} ||D^\alpha u||_p \tag{1}$$

der Norm (1.1) *äquivalent.*

Beweis. Die stetige Funktion f_N ist auf der N-dimensionalen Einheitssphäre beschränkt. Für $\sum_{j=1}^N t_j^2 = 1$ gelte $f(t_1, t_2, \dots, t_N) \leqq A$. Nach Eigenschaft b) ergibt sich

$$f(l_1u, l_2u, \dots, l_Nu) \leqq A \sqrt{\sum_{j=1}^N (l_ju)^2}\,.$$

Weil die Funktionale l_j in der Norm (1.1) beschränkt sind, ist

$$f(l_1u, l_2u, \dots, l_Nu) \leqq \beta_0 \, ||u||_{p,k}\,, \qquad \beta_0 = \text{const.}$$

Dies liefert

$$||u||_{p,k}^* \leqq (\beta_0 + 1) \, ||u||_{p,k}\,. \tag{2}$$

Wir zeigen, daß auch eine Ungleichung umgekehrten Charakters Gültigkeit hat:

$$||u||_{p,k} \leqq C \, ||u||_{p,k}^*\,, \qquad C = \text{const.} \tag{3}$$

Wir nehmen das Gegenteil an. Dann existiert eine Folge

$$u_n \in W_p^{(k)}(\Omega),\ n = 1, 2, \dots, \quad \text{mit} \quad ||u_n||_{p,k} \geqq n \, ||u||_{p,k}^*\,.$$

Wir setzen $v_n = \dfrac{u_n}{||u_n||_{p,k}}$. Dann gilt $||v_n||_{p,k} = 1$ und $||v_n||_{p,k}^* \to 0$. Die Folge $\{v_n\}$ ist in der Metrik von $W_p^{(k)}(\Omega)$ beschränkt; nach Satz 4.3.3 ist sie kompakt in $L_1(\Omega)$, und deshalb existiert eine Teilfolge $\{v_{n1}\}$, die in $L_1(\Omega)$ konvergiert. Es sei $v(x)$ der Grenzwert dieser Teilfolge: $||v_{n1} - v||_1 \underset{n\to\infty}{\longrightarrow} 0$. Aus $||v_n||_{p,k}^* \underset{n\to\infty}{\longrightarrow} 0$ folgt $||D^\alpha v_n||_p \underset{n\to\infty}{\longrightarrow} 0$, $|\alpha| = k$. Nach Satz 3.3.1 besitzt die Funktion $v(x)$ sämtliche verallgemeinerte Ableitungen der Ordnung k, und alle diese Ableitungen sind gleich Null. Satz 4.3.1 liefert, daß $v(x)$ ein Polynom vom Grad $\leqq k - 1$ ist.

Der Beziehung $||D^\alpha v_{n1}||_p \underset{n\to\infty}{\longrightarrow} 0$, $|\alpha| = k$, kann man nunmehr die Gestalt $||D^\alpha v_{n1} - D^\alpha v||_p \underset{n\to\infty}{\longrightarrow} 0$ geben, $|\alpha| = k$. Zusammen mit der Beziehung $||v_{n1} - v||_1 \underset{n\to\infty}{\longrightarrow} 0$ liefert dies $||v_{n1} - v||_{p,k} \underset{n\to\infty}{\longrightarrow} 0$. Daraus folgt $||v||_{p,k} = 1$. Andererseits gilt

$$||v_{n1} - v||_{p,k}^* \leqq (\beta_0 + 1) \, ||v_{n1} - v||_{p,k} \underset{n\to\infty}{\longrightarrow} 0$$

und deshalb

$$||v||_{p,k}^* = \lim_{n\to\infty} ||v_{n1}||_{p,k}^* = 0\,.$$

Daraus ergibt sich

$$f(l_1v, l_2v, \dots, l_Nv) = 0\,.$$

Dann ist $l_1v = l_2v = \dots = l_Nv = 0$. Weil v ein Polynom vom Grade $\leqq k - 1$ ist, muß notwendigerweise $v(x) = 0$ gelten. Dies widerspricht der Beziehung $||v||_{p,k} = 1$. Der Satz ist bewiesen.

Bisweilen ist es vorteilhaft, anstatt der Normen (1) und (1.1) gewisse andere miteinander zu vergleichen. Wir führen ein Beispiel an. Im § 1 wurde darauf hingewiesen, daß die Norm (1.1) der Norm (1.1b) äquivalent ist. Aus Satz 4.3.2 folgt ferner, daß $||u||_p \leqq C \, ||u||_{p,k}$, $C = \text{const.}$ Hieraus ergibt sich

$$||u||_p + \left\{\int_\Omega \Big[\sum_{|\alpha|=k} (D^\alpha u)^2\Big]^{p/2} dx\right\}^{1/p} \leqq (C + 1) \, ||u||_{p,k}\,.$$

Andererseits ist nach Formel (3.11), Kap. 1,

$$\|u\|_{p,k} = \|u\|_1 + \left\{\int\limits_\Omega \Big[\sum_{|\alpha|=k} (D^\alpha u)^2\Big]^{p/2} dx\right\}^{1/p} \leqq |\Omega|^{1-1/p} \|u\|_p +$$
$$+ \left\{\int\limits_\Omega \Big[\sum_{|\alpha|=k} (D^\alpha u)^2\Big]^{p/2} dx\right\}^{1/p} \leqq C_1 [\|u\|_p + \left\{\int\limits_\Omega \Big[\sum_{|\alpha|=k} (D^\alpha u)^2\Big]^{p/2} dx\right\}^{1/p} .$$

Aus den erhaltenen Beziehungen ergibt sich, daß die Norm

$$\|u\|_p + \left\{\int\limits_\Omega \Big[\sum_{|\alpha|=k} (D^\alpha u)^2\Big]^{p/2} dx\right\}^{1/p} \tag{4}$$

der Norm (1.1) äquivalent ist. Nun ist aber auch die Norm (1) offenbar der folgenden Norm äquivalent:

$$f(l_1 u, l_2 u, \ldots, l_N u) + \left\{\int\limits_\Omega \Big[\sum_{|\alpha|=k} (D^\alpha u)^2\Big]^{p/2} dx\right\}^{1/p} . \tag{5}$$

Aus den Sätzen dieses Paragraphen folgt, daß die Normen (4) und (5) äquivalent sind.

§ 6. Die Ungleichungen von FRIEDRICHS und POINCARÉ

Es sei Ω die Vereinigung von Gebieten, von denen jedes bezüglich einer gewissen Kugel sternförmig ist, und sei $u \in W_p^{(k)}(\Omega)$. Nach Satz 4.3.4 sind die Ableitungen $D^\gamma u$, $0 \leqq |\gamma| \leqq k-1$, fast überall (bezüglich des Maßes von $\partial\Omega$) auf $\partial\Omega$ definiert und zumindest in der Potenz p summierbar. Der Kürze halber führen wir die Bezeichnung $\partial\Omega = \Gamma$ ein. Wir zeigen, daß die Funktionale

$$l_\gamma(u) = \int\limits_\Gamma D^\gamma u \, d\Gamma; \qquad 0 \leqq |\gamma| \leqq k-1 , \tag{1}$$

in der Metrik von $W_p^{(k)}(\Omega)$ beschränkt sind. Der Bestimmtheit halber nehmen wir an, daß die Norm in $W_p^{(k)}(\Omega)$ durch die Formel (1.1) gegeben ist.

Nach der HÖLDERschen Ungleichung gilt

$$|l_\gamma u| \leqq \left\{\int\limits_\Gamma |D^\gamma u|^p \, d\Gamma\right\}^{1/p} \left\{\int\limits_\Gamma d\Gamma\right\}^{1/p'} = |\Gamma|^{1/p'} \|D^\gamma u\|_{L_p(\Gamma)} .$$

Wir setzen $|\gamma| = l$. Nach Voraussetzung ist $u \in W_p^{(k)}(\Omega)$ und $l = |\gamma| \leqq k-1$. Deshalb gilt $D^\gamma u \in W_p^{(k-l)}(\Omega)$ und $k - l \geqq 1$. Satz 4.3.2 liefert

$$\|D^\gamma u\|_{L_p(\Gamma)} \leqq \beta_1 \|D^\gamma u\|_{p,k-l} = \beta_1 \Big\{\|D^\gamma u\|_1 + \sum_{|\beta|=k-l} \|D^{\beta+\gamma} u\|_p\Big\}; \qquad \beta_1 = \text{const.} \tag{2}$$

Auf Grund des Satzes 4.3.3 hat die Beziehung $\|D^\gamma u\|_1 \leqq \beta_2 \|u\|_{p,k}$, $\beta_2 = \text{const}$, Gültigkeit.

Außerdem ist

$$\sum_{|\beta|=k-l} \|D^{\beta+\gamma} u\|_p \leqq \sum_{|\alpha|=k} \|D^\alpha u\|_p \leqq \|u\|_{p,k} .$$

Wenn wir dies in die Formel (2) einsetzen, finden wir

$$\|D^\gamma u\|_{L_p(\Gamma)} \leqq \beta_1(\beta_2 + 1) \|u\|_{p,k}$$

und schließlich

$$|l_\gamma u| \leqq C \|u\|_{p,k}; \qquad C = \beta_1(\beta_2 + 1) |\Gamma|^{1/p'} .$$

Unsere Behauptung ist bewiesen. Außerdem ist offensichtlich, daß die Anzahl der Funktionale (1) gleich der Anzahl der verschiedenen Monome vom Grade $\leqq k - 1$

ist und daß diese Funktionale nicht gleichzeitig auf einem von Null verschiedenen Polynom des Grades $\leqq k - 1$ verschwinden. Aus Satz 4.5.1 folgt nunmehr, daß die Norm

$$||u||^*_{p,k} = \sum_{|\alpha|=0}^{k-1} \left|\int_\Gamma D^\alpha u \, d\Gamma\right| + \left\{\int_\Omega \left[\sum_{|\alpha|=k} (D^\alpha u)^2\right]^{p/2} dx\right\}^{1/p} \tag{3}$$

der Norm (5.4) äquivalent ist und deshalb als Norm des Raumes $W_p^{(k)}(\Omega)$ angesehen werden kann.

Wir betrachten nunmehr die Funktionen aus $W_p^{(k)}(\Omega)$, die auf dem Rand des Gebietes Ω die Bedingung

$$D^\gamma u|_\Gamma = 0\,, \qquad 0 \leqq |\gamma| \leqq k - 1\,, \tag{4}$$

erfüllen. Diese Menge bildet, wie man leicht sieht, einen Teilraum in $W_p^{(k)}(\Omega)$; wir bezeichnen diesen durch das Symbol $W_{p,0}^{(k)}(\Omega)$. Die Formel (3) zeigt, daß, falls in $W_{p,0}^{(k)}(\Omega)$ die Norm durch die Formel

$$||u||^{**}_{p,k} = \left\{\int_\Omega \left[\sum_{|\alpha|=k} (D^\alpha u)^2\right]^{p/2} dx\right\}^{1/p} \tag{5}$$

eingeführt wird, diese Norm in $W_{p,0}^{(k)}(\Omega)$ der Norm (5.4) äquivalent ist. Daraus ergibt sich unmittelbar die Ungleichung

$$||u||_p \leqq C \left\{\int_\Omega \left[\sum_{|\alpha|=k} (D^\alpha u)^2\right]^{p/2} dx\right\}^{1/p}; \qquad \forall u \in W_{p,0}^{(k)}(\Omega), \qquad C = \text{const.} \tag{6}$$

Für $k = 1$, $p = 2$ geht die Ungleichung (6) in die sogenannte FRIEDRICHS*sche Ungleichung*

$$||u||_2^2 = \int_\Omega u^2(x)\, dx \leqq \varkappa \int_\Omega \sum_{j=1}^m \left(\frac{\partial u}{\partial x_j}\right)^2 dx; \qquad \forall u \in W_{2,0}^{(1)}(\Omega)\,, \qquad \varkappa = C^2 = \text{const} \tag{7}$$

über.

Wir betrachten den Raum $W_2^{(1)}(\Omega)$. In diesem Fall ist $k = 1$, und es existiert nur ein linear unabhängiges Monom vom Grade $< k$; dieses Monom ist gleich 1. Das Funktional $\int_\Omega u \, dx$ ist in der Metrik $W_2^{(1)}(\Omega)$ beschränkt:

$$\left|\int_\Omega u \, dx\right| \leqq \int_\Omega |u| \, dx = ||u||_1 \leqq ||u||_{2,1}\,,$$

und für $u = 1$ verschieden von Null. Deshalb kann die Größe

$$\left|\int_\Omega u \, dx\right| + \left\{\int_\Omega \sum_{j=1}^m \left(\frac{\partial u}{\partial x_j}\right)^2 dx\right\}^{1/2} \tag{8}$$

als Norm von $W_2^{(1)}(\Omega)$ angesehen werden, und die Normen (8) und $||\cdot||_{2,1}$ sind in $W_2^{(1)}$ äquivalent. Nach demselben Satz 4.3.2 gilt

$$||u||_2^2 \leqq C' \left[\left|\int_\Omega u \, dx\right| + \left\{\int_\Omega \sum_{j=1}^m \left(\frac{\partial u}{\partial x_j}\right)^2 dx\right\}^{1/2}\right]; \qquad C' = \text{const.}$$

Diese Ungleichung quadrieren wir und gelangen unter Berücksichtigung der elementaren Ungleichung $(a + b)^2 \leqq 2(a^2 + b^2)$ zur *Ungleichung von* POINCARÉ:

$$\int_\Omega u^2 \, dx \leqq C\left[\left(\int_\Omega u \, dx\right)^2 + \int_\Omega \sum_{j=1}^m \left(\frac{\partial u}{\partial x_j}\right)^2 dx\right]; \tag{9}$$

hier ist $C = 2C'^2$.

Die Ungleichungen von FRIEDRICHS und POINCARÉ wurden hier unter der Voraussetzung abgeleitet, daß das Gebiet Ω die Vereinigung einer endlichen Anzahl von Gebieten ist, von denen jedes bezüglich einer gewissen Kugel sternförmig ist. Die Ungleichung von POINCARÉ kann sich unter allgemeineren Voraussetzungen als unrichtig erweisen (s. [5]). Die FRIEDRICHSsche Ungleichung behält für jedes beschränkte Gebiet Ω ihre Gültigkeit; man muß nur den Begriff „die Funktion $u(x) \in W_2^{(1)}(\Omega)$ verschwindet auf dem Rand des Gebietes" geeignet definieren.

Es sei Ω ein beliebiges beschränktes Gebiet des Raumes E_m und $u(x)$ eine Funktion der Klasse $C^{(1)}(\bar{\Omega})$, die auf $\partial\Omega$ verschwindet. Wir wählen das Koordinatensystem derart, daß das Gebiet Ω in dem Teil des Raumes liegt, wo sämtliche Koordinaten positiv sind. Dann bringen wir dieses Gebiet im Inneren eines gewissen Parallelepipedes Π unter, welches durch die Ungleichungen

$$0 \leqq x_k \leqq a_k , \qquad k = 1, 2, \dots , m ,$$

definiert wird (Abb. 6).

Wir setzen die Funktion $u(x)$ fort, indem wir sie im Gebiet $\Pi \setminus \Omega$ identisch Null setzen. Die Funktion $u(x)$ bleibt nach dieser Fortsetzung stetig, da $u|_\Gamma = 0$ gilt;

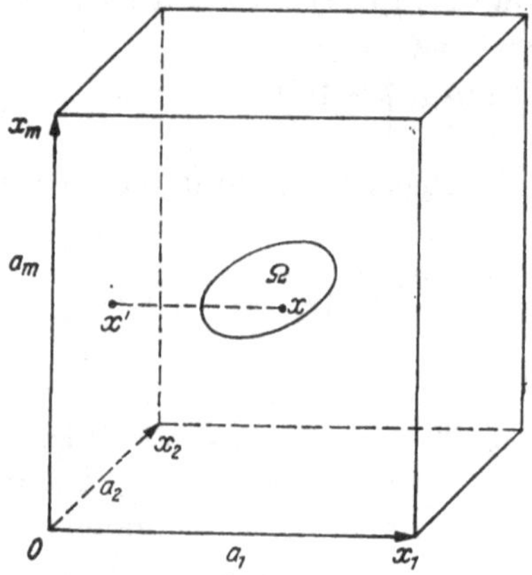

Abb. 6

die Ableitungen dieser Funktion können auf dem Rande Γ Unstetigkeiten aufweisen. Für solche Funktionen gilt die NEWTON-LEIBNIZsche Formel.

Im Parallelepiped Π wählen wir einen Punkt $x = (x_1, x_2, \dots , x_m)$ und projizieren diesen auf die zur Koordinatenachse $0x_1$ orthogonale Koordinatenebene. Die Projektion bezeichnen wir mit x'. Der Punkt x' läßt sich als Punkt des $(m - 1)$-dimensionalen euklidischen Raumes mit den Koordinaten $x_2, \dots , x_m$ auffassen. Im weiteren benutzen wir die Bezeichnung $x = (x_1, x')$ sowie analoge Bezeichnungen.

Nach der NEWTON-LEIBNIZschen Formel gilt

$$u(x) - u(0, x') = \int_0^{x_1} \frac{\partial u(\xi, x')}{\partial \xi} \, d\xi .$$

Da der Punkt $(0, x')$ außerhalb des Gebietes Ω liegt, gilt $u(0, x') = 0$ und somit

$$u(x) = \int_0^{x_1} \frac{\partial u(\xi, x')}{\partial \xi} \, d\xi .$$

Nach der CAUCHY-BUNJAKOWSKIschen Ungleichung ergibt sich

$$u^2(x) \leqq \int_0^{x_1} d\xi \int_0^{x_1} \left(\frac{\partial u(\xi, x')}{\partial \xi}\right)^2 d\xi \leqq a_1 \int_0^{a_1} \left(\frac{\partial u(\xi, x')}{\partial \xi}\right)^2 d\xi .$$

Die letzte Ungleichung integrieren wir nun über das Parallelepiped Π:

$$\int_\Pi u^2(x)\, dx \leqq a_1^2 \int_0^{a_1} d\xi \int_0^{a_2} dx_2 \ldots \int_0^{a_m} \left(\frac{\partial u(\xi, x')}{\partial \xi}\right)^2 dx_m =$$

$$= a_1^2 \int_0^{a_1} dx_1 \int_0^{a_2} dx_2 \ldots \int_0^{a_m} \left(\frac{\partial u(x_1, x')}{\partial x_1}\right)^2 dx_m = a_1^2 \int_\Pi \left(\frac{\partial u(x)}{\partial x_1}\right)^2 dx .$$

Da die Integrale über $\Pi \setminus \Omega$ auf der rechten und linken Seite gleich Null sind, können wir diese unberücksichtigt lassen; gleichzeitig fügen wir zum Integranden auf der rechten Seite die nichtnegative Summe

$$\sum_{k=2}^{m} \left(\frac{\partial u(x)}{\partial x_k}\right)^2$$

hinzu. Dies führt dann auf die Ungleichung

$$\int_\Omega u^2(x)\, dx \leqq a_1^2 \int_\Omega \sum_{k=1}^{m} \left(\frac{\partial u}{\partial x_k}\right)^2 dx , \tag{10}$$

die mit der FRIEDRICHSschen Ungleichung (7) übereinstimmt, wenn $\varkappa = a_1^2$ gesetzt wird.

Die FRIEDRICHSsche Ungleichung behält auch für eine allgemeinere Klasse von Funktionen ihre Gültigkeit. Wir betrachten eine Klasse von Funktionen, die wir mit $\overset{\circ}{W}{}_2^{(1)}(\Omega)$ bezeichnen und die durch folgende Forderungen definiert wird:

Ist $u \in \overset{\circ}{W}{}_2^{(1)}(\Omega)$, so gelte

1. $u \in L_2(\Omega)$;
2. es existieren die verallgemeinerten Ableitungen $\dfrac{\partial u}{\partial x_k} \in L_2(\Omega)$, $k = 1, 2, \ldots, m$.
3. es existiert eine Folge von Funktionen $\{u_n\}$ derart, daß

$$u_n \in C^{(1)}(\overline{\Omega}); \qquad u_n|_{\partial\Omega} = 0; \qquad \|u - u_n\|_2 \xrightarrow[n\to\infty]{} 0;$$

$$\left\|\frac{\partial u}{\partial x_k} - \frac{\partial u_n}{\partial x_k}\right\|_2 \xrightarrow[n\to\infty]{} 0, \qquad k = 1, 2, \ldots, m . \tag{11}$$

Von den Funktionen der Menge $\overset{\circ}{W}{}_2^{(1)}(\Omega)$ werden wir sagen, daß sie auf $\partial\Omega$ verschwinden.

Die Menge $\overset{\circ}{W}{}_2^{(1)}(\Omega)$ wird zu einem HILBERT-Raum, wenn die Norm durch die Formel

$$\|u\|^2_{\overset{\circ}{W}{}_2^{(1)}} = \int_\Omega \left[u^2(x) + \sum_{k=1}^{m} \left(\frac{\partial u}{\partial x_k}\right)^2\right] dx \tag{12}$$

eingeführt wird.

Wenn Ω die Vereinigung einer endlichen Anzahl von sternförmigen Gebieten ist, so kann $\mathring{W}_2^{(1)}(\Omega)$ als Teilraum von $W_2^{(1)}(\Omega)$ betrachtet werden.

Es seien nun $u \in \mathring{W}_2^{(1)}(\Omega)$ und $\{u_n\}$ die obengenannte Folge. Für die Funktionen u_n gilt die FRIEDRICHSsche Ungleichung:

$$\int_\Omega u_n^2 \, dx \leqq \varkappa^2 \int_\Omega \sum_{k=1}^m \left(\frac{\partial u_n}{\partial x_k}\right)^2 dx \,. \tag{13}$$

Aus den Beziehungen (11) folgt $||u_n||_2 \underset{n\to\infty}{\longrightarrow} ||u||_2$, $\left\|\frac{\partial u_n}{\partial x_k}\right\|_2 \underset{n\to\infty}{\longrightarrow} \left\|\frac{\partial u}{\partial x_k}\right\|_2$.

Nunmehr führt der Grenzübergang in (13) auf die FRIEDRICHSsche Ungleichung für jede beliebige Funktion der Klasse $\mathring{W}_2^{(1)}(\Omega)$.

§ 7. Über die Fortsetzung von Funktionen

Unser nächstes Ziel besteht darin, unter entsprechenden Bedingungen die Beschränktheit der Einbettung des Raumes $W_p^{(k)}(\Omega)$ in den Raum $L_{q_m}(\Omega)$ zu beweisen, wobei der sogenannte „Grenzexponent" q_m durch die Formel (3.5) definiert wird. Diesen Beweis führen wir durch, indem wir uns auf eine Konstruktion stützen, die auch von großer selbständiger Bedeutung ist und „Fortsetzung einer Funktion bei Erhaltung der Klasse" genannt wird. Wir legen die genannte Konstruktion für die Funktionenklasse $W_p^{(1)}(\Omega)$ dar — gerade dieser Fall wird von uns benötigt. Wir nehmen zunächst an, daß Ω ein beschränktes Gebiet des Raumes E_m darstellt, welches bezüglich eines jeden Punktes der Kugel $D_{2\varrho}$ mit dem Radius 2ϱ und dem Mittelpunkt im Koordinatenursprung sternförmig ist; später wird noch eine allgemeinere Klasse von Gebieten betrachtet. Wir bezeichnen mit Θ einen variablen Punkt auf der Einheitssphäre mit den Winkelkoordinaten $\vartheta_1, \vartheta_2, \dots, \vartheta_{m-1}$.

Sei H der Durchmesser des Gebietes Ω und $r = r(\Theta)$ die Gleichung der Fläche $\partial\Omega$ (des Randes von Ω) in Kugelkoordinaten, deren Zentrum im Ursprung liegt. Mit $x(\Theta)$ bezeichnen wir auf $\partial\Omega$ den Punkt mit den Kugelkoordinaten $\big(r(\Theta), \Theta\big)$.

Lemma 4.7.1. *Wenn* $|\Theta_1 - \Theta_2| < 1$, *so gilt*

$$|x(\Theta_1) - x(\Theta_2)| < \frac{H^2}{\varrho} |\Theta_1 - \Theta_2| \,. \tag{1}$$

Beweis. 1°. Die Ungleichung $|\Theta_1 - \Theta_2| < 1$ bedeutet, daß der Winkel zwischen den Vektoren Θ_1 und Θ_2 kleiner als $\frac{\pi}{3}$ ist. Wir zeigen, daß die durch die Punkte $x_1 = x(\Theta_1)$ und $x_2 = x(\Theta_2)$ führende Gerade die Kugel D_ϱ vom Radius ϱ und mit dem Mittelpunkt im Koordinatenursprung nicht schneidet. Wir nehmen das Gegenteil an. Dann existiert ein Punkt $\xi \in l \cap D_\varrho$, bezüglich dessen das Gebiet Ω sternförmig ist. Deshalb liegt das Intervall (x_1, x_2) mit Ausnahme seiner Endpunkte vollständig in Ω und ξ liegt auf diesem Intervall (Abb. 7). Wir betrachten die Dreiecke $0x_1\xi$ und $0x_2\xi$. Weil $|x_1| > 2\varrho$, $|x_2| > 2\varrho$ ist, gilt $|\xi| < |x_1 - \xi|$, $|\xi| < |x_2 - \xi|$ und deshalb $\sphericalangle\, x_1 0 \xi > \sphericalangle\, 0 x_1 \xi$, $\sphericalangle x_2 0 \xi > \sphericalangle\, 0 x_2 \xi$. Daraus folgt

$$\varphi = \sphericalangle\, x_1 0 \xi + \sphericalangle\, x_2 0 \xi > \sphericalangle\, 0 x_1 \xi + \sphericalangle\, 0 x_2 \xi$$

und somit $\varphi > \frac{\pi}{2}$, was der oben aufgestellten Ungleichung $\varphi < \frac{\pi}{3}$ widerspricht.

2°. Wie man leicht sieht, ist der Abstand vom Koordinatenursprung zur Geraden l durch die Größe

$$\frac{|x_1|\,|x_2|\cdot\sin\varphi}{|x_1 - x_2|}$$

gegeben; diese ist nach dem im Punkt 1° Bewiesenen nicht kleiner als ϱ. Dies liefert

$|x_1 - x_2| \leqq \varrho^{-1}\,|x_1|\cdot|x_2|\ \sin\varphi \leqq 2\varrho^{-1}H^2 \sin\dfrac{\varphi}{2} = \varrho^{-1}H^2\,|\Theta_1 - \Theta_2|$, und die Ungleichung (1) ist bewiesen.

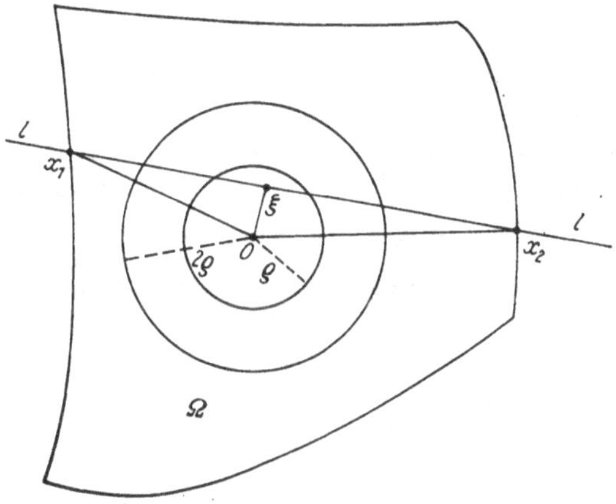

Abb. 7

Folgerung 4.7.1. *Die Vektor-Funktion $x(\Theta)$ erfüllt auf der Einheitssphäre S_1 eine* LIPSCHITZ-*Bedingung mit dem Exponenten* 1; *fast überall auf dieser Sphäre gilt*

$$|\mathrm{grad}_\Theta\, x(\Theta)| \leqq \varrho^{-1}H^2\,. \tag{2}$$

Der Rand des Gebietes Ω gehört zur Klasse $C^{(0,1)}$.

Wir führen folgende Definition ein. Es sei die Funktion $u(x)$ auf einer gewissen Menge D definiert und sei $D_1 \supset D$. Eine auf D_1 definierte Funktion $w(x)$ heißt *Fortsetzung* der Funktion $u(x)$ auf die Menge D, wenn $w(x) = u(x)$ für $x \in D$.

Lemma 4.7.2. *Für jede Funktion $u \in \mathrm{Lip}_1\,(\overline{\Omega})$ existiert eine Fortsetzung $w \in \mathrm{Lip}_1\,(E_m)$ mit kompaktem Träger, die der Ungleichung*

$$\|w\|_{W_p^{(1)}(E_m)} \leqq c\|u\|_{W_p^{(1)}(\Omega)} \tag{3}$$

genügt, in der die Größe c nicht von u abhängt.

Beweis. 1°. Mit G bezeichnen wir das Gebiet, das sich aus Ω durch eine Ähnlichkeitsstreckung mit dem Streckungskoeffizienten $\frac{3}{2}$ und dem Zentrum im Koordinatenursprung ergibt. Sei $v(x)$ die auf G definierte Funktion, die auf Ω mit $u(x)$ zusammenfällt und für $x \notin \Omega$ gleich $u\big(2x(\Theta) - x\big)$ ist, $x = (|x|, \theta)$. Wir zeigen, daß $v \in \mathrm{Lip}_1\,(G)$ gilt. Wir betrachten zunächst den Fall, wo beide Punkte x und y außerhalb von Ω liegen. Sei M die LIPSCHITZ-Konstante der Funktion $u(x)$ in $\overline{\Omega}$. Dann ist

$$|v(x) - v(y)| = \big|u\big(2x(\Theta_1) - x\big) - u\big(2x(\Theta_2) - y\big)\big| \leqq$$
$$\leqq M|2x(\Theta_1) - x - 2x(\Theta_2) + y| \leqq 2M|x(\Theta_1) - x(\Theta_2)| + M|x - y|\ ;$$

$$\Theta_1 = \frac{x}{|x|}\,, \qquad \Theta_2 = \frac{y}{|y|}\,.$$

Lemma 4.7.1 liefert

$$|x(\Theta_1) - x(\Theta_2)| \leqq C\left|\frac{x}{|x|} - \frac{y}{|y|}\right| = \frac{C}{|x|\,|y|}\,\big|x|y| - y|x|\big| =$$

$$= \frac{C}{|x|\,|y|}\,\big|(x-y)\,|y| + y(|y| - |x|)\big| \leqq \frac{2C}{|x|}|x-y| \leqq \frac{C}{\varrho}|x-y|$$

und somit

$$|v(x) - v(y)| \leqq \left(\frac{2C}{\varrho} + 1\right)M|x-y| = M_1|x-y|\,; \qquad M_1 = \left(\frac{2C}{\varrho}+1\right)M\,,$$

was zu beweisen war.

Es gelte nunmehr $x \in \bar{\Omega}$, $y \notin \bar{\Omega}$. Mit z bezeichnen wir den Punkt, in dem das Intervall (x, y) den Rand $\partial\Omega$ schneidet. Wir erhalten

$$|v(x) - v(y)| \leqq |v(x) - v(z)| + |v(z) - v(y)| \leqq M|x-z| + M_1|z-y| \leqq M_1|x-y|\,.$$

2°. Nach Folgerung 3.5.1 gilt $v \in W_p^{(1)}(G)$. Wir vereinbaren die Bezeichnung

$$I = \|v\|^p_{L_p(G\setminus\Omega)} + \|\operatorname{grad} v\|^p_{L_p(G\setminus\Omega)}\,.$$

Außerdem bezeichnen wir mit R und Θ die Kugelkoordinaten des Punktes x. Nach Formel (2.18), Kap. 1, ist

$$I = \int\limits_{S_1}\left\{\int\limits_{r(\Theta)}^{3/2r(\Theta)}\left\{v_R^2 + \frac{1}{R^2}|\operatorname{grad}_\Theta v|^2 + |v|^p\right\}R^{m-1}\,\mathrm{d}R\right\}\mathrm{d}S_1\,.$$

Wir führen die Variablensubstitution $R = 2r(\Theta) - r$ durch und berücksichtigen die Beziehung $u(r, \Theta) = v(2r(\Theta) - r, \Theta)$. Wie man unschwer ermittelt, gilt dann

$$|v_R| = |u_r|\,, \qquad |\operatorname{grad}_\Theta v|^2 \leqq 8|u_r|^2\cdot|\operatorname{grad}_\Theta r(\Theta)|^2 + 2|\operatorname{grad}_\Theta u|^2\,.$$

Nach Folgerung 4.7.1 gilt $|\operatorname{grad}_\Theta r(\Theta)|^2 \leqq c = \text{const}$ und somit

$$|\operatorname{grad}_\Theta v|^2 \leqq c_1|u_r| + c_2|\operatorname{grad}_\Theta u|^2\,; \qquad c_1, c_2 = \text{const}\,.$$

Außerdem gilt $R = 2r(\Theta) - r \geqq r(\Theta) \geqq 2\varrho$ und im Gebiet G auch $\frac{1}{2}r(\Theta) \leqq r$. Deshalb ist $(2r(\Theta) - r)^{m-1} \leqq (3r)^{m-1}$. Daraus folgt

$$I \leqq c_3\int\limits_{S_1}\left\{\int\limits_{1/2r(\Theta)}^{r(\Theta)}\left\{\left[u_r^2 + \frac{1}{(2r(\Theta)-r)^2}\,|\operatorname{grad}_\Theta u|^2 + \frac{1}{(2r(\Theta)-r)^2}u_r^2\right]^{p/2} + |u|^p\right\}\times\right.$$

$$\left.\times\,(2r(\Theta) - r^{m-1})\,\mathrm{d}r\right\}\mathrm{d}S_1 \leqq c_4\int\limits_{S_1}\left\{\int\limits_{1/2r(\Theta)}^{r(\Theta)}\left\{\left[u_r^2 + \frac{1}{r^2}|\operatorname{grad}_\Theta u|^2\right]^{p/2} + \right.\right.$$

$$\left.\left. + |u|^p\right\}r^{m-1}\,\mathrm{d}r\right\}\mathrm{d}S_1 \leqq c_5\,\{\|\operatorname{grad} u\|^p_{L_p(\Omega)} + \|u\|^p_{L_p(\Omega)}\}\,;$$

$c_3, c_4, c_5 = \text{const}$. Aus der letzten Ungleichung folgt leicht, daß gilt

$$\|v\|_{W_p^{(1)}(G)} \leqq c_6\|u\|_{W_p^{(1)}(\Omega)}\,; \qquad c_6 = \text{const.} \tag{4}$$

3°. Es sei η eine beliebige finite Funktion, die in Ω gleich 1 ist und in einer Umgebung des Randes ∂G sowie außerhalb von G verschwindet. Wir setzen $w = \eta v$. Offenbar gilt

$$\|w\|_{W_p^{(1)}(E_m)} \leqq c_7\|v\|_{W_p^{(1)}(G)}\,, \qquad c_7 = \text{const}\,;$$

diese Ungleichung zeigt zusammen mit der Ungleichung (4) das Lemma. Wir weisen darauf hin, daß der Träger der fortgesetzten Funktion $w(x)$ im Träger der Funktion $\eta(x)$ liegt und folglich in einer gewissen Kugel enthalten ist, die nicht von der Funktion u abhängt.

Satz 4.7.1. *Es sei Ω ein beschränktes Gebiet des Raumes E_m und $\partial\Omega \in C^{(0,1)}$. Für jede beliebige Funktion $u \in W_p^{(1)}(\Omega)$ existiert eine Fortsetzung $w \in W_p^{(1)}(E_m)$ mit kompaktem Träger, die die Ungleichung* (3) *erfüllt.*

Beweis. Zuerst betrachten wir den Fall, wo das Gebiet Ω sternförmig bezüglich eines jeden Punktes einer gewissen Kugel ist. Wir wählen eine Folge von Mittelungsradien $h_n \to 0$ und setzen $u_n(x) = u_{h_n}(x)$, wobei $u_{h_n}(x)$ die Mittelfunktion für $u(x)$ ist. Es sei $w_n(x)$ die nach Lemma 4.7.2. konstruierte Fortsetzung der Funktion $u_n(x)$ von Ω in E_m. Die Konstruktion dieser Fortsetzung ist offenbar eine lineare Operation, so daß als Fortsetzung der Differenz $u_n(x) - u_k(x)$ die Differenz $w_n(x) - w_k(x)$ dient. Nach Ungleichung (3) gilt

$$||w_n - w_k||_{W_p^{(1)}(E_m)} \leqq c||u_n - u_k||_{W_p^{(1)}(\Omega)}, \qquad c = \text{const}. \tag{5}$$

Der Raum $W_p^{(1)}$ ist vollständig (Satz 4.1.1). Deshalb existiert eine Funktion $w \in W_p^{(1)}(E_m)$ (ihr Träger ist offenbar kompakt), die der Beziehung

$$\lim_{n\to\infty} ||w_n - w||_{W_p^{(1)}(E_m)} = 0 \tag{6}$$

genügt. Wenn wir in der Ungleichung (3), die wir uns für Funktionen u_n im Gebiet Ω niedergeschrieben denken, zum Grenzwert $n \to \infty$ übergehen, erhalten wir

$$||w||_{W_p^{(1)}(E_m)} \leqq c||u||_{W_p^{(1)}(\Omega)}. \tag{7}$$

Die Beziehung (6) behält ihre Gültigkeit, wenn wir die Norm in $W_p^{(1)}(E_m)$ durch die im allgemeinen kleinere Norm von $W_p^{(1)}(\Omega)$ ersetzen. Auf Ω gilt jedoch $w_n = u_n$; auf Grund der Sätze 3.2.1 und 2.3.3 ergibt sich

$$\lim_{n\to\infty} ||w_n - u||_{W_p^{(1)}(\Omega)} = 0 .$$

Daraus folgt, daß auf Ω die Beziehung $w = u$ gilt. Diese Beziehung beweist in Verbindung mit der Ungleichung (7) in dem betrachteten Fall den Satz.

Wir wenden uns dem allgemeineren Fall $\partial\Omega \in C^{(0,1)}$ zu. Für den Beweis benutzen wir die sogenannte Zerlegung der Einheit. Es sei der Raum E_m durch eine abzählbare Menge von beschränkten Gebieten $\Omega^{(k)}$ überdeckt, d. h. $E_m = \bigcup_{k=1}^{\infty} \Omega^{(k)}$. Wir fordern noch folgendes: Jedes beschränkte Gebiet des Raumes E_m besitzt nur mit einer endlichen Anzahl von Gebieten $\Omega^{(k)}$ einen nicht leeren Durchschnitt. Diese Forderung wird formuliert, indem man sagt, daß die Gebiete $\Omega^{(k)}$ eine lokal-endliche Überdeckung des Raumes E_m bilden.

Zerlegung der Einheit für die lokal-endliche Überdeckung $\{\Omega^{(k)}\}$ wird eine Folge finiter Funktionen mit folgenden Eigenschaften genannt:

1. $\varphi_k(x) \geqq 0$;
2. $\operatorname{supp} \varphi_k \subset \Omega^{(k)}$;
3. $\sum_{k=1}^{\infty} \varphi_k(x) = 1$.

Offenbar ist für beliebiges x nur eine endliche Anzahl von Gliedern in der letzten Reihe verschieden von Null.

Wir zeigen, daß für jede lokal-endliche Überdeckung des Raumes E_m eine Zerlegung der Einheit konstruiert werden kann.

Zunächst zeigen wir, daß eine neue lokal-endliche Überdeckung $\{G^{(k)}\}$ mit $\bar{G}^{(k)} \subset \Omega^{(k)}$ konstruiert werden kann. Mit $F^{(1)}$ bezeichnen wir die Punkte des Gebietes $\Omega^{(1)}$, die von keinem einzigen der verbleibenden Gebiete $\Omega^{(k)}$, $k > 1$, überdeckt werden, d. h. $F_1 = \Omega^{(1)} \setminus \bigcup\limits_{k=2}^{\infty} \Omega^{(k)}$. Offenbar ist $F^{(1)}$ eine abgeschlossene Menge, die in $\Omega^{(1)}$ enthalten ist. Wenn $\varrho_1 = \varrho(F^{(1)}, \partial\Omega^{(1)})$ der kleinste Abstand zwischen den Punkten der Mengen $F^{(1)}$ und $\partial\Omega^{(1)}$ ist, so setzen wir $G^{(1)} = \Omega^{(1)} \setminus \Omega^{(1)}_{\varrho_1/2}$; hier ist wie üblich $\Omega^{(1)}_{\varrho_1/2}$ ein Randstreifen des Gebietes $\Omega^{(1)}$ der Breite $\varrho_1/2$. Wenn $F^{(1)}$ leer ist, kann $\varrho_1/2$ durch jede beliebige hinreichend kleine positive Zahl ersetzt werden.

Es seien die Gebiete $G^{(j)}$, $j < k$, schon konstruiert. Um das Gebiet $G^{(k)}$ zu konstruieren, betrachten wir die Menge $F^{(k)} = \Omega^{(k)} \setminus \bigcup\limits_{n=k+1}^{\infty} \Omega^{(n)} \setminus \bigcup\limits_{n=1}^{k-1} G^{(n)}$. Diese abgeschlossene Menge ist in $\Omega^{(k)}$ enthalten und stellt die Menge der Punkte des Gebietes $\Omega^{(k)}$ dar, die nicht durch die Gebiete $G^{(1)}, \ldots, G^{(k-1)}, \Omega^{(k+1)}, \Omega^{(k+2)}, \ldots$ überdeckt werden. Sei $\varrho_k = (F^{(k)}, \partial\Omega^{(k)})$. Dann setzen wir $G^{(k)} = \Omega^{(k)} \setminus \Omega^{(k)}_{\varrho_k/2}$; falls $F^{(k)}$ leer ist, kann die Zahl $\varrho_k/2$ durch jede beliebige hinreichend kleine positive Zahl ersetzt werden. Offenbar gilt $F^{(k)} \subset G^{(k)}$ für jedes k.

Wir zeigen, daß die Gebiete $G^{(k)}$ eine Überdeckung des Raumes E_m bilden; dazu genügt es zu zeigen, daß jeder Punkt $x \in E_m$ wenigstens einem der Gebiete $G^{(k)}$ angehört.

Im allgemeinen Fall liegt x in einer endlichen Anzahl von Gebieten $\Omega^{(k)}$; es seien dies die Gebiete $\Omega^{(k_j)}$, $j = 1, 2, \ldots, s$; $k_1 < k_2 < \ldots < k_s$. Wenn x einem der Gebiete $G^{(j)}$, $j < k_s$, angehört, ist unsere Behauptung schon bewiesen. Wenn x in keinem der genannten Gebiete liegt, so gilt $x \in F^{(k_s)}$ und somit auch $x \in G^{(k_s)}$; unsere Behauptung ist wiederum bewiesen.

Weil für beliebiges k das Gebiet $G^{(k)} \subset \Omega^{(k)}$, ist die Überdeckung $\{G^{(k)}\}$ lokal endlich.

Wir führen die folgende Funktion ein:

$$\psi_k = \begin{cases} 1, & x \in \Omega^{(k)} \setminus \Omega^{(k)}_{\varrho_k/4}\,; \\ 0, & \text{in den anderen Fällen}\,. \end{cases}$$

Diese Funktion mitteln wir mit dem Mittelungsradius $h_k = \dfrac{\varrho_k}{8}$ und bezeichnen die erhaltene Mittelfunktion mit $\tilde{\psi}_k(x)$. Diese Funktion ist finit, nichtnegativ, gleich 1 in $G^{(k)}$ und 0 außerhalb von $\Omega^{(k)}$; in jedem beliebigen Punkt x ist nur eine endliche Anzahl von Funktionen $\tilde{\psi}_k$ verschieden von Null.

Wir setzen nunmehr

$$\tilde{\psi}(x) = \sum_{k=1}^{\infty} \tilde{\psi}_k(x)\,. \tag{8}$$

In jeder beliebigen Kugel ist nur eine endliche Anzahl von Gliedern der Reihe (8) verschieden von Null. Hieraus folgt, daß in jedem beliebigen Punkt die Funktion $\tilde{\psi}(x)$ beliebig oft differenzierbar ist. Weil fernerhin jeder Punkt $x \in E_m$ wenigstens in einem der Gebiete $G^{(k)}$ liegt, ist in jedem Punkt wenigstens eines der Glieder der Reihe (8) gleich Eins. Daraus folgt $\tilde{\psi}_k(x) \geqq 1$. Nunmehr ist ersichtlich, daß die Funktionen

$$\varphi_k(x) = \frac{\tilde{\psi}_k(x)}{\tilde{\psi}(x)} \tag{9}$$

die gesuchte Zerlegung der Einheit bilden.

Sei nun das Gebiet Ω beschränkt, aber nicht sternförmig; wir fordern nur $\partial\Omega \in C^{(0,1)}$. Wir wählen auf $\partial\Omega$ einen beliebigen Punkt x und konstruieren in ihm ein Ortskoordinatensystem $\xi_1, \xi_2, \dots, \xi_m$, in dem der Teil des Randes $\partial\Omega$, der in einer gewissen Umgebung des Punktes x liegt, durch eine Gleichung der Gestalt

$$\xi_m = f(\bar{\xi}) \; ; \qquad \bar{\xi} = (\xi_1, \xi_2, \dots, \xi_{m-1}) \, , \qquad f \in C^{(0,1)} \, , \tag{10}$$

gegeben ist.

Wir konstruieren einen Kugelzylinder $|\bar{\xi}| = \delta$ mit dem hinreichend kleinen Basisradius δ. Wir betrachten das Gebiet Z (Abb. 8), das durch Teile der Fläche $\partial\Omega$, des Zylinders $|\bar{\xi}| = \delta$ und der Ebene $\xi_m = c_0$ begrenzt wird. Die Konstante c_0 wählen wir so klein, daß $Z \subset \Omega$ ist. Wir nehmen eine Zahl c_1, $0 < c_1 < c_0$, die hinreichend nahe

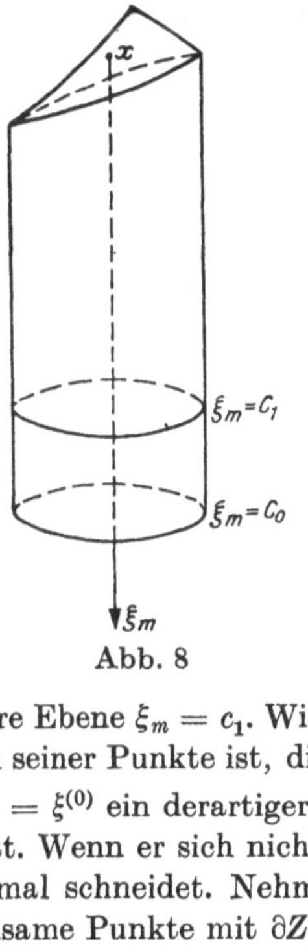

Abb. 8

bei c_0 liegt und wählen eine weitere Ebene $\xi_m = c_1$. Wir weisen nach, daß das Gebiet Z sternförmig bezüglich eines jeden seiner Punkte ist, die zwischen den Ebenen $\xi_m = c_0$ und $\xi_m = c_1$ liegen. Sei $(\bar{\xi}^{(0)}, \xi_m^{(0)}) = \xi^{(0)}$ ein derartiger Punkt; wir betrachten irgendeinen Strahl, der aus ihm austritt. Wenn er sich nicht mit $\partial\Omega \cap \partial Z$ schneidet, so ist klar, daß er sich mit ∂Z nur einmal schneidet. Nehmen wir an, daß unser Strahl $\partial\Omega$ schneidet und dabei zwei gemeinsame Punkte mit ∂Z besitzt. Der betrachtete Strahl tritt aus dem Punkt $\xi^{(0)}$ aus, in dem offenbar $\xi_m^{(0)} - f(\bar{\xi}^{(0)}) > 0$ gilt. Die Gleichung des Strahles schreiben wir in der Form

$$\bar{\xi} = \bar{\xi}^{(0)} + pt \, , \qquad \xi_m = \xi_m^{(0)} + t \, , \tag{11}$$

wobei $p = (p_1, p_2, \dots, p_{m-1})$ ein Vektor mit $m - 1$ Komponenten ist, die für hinreichend kleines δ beliebig klein sind. Während der Bewegung vom Punkt ξ nach $\partial\Omega$ nimmt die Größe t zusammen mit ξ_m ab. Wir nehmen an, daß der Strahl (11) den Rand $\partial\Omega$ im Punkte ξ' trifft, der dem Parameterwert $t = t'$ entspricht. Dann gilt

$\xi_m^{(0)} + t' - f(\bar{\xi}^{(0)} + pt) = 0$. Es gelte $t'' < t'$. Mit ξ'' bezeichnen wir den entsprechenden Punkt auf dem Strahl (11) und berechnen die Größe

$$\begin{aligned} \xi_m'' - f(\bar{\xi}'') &= \xi_m^0 + t'' - f(\bar{\xi}^{(0)} + pt'') = \\ &= \xi_m^{(0)} + t'' - f(\bar{\xi}^{(0)} + pt'') - (\xi_m^{(0)} + t' - f(\bar{\xi}^{(0)} + pt')) = \\ &= -[t' - t'' - f(\bar{\xi}^{(0)} + pt') + f(\bar{\xi}^{(0)} + pt'')] \,. \end{aligned} \tag{12}$$

Der Ausdruck in den eckigen Klammern ist größer als $t' - t'' - A(t' - t'')\,|p|$, wobei A die LIPSCHITZ-Konstante der Funktion f ist. Der letzte Ausdruck ist positiv für $A|p| < 1$. Hieraus folgt, daß für kleine δ der Punkt ξ'' im Gebiet $\xi_m - f(\bar{\xi}) < 0$ liegt, d. h. außerhalb des Gebietes Z, und der Strahl (11) kann nicht noch einmal den Rand des Gebietes Z schneiden.

Es gelte $u \in W_p^{(1)}(\Omega)$. Wir betrachten die Einschränkung $\tilde{u}(x)$ dieser Funktion auf das Gebiet Z. Nach oben Bewiesenem existiert eine Fortsetzung der Funktion $\tilde{u}(x)$ auf den gesamten Raum E_m; diese Fortsetzung gehört der Klasse $W_p^{(1)}(E_m)$ an und genügt der Ungleichung (3). Daraus ergibt sich sofort folgendes: Wie der Punkt $x \in \partial\Omega$ auch gewählt sein mag, stets kann man um ihn eine hinreichend kleine Kugel mit der Eigenschaft beschreiben, daß jede beliebige Funktion $u \in W_p^{(1)}(\Omega)$ in diese Kugel so fortgesetzt werden kann, daß die fortgesetzte Funktion der Klasse $W_p^{(1)}$ angehört und der Ungleichung (3) genügt. Auf Grund des HEINE-BORELschen Überdeckungssatzes kann man eine endliche Anzahl solcher Kugeln auswählen; diese bilden eine Überdeckung von $\partial\Omega$. Es seien dies die Kugeln $D_1, D_2, \dots, D_n$. Die Vereinigung $\bigcup_{k=1}^{n} D_k$ stellt eine zweiseitige Umgebung der Fläche $\partial\Omega$ dar. Wir konstruieren ein Gebiet $D_0 \subset \Omega$ derart, daß die Gebiete $D_0, D_1, \dots, D_n$ das Gebiet Ω überdecken. Weiterhin wählen wir Gebiete $D_{n+1}, D_{n+2}, \dots$, die zusammen mit den schon früher konstruierten Gebieten $D_0, D_1, \dots, D_n$ eine lokal-endliche Überdeckung bilden. Dabei verlangen wir noch, daß diese sich mit Ω nicht schneiden.

Es sei $\{\varphi_k(x)\}$ eine Zerlegung der Einheit für die Überdeckung $\{D_k\}$. Wir weisen darauf hin, daß $\varphi_k(x) = 0$ gilt für $k > n$ und $x \in \Omega$. Mit $u_k(x)$ bezeichnen wir die Fortsetzung der Funktion $u(x)$ in die oben beschriebene Kugel D_k. Wir setzen

$$w_k(x) = \begin{cases} u_k(x)\,\varphi_k(x), & x \in D_k\,, \\ 0, & x \notin D_k\,. \end{cases}$$

Offenbar sind die Träger der Funktionen $w_k(x)$ kompakt und $w_k \in W_p^{(1)}(E_m)$.

Sei nun

$$w(x) = \sum_{k=1}^{n} w_k(x)\,. \tag{13}$$

Es ist klar, daß die Funktion $w(x)$ einen kompakten Träger besitzt und daß $w \in W_p^{(1)}(E_m)$. Es sei $x \in \Omega$. Dann gilt $u_k(x) = u(x)$ und

$$w(x) = u(x) \sum_{k=1}^{n} \varphi_k(x) = u(x) \sum_{k=1}^{\infty} \varphi_k(x) = u(x)\,.$$

Somit stellt $w(x)$ die gesuchte Fortsetzung der Funktion $u(x)$ auf den Raum E_m dar. Der Satz ist bewiesen.

Im folgenden § 8 setzen wir voraus, daß das betrachtete Gebiet beschränkt und daß $\partial\Omega \in C^{(0,1)}$ ist.

Wir werden sagen, daß eine Funktion $u \in W_p^{(k)}(\Omega)$ bei Erhaltung der Klasse auf den Raum E_m fortgesetzt werden kann, wenn eine Funktion $w \in W_p^{(k)}(E_m)$ mit kompaktem Träger existiert, die auf Ω mit u übereinstimmt. Satz 4.7.1 kann man auch so formulieren: Wenn Ω ein beschränktes Gebiet in E_m und $\partial\Omega \in C^{(0,1)}$ ist, so kann jede Funktion der Klasse $W_p^{(1)}(\Omega)$ bei Erhaltung der Klasse auf E_m fortgesetzt werden. Die fortgesetzte Funktion w genügt der Ungleichung (3), in der c nicht von u abhängt.

Bemerkung 1. Der Satz über die Fortsetzung von Funktionen kann unschwer für die Klasse $W_p^{(k)}(\Omega)$, $k > 1$, und für beschränkte Gebiete Ω mit Rändern der Klasse $C^{(0,1)}$ bewiesen werden, wenn die Sobolewschen Integraldarstellungen (§ 2) und der Satz über die Beschränktheit des singulären Integraloperators in der Metrik L_p (diesbezüglich s. unten, Kap. 8) benutzt werden. Der Beweis des letzten Satzes würde jedoch den Rahmen dieses Buches sprengen.

Bemerkung 2. Indem man sich auf die Fortsetzung von Funktionen stützt, kann man zeigen, daß unter bekannten Voraussetzungen die Formel der partiellen Integration (Kap. 3, § 1) ihre Gültigkeit auch für Funktionen aus den Sobolewschen Räumen behält. Sei z. B. $P \in W_p^{(1)}(\Omega)$, $Q \in W_{p'}^{(1)}(\Omega)$, $p^{-1} + (p')^{-1} = 1$, $1 < p < \infty$, und $\Gamma = \partial\Omega \in C^{(0,1)}$. Die Funktionen P und Q setzen wir bei Erhaltung der Klasse auf E_m fort und mitteln die Fortsetzung. Dabei gilt im gesamten Raum

$$\frac{\partial \widetilde{P}_h}{\partial x_k} = \left(\frac{\partial \widetilde{P}}{\partial x_k}\right)_h, \qquad \frac{\partial \widetilde{Q}_h}{\partial x_k} = \left(\frac{\partial \widetilde{Q}}{\partial x_k}\right)_h,$$

wobei $\widetilde{P}$ und $\widetilde{Q}$ die fortgesetzten Funktionen sind. Für Mittelfunktionen kann partiell integriert werden:

$$\int_\Omega \widetilde{P}_h \left(\frac{\partial \widetilde{Q}}{\partial x_k}\right)_h \mathrm{d}x = -\int_\Omega \widetilde{Q}_h \left(\frac{\partial \widetilde{P}}{\partial x_k}\right)_h \mathrm{d}x + \int_\Gamma \widetilde{P}_h \widetilde{Q}_h \cos(\nu, x_k)\, \mathrm{d}\Gamma . \tag{14}$$

Nach Satz 2.3.3 gilt im Gebiet Ω: $\left(\frac{\partial \widetilde{P}}{\partial x_k}\right)_h \xrightarrow[h\to 0]{} \frac{\partial \widetilde{P}}{\partial x_k} = \frac{\partial P}{\partial x_k}$ und $\left(\frac{\partial \widetilde{Q}}{\partial x_k}\right)_h \xrightarrow[h\to 0]{} \frac{\partial \widetilde{Q}}{\partial x_k} = \frac{\partial Q}{\partial x_k}$ entsprechend in der Metrik von $L_p(\Omega)$ und $L_{p'}(\Omega)$. Aus Satz 4.3.2 folgt, daß $\widetilde{P}_h \xrightarrow[h\to 0]{} \widetilde{P} = P$ in den Metriken von $L_p(\Omega)$ und $L_p(\Gamma)$ gilt; analog dazu gilt $\widetilde{Q}_h \xrightarrow[h\to 0]{} \widetilde{Q} = Q$ in den Metriken von $L_{p'}(\Omega)$ und $L_{p'}(\Gamma)$. Wie man unschwer sieht, darf in der Formel (14) für $h \to 0$ unter dem Integralzeichen zum Grenzwert übergegangen werden. In der Tat, es gilt z. B.

$$\left|\int_\Gamma P_h Q_h \cos(\nu, x_k)\, \mathrm{d}\Gamma - \int_\Gamma PQ \cos(\nu, x_k)\, \mathrm{d}\Gamma\right| \leqq \int_\Gamma |P_h - P|\, |Q_h|\, \mathrm{d}\Gamma +$$

$$+ \int_\Gamma |P|\, |Q_h - Q|\, \mathrm{d}\Gamma \leqq ||P_h - P||_{L_p(\Gamma)} \cdot ||Q_h||_{L'_p(\Gamma)} + ||P||_{L_p(\Gamma)} \cdot ||Q_h - Q||_{L'_p(\Gamma)} . \tag{15}$$

Oben wurde schon $||P_h - P||_{L_p(\Gamma)} \to 0$ und $||Q_h - Q||_{L_{p'}(\Gamma)} \to 0$ ermittelt. Fernerhin ist die Größe $||P||_{L_p(\Gamma)}$ eine Konstante und $||Q_h||_{L_{p'}(\Gamma)}$ konvergiert: $||Q_h||_{L_{p'}(\Gamma)} \to \to ||Q||_{L_{p'}(\Gamma)}$. Deshalb ist $||Q_h||_{L_{p'}(\Gamma)}$ beschränkt. Aus dem Gesagten ist klar, daß der rechte Teil in der Formel (15) gegen Null konvergiert. Analog dazu werden die anderen Integrale in der Formel (14) untersucht.

Indem wir in Formel (14) zum Grenzwert übergehen, wird ersichtlich, daß die Formel der partiellen Integration im besonderen ihre Gültigkeit behält, wenn $P \in W_p^{(1)}(\Omega)$ und $Q \in W_{p'}^{(1)}(\Omega)$, $1 < p < \infty$, gilt.

Satz 4.7.2. *Es seien Ω_1 und Ω_2 Gebiete des Raumes E_m, deren Durchschnitt nicht leer ist und für die $\partial\Omega_j \in C^{(0,1)}$, $j = 1, 2$, gilt. Sei ferner $\Omega = \Omega_1 \cup \Omega_2$. Wenn die Funktion $u(x)$ fast überall in Ω definiert ist und $u \in W_p^{(k)}(\Omega_j)$, $j = 1, 2$, so ist $u \in W_p^{(k)}(\Omega)$.*

Beweis. Es genügt, den Fall $k = 1$ zu betrachten. Der allgemeine Fall ergibt sich dann leicht mittels Induktion. Mit Γ_0 bezeichnen wir den Teil des Randes $\partial\Omega_1$, der in Ω_2 enthalten ist, und mit Ω_0 den Durchschnitt $\Omega_1 \cap \Omega_2$. Es sei $\varphi(x)$ eine beliebige Funktion der Klasse $\mathfrak{M}^{(1)}(\Omega)$. Mit v_{ij} bezeichnen wir die verallgemeinerte Ableitung $\dfrac{\partial u}{\partial x_i}$ in Ω_j, $j = 1, 2$. Auf Grund der Sätze 3.1.1 und 3.2.2 stimmen die Funktionen v_{i1} und v_{i2} in Ω_0 überein.

Partielle Integration liefert

$$\left.\begin{aligned} \int\limits_{\Omega_1} u \frac{\partial\varphi}{\partial x_i}\,\mathrm{d}x &= -\int\limits_{\Omega_1} \varphi v_{i1}\,\mathrm{d}x + \int\limits_{\Gamma_0} u\varphi \cos(\nu, x_i)\,\mathrm{d}\Gamma_0\,, \\ \int\limits_{\Omega_2\setminus\Omega_0} u \frac{\partial\varphi}{\partial x_i}\,\mathrm{d}x &= -\int\limits_{\Omega_2\setminus\Omega_0} \varphi v_{i2}\,\mathrm{d}x - \int\limits_{\Gamma_0} u\varphi \cos(\nu, x_i)\,\mathrm{d}\Gamma_0\,. \end{aligned}\right\} \tag{16}$$

Das Minuszeichen vor dem Oberflächenintegral in der zweiten Formel ist dadurch bedingt, daß bezüglich der Gebiete Ω_1 und $\Omega_2\setminus\Omega_0$ die äußere Normale der Fläche Γ_0 entgegengesetzte Richtungen aufweist.

Wir addieren die Gleichungen (3) und setzen $w_i(x) = v_{ij}(x)$, $x \in \Omega_j$, $j = 1, 2$; offenbar gilt $w_i \in L_p(\Omega)$. Als Ergebnis erhalten wir die Identität

$$\int\limits_{\Omega} u \frac{\partial\varphi}{\partial x_i}\,\mathrm{d}x = -\int\limits_{\Omega} \varphi w_i\,\mathrm{d}x\,, \qquad \forall\varphi \in \mathfrak{M}^{(1)}(\Omega)\;;$$

diese zeigt, daß im Gebiet Ω die verallgemeinerten Ableitungen $\dfrac{\partial u}{\partial x_i} = w_i$ existieren und somit $u \in W_p^{(1)}(\Omega)$ gilt. Der Satz ist bewiesen.

§ 8. Der Einbettungssatz für den Grenzexponenten

Lemma 4.8.1. *Es sei $kp < m$. Ist $u \in \mathfrak{M}^{(\infty)}(E_m)$, so hat die Ungleichung*

$$\|u\|_{L_{q*}(E_m)} \leqq C \sum_{|\alpha|=k} \|D^\alpha u\|_{L_p(E_m)} \tag{1}$$

Gültigkeit, wobei $q^* = q_m = mp/(m - kp)$ ist und C nicht von u abhängt.

Beweis. Wir betrachten zuerst den Fall $k = 1$. Offenbar gilt

$$u(x) = \int\limits_{-\infty}^{x_j} \frac{\partial}{\partial\xi_j} u(x_1, \dots, x_{j-1}, \xi_j, x_{j+1}, \dots, x_m)\,\mathrm{d}\xi_j\,.$$

Daraus folgt

$$|u(x)| \leqq \int\limits_{-\infty}^{\infty} \left|\frac{\partial u}{\partial\xi_j}\right| \mathrm{d}\xi_j$$

und

$$|u(x)|^{m/(m-1)} \leqq \prod_{j=1}^{m} \left(\int_{-\infty}^{\infty} \left| \frac{\partial u}{\partial \xi_j} \right| d\xi_j \right)^{1/(m-1)} .$$

Wir integrieren bezüglich x_1 und erhalten

$$\int_{-\infty}^{\infty} |u(x)|^{m/(m-1)} dx_1 \leqq \left(\int_{-\infty}^{\infty} \left| \frac{\partial u}{\partial \xi_1} \right| d\xi_1 \right)^{1/(m-1)} \int_{-\infty}^{\infty} \prod_{j=2}^{m} \left(\int_{-\infty}^{\infty} \left| \frac{\partial u}{\partial \xi_j} \right| d\xi_j \right)^{1/(m-1)} dx_1 . \quad (2)$$

Auf den zweiten Faktor rechts wenden wir die HÖLDERsche Ungleichung mit den Exponenten $p_1 = p_2 = \dots = p_{m-1} = m - 1$ an:

$$\int_{-\infty}^{\infty} \prod_{j=2}^{m} \left(\int_{-\infty}^{\infty} \left| \frac{\partial u}{\partial \xi_j} \right| d\xi_j \right)^{1/(m-1)} dx_1 \leqq \prod_{j=2}^{m} \left(\int_{-\infty}^{\infty} \int_{-\infty}^{\infty} \left| \frac{\partial u}{\partial \xi_j} \right| d\xi_j dx_1 \right)^{1/(m-1)} .$$

Dies setzen wir in Formel (2) ein und erhalten die neue Ungleichung

$$\int_{-\infty}^{\infty} |u(x)|^{m/(m-1)} dx_1 \leqq \left(\int_{-\infty}^{\infty} \left| \frac{\partial u}{\partial \xi_1} \right| d\xi_1 \right)^{1/(m-1)} \prod_{j=2}^{m} \left(\int_{-\infty}^{\infty} \int_{-\infty}^{\infty} \left| \frac{\partial u}{\partial \xi_j} \right| d\xi_j dx_1 \right)^{1/(m-1)} . \quad (2a)$$

Wir nehmen jetzt an, daß für ein gewisses l die Ungleichung

$$\int_{-\infty}^{\infty} \cdots \int_{-\infty}^{\infty} |u(x)|^{m/(m-1)} dx_1 \dots dx_l \leqq \prod_{j=1}^{l} \left(\int_{-\infty}^{\infty} \cdots \int_{-\infty}^{\infty} \left| \frac{\partial u}{\partial x_j} \right| dx_1 \dots dx_l \right)^{1/(m-1)} \times$$

$$\times \prod_{j=l+1}^{m} \left(\int_{-\infty}^{\infty} \cdots \int_{-\infty}^{\infty} \int_{-\infty}^{\infty} \left| \frac{\partial u}{\partial \xi_j} \right| dx_1 \dots dx_l \, dx_j \right)^{1/(m-1)} \quad (3)$$

gültig ist. Wir zeigen, daß eine analoge Ungleichung auch für $l + 1$ gilt. Die Ungleichung (3) integrieren wir in den Grenzen $(-\infty, \infty)$ bezüglich x_{l+1}. Der Faktor mit der Nummer $l+1$ im zweiten Produkt rechts hängt nicht von x_{l+1} ab. Wir ziehen ihn deshalb vor das Integralzeichen und ersetzen in ihm das Symbol ξ_{l+1} durch x_{l+1}. Wir erhalten somit

$$\int_{E_{l+1}} |u(x)|^{m/(m-1)} dx_1 \dots dx_l \, dx_{l+1} \leqq \left(\int_{E_{l+1}} \left| \frac{\partial u}{\partial x_{l+1}} \right| dx_1 \dots dx_{l+1} \right)^{1/(m-1)} \times$$

$$\times \int_{-\infty}^{\infty} \left\{ \prod_{j=1}^{l} \left(\int_{E_l} \left| \frac{\partial u}{\partial x_j} \right| dx_1 \dots dx_l \right)^{1/(m-1)} \times \right.$$

$$\left. \times \prod_{j=l+2}^{m} \left(\int_{E_{l+1}} \left| \frac{\partial u}{\partial \xi_j} \right| dx_1 \dots dx_l \, d\xi_j \right)^{1/(m-1)} \right\} dx_{l+1} .$$

Auf das zweite Integral rechts wenden wir die HÖLDERsche Ungleichung mit den Exponenten $p_1 = p_2 = \dots = p_{m-1} = m - 1$ an; im Ergebnis erhalten wir die Ungleichung (3) mit $l + 1$ anstelle von l. Für $l = 1$ ist sie richtig (Ungleichung (2a)!); deshalb gilt sie für beliebiges l.

Wenn wir in (3) $l = m$ setzen, erhalten wir

$$\int_{E_m} |u(x)|^{m/(m-1)} \, dx \leqq \prod_{j=1}^{m} \left(\int_{E_m} \left| \frac{\partial u}{\partial x_j} \right| dx \right)^{1/(m-1)}. \tag{4}$$

In dieser Beziehung ersetzen wir $u(x)$ durch $|u(x)|^{(m-1)p/(m-p)}$; weil $m > p \geqq 1$ ist, ist die neue Funktion stetig und besitzt beschränkte erste Ableitungen. Mithin sind alle oben durchgeführten Operationen erlaubt und Ungleichung (4) liefert

$$\int_{E_m} |u(x)|^{mp/(m-p)} \, dx \leqq \left[\frac{(m-1)p}{m-p} \right]^{1/(m-1)} \prod_{j=1}^{m} \left(\int_{E_m} |u(x)|^{m(p-1)/(m-p)} \left| \frac{\partial u}{\partial x_j} \right|^{1/(m-1)} \right).$$

Wir betrachten diesen Ausdruck in der $\frac{m-1}{m}$-ten Potenz und wenden die HÖLDERsche Ungleichung mit den Exponenten $p' = \frac{p}{p-1}$ und p an:

$$||u||_{q_1^*}^{(m-1)p/(m-p)} \leqq \left[\frac{(m-1)\,p}{m-p} \right]^{1/m} \prod_{j=1}^{m} \left(\int_{E_m} |u(x)|^{m(p-1)/(m-p)} \left| \frac{\partial u}{\partial x_j} \right| dx \right)^{1/m} \leqq$$

$$\leqq \left[\frac{(m-1)\,p}{m-p} \right]^{1/m} ||u||_{q_1^*}^{m(p-1)/(m-p)} \prod_{j=1}^{m} \left(\int_{E_m} \left| \frac{\partial u}{\partial x_j} \right|^p dx \right)^{1/mp}, \qquad q_1^* = \frac{mp}{m-p}.$$

Wir ersetzen $\left| \frac{\partial u}{\partial x_j} \right|^p$ durch $\sum_{j=1}^{m} \left| \frac{\partial u}{\partial x_j} \right|^p$ und erhalten

$$||u||_{q_1^*} \leqq \left[\frac{(m-1)\,p}{m-p} \right]^{1/m} \left(\int_{E_m} \sum_{|\alpha|=1} |D^\alpha u|^p \, dx \right)^{1/p}. \tag{5}$$

Nunmehr kann ohne Schwierigkeiten der allgemeine Fall der Ungleichung (1) bewiesen werden. Wir nehmen an, daß sie für $k - 1$ Gültigkeit hat; wir setzen $q_{k-1}^* = \frac{mp}{m-(k-1)p}$, und es sei

$$||u||_{q_{k-1}^*} \leqq C \sum_{|\alpha|=k-1} ||D^\alpha u||_p .$$

Darin ersetzen wir u durch $\frac{\partial u}{\partial x_j}$:

$$\left\| \frac{\partial u}{\partial x_j} \right\|_{q_{k-1}^*} \leqq C \sum_{|\alpha|=k-1} \left\| D^\alpha \frac{\partial u}{\partial x_j} \right\|_p \leqq C \sum_{|\alpha|=k} ||D^\alpha u||_p . \tag{6}$$

Unschwer überzeugt man sich von $\frac{m q_{k-1}^*}{m - q_{k-1}^*} = \frac{mp}{m-kp} = q^*$; nach den Ungleichungen (5) und (6) gilt

$$||u||_{q^*} \leqq \sum_{|\alpha|=k} ||D^\alpha u||_p ,$$

was zu beweisen war.

Satz 4.8.1. *Es sei $kp < m$ und $\Omega \subset E_m$ ein beschränktes Gebiet, das bezüglich einer Kugel sternförmig ist. Dann gilt für jede Funktion $u \in W_p^{(k)}(\Omega)$ die Ungleichung*

$$||u||_{q^*} \leqq C||u||_{W_p^{(k)}(\Omega)}\,; \quad q^* = \frac{mp}{m - kp}, \qquad C = \text{const}\,. \tag{7}$$

Beweis. Wenn β ein Multiindex mit $|\beta| = k - 1$ ist, so gilt $D^\beta u \in W_p^{(1)}(\Omega)$. Die Funktion $D^\beta u$ setzen wir entsprechend Satz 4.7.1 fort und bezeichnen die Fortsetzung mit $v_\beta(x)$. Diese Funktion verschwindet außerhalb eines gewissen beschränkten Gebietes $\Omega_1 \supset \Omega$, gehört der Klasse $W_p^{(1)}(E_m)$ an und genügt der Ungleichung

$$||v_\beta||_{W_p^{(1)}(E_m)} \leqq c||D^\beta u||_{W_p^{(1)}(\Omega)}\,.$$

Ungleichung (5) liefert

$$||v_\beta||_{L_{q_1^*}(E_m)} \leqq c' \sum_{|\alpha|=1} ||D^\alpha v_\beta||_{L_p(E_m)} \leqq c''||v_\beta||_{W_p^{(1)}(E_m)} \leqq c'''||u||_{W_p^{(k)}(\Omega)}\,.$$

Den linken Teil ersetzen wir durch die kleinere Größe

$$||v_\beta||_{L_{q_1^*}(\Omega)} = ||D^\beta u||_{L_{q_1^*}(\Omega)}$$

und summieren über β, $|\beta| = k - 1$. Im Ergebnis erhalten wir

$$\sum_{|\beta|=k-1} ||D^\beta u||_{L_{q_1^*}(\Omega)} \leqq c^{(4)}||u||_{W_p^{(k)}(\Omega)}\,. \tag{8}$$

Für die Ableitungen $D^\beta u$, $|\beta| < k - 1$, stellt der Exponent $q_1^* = \dfrac{mp}{m - p}$ keinen Grenzexponenten dar; nach Satz 4.3.2 ist die Ungleichung (8) für alle genannten Multiindizes β gültig. Wir summieren und erhalten noch eine Ungleichung:

$$||u||_{W_{q_1^*}^{(k-1)}(\Omega)} \leqq c^{(5)}||u||_{W_p^{(k)}(\Omega)}\,. \tag{9}$$

Auf Grund des Satzes 4.7.1 setzen wir die Ableitung $D^\gamma u$ mit $|\gamma| = k - 2$ fort und erhalten analog zu oben

$$\sum_{|\gamma|=k-2} ||D^\gamma u||_{L_{q_1^*}(\Omega)} \leqq c^{(6)}||u||_{W_p^{(k-1)}(\Omega)}\,.$$

Wir ersetzen hier p durch $q_1^* = \dfrac{mp}{m - p}$ und erhalten

$$\sum_{|\gamma|=k-2} ||D^\gamma u||_{L_{q_2^*}(\Omega)} \leqq c^{(7)}||u||_{W_{q_1^*}^{(k-1)}(\Omega)}\,; \qquad q_2^* = \frac{mp}{m - 2p}\,.$$

Für $|\gamma| < k - 2$ folgt die letzte Ungleichung ebenfalls aus Satz 4.3.2, und wir gelangen zur Ungleichung

$$||u||_{W_{q_2^*}^{(k-2)}(\Omega)} \leqq c^{(8)}||u||_{W_{q_1^*}^{(k-1)}(\Omega)} \leqq c^{(9)}||u||_{W_p^{(k)}(\Omega)}\,.$$

Hier ersetzen wir p durch $q_2^* = \dfrac{mp}{m - 2p}$ usw. Wenn wir diesen Prozeß fortsetzen, erhalten wir nach einer endlichen Anzahl von Schritten die Ungleichung (7).

Abschließend sei darauf verwiesen, daß Satz 4.8.1 in offensichtlicher Weise auf Gebiete übertragbar ist, deren Ränder der Klasse $C^{(0,1)}$ angehören.

KAPITEL 5

POSITIV-DEFINITE OPERATOREN

§ 1. Der Begriff des quadratischen Funktionals

Im vorliegenden Kapitel betrachten wir Funktionale, deren Definitionsgebiete in einem reellen HILBERT-Raum liegen. In einigen Fällen (die besonders aufgeführt werden) setzen wir diesen Raum als separabel voraus. Es sei daran erinnert, daß man einen BANACH-Raum separabel nennt, wenn er eine dichte abzählbare Menge enthält. Für den HILBERT-Raum läßt sich eine andere, äquivalente Definition angeben: Ein HILBERT-Raum heißt separabel, wenn in ihm ein vollständiges abzählbares orthonormiertes System existiert. Einer der wichtigsten separablen HILBERT-Räume ist der Raum $L_2(\Omega)$, wobei Ω eine meßbare Menge im endlichdimensionalen Raum bedeutet.

Es sei ein HILBERT-Raum H gegeben. Wir betrachten in H ein *bilineares Funktional* $\Phi(u, v)$. So wird ein von zwei Elementen des Raumes H abhängiges Funktional genannt, das folgende Eigenschaften besitzt: Bei festem v ist dieses Funktional linear in u:

$$\Phi(\alpha_1 u_1 + \alpha_2 u_2, v) = \alpha_1 \Phi(u_1, v) + \alpha_2 \Phi(u_2, v) , \tag{1}$$

und bei festem u ist dieses Funktional linear in v:

$$\Phi(u, \alpha_1 v_1 + \alpha_2 v_2) = \alpha_1 \Phi(u, v_1) + \alpha_2 \Phi(u, v_2) . \tag{2}$$

In den Gleichungen (1) und (2) bedeuten α_1 und α_2 beliebige reelle Zahlen.

Wir werden nur *symmetrische bilineare Funktionale* betrachten, d. h. solche, für die gilt

$$\Phi(u, v) = \Phi(v, u) . \tag{3}$$

Das einfachste bilineare symmetrische Funktional ist das Skalarprodukt (u, v) der Elemente u und v.

Homogenes quadratisches Funktional oder *quadratische Form* heißt der Ausdruck $\Phi(u, u)$, wobei $\Phi(u, v)$ ein symmetrisches bilineares Funktional ist. Der Kürze halber schreiben wir $\Phi(u)$ an Stelle von $\Phi(u, u)$.

Wir leiten jetzt eine einfache und wichtige Beziehung her, der eine beliebige quadratische Form genügt. Es seien $\Phi(u, v)$ ein bilineares Funktional und $\alpha_1, \alpha_2, \beta_1, \beta_2$ gewisse Zahlen. Wenden wir nacheinander die Formeln (1) und (2) an, so erhalten wir

$$\Phi(\alpha_1 u_1 + \alpha_2 u_2, \beta_1 v_1 + \beta_2 v_2) = \alpha_1\beta_1 \Phi(u_1, v_1) + \alpha_1\beta_2 \Phi(u_1, v_2) + \alpha_2\beta_1 \Phi(u_2, v_1) + \alpha_2\beta_2 \Phi(u_2, v_2) .$$

Wenn im besonderen das Funktional Φ symmetrisch ist, so ergibt sich

$$\Phi(u + v, u + v) = \Phi(u, u) + 2\Phi(u, v) + \Phi(v, v)$$

oder

$$\Phi(u + v) = \Phi(u) + 2\Phi(u, v) + \Phi(v) . \tag{4}$$

Dies ist die gesuchte Beziehung.

Beispiel. Das DIRICHLETsche Integral

$$\Phi(u) = \int_\Omega \sum_{k=1}^{m} \left(\frac{\partial u}{\partial x_k}\right)^2 dx$$

ist eine quadratische Form, die dem symmetrischen bilinearen Funktional

$$\Phi(u, v) = \int_\Omega \sum_{k=1}^{m} \frac{\partial u}{\partial x_k} \frac{\partial v}{\partial x_k} dx$$

entspricht.

Quadratisches Funktional nennen wir den Ausdruck

$$F(u) = \Phi(u) - l(u)\,, \tag{5}$$

wobei $\Phi(u)$ eine quadratische Form und $l(u)$ ein lineares Funktional bedeuten.

Beispiele. Der einfachste HILBERT-Raum ist die reelle Zahlengerade. Die skalare Multiplikation bedeutet hier die Multiplikation von Zahlen, und die Norm ist der Betrag einer Zahl. Ein Polynom zweiten Grades ohne absolutes Glied ist ein quadratisches Funktional.

Ein weiteres weit wichtigeres Beispiel, mit dem wir es im folgenden zu tun haben werden, ist das quadratische Funktional

$$F(u) = \int_\Omega \left\{\sum_{k=1}^{m} \left(\frac{\partial u}{\partial x_k^2}\right)^2 - 2f(x)\,u\right\} dx\,. \tag{6}$$

§ 2. Positiv-definite Operatoren

1. Im weiteren werden wir des öfteren Operatoren in einem HILBERT-Raum H betrachten. Wenn ein solcher Operator z. B. mit dem Buchstaben A bezeichnet wird, so bezeichnen wir sein Definitionsgebiet mit $D(A)$ und seinen Wertevorrat mit $R(A)$. Wenn wir davon sprechen, daß A ein Operator im Raum H ist, so verstehen wir darunter, wie gewöhnlich, daß $D(A) \subset H$ und $R(A) \subset H$ gilt.

Wenn von einem Operator A im HILBERT-Raum H die Rede ist, so setzen wir stets voraus, daß A ein linearer[1]) Operator ist und daß sein Definitionsgebiet dicht in H ist, d. h. $\overline{D(A)} = H$ (der Querstrich bedeutet hier die Abschließung in der Metrik des Raumes H).

Der Operator A in einem HILBERT-Raum heißt *symmetrisch*, wenn $\overline{D(A)} = H$ ist und wenn für beliebige $u, v \in D(A)$ die Gleichung

$$(Au, v) = (u, Av) \tag{1}$$

gilt. Wenn A ein symmetrischer Operator ist, dann ist für $u, v \in D(A)$ der Ausdruck (Au, v) ein symmetrisches bilineares Funktional, und (Au, u) ist eine quadratische Form.

Beispiel 1. Im Raum $H = L_2(\Omega)$ betrachten wir den Integraloperator

$$Ku = \int_\Omega K(x, y)\, u(y)\, dy\,. \tag{2}$$

Wir setzen voraus, daß das $2m$-dimensionale Integral

$$\int_\Omega \int_\Omega K^2(x, y)\, dx\, dy$$

[1]) Das heißt ein additiver und homogener, aber möglicherweise unbeschränkter Operator.

endlich ist. Ein solcher Operator ist auf dem ganzen Raum definiert. Wenn $K(x, y) = K(y, x)$ ist, so ist der Operator (2) symmetrisch. Dies wollen wir beweisen.

Wir bilden das Skalarprodukt

$$(Ku, v) = \int_\Omega v(x) \left\{ \int_\Omega K(x, y)\, u(y)\, dy \right\} dx .$$

Nach dem Satz von FUBINI kann man die Integrationsreihenfolge ändern:

$$(Ku, v) = \int_\Omega u(y) \left\{ \int_\Omega K(x, y)\, v(x)\, dx \right\} dy .$$

Ersetzen wir x durch y und umgekehrt, so ergibt sich

$$(Ku, v) = \int_\Omega u(x) \left\{ \int_\Omega K(y, x)\, v(y)\, dy \right\} dx =$$
$$= \int_\Omega u(x) \left\{ \int_\Omega K(x, y)\, v(y)\, dy \right\} dx = (Kv, u) = (u, Kv) ,$$

da man im Falle eines reellen Raumes die Faktoren im Skalarprodukt vertauschen kann.

Beispiel 2. Im Raum $H = L_2(0, 1)$ betrachten wir den Operator

$$Au = -\frac{d^2u}{dx^2} . \tag{3}$$

Es bestehe $D(A)$ aus den Funktionen u, die folgende zwei Bedingungen erfüllen:

$$u \in C^{(2)}[0, 1] , \qquad u(0) = u(1) = 0 . \tag{4}$$

Offenbar ist der so definierte Operator A linear. Wir beweisen jetzt, daß er symmetrisch ist.

Die Menge $D(A)$ der Funktionen aus $C^{(2)}[0, 1]$, die den Randbedingungen (4) genügen, enthält als Teilmenge die in $L_2(0, 1)$ dichte Menge aller auf dem Segment $[0, 1]$ finiten Funktionen. Auf Grund der Folgerung 1.3.1 ist die Menge $D(A)$ selbst dicht in $L_2(0, 1)$.

Es bleibt noch zu beweisen, daß der Operator A der Symmetriebedingung (1) genügt. Zu diesem Zweck bilden wir das Skalarprodukt (Au, v), wobei $u, v \in D(A)$ sind, d. h., es gilt $u, v \in C^{(2)}[0, 1]$ und

$$u(0) = u(1) = 0 , \qquad v(0) = v(1) = 0 .$$

Wenn man nun partiell integriert und berücksichtigt, daß die integralfreien Glieder infolge der zuletzt angegebenen Randbedingungen verschwinden, so ergibt sich

$$(Au, v) = -\int_0^1 v(x)\, u''(x)\, dx = \int_0^1 u'(x)\, v'(x)\, dx = -\int_0^1 u(x)\, v''(x)\, dx = (u, Av) .$$

2. Definition 1. Der symmetrische Operator A heißt *positiv*, wenn die quadratische Form $(Au, u) \geqq 0$ ist und wenn $(Au, u) = 0$ dann und nur dann gilt, wenn $u = 0$ ist.

Zum Beispiel ist der Operator (3)—(4) positiv. Um uns davon zu überzeugen, bilden wir die quadratische Form

$$(Au, u) = -\int_0^1 u \frac{d^2u}{dx^2}\, dx .$$

Durch partielle Integration und Berücksichtigung der Bedingung (4) erhalten wir

$$(Au, u) = \int_0^1 u'^2(x)\, dx \geqq 0 . \tag{5}$$

Wir nehmen an, daß $(Au, u) = 0$ und folglich $\int_0^1 u'^2\, dx = 0$ ist. Dann gilt aber $u'(x) \equiv 0$ und $u(x) \equiv \text{const}$. Aus den Bedingungen (4) ergibt sich nun $u(x) \equiv 0$.

Definition 2. Der symmetrische Operator A heißt *positiv-definit*, wenn gilt

$$\inf_{\substack{u \in D(A) \\ u \neq 0}} \frac{(Au, u)}{||u||^2} > 0 . \tag{6}$$

Diese Definition ist der folgenden äquivalent: Der symmetrische Operator A heißt positiv-definit, wenn eine Konstante $\gamma^2 > 0$ existiert derart, daß die Ungleichung

$$(Au, u) \geqq \gamma^2 ||u||^2 \tag{7}$$

gilt. Diese Formel nennen wir *Ungleichung der positiven Definitheit.*

Offensichtlich ist jeder positiv-definite Operator auch gleichzeitig positiv. Die Umkehrung gilt im allgemeinen nicht.

Beispiel. Wir wollen beweisen, daß der Operator (3)—(4) positiv-definit ist. Nach der FRIEDRICHSschen Ungleichung (s. Kap. 4, Formel (6.10)) ergibt sich

$$||u||^2 = \int_0^1 u^2(x)\, \mathrm{d}x \leqq \int_0^1 u'^2(x)\, \mathrm{d}x .$$

Vergleicht man diese Beziehung mit der Formel (5), so erhalten wir die Ungleichung $(Au, u) \geqq ||u||^2$, welche unsere Behauptung zeigt. Die Konstante in der Ungleichung der positiven Definitheit kann in diesem Fall gleich Eins angenommen werden.

3. Es gibt Operatoren, die positiv, aber nicht positiv-definit sind. Um uns davon zu überzeugen, betrachten wir folgendes Beispiel.

Der Operator B werde durch die Formel

$$Bu = -\frac{\mathrm{d}^2u}{\mathrm{d}x^2}, \qquad 0 < x < \infty , \tag{8}$$

definiert. Wir betrachten B als Operator im HILBERT-Raum $L_2(0, \infty)$; als Definitionsgebiet $D(B)$ nehmen wir die Menge derjenigen Funktionen, die folgenden Bedingungen genügen: 1. $u \in C^{(2)}[0, \infty)$; 2. $u(0) = 0$; 3. für jede Funktion $u \in D(B)$ existiert eine Zahl a_u derart, daß $u(x) \equiv 0$ für $x > a_u$ ist. Offenbar ist $D(B) \subset L_2(0, \infty)$.

Wir beweisen jetzt, daß der auf diese Weise definierte Operator B positiv, jedoch nicht positiv-definit ist. Als erstes zeigen wir, daß $\overline{D(B)} = L_2(0, \infty)$ gilt. Dazu genügt es zu beweisen, daß sich für eine beliebige Funktion $\varphi \in L_2(0, \infty)$ und für eine beliebige Zahl $\varepsilon > 0$ eine Funktion $u \in D(B)$ auffinden läßt derart, daß $||\varphi - u|| < \varepsilon$ ist. Da das Integral

$$\int_0^\infty \varphi^2(x)\, \mathrm{d}x$$

endlich ist, existieren gewisse Zahlen $\delta > 0$ und $N > 0$, für die gilt

$$\int_0^\delta \varphi^2(x)\, \mathrm{d}x < \frac{\varepsilon^2}{8}, \qquad \int_N^\infty \varphi^2(x)\, \mathrm{d}x < \frac{\varepsilon^2}{8} .$$

Wir führen nun folgende Funktion ein:

$$\psi(x) = \begin{cases} 0, 0 \leqq x \leqq \delta , \\ \varphi(x), \delta < x < N, \\ 0, \qquad x \geqq N . \end{cases}$$

Offensichtlich ist $\psi \in L_2(0, \infty)$; dabei gilt

$$||\varphi - \psi||^2 = \int_0^\infty (\varphi(x) - \psi(x))^2 \, dx = \int_0^\delta \varphi^2(x) \, dx + \int_N^\infty \varphi^2(x) \, dx < \frac{\varepsilon^2}{4},$$

und somit $||\varphi - \psi|| < \frac{\varepsilon}{2}$.

Wir mitteln jetzt die Funktion ψ, wobei wir den Mittelungsradius $h < \frac{\delta}{2}$ wählen, und setzen danach $u(x) = \psi_h(x)$. Offensichtlich ist $\psi_h(x) \in D(B)$: Die Funktion $\psi_h(x)$ ist beliebig oft differenzierbar und verschwindet für $x = 0$ $\left(\text{sogar für beliebiges } x < \frac{\delta}{2}\right)$; die Zahl a_u kann man schließlich gleich $N + \frac{\delta}{2}$ wählen. Weiterhin gilt

$$||u - \psi||^2 = \int_0^\infty (u(x) - \psi(x))^2 \, dx = \int_0^{N+\delta/2} (u(x) - \psi(x))^2 \, dx = \int_0^{N+\delta/2} (\psi_h(x) - \psi(x))^2 \, dx .$$

Nach dem Satz 1.3.3 ist für hinreichend kleines h das letzte Integral kleiner als $\frac{\varepsilon^2}{4}$, und es gilt somit $||u - \psi|| < \frac{\varepsilon}{2}$. Nach der Dreiecksungleichung ergibt sich jetzt

$$||u - \varphi|| \leqq ||u - \psi|| + ||\psi - \varphi|| < \varepsilon ,$$

und unsere Behauptung ist bewiesen.

Man beweist auch leicht, daß der Operator B symmetrisch ist: Es seien $u, v \in D(B)$, so daß also jede der Funktionen u und v die Bedingungen 1 bis 3 erfüllt.

Wir bilden das bilineare Funktional

$$(Bu, v) = -\int_0^\infty v \frac{d^2u}{dx^2} \, dx = -\int_0^N v \frac{d^2u}{dx^2} \, dx .$$

Dabei sei N eine beliebige Zahl, die größer als a_u und auch größer als a_v ist; für $x = N$ sind beide Funktionen u und v sowie sämtliche ihrer Ableitungen gleich Null.

Partielle Integration ergibt dann

$$(Bu, v) = \int_0^N u'(x) \, v'(x) \, dx = \int_0^\infty u'(x) \, v'(x) \, dx . \tag{9}$$

Analog erhält man

$$(Bv, u) = \int_0^\infty u'(x) \, v'(x) \, dx$$

und folglich

$$(Bu, v) = (Bv, u) = (u, Bv) ,$$

d. h., B ist ein symmetrischer Operator.

Wir beweisen jetzt, daß B ein positiver Operator ist. Auf Grund der Formel (9) gilt

$$(Bu, u) = \int_0^\infty u'^2(x) \, dx \geqq 0 .$$

Wenn also $(Bu, u) = 0$ ist, dann gilt

$$\int_0^\infty u'^2(x)\,dx = 0\,,$$

und da der Integrand nicht negativ ist, muß $u'(x) \equiv 0$ und folglich $u(x) \equiv \text{const}$ sein; wegen $u(0) = 0$ ist schließlich $u(x) \equiv 0$.

Der Operator B ist jedoch nicht positiv-definit. Um uns davon zu überzeugen, müssen wir beweisen, daß die untere Grenze des Quotienten $\frac{(Bu, u)}{||u||^2}$ gleich Null ist.

Wir betrachten die Funktionenfolge

$$u_n(x) = \begin{cases} x(n-x)^3\,, & \text{falls} \quad 0 \leqq x \leqq n\,, \\ 0\,, & \text{falls} \quad x > n\,. \end{cases}$$

Wie man leicht sieht, gilt $u_n \in D(B)$. Wir berechnen jetzt die Norm von u_n. Es gilt

$$||u_n||^2 = \int_0^\infty u_n^2(x)\,dx = \int_0^n x^2(n-x)^6\,dx\,.$$

Wir substituieren $x = nt$:

$$||u_n||^2 = n^9 \int_0^1 t^2(1-t)^6\,dt\,.$$

Das letzte Integral ist eine positive Konstante, die nicht von n abhängt; wir wollen sie mit c_1 bezeichnen. Dann ist $||u_n||^2 = c_1 n^9$.

Weiterhin gilt

$$(Bu_n, u_n) = \int_0^\infty u_n'^2(x)\,dx = \int_0^n (n-4x)^2\,(n-x)^4\,dx\,.$$

Die Substitution $x = nt$ ergibt jetzt

$$(Bu_n, u_n) = n^7 \int_0^1 (1-t)^4\,(1-4t)^2\,dt = c_2 n^7\,, \qquad c_2 = \text{const.}$$

Somit gilt

$$\frac{(Bu_n, u_n)}{||u_n||^2} = \frac{c_2}{c_1 n^2} \xrightarrow[n\to\infty]{} 0$$

und folglich

$$\inf \frac{(Bu, u)}{||u||^2} = 0\,.$$

§ 3. Der energetische Raum

1. Mit jedem positiven Operator läßt sich ein gewisser HILBERT-Raum, welchen wir den *energetischen Raum* des entsprechenden Operators nennen, verknüpfen.

H sei ein HILBERT-Raum und A ein positiver Operator in diesem Raum. Wir konstruieren jetzt einen neuen HILBERT-Raum, indem wir als Elemente dieses Raumes alle Elemente der Menge $D(A)$ erklären und für dieselben ein neues Skalarprodukt definieren:

$$[u, v]_A = (Au, v)\,, \qquad u, v \in D(A)\,. \tag{1}$$

Bekanntlich muß das Skalarprodukt in einem HILBERT-Raum folgenden drei Axiomen genügen:

A) Die Symmetrie[1]): Wenn (u, v) das Skalarprodukt der Elemente u und v bedeutet, so muß

$$(u, v) = (v, u)$$

sein.

B) Die Linearität: Wenn λ_1 und λ_2 Zahlen sind, dann gilt

$$(\lambda_1 u_1 + \lambda_2 u_2, v) = \lambda_1(u_1, v) + \lambda_2(u_2, v) .$$

C) Die Positivität: Es gilt

$$(u, u) \geqq 0 ,$$

wobei $(u, u) = 0$ dann und nur dann ist, wenn $u = 0$ gilt (d. h., wenn u das Nullelement des Raumes ist).

Wir beweisen jetzt, daß der durch Gleichung (1) definierte Ausdruck $[u, v]_A$ den Axiomen A bis C genügt.

A) Die Symmetrie. Unter Benutzung der Symmetrie des Operators A sowie des Skalarproduktes im Ausgangsraum H ergibt sich

$$[u, v]_A = (Au, v) = (u, Av) = (Av, u) = [v, u]_A .$$

B) Die Linearität. Benutzen wir jetzt die Linearität des Operators A, so erhalten wir

$$[\lambda_1 u_1 + \lambda_2 u_2, v]_A = \big(A(\lambda_1 u_1 + \lambda_2 u_2), v\big) = (\lambda_1 A u_1 + \lambda_2 A u_2, v) =$$
$$= \lambda_1(Au_1, v) + \lambda_2(Au_2, v) = \lambda_1[u_1, v]_A + \lambda_2[u_2, v]_A .$$

C) Die Positivität. Der Operator A ist positiv. Deshalb gilt $[u, u]_A = (Au, u) \geqq 0$. Wenn $[u, u]_A = 0$, so ist $(Au, u) = 0$; daraus folgt $u = 0$. Offenbar gilt auch das Umgekehrte: Aus $u = 0$ folgt $(Au, u) = 0$ und $[u, u]_A = 0$.

Mithin genügt der Ausdruck (1) sämtlichen Axiomen eines Skalarproduktes. Indem wir $[u, u]_A$ als Skalarprodukt nehmen, verwandeln wir die Menge $D(A)$ in einen HILBERT-Raum. Wenn sich dieser als unvollständig erweist, so vervollständigen wir ihn auf übliche Weise. Den vervollständigten Raum nennen wir *energetischen Raum* und bezeichnen ihn mit H_A.

Das neue Skalarprodukt erzeugt eine neue Norm, welche wir durch das Symbol $|\,|_A$ kennzeichnen:

$$|u|_A = \sqrt{[u, u]_A} . \tag{2}$$

Wenn $u \in D(A)$ ist, dann gilt

$$|u|_A = \sqrt{(Au, u)} ,$$

und wenn der betrachtete Operator positiv-definit ist, so ergibt sich auf Grund der Ungleichung der positiven Definitheit

$$\|u\| \leqq \frac{1}{\gamma} |u|_A , \qquad u \in D(A) . \tag{3}$$

Die Größen $[u, v]_A$ und $|u|_A$ nennen wir entsprechend *energetisches Produkt* der Elemente u und v bzw. *energetische Norm* des Elementes u.

[1]) Wir betrachten reelle HILBERT-Räume.

In einigen Fällen, wenn das zu keinem Mißverständnis führen kann, werden wir den Index A in den Bezeichnungen für das energetische Produkt und die energetische Norm weglassen und einfach $[u, v]$ bzw. $|u|$ schreiben.

Im energetischen Raum H_A unterscheiden wir zwischen „alten" Elementen — den Elementen der Menge $D(A)$ — und „neuen" oder „idealen" Elementen, welche durch die Vervollständigung hinzukommen.

Aus bekannten Sätzen der Funktionalanalysis ergibt sich nun folgendes:

Wenn u ein ideales Element des Raumes H_A ist, dann existiert eine Folge alter Elemente $\{u_n\}$, welche in der energetischen Norm gegen u konvergiert:

$$|u - u_n| \to 0 , \qquad n \to \infty .$$

Offenbar konvergiert dabei die Folge $\{u_n\}$ in sich in der energetischen Metrik. Die Menge der alten Elemente ist also dicht im energetischen Raum.

Satz 5.3.1. *Der energetische Raum eines positiv-definiten Operators ist in den Ausgangsraum stetig eingebettet.*

Beweis. Sei A ein positiv-definiter Operator. Wir zeigen, daß sich zwischen den Elementen des energetischen Raumes H_A und gewissen Elementen des Ausgangsraumes H eine lineare isomorphe Beziehung herstellen läßt. Dies bedeutet folgendes: 1. Jedem Element $u \in H_A$ wird ein und nur ein Element $u' \in H$ zugeordnet; 2. wenn den Elementen $u, v \in H_A$ die Elemente $u', v' \in H$ entsprechen, dann entspricht der Linearkombination $\lambda u + \mu v \in H_A$ das Element $\lambda u' + \mu v' \in H$; 3. verschiedenen Elementen des Raumes H_A entsprechen verschiedene Elemente des Raumes H.

Für ein beliebiges Element u des energetischen Raumes läßt sich eine Folge $\{u_n\}$ alter Elemente konstruieren derart, daß gilt

$$|u_n - u| \to 0 , \qquad n \to \infty .$$

Für ein ideales Element wurde nämlich eine solche Möglichkeit bereits oben festgestellt; ist dagegen u ein altes Element, so genügt es, $u_n = u$ zu setzen. Offensichtlich ist $u_n - u_m \in D(A)$, und es gilt

$$|u_n - u_m| \to 0 \quad \text{für} \quad n, m \to \infty .$$

Wegen der Beziehung (3) zwischen der alten und der neuen Norm ist

$$\|u_n - u_m\| \leqq \frac{1}{\gamma} |u_n - u_m| ,$$

und die Folge $\{u_n\}$ konvergiert in sich im Sinne der alten Norm. Auf Grund der Vollständigkeit des Raumes H existiert dann ein Element $u' \in H$ derart, daß gilt

$$\|u' - u_n\| \xrightarrow[n\to\infty]{} 0 .$$

Dieses Element u' ordnen wir nun dem Element $u \in H_A$ zu.

Wir beweisen zunächst die Eindeutigkeit des Elementes u'. Nehmen wir an, wir würden an Stelle der Folge $\{u_n\} \subset D(A)$ eine andere Folge $\{v_n\} \subset D(A)$ wählen, für die ebenfalls $|u - v_n| \xrightarrow[n\to\infty]{} 0$ konvergiert. Durch Wiederholung der vorangegangenen Überlegungen gelangen wir zur Existenz eines Elementes $v' \in H$, für das gilt

$$\|v' - v_n\| \xrightarrow[n\to\infty]{} 0 .$$

Wir zeigen, daß $u' = v'$ ist. Auf Grund der Dreiecksungleichung gilt

$$|u_n - v_n| = |(u_n - u) - (v_n - u)| \leqq |u_n - u| + |v_n - u| \xrightarrow[n\to\infty]{} 0 .$$

Wegen $(u_n - v_n) \in D(A)$ ist

$$||u_n - v_n|| \leqq \frac{1}{\gamma} |u_n - v_n| \xrightarrow[n\to\infty]{} 0 .$$

Durch Grenzübergang für $n \to \infty$ erhalten wir $||u' - v'|| = 0$, was zu beweisen war.

Den Elementen $u_1, u_2 \in H_A$ mögen jetzt die Elementfolgen $\{u_{1n}\}$ und $\{u_{2n}\}$ aus $D(A)$ mit

$$|u_1 - u_{1n}| \xrightarrow[n\to\infty]{} 0 , \qquad |u_2 - u_{2n}| \xrightarrow[n\to\infty]{} 0$$

entsprechen. Ferner mögen den Elementen u_1 und u_2 die Elemente u_1' und u_2' des Raumes H zugeordnet sein. Für die Elemente u_1' und u_2' gilt dabei $||u_1' - u_{1n}|| \xrightarrow[n\to\infty]{} 0$ und $||u_2' - u_{2n}|| \xrightarrow[n\to\infty]{} 0$. Infolge der Dreiecksungleichung ergibt sich dann

$$\begin{aligned}|(\lambda_1 u_1 + \lambda_2 u_2) - (\lambda_1 u_{1n} + \lambda_2 u_{2n})| &= |\lambda_1(u_1 - u_{1n}) + \lambda_2(u_2 - u_{2n})| \leqq \\ &\leqq |\lambda_1|\, |u_1 - u_{1n}| + |\lambda_2|\, |u_2 - u_{2n}| \xrightarrow[n\to\infty]{} 0 , \\ ||(\lambda_1 u_1' + \lambda_2 u_2') - (\lambda_1 u_{1n} + \lambda_2 u_{2n})|| &= ||\lambda_1(u_1' - u_{1n}) + \lambda_2(u_2' - u_{2n})|| \leqq \\ &\leqq |\lambda_1|\, ||u_1' - u_{1n}|| + |\lambda_2|\, ||u_2' - u_{2n}|| \xrightarrow[n\to\infty]{} 0 .\end{aligned}$$

Die beiden letzten Beziehungen bedeuten nun gerade, daß dem Element $\lambda_1 u_1 + \lambda_2 u_2 \in \in H_A$ das Element $\lambda_1 u_1' + \lambda_2 u_2' \in H$ entspricht. Die Linearität der Zuordnung ist damit bewiesen.

Wir beweisen jetzt, daß verschiedenen Elementen $u_1, u_2 \in H_A$ auch verschiedene Elemente $u_1', u_2' \in H$ entsprechen.

Wir nehmen das Gegenteil an: Es sei $u_1' = u_2'$. Wir zeigen, daß dann $u_1 = u_2$ gelten muß. Zu diesem Zweck betrachten wir die Differenz $u_1 - u_2 = v$. Offensichtlich ist $v \in H_A$, und da die Zuordnung linear ist, entspricht dem Element v das Nullelement des Raumes H. Mithin existiert eine Folge $v_n \in D(A)$ derart, daß gilt

$$||v_n - 0|| = ||v_n|| \xrightarrow[n\to\infty]{} 0 , \qquad |v - v_n| \xrightarrow[n\to\infty]{} 0 .$$

Es sei η ein beliebiges Element der Menge $D(A)$. Auf Grund der Stetigkeit des Skalarproduktes gilt

$$[v_n, \eta] \xrightarrow[n\to\infty]{} [v, \eta] .$$

Andererseits ist

$$[v_n, \eta] = (v_n, A\eta) .$$

Wegen $v_n \xrightarrow[n\to\infty]{} 0$ konvergiert $(v_n, A\eta) \xrightarrow[n\to\infty]{} (0, A\eta) = 0$, und folglich ist $[v, \eta] = 0$. Die letzte Gleichung bedeutet, daß das Element v in der Metrik des Raumes H_A orthogonal zu der in H_A dichten Menge $D(A)$ ist. Dann ist aber v das Nullelement des energetischen Raumes, d. h. $u_1 = u_2$. Die Existenz einer linearen isomorphen Beziehung, von der am Anfang des Beweises gesprochen wurde, ist somit bewiesen.

Wenn wir jedes Element des Raumes H_A mit dem ihm entsprechenden Element des Raumes H identifizieren, finden wir, daß H_A in H eingebettet ist:

Die Mengen $D(A)$, H_A, H sind durch die Beziehung

$$D(A) \subset H_A \subset H \tag{4}$$

miteinander verknüpft. Die Inklusion $D(A) \subset H_A$ folgt daraus, daß H_A die Vervollständigung von $D(A)$ ist, die Inklusion $H_A \subset H$ aus dem eben Bewiesenen.

Da die Menge $D(A)$ in H dicht ist, bilden die Elemente des energetischen Raumes eines positiv-definiten Operators, wie aus der Beziehung (5) ersichtlich ist, eine im Ausgangsraum dichte Menge.

Wir gelangten oben zu der Ungleichung (3), welche die Korrelation der beiden Normen eines Elementes der Menge $D(A)$ herstellt:

$$\|u\| \leqq \frac{1}{\gamma} |u| , \qquad u \in D(A) .$$

Wir beweisen jetzt, daß diese Ungleichung für ein beliebiges Element des energetischen Raumes ihre Gültigkeit behält. Sei $u \in H_A$. Dann existiert eine Folge von Elementen $u_n \in D(A)$ derart, daß gilt

$$|u_n - n| \underset{n\to\infty}{\longrightarrow} 0 , \qquad \|u_n - u\| \underset{n\to\infty}{\longrightarrow} 0 .$$

Für die Elemente u_n gilt die Ungleichung (3):

$$\|u_n\| \leqq \frac{1}{\gamma} |u_n| .$$

Durch Grenzübergang für $n \to \infty$ und Berücksichtigung der Stetigkeit der Norm erhalten wir

$$\|u\| \leqq \frac{1}{\gamma} |u| , \qquad u \in H_A ; \tag{5}$$

dies zeigt die stetige Einbettung von H_A in H. Der Satz ist bewiesen.

Mit Hilfe der Gleichung (1) führten wir das energetische Produkt

$$[u, v] = (Au, v) , \qquad u, v \in D(A)$$

ein. Wir beweisen jetzt die Gültigkeit dieser Gleichung für den allgemeineren Fall $u \in D(A)$, $v \in H_A$.

Wenn $v \in H_A$ ist, so existiert eine Folge $\{v_n\}$ mit

$$v_n \in D(A) , \qquad |v_n - v| \underset{n\to\infty}{\longrightarrow} 0 , \qquad \|v_n - v\| \underset{n\to\infty}{\longrightarrow} 0 .$$

Für die Elemente u und v_n gilt Gleichung (1):

$$[u, v_n] = (Au, v_n) .$$

Wegen der Stetigkeit des Skalarproduktes ergibt sich

$$[u, v_n] \underset{n\to\infty}{\longrightarrow} [u, v] , \qquad (Au, v_n) \underset{n\to\infty}{\longrightarrow} (Au, v) .$$

Durch Vergleich der rechten Seiten erhalten wir nun

$$[u, v] = (Au, v) , \qquad u \in D(A) , \qquad v \in H_A . \tag{6}$$

Satz 5.3.2. *Es sei A ein positiv-definiter Operator im* HILBERT-*Raum H. Dafür, daß das Element $u \in H$ dem energetischen Raum H_A angehört, ist notwendig und hinreichend, daß eine Folge $u_n \in D(A)$ existiert, für die gilt*

$$|u_n - u_m| \underset{n,m\to\infty}{\longrightarrow} 0 , \qquad \|u_n - u\| \underset{n\to\infty}{\longrightarrow} 0 . \tag{7}$$

Beweis. Notwendigkeit. Sei $u \in H_A$. Da die Menge $D(A)$ im Raum H_A dicht ist, existiert eine Folge $u_n \in D(A)$, $n = 1, 2, \ldots$, mit $|u_n - u|_A \underset{n\to\infty}{\longrightarrow} 0$. Als konvergente

Folge ist sie in sich konvergent, und wir erhalten die erste der Beziehungen (7). Die zweite Beziehung ergibt sich aus der Ungleichung (3):

$$||u_n - u|| \leqq \frac{1}{\gamma} |u_n - u|_A \xrightarrow[n\to\infty]{} 0 .$$

Hinlänglichkeit. Es sei jetzt die Bedingung (7) erfüllt. Da der Raum H_A vollständig ist, existiert ein Element $\tilde{u} \in H_A$, für das $|u_n - \tilde{u}|_A \xrightarrow[n\to\infty]{} 0$ gilt. Dann folgt aber aus der isomorphen Zuordnung, die beim Beweis des Satzes 5.3.1 hergestellt wurde, daß $u = \tilde{u}$ und somit $u \in H_A$ ist.

2. Als Beispiel wollen wir den energetischen Raum des Operators A aus § 2 auffinden.

Wir zeigen, daß in diesem Fall der Raum H_A mengentheoretisch mit $\mathring{W}_2^{(1)}(0, 1)$ übereinstimmt; anders ausgedrückt, H_A besteht aus den und nur aus den Funktionen, die folgende Eigenschaften besitzen: 1. Sie sind absolut stetig auf dem Segment [0, 1]; 2. ihre ersten Ableitungen sind auf diesem Segment quadratisch summierbar; 3. diese Funktionen verschwinden in den Punkten $x = 0$ und $x = 1$.

Wie wir im § 2 gesehen haben, ist

$$[u, v]_A = \int_0^1 u'(x)\, v'(x)\, dx , \qquad u, v \in D(A) .$$

Setzen wir hier $v = u$, so erhalten wir die Formel für die Norm:

$$|u|_A^2 = \int_0^1 u'^2(x)\, dx , \qquad u \in D(A) . \tag{8}$$

2.1. Es sei u ein beliebiges Element des Raumes H_A. Nach dem Satz 5.3.2 ist $u \in L_2(0, 1)$, und es existiert eine Folge $\{u_n\} \subset D(A)$ derart, daß gilt

$$|u_n - u| \xrightarrow[n\to\infty]{} 0 , \qquad ||u_n - u|| \xrightarrow[n\to\infty]{} 0 .$$

Diese Folge konvergiert also gegen das Element u und ist somit erst recht in sich konvergent, d. h.

$$|u_n - u_m| \xrightarrow[m,n\to\infty]{} 0 .$$

Da aber $u_n - u_m \in D(A)$ ist und für diese Differenz die Formel (8) gilt, konvergiert

$$\int_0^1 \left(u_n'(x) - u_m'(x)\right)^2 dx \xrightarrow[m,n\to\infty]{} 0 .$$

Die letzte Beziehung, der man auch noch die Gestalt

$$||u_n' - u_m'||^2 \xrightarrow[m,n\to\infty]{} 0$$

geben kann, zeigt, daß die Folge der Ableitungen $\{u_n'\}$ in der Metrik des Raumes $L_2(0, 1)$ in sich konvergiert. Da der Raum $L_2(0, 1)$ vollständig ist, existiert eine Funktion $w \in L_2(0, 1)$ derart, daß gilt

$$||u_n' - w|| \xrightarrow[n\to\infty]{} 0 .$$

Die Beziehungen

$$||u_n - u|| \xrightarrow[n\to\infty]{} 0 , \qquad ||u_n' - w|| \xrightarrow[n\to\infty]{} 0$$

lassen zusammen mit dem Satz 2.3.1 den Schluß zu, daß die Funktion $u(x)$ eine verallgemeinerte erste Ableitung $u'(x) = w(x)$ besitzt; als Element des Raumes $L_2(0, 1)$

ist diese Ableitung auf dem Segment [0, 1] quadratisch summierbar. Aus dem Satz 2.4.1 folgt nun, daß die Funktion $u(x)$ auf demselben Segment absolut stetig ist.

Es bleibt noch zu zeigen, daß $u(0) = u(1) = 0$ ist.

Nach Satz 4.3.1 ist der Raum $W_2^{(1)}(0, 1)$ stetig in $C[0, 1]$ eingebettet. Deshalb gilt $|u(0) - u_n(0)| \leqq \|u - u_n\|_C \leqq \beta \|u - u_n\|_{2,1} \xrightarrow[n\to\infty]{} 0$ ($\beta = \text{const}$).
Daraus folgt $u(0) = 0$. Analog wird $u(1) = 0$ bewiesen.

2.2. Es sei nun $u \in \mathring{W}_2^{(1)}(0, 1)$. Wir beweisen, daß $u \in H_A$ ist. Auf Grund des Satzes 5.3.2 genügt es, die Existenz einer Folge $\{u_n\}$ von Funktionen aus $D(A)$ nachzuweisen, die die Eigenschaften (7) erfüllt.

Die Funktion $u(x)$ besitzt eine Ableitung $u'(x)$ aus $L_2(0, 1)$. Wir entwickeln diese in eine Fourier-Reihe nach Kosinusfunktionen. Das freie Glied tritt in dieser Reihe nicht auf, da

$$a_0 = \int_0^1 u'(x)\, dx = u(1) - u(0) = 0$$

ist. Es gilt somit

$$u'(x) = \sum_{k=1}^{\infty} a_k \cos k\pi x .$$

Die letzte Gleichung integrieren wir in den Grenzen von 0 bis x; da die Reihe im Mittel konvergiert, so läßt sie sich gliederweise integrieren. Unter Berücksichtigung von $u(0) = 0$ erhalten wir

$$u(x) = \sum_{k=1}^{\infty} b_k \sin k\pi x \quad \text{mit} \quad b_k = \frac{a_k}{k\pi} .$$

Wir konstruieren jetzt die Funktionenfolge

$$u_n(x) = \sum_{k=1}^{n} b_k \sin k\pi x .$$

Offensichtlich ist $u_n \in D(A)$. Infolge der Konvergenz der Fourier-Reihe gilt

$$\|u_n - u\| \xrightarrow[n\to\infty]{} 0 .$$

Zu beweisen ist: $|u_n - u_m| \xrightarrow[n,m\to\infty]{} 0$. Ohne Einschränkung der Allgemeinheit können wir $n > m$ annehmen. Dann ist

$$u_n(x) - u_m(x) = \sum_{k=m+1}^{n} b_k \sin k\pi x .$$

Für das Quadrat der Norm dieser Differenz $u_n - u_m$ ergibt sich

$$|u_n - u_m|^2 = \int_0^1 \left(\sum_{k=m+1}^{n} a_k \cos k\pi x \right)^2 dx = \frac{1}{2} \sum_{k=m+1}^{n} a_k^2 \xrightarrow[n,m\to\infty]{} 0 .$$

Damit ist gleichzeitig bewiesen, daß $u \in H_A$ ist.

§ 4. Das Energiefunktional und sein Minimumproblem

Es sei A ein positiv-definiter Operator im Hilbert-Raum H und f ein vorgegebenes Element dieses Raumes. Das quadratische Funktional

$$F(u) = (Au, u) - 2(u, f) \tag{1}$$

wollen wir *Energiefunktional* des Operators A nennen. Offenbar gilt $D(F) = D(A)$.

Wir betrachten das Minimumproblem für das Energiefunktional auf der Menge $D(A)$ und beweisen dabei folgenden Satz.

Satz 5.4.1. *Dafür, daß ein gewisses Element $u_0 \in D(A)$ dem Energiefunktional seinen kleinsten Wert erteilt, ist notwendig und hinreichend, daß dieses Element der Gleichung*

$$Au_0 = f \tag{2}$$

genügt. Ein solches Element ist eindeutig bestimmt.

Beweis. Notwendigkeit. Das Element u_0 realisiere das Minimum des Funktionals (1). Mit η bezeichnen wir ein beliebiges Element aus $D(A)$ und mit t eine beliebige reelle Zahl. Dann ist

$$F(u_0 + t\eta) \geqq F(u_0) \,. \tag{3}$$

Wir fixieren das Element η. Die Ungleichung (3) liefert, daß die Funktion von t, die gleich $F(u_0 + t\eta)$ ist, im Punkte $t = 0$ ihr Minimum annimmt. In diesem Falle gilt $\mathrm{d}F(u_0 + t\eta)/\mathrm{d}t|_{t=0} = 0$, oder, wenn auf die quadratische Form (Au, u) die Formel (1.4) angewandt wird,

$$\frac{\mathrm{d}}{\mathrm{d}t}\,\{F(u_0) + 2t(Au_0 - f, \eta) + t^2(A\eta, \eta)\}|_{t=0} = 2(Au_0 - f, \eta) = 0; \qquad \forall \eta \in D(A)\,. \tag{4}$$

Die Beziehung (4) zeigt, daß das Element $Au_0 - f$ zu der in H dichten Menge $D(A)$ orthogonal ist. Dann ist aber dieses Element gleich Null, was zu beweisen war.

Hinlänglichkeit. Das Element u_0 genüge der Gleichung (2). Wenn u ein beliebiges Element aus $D(A)$ ist mit $u \neq u_0$, so kann man $u = u_0 + \eta$, $\eta \neq 0$ setzen. Nach Formel (1.4) erhalten wir $F(u) = F(u_0) + (A\eta, \eta) + 2(Au_0 - f, \eta)$. Dieser Ausdruck nimmt infolge der Gleichung (2) die Gestalt

$$F(u) = F(u_0) + (A\eta, \eta) \tag{5}$$

an. Weil A ein positiv-definiter Operator und $\eta \neq 0$ ist, gilt $(A\eta, \eta) > 0$ und folglich $F(u) > F(u_0)$. Dies bedeutet, daß das Funktional (1) im Punkt u_0 sein Minimum annimmt.

Es bleibt nur noch die Eindeutigkeit des Elementes u_0 zu beweisen. Wir nehmen an, daß das Minimum des Funktionals F noch in einem anderen Element u_1 angenommen wird. Nach der soeben bewiesenen Ungleichung ist dann $F(u_1) > F(u_0)$. Genauso läßt sich aber auch zeigen, daß $F(u_0) > F(u_1)$ ist. Der erhaltene Widerspruch beweist, daß das Minimum des Funktionals (1) nur in einem Punkt angenommen werden kann.

Wir bemerken, daß wir damit die Äquivalenz folgender Probleme nachgewiesen haben: Das Lösen der Gleichung $Au = f$ und das Aufsuchen des Minimums des Energiefunktionals

$$F(u) = (Au, u) - 2(u, f)\,.$$

Ist eines dieser Probleme lösbar, so ist es auch das andere, und die Lösung eines dieser Probleme ist Lösung auch des anderen Problems. Die Existenz der Lösung dieser Probleme wurde allerdings durch den Satz 5.4.1 nicht bewiesen. Wie das folgende Beispiel zeigt, braucht eine Lösung auch gar nicht zu existieren.

Es sei $H = L_2(0, 1)$, und in Gleichung (2) bedeute A den im § 2 betrachteten Operator.

Die Gleichung $Au = f$ zu lösen, bedeutet in unserem Beispiel folgendes: $f(x)$ ist eine quadratisch summierbare Funktion; gesucht ist eine Funktion $u(x)$, die den

Bedingungen (2.4) genügt und eine stetige Ableitung besitzt, welche sich nur durch das Vorzeichen von $f(x)$ unterscheidet. Das ist aber offenbar nicht erfüllbar, wenn die Funktion $f(x)$ unstetig ist.

Dasselbe Beispiel zeigt auch, daß das Problem lösbar werden kann, wenn man auf vernünftige Weise das Definitionsgebiet des Operators erweitert: Im Beispiel genügt es, in die Menge $D(A)$ alle Funktionen mit absolut stetigen ersten und quadratisch summierbaren zweiten Ableitungen aufzunehmen; die Randbedingungen (2.4) sind natürlich beizubehalten.

Wenn $f \in L_2(0, 1)$ ist, dann besitzt jetzt die Gleichung $Au = f$ eine Lösung. Diese Gleichung bedeutet nämlich, daß $u(x)$ den Bedingungen (2.4) sowie der Differentialgleichung

$$-\frac{\mathrm{d}^2u}{\mathrm{d}x^2} = f(x)$$

genügt. Eine solche Funktion existiert, und sie ist gleich

$$u(x) = x\int_x^1 (1-t)\, f(t)\,\mathrm{d}t + (1-x)\int_0^x t f(t)\,\mathrm{d}t\,.$$

Man prüft leicht nach, daß diese Funktion in das erweiterte Definitionsgebiet unseres Operators eingeht.

Einfacher und bequemer ist es allerdings, nicht das Definitionsgebiet des Operators A, sondern das Definitionsgebiet des entsprechenden Energiefunktionals zu erweitern. Damit werden wir uns im folgenden Paragraphen beschäftigen.

§ 5. Die verallgemeinerte Lösung

Es sei A nach wie vor ein positiv-definiter Operator im HILBERT-Raum H, f ein gegebenes Element dieses Raumes und F das entsprechende Energiefunktional

$$F(u) = (Au, u) - 2(u, f)\,. \tag{1}$$

Die Formel (1) erklärt das Funktional F auf der Menge $D(A)$; man kann dieses Funktional aber leicht auf den gesamten energetischen Raum H_A erweitern. Dazu genügt es zu bemerken, daß $(Au, u) = |u|_A^2$ und folglich

$$F(u) = |u|_A^2 - 2(u, f) \tag{2}$$

ist.

In Formel (2) ist der erste Summand auf der rechten Seite für alle Elemente $u \in H_A$ erklärt. Der zweite Summand ist definiert, wenn $u \in H$, also erst recht, wenn $u \in H_A$ ist. Jetzt sieht man, daß sich mit Hilfe der Formel (2) das Funktional F auf dem ganzen energetischen Raum H_A definieren läßt.

Wenden wir uns jetzt wieder unserem Beispiel

$$Au = -\frac{\mathrm{d}^2u}{\mathrm{d}x^2}\,, \qquad u \in C^{(2)}\,[0, 1]\,, \qquad u(0) = u(1) = 0$$

zu, so sehen wir, daß sich das Funktional F sowohl in der Form

$$F(u) = -\int_0^1 u\,\frac{\mathrm{d}^2u}{\mathrm{d}x^2}\,\mathrm{d}x - 2\int_0^1 fu\,\mathrm{d}x$$

als auch in der Form

$$F(u) = \int_0^1 u'^2\,dx - 2\int_0^1 fu\,dx$$

angeben läßt. Dabei ist die zweite Schreibweise des Funktionals für alle Elemente $u \in H_A$ verwendbar; sie erlaubt es auch, das Energiefunktional auf den gesamten energetischen Raum zu erweitern.

Jetzt wollen wir das Minimum des Funktionals F nicht in $D(A)$, sondern in H_A suchen. Wir beweisen folgenden Satz.

Satz 5.5.1. *Im energetischen Raum existiert ein und nur ein Element, in dem das Energiefunktional sein Minimum annimmt.*

Nach der CAUCHYschen Ungleichung gilt

$$|(u, f)| \leqq \|u\|\,\|f\|\,, \tag{3}$$

und auf Grund der Beziehung zwischen der alten und der neuen Norm (siehe Ungleichung (3.3)) ist

$$\|u\| \leqq \frac{1}{\gamma}\,|u|\,.$$

Daraus ergibt sich

$$|(u, f)| \leqq c\,|u|\,, \qquad c = \frac{\|f\|}{\gamma}\,, \tag{4}$$

d. h., das Funktional (u, f) ist im Raum H_A beschränkt. Nach dem bekannten Satz von RIESZ existiert ein und nur ein Element $u_0 \in H_A$, für das gilt

$$(u, f) = [u, u_0]\,, \qquad u \in H_A\,. \tag{5}$$

Mit Hilfe der Formel (5) können wir den Ausdruck für das Funktional F wie folgt umformen:

$$F(u) = |u|^2 - 2[u, u_0] = [u, u] - 2[u, u_0] + [u_0, u_0] - [u_0, u_0] =$$
$$= [u - u_0, u - u_0] - [u_0, u_0]$$

oder, noch einfacher,

$$F(u) = |u - u_0|^2 - |u_0|^2\,, \qquad u \in H_A\,. \tag{6}$$

Aus Formel (6) wird jetzt offensichtlich, daß das Minimum des Funktionals F im Raum H_A in dem Element $u = u_0$ und nur in diesem Element angenommen wird. Dabei gilt offenbar

$$\min F(u) = -\,|u_0|^2\,. \tag{7}$$

Der Satz ist damit bewiesen.

Das Element $u_0 \in H_A$, das das Minimum des Funktionals (2) realisiert, nennen wir *verallgemeinerte Lösung* der Gleichung

$$Au = f\,. \tag{8}$$

Dabei kann der Fall eintreten, daß $u_0 \in D(A)$ ist; dann ist auf Grund des Satzes 5.4.1 u_0 eine gewöhnliche Lösung der Gleichung (8).

Die verallgemeinerte Lösung kann man auch unabhängig von dem Minimumproblem für das Energiefunktional definieren. Die Gleichung (8) besitze eine Lösung $u \in D(A)$. Beide Seiten dieser Gleichung multiplizieren wir skalar mit einem beliebigen

Element $\eta \in H_A$. Unter Berücksichtigung von Formel (3.6) finden wir, daß die Lösung u der Beziehung

$$[u, \eta]_A = (f, \eta); \qquad \forall \eta \in H_A, \tag{5a}$$

genügt, die sich nur durch die Schreibweise von der Beziehung (5) unterscheidet. Wenn umgekehrt ein Element $u \in D(A)$ der Beziehung (5a) genügt, so können wir diese wiederum mittels der Formel (3.6) in der Gestalt $(Au - f, \eta) = 0, \forall \eta \in H_A$, schreiben. Daraus ergibt sich $Au = f$. Somit sind die Gleichung (8) und die Beziehung (5a) einander äquivalent. Nunmehr kann man die verallgemeinerte Lösung der Gleichung (8) als das Element des energetischen Raumes definieren, das die Beziehung (5a) erfüllt. Offenbar sind die in diesem Paragraphen gegebenen Definitionen der verallgemeinerten Lösung äquivalent. Wir schätzen nun die Norm der verallgemeinerten Lösung ab. Wenn wir in (5) $u = u_0$ setzen und danach die Cauchysche Ungleichung anwenden, finden wir $|u_0|^2 \leqq ||f|| \, ||u_0||$. Nach der Ungleichung (3.3) gilt $||u_0|| \leqq \gamma^{-1} |u_0|$. Wenn wir dies in die oben niedergelegte Ungleichung einsetzen, finden wir für die energetische Norm der verallgemeinerten Lösung

$$|u_0| \leqq \frac{1}{\gamma} ||f|| \, . \tag{9}$$

Dieselbe Ungleichung (3.3) gestattet es, die Größe $|u_0|$ in der Beziehung (9) durch den kleineren Wert $\gamma \, ||u_0||$ zu ersetzen, und wir erhalten eine Abschätzung der Norm der verallgemeinerten Lösung im Ausgangsraum:

$$||u_0|| \leqq \frac{1}{\gamma^2} ||f|| \, . \tag{10}$$

Wenn der energetische Raum separabel ist, dann läßt sich ein einfaches Verfahren angeben, nach dem man die verallgemeinerte Lösung der Gleichung (8) konstruieren kann. In einem separablen Hilbert-Raum existiert nämlich ein vollständiges abzählbares orthonormiertes System $\{\omega_n\}$:

$$[\omega_j, \omega_k] = \delta_{jk} = \begin{cases} 0, & j \neq k, \\ 1, & j = k, \end{cases} \qquad j, k = 1, 2, \ldots .$$

Sei u_0 die verallgemeinerte Lösung der Gleichung (8). Wir entwickeln diese in eine Fourier-Reihe nach dem System $\{\omega_k\}$:

$$u_0 = \sum_{k=1}^{\infty} [u_0, \omega_k] \, \omega_k \, .$$

Diese Reihe konvergiert in der energetischen Norm: Setzen wir

$$\varphi_n = \sum_{k=1}^{n} [u_0, \omega_k] \, \omega_k \, ,$$

dann gilt $|u_0 - \varphi_n| \underset{n \to \infty}{\longrightarrow} 0$.

Die Fourier-Koeffizienten $[u_0, \omega_k]$ lassen sich leicht nach der Formel (5) berechnen: Setzen wir darin $u = \omega_k$, dann ergibt sich $[u_0, \omega_k] = (f, \omega_k)$. Daraus folgt

$$u_0 = \sum_{k=1}^{\infty} (f, \omega_k) \, \omega_k \, . \tag{11}$$

Wie bereits bemerkt wurde, konvergiert die Reihe (11) in der Norm des energetischen Raumes H_A; diese Reihe konvergiert auch in der Norm des Ausgangsraumes H.

Bezeichnen wir nämlich wieder mit φ_n die Partialsumme der Reihe (11), dann ergibt sich auf Grund der Ungleichung (3.3)

$$||u_0 - \varphi_n|| \leqq \frac{1}{\gamma} |u_0 - \varphi_n| \xrightarrow[n\to\infty]{} 0 .$$

Im Zusammenhang mit dem Satz 5.5.1 entsteht die Frage nach den Bedingungen für die Separabilität des energetischen Raumes. Diese Frage wird im folgenden Paragraphen beantwortet.

§ 6. Über die Separabilität des energetischen Raumes

Wie bereits oben bezeichnen wir mit A einen positiv-definiten Operator in einem gewissen HILBERT-Raum.

Hilfssatz 5.6.1. *Wenn die Folge $\{f_n\}$ im Ausgangsraum H vollständig ist und wenn φ_n die verallgemeinerte Lösung der Gleichung $A\varphi_n = f_n$ bedeutet, dann ist die Folge $\{\varphi_n\}$ vollständig im energetischen Raum H_A.*

Beweis. Sei $u \in D(A)$. Setzen wir $Au = v$, dann ist $v \in H$. Wir führen folgende Bezeichnungen ein:

$$\sum_{k=1}^{N} a_k f_k = s_N , \qquad \sum_{k=1}^{N} a_k \varphi_k = \sigma_N . \tag{1}$$

Jetzt schätzen wir das Quadrat der Norm der Differenz $u - \sigma_N$ ab:

$$|u - \sigma_N|^2 = [u - \sigma_N , u - \sigma_N] .$$

Setzen wir $u - \sigma_N = \eta$, dann gilt

$$[u - \sigma_N, u - \sigma_N] = [u - \sigma_N, \eta] = [u, \eta] - [\sigma_N, \eta] .$$

Wegen $u \in D(A)$, $\eta \in H_A$ ist $[u, \eta] = (Au, \eta) = (v, \eta)$. Des weiteren gilt

$$[\sigma_N, \eta] = \sum_{k=1}^{N} a_k[\varphi_k, \eta] .$$

Da auf Grund der Formel (5.10) $[\varphi_k, \eta] = (f_k, \eta)$ ist, ergibt sich schließlich

$$[\sigma_N, \eta] = \sum_{k=1}^{N} a_k(f_k, \eta) = (s_N, \eta)$$

und

$$|u - \sigma_N|^2 = (v - s_N, \eta) . \tag{2}$$

Da das System $\{f_n\}$ im Raum H vollständig ist, lassen sich die natürliche Zahl N und die Koeffizienten a_k derart wählen, daß die Ungleichung $||v - s_N|| < \varepsilon$ gilt, wobei ε eine beliebige vorgegebene positive Zahl bedeutet. Jetzt erhalten wir aus der Formel (2)

$$|u - \sigma_N|^2 = (v - s_N, \eta) \leqq ||v - s_N|| \, ||\eta|| < \frac{\varepsilon}{\gamma} |n| = \frac{\varepsilon}{\gamma} |u - \sigma_N| .$$

Wenn $|u - \sigma_N| \neq 0$ ist, dann folgt daraus die Ungleichung

$$|u - \sigma_N| < \frac{\varepsilon}{\gamma} ; \tag{3}$$

diese Ungleichung gilt offenbar auch dann, wenn $|u - \sigma_N| = 0$ ist. Somit ergibt sich: Wenn $u \in D(A)$ ist, dann kann man dieses Element durch Linearkombinationen von Elementen des Systems $\{\varphi_n\}$ beliebig genau approximieren.

Sei jetzt $u \in H_A$. Da die Menge $D(A)$ in H_A dicht ist, so existiert ein Element $u' \in D(A)$ derart, daß gilt $|u - u'| < \frac{\varepsilon}{2}$.

Andererseits existieren, wie soeben bewiesen wurde, gewisse Zahlen N und $a_1, a_2, \ldots$ $\ldots, a_N$, für die

$$\left| u' - \sum_{k=1}^{N} a_k \varphi_k \right| < \frac{\varepsilon}{2}$$

ist. Dann gilt aber auf Grund der Dreiecksungleichung

$$\left| u - \sum_{k=1}^{N} a_k \varphi_k \right| < \varepsilon ,$$

und der Hilfssatz ist damit bewiesen.

Satz 5.6.1. *Für die Separabilität des energetischen Raumes eines positiv-definiten Operators ist notwendig und hinreichend, daß der Ausgangsraum separabel ist.*

Beweis. Notwendigkeit. Es sei A ein positiv-definiter Operator im Hilbert-Raum H, dessen energetischer Raum H_A separabel ist. Dann existiert in ihm eine abzählbare dichte Menge $\{\psi_n\}$. Wir beweisen jetzt, daß diese Menge auch im Ausgangsraum H dicht ist. Sei u ein gewisses Element des Raumes H. Da die Menge der Elemente des energetischen Raumes im Ausgangsraum dicht ist, läßt sich für eine beliebige Zahl $\varepsilon > 0$ ein Element $u' \in H_A$ auffinden derart, daß $\|u - u'\| < \frac{\varepsilon}{2}$ ist. Des weiteren existiert ein Element ψ_ν, für das

$$|u' - \psi_\nu| < \frac{\varepsilon\gamma}{2}$$

ist. Dabei bedeutet γ die Konstante der positiven Definitheit des Operators, die in die Ungleichung (2.7) eingeht. Auf Grund der Beziehung zwischen der alten und der neuen Norm (siehe Ungleichung (3.3)) gilt $\|u' - \psi_\nu\| < \frac{\varepsilon}{2}$, und aus der Dreiecksungleichung ergibt sich nun

$$\|u - \psi_\nu\| \leqq \|u - u'\| + \|u' - \psi_\nu\| < \varepsilon .$$

Die letzte Ungleichung bedeutet, daß der Raum H die abzählbare dichte Menge $\{\psi_n\}$ enthält und folglich separabel ist.

Hinlänglichkeit. Der Raum H sei separabel, und die abzählbare Folge $\{f_n\}$ sei in H vollständig. Wir konstruieren die Elemente $\varphi_n \in H_A$, welche verallgemeinerte Lösungen der Gleichungen $A\varphi_n = f_n$ sind. Nach dem Hilfssatz 5.6.1 ist die Folge $\{\varphi_n\}$ vollständig im Raum H_A. Wir bilden jetzt die Elemente der Gestalt

$$\sum_{k=1}^{n} \alpha_k \varphi_k , \tag{4}$$

wobei die α_k rationale Zahlen sind. Die Menge dieser Elemente ist abzählbar; wir beweisen, daß sie dicht in H_A ist.

Wenn eine Zahl $\varepsilon > 0$ und ein gewisses Element $u \in H_A$ vorgegeben sind, dann lassen sich eine natürliche Zahl $N > 0$ und reelle Zahlen a_k finden derart, daß

$$\left| u - \sum_{k=1}^{N} a_k \varphi_k \right| < \frac{\varepsilon}{2}$$

ist. Wir wählen jetzt die rationalen Zahlen α_k aus einer derart kleinen Umgebung der entsprechenden Punkte a_k, daß gilt

$$\sum_{k=1}^{N} |\alpha_k - a_k| \, |\varphi_k| < \frac{\varepsilon}{2} .$$

Nach der Dreiecksungleichung erhalten wir dann

$$\left| u - \sum_{k=1}^{N} \alpha_k \varphi_k \right| < \varepsilon .$$

Die Menge der Elemente (4) ist also dicht im Raum H_A, woraus folgt, daß dieser Raum separabel ist.

§ 7. Die Erweiterung eines positiv-definiten Operators

Es sei A ein positiv-definiter Operator im HILBERT-Raum H. Die Formel (5.5) ordnet jedem Element $f \in H$ ein und nur ein Element $u_0 \in H_A$ zu, welches das Minimum des Energiefunktionals $F(u)$ realisiert. Damit definiert diese Formel einen gewissen linearen Operator G im Raum H:

$$u_0 = Gf . \tag{1}$$

Das Definitionsgebiet dieses Operators ist $D(G) = H$, der Wertebereich $R(G)$ hingegen ist eine Teilmenge der Menge derjenigen Elemente, welche den energetischen Raum H_A bilden: $R(G) \subset H_A$.

Hilfssatz 5.7.1. *Der Operator G ist symmetrisch und beschränkt.*

Beweis. Wir schreiben Formel (5.5) in der Form

$$(u, f) = [u, Gf] , \qquad u \in H_A . \tag{2}$$

Jetzt nehmen wir ein beliebiges Element $h \in H$ und setzen $u = Gh$. Dann ist $u \in H_A$, und die Formel (2) ergibt

$$(Gh, f) = [Gh, Gf] = [Gf, Gh] .$$

Vertauschen wir die Rollen von f und h, so erhalten wir

$$[Gf, Gh] = (Gf, h) = (h, Gf) .$$

Daraus folgt

$$(Gh, f) = (h, Gf) , \tag{3}$$

d. h., der Operator G ist symmetrisch. Setzen wir nun in der Formel (2) $u = Gf$, so erhalten wir

$$|Gf|_A^2 = (Gf, f) .$$

Durch Anwendung der CAUCHYschen Ungleichung auf die rechte Seite und durch Abschätzung der linken Seite durch die kleinere Größe $\gamma^2 \, ||Gf||^2$ ergibt sich

$$\gamma^2 \, ||Gf||^2 \leqq ||Gf|| \, ||f||$$

und somit

$$||Gf|| \leqq \frac{1}{\gamma^2} ||f|| \,.$$

Aus der letzten Ungleichung folgt die Beschränktheit des Operators G; dabei gilt

$$||G|| \leqq \frac{1}{\gamma^2} \,. \tag{4}$$

Hilfssatz 5.7.2. *Es existiert der zu G inverse Operator.*

Beweis. Es genügt zu zeigen, daß die Gleichung $Gf = 0$ als einzige Lösung $f = 0$ besitzt. Sei nun $Gf = 0$. Die Formel (2) ergibt dann

$$(u, f) = 0 \,, \qquad u \in H_A \,.$$

Das Element f ist somit orthogonal zu einer in H dichten Menge, nämlich zur Menge der Elemente des energetischen Raumes. Dann ist aber $f = 0$.

Den zu G inversen Operator G^{-1} bezeichnen wir mit $\tilde{A}$. Offenbar ist $D(\tilde{A}) = R(G) \subset \subset H_A$ und $R(\tilde{A}) = D(G) = H$.

Satz 5.7.1. *Der Operator $\tilde{A}$ ist eine positiv-definite Erweiterung des Operators A. Die unteren Grenzen der Größen*

$$\frac{(Au, u)}{||u||^2} \,, \quad \frac{(\tilde{A}u, u)}{||u||^2} \tag{5}$$

sind gleich. Die Gleichung

$$\tilde{A}u = f \tag{6}$$

besitzt für beliebiges $f \in H$ eine und nur eine Lösung.

Beweis. Sei $u_0 \in D(A)$; wir setzen $Au_0 = f$. Nach dem Satz 5.4.1 realisiert das Element u_0 das Minimum des Funktionals $F(u) = (Au, u) - 2(f, u)$. Nach Formel (1) ist $u_0 = Gf$ und somit $\tilde{A}u_0 = f$. Daraus folgt nun, daß die folgenden Beziehungen gelten: 1. $u_0 \in D(\tilde{A})$, und da u_0 ein beliebiges Element der Menge $D(A)$ darstellt, ist $D(A) \subset D(\tilde{A})$; 2. für $u_0 \in D(A)$ gilt $Au_0 = \tilde{A}u_0$. Zusammen bedeuten die Beziehungen 1 und 2, daß $\tilde{A}$ eine Erweiterung des Operators A ist.

Wir beweisen jetzt, daß $\tilde{A}$ ein symmetrischer Operator ist. Zunächst bemerken wir, daß wegen $D(\tilde{A}) \supset D(A)$ das Definitionsgebiet von $\tilde{A}$ im Raum H dicht ist. Wir wählen jetzt im Definitionsgebiet $D(\tilde{A})$ zwei beliebige Elemente u und v und setzen $\tilde{A}u = f$, $\tilde{A}v = h$. Dann ist $u = Gf$, $v = Gh$. Durch Einsetzen in die Formel (3) erhalten wir die Gleichung

$$(v, \tilde{A}u) = (u, \tilde{A}v) \,,$$

welche die Symmetrie des Operators $\tilde{A}$ beweist.

Da der Operator $\tilde{A}$ eine Erweiterung von A ist, umfaßt der Wertevorrat des Quotienten $\frac{(\tilde{A}u, u)}{||u||^2}$ den Wertevorrat des Quotienten $\frac{(Au, u)}{||u||^2}$, und folglich gilt

$$\inf_{u \in D(\tilde{A})} \frac{(\tilde{A}u, u)}{||u||^2} \leqq \inf_{u \in D(A)} \frac{(Au, u)}{||u||^2} \,. \tag{7}$$

Andererseits erhalten wir durch Einführen der Bezeichnung

$$\inf_{u \in D(A)} \frac{(Au, u)}{||u||^2} = \gamma_0^2, \qquad \gamma_0^2 > 0\,, \tag{8}$$

die Beziehung $(Au, u) \geqq \gamma_0^2 \, ||u||^2$ und somit $|u|_A \geqq \gamma_0 \, ||u||$, $u \in H_A$. In der Beziehung (2) setzen wir jetzt $u = Gf$. Dann gilt $f = \tilde{A}u$ und

$$(u, \tilde{A}u) = (\tilde{A}u, u) = [Gf, Gf]_A = |u|_A^2 \leqq \gamma_0^2 \, ||u||^2\,.$$

Daraus folgt

$$\frac{(\tilde{A}u, u)}{||u||^2} \geqq \gamma_0^2$$

und damit

$$\inf_{u \in D(\tilde{A})} \frac{(\tilde{A}u, u)}{||u||^2} \geqq \gamma_0^2 = \inf_{u \in D(A)} \frac{(Au, u)}{||u||^2}\,. \tag{9}$$

Durch Vergleich der Beziehungen (7) und (9) ergibt sich nun

$$\inf_{u \in D(\tilde{A})} \frac{(\tilde{A}u, u)}{||u||^2} = \inf_{u \in D(A)} \frac{(Au, u)}{||u||^2}\,. \tag{10}$$

Die Lösbarkeit der Gleichung (6) für beliebiges $f \in H$ ist lediglich eine andere Formulierung der oben festgestellten Tatsache, daß $R(\tilde{A}) = H$ ist. Wenn nämlich $f \in H$ ist, dann ist $f \in R(A)$, d. h., es existiert ein Element u_0 mit $\tilde{A}u_0 = f$. Die Eindeutigkeit der Lösung ist eine Folgerung der positiven Definitheit des Operators $\tilde{A}$ (vgl. Satz 5.4.1 und Satz 5.5.1).

Aus der Lösbarkeit der Gleichung (6) für beliebiges $f \in H$ folgt, daß die verallgemeinerte Lösung dieser Gleichung eine gewöhnliche Lösung ist. Schließlich bemerken wir noch, daß die verallgemeinerte Lösung der Gleichung $Au = f$ die gewöhnliche Lösung der Gleichung $\tilde{A}u = f$ darstellt.

Die in diesem Paragraphen beschriebene Erweiterung $\tilde{A}$ des positiv-definiten Operators A ist zuerst von K. Friedrichs konstruiert worden. Im weiteren nennen wir $\tilde{A}$ die Friedrichs*sche Erweiterung* des Operators A.

Bemerkung. Den Leser, der mit dem Begriff des selbstadjungierten Operators vertraut ist, weisen wir darauf hin, daß die Friedrichssche Erweiterung $\tilde{A}$ des positiv-definiten Operators A die selbstadjungierte Erweiterung dieses Operators darstellt.

Den Beweis dieser Behauptung findet man in dem Artikel von K. Friedrichs [14] sowie in dem Buch des Autors [6], welche im Literaturverzeichnis zum Teil II aufgeführt sind.

Die Größe γ_0^2 (siehe Formel (8)) heißt *untere Grenze* des positiv-definiten Operators A. Wir gelangen somit zu dem folgenden Satz von K. Friedrichs.

Satz 5.7.2. *Ein positiv-definiter Operator kann zu einem selbstadjungierten Operator mit derselben unteren Grenze erweitert werden.*

Satz 5.7.3. *Die energetischen Räume eines positiv-definiten Operators und seiner* Friedrichs*schen Erweiterung stimmen überein.*

Beweis. Seien A ein positiv-definiter Operator im Hilbert-Raum H und $\tilde{A}$ die Friedrichssche Erweiterung dieses Operators. Es ist zu beweisen, daß die Räume H_A und $H_{\tilde{A}}$ aus ein und denselben Elementen bestehen und daß

$$|u_0|_{\tilde{A}} = |u_0|_A\,, \qquad u_0 \in H_A\,, \tag{11}$$

ist.

1. Jedes Element aus H_A gehört auch zu $H_{\tilde{A}}$, und die Normen eines solchen Elementes stimmen in beiden Räumen überein. Diese Behauptung ist für die Elemente aus dem Definitionsgebiet $D(A)$ offensichtlich: Aus $u_0 \in D(A)$ folgt $u_0 \in D(\tilde{A}) \subset H_{\tilde{A}}$; dabei gilt $|u_0|_A^2 = (Au_0, u_0) = (\tilde{A}u_0, u_0) = |u_0|_{\tilde{A}}^2$. Auf Grund des Satzes 5.3.2 bedeutet die Beziehung $u_0 \in H_A$ die Existenz einer Folge $\{u_n\}$, $u_n \in D(A)$, mit den Eigenschaften (3.7).

Da aber $u_n, u_m \in D(A)$ ist, gilt $u_n, u_m \in D(\tilde{A})$ und

$$|u_n - u_m|_A^2 = \bigl(A(u_n - u_m)\,,\, u_n - u_m\bigr) = \bigl(\tilde{A}(u_n - u_m), u_n - u_m\bigr) = |u_n - u_m|_{\tilde{A}}^2 \,. \quad (12)$$

Somit existiert eine Folge $\{u_n\}$, $u_n \in D(\tilde{A})$, mit folgenden Eigenschaften:

$$\|u_n - u_0\| \xrightarrow[n\to\infty]{} 0\,, \qquad |u_n - u_m|_{\tilde{A}} \xrightarrow[n,m\to\infty]{} 0\,. \quad (13)$$

Aus demselben Satz 5.3.2 folgt nun $u_0 \in H_{\tilde{A}}$. Dabei gilt entsprechend der Definition der idealen Elemente

$$|u_n - u_0|_A \xrightarrow[n\to\infty]{} 0\,, \qquad |u_n - u_0|_{\tilde{A}} \xrightarrow[n\to\infty]{} 0$$

und damit

$$|u_0|_A = \lim_{n\to\infty} |u_n|_A = \lim_{n\to\infty} |u_n|_{\tilde{A}} = |u_0|_{\tilde{A}}\,.$$

2. Wir beweisen jetzt, daß aus der Beziehung $u \in H_{\tilde{A}}$ die Beziehung $u \in H_A$ sowie die Gleichung (11) folgen. Wenn $u \in H_{\tilde{A}}$ ist, dann existiert eine Folge $\{u_n\}$, $u_n \in D(\tilde{A})$, mit den Eigenschaften (13). Wie wir oben gesehen haben, ist $D(\tilde{A}) \subset H_A$; somit ist $u_n \in H_A$, und nach dem im Abschnitt 1 Bewiesenen gilt

$$|u_n - u_m|_{\tilde{A}} = |u_n - u_m|_A\,.$$

Die Eigenschaften (13) gehen also in die Eigenschaften (12) über, d. h. $u \in H_A$. Für die Elemente $u \in H_A$ wurde die Gleichung (11) bereits im Abschnitt 1 aufgestellt. Der Satz ist damit bewiesen.

Weiter oben haben wir die Formel (3.6) bewiesen:

$$[u, v]_A = (Au, v)\,, \qquad u \in D(A)\,, \qquad v \in H_A\,.$$

Es gilt nun auch die folgende, etwas allgemeinere Formel:

$$[u, v]_A = (\tilde{A}u, v)\,, \qquad u \in D(\tilde{A})\,, \qquad v \in H_A\,. \quad (14)$$

Wenn nämlich $u \in D(\tilde{A})$ und $v \in H_A = H_{\tilde{A}}$ ist, dann gilt nach der Formel (3.6)

$$[u, v]_{\tilde{A}} = (\tilde{A}u, v)\,.$$

In den Räumen H_A und $H_{\tilde{A}}$ stimmen die Normen überein. Dann gilt aber dasselbe auch für die Skalarprodukte:

$$[u, v]_{\tilde{A}} = \tfrac{1}{4}\,\{|u + v|_{\tilde{A}}^2 - |u - v|_{\tilde{A}}^2\} = \tfrac{1}{4}\,\{|u + v|_A^2 - |u - v|_A^2\} = [u, v]_A\,.$$

Ersetzen wir nun in Gleichung (15) $[u, v]_{\tilde{A}}$ durch $[u, v]_A$, so erhalten wir die Formel (14).

§ 8. Das einfachste Randwertproblem für die gewöhnliche lineare Differentialgleichung

Wir betrachten die gewöhnliche Differentialgleichung zweiter Ordnung

$$-\frac{\mathrm{d}}{\mathrm{d}x}\left(p(x)\,\frac{\mathrm{d}u}{\mathrm{d}x}\right) + q(x)\,u(x) = f(x) \quad (1)$$

und stellen folgendes Problem: Gesucht ist das Integral dieser Gleichung auf dem Segment $[a, b]$ bei den Randbedingungen

$$u(a) = u(b) = 0 . \tag{2}$$

Dabei machen wir folgende Voraussetzungen: $p, p', q \in C\,[a, b]$, $f \in L_2(a, b)$. Weiterhin nehmen wir an, daß $p(x) \geqq p_0 = \text{const} > 0$ und $q(x) \geqq 0$ ist. Da die Funktionen $p(x)$ und $q(x)$ auf dem Segment $[a, b]$ stetig sind, gelten die Ungleichungen

$$p_0 \leqq p(x) \leqq p_1 , \qquad 0 \leqq q(x) \leqq q_1 , \qquad x \in [a, b] ,$$

wobei p_1 und q_1, genauso wie p_0, positive Konstanten sind.

Als Grundraum H wählen wir den Raum $L_2(a, b)$, und als Definitionsgebiet des Operators

$$Au = -\frac{\mathrm{d}}{\mathrm{d}x}\left(p(x)\frac{\mathrm{d}u}{\mathrm{d}x}\right) + q(x)\,u(x) \tag{3}$$

nehmen wir die Menge der Funktionen $u(x)$, die folgenden Bedingungen genügen:

$$u \in C^{(2)}\,[a, b] , \qquad u(a) = u(b) = 0 .$$

Wir beweisen die positive Definitheit des Operators A. Aus der Folgerung 1.3.1 ergibt sich zunächst, daß sein Definitionsgebiet im Raum $L_2(a, b)$ dicht ist. Wir prüfen jetzt die Symmetrie des Operators A nach. Sei $u, v \in D(A)$, dann gilt

$$(Au, v) = -\int_a^b v\frac{\mathrm{d}}{\mathrm{d}x}\left[p(x)\frac{\mathrm{d}u}{\mathrm{d}x}\right]\mathrm{d}x + \int_a^b q(x)\,u(x)\,v(x)\,\mathrm{d}x .$$

Das erste Integral integrieren wir partiell. Unter Berücksichtigung der Randbedingungen (2) für die Funktion $v(x)$ erhalten wir dann den symmetrischen Ausdruck

$$(Au, v) = \int_a^b \left(p(x)\frac{\mathrm{d}u}{\mathrm{d}x}\frac{\mathrm{d}v}{\mathrm{d}x} + q(x)\,uv\right)\mathrm{d}x , \tag{4}$$

der uns zeigt, daß $(Au, v) = (u, Av)$ ist. Der Operator A ist also symmetrisch.

Setzen wir in der Formel (4) $v = u$, so ergibt sich

$$(Au, u) = \int_a^b \left(p(x)\left(\frac{\mathrm{d}u}{\mathrm{d}x}\right)^2 + q(x)\,u^2(x)\right)\mathrm{d}x . \tag{5}$$

Unter Berücksichtigung der Bedingungen für die Koeffizienten erhalten wir hieraus

$$(Au, u) \geqq p_0\int_a^b \left(\frac{\mathrm{d}u}{\mathrm{d}x}\right)^2 \mathrm{d}x .$$

Die Friedrichssche Ungleichung (Formel (6.10), Kap. 4) liefert

$$||u||^2 = \int_a^b u^2(x)\,\mathrm{d}x \leqq (b - a)^2 \int_a^b u'^2(t)\,\mathrm{d}t . \tag{*}$$

Wir erhalten nun endgültig

$$(Au, u) \geqq \frac{p_0}{(b - a)^2}\,||u||^2 ,$$

was die positive Definitheit des Operators A bedeutet; dabei kann

$$\gamma = \frac{\sqrt{p_0}}{b-a}$$

gesetzt werden.

Da sich der Operator A als positiv-definit erwiesen hat, können wir den energetischen Raum H_A einführen. Wir beweisen jetzt, daß H_A mengentheoretisch mit $\mathring{W}_2^{(1)}(a, b)$ übereinstimmt und daß die Normen in beiden Räumen äquivalent sind.

Wir nehmen an, daß $u \in H_A$ gilt. Dann existiert nach Satz 5.3.2 eine Folge $\{u_n\}$, $u_n \in D(A)$, die die Eigenschaften (3.7) aufweist.

Wenn $u \in D(A)$ gilt, dann ist

$$|u|^2 = (Au, u) = \int_a^b \left(p(x)\left(\frac{\mathrm{d}u}{\mathrm{d}x}\right)^2 + q(x)\, u^2(x)\right) \mathrm{d}x\,.$$

Folglich gilt

$$|u_n - u_m|^2 = \int_a^b (p(x)\,(u_n' - u_m')^2 + q(x)\,(u_n - u_m)^2)\, \mathrm{d}x \xrightarrow[n,m\to\infty]{} 0\,,$$

und da beide Summanden unter dem Integral nicht negativ sind, ergibt sich

$$\int_a^b p(x)\,(u_n' - u_m')^2\, \mathrm{d}x \xrightarrow[n,m\to\infty]{} 0\,. \tag{6}$$

Unter Berücksichtigung der Einschränkungen für p erhalten wir

$$p_0 \int_a^b (u_n' - u_m')^2\, \mathrm{d}x \leqq \int_a^b p(x)\,(u_n' - u_m')^2\, \mathrm{d}x \leqq p_1 \int_a^b (u_n' - u_m')^2\, \mathrm{d}x\,.$$

Folglich ist die Beziehung (6) gleichbedeutend mit der Konvergenz des Integrals

$$\int_a^b (u_n' - u_m')^2\, \mathrm{d}x \xrightarrow[n,m\to\infty]{} 0\,. \tag{6a}$$

Die letzte Beziehung bedeutet ihrerseits, daß die Folge der Ableitungen $\{u_n'\}$ in der Metrik des Raumes $L_2(a, b)$ in sich konvergiert. Da der Raum $L_2(a, b)$ vollständig ist, konvergiert die genannte Folge gegen eine gewisse Funktion $v \in L_2(a, b)$.

In Gleichung

$$\int_a^x u_n'(t)\, \mathrm{d}t = u_n(x) - u_n(a) = u_n(x)$$

kann man den Grenzübergang durchführen. Dann ergibt sich

$$u(x) = \int_a^x v(t)\, \mathrm{d}t\,.$$

Die letzte Gleichung bedeutet die absolute Stetigkeit der Funktion $u(x)$; dabei ist $u' = v \in L_2(a, b)$. Offensichtlich ist auch $u(a) = 0$, und es genügt deshalb zu zeigen, daß $u(b) = 0$ ist. Letzteres ergibt sich wie folgt: In Gleichung

$$\int_x^b u_n'(t)\, \mathrm{d}t = u_n(b) - u_n(x) = -u_n(x)$$

gehen wir zum Grenzwert über. Dann erhalten wir

$$u(x) = -\int_x^b v(t)\, \mathrm{d}t$$

und somit $u(b) = 0$.

Wie wir oben sehen konnten, gilt für die Funktionen $u \in D(A)$ folgende Formel:

$$|u|^2 = \int_a^b \left(p(x) \left(\frac{\mathrm{d}u}{\mathrm{d}x}\right)^2 + q(x)\, u^2(x)\right) \mathrm{d}x\,. \tag{7}$$

Wir beweisen jetzt, daß diese Formel auch für eine beliebige Funktion aus dem energetischen Raum gilt. Sei $u \in H_A$. Wir wählen eine Folge $\{u_n\} \subset D(A)$ mit den Eigenschaften (3.7):

$$|u_n - u| \underset{n\to\infty}{\longrightarrow} 0\,, \qquad ||u_n - u|| \underset{n\to\infty}{\longrightarrow} 0\,.$$

Formel (6a) ergibt noch die Beziehung

$$||u_n' - u'|| \underset{n\to\infty}{\longrightarrow} 0\,.$$

Da die Norm des Grenzelementes gleich dem Grenzwert der Norm ist, gilt

$$||u_n||^2 \to ||u||^2\,, \qquad |u_n|^2 \to |u|^2\,, \qquad ||u_n'||^2 \to ||u'||^2\,. \tag{8}$$

Für die Funktionen u_n gilt aber Formel (7):

$$|u_n|^2 = \int_a^b (pu_n'^2 + qu_n^2)\, \mathrm{d}x\,.$$

Aus den Beziehungen (8) folgt, daß für $n \to \infty$ die linke Seite der letzten Gleichung den Grenzwert $|u|^2$ besitzt. Wir beweisen, daß der Grenzwert der rechten Seite gleich

$$\int_a^b (pu'^2 + qu^2)\, \mathrm{d}x$$

ist. Es gilt

$$\left|\int_a^b (pu_n'^2 + qu_n^2)\, \mathrm{d}x - \int_a^b (pu'^2 + qu^2)\, \mathrm{d}x\right| \leqq p_1 \int_a^b |u_n'^2 - u'^2|\, \mathrm{d}x + q_1 \int_a^b |u_n^2 - u^2|\, \mathrm{d}x\,.$$

Nach der Cauchy-Bunjakowskischen Ungleichung ist aber

$$\int_a^b |u_n'^2 - u'^2|\, \mathrm{d}x \leqq \left\{\int_a^b (u_n' + u')^2\, \mathrm{d}x\right\}^{1/2} \left\{\int_a^b (u_n' - u')^2\, \mathrm{d}x\right\}^{1/2} = ||u_n' + u'||\; ||u_n' - u'||\,.$$

Wegen $||u_n'|| \to ||u'||$ ist $||u_n' + u'|| \leqq ||u_n'|| + ||u'||$ eine beschränkte Größe, und es gilt somit

$$\int_a^b |u_n'^2 - u'^2|\, \mathrm{d}x \underset{n\to\infty}{\longrightarrow} 0\,.$$

Analog beweist man die Konvergenz

$$\int_a^b |u_n^2 - u^2|\, \mathrm{d}x \underset{n\to\infty}{\longrightarrow} 0\,,$$

womit Formel (7) für eine beliebige Funktion aus H_A bewiesen ist.

Wir zeigen jetzt die Umkehrung: Ist $u \in \overset{\circ}{W}{}_2^{(1)}(a, b)$, so gilt $u \in H_A$. Auf Grund des Satzes 5.3.2 genügt es zu zeigen, daß eine Folge $\{u_n\}$, $u_n \in D(A)$, mit den Eigenschaften (3.7) existiert. Um dies zu zeigen, entwickeln wir die Ableitung der Funktion u in eine Fourier-Reihe nach Kosinusfunktionen:

$$u'(x) = \sum_{k=1}^{\infty} a_k \cos \frac{k\pi(x - a)}{b - a}\,.$$

Das absolute Glied tritt hierbei nicht auf, da

$$a_0 = \frac{1}{b-a}\int_a^b u'(x)\,dx = \frac{1}{b-a}\big(u(b) - u(a)\big) = 0$$

ist. Durch gliedweise Integration erhalten wir

$$u(x) = \sum_{k=1}^{\infty} b_k \sin\frac{k\pi(x-a)}{b-a}, \qquad b_k = \frac{a_k(b-a)}{k\pi}.$$

Als u_n kann man jetzt die n-te Partialsumme der letzten Reihe wählen.

Es ist leicht zu beweisen, daß die Normen in H_A und $\mathring{W}_2^{(1)}(a, b)$ äquivalent sind. Die Norm in dem letzteren Raum kann entsprechend Formel (6.5), Kap. 4, durch die Beziehung

$$\|u\|_{2,1}^2 = \int_a^b (u'(x))^2\,dx$$

definiert werden. Nunmehr folgt aus den Formeln (7) und (*), daß

$$\sqrt{p_0}\,\|u\|_{2,1} \leqq |u| \leqq \sqrt{p_1 + \frac{q_1}{(b-a)^2}}\,\|u\|_{2,1}; \qquad q_1 = \max q(x)\,, \tag{9}$$

gilt, und die Äquivalenz der Normen ist bewiesen.

Die verallgemeinerte Lösung $u_0(x)$ des Problems (1)—(2) existiert und ist eindeutig; es ist dies die Funktion, welche das Minimum des Energiefunktionals

$$F(u) = |u|^2 - 2(u, f)$$

im energetischen Raum realisiert. Wie Formel (7) zeigt, ist in unserem Fall

$$F(u) = \int_a^b \big(p(x)\,u'^2 + q(x)\,u^2 - 2f(x)\,u\big)\,dx;$$

als Element des energetischen Raumes muß die Funktion $u(x)$ den Bedingungen (2) genügen.

Wir klären jetzt, aus welchen Funktionen das Definitionsgebiet $D(\tilde{A})$ besteht, wobei $\tilde{A}$ die Friedrichssche Erweiterung des Operators A ist. Zunächst vermerken wir, daß aus der Formel (7) für die energetische Norm die Formel für das energetische Produkt folgt:

$$[u, v] = \int_a^b (pu'v' + quv)\,dx; \qquad u, v \in H_A\,. \tag{10}$$

Es sei $u \in D(\tilde{A})$. Dann existiert eine solche Funktion $f \in L_2(a, b)$, die zusammen mit der Funktion u die Beziehung (5.5a) erfüllt. Mittels der Formel (10) kann letztere in der Gestalt

$$\int_a^b pu'\eta'\,dx = \int_a^b w\eta\,dx; \qquad w = f - qu\,, \qquad \forall \eta \in H_A \tag{11}$$

geschrieben werden. Offenbar gilt $w \in L_2(a, b)$. Wir setzen

$$v(x) = -\int_a^x w(t)\,dt;$$

die Funktion $v(x)$ ist auf dem Segment $[a, b]$ absolut stetig, $v'(x) = -w(x)$ und $v(a) = 0$. Nunmehr gilt

$$\int_a^b w\eta \, dx = -\int_a^b v'\eta \, dx = -v\eta\Big|_a^b + \int_a^b v\eta' \, dx = \int_a^b v\eta' \, dx ,$$

weil $\eta(a) = \eta(b) = 0$ ist. Wir setzen dies in (11) ein und erhalten

$$\int_a^b (pu' - v)\,\eta' \, dx = 0 , \qquad \forall \eta \in H_A .$$

Wählen wir hier speziell $\eta(x) = \sin \dfrac{n\pi(x-a)}{b-a}$, $n = 1, 2, \ldots$, so sehen wir, daß die Funktion $pu' - v$ zu den Funktionen $\cos \dfrac{n\pi(x-a)}{b-a}$, $n = 1, 2, \ldots$, orthogonal ist. Daraus folgt $pu' = v + c$, $c = \text{const}$. Somit erweist sich die Funktion pu' als absolut stetig; sie besitzt fast überall die Ableitung

$$\frac{d}{dx}\left(p(x)\frac{du}{dx}\right) = v'(x) = -w(x) = q(x)\,u(x) - f(x) .$$

Diese Beziehung belegt, daß, falls $u \in D(\tilde{A})$ und $f = \tilde{A}u$ ist, die Funktion u fast überall der Differentialgleichung (1) genügt.

Durch partielle Integration kann man sich leicht von der Gültigkeit der Beziehung

$$u'(x) = u'(a) + \int_a^x \left(\frac{v'(t)}{p(t)} - \frac{v(t) + c}{p^2(t)}\,p'(t)\right) dt$$

überzeugen. Der Integrand ist im Quadrat summierbar; deshalb ist die Ableitung $u'(x)$ auf dem Segment $[a, b]$ absolut stetig, und fast überall existiert die zweite Ableitung $u''(x) \in L_2(a, b)$. Wir gelangen zu folgendem Schluß: Wenn $u \in D(\tilde{A})$ gilt, so ist u' absolut stetig auf $[a, b]$, $u'' \in L_2(a, b)$ und $u(a) = u(b) = 0$.

Die entgegengesetzte Behauptung ist ebenfalls richtig: Wenn die Funktion $u(x)$ die aufgezählten Eigenschaften besitzt, so gilt $u \in D(\tilde{A})$. In der Tat, in diesem Fall ist $u(x)$ verallgemeinerte Lösung der Gleichung $Au = f$ mit

$$f(x) = -\frac{d}{dx}\left(p(x)\frac{du}{dx}\right) + q(x)\,u(x) .$$

§ 9. Ein allgemeineres Minimumproblem für das quadratische Funktional

1. Im § 4 wurde das Variationsproblem für ein quadratisches Funktional der Gestalt

$$F(u) = (Au, u) - 2(u, f)$$

formuliert. Eine wichtige Besonderheit dieses Funktionals besteht darin, daß sein linearer Anteil $2(u, f)$ im Ausgangsraum beschränkt ist; im § 5 haben wir diesen Umstand beim Existenzbeweis für die verallgemeinerte Lösung des Variationsproblems benutzt.

Hier betrachten wir nun das Minimumproblem für das quadratische Funktional allgemeineren Typs

$$F(u) = (Au, u) - 2l(u) , \tag{1}$$

wobei A ein positiv-definiter Operator im HILBERT-Raum H und l ein lineares (nicht notwendig beschränktes) Funktional in demselben Raum ist; der Faktor 2 wurde aus rein technischen Gründen eingeführt.

Führt man den energetischen Raum H_A des Operators A ein, dann kann man das Funktional (1) in der Form

$$F(u) = |u|^2 - 2l(u) \tag{2}$$

schreiben und als Funktional auffassen, das auf (einigen oder allen) Elementen des energetischen Raumes definiert ist. Von Interesse ist nun der Fall, wenn $D(l)$ — das Definitionsgebiet des Funktionals l — im Raum H_A dicht ist; offenbar gilt $D(F) = D(l)$.

Dabei sind folgende zwei Möglichkeiten denkbar.

1.1. Das Funktional l ist nicht beschränkt im energetischen Raum. In diesem Fall ist das Funktional F nach unten nicht beschränkt. In der Tat existiert in diesem Fall eine Folge $\{u_n\}$ mit den Eigenschaften

$$|u_n| = 1\,, \qquad |l(u_n)| \xrightarrow[n\to\infty]{} \infty\,.$$

Ändert man erforderlichenfalls die Vorzeichen bei den Elementen u_n, so kann man erreichen, daß $l(u_n) \to +\infty$ strebt. Dann gilt aber

$$F(u_n) = 1 - 2l(u_n) \to -\infty\,.$$

Das Minimumproblem für das Funktional (2) ist also in diesem Fall gar nicht sinnvoll.

1.2. Das Funktional l ist im energetischen Raum beschränkt. Dann kann es auf den ganzen Raum stetig fortgesetzt werden; damit wird auch das Funktional (2) auf den gesamten Raum H_A erweitert. Nach dem Satz von RIESZ existiert dann ein und nur ein Element $u_0 \in H_A$, das der Beziehung $l(u) = [u, u_0]$ genügt. Jetzt ist

$$F(u) = |u|^2 - 2[u, u_0]\,.$$

Durch Wiederholen derselben Überlegungen wie im § 5 überzeugt man sich davon, daß das Element u_0 das Minimum des Funktionals (2) realisiert.

Wenn der Raum H_A separabel ist, dann läßt sich leicht eine zur Formel (5.11) analoge Formel für die Lösung des Minimumproblems des Funktionals (2) herleiten. Es sei ω_n, $n = 1, 2, \ldots$, eine im energetischen Raum vollständige und orthonormierte Folge. Dann ist

$$u_0 = \sum_{n=1}^{\infty} [u_0, \omega_n]\, \omega_n\,.$$

Setzt man in der oben genannten Formel $l(u) = [u, u_0]$ für $u = \omega_n$, dann gilt $[u_0, \omega_n] = [\omega_n, u_0] = l(\omega_n)$ und folglich

$$u_0 = \sum_{n=1}^{\infty} l(\omega_n)\, \omega_n\,. \tag{3}$$

2. Es sei A der im vorangegangenen Paragraphen betrachtete Operator (siehe Formel (3) und (2) aus § 8); die in diesem Paragraphen angenommenen Voraussetzungen bezüglich der Funktionen $p(x)$ und $q(x)$ sowie bezüglich der Funktionen, welche das Definitionsgebiet des Operators A bilden, behalten wir bei. Wir stellen das Minimumproblem für das quadratische Funktional

$$F(u) = |u|^2 - 2u(c) = \int_a^b \left(p(x)\left(\frac{\mathrm{d}u}{\mathrm{d}x}\right)^2 + q(x)\,u^2\right)\mathrm{d}x - 2u(c)\,, \qquad a < c < b\,, \tag{4}$$

im energetischen Raum des Operators A. Das bedeutet im besonderen, daß die Funktion u, von welcher das Funktional (4) abhängt, den Randbedingungen

$$u(a) = u(b) = 0 \tag{5}$$

genügen muß. Wie man leicht sieht, ist das lineare Funktional $l(u) = u(c)$ in der energetischen Metrik beschränkt. In der Tat gilt nach der CAUCHY-BUNJAKOWSKIschen Ungleichung

$$|u(c)|^2 = \left|\int_a^c u'(x)\,\mathrm{d}x\right|^2 \leqq (c-a)\int_a^c u'^2(x)\,\mathrm{d}x \leqq (c-a)\int_a^b u'^2(x)\,\mathrm{d}x\,.$$

Nach der Formel (8.7) ergibt sich

$$|u|^2 = \int_a^b (p(x)\,u'^2(x) + q(x)\,u^2(x))\,\mathrm{d}x \geqq p_0\int_a^b u'^2(x)\,\mathrm{d}x$$

und somit

$$|u(c)| \leqq \sqrt{\frac{c-a}{p_0}}\,|u|\,. \tag{6}$$

Die Formel (6) zeigt, daß im vorliegenden Fall das Funktional l beschränkt ist, wobei $|l| \leqq \sqrt{\frac{c-a}{p_0}}$ gilt. Die Lösung unseres Variationsproblems existiert, und auf Grund der Formel (3) läßt sich diese in Form der Reihe

$$u_0(x) = \sum_{n=1}^{\infty} \omega_n(c)\,\omega_n(x) \tag{7}$$

darstellen; dabei bedeutet $\{\omega_n\}$ ein im Raum H_A vollständiges und orthogonales System. Die Reihe (7) konvergiert in der Metrik des Raumes H_A und folglich auch in der Metrik des Raumes $L_2(a, b)$.

Beispiel. Wir betrachten den Spezialfall $p(x) \equiv 1$, $q(x) \equiv 0$; dann ist $Au = -\frac{\mathrm{d}^2u}{\mathrm{d}x^2}$. In diesem Fall bilden die Funktionen

$$\omega_n(x) = \frac{\sqrt{2(b-a)}}{n\pi}\sin\frac{n\pi(x-a)}{b-a}\,, \qquad n = 1, 2, \dots,$$

ein im energetischen Raum vollständiges und orthonormiertes System; den Beweis dieser Tatsache überlassen wir dem Leser. Das Minimum des Funktionals

$$\int_a^b u'^2\,\mathrm{d}x - 2u(c)\,, \qquad u(a) = u(b) = 0 \tag{8}$$

wird durch die Funktion

$$u_0(x) = \frac{2(b-a)}{\pi^2}\sum_{n=1}^{\infty}\frac{1}{n^2}\sin\frac{n\pi(c-a)}{b-a}\sin\frac{n\pi(x-a)}{b-a}$$

realisiert. Die Summe der letzten Reihe läßt sich leicht bestimmen, indem man z. B. die EULERsche Gleichung für das Funktional (8) aufstellt und diese löst; dies auszuführen, überlassen wir ebenfalls dem Leser.

§ 10. Der Fall eines nur positiven Operators

Einen positiven, aber nicht positiv-definiten Operator nennen wir *nur positiv*. Für einen nur positiven Operator kann der energetische Raum genauso konstruiert werden, wie dies für den positiv-definiten Operator geschah. Dabei besteht allerdings ein wesentlicher Unterschied: Es läßt sich beweisen, daß es jetzt unter den idealen Elementen des energetischen Raumes stets solche gibt, die nicht zum Ausgangs-HILBERT-Raum gehören.

Wir betrachten z. B. den Operator B, der im § 2 untersucht wurde. Wir erinnern daran, daß dieser durch die Formel

$$Bu = -\frac{\mathrm{d}^2u}{\mathrm{d}x^2}\,, \qquad 0 \leqq x < \infty\,,$$

definiert wird und daß sein Definitionsgebiet aus denjenigen Funktionen der Klasse $C^{(2)}[0, \infty)$ besteht, welche für $x = 0$ und für $x \geqq a_u$ verschwinden; dabei bedeutet a_u eine Konstante, die von der Funktion $u \in D(B)$ abhängt. Es läßt sich unschwer beweisen, daß der energetische Raum H_B aus den Funktionen besteht, die folgende Eigenschaften besitzen: 1. Die Funktion $u \in H_B$ ist absolut stetig auf dem Segment $[0, a]$ für eine beliebige positive Zahl a; 2. $u(0) = 0$; 3. $u' \in L_2(0, \infty)$. So gehört z. B. die Funktion $u(x) = \ln(1 + x)$ zum Raum H_B, jedoch nicht zum Ausgangsraum $L_2(0, \infty)$.

Für einen nur positiven Operator gilt der

Satz 5.10.1. *Der energetische Raum ist separabel dann und nur dann, wenn der Ausgangsraum separabel ist.*

Wenn A ein nur positiver Operator und l ein lineares Funktional ist, dann läßt sich das Minimumproblem für das Funktional

$$F(u) = (Au, u) - 2l(u), \qquad u \in D(A),$$

genauso lösen wie im vorangegegangenen Paragraphen: Wegen $(Au, u) = |u|^2$ können wir dem Funktional F die Gestalt

$$F(u) = |u|^2 - 2l(u)$$

geben. Wenn l in H_A nicht beschränkt ist, dann besitzt unser Variationsproblem keinen Sinn. Ist dagegen l in H_A beschränkt und auf einer in H_A dichten Menge definiert, dann gilt $l(u) = [u, u_0]$, wobei das Element $u_0 \in H_A$ existiert und eindeutig bestimmt ist; dieses Element realisiert nun auch das Minimum des Funktionals F im energetischen Raum.

KAPITEL 6

DAS EIGENSPEKTRUM EINES POSITIV-DEFINITEN OPERATORS

§ 1. Der Begriff des Eigenspektrums eines Operators

Es sei A ein linearer Operator im HILBERT-Raum H. Die Zahl λ und das Element u heißen *Eigenwert* bzw. *Eigenelement* des Operators A, wenn u nicht das Nullelement des Raumes H ist und die folgende Gleichung erfüllt ist:

$$Au - \lambda u = 0 . \tag{1}$$

Ist H z. B. der Raum L_2, dann ist die Bedingung $u \neq 0$ gleichbedeutend mit $u(x) \not\equiv 0$.

Das Element u heißt ein *zum Eigenwert λ gehöriges Eigenelement*. Aus Gleichung (1) ergibt sich sofort eine Formel, nach der der Eigenwert λ bestimmt werden kann, wenn ein zu λ gehöriges Eigenelement u bekannt ist. Multiplizieren wir nämlich beide Seiten der Gleichung (1) skalar mit u, so erhalten wir $(Au, u) - \lambda \, ||u||^2 = 0$ und somit

$$\lambda = \frac{(Au, u)}{||u||^2} . \tag{2}$$

In einem komplexen Raum können die Eigenwerte naturgemäß sowohl reell als auch komplex sein. In einem reellen Raum dagegen ist eine Multiplikation der Elemente nur mit reellen Zahlen erklärt; entsprechend dieser Definition müßte man in einem reellen Raum auch nur reelle Eigenwerte betrachten. Aber bereits einfachste Beispiele zeigen, daß das nicht zweckmäßig wäre. So erzeugt z. B. eine reelle quadratische Matrix der Ordnung m einen linearen Operator im m-dimensionalen euklidischen Raum. Die Eigenwerte dieses Operators stimmen mit den Eigenwerten seiner Matrix überein, die — wie hinreichend bekannt ist — auch komplex sein können. Wir werden deshalb die Definition der Eigenwerte so erweitern, daß diese auch komplex sein können.

Ausgehend von einem gegebenen reellen HILBERT-Raum H konstruieren wir zunächst einen komplexen HILBERT-Raum H^*. Das geschieht wie folgt: Als Menge der Elemente des neuen Raumes H^* nehmen wir die Menge sämtlicher formal gebildeten Summen der Gestalt $U = u' + iu''$ mit $i = \sqrt{-1}$ und $u', u'' \in H$. Auf dieser Menge definieren wir auf übliche Weise die Addition und die Multiplikation mit komplexen Zahlen; diese zwei Operationen führen nicht aus der Menge H^* heraus, so daß man H^* als eine lineare Menge auffassen kann. Das Nullelement dieser Menge ist das Element $0 + i0$, wobei 0 das Nullelement des Raumes H bedeutet; an Stelle von $0 + i0$ schreiben wir jetzt einfach 0. Überhaupt werden wir u und iv an Stelle von $u + i0$ bzw. $0 + iv$ schreiben. In H^* führen wir nun eine skalare Multiplikation nach folgender Regel ein: Wenn $U = u' + iu''$, $V = v' + iv''$ mit $u', u'', v', v'' \in H$ ist, dann sei

$$(U, V)^* = (u', v') + (u'', v'') + i[(u'', v') - (u', v'')] . \tag{3}$$

Wie man leicht sieht, sind bei einer solchen Definition alle Axiome des Skalarproduktes in einem komplexen Raum erfüllt. Es gilt nämlich:

A) $(U, V)^* = \overline{(V, U)^*}$.

B) $(\alpha_1 U_1 + \alpha_2 U_2, V)^* = \alpha_1(U_1, V)^* + \alpha_2(U_2, V)^*$.

C) $(U, U)^* \geqq 0$, und $(U, U)^* = 0$ gilt dann und nur dann, wenn $U = 0$ ist.

Der Operator A läßt sich nach der Formel

$$AU = Au' + iAu'' \tag{4}$$

auf alle Elemente der Gestalt $U = u' + iu''$ mit $u', u'' \in D(A) \subset H$ erweitern. Nach dieser neuen Definition kann es sich erweisen, daß der Operator A, welcher ursprünglich im reellen Raum H erklärt war, im Raum H^* komplexe Eigenwerte $\lambda = \lambda' + i\lambda''$ und dazugehörige Eigenelemente $u' + iu''$ besitzt; die Gleichung

$$A(u' + iu'') = (\lambda' + i\lambda'')(u' + iu'')$$

ist dem Gleichungssystem

$$Au' = \lambda' u' - \lambda'' u'', \qquad Au'' = \lambda'' u' + \lambda' u'' \tag{5}$$

äquivalent.

Zu ein und demselben Eigenwert können mehrere Eigenelemente gehören; sind $u_1, u_2, \ldots, u_n$ derartige Elemente, dann ist eine beliebige, vom Nullelement verschiedene Linearkombination

$$\sum_{k=1}^{n} c_k u_k$$

ebenfalls ein zu demselben Eigenwert gehöriges Eigenelement. Die soeben gemachte Bemerkung erlaubt es, nur linear unabhängige Eigenelemente, die zu einem gegebenen Eigenwert gehören, zu betrachten und jedes Eigenelement als normiert anzunehmen.

Die Anzahl der linear unabhängigen Eigenelemente heißt *Vielfachheit* (bisweilen auch *Rang*) des entsprechenden Eigenwertes. In einem separablen Raum ist die Vielfachheit eines beliebigen Eigenwertes endlich oder abzählbar.

Die Gesamtheit der Eigenwerte eines Operators heißt *Eigenspektrum* dieses Operators.

§ 2. Eigenwerte und Eigenelemente eines symmetrischen Operators

Satz 6.2.1. *Die Eigenwerte eines symmetrischen Operators sind reell.*

Beweis. Wir multiplizieren skalar die erste der Gleichungen (1.5) mit u'', die zweite mit u' und ziehen die erste von der zweiten Gleichung ab:

$$(Au'', u') - (Au', u'') = \lambda''(\|u'\|^2 + \|u''\|^2)\,. \tag{1}$$

Infolge der Symmetrie des Operators A ist die linke Seite der letzten Gleichung gleich Null. Da das Eigenelement $u' + iu''$ verschieden vom Nullelement ist, ist entweder u' oder u'' von Null verschieden, und der Klammerausdruck auf der rechten Seite in (1) ist positiv. Daraus folgt, daß $\lambda'' = 0$ ist, d. h., die Eigenwerte sind reell. Das System (1.5) nimmt jetzt die Gestalt

$$Au' = \lambda' u', \qquad Au'' = \lambda' u''$$

an; jedes der von Null verschiedenen Elemente u' und u'' ist ein zum Eigenwert λ' gehöriges Eigenelement.

Satz 6.2.2. *Die zu verschiedenen Eigenwerten gehörigen Eigenelemente eines symmetrischen Operators sind orthogonal.*

Beweis. Es seien λ_1 und λ_2 verschiedene Eigenwerte des symmetrischen Operators A. Zum Eigenwert λ_1 gehöre das Eigenelement u_1, zum Eigenwert λ_2 das Eigenelement u_2.

Dann gelten die Beziehungen

$$Au_1 = \lambda_1 u_1 , \qquad Au_2 = \lambda_2 u_2 .$$

Die erste Gleichung multiplizieren wir skalar mit u_2, die zweite mit u_1; danach ziehen wir die zweite von der ersten Gleichung ab:

$$(Au_1, u_2) - (Au_2, u_1) = (\lambda_1 - \lambda_2)(u_1, u_2) .$$

Da der Operator A symmetrisch ist, ist die linke Seite gleich Null, und es gilt folglich

$$(\lambda_1 - \lambda_2)(u_1, u_2) = 0 .$$

Wegen $\lambda_1 - \lambda_2 \neq 0$ ergibt sich daraus

$$(u_1, u_2) = 0 .$$

Der Satz ist damit bewiesen.

Folgerung 6.2.1. *Ein symmetrischer Operator in einem separablen* Hilbert-*Raum besitzt eine höchstens abzählbare Menge von Eigenwerten.*

Wenn zu einem Eigenwert mehrere linear unabhängige Eigenelemente gehören, dann kann man auf diese den Orthogonalisierungsprozeß anwenden. Da man nun die Eigenelemente auch stets normieren kann, gelangen wir zu folgendem wichtigen Korollar: *Man darf stets annehmen, daß die Eigenelemente eines symmetrischen Operators ein orthonormiertes System bilden.*

§ 3. Das verallgemeinerte Eigenspektrum eines positiv-definiten Operators

Da jeder positiv-definite Operator symmetrisch ist, gelten die im vorangegangenen Paragraphen getroffenen Feststellungen auch für einen positiv-definiten Operator. Für diese Operatoren erweist es sich aber als zweckmäßig, noch den Begriff des verallgemeinerten Eigenwertes sowie der dazugehörigen verallgemeinerten Eigenelemente einzuführen; wir führen diese Begriffe in Analogie zum Begriff der verallgemeinerten Lösung ein.

Es sei A ein positiv-definiter Operator, λ sein Eigenwert und u ein zum Eigenwert λ gehöriges Eigenelement. Letzteres bedeutet, daß die Bedingungen $u \neq 0$, $u \in D(A)$ und die Gleichung

$$Au = \lambda u \tag{1}$$

erfüllt sind.

Wir nehmen ein beliebiges Element $\eta \in H_A$ und multiplizieren skalar beide Seiten der Gleichung (1) mit η:

$$(Au, \eta) = \lambda(u, \eta) .$$

In der letzten Gleichung ist $u \in D(A)$ und $\eta \in H_A$. Dann gilt aber auf Grund der Formel (3.6) des Kap. 5

$$(Au, \eta) = [u, \eta]_A .$$

Somit ergibt sich, daß der Eigenwert λ und das dazugehörige Eigenelement u folgender Beziehung genügen:

$$[u, \eta]_A = \lambda(u, \eta), \qquad \forall \eta \in H_A. \tag{2}$$

Es erfülle nun umgekehrt das Element $u \in D(A)$, $u \neq 0$, die Gleichung (2) für eine gewisse Zahl λ. Dann gilt nach Formel (3.6) des Kap. 5

$$[u, \eta]_A = (Au, \eta).$$

Durch Einsetzen in die Beziehung (2) erhalten wir

$$(Au - \lambda u, \eta) = 0, \qquad \forall \eta \in H_A.$$

Das Element $Au - \lambda u$ des Raumes H ist also orthogonal zu einem beliebigen Element $\eta \in H_A$. Da aber die Menge der Elemente des Raumes H_A im Ausgangsraum H dicht ist und da jedes zu einer dichten Menge orthogonale Element gleich dem Nullelement ist, so ergibt sich

$$Au - \lambda u = 0.$$

Die letzte Gleichung bedeutet, daß u ein Eigenelement und λ ein Eigenwert des Operators A ist.

Das Element $u \in H_A$, $u \neq 0$, und die Zahl λ nennen wir nun *verallgemeinertes Eigenelement* bzw. *verallgemeinerten Eigenwert* des Operators A, wenn diese der Gleichung (2) genügen.

Satz 6.3.1. *Die verallgemeinerten Eigenwerte und Eigenelemente eines positiv-definiten Operators stimmen mit den gewöhnlichen Eigenwerten und Eigenelementen der* Friedrichs*schen Erweiterung dieses Operators überein.*

Beweis. Wenn λ ein verallgemeinerter Eigenwert und u ein ihm entsprechendes verallgemeinertes Eigenelement des positiv-definiten Operators A sind, dann genügen diese der Gleichung (2). Setzen wir auf der rechten Seite dieser Gleichung $\lambda u = f$, so bringen wir dieselbe auf die Gestalt

$$[u, \eta]_A = (f, \eta); \qquad \forall \eta \in H_A.$$

Letztere stimmt mit der Identität (5.5a), Kap. 5, überein. Daraus folgt, daß das Element u das Minimum des Funktionals

$$F(v) = |v|_A^2 - 2(f, v), \qquad \forall v \in H_A,$$

realisiert. Dann gilt aber $u \in D(\tilde{A})$, wobei $\tilde{A}$ die Friedrichssche Erweiterung des Operators A bedeutet, und $\tilde{A}u = f = \lambda u$.

Wenn umgekehrt λ ein Eigenwert und u ein ihm entsprechendes Eigenelement des Operators $\tilde{A}$ sind, so gilt $\tilde{A}u = \lambda u$. Dies multiplizieren wir skalar mit einem beliebigen Element $\eta \in H_A$ und erhalten

$$[u, \eta]_{\tilde{A}} = \lambda(u, \eta). \tag{3}$$

Im § 7 des Kap. 5 wurde gezeigt, daß die Räume H_A und $H_{\tilde{A}}$ aus ein und denselben Elementen bestehen und die energetischen Produkte in diesen Räumen übereinstimmen. In diesem Falle sind die Beziehungen (3) und (2) gleichbedeutend. Folglich ist λ ein verallgemeinertes Eigenelement des Operators A. Der Satz ist bewiesen.

Da der Operator $\tilde{A}$ symmetrisch ist, gelten für die verallgemeinerten Eigenwerte und Eigenelemente die Sätze 6.2.1 und 6.2.2. Wir erwähnen hier noch zwei weitere Eigenschaften der verallgemeinerten Eigenwerte und Eigenelemente eines positiv-definiten Operators; das Wort „verallgemeinert" lassen wir der Einfachheit halber im weiteren weg.

Satz 6.3.2. *Wenn das System $\{u_n\}$ der Eigenelemente des positiv-definiten Operators im Ausgangsraum orthonormiert ist, so ist es auch im entsprechenden energetischen Raum H_A orthogonal, und es gilt*

$$|u_n|_A = \sqrt{\lambda_n}\,, \tag{4}$$

wobei λ_n der Eigenwert ist, der dem Eigenelement u_n entspricht.

Der Beweis ist sehr einfach: Wenn man in der Beziehung (2) $u = u_k$, $\eta = u_n$, $\lambda = \lambda_k$ setzt, so ergibt sich

$$[u_k, u_n]_A = \lambda_k(u_k, u_n) = \begin{cases} 0\,, & k \neq n \\ \lambda_n\,, & k = n\,. \end{cases}$$

Satz 6.3.3. *Ein beliebiger Eigenwert eines positiv-definiten Operators kann nicht kleiner als die untere Grenze dieses Operators sein.*

Beweis. Es sei γ_0^2 die untere Grenze des Operators A. Nach Satz 5.7.1. ist die untere Grenze der FRIEDRICHSschen Erweiterung $\tilde{A}$ des Operators A ebenfalls gleich γ_0^2. Wenn λ ein Eigenwert und u ein dazugehöriges Eigenelement des Operators A bedeuten (beide im verallgemeinerten Sinne), dann gilt auf Grund der Formel (1.2) und des Satzes 6.3.1

$$\lambda = \frac{(\tilde{A}u, u)}{||u||^2} \geqq \gamma_0^2\,. \tag{5}$$

Wir bemerken noch, daß man der Formel (1.2) in unserem Fall die Gestalt

$$\lambda = \frac{|u|_A^2}{||u||^2} \tag{6}$$

geben kann.

Bei Multiplikation von u mit einer von Null verschiedenen Konstanten ändert sich die rechte Seite der letzten Gleichung nicht. Wir wählen diese Konstante derart, daß das Eigenelement u in der Metrik des Ausgangsraumes normiert ist: $||u|| = 1$. Dann ergibt sich für den Eigenwert die folgende, in verschiedener Hinsicht günstigere Formel:

$$\lambda = |u|_A^2\,, \qquad ||u||^2 = 1\,. \tag{7}$$

§ 4. Die Variationsfassung des Eigenwertproblems

Wir beginnen mit folgender Bemerkung: Wenn γ_0^2 die untere Grenze des positiv-definiten Operators ist, dann gilt

$$\inf_{\substack{u \in H_A \\ u \neq 0}} \frac{|u|_A^2}{||u||^2} = \gamma_0^2\,. \tag{1}$$

Wir wollen diese Beziehung beweisen. Wegen $D(A) \subset H_A$ ist

$$\inf_{\substack{u \in H_A \\ u \neq 0}} \frac{|u|_A^2}{||u||^2} \leqq \inf_{\substack{u \in D(A) \\ u \neq 0}} \frac{|u|_A^2}{||u||^2} = \inf_{\substack{u \in D(A) \\ u \neq 0}} \frac{(Au, u)}{||u||^2} = \gamma_0^2\,.$$

Andererseits ist $D(A)$ dicht im Raum H_A; für $u \in H_A$ läßt sich ein Element $v \in D(A)$ finden derart, daß gilt: $|v - u|_A < \varepsilon$ und $\|v - u\| < \varepsilon$, wobei ε eine beliebig kleine positive Zahl bedeutet. Dann ist aber $\left| |v|_A - |u|_A \right| < \varepsilon$, $\left| \|v\| - \|u\| \right| < \varepsilon$. Würde nun für ein gewisses Element $u \in H_A$

$$\frac{|u|_A^2}{\|u\|^2} < \gamma_0^2$$

gelten, dann wäre für hinreichend kleines ε auch

$$\frac{|v|_A^2}{\|v\|^2} = \frac{(Av, v)}{\|v\|^2} < \gamma_0^2,$$

was der Definition der unteren Grenze widerspricht.

Satz 6.4.1. *Wenn ein Element u_1 existiert, auf dem die untere Grenze (1) angenommen wird, dann ist γ_0^2 der kleinste verallgemeinerte Eigenwert und u_1 das dazugehörige Eigenelement des Operators A.*

Beweis. Da sich der Quotient

$$\Psi(u) = \frac{|u|_A^2}{\|u\|^2} \tag{2}$$

bei Multiplikation des Elementes u mit einer Konstanten nicht ändert, darf man das Element u als normiert annehmen. Dann gilt

$$\Psi(u) = |u|_A^2, \qquad \|u\|^2 = 1. \tag{3}$$

Wir führen jetzt die Bezeichnung $\gamma_0^2 = \lambda_1$ ein.

Die untere Grenze wird auf dem Element u_1 angenommen; das bedeutet, daß

$$u_1 \in H_A, \qquad \|u_1\|^2 = 1, \qquad |u_1| = \lambda_1$$

ist. Wir nehmen ein beliebiges Element $\eta \in H_A$ und eine beliebige reelle Zahl α und bilden den Quotienten

$$\frac{|u_1 + \alpha\eta|^2}{\|u_1 + \alpha\eta\|^2}. \tag{4}$$

Bei festem η ist der Ausdruck (4) eine Funktion von α, welche für $\alpha = 0$ ihr Minimum annimmt. Dann muß aber ihre Ableitung nach α im Punkte $\alpha = 0$ gleich Null sein:

$$\frac{d}{d\alpha} \frac{[u_1, u_1] + 2\alpha[u_1, \eta] + \alpha^2[\eta, \eta]}{(u_1, u_1) + 2\alpha(u_1, \lambda) + \alpha^2(\eta, \eta)}\bigg|_{\alpha=0} = 0.$$

Nach Differentiation erhalten wir

$$2(u_1, u_1)\,[u_1, \eta] - 2(u_1, \eta)\,[u_1, u_1] = 0. \tag{5}$$

Schließlich bemerken wir, daß

$$(u_1, u_1) = \|u_1\|^2 = 1, \qquad [u_1, u_1] = |u_1|^2 = \lambda_1$$

ist. Setzen wir dies in die Beziehung (5) ein, so ergibt sich

$$[u_1, \eta] - \lambda_1(u_1, \eta) = 0.$$

Die letzte Gleichung zeigt, daß λ_1 ein Eigenwert und u_1 ein Eigenelement des Operators A sind. Aus Satz 6.3.3 folgt schließlich, daß λ_1 der kleinste Eigenwert ist. Der Satz ist damit bewiesen.

Wir nehmen jetzt an, daß wir den kleinsten Eigenwert λ_1 und das dazugehörige Eigenelement u_1 des Operators A bereits gefunden haben. Wie finden wir den nächstfolgenden Eigenwert λ_2 und das Eigenelement u_2? Offenbar hat man λ_2 unter denjenigen Werten des Quotienten (2) zu suchen, die auf den Funktionen, welche zu u_1 in den Metriken der beiden Räume H und H_A orthogonal sind, angenommen werden.

Wir bezeichnen mit $H^{(1)}$ den Teilraum des Raumes H, der zum Element u_1 orthogonal ist, und mit $H_A^{(1)}$ den Teilraum des Raumes H_A, der zu u_1 im Sinne der neuen Metrik orthogonal ist:

$$[u, u_1] = 0 , \qquad u \in H_A^{(1)} .$$

Wir beweisen, daß

$$H_A^{(1)} = H_A \cap H^{(1)}$$

gilt. Es sei $u \in H_A^{(1)}$. Wir betrachten die Gleichung, welche das erste Eigenelement definiert:

$$[u_1, \eta] = \lambda_1(u_1, \eta) .$$

Setzen wir darin $\eta = u$, so erhalten wir $(u_1, u) = \frac{1}{\lambda_1} [u_1, u] = 0$. Letzteres bedeutet, daß $u \in H^{(1)}$ und somit $u \in H_A \cap H^{(1)}$ ist.

Es sei umgekehrt $u \in H_A \cap H^{(1)}$; das bedeutet, daß $u \in H_A$ und $(u, u_1) = 0$ ist. Völlig analog gelangen wir dann zur Gleichung

$$[u_1, u] = \lambda_1(u_1, u) = 0 ,$$

woraus $u \in H_A^{(1)}$ folgt.

Wenn die paarweise orthogonalen Eigenelemente $u_1, u_2, \ldots, u_n$ bekannt sind, dann kann man die Teilräume $H^{(n)}$ und $H_A^{(n)}$ der Räume H bzw. H_A einführen, welche entsprechend zu den Elementen $u_1, u_2, \ldots, u_n$ orthogonal sind (jeder in seiner Metrik). Man beweist dann analog die Beziehung $H_A^{(n)} = H_A \cap H^{(n)}$.

Satz 6.4.2. *Für den positiv-definiten Operator A seien die ersten n Eigenwerte*

$$\lambda_1 \leqq \lambda_2 \leqq \cdots \leqq \lambda_n$$

sowie die dazugehörigen Eigenelemente

$$u_1, u_2, \ldots, u_n ,$$

welche wir als paarweise orthogonal annehmen, bekannt. Es sei λ_{n+1} die untere Grenze von $|u|^2$ auf den normierten Elementen $u \in H_A^{(n)}$. Wenn diese Grenze angenommen wird, dann ist λ_{n+1} der nach λ_n nächstfolgende Eigenwert des Operators A. Dasjenige Element, auf dem diese untere Grenze angenommen wird, ist ein zum Eigenwert λ_{n+1} gehöriges Eigenelement.

Beweis. Durch dieselben Überlegungen wie beim Beweis des vorangegangenen Satzes gelangen wir zu der Gleichung

$$[u_{n+1}, \zeta] - \lambda_{n+1}(u_{n+1}, \zeta) = 0 , \qquad \forall \zeta \in H_A^{(n)} . \tag{6}$$

Sei η ein beliebiges Element des Raumes H_A. Wir setzen

$$\zeta = \eta - \sum_{k=1}^{n} (\eta, u_k)\, u_k . \tag{7}$$

Dann ist $\zeta \in H^{(n)}$ und folglich $\zeta \in H_A^{(n)}$. Für das von uns konstruierte Element ζ gilt Gleichung (6). Setzt man in diese Gleichung den Ausdruck (7) ein und berücksichtigt man dabei, daß $[u_{n+1}, u_k] = (u_{n+1}, u_k) = 0$ ist, dann ergibt sich

$$[u_{n+1}, \eta] - \lambda_{n+1}(u_{n+1}, \eta) = 0\,, \qquad \forall \eta \in H_A\,.$$

Der Satz ist damit bewiesen.

§ 5. Der Satz über den kleinsten Eigenwert

Der Satz 6.4.1 macht in gewissem Sinne eine bedingte Aussage: Es wird behauptet, daß $\lambda_1 = \gamma_0^2$ als die untere Grenze des Funktionals

$$\Psi(u) = |u|_A^2\,, \qquad ||u|| = 1\,, \tag{1}$$

der kleinste Eigenwert des Operators A ist, wenn die genannte untere Grenze angenommen wird. Im vorliegenden Paragraphen wird dafür eine gewisse hinreichende Bedingung aufgestellt.

Satz 6.5.1. *Es sei $\{w_n\}$ eine Minimalfolge für das Funktional* (1). *Wenn sich aus dieser Folge eine Teilfolge auswählen läßt, welche in der Metrik des Ausgangsraumes H konvergiert, dann ist $\lambda_1 = \inf \Psi(u)$ der kleinste Eigenwert des gegebenen Operators, und das Grenzelement der ausgewählten Teilfolge ist das dazugehörige Eigenelement.*

Beweis. Nach Voraussetzung des Satzes läßt sich aus der Folge $\{w_n\}$ eine konvergente Teilfolge $\{w_{n_k}\}$ auswählen. Der Einfachheit halber setzen wir $w_{n_k} = \varphi_k$. Wie man leicht sieht, ist die Teilfolge $\{\varphi_k\}$ ebenfalls eine Minimalfolge. Deshalb nehmen wir an, daß uns eine Minimalfolge $\{\varphi_k\}$, welche im Raum H konvergiert, gegeben ist. Die Elemente φ_k besitzen folgende Eigenschaften: 1. $\varphi_k \in H_A$; 2. $||\varphi_k|| = 1$; 3. $\lim |\varphi_k|_A^2 = \lambda_1$; 4. es existiert ein Element $u_1 \in H$ mit $||\varphi_k - u_1|| \xrightarrow[k\to\infty]{} 0$. Wir bemerken, daß dann auch

$$||\varphi_k - \varphi_m|| \xrightarrow[k,m\to\infty]{} 0 \tag{2}$$

gilt. Es ist unser Ziel zu beweisen, daß $u_1 \in H_A$ und $|u_1|_A^2 = \lambda_1$ ist.

Wir nehmen ein beliebiges Element $\eta_k \in H_A$, und es sei t eine beliebige reelle Zahl. Das Element $\varphi_k + t\eta_k$ gehört zum Raum H_A und ist im allgemeinen verschieden von Null. Setzen wir dasselbe in den Quotienten (4.2) ein, so erhalten wir

$$\frac{|\varphi_k + t\eta_k|_A^2}{||\varphi_k + t\eta_k||^2} = \inf \frac{|u|_A^2}{||u||^2} = \lambda_1\,.$$

Durch Multiplikation mit dem Nenner ergibt sich

$$[\varphi_k + t\eta_k, \varphi_k + t\eta_k]_A - \lambda_1(\varphi_k + t\eta_k, \varphi_k + t\eta_k) \geqq 0\,,$$

woraus

$$t^2\{|\eta_k|_A^2 - \lambda_1||\eta_k||^2\} + 2t\{[\varphi_k, \eta_k]_A - \lambda_1(\varphi_k, \eta_k)\} + |\varphi_k|_A^2 - \lambda_1||\varphi_k||^2 \geqq 0$$

folgt. Da das quadratische Polynom auf der linken Seite für beliebiges reelles t nicht negativ ist, ist seine Diskriminante nicht positiv, und es gilt

$$|[\varphi_k, \eta_k]_A - \lambda_1(\varphi_k, \eta_k)| \leqq \sqrt{|\eta_k|_A^2 - \lambda_1||\eta_k||^2}\,\sqrt{|\varphi_k|_A^2 - \lambda_1}\,;$$

dabei wurde berücksichtigt, daß $||\varphi_k|| = 1$ ist.

Wir verschärfen die letzte Ungleichung, indem wir den Subtrahenden unter der ersten Wurzel weglassen:

$$|[\varphi_k, \eta_k]_A - \lambda_1(\varphi_k, \eta_k)| \leqq |\eta_k|_A \sqrt{|\varphi_k|_A^2 - \lambda_1}\,. \tag{3}$$

Die Elemente $\eta_k \in H_A$ waren bisher beliebig. Wir verlangen jetzt, daß sie gleichmäßig beschränkt sind, d. h., für beliebiges k gilt

$$|\eta_k|_A \leqq C , \qquad C = \text{const} . \tag{4}$$

Dann folgt aus der Ungleichung (3)

$$|[\varphi_k, \eta_k]_A - \lambda_1(\varphi_k, \eta_k)| \leqq C \sqrt{|\varphi_k|_A^2 - \lambda_1} . \tag{5}$$

In der Ungleichung (5) konvergiert die rechte und somit auch die linke Seite gegen Null, und diese Konvergenz ist gleichmäßig bezüglich der Elemente η_k, welche der Ungleichung (4) genügen. Demzufolge setzen wir

$$\eta_k = \varphi_k - \varphi_m ,$$

wobei der Index m beliebig ist. Eine derartige Wahl der η_k ist auf Grund der folgenden Überlegungen zulässig: Die Zahlenfolge $|\varphi_n|_A$ konvergiert gegen einen Grenzwert und ist deshalb beschränkt. Es existiert also eine Konstante C derart, daß $|\varphi_n|_A \leqq C$ ist; dann gilt aber $|\eta_k|_A \leqq 2C$.

Jetzt folgt aus Ungleichung (5), daß

$$\lim_{k\to\infty} \{[\varphi_k, \varphi_k - \varphi_m]_A - \lambda_1(\varphi_k, \varphi_k - \varphi_m)\} = 0$$

ist, und diese Konvergenz ist gleichmäßig bezüglich m. Lassen wir dann $m \to \infty$ streben, so ergibt sich

$$\lim_{k,m\to\infty} \{[\varphi_k, \varphi_k - \varphi_m]_A - \lambda_1(\varphi_k, \varphi_k - \varphi_m)\} = 0 . \tag{6}$$

Da hierbei die Indizes k und m gleichberechtigt sind, kann man ihre Reihenfolge ändern:

$$\lim_{k,m\to\infty} \{[\varphi_m, \varphi_m - \varphi_k]_A - \lambda_1(\varphi_m, \varphi_m - \varphi_k)\} = 0 . \tag{7}$$

Durch Addition der Gleichungen (6) und (7) erhalten wir

$$\lim_{k,m\to\infty} \{|\varphi_k - \varphi_m|_A^2 - \lambda_1||\varphi_k - \varphi_m||^2\} = 0 ,$$

und auf Grund der Beziehung (2) gilt somit

$$|\varphi_k - \varphi_m|_A^2 \xrightarrow[k,m\to\infty]{} 0 . \tag{8}$$

Die Minimalfolge ist also im Raum H_A in sich konvergent. Da aber dieser Raum vollständig ist, konvergiert die Folge $\{\varphi_k\}$ in H_A, und zwar gegen dasselbe Element, gegen das sie auch im Raum H konvergiert. Somit ergibt sich: $u_1 \in H_A$ und

$$|\varphi_k - u_1|_A \xrightarrow[k\to\infty]{} 0 .$$

Dann gilt aber

$$|u_1|_A^2 = \lim_{k\to\infty} |\varphi_k|_A^2 = \lambda_1 ;$$

dabei ist

$$||u_1|| = \lim_{k\to\infty} ||\varphi_k|| = 1 .$$

Somit existiert ein Element $u_1 \in H_A$ derart, daß $||u_1|| = 1$ und $|u_1|_A^2 = \lambda_1$ ist. Letzteres bedeutet, daß die untere Grenze des Funktionals (1) angenommen wird. Nach dem Satz 6.4.1 ist diese untere Grenze λ_1 der kleinste Eigenwert und u_1 das dazugehörige Eigenelement des Operators A.

§ 6. Ein Satz über das diskrete Spektrum

Der Formulierung und dem Beweis des Hauptsatzes dieses Paragraphen stellen wir folgende Bemerkung voran.

Wir nehmen an, daß die ersten n Eigenwerte

$$\lambda_1 \leqq \lambda_2 \leqq \dots \leqq \lambda_n$$

sowie die dazugehörigen, in der Metrik des Raumes H orthonormierten Eigenelemente

$$u_1, u_2, \dots, u_n$$

des Operators A gegeben seien.

Wir betrachten das Funktional[1])

$$\Psi_n(u) = |u|_A^2, \qquad u \in H_A^{(n)}, \qquad ||u|| = 1. \tag{1}$$

Dieses ist vom Funktional (5.1) verschieden, da es auf einer engeren Menge definiert ist. Wir bezeichnen

$$\lambda_{n+1} = \inf \Psi_n(u) = \inf |u|_A^2,$$

wobei das Infimum über alle $u \in H_A^{(n)}$ mit $||u|| = 1$ genommen wird.

Wir konstruieren für das Funktional (1) eine Minimalfolge. Wenn sich aus dieser Folge eine Teilfolge auswählen läßt, welche in der Metrik des Raumes H konvergiert, dann ist λ_{n+1} der $(n+1)$-te Eigenwert, und das Grenzelement der ausgewählten Teilfolge ist das $(n+1)$-te Eigenelement des Operators A.

Den Beweis dieser Behauptung führt man völlig analog zum Beweis des Satzes 6.5.1.

Definition. Der Raum H sei unendlichdimensional. Wir sagen, der symmetrische Operator A besitze ein *diskretes Spektrum*, wenn

1. der Operator A eine unendliche Folge von Eigenwerten $\lambda_1, \lambda_2, \dots, \lambda_n, \dots$ besitzt, welche nur im Unendlichen einen Häufungspunkt hat;

2. die Folge der Eigenelemente $\{u_n\}$ im Raum H vollständig ist.

Die Existenz eines einzigen Häufungspunktes im Unendlichen bedeutet, daß sich die Eigenwerte nach der Größe ihrer Absolutbeträge ordnen lassen:

$$|\lambda_1| \leqq |\lambda_2| \leqq \dots \leqq |\lambda_n| \leqq \dots,$$

wobei $|\lambda_n| \to \infty$ strebt. Wenn ein positiv-definiter Operator ein diskretes Spektrum besitzt, dann lassen sich seine Eigenwerte einfach nach ihrer Größe ordnen:

$$0 < \lambda_1 \leqq \lambda_2 \leqq \dots \leqq \lambda_n \leqq \dots, \qquad \lambda_n \to \infty.$$

Satz 6.6.1. *Ein positiv-definiter Operator eines unendlichdimensionalen* Hilbert-*Raumes besitze die Eigenschaft, daß eine beliebige, in der energetischen Metrik beschränkte Menge in der Metrik des Ausgangsraumes relativ kompakt ist. Dann ist das verallgemeinerte Spektrum dieses Operators diskret.*

Bemerkung. Die Voraussetzung des Satzes 6.6.1. kann auch noch so formuliert werden: *Der energetische Raum ist in den Ausgangsraum vollstetig eingebettet.*

Beweis. 1. Wir betrachten die Zahl

$$\lambda_1 = \inf |u|^2, \qquad u \in H_A, \qquad ||u|| = 1,$$

und konstruieren eine Minimalfolge $\{\omega_k\}$. Dies bedeutet folgendes:

$$\text{a) } \omega_k \in H_A; \qquad \text{b) } ||\omega_k|| = 1; \qquad \text{c) } \lim_{k \to \infty} |\omega_k|^2 = \lambda_1.$$

---

[1]) Wegen der Definition des Unterraumes $H_A^{(n)}$ siehe § 4.

Da jede konvergente Zahlenfolge beschränkt ist, existiert eine Konstante C derart, daß $|\omega_k| \leqq C$ ist. Letzteres bedeutet die Beschränktheit der Minimalfolge in der Metrik von H_A. Auf Grund der Bedingung des Satzes ist dann diese Folge relativ kompakt in der Metrik des Ausgangsraumes, und nach Satz 6.5.1 ist λ_1 der kleinste Eigenwert des Operators; das dazugehörige Eigenelement bezeichnen wir mit u_1.

2. Wir nehmen jetzt an, daß bereits die ersten n Eigenwerte

$$\lambda_1, \lambda_2, \dots, \lambda_n$$

und die dazugehörigen Eigenelemente

$$u_1, u_2, \dots, u_n$$

ermittelt seien. Wir setzen $\lambda_{n+1} = \inf |u|^2$, $u \in H_A^{(n)}$, $||u|| = 1$, und konstruieren eine Minimalfolge $\{\omega_k^{(n)}\}$ $(k = 1, 2, \dots)$. Dann gilt $|\omega_k^{(n)}|^2 \xrightarrow[k\to\infty]{} \lambda_{n+1}$, und folglich existiert eine Konstante C mit

$$|\omega_k^{(n)}| \leqq C .$$

Die Folge $\{\omega_k^{(n)}\}$ $(k = 1, 2, \dots)$ ist demnach relativ kompakt in der Metrik des Ausgangsraumes. Nach der an den Anfang dieses Paragraphen gestellten Bemerkung ist dann λ_{n+1} der $(n+1)$-te Eigenwert des Operators A, und es existiert ein zu diesem Wert gehöriges Eigenelement u_{n+1}.

Dieser Prozeß bricht ab, wenn sich ab einem gewissen n die Bedingungen $||u|| = 1$ und $u \in H_A^{(n)}$ widersprechen. Das wird eintreten, wenn der Raum $H_A^{(n)}$ nur aus dem Nullelement besteht; letzteres ist nur dann der Fall, wenn H_A ein endlichdimensionaler Raum ist. Da aber H_A in H dicht ist, ist H_A dann und nur dann endlichdimensional, wenn der Raum H endlichdimensional ist. Wir betrachten aber nur den Fall eines unendlichdimensionalen Raumes. Somit bricht dieser Prozeß nicht ab, und wir erhalten eine unendliche Folge von Eigenwerten

$$\lambda_1 \leqq \lambda_2 \leqq \dots \leqq \lambda_n \leqq \dots \tag{2}$$

sowie eine Folge dazugehöriger Eigenelemente

$$u_1, u_2, \dots, u_n, \dots, \tag{3}$$

welche in den Räumen H und H_A orthogonal und im Raum H normiert sind.

3. Wir beweisen jetzt, daß die Folge der Eigenwerte gegen Unendlich strebt. Wir nehmen das Gegenteil an: Die Folge $\{\lambda_n\}$ sei beschränkt,

$$\lambda_n \leqq K = \text{const} .$$

Dann gilt

$$|u| = \sqrt{\lambda_n} \leqq \sqrt{K} ;$$

die Folge der Eigenelemente ist beschränkt in H_A und somit relativ kompakt in der Metrik des Raumes H. Es ergibt sich also, daß eine in H orthogonale und normierte Folge in diesem Raum relativ kompakt ist. Das ist aber bekanntlich nicht möglich.

4. Wir beweisen jetzt die Vollständigkeit des Systems der Eigenelemente im Raum H_A. Wir nehmen das Gegenteil an und betrachten den Teilraum $H_A^{(\infty)}$ des Raumes H_A, der zu allen Eigenelementen u_n, $n = 1, 2, \dots$, orthogonal ist. Dieser Teilraum enthält von Null verschiedene und folglich auch normierte Elemente. Wir setzen

$$\lambda_\infty = \inf |u|^2 , \qquad u \in H_A^{(\infty)} , \qquad ||u|| = 1 .$$

Durch wortwörtliche Wiederholung der weiter oben angestellten Überlegungen erhalten wir, daß λ_∞ ein Eigenwert des gegebenen Operators ist.

Eine Gegenüberstellung der Zahlen λ_∞ und λ_n zeigt, daß diese die unteren Grenzen ein und derselben Größe $\frac{|u|_A^2}{||u||^2}$ auf den verschiedenen Mengen $H_A^{(\infty)}$ und $H_A^{(n)}$ darstellen. Da die erste Menge eine Teilmenge der zweiten ist, ist auf ihr das Infimum nicht kleiner als das Infimum auf der zweiten Menge. Dann gilt also $\lambda_\infty \geqq \lambda_n$, was aber unsinnig ist, da die Folge $\{\lambda_n\}$ nicht beschränkt ist. Aus dem sich ergebenden Widerspruch folgt die Vollständigkeit der Folge $\{u_n\}$ im Raum H_A.

5. Wir beweisen schließlich, daß die Folge der Eigenelemente auch im Raum H vollständig ist. Wir nehmen ein beliebiges $u \in H_A$. Da das System (3) im Raum H_A vollständig ist, existieren für beliebiges $\varepsilon > 0$ eine natürliche Zahl N sowie gewisse Zahlen $\alpha_1, \alpha_2, \dots, \alpha_N$ derart, daß

$$\left| u - \sum_{k=1}^{N} \alpha_k u_k \right|_A < \varepsilon$$

ist.

Auf Grund der Ungleichung (3.3) des Kap. 5 gilt dann aber

$$\left\| u - \sum_{k=1}^{N} \alpha_k u_k \right\| < \frac{\varepsilon}{\gamma}.$$

Somit kann ein beliebiges Element des energetischen Raumes durch eine Linearkombination der Elemente (3) in der Metrik des Ausgangsraumes approximiert werden.

Es sei jetzt $u \in H$. Da die Menge H_A dicht in H ist, gibt es für eine beliebige positive Zahl ε ein Element $u' \in H_A$ derart, daß

$$||u - u'|| < \frac{\varepsilon}{2}$$

ist. Jetzt wählen wir die Zahlen N und $\alpha_1, \dots, \alpha_N$ so, daß die Ungleichung

$$\left\| u' - \sum_{k=1}^{N} \alpha_k u_k \right\| < \frac{\varepsilon}{2}$$

erfüllt ist. Dann gilt auf Grund der Dreiecksungleichung

$$\left\| u - \sum_{k=1}^{N} \alpha_k u_k \right\| < \varepsilon .$$

Damit ist der Satz bewiesen.

§ 7. Die Entwicklung nach dem Eigenspektrum eines positiv-definiten Operators

Wir betrachten im Hilbert-Raum H einen positiv-definiten Operator A, der die Voraussetzungen des Satzes 6.6.1 erfüllt. Sein Spektrum ist somit diskret. Es seien λ_n (verallgemeinerte) Eigenwerte und u_n die dazugehörenden Eigenelemente des Operators A. Wir nehmen an, daß das System $\{u_n\}$ im Raum H orthonormiert ist. Dann ist das System $\{u_n/\sqrt{\lambda_n}\}$ im energetischen Raum H_A orthonormiert.

Weil das System $\{u_n\}$ in H vollständig ist, kann jedes Element $u \in H$ in eine Orthogonalreihe entwickelt werden, die in der Metrik des Raumes H konvergiert:

$$u = \sum_{n=1}^{\infty} (u, u_n)\, u_n\,. \tag{1}$$

Wenn $u \in H_A$ ist, so konvergiert die Reihe (1) auch in der energetischen Metrik gegen das Element u. In der Tat, nach dem in § 6 Bewiesenen ist das in dem Raum H_A orthonormierte System $\{u_n/\sqrt{\lambda_n}\}$ auch vollständig in diesem Raum. Somit kann das Element u in eine Reihe entwickelt werden, die in der Metrik von H_A konvergiert:

$$u = \sum_{n=1}^{\infty} \left[u, \frac{u_n}{\sqrt{\lambda_n}}\right] \frac{u_n}{\sqrt{\lambda_n}} = \sum_{n=1}^{\infty} \frac{[u, u_n]}{\lambda_n} u_n\,. \tag{2}$$

Weil nach Formel (3.2) $[u, u_n] = \lambda_n(u, u_n)$ gilt, sind die Reihen (1) und (2) identisch, und unsere Behauptung ist damit bewiesen.

Nach den Formeln (3.6), Kap. 5, und (3.2) gilt $(Au, u_n) = [u, u_n] = \lambda_n(u, u_n)$, und wir erhalten für einen positiv-definiten Operator mit diskretem Spektrum eine Darstellung mittels seiner Eigenwerte und Eigenelemente:

$$Au = \sum_{n=1}^{\infty} \lambda_n(u, u_n)\, u_n\,. \tag{3}$$

§ 8. Das Sturm-Liouvillesche Problem

Wir betrachten den Operator

$$Au = -\frac{\mathrm{d}}{\mathrm{d}x}\left(p(x)\frac{\mathrm{d}u}{\mathrm{d}x}\right) + q(x)\, u \tag{1}$$

auf der Menge $D(A)$ aller auf dem Segment $[a, b]$ stetigen Funktionen, welche eine absolut stetige erste sowie eine quadratisch summierbare zweite Ableitung besitzen und welche den Randbedingungen

$$u(a) = u(b) = 0 \tag{2}$$

genügen. An die Funktionen $p(x)$ und $q(x)$ stellen wir dieselben Bedingungen wie im § 8 des Kap. 6. Wir weisen noch darauf hin, daß der hier betrachtete Operator A in jenem Paragraphen mit $\tilde{A}$ bezeichnet wurde. Wir zeigen, daß der Operator A in $L_2(a, b)$ ein diskretes Spektrum besitzt. Wie wir wissen, ist dieser Operator positiv-definit. Im § 8 des Kap. 5 wurde gezeigt, daß die Räume H_A und $\mathring{W}_2^{(1)}(a, b)$ aus ein und denselben Elementen bestehen und die Normen in diesen Räumen äquivalent sind. Auf Grund des Satzes 4.3.1 ist in diesem Fall H_A vollstetig in $L_2(a, b)$ eingebettet.

Nach dem Satz 6.6.1 ist dann das Spektrum des Operators A diskret: Dieser Operator besitzt mithin eine unendliche Folge von Eigenwerten

$$0 < \lambda_1 \leqq \lambda_1 \leqq \cdots \leqq \lambda_n \leqq \cdots, \qquad \lambda_n \to \infty\,, \tag{3}$$

und dazugehörigen Eigenfunktionen

$$u_1(x), u_2(x), \ldots, u_n(x), \ldots, \tag{4}$$

bezüglich derer man annehmen darf, daß $||u|| = 1$ und $(u_k, u_m) = 0$ $(k \neq m)$ ist. Das System (4) ist dabei in jedem der Räume $L_2(a, b)$ und H_A vollständig. In der energetischen Metrik sind die Eigenfunktionen nach wie vor orthogonal: $[u_k, u_m] = 0$ $(k \neq m)$; sie sind dort jedoch nicht normiert, da $|u_n| = \sqrt{\lambda_n}$ ist.

Wir erinnern daran, daß das Aufsuchen des Spektrums des im vorliegenden Paragraphen betrachteten Operators A folgendem Problem gleichwertig ist: Gesucht sind die Werte des Parameters λ, für welche (verallgemeinerte) nicht triviale Lösungen der Gleichung

$$\frac{\mathrm{d}}{\mathrm{d}x}\left(p(x)\frac{\mathrm{d}u}{\mathrm{d}x}\right) - q(x)\,u + \lambda u = 0 \tag{5}$$

existieren, die den Randbedingungen (2) genügen.

Das System der Eigenfunktionen $\{u_n(x)\}$ des STURM-LIOUVILLEschen Problems ist in $L_2(a, b)$ vollständig, und jede Funktion $u \in L_2(a, b)$ gestattet eine Reihenentwicklung

$$u(x) = \sum_{n=1}^{\infty} c_n u_n(x)\,; \qquad c_n = (u, u_n)\,, \tag{6}$$

die in der Metrik des Raumes $L_2(a, b)$ konvergiert. Wir zeigen, daß die Reihe (6) auf dem Segment $[a, b]$ gleichmäßig konvergiert, wenn $u \in H_A$, d. h., wenn $u(x)$ auf dem genannten Segment absolut stetig ist, $u(a) = u(b) = 0$ gilt und die Ableitung u' zu $L_2(a, b)$ gehört. In der Tat, im § 7 wurde bewiesen, daß die Reihe (6) in der Metrik von H_A konvergiert: Für ein vorgegebenes $\varepsilon > 0$ kann man eine solche natürliche Zahl $N_0(\varepsilon)$ finden, daß

$$\left|\sum_{n=N+1}^{N+r} c_n u_n\right| < \varepsilon\,, \qquad N \geqq N_0(\varepsilon) \tag{7}$$

gilt. Nach der Ungleichung (8.9) des Kap. 5 ergibt sich

$$\int_a^b \left(\sum_{n=N+1}^{N+r} c_n u_n'(x)\right)^2 \mathrm{d}x < \frac{\varepsilon^2}{p_0}.$$

Ferner gilt $u_n(a) = 0$, und die CAUCHY-BUNJAKOWSKIsche Ungleichung liefert

$$\left|\sum_{n=N+1}^{N+r} c_n u_n(x)\right| = \left|\int_a^x \sum_{n=N+1}^{N+r} c_n u_n'(t)\,\mathrm{d}t\right| \leqq \sqrt{b-a}\left\{\int_a^b \left(\sum_{n=N+1}^{N+r} c_n u_n'(t)\right)^2 \mathrm{d}t\right\}^{1/2} < \varepsilon\sqrt{\frac{b-a}{p_0}}. \tag{8}$$

Diese Ungleichung zeigt, daß die Reihe (6) auf dem Segment $[a, b]$ gleichmäßig konvergiert.

Es läßt sich auch ein allgemeineres Problem formulieren. Wir betrachten die Gleichung

$$\frac{\mathrm{d}}{\mathrm{d}x}\left(p(x)\frac{\mathrm{d}u}{\mathrm{d}x}\right) - q(x)\,u + \lambda r(x)\,u = 0 \tag{9}$$

mit den Randbedingungen (2); an die Koeffizienten $p(x)$ und $q(x)$ stellen wir die früheren Bedingungen, bezüglich $r(x)$ nehmen wir an, daß $r \in C[a, b]$ und $r(x) \geqq r_0 = \text{const} > 0$ gilt. Die Untersuchung des Spektrums dieses Problems steht in Übereinstimmung mit der allgemeinen Konzeption des vorliegenden Kapitels.

Dividieren wir beide Seiten der Gleichung (8) durch $r(x)$, dann bringen wir diese auf die Gestalt

$$\frac{1}{r(x)}\left(\frac{\mathrm{d}}{\mathrm{d}x}\left(p(x)\frac{\mathrm{d}u}{\mathrm{d}x}\right) - q(x)\,u\right) + \lambda u = 0\,. \tag{9a}$$

Wir führen jetzt den Raum $L_2(r; a, b)$ derjenigen Funktionen ein, welche im Intervall (a, b) mit der Gewichtsfunktion $r(x)$ quadratisch summierbar sind; die Norm und das Skalarprodukt in diesem Raum werden durch die Formeln

$$||u||^2 = \int_a^b r(x)\, u^2(x)\, dx\,, \qquad (u, v) = \int_a^b r(x)\, u(x)\, v(x)\, dx \tag{10}$$

festgelegt. In diesem Raum betrachten wir den Operator B, der nach der Vorschrift

$$Bu = \frac{1}{r(x)}\left(-\frac{d}{dx}\left(p(x)\frac{du}{dx}\right) + q(x)\, u\right) \tag{11}$$

gebildet wird. Wir definieren diesen Operator auf derselben Funktionenmenge wie den weiter oben betrachteten Operator A; $D(B)$ ist also die Menge der auf dem Segment $[a, b]$ stetigen Funktionen, welche den Bedingungen (2) genügen und welche auf demselben Segment absolut stetige erste Ableitungen sowie quadratisch summierbare zweite Ableitungen besitzen.

Der Operator B ist positiv-definit im Raum $H = L_2(r; a, b)$. In der Tat, dieser Operator ist symmetrisch: Für $u, v \in D(B)$ gilt

$$(Bu, v) = \int_a^b u\left(-\frac{d}{dx}\left(p\frac{dv}{dx}\right) + qv\right)dx = \int_a^b \left(p\frac{du}{dx}\frac{dv}{dx} + quv\right)dx = (u, Bv)\,.$$

Daß er positiv-definit ist, beweisen wir nun wie folgt: Zunächst gilt

$$(Bu, u) = \int_a^b (pu'^2 + qu^2)\, dx \geqq p_0 \int_a^b u'^2\, dx\,. \tag{12}$$

Da die Funktion $u(x)$ in den Endpunkten des Segments $[a, b]$ verschwindet, so ist $u(a) = 0$ und

$$\sqrt{r(x)}\, u(x) = \sqrt{r(x)} \int_a^x u'(t)\, dt\,.$$

Als stetige Funktion auf einem Segment ist $r(x)$ beschränkt. Es sei $r(x) \leqq r_1$, dann ergibt sich

$$r(x)\, u^2(x) \leqq r_1 \left(\int_a^x u'(t)\, dt\right)^2 \leqq r_1(x - a) \int_a^x u'^2(t)\, dt \leqq r_1(b - a) \int_a^b u'^2(t)\, dt\,.$$

Durch Integration dieser Ungleichung nach x in den Grenzen von a bis b erhalten wir

$$\int_a^b u'^2(t)\, dt \geqq \frac{1}{r_1(b - a)^2} \int_a^b r(x)\, u^2(x)\, dx = \frac{1}{r_1(b - a)^2}\, ||u||^2\,.$$

Schließlich gilt

$$(Bu, u) \geqq \frac{p_0}{r_1(a - b)^2} \int_a^b r(x)\, u^2(x)\, dx = \frac{p_0}{r_1(b - a)^2}\, ||u||^2\,,$$

womit die positive Definitheit des Operators B bewiesen ist.

Wir zeigen schließlich, daß die Einbettung von H_B in $H = L_2(r; a, b)$ vollstetig ist. Man kann sich unschwer davon überzeugen, daß die Räume H_B und $\mathring{W}_2^{(1)}(a, b)$ aus ein und denselben Funktionen bestehen und die Normen in diesen Räumen äquivalent sind. Aus Formel (10) folgt ferner, daß ein derartiger Schluß auch für die Räume H und $L_2(a, b)$ richtig ist.

Sei die unendliche Menge $M \subset H_B$ in der Norm von H_B beschränkt:

$$\forall u \in M\,, \qquad |u|_B \leqq C = \text{const}\,. \tag{13}$$

Dann gilt auch

$$\forall u \in M\,, \qquad ||u||_{2,1} \leqq C'\,. \tag{14}$$

wobei C' eine gewisse neue Konstante ist. Die Einbettung von $\mathring{W}_2^{(1)}(a, b)$ in $L_2(a, b)$ ist vollstetig, deshalb kann man aus M eine Folge $\{u_n\}$ auswählen, die in $L_2(a, b)$ in sich konvergiert:

$$||u_n - u_m||_2 \xrightarrow[m,n\to\infty]{} 0\,.$$

Aus der Äquivalenz der Normen von H und $L_2(a, b)$ folgt

$$||u_n - u_m||_H \xrightarrow[m,n\to\infty]{} 0\,.$$

Somit kann aus jeder beliebigen unendlichen Menge, die in H_B beschränkt ist, eine Folge ausgewählt werden, die in H in sich konvergiert. Dies bedeutet, daß H_B in H vollstetig eingebettet ist. Nach dem Satz 6.6.1 besitzt der Operator B ein diskretes Spektrum oder, anders ausgedrückt, es existiert eine abzählbare Menge von Zahlen $\lambda_n > 0$, $\lambda_n \xrightarrow[n\to\infty]{} \infty$, für die das Problem (9'), (2) nicht triviale Lösungen besitzt, und die Menge dieser Lösungen ist vollständig sowohl in $L_2(r; a, b)$, als auch in H_B. Bezeichnet man diese Lösungen nach wie vor mit $u_n(x)$, dann sind diese orthonormiert in $L_2(r; a, b)$ und orthogonal in H_B:

$$\int_a^b r(x)\, u_n(x)\, u_m(x)\, \mathrm{d}x = \delta_{mn}\,,$$

$$\int_a^b \bigl(p(x)\, u_n'(x)\, u_m'(x) + q(x)\, u_m(x)\, u_n(x)\bigr)\, \mathrm{d}x = 0\,, \qquad m \neq n\,.$$

Außerdem gilt

$$\int_a^b \bigl(p(x)\, u_n'^2(x) + q(x)\, u_n^2(x)\bigr)\, \mathrm{d}x = \lambda_n\,.$$

Die Zahlen λ_n sind sämtlich einfache Eigenwerte. Letzteres folgt daraus, daß die Differentialgleichung (9) von zweiter Ordnung ist. Wenn nämlich zu dem Eigenwert λ_n zwei linear unabhängige Eigenfunktionen $u_n(x)$ und $u_m(x)$ gehören, dann ist zunächst $u_n'(0) \neq 0$ — anderenfalls wäre die Funktion $u_n(x)$, welche nicht identisch gleich Null ist, eine Lösung des CAUCHY-Problems für die homogene Gleichung

$$\frac{\mathrm{d}}{\mathrm{d}x}\left(p\,\frac{\mathrm{d}u}{\mathrm{d}x}\right) - qu + \lambda_n r u = 0 \tag{15}$$

mit den homogenen Anfangsbedingungen

$$u_n(0) = u_n'(0) = 0\,,$$

was aber dem Unitätssatz für das CAUCHY-Problem widerspricht. Analog ergibt sich, daß $u_m'(0) \neq 0$ ist. Dann ist aber die Funktion

$$u(x) = \frac{u_n(x)}{u_n'(0)} - \frac{u_m(x)}{u_m'(0)}\,,$$

welche nicht identisch gleich Null ist, eine Lösung desselben homogenen CAUCHY-Problems, was ebenfalls nicht sein kann.

§ 9. Einige Elementarfälle

Bei der eigentlichen Bestimmung der Eigenwerte und Eigenfunktionen eines Operators auf der Grundlage der Sätze der §§ 4—6 stößt man auf große technische Schwierigkeiten. Deshalb sind jene Spezialfälle, wo sich das Spektrum des Operators mit elementaren Mitteln auffinden läßt, von besonderem Interesse. Drei solcher Fälle werden nachstehend behandelt; siehe auch § 3 des Kap. 20.

1. Wir betrachten den einfachsten Spezialfall für den Operator A aus § 8, wenn $p(x) \equiv 1$ und $q(x) \equiv 0$ ist. Das Problem besteht dann in der Bestimmung derjenigen Werte λ, für die die Differentialgleichung

$$\frac{d^2u}{dx^2} + \lambda u = 0 \tag{1}$$

eine nicht triviale Lösung besitzt, welche den Bedingungen

$$u(a) = u(b) = 0 \tag{2}$$

genügt. Das allgemeine Integral der Gleichung (1) läßt sich in folgender Form angeben:

$$u(x) = C \sin \sqrt{\lambda}\,(x - a) + C_1 \cos \sqrt{\lambda}\,(x - a)\,.$$

Die Bedingung $u(a) = 0$ ergibt $C_1 = 0$ und $u(x) = C \sin \sqrt{\lambda}\,(x - a)$. Aus der Bedingung $u(b) = 0$ erhalten wir $C \sin \sqrt{\lambda}\,(b - a) = 0$. Dabei ist notwendigerweise $C \neq 0$; anderenfalls ergibt sich die triviale Lösung $u = 0$. Folglich ist $\sin \sqrt{\lambda}\,(b - a) = 0$. Hieraus erhalten wir die Eigenwerte

$$\lambda_n = \frac{n^2\pi^2}{(b - a)^2}\,, \qquad n = 1, 2, \ldots\,, \tag{3}$$

und die Eigenfunktionen

$$u_n(x) = C_n \sin \frac{n\pi(x - a)}{b - a}\,. \tag{4}$$

Die Konstante C_n bestimmen wir aus der Normierungsbedingung

$$||u_n||^2 = C_n^2 \int\limits_a^b \sin^2 n\pi \frac{x - a}{b - a} dx = 1\,,$$

womit sich

$$C_n = \sqrt{\frac{2}{b - a}}$$

und

$$u_n(x) = \sqrt{\frac{2}{b - a}} \sin \frac{n\pi(x - a)}{b - a} \tag{4a}$$

ergibt.

2. Wir bestimmen die nicht trivialen Lösungen der Gleichung (1) mit den Randbedingungen

$$u'(a) = u'(b) = 0\,. \tag{5}$$

Für das allgemeine Integral ergibt sich wiederum

$$u(x) = C \sin \sqrt{\lambda}\,(x - a) + C_1 \cos \sqrt{\lambda}\,(x - a)\,.$$

Aus der Bedingung $u'(a) = 0$ folgt $C = 0$, und aus der Bedingung $u'(b) = 0$ finden wir $\cos \sqrt{\lambda}\,(b-a) = 0$. Daraus erhalten wir die Eigenwerte

$$\lambda_n = \frac{n^2\pi^2}{(b-a)^2}, \qquad n = 0, 1, 2, \ldots, \tag{6}$$

sowie die normierten Eigenfunktionen

$$u_n(x) = \sqrt{\frac{2}{b-a}} \cos \frac{n\pi(x-a)}{b-a}, \qquad n = 0, 1, 2, \ldots. \tag{7}$$

Die Formeln (6) und (7) liefern die Eigenwerte und Eigenfunktionen des Operators $-\mathrm{d}^2/\mathrm{d}x^2$ für die Randbedingungen (5). Dieser Operator ist nicht positiv. Damit ist auch die Tatsache verknüpft, daß der kleinste Eigenwert dieses Operators nicht positiv, sondern gleich Null ist. Jedoch ist der Operator $-\mathrm{d}^2/\mathrm{d}x^2 + I$ bei denselben Bedingungen (5) schon positiv-definit; seine Eigenfunktionen werden wie früher durch die Formel (7) bestimmt, und die dazugehörenden Eigenwerte sind gleich $\frac{n^2\pi^2}{(b-a)^2} + 1$.

3. In einer Anzahl von Problemen der mathematischen Physik spielen die Eigenwerte und Eigenfunktionen des Differentialoperators

$$Bu = \frac{-1}{x}\left(\frac{\mathrm{d}}{\mathrm{d}x}\left(x\frac{\mathrm{d}u}{\mathrm{d}x}\right) - \frac{\nu^2}{x}u\right), \qquad \nu^2 = \mathrm{const} \geqq 0, \qquad 0 < x < 1, \tag{8}$$

eine wichtige Rolle. Wir werden diesen Operator als Operator im Raum $H = L_2(x; 0, 1)$ der Funktionen betrachten, die mit dem Gewicht x auf dem Intervall $(0, 1)$ im Quadrat summierbar sind. Das Definitionsgebiet des Operators B geben wir wie folgt vor: Wenn $u \in D(B)$ ist, so sind die Funktionen $u(x)$ und $u'(x)$ auf jedem beliebigen Segment der Gestalt $[\varepsilon, 1]$, $0 < \varepsilon < 1$, absolut stetig; das Produkt $\sqrt{x}\,u'(x)$ ist auf dem Segment $[0, 1]$ stetig und verschwindet für $x = 0$; $Bu \in H$ und schließlich

$$u(1) = 0. \tag{9}$$

In diesem Punkt werden durch die Symbole $(\ ,\ )$ und $\|\ \|$ entsprechend das Skalarprodukt und die Norm in H bezeichnet.

Wir beweisen, daß B ein positiv-definiter Operator in H ist. Mit $\sqrt{x}\,D(B)$ bezeichnen wir die Menge der Funktionen von der Gestalt $v(x) = \sqrt{x}\,u(x)$ mit $u(x) \in D(B)$. Offenbar gilt $\sqrt{x}\,D(B) \subset L_2(0, 1)$; mehr noch, $\sqrt{x}\,D(B)$ enthält die Menge aller auf dem Segment $[0, 1]$ finiten Funktionen und ist deshalb dicht in $L_2(0, 1)$.

Sei $\bar{u}(x)$ eine beliebige Funktion aus H. Dann gilt $\bar{v}(x) = \sqrt{x}\,\bar{u}(x) \in L_2(0, 1)$, und man kann eine solche Funktion $u_0 \in D(B)$ finden, für die $\|\sqrt{x}\,\bar{u}(x) - \sqrt{x}\,u_0(x)\|_2 < \varepsilon$ gilt, wobei ε eine beliebig vorgegebene positive Zahl ist. Nun gilt aber

$$\|\sqrt{x}\,\bar{u} - \sqrt{x}\,u_0\|_2^2 = \int_0^1 x(\bar{u}^2(x) - u_0^2(x))\,\mathrm{d}x = \|\bar{u} - u_0\|^2,$$

d. h. $\|\bar{u} - u_0\| < \varepsilon$, und die Menge $D(B)$ ist dicht in H.

Wir betrachten das bilineare Funktional (Bu, v) $(u, v \in D(B))$:

$$(Bu, v) = -\int_0^1 v\left(\frac{\mathrm{d}}{\mathrm{d}x}\left(x\frac{\mathrm{d}u}{\mathrm{d}x}\right) - \frac{\nu^2 u}{x}\right)\mathrm{d}x = \int_0^1 \left(x\frac{\mathrm{d}u}{\mathrm{d}x}\frac{\mathrm{d}v}{\mathrm{d}x} + \frac{\nu^2 uv}{x}\right)\mathrm{d}x. \tag{10}$$

Die rechte Seite der Beziehung (10) erweist sich somit als symmetrisch bezüglich u und v. Deshalb ist $(Bu, v) = (u, Bv)$, und der auf einer dichten Menge definierte Operator B ist symmetrisch.

Aus Formel (10) erhalten wir

$$(Bu, u) = \int_0^1 \left(xu'^2(x) + \frac{\nu^2 u^2(x)}{x} \right) dx \geqq \int_0^1 xu'^2(x)\, dx = ||u'||^2 . \tag{11}$$

Die Bedingung (10) liefert die Formel

$$u(x) = - \int_x^1 u'(t)\, dt , \tag{12}$$

aus der folgt

$$xu^2(x) \leqq x(1-x) \int_x^1 (u'(t))^2\, dt \leqq x \int_x^1 (u'(t))^2\, dt \leqq \int_x^1 t(u'(t))^2\, dt \leqq \int_0^1 t(u'(t))^2\, dt = ||u'||^2 .$$

Indem wir bezüglich x in den Grenzen von Null bis Eins integrieren, erhalten wir $||u||^2 \leqq ||u'||^2$. Nunmehr folgt aus der Ungleichung (11) die Beziehung $(Bu, u) < ||u||_0^2$; damit ist gezeigt, daß der Operator B in H positiv-definit ist.

Das entsprechende energetische Produkt und die energetische Norm sind wie folgt definiert:

$$[u, v]_B = \int_0^1 \left(xu'(x)\, v'(x) + \frac{\nu^2}{x}\, u(x)\, v(x) \right) dx , \tag{13}$$

$$|u|_B^2 = \int_0^1 \left(xu'^2(x) + \frac{\nu^2}{x}\, u^2(x) \right) dx ; \tag{14}$$

man kann unschwer zeigen, daß der energetische Raum H_B aus Funktionen besteht, die auf einem beliebigen Segment der Gestalt $[\varepsilon, 1]$, $0 < \varepsilon < 1$, absolut stetig sind, der Randbedingung (9) genügen und für die das Integral (14) endliche Werte annimmt.

Wir zeigen nunmehr, daß der Operator B ein diskretes Spektrum besitzt. Die Beziehung (12) schreiben wir in der Gestalt

$$v(x) = \int_0^1 K(x, t)\, w(t)\, dt , \tag{15}$$

wobei die Beziehungen

$$\left. \begin{aligned} v(x) &= \sqrt{x}\, u(x),\ w(t) = \sqrt{t}\, u'(t) , \\ K(x, t) &= \begin{cases} 0, & 0 \leqq t < x , \\ -\sqrt{x/t}, & x \leqq t \leqq 1 , \end{cases} \end{aligned} \right\} \tag{16}$$

eingeführt werden.

Der Kern $K(x, t)$ ist beschränkt: $|K(x, t)| \leqq 1$. Dieser Kern ist folglich FREDHOLMsch. Der Operator (15) ist somit in $L_2(0, 1)$ vollstetig und überführt jede in $L_2(0, 1)$ beschränkte Menge in eine Menge, die in diesem Raum relativ kompakt ist.

Es sei eine gewisse Menge $\mathfrak{M}$ in H_B beschränkt: $||u|| \leqq C$, $\forall u \in \mathfrak{M}$. Aus (14) und (10) folgt $||w||_2 \leqq C$. Die entsprechende Menge $\{v(x)\}$ von Funktionen ist relativ kompakt in $L_2(0, 1)$: Aus dieser Menge kann eine Folge $\{v_n(x)\} = \{\sqrt{x}\, u_n(x)\}$ ausgewählt werden, die in $L_2(0, 1)$ konvergiert. Daraus folgt

$$0 = \lim_{n, m \to \infty} \|v_n - v_m\|_2^2 = \lim_{n, m \to \infty} \int_0^1 x\big(u_n(x) - u_m(x)\big)^2 \, dx = \lim_{n, m \to \infty} \|u_n - u_m\|^2 .$$

Somit kann aus der in H_B beschränkten Menge $\mathfrak{M}$ eine Folge ausgewählt werden, die in H konvergiert. Nach Satz 6.6.1 hat der Operator B ein diskretes Spektrum. Die Bestimmung der Eigenwerte und der Eigenfunktionen des Operators B wird auf die Integration der Gleichung

$$\frac{1}{x}\left(\frac{\mathrm{d}}{\mathrm{d}x}\left(x\frac{\mathrm{d}u}{\mathrm{d}x}\right) - \frac{\nu^2}{x} u\right) + \lambda u = 0 \tag{17}$$

bei den Bedingungen $u \not\equiv 0$, $u \in H_B$ zurückgeführt. Letzteres bedeutet im besonderen, daß $u(x)$ der Bedingung (9) genügt und für diese Funktion das Integral (14) einen endlichen Wert annimmt. Indem wir die Substitution $\xi = \sqrt{\lambda}\, x$ vornehmen, überführen wir die Gleichung (17) in eine BESSELsche Differentialgleichung:

$$\frac{\mathrm{d}^2 u}{\mathrm{d}\xi^2} + \frac{1}{\xi}\frac{\mathrm{d}u}{\mathrm{d}\xi} + \left(1 - \frac{\nu^2}{\xi^2}\right) u = 0 ;$$

das allgemeine Integral der Gleichung (17) hat die Gestalt[1])

$$u = C J_\nu(\sqrt{\lambda}\, x) + C_1 Y_\nu(\sqrt{\lambda}\, x) ,$$

wobei J_ν und Y_ν entsprechend die BESSEL-Funktionen erster und zweiter Art mit dem Index ν sind. Die Forderung, daß das Integral (14) konvergiert, liefert $C_1 = 0$. Nunmehr gilt $u = C J_\nu(x)$, $C \neq 0$. Die Bedingung (9) ergibt $J_\nu(\sqrt{\lambda}) = 0$. Somit ist

$$\lambda = \lambda_n = j_{\nu,n}^2 ; \qquad n = 1, 2, \dots , \tag{18}$$

wobei $j_{\nu,n}$ die n-te positive Wurzel der BESSEL-Funktion $J_\nu(x)$ ist; die dazugehörige Eigenfunktion ist $u_n(x) = C J_\nu(j_{\nu,n} x)$. Wenn man C aus der Bedingung $\|u_n\| = 1$ bestimmt, so ergibt sich

$$u_n(x) = \frac{\sqrt{2}}{J_{\nu+1}(j_{\nu,n})} J_\nu(j_{\nu,n} x) ; \qquad n = 1, 2, \dots . \tag{19}$$

§ 10. Das Mini-Max-Prinzip

Es sei A ein positiv-definiter Operator, der die Bedingung des Satzes 6.6.1 erfüllt: Eine beliebige, in der energetischen Metrik beschränkte Menge ist relativ kompakt in der Metrik des Ausgangsraumes. Dann ist das Spektrum dieses Operators diskret; λ_n seien die Eigenwerte und u_n die dazugehörigen, im Ausgangsraum orthonormierten Eigenelemente des Operators A. Wir stellen folgendes Problem: Gesucht ist das Minimum des Funktionals

$$\Phi_A(u) = |u|_A^2 \tag{1}$$

[1]) Die hier im Zusammenhang mit den BESSEL-Funktionen benutzten Bezeichnungen sind dieselben wie im Buch [3].

auf der Menge derjenigen Elemente des energetischen Raumes H_A, welche den zusätzlichen Bedingungen

$$||u||^2 = 1 \tag{2}$$

und

$$(u, v_1) = 0\,, \qquad (u, v_2) = 0\,, \;\ldots, \;(u, v_{k-1}) = 0\,, \tag{3}$$

wobei $v_1, v_2, \ldots, v_{k-1}$ feste Elemente des Ausgangsraumes H sind, genügen. Die soeben beschriebene Menge von Elementen betrachten wir als Definitionsgebiet des Funktionals Φ_A und bezeichnen sie mit $D(\Phi_A)$. Wir beweisen jetzt, daß auf der Menge $D(\Phi_A)$ das Minimum des Funktionals Φ_A angenommen wird. Zunächst bemerken wir, daß die Funktionale (u, v_j) in H_A beschränkt sind:

$$|(u, v_j)| \leqq ||u|| \cdot ||v_j|| = \frac{||v_j||}{\gamma_0} |u|_A\,.$$

Wir bezeichnen mit $\mathfrak{H}_k$ die Menge derjenigen Elemente des Raumes H_A, welche die Bedingungen (3) erfüllen. Diese Menge ist offenbar linear. Sie ist auch abgeschlossen in H_A: Wenn gilt $u_n \in \mathfrak{H}_k$, $|u_n - u|_A \underset{n\to\infty}{\longrightarrow} 0$ und $(u_n, v_j) = 0$, dann ist auf Grund der Beschränktheit der Funktionale (3) im Raum H_A $(u, v_j) = 0$. Folglich ist $\mathfrak{H}_k$ ein Teilraum des Raumes H_A.

Unser Variationsproblem läßt sich jetzt wie folgt formulieren: Gesucht ist das Minimum des Funktionals (1) auf der Menge derjenigen Elemente des Teilraumes $\mathfrak{H}_k$, welche der zusätzlichen Bedingung (2) genügen. Jetzt genügt es, die Überlegungen des Satzes 6.6.1 zu wiederholen, um sich davon zu überzeugen, daß in $\mathfrak{H}_k$ ein Element w mit $||w|| = 1$ existiert, welches das Minimum unseres Funktionals realisiert. Dieses Minimum bezeichnen wir mit $\lambda(v_1, v_2, \ldots, v_{k-1})$.

Das Mini-Max-Prinzip besteht nun in der Gleichung

$$\max \lambda(v_1, v_2, \ldots, v_{k-1}) = \lambda_k\,; \tag{4}$$

das Maximum wird dabei über alle möglichen $(k - 1)$-Tupel $(v_1, v_2, \ldots, v_{k-1})$ von Elementen des Ausgangsraumes H gebildet. Der Beweis des Mini-Max-Prinzips besteht in dem Nachweis der folgenden zwei Behauptungen:
1. $\lambda(v_1, v_2, \ldots, v_{k-1}) \leqq \lambda_k$ und 2. es existieren Elemente $v_j^{(0)} \in H$ derart, daß $\lambda(v_1^{(0)}, v_2^{(0)}, \ldots, v_{k-1}^{(0)}) = \lambda_k$ ist. Wir beweisen jetzt diese Behauptungen.

Es sei u ein beliebiges Element des energetischen Raumes H_A. Das System $\{u_n\}$ ist orthonormiert und vollständig im Raum H; wir entwickeln nach diesem System die Elemente u und v_j:

$$u = \sum_{n=1}^{\infty} a_n u_n\,, \qquad v_j = \sum_{n=1}^{\infty} b_{jn} u_n\,, \qquad j = 1, 2, \ldots, k\,. \tag{5}$$

Das System $\{u_n\}$ ist auch orthogonal und vollständig in H_A; dabei gilt $|u_n|_A^2 = \lambda_n$. Dann ist aber das System $\{u_n/\sqrt{\lambda_n}\}$ in H_A orthonormiert und vollständig; die Entwicklung des Elementes $u \in H_A$ nach diesem System hat offenbar die Gestalt

$$u = \sum_{n=1}^{\infty} \sqrt{\lambda_n}\, a_n \frac{u_n}{\sqrt{\lambda_n}}\,. \tag{6}$$

Auf Grund der Abgeschlossenheitsrelation gilt

$$|u|_A^2 = \sum_{n=1}^{\infty} \lambda_n a_n^2\,. \tag{7}$$

Wir nehmen jetzt als u die endliche Summe

$$\bar{u} = \sum_{n=1}^{k} a_n u_n , \tag{8}$$

wobei die Zahlen a_n beliebig sind. Verlangen wir, daß das Element (8) die Bedingungen (3) erfüllt, dann erhalten wir ein System von $k - 1$ linearen homogenen Gleichungen in den k Unbekannten $a_1, a_2, \ldots, a_k$:

$$\sum_{n=1}^{k} b_{jn} a_n = 0 , \qquad j = 1, 2, \ldots, k - 1 . \tag{9}$$

Da die Anzahl der Gleichungen kleiner als die Anzahl der Unbekannten ist, besitzt das System (9) eine unendliche Lösungsmenge. Wenigstens eine dieser Lösungen läßt sich derart wählen, daß

$$||\bar{u}||^2 = \sum_{n=1}^{k} a_k^2 = 1$$

ist. Dann ist $\bar{u} \in D(\Phi_A)$, und nach Formel (7) gilt dabei

$$|\bar{u}|_A^2 = \sum_{n=1}^{k} \lambda_n a_n^2 .$$

Ersetzt man hierbei alle λ_n durch die größte Zahl λ_k, so erhält man

$$|\bar{u}|_A^2 \leqq \lambda_k \sum_{n=1}^{k} a_n^2 = \lambda_k .$$

Da aber $\bar{u}$ ein Element der Menge $D_A(\Phi)$ ist, gilt um so mehr

$$\lambda(v_1, v_2, \ldots, v_{k-1}) = \min_{u \in D(\Phi_A)} \Phi_A(u) \leqq \lambda_k .$$

Setzt man nun

$$v_j^0 = u_j , \qquad j = 1, 2, \ldots, k ,$$

dann wird in der letzten Ungleichung das Gleichheitszeichen angenommen. Die Gültigkeit des Mini-Max-Prinzips ist damit bewiesen.

Aus dem Mini-Max-Prinzip ergibt sich ein wichtiger Satz, der in vielen Fällen einen Vergleich der Eigenwerte zweier Operatoren zuläßt. Bevor wir diesen Satz formulieren, führen wir noch einen neuen Begriff ein.

Es seien A und B positiv-definite Operatoren in ein und demselben Hilbert-Raum H. Wir sagen, der *Operator A* sei *nicht kleiner als der Operator B* und schreiben dafür $A \geqq B$ oder $B \leqq A$, wenn 1. ein beliebiges Element des Raumes H_A auch zum Raum H_B gehört und 2. für ein beliebiges Element $u \in H_A$ die Ungleichung

$$|u|_A \geqq |u|_B \tag{10}$$

gilt.

Satz 6.10.1. *Es seien A und B positiv-definite Operatoren, welche der Bedingung des Satzes* 6.6.1 *sowie der Bedingung $A \geqq B$ genügen. Wenn λ_k und μ_k die nach ihrer Größe geordneten Eigenwerte der Operatoren A und B sind, dann gilt*

$$\lambda_k \geqq \mu_k , \qquad k = 1, 2, \ldots . \tag{11}$$

Beweis. Wir bezeichnen mit $\lambda(v_1, v_2, \ldots, v_{k-1})$ und $\mu(v_1, v_2, \ldots, v_{k-1})$ die Minima der Funktionale $|u|_A^2$ und $|u|_B^2$ mit den Bedingungen (2) und (3). Mit $\tilde{u}$ bezeichnen wir das Element, auf dem das erste Minimum angenommen wird. Auf Grund der Ungleichung (10) ergibt sich

$$\lambda(v_1, v_2, \dots, v_{k-1}) = |\tilde{u}|_A^2 \geqq |\tilde{u}|_B^2 \geqq \min |u|_B^2 = \mu(v_1, v_2, \dots, v_{k-1}),$$

dann gilt aber

$$\max \lambda(v_1, v_2, \dots, v_{k-1}) \geqq \max \mu(v_1, v_2, \dots, v_{k-1}),$$

was mit der Ungleichung (11) identisch ist.

§ 11. Über das Wachstum der Eigenwerte beim Sturm-Liouvilleschen Problem

Wir bezeichnen mit λ_n die Eigenwerte des Operators A aus dem Sturm-Liouvilleschen Problem

$$Au = -\frac{\mathrm{d}}{\mathrm{d}x}\left(p\frac{\mathrm{d}u}{\mathrm{d}x}\right) + pu, \qquad u(a) = u(b) = 0. \tag{1}$$

An die Koeffizienten $p(x)$ und $q(x)$ stellen wir dieselben Bedingungen wie oben: $p(x)$, $p'(x)$, $q(x)$ sind stetig, $p(x) \geqq p_0$ und $q(x) \geqq 0$ auf dem Segment $[a, b]$. Wie wir im § 8 des Kap. 5 gesehen haben, ist die Menge derjenigen Funktionen, welche den energetischen Raum des Operators (1) bilden, von den Koeffizienten $p(x)$ und $q(x)$ unabhängig, und es gilt

$$|u|_A^2 = \int_a^b \left(p(x)\left(\frac{\mathrm{d}u}{\mathrm{d}x}\right)^2 + q(x)\, u^2\right)\mathrm{d}x. \tag{2}$$

Als stetige Funktionen auf einem Segment sind $p(x)$ und $q(x)$ beschränkt:

$$p(x) \leqq p_1, \qquad q(x) \leqq q_1, \qquad x \in [a, b].$$

Wir setzen

$$A_0 u = -p_0 \frac{\mathrm{d}^2 u}{\mathrm{d}x^2}, \qquad u(a) = u(b) = 0,$$

$$A_1 u = -p_1 \frac{\mathrm{d}^2 u}{\mathrm{d}x^2} + q_1 u, \qquad u(a) = u(b) = 0.$$

Die Operatoren A_0 und A_1 stellen gewisse Spezialfälle des Operators A dar, die man erhält, indem man $p(x) \equiv p_0$, $q(x) \equiv 0$ bzw. $p(x) \equiv p_1$, $q(x) \equiv q_1$ festlegt.

Aus Formel (2) ergibt sich

$$|u|_{A_0}^2 = p_0 \int_a^b \left(\frac{\mathrm{d}u}{\mathrm{d}x}\right)^2 \mathrm{d}x, \qquad |u|_{A_1}^2 = p_1 \int_a^b \left(\frac{\mathrm{d}u}{\mathrm{d}x}\right)^2 \mathrm{d}x + q_1 \int_a^b u^2\, \mathrm{d}x.$$

Offenbar gilt

$$|u|_{A_0}^2 \leqq |u|_A^2 \leqq |u|_{A_1}^2$$

und somit

$$A_0 \leqq A \leqq A_1.$$

Wenn μ_k und ν_k die Eigenwerte der Operatoren A_0 bzw. A_1 sind, dann ist nach dem Satz 6.10.1

$$\mu_k \leqq \lambda_k \leqq \nu_k, \qquad k = 1, 2, \dots. \tag{3}$$

Die Zahlen μ_k und ν_k lassen sich leicht bestimmen.

Die Zahlen μ_k sind die Eigenwerte des Problems

$$p_0 \frac{d^2u}{dx^2} + \mu u = 0 , \qquad u(a) = u(b) = 0 .$$

Setzen wir hierbei $\frac{\mu}{p_0} = \lambda$, so gelangen wir zu der im § 9, Abschnitt 1, behandelten Aufgabe. Folglich ist

$$\mu_k = \frac{p_0 \pi^2 k^2}{(b - a)^2} . \tag{4}$$

Ebenso sind die Zahlen ν_k die Eigenwerte des Problems

$$p_1 \frac{d^2u}{dx^2} + (\nu - q_1)\, u = 0 , \qquad u(a) = u(b) = 0 ,$$

und ein Vergleich mit den Ergebnissen des § 8 ergibt

$$\nu_k = \frac{p_1 \pi^2 k^2}{(b - a)^2} + q_1 . \tag{5}$$

Die Beziehungen (3)—(5) liefern die folgende Ungleichung, welche die Wachstumsordnung der Eigenwerte beim STURM-LIOUVILLEschen Problem festlegt:

$$\frac{p_0 \pi^2 k^2}{(b - a)^2} \leqq \lambda_k \leqq \frac{p_1 \pi^2 k^2}{(b - a)^2} + q_1 . \tag{6}$$

KAPITEL 7

GLEICHUNGEN IN BANACH-RÄUMEN UND EINDIMENSIONALE SINGULÄRE INTEGRALGLEICHUNGEN

§ 1. Einige Grundbegriffe

1. Sei A ein linearer abgeschlossener Operator, der vom BANACH-Raum B_0 in den BANACH-Raum B_1 wirkt. Wir setzen wie gewöhnlich voraus, daß das Definitionsgebiet $D(A)$ dicht in B_0 ist. Man sagt, daß der Operator A *linksseitig regularisierbar* ist, wenn ein beschränkter Operator R_s von B_1 in B_0 existiert, so daß[1])

$$R_s A = I_0 + T_0 \tag{1}$$

gilt, wobei I_0 der identische und T_0 ein vollstetiger Operator im Raum B_0 sind. Der Operator R_s heißt *linker Regularisator* des Operators A. Analog dazu ist ein Operator A *rechtsseitig regularisierbar*, wenn ein beschränkter Operator R_d von B_1 in B_0 existiert (*rechter Regularisator* des Operators A), so daß

$$A R_d = I_1 + T_1 \tag{2}$$

gilt, wobei I_1 der identische und T_1 ein vollstetiger Operator im Raum B_1 sind. Ein Operator A wird schließlich *beidseitig regularisierbar* genannt, wenn er gleichzeitig rechtsseitig und linksseitig regularisierbar ist.

Wir vermerken nunmehr einige einfache Folgerungen aus den hier gegebenen Definitionen.

a) Wenn der Operator A linksseitig (rechtsseitig) regularisierbar ist, so ist der adjungierte Operator A^* rechtsseitig (linksseitig) regularisierbar. In der Tat, aus der Beziehung (1) folgt zum Beispiel, daß $A^* R_s^* = I_0^* + T_0^*$ ist (I_0^* ist der identische Operator in dem zu B_0 adjungierten Raum B_0^*). Dies bedeutet, daß R_s^* rechter Regularisator des Operators A^* ist.

b) Wenn beide Operatoren R_s und R_d existieren, so ist ihre Differenz vollstetig. Wenn wir nämlich die Beziehung (1) von rechts mit R_d und die Beziehung (2) von links mit R_s multiplizieren und die Ergebnisse voneinander abziehen, erhalten wir $R_d - R_s = R_s T_1 - T_0 R_d$. Weil bekanntlich das Produkt zweier Operatoren, von denen einer beschränkt und der andere vollstetig ist, wieder vollstetig ist, stellt die rechte Seite der letzteren Beziehung einen vollstetigen Operator dar.

c) Wenn A ein beschränkter Operator ist und für ihn ein linker Regularisator R_s existiert, so ist $R_s + T$ für jeden vollstetigen Operator T ebenfalls ein linker Regularisator des Operators A. Die analoge Behauptung gilt auch für den rechten Regularisator. Hieraus folgt im besonderen, daß für jeden beidseitig regularisierbaren Operator $R_s = R_d$ angenommen werden kann.

2. Wir erinnern nun an einige aus der Funktionalanalysis bekannte Begriffe. Sei A ein linearer und abgeschlossener Operator, der von B_0 in B_1 wirkt. Die Lösungen der

[1]) Im gesamten Kapitel wird mit dem Buchstaben T — versehen mit Indizes oder ohne — ein vollstetiger Operator bezeichnet.

Gleichung $Au = 0$ werden Lösungen der homogenen Gleichung genannt; die Menge dieser Lösungen bildet einen Teilraum, der *Kern* des Operators A genannt und mit dem Symbol Ker A bezeichnet wird. Die Dimension des Kerns des Operators A werden wir mit $\alpha(A)$ bezeichnen. Wenn — wie wir immer voraussetzen — das Gebiet $D(A)$ dicht in B_0 ist, so existiert der abgeschlossene adjungierte Operator A^*. Wenn wenigstens eine der Zahlen $\alpha(A)$, $\alpha(A^*)$ endlich ist, so wird ihre Differenz *Index* des Operators A genannt und mit Ind A bezeichnet:

$$\text{Ind}\, A = \alpha(A) - \alpha(A^*) . \tag{3}$$

Offenbar ist Ind A dann und nur dann endlich, wenn beide Dimensionen $\alpha(A)$ und $\alpha(A^*)$ endlich sind.

Dafür, daß die Gleichung

$$Au = f , \qquad f \in B_1 \tag{4}$$

wenigstens eine Lösung besitzt, ist notwendig, daß das freie Glied f zu Ker A^* orthogonal ist (anders ausgedrückt, daß das Element f durch jedes Funktional $v \in$ Ker A^* annulliert wird). Wenn nämlich die Gleichung (4) eine Lösung u besitzt und $v \in$ Ker A^* gilt, so ist

$$(f, v) = (Au, v) = (u, A^*v) = (u, 0) = 0 ;$$

mit den runden Klammern wurde hier der Wert des Funktionals auf dem entsprechenden Element bezeichnet.

Wenn die oben erwähnte Orthogonalitätsbedingung hinreichend für die Lösbarkeit der Gleichung (4) ist, wird der Operator A *normal auflösbar* genannt. Der folgende Satz von HAUSDORFF ist wohlbekannt: *Ein Operator ist genau dann normal auflösbar, wenn sein Wertebereich abgeschlossen ist.*

3. Die wichtigsten Ergebnisse der FREDHOLMschen Theorie (genauer, der RIESZ-SCHAUDERschen Theorie) kann man in den Termini des Punktes 2 wie folgt formulieren: Wenn I der identische und T ein vollstetiger Operator ist und beide in einem BANACH-Raum wirken, so ist der Operator $I + T$ normal auflösbar und Ind $(I + T) = 0$.

§ 2. Die NOETHERschen Sätze

Satz 7.2.1. *Wenn ein Operator beidseitig regularisierbar ist, so ist sein Index endlich.*

Beweis. Seien A der gegebene Operator und R_s sowie R_d seine Regularisatoren. Jede Lösung der Gleichung $Au = 0$ genügt auch der Gleichung $R_sAu = 0$. Deshalb gilt $\alpha(A) \leqq \alpha(R_sA)$. Nun gilt aber $\alpha(R_sA) = \alpha(I_0 + T_0) < \infty$, d. h. erst recht $\alpha(A) < \infty$. Wir haben somit bewiesen: *Wenn ein Operator linksseitig regularisierbar ist, so ist die Dimension seines Kernes endlich.*

Der Operator A^* ist ebenfalls linksseitig regularisierbar. Sein linker Regularisator ist R_d^*. Deshalb gilt $\alpha(A^*) < \infty$, und die Größe Ind $A = \alpha(A) - \alpha(A^*)$ ist somit endlich.

Satz 7.2.2. *Ein linksseitig regularisierbarer Operator ist normal auflösbar.*

Beweis. Auf Grund des Satzes von HAUSDORFF genügt es zu zeigen, daß der Wertebereich des gegebenen Operators abgeschlossen ist.

a) Sei A der gegebene Operator und $f \in R(A)$. Dann existiert wenigstens ein Element $u_0 \in D(A)$, das der Gleichung $Au_0 = f$ genügt. Der Kern $\operatorname{Ker} A$ ist, wie im Beweis des Satzes 7.2.1 ermittelt wurde, endlichdimensional. Sei n seine Dimension, $n = \alpha(A)$, und sei $u_1, u_2, \dots, u_n$ irgendeine seiner Basen. Die allgemeine Lösung der Gleichung $Au = f$ hat dann die Gestalt

$$u = u_0 + \sum_{k=1}^{n} c_k u_k \,, \tag{1}$$

wobei c_k beliebige Konstanten sind.

b) Wir zeigen, daß es unter den Elementen (1) wenigstens ein Element $\tilde{u}$ mit kleinster Norm gibt:

$$\|\tilde{u}\| = \inf u_0 + \left\| \sum_{k=1}^{n} \right\| c_k u_k \,; \tag{2}$$

das Infimum erstreckt sich hierbei über alle Zahlentupel $(c_1, c_2, \dots, c_n)$. Zunächst zeigen wir, daß aus $c^2 = \sum_{k=1}^{n} c_k^2 \to \infty$ auch $\|u\| \to \infty$ folgt. Wir nehmen das Gegenteil an. Dann existiert eine solche Folge

$$u^{(m)} = u_0 + \sum_{k=1}^{n} c_k^{(m)} u_k \,; \qquad m = 1, 2, \dots,$$

daß $\|u^{(m)}\| \leqq a = \text{const}$ und $c^{(m)} = \left(\sum_{k=1}^{n} (c_k^{(m)})^2 \right)^{1/2} \xrightarrow[m \to \infty]{} \infty$ gilt. Daraus ergibt sich

$$\left\| \sum_{k=1}^{n} \gamma_k^{(m)} u_k \right\| \xrightarrow[m \to \infty]{} 0 \,, \qquad \gamma_k^{(m)} = \frac{c_k^{(m)}}{c^{(m)}} \,. \tag{3}$$

Die Größen $\gamma_k^{(m)}$ sind in ihrer Gesamtheit beschränkt: $|\gamma_k^{(m)}| \leqq 1$. Nach dem Satz von Bolzano-Weierstrass kann man für jedes k, $1 \leqq k \leqq n$, eine konvergente Teilfolge $\{\gamma_k^{(mj)}\}$ auswählen. Sei γ_k ihr Grenzwert. Wenn wir in (3) m durch mj ersetzen und zum Grenzwert übergehen, erhalten wir $\sum_{k=1}^{n} \gamma_k u_k = 0$ und, weil die Elemente der Basis linear unabhängig sind, $\gamma_1 = \gamma_2 = \dots = \gamma_n = 0$. Dies widerspricht der Beziehung

$$\sum_{k=1}^{n} \gamma_k^2 = \lim_{j \to \infty} \sum_{k=1}^{n} (\gamma_k^{(mj)})^2 = 1 \,,$$

und unsere Behauptung ist somit bewiesen.

Wir bezeichnen mit δ die rechte Seite der Formel (2) und wählen eine Zahl c_0 derart, daß für $c > c_0$ die Beziehung $\|u\| > 2\delta$ erfüllt wird. In der n-dimensionalen Kugel $\sum_{k=1}^{n} c_k^2 = c_0^2$ ist die Größe $\|u\|$ eine stetige Funktion der Veränderlichen $c_1, c_2, \dots, c_n$ und nimmt somit in wenigstens einem Punkt dieser Kugel ihr Infimum δ an. Die Behauptung des Punktes b) ist bewiesen.

c) Wir zeigen nunmehr, daß der Quotient $\|\tilde{u}\|/\|f\|$ beschränkt ist:

$$\forall f \in R(A) \,, \qquad \|\tilde{u}\| \leqq C\|f\| \,; \qquad C = \text{const} \,. \tag{4}$$

Wir nehmen das Gegenteil an. Dann existiert eine Folge $\{\tilde{u}^{(j)}\}$ mit der Eigenschaft, daß $\|\tilde{u}^{(j)}\| = 1$ und $\|f^{(j)}\| = \|A\tilde{u}^{(j)}\| \to 0$ gelten. Sei R_s ein linker Regularisator des Operators A. Dann ist

$$R_s f^{(j)} = R_s A \tilde{u}^{(j)} = \tilde{u}^{(j)} - T_0 \tilde{u}^{(j)} \,. \tag{5}$$

Aus der beschränkten Folge $\{\tilde{u}^{(j)}\}$ kann man eine Teilfolge $\{\tilde{u}^{(jm)}\}$ so auswählen, daß der Grenzwert $\lim\limits_{m\to\infty} T\tilde{u}^{(jm)}$ existiert; diesen Grenzwert bezeichnen wir mit $-u^{(0)}$. Gleichzeitig gilt $R_s f^{(jm)} \underset{m\to\infty}{\longrightarrow} 0$, weil der Operator R_s beschränkt ist. Aus der Beziehung (5) folgt nunmehr $\tilde{u}^{(jm)} \underset{m\to\infty}{\longrightarrow} u^{(0)}$. Die Beziehung $A\tilde{u}^{(jm)} = f^{(jm)} \underset{m\to\infty}{\longrightarrow} 0$ liefert zusammen mit der Abgeschlossenheit des Operators A folgendes: $u^{(0)} \in D(A)$ und $Au^{(0)} = 0$.

Daraus ergibt sich $A(\tilde{u}^{(j)} - u^{(0)}) = f^{(j)}$. Unter allen Lösungen der Gleichung $Au = f^{(j)}$ hat die Lösung $\tilde{u}^{(j)}$ die kleinste Norm. Deshalb gilt $\|\tilde{u}^{(j)} - u^{(0)}\| \geqq \|\tilde{u}^{(j)}\| = 1$. Letzteres widerspricht der Beziehung $\tilde{u}^{(jm)} \underset{m\to\infty}{\longrightarrow} u^{(0)}$. Die Ungleichung (4) ist bewiesen.

d) Es gelte $f \in \overline{R(A)}$. Dann existiert eine Folge $\{f_j\}$ mit $f_j \in R(A)$ und $f_j \underset{j\to\infty}{\longrightarrow} f$. Dem Element f_j ordnen wir ein Element $\tilde{u}_j$ mit kleinster Norm zu, das der Gleichung $A\tilde{u}_j = f_j$ genügt. Daraus folgt $R_s A\tilde{u}_j = \tilde{u}_j + T_0\tilde{u}_j = R_s f_j$. Auf Grund der Ungleichung (4) und der Beziehung $f_j \to f$ sind die Normen der Elemente $\tilde{u}_j$ in ihrer Gesamtheit beschränkt. Man kann deshalb eine Teilfolge $\{\tilde{u}_{jm}\}$ mit der Eigenschaft auswählen, daß der Grenzwert $\lim\limits_{m\to\infty} T_0\tilde{u}_{jm}$ existiert. Der Regularisator R_s ist beschränkt; deshalb gilt $R_s f_{jm} \underset{m\to\infty}{\longrightarrow} R_s f$. Somit existiert folglich der Grenzwert

$$u = \lim_{m\to\infty} \tilde{u}_{jm} = R_s f - \lim_{m\to\infty} T_0\tilde{u}_{jm}\,.$$

Aus $\tilde{u}_{jm} \to u$, $A\tilde{u}_{jm} \to f$ und der Abgeschlossenheit des Operators A ergibt sich $u \in D(A)$ und $Au = f$. Mithin gilt $f \in R(A)$, und der Wertebereich $R(A)$ ist abgeschlossen. Der Satz ist bewiesen.

Bemerkung. Die Sätze dieses Paragraphen sowie der später folgende Satz 7.3.2. wurden zuerst von F. Noether im Jahre 1921 für den Fall eindimensionaler singulärer Integralgleichungen bewiesen.

§ 3. Sätze über die Stabilität des Index

In diesem Paragraphen werden nur beschränkte Operatoren betrachtet, die auf dem gesamten Raum definiert sind.

Satz 7.3.1. (F. Atkinson). *Wenn A und B beschränkte normal auflösbare Operatoren mit endlichen Indizes sind, so gilt*

$$\operatorname{Ind}(BA) = \operatorname{Ind}(AB) = \operatorname{Ind} A + \operatorname{Ind} B\,. \tag{1}$$

Beweis. Die Basen der Kerne der Operatoren A, A^*, B, B^* seien entsprechend

$$\varphi_1, \varphi_2, \dots, \varphi_n\,; \qquad \psi_1, \psi_2, \dots, \psi_{n^*}\,;$$

$$\lambda_1, \lambda_2, \dots, \lambda_m\,; \qquad \omega_1, \omega_2, \dots, \omega_{m^*}\,.$$

Aus diesen Bezeichnungen ist ersichtlich, daß

$$\alpha(A) = n\,, \qquad \alpha(A^*) = n^*\,, \qquad \alpha(B) = m\,, \qquad \alpha(B^*) = m^*\,.$$

Wir berechnen nunmehr die Zahl $\alpha(BA)$. Wenn ein Element u der Gleichung $BAu = 0$ genügt, ist

$$Au = \sum_{k=1}^{m} c_k\lambda_k\,, \qquad c_k = \text{const.} \tag{2}$$

Der Operator A ist normal auflösbar; deshalb ist für die Lösbarkeit der Gleichung (2) notwendig und hinreichend, daß

$$\sum_{k=1}^{m} c_k(\lambda_k, \psi_j) = 0 \; ; \qquad j = 1, 2, \ldots, n^* . \tag{3}$$

Sei s der Rang der Matrix, die aus den Zahlen (λ_k, ψ_j), $k = 1, 2, \ldots, m$; $j = 1, 2, \ldots, n^*$ gebildet wird. Die allgemeine Lösung des Systems (3) hängt von $m - s$ beliebigen Konstanten ab. Deshalb besitzt die Gleichung (2) $n + m - s$ linear unabhängige Lösungen: $\alpha(BA) = n + m - s$. Wenn wir berücksichtigen, daß der Rang der aus den Zahlen (ψ_j, λ_k), $j = 1, 2, \ldots, n^*$; $k = 1, 2, \ldots, m$, gebildeten Matrix ebenfalls gleich s ist, können wir uns auf diesem Weg auch davon überzeugen, daß $\alpha((BA)^*) = \alpha(A^*B^*) = n^* + m^* - s$ gilt. Daraus folgt

$$\text{Ind}\,(BA) = n + m - n^* - m^* = \text{Ind}\,A + \text{Ind}\,B.$$

Satz 7.3.2. *Wenn ein beschränkter Operator A beidseitig regularisierbar ist und T ein beliebiger vollstetiger Operator ist, so gilt*

$$\text{Ind}\,(A + T) = \text{Ind}\,A . \tag{4}$$

Beweis. Sei R gleichzeitig linker und rechter Regularisator für A (vgl. § 1, Pkt. 1, c)). Die Beziehungen $RA = I_0 + T_0$, $AR = I_1 + T_1$ bedeuten, daß der Operator R ebenfalls beidseitig regularisierbar ist. Nach Satz 7.2.1 ist Ind $R < \infty$, und nach Satz 7.2.2 sind beide Operatoren A und R normal auflösbar. Nunmehr ergibt sich nach dem Satz von ATKINSON Ind (RA) = Ind R + Ind A. Weil Ind (RA) = = Ind $(I_0 + T_0) = 0$ gilt, ist folglich

$$\text{Ind}\,A = -\,\text{Ind}\,R . \tag{5}$$

Der Operator R ist auch beidseitiger Regularisator für die Summe $A + T$ (Folgerung c), Abschnitt 1 in § 1). Für diese Summe hat die Beziehung (5) Gültigkeit: Ind $(A + T) = -$ Ind R. Daraus folgt Ind $(A + T)$ = Ind A, was zu beweisen war.

Satz 7.3.3. *Es mögen die Operatoren A und R das Gleiche bedeuten wie im Satz* 7.3.2 *und sei C ein von B_0 in B_1 wirkender Operator mit $\|C\| \leqq \|R\|^{-1}$. Dann ist der Operator $A + C$ beidseitig regularisierbar, und es gilt*

$$\text{Ind}\,(A + C) = \text{Ind}\,A . \tag{6}$$

Beweis. Auf Grund eines bekannten Satzes von BANACH ist der Operator $(I_0 + RC)^{-1}$ auf dem gesamten Raum B_0 definiert und beschränkt; außerdem gilt offensichtlich $\alpha((I_0 + RC)^{-1}) = 0$. Das eben Gesagte behält auch für den adjungierten Operator $[(I_0 + RC)^*]^{-1} = (I_0^* + C^*R^*)^{-1}$ infolge der Beziehung $\|C^*R^*\| \leqq \leqq \|C\| \cdot \|R\| < 1$ seine Gültigkeit. Nunmehr ist klar, daß der Operator $(I_0 + RC)^{-1}$ normal auflösbar und sein Index gleich Null ist. Weiterhin gilt

$$(I_0 + RC)^{-1}\, R(A + C) = (I_0 + RC)^{-1}\, (I_0 + RC + T_0) = I_0 + (I_0 + RC)^{-1}\, T_0 \,.$$

Diese Beziehung zeigt, daß der Operator $A + C$ linksseitig regularisierbar ist; Regularisator ist das Produkt $(I_0 + RC)^{-1} R$.

Analog dazu ist aus der Beziehung

$$(A + C)\, R(I_1 + CR)^{-1} = (I_1 + CR + T_1)\, (I_1 + CR)^{-1} = I_1 + T_1(I_1 + CR)^{-1}$$

ersichtlich, daß die Summe $A + C$ rechtsseitig regularisierbar ist. Wenn wir nunmehr die Formel (5) und den Satz von Atkinson anwenden, erhalten wir

$$\operatorname{Ind}(A + C) = -\operatorname{Ind}(I_0 + RC)^{-1} R = -\operatorname{Ind}(I_0 + RC)^{-1} - \operatorname{Ind} R = \\ = -\operatorname{Ind} R = \operatorname{Ind} A .$$

Der Satz ist bewiesen.

Bemerkung. Die Sätze 7.3.2 und 7.3.3 werden gewöhnlich wie folgt formuliert: Der Index eines beidseitig regularisierbaren Operators ist bezüglich jeder beliebigen vollstetigen Störung des gegebenen Operators, wie auch bezüglich jeder Störung, die der Norm nach hinreichend klein ist, stabil.

Es seien A_0 und A_1 zwei beschränkte Operatoren, die beide von B_0 in B_1 wirken. Wir nennen diese Operatoren *homotop*, wenn eine Operator-Funktion $A(t)$, $t \in [0, 1]$, mit folgenden Eigenschaften angegeben werden kann:

(i) Die Funktion $A(t)$ ist auf dem Segment $[0, 1)$ bezüglich der Norm gleichmäßig stetig: Für jedes gegebene $\varepsilon > 0$ existiert eine Zahl $\delta = \delta(\varepsilon) > 0$ derart, daß für $|t' - t''| < \delta$ gilt $\|A(t') - A(t'')\| < \varepsilon$.

(ii) $A(0) = A_0$, $A(1) = A_1$.

(iii) Für beliebiges $t \in [0, 1]$ ist der Operator $A(t)$ beidseitig regularisierbar.

(iv) Es sei $R(t)$ ein beidseitiger Regularisator des Operators $A(t)$. Es existiert eine Konstante M mit $\|R(t)\| \leqq M$, $\forall t \in [0, 1]$.

Satz 7.3.4. *Homotope Operatoren haben gleiche Indizes.*

Beweis. Wir fixieren den Punkt $t \in [0, 1]$, setzen $\varepsilon = 1/2\,M$ und finden die entsprechende Zahl δ. Weiterhin setzen wir $A = A(t)$, $R = R(t)$, $C = A(t') - A(t)$, wobei t' der Bedingung $|t' - t| < \delta$ genügt. Dann sind alle Voraussetzungen des Satzes 7.3.3 erfüllt; hieraus folgt $\operatorname{Ind} A(t') = \operatorname{Ind} A(t)$. Somit ist jeder Punkt des Segmentes $[0, 1]$ in einem Intervall enthalten, auf dem die Größe $\operatorname{Ind} A(t)$ konstant ist. Nach dem Heine-Borelschen Überdeckungssatz kann man das Segment $[0, 1]$ durch eine endliche Anzahl solcher Intervalle überdecken. Es seien dies die Intervalle $I_1, I_2, \ldots, I_{k-1}, I_k$, wobei die Numerierung so vorgenommen worden ist, daß $0 \in I_1$, $1 \in I_k$ und der Durchschnitt $I_j \cap I_{j+1}$, $1 \leqq j \leqq k - 1$, nicht leer ist. Wenn wir $t \in I_j \cap I_{j+1}$ wählen, so können wir uns davon überzeugen, daß auf beiden Intervallen I_j und I_{j+1} der Index des Operators $A(t)$ ein und denselben Wert annimmt. Daraus folgt $\operatorname{Ind} A(t) = \text{const}$ und im besonderen $\operatorname{Ind} A(1) = \operatorname{Ind} A(0)$. Der Satz ist bewiesen.

§ 4. Das Symbol

Sei $\mathfrak{R}$ ein Ring von Operatoren, die von B_0 in B_1 wirken, und $\mathfrak{r}$ ein Ring von Funktionen (skalarer oder Matrixfunktionen), die von einem variablen Punkt eines gewissen endlichdimensionalen Raumes abhängen. Wir nehmen an, daß zwischen den Elementen der Ringe $\mathfrak{R}$ und $\mathfrak{r}$ eine homomorphe Beziehung besteht, so daß jedem Operator $A \in \mathfrak{R}$ eine und nur eine Funktion $\Phi_A(\tau) \in \mathfrak{r}$ entspricht und jeder Funktion aus $\mathfrak{r}$ wenigstens ein Operator aus $\mathfrak{R}$ entspricht. Ferner soll gelten, daß der Summe oder dem Produkt von Operatoren die Summe oder das Produkt von Funktionen zugeordnet ist:

$$\Phi_{A+B}(\tau) = \Phi_A(\tau) + \Phi_B(\tau)\,; \qquad \Phi_{AB}(\tau) = \Phi_A(\tau)\,\Phi_B(\tau)\,.$$

Die Funktion $\Phi_A(\tau)$ werden wir *Symbol* des Operators A nennen.

Die Funktion, die identisch Null ist, stellt selbst einen Ring dar. Deshalb könnte man jedem Operator aus dem Ring $\mathfrak{R}$ das Symbol zuordnen, das gleich Null ist. Um eine derartige Möglichkeit auszuschließen, verlangen wir im weiteren, daß *im Ring* $\mathfrak{R}$ *ein Operator existiert, dessen Symbol nirgends verschwindet.*

Wenn der Ring $\mathfrak{R}$ den identischen Operator enthält (dafür ist die Beziehung $B_1 \equiv B_0$ notwendig), so ist die letztere Forderung der folgenden äquivalent: Das Symbol des identischen Operators ist die Funktion, die identisch Eins ist (bzw. die der Einheitsmatrix gleich ist, falls $\mathfrak{r}$ ein Ring von Matrizen ist).

In der Tat, die erste Voraussetzung folgt aus der zweiten. Sei umgekehrt $A_0 \in \mathfrak{R}$ und $\Phi_{A_0}(\tau)$ verschwinde nirgends. Dann ist $\Phi_{A_0}(\tau) = \Phi_{A_0 \cdot I}(\tau) = \Phi_{A_0}(\tau) \cdot \Phi_I(\tau)$ und somit $\Phi_I(\tau) \equiv 1$.

Beispiel 1. Sei $\mathfrak{R}$ der Ring der gewöhnlichen linearen Differentialoperatoren mit konstanten Koeffizienten. Als $\mathfrak{r}$ kann man den Ring der Polynome nehmen, die von der Hilfsveränderlichen k abhängen. Als Symbol des Differentialoperators

$$Au = a_0 \frac{\mathrm{d}^n u}{\mathrm{d}x^n} + a_1 \frac{\mathrm{d}^{n-1} u}{\mathrm{d}x^{n-1}} + \dots + a_{n-1} \frac{\mathrm{d}u}{\mathrm{d}x} + a_n u \tag{1}$$

kann man sein charakteristisches Polynom wählen:

$$\Phi_A(k) = a_0 k^n + a_1 k^{n-1} + \dots + a_{n-1}\, k + a_n\,. \tag{2}$$

Beispiel 2. Sei $\mathfrak{R}$ der Ring der Operatoren, die im Raume $L_p(G)$ durch die Formel

$$(Au)\,(x) = a(x)\,u(x) + (Tu)\,(x) \tag{3}$$

erklärt sind. Hierbei ist G eine meßbare Menge im euklidischen Raum E_m, $a(x)$ eine meßbare und beschränkte Funktion, die fast überall in G definiert ist, und T ein im Raum $L_p(G)$ vollstetiger Operator. Als $\mathfrak{r}$ kann man den Ring der Funktionen wählen, die fast überall in G erklärt, beschränkt und meßbar sind; das Symbol des Operators (3) kann man durch die Formel

$$\tau = x\,, \qquad \Phi_A(\tau) = \Phi_A(x) = a(x) \tag{4}$$

erklären.

Wir weisen darauf hin, daß bei dieser Definition das Symbol eines beliebigen vollstetigen Operators identisch Null ist.

Beispiel 3. Sei $L_p(G)$ der Raum der Vektorfunktionen mit n Komponenten, die in G zur p-ten Potenz summierbar sind. Sei $\mathfrak{R}$ der wie früher durch die Beziehung (3) definierte Ring von Operatoren, allerdings mit dem Unterschied, daß $u(x)$ eine Vektorfunktion mit n Komponenten ist, $a(x)$ und T quadratische Matrizen der Ordnung n sind. Das Symbol des Operators (3) kann man auch in diesem Fall durch die Formel (4) erklären; in diesem Fall ist $\mathfrak{r}$ ein Ring von Matrix-Funktionen der Ordnung n, deren Elemente fast überall in G erklärt, meßbar und beschränkt sind.

Ausführlicher betrachten wir den Spezialfall, der durch die folgenden zusätzlichen Voraussetzungen gegeben ist.

1. $B_1 \equiv B_0$, und die Operatoren des Ringes $\mathfrak{R}$ sind beschränkt. Der Ring $\mathfrak{R}$ enthält den identischen Operator sowie alle in B_0 wirkenden vollstetigen Operatoren.
2. Die Funktionen des Ringes $\mathfrak{r}$ sind auf einer kompakten Menge erklärt und auf dieser Menge stetig.
3. Wenn das Symbol $\Phi(\tau) \in \mathfrak{r}$ eine Matrix-Funktion ist, die für beliebiges τ nicht singulär ist (in diesem Falle werden wir sagen, daß das Symbol nicht ausartet; im skalaren Fall bedeutet dies, daß die Funktion $\Phi(\tau)$ für kein τ verschwindet), so gilt $[\Phi(\tau)]^{-1} \in \mathfrak{r}$.
4. Das Symbol eines Operators ist dann und nur dann identisch Null, wenn dieser Operator vollstetig ist.

Satz 7.4.1. *Unter den Voraussetzungen 1.–4. ist ein Operator $A \in \mathfrak{R}$ durch einen Operator dieses Ringes dann und nur dann beidseitig regularisierbar, wenn das Symbol des Operators nicht ausartet.*

Beweis. Hinlänglichkeit. Das Symbol $\Phi_A(\tau)$ arte nicht aus. Nach Voraussetzung 3. gilt $[\Phi_A(\tau)]^{-1} \in \mathfrak{r}$. Sei $R \in \mathfrak{R}$ irgendein Operator mit dem Symbol $\Phi_R(\tau) = [\Phi_A(\tau)]^{-1}$. Dann ist $\Phi_{RA}(\tau) = \Phi_{AR}(\tau) = 1$ und somit $\Phi_{RA-I}(\tau) = \Phi_{AR-I}(\tau) = 0$. Auf Grund der Voraussetzung 4. sind die Differenzen $RA - I$ und $AR - I$ vollstetig, und R ist ein beidseitiger Regularisator für A.

Notwendigkeit. Wenn $R \in \mathfrak{R}$ ein beidseitiger Regularisator für den Operator $A \in \mathfrak{R}$ ist, so gilt z. B. $RA = I + T_0$, wobei T_0 vollstetig ist. In diesem Fall ist

$$\Phi_R(\tau)\,\Phi_A(\tau) = \Phi_{RA}(\tau) = \Phi_I(\tau) + \Phi_{T_0}(\tau) = 1\,.$$

Weil die Funktionen $\Phi_R(\tau)$ und $\Phi_A(\tau)$ auf einem Kompaktum stetig sind, artet somit das Symbol $\Phi_A(\tau)$ notwendigerweise nicht aus.

§ 5. Das CAUCHYsche singuläre Integral

1. In der komplexen Ebene betrachten wir eine doppeltpunktfreie geschlossene Kurve; eine solche Kurve kann auch nicht zusammenhängend sein. Sei t ein beliebiger Punkt auf Γ. Um den Punkt t beschreiben wir einen Kreis mit dem Radius ε; sei Γ_ε der Teil von Γ, der außerhalb dieses Kreises liegt. Wenn der Grenzwert

$$\lim_{\varepsilon \to 0} \frac{1}{\pi i} \int\limits_{\Gamma_\varepsilon} \frac{u(\zeta)}{\zeta - t}\, d\zeta$$

existiert, wobei $u(\zeta)$ eine gewisse auf Γ definierte Funktion ist, so wird dieser Grenzwert CAUCHY*sches singuläres Integral* genannt und durch das übliche Integralzeichen gekennzeichnet:

$$\frac{1}{\pi i} \int\limits_{\Gamma} \frac{u(\zeta)}{\zeta - t}\, d\zeta = \frac{1}{\pi i} \lim_{\varepsilon \to 0} \int\limits_{\Gamma_\varepsilon} \frac{u(\zeta)}{\zeta - t}\, d\zeta\,. \tag{1}$$

Man kann leicht eine einfache hinreichende Bedingung für die Existenz des singulären Integrals (1) angeben: sie besteht darin, daß $u \in \mathrm{Lip}_\alpha(\Gamma)$, $0 < \alpha \leqq 1$. In der Tat, es gilt

$$\int\limits_{\Gamma_\varepsilon} \frac{u(\zeta)}{\zeta - t}\, d\zeta = \int\limits_{\Gamma_\varepsilon} \frac{u(\zeta) - u(t)}{\zeta - t}\, d\zeta + u(t) \int\limits_{\Gamma_\varepsilon} \frac{d\zeta}{\zeta - t}\,.$$

Das erste Integral rechts konvergiert offenbar gegen das Integral

$$\int_{\Gamma} \frac{u(\zeta) - u(t)}{\zeta - t} \, d\zeta \,;$$

das zweite Integral kann elementar berechnet werden:

$$\int_{\Gamma_\varepsilon} \frac{d\zeta}{\zeta - t} = \ln(\zeta - t)\Big|_{\Gamma_\varepsilon} = \ln\left|\frac{\zeta_2 - t}{\zeta_1 - t}\right| + i \arg(\zeta - t)\Big|_{\Gamma_\varepsilon}.$$

Hier bedeuten ζ_1 und ζ_2 den Anfang und das Ende der Kurve Γ_ε. Das Zeichen $|_{\Gamma_\varepsilon}$ weist darauf hin, daß der Zuwachs der Größe genommen wird, die unter diesem Zeichen steht, wenn die Kurve Γ_ε durchlaufen wird. Es gilt $|\zeta_1 - t| = |\zeta_2 - t| = \varepsilon$.

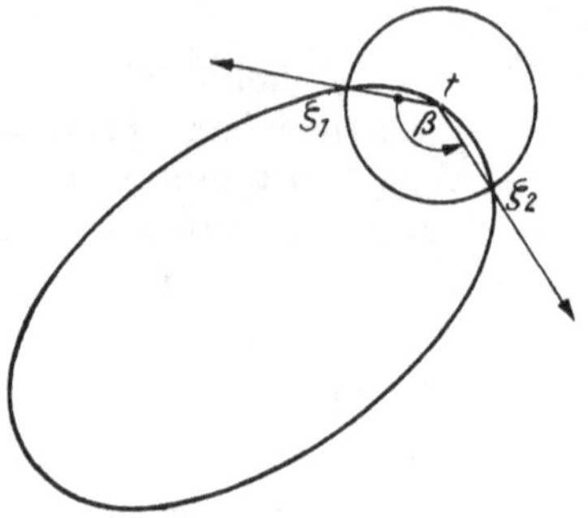

Abb. 9

Deshalb gilt $\ln|(\zeta_2 - t)/(\zeta_1 - t)| = 0$. Wenn wir ferner voraussetzen, daß die Kurve entgegen dem Uhrzeigersinn durchlaufen wird, kann man leicht sehen (s. Abb. 9, wo der Fall einer zusammenhängenden Kurve abgebildet ist), daß $\lim\limits_{\varepsilon\to 0} \arg(\zeta - t)|_{\Gamma_\varepsilon} = \lim\limits_{\varepsilon\to 0} \beta = \pi$.

Nunmehr ist klar, daß das singuläre Integral der speziellen Gestalt

$$\int_{\Gamma} \frac{d\zeta}{\zeta - t} = \lim_{\varepsilon\to 0} \int_{\Gamma_\varepsilon} \frac{d\zeta}{\zeta - t} = \pi i \tag{2}$$

existiert. Deshalb existiert folglich auch das allgemeinere singuläre Integral

$$\frac{1}{\pi i} \int_{\Gamma} \frac{u(\zeta)}{\zeta - t} \, d\zeta = \lim_{\varepsilon\to 0} \frac{1}{\pi i} \int_{\Gamma_\varepsilon} \frac{u(\zeta)}{\zeta - t} \, d\zeta = \frac{1}{\pi i} \int_{\Gamma} \frac{u(\zeta) - u(t)}{\zeta - t} \, d\zeta + u(t)\,. \tag{3}$$

Wenn somit $u \in \mathrm{Lip}_\alpha(\Gamma)$ gilt, so existiert der Grenzwert (1) für beliebiges $t \in \Gamma$ und stellt eine auf Γ erklärte Funktion dar. Das CAUCHYsche singuläre Integral kann man folglich als einen Operator ansehen, der die Funktion $u \in \mathrm{Lip}_\alpha(\Gamma)$ in die neue Funktion

$$v(t) = \frac{1}{\pi i} \int_{\Gamma} \frac{u(\zeta)}{\zeta - t} \, d\zeta$$

überführt. Dieser Operator wird CAUCHY*scher singulärer Operator* genannt und gewöhnlich mit S bezeichnet; somit kann $v(t) = (Su)(t)$ geschrieben werden. Den

CAUCHYschen singulären Operator kann man auch in anderen Funktionalräumen betrachten (s. zum Beispiel unten, § 6.).

Bemerkung. Es gilt der folgende von I. I. PRIWALOW bewiesene Satz: Wenn $u \in L_1(\Gamma)$, so existiert das singuläre Integral (1) fast überall auf Γ.

2. Von I. I. PRIWALOW wurde der folgende für das Weitere wichtige Satz bewiesen: *Wenn* $u \in \mathrm{Lip}_\alpha(\Gamma)$ *und* $0 < \alpha < 1$, *so ist* $Su \in \mathrm{Lip}_\alpha(\Gamma)$. Wir werden diesen Satz hier nicht beweisen, weil er sich einfach aus einem allgemeineren Satz von GIRAUD ergibt, der später, im § 3 des Kap. 8, bewiesen wird.

Der Bestimmtheit halber nehmen wir an, daß die Kurve Γ der Rand eines beschränkten Gebietes ist, welches wir mit D_i bezeichnen; die Ergänzung zu $\overline{D_i}$ bezeichnen wir mit D_e.

3. Wir betrachten das Integral vom CAUCHYschen Typ

$$\frac{1}{2\pi i}\int_\Gamma \frac{u(\zeta)}{\zeta - z}\,d\zeta\,. \tag{4}$$

Es ist im Gebiet D_i sowie in jedem der Gebiete, in die die offene Menge D_e zerfällt, holomorph. Wir bezeichnen das Integral (4) mit $F_i(z)$ bzw. mit $F_e(z)$, wenn entsprechend $z \in D_i$ oder $z \in D_e$ gilt. Wenn $t \in \Gamma$, so bezeichnen wir mit $F_i(t)$ und $F_e(t)$ die Grenzwerte (falls sie existieren) der Funktionen $F_i(z)$ und $F_e(z)$, wenn z auf zu Γ nichttangentialem Wege gegen t konvergiert.

Satz 7.5.1. *Wenn* $u \in \mathrm{Lip}\,\alpha(\Gamma)$ *mit* $\alpha > 0$ *gilt, so existieren für beliebiges* $t \in \Gamma$ *die Grenzwerte* $F_i(t)$ *und* $F_e(t)$, *und es gelten die Formeln von* SOCHOZKI-PLEMELJ

$$F_i(t) = \tfrac{1}{2}\,[u(t) + (Su)(t)]; \qquad F_e(t) = \tfrac{1}{2}\,[-u(t) + (Su)(t)]\,. \tag{5}$$

Beweis. Das Integral (4) stellen wir in der Gestalt

$$\frac{1}{2\pi i}\int_\Gamma \frac{u(\zeta) - u(t)}{\zeta - z}\,d\zeta + \frac{u(t)}{2\pi i}\int_\Gamma \frac{d\zeta}{\zeta - z} = \frac{1}{2\pi i}\int_\Gamma \frac{u(\zeta) - u(t)}{\zeta - z}\,d\zeta + \begin{cases} u(t)\,, & z \in D_i\,,\\ 0\,, & z \in D_e \end{cases} \tag{6}$$

dar. Der Punkt z konvergiere auf zu Γ nichttangentialen Wegen gegen t. Dies bedeutet, daß der Punkt z im Inneren eines der vertikalen Winkel verbleibt, die durch die sich im Punkte t schneidenden Geradenstücke AA und BB gebildet werden (Abb. 10).

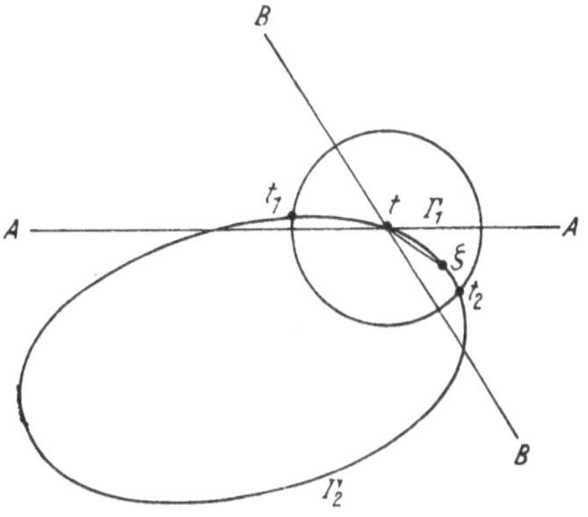

Abb. 10

Wir zeigen, daß für $z \to t$ das rechte Integral in (6) gegen einen Grenzwert konvergiert, der gleich

$$\frac{1}{2\pi i}\int_\Gamma \frac{u(\zeta) - u(t)}{\zeta - t}\, d\zeta$$

ist. Um den Punkt t beschreiben wir einen Kreis, dessen Radius η hinreichend klein ist. Es seien t_1 und t_2 die Punkte, in denen er die Kurve Γ schneidet. Mit Γ_1 bezeichnen wir das kleine Bogenstück t_2tt_1, mit Γ_2 den restlichen Teil der Kurve Γ. Es sei nun ζ ein beliebiger Punkt auf Γ_1. Wir betrachten den kleinsten der Winkel, den die Sehne $t\zeta$ mit den Geradenstücken AA und BB bildet. Den Radius η wählen wir so klein, daß der erwähnte Winkel nicht kleiner als eine gewisse Konstante $\lambda > 0$ wird.

Nunmehr gilt

$$\left|\int_\Gamma \frac{u(\zeta) - u(t)}{\zeta - z}\, d\zeta - \int_\Gamma \frac{u(\zeta) - u(t)}{\zeta - t}\, d\zeta\right| \leqq$$
$$\leqq \left|\int_{\Gamma_1} \frac{u(\zeta) - u(t)}{\zeta - z}\, d\zeta\right| + \left|\int_{\Gamma_1} \frac{u(\zeta) - u(t)}{\zeta - t}\, d\zeta\right| +$$
$$+ \left|\int_{\Gamma_2} \left[\frac{u(\zeta) - u(t)}{\zeta - z} - \frac{u(\zeta) - u(t)}{\zeta - t}\right] d\zeta\right| = I_1 + I_2 + I_3 . \tag{7}$$

Wir schätzen den Summanden I_1 ab. Zunächst gilt

$$\frac{|\zeta - t|}{|\zeta - z|} = \frac{\sin\gamma}{\sin\delta} \leqq \frac{1}{\sin\delta} .$$

Weiterhin gilt $\lambda \leqq \delta \leqq \pi - \delta$. Deshalb haben die Beziehungen $\sin\delta \geqq \sin\lambda$ und

$$\frac{1}{|\zeta - z|} \leqq \frac{1}{|\zeta - t| \sin\lambda}$$

Gültigkeit. Daraus folgt

$$I_1 \leqq \frac{1}{\sin\lambda}\int_{\Gamma_1} \left|\frac{u(\zeta) - u(t)}{\zeta - t}\right| |d\zeta| .$$

Der Integrand kann durch $O(|\zeta - t|^{\alpha - 1})$ abgeschätzt werden und ist deshalb auf Γ summierbar. Für hinreichend kleines η gilt somit $I_1 < \varepsilon/3$, wobei ε eine beliebig vorgegebene positive Zahl ist. Genauso wird für hinreichend kleines η die Gültigkeit der Beziehung $I_2 < \varepsilon/3$ nachgewiesen.

Wir fixieren η. In dem Summanden I_3 hängt der Integrand stetig von z ab, falls der Abstand von z zu t hinreichend klein ist. Deshalb ist $I_3 < \varepsilon/3$, wenn die Größe $|z - t|$ hinreichend klein ist. Wir haben somit nachgewiesen, daß die Größe im linken Teil der Ungleichung (7) kleiner als ε ist; dies beweist unsere Behauptung.

Wenn wir in (6) zum Grenzwert übergehen, erhalten wir

$$F_i(t) = \frac{1}{2\pi i}\int_\Gamma \frac{u(\zeta) - u(t)}{\zeta - t}\, d\zeta + u(t) , \qquad F_e(t) = \frac{1}{2\pi i}\int_\Gamma \frac{u(\zeta) - u(t)}{\zeta - t}\, d\zeta .$$

Nach Formel (2) gilt noch

$$\frac{1}{2\pi i}\int_\Gamma \frac{u(\zeta)-u(t)}{\zeta-t}\,d\zeta = \frac{1}{2\pi i}\int_\Gamma \frac{u(\zeta)}{\zeta-t}d\zeta - \frac{u(t)}{2\pi i}\int_\Gamma \frac{d\zeta}{\zeta-t} = \frac{1}{2}\,[(Su)\ (t) - u(t)]\,.$$

Wenn wir dies in die vorangegangene Beziehung einsetzen, erhalten wir die Formel (5). Der Satz ist bewiesen.

Wir verweisen nun noch auf einige Folgerungen, die sich aus den Formeln von SOCHOZKI-PLEMELJ ergeben.

Wenn die Funktion $u(\zeta)$ analytisch in D_i fortsetzbar ist, so gilt

$$\frac{1}{2\pi i}\int_\Gamma \frac{u(\zeta)}{\zeta-z}d\zeta = \begin{cases} u(z)\,, & z\in D_i\,,\\ 0\,, & z\in D_e\,,\end{cases}$$

und die Formeln (5) liefern $Su = u$. Wenn $u(\zeta)$ analytisch in D_e fortsetzbar ist und im Unendlichen verschwindet, so gilt

$$\frac{1}{2\pi i}\int_\Gamma \frac{u(\zeta)}{\zeta-z}d\zeta = \begin{cases} 0\,, & z\in D_i\,,\\ -u(z)\,, & z\in D_e\,,\end{cases}$$

und die Formeln (5) liefern $Su = -u$.

Wenn wir die Formeln (5) addieren und sie voneinander abziehen, erhalten wir noch die Beziehungen

$$F_i(t) + F_e(t) = (Su)\ (t)\,,\qquad F_i(t) - F_e(t) = u(t)\,. \tag{8}$$

Satz 7.5.2. *Der* CAUCHY*sche singuläre Operator genügt der algebraischen Gleichung*

$$S^2 = I\,, \tag{9}$$

wobei I der identische Operator ist.

Beweis. Wenn $u\in \mathrm{Lip}_\alpha(\Gamma)$, $0<\alpha<1$, so gilt nach dem oben erwähnten Satz von I. I. PRIWALOW $Su\in \mathrm{Lip}_\alpha(\Gamma)$, und der Ausdruck S^2u ist erklärt. Wenden wir die erste der Formeln (8) an, finden wir $S^2 = SF_i + SF_e$. Nun ist aber die Funktion F_i in D_i und die Funktion F_e in D_e holomorph, dabei gilt $F_e(\infty) = 0$. Somit gilt $SF_i = F_i$ und $SF_e = -F_e$. Dies liefert $S^2u = F_i - F_e = u$, was zu beweisen war.

Die Formel (9) wurde zuerst von POINCARÉ erhalten, der sich, nebenbei bemerkt, im Vorzeichen irrte. Dieser Fehler wurde durch den französischen Mathematiker G. BERTRAND beseitigt. Die Formel (9) wird gewöhnlich *Formel von* POINCARÉ-BERTRAND genannt.

§ 6. Der CAUCHYsche Operator im Raum $L_2(\Gamma)$

Hilfssatz 7.6.1. *Die Funktion $f(z) = u(z) + iv(z)$ mit $z = x + iy = \varrho\, e^{i\vartheta}$, $u(z) = \mathrm{Re}\, f(z)$ und $v(z) = \mathrm{Im}\, f(z)$ sei im Kreis $|z| < 1$ holomorph und im abgeschlossenen Kreis $|z| \leqq 1$ stetig. Es gelte noch $v(0) = 0$. Dann gilt*

$$\int_0^{2\pi} |v(e^{i\vartheta})|^2\, d\vartheta \leqq \int_0^{2\pi} |u(e^{i\vartheta})|^2\, d\vartheta\,. \tag{1}$$

Beweis. Wir entwickeln die Funktion $f(z)$ in die TAYLOR-Reihe

$$f(z) = \sum_{n=0}^{\infty} (\alpha_n + i\beta_n)\,\varrho^n\, e^{in\vartheta};\qquad \beta_0 = 0\,.$$

Dann ist für $0 \leqq \varrho < 1$

$$u(z) = d_0 + \sum_{n=1}^{\infty} \varrho^n(\alpha_n \cos n\vartheta - \beta_n \sin n\vartheta), \qquad v(z) = \sum_{n=1}^{\infty} \varrho^n(\beta_n \cos n\vartheta + \alpha_n \sin n\vartheta).$$

Daraus folgt

$$\int_0^{2\pi} u^2(\varrho\, e^{i\vartheta})\, d\vartheta = 2\pi\alpha_0^2 + \pi \sum_{n=1}^{\infty} \varrho^{2n}(\alpha_n^2 + \beta_n^2), \qquad \int_0^{2\pi} v^2(\varrho\, e^{i\vartheta})\, d\vartheta = \pi \sum_{n=1}^{\infty} \varrho^{2n}(\alpha_n^2 + \beta_n^2)$$

und somit

$$\int_0^{2\pi} v^2(\varrho\, e^{i\vartheta})\, d\vartheta \leqq \int_0^{2\pi} u^2(\varrho\, e^{i\vartheta})\, d\vartheta, \qquad 0 \leqq \varrho < 1.$$

Beide Integranden sind für $0 \leqq \varrho \leqq 1$, $0 \leqq \vartheta \leqq 2\pi$ stetig. Deshalb kann man für $\varrho \to 1$ unter dem Integralzeichen zum Grenzwert übergehen, und wir erhalten die Ungleichung (1).

Satz 7.6.1. *Für die geschlossene Kurve Γ gelte $\Gamma \in C^{(2)}$. Dann ist der* Cauchy*sche singuläre Operator in $L^2(\Gamma)$ beschränkt.*

Beweis. Den Beweis führen wir unter der Voraussetzung, daß Γ eine zusammenhängende Kurve ist; den Lesern überlassen wir die Untersuchung des allgemeinen Falles, wenn die Kurve aus einer endlichen Anzahl von Zusammenhangskomponenten besteht.

Wie schon oben bezeichnen wir mit D_i das beschränkte Gebiet der komplexen Ebene, das durch die Kurve Γ begrenzt ist; wenn diese Kurve zusammenhängend ist, so ist das Gebiet D_i einfach zusammenhängend. Es gelte $u \in \mathrm{Lip}_\alpha(\Gamma)$, $0 < \alpha < 1$, und sei

$$F_i(z) = \frac{1}{2\pi i} \int_\Gamma \frac{u(\zeta)}{\zeta - z}\, d\zeta, \qquad z \in D_i. \tag{2}$$

Das Gebiet D_i bilden wir konform auf den Kreis $|w| < 1$ ab; sei $z = \varphi(w)$ die Funktion, mit deren Hilfe diese Abbildung realisiert wird. Dabei möge dem Punkt $w = 0$ der Punkt $z_0 \in D_i$ entsprechen. Die Funktion $F_i(\varphi(w)) - F_i(\varphi(0)) = F_i(z) - F_i(z_0)$ genügt allen Voraussetzungen des Hilfssatzes 7.6.1. Wenn wir $w = \varrho\, e^{i\vartheta}$ setzen, erhalten wir somit

$$\int_0^{2\pi} |\mathrm{Im}\, [F_i(\varphi(e^{i\vartheta})) - F_i(\varphi(0))]|^2\, d\vartheta \leqq \int_0^{2\pi} |\mathrm{Re}\, [F_i(\varphi(e^{i\vartheta})) - F_i(\varphi(0))]|^2\, d\vartheta.$$

Wir setzen $\varphi(e^{i\vartheta}) = t$. Dann gilt $t \in \Gamma$ und

$$\int_\Gamma |\mathrm{Im}\, [F_i(t) - F_i(z_0)]|^2 \frac{ds}{|\varphi'(e^{i\vartheta})|} \leqq \int_\Gamma |\mathrm{Re}\, [F_i(t) - F_i(z_0)]|^2 \frac{ds}{|\varphi'(e^{i\vartheta})|}. \tag{3}$$

Hierbei ist $ds = |dt|$ das Element der Bogenlänge der Kurve Γ.

Aus $\Gamma \in C^{(2)}$ folgt, daß die Ableitung $\varphi'(e^{i\vartheta})$ dem Betrag nach durch positive Konstanten nach unten und oben beschränkt ist. Sei $c_1 \leqq |\varphi'(e^{i\vartheta})| \leqq c_2$; $0 < c_1 \leqq \leqq c_2 < \infty$. Die Ungleichung (3) liefert mithin

$$\int_\Gamma |\mathrm{Im}\, [F_i(t) - F_i(z_0)]^2\, ds \leqq \frac{c_2}{c_1} \int_\Gamma |\mathrm{Re}\, [F_i(t) - F_i(z_0)]|^2\, ds,$$

oder, wenn wir mit $\|\cdot\|$ die Norm in $L_2(\Gamma)$ bezeichnen,

$$\|\mathrm{Im}\,[F_i(t) - F_i(z_0)]\| \leqq C_1 \|\mathrm{Re}\,[F_i(t) - F_i(z_0)]\|\,, \qquad C_1 = \sqrt{\frac{c_2}{c_1}}\,.$$

Daraus folgt

$$\|\mathrm{Im}\,F_i(t)\| \leqq (1 + C_1)\,\|F_i(z_0)\| + C_1\,\|\mathrm{Re}\,F_i(t)\|\,.$$

Nach der CAUCHY-BUNJAKOWSKIschen Ungleichung ergibt sich

$$\|F_i(z_0)\| = |\Gamma|^{1/2}\,|F_i(z_0)| \leqq \frac{|\Gamma|}{2\pi\delta}\,\|u\|\,,$$

wobei δ der Abstand von z_0 zu Γ ist. Nunmehr gilt

$$\|\mathrm{Im}\,F_i\| \leqq C_1\,\|\mathrm{Re}\,F_i\| + C_2\,\|u\|\,; \qquad C_2 = \mathrm{const}\,,$$

und

$$\|F_i\| \leqq (1 + C_1)\,\|\mathrm{Re}\,F_i\| + C_2\,\|u\|\,.$$

Die Formeln (5.8) liefern ferner

$$\|Su\| = \|2F_i - u\| \leqq 2(1 + C_1)\,\|\mathrm{Re}\,F_i\| + (1 + C_2)\,\|u\|\,. \tag{4}$$

Wir schätzen die Größe $\|\mathrm{Re}\,F_i\|$ ab. Wir nehmen zuerst an, daß die Funktion $u(\zeta)$ reell ist. Wenn wir $\zeta - t = R\,e^{i\beta}$ setzen, erhalten wir

$$\mathrm{Re}\,F_i(t) = \frac{1}{2}\,u(t) + \frac{1}{4\pi i}\int_\Gamma u(\zeta)\left[\frac{d\zeta}{\zeta - t} - \frac{d\bar\zeta}{\bar\zeta - \bar t}\right] =$$

$$= \frac{1}{2}\,u(t) + \frac{1}{4\pi i}\int_\Gamma u(\zeta)\,d\ln\frac{\zeta - t}{\bar\zeta - \bar t} = \frac{1}{2}\,u(t) + \frac{1}{2\pi}\int_\Gamma \frac{\partial\beta}{\partial\sigma}\,d\sigma$$

$$= \frac{1}{2}\,u(t) + \frac{1}{2\pi}\int_\Gamma u(\zeta)\,\frac{\partial}{\partial\sigma}\,\mathrm{arc\,tan}\,\frac{\eta - y}{\xi - x}\,d\sigma\,; \tag{5}$$

hierbei wurden die Bezeichnungen $t = x + iy$, $\zeta = \xi + i\eta$, $|d\zeta| = d\sigma$ benutzt.

Wir zeigen, daß die Ableitung im Integranden des letzten Integrals beschränkt ist. Die Kurve sei durch die Parametergleichungen der Gestalt $x = g_1(s)$, $y = g_2(s)$ gegeben, wobei s die Bogenlänge der Kurve vom Anfang der Kurve bis zum Punkt t ist. Dann ist $\xi = g_1(\sigma)$, $\eta = g_2(\sigma)$, wobei σ die Bogenlänge der Kurve Γ von deren Anfang bis zum Punkt ζ ist. Außerdem gilt $g_1, g_2 \in C^{(2)}$, weil $\Gamma \in C^{(2)}$. Nunmehr ergibt sich

$$\frac{\partial}{\partial\sigma}\,\mathrm{arc\,tan}\,\frac{\eta - y}{\xi - x} = \frac{(\xi - x)\,g_2'(\sigma) - (\eta - y)\,g_1'(\sigma)}{|\zeta - t|^2}\,.$$

Wenn wir $x = g_1(s)$ und $y = g_2(s)$ in einer Umgebung des Punktes σ nach der TAYLORschen Formel entwickeln, finden wir, daß der Zähler in letzterem Bruch die Ordnung $O(|\sigma - s|^2)$ hat. Weiterhin gilt $|\sigma - s| = O(|\zeta - t|)$, weil die Bogenlänge und die Länge der entsprechenden Sehne unendlich kleine Größen gleicher Ordnung sind. Dies ergibt schließlich $\partial\beta/\partial\sigma = O(1)$, was zu beweisen war.

Sei $\pi^{-1}\,|\partial\beta/\partial\sigma| \leqq c_0 = \mathrm{const}$. Nach Formel (5) gilt $2\,\|\mathrm{Re}\,F_i\| \leqq (1 + c_0\sqrt{|\Gamma|})\,\|u\|$. Wenn wir dies in (4) einsetzen, erhalten wir

$$\|Su\| \leqq C_3\,\|u\|\,; \; C_3 = \mathrm{const}. \tag{6}$$

Die Formel (6) wurde für reellwertige Funktionen u hergeleitet. Wenn die Funktion u komplexwertig ist, so gilt $\|Su\| \leqq \|Su_1\| + \|Su_2\| \leqq C_3(\|u_1\| + \|u_2\|)$. Weil aber

$||u_1|| \leqq ||u||$, $||u_2|| \leqq ||u||$ ist, erhalten wir das gewünschte Resultat $||Su|| \leqq C\,||u||$, $C = 2C_3$. Der Satz ist bewiesen.

Folgerung 7.6.1. *Der* CAUCHY*sche singuläre Operator kann unter Beibehaltung der Norm auf den gesamten Raum $L_2(\Gamma)$ fortgesetzt werden. Für den fortgesetzten Operator behält die Formel von* POINCARÉ-BERTRAND *ihre Gültigkeit.*

Der Beweis folgt auf offensichtliche Weise aus dem Fakt, daß die Klasse der Funktionen, die auf Γ einer LIPSCHITZ-Bedingung mit positivem Exponenten genügen, im Raum $L_2(\Gamma)$ dicht ist.

Wir treffen nun noch folgende Vereinbarung: Wenn $c(t)$ eine auf Γ erklärte Funktion ist, so bezeichnen wir mit demselben Buchstaben c den Operator der Multiplikation mit $c(t)$.

Satz 7.6.2. *Wenn die Funktion $c(t)$ stetig auf Γ ist, so ist der Operator $V = Sc - cS$ vollstetig in $L_2(\Gamma)$.*

Beweis. Wir betrachten zunächst den Fall $c \in \mathrm{Lip}_1(\Gamma)$. Wenn außerdem $u \in \mathrm{Lip}_\alpha(\Gamma)$, $\alpha > 0$, gilt, so ist

$$(Vu)\,(t) = \big(S(cu)\big)\,(t) - c(t)\,(Su)\,(t) = \frac{1}{\pi i}\int\limits_{\Gamma} \frac{c(\zeta) - c(t)}{\zeta - t}\, u(\zeta)\, d\zeta\,. \tag{7}$$

Aus $c \in \mathrm{Lip}_1(\Gamma)$ folgt die Beschränktheit des Kerns des Integrals (7). Dieses Integral ist somit ein in $L_2(\Gamma)$ beschränkter Operator, und mittels Grenzüberganges kann die Formel (7) auf den gesamten Raum $L_2(\Gamma)$ erweitert werden. Auf Grund des Satzes 1.4.1 ist der Operator (7) ein in diesem Raum vollstetiger Operator.

Wenn die Funktion $c(t)$ nur stetig ist, konstruieren wir eine Folge von Funktionen $c_n(t) \in \mathrm{Lip}_1(\Gamma)$, die gleichmäßig gegen $c(t)$ konvergiert. Dies kann zum Beispiel folgendermaßen geschehen. Die Längeneinheit wählen wir so, daß $|\Gamma| = 2\pi$ gilt. Dann ist $c(t)$ eine stetige 2π-periodische Funktion von s. Diese Funktion entwickeln wir in eine FOURIER-Reihe; die n-te FEJERsche Summe dieser Reihe kann man als $c_n(t)$ wählen.

Wir setzen $V_n = Sc_n - c_nS$. Nach Bewiesenem ist der Operator V_n vollstetig in $L_2(\Gamma)$. Wir schätzen nunmehr die Norm der Differenz $V - V_n$ ab: $||V - V_n|| = ||S(c - c_n) - (c - c_n)\,S|| \leqq ||S(c - c_n)|| + ||(c - c_n)\,S|| \leqq 2\,||S||\,\max\limits_{t\in\Gamma}|c(t) - c_n(t)|$. Weil $c_n(t)$ gleichmäßig gegen $c(t)$ konvergiert, gilt $\max|c(t) - c_n(t)| \to 0$ und mithin $||V - V_n|| \to 0$. Nach einem bekannten Satz aus der Funktionalanalysis ist der Operator V vollstetig in $L_2(\Gamma)$.

Satz 7.6.3. *Wenn die Funktionen $a(t)$ und $b(t)$ stetig auf Γ sind und der Operator $aI + bS$ vollstetig in $L_2(\Gamma)$ ist, gilt*

$$a(t) = b(t) \equiv 0\,.$$

Beweis. Den vollstetigen Operator $aI + bS$ multiplizieren wir von links mit dem beschränkten Operator $aI - bS$; das Produkt ist vollstetig. Wenn wir Satz 7.6.2 und die Formel von POINCARÉ-BERTRAND benutzen, finden wir, daß dieses Produkt die Gestalt $(a^2 - b^2)\,I + T$ hat, wobei T ein vollstetiger Operator ist. Daraus ist ersichtlich, daß der Operator der Multiplikation mit $a^2(t) - b^2(t)$ vollstetig in $L_2(\Gamma)$ ist; dies ist nur dann möglich, wenn $a^2(t) - b^2(t) \equiv 0$ ist, oder anders ausgedrückt, wenn $a(t) = b(t)\,\varepsilon(t)$, $\varepsilon(t) = \pm 1$, gilt. Dann ist der Operator $b(\varepsilon I + S)$ vollstetig, und er überführt jede in $L_2(\Gamma)$ beschränkte Menge in eine relativ kompakte. Wir zeigen, daß dies notwendigerweise $b(t) \equiv 0$ nach sich zieht. Es möge die Funktion $w = \omega(z)$ eine konforme Abbildung des durch Γ berandeten beschränkten Gebietes auf den Kreis $|w| < 1$ realisieren. Die Folge M der Funktionen $u_n(t) = \omega^n(t)$, $n = 1, 2, \ldots$, ist in $L_2(\Gamma)$ beschränkt. Es gilt nämlich

$$||u_n^2|| = \int_\Gamma |\omega^n(t)|^2 \, |dt| = \int_{|w|=1} |w|^{2n} \, |\omega'(t)|^{-1} \, |dw| = \int_{|w|=1} |\omega'(t)|^{-1} \, |dw| = \text{const.}$$

Wir zeigen, daß diese Folge nicht relativ kompakt in $L_2(\Gamma')$ ist, wobei Γ' ein beliebiges Kurvenstück von Γ ist. Wir nehmen das Gegenteil an. Dann können ein Kurvenstück $\Gamma' \subset \Gamma$ und eine Folge natürlicher Zahlen n_k aufgezeigt werden derart, daß

$$\int_{\Gamma'} |\omega^{n_k}(t) - \omega^{n_l}(t)|^2 \, |dt| \xrightarrow[k,l\to\infty]{} 0 .$$

Durch die Abbildung $w = \omega(z)$ gehe das Kurvenstück Γ' in das Kurvenstück $\alpha \leqq \vartheta \leqq \leqq \beta$, $\vartheta = \arg w$, des Einheitskreises über. Dann gilt

$$\int_\alpha^\beta |e^{in_k\vartheta} - e^{in_l\vartheta}|^2 \, |\omega'(t)|^{-1} \, d\vartheta \xrightarrow[k,l\to\infty]{} 0 .$$

Weil die Kurve Γ zur Klasse $C^{(2)}$ gehört, ist die Größe $|\omega'(t)|^{-1}$ nach unten durch eine positive Zahl beschränkt. Aus der letzteren Beziehung folgt deshalb

$$\lim_{k,l\to\infty} \int_\alpha^\beta \sin^2 \frac{(n_k - n_l)\,\vartheta}{2} \, d\vartheta = 0 .$$

Dieses Integral konvergiert jedoch nicht gegen Null. Davon kann man sich z. B. folgendermaßen überzeugen. Wir lassen zuerst für fixiertes l die Zahl k gegen Unendlich streben und danach konvergiere l gegen Unendlich. Dann erhalten wir

$$\lim_{l\to\infty} \lim_{k\to\infty} \int_\alpha^\beta \sin^2 \frac{(n_k - n_l)\,\vartheta}{2} \, d\vartheta = \lim_{l\to\infty} \lim_{k\to\infty} \left(\frac{\beta - \alpha}{2} - \frac{\sin (n_k - n_l)\,\beta - \sin (n_k - n_l)\,\alpha}{2\,(n_k - n_l)} \right) = \frac{\beta - \alpha}{2} \neq 0 .$$

Wenn mit $\tilde{\omega}(z)$ eine Funktion bezeichnet wird, die eine konforme Abbildung des durch Γ berandeten beschränkten Gebietes auf das Gebiet $|w| > 1$ realisiert, so kann analog bewiesen werden, daß die Folge $\widetilde{M}\colon \tilde{\omega}^n(t)$, $n = 1, 2, \ldots$, beschränkt in $L_2(\Gamma)$ ist, jedoch in $L_2(\Gamma')$ nicht relativ kompakt ist, wie auch das Kurvenstück $\Gamma' \subset \Gamma$ gewählt sein mag.

Wir nehmen nunmehr an, daß ein Punkt $t_0 \in \Gamma$ existiert, in dem $b(t_0) \neq 0$ gilt. Dann ist auf einem gewissen Kurvenstück $\Gamma' \subset \Gamma$ die Funktion $b(t)$ dem Betrag nach nach unten durch eine positive Konstante beschränkt. Sei z. B. $\varepsilon(t_0) = 1$. Dann ist $\varepsilon(t) = 1$ für $\forall t \in \Gamma'$. Wir betrachten nunmehr die Folge M der Funktionen $u_n(t) = \omega^n(t)$. Nach den Formeln von SOCHOZKI-PLEMELJ gilt $Su_n = u_n$. Wenn $t \in \Gamma'$, so folgt daraus $(\varepsilon I + S)\, u_n = 2u_n$. Es ergibt sich somit, daß durch die Multiplikation mit der Funktion $2b(t)$ die Menge M in eine in $L_2(\Gamma')$ relativ kompakte Menge überführt wird. Es konvergiere nunmehr die Teilfolge $\{2b(t)\, u_{n_k}(t)\}$ in $L_2(\Gamma')$. Weil auf Γ' die Funktion $b(t)$ dem Betrag nach durch eine positive Konstante nach unten beschränkt ist, konvergiert im Raum $L_2(\Gamma')$ auch die Folge $\{u_{r_k}(t)\}$. Hieraus folgt, daß die Folge M in $L_2(\Gamma')$

relativ kompakt ist. Das ist, wie wir oben sahen, nicht der Fall. Analog wird der Fall $\varepsilon(t_0) = -1$ untersucht; hier ist im Beweis die Folge der Funktionen $\widetilde{M}$ zu berücksichtigen. Der Satz ist bewiesen.

Bemerkung. Die Resultate dieses Paragraphen können auf den Raum $L_p(\Gamma)$, $1 < p < \infty$, übertragen werden. Hierbei stellt nur der Beweis des Hilfssatzes 7.6.1 eine Schwierigkeit dar; vgl. dazu z. B. [4].

§ 7. Das Symbol und die Regularisierung des singulären Operators

Den Operator der Gestalt

$$A = aI + bS + T \tag{1}$$

werden wir *allgemeinen singulären Operator* oder einfach *singulären Operator* nennen; hierbei sind $a(t)$ und $b(t)$ auf Γ definierte stetige Funktionen und T ein in $L_2(\Gamma)$ vollstetiger Operator. Offenbar ist ein solcher Operator in $L_2(\Gamma)$ beschränkt.

Die Menge $\mathfrak{R}$ der singulären Operatoren ist ein Ring. In der Tat, sei $A_k \in \mathfrak{R}$, $k = 1, 2$, d. h., $A_k = a_kI + b_kS + T_k$. Dann ist $A_1 + A_2 = (a_1 + a_2)\,I + (b_1 + b_2)\,S + (T_1 + T_2)$ und somit $A_1 + A_2 \in \mathfrak{R}$.

Weiterhin gilt

$$\begin{aligned} A_1A_2 &= (a_1I + b_1S + T_1)\,(a_2I + b_2S + T_2) = \\ &= a_1a_2I + b_1Sb_2S + a_1b_2S + b_1Sa_2 + \dots; \end{aligned} \tag{2}$$

dabei deuten die 3 Punkte in den Formeln (2) und (3) einen vollstetigen Operator an. Wenn wir Satz 7.6.2 und die Formel von Poincaré-Bertrand benutzen, finden wir

$$A_1A_2 = (a_1a_2 + b_1b_2)\,I + (a_1b_2 + a_2b_1)\,S + \dots; \tag{3}$$

hieraus ist ersichtlich, daß $A_1A_2 \in \mathfrak{R}$ gilt.

Aus den Formeln (2) und (3) folgt, daß dem Ring der Operatoren $\mathfrak{R}$ ein Ring von Symbolen zugeordnet werden kann. Es bezeichne Θ eine unabhängige Veränderliche, die nur die beiden Werte $+1$ und -1 annimmt. Dann ist offenbar $\Theta^2 = 1$. Jedem Operator der Gestalt (1) ordnen wir als Symbol die Funktion

$$\Phi_A(t, \Theta) = a(t) + b(t)\,\Theta$$

zu. Dann gilt

$$\Phi_I(t, \Theta) \equiv 1$$

und

$$\Phi_{A_1+A_2}(t, \Theta) = a_1(t) + a_2(t) + [b_1(t) + b_2(t)]\,\Theta = \Phi_{A_1}(t, \Theta) + \Phi_{A_2}(t, \Theta);$$

$$\Phi_{A_1A_2}(t, \Theta) = a_1(t)\,a_2(t) + b_1(t)\,b_2(t) + [a_1(t)\,b_2(t) + a_2(t)\,b_1(t)]\,\Theta = \Phi_{A_1}(t, \Theta)\,\Phi_{A_2}(t, \Theta)\,.$$

Aus unserer Definition und aus Satz 7.6.3 folgt, daß durch einen gegebenen singulären Operator das Symbol dieses Operators eindeutig bestimmt ist und daß das Symbol dann und nur dann gleich Null ist, wenn der entsprechende Operator vollstetig in $L_2(\Gamma)$ ist.

Aus diesen Ausführungen ist ersichtlich, daß das von uns eingeführte Symbol alle Forderungen des Satzes 7.4.1 erfüllt. Daraus ergeben sich einige Folgerungen, die wir jetzt formulieren werden.

Das Symbol $\Phi_A(t, \Theta)$ des singulären Operators A (Formel (1)) arte nicht aus, d. h. für beliebiges $t \in \Gamma$ und für $\Theta = \pm 1$ gilt $\Phi_A(t, \Theta) \neq 0$. Anders ausgedrückt, wir setzen voraus, daß für beliebiges $t \in \Gamma$ die Funktion $a^2(t) - b^2(t)$ von Null verschieden ist. Dann gilt:

1. Der Operator A ist durch einen singulären Operator beidseitig regularisierbar. Das Symbol des Regularisators ist gleich

$$\Phi_R(t, \Theta) = \frac{1}{\Phi_A(t, \Theta)} = \frac{1}{a(t) + b(t)\Theta} = \frac{a(t)}{a^2(t) - b^2(t)} - \frac{b(t)}{a^2(t) - b^2(t)}\Theta ,$$

und mithin gilt

$$R = \frac{a(t)}{a^2(t) - b^2(t)} I - \frac{b(t)}{a^2(t) - b^2(t)} S + T' ,$$

wobei T' ein beliebiger in $L_2(\Gamma)$ vollstetiger Operator ist.

2. Der Operator A ist normal auflösbar und hat einen endlichen Index.

3. Der Index des Operators A ändert sich nicht bei beliebigen Änderungen des vollstetigen Summanden T und bei beliebigen dem Betrag nach hinreichend kleinen Änderungen der Koeffizienten $a(t)$ und $b(t)$.

Für das Weitere ist folgende Bemerkung wichtig: Wenn im Operator (1) die Beziehung $T = 0$ gilt, also $A = aI + bS$ ist (ein solcher singulärer Operator heißt *einfachster singulärer Operator*), so gilt

$$||A|| \leqq K \max |\Phi_A(t, \Theta)| , \qquad K = 1 + ||S|| .$$

In der Tat, es gilt

$$||A|| \leqq \max |a(t)| + ||S|| \max |b(t)| = \max \tfrac{1}{2} |\Phi_A(t, +1) + \Phi_A(t, -1)| +$$
$$+ \tfrac{1}{2} ||S|| \max |\Phi_A(t, +1) - \Phi_A(t, -1)| \leqq (1 + ||S||) \max |\Phi_A(t, \Theta)| .$$

§ 8. Die Berechnung des Index des singulären Operators

Satz 7.8.1. *Der Index des singulären Operators* (7.1), *dessen Symbol nicht ausartet, ist gleich der Größe*

$$\operatorname{Ind} A = \varkappa = \frac{1}{2\pi i} \int_\Gamma d \ln \frac{a(t) - b(t)}{a(t) + b(t)} . \tag{1}$$

Beweis. Der Index des singulären Operators (7.1) hängt von dem vollstetigen Summanden T nicht ab und wird deshalb vollständig durch die Koeffizienten $a(t)$ und $b(t)$ bestimmt. Mit anderen Worten, der Index des singulären Operators wird völlig durch das Symbol dieses Operators bestimmt. Wir werden deshalb im weiteren bisweilen über den Index des Symbols statt über den Index des Operators sprechen und $\operatorname{Ind} \Phi_A$ statt $\operatorname{Ind} A$ schreiben.

Wir betrachten nunmehr die Funktionen

$$\Phi_A(t, +1) = \sigma(t) = a(t) + b(t);$$
$$\Phi_A(t, -1) = \delta(t) = a(t) - b(t) . \tag{2}$$

Die Vorgabe des Symbols $\Phi_A(t, \Theta)$ ist gleichbedeutend mit der Vorgabe des Paares von Funktionen $\sigma(t)$ und $\delta(t)$; wir werden $\Phi_A(t, \Theta) = \{\sigma(t), \delta(t)\}$ schreiben. Als Teile des Symbols werden die Funktionen $\sigma(t)$ und entsprechend $\delta(t)$ bei der Multiplikation von Operatoren multipliziert. Wenn $\Phi_{A_k}(t, \Theta) = \{\sigma_k(t), \delta_k(t)\}$, $k = 1, 2$, ist, so gilt deshalb $\Phi_{A_1A_2} = \{\sigma_1\sigma_2, \delta_1\delta_2\}$. Wir bemerken noch, daß für $\delta(t) \equiv \sigma(t)$ die Beziehung $b(t) \equiv 0$, $a(t) \equiv \sigma(t) \equiv \delta(t)$ gilt und der Operator (7.1) Operator der Multiplikation mit der stetigen Funktion $a(t)$ ist, die nirgends verschwindet (es sei daran erinnert, daß nach Voraussetzung das Symbol nicht ausartet). Offenbar ist der Index dieses Operators gleich Null: Ind $\{\sigma(t), \delta(t)\} = 0$.

Wir betrachten die Integrale

$$\varkappa_+ = \frac{1}{2\pi i}\int_\Gamma \mathrm{d}\ln\sigma(t)\,, \qquad \varkappa_- = \frac{1}{2\pi i}\int_\Gamma \mathrm{d}\ln\delta(t);$$

dies sind ganze Zahlen, für die $\varkappa = \varkappa_- - \varkappa_+$ gilt. Wir bringen den Koordinatenursprung in dem durch Γ berandeten und beschränkten Gebiet unter; unter dieser Voraussetzung wählen wir die Koordinatenachsen so aus, daß der Punkt $z = 1$ nicht auf der Kurve Γ liegt. Offenbar gilt

$$\int_\Gamma \mathrm{d}\ln[t^{-\varkappa_+}\sigma(t)] = 0\,, \qquad \int_\Gamma \mathrm{d}\ln[t^{-\varkappa_-}\delta(t)] = 0\,.$$

Dies bedeutet, daß die Funktionen $\tilde{\sigma}(t) = t^{-\varkappa_+}\sigma(t)$, $\tilde{\delta}(t) = t^{-\varkappa_-}\,\delta(t)$ eindeutig und folglich auf Γ stetig sind. Sei $\lambda \in [0, 1]$. Wir betrachten den einfachsten singulären Operator A_λ mit dem Symbol $\{t^{\varkappa_+}\exp(\lambda\ln\tilde{\sigma}(t)),\ t^{\varkappa_-}\exp(\lambda\ln\tilde{\delta}(t))\}$. Dieser Operator erfüllt alle Voraussetzungen des Satzes 7.3.4; auf Grund der Bemerkung am Ende des § 7 ist im besonderen die Norm des Regularisators unabhängig von λ beschränkt, wenn wir als diesen den einfachsten singulären Operator mit dem Symbol $\{t^{-\varkappa_+}\exp(-\lambda\ln\tilde{\sigma}(t)),\ t^{-\varkappa_-}\exp(-\lambda\ln\tilde{\delta}(t))\}$ wählen. In diesem Falle gilt Ind $A_1 =$ Ind A_0. Da sich die Operatoren A_1 und A nur durch einen vollstetigen Operator unterscheiden, hat die Beziehung Ind $A =$ Ind $A_1 =$ Ind A_0 Gültigkeit, und es genügt, die Größe Ind $A_0 =$ Ind $\{t^{\varkappa_+}, t^{\varkappa_-}\}$ zu berechnen. Nun gilt aber $\{t^{\varkappa_+}, t^{\varkappa_-}\} = \{t^{\varkappa_+}, t^{\varkappa_+}\}\,\{1, t^{\varkappa}\}$; der Index des ersten Faktors ist gleich Null, und nach dem Satz von Atkinson ist Ind $A =$ Ind $\{1, t^{\varkappa}\}$. Das Weitere zerfällt in drei Fälle.

I. Wenn $\varkappa = 0$ ist, so gilt Ind $A =$ Ind $\{1, 1\} = 0$; in diesem Fall ist der Satz schon bewiesen.

II. Sei $\varkappa > 0$. Dann ist $\{1, t^{\varkappa}\} = \{1, t\}^{\varkappa}$; der Satz von Atkinson liefert Ind $A = \varkappa$ Ind $\{1, t\}$, und die Aufgabe ist auf die Berechnung des Index für das konkrete Symbol $\{1, t\}$ zurückgeführt. Der entsprechende einfachste singuläre Operator (wir bezeichnen ihn mit B) hat die Gestalt

$$(Bu)\,(t) = \frac{1+t}{2}\,u(t) + \frac{1-t}{2}\,(Su)\,(t)\,. \tag{3}$$

Wir bestimmen seinen Kern. Auf beide Seiten der Gleichung

$$2(Bu)\,(t) = (1+t)\,u(t) + (1-t)\,(Su)\,(t) = 0 \tag{4}$$

wenden wir den Operator $(1+t)\,I - (1-t)\,S$ an, der sich nur durch den Faktor $2t$ von einem Regularisator des Operators B unterscheidet. Wenn wir die Formel von Poincaré-Bertrand benutzen, erhalten wir eine Gleichung, der alle Lösungen der Gleichung (4) genügen:

$$u(t) - \frac{1-t}{4\pi i t}\int_\Gamma [u(\zeta) + (Su)\,(\zeta)]\,\mathrm{d}\zeta = 0\,.$$

Hieraus ist ersichtlich, daß der Kern des Operators B höchstens eindimensional ist: Der Kern des Operators B kann nur aus Funktionen der Gestalt $u_0(t) = C(1-t)/t$;

$C = \text{const}$, bestehen. Wir zeigen, daß tatsächlich $Bu_0 = 0$ gilt. Wir setzen

$$\frac{1}{2\pi i}\int_\Gamma \frac{u_0(\zeta)}{\zeta - z}\,d\zeta = \begin{cases} F_i(z)\,, & \text{falls } z \text{ innerhalb von } \Gamma \text{ liegt,} \\ F_e(z)\,, & \text{falls } z \text{ außerhalb von } \Gamma \text{ liegt.}\end{cases}$$

Dann ist $F_i(z) = -C$, $F_e(z) = -C/z$. Die Formeln (5.5) liefern $(Bu_0)(t) = F_i(t) - tF_e(t) = 0$. Somit ist der Kern des Operators B genau eindimensional und $\alpha(B) = 1$.

Wir berechnen nunmehr $\alpha(B^*)$. Der Operator B^* hat die Gestalt

$$(B^*v)(t) = \frac{1+\bar{t}}{2}v(t) + \left(S^*\left(\frac{1-\bar{\zeta}}{2}v\right)\right)(t) = \frac{1+\bar{t}}{2}v(t) - \frac{1}{2\pi i}\int_\Gamma \frac{(1-\bar{\zeta})\,v(\zeta)}{\bar{t}-\bar{\zeta}}\,d\bar{\zeta}\,,$$

und wir haben die Gleichung

$$(1+\bar{t})\,v(t) + \frac{1}{\pi i}\int_\Gamma \frac{(1-\bar{\zeta})\,v(\zeta)}{\bar{\zeta}-\bar{t}}\,d\bar{\zeta} = 0 \tag{5}$$

zu untersuchen. Die Gleichung (5) vereinfachen wir folgendermaßen: Alle ihre Glieder ersetzen wir durch die konjugiert komplexen, multiplizieren danach mit $1 - t$ und führen die neue Unbekannte $w(t) = (1 - t)\,\overline{v(t)}$ ein, diese Operationen sind korrekt, weil $t \neq 1$ auf Γ gilt. Als Resultat der oben aufgezählten Operationen erhalten wir die Gleichung

$$(1+t)\,w(t) - (1-t)\,(Sw)(t) = 0\,, \tag{6}$$

die sich nur durch das Vorzeichen vor dem zweiten Summanden von der Gleichung (4) unterscheidet. Auf beide Seiten der Gleichung (6) wenden wir den Operator $(1 + t)\,I + (1 - t)\,S$ an und finden, daß alle Lösungen der Gleichung (6) ebenfalls der Gleichung

$$w(t) - \frac{1-t}{4\pi i t}\int_\Gamma \big(-w(\zeta) + (Sw)(\zeta)\big)\,d\zeta = 0$$

genügen. Daraus folgt, daß alle diese Lösungen notwendigerweise von der Gestalt $w_0(t) = c(1 - t)/t$, $c = \text{const}$, sind. Wenn wir die oben eingeführten Funktionen $F_i(t)$ und $F_e(t)$ benutzen, finden wir, daß nach der Substitution $w = w_0$ der linke Teil der Gleichung (6) die Gestalt $2[tF_i(t) + F_e(t)] = -2c(t + 1/t)$ annimmt. Deshalb gilt notwendigerweise $c = 0$ und $w_0(t) \equiv 0$. Hieraus folgt $\alpha(B^*) = 0$, $\text{Ind } B = \text{Ind}\,\{1, t\} = 1$ und schließlich $\text{Ind } A = \varkappa$. Der Satz ist auch für den Fall $\varkappa > 0$ bewiesen.

III. Es gelte $\varkappa < 0$. Wir schreiben folgende Kette von Gleichungen nieder:

$$\begin{aligned}\text{Ind } A &= \text{Ind}\,\{1, t^\varkappa\} = \text{Ind}\,\{t^\varkappa, t^\varkappa\}\,\{t^{-\varkappa}, 1\} = \\ &= \text{Ind}\,\{t, 1\}^{-\varkappa} = -\varkappa\,\text{Ind}\,\{t, 1\}\,.\end{aligned}$$

Es sei B_1 der einfachste singuläre Operator mit dem Symbol $\{t, 1\}$:

$$(B_1u)(t) = \frac{1+t}{2}u(t) - \frac{1-t}{2}(Su)(t)\,.$$

Man kann sich leicht davon überzeugen, daß die Bestimmung der Kerne der Operatoren B_1 und B_1^* wieder auf die Untersuchung der entsprechenden Gleichungen (6) und (4) zurückgeführt werden kann. Hieraus folgt $\alpha(B_1) = 0$, $\alpha(B_1^*) = 1$, $\text{Ind } B_1 = -1$ und $\text{Ind } A = \varkappa$. Der Satz ist vollständig bewiesen.

KAPITEL 8

ELEMENTE DER THEORIE MEHRDIMENSIONALER SINGULÄRER INTEGRALGLEICHUNGEN

Der Aufbau einer einigermaßen vollständigen Theorie der mehrdimensionalen singulären Integrale (und der entsprechenden Integralgleichungen) erfordert die Hinzuziehung ziemlich umfangreicher und komplizierter Hilfsmittel und übersteigt deshalb den Rahmen dieses Buches; die Darstellung dieser Theorie kann man in dem Buch des Verfassers [7] und in einer Anzahl von Arbeiten finden, die in dem genannten Buch zitiert sind. Hier beschränken wir uns auf die einfachsten Typen singulärer Integrale und ihres Studiums in den Funktionenklassen Lip_α und L_2. Der erste Paragraph dieses Kapitels ist den FOURIER-Integralen gewidmet, die in der modernen Gleichungstheorie — sowohl in der der Integral- als auch der der Differentialgleichungen — eine wichtige Rolle spielen. Im besonderen haben die FOURIER-Integrale eine große Bedeutung in der Theorie der partiellen Differentialgleichungen.

§ 1. Einige Eigenschaften der FOURIER-Transformation

In diesem Paragraphen werden die einfachsten Eigenschaften der mehrdimensionalen FOURIER-Transformation dargelegt. Der Begriff der eindimensionalen FOURIER-Transformation und ihre Haupteigenschaften werden als bekannt vorausgesetzt.

Wir betrachten eine Funktion $u \in L(E_m)$, d. h., es gilt

$$\int_{E_m} |u(x)| \, dx < \infty .$$

Die FOURIER-Transformierte dieser Funktion definieren wir durch die Formel

$$(Fu)(x) = \tilde{u}(x) = (2\pi)^{-m/2} \int_{E_m} e^{-i(x,y)} u(y) \, dy . \tag{1}$$

Mit (x, y) ist hier das Skalarprodukt $(x, y) = \sum_{k=1}^{m} x_k y_k$ im Raum E_m bezeichnet.

Die Funktion u ist in jedem Punkt $x \in E_m$ definiert und stetig, da das Integral (1) absolut und gleichmäßig konvergiert.

Die mehrfache FOURIER-Transformation kann man erhalten, wenn man die eindimensionale FOURIER-Transformation sukzessiv anwendet: Wenn man die Funktionenfolge

$$u_1(x_1, x_2, \dots, x_m) = (2\pi)^{-1/2} \int_{-\infty}^{+\infty} u(x_1, x_2, \dots, x_{m-1}, y_m) \, e^{-i x_m y_m} \, dy_m ,$$

$$u_2(x_1, x_2, \dots, x_m) = (2\pi)^{-1/2} \int_{-\infty}^{+\infty} u_1(x, x_2, \dots, y_{m-1}, x_m)\, e^{-ix_{m-1}y_{m-1}}\, dy_{m-1} =$$

$$= (2\pi)^{-1} \int_{-\infty}^{+\infty} \int_{-\infty}^{+\infty} u(x_1, x_2, \dots, y_{m-1}, y_m)\, e^{-i(x_{m-1}y_{m-1}+x_my_m)}\, dy_{m-1}\, dy_m$$

. . . .

$$u_m(x_1, x_2, \dots, x_m) = (2\pi)^{-1/2} \int_{-\infty}^{+\infty} u_{m-1}(y_1, x_2, \dots, x_m)\, e^{-ix_1y_1}\, dy_1 =$$

$$= (2\pi)^{-m/2} \int_{-\infty}^{+\infty} \dots \int_{-\infty}^{+\infty} u(y_1, y_2, \dots, y_m)\, e^{-i(x_1y_1+x_2y_2+\dots+x_my_m)}\, dy_1\, dy_2 \dots dy_m \tag{2}$$

aufstellt, dann gilt offenbar $u_m(x_1, x_2, \dots, x_m) = \tilde{u}(x)$.

Satz 8.1.1. *Wenn k eine natürliche Zahl und das Produkt $(1 + |x|^k)\, u(x)$ in E_m summierbar ist, dann besitzt die FOURIER-Transformierte der Funktion $u(x)$ überall in E_m stetige Ableitungen bis zur k-ten Ordnung einschließlich.*

Beweis. Es sei $\alpha = (\alpha_1, \alpha_2, \dots, \alpha_m)$ ein Multiindex, $|\alpha| \leqq k$. Wir differenzieren formal das Integral (1) α_1-mal nach $x_1, \dots, \alpha_m$-mal nach x_m und erhalten das Integral

$$(-i)^{|\alpha|}\, (2\pi)^{-m/2} \int_{E_m} y^\alpha u(y)\, e^{-i(x,y)}\, dy\,.$$

Dieses konvergiert absolut und gleichmäßig, weil

$$|y|^\alpha = |y_2^{\alpha_1} y_2^{\alpha_2} \dots y_m^{\alpha_m}| \leqq |y|^{|\alpha|}$$

ist und folglich

$$|y^\alpha u(y)\, e^{-i(x,y)}| \leqq |y|^{|\alpha|}\, |u(y)| \leqq (1 + |y|^k)\, |u(y)|$$

gilt. Die Majorante hängt nicht von x ab und ist summierbar. Deshalb ist die Differentiation unter dem Integralzeichen gerechtfertigt:

$$D^\alpha u(x) = (-i)^{|\alpha|}\, (2\pi)^{-m/2} \int_{E_m} y^\alpha u(y)\, e^{-i(x,y)}\, dy; \qquad |\alpha| \leqq k\,, \tag{3}$$

und die Ableitungen, deren Ordnung k nicht übersteigt, sind stetig. Damit ist die Behauptung bewiesen.

Satz 8.1.2. *Die Funktion $u(x)$ sei in jedem beliebigen Punkt $x \in E_m$ k-mal stetig differenzierbar. Weiterhin mögen die Funktionen $u(x)$ und sämtliche ihrer Ableitungen bis zur k-ten Ordnung einschließlich in E_m summierbar sein und im Unendlichen verschwinden. Dann gilt für hinreichend große Werte $|x|$ die Beziehung*

$$\tilde{u}(x) = (Fu)\,(x) = O(|x|^{-k})\,.$$

Beweis. Wir betrachten irgendeinen Punkt $x \in E_m$ und bezeichnen mit j den Index derjenigen seiner Koordinaten, die dem Betrage nach am größten ist. Das Integral (1) unterziehen wir k-mal der partiellen Integration bezüglich y_j. Dabei verschwinden alle integralfreien Glieder, und es ergibt sich

$$\tilde{u}(x) = (2\pi)^{-m/2}\, (ix_j)^{-k} \int_{E_m} \frac{\partial k\, u}{\partial y_j^k}\, e^{-i(x,y)}\, dy\,.$$

Wir schätzen $\tilde{u}(x)$ dem Betrag nach ab:

$$|\tilde{u}(x)| \leqq (2\pi)^{-m/2} |x_j|^{-k} \int_{E_m} \left| \frac{\partial^k u}{\partial y_j^k} \right| dy .$$

Die Koordinate x_j ist dem Betrage nach die größte, deshalb gilt

$$|x| = \sqrt{\sum_{k=1}^{m} x_k^2} \leqq \sqrt{m}\, |x_j| , \qquad \frac{1}{|x_j|} \leqq \frac{\sqrt{m}}{|x|}$$

und schließlich

$$|\tilde{u}(x)| \leqq \frac{c}{|x|^k} ,$$

wobei man zum Beispiel

$$c = (2\pi)^{-m/2} m^{k/2} \int_{E_m} \sum_{|\alpha|=k} |D^\alpha u(y)|\, dy$$

wählen kann. Der Satz ist bewiesen.

Unter gewissen Bedingungen, die der Funktion $u(x)$ auferlegt werden, gilt für die FOURIER-Transformation die folgende *Umkehrformel*:

$$u(x) = (2\pi)^{-m/2} \int_{E_m} \tilde{u}(y)\, e^{i(x,y)}\, dy . \tag{4}$$

Die Funktion $\tilde{u}$ ist im allgemeinen nicht summierbar in E_m. Deshalb besteht die Notwendigkeit, jedes Mal aufzuzeigen, in welchem Sinne das Integral (4) zu verstehen ist. Es versteht sich natürlich von selbst, daß dieses Integral im gewöhnlichen Sinn verstanden werden kann, wenn $\tilde{u}$ in E_m summierbar ist. Es gilt zum Beispiel folgender Satz.

Satz 8.1.3. *Für die Funktion u gelte* $u \in \mathfrak{M}^{(1)}(E_m)$. *Dann gilt die Umkehrformel* (4), *in der das Integral im folgenden Sinn zu verstehen ist*:

$$\int_{E_m} \tilde{u}(y)\, e^{i(x,y)}\, dy =$$

$$= \lim_{N_m\to\infty} \int_{-N_m}^{N_m} \left\{ \dots \lim_{N_2\to\infty} \int_{-N_2}^{N_2} \left\{ \lim_{N_1\to\infty} \int_{-N_1}^{N_1} \tilde{u}(y)\, e^{ix_1y_1}\, dy_1 \right\} e^{ix_2y_2}\, dy_2 \dots \right\} e^{ix_my_m} dy_m . \tag{5}$$

Beweis. Das beschränkte Gebiet, in dem die Funktion $u(x)$ von Null verschieden ist, befindet sich im Inneren eines gewissen Würfels. Es möge dies der Würfel

$$-a \leqq x_k \leqq a , \qquad k = 1, 2, \dots , m$$

sein.

Offensichtlich ist die Funktion $u(x)$ bezüglich x_m bei fixierten Werten der restlichen Argumente summierbar und besitzt in jedem Punkt des Raumes die Ableitung nach x_m. Indem wir den Satz über die Invertierbarkeit der eindimensionalen FOURIER-Transformation auf die Funktion u_1 (Formel (2)) anwenden, erhalten wir

$$u(x) = \lim_{N_m\to\infty} (2\pi)^{-1/2} \int_{-N_m}^{N_m} u_1(x_1, x_2, \dots , x_{m-1}, y_m)\, e^{ix_my_m}\, dy_m .$$

Weiter gilt

$$\int_{-\infty}^{+\infty} |u_1(x_1, x_2, \dots, x_{m-1}, x_m)| \mathrm{d}x_{m-1} =$$

$$= \int_{-\infty}^{+\infty} (2\pi)^{-1/2} \left| \int_{-\infty}^{+\infty} u(x_1, x_2, \dots, x_{m-1}, y_m) \, \mathrm{e}^{-ix_m y_m} \, \mathrm{d}y_m \right| \mathrm{d}x_{m-1} \leqq$$

$$\leqq (2\pi)^{-1/2} \int_{-\infty}^{+\infty} \int_{-\infty}^{+\infty} |u(x_1, x_2, \dots, x_{m-1}, y_m)| \, \mathrm{d}x_{m-1} \, \mathrm{d}y_m =$$

$$= (2\pi)^{-1/2} \int_{-a}^{a} \int_{-a}^{a} |u(x_1, x_2, \dots, x_{m-1}, y_m)| \, \mathrm{d}x_{m-1} \, \mathrm{d}y_m \leqq \frac{4Ma^2}{\sqrt{2\pi}};$$

dabei ist mit M die obere Grenze der Funktionswerte von u bezeichnet. Somit ist die Funktion $u_1(x_1, \dots, x_{m-1}, x_m)$ bezüglich x_{m-1} bei beliebigen Werten der restlichen Argumente summierbar.

Wir zeigen jetzt, daß die Ableitung $\frac{\partial u_1}{\partial x_{m-1}}$ in jedem Punkt existiert. Wir stellen u_1 in der Gestalt

$$u_1(x_1, x_2, \dots, x_{m-1}, x_m) = (2\pi)^{-1/2} \int_{-a}^{a} u(x_1, x_2, \dots, x_{m-1}, y_m) \, \mathrm{e}^{-ix_m y_m} \, \mathrm{d}y_m$$

dar. Rechts steht das Integral einer stetig differenzierbaren Funktion, welches sich über ein endliches Intervall erstreckt. Ein derartiges Integral besitzt stetige Ableitungen nach sämtlichen Argumenten, von denen es abhängt, damit auch nach x_{m-1}.

Dieselbe Umkehrformel für die eindimensionale FOURIER-Transformation liefert jetzt

$$u_1(x_1, x_2, \dots, x_{m-1}, x_m) =$$

$$= (2\pi)^{-1/2} \lim_{N_{m-1} \to \infty} \int_{-N_{m-1}}^{N_{m-1}} u_2(x_1, x_2, \dots, y_{m-1}, x_m) \, \mathrm{e}^{ix_{m-1} y_{m-1}} \, \mathrm{d}y_{m-1},$$

demnach gilt

$$u(x) = (2\pi)^{-1} \lim_{N_m \to \infty} \int_{-N_m}^{N_m} \left\{ \lim_{N_{m-1} \to \infty} \int_{-N_{m-1}}^{N_{m-1}} u_2(x_1, x_2, \dots, y_{m-1}, y_m) \times \right.$$

$$\left. \times \, \mathrm{e}^{ix_{m-1} y_{m-1}} \, \mathrm{d}y_{m-1} \right\} \mathrm{e}^{-ix_m y_m} \, \mathrm{d}y_m .$$

Wenn wir diesen Prozeß fortsetzen, erhalten wir nach einer endlichen Anzahl von Schritten die Formel (5).

Wir legen noch einige Fakten bezüglich der FOURIER-Transformation von Funktionen der Klasse $L_2(E_m)$ dar. Derartige Funktionen sind im allgemeinen im Raum E_m nicht summierbar, und die Definition (1) verliert für diese ihren Sinn. Die Funktion u gehöre zu $L_2(E_m)$. Mit Q_N bezeichnen wir den Würfel $|x_k| < N$, $k = 1, 2, \dots, m$, und wir definieren die Funktion $u_N(x)$ durch

$$u_N(x) = \begin{cases} u(x), & x \in Q_N, \\ 0, & x \notin Q_N. \end{cases}$$

Offenbar gilt $u_N(x) \in L_1(E_m)$, und es existiert die FOURIER-Transformierte dieser Funktion

$$(Fu_N)(x) = (2\pi)^{-m/2} \int_{E_m} u_N(x) \, \mathrm{e}^{-i(x,y)} \, \mathrm{d}y = (2\pi)^{-m/2} \int_{Q_N} u(y) \, \mathrm{e}^{-i(x,y)} \, \mathrm{d}y .$$

Es kann gezeigt werden, daß für $N \to \infty$ die Funktion Fu_N in der Norm von $L_2(E_m)$ gegen einen gewissen Grenzwert konvergiert, der als FOURIER-Transformierte der Funktion $u(x)$ definiert wird:

$$(Fu)(x) = \lim_{N\to\infty} (2\pi)^{-m/2} \int_{Q_N} u(y)\, e^{-i(x,y)}\, dy\,. \tag{7}$$

Aus dem Gesagten folgt, daß der Operator F auf dem gesamten Raum $L_2(E_m)$ definiert ist. Es kann gezeigt werden, daß der inverse Operator F^{-1} existiert und ebenfalls auf dem gesamten Raum definiert ist; dieser Operator wird durch die Formel

$$(F^{-1}v)(x) = \lim_{N\to\infty} (2\pi)^{-m/2} \int_{Q_N} v(y)\, e^{i(x,y)}\, dy \tag{8}$$

definiert.

Für $u_1, u_2 \in L_2(E_m)$ hat die PLANCHEREL*sche Formel*

$$(Fu_1, Fu_2) = (u_1, u_2) \tag{9}$$

Gültigkeit (die runden Klammern bezeichnen das Skalarprodukt in $L_2(E_m)$); diese zeigt, daß der Operator F unitär in $L_2(E_m)$ ist. Dies bedeutet im besonderen, daß die Operatoren F und F^{-1} in $L_2(E_m)$ beschränkt sind und $\|F\| = \|F^{-1}\| = 1$ gilt.

Für $m = 1$ sind die aufgezählten Behauptungen z. B. in den Büchern [2], [4] und [13] bewiesen; für $m > 1$ sind die Beweise analog.

Für das Weitere ist es wichtig, daß die FOURIER-Transformation einer Funktion aus $L_2(E_m)$ auch durch die Formel

$$(Fu)(x) = \lim_{R\to\infty} (2\pi)^{-m/2} \int_{|y|<R} u(y)\, e^{-i(x,y)}\, dy \tag{10}$$

definiert werden kann, wobei der Grenzwert wie früher im Sinne der Konvergenz von $L_2(E_m)$ verstanden wird. Um sich davon zu überzeugen, genügt es zu zeigen ($\varrho = R/\sqrt{m}$)

$$\left\| (2\pi)^{-m/2} \int_{(|y|<R)\setminus Q_\varrho} u(y)\, e^{-i(x,y)}\, dy \right\|_{L_2(E_m)} \xrightarrow[R\to\infty]{} 0\,. \tag{11}$$

Wir setzen

$$v_R(x) = \begin{cases} u(x),\ x \in (|x| < R)\setminus Q_\varrho\,, \\ 0 \text{ in den restlichen Fällen.} \end{cases}$$

Offenbar gilt $v_R \in L_2(E_m)$. Wir definieren Fv_R durch die Formel (7) und finden

$$(Fv_R)(x) = (2\pi)^{-m/2} \int_{(|y|<R)\setminus Q_\varrho} u(y)\, e^{-i(x,y)}\, dy;$$

die Beziehung (10) wird auf die folgende zurückgeführt:

$$\|Fv_R\|_{L_2(E_m)} \xrightarrow[R\to\infty]{} 0\,.$$

Nach der PLANCHERELschen Formel ergibt sich

$$\|Fv_R\|^2_{L_2(E_m)} = \|v_R\|^2_{L_2(E_m)} = \int_{(|y|<R)\setminus Q_\varrho} |u(y)|^2\, dy \leqq \int_{|y|>\varrho} |u(y)|^2\, dy\,.$$

Das letzte Integral konvergiert gegen Null, weil $u \in L_2(E_m)$ ist.

§ 2. Definition und Existenzbedingungen für das singuläre Integral

Hier und im weiteren stellt in diesem Kapitel Ω ein Gebiet des Raumes E_m dar (ob ein beschränktes oder unbeschränktes, ist dabei gleichgültig); wir lassen auch den

Fall $\Omega = E_m$ zu. Ferner sind x und y Punkte in E_m, $r = |y - x|$, $\Theta = (y - x)/r$, so daß $|\Theta| = 1$ gilt; wenn der Punkt x fixiert ist und der Punkt y eine gewisse Umgebung des Punktes x durchläuft, durchläuft Θ die Einheitssphäre S_1.

Wir werden *singuläre Integrale* der Gestalt

$$\int\limits_{\Omega} \frac{f(x, \Theta)}{r^m} u(y)\, dy\,, \qquad x \in \Omega\,, \tag{1}$$

betrachten; nach Definition gilt

$$\int\limits_{\Omega} \frac{f(x, \Theta)}{r^m} u(y)\, dy = \lim_{\varepsilon \to 0} \int\limits_{\Omega \setminus (r < \varepsilon)} \frac{f(x, \Theta)}{r^m} u(y)\, dy\,, \tag{2}$$

falls dieser Grenzwert existiert.

Die Funktion $f(x, \Theta)$ heißt *Charakteristik*, die Funktion u *Dichte* und der Punkt x *Pol* des singulären Integrals (1).

Der Quotient $K(x, y) = f(x, \Theta)/r^m$ wird *Kern* des singulären Integrals genannt. Die Charakteristik und die Dichte werden als meßbar vorausgesetzt.

Wir leiten einige hinreichende Bedingungen für die Existenz des singulären Integrals (1) ab. Wir nehmen folgendes an:

I. Die Charakteristik $f(x, \Theta)$ ist beschränkt: $|f(x, \Theta)| \leqq C = \text{const}$.

II. $u \in \mathrm{Lip}_\alpha(\bar{\Omega})$, wobei $0 < \alpha \leqq 1$ gilt; wenn das Gebiet Ω unbeschränkt ist, so setzen wir zusätzlich voraus, daß $u(x)$ außerhalb einer gewissen Kugel verschwindet.

Um den Punkt x beschreiben wir eine Kugel mit einem gewissen fixierten Radius δ. Diesen Radius wählen wir so klein, daß die genannte Kugel zusammen mit ihrem Rand vollständig in Ω enthalten ist. Der Formel (2) geben wir die Gestalt

$$\int\limits_{\Omega} \frac{f(x, \Theta)}{r^m} u(y)\, dy = \int\limits_{\Omega \setminus (r < \delta)} \frac{f(x, \Theta)}{r^m} u(y)\, dy + \lim_{\varepsilon \to 0} \int\limits_{\varepsilon < r < \delta} \frac{f(x, \Theta)}{r^m} [u(y) - u(x)]\, dy +$$
$$+ u(x) \lim_{\varepsilon \to 0} \int\limits_{\varepsilon < r < \delta} \frac{f(x, \Theta)}{r^m}\, dy\,. \tag{3}$$

Das erste Integral rechts in (3) konvergiert offenbar. Weil in der Kugel $r \leqq \delta$ die Dichte $u \in \mathrm{Lip}_\alpha$ ist, gilt $|u(y) - u(x)| \leqq C_1 r^\alpha$, $C_1 = \text{const}$. Das zweite Integral rechts kann als

$$\int\limits_{r < \delta} U(x, y, \varepsilon)\, dy \tag{4}$$

dargestellt werden mit

$$U(x, y, \varepsilon) = \begin{cases} 0, \; r < \varepsilon\,, \\ \dfrac{f(x, \Theta)}{r^m} \big(u(y) - u(x)\big)\,, \qquad \varepsilon < r < \delta\,. \end{cases}$$

Die Funktion $U(x, y, \varepsilon)$ wird durch die summierbare Funktion $CC_1 r^{\alpha - m}$ dem Betrag nach beschränkt, und im Integral (4) kann unter dem Integralzeichen zum Grenzwert übergegangen werden:

$$\lim_{\varepsilon \to 0} \int\limits_{r < \delta} U(x, y, \varepsilon)\, dy = \int\limits_{r < \delta} U(x, y, 0)\, dy = \int\limits_{r < \delta} \frac{f(x, \Theta)}{r^m} \big(u(y) - u(x)\big)\, dy\,.$$

Wir betrachten das dritte Integral in (3). Wir führen Kugelkoordinaten mit dem Zentrum im Punkte x ein und erhalten

$$\int\limits_{\varepsilon<r<\delta} \frac{f(x, \Theta)}{r^m} \, dy = \int\limits_{S_1} f(x, \Theta) \, dS_1 \int\limits_{\varepsilon}^{\delta} \frac{dr}{r} = \ln \frac{\delta}{\varepsilon} \int\limits_{S_1} f(x, \Theta) \, dS_1 .$$

Offenbar existiert der Grenzwert des letzten Ausdruckes genau dann, wenn

$$\int\limits_{S_1} f(x, \Theta) \, dS_1 = 0 . \tag{5}$$

Mithin ist die Bedingung (5) hinreichend und notwendig dafür, daß unter den Voraussetzungen I und II das singuläre Integral (1) existiert. Im weiteren wird die Bedingung (5) immer als erfüllt vorausgesetzt. In diesem Fall kann das singuläre Integral (1) in der Gestalt

$$\int\limits_{\Omega} \frac{f(x, \Theta)}{r^m} u(y) \, dy = \int\limits_{r<\delta} \frac{f(x, \Theta)}{r^m} (u(y) - u(x)) \, dy + \int\limits_{\Omega \setminus (r<\delta)} \frac{f(x, \Theta)}{r^m} u(y) \, dy \tag{6}$$

dargestellt werden, wobei δ wie oben gewählt wird.

Wir erwähnen noch, daß für $\varepsilon \to 0$ das Integral (4) in jedem abgeschlossenen inneren Teilgebiet gleichmäßig bezüglich x gegen seinen Grenzwert konvergiert. Daraus ergibt sich als Folgerung, daß das singuläre Integral (1) im offenen Gebiet Ω stetig ist, wenn die Charakteristik stetig auf $\overline{\Omega} \times S_1$ ist.

§ 3. Der Satz von Giraud

Wir betrachten das Integral

$$\int\limits_{\Omega \setminus (r<\delta)} w(x, y) \, dy , \tag{1}$$

wobei Ω ein beschränktes Gebiet des Raumes E_m und $x \in \Omega \setminus \Omega_\delta$ ist. Die Kugel $r < \delta$ liegt somit zusammen mit ihrem Rand in Ω. Die Funktion $w(x, y)$ setzen wir im Gebiet $(\overline{\Omega} \times \overline{\Omega}) \setminus (r < \delta)$ als stetig und stetig nach x differenzierbar voraus. Wir ermitteln die Ableitungen des Integrals (1) nach den cartesischen Koordinaten des Punktes x.

Der Punkt x habe die Koordinaten $x_1, x_2, \ldots, x_m$. Mit x' bezeichnen wir den Punkt mit den Koordinaten $x_1, \ldots, x_{j-1}, x_j + h, x_{j+1}, \ldots, x_m$, wobei wir vereinbaren, daß die Zahl h ihrem Absolutbetrag nach hinreichend klein ist. Wir setzen noch $r' = |y - x'|$. Dann gilt

$$\frac{\partial}{\partial x_j} \int\limits_{\Omega \setminus (r<\delta)} w(x, y) \, dy = \lim_{h \to 0} \frac{1}{h} \left[\int\limits_{\Omega \setminus (r<\delta)} w(x', y) \, dy - \int\limits_{\Omega \setminus (r<\delta)} w(x, y) \, dy \right] =$$

$$= \lim_{h \to 0} \frac{1}{h} \left[\int\limits_{\Omega \setminus (r'<\delta)} (w(x', y) - w(x, y)) \, dy \right] + \lim_{h \to 0} \frac{1}{h} \left[\int\limits_{\Omega \setminus (r'<\delta)} w(x, y) \, dy - \int\limits_{\Omega \setminus (r<\delta)} w(x, y) \, dy \right].$$

Wie man unschwer einsieht, ist der erste Grenzwert rechts gleich dem Integral

$$\int\limits_{\Omega \setminus (r<\delta)} \frac{\partial w(x, y)}{\partial x_j} \, dy .$$

Wir untersuchen den zweiten Grenzwert. Den Ausdruck unter dem Symbol des Grenzwertes kann man als

$$\frac{1}{h}\int\limits_{D_1} w(x, y)\,dy - \frac{1}{h}\int\limits_{D_2} w(x, y)\,dy$$

darstellen, wobei D_1 und D_2 die in Abb. 11 dargestellten mondförmigen Gebiete sind. Wir betrachten z. B. den Ausdruck

$$\frac{1}{h}\int\limits_{D_2} w(x, y)\,dy\,.$$

Wir führen in D_2 Kugelkoordinaten mit dem Zentrum im Punkt x ein. Eine der Koordinaten ist r; ihr kleinster Wert in D_2 ist gleich δ. Auf dem Teil MPN der Sphäre

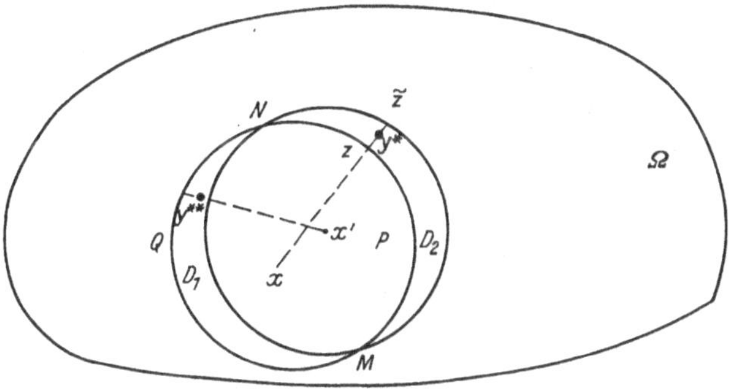

Abb. 11

$r = \delta$ (Abb. 11) wählen wir irgendeinen Punkt z; seine cartesischen Koordinaten sind $z_k = x_k + \delta \cos(r, x_k)$. Wir suchen den Wert der Größe $r = \tilde{r}$ im Punkt $\tilde{z}$, der in dem Durchschnitt der Sphäre $r' = \delta$ mit dem durch die Punkte z und x führenden Strahl $y = x + \lambda(z - x)$ (Abb. 11) liegt. Der entsprechende Wert $\lambda = \tilde{\lambda}$ ergibt sich aus dem Gleichungssystem

$$\sum_{k \neq j} (y_k - x_k)^2 + (y_j - x_j - h)^2 = \delta^2\,, \qquad y_k = x_k + \lambda(z_k - x_k)\,; \qquad k = 1, 2, \ldots, m\,.$$

Wenn wir $|z - x| = \delta$ berücksichtigen, finden wir für λ die Gleichung

$$\delta^2\lambda^2 + 2h\delta\lambda\cos(r, x_j) + h^2 - \delta^2 = 0\,.$$

Dem Punkt $\tilde{z}$ entspricht der Wert $\tilde{\lambda} > 1$. Deshalb gilt

$$\tilde{\lambda} = \frac{h}{\delta}\cos(r, x_j) + \sqrt{\frac{h^2}{\delta^2}\cos(r, x_j) + 1 - \frac{h^2}{\delta^2}} = 1 + \frac{h}{\delta}\cos(r, x_j) + O(h^2)\,.$$

Nunmehr ist

$$\tilde{r} = |\tilde{z} - x| = \tilde{\lambda}|z - x| = \tilde{\lambda}\delta = \delta + h\cos(r, x_j) + O(h^2)\,.$$

Die Integration über D_2 wird auf die Integration über den Teil MPN der Sphäre $r = \delta$ und bezüglich r zurückgeführt, wobei sich r in den Grenzen δ und $\tilde{\lambda}\delta$ bewegt:

$$\frac{1}{h}\int\limits_{D_2} w(x, y)\,dy = \frac{1}{h}\int\limits_{D_2}\left\{\int\limits_{\delta}^{\tilde{\lambda}\delta} w(x, y)\,dr\right\} dS_\delta\,,$$

oder, wenn man auf das innere Integral den Mittelwertsatz anwendet,

$$\frac{1}{h}\int\limits_{D_1} w(x, y)\, \mathrm{d}y = \int\limits_{MPN} w(x, y^*)\,\bigl(\cos(r, x_j) + O(h)\bigr)\, \mathrm{d}S_\delta\,,$$

wobei y^* ein gewisser Punkt des Intervalls $(z, \tilde{z})$ ist. Analog dazu finden wir

$$\frac{1}{h}\int\limits_{D_1} w(x, y)\, \mathrm{d}y = \int\limits_{MQN} w(x, y^{**})\,\bigl(\cos(r', x_j) + O(h)\bigr)\, \mathrm{d}S'_\delta\,.$$

Wenn $h \to 0$, so ergeben MPN und MQN zwei Halbsphären, die zusammen die Sphäre $r = \delta$ ergeben. Im Resultat erhalten wir die gesuchte Formel für die Differentiation:

$$\frac{\partial}{\partial x_j}\int\limits_{\Omega\setminus(r<\delta)} w(x, y)\, \mathrm{d}y = \int\limits_{\Omega\setminus(r<\delta)} \frac{\partial w(x, y)}{\partial x_j}\, \mathrm{d}y - \int\limits_{r=\delta} w(x, y)\cos(r, x_j)\, \mathrm{d}S_\delta\,; \tag{2}$$

im zweiten Integral ersetzten wir z durch y. Aus Formel (2) folgt offensichtlich, daß das Integral (1) in $\overline{\Omega}$ stetig differenzierbar ist.

Satz 8.3.1. (G. GIRAUD). *Es sei Ω ein beschränktes Gebiet des Raumes E_m und $u \in \mathrm{Lip}_\alpha(\Omega)$ mit $0 < \alpha < 1$. Ferner gelte für den singulären Kern $K(x, y) = r^{-m} f(x, \Theta)$*

$$|f(x, \Theta)| \leqq C = \mathrm{const}$$

und

$$|\mathrm{grad}_x\, K(x, y)| \leqq \frac{C'}{r^{m+1}}\,; \qquad C' = \mathrm{const}\,. \tag{3}$$

Dann gilt $v(x) = \mathrm{Lip}_\alpha(\overline{\Omega}')$, wobei

$$v(x) = \int\limits_{\Omega} \frac{f(x, \Theta)}{r^m}\, u(y)\, \mathrm{d}y \tag{4}$$

und Ω' ein beliebiges inneres Teilgebiet von Ω ist.

Beweis. Es sei $\delta > 0$ eine beliebige Zahl, die nicht größer als der Abstand von $\partial\Omega$ zu $\partial\Omega'$ ist. Das Integral (4) stellen wir in der Gestalt (2.6) dar. Die Summanden im rechten Teil dieser Formel bezeichnen wir entsprechend mit $v_0(x)$ und $w(x)$. Nach oben Bewiesenem gilt $v_0 \in C^{(1)}(\overline{\Omega})$; dann gilt erst recht $v_0 \in \mathrm{Lip}_\alpha(\overline{\Omega}')$. Uns verbleibt noch, den Summanden

$$w(x) = \int\limits_{r<\delta} \bigl(u(y) - u(x)\bigr)\, K(x, y)\, \mathrm{d}y \tag{5}$$

zu untersuchen.

Es sei x' ein beliebiger Punkt in $\overline{\Omega}'$, der hinreichend nahe bei x liegt. Wir setzen $|x' - x| = h$. Dann ist

$$\begin{aligned} w(x') - w(x) &= \int\limits_{r'<\delta} \bigl(u(y) - u(x')\bigr)\, K(x', y)\, \mathrm{d}y - \int\limits_{r<\delta} \bigl(u(y) - u(x)\bigr)\, K(x, y)\, \mathrm{d}y = \\ &= \int\limits_{r<\delta-h} \bigl\{\bigl(u(y) - u(x')\bigr)\, K(x', y) - \bigl(u(y) - u(x)\bigr)\, K(x, y)\bigr\}\, \mathrm{d}y + \\ &\quad + \int\limits_{(r'<\delta)\cap(r>\delta-h)} \bigl(u(y) - u(x')\bigr)\, K(x', y)\, \mathrm{d}y - \int\limits_{\delta-h<r<\delta} \bigl(u(y) - u(x)\bigr)\, K(x, y)\, \mathrm{d}y\,. \end{aligned} \tag{6}$$

Die Integrationsgebiete sind in Abb. 12 dargestellt; das Integrationsgebiet des zweiten Integrals ist schraffiert.

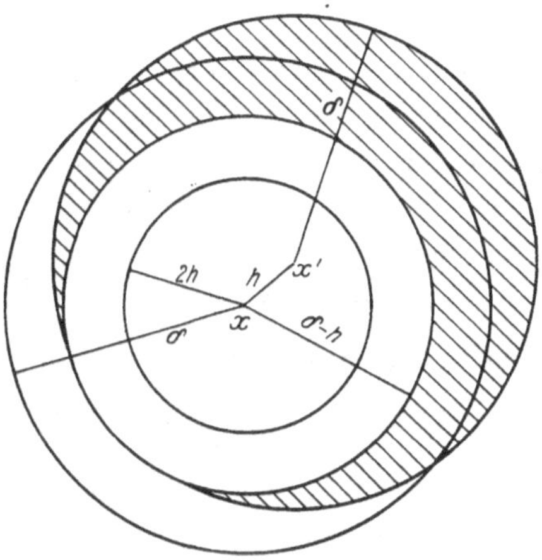

Abb. 12

In den beiden letzten Integralen rechts sind die Integranden beschränkt, und das Volumen der Integrationsgebiete ist von der Ordnung $O(h)$, somit erst recht von der Ordnung $O(h^\alpha)$. Deshalb hat die Beziehung

$$\left|\int\limits_{(r'<\delta)\cap(r>\delta-h)} (u(y) - u(x'))\, K(x', y)\, dy - \int\limits_{\delta-h<r<\delta} (u(y) - u(x))\, K(x, y)\, dy\right| \leqq C_1 h^\alpha \,;$$

$$C_1 = \text{const}\,, \tag{7}$$

Gültigkeit. Das erste Integral in (6) spalten wir in zwei auf: eines über die Kugel $r < 2h$ und eines über die Kugelschicht $2h < r < \delta - h$. Es gilt

$$|(u(y) - u(x))\, K(x, y)| \leqq C_0 r^{\alpha-m}\,, \qquad |(u(y) - u(x'))\, K(x', y)| \leqq C_0 r'^{\alpha-m}$$

mit $C_0 = \text{const}$. Daraus folgt

$$\left|\int\limits_{r<2h} (u(y) - u(x))\, K(x, y)\, dy\right| \leqq C_0 \int\limits_{r<2h} \frac{dy}{r^{m-\alpha}} = C_2 h^\alpha \,; \tag{8}$$

C_2 ist eine Konstante, die unter Berücksichtigung der Formel (3.2), Kap. 1, unschwer ausgerechnet werden kann.

Analog dazu ist

$$\left|\int\limits_{r<2h} (u(y) - u(x'))\, K(x', y)\, dy\right| \leqq C_0 \int\limits_{r<2h} \frac{dy}{r'^{m-\alpha}}\,.$$

Wenn $r < 2h$ ist, finden wir $r' = |x' - x + x - y| \leqq h + r < 3h$. Dies liefert, daß die Kugel $r < 2h$ in der Kugel $r' < 3h$ liegt und folglich

$$C_0 \int\limits_{r<2h} \frac{dy}{r^{m-\alpha}} < C_0 \int\limits_{r'<3h} \frac{dy}{r'^{m-\alpha}} = C_3 h^\alpha\,, \qquad C_3 = \text{const}\,,$$

gilt; hierbei wurde von uns wiederum Formel (3.2), Kap. 1, berücksichtigt. Nunmehr ist

$$\left|\int\limits_{r<2h} (u(y) - u(x'))\, K(x', y)\, dy\right| \leqq C_3 h^\alpha\,. \tag{9}$$

Dem Integranden im Integral über die Schicht $2h < r < \delta - h$ geben wir die Gestalt

$$\big(u(x) - u(x')\big)\, K(x, y) + \big(u(y) - u(x')\big)\, \big(K(x', y) - K(x, y)\big)\,.$$

Das Integral des ersten Summanden verschwindet auf Grund der Formel (2.5). Nach der TAYLORschen Formel erhalten wir

$$K(x', y) - K(x, y) = (\operatorname{grad}_x K(\xi, y), x' - x)\,,$$

wobei ξ ein gewisser Punkt im Intervall ist, das die Punkte x und x' verbindet. Nach der Ungleichung (3) erhalten wir

$$|K(x', y) - K(x, y)| \leqq C'h\, |\xi - y|^{-m-1}\,.$$

Weil $|\xi - y| \geqq |x - y| - |x - \xi| > r - h$ und im Integrationsgebiet $h < r/2$ ist, gilt $|\xi - y| > r/2$ und

$$|K(x', y) - K(x, y)| \leqq 2^{m+1} C' h r^{-m-1}\,.$$

Die Funktion u genügt einer LIPSCHITZ-Bedingung und deshalb der Ungleichung

$$|u(y) - u(x')| \leqq C_0 r'^{\alpha} \leqq C_0 (r + h)^{\alpha} \leqq (\tfrac{3}{2})^{\alpha}\, C_0 r^{\alpha}\,.$$

Nunmehr ist

$$\Big|\int\limits_{2h<r<\delta-h} \big(u(y) - u(x')\big)\, \big(K(x', y) - K(x, y)\big)\, \mathrm{d}y\Big| \leqq C_4 h \int\limits_{2h<r<\delta-h} r^{\alpha-m-1}\, \mathrm{d}y =$$

$$= C_4 h \int\limits_{S_1} \mathrm{d}S_1 \int\limits_{2h}^{\delta-h} r^{\alpha-2}\, \mathrm{d}r < C_5 h^{\alpha}\,, \qquad C_4, C_5 = \text{const}\,. \tag{10}$$

Die Ungleichungen (7)—(10) liefern

$$|v(x') - v(x)| \leqq C h^{\alpha}$$

mit $C = C_1 + C_2 + \dots + C_5$. Der Satz ist bewiesen.

Der im § 5, Kap. 7, erwähnte Satz von I. I. PRIWALOW ergibt sich aus dem Satz von GIRAUD für $m = 1$.

§ 4. Die FOURIER-Transformierte des singulären Kerns

Wir werden den Fall betrachten, wo die Charakteristik nicht vom Pol abhängt. In diesem Fall hängt der singuläre Kern

$$K(x, y) = \frac{f(\Theta)}{r^m} = |y - x|^{-m}\, f\left(\frac{y - x}{|y - x|}\right)$$

nur von der Differenz der Argumente ab, und wir werden $K(x, y) = K(x - y)$ schreiben.

Wir betrachten die Fourier-Transformierte des Kerns $K(z)$:

$$(FK)\,(x) = (2\pi)^{-m/2} \int\limits_{E_m} K(z)\, \mathrm{e}^{-i(x,z)}\, \mathrm{d}z\,. \tag{1}$$

Die Funktion $K(z)$ ist in den Umgebungen eines jeden der Punkte $z = 0$ und $z = \infty$ nicht summierbar, und das Integral (1) konvergiert im allgemeinen Fall nicht. Wir definieren deshalb die Fourier-Transformierte des Kerns $K(z)$ durch die Formel

$$(FK)\,(x) = (2\pi)^{-m/2} \lim_{\substack{\varepsilon' \to 0 \\ N' \to \infty}} \int\limits_{\varepsilon' < |z| < N'} K(z)\, \mathrm{e}^{-i(x,z)}\, \mathrm{d}z\,. \tag{2}$$

Wir zeigen, daß der Grenzwert (2) existiert, falls $x \neq 0$ und $f(\Theta)$ beschränkt ist. Der Beziehung (2) kann man auch eine andere Gestalt verleihen. Wir setzen

$$K_{\varepsilon', N'}(x) = \begin{cases} K(x), & \varepsilon' < |x| < N', \\ 0 \text{ in den verbleibenden Fällen.} \end{cases} \tag{3}$$

Dann ist

$$(FK)(x) = (2\pi)^{-m/2} \lim_{\substack{\varepsilon' \to 0 \\ N' \to \infty}} (FK_{\varepsilon', N'})(x). \tag{2a}$$

Wir führen die Bezeichnungen $|z| = \varrho$, $|x| = R$, $\psi = z/\varrho$, $\Lambda = x/R$ ein; offenbar gilt $|\psi| = |\Lambda| = 1$ und $K(z) = \varrho^{-m} f(-\psi)$. Mit γ bezeichnen wir noch den Winkel zwischen den Vektoren x und z. Dann ist $(x, z) = \varrho R \cos \gamma$ und

$$(FK)(x) = (2\pi)^{-m/2} \lim_{\substack{\varepsilon' \to 0 \\ N' \to \infty}} \int_{S_1} f(-\psi) \left\{ \int_{\varepsilon'}^{N'} \frac{e^{-i\varrho R \cos}}{\varrho} \, d\varrho \right\} dS_1 .$$

Im inneren Integral substituieren wir $\varrho R = t$; wir setzen noch $\varepsilon'/R = \varepsilon$, $N'/R = N$. Dies liefert

$$(FK)(x) = (2\pi)^{-m/2} \lim_{\substack{\varepsilon \to 0 \\ N \to \infty}} \int_{S_1} f(-\psi) \left\{ \int_{\varepsilon}^{N} \frac{e^{-it\cos\gamma}}{t} \, dt \right\} dS_1 . \tag{4}$$

Formel (4) zeigt, daß die Fourier-Transformierte im Falle ihrer Existenz nicht von R abhängt. Die Beziehung (4) stellen wir in der Gestalt

$$(FK)(\Lambda) = (2\pi)^{-m/2} \left[\lim_{\varepsilon \to 0} \int_{S_1} f(-\psi) \left\{ \int_{\varepsilon}^{1} \frac{e^{-it\cos\gamma}}{t} \, dt \right\} dS_1 + \right.$$
$$\left. + \lim_{N \to \infty} \int_{S_1} f(-\psi) \left\{ \int_{1}^{N} \frac{e^{-it\cos\gamma}}{t} \, dt \right\} \right] dS_1 \tag{5}$$

dar.

Auf Grund der Bedingung (2.5) gilt

$$\int_{S_1} f(-\psi) \left\{ \int_{\varepsilon}^{1} \frac{e^{-it\cos\gamma}}{t} \, dt \right\} dS_1 = \int_{S_1} f(-\psi) \left\{ \int_{\varepsilon}^{1} \frac{e^{-it\cos\gamma} - 1}{t} \, dt + \ln \frac{1}{\varepsilon} \right\} dS_1 =$$
$$= \int_{S_1} f(-\psi) \left\{ \int_{\varepsilon}^{1} \frac{e^{-it\cos\gamma} - 1}{t} \, dt \right\} dS_1 .$$

Hieraus ist ersichtlich, daß für den ersten Summanden in (5) der Grenzwert existiert und gleich

$$(2\pi)^{-m/2} \int_{S_1} f(-\psi) \left\{ \int_{0}^{1} \frac{e^{-it\cos\gamma} - 1}{t} \, dt \right\} dS_1 \tag{6}$$

ist; ersichtlich ist auch, daß dieser Ausdruck unabhängig von ε beschränkt ist.

Wir wenden uns dem zweiten Term zu. Die Achsen des cartesischen Koordinatensystems wählen wir so, daß der Punkt Λ auf der ersten Achse liegt. Danach führen wir die entsprechenden Kugelkoordinaten ein. Dann gilt $\gamma = \vartheta_1$. Das Intervall $(0, \pi)$, über dem bezüglich ϑ_1 integriert wird, zerlegen wir in zwei: $(0, \pi) = (0, \pi/2) \cup (\pi/2, \pi)$, Dementsprechend zerfällt die Sphäre S_1 in zwei Teile, die wir mit S' und S'' bezeichnen. Das Integral in dem zweiten Term von (5) zerfällt in zwei Integrale.

Im ersten der genannten Integrale gilt $\cos\gamma \geqq 0$. Im inneren Integral substituieren wir $t\cos\gamma = \tau$ und erhalten

$$\int_1^N \frac{e^{-it\cos\gamma}}{t}\,dt = \int_{\cos\gamma}^{N\cos\gamma} \frac{e^{-i\tau}}{\tau}\,d\tau = \ln(\cos\gamma)^{-1} + \int_{\cos\gamma}^{1} \frac{e^{-i\tau}-1}{\tau}\,d\tau + \int_1^{N\cos\gamma} \frac{e^{-i\tau}}{\tau}\,d\tau\,.$$

Mithin ist

$$\int_{S'} f(-\psi)\left\{\int_1^N \frac{e^{-it\cos\gamma}}{t}\,dt\right\} dS_1 = \int_{S'} f(-\psi)\left\{\ln\frac{1}{\cos\gamma} + \int_{\cos\gamma}^{1} \frac{e^{-i\tau}-1}{\tau}\,d\tau\right\} dS_1 + \\ + \int_{S'} f(-\psi)\left\{\int_1^{N\cos\gamma} \frac{e^{-i\tau}}{\tau}\,d\tau\right\} dS_1\,. \tag{7}$$

Das erste Integral rechts in (7) konvergiert. In dem zweiten ist das innere Integral beschränkt. Deshalb konvergiert das uneigentliche Integral $\int_1^\infty \tau^{-1} e^{-i\tau}\,d\tau$, und nach einem bekannten Satz von Lebesgue kann der Grenzübergang unter dem Integralzeichen vollzogen werden. Daraus folgt, daß der Grenzwert des Integrals links in (7) existiert und gleich

$$\int_{S'} f(-\psi)\left\{\int_1^\infty \frac{e^{-it\cos\gamma}}{t}\,dt\right\} dS_1$$

ist. Wir weisen noch darauf hin, daß das Integral (7) unabhängig von N beschränkt ist.

Wir betrachten das Integral über S''. Hier ist $\cos\gamma < 0$. Im inneren Integral substituieren wir $-t\cos\gamma = \tau$; die weiteren Überlegungen sind zu den eben durchgeführten analog und zeigen, daß das Integral über S'' unabhängig von N beschränkt ist und der Grenzwert für $N \to \infty$ existiert und gleich

$$\int_{S''} f(-\psi)\left\{\int_1^\infty \frac{e^{-it\cos\gamma}}{t}\,dt\right\} dS_1$$

ist.

Mithin ist der Ausdruck unter dem Symbol des Grenzwertes in (5) unabhängig von N beschränkt; der Grenzwert existiert und ist gleich

$$(FK)(\Lambda) = (2\pi)^{-m/2} \int_S f(-\psi)\left\{\int_0^1 \frac{e^{-it\cos\gamma}-1}{t}\,dt + \int_1^\infty \frac{e^{-it\cos\gamma}}{t}\,dt\right\} dS_1\,. \tag{8}$$

Den Ausdruck in den geschweiften Klammern untersuchen wir näher; wir bezeichnen ihn mit $Q(\cos\gamma)$. Sei $\cos\gamma > 0$. Die Substitution $t\cos\gamma = \tau$ liefert

$$\int_1^\infty \frac{e^{-it\cos\gamma}}{t}\,dt = \int_{\cos\gamma}^\infty \frac{e^{-i\tau}}{\tau}\,d\tau = \ln\frac{1}{\cos\gamma} + \int_{\cos\gamma}^1 \frac{e^{-i\tau}-1}{\tau}\,d\tau + \int_1^\infty \frac{e^{-i\tau}}{\tau}\,d\tau\,.$$

Daraus und aus der Beziehung

$$\int_0^1 \frac{e^{-it\cos\gamma}-1}{t}\,dt = \int_0^{\cos\gamma} \frac{e^{-i\tau}-1}{\tau}\,d\tau$$

erhalten wir

$$Q(\cos\gamma) = \ln\frac{1}{\cos\gamma} + \int_0^1 \frac{e^{-i\tau}-1}{\tau}\,d\tau + \int_1^\infty \frac{e^{-i\tau}}{\tau}\,d\tau = \ln\frac{1}{\cos\gamma} - \frac{i\pi}{2} + a\,; \qquad \cos\gamma > 0\,,$$

wobei

$$a = -\int_0^1 \frac{1-\cos\tau}{\tau}\,d\tau + \int_1^\infty \frac{\cos\tau}{\tau}\,d\tau$$

gesetzt wurde.

Wenn $\cos\gamma < 0$ gilt, substituieren wir $\tau = -t\cos\gamma$; analog zu dem Vorangegangenen erhalten wir

$$Q(\cos\gamma) = \ln\frac{1}{-\cos\gamma} + \frac{i\pi}{2} + a\,; \qquad \cos\gamma < 0\,.$$

Die Formeln für $Q(\cos\gamma)$ kann man vereinen:

$$Q(\cos\gamma) = \ln\frac{1}{|\cos\gamma|} - \frac{i\pi}{2}\operatorname{sign}\cos\gamma + a\,.$$

Wenn wir diesen Ausdruck in die Formel (8) einsetzen, verschwindet auf Grund der Bedingung (2.5) die Konstante a, und wir erhalten die endgültige Formel für die Fourier-Transformierte des singulären Kerns:

$$(FK)(\Lambda) = (2\pi)^{-m/2}\int_{S_1}\left(\ln\frac{1}{|\cos\gamma|} - \frac{i\pi}{2}\operatorname{sign}\cos\gamma\right) f(-\psi)\,dS_1\,. \tag{9}$$

Aus Formel (9) folgt, daß die Funktion $(FK)(\Lambda)$ beschränkt ist, wenn $f \in L_p(S_1)$, wobei p eine beliebige Zahl größer Eins ist. In der Tat, nach der Hölderschen Ungleichung gilt

$$|(FK)(\Lambda)| \leqq \left\{\int_{S_1} |f(-\psi)|^p\,dS_1\right\}^{1/p} \left\{\int_{S_1} \left|\ln\frac{1}{|\cos\gamma|} - \frac{i\pi}{2}\operatorname{sign}\cos\gamma\right|^{p'} dS_1\right\}^{1/p'}.$$

Wir wählen das oben genannte Koordinatensystem, so daß $\vartheta_1 = \gamma$ gilt. Das zweite Integral wird in die Gestalt

$$2\pi\int_0^\pi \left|\ln\frac{1}{|\cos\gamma|} - \frac{i\pi}{2}\operatorname{sign}\cos\gamma\right|^{p'} \sin^{m-2}\gamma\,d\gamma \int_0^\pi\cdots\int_0^\pi \sin^{m-3}\vartheta_2\ldots\sin\vartheta_{m-2}\,d\vartheta_2\ldots d\vartheta_{m-2}$$

überführt. Dies ist eine endliche Konstante, und unsere Behauptung ist bewiesen.

§ 5. Singuläre Integrale in L_2

Wir betrachten das singuläre Integral

$$v(x) = \int_{E_m} K(x - y)\, u(y)\, dy = \int_{E_m} \frac{f(\Theta)}{r^m}\, u(y)\, dy\,, \tag{1}$$

für das das Integrationsgebiet mit dem gesamten Raum E_m zusammenfällt. Wie im § 3 setzen wir voraus, daß die Charakteristik $f(\Theta)$ auf S_1 beschränkt ist, die Dichte $u \in \mathrm{Lip}_\alpha\, (E_m)$ ist und außerhalb einer gewissen Kugel verschwindet. Wir ermitteln die FOURIER-Transformierte des Integrals (1):

$$(Fv)\,(x) = (2\pi)^{-m/2} \int_{E_m} e^{-i(x,z)} \left\{\int_{E_m} K(z - y)\, u(y)\, dy\right\} dz\,.$$

Man sieht leicht ein, daß im Unendlichen $v(x) = O(|x^{-m}|)$ gilt und folglich die Funktion $v(x)$ im allgemeinen Fall im Raum E_m nicht summierbar ist. Gleichzeitig ist aber offensichtlich, daß $v \in L_2(E_m)$. Die FOURIER-Transformierte der Funktion $v(x)$ kann durch die Formel

$$(Fv)\,(x) = \lim_{N \to \infty} \int_{|z| < N} e^{-i(x,z)}\, v(z)\, dz$$

definiert werden, wobei der Grenzwert im Sinne der Konvergenz im Raum $L_2(E_m)$ verstanden wird.

Nach Formel (4.3) führen wir den Kern $K_{\varepsilon, N}$ ein und setzen

$$v_{\varepsilon, N}(x) = \int_{E_m} K_{\varepsilon, m}(x - y)\, u(y)\, dy\,.$$

Aus der Definition des singulären Integrals folgt

$$v_{\varepsilon, N}(x) \xrightarrow[\varepsilon \to 0,\, N \to \infty]{} v(x)\,.$$

Weiterhin gilt

$$(Fv_{\varepsilon, N})\,(x) = (2\pi)^{-m/2} \int_{E_m} e^{-i(x,z)} \left\{\int_{E_m} K_{\varepsilon, N}(z - y)\, u(y)\, dy\right\} dz =$$

$$= (2\pi)^{-m/2} \int_{E_m} u(y) \left\{\int_{E_m} K_{\varepsilon, N}(z - y)\, e^{-i(x,y)}\, dz\right\} dy\,.$$

Im inneren Integral substituieren wir $z - y = \xi$ und erhalten

$$(Fv_{\varepsilon, N})\,(x) = (2\pi)^{m/2}\, (FK_{\varepsilon, N})\,(x)\, (Fu)\,(x)\,.$$

Im vorigen Paragraphen wurde gezeigt, daß die Funktion

$$(FK_{\varepsilon, N})\,(x) \to (FK)\,(x) = (FK)\,(\Lambda)$$

und dabei, unabhängig von ε und N, beschränkt bleibt. In diesem Fall hat im Sinne der Konvergenz von $L_2(E_m)$ die Beziehung

$$(Fv_{\varepsilon, N})\,(x) \xrightarrow[\varepsilon \to 0,\, N \to \infty]{} (2\pi)^{m/2}\, (FK)\,(\Lambda)\, (Fu)\,(x)$$

Gültigkeit. Folglich gilt

$$(Fv)\,(x) = (2\pi)^{m/2}\, (FK)\,(\Lambda)\, (Fu)\,(x)\,. \tag{2}$$

Für Funktionen, die außerhalb einer gewissen Kugel verschwinden, kann mittels Formel (2) eine neue Darstellung des singulären Integrals gegeben werden:

$$v(x) = \int_{E_m} K(x - y)\, u(y)\, dy = (F^{-1}\Phi F u)\,(x)\,, \qquad \Phi = (2\pi)^{m/2}\, FK\,. \tag{3}$$

Wir betrachten einen Operator der Gestalt

$$(Au)(x) = au(x) + \int_{E_m} K(x-y)\, u(y)\, dy \tag{4}$$

mit

$$a = \text{const}\,, \qquad K(x-y) = r^{-m} f(\Theta)\,.$$

Derartige Operatoren werden wir *singuläre Operatoren* nennen. Den Operator (4) kann man in der Gestalt

$$A = F^{-1}\Phi_A F \tag{5}$$

darstellen, wobei

$$\Phi_A(\Lambda) = a + (2\pi)^{m/2}\,(FK)(\Lambda)\,. \tag{6}$$

Die Funktion $\Phi_A(\Lambda)$ heißt *Symbol* des Operators A. Man kann unschwer einsehen, daß $\Phi_A(\Lambda)$ alle im § 4, Kap. 7, aufgezählten Eigenschaften eines Symbols besitzt. In der Tat, ist

$$(Bu)(x) = bu(x) + \int_{E_m} L(x-y)\, u(y)\, dy\,; \qquad L(x-y) = r^{-m} g(\Theta)\,,$$

so ist

$$\big((A+B)\,u\big)(x) = (a+b)\,u(x) + \int_{E_m} [K(x-y) + L(x-y)]\, u(y)\, dy$$

und

$$\Phi_{A+B}(\Lambda) = a + b + (2\pi)^{m/2}\, F(K+L)(\Lambda) = \Phi_A(\Lambda) + \Phi_B(\Lambda)\,.$$

Ferner ist in Übereinstimmung mit Formel (5) $B = F^{-1}\Phi_B F$. Daraus ergibt sich sofort

$$AB = F^{-1}\Phi_A F F^{-1}\Phi_B F = F^{-1}\Phi_A\Phi_B F\,.$$

Hieraus ist ersichtlich, daß $\Phi_{AB} = \Phi_A\Phi_B$. Wir erwähnen noch, daß $BA = F^{-1}\Phi_A\Phi_B F = AB$ gilt, d. h., singuläre Operatoren der Gestalt (4) kommutieren miteinander. Wenn schließlich $A = I$ ist, so gilt $a = 1$ und $K(x-y) \equiv 0$; in diesem Falle ist $\Phi_A = \Phi_I = 1$.

Aus der Darstellung (5) ergibt sich unmittelbar der folgende Satz über die Beschränktheit des singulären Operators.

Satz 8.5.1. *Wenn das Symbol eines singulären Operators beschränkt ist, so ist der Operator im Raum $L_2(E_m)$ beschränkt, und seine Norm übersteigt nicht das Supremum der Werte des Symbols.*

In der Tat, sei $|\Phi_A(\Lambda)| \leqq M = \text{const}$. Nach Formel (5) ist $Au = F^{-1}\Phi_A Fu$. Unter Berücksichtigung der Beziehung $||F|| = ||F^{-1}|| = 1$ finden wir

$$||Au|| = ||\Phi_A Fu|| \leqq M||Fu|| = M||u||$$

und somit $||A|| \leqq M$.

Folgerung 8.5.1. *Wenn für die Charakteristik des singulären Operators* (4) *gilt $f \in L_p(S_1)$, $p > 1$, so ist dieser Operator in $L_2(E_m)$ beschränkt.*

Es sei noch einmal ausdrücklich darauf hingewiesen, daß Satz 8.5.1 und Folgerung 8.5.1 nur für singuläre Operatoren der Gestalt (4) bewiesen wurden, für die sowohl der Koeffizient a als auch die Charakteristik f nicht vom Pol x abhängen.

Der Satz 8.5.1 gestattet es, singuläre Operatoren der Gestalt (4), deren Symbol beschränkt ist, ohne Änderung der Norm auf den gesamten Raum $L_2(E_m)$ zu erweitern. Wenn wir im weiteren vom singulären Operator mit der Dichte $u \in L_2(E_m)$ sprechen, werden wir darunter die hier erwähnte Erweiterung verstehen.

Es sei Ω ein beliebiges Gebiet des Raumes E_m und $u \in L_2(\Omega)$. Das singuläre Integral

$$\int_\Omega \frac{f(\Theta)}{r^m} u(y)\, \mathrm{d}y\,, \qquad x \in \Omega\,, \tag{7}$$

erklären wir folgendermaßen: Wir setzen

$$u_1(y) = \begin{cases} u(y)\,, & y \in \Omega\,, \\ 0\,, & y \notin \Omega \end{cases}; \qquad v_1(x) = \int_{E_m} \frac{f(\Theta)}{r^m} u_1(y)\, \mathrm{d}y\,, \qquad x \in E_m\,, \tag{8}$$

und werden unter dem Integral (7) die Einschränkung der Funktion $v_1(x)$ auf das Gebiet Ω verstehen.

Satz 8.5.2. *Der singuläre Operator*

$$(A_\Omega u)\,(x) = au(x) + \int_\Omega \frac{f(\Theta)}{r^m} u(y)\, \mathrm{d}y\,, \qquad x \in \Omega\,, \tag{9}$$

ist in $L_2(\Omega)$ beschränkt, falls sein Symbol beschränkt ist.

Beweis. Wir setzen $\Phi(\Lambda) = a + (FK)\,(\Lambda)$, wobei $K(x-y) = r^{-m}f(\Theta)$. Die Funktion $\Phi(\Lambda)$ nennen wir, obwohl dies nicht ganz exakt ist, Symbol des Operators (9).

Unter Berücksichtigung der Beziehungen (8) erhalten wir auf Grund des Satzes 8.5.1

$$\int_{E_m} |v_1(x)|^2\, \mathrm{d}x \leqq M^2 \int_{E_m} |u_1(x)|^2\, \mathrm{d}x = M^2 \int_\Omega |u(x)|^2\, \mathrm{d}x\,.$$

Dann gilt erst recht

$$\int_\Omega |v_1(x)|^2\, \mathrm{d}x \leqq M^2 \int_\Omega |u(x)|^2\, \mathrm{d}x\,,$$

was zu beweisen war.

Bemerkung. Man kann auch in einem allgemeineren Fall eine hinreichende Bedingung für die Beschränktheit des singulären Operators in L_2 aufzeigen. Der singuläre Operator habe die Gestalt

$$(Au)\,(x) = a_0(x)\, u(x) + \int_{E_m} \frac{f(x,\Theta)}{r^m} u(y)\, \mathrm{d}y\,. \tag{10}$$

Möge ferner die Charakteristik in eine Reihe der Gestalt

$$f(x,\Theta) = \sum_{n=1}^{\infty} a_n(x)\, f_n(\Theta) \tag{11}$$

entwickelbar sein, wobei jede der Funktionen f_n die Bedingung (2.5) erfüllt, d. h.

$$\int_{S_1} f_n(\Theta)\, \mathrm{d}S_1 = 0\,.$$

Wir betrachten $f_n(\Theta)$ als Charakteristik eines gewissen singulären Integrals und konstruieren das entsprechende Symbol

$$\Phi_n(\Lambda) = \int_{S_1} \left[\ln \frac{1}{|\cos\gamma|} - \frac{i\pi}{2} \operatorname{sign} \cos\gamma\right] f_n(-\psi)\, \mathrm{d}S_1\,. \tag{12}$$

Der Operator (10) ist offenbar in $L_2(E_m)$ beschränkt, wenn die Reihe

$$\sup_{x\in E_m} |a_0(x)| + \sum_{n=1}^{\infty} \sup_{x\in E_m} |a_n(x)| \sup_{\Lambda\in S_1} |\Phi_n(\Lambda)| \tag{13}$$

konvergiert; dabei übersteigt die Norm des genannten Operators nicht die Summe der Reihe (13). Eine analoge Behauptung behält ihre Gültigkeit, wenn der Raum E_m durch eine beliebige seiner meßbaren Teilmengen Ω ersetzt wird.

Wir erwähnen noch folgenden Fall. Mit $\tilde{L}_2(S_1)$ bezeichnen wir den Teilraum der Funktionen aus $L_2(S_1)$, die zur 1 orthogonal sind; jede beliebige Funktion aus $\tilde{L}_2(S_1)$ erfüllt die Bedingung (2.5). Mögen die Funktionen f_n, die in die Reihenentwicklung (11) eingehen, dem Raum $\tilde{L}_2(S_1)$ angehören und in ihm ein orthonormales System bilden. Nach in § 4 Bewiesenem gilt $|\Phi_n(\Lambda)| \leqq C$, wobei C die Konstante ist, die gleich

$$\left\{2\pi \int_0^\pi \int_0^\pi \cdots \int_0^\pi \left| \ln \frac{1}{|\cos\gamma|} - \frac{i\pi}{2} \operatorname{sign} \cos\gamma \right|^2 \sin^{m-2}\gamma \times \right.$$
$$\left. \times \sin^{m-3}\vartheta_2 \ldots \sin\vartheta_{m-2} \, d\gamma \, d\vartheta_2 \ldots d\vartheta_{m-1} \right\}^{1/2}$$

ist. Unter diesen Voraussetzungen ist der Operator (10) in $L_2(E_m)$ beschränkt, wenn die Reihe

$$\sum_{n=0}^{\infty} \sup_{x \in E_m} |a_n(x)| \tag{14}$$

konvergiert; die Norm des Operators (10) übersteigt dabei nicht das Produkt der Summe der erwähnten Reihe mit der Konstanten C.

§ 6. Über die Differentiation von Integralen mit schwacher Singularität

Es sei Ω ein Gebiet des Raumes E_m, das wir der Einfachheit halber als beschränkt voraussetzen. Wir betrachten das schwach singuläre Integral

$$w(x) = \int_\Omega \frac{\varphi(x, \Theta)}{r^{m-1}} u(y) \, dy \; ; \qquad \Theta = \frac{y - x}{r}, \qquad x \in \Omega , \tag{1}$$

wobei die Funktion φ als Funktion der unabhängigen Veränderlichen x und Θ auf $\Omega \times S_1$ nach den cartesischen Koordinaten dieser Punkte stetig differenzierbar ist. Die formale Differentiation des Integrals (1) ergibt ein divergentes Integral.

Satz 8.6.1. *Es sei*

$$u \in \operatorname{Lip}_\alpha(\Omega) , \qquad 0 < \alpha < 1 , \tag{2}$$

und $\varphi(x, \Theta)$ genüge den oben aufgezählten Voraussetzungen. Dann existieren in Ω die stetigen Ableitungen $\frac{\partial w}{\partial x_j}$, $j = 1, \ldots, m$, wobei w das Integral (1) *ist; diese kann man nach der Formel*

$$\frac{\partial w}{\partial x_j} = \int_\Omega \frac{\partial}{\partial x_j} \left[\frac{\varphi(x, \Theta)}{r^{m-1}} \right] u(y) \, dy - u(x) \int_{S_1} \varphi(x, \Theta) \cos(r, x_j) \, dS_1 \tag{3}$$

berechnen, wobei das erste Integral ein singuläres ist. Wenn außerdem

$$\left| \frac{\partial^2}{\partial x_j \, \partial x_k} \left[\frac{\varphi(x, \Theta)}{r^{m-1}} \right] \right| \leqq \frac{C}{r^{m+1}} , \qquad C = \text{const} , \tag{4}$$

gilt und die Ableitungen (4) *für* $x \neq y$ *stetig sind, so ist* $\frac{\partial w}{\partial x_j} \in \mathrm{Lip}_\alpha\,(\Omega')$, *wobei* Ω' *ein beliebiges inneres Teilgebiet von* Ω *ist.*

Beweis. Zunächst ist $w(x) = \lim_{\varepsilon \to 0} w_\varepsilon(x)$ mit

$$w_\varepsilon(x) = \int_{\Omega \setminus (r<\varepsilon)} \frac{\varphi(x, \Theta)}{r^{m-1}}\, u(y)\, dy\,. \tag{5}$$

Formel (3.2) liefert

$$\frac{\partial w_\varepsilon}{\partial x_j} = \int_{\Omega \setminus (r<\varepsilon)} \frac{\partial}{\partial x_j}\left[\frac{\varphi(x, \Theta)}{r^{m-1}}\right] u(y)\, dy - \int_{r=\varepsilon} \varphi(x, \Theta) \cos\,(r, x_j)\, \varepsilon^{-(m-1)}\, u(y)\, dS_\varepsilon\,.$$

Weil $\varepsilon^{-(m-1)}\, dS_\varepsilon = dS_1$ ist und im zweiten Ausdruck $y = x + \varepsilon\Theta$, $\Theta \in S_1$, gilt, kann man der letzten Formel die Gestalt

$$\frac{\partial w_\varepsilon}{\partial x_j} = \int_{\Omega \setminus (r<\varepsilon)} \frac{\partial}{\partial x_j}\left[\frac{\varphi(x, \Theta)}{r^{m-1}}\right] u(y)\, dy - \int_{S_1} \varphi(x, \Theta)\, u(x + \varepsilon\Theta) \cos\,(r, x_j)\, dS_1 \tag{6}$$

geben.

Wir zeigen, daß für $\varepsilon \to 0$ der Ausdruck (6) gleichmäßig gegen die rechte Seite der Formel (3) konvergiert. Dies ist für das Oberflächenintegral in (6) offensichtlich; dieses konvergiert gleichmäßig gegen die Größe

$$u(x) \int_{S_1} \varphi(x, \Theta) \cos\,(r, x_j)\, dS_1\,.$$

Uns verbleibt, das Raumintegral zu untersuchen.

Wir führen folgende Bezeichnungen ein. Mit $\partial'\varphi/\partial x_j$ bezeichnen wir die Ableitung von φ, die unter der Voraussetzung ermittelt worden ist, daß r und Θ nicht von x_j abhängen, und mit $\partial''\varphi/\partial x_j$ die Ableitung, die unter der Voraussetzung berechnet worden ist, daß φ von x_j nur über r und Θ abhängt. Unter Berücksichtigung dieser Bezeichnungen gilt

$$\int_{\Omega \setminus (r<\varepsilon)} \frac{\partial}{\partial x_j}\left[\frac{\varphi(x, \Theta)}{r^{m-1}}\right] u(y)\, dy = \int_{\Omega \setminus (r<\varepsilon)} \frac{\partial'\varphi(x, \Theta)}{\partial x_j}\, \frac{1}{r^{m-1}}\, u(y)\, dy +$$
$$+ \int_{\Omega \setminus (r<\varepsilon)} \frac{\partial''}{\partial x_j}\left[\frac{\varphi(x, \Theta)}{r^{m-1}}\right] u(y)\, dy\,. \tag{7}$$

Das erste Integral rechts konvergiert gleichmäßig gegen das uneigentliche Integral

$$\int_{\Omega} \frac{\partial'\varphi(x, \Theta)}{\partial x_j}\, \frac{1}{r^{m-1}}\, u(y)\, dy\,.$$

Den Kern des zweiten Integrals kann man offenbar als $r^{-m} f(x, \Theta)$ darstellen. Wir zeigen, daß die so erhaltene Funktion $f(x, \Theta)$ die Bedingung (2.5) erfüllt. Die Numerierung der cartesischen Koordinatenachsen wählen wir zeitweilig so, daß $j = 1$ gilt. Wenn man nun nach den Formeln (2.1), Kap. 1, Kugelkoordinaten einführt, so hängt von x_1 nur r und ϑ_1 ab; die restlichen Winkelkoordinaten hängen von x_1 nicht ab.

In der Tat,

$$\vartheta_{m-1} = \operatorname{arc\,tan} \frac{y_m - x_m}{y_{m-1} - x_{m-1}}, \qquad \vartheta_{m-2} = \operatorname{arc\,tan} \frac{y_{m-1} - x_{m-1}}{(y_{m-2} - x_{m-2}) \cos \vartheta_{m-1}},$$

$$\ldots, \quad \vartheta_2 = \operatorname{arc\,tan} \frac{y_3 - x_3}{(y_2 - x_2) \cos \vartheta_3}.$$

In diesem Falle ist

$$f(x, \Theta) = -(m-1)\, \varphi(x, \Theta) \frac{\partial r}{\partial x_1} + r \frac{\partial \varphi}{\partial \vartheta_1} \frac{\partial \vartheta_1}{\partial x_1}.$$

Ferner gilt $\partial r/\partial x_1 = \dfrac{x_1 - y_1}{r} = \cos \vartheta_1$; nochmaliges Differenzieren ergibt

$$\sin \vartheta_1 \frac{\partial \vartheta_1}{\partial x_1} = \frac{1}{r} - \frac{(x_1 - y_1)^2}{r^3} = \frac{\sin^2 \vartheta_1}{r};$$

hieraus folgt $\partial \vartheta_1/\partial x_1 = r^{-1} \sin \vartheta_1$ und somit

$$f(x, \Theta) = (m-1)\, \varphi \cos \vartheta_1 + \frac{\partial \varphi}{\partial \vartheta_1} \sin \vartheta_1 .$$

Wir berechnen das Integral (2.5):

$$\int_{S_1} f(x, \Theta)\, dS_1 = \int_0^{2\pi} d\vartheta_{m-1} \int_0^{\pi} \sin \vartheta_{m-2}\, d\vartheta_{m-2} \ldots \int_0^{\pi} \sin^{m-3} \vartheta_2\, d\vartheta_2 \times$$

$$\times \int_0^{\pi} \left[(m-1)\, \varphi \cos \vartheta_1 + \frac{\partial \varphi}{\partial \vartheta_1} \sin \vartheta_1 \right] \sin^{m-2} \vartheta_1\, d\vartheta_1 .$$

Das innere Integral ist gleich

$$\int_0^{\pi} \frac{\partial}{\partial \vartheta_1} [\sin^{m-1} \vartheta_1 \varphi(x, \Theta)]\, d\vartheta_1 = 0 ,$$

und unsere Behauptung ist bewiesen.

Weil die Bedingung (2.5) erfüllt ist, konvergiert das zweite Integral rechts in der Formel (7) gegen das singuläre Integral

$$\int_{\Omega} \frac{\partial'}{\partial x_j} \left[\frac{\varphi(x, \Theta)}{r^{m-1}} \right] u(y)\, dy ,$$

und diese Konvergenz ist, wie in § 2 festgestellt wurde, gleichmäßig in jedem beliebigen inneren Teilgebiet $\overline{\Omega}'$ von Ω. Somit konvergiert in $\overline{\Omega}'$ der Ausdruck $\partial w_s/\partial x_j$ gleichmäßig gegen die rechte Seite der Formel (3). Hieraus folgt, daß in Ω die stetige Ableitung $\partial w/\partial x_j$ existiert und durch die Formel (3) bestimmt wird. Der erste Teil des Satzes ist bewiesen; der zweite ist eine einfache Folgerung aus dem Satz von GIRAUD.

Satz 8.6.2. *Es sei die Funktion $\varphi(\Theta)$ stetig und stetig nach den cartesischen Koordinaten des Punktes Θ auf S_1 differenzierbar; sei $u \in L_2(\Omega)$, wobei Ω ein beschränktes Gebiet des Raumes E_m ist. Das schwach singuläre Integral*

$$w(x) = \int_{\Omega} \frac{\varphi(\Theta)}{r^{m-1}} u(y)\, dy \tag{8}$$

besitzt verallgemeinerte erste Ableitungen $\partial w/\partial x_j \in L_2(\Omega)$, *die durch die Formel*

$$\frac{\partial w}{\partial x_j} = \int_\Omega \frac{\partial}{\partial x_j}\left[\frac{\varphi(\Theta)}{r^{m-1}}\right] u(y)\,\mathrm{d}y - u(x)\int_{S_1} \varphi(\Theta)\cos(r, x_j)\,\mathrm{d}S_1 \tag{9}$$

bestimmt sind.

Beweis. Wir mitteln die Funktion $u(x)$; sei $u_h(x)$ die entsprechende Mittelfunktion. Wir setzen

$$w(x, h) = \int_\Omega \frac{\varphi(\Theta)}{r^{m-1}} u_h(y)\,\mathrm{d}y\,. \tag{10}$$

Nach Satz 8.6.1 existieren in Ω die stetigen Ableitungen

$$\frac{\partial w(x, h)}{\partial x_j} = \int_\Omega \frac{\partial}{\partial x_j}\left[\frac{\varphi(\Theta)}{r^{m-1}}\right] u_h(y)\,\mathrm{d}y - u_h(x)\int_{S_1} \varphi(\Theta)\cos(r, x_j)\,\mathrm{d}S_1\,. \tag{11}$$

Wie aus Satz 8.5.2 folgt, ist der Operator im rechten Teil der Formel (9) in $L_2(\Omega)$ beschränkt; nach Satz 1.3.2 ist im Raume $L_2(\Omega)$ auch der Integraloperator (8) beschränkt. Andererseits gilt $u_h(x) \xrightarrow[h\to 0]{} u(x)$ in der Metrik des Raumes $L_2(\Omega)$ (Satz 2.3.3), folglich gilt $w(x, h) \to w(x)$ in $L_2(\Omega)$, und $\partial w(x, h)/\partial x_j$ konvergiert gegen die rechte Seite der Formel (9). Nunmehr folgen die Existenz der verallgemeinerten Ableitungen sowie die Formel (9) aus Satz 3.3.1.

Die Sätze 8.6.1 und 8.6.2 gelten auch für eindimensionale Integrale, wenn $\frac{1}{r^{m-1}}$ durch $\ln\frac{1}{r}$ ersetzt wird.

TEIL II

ALLGEMEINES ÜBER PARTIELLE DIFFERENTIALGLEICHUNGEN

KAPITEL 9

DIFFERENTIALGLEICHUNGEN UND RANDWERTAUFGABEN

§ 1. Der Differentialausdruck und die Differentialgleichung

Die allgemeinste partielle Differentialgleichung für eine gesuchte Funktion $u(x_1, x_2, \dots, x_m)$ von m unabhängigen Veränderlichen ist von der Gestalt

$$F\left(x_1, x_2, \dots, x_m, u, \frac{\partial u}{\partial x_1}, \dots, \frac{\partial u}{\partial x_m}, \frac{\partial^2 u}{\partial x_1^2}, \dots, \frac{\partial^k u}{\partial x_m^k}\right) = 0 . \tag{1}$$

Die höchste Ordnung k der in die Differentialgleichung eingehenden Ableitungen der gesuchten Funktion heißt *Ordnung* der Differentialgleichung. Die allgemeine Gestalt eines *Systems* von partiellen Differentialgleichungen läßt sich ebenfalls leicht angeben.

In diesem Buch werden fast ausschließlich *lineare partielle Differentialgleichungen zweiter Ordnung* betrachtet. Das System $(x_1, x_2, \dots, x_m)$ der Werte der unabhängigen Veränderlichen betrachten wir, wie bereits in den vorangegangenen Kapiteln, als Punkt x des m-dimensionalen euklidischen Raumes E_m mit den Koordinaten $x_1, x_2, \dots, x_m$.

In den bei physikalischen Problemen auftretenden Gleichungen sind die unabhängigen Veränderlichen des öfteren die Zeit und die Raumkoordinaten; für deren Bezeichnung benutzen wir gelegentlich die Buchstaben t, x, y, z.

Eine lineare Differentialgleichung zweiter Ordnung für die gesuchte Funktion u der unabhängigen Veränderlichen $x_1, x_2, \dots, x_m$ ist im allgemeinsten Fall von der Gestalt

$$\sum_{j,k=1}^{m} A_{jk}(x) \frac{\partial^2 u}{\partial x_j \, \partial x_k} + \sum_{k=1}^{m} A_k(x) \frac{\partial u}{\partial x_k} + A_0(x)\, u = f(x) , \tag{2}$$

dabei sind A_{jk}, A_k, A_0 und f gegebene Funktionen von x.

Gleichung (2) enthält in Wirklichkeit für $j \neq k$ nicht die einzelnen Summanden $A_{jk} \dfrac{\partial^2 u}{\partial x_j \, \partial x_k}$ und $A_{kj} \dfrac{\partial^2 u}{\partial x_k \, \partial x_j}$, sondern deren Summe

$$(A_{jk} + A)_{kj} \frac{\partial^2 u}{\partial x_j \, \partial x_k} .$$

Da sich der Ausdruck $A_{jk} + A_{kj}$ auf willkürliche Weise in zwei Summanden zerlegen läßt, kann man stets

$$A_{kj}(x) = A_{jk}(x) \tag{3}$$

annehmen, so daß die aus den Koeffizienten der zweiten Ableitungen bestehende Matrix (die sogenannte *Koeffizientenmatrix des Hauptteiles*) symmetrisch ist. Die genannte Matrix wird im weiteren eine sehr wichtige Rolle spielen.

Die linke Seite der Gleichung (2) heißt *Differentialausdruck zweiter Ordnung.*

Die in die Gleichung (2) eingehende Funktion $f(x)$ nennen wir die *rechte Seite* dieser Gleichung. Wie gewöhnlich unterscheidet man zwischen der homogenen Gleichung ($f(x) \equiv 0$) und der inhomogenen Gleichung ($f(x) \not\equiv 0$).

Wir betrachten einige Beispiele.

1. Die *Saitenschwingungsgleichung*

$$\frac{\partial^2 u}{\partial t^2} - a^2 \frac{\partial^2 u}{\partial x^2} = f(x, t) . \tag{4}$$

Dabei ist $m = 2$; die rechte Seite $f(x, t)$ ist der zur Zeit t im Punkt x auf die Saite einwirkenden äußeren Kraft proportional. Die Koeffizientenmatrix des Hauptteiles hat die Gestalt

$$\begin{pmatrix} 1 & 0 \\ 0 & -a^2 \end{pmatrix} . \tag{5}$$

In dem weniger einfachen Fall, wo die Saite in einem Medium mit einem der Geschwindigkeit proportionalen Widerstand schwingt, lautet die Schwingungsgleichung

$$\frac{\partial^2 u}{\partial t^2} - a^2 \frac{\partial^2 u}{\partial x^2} + h \frac{\partial u}{\partial t} = f(x, t) , \qquad h = \text{const} . \tag{6}$$

Die Koeffizientenmatrix des Hauptteiles ist nach wie vor von der Gestalt (5).

2. Die *Membranschwingungsgleichung*

$$\frac{\partial^2 u}{\partial t^2} - a^2 \left(\frac{\partial^2 u}{\partial x^2} + \frac{\partial^2 u}{\partial y^2} \right) = f(x, y, t) . \tag{7}$$

Die Koeffizientenmatrix des Hauptteiles hat in diesem Fall die Gestalt

$$\begin{pmatrix} 1 & 0 & 0 \\ 0 & -a^2 & 0 \\ 0 & 0 & -a^2 \end{pmatrix} . \tag{8}$$

3. Für die *Wärmeleitungsgleichung*

$$k \frac{\partial u}{\partial t} - \left(\frac{\partial^2 u}{\partial x^2} + \frac{\partial^2 u}{\partial y^2} + \frac{\partial^2 u}{\partial z^2} \right) = f(x, y, z, t) \tag{9}$$

besitzt die Koeffizientenmatrix des Hauptteiles folgende Gestalt

$$\begin{pmatrix} 0 & 0 & 0 & 0 \\ 0 & -1 & 0 & 0 \\ 0 & 0 & -1 & 0 \\ 0 & 0 & 0 & -1 \end{pmatrix} . \tag{10}$$

4. Für die LAPLACE-Gleichung

$$\Delta u = \sum_{k=1}^{m} \frac{\partial^2 u}{\partial x_k^2} = f(x) \tag{11}$$

ist die Koeffizientenmatrix des Hauptteiles die Einheitsmatrix der Ordnung m.

5. Die Differentialgleichung

$$(1 + y^2) \frac{\partial^2 u}{\partial x^2} - 2xy \frac{\partial^2 u}{\partial x \, \partial y} + (1 + x^2) \frac{\partial^2 u}{\partial y^2} = 0 \tag{12}$$

besitzt die folgende Koeffizientenmatrix des Hauptteiles:

$$\begin{pmatrix} 1 + y^2 & -xy \\ -xy & 1 + x^2 \end{pmatrix}. \tag{13}$$

§ 2. Die Klassifizierung der Differentialgleichungen zweiter Ordnung

Die partiellen Differentialgleichungen zweiter Ordnung werden in Abhängigkeit von den Eigenschaften der Eigenwerte ihrer Koeffizientenmatrix des Hauptteiles in Klassen eingeteilt.

Wir erinnern daran, daß die Eigenwerte einer Matrix

$$A = \begin{pmatrix} A_{11} & A_{12} \dots A_{1n} \\ A_{21} & A_{22} \dots A_{2n} \\ \dots & \dots \\ A_{n1} & A_{n2} \dots A_{nn} \end{pmatrix}$$

die Wurzeln der Gleichung

$$\operatorname{Det}(A - \lambda I) = \begin{vmatrix} A_{11} - \lambda & A_{12} & \dots A_{1n} \\ A_{21} & A_{22} - \lambda & \dots A_{2n} \\ \dots & \dots & \dots \\ A_{n1} & A_{n2} & \dots A_{nn} - \lambda \end{vmatrix} = 0$$

darstellen; dabei bedeutet I die Einheitsmatrix. Die Eigenwerte einer symmetrischen Matrix sind reell.

Wir betrachten jetzt folgende Differentialgleichung, die etwas allgemeiner als die Gleichung (1.2) ist:

$$\sum_{j,k=1}^{m} A_{jk}(x) \frac{\partial^2 u}{\partial x_j \, \partial x_k} + \Phi\left(x_1, x_2, \dots, x_m, u, \frac{\partial u}{\partial x_1}, \frac{\partial u}{\partial x_2}, \dots, \frac{\partial u}{\partial x_m}\right) = 0\,, \tag{1}$$

wobei Φ eine beliebige Funktion ihrer Argumente ist. Da die Matrix des Hauptteiles dieser Gleichung symmetrisch ist, sind alle ihre Eigenwerte reell. Wir halten einen gewissen Punkt x, in welchem die Koeffizienten der Gleichung (1) definiert sind, fest. In diesem Punkt besitze die Koeffizientenmatrix des Hauptteiles dieser Gleichung α positive, β negative Eigenwerte, und γ Eigenwerte seien gleich Null; dann gilt offenbar

$$\alpha + \beta + \gamma = m\,.$$

In diesem Fall sagen wir, Gleichung (1) *gehöre* in dem betrachteten Punkt x *zum Typ* (α, β, γ). Gleichung (1) gehört zum Typ (α, β, γ) auf einer gewissen Punktmenge, wenn sie in jedem Punkt dieser Menge zum Typ (α, β, γ) gehört. Wenn die Koeffizienten A_{jk} der Gleichung (1) konstant sind, dann ist offenbar der Typ dieser Gleichung ein und derselbe im ganzen Raum. Wenn man bei sämtlichen Gliedern der Differentialgleichung das Vorzeichen ändert, dann wechseln die Zahlen α und β ihre Stellung; wir werden deshalb die Typen (α, β, γ) und (β, α, γ) identifizieren.

Als Beispiele betrachten wir die in den Abschnitten 1 bis 5 des vorangegangenen Paragraphen angegebenen Gleichungen. In den Beispielen 1 bis 4 besitzen die Koeffizientenmatrizen des Hauptteiles Diagonalgestalt, ihre Eigenwerte stimmen deshalb mit den Elementen der Hauptdiagonalen überein. Daraus ergibt sich unmittelbar, daß in einem beliebigen Punkt des Raumes die Saitenschwingungsgleichung zum

Typ (1, 1, 0), die Membranschwingungsgleichung zum Typ (2, 1, 0), die Wärmeleitungsgleichung zum Typ (3, 0, 1) und die LAPLACE-Gleichung des m-dimensionalen Raumes zum Typ $(m, 0, 0)$ gehören.

Die Eigenwerte der Matrix (1.13) sind die Nullstellen der Gleichung

$$\begin{vmatrix} 1 + y^2 - \lambda & -xy \\ -xy & 1 + x^2 - \lambda \end{vmatrix} = 0 ,$$

diese sind gleich

$$\lambda_1 = 1 + x^2 + y^2 , \qquad \lambda_2 = 1 .$$

Daraus ersieht man, daß in einem beliebigen Punkt (x, y) die Gleichung (1.12) zum Typ (2, 0, 0) gehört.

Es ist nicht schwer, Gleichungen anzugeben, deren Typ in verschiedenen Punkten verschieden sein kann. Eine solche Gleichung ist z. B. die TRICOMI-*Gleichung*

$$y \frac{\partial^2 u}{\partial x^2} + \frac{\partial^2 u}{\partial y^2} = 0 . \tag{2}$$

Ihre Koeffizientenmatrix des Hauptteiles

$$\begin{pmatrix} y & 0 \\ 0 & 1 \end{pmatrix}$$

besitzt die Eigenwerte $\lambda_1 = 1$ und $\lambda_2 = y$; die genannte Gleichung gehört somit zum Typ (2, 0, 0) für $y > 0$, zum Typ (1, 1, 0) für $y < 0$ und zum Typ (1, 0, 1) für $y = 0$.

Drei der hier betrachteten Typen partieller Differentialgleichungen spielen in der mathematischen Physik eine besondere Rolle.

A) Der Typ $(m, 0, 0) = (0, m, 0)$ heißt *elliptisch*. Gleichung (1) gehört folglich in einem gegebenen Punkt zum elliptischen Typ, wenn in diesem Punkt sämtliche Eigenwerte der Koeffizientenmatrix des Hauptteiles von Null verschieden sind und ein und dasselbe Vorzeichen besitzen.

Das wichtigste Beispiel einer Differentialgleichung vom elliptischen Typ ist die LAPLACE-*Gleichung*. Elliptisch ist auch die Gleichung (1.12) und für $y > 0$ auch die TRICOMI-*Gleichung*.

B) Der Typ $(m - 1, 0, 1) = (0, m - 1, 1)$ heißt *parabolisch*. Gleichung (1) gehört also in einem gewissen Punkt zum parabolischen Typ, wenn in diesem Punkt ein Eigenwert der Koeffizientenmatrix des Hauptteiles gleich Null ist und alle übrigen Eigenwerte von Null verschieden sind und ein gemeinsames Vorzeichen besitzen.

Das wichtigste Beispiel einer parabolischen Gleichung ist die *Wärmeleitungsgleichung*, welche wir hier in der Form

$$k \frac{\partial u}{\partial x_m} - \sum_{j=1}^{m-1} \frac{\partial^2 u}{\partial x_j^2} = f(x) \tag{3}$$

darstellen. Weiter unten (siehe Teil IV) geben wir dieser Gleichung sowie auch der Wellengleichung (siehe Abschnitt C) eine etwas andere Gestalt. Ein Spezialfall der Gleichung (3) ist Gleichung (1.9). Zum parabolischen Typ zählt auch die TRICOMI-Gleichung für $y = 0$.

C) Der Typ $(m - 1, 1, 0) = (1, m - 1, 0)$ heißt *hyperbolisch*. Gleichung (1) ist folglich hyperbolisch in einem gegebenen Punkt, wenn in diesem Punkt sämtliche

Eigenwerte der Koeffizientenmatrix der Hauptteiles von Null verschieden sind und wenn sich eine dieser Zahlen von allen übrigen durch ihr Vorzeichen unterscheidet.

Das wichtigste Beispiel einer hyperbolischen Gleichung ist die *Wellengleichung*

$$\frac{\partial^2 u}{\partial x_m^2} - \sum_{k=1}^{m-1} \frac{\partial^2 u}{\partial x_k^2} = f(x) . \tag{4}$$

Spezialfälle dieser Gleichung sind die Schwingungsgleichungen für die Saite und für die Membran. Zum hyperbolischen Typ gehört auch die TRICOMI-Gleichung für $y < 0$.

Die Wichtigkeit der hier ausgezeichneten drei Typen von partiellen Differentialgleichungen — des elliptischen, des parabolischen und des hyperbolischen Typs — wird durch zwei Umstände bestimmt. Einerseits führen alle bislang aus der Physik bekannten Probleme in der Regel auf Gleichungen der genannten Typen; andererseits existiert für diese Gleichungen eine weitaus vollständigere Theorie als für die partiellen Differentialgleichungen anderer Typen.

Gleichungen des Typs $(\alpha, \beta, 0)$ mit $\alpha \geqq 2$ und $\beta \geqq 2$ vereinigt man häufig unter dem allgemeinen Begriff der *ultrahyperbolischen* Differentialgleichungen. Die einfachste ultrahyperbolische Gleichung hat die Gestalt

$$\frac{\partial^2 u}{\partial x_1^2} + \frac{\partial^2 u}{\partial x_2^2} - \frac{\partial^2 u}{\partial x_3^2} - \frac{\partial^2 u}{\partial x_4^2} = 0 .$$

Die elliptischen, parabolischen und hyperbolischen Gleichungen werden wir als Gleichungen der mathematischen Physik betrachten.

Es existieren ziemlich viele Arbeiten, welche den Gleichungen vom sogenannten „gemischten" Typ, d. h. solchen Gleichungen, deren Typ sich von Punkt zu Punkt ändern kann, gewidmet sind. Ausführlicher kann man darüber in [3] und [4] nachlesen. Des weiteren ist eine Reihe von Arbeiten erschienen, in denen Gleichungen des Typs $(\alpha, 0, \gamma)$ (sog. „elliptisch-parabolische Gleichungen") untersucht werden. Von den neueren Arbeiten dieser Richtung möchten wir auf [2] verweisen.

Wenn die Gleichung (1) zu einem gewissen Typ (α, β, γ) gehört, so werden wir sagen, daß der auf der linken Seite dieser Gleichung stehende Differentialausdruck zu dem gleichen Typ gehört. Im besonderen kann man von elliptischen, parabolischen und hyperbolischen Differentialausdrücken sprechen.

Die Einteilung in Klassen kann man auch auf *allgemeine nichtlineare Differentialausdrücke* zweiter Ordnung übertragen; in diesem Fall erweist es sich, daß der Typ nicht nur vom Punkt des Raumes abhängt, sondern auch von der Funktion, die in den Differentialausdruck eingesetzt wird.

Sei $u(x)$ eine gewisse Funktion. Wir führen die Bezeichnungen $p_j = \frac{\partial u}{\partial x_j}$, $p_{jk} = \frac{\partial^2 u}{\partial x_j \partial x_k}$ ein und betrachten den nichtlinearen Differentialausdruck

$$F(x, u, p_1, \dots, p_m, p_{11}, p_{12}, \dots, p_{mm}) \tag{5}$$

sowie die symmetrische Matrix $||A_{jk}(x, u)||_{j,k=1}^{j,k=m}$ mit

$$A_{jk}(x, u) = \begin{cases} \dfrac{\partial F}{\partial p_{jj}}, & k = j , \\ \dfrac{1}{2} \dfrac{\partial F}{\partial p_{jk}}, & k \neq j . \end{cases} \tag{6}$$

Wir sagen, daß im Punkt x und auf der Funktion u der Differentialausdruck (5) zum Typ (α, β, γ) gehört, wenn die Matrix der Größen (6) α positive, β negative Eigenwerte besitzt sowie γ Eigenwerte aufweist, die gleich Null sind. Wie im linearen Fall sehen wir (α, β, γ) und (β, α, γ) als identisch an. Fernerhin nennen wir den Ausdruck (5) im Punkte x und auf der Funktion u elliptisch, parabolisch oder hyperbolisch, wenn entsprechend (α, β, γ) mit $(m, 0, 0)$, $(m - 1, 0, 1)$ oder $(m - 1, 1, 0)$ übereinstimmt.

Es ist natürlich, den Begriff des Typs auch auf Gleichungen der Gestalt

$$F(x, u, p_1, \dots, p_m, p_{11}, p_{12}, \dots, p_{mm}) = 0 \tag{7}$$

zu übertragen. Dabei ist es vorteilhaft, den Typ der Gleichung nicht auf einer beliebigen Funktion, sondern nur auf den Lösungen dieser Gleichung zu definieren. Im speziellen ist die Gleichung (7) im Punkt x und auf einer gewissen Lösung elliptisch, parabolisch oder hyperbolisch, wenn der Differentialausdruck F im Punkt x und auf der Funktion u elliptisch, parabolisch oder hyperbolisch ist.

Als Beispiel betrachten wir die *Gleichung der minimalen Oberflächen*

$$\left[1 + \left(\frac{\partial u}{\partial x_2}\right)^2\right]\frac{\partial^2 u}{\partial x_1^2} - 2\frac{\partial u}{\partial x_1}\frac{\partial u}{\partial x_2}\frac{\partial^2 u}{\partial x_1\,\partial x_2} + \left[1 + \left(\frac{\partial u}{\partial x_1}\right)^2\right]\frac{\partial^2 u}{\partial x_2^2} = 0\,, \tag{8}$$

die in der Geometrie eine wichtige Rolle spielt. In diesem Fall hat die Matrix (6) die Gestalt

$$\begin{pmatrix} 1 + p_2^2 & -p_1p_2 \\ -p_1p_2 & 1 + p_1^2 \end{pmatrix}, \qquad p_1 = \frac{\partial u}{\partial x_1}, \qquad p_2 = \frac{\partial u}{\partial x_2};$$

ihre Eigenwerte $1 + p_1^2 + p_2^2$ und 1 sind positiv. Daraus folgt, daß in jedem beliebigen Punkt der Ebene E_2 und auf jeder beliebigen ihrer Lösungen die Gleichung der minimalen Oberflächen elliptisch ist.

Als zweites Beispiel betrachten wir in der zweidimensionalen Ebene die Monge-Ampèresche *Gleichung*

$$rt - s^2 = f(x_1, x_2)\,, \tag{9}$$

wobei in Übereinstimmung mit den in der Differentialgeometrie gebräuchlichen Bezeichnungen

$$r = p_{11} = \frac{\partial^2 u}{\partial x_1^2}, \qquad s = p_{12} = \frac{\partial^2 u}{\partial x_1\,\partial x_2}, \qquad t = p_{22} = \frac{\partial^2 u}{\partial x_2^2}$$

gesetzt wurde.

Die Matrix (6) hat für die Gleichung (9) die Gestalt

$$\begin{pmatrix} t & -s \\ -s & r \end{pmatrix};$$

ihre Eigenwerte sind die Wurzeln der Gleichung $\lambda^2 - (r + t)\,\lambda + rt - s^2 = 0$ oder $\lambda^2 - (r + t)\,\lambda + f(x_1, x_2) = 0$. Daraus folgt, daß in jedem beliebigen Punkt (x_1, x_2) und auf jeder ihrer Lösungen die Monge-Ampèresche Gleichung elliptisch ist, falls $f(x_1, x_2) > 0$ gilt, parabolisch ist, falls $f(x_1, x_2) = 0$ gilt, und hyperbolisch ist, wenn $f(x_1, x_2) < 0$ gilt.

§ 3. Randbedingungen und Randwertaufgaben

Um ein physikalisches Problem vollständig beschreiben zu können, genügt es nicht, sich allein auf eine Differentialgleichung zu beschränken; man muß vielmehr gewisse

Zusatzbedingungen stellen, welche gewöhnlich den Charakter von sogenannten Randbedingungen tragen.

Wir wollen das soeben Gesagte an einigen einfachen Beispielen erläutern. Die Schwingungen einer Saite werden durch die uns bereits bekannte Differentialgleichung

$$\frac{\partial^2 u}{\partial t^2} - a^2 \frac{\partial^2 u}{\partial x^2} = f(x, t) \tag{1}$$

beschrieben.

Wir nehmen an, die Saite habe die Länge l und nehme im Gleichgewichtszustand den Abschnitt $[0, l]$ der x-Achse ein. Weiterhin nehmen wir an, daß die Saite zu der Zeit $t = 0$ aus dem Gleichgewicht gebracht wird und zu schwingen beginnt. Das Pro-

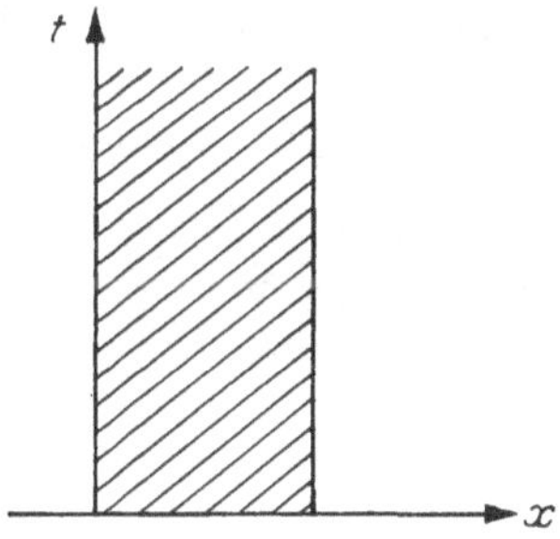

Abb. 13

blem besteht darin, den Ausschlag $u(x, t)$ zu bestimmen, den der Punkt der Saite mit einer beliebigen Abszisse $x \in [0, l]$ zu einem beliebigen Zeitpunkt $t > 0$ besitzt. Mit anderen Worten, die der Gleichung (1) genügende Funktion $u(x, t)$ ist in dem in der Abb. 13 schraffierten Gebiet zu bestimmen; der Rand dieses Gebietes besteht aus dem Abschnitt $[0, l]$ der x-Achse und den zwei Halbgeraden $x = 0, t > 0$ und $x = l, t > 0$.

Die natürlichen Vorgaben der Differentialgleichung (1) sind die Größe a^2, welche in bestimmter Weise von den physikalischen Eigenschaften der Saite (wie deren Dichte und Spannung) abhängt, und die Funktion $f(x, t)$, welche die zu der Zeit t auf den Punkt x der Saite einwirkende äußere Kraft charakterisiert. Gleichung (1) enthält jedoch keinerlei Informationen darüber, auf welche Weise die Saite aus dem Gleichgewicht gebracht wurde. Sie enthält auch keine Information über den Zustand der Endpunkte der Saite; diese können fest eingespannt oder auch frei sein; schließlich kann es vorkommen, daß die Endpunkte der Saite zwar nicht befestigt, aber deren Verschiebungen gewissen Einschränkungen unterworfen sind. Die genannte Information muß also zusätzlich gegeben werden. Die Saite kann aus dem Gleichgewicht gebracht werden, indem man ihren Punkten eine Anfangslage oder eine Anfangsgeschwindigkeit oder beides erteilt. Der Punkt x der Saite, $0 \leqq x \leqq l$, besitze eine Anfangslage $\varphi_0(x)$ und eine Anfangsgeschwindigkeit $\varphi_1(x)$. Dann hat die gesuchte Funktion $u(x, t)$ folgende Beziehungen zu erfüllen:

$$u\Big|_{t=0} = \varphi_0(x), \; \frac{\partial u}{\partial t}\Big|_{t=0} = \varphi_1(x)\,, \qquad 0 \leqq x \leqq l\,. \tag{2}$$

Des weiteren seien die Schwingungsgesetze für die Endpunkte der Saite bekannt: Zu der Zeit $t \geqq 0$ sei der Ausschlag des linken Endpunktes der Saite gleich $\psi_1(t)$ und der des rechten Endpunktes gleich $\psi_2(t)$. Dann müssen außerdem die Bedingungen

$$u|_{x=0} = \psi_1(t)\,, \qquad u|_{x=l} = \psi_2(t) \tag{3}$$

erfüllt sein.

Die Bedingungen (3) sind überflüssig, wenn die Saite unendlich ist, d. h. wenn sie im Gleichgewichtszustand die gesamte x-Achse ausfüllt.

Die Zusatzbedingungen (2) und (3) müssen für $t = 0$, $x = 0$ und $x = l$, d. h. also auf dem Rand des Gebietes, in welchem die Funktion $u(x, t)$ gesucht ist (siehe Abb. 13), erfüllt sein. Aus diesem Grund heißen die genannten Bedingungen auch Randbedingungen.

Wir bemerken noch, daß die Bedingungen (2) und (3) nicht völlig unabhängig voneinander sind: Wenn man verlangt, daß die gesuchte Funktion $u(x, t)$ nicht nur im Inneren, sondern auch auf dem Rande ihres Definitionsgebietes stetig ist, dann gilt notwendigerweise

$$\varphi_0(0) = \psi_1(0)\,, \qquad \varphi_0(l) = \psi_2(0)\,. \tag{4}$$

Die Beziehungen (4) heißen *Verträglichkeitsbedingungen*. Sie ergeben sich auf Grund der Forderung nach der Stetigkeit des Ausschlages der Endpunkte der Saite zur Zeit $t = 0$. Wenn man verlangt, daß auf dem Rande des Gebietes (Abb. 13) auch einige Ableitungen der Funktion $u(x, t)$ stetig sind, dann können neue Verträglichkeitsbedingungen entstehen. So muß

$$\varphi_1(0) = \psi_1'(0)\,, \qquad \varphi_1(l) = \psi_2'(0) \tag{4a}$$

gelten, wenn man die Stetigkeit der ersten Ableitungen verlangt. Fordert man die Stetigkeit der zweiten Ableitungen, dann entstehen die Bedingungen

$$\psi_1''(0) - a^2\varphi_0''(0) = f(0, 0)\,, \qquad \psi_2''(0) - a^2\varphi_0''(l) = f(l, 0)\,. \tag{4b}$$

Weiter unten (siehe Teil IV) zeigen wir, daß Gleichung (1) unter hinreichend schwachen Voraussetzungen eine und nur eine Lösung besitzt, welche den Randbedingungen (2) und (3) genügt. Dies bedeutet, daß die Gleichungen (1) bis (3) alle Information, die zur Untersuchung der Schwingungsgleichung notwendig ist, enthalten (Eindeutigkeit der Lösung) und daß sie keine überflüssige, widersprüchliche Information beinhalten (Existenz der Lösung).

Wir betrachten noch ein weiteres Beispiel. Ein gewisser homogener, isotroper Körper fülle im dreidimensionalen Raum ein Gebiet Ω aus, welches durch die Fläche Γ berandet wird. Wir nehmen an, daß in diesem Körper Wärmequellen mit einer von der Zeit unabhängigen Intensität $F(x) = F(x_1, x_2, x_3)$ verteilt sind. Letzteres bedeutet, daß in jedem Zeitabschnitt der Länge δt in einem beliebigen Teilgebiet $\Omega' \subset \Omega$ eine Wärmemenge von der Größe

$$\delta t \int_{\Omega'} F(x)\,\mathrm{d}x$$

frei wird. Wir nehmen an, daß in dem Körper eine stationäre, d. h. von der Zeit unabhängige Temperaturverteilung festgestellt wurde. Dann genügt die Temperatur in dem Punkt $x = (x_1, x_2, x_3)$ des Körpers der LAPLACE-Gleichung

$$\frac{\partial^2 u}{\partial x_1^2} + \frac{\partial^2 u}{\partial x_2^2} + \frac{\partial^2 u}{\partial x_3^2} = -f(x)\,; \tag{5}$$

dabei unterscheidet sich die Funktion $f(x)$ nur durch einen konstanten Faktor von $F(x)$. Die Differentialgleichung (5) allein reicht aber nicht aus, um die Temperaturverteilung in dem Körper Ω vollständig zu bestimmen; letzteres sieht man zumindest daran, daß Gleichung (5) eine unendliche Lösungsmenge besitzt. Es ist also eine zusätzliche Information erforderlich. Diese kann man zum Beispiel wie folgt erhalten: Da die Oberfläche Γ des betrachteten Körpers für Beobachtungen zugängig ist, kann in jedem ihrer Punkte die Temperatur gemessen werden. Wir nehmen an, daß wir die Temperatur in allen Punkten der Fläche Γ festgestellt haben; in dem Punkt $x \in \Gamma$ sei die Temperatur u gleich $\varphi(x)$. Dann erhalten wir folgende zusätzliche Randbedingung:

$$u|_\Gamma = \varphi(x), \qquad x \in \Gamma. \tag{6}$$

Im Teil III werden wir zeigen, daß das Problem (5), (6) unter hinreichend allgemeinen Voraussetzungen eine und nur eine Lösung besitzt.

Wenn es sich um einen inhomogenen und anisotropen Körper handelt, dann gelangen wir nicht zu der Gleichung (5), sondern zu einer allgemeineren Gleichung der Gestalt

$$-\sum_{j,k=1}^{3} \frac{\partial}{\partial x_j}\left(A_{jk}(x)\right)\frac{\partial u}{\partial x_k} = f(x), \tag{7}$$

die, ebenso wie Gleichung (5), eine elliptische Differentialgleichung darstellt. Das Problem der Integration der Gleichung (7) (insbesondere der LAPLACE-Gleichung (5)) bei der Randbedingung (6) heißt DIRICHLET*sches Problem.*

Die Zusatzinformation für Gleichung (7) kann auch in Form von Randbedingungen gegeben werden, welche sich von der Bedingung (6) unterscheiden. Wenn z. B. bekannt ist, daß im Punkt $x \in \Gamma$ die Intensität des Wärmeflusses gleich einer gegebenen Funktion $\Psi(x)$ ist, dann gilt

$$\left[\sum_{j,k=1}^{3} A_{jk}\frac{\partial u}{\partial x_k}\cos(\nu, x_j)\right]_\Gamma = \psi(x). \tag{8}$$

Dabei unterscheidet sich $\psi(x)$ nur durch einen konstanten Faktor von der Funktion $\Psi(x)$, und ν bedeutet die äußere Normale zur Fläche Γ. Für die LAPLACE-Gleichung gilt speziell

$$A_{jk} = \delta_{jk} = \begin{cases} 0, & j \neq k, \\ 1, & j = k, \end{cases}$$

und die Randbedingung (8) nimmt in diesem Fall die Gestalt

$$\left.\frac{\partial u}{\partial \nu}\right|_\Gamma = \psi(x) \tag{9}$$

an. Das Problem (7), (8) [insbesondere also das Problem (5), (9)] nennt man NEUMANN*sches Problem.*

Das DIRICHLETsche und das NEUMANNsche Problem lassen sich nicht nur im dreidimensionalen, sondern auch in einem beliebigen m-dimensionalen Raum formulieren.

Wir geben jetzt die allgemeine Definition des Begriffes der Randbedingungen sowie einer Randwertaufgabe.

Gegeben sei eine gewisse partielle Differentialgleichung

$$Lu = f(x). \tag{10}$$

Wir nehmen an, die Lösung dieser Gleichung sei in einem gewissen Gebiet Ω des Raumes E_m zu bestimmen; den Rand dieses Gebietes bezeichnen wir mit Γ. Auf dem ganzen Rand Γ oder auf einem gewissen Teil davon seien die Werte eines oder auch einiger Differentialausdrücke für die gesuchte Funktion u der Gestalt

$$G_k u|_\Gamma = \varphi_k(x)\,, \qquad k = 1, 2, \ldots, l\,, \tag{11}$$

vorgegeben. Die Gleichungen (11) heißen *Randbedingungen*, und das Problem der Integration der Differentialgleichung (10) unter den Randbedingungen (11) heißt *Randwertaufgabe*.

§ 4. Das Cauchysche Problem

Für Gleichung (1.2) wird das Cauchysche Problem folgendermaßen formuliert: Im $(x_1, x_2, \ldots, x_m)$-Raum sei eine gewisse glatte Fläche Γ gegeben. Mit jedem Punkt $x \in \Gamma$ (x habe die Koordinaten $x_1, x_2, \ldots, x_m$) sei eine gewisse Richtung λ, die keine Tangente an Γ ist, verknüpft. In einer gewissen Umgebung der (ein- oder zweiseitigen) Fläche Γ ist die Lösung der Gleichung (1.2) gesucht, welche die sogenannten Cauchy*schen Anfangsbedingungen*

$$u\Big|_\Gamma = \varphi_0(x)\,, \qquad \frac{\partial u}{\partial \lambda}\Big|_\Gamma = \varphi_1(x) \tag{1}$$

erfüllt. Dabei sind $\varphi_0(x)$ und $\varphi_1(x)$ auf Γ definierte Funktionen; wir nehmen an, daß $\varphi_1(x)$ stetig und $\varphi_0(x)$ stetig differenzierbar ist.

Die Funktionen $\varphi_0(x)$ und $\varphi_1(x)$ heißen Cauchy*sche Anfangswerte*; die Fläche Γ, welche die Cauchyschen Anfangswerte trägt, nennt man Cauchy*sche Fläche*.

Wir bemerken, daß die Randbedingungen (3.2) die Cauchyschen Anfangsbedingungen für die Saitenschwingungsgleichung darstellen; die Cauchysche Fläche ist in diesem Fall das abgeschlossene Intervall $[0, l]$ auf der x-Achse.

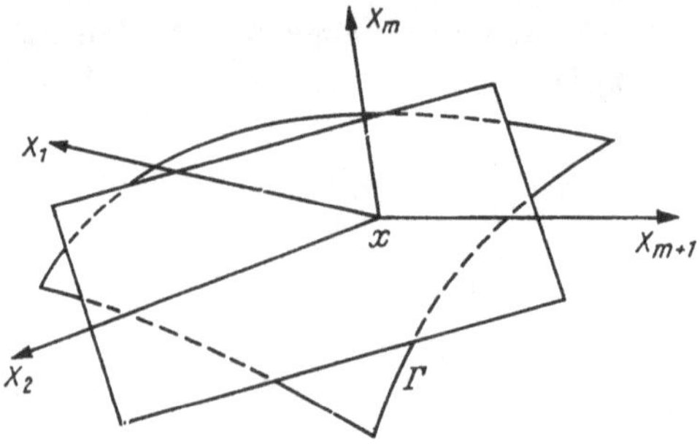

Abb. 14

Das Cauchysche Problem unterscheidet sich von den im § 3 betrachteten Randwertaufgaben dadurch, daß hier das Gebiet, in dem die gesuchte Lösung zu bestimmen ist, von vornherein nicht angegeben wird. Dennoch werden wir das Cauchysche Problem als ein Randwertproblem auffassen.

Im weiteren wird sich folgende Bemerkung als nützlich erweisen: Kennt man die Cauchyschen Anfangsbedingungen (1), dann lassen sich die Werte sämtlicher ersten Ableitungen der gesuchten Funktion auf der Cauchyschen Fläche bestimmen. Zum Beweis nehmen wir einen beliebigen Punkt x auf Γ und wählen in diesem Punkt ein *Ortskoordinatensystem* $X_1, X_2, \ldots, X_m$ (vgl. Abb. 14). Kennt man nun die Werte der

Funktion $u = \varphi_0(x)$ auf Γ, dann kann man sofort die Ableitungen

$$\left.\frac{\partial u}{\partial X_k}\right|_\Gamma = \frac{\partial \varphi_0}{\partial X_k}, \qquad k = 1, 2, \ldots, m-1,$$

berechnen. Des weiteren gilt

$$\varphi_1(x) = \frac{\partial u}{\partial \lambda} = \sum_{k=1}^{m} \frac{\partial u}{\partial X_k} \cos(\lambda, X_k).$$

Da die Richtung λ keine Tangente an die Fläche Γ ist, ist der Winkel (λ, X_m) kein rechter Winkel. Dann gilt $\cos(\lambda, X_m) \neq 0$, und aus der letzten Gleichung erhalten wir den Ausdruck für die restliche Ableitung

$$\left.\frac{\partial u}{\partial X_m}\right|_\Gamma = \frac{1}{\cos(\lambda, X_m)} \left[\varphi_1(x) - \sum_{k=1}^{m-1} \frac{\partial \varphi_0}{\partial X_k} \cos(\lambda, X_k)\right].$$

Kennt man die Ableitungen im Ortskoordinatensystem, dann ergeben sich die Werte für die Ableitungen im $(x_1, x_2, \ldots, x_m)$-Koordinatensystem aus der Formel

$$\left.\frac{\partial u}{\partial x_k}\right|_\Gamma = \sum_{j=1}^{m} \left.\frac{\partial u}{\partial X_j}\right|_\Gamma \cos(X_j, x_k).$$

Das CAUCHYsche Problem kann man auch für Gleichungen, die wesentlich allgemeiner als die Gleichung (1.2) sind, sowie für Systeme partieller Differentialgleichungen stellen.

Wir ändern unsere Bezeichnungen etwas ab. Die Gesamtzahl der unabhängigen Veränderlichen sei gleich $m + 1$; eine der Veränderlichen bezeichnen wir mit t, die restlichen mit $x_1, \ldots, x_m$. Die Gesamtheit der Veränderlichen $(x_1, \ldots, x_m)$ betrachten wir als Punkt x des Raumes E_m. Wir betrachten ein im allgemeinen nichtlineares System partieller Differentialgleichungen

$$\frac{\partial^{n_j} u_j}{\partial t^{n_j}} = F_j\left(t, x, u_1, \ldots, u_N, \ldots, \frac{\partial^{\nu_k}}{\partial t^{\nu_k}} D_x^{(\alpha^{(k)})} u_k, \ldots\right), \tag{2}$$

das folgende Forderung erfüllt: Für die j-te Gleichung gilt $\nu_k < n_j$ und $\nu_k + |\alpha^{(k)}| \leqq n_j$. Wir weisen schon jetzt darauf hin, daß ein beliebiges System partieller Differentialgleichungen nicht auf die Gestalt (2) gebracht werden kann.

Das CAUCHYsche Problem kann man für das System (2) wie folgt stellen: Es sind Funktionen $u_1(t, x), \ldots, u_N(t, x)$ zu ermitteln, die für hinreichend kleine Werte t dem System (2) genügen und für $t = 0$ die Anfangsbedingungen

$$\frac{\partial^k u_j}{\partial t^k} = \varphi_{jk}(x); \qquad j = 1, 2, \ldots, N; \qquad k = 0, 1, \ldots, n_j - 1 \tag{3}$$

erfüllen.

Wir werden sagen, daß eine Funktion $\Phi(y_1, y_2, \ldots, y_s)$ der komplexen Veränderlichen $y_1, y_2, \ldots, y_s$ analytisch in einer Umgebung der Werte $y_k = y_k^{(0)}$, $k = 1, \ldots, s$, ist, wenn die Funktion Φ in eine Potenzreihe entwickelt werden kann:

$$\Phi(y_1, y_2, \ldots, y_s) = \sum_{|\gamma|=0}^{\infty} A_\gamma (y - y^{(0)})^\gamma, \tag{4}$$

die konvergiert, wenn der Betrag der Differenz $y_k - y_k^{(0)}$ hinreichend klein ist.

In der Formel (4) bedeutet γ einen Multiindex der Ordnung s, y und $y^{(0)}$ sind entsprechend die Vektoren $(y_1, y_2, \dots, y_s)$ und $(y_1^{(0)}, y_2^{(0)}, \dots, y_s^{(0)})$ mit jeweils s Komponenten.

Es gilt folgender Satz:

Die Anfangswerte $\varphi_{jk}(x)$ seien analytisch in einer Umgebung eines gewissen Punktes $x^{(0)} \in E_m$, $x^{(0)} = (x_1^{(0)}, x_2^{(0)}, \dots, x_m^{(0)})$, und die Funktionen F_j seien analytisch in einer Umgebung der Werte

$$t = 0,\ x = x^{(0)},\ u_k = \varphi_{0k}(x^{(0)}),\ \dots,\ \frac{\partial^{\nu_k}}{\partial t^{\nu_k}} D_x^{(\alpha(k))}\, u_k = D_x^{(\alpha(k))} \varphi_{k\nu_k} k(x_0)\,.$$

Dann hat das Cauchy*sche Problem für das System* (2) *bei den Anfangsbedingungen* (3) *eine und nur eine Lösung. Diese Lösung ist bezüglich $t, x_1, \dots, x_m$ in einer Umgebung der Werte $t = 0$, $x_1 = x_1^{(0)}, \dots, x_m = x_m^{(0)}$ analytisch.*

Die Behauptung, daß die Lösung des oben formulierten Cauchyschen Problems existiert, analytisch, sowie in der Klasse der analytischen Funktionen eindeutig ist, stellt den Inhalt des klassischen Satzes von Cauchy-Kowalewskaja dar. Die Behauptung, daß die Lösung des Problems (2)—(3) in der Klasse der Funktionen, die nicht analytisch, jedoch hinreichend glatt sind, eindeutig ist, wurde von Holmgren bewiesen. Ziemlich vollständige Beweise der Sätze von Cauchy-Kowalewskaja und Holmgren kann man bei R. Courant [5] finden. Für lineare Systeme der Gestalt (2) ist der Satz von Cauchy-Kowalewskaja in dem Buch von I. G. Petrowski [7] bewiesen.

§ 5. Existenz-, Eindeutigkeits- und Korrektheitsprobleme bei Randwertaufgaben

1. Es sei ein gewisses Randwertproblem gestellt. Dieses zu lösen bedeutet, alle Funktionen zu bestimmen, die einer gegebenen Differentialgleichung sowie den gegebenen Randbedingungen genügen. Gewöhnlich wird man der gesuchten Funktion noch einige Bedingungen allgemeiner Art auferlegen, welche es oftmals gestatten, diese Funktion als Element des einen oder des anderen Funktionalraumes zu betrachten; wir bezeichnen diesen Raum mit B_1. So kann man z. B. beim Dirichletschen Problem für die Laplace-Gleichung fordern, daß die gesuchte Funktion im abgeschlossenen Gebiet $\bar{\Omega} = \Omega \cup \Gamma$ stetig ist; in diesem Fall ist die gesuchte Funktion, wenn sie existiert, ein Element des Raumes $C(\bar{\Omega})$. Man kann der gesuchten Funktion auch andere Bedingungen auferlegen, z. B. kann man verlangen, daß die Integrale

$$\int_\Omega u^2\, dx, \int_\Omega (\text{grad } u)^2\, dx = \int_\Omega \sum_{k=1}^m \left(\frac{\partial u}{\partial x_k}\right)^2 dx$$

endlich sind. In diesem Fall kann man die gesuchte Funktion als Element desjenigen Hilbert-Raumes auffassen, in welchem die Norm durch die Formel

$$||u||^2 = \int_\Omega \{u^2 + (\text{grad } u)^2\}\, dx$$

definiert wird, d. h. als Element des Raumes $W_2^{(1)}$.

Die der gesuchten Funktion auferlegten Bedingungen zwingen dazu, auch bezüglich der in die rechten Seiten der Differentialgleichung und der Randbedingungen eingehenden Vorgaben einige Voraussetzungen zu machen. Gewöhnlich erweist es sich in solchen Fällen, daß man die Gesamtheit dieser rechten Seiten auch als Element eines gewissen anderen Funktionalraumes B_2 betrachten kann. In vielen interessanten Fällen sind B_1 und B_2 BANACH-Räume.

Wir betrachten den Fall, wo sowohl die in die Differentialgleichung als auch die in die Randbedingungen eingehenden Differentialausdrücke linear sind. Die Gesamtheit dieser Differentialausdrücke erzeugt einen gewissen linearen Operator $\mathfrak{A}$, der den Raum B_1 in den Raum B_2 abbildet und der die gesuchte Funktion $u(x)$ in die oben genannte Gesamtheit der rechten Seiten der Differentialgleichung und der Randbedingungen überführt. Bezeichnen wir diese Gesamtheit mit Φ, dann läßt sich unser Randwertproblem in Form der Gleichung

$$\mathfrak{A}u = \Phi \tag{1}$$

schreiben. Den Operator $\mathfrak{A}$ nennen wir den *Operator des gegebenen Randwertproblems.*

Die Aufgabe, das gegebene Randwertproblem zu lösen, läßt sich jetzt wie folgt formulieren: Gesucht sind alle Elemente des Raumes B_1, die durch den Operator $\mathfrak{A}$ in das vorgegebene Element $\Phi \in B_2$ übergeführt werden.

Gewöhnlich wird man versuchen, die Randbedingungen so zu stellen, daß das Randwertproblem eine und nur eine Lösung besitzt. Dies bedingt, in jedem Fall Existenz- und Eindeutigkeitssätze zu beweisen. Der Eindeutigkeitssatz ist der Behauptung äquivalent, daß der zum Operator $\mathfrak{A}$ inverse Operator $\mathfrak{A}^{-1}$ existiert. Der Existenzsatz behauptet, daß der Definitionsbereich des Operators $\mathfrak{A}^{-1}$ mit dem Raum B_2 zusammenfällt. Wenn sowohl der Existenzsatz als auch der Eindeutigkeitssatz gelten, dann existiert der Operator $\mathfrak{A}^{-1}$, und dieser ist auf dem ganzen Raum B_2 definiert.

Bei der Lösung von Randwertaufgaben spielt außer den Fragen nach der Existenz und der Eindeutigkeit der Lösung auch noch die Frage, ob es sich um ein *korrekt gestelltes Problem* handelt, eine wichtige Rolle.

Zu dem Begriff eines korrekt gestellten Problems gelangt man leicht mit Hilfe einfacher physikalischer Überlegungen. Der Bestimmung physikalischer Größen liegen letzten Endes gewisse Messungen zugrunde, die stets mit einem gewissen Fehler behaftet sind. Insbesondere wird dann auch das Element Φ in Gleichung (1) — nämlich die Gesamtheit der Vorgaben der Randwertaufgabe — mit einem gewissen Fehler behaftet sein. Es entsteht nun die folgende Frage: Wie wirkt sich der Fehler in den Vorgaben des Randwertproblems auf dessen Lösung aus? Dementsprechend gibt man nun folgende

Definition. Ein Randwertproblem heißt *korrekt gestellt in einem Paar von* BANACH-*Räumen* B_1 und B_2, wenn die Lösung dieses Randwertproblems in B_1 eindeutig ist und bei beliebigen Vorgaben aus B_2 existiert und wenn einer hinreichend kleinen Änderung der Vorgaben (bezüglich der Norm von B_2) eine beliebig kleine Änderung der Lösung (bezüglich der Norm von B_1) entspricht.

Satz 9.5.1. *Für die Korrektheit des linearen Problems* (1) *im Paar der* BANACH-*Räume* (B_1, B_2) *ist notwendig und hinreichend, daß der aus* B_2 *in* B_1 *wirkende Operator* $R = \mathfrak{A}^{-1}$ *existiert, die Relation* $D(R) = B_2$ *gilt und* R *als aus* B_2 *in* B_1 *wirkender Operator beschränkt ist.*

Beweis. Notwendigkeit. Wenn das Problem (1) korrekt gestellt ist, folgt vor allem für beliebiges $\Phi \in B_2$ die Existenz und Eindeutigkeit der Lösung. Aus der Eindeutigkeit der Lösung folgt die Existenz des Operators $R = \mathfrak{A}^{-1}$, und aus der Existenz der Lösung für beliebiges $\Phi \in B_2$ folgt, daß der Operator R auf dem gesamten Raum B_2 definiert ist. Ferner ersetzen wir das Element Φ durch $\Phi + \varphi$, wobei $\varphi \in B_2$ gilt. Die veränderte Lösung sei $U + u$. Dann ergibt sich $\mathfrak{A}(U + u) = \Phi + \varphi$. Da $\mathfrak{A}$ ein linearer Operator ist, gilt $\mathfrak{A}u = \varphi$. Da das Problem (1) korrekt gestellt ist, kann man bei gegebenem $\varepsilon > 0$ eine Zahl $\delta > 0$ finden dergestalt, daß für $||\varphi|| < \varepsilon$ die Relation $||u|| = ||R\varphi|| < \delta$ gilt. Wir fixieren nunmehr ε und δ. Wenn $\psi \in B_2$, $||\psi|| = 1$ gilt, so folgt

$$\left\|\frac{\varepsilon}{2}\psi\right\| = \frac{\varepsilon}{2} < \varepsilon \quad \text{bzw.} \quad \left\|R\frac{\varepsilon}{2}\psi\right\| = \frac{\varepsilon}{2}\,||R\psi|| < \delta\,.$$

Daraus ergibt sich

$$||R\psi|| < \frac{2\delta}{\varepsilon}, \qquad ||\psi|| = 1\,.$$

Das bedeutet aber $||R|| \leqq \dfrac{2\delta}{\varepsilon}$. Der Operator R ist somit beschränkt.

Hinlänglichkeit. Wenn der Operator R existiert, so besitzt das Problem (1) nicht mehr als eine Lösung. Wenn $D(R) = B_2$ gilt, ist das Problem (1) für jedes $\Phi \in B_2$ lösbar. Wenn schließlich R ein beschränkter Operator ist und $||\varphi||_{B_2} < \varepsilon$ gilt, so folgt $||u||_{B_1} = ||R\varphi||_{B_1} < \delta$, wobei $\delta = \varepsilon||R||$ gesetzt wurde. Damit ist der Beweis beendet.

Der Wichtigkeit halber sei unterstrichen, daß die Korrektheit oder Nichtkorrektheit eines Problems davon abhängt, in welchen Räumen wir die gegebenen und gesuchten Größen betrachten. Ein und dasselbe Problem kann in einem Paar von Räumen korrekt sein, in einem anderen nicht.

Eines der einfachsten nicht korrekten Probleme ist das Aufsuchen der Lösung für die Gleichung

$$Tu = f\,, \tag{2}$$

in der T einen vollstetigen Operator bezeichnet, der aus einem unendlichdimensionalen Banach-Raum X in einen ebensolchen Raum wirkt. Ein Spezialfall der Gleichung (2) ist die sogenannte Fredholm*sche Integralgleichung erster Art*

$$\int_D K(x, y)\,\varphi(y)\,\mathrm{d}y = f(x)\,,$$

wobei $K(x, y)$ ein Fredholmscher Kern ist.

Daß das Problem (2) nicht korrekt gestellt ist, ergibt sich leicht aus folgenden Überlegungen. Wenn es korrekt wäre, so würde der beschränkte Operator T^{-1} existieren. Der identische Operator $I = T^{-1}T$ wäre dann aber ein vollstetiger Operator im unendlichdimensionalen Raum X.

Das Problem (2) kann sich jedoch in einem anderen Raumpaar, in dem T schon nicht mehr vollstetig ist, als korrekt gestellt erweisen. Wir werden dies an folgendem Beispiel erläutern.

Es seien x und y Punkte einer meßbaren Menge $D \subset E_m$, sei $K(x, y)$ ein reeller symmetrischer und im Quadrat summierbarer Kern, für den die Null kein Eigenwert ist. In der Integralgleichung erster Art

$$\mathcal{K}\varphi = \int_D K(x, y)\,\varphi(y)\,\mathrm{d}y = f(x) \tag{*}$$

ist der Operator $\mathcal{K}$ vollstetig in $L_2(D)$. Es ist bekannt, daß die Gleichung (*) nicht mehr als eine Lösung besitzt, die dann und nur dann existiert, wenn die Reihe

$$\sum_{n=1}^{\infty} \sigma_n^{-2}(f, \varphi_n)^2\,; \qquad (f, \varphi_n) = \int_D f(x)\,\varphi_n(x)\,\mathrm{d}x\,,$$

konvergiert, wobei σ_n und φ_n die Eigenwerte und Eigenelemente des Operators $\mathcal{K}$ sind. Wenn die genannte Reihe konvergiert, so hat die Lösung der Reihe (*) die Gestalt

$$\varphi(x) = \sum_{n=1}^{\infty} \sigma_n^{-1}(f, \varphi_n)\, \varphi_n(x)\,.$$

Wir setzen $X_1 = L_2(D)$ und wählen als Y_1 den Hilbert-Raum der Funktionen, für die die Norm

$$||f||_{Y_1} = \left\{\sum_{n=1}^{\infty} \sigma_n^{-2}(f, \varphi_n)^2\right\}^{1/2}$$

endlich ist. Der Operator $\mathcal{K}$ bildet den Raum X_1 eineindeutig und isometrisch auf Y_1 ab, wobei letzteres $||\varphi||_{X_1} = ||\mathcal{K}\varphi||_{Y_1}$ bedeutet. Daraus folgt, daß der inverse Operator $\mathcal{K}^{-1}$ existiert und den Raum Y_1 eineindeutig und isometrisch auf X_1 abbildet. Dabei gilt $||\mathcal{K}^{-1}||_{Y_1 \to X_1} = 1$. Nach Satz 9.5.1 ist das Problem (2) im Raumpaar X_1, Y_1 korrekt gestellt.

2. Es ist nicht schwierig, eine einfache und wichtige Klasse korrekt gestellter Probleme aufzuzeigen.

Der Operator A sei ein positiv-definiter Operator im Hilbert-Raum H. Wir betrachten die Gleichung

$$Au = f\,. \tag{3}$$

Mit H_A bezeichnen wir den energetischen Raum des Operators A. Wir suchen die verallgemeinerte Lösung der Gleichung (1), d. h. ein Element des Raumes H_A, das der Beziehung

$$[u, \eta] = (f, \eta)\,, \qquad \forall \eta \in H_A\,, \tag{4}$$

genügt. Diese Lösung existiert und ist eindeutig. Somit existiert der Operator $R = A^{-1}$, der aus H in H_A wirkt und auf dem gesamten Raum H definiert ist. Wir setzen $B_1 = H_A$, $B_2 = H$.

Wir weisen die Beschränktheit des Operators R nach. Es sei u die verallgemeinerte Lösung des Problems (3). Nachdem wir in der Identität (4) $\eta = u$ gesetzt haben, erhalten wir

$$|u|_A^2 = (f, u) \leqq ||f|| \cdot ||u||\,.$$

Es sei γ^2 die untere Grenze des Operators A. Dann gilt $||u|| \leqq \frac{1}{\gamma}\, |u|_A$. Nach dem Einsetzen dieses Ausdruckes in die vorangegangene Ungleichung ergibt sich

$$|u|_A = |Rf|_A \leqq \frac{1}{\gamma}\, ||f||\,.$$

Das bedeutet

$$||R||_{H \to H_A} \leqq \frac{1}{\gamma}\,,$$

und das Problem (3) ist im Falle eines positiv-definiten Operators im Raumpaar (H_A, H) korrekt gestellt.

3. Wir führen noch zwei Beispiele nicht korrekt gestellter Randwertprobleme an. Das erste geht auf Hadamard zurück, welcher erstmalig den Begriff eines korrekt gestellten Randwertproblemes einführte.

Wir betrachten die Laplace-Gleichung in der Ebene

$$\frac{\partial^2 u}{\partial x^2} + \frac{\partial^2 u}{\partial y^2} = 0\,. \tag{5}$$

Als Fläche Γ nehmen wir die x-Achse, und auf dieser geben wir die CAUCHYschen Anfangswerte vor. Die Umgebung, in der wir die Lösung suchen, sei der Streifen $0 < y < \delta$, wobei δ eine beliebige positive Zahl bedeutet; wir bezeichnen diesen Streifen mit Ω. Als nichttangentiale Richtung λ wählen wir die y-Achse. Die CAUCHYschen Bedingungen seien folgende:

$$u\Big|_{y=0} = \varphi(x)\,, \frac{\partial u}{\partial y}\Big|_{y=0} = 0\,, \qquad -\infty < x < \infty\,. \tag{6}$$

Die Vorgabe der Anfangswerte ist hier gleichbedeutend mit der Vorgabe einer einzigen Funktion $\varphi(x)$, welche wir als auf der ganzen Achse stetig und beschränkt annehmen wollen. Dann kann man diese Funktion als Element des Raumes $C(-\infty, +\infty)$ betrachten; dieser Raum übernimmt im vorliegenden Falle die Rolle des Raumes B_2. Als B_1 nehmen wir den Raum $C(\Omega)$ der in dem Streifen Ω stetigen und beschränkten Funktionen. Als Definitionsgebiet des Operators der Randwertaufgabe (5), (6) erklären wir die Menge derjenigen Funktionen aus $C(\Omega)$, welche stetige zweite Ableitungen besitzen und die Bedingung

$$\frac{\partial u}{\partial y}\Big|_{y=0} = 0$$

erfüllen.

Wir beweisen jetzt, daß das Problem (5), (6) in dem Paar der Räume B_1 und B_2 nicht korrekt gestellt ist. Die Eindeutigkeit der Lösung dieses Problems kann man beweisen. Daraus ergibt sich sofort, daß der Funktion $\varphi(x) \equiv 0$ die Lösung $u \equiv 0$ entspricht. Wir erteilen jetzt der Funktion $\varphi(x) \equiv 0$ eine (bezüglich der Norm des Raumes B_2) kleine Änderung: Wir betrachten das CAUCHYsche Problem für Gleichung (2) mit den CAUCHYschen Anfangswerten

$$u\Big|_{y=0} = \frac{\cos nx}{n}\,, \frac{\partial u}{\partial y}\Big|_{y=0} = 0\,; \tag{7}$$

dabei bedeutet n eine hinreichend große natürliche Zahl.

Die Lösung des neuen Problems ist

$$u(x, y) = \frac{\cos nx \cosh ny}{n}\,,$$

was man durch Einsetzen in die Gleichungen (5) und (7) leicht nachprüft. Offenbar gilt

$$||\varphi||_{B_2} = \left\|\frac{\cos nx}{n}\right\|_{B_2} = \max_{-\infty<x<+\infty}\left|\frac{\cos nx}{n}\right| = \frac{1}{n} \underset{n\to\infty}{\longrightarrow} 0\,.$$

Gleichzeitig erhalten wir aber

$$||u||_{B_1} = \max_{\substack{-\infty<x<\infty\\ 0\leqq y\leqq\delta}}\left|\frac{\cos nx \cosh ny}{n}\right| = \frac{\cosh n\delta}{n} \underset{n\to\infty}{\longrightarrow} \infty\,.$$

Das bedeutet: Beliebig kleine Änderungen (bezüglich der Norm von B_2) der Vorgaben können zu beliebig großen Änderungen (bezüglich der Norm von B_1) der Lösung führen. Folglich ist das CAUCHYsche Problem für die LAPLACE-Gleichung in dem soeben betrachteten Paar von Räumen nicht korrekt gestellt.

Wir betrachten noch die Gleichung

$$\frac{\partial^2 u}{\partial x_1\, \partial x_2} = 0 . \tag{8}$$

Diese Gleichung gehört zum hyperbolischen Typ. Ihre Koeffizientenmatrix des Hauptteiles besitzt nämlich die Gestalt

$$\begin{pmatrix} 0 & \frac{1}{2} \\ \frac{1}{2} & 0 \end{pmatrix}.$$

Die Eigenwerte dieser Matrix, d. h. die Nullstellen der Gleichung

$$\begin{vmatrix} -\lambda & \frac{1}{2} \\ \frac{1}{2} & -\lambda \end{vmatrix} = 0$$

sind $\lambda_1 = \frac{1}{2}$ und $\lambda_2 = -\frac{1}{2}$; diese sind von Null verschieden und besitzen verschiedenes Vorzeichen. Wir bemerken außerdem, daß Gleichung (8) mit Hilfe der Variablensubstitution

$$x_1 = x + at , \qquad x_2 = x - at$$

in die homogene Schwingungsgleichung für die Saite übergeführt wird.

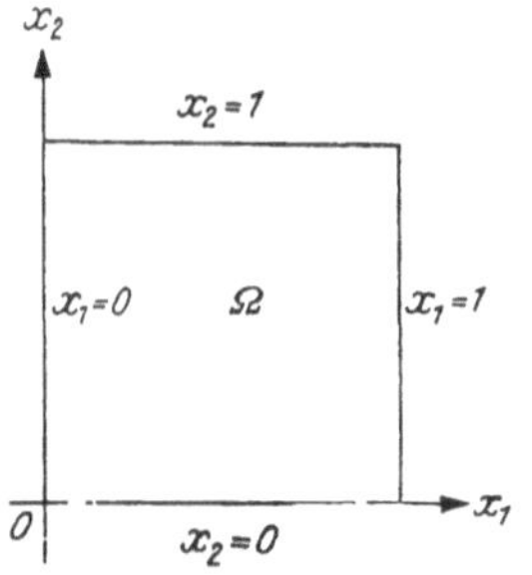

Abb. 15

Für Gleichung (8) stellen wir das Dirichletsche Problem in dem in Abb. 15 dargestellten Quadrat, dieses Quadrat bezeichnen wir mit Ω, und es sei Γ der Rand desselben. Auf Γ sollen folgende Bedingungen gestellt sein:

$$u|_{x_1=0} = \varphi_1(x_2) , \qquad u|_{x_2=0} = \psi_1(x_1) , \qquad u|_{x_1=1} = \varphi_2(x_2) , \qquad u|_{x_2=1} = \psi_2(x_1) . \tag{9}$$

Als B_1 und B_2 nehmen wir die Räume $C(\overline{\Omega})$ bzw. $C(\Gamma)$. Für die Stetigkeit der Lösung müssen die Verträglichkeitsbedingungen

$$\varphi_1(0) = \psi_1(0) , \qquad \varphi_2(0) = \psi_1(1) , \qquad \varphi_1(1) = \psi_2(0) , \qquad \varphi_2(1) = \psi_2(1) \tag{10}$$

erfüllt sein. Bei beliebig vorgegebenen stetigen Funktionen (9) ist das Problem (8), (9) nicht lösbar. Wir überzeugen uns davon, indem wir die allgemeine Lösung der Gleichung (8) auffinden. Stellen wir diese Gleichung in der Form $\frac{\partial}{\partial x_1}\left(\frac{\partial u}{\partial x_2}\right) = 0$ dar, so ergibt sich $\frac{\partial u}{\partial x_2} = f(x_2)$, wobei die Funktion f beliebig sein kann. Durch Integration der letzten Beziehung nach x_2 erhalten wir

$$u(x_1, x_2) = F_1(x_1) + F_2(x_2) , \qquad F_2'(x_2) = f(x_2) ;$$

dabei sind F_1 und F_2 beliebige Funktionen. Die ersten beiden Bedingungen (9) lassen sich erfüllen:

$$F_1(0) + F_2(x_2) = \varphi_1(x_2)\,, \qquad F_1(x_1) + F_2(0) = \psi_1(x_1)\,.$$

Offenbar ist eine der Konstanten $F_1(0)$ und $F_2(0)$ willkürlich wählbar. Wir setzen $F_2(0) = 0$. Dann gilt

$$F_1(x_1) = \psi_1(x_1)\,, \qquad F_2(x_2) = \varphi_1(x_2) - \psi_1(0)\,.$$

Damit ist die Lösung vollständig bestimmt; die Gleichung $F_2(0) = 0$ ergibt sich aus der ersten der Gleichungen (10). Wenn nun die Funktionen φ_2 und ψ_2 beliebig sind, dann lassen sich offensichtlich die restlichen Randbedingungen (9) nicht erfüllen.

Aus diesen Überlegungen folgt, daß das Problem (8), (9) in dem Paar der Räume $C(\bar{\Omega})$ und $C(\Gamma)$ nicht korrekt gestellt ist.

KAPITEL 10

CHARAKTERISTIKEN. DIE KANONISCHE FORM. DIE GREENSCHEN FORMELN

§ 1. Transformation der unabhängigen Veränderlichen

Gegeben sei eine partielle Differentialgleichung zweiter Ordnung mit einem linearen Hauptteil

$$\sum_{j,k=1}^{m} A_{jk}(x) \frac{\partial^2 u}{\partial x_j \partial x_k} + \Phi\left(x, u, \frac{\partial u}{\partial x_1}, \frac{\partial u}{\partial x_2}, \ldots, \frac{\partial u}{\partial x_m}\right) = 0 . \tag{1}$$

Wir nehmen an, es werden an Stelle der unabhängigen Veränderlichen $x_1, x_2, \ldots, x_m$ neue unabhängige Veränderliche

$$\xi_r = \xi_r(x_1, x_2, \ldots, x_m), \qquad r = 1, 2, \ldots, m, \tag{2}$$

eingeführt. Wir wollen untersuchen, in welcher Weise sich dabei Gleichung (1) ändert.

Zur Vereinfachung der Schreibweise werden wir künftig das Summenzeichen weglassen; wir vereinbaren dabei folgende Regel: Wenn in einem gewissen Ausdruck ein variabler Index, der die Werte von 1 bis m annimmt, zweimal auftritt, dann ist nach diesem Index in den Grenzen von 1 bis m zu summieren. Gleichung (1) nimmt dann die folgende einfache Gestalt an:

$$A_{jk}(x) \frac{\partial^2 u}{\partial x_j \partial x_k} + \Phi\left(x, u, \frac{\partial u}{\partial x_1}, \frac{\partial u}{\partial x_2}, \ldots, \frac{\partial u}{\partial x_m}\right) = 0 .$$

Wir nehmen an, daß in einem gewissen Variabilitätsbereich des Punktes x die Transformation (2) eindeutig und die entsprechende Jacobische Funktionaldeterminante von Null verschieden ist. Eine solche Transformation der unabhängigen Veränderlichen nennen wir *nichtentartet*. Des weiteren setzen wir voraus, daß die Funktionen ξ_r stetige zweite Ableitungen besitzen. Wir berechnen zunächst die in Gleichung (1) auftretenden Ableitungen:

$$\frac{\partial u}{\partial x_k} = \frac{\partial u}{\partial \xi_r} \frac{\partial \xi_r}{\partial x_k}, \qquad \frac{\partial^2 u}{\partial x_j \partial x_k} = \frac{\partial^2 u}{\partial \xi_r \partial \xi_s} \frac{\partial \xi_r}{\partial x_k} \frac{\partial \xi_s}{\partial x_j} + \frac{\partial u}{\partial \xi_r} \frac{\partial^2 \xi_r}{\partial x_j \partial x_k} .$$

Durch Einsetzen dieser Ausdrücke in Gleichung (1) erhalten wir eine neue Gleichung

$$A_{jk} \frac{\partial \xi_r}{\partial x_k} \frac{\partial \xi_s}{\partial x_j} \frac{\partial^2 u}{\partial \xi_r \partial \xi_s} + \Phi_1\left(\xi_1, \ldots, \xi_m, u, \frac{\partial u}{\partial \xi_1}, \frac{\partial u}{\partial \xi_2}, \ldots, \frac{\partial u}{\partial \xi_m}\right) = 0 ,$$

$$\Phi_1 = \Phi + A_{jk} \frac{\partial^2 \xi_r}{\partial x_j \partial x_k} \frac{\partial u}{\partial \xi_r} .$$

Wir führen jetzt folgende Bezeichnungen ein:

$$A_{jk} \frac{\partial \xi_r}{\partial x_k} \frac{\partial \xi_s}{\partial x_j} = \tilde{A}_{rs} . \tag{3}$$

Dann nimmt die Gleichung (1) die Gestalt

$$\tilde{A}_{rs} \frac{\partial^2 u}{\partial \xi_r \partial \xi_s} + \Phi_1\left(\xi_1, \ldots, \xi_m, u, \frac{\partial u}{\partial \xi_1}, \ldots, \frac{\partial u}{\partial \xi_m}\right) = 0 \tag{4}$$

an.

Somit geht Gleichung (1) bei einer Transformation der unabhängigen Veränderlichen in eine Gleichung derselben Gestalt über; dabei ändern sich lediglich die Koeffizienten der Gleichung. Wir bemerken außerdem, daß die Koeffizientenmatrix des Hauptteiles der Gleichung (4) symmetrisch ist. Es gilt nämlich

$$\tilde{A}_{rs} = A_{jk} \frac{\partial \xi_r}{\partial x_k} \frac{\partial \xi_s}{\partial x_j} = A_{kj} \frac{\partial \xi_s}{\partial x_j} \frac{\partial \xi_r}{\partial x_k}.$$

Vertauscht man nun in der letzten Summe die Rollen der Indizes j und k, dann ergibt sich

$$\tilde{A}_{rs} = A_{jk} \frac{\partial \xi_s}{\partial x_k} \frac{\partial \xi_r}{\partial x_j} = \tilde{A}_{sr}.$$

Satz 10.1.1. *Der Typ der partiellen Differentialgleichung* (1) *ändert sich nicht bei einer nichtentarteten Transformation der unabhängigen Veränderlichen.*

Beweis. Aus der Algebra ist die folgende Tatsache bekannt. Eine gewisse Matrix sei mit Hilfe einer nichtentarteten Transformation auf Diagonalgestalt gebracht worden. Dann ist die Anzahl der positiven, negativen oder nullwertigen Eigenwerte der gegebenen Matrix entsprechend gleich der Anzahl der positiven, negativen oder Nullelemente in der Hauptdiagonalen der transformierten Matrix.

Wir bezeichnen mit J die JACOBIsche Funktionalmatrix der Transformation (2). Da ihre Determinante — die Funktionaldeterminante dieser Transformation — von Null verschieden ist, existiert die inverse Matrix J^{-1}. Die Formel (3) ist folgender Matrizengleichung äquivalent:

$$\tilde{A} = JAJ', \tag{5}$$

der Strich an der Matrix J bedeutet dabei die transponierte Matrix.

Wir nehmen jetzt an, daß eine nichtentartete lineare Transformation mit der Matrix σ die Matrix A in eine Diagonalmatrix D überführt:

$$A = \sigma D \sigma'.$$

Dann gilt auf Grund der Formel (5)

$$\tilde{A} = J\sigma D\sigma' J' = (J\sigma)\, D (J\sigma)',$$

d. h., die Matrix $\tilde{A}$ wird mit Hilfe der nichtentarteten Transformation $J\sigma$ in dieselbe Diagonalmatrix D übergeführt. Folglich stimmen die Anzahlen der positiven, der negativen und der nullwertigen Eigenwerte der Matrizen A und $\tilde{A}$ überein. Die Behauptung ist damit bewiesen.

§ 2. Charakteristiken. Die Beziehung zwischen den CAUCHYschen Anfangswerten auf der Charakteristik

Wir betrachten die in bezug auf den Hauptteil lineare partielle Differentialgleichung zweiter Ordnung

$$A_{jk}(x) \frac{\partial^2 u}{\partial x_j \partial x_k} + \Phi\left(x, u, \frac{\partial u}{\partial x_1}, \ldots, \frac{\partial u}{\partial x_m}\right) = 0. \tag{1}$$

Gleichzeitig stellen wir die Differentialgleichung erster Ordnung

$$A_{jk}(x)\frac{\partial\omega}{\partial x_j}\frac{\partial\omega}{\partial x_k}=0 \tag{2}$$

auf. Diese heißt *charakteristische Gleichung* der Differentialgleichung (1). Wenn die Funktion $\omega(x_1, x_2, \dots, x_m)$ die charakteristische Gleichung erfüllt, dann heißt die durch die Gleichung

$$\omega(x_1, x_2, \dots, x_m)=C \tag{3}$$

(C eine beliebige Konstante) definierte Fläche (Kurve im Falle $m = 2$) *charakteristische Fläche* (entsprechend *charakteristische Kurve*) oder *Charakteristik der Differentialgleichung* (1).

Formal wird die charakteristische Gleichung wie folgt aufgestellt: Man bildet die der Koeffizientenmatrix A des Hauptteiles der Gleichung (1) entsprechende quadratische Form

$$(At, t)=A_{jk}t_jt_k\,, \tag{4}$$

substituiert in dieser Form $t_k=\dfrac{\partial\omega}{\partial x_k}$ und setzt den sich ergebenden Ausdruck gleich Null.

Wir erwähnen folgende wichtige Eigenschaft der Charakteristiken: Die Charakteristiken sind invariant in bezug auf Transformation der unabhängigen Veränderlichen. Dies bedeutet folgendes: Wenn $\omega(x_1, x_2, \dots, x_m)$ eine Lösung der Gleichung (2) ist und wenn die Transformation der unabhängigen Veränderlichen (1.2) die Funktion $\omega(x_1, x_2, \dots, x_m)$ in die Funktion $\tilde\omega(\xi_1, \xi_2, \dots, \xi_m)$ überführt, dann ist diese neue Funktion Lösung der Gleichung

$$\tilde A_{jk}\frac{\partial\tilde\omega}{\partial\xi_j}\frac{\partial\tilde\omega}{\partial\xi_k}=0\,; \tag{2a}$$

die letzte Gleichung stellt die charakteristische Gleichung der transformierten Differentialgleichung (1.4) dar.

In der Tat gilt

$$\frac{\partial\omega}{\partial x_j}=\frac{\partial\tilde\omega}{\partial\xi_r}\frac{\partial\xi_r}{\partial x_j}, \qquad \frac{\partial\omega}{\partial x_k}=\frac{\partial\tilde\omega}{\partial\xi_s}\frac{\partial\xi_s}{\partial x_k}.$$

Durch Einsetzen in Gleichung (2) ergibt sich unter Verwendung der Formel (1.3), daß $\tilde\omega$ die Gleichung (2a) erfüllt.

Eine Gleichung vom elliptischen Typ besitzt keine reellen Charakteristiken. Wenn nämlich (1) eine elliptische Gleichung ist, dann ist (4) eine definite quadratische Form, und letztere verschwindet (für reelle t_k) nur dann, wenn $t_1 = t_2 = \dots = t_m = 0$ gilt. Folglich besitzt die charakteristische Gleichung nur die Lösung $\omega \equiv$ const, durch die aber keine Fläche definiert wird.

Wir zeigen jetzt, daß die Cauchyschen Anfangswerte auf der charakteristischen Fläche durch eine gewisse Beziehung miteinander verknüpft sind. Daraus folgt dann, daß man die Cauchyschen Anfangswerte auf der charakteristischen Fläche nicht unabhängig voneinander vorgeben kann.

Die Cauchyschen Anfangswerte seien auf einer hinreichend glatten Fläche Γ, welche durch die Gleichung

$$\xi(x_1, x_2, \dots, x_m)=0 \tag{5}$$

definiert werde, vorgegeben und mögen folgende Gestalt besitzen:

$$u\Big|_{\Gamma} = \varphi_0(x)\,, \qquad \frac{\partial u}{\partial \lambda}\Big|_{\Gamma} = \varphi_1(x)\,; \tag{6}$$

dabei bedeutet λ eine Richtung, die keine Tangente an Γ ist. Wie im § 4 des Kap. 9 festgestellt wurde, lassen sich bei Kenntnis der Vorgaben (6) die Werte sämtlicher erster Ableitungen der Funktion u auf der CAUCHYschen Fläche Γ bestimmen.

Wir wählen einen beliebigen Punkt auf der Fläche Γ und führen in einer gewissen Umgebung dieses Punktes ein neues Koordinatensystem ein. Wir setzen $\xi_m = \xi$ und wählen die Koordinaten $\xi_1, \xi_2, \ldots, \xi_{m-1}$ derart, daß die sich ergebende Koordinatentransformation eineindeutig ist, eine von Null verschiedene JACOBIsche Funktionaldeterminante hat und daß die Funktionen ξ_r stetige zweite Ableitungen besitzen; ansonsten dürfen die Koordinaten $\xi_1, \xi_2, \ldots, \xi_{m-1}$ beliebig sein. In den neuen Koordinaten nimmt die Gleichung der CAUCHYschen Fläche Γ die besonders einfache Gestalt $\xi_m = 0$ an.

Wir nehmen jetzt an, daß Γ die charakteristische Fläche sei, d. h., es gilt

$$A_{jk}\frac{\partial \xi}{\partial x_j}\frac{\partial \xi}{\partial x_k} = 0\,.$$

Dann verschwindet in den Variablen ξ_r der Koeffizient bei der Ableitung $\dfrac{\partial^2 u}{\partial \xi_m^2}$, und unsere Gleichung stellt in bezug auf die Veränderliche ξ_m eine Gleichung erster Ordnung dar.

Wir zeigen jetzt, daß *man allein mit Hilfe der CAUCHYschen Anfangswerte sämtliche in die transformierte Gleichung* (1) *eingehenden Ableitungen auf der Fläche Γ berechnen kann.* Die Größe $u\Big|_{\Gamma} = \varphi_0(x)$ ist bekannt. Die ersten Ableitungen $\dfrac{\partial u}{\partial \xi_r}\Big|_{\Gamma}$ lassen sich so bestimmen, wie weiter oben ausgeführt wurde. Die zweiten Ableitungen, mit Ausnahme der Ableitung $\dfrac{\partial^2 u}{\partial \xi_m^2}$, erhält man, indem man die ersten Ableitungen nach $\xi_1, \xi_2, \ldots, \xi_{m-1}$, d. h. also nach Tangentenrichtungen an die Fläche Γ, differenziert. Die einzige zweite Ableitung, die sich nicht, ausgehend von den CAUCHYschen Anfangswerten, berechnen läßt, ist die Ableitung $\dfrac{\partial^2 u}{\partial \xi_m^2}$; diese tritt jedoch in der transformierten Gleichung nicht auf.

Somit lassen sich auf der CAUCHYschen Fläche Γ die Werte sämtlicher Ausdrücke, welche in die linke Seite der auf die Veränderlichen $\xi_1, \xi_2, \ldots, \xi_m$ transformierten Gleichung (1) eingehen, berechnen. Setzt man diese Werte in die Gleichung ein, dann ergibt sich, daß eine gewisse gegebene Funktion identisch Null sein muß. Dies ist nun die gesuchte Beziehung zwischen den CAUCHYschen Anfangswerten auf der Charakteristik. Wird diese Beziehung verletzt, dann besitzt das CAUCHYsche Problem mit Anfangswerten auf der Charakteristik keine Lösung.

Als Beispiel betrachten wir die Wärmeleitungsgleichung

$$\frac{\partial u}{\partial x_m} - \sum_{k=1}^{m-1}\frac{\partial^2 u}{\partial x_k^2} = 0\,. \tag{7}$$

Ihre charakteristische Gleichung lautet

$$-\sum_{k=1}^{m-1}\left(\frac{\partial\omega}{\partial x_k}\right)^2 = 0\,.$$

Daraus folgt $\omega = f(x_m)$ mit einer willkürlich wählbaren Funktion f. Die Gleichung der charakteristischen Fläche hat die Gestalt $f(x_m) = \text{const}$; löst man diese nach x_m auf, dann ergibt sich eine Gleichung der Gestalt $x_m = \text{const}$. Die Charakteristiken der Gleichung (7) stellen also eine Ebenenschar $x_m = \text{const}$ dar. Die CAUCHYsche Fläche sei jetzt die Ebene $x_m = 0$, und die CAUCHYschen Bedingungen mögen von der Gestalt

$$u\Big|_{x_m=0} = \varphi_0(x_1, \dots, x_{m-1})\,, \qquad \frac{\partial u}{\partial x_m}\Big|_{x_m=0} = \varphi_1(x_1, \dots, x_{m-1}) \tag{8}$$

sein. Setzen wir in Gleichung (7) $x_m = 0$, dann erhalten wir sofort die Beziehung

$$\varphi_1 = \sum_{k=1}^{m-1}\frac{\partial^2\varphi_0}{\partial x_k^2}\,.$$

Daraus folgt, daß die zweite Bedingung aus (8) überflüssig ist — es genügt, nur die Bedingung

$$u|_{x_m=0} = \varphi_0(x_1, x_2, \dots, x_{m-1})$$

vorzugeben.

§ 3. Tranformation der Differentialgleichungen zweiter Ordnung auf die kanonische Form

Wir betrachten speziell den Fall einer linearen nichtentarteten Transformation der unabhängigen Veränderlichen:

$$\xi_r = j_{rk}x_k\,; \qquad k = 1, 2, \dots, m\,; \qquad j_{rk} = \text{const}\,. \tag{1}$$

Führt man die Matrix J mit den Elementen j_{rk} ein, dann läßt sich die Transformation (1) in der Form

$$\xi = Jx \tag{1$_1$}$$

schreiben.

Halten wir jetzt den Punkt x fest, dann stellt die Koeffizientenmatrix A des Hauptteiles der Differentialgleichung eine Matrix mit konstanten Elementen dar. Die Matrix J läßt sich nun so wählen, daß die transformierte Koeffizientenmatrix $\tilde{A} = JAJ'$ [vgl. Formel (1.5)] Diagonalgestalt annimmt: $\tilde{A}_{jk} = 0, j \neq k$. Dann nimmt in dem festgehaltenen Punkt x Gleichung (1.1) folgende Gestalt an:

$$\sum_{k=1}^{m}\nu_k\frac{\partial^2 u}{\partial\xi_k^2} + \Phi_1\left(\xi_1, \xi_2, \dots, \xi_m, u, \frac{\partial u}{\partial\xi_1}, \frac{\partial u}{\partial\xi_2}, \dots, \frac{\partial u}{\partial\xi_m}\right) = 0\,. \tag{2}$$

Dabei ist $\nu_k = \tilde{A}_{kk}$. Eine derartige Gestalt einer Differentialgleichung zweiter Ordnung, in der keine gemischten zweiten Ableitungen vorkommen, heißt *kanonische Form* dieser Gleichung. Somit gilt: *Eine partielle Differentialgleichung zweiter Ordnung mit linearem Hauptteil läßt sich in einem beliebigen Punkt des Raumes mit Hilfe einer linearen Transformation der unabhängigen Veränderlichen auf die kanonische Form bringen.*

Wenn die Koeffizienten A_{jk} konstant sind, dann läßt sich offenbar die Differentialgleichung im gesamten Raum gleichzeitig auf die kanonische Form transformieren. Die LAPLACE-Gleichung, die Wärmeleitungsgleichung und die Wellengleichung besitzen bereits die kanonische Form.

Die kanonische Form einer Differentialgleichung steht in engem Zusammenhang mit dem Typ dieser Gleichung. Nach dem SYLVESTERschen Trägheitsgesetz für quadratische Formen sind nämlich unter den Zahlen ν_k genauso viele positiv, negativ oder gleich Null, wie unter den Eigenwerten λ_k der Koeffizientenmatrix des Hauptteiles. Somit läßt sich der Typ einer partiellen Differentialgleichung zweiter Ordnung mit linearem Hauptteil wie folgt bestimmen: Die Gleichung (1.1) gehört zum Typ (α, β, γ), wenn von den Zahlen ν_k in der kanonischen Form (2) dieser Gleichung α positiv, β negativ und γ gleich Null sind.

§ 4. Der Fall zweier unabhängiger Veränderlicher

Eine partielle Differentialgleichung zweiter Ordnung für eine Funktion zweier unabhängiger Veränderlicher zeichnet sich dadurch aus, daß sie nicht nur in einem einzelnen Punkt, sondern auch in einem gewissen Gebiet, in welchem sich der Typ der Gleichung nicht ändert, auf die kanonische Form transformieren läßt.

Wir bezeichnen mit x, y die unabhängigen Veränderlichen und mit A, B, C die Koeffizienten des Hauptteiles. Dann nimmt die Gleichung folgende Gestalt an:

$$A \frac{\partial^2 u}{\partial x^2} + 2B \frac{\partial^2 u}{\partial x \, \partial y} + C \frac{\partial^2 u}{\partial y^2} + \Phi\left(x, y, u, \frac{\partial u}{\partial x}, \frac{\partial u}{\partial y}\right) = 0 . \tag{1}$$

Wir nehmen an, daß in jedem Punkt wenigstens einer der Koeffizienten A, B oder C von Null verschieden ist und in dem entsprechenden abgeschlossenen Gebiet die Koeffizienten stetig differenzierbar sind.

Wir betrachten die Koeffizientenmatrix des Hauptteiles

$$\begin{pmatrix} A & B \\ B & C \end{pmatrix}$$

sowie deren Eigenwertgleichung

$$\begin{vmatrix} A - \lambda & B \\ B & C - \lambda \end{vmatrix} = 0$$

oder

$$\lambda^2 - (A + C)\,\lambda + AC - B^2 = 0 .$$

Diese Gleichung besitzt die reellen Nullstellen

$$\lambda_{1,2} = \frac{A + C \pm \sqrt{(A - C)^2 + 4B^2}}{2} ,$$

letztere haben ein und dasselbe Vorzeichen für $AC - B^2 > 0$ und verschiedenes Vorzeichen für $AC - B^2 < 0$; gilt $AC - B^2 = 0$, dann ist eine der Nullstellen gleich Null, die andere jedoch von Null verschieden. Daraus ergibt sich, daß *Gleichung* (1) *für* $AC - B^2 > 0$ *elliptisch, für* $AC - B^2 = 0$ *parabolisch und für* $AC - B^2 < 0$ *hyperbolisch ist*; andere Typen können hier nicht auftreten.

Die charakteristische Gleichung

$$A \left(\frac{\partial \omega}{\partial x}\right)^2 + 2B \frac{\partial \omega}{\partial x} \frac{\partial \omega}{\partial y} + C \left(\frac{\partial \omega}{\partial y}\right)^2 = 0 \tag{2}$$

läßt sich mit Hilfe des folgenden einfachen Ansatzes auf eine gewöhnliche Differentialgleichung zurückführen. Es sei $\omega(x, y)$ eine Lösung der Gleichung (2). Wir betrachten die Charakteristik

$$\omega(x, y) = \text{const} .$$

Auf dieser Charakteristik ist die Beziehung

$$\frac{\partial \omega}{\partial x} dx + \frac{\partial \omega}{\partial y} dy = 0$$

oder

$$\frac{\partial \omega}{\partial x} : \frac{\partial \omega}{\partial y} = dy : (-\, dx)$$

erfüllt. Gleichung (2) ist homogen bezüglich $\frac{\partial \omega}{\partial x}$ und $\frac{\partial \omega}{\partial y}$. Ersetzt man die letzten Ausdrücke durch die ihnen proportionalen Größen dy und $-dx$, dann erhält man die gewöhnliche Differentialgleichung

$$A\, dy^2 - 2B\, dx\, dy + C\, dx^2 = 0\,. \tag{3}$$

Wenn umgekehrt $\omega(x, y) = \text{const}$ das allgemeine Integral der Gleichung (3) ist, dann überzeugt man sich leicht, daß die Funktion $\omega(x, y)$ der charakteristischen Gleichung genügt.

Gleichung (3) zerfällt in zwei Gleichungen

$$\frac{dy}{dx} = \frac{B + \sqrt{B^2 - AC}}{A}, \qquad \frac{dy}{dx} = \frac{B - \sqrt{B^2 - AC}}{A}, \tag{4}$$

welche übereinstimmen, wenn Gleichung (1) parabolisch ist; in allen übrigen Fällen sind diese Gleichungen verschieden.

Wir betrachten zunächst den Fall einer elliptischen Gleichung (1): $AC - B^2 > 0$. Wir nehmen an, die Koeffizienten A, B und C seien in eine gewisse Umgebung (in der komplexen Ebene) der reellen Punkte x und y analytisch fortsetzbar. Dann lassen sich die Gleichungen (4) als gewöhnliche Differentialgleichungen im Komplexen auffassen. Wir betrachten z.B. die erste dieser Gleichungen, und es sei $\omega(x, y) = \text{const}$ das allgemeine Integral dieser Gleichung; wie oben gezeigt wurde, erfüllt die Funktion $\omega(x, y)$ die charakteristische Gleichung (2). Nach Definition des allgemeinen Integrals kann die Gleichung $\omega(x, y) = \text{const}$ nach y aufgelöst werden, deshalb gilt $\frac{\partial \omega}{\partial y} \neq 0$. Wir werden annehmen, daß x und y das Gebiet durchlaufen, in dem $\frac{\partial \omega}{\partial y} \neq 0$ gilt. Nunmehr setzen wir voraus, daß die Veränderlichen x und y nur reelle Werte annehmen, und es sei dann $\omega(x, y) = \xi(x, y) + i\eta(x, y)$, wobei ξ und η reelle Funktionen sind. Die Jacobische Funktionaldeterminante $\frac{D(\xi, \eta)}{D(x, y)}$ verschwindet nirgends.

In der Tat, wenn in einem gewissen Punkt diese Funktionaldeterminante gleich Null ist, so gilt in diesem Punkt

$$\frac{\partial \xi}{\partial x} = \lambda \frac{\partial \xi}{\partial y}, \qquad \frac{\partial \eta}{\partial x} = \lambda \frac{\partial \eta}{\partial y},$$

oder $\frac{\partial \omega}{\partial x} = \lambda \frac{\partial \omega}{\partial y}$, wobei λ eine gewisse reelle Größe ist. Wenn wir dies in Gleichung (2) einsetzen, finden wir, daß die Gleichung $A\lambda^2 + 2B\lambda + C = 0$ eine reelle Wurzel besitzt; dies ist nicht möglich, weil $AC - B^2 > 0$ ist.

Wir wählen jetzt ξ und η als neue unabhängige Veränderliche, und es seien $\tilde{A}$, $\tilde{B}$ und $\tilde{C}$ die transformierten Koeffizienten. Da, wie im § 2 gezeigt wurde, die Charakteristiken in bezug auf Transformationen der unabhängigen Veränderlichen invariant sind, muß die Funktion $\tilde{\omega} = \xi + i\eta$ der neuen charakteristischen Gleichung

$$\tilde{A}\left(\frac{\partial \tilde{\omega}}{\partial \xi}\right)^2 + 2\tilde{B}\frac{\partial \tilde{\omega}}{\partial \xi}\frac{\partial \tilde{\omega}}{\partial \eta} + \tilde{C}\left(\frac{\partial \tilde{\omega}}{\partial \eta}\right)^2 = 0 \tag{5}$$

genügen. Daraus ergibt sich $\tilde{A} = \tilde{C}$, $\tilde{B} = 0$. Dividieren wir nun die transformierte Gleichung durch $\tilde{A}$, so bringen wir dieselbe auf die kanonische Form

$$\frac{\partial^2 u}{\partial \xi^2} + \frac{\partial^2 u}{\partial \eta^2} + \Phi_1\left(\xi, \eta, u, \frac{\partial u}{\partial \xi}, \frac{\partial u}{\partial \eta}\right) = 0\,. \tag{6}$$

Wenn die Koeffizienten A, B, C nicht analytisch sind, aber immer noch $AC - B^2 > 0$ gilt, so kann die Gleichung (1) trotzdem auf die Form (6) gebracht werden (siehe [1]).

Wir wenden uns jetzt dem parabolischen Fall zu. Sei $\xi(x, y) = \text{const}$ das allgemeine Integral der Gleichungen (4). Wir führen die neuen Veränderlichen ξ und η ein; dabei bedeutet $\eta = \eta(x, y)$ irgendeine von $\xi(x, y)$ unabhängige Funktion. Da Gleichung (5) die Lösung $\tilde{\omega} = \xi$ besitzt, ist $\tilde{A} = 0$. Da sich außerdem der Typ der Gleichung bei einer Variablensubstitution nicht ändert, gilt $\tilde{A}\tilde{C} - \tilde{B}^2 = 0$ und somit $\tilde{B} = 0$. Dividieren wir die transformierte Gleichung (1) durch $\tilde{C}$, so bringen wir diese auf die kanonische Form

$$\frac{\partial^2 u}{\partial \eta^2} + \Phi_1\left(\xi, \eta, u, \frac{\partial u}{\partial \xi}, \frac{\partial u}{\partial \eta}\right) = 0 . \tag{7}$$

Im hyperbolischen Fall führen wir $\xi_1 = \xi + \eta$ und $\eta_1 = \xi - \eta$ als neue unabhängige Veränderliche ein; dabei sind $\xi(x, y) = \text{const}$ und $\eta(x, y) = \text{const}$ die allgemeinen Integrale der Gleichung (4); wie man leicht sieht, verschwindet nirgends die JACOBIsche Funktionaldeterminante $\frac{D(\xi, \eta)}{D(x, y)}$. Gleichung (5) besitzt in diesem Fall zwei Lösungen: $\tilde{\omega} = \frac{1}{2}(\xi_1 + \eta_1)$, $\tilde{\omega} = \frac{1}{2}(\xi_1 - \eta_1)$, und somit gilt $\tilde{A} = -\tilde{C}$, $\tilde{B} = 0$. Dividieren wir nun die transformierte Gleichung (1) durch $\tilde{A}$, so gelangen wir zur kanonischen Form dieser Gleichung:

$$\frac{\partial^2 u}{\partial \xi_1^2} - \frac{\partial^2 u}{\partial \eta_1^2} + \Phi_1\left(\xi_1, \eta_1, u, \frac{\partial u}{\partial \xi_1}, \frac{\partial u}{\partial \eta_1}\right) = 0 . \tag{8}$$

§ 5. Formal adjungierte Differentialausdrücke

Wir betrachten den linearen Differentialausdruck zweiter Ordnung

$$Lu = A_{jk} \frac{\partial^2 u}{\partial x_j \, \partial x_k} + A_k \frac{\partial u}{\partial x_k} + A_0 u . \tag{1}$$

Im euklidischen $(x_1, x_2, \ldots, x_m)$-Raum geben wir ein beschränktes Gebiet Ω vor, welches von einer stückweise glatten Fläche Γ berandet wird. Wir setzen voraus, daß im abgeschlossenen Gebiet $\overline{\Omega} = \Omega \cup \Gamma$ die Koeffizienten A_{jk} stetige zweite Ableitungen, die Koeffizienten A_k stetige erste Ableitungen besitzen und der Koeffizient A_0 stetig ist.

Wir konstruieren jetzt den Differentialausdruck

$$Mu = \frac{\partial^2 (A_{jk} u)}{\partial x_j \, \partial x_k} - \frac{\partial (A_k u)}{\partial x_k} + A_0 u . \tag{2}$$

Diesen nennen wir den *zu L formal adjungierten Differentialausdruck*. Es erweist sich als günstig, den Ausdruck L auf die folgende Gestalt umzuformen:

$$Lu = \frac{\partial}{\partial x_j}\left(A_{jk} \frac{\partial u}{\partial x_k}\right) + B_k \frac{\partial u}{\partial x_k} + Cu , \qquad B_k = A_k - \frac{\partial A_{jk}}{\partial x_j} , \qquad C = A_0 . \tag{3}$$

Wenn L in dieser Form dargestellt wird, dann nimmt M die Gestalt

$$Mu = \frac{\partial}{\partial x_j}\left(A_{jk} \frac{\partial u}{\partial x_k}\right) - \frac{\partial (B_k u)}{\partial x_k} + Cu \tag{4}$$

an. Unter Berücksichtigung dieser Beziehung prüft man leicht nach, daß *die formale Adjungiertheit eine symmetrische Eigenschaft* ist: Der zu M formal adjungierte Differentialausdruck ist L. In der Tat gilt

$$Mu = \frac{\partial}{\partial x_j}\left(A_{jk} \frac{\partial u}{\partial x_k}\right) - B_k \frac{\partial u}{\partial x_k} + \left(C - \frac{\partial B_k}{\partial x_k}\right) u .$$

Wenn nun N der zu M formal adjungierte Differentialausdruck ist, dann gilt

$$Nu = \frac{\partial}{\partial x_j}\left(A_{jk}\frac{\partial u}{\partial x_k}\right) + \frac{\partial(B_k u)}{\partial x_k} + \left(C - \frac{\partial B_k}{\partial x_k}\right)u = Lu\,.$$

Wenn $M \equiv L$ ist, dann heißt der Differentialausdruck L *formal selbstadjungiert*.

Wie man aus den Formeln (3) und (4) ersieht, unterscheiden sich formal adjungierte Ausdrücke nur in den mittleren Gliedern dieser Formeln. Offenbar gilt $M \equiv L$ dann und nur dann, wenn $B_k \equiv 0$, $k = 1, 2, \ldots, m$, ist. Der Differentialausdruck L ist somit dann und nur dann formal selbstadjungiert, wenn $B_k \equiv 0$, $k = 1, 2, \ldots, m$, ist. Daraus folgt, daß sich ein formal selbstadjungierter Differentialausdruck zweiter Ordnung auf folgende Gestalt bringen läßt:

$$Lu = \frac{\partial}{\partial x_j}\left(A_{jk}\frac{\partial u}{\partial x_k}\right) + Cu\,, \qquad A_{jk} = A_{kj}\,. \tag{5}$$

Der LAPLACE-Operator und der Wellenoperator sind formal selbstadjungiert, dagegen ist der Wärmeleitungsoperator nicht formal selbstadjungiert.

§ 6. Die GREENschen Formeln

Der Differentialausdruck L sei durch die Formel (5.3) definiert, und seine Koeffizienten mögen die Bedingungen des § 5 erfüllen. Des weiteren seien die Funktionen $u, v \in C^{(2)}(\bar{\Omega})$. Wir bilden das Integral

$$\int_\Omega vLu\,\mathrm{d}x = \int_\Omega v\frac{\partial}{\partial x_j}\left(A_{jk}\frac{\partial u}{\partial x_k}\right)\mathrm{d}x + \int_\Omega v\left(B_k\frac{\partial u}{\partial x_k} + Cu\right)\mathrm{d}x\,. \tag{1}$$

Durch Anwendung der Formel der partiellen Integration (vgl. Kap. 3, § 1) auf das erste Integral der rechten Seite erhalten wir die sogenannte *erste GREENsche Formel*

$$\int_\Omega vLu\,\mathrm{d}x = -\int_\Omega A_{jk}\frac{\partial v}{\partial x_j}\frac{\partial u}{\partial x_k}\mathrm{d}x + \int_\Omega v\left(B_k\frac{\partial u}{\partial x_k} + Cu\right)\mathrm{d}x + \int_\Gamma vA_{jk}\frac{\partial u}{\partial x_k}\cos(\nu, x_j)\,\mathrm{d}\Gamma\,. \tag{2}$$

Dabei bedeutet ν die (in bezug auf das Gebiet Ω) äußere Normale zur Fläche Γ.

Jetzt wenden wir die erste GREENsche Formel auf den formal adjungierten Differentialausdruck M an, wobei wir u und v miteinander vertauschen:

$$\int_\Omega uMv\,\mathrm{d}x = -\int_\Omega A_{jk}\frac{\partial u}{\partial x_j}\frac{\partial v}{\partial x_k}\mathrm{d}x + \int_\Omega u\left\{-B_k\frac{\partial v}{\partial x_k} + \left(C - \frac{\partial B_k}{\partial x_k}\right)v\right\}\mathrm{d}x + $$
$$+ \int_\Gamma uA_{jk}\frac{\partial v}{\partial x_k}\cos(\nu, x_j)\,\mathrm{d}\Gamma\,. \tag{3}$$

Die Formel (3) subtrahieren wir nun von der Formel (2). Dabei überzeugt man sich leicht davon, daß rechts sämtliche Raumintegrale verschwinden. Da nämlich $A_{jk} = A_{kj}$ ist, stimmen die ersten Integrale der rechten Seiten von (2) und (3) überein. Des weiteren ergibt sich durch partielle Integration

$$-\int_\Omega uB_k \frac{\partial v}{\partial x_k}\,\mathrm{d}x = \int_\Omega v\,\frac{\partial(B_k u)}{\partial x_k}\,\mathrm{d}x - \int_\Gamma B_k uv\cos(\nu, x_k)\,\mathrm{d}\Gamma =$$

$$= \int_\Omega \left\{vB_k\frac{\partial u}{\partial x_k} + uv\,\frac{\partial B_k}{\partial x_k}\right\}\mathrm{d}x - \int_\Gamma B_k uv\cos(\nu, x_k)\,\mathrm{d}\Gamma\,.$$

Daraus ersieht man, daß die auf den rechten Seiten der Formeln (2) und (3) auftretenden Raumintegrale gleich sind.

Als Ergebnis der Subtraktion erhalten wir die *zweite* GREEN*sche Formel*

$$\int_\Omega (vLu - uMv)\,\mathrm{d}x = \int_\Gamma \left[A_{jk}\left(v\,\frac{\partial u}{\partial x_j} - u\,\frac{\partial v}{\partial x_j}\right) + B_k uv\right]\cos(\nu, x_k)\,\mathrm{d}\Gamma\,. \tag{4}$$

Die GREENschen Formeln vereinfachen sich etwas für formal selbstadjungierte Differentialausdrücke. In diesem Fall gilt nämlich $B_k \equiv 0$, und es ergeben sich die folgenden einfacheren Formeln: die erste GREENsche Formel

$$\int_\Omega vLu\,\mathrm{d}x = -\int_\Omega A_{jk}\,\frac{\partial v}{\partial x_j}\,\frac{\partial u}{\partial x_k}\,\mathrm{d}x + \int_\Omega Cuv\,\mathrm{d}x + \int_\Gamma vA_{jk}\,\frac{\partial u}{\partial x_k}\cos(\nu, x_j)\,\mathrm{d}\Gamma \tag{5}$$

und die zweite GREENsche Formel

$$\int_\Omega (vLu - uLv)\,\mathrm{d}x = \int_\Gamma A_{jk}\left(v\,\frac{\partial u}{\partial x_k} - u\,\frac{\partial v}{\partial x_k}\right)\cos(\nu, x_j)\,\mathrm{d}\Gamma\,. \tag{6}$$

Wir stellen jetzt die GREENschen Formeln für die drei wichtigsten Differentialausdrücke (man nennt sie gewöhnlich Operatoren) der mathematischen Physik, den LAPLACE-, den Wärmeleitungs- und den Wellenoperator, auf.

1. Der LAPLACE-Operator

$$\Delta = \sum_{k=1}^{m} \frac{\partial^2}{\partial x_k^2}$$

ist formal selbstadjungiert; seine Koeffizienten nehmen die Werte $A_{jk} = \delta_{jk}$ und $C = 0$ an. Setzt man diese Werte in die Formel (5) ein, so ergibt sich die *erste* GREEN*sche Formel für den* LAPLACE-*Operator*:

$$\int_\Omega v\,\Delta u\,\mathrm{d}x = -\int_\Omega \frac{\partial u}{\partial x_k}\,\frac{\partial v}{\partial x_k}\,\mathrm{d}x + \int_\Gamma v\,\frac{\partial u}{\partial \nu}\,\mathrm{d}\Gamma\,. \tag{7}$$

Wir erwähnen noch zwei Spezialfälle der Formel (7).

Für $u = v$ erhalten wir

$$\int_\Omega u\,\Delta u\,\mathrm{d}x = -\int_\Omega \sum_{k=1}^{m}\left(\frac{\partial u}{\partial x_k}\right)^2\mathrm{d}x + \int_\Gamma u\,\frac{\partial u}{\partial \nu}\,\mathrm{d}\Gamma\,. \tag{8}$$

Das Integral

$$\int_\Omega \sum_{k=1}^{m}\left(\frac{\partial u}{\partial x_k}\right)^2\mathrm{d}x$$

nennt man DIRICHLET*sches Integral.*

Setzt man in der Formel (7) $v \equiv 1$, so ergibt sich die folgende, für das Weitere wichtige Formel

$$\int_{\Gamma} \frac{\partial u}{\partial \nu} d\Gamma = \int_{\Omega} \Delta u \, dx . \tag{9}$$

Die *zweite* GREEN*sche Formel für den* LAPLACE-*Operator* hat die Gestalt

$$\int_{\Omega} (v \, \Delta u - u \, \Delta v) \, dx = \int_{\Gamma} \left(v \frac{\partial u}{\partial \nu} - u \frac{\partial v}{\partial \nu} \right) d\Gamma . \tag{10}$$

2. Der Wärmeleitungsoperator

$$L = \frac{\partial}{\partial x_m} - \sum_{k=1}^{m-1} \frac{\partial^2}{\partial x_k^2}$$

ist nicht formal selbstadjungiert. Für diesen Operator gilt

$$A_{mm} = 0 \, ; \quad A_{kk} = -1 \, , \quad 1 \leqq k \leqq m - 1 \, ; \quad A_{jk} = 0 \, , \quad j \neq k \, ;$$
$$B_m = 1 \, ; \quad B_k = 0 \, , \quad 1 \leqq k \leqq m - 1 \, ; \quad C = 0 \, .$$

Der zum Wärmeleitungsoperator formal adjungierte Operator M ist von der Gestalt

$$M = -\frac{\partial}{\partial x_m} - \sum_{k=1}^{m-1} \frac{\partial^2}{\partial x_k^2} .$$

Auf Grund der Formeln (2) und (4) ergibt sich

$$\int_{\Omega} vLu \, dx = \int_{\Omega} \left(\sum_{k=1}^{m-1} \frac{\partial u}{\partial x_k} \frac{\partial v}{\partial x_k} + v \frac{\partial u}{\partial x_m} \right) dx - \int_{\Gamma} v \sum_{k=1}^{m-1} \frac{\partial v}{\partial x_k} \cos (\nu, x_k) \, d\Gamma \; ; \tag{11}$$

$$\int_{\Omega} (vLu - uMv) \, dx = \int_{\Gamma} \left[\sum_{k=1}^{m-1} \left(u \frac{\partial v}{\partial x_k} - v \frac{\partial u}{\partial x_k} \right) \cos (\nu, x_k) + uv \cos (\nu, x_m) \right] d\Gamma . \tag{12}$$

3. Der Wellenoperator wird oft durch das Symbol $\Box$ gekennzeichnet:

$$\Box = \frac{\partial^2}{\partial x_m^2} - \sum_{k=1}^{m-1} \frac{\partial^2}{\partial x_k^2} .$$

Dieser Operator ist formal selbstadjungiert; seine Koeffizienten sind

$$A_{mm} = 1 \, ; \quad A_{kk} = -1 \, , \quad 1 \leqq k \leqq m - 1 \, ; \quad A_{jk} = 0 \, , \quad j \neq k \, ; \quad C = 0 \, .$$

Die Formeln (5) und (6) nehmen für den Wellenoperator folgende Gestalt an:

$$\int_{\Omega} v \, \Box u \, dx = \int_{\Omega} \left[\sum_{k=1}^{m-1} \frac{\partial u}{\partial x_k} \frac{\partial v}{\partial x_k} - \frac{\partial u}{\partial x_m} \frac{\partial v}{\partial x_m} \right] dx +$$
$$+ \int_{\Gamma} v \left[\frac{\partial u}{\partial x_m} \cos (\nu, x_m) - \sum_{k=1}^{m-1} \frac{\partial u}{\partial x_k} \cos (\nu, x_k) \right] d\Gamma , \tag{13}$$

$$\int_{\Omega} (v \, \Box u - u \, \Box v) \, dx = \int_{\Gamma} \left[\left(v \frac{\partial u}{\partial x_m} - u \frac{\partial v}{\partial x_m} \right) \cos (\nu, x_m) - \right.$$
$$\left. - \sum_{k=1}^{m-1} \left(v \frac{\partial u}{\partial x_k} - u \frac{\partial v}{\partial x_k} \right) \cos (\nu, x_k) \right] d\Gamma . \tag{14}$$

§ 7. Differentialausdrücke höherer Ordnung

Wir betrachten die lineare partielle Differentialgleichung, deren Ordnung s beliebig ist:

$$Lu = \sum_{|\alpha|=0}^{s} A_\alpha(x)\, D^\alpha u = f(x)\,. \tag{1}$$

Die linke Seite dieser Gleichung, der Ausdruck Lu, heißt *linearer Differentialausdruck der Ordnung* s.

Der Differentialausdruck

$$Mu = \sum_{|\alpha|=0}^{s} (-1)^{|\alpha|}\, D^\alpha(A_\alpha u) \tag{2}$$

heißt *zu L formal adjungierter Differentialausdruck*. Wenn $M \equiv L$ ist, so heißt der Ausdruck L *formal selbstadjungiert*.

Der Differentialgleichung $Lu = f(x)$ kann die Gestalt

$$Lu = \sum_{|\beta+\gamma|=0}^{s} D^\beta(B_{\beta\gamma} D^\gamma u) = f(x) \tag{3}$$

gegeben werden, wobei $B_{\beta\gamma}$ gewisse neue Koeffizienten sind. Der formal adjungierte Ausdruck nimmt dann die Form

$$Mu = \sum_{|\beta+\gamma|=0}^{s} (-1)^{|\beta+\gamma|}\, D^\gamma(B_{\beta\gamma} D^\beta u) \tag{4}$$

an.

Es sei Ω ein beschränktes Gebiet des Raumes E_m, das durch eine stückweise glatte Fläche Γ berandet wird. Wir nehmen $u, v \in C^{(s)}(\overline{\Omega})$, $B_{\beta\gamma} \in C^{\varkappa}(\overline{\Omega})$, $\varkappa = \max(|\beta|, |\gamma|)$ an. Dann gelten die erste GREENsche Formel

$$\int_\Omega vLu\, dx = \int_\Omega \sum_{|\beta+\gamma|=0}^{s} (-1)^{|\beta|} B_{\beta\gamma}\, D^\gamma u D^\beta v\, dx + \int_\Gamma R_1(u, v)\, d\Gamma \tag{5}$$

und die zweite GREENsche Formel

$$\int_\Omega (vLu - uMv)\, dx = \int_\Gamma R_2(u, v)\, d\Gamma\,. \tag{6}$$

In den Formeln (5) und (6) sind $R_1(u, v)$ und $R_2(u, v)$ bilineare Formen bezüglich u, v und ihrer Ableitungen, deren Ordnung $s - 1$ nicht übersteigt. Wenn man unter $u(x)$ und $f(x)$ Vektorfunktionen mit etwa k Komponenten versteht und unter A_α und $B_{\beta\gamma}$ quadratische Matrizen der Ordnung k, so bedeutet (1) (oder (3)) ein System von k partiellen Differentialgleichungen mit k unabhängigen Funktionen. Die GREENschen Formeln (5) und (6) behalten in diesem Fall ihre Gültigkeit, wenn man unter den Ausdrücken vLu, uMv, $D^\gamma u$, $D^\beta v$ das (im euklidischen Raum E_k) gewöhnliche Skalarprodukt der entsprechenden Vektoren versteht. Der formal adjungierte Ausdruck muß dabei etwas abgeändert werden: Die Formeln (2) und (4) ersetzen wir entsprechend durch

$$Mu = \sum_{|\alpha|=0}^{s} (-1)^{|\alpha|}\, D^\alpha(A_\alpha^* u) \tag{7}$$

und

$$Mu = \sum_{|\beta+\gamma|=0}^{s} (-1)^{|\beta+\gamma|}\, D^\gamma(B_{\beta\gamma}^* D^\beta u)\,, \tag{8}$$

wobei durch den Stern die Transponierung der Matrix bezeichnet wird.

Die GREENschen Formeln sowie die Formeln (7) und (8), durch die der formal adjungierte Differentialausdruck definiert wird, sind gleichermaßen für den Fall quadratischer und nichtquadratischer Matrizen A_α und $B_{\beta\gamma}$ anwendbar. Wir betrachten z. B. den Differentialausdruck $Lu = \operatorname{div} u$, wobei u ein Vektor ist, der aus m Komponenten besteht: $u = (u_1, \dots, u_m)$. Die einzige in diesem Fall auftretende Matrix A hat die Gestalt $A = (1, 1, \dots, 1)$; sie enthält eine Zeile und m Spalten; die transponierte Matrix hat die Gestalt

$$A^* = \begin{pmatrix} 1 \\ 1 \\ \vdots \\ 1 \end{pmatrix}.$$

Der formal adjungierte Ausdruck hängt von einer skalaren Funktion ab; wenn man diese Funktion mit v bezeichnet, so gilt für den formal adjungierten Ausdruck

$$Mv = \left(-\frac{\partial v}{\partial x_1}, -\frac{\partial v}{\partial x_2}, \dots, -\frac{\partial v}{\partial x_m}\right) = -\operatorname{grad} v\,.$$

KAPITEL 11

VERALLGEMEINERTE LÖSUNGEN VON DIFFERENTIALGLEICHUNGEN

§ 1. Lokal summierbare verallgemeinerte Lösungen

Es sei $L = \sum_{|\alpha|=0}^{s} A_\alpha(x)\, D^\alpha$ ein linearer Differentialausdruck der Ordnung s und Ω ein Gebiet des Raumes E_m, wobei es ohne Belang ist, ob letzteres beschränkt oder unbeschränkt ist. Wir nehmen an, daß für die Koeffizienten $A_\alpha \in C^{(k+|\alpha|)}(\Omega)$, $k = \text{const} > 0$, gilt. Wir betrachten die Differentialgleichung

$$Lu = f(x) \tag{1}$$

und nehmen an, daß diese eine Lösung $u \in C^{(s)}(\Omega)$ besitzt. Sei $\varphi \in \mathfrak{M}^{(s)}(\Omega)$ und M der zu L formal adjungierte Differentialausdruck. Mit Ω' bezeichnen wir ein Gebiet, auf dessen Ergänzung $\varphi(x)$ verschwindet. Offenbar gilt $u, \varphi \in C^{(s)}(\bar{\Omega}')$, und auf dem Rand $\partial\Omega'$ des Gebietes Ω' existiert und verschwindet die Funktion φ zusammen mit allen ihren Ableitungen; man darf annehmen, daß der Rand $\partial\Omega'$ hinreichend glatt ist. Nach Formel (7.8), Kap. 10, gilt

$$\int_{\Omega'} (\varphi L u - u M \varphi)\, dx = 0 \tag{2}$$

oder

$$\int_{\Omega'} u M\varphi\, dx = \int_{\Omega'} f\varphi\, dx\,. \tag{3}$$

Auf der Menge $\Omega \setminus \Omega'$ verschwindet die Funktion $\varphi(x)$. Deshalb darf in der letzten Identität sogar über ganz Ω integriert werden, und wir gelangen zu folgendem Schluß: Die der Klasse $C^{(s)}(\Omega)$ angehörende Lösung der Differentialgleichung (1) genügt der Integralbeziehung

$$\int_{\Omega} u M\varphi\, dx = \int_{\Omega} f\varphi\, dx\,, \qquad \forall \varphi \in \mathfrak{M}^{(s)}(\Omega)\,. \tag{4}$$

Wir führen folgende Definition ein. In der Gleichung (1) sei $f \in L_{\text{loc}}(\Omega)$ (s. Einführung, § 2). Eine Funktion $u \in L_{\text{loc}}(\Omega)$ heißt *verallgemeinerte Lösung der Gleichung* (1) *im Gebiet* Ω, wenn sie der Integralbeziehung (4) genügt.

Wie wir eben gesehen haben, ist jede der Klasse $C^{(s)}(\Omega)$ angehörende gewöhnliche Lösung der Gleichung (1) auch verallgemeinerte Lösung dieser Gleichung. Es gilt auch die Umkehrung: Wenn die verallgemeinerte Lösung der Gleichung (1) der Klasse $C^{(s)}(\Omega)$ angehört, so genügt sie der genannten Gleichung auch im gewöhnlichen Sinn. In der Tat, sei für die Funktion $u \in C^{(s)}(\Omega)$ die Beziehung (4) erfüllt. Wir setzen in dieser Identität $\varphi = \omega_h(r)$, wobei ω_h ein Mittelungskern, $r = |x - x_0|$, $x_0 \in \Omega$ und h kleiner als der Abstand von x_0 zu $\partial\Omega$ ist. Dann erhalten wir $(Lu)_h\,(x_0) = f_h(x_0)$. Die Funktion $(Lu)\,(x)$ ist offenbar stetig auf Ω. Nach Satz 2.3.1 gilt $(Lu)_h\,(x_0) \to (Lu)\,(x_0)$ gleichmäßig in jedem beliebigen abgeschlossenen Gebiet. In diesem Fall konvergiert auch die Funktion $f_h(x_0)$ gleichmäßig gegen diesen Grenzwert. Satz 2.3.3 liefert auch noch $f_h \to f$ in der Metrik von $L(\Omega)$, und somit ist der gleichmäßige Grenzwert

$\lim_{h\to 0} f_h(x_0) = f(x_0)$. Daraus ergibt sich schließlich $(Lu)(x_0) = f(x_0)$, und unsere Behauptung ist bewiesen.

Satz 11.1.1. *Sei $\{u_n(x)\}$ eine Folge verallgemeinerter Lösungen der Gleichung* (1) *im Gebiet Ω, und es gelte $u_n \to u_0$ in $L_{\mathrm{loc}}(\Omega)$. Dann ist u_0 verallgemeinerte Lösung der Gleichung* (1) *in Ω.*

Beweis: Sei $\varphi \in \mathfrak{M}^{(s)}(\Omega)$. Die Identität (3) ergibt für u_n

$$\int_{\Omega'} u_n M\varphi \, dx = \int_{\Omega'} f\varphi \, dx . \tag{5}$$

Nun gilt aber $\|u_n - u_0\|_{L(\Omega')} \underset{n\to\infty}{\longrightarrow} 0$; der Übergang zum Grenzwert in der Beziehung (5) für $n \to \infty$ beweist den Satz.

Folgerung 11.1.1. *Es sei B ein* BANACH-*Raum von Funktionen, die fast überall auf Ω definiert sind. Aus der Konvergenz in B möge die Konvergenz in $L_{\mathrm{loc}}(\Omega)$ folgen. Dann bilden die verallgemeinerten Lösungen der homogenen Gleichung* (1) *in Ω, die dem Raum B angehören, in B einen Teilraum.*

Im besonderen kann man als B einen jeden der Räume $L_p(\Omega)$, $W_p^{(k)}(\Omega)$, $C^{(k)}(\Omega)$ wählen.

Bemerkung. Mit dem Begriff der verallgemeinerten Lösung einer Differentialgleichung ist der im Kap. 3 eingeführte Begriff der verallgemeinerten Ableitung eng verknüpft. Der Differentialausdruck L besitze die Gestalt $L = D^\alpha$, dann ist der formal adjungierte Ausdruck gleich $M = (-1)^k D^\alpha$, $k = |\alpha|$. Es seien $u, v \in L_{\mathrm{loc}}(\Omega)$ und sei u verallgemeinerte Lösung der Gleichung $D^\alpha u = v$. Nach Definition genügen die Funktionen u und v der Beziehung (4), die im gegebenen Fall die Gestalt

$$\int_\Omega u D^\alpha \varphi \, dx = (-1)^k \int_\Omega v\varphi \, dx; \qquad \forall \varphi \in \mathfrak{M}^{(k)}(\Omega) ,$$

annimmt.

Diese Beziehung bedeutet, daß entsprechend der im Kap. 3 gegebenen Definition die Funktion u im Gebiet Ω die verallgemeinerte Ableitung $D^\alpha u = v$ besitzt.

Satz 11.1.2. *Es sei $u(x)$ eine lokal summierbare verallgemeinerte Lösung der Gleichung* (1) *in einem gewissen Gebiet Ω. Wenn die Funktion $u(x)$ die verallgemeinerten Ableitungen besitzt, die in die Gleichung* (1) *eingehen, so genügt diese Funktion fast überall in Ω der genannten Gleichung.*

Beweis. Nach Definition der verallgemeinerten Lösung gilt

$$\int_\Omega u M\varphi \, dx = \int_\Omega f\varphi \, dx , \qquad \forall \varphi \in \mathfrak{M}^{(s)}(\Omega) ,$$

oder ausführlicher

$$\sum_{|\alpha|=0}^{s} (-1)^{|\alpha|} \int_\Omega u D^\alpha (A_\alpha \varphi) \, dx = \int_\Omega f\varphi \, dx . \tag{6}$$

Aus den am Anfang dieses Paragraphen formulierten Voraussetzungen bezüglich der Koeffizienten folgt $A_\alpha \varphi \in \mathfrak{M}^{(|\alpha|)}(\Omega)$; nunmehr ergibt sich nach Definition der verallgemeinerten Ableitung

$$(-1)^{|\alpha|} \int_\Omega u D^\alpha (A_\alpha \varphi) \, dx = \int_\Omega A_\alpha \varphi D^\alpha u \, dx ,$$

und die Beziehung (6) nimmt die Gestalt

$$\int_\Omega \varphi(Lu - f)\,\mathrm{d}x = 0\,, \qquad \forall \varphi \in \mathfrak{M}^{(s)}(\Omega) \tag{7}$$

an.

Wenn wir ohne Änderungen die Überlegungen des § 1, Kap. 3, wiederholen, die dort für den Beweis der Eindeutigkeit der verallgemeinerten Ableitung (Satz 3.1.1) durchgeführt wurden, erhalten wir, daß die Identität (7) für jede Funktion φ Gültigkeit hat, die meßbar, beschränkt und auf irgend einem Grenzstreifen gleich Null ist. Wir geben eine beliebige Zahl $\delta > 0$ vor und setzen $\varphi(x) = 0$ auf Ω_δ und $\varphi(x) = \operatorname{sign}\,[Lu - f(x)]$ auf $\Omega \setminus \Omega_\delta$. Dann erhalten wir

$$\int_{\Omega\setminus\Omega_\delta} |Lu - f|\,\mathrm{d}x = 0\,.$$

Daraus folgt $Lu - f = 0$ fast überall in $\Omega \setminus \Omega_\delta$; weil δ beliebig ist, gilt letztere Beziehung fast überall in Ω.

§ 2. Distributionen und verallgemeinerte Funktionen

Sei $\mathfrak{M}$ eine beliebige lineare Menge, für deren Elemente ein mit den üblichen Eigenschaften versehener Grenzwertbegriff erklärt sei. Wir werden $\mathfrak{M}$ *Raum der Grundelemente* oder, kürzer, *Grundraum* rennen. Es sei f ein lineares und stetiges Funktional auf dem Grundraum; dies bedeutet, daß für Zahlen a und b und für Elemente φ, ψ, φ_n $(n = 1, 2, \ldots)$ der Menge $\mathfrak{M}$

$$(f, a\varphi + b\psi) = a(f, \varphi) + b(f, \psi)$$

gilt, und, falls $\lim\limits_{n\to\infty} \varphi_n$ existiert, ist $\lim\limits_{n\to\infty} (f, \psi_n) = (f, \lim\limits_{n\to\infty} \varphi_n)$; mit runden Klammern bezeichnen wir hier den Wert des Funktionals auf dem Grundelement.

Die linearen stetigen Funktionale auf dem Grundraum $\mathfrak{M}$ werden *Distributionen* auf diesem Raum genannt, die Menge der Distributionen (sie ist offenbar linear) auf dem Grundraum $\mathfrak{M}$ wird mit $\mathfrak{M}'$ bezeichnet. In $\mathfrak{M}'$ wird auf natürliche Weise der Grenzwertbegriff eingeführt: Wenn $f, f_n \in \mathfrak{M}'$, $n = 1, 2, \ldots$, so gilt

$$f_n \underset{n\to\infty}{\longrightarrow} f\,, \quad \text{wenn} \quad (f_n, \varphi) \underset{n\to\infty}{\longrightarrow} (f, \varphi); \qquad \forall \varphi \in \mathfrak{M}\,. \tag{1}$$

Die Menge der Distributionen $\mathfrak{M}'$ wird auch *Raum der Distributionen* genannt.

Wir betrachten eines der wichtigsten Beispiele. Als Grundraum wählen wir die Menge $D = D(\Omega) = \mathfrak{M}^{(\infty)}(\Omega)$ der reellen Funktionen, die in einem gewissen Gebiet $\Omega \subset E_m$ finit sind. Das Gebiet Ω kann beschränkt oder unbeschränkt sein, der Fall $\Omega = E_m$ wird nicht ausgeschlossen. Der Übergang zum Grenzwert wird in $D(\Omega)$ wie folgt definiert: Sei $\varphi, \varphi_n \in D(\Omega)$, $n = 1, 2, \ldots$ Wir sagen, daß $\varphi_n \underset{n\to\infty}{\longrightarrow} \varphi$ im Sinne der Konvergenz von $D(\Omega)$ gilt und werden dies als $\varphi_n \xrightarrow[n\to\infty]{D} \varphi$ schreiben, wenn die Träger (s. Einleitung, § 2) aller Funktionen φ_n in ein- und demselben Kompaktum in Ω liegen und auf diesem Kompaktum für jeden Multiindex α

$$D^\alpha \varphi_n \underset{n\to\infty}{\longrightarrow} D^\alpha \varphi \tag{2}$$

im Sinne der gleichmäßigen Konvergenz gilt.

Im Raum D ist der Operator der Differentiation stetig:

Wenn $\varphi_n \xrightarrow[n\to\infty]{D} \varphi$ gilt und α ein beliebiger Multiindex ist, so hat die Beziehung $D^\alpha\varphi_n \xrightarrow[n\to\infty]{D} D^\alpha\varphi$ Gültigkeit. Es gilt nämlich $\operatorname{supp} D^\alpha\varphi_n \subset \operatorname{supp} \varphi_n$, und die Träger sämtlicher Funktionen $D^\alpha\varphi_n$ liegen in ein- und demselben Kompaktum. Nach Beziehung (2) gilt für jeden beliebigen Multiindex β auf diesem Kompaktum die gleichmäßige Konvergenz

$$D^{\alpha+\beta}\varphi \underset{n\to\infty}{\Longrightarrow} D^{\alpha+\beta}\varphi .$$

Nach Definition des Grenzwertes in D liefert dies

$$D^\alpha\varphi_n \xrightarrow[n\to\infty]{D} D^\alpha\varphi .$$

Sobald die Klasse $D(\Omega)$ der Grundelemente (im gegebenen Fall Funktionen) gewählt worden ist, wird automatisch die entsprechende Klasse der Distributionen definiert. Eine Distribution auf dem Grundraum D wird auch *verallgemeinerte Funktion* (v. F.) genannt; entsprechend den oben eingeführten allgemeinen Bezeichnungen wird der Raum der v. F. mit $D'(\Omega)$ oder, kürzer, mit D' bezeichnet.

Es sei $f \in L_{\mathrm{loc}}(\Omega)$. Das durch die Formel

$$(f, \varphi) = \int_\Omega f(x)\,\varphi(x)\,dx , \qquad \forall\varphi \in D(\Omega) \tag{3}$$

definierte Funktional ist offenbar auf D linear und stetig; anders ausgedrückt, f ist eine verallgemeinerte Funktion. Diese identifizieren wir mit der lokal summierbaren Funktion $f(x)$. Somit kann jede lokal summierbare Funktion als v. F. betrachtet werden.

Man sagt, daß die v. F. f im Gebiet $G \subset \Omega$ verschwindet, wenn $(f, \varphi) = 0$ für jede Grundfunktion φ, deren Träger in G enthalten ist. Die Abschließung der Menge der Punkte, in denen die v. F. f nicht gleich Null ist, heißt *Träger* dieser v. F. und wird mit $\operatorname{supp} f$ bezeichnet. Man sagt, daß eine verallgemeinerte Funktion (wie, nebenbei bemerkt, auch eine „gewöhnliche" Funktion) auf ihrem Träger konzentriert ist.

Verallgemeinerte Funktionen f und g werden im Gebiet $G \subset \Omega$ als gleich angesehen, wenn in diesem Gebiet $f - g = 0$ gilt.

Wir wenden uns der Frage zu, welche Operationen im Raum der v. F. ausgeführt werden können. Die Menge D' ist linear, und deshalb kann man v. F. addieren und mit Konstanten multiplizieren. Im allgemeinen Fall können v. F. nicht miteinander multipliziert werden. Man kann jedoch v. F. mit jeder beliebigen Funktion der Klasse $C^{(\infty)}(\Omega)$ multiplizieren: Ist $f \in D'$ und $\psi \in C^{(\infty)}(\Omega)$, so wird das Produkt $f\psi$ durch die Formel

$$(f\psi, \varphi) = (f, \psi\varphi) , \qquad \forall\varphi \in D \tag{4}$$

definiert. Die rechte Seite der Formel (4) ist erklärt, weil offensichtlich $\psi\varphi \in D$ gilt und die Multiplikation mit ψ ein in D linearer und stetiger Operator ist.

Für v. F. wird der Begriff der Differentiation definiert: Ist $f \in D'$ und α ein beliebiger Multiindex, so wird die Ableitung $D^\alpha f$ durch die Beziehung

$$(D^\alpha f, \varphi) = (-1)^{|\alpha|}\,(f, D^\alpha\varphi) , \qquad \forall\varphi \in D \tag{5}$$

erklärt. Das Funktional $D^\alpha f$ ist offenbar linear. Man kann unschwer sehen, daß es auch stetig ist: Gilt $\varphi_n \xrightarrow[n\to\infty]{D} \varphi$, so gilt auch $D^\alpha\varphi_n \xrightarrow[n\to\infty]{D} D^\alpha\varphi$ und somit $(D^\alpha f, \varphi_n) = (-1)^{|\alpha|}\,(f, D^\alpha\varphi_n) \xrightarrow[n\to\infty]{} (-1)^{|\alpha|}\,(f, D^\alpha\varphi) = (D^\alpha f, \varphi)$. Daraus folgt, daß sich aus $f \in D'$ auch $D^\alpha f \in D'$ ergibt, d. h., jede v. F. besitzt Ableitungen sämtlicher Ordnungen und diese Ableitungen sind ebenfalls v. F. Wenn f eine lokal summierbare Funktion ist, die irgendeine verallgemeinerte Ableitung $D^\alpha f$ besitzt, so stimmt diese, wie man leicht sieht, mit der im Sinne der v. F. definierten Ableitung $D^\alpha f$ überein.

Lokal summierbare v. F. werden *regulär*, alle anderen v. F. *singulär* genannt.

Eine der wichtigsten singulären v. F. ist die sogenannte „DIRAC-*Funktion*" oder „δ-*Funktion*", die durch die Formel

$$(\delta(x-y), \varphi(y)) = (\delta(y-x), \varphi(y)) = \varphi(x), \qquad \forall \varphi \in D, \quad \forall x \in \Omega, \tag{6}$$

definiert wird. Enthält im besonderen Ω den Koordinatenursprung, so ist

$$(\delta(x), \varphi(x)) = \varphi(0).$$

Offenbar ist die δ-Funktion außer dem Koordinatenursprung überall gleich Null: der Träger der δ-Funktion besteht aus einem Punkt $x = 0$.

Die Ableitungen der δ-Funktion werden durch die Formel

$$(D_y^\alpha \delta(x-y), \varphi(y)) = (-1)^{|\alpha|} D^\alpha \varphi(x) \tag{7}$$

definiert.

§ 3. Verallgemeinerte Funktionen endlicher Ordnung

Wir sagen, daß die v. F. f die Singularitätsordnung oder einfach die Ordnung $\leqq j$ hat, wenn sie in der Gestalt

$$f = \sum_{|\alpha| \leq j} D^\alpha g_\alpha, \qquad g_\alpha \in L_{\text{loc}}(\Omega) \tag{1}$$

darstellbar ist. In diesem Fall schreiben wir $s(f) \leqq j$. Wenn in der Formel (1) j nicht verkleinert werden kann, so sagt man, daß die Ordnung der v. F. gleich j ist und schreibt $s(f) = j$. Offenbar ist die Ordnung einer beliebigen lokal summierbaren Funktion gleich Null; unten werden wir sehen, daß die Ordnung der δ-Funktion gleich 1 ist.

Folgende Behauptungen sind offensichtlich:

a) $s(f_1 + f_2) = \max(s(f_1), s(f_2))$;

b) Wenn $\psi \in C^{(\infty)}(\Omega)$, so ist $s(f\psi) = s(f)$;

c) $s(D^\alpha f) = |\alpha| + s(f)$.

Es sei f eine v. F. der Ordnung j und φ eine beliebige Grundfunktion. Nach Definition der Ableitung einer verallgemeinerten Funktion gilt

$$(f, \varphi) = \sum_{|\alpha| \leq j} (D^\alpha g_\alpha, \varphi) = \sum_{|\alpha| \leq j} (-1)^{|\alpha|} (g_\alpha, D^\alpha \varphi) = \sum_{|\alpha| \leq 1} (-1)^{|\alpha|} \int_\Omega g_\alpha(x) D^\alpha \varphi(x)\, dx\,;$$
$$\forall \varphi \in \mathfrak{M}^{(\infty)}(\Omega). \tag{2}$$

Die v. F. f ist ein auf den in Ω finiten Funktionen definiertes Funktional. Die rechte Seite der Formel (2) ist aber auch für jede Funktion $\varphi \in \mathfrak{M}^{(j)}(\Omega)$ erklärt. Mittels dieser Formel erweitern wir das Funktional auf die Klasse $\mathfrak{M}^{(j)}(\Omega)$. Auch nach einer solchen Erweiterung erweist sich dieses Funktional als linear. In der Menge $\mathfrak{M}^{(j)}(\Omega)$ erklären wir den Begriff des Grenzüberganges analog zu den Ausführungen des § 2 für die Menge $\mathfrak{M}^{(\infty)}(\Omega)$. Wir sagen nämlich, daß die Folge $\varphi_n(x)$ im Sinne der Konvergenz von $\mathfrak{M}^{(j)}(\Omega)$ gegen $\varphi(x)$ konvergiert (symbolisch geschrieben als $\varphi_n \overset{j}{\underset{n\to\infty}{\rightrightarrows}} \varphi$), wenn gilt:

1. $\varphi, \varphi_n \in \mathfrak{M}^{(j)}(\Omega)$, $n = 1, 2, \ldots$;
2. In Ω existiert ein solches Kompaktum K, daß $\operatorname{supp} \varphi_n \subset K$ für beliebiges n;
3. Auf Ω gilt gleichmäßig

$$D^\alpha \varphi_n(x) \underset{n\to\infty}{\rightrightarrows} D^\alpha \varphi(x), \qquad |\alpha| \leqq j.$$

Offenbar ist das so wie oben erweiterte Funktional f stetig auf $\mathfrak{M}^{(j)}$: wenn $\varphi_n \xrightarrow[n\to\infty]{j} \varphi$, so gilt $(f, \varphi_n) \xrightarrow[n\to\infty]{} (f, \varphi)$.

Aus dem Gesagten folgt, daß v. F. der endlichen Ordnung $\leqq j$ als Distributionen auf dem Grundraum $D_j(\Omega) = \mathfrak{M}^{(j)}(\Omega)$ angesehen werden können; die Klasse dieser Distributionen wird vorteilhafterweise mit $D'_j(\Omega)$ bezeichnet. Offensichtlich ist auch, daß die Einschränkung des Funktionals $f \in D'_j(\Omega)$ auf die Menge $D = \mathfrak{M}^{(\infty)}(\Omega)$ eine v. F. der Klasse D' ist.

Die Klasse D'_j ist offenbar linear. Verallgemeinerte Funktionen der Klasse D'_j kann man mit jeder Funktion $\psi \in C^{(j)}(\Omega)$ multiplizieren; das Produkt $f\psi$ wird durch die Formel

$$(f\psi, \varphi) = (f, \psi\varphi) , \qquad \forall \varphi \in D_j \tag{3}$$

definiert. Man überzeugt sich leicht davon, daß eine solche Multiplikation nicht aus der Klasse $D'_j(\Omega)$ herausführt: Ist $f \in D'_j(\Omega)$ und $\psi \in C^{(j)}(\Omega)$, so ist $f\psi \in D'_j(\Omega)$. Die Differentiation führt aus der Klasse D'_j heraus: Man sieht leicht ein, daß für $f \in D'_j$ die Ableitungen $D^\alpha f$, $|\alpha| \leqq j$ (im Sinne der verallgemeinerten Funktionen) existieren und $D^\alpha f \in D'_{j-|\alpha|}$ gilt.

§ 4. Verallgemeinerte Lösungen aus der Klasse der verallgemeinerten Funktionen. Singuläre Lösungen

In einem gewissen Gebiet $\Omega \subset E_m$ betrachten wir die Differentialgleichung

$$Lu = \sum_{|\alpha|=0}^{s} A_\alpha(x)\, D^\alpha u = f(x) ; \tag{1}$$

der Fall $\Omega = E_m$ wird nicht ausgeschlossen. Wir nehmen bezüglich der Koeffizienten $A_\alpha \in C^{(j+|\alpha|)}(\overline{\Omega})$ an, wobei j eine ganze Zahl mit $0 \leqq j \leqq \infty$ ist.

Wir suchen die Lösungen der Gleichung (1), die der Klasse $D'_j(\Omega)$ angehören; ist u eine derartige Lösung, so gilt $s(u) = j$, $s(A_\alpha D^\alpha u) = j + |\alpha|$, und die linke Seite der Gleichung (1) ist eine v. F. der Klasse $D'_{j+s}(\Omega)$; deshalb nehmen wir an, daß die rechte Seite f der Gleichung zur Klasse $D'_{j+s}(\Omega)$ gehört.

Wenn eine Lösung aus der Klasse $D'_j(\Omega)$ existiert, so kann man diese als verallgemeinerte Lösung der gegebenen Differentialgleichung betrachten, die der Klasse der Distributionen angehört; diese Lösung wird durch die Identität

$$\left(\sum_{|\alpha|=0}^{s} A_\alpha D^\alpha u, \varphi\right) = (f, \varphi) , \qquad \forall \varphi \in D_{j+s}(\Omega) \tag{2}$$

definiert.

Die Formel der Differentiation v. F. und die Regel der Multiplikation v. F. mit Funktionen der entsprechenden Klasse $C^{(l)}(\Omega)$, $l \leqq \infty$, gestattet es, die Beziehung (2) durch eine ihr äquivalente zu ersetzen:

$$\left(u, \sum_{|\alpha|=0}^{s} (-1)^{|\alpha|} D_\alpha(A_\alpha\varphi)\right) = (f, \varphi) ,$$

oder kürzer

$$(u, M\varphi) = (f, \varphi) ; \qquad \forall \varphi \in D_{j+s}(\Omega) , \tag{3}$$

wobei M der zu L formal adjungierte Differentialausdruck ist. Indem man die Beziehungen (3) und (1.4) vergleicht, kann man sich leicht von folgendem überzeugen:

Eine lokal summierbare verallgemeinerte Lösung der Gleichung (1) kann man als reguläre v. F. ansehen, die im Sinne dieses Paragraphen verallgemeinerte Lösung derselben Gleichung ist.

Eine besonders wichtige Rolle spielen die Lösungen der Gleichung

$$(Lv)\,(y) = \sum_{|\alpha|=0}^{s} A_\alpha(y)\, D_j^\alpha v = \delta(x-y)\,; \tag{4}$$

sie werden *singuläre Lösungen* des Differentialausdruckes L oder der Gleichung $Lu = 0$ genannt. Offenbar ist eine singuläre Lösung eine Funktion der beiden Punkte $x, y \in \Omega$: $v = v(x, y)$.

In Übereinstimmung mit der Formel (3) genügt eine singuläre Lösung der Beziehung

$$\big(v(x-y),\, (M\varphi)\,(y)\big) = \big(\delta(x-y),\, \varphi(y)\big) = \varphi(x)\,; \qquad \forall \varphi \in D_{j+s}(\Omega)\,. \tag{5}$$

Wenn also die formal adjungierte Gleichung $M\varphi = g(x)$ eine Lösung $\varphi \in D_{j+s}(\Omega)$ besitzt und uns irgendeine singuläre Lösung v des Differentialausdruckes L bekannt ist, so kann man die Funktion φ mittels der Formel (5) bestimmen.

Wenn der Ausdruck L formal selbstadjungiert ist, so nimmt der Ausdruck (5) die Gestalt

$$\big(v(x-y),\, (L\varphi)\, y\big) = \varphi(x)\,; \qquad \forall \varphi \in D_{j+s}(\Omega) \tag{6}$$

an.

§ 5. Die singuläre Lösung der Laplace-Gleichung

Die singuläre Lösung der Laplace-Gleichung $\Delta u = 0$ werden wir als v. F. der Klasse $D'(E_m)$ suchen. Sie genügt der Gleichung

$$-\Delta v = \delta(x-y)\,. \tag{1}$$

Es genügt, die Gleichung

$$-\Delta_x v = \delta(x) \tag{2}$$

zu lösen; wenn nämlich $v(x)$ eine Lösung dieser Gleichung ist, so ist $v(x-y)$ eine Lösung der Gleichung (1).

Offenbar hängt die Dirac-Funktion $\delta(x)$ nur von $\varrho = |x|$ ab, oder, anders ausgedrückt, sie ist bezüglich einer Drehung der Koordinatenachsen invariant. Diese Eigenschaft weist auch der Laplace-Operator auf. In der Tat, sei in E_m die orthogonale Koordinatentransformation

$$x_j = \alpha_{jk}\xi_k\,, \qquad \alpha_{jk}\alpha_{ik} = \delta_{ij}\,, \qquad \alpha_{jk}\alpha_{jl} = \delta_{kl}$$

ausgeführt. Dann ist $\xi_k = \alpha_{jk}x_j$ und somit

$$\frac{\partial u}{\partial x_j} = \frac{\partial u}{\partial \xi_k}\frac{\partial \xi_k}{\partial x_j} = \alpha_{jk}\frac{\partial u}{\partial \xi_k}$$

sowie

$$\frac{\partial^2 u}{\partial x_i\, \partial x_j} = \alpha_{jk}\alpha_{il}\frac{\partial^2 u}{\partial \xi_k\, \partial \xi_l}\,.$$

Wenn wir $i = j$ setzen und summieren, erhalten wir

$$\Delta_x u = \alpha_{jk}\alpha_{jl}\frac{\partial^2 u}{\partial \xi_k\, \partial \xi_l} = \delta_{kl}\frac{\partial^2 u}{\partial \xi_k\, \partial \xi_l} = \Delta_\xi u\,.$$

Die Gleichung (2) ist somit bezüglich einer Drehung der Koordinatenachsen invariant. Wir werden die Lösungen dieser Gleichung suchen, die dieselbe Eigenschaft besitzen, d. h., die nur von ϱ abhängen.

Sei $u = u(\varrho)$. Es gilt

$$\frac{\partial u}{\partial x_k} = u'(\varrho)\frac{\partial \varphi}{\partial x_k} = \frac{x_k}{\varrho} u'(\varrho)$$

und

$$\frac{\partial^2 u}{\partial x_k} = \frac{x_k^2}{\varrho^2} u''(\varrho) + \left(\frac{1}{\varrho} - \frac{x_k^2}{\varrho^3}\right) u'(\varrho) .$$

Wir summieren über k und erhalten

$$\Delta u = u''(\varrho) + \frac{m-1}{\varrho} u'(\varrho) . \tag{*}$$

Wenn $\varrho \neq 0$ ist, so gilt $\delta(x) = 0$, und wir erhalten die Gleichung

$$u''(\varrho) + \frac{m-1}{\varrho} u'(\varrho) = 0 , \qquad \varrho \neq 0 . \tag{3}$$

Wenn $m > 2$ ist, so besitzt das allgemeine Integral der Gleichung (3) die Gestalt $u(\varrho) = c\varrho^{2-m} + c_1$; $c, c_1 = \text{const.}$ Der Summand c_1, der überall der homogenen LAPLACE-Gleichung genügt, braucht nicht berücksichtigt zu werden; wir ersetzen jetzt x durch $x - y$ und folglich ϱ durch $r = |x - y|$ und erhalten $v(x, y) = cr^{2-m}$, wobei die Konstante c noch bestimmt werden muß. Wir zeigen, daß diese Konstante so gewählt werden kann, daß $v(x, y)$ der Gleichung (1) genügt. Entsprechend der Formel (4.6) betrachten wir den Ausdruck (φ ist eine im Gebiet $\Omega \subset E_m$ finite Funktion)

$$J = (v(x, y), (L\varphi)(y)) = -(v(x, y), \Delta\varphi(y)) . \tag{4}$$

Die verallgemeinerte Funktion v ist regulär, weil die Funktion r^{2-m} bei beliebigem fixiertem x bezüglich y lokal summierbar ist. Deshalb kann man dem Ausdruck (4) die Gestalt

$$J = -c \int_{\Omega} r^{2-m} \Delta\varphi(y) \, dy \tag{5}$$

geben.

Es sei Ω' ein derartiges inneres und beschränktes Teilgebiet von Ω, daß $x \in \Omega'$ und $\operatorname{supp} \varphi \subset \Omega'$. Dann verschwindet außerhalb von Ω' und auf seinem Rand die Funktion φ zusammen mit allen ihren Ableitungen. Daraus folgt

$$J = -c \int_{\Omega'} r^{2-m} \Delta\varphi(y) \, dy = -c \lim_{\varepsilon \to 0} \int_{\Omega' \setminus (r<\varepsilon)} r^{2-m} \Delta\varphi(y) \, dy . \tag{6}$$

Im beschränkten und abgeschlossenen Gebiet $\overline{\Omega}' \setminus (r < \varepsilon)$ (s. Abb. 16) sind beide Funktionen r^{2-m} und $\varphi(y)$ zweimal stetig differenzierbar. Deshalb kann die GREENsche Formel (6.7), Kap. 10, angewandt werden:

$$\int_{\Omega' \setminus (r<\varepsilon)} \frac{1}{r^{m-2}} \Delta\varphi(y) \, dy = \int_{\Omega' \setminus (r<\varepsilon)} \varphi(y) \, \Delta_y \frac{1}{r^{m-2}} \, dy +$$
$$+ \int_{\Gamma} \left(\frac{1}{r^{m-2}} \frac{\partial \varphi(y)}{\partial \nu} - \varphi(y) \frac{\partial}{\partial \nu} \frac{1}{r^{m-2}}\right) d\Gamma + \int_{S_\varepsilon} \left(\frac{1}{r^{m-2}} \frac{\partial \varphi(y)}{\partial \nu} - \varphi(y) \frac{\partial}{\partial \nu} \frac{1}{r^{m-2}}\right) dS_\varepsilon .$$

Mit Γ wurde hier der Rand des Gebietes Ω' bezeichnet. Das erste Integral rechts verschwindet, weil, wie oben ermittelt wurde, $\Delta_y \frac{1}{r^{m-2}} = 0$ gilt für $r \neq 0$. Es verschwindet auch das zweite Integral, weil die Funktion φ und ihre Ableitungen auf Γ gleich Null sind. Nunmehr ist

$$J = -c \lim_{\varepsilon\to 0} \int\limits_{S_\varepsilon} \left(\frac{1}{r^{m-2}} \frac{\partial \varphi(y)}{\partial \nu} - \varphi(y) \frac{\partial}{\partial \nu} \frac{1}{r^{m-2}} \right) dS_\varepsilon . \tag{7}$$

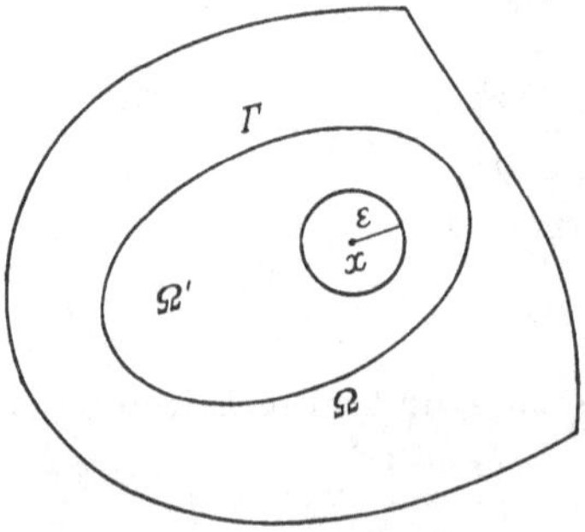

Abb. 16

Wir setzen $y = x + \varepsilon\Theta$, dann ist $|\Theta| = 1$ und der Punkt Θ durchläuft die Einheitssphäre S_1. Nach Formel (2.6), Kap. 1, gilt $dS_\varepsilon = \varepsilon^{m-1}\, dS_1$. Des weiteren ist die bezüglich des Gebietes $\Omega' \setminus (r < \varepsilon)$ äußere Normale ν auf der Sphäre S_ε, $r = \varepsilon$, dem Radiusvektor entgegengerichtet, und

$$\frac{\partial}{\partial \nu} \frac{1}{r^{m-2}} = - \frac{d}{dr} \frac{1}{r^{m-2}} \bigg|_{r=\varepsilon} = \frac{m-2}{\varepsilon^{m-1}} .$$

Die Formel (7) nimmt folgende Gestalt an:

$$J = c \lim_{\varepsilon\to 0} \left[-\varepsilon \int\limits_{S_1} \frac{\partial \varphi(y)}{\partial \nu}\, dS_1 + (m-2) \int\limits_{S_1} \varphi(x + \varepsilon\Theta)\, dS_1 \right].$$

Die ersten Ableitungen der Funktion φ sind beschränkt. Deshalb ist der erste Grenzwert rechts gleich Null. Der zweite Grenzwert ist gleich $c(m-2)\,|S_1|\,\varphi(x)$. Wenn wir $c = \frac{1}{(m-2)} |S_1|^{-1}$ setzen, erhalten wir $J = \varphi(x)$. Damit ist gezeigt, daß die Funktion

$$v(x, y) = \frac{1}{(m-2)\,|S_1|} \frac{1}{r^{m-2}} \tag{8}$$

eine singuläre Lösung der LAPLACE-Gleichung ist, falls $m > 2$.

Sei nun $m = 2$. In diesem Fall hat das allgemeine Integral der Gleichung (3) die Gestalt $c \ln \frac{1}{r} + c_1$. Wenn man die vorangegangenen Überlegungen wiederholt, kann man ohne Schwierigkeiten feststellen, daß im Falle $m = 2$ die singuläre Lösung der LAPLACE-Gleichung gleich

$$v(x, y) = \frac{1}{2\pi} \ln \frac{1}{r}$$

ist.

Bemerkung. Wenn wir den Ausdruck (8) in die Gleichung (1) einsetzen, sehen wir, daß die δ-Funktion die Identität

$$\delta(x - y) = - \sum_{j=1}^{m} \frac{1}{(m-2)\,|S_1|} \frac{\partial^2}{\partial y_j^2} \frac{1}{r^{m-2}}$$

erfüllt, oder, wenn einmal differenziert und $y = 0$ gesetzt wird,

$$\delta(x) = \sum_{j=1}^{m} \frac{\partial}{\partial x_j} \frac{1}{(m-2)\,|S_1|} \frac{x_j}{\varrho^m}. \tag{9}$$

Die Funktion unter dem Differentiationszeichen in (9) ist in jedem beliebigen Gebiet lokal summierbar, und aus der Definition des § 3 folgt, daß die Singularitätsordnung der δ-Funktion Eins nicht übersteigt: $s(\delta) \leqq 1$. Wir zeigen, daß $s(\delta) = 1$ ist. Anderenfalls wäre $s(\delta) = 0$ und die δ-Funktion lokal summierbar. Diese Funktion ist in einem Punkt konzentriert und wäre somit der Null äquivalent. Dies widerspricht der Beziehung $(\delta, \varphi) = \varphi(0)$, die die δ-Funktion definiert.

§ 6. Die singuläre Lösung der Wärmeleitungsgleichung

Die Wärmeleitungsgleichung stellt ein weiteres Beispiel einer partiellen Differentialgleichung dar, für die die singuläre Lösung elementar gefunden werden kann. Wir ändern die früher eingeführten Bezeichnungen etwas und schreiben die Wärmeleitungsgleichung in der Gestalt

$$\frac{\partial u}{\partial t} - \Delta u = \frac{\partial u}{\partial t} - \sum_{j=1}^{m} \frac{\partial^2 u}{\partial x_j^2} = 0\,. \tag{1}$$

Wir konstruieren die singuläre Lösung $v(t - \tau, x - y)$ des zum Operator (1) adjungierten Operators; diese genügt der Gleichung

$$\frac{\partial v}{\partial \tau} + \Delta_y u = -\delta(t - \tau, x - y)\,; \tag{2}$$

der Bequemlichkeit halber haben wir mit $\delta(t, x)$ die Dirac-Funktion für den $m + 1$-dimensionalen Raum der Veränderlichen $t, x_1, x_2, \dots, x_m$ bezeichnet. Ebenso wie im vorigen Paragraphen genügt es, die Gleichung

$$-\frac{\partial v}{\partial t} + \Delta_x v = -\delta(t, x) \tag{3}$$

zu lösen und in der erhaltenen Gleichung t durch $t - \tau$ und x durch $x - y$ zu ersetzen.

Die Gleichung (3) ist invariant bezüglich Drehungen der Achsen $x_1, x_2, \dots, x_m$; deshalb werden wir die Lösung dieser Gleichung suchen, die nur von t und $\varrho = |x|$ abhängt; diese genügt der einfacheren Gleichung (s. § 5)

$$\frac{\partial v}{\partial t} - \frac{\partial^2 v}{\partial \varrho^2} - \frac{(m-1)}{\varrho} \frac{\partial v}{\partial \varrho} = \delta(t, x)\,. \tag{4}$$

Die Aufgabe kann man weiter vereinfachen, wenn man von folgenden Überlegungen ausgeht. Wir klären, wie sich die δ-Funktion ändert, wenn t durch $k^2 t$ und x durch kx ersetzt wird, wobei $k = \text{const} > 0$ ist. Mit $\delta_n(t, x)$ bezeichnen wir eine Funktion, die die folgenden Eigenschaften aufweist:

$$\delta_n(t, x) \geqq 0\,; \qquad \delta_n(t, x) = 0 \quad \text{für} \quad t^2 + x^2 > \frac{1}{n}\,; \qquad \int_{E_{m+1}} \delta_n(t, x)\, dt\, dx = 1\,.$$

Wenn φ eine Grundfunktion ist, so gilt

$$\int_{E_{m+1}} \delta_n(t, x)\, \varphi(t, x)\, dt\, dx = \varphi(t^*, x^*) \int_{E_{m+1}} \delta_n(t, x)\, dt\, dx = \varphi(t^*, x^*)\,,$$

wobei (t^*, x^*) ein gewisser Punkt der Kugel $t^2 + x^2 < n^{-1}$ ist. Hieraus folgt $\delta_n \xrightarrow[n\to\infty]{D'} \delta$. Nunmehr gilt

$$\begin{aligned}
\big(\delta(k^2t, kx), \varphi(t, x)\big) &= \lim_{n\to\infty} \big(\delta_n(k^2t, kt), \varphi(t, x)\big) = \\
&= \lim_{n\to\infty} \int_{E_{m+1}} \delta_n(k^2t, kx)\, \varphi(t, x)\, dt\, dx = \\
&= \lim_{n\to\infty} \int_{E_{m+1}} k^{-m-2} \delta_n(t, x)\, \varphi\left(\frac{t}{k^2}, \frac{x}{k}\right) dt\, dx = \\
&= k^{-m-2} \lim_{n\to\infty} \left(\delta_n(t, x), \varphi\left(\frac{t}{k^2}, \frac{x}{k}\right)\right) = \\
&= k^{-m-2} \left(\delta(t, x), \varphi\left(\frac{t}{k^2}, \frac{x}{k}\right)\right) = k^{-m-2} \varphi(0, 0) = \\
&= k^{-m-2} \big(\delta(t, x), \varphi(t, x)\big)\,.
\end{aligned}$$

Diese Gleichungskette zeigt, daß

$$\delta(k^2t, kx) = k^{-m-2}\delta(t, x) \tag{5}$$

gilt.

Wenn in der Gleichung (4) t durch k^2t und x durch kx ersetzt wird, ergibt sich, daß dieser Gleichung auch die Funktion $k^m v(k^2t, k\varrho)$ genügt. Wir werden eine Lösung suchen, für die

$$k^m v(k^2t, k\varrho) = v(t, \varrho) \tag{6}$$

bei beliebigem $k > 0$ gilt.

Sei $t > 0$. Setzen wir in (6) $k = t^{-1/2}$ und führen die Bezeichnungen $\varrho^2 t^{-1} = z$, $v(1, \varrho t^{-1/2}) = w(z)$ ein, so sehen wir, daß die gesuchte Lösung die Gestalt $v(t, \varrho) = t^{-m/2} w(z)$ haben muß. Wir setzen dies in (4) ein und setzen gleichzeitig $t > 0$, $\varrho > 0$. Dann gilt $\delta(t, x) = 0$, und die Gleichung geht in eine homogene über. Für die Funktion $w(z)$ ergibt sich die gewöhnliche Differentialgleichung

$$4z \frac{d^2w}{dz^2} + (2m + z) \frac{dw}{dz} + \frac{m}{2} w = 0\,. \tag{7}$$

Eine der Lösungen der Gleichung (7) ist $w = c\, e^{-z/4}$; die zweite Lösung führt auf eine Funktion v, die auch für $t = 0$ die homogene Wärmeleitungsgleichung erfüllt und die deshalb für uns ohne Interesse ist. Wir sind somit zur Funktion $v(t, x) = ct^{-m/2} e^{-\varrho^2/4t}$ gelangt, die für $t > 0$ der homogenen Wärmeleitungsgleichung genügt. Man kann zeigen, daß die singuläre Lösung der adjungierten Wärmeleitungsgleichung von der Gestalt

$$v(t - \tau, x - y) = \begin{cases} \dfrac{1}{(2\sqrt{\pi(t-\tau)})^m}\, e^{-r^2/4(t-\tau)}\,, & \tau < t\,, \\ 0\,, & \tau \geqq t\,; \end{cases} \tag{8}$$

ist, der entsprechende Beweis wird später, im § 1, Kap. 25, gegeben.

§ 7. Die singuläre Lösung der Wellengleichung

Die Wellengleichung schreiben wir in der Form

$$\frac{\partial^2 u}{\partial t^2} - \Delta_x u = \frac{\partial^2 u}{\partial t^2} - \sum_{k=1}^{m} \frac{\partial^2 u}{\partial x_k^2} = 0 . \tag{1}$$

Die singuläre Lösung $v(t - \tau, x - y)$ genügt der Gleichung

$$\frac{\partial^2 v}{\partial \tau^2} - \Delta_y v = \delta(t - \tau, x - y) . \tag{2}$$

Die Aufgabe, eine singuläre Lösung aufzufinden, vereinfachen wir (wie im Fall der Wärmeleitungsgleichung) in zwei Richtungen. Vor allem werden wir eine Lösung suchen, die nur von $t - \tau$ und $r = |x - y|$ abhängt; dies führt uns auf die Gleichung

$$\frac{\partial^2 v}{\partial \tau^2} - \frac{\partial^2 v}{\partial r^2} - \frac{m-1}{r}\frac{\partial v}{\partial r} = \delta(t - \tau, x - y) . \tag{3}$$

Wenn wir des weiteren wie im vorigen Paragraphen verfahren, finden wir

$$\delta(kt, kx) = k^{-m-1}\delta(t, x) . \tag{4}$$

Wenn in der Gleichung (3) $t - \tau$ und $x - y$ durch $k(t - \tau)$ und $k(x - y)$ ersetzt wird, so genügt, wie man sich leicht überzeugen kann, auch die Funktion $k^{m-1}v\big(k(t - \tau), kr\big)$ eben dieser Gleichung. Wir suchen eine Lösung der Gleichung (3), die für beliebiges k die Identität

$$k^{m-1}v\big(k(t - \tau), kr\big) = v(t - \tau, r) \tag{5}$$

erfüllt. Setzen wir $k = r^{-1}$ und führen die Bezeichnungen $\frac{t-\tau}{r} = \lambda$, $v\left(\frac{t-\tau}{r}, 1\right) = w(\lambda)$ ein, so finden wir, daß die gesuchte Lösung von der Gestalt $v(t - \tau, r) = r^{-m+1}w(\lambda)$ sein muß. Eine derartige Lösung werden wir wie folgt konstruieren. Wir setzen $t \neq \tau$, $r = 0$. Dann ist $\delta(t - \tau, x - y) = 0$, und die Gleichung (3) geht in eine homogene Gleichung über:

$$\frac{\partial^2 v}{\partial \tau^2} - \frac{\partial^2 v}{\partial r^2} - \frac{m-1}{r}\frac{\partial v}{\partial r} = 0 . \tag{6}$$

Wir suchen ihre Lösungen auf, die homogene Funktionen bezüglich $t - r$ und r vom Grad 0 sind, d. h. Lösungen der Gestalt $q(\lambda)$. Dann ist

$$\frac{\partial^{m-1}}{\partial t^{m-1}} q(\lambda) = \frac{1}{r^{m-1}} q^{(m-1)}(\lambda) .$$

Somit kann man $w(\lambda) = q^{(m-1)}(\lambda)$ setzen und folglich

$$v(t - \tau, r) = \frac{\partial^{m-1}}{\partial t^{m-1}} q(\lambda) = \frac{\partial^{m-1}}{\partial t^{m-1}} q\left(\frac{t-\tau}{r}\right). \tag{7}$$

In die Gleichung (6) setzen wir anstelle von v die Funktion $q(\lambda)$ ein und erhalten die gewöhnliche Differentialgleichung

$$(\lambda^2 - 1)\, q''(\lambda) - (m - 3)\, \lambda q'(\lambda) = 0 ; \tag{8}$$

ihr allgemeines Integral kann als $q(\lambda) = Cq_0(\lambda) + C_1$ mit

$$q_0(\lambda) = \int_1^{\lambda} (z^2 - 1)^{m-3/2}\, dz \tag{9}$$

geschrieben werden. Erwähnt sei, daß die Gleichung $\lambda = 1$, d. h. $t - \tau = r$, die untere Mantelfläche eines Kegels mit der Spitze (t, x) und der zur Achse t parallelen Achse definiert; man kann sich leicht davon überzeugen, daß dieser Kegel ein charakteristischer Kegel für die Wellengleichung ist. Näheres darüber kann in § 3, Kap. 23, gefunden werden.

Auf die Konstante C_1, die der homogenen Wellengleichung für alle Werte τ und y genügt, können wir verzichten.

Die Funktion $q_0(x)$ werden wir durch die Formel (9) nur für $\lambda > 1$ oder $t - \tau > r$ definieren, d. h. im unteren Kegelkörper des charakteristischen Kegels mit der Spitze (t, x); für $\lambda \leqq 1$ oder $t - \tau \leqq r$ setzen wir

$$q_0(\lambda) = 0\,. \tag{10}$$

Man kann zeigen (ausführlich ist dies im Kap. 26, § 2 dargelegt), daß wir eine singuläre Lösung der Wellengleichung erhalten, wenn wir $C = \frac{1}{(m-2)\,|S_1|}$ setzen, so daß im gegebenen Fall die (im allgemeinen verallgemeinerte) Funktion

$$v(t - \tau, x - y) = \frac{1}{(m-2)\,|S_1|}\,\frac{\partial^{m-1}}{\partial t^{m-1}}\,q_0\left(\frac{t-\tau}{r}\right) \tag{11}$$

eine singuläre Lösung darstellt.

Wir verbleiben noch bei den Fällen $m = 2$ und $m = 3$. Wenn $m = 2$ ist, so gilt

$$q_0(\lambda) = \int\limits_1^{\lambda} \frac{dz}{\sqrt{z^2 - 1}} = \ln\left(\lambda + \sqrt{\lambda^2 - 1}\right), \qquad \lambda > 1\,.$$

Dies führt uns auf die bekannte VOLTERRAsche Lösung, die wir mit $v_0(t - \tau, x - y)$ bezeichnen:

$$v_0(t - \tau, x - y) = \begin{cases} \ln\left(\dfrac{t-\tau}{r} + \sqrt{\dfrac{(t-\tau)^2}{r^2} - 1}\right), & t - \tau > r\,, \\ 0\,, & t - \tau \leqq r\,. \end{cases} \tag{12}$$

Die singuläre Lösung wird durch die Formel

$$v(t - \tau, x - y) = \begin{cases} \dfrac{1}{2\pi\sqrt{(t-\tau)^2 - r^2}}\,, & t - \tau > r\,, \\ 0\,, & t - \tau \leqq r \end{cases} \tag{13}$$

definiert.

Ist $m = 3$, so liefert Formel (11) für die singuläre Lösung folgenden Ausdruck:

$$v(t - \tau, x - y) = \frac{1}{4\pi r}\,\frac{\partial q_1(\lambda)}{\partial t}\,, \qquad \lambda = \frac{t-\tau}{r}\,,$$

wobei

$$q_1(\lambda) = \begin{cases} 1\,, & \lambda > 1\,, \\ 0\,, & \lambda \leqq 1 \end{cases}$$

ist. Daraus folgt

$$\frac{\partial q_1}{\partial t} = \frac{1}{r}\,\delta\left(\frac{t-\tau}{r} - 1\right).$$

Wie die Beziehung (4) zeigt, ist im $(m-1)$-dimensionalen Raum die δ-Funktion homogen vom Grade $-(m-1)$; mithin ist die eindimensionale δ-Funktion homogen von der Ordnung -1. Daraus ergibt sich

$$\delta\left(\frac{t-\tau}{r}-1\right)=r\delta(t-\tau-r)$$

und schließlich für die singuläre Lösung der Wellengleichung im dreidimensionalen Raum

$$v(t-\tau, x-y)=\frac{1}{4\pi r}\,\delta(t-\tau-r)\,. \tag{14}$$

Analog ergibt sich die singuläre Lösung für jedes ungerade m:

$$v(t-\tau, x-y)=\frac{1}{(m-2)\,|S_1|\,r^{m-2}}\,\delta(t-\tau-r)\,. \tag{15}$$

Es ist auch nicht schwierig, einen Ausdruck für v im Falle gerader m zu finden.

TEIL III

GLEICHUNGEN VOM ELLIPTISCHEN TYP

Der Inhalt dieses Teiles zerfällt in zwei Themenkreise. Im ersten, der die Kapitel 12 bis 18 umfaßt, werden die LAPLACE-Gleichung (vornehmlich die homogene) und die sie betreffenden Begriffe und Probleme studiert. In der Regel kann man die Methoden und Ergebnisse der Kapitel 12—18 auch auf allgemeinere elliptische Gleichungen übertragen; darüber wird einiges in § 9 des Kapitels 12 ausgesagt. Eine derartige Übertragung erweist sich jedoch bisweilen (z. B. in der Potentialtheorie) als ziemlich aufwendig.

In den Kapiteln 19—21 werden allgemeinere elliptische Gleichungen untersucht. In den Kapiteln 19 und 20 werden auf lineare elliptische Gleichungen die Variationsmethoden der Kapitel 5 und 6 angewandt. Die Untersuchungen sind vornehmlich Gleichungen zweiter Ordnung gewidmet, es werden aber auch einige Probleme für Gleichungen höherer Ordnung und für Gleichungssysteme aufgezeigt, die die Anwendung von Variationsmethoden gestatten. Im Kapitel 21 wird ermittelt, daß die sogenannten „schwachen“ Lösungen, die mittels der Variationsmethoden erhalten werden, bessere analytische Eigenschaften besitzen, als dies unmittelbar aus den allgemeinen Resultaten der Kapitel 5 und 6 folgt. Im besonderen wird bewiesen, daß die genannten Lösungen verallgemeinerte zweite Ableitungen besitzen, die auf jedem im Gebiet enthaltenen Kompaktum quadratisch summierbar sind.

KAPITEL 12

LAPLACE-GLEICHUNG UND HARMONISCHE FUNKTIONEN

§ 1. Grundbegriffe

Wir beginnen mit der einfachsten, aber wichtigen elliptischen Differentialgleichung, der LAPLACE-*Gleichung*. Diese Gleichung hat die Gestalt

$$-\Delta u = f(x)\,. \tag{1}$$

Dabei ist $f(x)$ eine gegebene Funktion. Gilt $f(x) \not\equiv 0$, dann heißt die Gleichung (1) *inhomogene* LAPLACE-*Gleichung*. Im Falle $f(x) \equiv 0$ haben wir es mit der *homogenen* LAPLACE-*Gleichung*

$$\Delta u = 0 \tag{2}$$

zu tun. Die inhomogene LAPLACE-Gleichung nennt man häufig auch POISSON-*Gleichung*.

In der ausführlicheren Schreibweise nehmen die inhomogene bzw. die homogene LAPLACE-Gleichung die Gestalt

$$-\sum_{k=1}^{m} \frac{\partial^2 u}{\partial x_k^2} = f(x) \qquad \text{bzw.} \qquad \sum_{k=1}^{m} \frac{\partial^2 u}{\partial x_k^2} = 0$$

an.

Wir betrachten eine gewisse geschlossene Fläche Γ, die nicht unbedingt zusammenhängend sein muß; Γ berande ein beschränktes oder unbeschränktes Gebiet Ω (vgl. Abb. 17 bzw. Abb. 18). In beiden Fällen setzen wir voraus, daß die Fläche Γ beschränkt ist. Wir wollen das Verhalten der Lösungen der homogenen LAPLACE-Gleichung in derartigen Gebieten untersuchen.

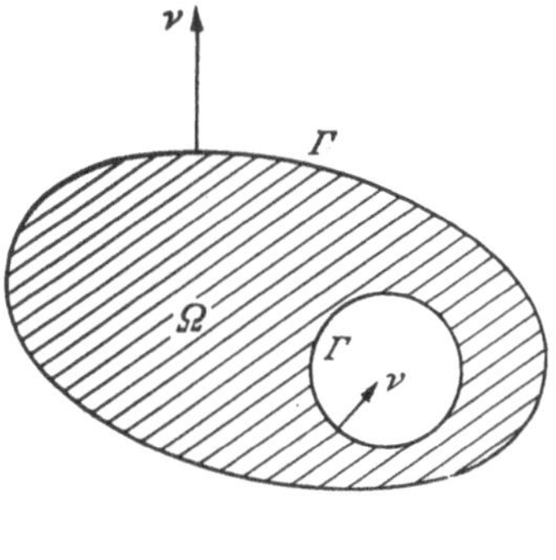

Abb. 17

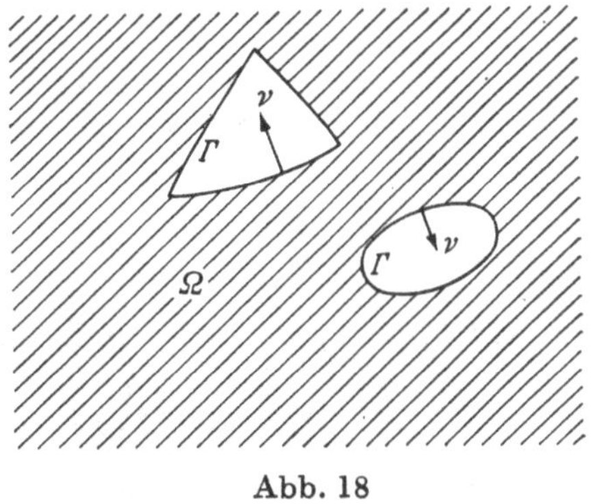

Abb. 18

Von großem Interesse ist ebenfalls das Studium der Lösungen elliptischer Gleichungen und, im speziellen, der LAPLACE-Gleichung in durch unbeschränkte Flächen berandeten Gebieten. In diesem Buch werden wir uns mit derartigen Untersuchungen nicht beschäftigen; lediglich an einer Stelle (Kap. 16) wird der Fall des Halbraumes betrachtet.

Eine Funktion $u(x)$ wird *im beschränkten Gebiet Ω harmonisch* genannt, wenn sie in diesem Gebiet zweimal stetig differenzierbar ist und der homogenen LAPLACE-Gleichung genügt.

Eine Funktion $u(x)$ nennen wir *harmonisch im unbeschränkten Gebiet Ω*, wenn $u(x)$ in jedem endlichen Punkt dieses Gebietes zweimal stetig differenzierbar ist, der homogenen LAPLACE-Gleichung genügt und für hinreichend große $|x|$ die Ungleichung

$$|u(x)| \leqq \frac{C}{|x|^{m-2}} \tag{3}$$

erfüllt, wobei m die Dimension des Raumes und C eine gewisse Konstante bedeuten. Im Falle eines ebenen Gebietes ($m = 2$) bedeutet die Bedingung (3), daß eine in einem unbeschränkten Gebiet harmonische Funktion im Unendlichen beschränkt ist.

Es sei betont, daß sich die Definition der harmonischen Funktion nur auf den Fall eines *offenen Gebietes* (d. h. einer offenen, zusammenhängenden Menge) bezieht. Wenn von einer in einem abgeschlossenen Gebiet harmonischen Funktion die Rede ist, dann ist darunter eine Funktion zu verstehen, die in einem offenen Gebiet, welches das genannte abgeschlossene Gebiet enthält, harmonisch ist.

Wir bemerken schließlich, daß die Definition der harmonischen Funktion keinerlei Bedingungen an das Verhalten der Funktion auf dem Rande des Gebietes stellt.

Beispiel 1. Wenn Ω ein unbeschränktes Gebiet ist, dann ist die Funktion $u(x) \equiv 1$ nur für $m = 2$ harmonisch. Wenn $m > 2$ ist, dann ist diese Funktion in keinem unbeschränkten Gebiet harmonisch; sie ist allerdings für beliebiges m in jedem beschränkten Gebiet harmonisch.

Beispiel 2. In der zweidimensionalen Ebene ist die Funktion

$$u(x, y) = \operatorname{Re}\left(\frac{1}{z}\right) = \frac{x}{x^2 + y^2}$$

mit $z = x + iy$ in einem beliebigen Gebiet, welches den Koordinatenursprung nicht enthält, harmonisch.

Beispiel 3. Die Funktion $\operatorname{Re}\sqrt{z}$, $z = x + iy$, ist im radial aufgeschnittenen Kreis $|z| < R$ (R beliebig positiv) harmonisch.

Beispiel 4. Die Funktion zweier Veränderlicher $u = x^2 + y^2$ ist in keinem Gebiet harmonisch, da sie nicht der homogenen LAPLACE-Gleichung genügt:

$$\Delta(x^2 + y^2) = 4 \neq 0\,.$$

Beispiel 5. Die Funktion $u = x^2 - y^2$ ist in einem beliebigen beschränkten Gebiet harmonisch.

Beispiel 6. Die singuläre Lösung der LAPLACE-Gleichung

$$\frac{1}{(m-2)\,|S_1|}\,\frac{1}{r^{m-2}}\,; \qquad r = |x - \xi|\,, \qquad m > 2$$

ist in jedem beliebigen (beschränkten oder unbeschränkten) Gebiet harmonisch, das der Punkt x durchläuft und das den Punkt ξ nicht enthält. Für $m = 2$ ist die singuläre Lösung $\frac{1}{2\pi} \ln \frac{1}{r}$ in jedem beliebigen beschränkten Gebiet, das den Punkt ξ nicht enthält, harmonisch.

§ 2. Variablensubstitution im LAPLACE-Operator

Es sei Ω ein beschränktes Gebiet des Raumes E_m, und sei $u \in C^2(\Omega)$. Wir setzen

$$\Delta_x u = -f(x) . \tag{1}$$

Die Identität (1) multiplizieren wir mit einer beliebigen, in Ω finiten Funktion η und integrieren über Ω. Wenn wir die Formel (6.7), Kap. 10, anwenden und berücksichtigen, daß $\eta|_{\partial\Omega} = 0$ gilt, erhalten wir die Integralidentität

$$\int_\Omega \left(\frac{\partial u}{\partial x_j}\frac{\partial \eta}{\partial x_j} - f\eta\right) dx = 0 ; \qquad \forall \eta \in \mathfrak{M}^{(\infty)}(\Omega) . \tag{2}$$

Wir zeigen, daß die Gleichung (1) aus (2) folgt und somit die Beziehungen (1) und (2) äquivalent sind. In (2) ersetzen wir x durch ξ und setzen $\eta = \omega_h(r)$, wobei $r = |\xi - x|$ und x ein Punkt ist, dessen Abstand zu $\partial\Omega$ nicht kleiner als h ist. Dann geht die Beziehung (2) in folgende über: $\Delta_x u_h(x) = -f_h(x)$. Die Sätze 2.3.1 und 3.2.1 liefern für $h \to 0$ $\Delta_x u(x) = -f(x)$.

Wir führen in Ω eine Variable

$$z_k = z_k(x_1, \dots, x_m) , \qquad k = 1, 2, \dots, m , \tag{3}$$

ein. Wir nehmen an, daß die Transformation (3) eineindeutig, zweimal stetig differenzierbar und die JACOBIsche Funktionaldeterminante

$$J = \frac{D(x_1, x_2, \dots, x_m)}{D(z_1, z_2, \dots, z_m)}$$

verschieden von Null ist. Wir führen noch die Bezeichnung

$$g_{jk} = \frac{\partial z_j}{\partial x_l}\frac{\partial z_k}{\partial x_l}$$

ein. Dann gilt

$$\frac{\partial u}{\partial x_j}\frac{\partial v}{\partial x_j} = g_{ik}\frac{\partial u}{\partial z_i}\frac{\partial v}{\partial z_k} ; \qquad \forall u, v ,$$

insbesondere für $v = u$

$$g_{jk}\frac{\partial u}{\partial z_j}\frac{\partial u}{\partial z_k} = \sum_{j=1}^{m}\left(\frac{\partial u}{\partial x_j}\right)^2 = (\operatorname{grad} u)^2 .$$

Somit sind g_{jk} die Koeffizienten im Ausdruck $(\operatorname{grad} u)^2$, wenn in diesem zu neuen Variablen übergegangen wird.

In den Veränderlichen z nimmt die Beziehung (2) die Gestalt

$$\int_\Omega \left(g_{jk}\frac{\partial u}{\partial z_k}\frac{\partial \eta}{\partial z_j} - f\eta\right) J\, dz = 0$$

an. Das erste Glied links integrieren wir partiell. Weil $\eta|_{\partial\Omega} = 0$ gilt, verschwindet dabei das Oberflächenintegral, und wir erhalten

$$\int_\Omega \eta \left[\frac{\partial}{\partial z_j}\left(g_{jk}\, J\frac{\partial u}{\partial z_k}\right) + fJ\right] dz = 0 . \tag{4}$$

Den durch eckige Klammern eingeschlossenen Ausdruck in (4) bezeichnen wir mit $\Phi(x)$, so daß gilt

$$\int_\Omega \eta(x)\, \Phi(x)\, dx = 0\,.$$

Wir ersetzen x durch ξ und erhalten

$$\int_\Omega \eta(\xi)\, \Phi(\xi)\, d\xi = 0\,.$$

Wir setzen nunmehr $\eta = \omega_h(r)$, $r = |x - \xi|$; $x, \xi \in \Omega$; den Mittelungsradius h wählen wir kleiner als den Abstand von x zu $\partial\Omega$. Im Resultat erhalten wir die Beziehung $\Phi_h(x) = 0$. Die Funktion Φ ist im Punkt x sowie in einer gewissen Umgebung dieses Punktes stetig. Satz 2.3.1 liefert $\Phi(x) = 0$. Berücksichtigen wir $f(x) = -\Delta_x u$, so erhalten wir daraus den Ausdruck Δ_x in neuen Veränderlichen:

$$\Delta_x u = \frac{1}{J} \frac{\partial}{\partial z_j}\left(g_{jk}\, J\, \frac{\partial u}{\partial z_k}\right). \tag{5}$$

Falls die neuen Koordinaten orthogonal sind, gilt $g_{jk} = 0$, $j \neq k$. Wenn wir die Bezeichnung $g_{jj} = H_j^{-2}$ einführen (links wird natürlich über j nicht summiert), erhalten wir

$$\Delta_x u = \frac{1}{J} \sum_{j=1}^{m} \frac{\partial}{\partial z_j}\left(\frac{J}{H_j^2} \frac{\partial u}{\partial z_j}\right). \tag{6}$$

In der Differentialgeometrie wird bewiesen, daß

$$J = H_1 H_2 \ldots H_m$$

gilt.

Zum Beispiel leiten wir den Ausdruck für den Laplace-Operator in Kugelkoordinaten ab. Aus den Formeln (2.3) und (2.17), Kap. 1, finden wir die Ausdrücke für H_j und J. Wenn wir annehmen, daß $z_1 = r$, $z_2 = \vartheta_1, \ldots, z_m = \vartheta_{m-1}$, so gilt

$$H_1 = 1\,; \qquad H_j = r\sqrt{q_{j-1}}\,, \qquad 2 \leq j \leq m\,;$$
$$J = r^{m-1} \sin^{m-2}\vartheta_1 \sin^{m-3}\vartheta_2 \ldots \sin\vartheta_{m-2}\,,$$

und Formel (6) liefert den gesuchten Ausdruck

$$\Delta_x = \frac{\partial^2}{\partial r^2} + \frac{m-1}{r}\frac{\partial}{\partial r} - \frac{1}{r^2}\,\delta\,; \tag{7}$$

hierbei wurde

$$\delta = -\sum_{j=1}^{m-1} \frac{1}{q_j \sin^{m-j-1}\vartheta_j} \frac{\partial}{\partial\vartheta_j}\left(\sin^{m-j-1}\vartheta_j \frac{\partial}{\partial\vartheta_j}\right) \tag{8}$$

gesetzt.

Von Interesse sind die Fälle von Koordinatentransformationen, die die Gestalt der Laplace-Gleichung nicht ändern. Zwei dieser wichtigen Fälle werden im weiteren angeführt.

1. In der zweidimensionalen Ebene ist die Eigenschaft einer Funktion, harmonisch zu sein, invariant bezüglich konformer Abbildungen. In der Tat, seien Ω ein Gebiet der komplexen Ebene $z = x + iy$, D ein Gebiet der komplexen Ebene $\zeta = \xi + i\eta$ und $z = z(\zeta) = x(\xi, \eta) + iy(\xi, \eta)$ eine holomorphe Funktion, die das Gebiet D auf das Gebiet Ω konform abbildet. Des weiteren sei $u(x, y)$ eine in Ω harmonische Funktion. Dann ist die Funktion $\tilde{u}(\xi, \eta) = u(x(\xi, \eta), y(\xi, \eta))$ harmonisch in D.

Um diese Behauptung zu beweisen, berechnen wir die Größe

$$\Delta_\zeta \tilde{u} = \frac{\partial^2 \tilde{u}}{\partial \xi^2} + \frac{\partial^2 \tilde{u}}{\partial \eta^2}.$$

Es ergibt sich

$$\frac{\partial \tilde{u}}{\partial \xi} = \frac{\partial u}{\partial x}\frac{\partial x}{\partial \xi} + \frac{\partial u}{\partial y}\frac{\partial y}{\partial \xi}$$

und

$$\frac{\partial^2 \tilde{u}}{\partial \xi^2} = \frac{\partial^2 u}{\partial x^2}\left(\frac{\partial x}{\partial \xi}\right)^2 + 2\frac{\partial^2 u}{\partial x\,\partial y}\frac{\partial x}{\partial \xi}\frac{\partial y}{\partial \xi} + \frac{\partial^2 u}{\partial y^2}\left(\frac{\partial y}{\partial \xi}\right)^2 + \frac{\partial u}{\partial x}\frac{\partial^2 x}{\partial \xi^2} + \frac{\partial u}{\partial y}\frac{\partial^2 y}{\partial \xi^2}.$$

Analog erhalten wir

$$\frac{\partial^2 u}{\partial \eta^2} = \frac{\partial^2 u}{\partial x^2}\left(\frac{\partial x}{\partial \eta}\right)^2 + 2\frac{\partial^2 u}{\partial x\,\partial y}\frac{\partial x}{\partial \eta}\frac{\partial y}{\partial \eta} + \frac{\partial^2 u}{\partial y^2}\left(\frac{\partial y}{\partial \eta}\right)^2 + \frac{\partial u}{\partial x}\frac{\partial^2 x}{\partial \eta^2} + \frac{\partial u}{\partial y}\frac{\partial^2 y}{\partial \eta^2}.$$

Jetzt addieren wir die letzten Gleichungen. Dabei werden wir berücksichtigen, daß $x(\xi, \eta)$ und $y(\xi, \eta)$ entsprechend den Realteil bzw. den Imaginärteil der holomorphen Funktion $z(\zeta)$ darstellen; folglich sind x und y harmonische Funktionen, welche den CAUCHY-RIEMANNschen Differentialgleichungen genügen. Somit gelten die Beziehungen

$$\frac{\partial x}{\partial \xi} = \frac{\partial y}{\partial \eta}, \quad \frac{\partial x}{\partial \eta} = -\frac{\partial y}{\partial \xi}, \quad \Delta_\zeta x = \Delta_\zeta y = 0\,.$$

Jetzt ergibt sich

$$\Delta_\zeta \tilde{u} = \left[\left(\frac{\partial x}{\partial \xi}\right)^2 + \left(\frac{\partial y}{\partial \xi}\right)^2\right]\Delta u_z = |z'(\zeta)|^2\,\Delta_z u\,; \tag{9}$$

dabei bedeutet

$$\Delta_z u = \frac{\partial^2 u}{\partial x^2} + \frac{\partial^2 u}{\partial y^2}.$$

Wenn $\Delta_z u = 0$ ist, dann gilt offenbar $\Delta_\zeta \tilde{u} = 0$, und unsere Behauptung ist bewiesen.

Dieses Ergebnis läßt sich einfacher so formulieren: Eine konforme Abbildung überführt eine harmonische Funktion wieder in eine harmonische Funktion.

2. Für Räume der Dimension $m > 2$ existiert ebenfalls eine Abbildung, die eine beliebige harmonische Funktion wieder in eine harmonische Funktion überführt. Es ist dies die KELVIN-*Transformation*, die den Punkt $x = (x_1, x_2, \ldots, x_m)$ in den Punkt $x' = (x_1', x_2', \ldots, x_m')$ abbildet, welcher zu dem Punkt x in bezug auf die Sphäre vom gegebenen Radius R mit dem Mittelpunkt im Koordinatenursprung symmetrisch ist; eine gegebene Funktion $u(x)$ wird dadurch in die Funktion

$$w(x') = \frac{R^{m-2}}{|x'|^{m-2}}\,u(x) \tag{10}$$

überführt.

Es sei daran erinnert, daß die Punkte x und x' in bezug auf die oben genannte Sphäre symmetrisch heißen, wenn beide auf einem vom Koordinatenursprung ausgehenden Strahl liegen und wenn $|x| \cdot |x'| = R^2$ gilt. Die cartesischen Koordinaten symmetrischer Punkte genügen der Beziehung

$$x_k = x_k' \frac{R^2}{|x'|^2}. \tag{11}$$

Wir ermitteln nunmehr den Ausdruck für den LAPLACE-Operator $\Delta_x u$ in den Koordinaten $z_k = x'_k$, $k = 1, 2, \ldots, m$; dazu berechnen wir die Größen g_{jk} und J. Wir setzen

$$\sum_{k=1}^{m} x_k^2 = \varrho^2 , \qquad \sum_{k=1}^{m} x_k'^2 = \varrho'^2 .$$

Dann ist $x_k = \dfrac{R^2}{\varrho'^2} x'_k , \quad x'_k = \dfrac{R^2}{\varrho^2} x_k .$

Daraus ergibt sich

$$\frac{\partial x'_k}{\partial x_l} = \frac{R^2}{\varrho^2} \delta_{kl} - \frac{2R^2 x_k x_l}{\varrho^4}$$

und folglich

$$g_{jk} = \left(\frac{R^2}{\varrho^2} \delta_{jl} - \frac{2R^2 x_j x_l}{\varrho^4}\right)\left(\frac{R^2}{\varrho^2} \delta_{kl} - \frac{2R^2 x_k x_l}{\varrho^4}\right) =$$

$$= \frac{R^4}{\varrho^4} \delta_{jk} - \frac{2R^4}{\varrho^6} \delta_{jl} x_k x_l - \frac{2R^4}{\varrho^6} \delta_{kl} x_j x_l + \frac{4R^2}{\varrho^8} x_j x_k x_l x_l .$$

Wie man leicht sieht, ist das zweite und dritte Glied rechts jeweils gleich der Größe $-2R^4\varrho^{-6}x_j x_k$. Im vierten Glied gilt $x_l x_l = \varrho^2$, und die drei letzten Glieder ergeben in der Summe Null. Mithin ist $g_{jk} = R^4\varrho^{-4}\delta_{jk}$, oder $g_{jk} = 0$, $j \neq k$ und $H_j = \varrho^2 R^{-2} = R^2(\varrho')^{-2}$. Die Koordinaten x'_k haben sich als orthogonal erwiesen, was, nebenbei bemerkt, auch unmittelbar zu erkennen ist. Somit gilt jetzt $J = R^{2m}(\varrho')^{-2m}$, und nach Formel (8) ist

$$\Delta_x u = \frac{\varrho'^{2m}}{R^{2m}} \frac{\partial}{\partial x'_j}\left(\frac{R^{2m-4}}{\varrho'^{2m-4}} \frac{\partial}{\partial x'_j}\right).$$

Wir führen die Transformation (10) durch und erhalten

$$\Delta_x w = \frac{\varrho'^{2m}}{R^{2m}} \frac{\partial}{\partial x'_j}\left(\frac{R^{2m-4}}{\varrho'^{2m-4}} \frac{\partial}{\partial x_j}\left(\frac{\varrho'^{m-2}}{R^{m-2}} w\right)\right) = \frac{\varrho'^{m-2}}{R^{m-2}} \Delta_{x'} w + \frac{\varrho'^{2m}}{R^{m+2}} w \frac{\partial}{\partial x'_j}\left(\frac{(m-2)\, x'_j}{\varrho'^m}\right).$$

Der zweite Summand rechts ist gleich Null, weil

$$\frac{\partial}{\partial x'_j}\left(\frac{(m-2)\, x'_j}{\varrho'^m}\right) = -\frac{\partial}{\partial x'_j}\frac{\partial}{\partial x'_j}\left(\frac{1}{\varrho'^{m-2}}\right) = -\Delta_{x'}\left(\frac{1}{\varrho'^{m-2}}\right) = 0$$

gilt, und wir erhalten schließlich

$$\Delta_x u = \frac{\varrho'^{m-2}}{R^{m-2}} \Delta_{x'} w . \tag{12}$$

Nunmehr ist klar, daß aus $\Delta_x u = 0$ auch $\Delta_{x'} w = 0$ folgt und die KELVIN-Transformation die homogene LAPLACE-Gleichung tatsächlich erhält.

Bemerkung. Die Funktion $u(x)$ sei harmonisch in einem unbeschränkten Gebiet Ω, das den Koordinatenursprung nicht enthält. Die KELVIN-Transformation (10) überführt Ω in ein gewisses beschränktes Gebiet Ω', das den Koordinatenursprung enthält. In diesem Falle können wir vorläufig nicht behaupten, daß die entsprechende Funktion w harmonisch in Ω' ist — wir können nur aussagen, daß diese Funktion in $\Omega' \setminus \{0\}$ harmonisch und in einer Umgebung des Koordinatenursprungs beschränkt ist. Der Umstand, daß w auch im Koordinatenursprung harmonisch ist, folgt aus einem Satz, der später, im § 7 des Kap. 13, bewiesen wird. Eine analoge Bemerkung gilt auch für konforme Abbildungen in der zweidimensionalen Ebene.

§ 3. Die Integraldarstellung für Funktionen der Klasse $C^{(2)}$ und für harmonische Funktionen

Im § 5 des Kap. 11 wurde die singuläre Lösung der LAPLACE-Gleichung ermittelt. Nach Definition ist die singuläre Lösung eine verallgemeinerte Funktion, d. h., ein auf den finiten Funktionen definiertes Funktional. Wie jedoch aus der Formel (5.8) des Kap. 11 ersichtlich ist, stellt im gegebenen Fall die singuläre Lösung eine lokal summierbare Funktion dar; diese Tatsache erweitert wesentlich ihr Anwendungsgebiet und gestattet es, viele wichtige Resultate abzuleiten.

Wenn wir im folgenden zwei Punkte des Raumes E_m betrachten, so werden wir sie nicht wie früher mit x und y, sondern mit x und ξ bezeichnen.

Wir betrachten ein beschränktes Gebiet Ω, das durch eine stückweise glatte Fläche Γ berandet wird, und eine Funktion u mit $u \in C^{(2)}(\overline{\Omega})$. Im Gebiet Ω geben wir einen beliebigen Punkt x vor und beschreiben um diesen eine Kugel $r = |x - \xi| < \varepsilon$; den Radius ε wählen wir so klein, daß die genannte Kugel ganz im Inneren des Gebietes Ω liegt.

Setzen wir $\Omega^{(\varepsilon)} = \Omega \setminus (r < \varepsilon)$, dann gehören die beiden Funktionen $u(\xi)$ und die singuläre Lösung der LAPLACE-Gleichung (Formel (5.8) des Kap. 11) zur Klasse $C^{(2)}(\Omega^{(\varepsilon)})$, und auf diese Funktionen ist die GREENsche Formel (6.10) aus Kap. 11 anwendbar:

$$\int\limits_{\Omega\setminus(r<\varepsilon)} (v\,\Delta u - u\,\Delta v)\,\mathrm{d}\xi = \int\limits_{\Gamma}\left(v\frac{\partial u}{\partial \nu} - u\frac{\partial v}{\partial \nu}\right)\mathrm{d}_\xi\Gamma + \int\limits_{S_\varepsilon}\left(v\frac{\partial u}{\partial \nu} - u\frac{\partial v}{\partial \nu}\right)\mathrm{d}_\xi S_\varepsilon\,. \qquad (1)$$

Die Formel (1) ist faktisch mit der Formel (6.5) des Kap. 11 identisch: Wenn man in der letzteren Ω' durch Ω, φ durch u und y durch ξ ersetzt, so stimmen die genannten Formeln überein. Der einzige wichtige Unterschied besteht darin, daß die Funktion $u(\xi)$ nicht finit ist und das erste Integral rechts nicht verschwindet; wir weisen noch darauf hin, daß dieses Integral nicht von ε abhängt.

Es gelte $\varepsilon \to 0$. Wenn wir die Überlegungen des § 5, Kap. 11, unverändert wiederholen, so finden wir

$$\lim_{\varepsilon\to 0} \int\limits_{\Omega\setminus(r<\varepsilon)} (v\,\Delta u - u\,\Delta v)\,\mathrm{d}\xi = \int\limits_{\Omega} v(x,\xi)\,\Delta u(\xi)\,\mathrm{d}\xi\,,$$

$$\lim_{\varepsilon\to 0}\int\limits_{S_\varepsilon}\left(v\frac{\partial u}{\partial \nu} - u\frac{\partial v}{\partial \nu}\right)\mathrm{d}_\xi S_\varepsilon = u(x)$$

und erhalten somit eine Integraldarstellung für Funktionen der Klasse $C^{(2)}$:

$$u(x) = \int\limits_{\Gamma}\left(v\frac{\partial u}{\partial \nu} - u\frac{\partial v}{\partial \nu}\right)\mathrm{d}_\xi\Gamma - \int\limits_{\Omega} v\,\Delta u\,\mathrm{d}\xi; \qquad (2)$$

hierbei ist ν die in bezug auf Ω äußere Normale zu Γ im Punkt ξ.

Wenn $m > 2$ ist, so gilt

$$v(x,\xi) = \frac{1}{(m-2)\,|S_1|}\,\frac{1}{r^{m-2}}\,, \qquad r = |x - \xi|\,,$$

und die Integraldarstellung von Funktionen der Klasse $C^{(2)}$ nimmt die Gestalt

$$u(x) = \frac{1}{(m-2)\,|S_1|}\int\limits_{\Gamma}\left(\frac{1}{r^{m-2}}\frac{\partial u(\xi)}{\partial \nu} - u(\xi)\frac{\partial}{\partial \nu}\frac{1}{r^{m-2}}\right)\mathrm{d}_\xi\Gamma - \frac{1}{(m-2)\,|S_1|}\int\limits_{\Omega}\frac{1}{r^{m-2}}\,\Delta u(\xi)\,\mathrm{d}\xi \qquad (3)$$

an. Im Falle $m = 2$ gilt $v(x, \xi) = \frac{1}{2\pi} \ln \frac{1}{r}$, und wir erhalten

$$u(x) = \frac{1}{2\pi} \int\limits_{\Gamma} \left(\ln \frac{1}{r} \frac{\partial u(\xi)}{\partial \nu} - u(\xi) \frac{\partial}{\partial \nu} \ln \frac{1}{r} \right) \mathrm{d}_\xi \Gamma - \frac{1}{2\pi} \int\limits_{\Omega} \ln \frac{1}{r} \, \Delta u(\xi) \, \mathrm{d}\xi \,. \tag{4}$$

Sei nunmehr die Funktion $u(\xi)$ in Ω harmonisch; nach wie vor nehmen wir $u \in C^{(2)}(\overline{\Omega})$ an. Dann verschwinden in den Formeln (3) und (4) die Integrale über Ω, und wir erhalten die Integraldarstellung einer harmonischen Funktion der Klasse $C^{(2)}(\overline{\Omega})$:

$$u(x) = \frac{1}{(m-2)\,|S_1|} \int\limits_{\Gamma} \left[\frac{1}{r^{m-2}} \frac{\partial u(\xi)}{\partial \nu} - u(\xi) \frac{\partial}{\partial \nu} \frac{1}{r^{m-2}} \right] \mathrm{d}_\xi \Gamma \,, \qquad m > 2 \,, \tag{5}$$

und

$$u(x) = \frac{1}{2\pi} \int\limits_{\Gamma} \left[\ln \frac{1}{r} \frac{\partial u(\xi)}{\partial \nu} - u(\xi) \frac{\partial}{\partial \nu} \ln \frac{1}{r} \right] \mathrm{d}_\xi \Gamma \,, \qquad m = 2 \,. \tag{6}$$

Im weiteren nehmen wir $m > 2$ an; für den Fall $m = 2$ sind die Überlegungen und Resultate analog.

Satz 12.3.1. *Eine in einem gewissen Gebiet harmonische Funktion besitzt in diesem Gebiet sämtliche Ableitungen beliebiger Ordnung.*

Beweis. Die Funktion u sei im Gebiet Ω harmonisch, sei x_0 ein beliebiger Punkt dieses Gebietes. Wir wählen ein beschränktes Gebiet Ω', das den Punkt x_0 enthält und welches zusammen mit seinem Rand in Ω enthalten ist (Abb. 19). Offenbar gilt

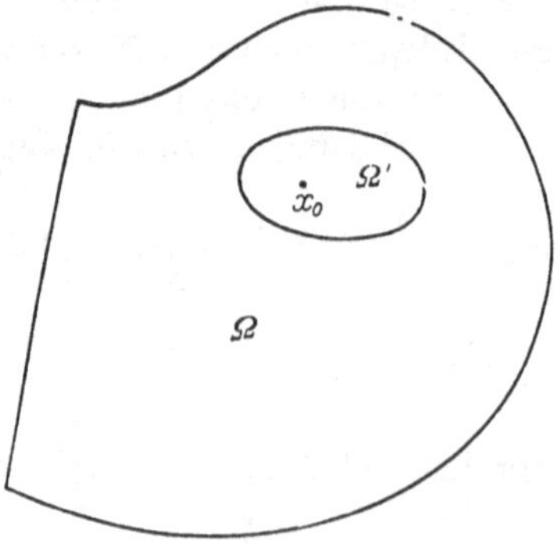

Abb. 19

dann $u \in C^{(2)}(\overline{\Omega'})$, und auf das Gebiet Ω' läßt sich die Integraldarstellung (5) anwenden:

$$u(x) = \frac{1}{(m-2)\,|S_1|} \int\limits_{\Gamma'} \left[\frac{1}{r^{m-2}} \frac{\partial u(\xi)}{\partial \nu} - u(\xi) \frac{\partial}{\partial \nu} \frac{1}{r^{m-2}} \right] \mathrm{d}_\xi \Gamma \,, \qquad x \in \Omega' \,. \tag{7}$$

In einer Umgebung des Punktes x_0 ist der Integrand in (7) stetig bezüglich x und ξ und besitzt sämtliche Ableitungen beliebiger Ordnung nach den Koordinaten $x_1, x_2, \ldots, x_m$ des Punktes x, die ebenfalls bezüglich x und ξ stetig sind. Nach einem bekannten Satz über die Differentiation eines Parameterintegrals besitzt die Funktion u im

Punkt x_0 sämtliche Ableitungen nach $x_1, x_2, \ldots, x_m$; diese Ableitungen kann man durch Differentiation unter dem Integralzeichen in der Formel (7) erhalten.

§ 4. Der Potentialbegriff

Die Integraldarstellungen (3.5) und (3.6) geben Veranlassung zur Einführung von drei Integraloperatoren speziellen Typs. Der Bestimmtheit halber beschränken wir uns auf den Fall $m > 2$ und auf die Darstellung (3.5).

Es sei Γ eine beschränkte stückweise glatte Fläche. In den Integralen der Darstellung (3.3) ersetzen wir die Funktionen $\Delta u(\xi), \dfrac{\partial u(\xi)}{\partial \nu}$ und $u(\xi)$ entsprechend durch beliebige Funktionen $\varrho(\xi)$, $\mu(\xi)$ und $\sigma(\xi)$. Dann erhalten wir die drei von x abhängigen Parameterintegrale

$$\int_\Gamma \frac{1}{r^{m-2}} \mu(\xi) \, d_\xi \Gamma \,, \qquad \int_\Gamma \frac{\partial}{\partial \nu} \frac{1}{r^{m-2}} \sigma(\xi) \, d_\xi \Gamma \,, \qquad \int_\Omega \frac{1}{r^{m-2}} \varrho(\xi) \, d\xi \,.$$

Man nennt diese nacheinander *Potential der einfachen Schicht*, *Potential der Doppelschicht* und *Volumenpotential*.[1] Die Funktionen $\mu(\xi)$, $\sigma(\xi)$ und $\varrho(\xi)$ heißen die *Dichten* dieser Potentiale.

Wir untersuchen jetzt die einfachsten Eigenschaften der Potentiale der einfachen und der Doppelschicht. Im Gegensatz zu der Formel (3.5), wo der Punkt x unbedingt im Inneren von Γ liegen muß, setzen wir voraus, daß sich der Punkt x sowohl innerhalb als auch außerhalb der Fläche Γ befinden kann. Der Fall $x \in \Gamma$ verlangt eine gesonderte Betrachtung, welche wir im Kap. 18 vornehmen werden.

Satz 12.4.1. *Wenn die Dichten auf Γ summierbar sind, dann sind die Potentiale der einfachen und der Doppelschicht harmonische Funktionen in einem beliebigen beschränkten oder unbeschränkten Gebiet, das mit der Fläche Γ keine gemeinsamen Punkte besitzt.*

Beweis. In einem beliebigen Punkt $x \notin \Gamma$ besitzen die Potentiale der einfachen und der Doppelschicht sämtliche Ableitungen beliebiger Ordnung. Davon kann man sich leicht durch wortwörtliche Wiederholung der entsprechenden Überlegungen aus dem Beweis des Satzes 12.3.1 überzeugen. Wenn also D das im vorliegenden Satz genannte Gebiet bezeichnet, dann besitzen beide Potentiale in D alle Ableitungen beliebiger Ordnung, insbesondere auch die zweiten Ableitungen.

Des weiteren genügt das Potential der einfachen bzw. der Doppelschicht der homogenen LAPLACE-Gleichung. In der Tat, wenn $x \notin \Gamma$ ist, dann kann man unter dem Integralzeichen differenzieren. Setzen wir

$$v(x) = \int_\Gamma \frac{1}{r^{m-2}} \mu(\xi) \, d_\xi \Gamma \,, \qquad w(x) = \int_\Gamma \frac{\partial}{\partial v} \frac{1}{r^{m-2}} \sigma(\xi) \, d_\xi \Gamma \,,$$

dann gilt

$$\Delta_x v(x) = \int_\Gamma \Delta_x \left(\frac{1}{r^{m-2}} \right) \mu(\xi) \, d_\xi \Gamma = 0 \,.$$

[1] Für das Volumenpotential ist auch die Bezeichnung NEWTONsches *Potential* gebräuchlich (Anm. d. Hrsg.).

Dabei bedeutet der Index x an dem Buchstaben Δ, daß die Differentiation nach den Koordinaten des Punktes x erfolgt. Des weiteren gilt

$$\Delta_x w(x) = \int_\Gamma \Delta_x \left(\frac{\partial}{\partial \nu} \frac{1}{r^{m-2}}\right) \sigma(\xi) \, d_\xi \Gamma = \int_\Gamma \sigma(\xi) \, \Delta_x \left(\frac{\partial}{\partial \xi_k} \frac{1}{r^{m-2}}\right) \cos(\nu, x_k) \, d_\xi \Gamma .$$

Da ν die im Punkt ξ errichtete Normale ist, hängt $\cos(\nu, x_k)$ nicht von x ab, und man kann diesen Faktor vor das Symbol der Operation Δ_x schreiben:

$$\Delta_x w(x) = \int_\Gamma \sigma(\xi) \cos(\nu, x_k) \, \Delta_x \left(\frac{\partial}{\partial \xi_k} \frac{1}{r^{m-2}}\right) d_\xi \Gamma = \int_\Gamma \sigma(\xi) \cos(\nu, x_k) \frac{\partial}{\partial \xi_k} \Delta_x \left(\frac{1}{r^{m-2}}\right) d_\xi \Gamma = 0 .$$

Im Falle eines beschränkten Gebietes D ist damit der Beweis des Satzes beendet. Wenn dagegen das Gebiet D unbeschränkt ist, dann hat man noch zu beweisen, daß die Funktionen $v(x)$ und $w(x)$ im Unendlichen die Abschätzung (1.3) besitzen.

Wir wählen den Koordinatenursprung im Inneren von Γ. Mit H bezeichnen wir den größten Abstand zwischen den Punkten der Fläche Γ. Es gilt $r = |x - \xi| \geqq |x| - |\xi| \geqq |x| - H$. Uns interessiert das Verhalten der Funktion für hinreichend große $|x|$. Deshalb kann man $|x| > 2H$ annehmen. Dann gilt $H < \frac{1}{2}|x|$, $r > \frac{1}{2}|x|$ und somit

$$|v(x)| \leqq \frac{2^{m-2}}{|x|^{m-2}} \int_\Gamma |\mu(\xi)| \, d_\xi \Gamma ;$$

das letzte Integral ist endlich, da die Funktion $\mu(\xi)$ auf Γ summierbar ist. Für die Funktion $v(x)$ ist damit die Abschätzung (1.3) mit der Konstanten

$$C = 2^{m-2} \int_\Gamma |\mu(\xi)| \, d_\xi \Gamma$$

gewonnen.

Wir betrachten jetzt das Potential der Doppelschicht $w(x)$. Es gilt

$$|w(x)| \leqq \int_\Gamma |\sigma(\xi)| \left| \frac{\partial}{\partial \nu} \frac{1}{r^{m-2}} \right| d_\xi \Gamma \leqq (m-2) \int_\Gamma |\sigma(\xi)| \left| \frac{\xi_k - x_k}{r^m} \right| \cdot |\cos(\nu, x_k)| \, d_\xi \Gamma ;$$

da aber $|\xi_k - x_k| \leqq r$ und $|\cos(\nu, x_k)| \leqq 1$ gilt, ergibt sich

$$|w(x)| \leqq m(m-2) \int_\Gamma |\sigma(\xi)| \frac{d_\xi \Gamma}{r^{m-1}} .$$

Für $|x| > 2H$ ist nun $r > \frac{1}{2}|x|$, und wir erhalten schließlich

$$|w(x)| \leqq \frac{2^{m-1} m(m-2)}{|x|^{m-1}} \int_\Gamma |\sigma(\xi)| \, d_\xi \Gamma .$$

Da die Funktion $\sigma(\xi)$ auf Γ summierbar ist, ist das Integral auf der rechten Seite endlich.

Somit gilt für das Potential der Doppelschicht sogar eine schärfere Abschätzung als die Abschätzung (1.3): Das Potential der Doppelschicht verhält sich im Unendlichen wie $|x|^{-(m-1)}$. Der Satz ist damit vollständig bewiesen.

Vollständiger werden die Eigenschaften der Potentiale der einfachen und der Doppelschicht in Kap. 16 untersucht.

Wenn die Fläche Γ den Raum in zwei Gebiete — ein inneres und ein äußeres Gebiet — zerlegt, dann definiert sowohl das Potential der einfachen Schicht als auch das Potential der Doppelschicht zwei harmonische Funktionen: eine harmonische Funktion im Innengebiet und eine andere im Außengebiet

§ 5. Die Eigenschaften des Volumenpotentials

Wir nehmen an, daß Ω ein durch eine stückweise glatte Fläche berandetes beschränktes Gebiet des Raumes E_m $(m > 2)$ ist. Das Volumenpotential

$$w(x) = \int\limits_{\Omega} \frac{1}{r^{m-2}} \varrho(\xi) \, d\xi \tag{1}$$

ist ein schwach singuläres Integral, in dem $\lambda = m - 2$ ist. Deshalb ergeben sich eine Anzahl von Eigenschaften des Volumenpotentials fast unmittelbar aus den allgemeinen Sätzen über diese Integrale. Wir formulieren diese Eigenschaften.

Satz 12.5.1. *Wenn die Dichte ϱ dem Raum $L_1(\Omega)$ angehört, ist das Volumenpotential* (1) *in jedem Komplementärgebiet zu Ω harmonisch.*

Beweis. Im allgemeinen existiert eine endliche oder abzählbare Menge von Komplementärgebieten $\Omega_1, \Omega_2, \ldots$ zu Ω (Abb. 20). Es sei Ω_j eines dieser Gebiete. Wir wählen ein beliebiges in bezug auf Ω_j inneres Teilgebiet Ω_j', und es sei $x \in \Omega_j'$. Dann

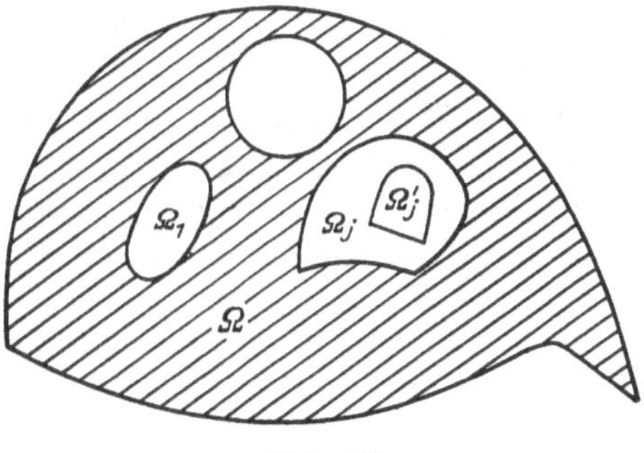

Abb. 20

ist im Integral (1) der Abstand r nach unten durch die positive Zahl δ beschränkt, welche den kleinsten Abstand zwischen den Punkten der Ränder der Gebiete Ω_j und Ω_j' bezeichnet (Abb. 20). Wenn man $G = \Omega$, $D = \overline{\Omega_j'}$, $u(\xi) = \varrho(\xi)$ und $\omega = r^{2-m}$ setzt, so genügt das Integral (1) den Voraussetzungen des Satzes 1.1.3. Daraus folgt $w \in C^{(\infty)}(\overline{\Omega_j'})$. Weil Ω_j' ein beliebiges inneres Teilgebiet von Ω_j ist, gilt $w \in C^{(\infty)}(\Omega_j)$, und für jeden Multiindex ist

$$D^\alpha w(x) = \int\limits_{\Omega} \varrho(\xi) \, D_x^\alpha \frac{1}{r^{m-2}} \, d\xi \, .$$

Im besonderen gilt

$$\Delta w(x) = \int\limits_{\Omega} \varrho(\xi) \, \Delta_x \frac{1}{r^{m-2}} \, d\xi = 0 \, .$$

Wenn das Gebiet Ω beschränkt ist, so ist damit bewiesen, daß die Funktion (1) harmonisch ist. Wenn dagegen das Gebiet Ω unbeschränkt ist, so hat man noch die Abschätzung (1.3) im Unendlichen aufzustellen. Dies geschieht nun genauso wie im Satz 12.4.1: Wenn H den Durchmesser des Randes $\partial\Omega$ bezeichnet und wenn der Koordinatenursprung in Ω liegt, dann gelten für $|x| > 2H$ die Beziehungen $r > \frac{|x|}{2}$ und $|w(x)| \leqq 2^{m-2}C\,|\Omega|\,|x|^{2-m}$.

Satz 12.5.2. *Es sei $\varrho \in L_p(\Omega)$, wobei Ω ein beschränktes Gebiet ist. Dann haben folgende Aussagen Gültigkeit:*

1. *Ist $1 \leqq p \leqq \frac{m}{2}$, so gilt $w \in L_q(E_m)$ für $1 < q < \frac{mp}{m-2p}$.*
2. *Ist $p > \frac{m}{2}$, so gilt $w \in C(E_m)$.*
3. *Ist $1 \leqq p \leqq m$, so gilt $w \in W_q^{(1)}(E_m)$ für $1 < q < \frac{mp}{m-p}$.*
4. *Ist $p > m$, so gilt $w \in C^{(1)}(E_m)$.*

Beweis. Das Gebiet Ω betten wir in die Kugel $D = \{\xi\colon |\xi| < R\}$ ein, deren Radius hinreichend groß gewählt ist, und setzen die Dichte $\varrho(\xi)$ mit Null auf die Ergänzung von Ω fort. Offenbar gilt $\varrho \in L_p(D)$ und

$$w(x) = \int\limits_D \frac{1}{r^{m-2}}\,\varrho(\xi)\,d\xi\,.$$

Aus dem Satz 1.3.2 folgt, daß die Bedingungen des Punktes 1. des vorliegenden Satzes die Zugehörigkeit von w zu $L_q(D)$ sichern. Wie wir beim Beweis des Satzes 12.4.1 gesehen haben, ist außerhalb von D die Ungleichung (1.3) erfüllt. Deshalb gilt auch $w \in L_q(E_m \setminus D)$, und wir erhalten als Folgerung $w \in L_q(E_m)$. Analog werden unter Hinweis auf den Satz 1.3.1 die Behauptung des Punktes 2. und unter Hinweis auf den Satz 3.6.1 die Behauptungen der Punkte 3. und 4. bewiesen.

Satz 12.5.3. *Wenn $\varrho \in L_2(\Omega)$ gilt, so existieren die zweiten verallgemeinerten Ableitungen des Volumenpotentials (1), und diese gehören ebenfalls zur Klasse $L_2(\Omega)$; sie werden durch die Formeln*

$$\frac{\partial^2 w}{\partial x_i\,\partial x_j} = -\frac{(m-2)\,|S_1|}{m}\,\delta_{ij}\varrho(x) + \int\limits_\Omega \varrho(\xi)\,\frac{\partial^2}{\partial x_i\,\partial x_j}\,\frac{1}{r^{m-2}}\,d\xi \tag{2}$$

berechnet.

Wenn $\varrho \in \mathrm{Lip}_\alpha(\Omega)$ ist, $0 < \alpha < 1$, so gilt $\frac{\partial^2 w}{\partial x_i\,\partial x_j} \in \mathrm{Lip}_\alpha(\overline{\Omega'})$ für jedes beliebige innere Teilgebiet Ω' von Ω.

Beweis. Das Integral in Formel (2) ist ein singuläres. Der Satz 12.5.3 ist eine unmittelbare Folgerung aus den Sätzen 8.6.2 (erste Behauptung) und 8.6.1 (zweite Behauptung). Die einzige Stelle, auf die näher eingegangen werden muß, betrifft die Berechnung des Koeffizienten bei dem Summanden in Formel (2), der nicht unter dem Integralzeichen steht.

Es gilt

$$\frac{\partial}{\partial x_i}\,\frac{1}{r^{m-2}} = \frac{(m-2)\,(\xi_i - x_i)}{r}\cdot\frac{1}{r^{m-2}}\,.$$

In den Bezeichnungen des Satzes 8.6.1 ist
$\varphi(x, \Theta) = \frac{(m-2)(\xi_i - x_i)}{r} = (m-2)(\xi_i - x_i)$, weil auf der Einheitssphäre mit dem Mittelpunkt in x gilt $r = 1$. Für den oben genannten Koeffizienten erhalten wir den Ausdruck

$$-\int_{S_1} \varphi(x, \Theta) \cos(r, x_j) \, dS_1 = -(m-2) \int_{S_1} (\xi_i - x_i) \cos(r, x_j) \, dS_1 .$$

Wir bezeichnen mit D_1 die Kugel mit dem Radius Eins und dem Mittelpunkt in x. Auf der Sphäre S_1, die diese Kugel berandet, stimmt die Richtung von r mit der äußeren Normalen überein. Mittels partieller Integration formen wir das Oberflächenintegral in ein Volumenintegral um und erhalten den Ausdruck für den gesuchten Koeffizienten:

$$-(m-2) \int_{D_1} \frac{\partial(\xi_i - x_i)}{\partial \xi_j} \, d\xi = -\frac{(m-2)|S_1|}{m} \delta_{ij} ;$$

wir haben hierbei noch Formel (2.10), Kap. 1, benutzt.

Bemerkung: Die Aussage des Satzes 12.5.3 kann folgendermaßen verschärft werden: Ist $\varrho \in L_p(\Omega)$, $1 < p < \infty$, so existieren die verallgemeinerten Ableitungen $\frac{\partial^2 w}{\partial x_i \, \partial x_j} \in L_p(\Omega)$, und die Formel (2) behält ihre Gültigkeit.

Satz 12.5.4. *Wenn gilt* $\varrho \in L_p(\Omega)$, $p \geqq 1$, *so stellt das Volumenpotential* (1) *eine verallgemeinerte Lösung der inhomogenen* Laplace-*Gleichung* (Poisson-*Gleichung*)

$$-\Delta w(x) = (m-2)|S_1| \varrho(x) \tag{3}$$

dar.

Beweis. Das Volumenpotential (1) ist für $p \geqq 1$ in jedem Falle summierbar (dann erst recht lokal summierbar) in Ω. Es sei $\varphi \in \mathfrak{M}^{(2)}(\Omega)$. Es gilt

$$-\int_\Omega w(x) \Delta\varphi(x) \, dx = -\int_\Omega \int_\Omega \frac{\varrho(\xi) \Delta\varphi(x)}{r^{m-2}} \, d\xi \, dx =$$

$$= -\int_\Omega \varrho(\xi) \left\{ \int_\Omega \frac{\Delta_x \varphi(x)}{r^{m-2}} \, dx \right\} d\xi = -\int_\Omega \varrho(x) \left\{ \int_\Omega \frac{\Delta_\xi \varphi(\xi)}{r^{m-2}} \, d\xi \right\} dx .$$

Auf $\partial\Omega$ sind die Beziehungen $\varphi = \frac{\partial \varphi}{\partial \nu} = 0$ erfüllt, und die Integraldarstellung der Klasse $C^{(2)}$ (Formel 2.3) liefert

$$\int_\Omega \frac{\Delta_\xi \varphi(\xi)}{r^{m-2}} \, d\xi = -(m-2)|S_1| \varphi(x) .$$

Daraus ergibt sich

$$-\int_\Omega w(x) \Delta\varphi(x) \, dx = (m-2)|S_1| \int_\Omega \varrho(x) \varphi(x) \, dx , \qquad \forall \varphi \in \mathfrak{M}^{(2)}(\Omega) .$$

Nach Definition ist $w(x)$ verallgemeinerte Lösung der Gleichung (3). Der Satz ist bewiesen.

Bemerkung. Wenn $\varrho \in L_2(\Omega)$ gilt, so ergibt sich die Gleichung (3) unmittelbar aus Formel (2): Es genügt, in ihr $i = j$ zu setzen, über j zu summieren und die Tatsache zu benutzen, daß $\Delta r^{2-m} = 0$ gilt, wenn $x \neq \xi$ ist.

Die Gleichung (3) ermöglicht es, eine partikuläre Lösung der inhomogenen LAPLACE-Gleichung zu konstruieren und somit diese Gleichung auf die homogene Gleichung zurückzuführen.

Gegeben sei die inhomogene LAPLACE-Gleichung

$$-\Delta u = f(x)\,. \tag{4}$$

Wir nehmen an, daß die Funktion $u(x)$ in einem gewissen beschränkten Gebiet Ω zu bestimmen ist, in dem die rechte Seite f summierbar ist. Eine partikuläre Lösung der Gleichung (4) wird durch die Formel

$$u_0(x) = \frac{1}{(m-2)\,|S_1|} \int\limits_{\Omega} \frac{f(\xi)}{r^{m-2}}\, \mathrm{d}\xi$$

geliefert. Führt man nun eine Substitution der gesuchten Funktion nach der Formel $u = u_0 + w$ durch, dann ergibt sich die homogene LAPLACE-Gleichung $\Delta w = 0$.

§ 6. Der Mittelwertsatz

1. Der direkte Mittelwertsatz[1])

Satz 12.6.1. *Die Funktion $u(x)$ sei harmonisch in einer gewissen Kugel und stetig in der entsprechenden abgeschlossenen Kugel. Dann ist der Wert dieser Funktion im Mittelpunkt der Kugel gleich dem Mittelwert ihrer Werte auf der Kugeloberfläche.*

Beweis. Bevor wir diesen Satz beweisen, wollen wir eine Formel erwähnen, die auch im weiteren eine wichtige Rolle spielen wird. Es sei in der Formel (6.9) des Kap. 10 $u(x)$ eine Funktion der Klasse $C^{(2)}(\bar{\Omega})$, welche im Gebiet Ω harmonisch ist. Dann gilt $\Delta u = 0$, die rechte Seite der genannten Formel ist gleich Null, und es ergibt sich

$$\int\limits_{\Gamma} \frac{\partial u}{\partial \nu}\, \mathrm{d}\Gamma = 0\,. \tag{1}$$

Wir gehen nun zum Beweis des Satzes über. Mit D_R bezeichnen wir die im Satz genannte Kugel, es seien x_0 der Mittelpunkt und R der Radius dieser Kugel. Die Kugeloberfläche von D_R bezeichnen wir mit S_R. Des weiteren sei $D_{R'}$ eine zu D_R konzentrische Kugel vom Radius $R' < R$ und $S_{R'}$ die Kugeloberfläche von $D_{R'}$. Dann ist offenbar $u \in C^{(2)}(\bar{D}_{R'})$, und nach der Formel (3.5) gilt

$$u(x) = \frac{1}{(m-2)\,|S_1|} \int\limits_{S_{R'}} \left(\frac{1}{r^{m-2}} \frac{\partial u(\xi)}{\partial \nu} - u(\xi) \frac{\partial}{\partial \nu} \frac{1}{r^{m-2}} \right) \mathrm{d}S_{R'}\,; \qquad x \in D_{R'}\,. \tag{2}$$

In der Formel (2) setzen wir $x = x_0$. Dann ist $r = R'$. Da weiterhin ν die in bezug auf die Kugel äußere, und folglich in Richtung des Radiusvektors gerichtete Normale

---

[1]) In der deutschen Literatur wird dieser Satz gewöhnlich als GAUSS*scher Mittelwertsatz* bezeichnet (Anm. d. Hrsg.).

ist, gilt

$$\frac{\partial}{\partial \nu}\frac{1}{r^{m-2}}\bigg|_{r=R'} = \frac{\partial}{\partial r}\frac{1}{r^{m-2}}\bigg|_{r=R'} = -\frac{m-2}{R'^{m-1}}.$$

Die Formel (2) nimmt dann folgende Gestalt an:

$$u(x_0) = \frac{1}{(m-2)\,|S_1|\,R'^{m-2}}\int\limits_{S_{R'}}\frac{\partial u}{\partial \nu}\,\mathrm{d}S_{R'} + \frac{1}{|S_1|\,R'^{m-1}}\int\limits_{S_{R'}} u\,\mathrm{d}S_{R'}\,.$$

Auf Grund der Formel (1) verschwindet das erste Integral, und es ergibt sich somit

$$u(x_0) = \frac{1}{|S_1|\,R'^{m-1}}\int\limits_{S_{R'}} u\,\mathrm{d}S_{R'}\,.$$

Jetzt lassen wir $R' \to R$ streben. Da die Funktion u in der Kugel D_R stetig ist, kann man den Grenzübergang unter dem Integralzeichen ausführen und erhält schließlich

$$u(x_0) = \frac{1}{|S_1|\,R^{m-1}}\int\limits_{S_R} u\,\mathrm{d}S_R\,. \tag{3}$$

Die rechte Seite der Formel (3) nennt man nun den Mittelwert der Werte der Funktion u auf der Kugeloberfläche S_R — dieser ist gleich dem Quotienten des Integrals der genannten Funktion über die Kugeloberfläche S_R und dem Flächeninhalt dieser Kugeloberfläche. Der direkte Mittelwertsatz ist damit bewiesen.

2. Ein Ausdruck für den Mittelwert in Gestalt eines Volumenintegrals

Wir geben eine kleine Zahl a vor und nehmen $x \in \Omega \setminus \Omega_{2a}$ an. Um den Punkt x beschreiben wir eine Kugel D_r mit dem Radius $r < a$. Nach dem im Punkt 1 Bewiesenen gilt für eine in der Kugel D_r harmonische Funktion u der Mittelwertsatz:

$$u(x) = \frac{1}{r^{m-1}\,|S_1|}\int\limits_{S_r} u(\xi)\,\mathrm{d}S_r\,. \tag{4}$$

Es sei $\omega_a(|\xi - x|) = \omega_a(r)$ ein Mittelungskern mit dem Mittelungsradius a. Wir multiplizieren beide Seiten der Gleichung (4) mit $r^{m-1}\omega_a(r)\,\mathrm{d}r$ und integrieren nach r in den Grenzen von 0 bis a. Dann ergibt sich auf der linken Seite der Ausdruck $cu(x)$ mit $c = \int\limits_0^a r^{m-1}\omega_a(r)\,\mathrm{d}r$. Da auf Grund der Eigenschaft 3 des Mittelungskernes (vgl. § 1 des Kap. 2) $c = |S_1|^{-1}$ gilt, gelangen wir zu der Gleichung

$$u(x) = \int\limits_0^a\int\limits_{S_r} u(\xi)\,\omega_a(r)\,\mathrm{d}r\,\mathrm{d}S_r = \int\limits_{D_a} u(\xi)\,\omega_a(r)\,\mathrm{d}\xi\,. \tag{5}$$

Berücksichtigt man schließlich, daß $\omega_a(r) = 0$ außerhalb der Kugel D_a ist, dann kann man der Formel (5) auch noch die Gestalt

$$u(x) = \int\limits_{\Omega} u(\xi)\,\omega_a(r)\,\mathrm{d}\xi\,, \qquad \forall x \in \Omega \setminus \Omega_{2a}\,, \tag{6}$$

geben. Die letzte Darstellung hat den Vorteil, daß das Integrationsgebiet Ω nicht von der Wahl des Punktes x abhängt.

Die Formel (6) kann auch noch wie folgt gedeutet werden: Sei Ω ein beliebiges beschränktes Gebiet und $u(x)$ eine in diesem Gebiet harmonische Funktion. Dann stimmt für beliebiges $\delta > 0$ die Funktion $u(x)$ in $\Omega \setminus \Omega_\delta$ mit ihrer Mittelfunktion $u_h(x)$ überein, sobald für den Mittelungsradius $h < \delta$ gilt.

3. Der umgekehrte Mittelwertsatz

Satz 12.6.2. *Es sei Ω ein beschränktes Gebiet des Raumes E_m und $u \in C(\Omega)$. Wenn die Funktion $u(x)$ für eine beliebige Kugel, welche zusammen mit ihrer Berandung ganz im Gebiet Ω liegt, der Beziehung* (3) *genügt, dann ist diese Funktion in Ω harmonisch.*

Beweis. Es seien a eine hinreichend kleine positive Zahl und $x \in \Omega \setminus \Omega_{2a}$. Wenn $r \leqq a$ gilt, hat nach Voraussetzung des Satzes auch die Formel (6) Gültigkeit. Auf Grund des Satzes 1.1.3 gilt $u \in C^{(\infty)}(\Omega \setminus \Omega_{2a})$, und weil a beliebig klein gewählt werden kann, gilt auch $u \in C^{(\infty)}(\Omega)$.

Wir beweisen jetzt die Beziehung $\Delta u = 0$. Für die Kugel D_a mit dem Radius a und dem Mittelpunkt im Punkt $x \in \Omega \setminus \Omega_{2a}$ benutzen wir die Integraldarstellung (3.3):

$$u(x) = \frac{1}{(m-2)\,|S_1|}\left\{\int\limits_{S_a} \frac{1}{r^{m-2}} \frac{\partial u(\xi)}{\partial \nu}\, d_\xi S_a - \int\limits_{S_a} u(\xi) \frac{\partial}{\partial \nu} \frac{1}{r^{m-2}}\, d_\xi S_a - \int\limits_{D_a} \frac{1}{r^{m-2}}\, \Delta u(\xi)\, d\xi\right\}. \tag{7}$$

Es gilt

$$\frac{\partial}{\partial \nu} \frac{1}{r^{m-2}} = \frac{\partial}{\partial r} \frac{1}{r^{m-2}}\bigg|_{r=a} = -\frac{m-2}{a^{m-1}},$$

und das zweite Oberflächenintegral ist gleich

$$-\frac{m-2}{a^{m-1}} \int\limits_{S_a} u(\xi)\, d_\xi S_a = -(m-2)\,|S_1|\, u(x)\,.$$

Nach Formel (6.9) des Kap. 10 gilt fernerhin

$$\int\limits_{S_a} \frac{\partial u(\xi)}{\partial \nu}\, d_\xi S_a = \int\limits_{D_a} \Delta u(\xi)\, d\xi\,.$$

Nunmehr kann man der Beziehung (7) die Gestalt

$$\int\limits_{D_a} \left(\frac{1}{r^{m-2}} - \frac{1}{a^{m-2}}\right) \Delta u(\xi)\, d\xi = 0 \tag{8}$$

geben. In der Kugel D_a gilt $r < h$, deshalb ist $r^{-m+2} - a^{-m+2} > 0$. Nun ist aber das Integral (8) gleich Null. Dafür ist notwendig, daß die Funktion $\Delta u(\xi)$ in der genannten Kugel das Vorzeichen ändert; weil sie stetig ist, existiert ein Punkt $x' \in D_a$ mit $\Delta u(x') = 0$. Es gelte $a \to 0$. Dann gilt $x' \to x$, und die Stetigkeit der zweiten Ableitungen liefert $\Delta u(x) = 0$. Der Satz ist bewiesen.

§ 7. Das Maximumprinzip

Satz 12.7.1. (Das Maximumprinzip). *Es sei $\Omega \in E_m$ ein beschränktes Gebiet, $u \in C^{(2)}(\Omega)$ und $\Delta u \geqq 0$. Wenn die Funktion $u(x)$ in einem inneren Punkt von Ω ihr*

Maximum annimmt, so ist $u(x) = \text{const}$. *Wenn analog* $\Delta u \leqq 0$ *gilt und* $u(x)$ *in einem inneren Punkt des Gebietes* Ω *ihr Minimum annimmt, so gilt ebenfalls* $u(x) = \text{const}$.

Beweis. Es genügt, die erste Behauptung des Satzes zu beweisen, weil die zweite auf die erste zurückgeführt wird, wenn man u durch $-u$ ersetzt.

Es sei x_0 ein Punkt des Gebietes Ω, in dem $u(x)$ ihr Maximum annimmt. Wir beweisen dann, daß $u(x) \equiv u(x_0)$ gilt. Wir wählen eine Kugel $D_a(x_0)$ mit dem Radius a und dem Mittelpunkt in x_0. Der Radius a sei so klein, daß die genannte Kugel zusammen mit ihrer Berandung $S_a(x_0)$ in Ω liegt. Dann gilt $u \in C^{(2)}(\overline{D_a}(x_0))$, und wir können die Integraldarstellung (3.3) im Punkt x_0 benutzen:

$$u(x_0) = \frac{1}{(m-2)\,|S_1|} \left\{ \int\limits_{S_a(x_0)} \frac{1}{a^{m-2}} \frac{\partial u(\xi)}{\partial \nu} \, \mathrm{d}_\xi S_a - \right.$$

$$\left. - \int\limits_{S_a(x_0)} u(\xi) \frac{\partial}{\partial \nu} \frac{1}{r_0^{m-2}} \, \mathrm{d}_\xi S_a - \int\limits_{D_a(x_0)} \frac{1}{r_0^{m-2}} \, \Delta u(\xi) \, \mathrm{d}\xi \right\}; \tag{1}$$

hierbei wurde $r_0 = |\xi - x_0|$ gesetzt. Nach Formel (6.9) des Kap. 10 gilt

$$\int\limits_{S_a(x_0)} \frac{\partial u(\xi)}{\partial \nu} \, \mathrm{d}_\xi S_a = \int\limits_{D_a(x_0)} \Delta u(\xi) \, \mathrm{d}\xi \, .$$

Außerdem ist

$$\frac{\partial}{\partial \nu} \frac{1}{r_0^{m-2}} = \left. \frac{\partial}{\partial r_0} \frac{1}{r_0^{m-2}} \right|_{r_0 = a} = -\frac{m-2}{a^{m-1}} \, .$$

Wenn wir dies in die Formel (1) einsetzen, erhalten wir

$$u(x_0) = \frac{1}{a^{m-1}\,|S_1|} \int\limits_{S_a(x_0)} u(\xi) \, \mathrm{d}_\xi S_a - \frac{1}{(m-2)\,|S_1|} \int\limits_{D_a(x_0)} \left(\frac{1}{r_0^{m-2}} - \frac{1}{a^{m-2}} \right) \Delta u(\xi) \, \mathrm{d}\xi \, . \tag{2}$$

Der erste Term rechts ist der Mittelwert der Funktion $u(x)$ auf der Sphäre $S_a(x_0)$. Im Punkt x_0 nimmt diese Funktion ihr Maximum an, deshalb gilt

$$\frac{1}{a^{m-1}\,|S_1|} \int\limits_{S_a} u(\xi) \, \mathrm{d}_\xi S_a \leqq u(x_0) \, .$$

Dabei kann Gleichheit nur in dem Fall auftreten, wenn $u(\xi) \equiv u(x_0)$, $\xi \in S_a(x_0)$. Der Term, der in (2) auf der rechten Seite abgezogen wird, ist nicht negativ, weil $\Delta u \geqq 0$ gilt; er verschwindet nur dann, wenn $\Delta u(x) \equiv 0$ ist.

Aus dem Gesagten folgt, daß die Beziehung (2) dann und nur dann Gültigkeit hat, wenn $u(x) \equiv u(x_0)$, $x \in S_a(x_0)$, und $\Delta u(x) \equiv 0$, $x \in D_a(x_0)$, ist. Ersetzen wir in (2) den Radius a durch einen beliebigen kleineren, so erhalten wir

$$u(\xi) \equiv u(x_0) \, , \qquad \xi \in D_a(x_0) \, . \tag{3}$$

Jetzt beweisen wir, daß die Beziehung (3) im gesamten Gebiet Ω Gültigkeit besitzt. Wir wählen einen beliebigen Punkt $x \in \Omega$ und verbinden die Punkte x_0 und x durch einen ganz in Ω gelegenen Streckenzug (vgl. Abb. 21). Es sei δ der kleinste Abstand zwischen den Punkten dieses Streckenzuges und den Punkten des Randes Γ von Ω; des weiteren setzen wir $\delta' < \delta$. Dann ist eine beliebige Kugel vom Radius δ', deren Mittelpunkt auf dem Streckenzug liegt, zusammen mit ihrer Oberfläche im Gebiet Ω gelegen.

Es bedeute $D_{\delta'}(y)$ die Kugel vom Radius δ' mit dem Mittelpunkt y. Wir wählen nun auf dem Streckenzug innerhalb der Kugel $D_{\delta'}(x_0)$ einen Punkt x_1 derart, daß

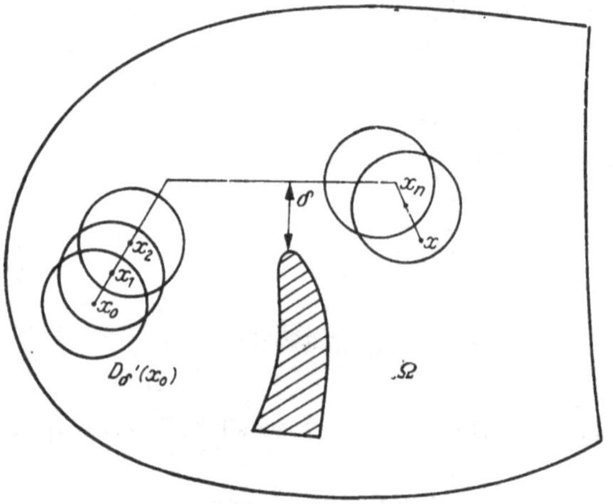

Abb. 21

$|x_1 - x_0| > \frac{1}{2}\delta'$ gilt, und betrachten die Kugel $D_{\delta'}(x_1)$. Innerhalb der neuen Kugel wählen wir dann auf dem Streckenzug einen Punkt x_2 derart, daß $|x_2 - x_1| > \frac{1}{2}\delta'$ gilt und der Punkt x_1 zwischen den Punkten x_0 und x_2 liegt. Setzt man nun diesen Prozeß fort, dann überzeugt man sich leicht davon, daß sich der gesamte Streckenzug durch endlich viele solcher Kugeln überdecken läßt. Die Kugeln $D_{\delta'}(x_j)$, $j = 0, 1, \ldots, n$, mögen eine solche Überdeckung bilden. Nach Konstruktion gilt dann $x_j \in D_{\delta'}(x_{j-1})$, $j = 1, 2, \ldots, n$. Wie die Beziehung (3) zeigt, ist die Funktion u in der Kugel $D_{\delta'}(x_0)$ identisch gleich ihrem Maximalwert. Dann nimmt aber diese Funktion ihren Maximalwert auch im Punkt x_1 an: $u(x_1) = u(x_0)$. Auf Grund derselben Beziehung (2) gilt dann $u(\xi) = u(x_1) = u(x_0)$ für alle $\xi \in D_{\delta'}(x_1)$. Durch Fortsetzung dieser Überlegungen gelangt man schließlich zu der Beziehung

$$u(\xi) = u(x_0)\,, \qquad \forall \xi \in D_{\delta'}(x_n)\,.$$

Da aber $x \in D_{\delta'}(x_n)$ ist, gilt $u(x) = u(x_0)$, was zu beweisen war.

Folgerung 12.7.1. *Wenn eine in einem beschränkten Gebiet harmonische Funktion in einem inneren Punkt dieses Gebietes ihr Maximum oder Minimum annimmt, so ist diese Funktion eine Konstante.*

Folgerung 12.7.2. *Wenn eine Funktion in einem beschränkten Gebiet harmonisch und auf der Abschließung dieses Gebietes stetig ist, so nimmt diese Funktion sowohl ihr Maximum als auch ihr Minimum auf dem Rand dieses Gebietes an.*

§ 8. Teilräume harmonischer Funktionen

Satz 12.8.1. (Satz von HARNACK). *Es sei $\{u_n(x)\}$ eine Folge von Funktionen, welche in dem beschränkten Gebiet Ω harmonisch sind. Des weiteren seien die Funktionen $u_n(x)$*

im abgeschlossenen Gebiet $\overline{\Omega} = \Omega \cup \Gamma$ *stetig. Wenn die Folge* $\{u_n(x)\}$ *auf* Γ *gleichmäßig konvergiert, dann gilt:*

1. *Die Folge* $\{u_n(x)\}$ *konvergiert gleichmäßig im abgeschlossenen Gebiet* $\overline{\Omega}$;
2. *Die Grenzfunktion ist in* Ω *harmonisch;*
3. *In einem beliebigen abgeschlossenen Teilgebiet* $\overline{\Omega}'$ *des Gebietes* Ω *konvergieren die Ableitungen beliebiger Ordnung der Funktionen* $u_n(x)$ *gleichmäßig gegen die entsprechenden Ableitungen der Grenzfunktion.*

Beweis. Die Folge $\{u_n(x)\}$ konvergiert gleichmäßig auf Γ. Das bedeutet, daß sich für beliebiges $\varepsilon > 0$ eine Zahl N angeben läßt derart, daß für alle $n \geqq N$ und für beliebiges natürliches p die Ungleichung

$$|u_{n+p}(x) - u_n(x)| < \varepsilon\,, \qquad \forall x \in \Gamma \tag{1}$$

gilt. In den Betragszeichen steht die Differenz zweier harmonischer Funktionen; diese ist selbst eine harmonische Funktion. Des weiteren ist diese Differenz in $\overline{\Omega}$ stetig. Eine solche Funktion nimmt aber sowohl ihr Maximum als auch ihr Minimum auf dem Rande des Gebietes an.

Aus der Ungleichung (1) ergibt sich nun

$$-\varepsilon < \min_{\xi \in \Gamma} [u_{n+p}(\xi) - u_n(\xi)] \leqq \max_{\xi \in \Gamma} [u_{n+p}(\xi) - u_n(\xi)] < \varepsilon\,,$$

und aus dem Maximumprinzip folgt für beliebiges $x \in \Omega$ die Ungleichung

$$\min_{\xi \in \Gamma} [u_{n+p}(\xi) - u_n(\xi)] \leqq u_{n+p}(x) - u_n(x) \leqq \max_{\xi \in \Gamma} [u_{n+p}(\xi) - u_n(\xi)]\,.$$

Dann gilt aber

$$-\varepsilon < u_{n+p}(x) - u_n(x) < \varepsilon\,, \qquad \forall x \in \overline{\Omega}$$

oder

$$|u_{n+p}(x) - u_n(x)| < \varepsilon\,, \qquad \forall x \in \overline{\Omega}\,.$$

Die letzte Ungleichung bedeutet, daß die Folge $\{u_n(x)\}$ im abgeschlossenen Gebiet $\overline{\Omega}$ gleichmäßig konvergiert. Folglich existiert die Grenzfunktion

$$u(x) = \lim_{n \to \infty} u_n(x)\,, \tag{2}$$

und diese ist in $\overline{\Omega}$ definiert und stetig.

Es sei $x \in \Omega$. Wir konstruieren eine Kugel $D_R(x)$ mit dem Mittelpunkt x und einem derart kleinen Radius R, daß diese Kugel zusammen mit ihrer Oberfläche S_R ganz im Inneren von Ω liegt. Auf Grund des direkten Mittelwertsatzes gilt dann

$$u_n(x) = \frac{1}{|S_R|} \int_{S_R} u_n(\xi)\, \mathrm{d}S_R\,. \tag{3}$$

Da die Folge $\{u_n(x)\}$ für $n \to \infty$ in $\overline{\Omega}$ gleichmäßig konvergiert, kann man unter dem Integralzeichen zum Grenzwert übergehen und erhält dann

$$u(x) = \frac{1}{|S_R|} \int_{S_R} u(\xi)\, \mathrm{d}S_R\,. \tag{4}$$

Auf Grund des umgekehrten Mittelwertsatzes ist nun die Funktion $u(x)$ in Ω harmonisch.

Es genügt also, die gleichmäßige Konvergenz der Folge der Ableitungen zu beweisen. Wir betrachten ein beliebiges inneres Teilgebiet Ω' des Gebietes Ω und bezeichnen mit $2a$ den kleinsten Abstand zwischen den Rändern der Gebiete Ω und Ω'. Auf die Funktion $u_n(x)$ und den Punkt $x \in \bar{\Omega}'$ wenden wir die Formel (6.6) an:

$$u_n(x) = \int_\Omega u_n(\xi)\, \omega_a(r)\, d\xi\,. \tag{5}$$

Differenziert man beide Seiten der letzten Formel nach den Koordinaten des Punktes x, dann erhält man für jeden Multiindex α

$$D^\alpha u_n(x) = \int_\Omega u_n(\xi)\, D_x^\alpha \omega_a(r)\, d\xi\,. \tag{6}$$

Analog dazu gilt

$$D^\alpha u(x) = \int_\Omega u(\xi)\, D_x^\alpha \omega_a(r)\, d\xi\,. \tag{7}$$

Da die Folge $\{u_n(\xi)\}$ in $\bar{\Omega}$ gleichmäßig gegen die Funktion $u(\xi)$ konvergiert und da die Funktion $D_x^\alpha \omega_a(r)$ für beliebige ξ und x stetig ist, konvergiert das Integral in (6) gleichmäßig gegen das Integral (7). Folglich gilt $D^\alpha u_n(x) \to D^\alpha u(x)$ gleichmäßig in $\bar{\Omega}'$. Der Satz ist bewiesen.

Satz 12.8.2. (Satz über die Konvergenz im Mittel). *Es sei Ω ein beschränktes Gebiet und $\{u_n(x)\}$ eine Folge von in Ω harmonischen Funktionen, welche in der Metrik des Raumes $L_p(\Omega)$ $(1 \leqq p \leqq \infty)$ konvergiert. Dann gilt:*

1. *Die Grenzfunktion ist im Gebiet Ω harmonisch;*
2. *sowohl die Folge der Funktionen $u_n(x)$ als auch die Folge ihrer Ableitungen konvergiert in einem beliebigen inneren Teilgebiet von Ω gleichmäßig.*

Beweis. Auf Grund der Voraussetzungen des Satzes existiert die Grenzfunktion

$$u(x) = \lim_{n\to\infty} u_n(x)$$

im Sinne der Konvergenz im Mittel zur p-ten Potenz. Letzteres bedeutet: $u \in L_p(\Omega)$ und

$$\int_\Omega |u(\xi) - u_n(\xi)|^p\, d\xi \underset{n\to\infty}{\rightarrow} 0\,.$$

Unter Benutzung der Formel (5) erhalten wir

$$\left.\begin{aligned} u_n(x) &= \int_\Omega u_n(\xi)\, \omega_a(r)\, d\xi\,, \\ u_k(x) &= \int_\Omega u_k(\xi)\, \omega_a(r)\, d\xi\,, \end{aligned}\right\} \forall x \in \bar{\Omega}'\,.$$

Daraus ergibt sich

$$|u_n(x) - u_k(x)| \leqq \int_\Omega |u_n(\xi) - u_k(\xi)|\, \omega_a(r)\, d\xi\,.$$

Bei festem Mittelungsradius a ist die Funktion $\omega_a(r)$ beschränkt. Es sei $\omega_a(r) \leqq K$. Dann gilt

$$|u_n(x) - u_k(x)| \leqq K\, ||u_n - u_k||_1 \leqq K_1\, ||u_n - u_k||_p\,, \tag{8}$$

wobei K_1 eine gewisse neue Konstante ist. Nach den Voraussetzungen des Satzes gilt $||u_n - u_k||_p \underset{n\to\infty}{\rightarrow} 0$. Dann folgt aber aus Ungleichung (8), daß die Folge $\{u_n(x)\}$ in $\bar{\Omega}'$ gleichmäßig konvergiert. Folglich ist die Funktion $u(x)$ in $\bar{\Omega}'$ stetig; da nun aber Ω' ein beliebiges inneres Teilgebiet von Ω ist, ist $u(x)$ im offenen Gebiet Ω stetig.

Lassen wir jetzt in Formel (3) $n \to \infty$ streben, dann gelangen wir zu der Formel (4); daraus läßt sich, genauso wie oben, schließen, daß die Funktion $u(x)$ in Ω harmonisch ist. Die Behauptung über die Konvergenz der Folge der Ableitungen von $u_n(x)$ beweist man genauso wie im Satz 12.8.1.

Aus den Sätzen des vorliegenden Paragraphen ergeben sich einige Folgerungen:

Folgerung 12.8.1. *Es sei Ω ein beschränktes Gebiet. Die harmonischen Funktionen bilden im Raum $C(\bar{\Omega})$ einen Teilraum. Aus der Konvergenz in diesem Teilraum folgt die gleichmäßige Konvergenz der Ableitungen beliebiger Ordnung in einem beliebigen inneren abgeschlossenen Teilgebiet.*

Folgerung 12.8.2. *Es sei Ω ein beschränktes Gebiet, und für die Konstante p gelte $1 \leqq p \leqq \infty$. Die harmonischen Funktionen bilden im Raum $L_p(\Omega)$ einen Teilraum. Aus der Konvergenz einer Folge in diesem Teilraum folgt die gleichmäßige Konvergenz sowohl dieser Folge als auch der Folge der Ableitungen beliebiger Ordnung in einem beliebigen inneren abgeschlossenen Teilgebiet.*

Satz 12.8.3. *Eine lokal summierbare verallgemeinerte Lösung der homogenen* LAPLACE-*Gleichung ist eine in diesem Gebiet harmonische Funktion.*

Beweis. Sei Ω ein beschränktes Gebiet des Raumes E_m und sei $u \in L_{\text{loc}}(\Omega)$ eine verallgemeinerte Lösung der homogenen LAPLACE-Gleichung in Ω. Nach Definition gilt

$$\int_\Omega u(\xi)\, \Delta_\xi \varphi(\xi)\, d\xi = 0\,, \qquad \forall \varphi \in \mathfrak{M}^{(\infty)}(\Omega)\,. \tag{9}$$

Es sei $h > 0$ eine hinreichend kleine Zahl und $x \in \Omega \setminus \Omega_{2h}$. Wir setzen in der Beziehung (9) $\varphi(\xi) = \omega_h(r)$, $r = |\xi - x|$. Wir bemerken noch, daß r nur von der Differenz der Vektoren ξ und x abhängt und deshalb $\Delta_\xi \omega_h(r) = \Delta_x \omega_h(r)$ gilt. Nunmehr liefert die Formel (9) $\Delta u_h(x) = 0$. Somit ist die Mittelfunktion $u_h(x)$ im Gebiet $\Omega \setminus \Omega_{2h}$ harmonisch; wenn die Zahl $\delta > 0$ festgehalten und $h < \frac{\delta}{2}$ gewählt wird, so ist $u_h(x)$ harmonisch in $\Omega \setminus \Omega_\delta$. In diesem Gebiet ist die Funktion $u(x)$ summierbar; nach Satz 2.3.3 gilt $u_h(x) \to u(x)$ in der Metrik von $L_1(\Omega \setminus \Omega_\delta)$. Auf Grund des Satzes 12.7.2 ist $u(x)$ harmonisch in $\Omega \setminus \Omega_\delta$; weil nun aber δ beliebig ist, ist $u(x)$ harmonisch in Ω.

Bemerkung. Es hat ein allgemeinerer Satz Gültigkeit: Wenn eine gewisse verallgemeinerte Funktion der homogenen LAPLACE-Gleichung in einem beschränkten Gebiet genügt, so ist in diesem Gebiet die gegebene verallgemeinerte Funktion eine gewöhnliche harmonische Funktion.

§ 9. Übertragung auf Gleichungen mit variablen Koeffizienten

Die Ergebnisse des vorliegenden Kapitels lassen sich zu einem großen Teil auf elliptische Differentialgleichungen mit variablen Koeffizienten übertragen. Wir werden uns aber in diesem Paragraphen nicht mit dem allgemeinen Fall beschäftigen. Vielmehr wollen wir hier — an vielen Stellen ohne Beweis — die grundlegenden Fakten anführen, die sich auf die selbstadjungierte elliptische Gleichung

$$-\frac{\partial}{\partial x_j}\left(A_{jk}(x)\,\frac{\partial u}{\partial x_k}\right) + C(x)\,u = 0 \tag{1}$$

beziehen. Eine vollständigere Darstellung diesbezüglicher Fragen findet man in den Büchern [18] und [19], die im Literaturverzeichnis zum vorliegenden Teil am Ende dieses Buches aufgezählt sind.

Es sei Ω ein beschränktes Gebiet des m-dimensionalen euklidischen Raumes, das durch die stückweise glatte Fläche Γ berandet wird. Wir machen folgende Voraussetzungen: $A_{jk} \in C^{(3)}(\overline{\Omega})$, $C \in C^{(1)}(\overline{\Omega})$ (in einigen Fällen lassen sich diese Bedingungen abschwächen). Gleichung (1) setzen wir als elliptisch in $\overline{\Omega}$ voraus. Letzteres bedeutet, daß sämtliche Eigenwerte der Matrix

$$A(x) = ||A_{jk}(x)||_{j,k=1}^{j,k=m}$$

von Null verschieden sind und ein und dasselbe Vorzeichen besitzen; wir nehmen an, sie seien sämtlich positiv. Es sei $\lambda_1(x)$ der kleinste Eigenwert der Matrix $A(x)$; dieser ist dann eine Wurzel der Gleichung $\operatorname{Det}(A(x) - \lambda I) = 0$, deren sämtliche Koeffizienten stetige Funktionen von x in $\overline{\Omega}$ sind, wobei der höchste Koeffizient gleich $-(1)^m$ ist. Dann sind aber die Wurzeln dieser Gleichung stetige Funktionen in $\overline{\Omega}$. Als stetige und positive Funktion in $\overline{\Omega}$ besitzt nun $\lambda_1(x)$ ein positives Infimum:

$$\lambda_1(x) \geqq \mu_0 = \text{const} > 0\,, \qquad \forall\, x \in \overline{\Omega}\,. \tag{2}$$

Wie aus der Theorie der quadratischen Formen bekannt ist, gilt für beliebige reelle Zahlen $t_1, t_2, \ldots, t_m$ die Ungleichung

$$A_{jk}(x)\, t_j t_k \geqq \lambda_1(x) \sum_{k=1}^{m} t_k^2\,.$$

Aus der Ungleichung (2) ergibt sich dann die wichtige Beziehung

$$A_{jk}(x)\, t_j t_k \geqq \mu_0 \sum_{k=1}^{m} t_k^2\,, \qquad \forall x \in \overline{\Omega}\,. \tag{3}$$

Im weiteren betrachten wir nur solche Lösungen der Gleichung (1), die zur Klasse $C^{(2)}(\Omega)$ gehören.

1. Das Maximumprinzip

Das Maximumprinzip gilt für die Gleichung (1) in der folgenden abgeschwächten Form.

Satz 12.9.1. *Wenn $C(x) > 0$ ($\forall x \in \Omega$) gilt, dann besitzt eine Lösung (1) im Inneren des Gebietes Ω weder ein negatives Minimum noch ein positives Maximum. Gilt $C(x) < 0$ ($\forall x \in \Omega$), dann besitzt eine solche Lösung im Inneren des Gebietes Ω weder ein positives Minimum noch ein negatives Maximum.*

Beweis. Wir führen den Beweis für den Fall eines Minimums unter der Voraussetzung $C(x) > 0$; alle übrigen Fälle lassen sich analog betrachten. Es sei also $C(x) > 0$, $x \in \Omega$, und in einem Punkt $x_0 \in \Omega$ nehme die Lösung $u(x)$ der Gleichung (1) ein negatives Minimum an. Im Punkt x_0 gilt dann

$$u < 0\,, \qquad \frac{\partial u}{\partial x_k} = 0\,, \qquad \frac{\partial^2 u}{\partial x_k^2} \geqq 0; \qquad k = 1, 2, \ldots, m\,. \tag{4}$$

Die Beziehungen (4) gelten in einem beliebigen Koordinatensystem. Wir drehen jetzt die Koordinatenachsen derart, daß Gleichung (1) im Punkt x_0 die kanonische Form annimmt. Dann gilt also

$$A_{kk}(x_0) > 0; \qquad A_{jk}(x_0) = 0\,, \qquad j \neq k\,. \tag{5}$$

Setzt man in der Gleichung (1) $x = x_0$, dann erhält man

$$-\sum_{k=1}^{m} A_{kk}(x_0) \left(\frac{\partial^2 u}{\partial x_k^2}\right)_{x=x_0} + C(x_0)\, u(x_0) = 0\,,$$

was aber nicht sein kann; auf Grund der Beziehungen (4) und (5) ist nämlich das erste Glied der linken Seite nicht positiv, der zweite Summand dagegen streng negativ und mithin die linke Seite negativ.

Bemerkung. Das Maximumprinzip gilt auch für die allgemeinere — nicht selbstadjungierte — Gleichung vom elliptischen Typ

$$-\frac{\partial}{\partial x_j}\left(A_{jk}\frac{\partial u}{\partial x_k}\right) + B_k\frac{\partial u}{\partial x_k} + Cu = 0\,.$$

In der Tat, da in einem Minimum- oder Maximumpunkt $\frac{\partial u}{\partial x_k} = 0$ ist, beeinträchtigen die Glieder mit den Koeffizienten B_k nicht die oben durchgeführten Überlegungen. Tiefergehende Formulierungen des Maximumprinzips siehe in [12] und [18].

2. Die singuläre Lösung

Es sei

$$a(x) = A^{-1}(x) = \|a_{jk}(x)\|_{j,k=1}^{j,k=m}\,.$$

Wir betrachten die Funktion

$$\psi(x,\xi) = \frac{1}{(m-2)\,|S_1|\sqrt{D(\xi)}}\,[a_{jk}(\xi)\,(x_j-\xi_j)\,(x_k-\xi_k)]^{-(m-2)/2}\,, \qquad m > 2\,, \tag{6}$$

mit $D(\xi) = \operatorname{Det} A(\xi)$. Bei festem ξ genügt die Funktion $\psi(x, \xi)$ der Gleichung

$$-\frac{\partial}{\partial x_j}\left(A_{jk}(\xi)\frac{\partial \psi}{\partial x_k}\right) = 0\,.$$

Die Funktion (6) heißt *Parametrix* der Gleichung (1). Für $m = 2$ wird die Parametrix durch folgende Formel definiert:

$$\psi(x,\xi) = \frac{1}{2\pi\sqrt{D(\xi)}}\ln\,[a_{jk}(\xi)\,(x_j-\xi_j)\,(x_k-\xi_k)]^{-1/2}\,. \tag{6_1}$$

Wie in Kap. 11 wird eine verallgemeinerte Funktion $v(x, \xi)$ singuläre Lösung der Gleichung (1) genannt, wenn sie der Gleichung

$$-\frac{\partial}{\partial x_j}\left(A_{jk}(x)\frac{\partial v}{\partial x_k}\right) + C(x)\,v = \delta(x-\xi)$$

genügt. Man kann zeigen, daß eine singuläre Lösung folgende Eigenschaften besitzt:

a) Die Funktion $v(x, \xi)$ ist in der Form

$$v(x,\xi) = \psi(x,\xi) + \psi_1(x,\xi) \tag{7}$$

darstellbar, wobei für $x \to \xi$ gilt

$$\psi_1(x,\xi) = O(r^{\chi+2-m})\,, \qquad \frac{\partial\psi_1}{\partial x_k} = O(r^{\chi+1-m})\,, \tag{8}$$

$$\frac{\partial^2\psi_1}{\partial x_i\,\partial x_k} = O(r^{\chi-m})\,; \qquad \chi = \text{const} > 0\,;$$

b) bei festem ξ, $\xi \neq x$, genügt die Funktion $v(x, \xi)$ der Gleichung (1).

Den Beweis für die Existenz einer singulären Lösung findet man in dem bereits erwähnten Buch von K. Miranda [18].

Es existieren singuläre Lösungen der Gleichung (1), welche in bezug auf x und ξ symmetrisch sind (vgl. [18]). Wenn im weiteren von einer singulären Lösung die Rede ist, dann setzen wir dabei voraus, daß diese symmetrisch ist.

3. Die Integraldarstellung

Es sei Ω' ein inneres Teilgebiet des Gebietes Ω und Γ' der stückweise glatte Rand dieses Teilgebietes. Des weiteren sei $u \in C^{(2)}(\overline{\Omega'})$. Unter Benutzung der singulären Lösung der Gleichung (1) läßt sich eine zu (3.4) analoge Integraldarstellung gewinnen.

Es sei $x \in \Omega'$. Wir beschreiben um den Punkt x ein Gebiet σ_ε, welches durch die Ungleichung

$$a_{jk}(x)\,(x_j - \xi_j)\,(x_k - \xi_k) < \varepsilon^2$$

definiert wird; das dieses Gebiet begrenzende Ellipsoid

$$a_{jk}(x)\,(x_j - \xi_j)\,(x_k - \xi_k) = \varepsilon^2$$

bezeichnen wir mit Γ_ε. Schließlich sei $v(x, \xi)$ eine symmetrische singuläre Lösung der Gleichung (1). Unter Berücksichtigung von $Lv = 0$ erhalten wir nach der GREENschen Formel (6.6) aus Kap. 10

$$\int\limits_{\Omega'\setminus\sigma_\varepsilon} vLu\,\mathrm{d}\xi = \int\limits_{\Gamma'} A_{jk}(\xi)\left(v\frac{\partial u}{\partial \xi_k} - u\frac{\partial v}{\partial \xi_k}\right)\cos(\nu, x_j)\,\mathrm{d}_\xi\Gamma' + \\ + \int\limits_{\Gamma_\varepsilon} A_{jk}(\xi)\left(v\frac{\partial u}{\partial \xi_k} - u\frac{\partial v}{\partial \xi_k}\right)\cos(\nu, x_j)\,\mathrm{d}_\xi\Gamma_\varepsilon\,; \tag{9}$$

dabei bedeutet L den durch die linke Seite der Gleichung (1) definierten Differentialausdruck.

Jetzt strebe $\varepsilon \to 0$. Dann gilt

$$\int\limits_{\Omega'\setminus\sigma_\varepsilon} vLu\,\mathrm{d}\xi \to \int\limits_{\Omega'} vLu\,\mathrm{d}\xi\,,$$

$$\int\limits_{\Gamma_\varepsilon} vA_{jk}\frac{\partial u}{\partial \xi_k}\cos(\nu, x_j)\,\mathrm{d}_\xi\Gamma_\varepsilon \to 0\,, \qquad \int\limits_{\Gamma_\varepsilon} uA_{jk}\frac{\partial \psi_1}{\partial \xi_k}\cos(\nu, x_j)\,\mathrm{d}_\xi\Gamma_\varepsilon \to 0\,.$$

Es bleibt also noch der Grenzwert des Integrals

$$\int\limits_{\Gamma_\varepsilon} u(\xi)\,A_{jk}(\xi)\frac{\partial \psi}{\partial \xi_k}\cos(\nu, x_j)\,\mathrm{d}_\xi\Gamma_\varepsilon \tag{10}$$

zu bestimmen. Da die singuläre Lösung in bezug auf x und ξ symmetrisch ist, kann man diese in der Form $v(x, \xi) = \psi(\xi, x) + \psi_1(\xi, x)$ darstellen und in dem Integral (10) die Funktion ψ wie folgt ansetzen:[1])

$$\psi = \psi(\xi, x) = \frac{1}{(m-2)\,|S_1|\,\sqrt{D(x)}}\,[a_{jk}(x)\,(\xi_j - x_j)\,(\xi_k - x_k)]^{-(m-2)/2}\,.$$

Jetzt ergibt sich

$$\frac{\partial \psi}{\partial \xi_k} = -\frac{1}{|S_1|\,\sqrt{D(x)}}\,\frac{a_{pk}(x)\,(\xi_p - x_p)}{[a_{jl}(x)\,(\xi_j - x_j)\,(\xi_l - x_l)]^{m/2}}\,,$$

oder, unter Benutzung der Gleichung des Ellipsoids Γ_ε,

$$\frac{\partial \psi}{\partial \xi_k} = \frac{1}{|S_1|\,\varepsilon^m\sqrt{D(x)}}\,a_{pk}(x)\,(x_p - \xi_p)\,.$$

Das Integral (10) nimmt dann folgende Gestalt an:

$$\frac{1}{|S_1|\,\varepsilon^m\sqrt{D(x)}}\int\limits_{\Gamma_\varepsilon} u(\xi)\,a_{pk}(x)\,A_{jk}(x)\,(x_p - \xi_p)\cos(\nu, x_j)\,\mathrm{d}_\xi\Gamma_\varepsilon\,. \tag{11}$$

Das Integral (11) läßt sich weiter vereinfachen. Zunächst sind die Matrizen A und a symmetrisch und zu einander invers; es gilt somit

$$a_{pk}(x)\,A_{jk}(x) = a_{pk}(x)\,A_{kj}(x) = \delta_{pj}\,,$$

und für das Integral (11) ergibt sich

$$\frac{1}{|S_1|\,\varepsilon^m\sqrt{D(x)}}\int\limits_{\Gamma_\varepsilon} u(\xi)\,(x_j - \xi_j)\cos(\nu, x_j)\,\mathrm{d}_\xi\Gamma_\varepsilon\,.$$

---

[1]) In der eckigen Klammer wird wie gewöhnlich über j und k von 1 bis m summiert.

Ersetzt man hierbei $u(\xi)$ durch $u(x)$, dann erhält man ein Integral, welches sich von dem letzteren nur um eine Größe unterscheidet, die zusammen mit ε gegen Null strebt. Folglich stimmt der Grenzwert des Integrals (10) mit dem Grenzwert des Terms

$$\frac{1}{|S_1|\,\varepsilon^m}\,\frac{u(x)}{\sqrt{D(x)}}\int\limits_{\Gamma_\varepsilon}(x_j-\xi_j)\cos(\nu,x_j)\,\mathrm{d}_\xi\Gamma_\varepsilon \tag{12}$$

überein.

Das letztere Integral formen wir mit Hilfe der Gauss-Ostrogradskischen Formel in ein Volumenintegral um:

$$\int\limits_{\Gamma_\varepsilon}(x_j-\xi_j)\cos(\nu,x_j)\,\mathrm{d}_\xi\Gamma_\varepsilon=\int\limits_{\sigma_\varepsilon}\frac{\partial(x_j-\xi_j)}{\partial\xi_j}\,\mathrm{d}\xi=-m\int\limits_{\sigma_\varepsilon}\mathrm{d}\xi=-m\,|\sigma_\varepsilon|\,.$$

Wir berechnen jetzt die Größe $|\sigma_\varepsilon|$.

Das Volumen eines Ellipsoids ist gleich dem Produkt aus dem Volumen der Einheitssphäre und allen Halbachsen des Ellipsoids. Wenn $\lambda_1(x), \lambda_2(x), \ldots, \lambda_m(x)$ die Eigenwerte der Matrix $A(x)$ sind, dann sind $\varepsilon\sqrt{\lambda_p(x)}$, $k = 1, 2, \ldots, m$, die Halbachsen des Ellipsoids Γ_ε. Somit gilt

$$|\sigma_\varepsilon|=\frac{|S_1|\,\varepsilon^m}{m}\sqrt{\prod_{k=1}^{m}\lambda_k(x)}=\frac{|S_1|\,\varepsilon^m}{m}\sqrt{D(x)}\,;$$

der Term (12) hängt also nicht von ε ab und ist gleich $-u(x)$. Als Ergebnis des Grenzüberganges in Formel (9) erhalten wir nun folgende Integraldarstellung:

$$u(x)=\int\limits_{\Gamma'}A_{jk}(\xi)\left(v\frac{\partial u}{\partial\xi_k}-u\frac{\partial v}{\partial\xi_k}\right)\cos(\nu,x_j)\,\mathrm{d}_\xi\Gamma'-\int\limits_{\Omega'}vLu\,\mathrm{d}\xi\,. \tag{13}$$

Wenn $u(x)$ der Gleichung (1) genügt, dann ist $Lu = 0$, und es ergibt sich die Integraldarstellung für die Lösungen der Gleichung (1):

$$u(x)=\int\limits_{\Gamma'}A_{jk}(\xi)\left(v\frac{\partial u}{\partial\xi_k}-u\frac{\partial v}{\partial\xi_k}\right)\cos(\nu,x_j)\,\mathrm{d}_\xi\Gamma'\,. \tag{14}$$

4. Der Mittelwertsatz

Es sei $u(x) \in C^{(2)}(\Omega)$ eine Lösung der Gleichung (1). In der Formel (14) nehmen wir als Fläche Γ' eine Niveaufläche der Funktion $v(x, \xi)$, d. h. die Fläche

$$v(x,\xi)=v_0=\text{const}\,.$$

Wir setzen die Konstante v_0 als hinreichend groß voraus und nehmen den Punkt x als fest an. Dann gilt

$$u(x)=v_0\int\limits_{v=v_0}A_{jk}(\xi)\frac{\partial u}{\partial\xi_k}\cos(\nu,x_j)\,\mathrm{d}_\xi\Gamma'-\int\limits_{v=v_0}u(\xi)\,A_{jk}(\xi)\frac{\partial v}{\partial\xi_k}\cos(\nu,x_j)\,\mathrm{d}_\xi\Gamma'\,.$$

Nach der Gauss-Ostrogradskischen Formel ergibt sich nun[1])

$$\int\limits_{v=v_0}A_{jk}\frac{\partial u}{\partial\xi_k}\cos(\nu,x_j)\,\mathrm{d}_\xi\Gamma'=\int\limits_{v>v_0}\frac{\partial}{\partial x_j}\left(A_{jk}\frac{\partial u}{\partial\xi_k}\right)\mathrm{d}\xi=\int\limits_{v>v_0}C(\xi)\,u(\xi)\,\mathrm{d}\xi\,.$$

Setzen wir schließlich der Einfachheit halber

$$-A_{jk}\frac{\partial v}{\partial\xi_k}\cos(\nu,x_j)=N(v)\,,$$

dann erhalten wir folgende zum Mittelwertsatz analoge Formel:

$$u(x)=\int\limits_{v=v_0}u(\xi)\,N(v)\,\mathrm{d}_\xi\Gamma'+v_0\int\limits_{v>v_0}C(\xi)\,u(\xi)\,\mathrm{d}\xi\,. \tag{15}$$

Die Formel (15) gilt für die Lösungen der Gleichung (1). Es läßt sich auch die umgekehrte Behauptung beweisen. Wenn eine Funktion u stetig in Ω ist und der Beziehung (15) genügt,

[1]) Offenbar liegt das Gebiet $v > v_0$ innerhalb der Fläche $v = v_0$.

dann ist $u \in C^{(2)}(\Omega)$, und diese Funktion erfüllt die Gleichung (1). Wir erhalten diese Behauptung beiläufig beim Beweis für den Satz des folgenden Abschnitts.

Die rechte Seite der Formel (15) enthält ein Oberflächenintegral. Es läßt sich aber leicht eine Formel desselben Typs angeben, welche nur ein Volumenintegral enthält. Es sei $\Phi(\varrho)$ eine unendlich oft differenzierbare Funktion der reellen Veränderlichen ϱ, die nur im Intervall $0 < \varrho < \varrho_1$ von Null verschieden ist; dabei sei ϱ_1 eine hinreichend kleine positive Konstante. Wir nehmen an, daß der Abstand $r = |x - \xi|$ hinreichend klein sei; dann ist $v(x, \xi) > 0$. Wir setzen

$$\varrho(x, \xi) = [v(x, \xi)]^{-1/(m-2)}, \qquad \varrho_0 = v_0^{-1/(m-2)}.$$

Offenbar gilt $\varrho(x, \xi) = O(r)$ und $\mathrm{d}\xi = \dfrac{\mathrm{d}\varrho\, \mathrm{d}_\xi \Gamma'}{\partial\varrho/\partial\nu}$; dabei bedeuten Γ' die Fläche $v = \mathrm{const}$ und ν deren äußere Normale. Wir multiplizieren jetzt beide Seiten der Gleichung (15) mit $\Phi(\varrho_0) \dfrac{1}{(\partial\varrho/\partial\nu)_{\varrho=\varrho_0}} \mathrm{d}\varrho_0$ und integrieren dann nach ϱ_0 in den Grenzen von 0 bis $+\infty$. Dann gelangen wir zu einer Formel der Gestalt

$$u(x) = \int_{\varrho<\varrho_0} K(x, \xi)\, u(\xi)\, \mathrm{d}\xi; \tag{16}$$

dabei ist $K(x, \xi)$ eine gewisse stetige Funktion des Punktes (x, ξ), welche stetige erste und zweite Ableitungen nach den Koordinaten des Punktes x besitzt.

5. Unterräume von Lösungen

Satz 12.9.2. *Die Menge der zum Durchschnitt $C^{(2)}(\Omega) \cap L_p(\Omega)$ $(1 < p < \infty)$ gehörigen Lösungen der Gleichung* (1) *bildet einen Unterraum des Raumes $L_p(\Omega)$. Die Konvergenz in diesem Unterraum zieht die gleichmäßige Konvergenz sowohl der Funktionen selbst als auch ihrer Ableitungen erster und zweiter Ordnung in einem beliebigen abgeschlossenen inneren Teilgebiet des Gebietes Ω nach sich.*

Beweis. Es sei $\{u_n(x)\}$ eine Folge von Lösungen der Gleichung (1), welche zum Durchschnitt $C^{(2)}(\Omega) \cap L_p(\Omega)$ gehören, und diese Folge konvergiere in der Metrik des Raumes $L_p(\Omega)$ gegen eine gewisse Grenzfunktion $u(x)$. Wir nehmen ein inneres Teilgebiet Ω' und wählen eine Zahl $\varrho_2 > 0$ derart, daß das Gebiet $\varrho(x, \xi) < \varrho_2$ für beliebiges $x \in \Omega'$ innerhalb von Ω liegt.

Wenn $\varrho_1 \leqq \varrho_2$ ist, dann gilt für einen beliebigen Punkt $x \in \overline{\Omega}'$ und für eine beliebige Funktion $u_n(x)$ die Formel (16):

$$u_n(x) = \int_{\varrho<\varrho_1} K(x, \xi)\, u_n(\xi)\, \mathrm{d}\xi .$$

Indem wir $n \to \infty$ streben lassen, finden wir, daß die Grenzfunktion $u(x)$ ebenfalls der Beziehung (16) genügt. Da nun der Kern $K(x, \xi)$ stetige zweite Ableitungen besitzt, so gilt $u \in C^{(2)}(\Omega')$. Aus Beziehung (16) ergibt sich außerdem, daß die Funktionen $u_n(x)$ sowie deren Ableitungen erster und zweiter Ordnung in Ω' gleichmäßig gegen die Funktion $u(x)$ bzw. deren entsprechende Ableitungen konvergieren.

Als Lösungen der Gleichung (1) genügen die Funktionen $u_n(x)$ der Beziehung (15). Indem wir $n \to \infty$ streben lassen, finden wir, daß derselben Beziehung auch die Grenzfunktion $u(x)$ genügt. Es sei jetzt in der Darstellung (13) Γ' die Fläche $v = v_0$. Dann ergibt sich aus den Beziehungen (13) und (15) folgende Identität für die Grenzfunktion:

$$\int_{v>v_0} (v - v_0)\, Lu\, \mathrm{d}\xi = 0 .$$

Wegen $v - v_0 > 0$ läßt sich auf das letzte Integral der Mittelwertsatz der Integralrechnung anwenden, und wir erhalten dann

$$(Lu)_{x=x'} \int_{v>v_0} (v - v_0)\, \mathrm{d}x = 0 ,$$

dabei ist x' ein gewisser Punkt des Gebietes $v(x, \xi) > v_0$. Daraus ergibt sich nun $(Lu)_{x=x'} = 0$. Für $v_0 \to \infty$ erhalten wir $(Lu)(x) = 0$, was zu beweisen war.

Völlig analog beweist man den zum Satz 11.10.2 analogen Satz, in dem an Stelle des Raumes $L_p(\Omega)$ der Raum $C(\overline{\Omega})$ tritt.

KAPITEL 13

DAS DIRICHLETSCHE UND DAS NEUMANNSCHE PROBLEM

§ 1. Aufgabenstellung

Die wichtigsten Probleme in der Theorie der elliptischen Gleichungen, die sogenannten DIRICHLET*schen* und NEUMANN*schen Probleme*, formulieren wir hier für allgemeine elliptische Gleichungen zweiter Ordnung. Beginnend mit dem § 2 werden wir uns nur mit der LAPLACE-Gleichung beschäftigen.

Wir wollen zweierlei Gebiete betrachten: beschränkte und unbeschränkte. In beiden Fällen setzen wir den Rand des Gebietes als beschränkt voraus; dabei nehmen wir an, daß der Rand aus endlich vielen stückweise glatten Flächen besteht (Abb. 17 und 18, S. 215).

Eine Randwertaufgabe für eine elliptische Differentialgleichung heißt *inneres Randwertproblem*, wenn die Lösung im beschränkten Gebiet gesucht wird, und *äußeres Randwertproblem*, wenn die Lösung im unbeschränkten Gebiet gesucht wird.

Die wichtigsten Randwertaufgaben für eine elliptische Differentialgleichung zweiter Ordnung sind das DIRICHLET*sche Problem* (auch erste Randwertaufgabe genannt) und das NEUMANN*sche Problem* (zweite Randwertaufgabe).

Wir betrachten eine elliptische Gleichung der allgemeinen Gestalt

$$- A_{jk} \frac{\partial^2 u}{\partial x_j \, \partial x_k} + A_k \frac{\partial u}{\partial x_k} + A_0 u = F(x) \, . \tag{1}$$

Das *innere* DIRICHLET*sche Problem* wird für diese Gleichung folgendermaßen formuliert:

Es sei Ω ein beschränktes Gebiet mit dem stückweise glatten Rand Γ und $\varphi(x)$ eine auf dem Rand Γ definierte und stetige Funktion. Es soll eine Lösung der Gleichung (1) gefunden werden, die zur Klasse $C^{(2)}(\Omega) \cap C(\overline{\Omega})$ gehört und auf dem Rand mit der gegebenen Funktion $\varphi(x)$ übereinstimmt:

$$u(x) = \varphi(x) \, , \qquad x \in \Gamma \, . \tag{2}$$

Das *innere* NEUMANN*sche Problem* für dieselbe Gleichung (1) formulieren wir wie folgt:

Es soll eine Lösung der Gleichung (1) gefunden werden, die die folgenden Eigenschaften besitzt: $u \in C^{(2)}(\Omega) \cap C(\overline{\Omega})$, und auf der Menge derjenigen Punkte $x \in \Gamma$, in denen eine Normale ν zur Fläche Γ existiert, gilt die Gleichung

$$\lim_{x' \to x} A_{jk}(x') \frac{\partial u(x')}{\partial x_j} \cos(\nu, x_k) = \psi(x) \, . \tag{3}$$

Dabei ist x' ein Punkt, der im Inneren von Ω auf der Normalen ν liegt, x'_k sind die cartesischen Koordinaten dieses Punktes, und $\psi(x)$ ist eine auf der genannten Punktmenge der Fläche Γ definierte Funktion.

Die Randbedingung des NEUMANNschen Problems werden wir im weiteren einfach in der Form

$$A_{jk}(x)\frac{\partial u}{\partial x_j}\cos(\nu, x_k)|_\Gamma = \psi(x) \tag{3_1}$$

schreiben. Diese Schreibweise kann wörtlich verstanden werden, wenn $u \in C^{(1)}(\bar{\Omega})$ ist.

Wenn $A_{jk} = \delta_{jk}$ gilt, dann ergibt der Hauptteil der Gleichung (1) den LAPLACE-Operator, und Gleichung (1) nimmt folgende Gestalt an:

$$-\Delta u + A_k\frac{\partial u}{\partial x_k} + A_0 u = F(x)\,. \tag{4}$$

Die Randbedingung (3_1) hat in diesem Fall die besonders einfache Form

$$\left.\frac{\partial u(x)}{\partial v}\right|_\Gamma = \psi(x)\,. \tag{5}$$

Bemerkung. Die oben gegebenen Formulierungen der DIRICHLETschen und NEUMANNschen Randwertprobleme sind keinesfalls ganz allgemein. Man kann z. B. den Fall betrachten, wo in der Randbedingung (2) des DIRICHLETschen Problems die Funktion $\varphi(x)$ auf Γ unstetig ist. In diesem Fall kann nicht mehr $u \in C(\Omega)$ gefordert werden. Diese Bedingung ist durch eine gewisse andere Bedingung zu ersetzen; die Randbedingung (2) braucht nur in den Stetigkeitspunkten der Funktion $\varphi(x)$ erfüllt zu sein. Man kann auch von der Bedingung der stückweisen Glattheit des Randes Abstand nehmen.

Die *äußeren Randwertprobleme* unterscheiden sich von den entsprechenden inneren Randwertproblemen dadurch, daß an die gesuchte Funktion die folgende Zusatzbedingung gestellt wird:

$$u(x) = O\left(\frac{1}{|x|^{m-2}}\right), \qquad x \to \infty\,. \tag{6}$$

§ 2. Unitätssätze für die LAPLACE-Gleichung

Satz 13.2.1. *Sowohl das innere als auch das äußere* DIRICHLET*sche Problem für die* LAPLACE-*Gleichung besitzt höchstens eine Lösung.*

Beweis. Wir nehmen an, das DIRICHLETsche Problem besitze zwei Lösungen: $u_1(x)$ und $u_2(x)$. Dann gilt

$$-\Delta u_1 = F(x)\,, \qquad u_1|_\Gamma = \varphi(x)\,; \tag{1}$$

$$-\Delta u_2 = F(x)\,, \qquad u_2|_\Gamma = \varphi(x)\,. \tag{2}$$

Wir führen die Bezeichnung $u_1(x) - u_2(x) = v(x)$ ein. Indem man (1) von (2) subtrahiert, erhält man

$$\Delta v = 0\,, \qquad v|_\Gamma = 0\,. \tag{3}$$

Wir betrachten zunächst das innere DIRICHLETsche Problem. Letzteres besteht in der Bestimmung einer in Ω harmonischen Funktion $v(x)$, die in $\bar{\Omega}$ stetig ist. Nach dem Maximumprinzip werden das Maximum und das Minimum dieser Funktion auf dem Rand des Gebietes angenommen; folglich sind beide gleich Null. Daraus ergibt sich nun $v \equiv 0$ oder $u_1(x) \equiv u_2(x)$.

Wir gehen jetzt zum äußeren DIRICHLETschen Problem über. Wenn $m = 2$ ist, so kann man das unbeschränkte Gebiet durch eine konforme Abbildung (z. B. durch eine gebrochen lineare Abbildung) auf ein beschränktes Gebiet abbilden. Dabei geht die LAPLACE-Gleichung wieder in die LAPLACE-Gleichung über, eine im unbeschränkten Gebiet harmonische Funktion geht in eine Funktion über, die im beschränkten Gebiet harmonisch ist, und die entstehende Funktion ist wieder auf dem Rand ihres Gebietes

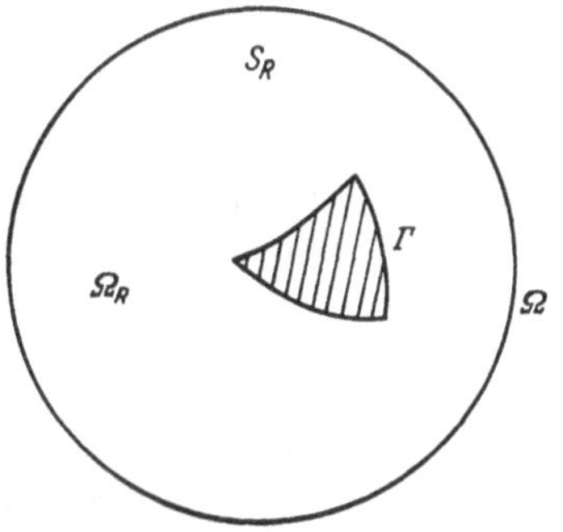

Abb. 22

gleich Null. Somit folgt die Eindeutigkeit der Lösung des äußeren DIRICHLETschen Problems aus der bereits bewiesenen Eindeutigkeit der Lösung des inneren DIRICHLETschen Problems. Deshalb werden wir uns im weiteren auf den Fall $m > 2$ beschränken. Auf Grund der Bedingung (1.6) ist die Differenz der Lösungen $v = u_1 - u_2$ eine in Ω harmonische Funktion. Wir betten den Rand Γ in eine Kugel vom Radius R mit der Kugeloberfläche S_R ein und betrachten die Funktion $v(x)$ in dem zwischen Γ und S_R eingeschlossenem Ringgebiet Ω_R (vgl. Abb. 22). Dabei gilt $v|_\Gamma = 0$; legen wir den Koordinatenursprung in den Mittelpunkt der genannten Kugel, dann gilt außerdem

$$|v(x)| \leqq \frac{C}{|x|^{m-2}}, \qquad C = \text{const},$$

für hinreichend große $|x|$.

Folglich gilt auf der Kugeloberfläche S_R mit hinreichend großem Radius R

$$|v(x)| \leqq \frac{C}{|x|^{m-2}}.$$

Wir geben jetzt eine beliebige Zahl $\varepsilon > 0$ vor und wählen R derart, daß $CR^{2-m} < \varepsilon$ ist. In dem Ringgebiet Ω_R nimmt die Funktion ihren größten oder kleinsten Wert entweder auf Γ oder auf S_R an; folglich sind diese Werte dem Betrag nach kleiner als ε

Es sei nun x ein beliebiger Punkt des Gebietes Ω. Für hinreichend großes R liegt dieser Punkt im Gebiet Ω_R, und es gilt somit $|v(x)| < \varepsilon$. Da die Zahl ε beliebig sein kann, ist $v(x) \equiv 0$ und damit $u_1(x) \equiv u_2(x)$.

Bemerkung. Wegen der Eindeutigkeitsbedingung für das DIRICHLETsche Problem der allgemeinen elliptischen Differentialgleichung zweiter Ordnung (1.1) vergleiche man das Buch [18]. Wenn die Matrix des Hauptteiles im abgeschlossenen Gebiet $\overline{\Omega}$ positiv-definit ist und wenn außerdem $A_0(x) > 0$ gilt, dann ergibt sich die Eindeutigkeit der Lösung des DIRICHLETschen Problems aus dem Maximumprinzip (§ 9, Kap. 12).

Wir wenden uns nun dem NEUMANNschen Problem zu und beginnen mit dem inneren Problem.

Im beschränkten Gebiet Ω mit dem Rand Γ sei das NEUMANNsche Problem

$$-\Delta u = F(x)\,, \qquad x \in \Omega\,, \qquad u \in C^{(2)}(\Omega) \cap C(\bar{\Omega})\,,$$

$$\lim_{x' \to x} \frac{\partial u(x')}{\partial \nu} = \psi(x)\,, \qquad x \in \Gamma\,. \tag{4}$$

gestellt. Es ist offensichtlich, daß die Lösung des inneren NEUMANNschen Problems für die LAPLACE-Gleichung (falls eine solche existiert) nicht eindeutig ist. Wenn nämlich $u(x)$ eine Lösung des Problems (4) darstellt, dann ist, wie man leicht sieht, $u(x) + C$ ebenfalls eine Lösung dieses Problems; dabei ist C eine beliebige Konstante. Der Unitätssatz behauptet nun in diesem Fall, daß durch die Darstellung $u(x) + C$ sämtliche Lösungen des Problems erfaßt werden.

Satz 13.2.2. *Zwei Lösungen des inneren* NEUMANN*schen Problems für die* LAPLACE-*Gleichung können sich nur durch einen konstanten Summanden unterscheiden.*

Beweis. Wir beweisen diesen Satz unter der Voraussetzung, daß Γ eine LJAPUNOW-Fläche ist: $\Gamma \in C^{(1,\alpha)}$, $0 < \alpha \leqq 1$ (siehe Einleitung, § 2).

Das Problem (4) habe zwei Lösungen. Ihre Differenz $v(x)$ genügt den Gleichungen

$$\Delta v = 0\,, \qquad \left.\frac{\partial v}{\partial \nu}\right|_{\Gamma} = 0\,; \tag{5}$$

dabei gilt noch $v(x) \in C^{(2)}(\Omega) \cap C(\bar{\Omega})$. Wir nehmen an, daß $v(x) \not\equiv$ const ist. Auf Grund des Maximumprinzipes nimmt die Funktion $v(x)$ ihren kleinsten Wert auf Γ an. Wir nehmen an, daß dieser kleinste Wert im Punkt $x_0 \in \Gamma$ angenommen wird. Die Differenz $v(x) - v(x_0)$ genügt ebenfalls den Gleichungen (5); wenn wir $v(x)$ durch $v(x) - v(x_0)$ ersetzen, so dürfen wir annehmen, daß $v(x)$ noch die Beziehungen

$$v(x)|_{\Gamma} \geqq 0\,, \qquad v(x_0) = 0 \tag{6}$$

erfüllt. Wir führen nunmehr ein Ortskoordinatensystem $y_1, y_2, \dots, y_m$ mit dem Ursprung im Punkte x_0 ein; die Richtung der Achse y_m legen wir so fest, daß diese mit der der inneren Normalen an Γ übereinstimmt. Wir setzen noch $y' = (y_1, y_2, \dots, y_{m-1})$ und $y = (y', y_m)$. In einer gewissen Umgebung des Punktes x_0 kann man die Fläche Γ durch eine Gleichung der Gestalt

$$y_m = f(y') \tag{7}$$

darstellen.

Weiter unten (s. Kap. 16, § 1) wird gezeigt, daß aus $\Gamma \in C^{(1,\alpha)}$, $0 < \alpha \leqq 1$, folgt $|f(y')| \leqq c|y'|^{1+\alpha}$. Weil $|y'| \leqq |y|$ ist, ergibt sich daraus $|f(y')| \leqq c|y|^{1+\alpha}$.

Wir betrachten das Gebiet $G = \{y : 2c|y|^{1+\alpha} < y_m < b\}$. Wenn b hinreichend klein ist, so ist G ein Teilgebiet von Ω; es ist durch Flächen σ_1 und σ_2 berandet, auf denen entsprechend $y_m = 2c|y|^{1+\alpha}$ und $y_m = b$ (Abb. 23) gilt.

Wir führen nun in unsere Betrachtungen eine Funktion $\varphi \in C^{(2)}(G) \cap C^{(1)}(\bar{G})$ ein, die gewöhnlich *Barriere* genannt wird und folgende Eigenschaften besitzt:

$$\text{a) } \varphi(x_0) = 0\,; \quad \text{b) } \varphi(x) \leqq 0\,, \ x \in \sigma_1\,; \quad \text{c) } \Delta\varphi \geqq 0\,, \ x \in G\,; \quad \text{d) } \frac{\partial \varphi(x_0)}{\partial y_m} > 0\,. \tag{8}$$

Als Barriere kann man z. B. die Funktion

$$\varphi(x) = \gamma\left[y_m + \frac{4\tilde{m}c}{\alpha}\,y_m^{1+\alpha} - 4c|y|^{1+\alpha}\right]; \qquad \tilde{m} = m - 1 + \alpha\,, \quad \gamma = \text{const} > 0\,,$$

wählen. In der Tat, die Bedingungen (8; a, d) sind erfüllt. Wenn $x \in \sigma_1$ ist, so gilt $y_m = 2c|y|^{1+\alpha}$ und $\varphi(x) = \gamma[-y_m + 4\tilde{m}c\alpha^{-1}y_m^{1+\alpha}]$. Der letzte Ausdruck ist nicht

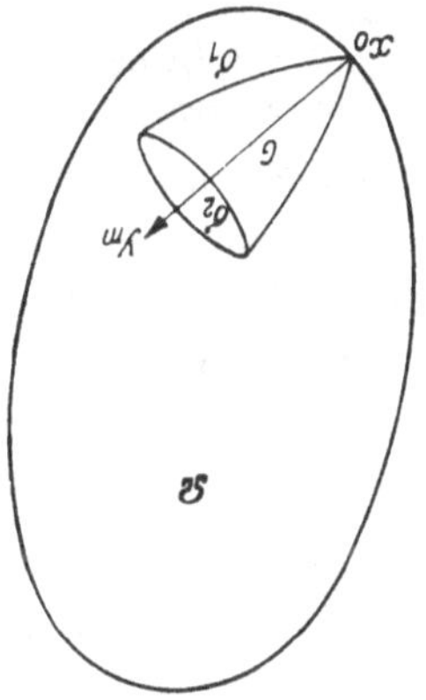

Abb. 23

positiv, wenn die Größe y_m hinreichend klein ist; die Bedingung (8; b) ist somit ebenfalls erfüllt. Wenn wir schließlich die Formel (*) § 5, Kap. 11, und die Ungleichung $y_m \leqq |y|$ berücksichtigen, finden wir

$$\Delta\varphi = 4\tilde{m}c(1+\alpha)\,\gamma(y_m^{\alpha-1} - |y|^{\alpha-1}) \geqq 0\,.$$

Die Bedingung (8; c) ist somit auch erfüllt.

Aus dem Maximumprinzip (§ 7, Kap. 12) folgt die Existenz einer solchen Konstanten $c_1 > 0$, daß $v(x) \geqq c_1$, $x \in \sigma_2$ gilt. Indem wir die Konstante γ hinreichend klein wählen, können wir erreichen, daß $\varphi(x) \leqq c_1$, $x \in \sigma_2$, gilt. Daraus und aus (8; b) folgt, daß auf ∂G gilt $v(x) - \varphi(x) \geqq 0$. Außerdem gilt im Gebiet G noch $\Delta[v(x) - \varphi(x)] \leqq 0$; das Maximumprinzip liefert $v(x) \geqq \varphi(x)$ in G, und somit

$$\frac{\partial v(x_0)}{\partial \nu} = \lim_{y_m \to 0} \frac{v(0, y_m)}{y_m} \geqq \lim_{y_m \to 0} \frac{\varphi(0, y_m)}{y_m} = \frac{\partial \varphi(x_0)}{\partial y_m} > 0\,.$$

In den ursprünglichen Koordinaten $x_1, x_2, \ldots, x_m$ kann man diese Ungleichung so schreiben:

$$\lim_{x \to x_0} \frac{v(x) - v(x_0)}{|x - x_0|} > 0\,,$$

wobei x ein Punkt auf der Normalen zu Γ ist, die durch den Punkt x_0 führt. Nach der Formel von LAGRANGE ist

$$v(x) - v(x_0) = \frac{\partial v(x_0 + \Theta(x - x_0))}{\partial \nu}\,|x - x_0|\,, \qquad 0 < \Theta < 1\,.$$

Daraus folgt

$$\lim_{x \to x_0} \frac{\partial v(x_0 + \Theta(x - x_0))}{\partial \nu} > 0\,.$$

Dies widerspricht der zweiten Gleichung (5), aus der folgt, daß der Grenzwert

$$\lim_{x \to x_0} \frac{\partial v(x_0 + \Theta(x - x_0))}{\partial \nu}$$

existiert und gleich Null ist. Der Satz ist bewiesen.

Bemerkung. Wenn angenommen wird, daß die gesuchte Lösung in Ω stetige zweite Ableitungen besitzt, kann der Satz 13.2.2 unschwer für den Fall bewiesen werden, wo die Fläche Γ nur als stückweise glatt vorausgesetzt wird.

Abschließend vermerken wir, daß das innere NEUMANNsche Problem (4) im allgemeinen Fall nicht lösbar ist. Wir ermitteln noch eine notwendige Bedingung für seine Lösbarkeit. Dabei setzen wir der Einfachheit halber voraus, daß für die Lösung $u \in C^{(2)}(\bar{\Omega})$ gilt. In diesem Fall ist die Formel (6.10) des Kap. 10 anwendbar und diese liefert

$$\int_\Omega F(x)\,\mathrm{d}x + \int_\Gamma \psi(x)\,\mathrm{d}\Gamma = 0\,; \tag{9}$$

dies ist die gesuchte notwendige Bedingung.

In den Spezialfällen einer homogenen Randbedingung oder einer homogenen Differentialgleichung muß entsprechend eine der folgenden zwei Gleichungen erfüllt sein:

$$\int_\Omega \Delta u\,\mathrm{d}x = \int_\Omega F(x)\,\mathrm{d}x = 0\,, \tag{10}$$

$$\int_\Gamma \frac{\partial u}{\partial \nu}\,\mathrm{d}\Gamma = \int_\Gamma \psi(x)\,\mathrm{d}\Gamma = 0\,. \tag{11}$$

Für das äußere NEUMANNsche Problem gilt folgender Unitätssatz.

Satz 13.2.3. *Wenn die Dimension des Raumes größer als Zwei ist* ($m > 2$), *so besitzt das äußere* NEUMANN*sche Problem für die* LAPLACE*-Gleichung nicht mehr als eine Lösung.*

Beweis. Wir führen, wie schon im Falle des inneren Problems, den Beweis unter der Voraussetzung, daß der Rand des betrachteten Gebietes eine LJAPUNOW-Fläche ist.

Das unbeschränkte Gebiet Ω möge also durch eine LJAPUNOW-Fläche berandet sein, und es möge in diesem Gebiet das NEUMANNsche Problem zwei Lösungen besitzen. Ihre Differenz $v(x)$ genügt den Beziehungen

$$v \in C^{(2)}(\Omega) \cap C(\bar{\Omega}) \quad \text{und} \quad \Delta v = 0, \quad x \in \Omega, \quad |v(x)| \leqq \frac{C}{|x|^{m-2}}, \quad x \to \infty; \quad \left.\frac{\partial v}{\partial \nu}\right|_\Gamma = 0\,. \tag{12}$$

Wir nehmen $v(x) \not\equiv 0$ an. Dann gilt für $x \in \Gamma$ auch $v(x) \not\equiv 0$. Anderenfalls wäre auf Grund des Unitätssatzes für das äußere DIRICHLETsche Problem $v(x) \equiv 0$, $x \in \Omega$. Wir setzen $a = \min_{x \in \Gamma} v(x)$. Möge dieses Minimum im Punkt $x_0 \in \Gamma$ angenommen werden. Wir zeigen, daß wir $a < 0$ annehmen dürfen. In der Tat, wenn $a \geqq 0$ gilt, so ist $a_1 = \max_{x \in \Gamma} v(x) > 0$. Die Funktion $-v(x)$ genügt den Beziehungen (12) und $\min_{x \in \Gamma} [-v(x)] = -a_1 < 0\,.$

Wir konstruieren eine Sphäre S_R mit dem Mittelpunkt im Koordinatenursprung und von hinreichend großem Radius R derart, daß die Fläche Γ innerhalb dieser Sphäre liegt (Abb. 22, S. 243) und gleichzeitig $\frac{C}{R^{m-2}} < |a|$ gilt, wobei C die Konstante in der Abschätzung (12) ist. Dann nimmt in dem beschränkten Gebiet Ω_R, das durch die Flächen Γ und S_R berandet wird, die harmonische Funktion $v(x)$ ihr Minimum im Punkt $x_0 \in \Gamma$ an. Wir führen — wie auch im Fall des inneren Problems — die Differenz $v(x) - v(x_0)$, das Gebiet G und die den Eigenschaften (8) genügende Barriere $\varphi(x)$ in unsere Betrachtungen ein. Genauso wie im vorigen Satz zeigen wir, daß $\frac{\partial v(x_0)}{\partial n} > 0$ gilt, wobei n die in bezug auf das Gebiet Ω_R innere Normale zu Γ im Punkte x_0 ist. Die erhaltene Ungleichung widerspricht der Randbedingung (12). Der Satz ist bewiesen.

Wenn die Dimension des Raumes gleich Zwei ist ($m = 2$), so gilt für das äußere NEUMANNsche Problem Satz 13.2.2 — eben der, der auch für das innere Problem Gültigkeit hat.

§ 3. Die Lösung des DIRICHLETschen Problems für die Kugel

Hier und auch in den folgenden Paragraphen dieses Kapitels werden wir nur die homogene LAPLACE-Gleichung betrachten. Die inhomogene Gleichung läßt sich nach der im § 5 des Kap. 12 angegebenen Methode auf die homogene Gleichung zurückführen; wir erinnern daran, daß diese Methode auf der Konstruktion einer partikulären Lösung der inhomogenen LAPLACE-Gleichung in Gestalt des Volumenpotentials begründet ist.

Es sei also eine Kugel D_R vom Radius R mit dem Mittelpunkt im Koordinatenursprung gegeben. Wir betrachten das DIRICHLETsche Problem zur Bestimmung einer Funktion $u \in C(\overline{D}_R)$, die in der Kugel harmonisch ist und die der Randbedingung

$$u|_{S_R} = \varphi(x) \tag{1}$$

genügt; dabei ist S_R die Kugeloberfläche und $\varphi(x)$ eine auf S_R definierte und stetige Funktion.

Wir lösen dieses Problem folgendermaßen. Indem wir zunächst voraussetzen, daß eine Lösung existiert und gewissen einschränkenden Bedingungen genügt, leiten wir eine Formel her, welche die Lösung durch die Vorgaben des Problems definiert. Danach zeigen wir, daß die gewonnene Formel in Wirklichkeit immer eine Lösung des Problems liefert.

Das betrachtete Problem besitzt eine Lösung $u(x)$, welche zur Klasse $C^{(2)}(\overline{D}_R)$ gehört.

Wir verwenden die Integraldarstellung dieser Lösung (siehe Formel (3.5) des Kap. 12):

$$u(x) = \frac{1}{(m-2)\,|S_1|} \int\limits_{S_R} \left(\frac{1}{r^{m-2}} \frac{\partial u}{\partial \nu} - u \frac{\partial}{\partial \nu} \frac{1}{r^{m-2}} \right) d_\xi S_R\,. \tag{2}$$

Wir nehmen einen Punkt x im Inneren der Kugel, und es sei x' der zu x in bezug auf die Sphäre S_R symmetrische Punkt (vgl. Abb. 24). Letzteres bedeutet, daß die

Punkte x und x' auf einem durch den Kugelmittelpunkt gehenden Strahl liegen und die Beziehung

$$|x| \cdot |x'| = R^2 \tag{3}$$

gilt. Wir setzen

$$r = |x - \xi|\,, \qquad r' = |x' - \xi|\,.$$

Dabei bemerken wir, daß $r' \neq 0$ ist, wenn der Punkt ξ innerhalb der Kugel oder auf deren Oberfläche liegt. Nun führen wir die Funktion

$$v(\xi) = \frac{1}{r'^{m-2}} \tag{4}$$

ein. Diese ist in einem beliebigen Gebiet, das den Punkt x' nicht enthält, harmonisch; insbesondere ist die Funktion (4) in der Kugel D_R harmonisch.

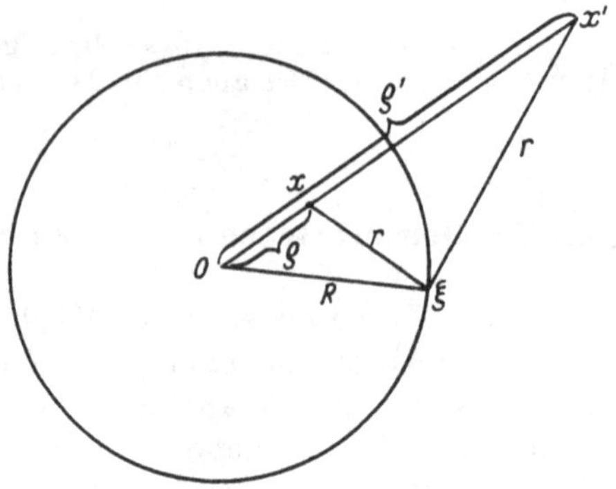

Abb. 24

Auf die Funktionen u und v wenden wir jetzt die GREENsche Formel (6.10) des Kap. 10 an. Da beide Funktionen harmonisch sind, verschwindet das Volumenintegral, und wir erhalten

$$\int\limits_{S_R} \left(\frac{1}{r'^{m-2}} \frac{\partial u}{\partial \nu} - u \frac{\partial}{\partial \nu} \frac{1}{r'^{m-2}} \right) \mathrm{d}_\xi S_R = 0\,. \tag{5}$$

Für das Weitere ist von Bedeutung, daß sich die ersten Summanden der Integranden von (2) und (5) nur durch einen von ξ unabhängigen Faktor unterscheiden. Dies kann man leicht auf Grund der einfachen Überlegung beweisen, daß die Dreiecke $0x\xi$ und $0x'\xi$ (vgl. Abb. 24) ähnlich sind. In der Tat, diese Dreiecke besitzen einen gemeinsamen Winkel im Punkt 0, und auf Grund der Beziehung (3) sind die diesen Winkel einschließenden Seiten proportional. Aus der Ähnlichkeit der Dreiecke folgt

$$\frac{r}{r'} = \frac{|x|}{R}\,.$$

Daraus ergibt sich

$$\frac{1}{r} = \frac{R}{|x|\, r'}\,,$$

und folglich gilt

$$\frac{1}{r^{m-2}} = \left(\frac{R}{|x|}\right)^{m-2} \frac{1}{r'^{m-2}}\,,$$

so daß sich die Größen $\frac{1}{r^{m-2}}$ und $\frac{1}{r'^{m-2}}$ durch den von ξ unabhängigen Faktor $\left(\frac{R}{|x|}\right)^{m-2}$ unterscheiden.

Wir setzen weiterhin $|x| = \varrho$, $|x'| = \varrho'$.

Jetzt subtrahieren wir die Formel (5) nach Multiplikation mit

$$\frac{1}{(m-2)\,|S_1|}\left(\frac{R}{\varrho}\right)^{m-2}$$

von der Formel (2):

$$u(x) = \frac{1}{(m-2)\,|S_1|}\int\limits_{S_R} u(\xi)\left[\left(\frac{R}{\varrho}\right)^{m-2}\frac{\partial}{\partial\nu}\frac{1}{r'^{m-2}} - \frac{\partial}{\partial\nu}\frac{1}{r^{m-2}}\right]\mathrm{d}_\xi S_R\,.$$

Wenn wir noch berücksichtigen, daß auf Grund der Randbedingung des DIRICHLETschen Problems

$$u(\xi)|_{S_R} = \varphi(\xi)$$

gilt, dann erhalten wir für die Lösung (unter der Voraussetzung, daß diese existiert und zur Klasse $C^{(2)}(\overline{D}_R)$ gehört) die folgende Formel:

$$u(x) = \frac{1}{(m-2)\,|S_1|}\int\limits_{S_R} \varphi(\xi)\left[\left(\frac{R}{\varrho}\right)^{m-2}\frac{\partial}{\partial\nu}\frac{1}{r'^{m-2}} - \frac{\partial}{\partial\nu}\frac{1}{r^{m-2}}\right]\mathrm{d}_\xi S_R\,. \tag{6}$$

Die Formel (6) läßt sich weiter vereinfachen. Da für die Kugel die Richtungen der äußeren Normalen und des Radiusvektors zusammenfallen, gilt

$$\cos(\nu, x_k) = \frac{\xi_k}{R} \quad \text{und} \quad \frac{\partial}{\partial\nu} = \frac{\xi_k}{R}\frac{\partial}{\partial\xi_k}.$$

Schließlich erwähnen wir noch die Formeln

$$\frac{\partial r}{\partial\xi_k} = \frac{\xi_k - x_k}{r}, \qquad \frac{\partial r'}{\partial\xi_k} = \frac{\xi_k - x'_k}{r'},$$

dabei bedeuten x_k und x'_k entsprechend die Koordinaten der Punkte x und x'.

Jetzt läßt sich das zweite Glied unter dem Integral (6) leicht berechnen.

Es gilt

$$\frac{\partial}{\partial\nu}\frac{1}{r^{m-2}} = -(m-2)\frac{\xi_k}{R}\frac{1}{r^{m-1}}\frac{\partial r}{\partial\xi_k} = -\frac{m-2}{r^m R}\xi_k(\xi_k - x_k) = -\frac{m-2}{r^m R}(R^2 - \xi_k x_k)\,. \tag{7}$$

Analog ergibt sich

$$\frac{\partial}{\partial\nu}\frac{1}{r'^{m-2}} = -\frac{m-2}{r'^m R}(R^2 - \xi_k x'_k)\,.$$

Wir multiplizieren den letzten Ausdruck mit $\left(\frac{R}{\varrho}\right)^{m-2}$; unter Berücksichtigung der früher aufgestellten Beziehung $\frac{R}{\varrho r'} = \frac{1}{r}$ erhalten wir dann

$$\left(\frac{R}{\varrho}\right)^{m-2}\frac{\partial}{\partial\nu}\frac{1}{r'^{m-2}} = -\frac{m-2}{r^m R}\left(\varrho^2 - \xi_k x'_k\frac{\varrho^2}{R^2}\right).$$

Da die Punkte x und x' auf einem durch den Koordinatenursprung gehenden Strahl liegen, gilt

$$x_k = x'_k\frac{|x|}{|x'|} = x'_k\frac{\varrho^2}{\varrho\varrho'} = x'_k\frac{\varrho^2}{R^2}$$

und folglich

$$\left(\frac{R}{\varrho}\right)^{m-2} \frac{\partial}{\partial \nu} \frac{1}{r'^{m-2}} = - \frac{m-2}{r^m R} (\varrho^2 - \xi_k x_k) . \tag{8}$$

Setzen wir nun die Größen (7) und (8) in das Integral (6) ein, so erhalten wir schließlich

$$u(x) = \frac{1}{|S_1|} \int\limits_{S_R} \varphi(\xi) \frac{R^2 - \varrho^2}{R r^m} \, \mathrm{d}_\xi S_R . \tag{9}$$

Die Formel (9) heißt POISSON*sche Formel*, der Ausdruck

$$\frac{R^2 - \varrho^2}{R r^m}, \qquad \varrho \leqq R ,$$

POISSON*scher Kern*.

Aus den oben angestellten Überlegungen folgt, daß die POISSONsche Formel auf jeden Fall für eine beliebige harmonische Funktion der Klasse $C^{(2)}(\overline{D}_R)$ gilt.

Wir erwähnen einige Eigenschaften des POISSONschen Kerns.

1. Der POISSONsche Kern ist nicht negativ. Für $\varrho = R$ ist er überall gleich Null, mit Ausnahme des Punktes $x = \xi$; in der Umgebung dieses Punktes ist der POISSONsche Kern nicht beschränkt.

2. Wenn der Punkt x im Inneren der Kugel liegt, dann ist $r \neq 0$, und der POISSONsche Kern besitzt stetige Ableitungen sämtlicher Ordnungen. Es bleibt noch zu beweisen, daß dieser Kern der homogenen LAPLACE-Gleichung genügt. Nach der LEIBNIZschen Formel gilt

$$\frac{\partial^2}{\partial x_k^2} \frac{R^2 - \varrho^2}{r^m} = \frac{1}{r^m} \frac{\partial^2 (R^2 - \varrho^2)}{\partial x_k^2} + 2 \frac{\partial (R^2 - \varrho^2)}{\partial x_k} \frac{\partial}{\partial x_k} \left(\frac{1}{r^m}\right) + (R^2 - \varrho^2) \frac{\partial^2}{\partial x_k^2} \left(\frac{1}{r^m}\right).$$

Unter Berücksichtigung der Beziehungen

$$\frac{\partial \varrho}{\partial x_k} = \frac{x_k}{\varrho}, \qquad \frac{\partial r}{\partial x_k} = \frac{x_k - \xi_k}{r}$$

erhalten wir nach Summation über k:

$$\Delta \frac{R^2 - \varrho^2}{r^m} = \frac{2m}{r^m} \left[-1 + \frac{1}{r^2} (R^2 + \varrho^2 - 2 x_k \xi_k) \right],$$

die rechte Seite der letzten Formel ist aber wegen

$$r^2 = (\xi - x, \xi - x) = R^2 + \varrho^2 - 2(\xi, x) = R^2 + \varrho^2 - 2 x_k \xi_k$$

gleich Null.

3. Es gilt die Formel

$$\frac{1}{|S_1|} \int\limits_{S_R} \frac{R^2 - \varrho^2}{R r^m} \, \mathrm{d}_\xi S_R \equiv 1 , \qquad \varrho < R . \tag{10}$$

B e w e i s. Wir betrachten die Funktion, die identisch gleich Eins ist. Sie ist in der Kugel D_R harmonisch und gehört zur Klasse $C^{(2)}(\overline{D}_R)$; nach Bewiesenem gilt für sie die POISSONsche Formel, die im vorliegenden Fall mit der Formel (10) übereinstimmt.

Wir beweisen jetzt folgende Behauptung: *Wenn die Funktion $\varphi(x)$ auf der Sphäre S_R stetig ist, dann liefert die* POISSON*sche Formel eine in der Kugel D_R harmonische Funktion, welche in einem beliebigen Punkt x_0 der Sphäre S_R den Grenzwert $\varphi(x_0)$ besitzt.*

Es sei $u(x)$ die durch die POISSONsche Formel (9) im Inneren der Kugel D_R definierte Funktion des Punktes x. Diese Funktion ist offenbar im Inneren der Kugel stetig und besitzt die Ableitungen sämtlicher Ordnungen. Wie man leicht sieht, ist diese Funktion auch harmonisch:

$$\Delta u = \frac{1}{|S_1|} \int\limits_{S_R} \varphi(\xi)\, \Delta_x \frac{R^2 - \varrho^2}{R r^m}\, d_\xi S_R = 0\,.$$

Der Punkt x strebe jetzt aus dem Inneren der Sphäre S_R gegen den auf dieser Sphäre liegenden Punkt x_0. Subtrahiert man von der Formel (9) die auf beiden Seiten mit $\varphi(x_0)$ multiplizierte Formel (10), dann ergibt sich

$$u(x) - \varphi(x_0) = \frac{1}{|S_1|} \int\limits_{S_R} [\varphi(\xi) - \varphi(x_0)]\, \frac{R^2 - \varrho^2}{R r^m}\, d_\xi S_R\,. \tag{11}$$

Die Funktion $\varphi(x)$ ist auf der Sphäre S_R stetig; wir wählen auf S_R eine Kugelumgebung σ des Punktes x_0 derart, daß gilt

$$|\varphi(\xi) - \varphi(x_0)| < \tfrac{1}{2}\,\varepsilon\,, \qquad \forall \xi \in \sigma\,;$$

dabei ist ε eine beliebig vorgegebene positive Zahl. Wir bemerken, daß in $S_R \backslash \sigma$ die Ungleichung

$$|\xi - x_0| \geqq \delta$$

erfüllt ist, wobei δ den Radius der Umgebung σ bezeichnet.

Um die Differenz $u(x) - \varphi(x_0)$ abzuschätzen, spalten wir das Integral (11) in zwei Integrale über σ und über $S_R \backslash \sigma$ auf:

$$u(x) - \varphi(x_0) = \frac{1}{|S_1|} \int\limits_{\sigma} \frac{R^2 - \varrho^2}{R r^m} [\varphi(\xi) - \varphi(x_0)]\, d_\xi S_R + {}$$
$$+ \frac{1}{|S_1|} \int\limits_{S_R \backslash \sigma} \frac{R^2 - \varrho^2}{R r^m} [\varphi(\xi) - \varphi(x_0)]\, d_\xi S_R\,.$$

Für das erste Integral ergibt sich

$$\frac{1}{|S_1|} \left| \int\limits_{\sigma} \frac{R^2 - \varrho^2}{R r^m} [\varphi(\xi) - \varphi(x_0)]\, d_\xi S_R \right| <$$
$$< \frac{\varepsilon}{2|S_1|} \int\limits_{\sigma} \frac{R^2 - \varrho^2}{R r^m}\, d_\xi S_R < \frac{\varepsilon}{2\,|S_1|} \int\limits_{S_R} \frac{R^2 - \varrho^2}{R r^m}\, d_\xi S_R = \frac{\varepsilon}{2}\,.$$

Damit haben wir für das erste Integral eine Abschätzung erhalten, die von x unabhängig ist. Das zweite Integral läßt sich durch die Wahl des Abstandes zwischen den Punkten x und x_0 beliebig klein machen. Wir wählen diesen Abstand derart, daß die Ungleichung $|x - x_0| < \dfrac{\delta}{2}$ erfüllt ist. Dann gilt

$$r = |\xi - x| = |(\xi - x_0) + (x_0 - x)| \geqq |\xi - x_0| - |x_0 - x| \geqq \frac{\delta}{2}\,,$$

woraus sich

$$\frac{1}{r} < \frac{2}{\delta}$$

ergibt. Somit ist

$$\frac{R^2 - \varrho^2}{Rr^m} = \frac{(R + \varrho)(R - \varrho)}{Rr^m} < \frac{2^{m+1}(R - \varrho)}{\delta^m}.$$

Die Funktion φ ist auf der kompakten Menge S_R stetig und somit beschränkt. Es sei $|\varphi(\xi)| \leqq M = \text{const}$, dann gilt $|\varphi(\xi) - \varphi(x_0)| \leqq 2M$. Jetzt erhalten wir

$$|u(x) - \varphi(x_0)| < \frac{\varepsilon}{2} + \frac{2^{m+2}M(R - \varrho)}{\delta^m} \frac{1}{|S_1|} \int\limits_{S_R \setminus \sigma} dS_R < \frac{\varepsilon}{2} + \frac{2^{m+2}MR^{m-1}(R - \varrho)}{\delta^m}.$$

Wir wählen die Zahl $h > 0$ derart, daß

$$\frac{2^{m+2}MR^{m-1}h}{\delta^m} < \frac{\varepsilon}{2}$$

ist. Wenn dann $|x_0 - x| < h$ gilt, so ergibt sich $R - \varrho = |x_0| - |x| \leqq |x_0 - x| < h$ und $|u(x) - \varphi(x_0)| < \varepsilon$. Daraus folgt

$$\lim_{x \to x_0} u(x) = \varphi(x_0), \qquad \forall x_0 \in S_R. \tag{12}$$

Die durch die POISSONsche Formel (9) in der offenen Kugel definierte Funktion $u(x)$ setzen wir jetzt mit Hilfe der Gleichung $u(x) = \varphi(x)$, $x \in S_R$, auf die Kugeloberfläche S_R fort. Die so fortgesetzte Funktion ist harmonisch in der offenen Kugel, stetig in der abgeschlossenen Kugel auf Grund der Beziehung (12) und erfüllt die Randbedingung (4). Damit ist das DIRICHLETsche Problem für die Kugel gelöst.

Die Formel (2), wie auch der gesamte obige Beweis, verlangt, daß $m > 2$ ist. Die POISSONsche Formel gilt allerdings auch für den Fall $m = 2$. In diesem Fall läßt sich die Formel gewinnen, indem man von der Integraldarstellung (3.6) des Kap. 12 ausgeht. Ein anderer Beweis der POISSONschen Formel im Fall $m = 2$ wird im § 1 des Kap. 15 gegeben.

§ 4. Der Satz von LIOUVILLE

Satz 13.4.1. (Satz von LIOUVILLE). *Eine Funktion, die in einem beliebigen beschränkten Gebiet harmonisch und die von oben oder von unten beschränkt ist, ist eine Konstante.*

Beweis. Wenn die Funktion $u(x)$ harmonisch ist und $u(x) \leqq M$, $M = \text{const}$ gilt, dann ist die Funktion $-u(x)$ ebenfalls harmonisch, und es gilt $-u(x) \geqq -M$. Folglich genügt es, den Fall einer harmonischen und von unten beschränkten Funktion $u(x)$ zu betrachten, es sei also $u(x) \geqq \mu = \text{const}$. Dabei kann $\mu > 0$ angenommen werden — anderenfalls könnte dies durch Addition einer hinreichend großen positiven Konstanten zur Funktion $u(x)$ erreicht werden.

Wir halten einen beliebigen Punkt x fest und beschreiben um den Koordinatenursprung eine Kugel D_R von hinreichend großem Radius R derart, daß der Punkt x innerhalb der Kugel liegt. Die gegebene Funktion $u(x)$ ist in einem beliebigen endlichen Gebiet, also auch in der Kugel D_R, harmonisch, und für sie gilt die POISSONsche Formel

$$u(x) = \frac{1}{|S_1|} \int\limits_{S_R} \frac{R^2 - \varrho^2}{Rr^m} u(\xi)\, d_\xi S_R,$$

wobei S_R die Kugeloberfläche bezeichnet.

Wie man leicht sieht, gilt $R - \varrho \leqq r \leqq R + \varrho$, und da die Funktion $u(x)$ positiv ist, ergibt sich die folgende Abschätzung:

$$\frac{R-\varrho}{R(R+\varrho)^{m-1}} \frac{1}{|S_1|} \int\limits_{S_R} u(\xi)\, \mathrm{d}S_R \leqq u(x) \leqq \frac{R+\varrho}{R(R-\varrho)^{m-1}} \frac{1}{|S_1|} \int\limits_{S_R} u(\xi)\, \mathrm{d}S_R \,. \tag{1}$$

Nach dem Mittelwertsatz ist

$$u(0) = \frac{1}{|S_1|\, R^{m-1}} \int\limits_{S_R} u(\xi)\, \mathrm{d}S_R \,,$$

so daß die Ungleichung (1) die Gestalt

$$\frac{(R-\varrho)\, R^{m-2}}{(R+\varrho)^{m-1}} u(0) \leqq u(x) \leqq \frac{(R+\varrho) R^{m-2}}{(R-\varrho)^{m-1}} u(0)$$

annimmt. Indem wir hierbei R gegen Unendlich streben lassen, gelangen wir zu der Ungleichung

$$u(0) \leqq u(x) \leqq u(0) \,.$$

Daraus folgt nun $u(x) = u(0)$. Der Satz ist bewiesen.

§ 5. Das DIRICHLETsche Problem für das Außengebiet der Kugel

Es sei Ω das Außengebiet einer Kugel vom Radius R mit dem Rand S_R. Gesucht werde eine Funktion $u(x)$, die in Ω harmonisch ist und der Randbedingung

$$u|_{S_R} = \varphi(x) \tag{1}$$

genügt. Wir beweisen, daß sich die Lösung dieses Problems durch die POISSONsche *Formel*

$$u(x) = \frac{1}{|S_1|} \int\limits_{S_R} \frac{\varrho^2 - R^2}{R r^m} \varphi(\xi)\, \mathrm{d}_\xi S_R \,, \qquad \varrho > R \,, \tag{2}$$

darstellen läßt; wie im § 3 ist dabei $r = |\xi - x|$ und $\varrho = |x|$.

Genauso wie im § 3 beweist man, daß die durch die Formel (2) definierte Funktion $u(x)$ außerhalb der Sphäre S_R stetige Ableitungen sämtlicher Ordnungen besitzt und der LAPLACE-Gleichung genügt. Wir untersuchen jetzt das Verhalten dieser Funktion im Unendlichen. Da offenbar $r \geqq \varrho - R$ ist, so gilt

$$|u(x)| \leqq c \frac{\varrho + R}{(\varrho - R)^{m-1}} \,; \qquad c = \frac{1}{|S_1|\, R} \int\limits_{S_R} |\varphi(\xi)|\, \mathrm{d}S_R \,.$$

Da nur hinreichend große Werte ϱ interessieren, so kann man $\varrho > 2R$ annehmen. Dann gilt $R < \frac{1}{2}\varrho$, $\varrho - R > \frac{1}{2}\varrho$, und es ergibt sich jetzt

$$|u(x)| < \frac{2^m c}{\varrho^{m-2}} \,.$$

Somit ist die Funktion $u(x)$ außerhalb der Kugel harmonisch.

Es bleibt noch die Grenzbeziehung

$$\lim_{x \to x_0} u(x) = \varphi(x_0) \,, \qquad \forall x_0 \in S_R \,, \tag{3}$$

zu beweisen. Zu diesem Zweck berechnen wir das Integral (2) für $\varphi(\xi) = 1$.

Wir führen den zum Punkt x in bezug auf die Sphäre S_R symmetrischen Punkt x' ein und setzen $\varrho = |x|$, $\varrho' = |x'|$, $r' = |\varrho - x'|$. Dann gilt

$$\varrho^2 = \frac{R^4}{\varrho'^2}, \qquad \frac{1}{r} = \frac{1}{r'} \cdot \frac{R}{\varrho},$$

und der POISSONsche Kern läßt sich auf die Gestalt

$$\frac{\varrho^2 - R^2}{Rr^m} = \frac{R^{m-2}}{\varrho^{m-2}} \cdot \frac{R - \varrho'^2}{Rr'^m} \tag{*}$$

bringen.

Da der Punkt x' innerhalb der Sphäre S_R liegt, gilt nach Formel (3.10)

$$\frac{1}{|S_1|} \int\limits_{S_R} \frac{\varrho^2 - R^2}{Rr^m} \, dS_R = \frac{R^{m-2}}{\varrho^{m-2}} \frac{1}{|S_1|} \int\limits_{S_R} \frac{R^2 - \varrho'^2}{Rr'^m} \, dS_R = \frac{R^{m-2}}{\varrho^{m-2}}. \tag{4}$$

Wir subtrahieren jetzt die mit $\varphi(x_0)$ multiplizierte Gleichung (4) von der POISSONschen Formel (2); dies ergibt

$$u(x) - \frac{R^{m-2}}{\varrho^{m-2}} \varphi(x_0) = \frac{1}{|S_1|} \int\limits_{S_R} \frac{\varrho^2 - R^2}{Rr^m} [\varphi(\xi) - \varphi(x_0)] \, dS_R .$$

Indem man die Überlegungen aus dem § 3 wortwörtlich wiederholt, erhält man

$$\lim_{x \to x_0} \left[u(x) - \frac{R^{m-2}}{\varrho^{m-2}} \varphi(x_0) \right] = 0 .$$

Daraus ergibt sich nun

$$|u(x) - \varphi(x_0)| \leqq \left| u(x) - \frac{R^{m-2}}{\varrho^{m-2}} \varphi(x_0) \right| + |\varphi(x_0)| \left(1 - \frac{R^{m-2}}{\varrho^{m-2}}\right) \xrightarrow[x \to x_0]{} 0 ,$$

womit die Beziehung (3) bewiesen ist.

§ 6. Das Verhalten der Ableitungen einer harmonischen Funktion im Unendlichen

Satz 13.6.1. *Es sei $u(x)$ eine Funktion, die im unbeschränkten Gebiet Ω mit dem beschränkten Rand Γ harmonisch ist. Dann gilt für hinreichend große $|x|$ und für jeden beliebigen Multiindex α die Ungleichung*

$$|D^\alpha u(x)| \leqq \frac{C_\alpha}{|x|^{m+k-2}}, \qquad k = |\alpha| , \tag{1}$$

wobei C_α nicht von x abhängt.

Beweis. Da der Rand Γ beschränkt ist, läßt sich eine Sphäre S_R von hinreichend großem Radius derart finden, daß Γ ganz im Inneren dieser Sphäre liegt. Dann gilt für die Funktion $u(x)$ außerhalb der Sphäre S_R die POISSONsche Formel

$$u(x) = \frac{1}{|S_1|} \int\limits_{S_R} \frac{\varrho^2 - R^2}{Rr^m} u(\xi) \, d_\xi S_R , \qquad \varrho = |x| .$$

In dieser Formel kann unter dem Integralzeichen differenziert werden, so daß

$$D^\alpha u = \frac{1}{|S_1| \, R} \int\limits_{S_R} u(\xi) \, D_x^\alpha \left(\frac{\varrho^2 - R^2}{r^m} \right) d_\xi S_R \tag{2}$$

gilt. Wir zeigen, daß die Darstellung

$$D^\alpha\left(\frac{\varrho^2 - R^2}{r^m}\right) = \frac{P_{k+2}(x)}{2^{m+2k}} \tag{3}$$

Gültigkeit hat, wobei $P_{k+2}(x)$ ein Polynom ist, dessen Grad $k + 2$ nicht übersteigt und dessen Koeffizienten polynomial von ξ abhängen. In Wirklichkeit hängt das Polynom $P_{k+2}(x)$ nicht nur von $k = |\alpha|$ ab, sondern auch noch von allen Komponenten des Multiindexes α; wir unterstreichen dies nicht in unserer Bezeichnung.

Die Formel (3) ist offensichtlich für $k = 0$ richtig. Wenn diese Formel für ein gewisses k gilt, so hat sie, wie wir zeigen werden, auch für $k + 1$ Gültigkeit.

Es sei β ein Multiindex der Länge $k + 1$ und

$$D^\beta = \frac{\partial^{k+1}}{\partial x_{i_1}\,\partial x_{i_2} \dots \partial x_{i_k}\,\partial x_{i_{k+1}}}.$$

Wir setzen

$$D^\alpha = \frac{\partial^k}{\partial x_{i_1}\,\partial x_{i_2} \dots \partial x_{i_k}},$$

und es ist klar, daß $|\alpha| = k$ ist. Es gilt

$$D^\beta\left(\frac{\varrho^2 - R^2}{r^m}\right) = \frac{\partial}{\partial x_{i_{k+1}}} D^\alpha\left(\frac{\varrho^2 - R^2}{r^m}\right) = \frac{\partial}{\partial x_{i_{k+1}}}\left(\frac{P_{k+2}(x)}{r^{m+2k}}\right) =$$

$$= \frac{1}{r^{m+2k+2}}\left[r^2 \frac{\partial P_{2k+2}}{\partial x_{i_{k+1}}} - (m + 2k)\,(x_{i_{k+1}} - \xi_{i_{k+1}})\,P_{k+2}(x)\right].$$

Der Ausdruck in den eckigen Klammern ist ein Polynom, dessen Grad $k + 3$ nicht übersteigt, und die Koeffizienten dieses Polynoms sind selbst Polynome von ξ. Die Darstellung (3) ist somit bewiesen.

Es sei jetzt ϱ hinreichend groß, z. B. gelte $\varrho > 2R$. Dann ist $r > \varrho - R > \frac{\varrho}{2}$, und wir erhalten für die Ableitung des Poissonschen Kerns die folgende Abschätzung:

$$D^\alpha\left(\frac{\varrho^2 - R^2}{Rr^m}\right) \leqq \frac{2^{m+2k}\,|P_{k+2}(x)|}{R|x|^{m+2k}} \leqq \frac{C'_\alpha}{|x|^{m+k-2}}, \qquad C'_\alpha = \text{const}\,.$$

Daraus folgt jetzt

$$|D^\alpha u(x)| \leqq \frac{C_\alpha}{|x|^{m+k-2}}, \qquad C_\alpha = \frac{C'_\alpha}{|S_1|}\int_{S_R} |u(\xi)|\,\mathrm{d}S_R\,,$$

was zu beweisen war.

Wir bemerken noch, daß sich im Falle $m = 2$ für die Ableitungen einer harmonischen Funktion eine Abschätzung gewinnen läßt, in der die Ordnung von $\frac{1}{|x|}$ um Eins größer ist als in der Formel (1).

§ 7. Hebbare Singularitäten harmonischer Funktionen

Es sei x_0 ein Punkt eines gewissen Gebietes Ω. Wir betrachten eine Funktion $u(x)$, die im Gebiet $\Omega\backslash\{x_0\}$ harmonisch ist. Ferner möge diese Funktion für $x \to x_0$ langsamer wachsen als die singuläre Lösung der LAPLACE-Gleichung, deren Singularität im Punkte x_0 liegt. Genauer, es möge eine Funktion $\mu(\delta)$ existieren, die für $\delta > 0$ erklärt ist und für die $\mu(\delta) \to 0$ gilt, falls $\delta \to 0$. Außerdem soll noch für $|x - x_0| \leqq \delta$ die Ungleichung

$$|u(x)| \leqq \mu(\delta)\,|x - x_0|^{2-m}\,, \quad m > 2\,; \qquad |u(x)| \leqq \mu(\delta) \ln \frac{1}{|x - x_0|}\,, \quad m = 2\,, \tag{1}$$

gelten.
In diesem Falle sagt man, daß die Funktion $u(x)$ im Punkt x_0 eine *hebbare Singularität* besitzt.

Satz 13.7.1. *Wenn die Funktion $u(x)$ harmonisch in $\Omega\backslash\{x_0\}$ ist und im Punkt x_0 eine hebbare Singularität besitzt, so existiert der Grenzwert* $\lim\limits_{x \to x_0} u(x)$; *wird die Funktion u im Punkt x_0 durch*

$$u(x_0) = \lim_{x \to x_0} u(x)$$

erklärt, so ist diese Funktion im ganzen Gebiet harmonisch.

Beweis. Den Beweis führen wir für $m > 2$; der Fall $m = 2$ wird analog betrachtet. Wir verlegen den Koordinatenursprung in den Punkt x_0. Dann gilt $x_0 = 0$. Wir wählen eine Kugel mit dem Zentrum im Koordinatenursprung und mit einem so kleinen Radius R, daß die erwähnte Kugel zusammen mit ihrem Rand in Ω liegt. Wir konstruieren eine Funktion $u_1(x)$, die in der Kugel $|x| < R$ harmonisch ist und auf der Sphäre S_R mit $u(x)$ übereinstimmt:

$$u_1(x) = \frac{1}{(m-2)\,|S_1|} \int\limits_{S_R} u(\xi)\, \frac{R^2 - \varrho^2}{R r^m}\, \mathrm{d}_\xi S_R\,.$$

Die Differenz $w(x) = u(x) - u_1(x)$ ist harmonisch im Gebiet $0 < |x| < R$ (Kugel mit punktiertem Zentrum), auf der Sphäre S_R ist sie gleich Null und genügt für hinreichend kleine δ (auf Grund der Beschränktheit der Funktion $u_1(x)$) der Ungleichung

$$|x| \leqq \delta\,, \qquad |w(x)| \leqq 2\mu(\delta)\,|x|^{2-m}\,. \tag{2}$$

Es sei δ so klein, daß $\delta^{2-m} > 4R^{2-m}$ gilt. Wir führen die Hilfsfunktion

$$w_\delta(x) = 4\mu(\delta)\,[|x|^{2-m} - R^{2-m}] \tag{3}$$

ein. In der Kugelschicht $\delta < |x| < R$ sind die Funktionen $w_\delta(x) + w(x)$ und $w_\delta(x) - w(x)$ harmonisch und auf dem Rand dieser Schicht nicht negativ: Diese Funktionen sind gleich Null für $|x| = R$ und übersteigen die Größe $\mu(\delta)\,\delta^{2-m}$ für $|x| = \delta$. Auf Grund des Maximumprinzips (§ 7, Kap. 12) gilt nunmehr

$$|w(x)| \leqq w_\delta(x)\,, \qquad \delta \leqq |x| \leqq R\,. \tag{4}$$

Wir halten ein x mit $0 < |x| < R$ fest und lassen δ gegen Null streben. Aus den Formeln (3) und (4) ergibt sich $w(x) = 0$. Somit stimmt in der Kugel mit punktiertem Zentrum $0 < |x| < R$ die Funktion $u(x)$ mit der in der Kugel $|x| < R$ harmonischen Funktion überein. Daraus folgt die Existenz des Grenzwertes

$$\lim_{x \to 0} u(x) = \frac{1}{R^{m-1}\,|S_1|} \int\limits_{S_R} u(\xi)\, \mathrm{d}_\xi S_R\,. \tag{5}$$

Wenn wir annehmen, daß $u(0)$ gleich der Größe (5) ist, so wird die Funktion $u(x)$ in der ganzen Kugel $|x| < R$ durch das POISSONsche Integral gegeben. Somit ist diese Funktion harmonisch in dieser Kugel und folglich auch im ganzen Gebiet Ω.

Wir vermerken noch eine Folgerung aus Satz 13.7.1. Es sei Ω' ein unbeschränktes, m-dimensionales Gebiet, $m > 2$, und möge $u'(x)$ in dem Gebiet harmonisch sein, das wir erhalten, wenn wir aus Ω' den unendlich fernen Punkt entfernen. Ferner gelte

$$|u'(x')| \leqq \mu(\delta)\,, \qquad |x'| \geqq \frac{1}{\delta}\,, \tag{6}$$

wobei die Funktion $\mu(\delta)$ für $\delta > 0$ definiert ist und für $\delta \to 0$ gegen Null strebt. Dann gilt $u'(x') = O(|x'|^{2-m})$ für hinreichend große $|x|$, und die Funktion $u'(x')$ ist folglich im Gebiet Ω' harmonisch.

Beweis. Wir verlegen den Koordinatenursprung in die Ergänzung zu Ω' und führen die KELVIN-Transformation durch. Dabei geht Ω' in ein gewisses beschränktes Gebiet Ω und der unendlich ferne Punkt in den Koordinatenursprung über. Die Funktion $u(x)$, die sich aus $u'(x')$ durch die KELVIN-Transformation ergibt, ist in $\Omega\setminus\{0\}$ harmonisch und genügt der Ungleichung (1). Nach Bewiesenem ist $u(x)$ beschränkt in einer Umgebung des Koordinatenursprungs. Deshalb gilt $u'(x') = O(|x'|^{2-m})$; folglich ist diese Funktion harmonisch in Ω'. Für $m = 2$ behält die hier formulierte Folgerung ihre Gültigkeit, wenn anstatt der Ungleichung (6) die folgende Ungleichung erfüllt ist:

$$|u'(x')| \leqq \mu(\delta) \ln |x'|\,, \qquad |x'| > \frac{1}{\delta}\,.$$

KAPITEL 14

KUGELFUNKTIONEN

Dieses Kapitel enthält die Elemente der Theorie der Kugelfunktionen im mehrdimensionalen Raum. Vollständiger ist die Theorie der Kugelfunktionen in einer Anzahl von Büchern dargelegt, von denen wir hier die Bücher [5], [9] und [25], Band III, nennen wollen, sowie in dem alten, in vielerlei Hinsicht jedoch bei weitem nicht veralteten Artikel [8]; in den Büchern [9] und [25] werden Kugelfunktionen im dreidimensionalen Raum betrachtet. Einige Fragen der Theorie der Kugelfunktionen werden im Buch [20] behandelt.

Die Theorie der Kugelfunktionen hat wichtige Anwendungen in der mathematischen Physik, in der theoretischen Physik sowie in der Theorie der singulären Integralgleichungen.

§ 1. Der Begriff der Kugelfunktionen

Wir betrachten den m-dimensionalen euklidischen Raum mit den Koordinaten $x_1, x_2, \ldots, x_m$ und homogene Polynome in diesen Koordinaten, die der homogenen Laplace-Gleichung genügen. Derartige Polynome sind offenbar in jedem beschränkten Gebiet harmonisch.

Harmonische, homogene Polynome vom gegebenen Grad n lassen sich unschwer konstruieren: Dafür genügt es, ein homogenes Polynom vom Grade n mit beliebigen Koeffizienten zu nehmen, darauf den Laplace-Operator anzuwenden und das Ergebnis gleich Null zu setzen. Dies ergibt einige Beziehungen zwischen den Koeffizienten; die Polynome, deren Koeffizienten diesen Beziehungen genügen, sind dann harmonisch.

Als Beispiel betrachten wir den Fall von drei unabhängigen Veränderlichen x_1, x_2, x_3. Jedes Polynom nullten oder ersten Grades ist offenbar harmonisch. Ein homogenes Polynom zweiten Grades ist im allgemeinen Falle von der Gestalt

$$\sum_{j,k=1}^{3} a_{jk} x_j x_k \,, \qquad a_{jk} = a_{kj} \,.$$

Sein Laplace-Operator ist gleich $2(a_{11} + a_{22} + a_{33})$. Setzt man ihn gleich Null, dann ergibt sich

$$a_{33} = -(a_{11} + a_{22}) \,.$$

Diese Beziehung liefert uns die allgemeine Form eines harmonischen Polynoms zweiten Grades mit drei unabhängigen Veränderlichen:

$$a_{11}(x_1^2 - x_3^2) + a_{22}(x_2^2 - x_3^2) + 2a_{12}x_1x_2 + 2a_{13}x_1x_3 + 2a_{23}x_2x_3 \,.$$

Die letzte Formel zeigt unter anderem, daß es unter den genannten Polynomen fünf linear unabhängige gibt. Dies sind z. B. die Polynome

$$x_1^2 - x_3^2\,, \quad x_1^2 - x_2^2\,, \quad x_1x_2\,, \quad x_1x_3\,, \quad x_2x_3\,.$$

Es existieren genau $2n + 1$ linear unabhängige homogene harmonische Polynome n-ten Grades mit drei unabhängigen Veränderlichen. Im allgemeinen Fall von m unabhängigen Veränderlichen ist die Anzahl $k_{n,m}$ der linear unabhängigen homogenen harmonischen Polynome n-ten Grades gleich

$$k_{n,m} = (2n + m - 2)\,\frac{(m + n - 3)!}{(m - 2)!\,n!}\,. \tag{1}$$

Wir beweisen die Formel (1). Zunächst berechnen wir die Zahl $K_{n,m}$ aller linear unabhängigen homogenen Polynome vom gegebenen Grad n im m-dimensionalen Raum. Offenbar ist $K_{n,m}$ gleich der Anzahl der verschiedenen Monome der Gestalt $x^\alpha = x_1^{\alpha_1} x_2^{\alpha_2} \dots x_m^{\alpha_m}$; $|\alpha| = n$. Ein solches Monom kann man symbolisch folgendermaßen darstellen. Wir wählen auf der Geraden $n + m - 1$ Punkte. In den ersten α_1 Punkten errichten wir Stäbchen, den folgenden Punkt verwandeln wir in ein Komma, danach errichten wir α_2 Stäbchen, die wir durch ein Komma abtrennen usw. Wir erhalten eine Figur, die aus n Stäbchen und $m - 1$ Kommas besteht; die letzteren zerlegen die Stäbchen in m Gruppen zu entsprechend $\alpha_1, \alpha_2, \dots, \alpha_m$ Stäbchen. So entspricht

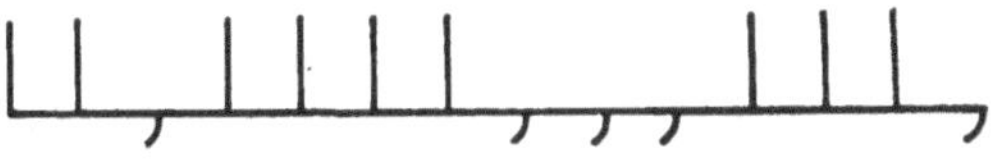

Abb. 25

Abb. 25 dem Monom 9-ten Grades $x_1^2 x_2^4 x_5^3$ im 6-dimensionalen Raum mit den Koordinaten $x_1, x_2, \dots, x_6$. Wir erhalten alle möglichen Monome vom Grade n mit m unabhängigen Veränderlichen, wenn wir jetzt jedwede Möglichkeit nutzen, um $m - 1$ Punkte in Kommas zu verwandeln. Die Anzahl dieser Möglichkeiten ist gleich der Anzahl der Kombinationen aus $m - 1$ Elementen über $n + m - 1$ Elementen, d. h.

$$K_{n,m} = \frac{(n + m - 1)!}{(m - 1)!\,n!}\,. \tag{2}$$

Um die homogenen harmonischen Polynome vom Grade n auszusondern, muß gefordert werden, daß der auf sie angewandte LAPLACE-Operator Null ergibt. Es ist klar, daß das Ergebnis der Anwendung des LAPLACE-Operators auf ein solches Polynom ein homogenes Polynom vom Grade $n - 2$ ist. Wir zeigen, daß auch umgekehrt ein beliebiges homogenes Polynom vom Grade $n - 2$ als das Ergebnis der Anwendung des LAPLACE-Operators auf ein gewisses homogenes Polynom vom Grade n angesehen werden kann.

Es sei ein im allgemeinen inhomogenes Polynom vom Grade $n - 2$ gegeben:

$$f(x) = \sum_{|\alpha|=0}^{n-2} a_\alpha x^\alpha\,.$$

Wir stellen die Gleichung

$$\Delta g = f$$

auf und suchen ihre Lösung in Gestalt des Produktes

$$g(x) = \left(1 - \sum_{k=1}^{m} x_k^2\right) \sum_{|\alpha|=0}^{n-2} b_\alpha x^\alpha ;$$

offenbar ist die Anzahl der Koeffizienten b_α wie auch die Zahl der Koeffizienten a_α gleich $N = \sum_{j=0}^{n-2} K_{j,m}$.

Der Ausdruck Δg ist ein Polynom vom Grade $n - 2$; setzen wir diesen gleich $f(x)$, so erhalten wir ein System von N algebraischen Gleichungen mit den N Unbekannten b_α. Dieses System ist eindeutig lösbar; anderenfalls fänden wir, wenn wir $f(x) \equiv 0$ setzten, ein harmonisches Polynom $g(x) \not\equiv 0$, welches auf der Sphäre $\sum_{k=1}^{m} x_k^2 = 1$ verschwindet. Dies widerspräche aber dem Unitätssatz für das innere DIRICHLETsche Problem.

Es sei nun $f(x)$ ein homogenes Polynom vom Grade $n - 2$. Das Polynom $g(x)$ stellen wir als Summe homogener Polynome dar:

$$g(x) = g_n(x) + g_{n-1}(x) + \dots + g_0(x) ;$$

der unten angebrachte Index bezeichnet den Grad des Polynoms. Daraus folgt

$$f(x) = \Delta g_n(x) + \Delta g_{n-1}(x) + \dots + \Delta g_0(x) . \tag{3}$$

Die Summanden rechts in (3) sind Polynome vom Grade $n - 2, n - 3, \dots, 0$, und die Formel (3) liefert entsprechend eine Zerlegung des Polynoms $f(x)$ in eine Summe homogener Polynome. Weil eine derartige Zerlegung eindeutig ist und $f(x)$ ein homogenes Polynom vom Grade $n - 2$ ist, folgt daraus $\Delta g_{n-1}(x) = \dots = \Delta g_0(x) \equiv 0$, und $\Delta g_n(x) = f(x)$. Im Resultat haben wir ein homogenes Polynom $g_n(x)$ vom Grade n erhalten, das durch den LAPLACE-Operator in das gegebene homogene Polynom $f(x)$ des Grades $n - 2$ überführt wird. Somit vermittelt der LAPLACE-Operator eine Abbildung des Raumes Π_n der homogenen Polynome vom Grade n auf den Raum Π_{n-2} der homogenen Polynome vom Grade $n - 2$. Die harmonischen homogenen Polynome stellen den Kern dieser Abbildung dar. Die Dimension dieses Kerns (oben wurde sie mit $k_{n,m}$ bezeichnet) ist gleich der Differenz der Dimensionen der Räume Π_n und Π_{n-2}:

$$k_{n,m} = K_{n,m} - K_{n-2,m} = \frac{(n+m-1)!}{(m-1)!\,n!} - \frac{(n+m-3)!}{(m-1)!\,(n-2)!} =$$
$$= (2n + m - 2)\frac{(n+m-3)!}{(m-2)!\,n!}.$$

Die Formel (1) ist bewiesen.

Die Größe (1) gestattet eine einfache Abschätzung, die im weiteren noch benutzt wird. Es gilt nämlich

$$k_{n,m} = \frac{(2n+m-2)(n+m-3)(n+m-4)\dots(n+1)}{(m-2)!} = O(n^{m-2}) . \tag{4}$$

Im Falle $m = 2, n > 0$ gibt es nur zwei linear unabhängige homogene harmonische Polynome n-ten Grades, und zwar die Polynome $\mathrm{Re}(z^n)$ und $\mathrm{Im}(z^n)$; dabei ist

$$z = x_1 + ix_2.$$

Wir gehen jetzt von den cartesischen Koordinaten $x_1, x_2, \ldots, x_m$ zu den Kugelkoordinaten $\varrho, \vartheta_1, \vartheta_2, \ldots, \vartheta_{m-2}, \vartheta_{m-1}$ mit Hilfe der Formeln

$$\left.\begin{aligned} x_1 &= \varrho \cos \vartheta_1 \\ x_2 &= \varrho \sin \vartheta_1 \cos \vartheta_2 \\ &\cdots\cdots\cdots\cdots \\ x_{m-1} &= \varrho \sin \vartheta_1 \sin \vartheta_2 \ldots \sin \vartheta_{m-2} \cos \vartheta_{m-1} \\ x_m &= \varrho \sin \vartheta_1 \sin \vartheta_2 \ldots \sin \vartheta_{m-2} \sin \vartheta_{m-1} \end{aligned}\right\} \tag{5}$$

über.

Es sei $P_{n,m}(x)$ ein homogenes harmonisches Polynom n-ten Grades mit den unabhängigen Veränderlichen $x_1, x_2, \ldots, x_m$. Wir substituieren diese mittels der Formel (5). Da das Polynom homogen und vom Grade n ist, so nimmt es folgende Gestalt an:

$$P_{n,m} = \varrho^n Y_{n,m}(\Theta) \, . \tag{6}$$

Dabei bedeutet Θ den Punkt auf der Einheitssphäre mit den Winkelkoordinaten $\vartheta_1, \vartheta_2, \ldots, \vartheta_{m-1}$.

Die Funktion $Y_{n,m}(\Theta)$ heißt *m-dimensionale Kugelfunktion n-ter Ordnung.* Da im weiteren die Dimension m des Raumes festgehalten wird, werden wir den Zusatz „m-dimensional" in der Bezeichnung der Kugelfunktion weglassen. Aus der Definition folgt sofort, daß eine Kugelfunktion der Ordnung n ein Polynom vom Grade n bezüglich der Sinus und Kosinus der Winkelkoordinaten ist; im besonderen gilt $Y_{0,m}(\Theta) = \text{const}$. Außerdem ist offensichtlich, daß $k_{n,m}$ linear unabhängige Kugelfunktionen der Ordnung n existieren; wir werden sie mit $Y^{(k)}_{n,m}(\Theta)$, $k = 1, 2, \ldots, k_{n,m}$, bezeichnen.

Wenn $m = 2$ ist, so existieren zwei linear unabhängige Kugelfunktionen der Ordnung $n > 0$. Als diese Funktionen kann man $\cos n\vartheta$ und $\sin n\vartheta$ wählen, wobei ϑ der Polarwinkel in der zweidimensionalen Ebene ist. Aus diesem Grund ist der Fall $m = 2$ für die Theorie der Kugelfunktionen nicht von besonderem Interesse, und weiter unten wird in diesem Kapitel immer $m > 2$ vorausgesetzt.

§ 2. Die Differentialgleichung der Kugelfunktionen

Wir gehen von dem Ausdruck des Laplace-Operators in Kugelkoordinaten aus (Formeln (2.7) und (2.8) des Kap. 12):

$$\Delta = \frac{\partial^2}{\partial \varrho^2} + \frac{m-1}{\varrho} \frac{\partial}{\partial \varrho} - \frac{1}{\varrho^2} \delta \, , \tag{1}$$

wobei

$$\delta = - \sum_{j=1}^{m-1} \frac{1}{q_j \sin^{m-j-1} \vartheta_j} \frac{\partial}{\partial \vartheta_j} \left(\sin^{m-j-1} \vartheta_j \frac{\partial}{\partial \vartheta_j} \right) \tag{2}$$

ist.

Der Laplace-Operator ist bezüglich Drehungen der Achsen des cartesischen Koordinatensystems invariant; die Formel (1) zeigt, daß auch der Operator δ diese Eigenschaft besitzt. In die homogene Laplace-Gleichung $\Delta u = 0$ setzen wir statt u den Ausdruck $\varrho^n Y^{(k)}_{n,m}(\Theta)$ ein; wenn wir durch ϱ^{n-2} teilen, erhalten wir eine Differentialgleichung für die Kugelfunktionen:

$$\delta Y^{(k)}_{n,m}(\Theta) - n(n + m - 2) \, Y^{(k)}_{n,m}(\Theta) = 0 \, . \tag{3}$$

Die Gleichung (3) zeigt unter anderem, daß die Werte $\lambda_n = n(n + m - 2)$, $n = 1, 2, \dots$, Eigenwerte des Operators δ sind. Ihre Vielfachheit beträgt (wenigstens) $k_{n,m}$; die Kugelfunktionen $Y^{(k)}_{n,m}(\Theta)$, $1 \leqq k \leqq k_{n,m}$, sind Eigenfunktionen des Operators δ, die zu dem entsprechenden Eigenwert $n(n + m - 2)$ gehören. Im weiteren (§ 7) wird gezeigt, daß der Operator δ keine anderen Eigenfunktionen besitzt und somit die Vielfachheit des Eigenwertes $n(n + m - 2)$ genau $k_{n,m}$ ist. Wie schon weiter oben gesagt wurde, genügt das Produkt $\varrho^n Y_{n,m}(\Theta)$ der homogenen LAPLACE-Gleichung. Wir klären nunmehr allgemein, für welche $\varphi(\varrho)$ das Produkt $\varphi(\varrho)\, Y_{n,m}(\Theta)$ der homogenen LAPLACE-Gleichung genügt. Wir wenden den LAPLACE-Operator auf das genannte Produkt an und setzen das Ergebnis gleich Null:

$$\left[\varphi''(\varrho) + \frac{m-1}{\varrho}\varphi'(\varrho)\right] Y_{n,m}(\Theta) - \frac{1}{\varrho^2}\varphi(\varrho)\,\delta Y_{n,m}(\Theta) = 0\,.$$

Wenn wir $\delta Y_{n,m}(\Theta)$ mittels der Gleichung (3) ausschließen, erhalten wir

$$\varphi''(\varrho) + \frac{m-1}{\varrho}\varphi'(\varrho) - \frac{n(n+m+2)}{\varrho^2}\varphi(\varrho) = 0\,. \tag{4}$$

Dies ist eine lineare Differentialgleichung zweiter Ordnung vom EULERschen Typ. Ihre linear unabhängigen Integrale sind ϱ^n und ϱ^{-n-m+2}. Das erste von ihnen ist uns schon bekannt, das zweite liefert die Funktionen $\frac{Y_{n,m}(\Theta)}{\varrho^{n+m-2}}$, die in den Gebieten harmonisch sind, die den Koordinatenursprung nicht enthalten.

§ 3. Hilfskonstruktionen und einige Hilfssätze

1. Die Klasse $C^{(k)}(S_1)$

Wir sondern eine Klasse von auf der Sphäre S_1 definierten Funktionen aus; diese Klasse, die wir mit $C^{(k)}(S_1)$ bezeichnen, wird wie folgt definiert.

Auf der Sphäre S_1 wählen wir einen beliebigen Punkt Θ_0 und beschreiben um diesen eine hinreichend kleine Umgebung $\sigma(\Theta_0) \subset S_1$. In den Punkt Θ_0 legen wir die Tangentialebene an die Sphäre und projizieren die Umgebung $\sigma(\Theta_0)$ orthogonal auf diese Ebene. Sei $G(\Theta_0)$ die erhaltene Projektion. Offenbar gilt $G(\Theta_0) \subset E^{m-1}$. Mit y bezeichnen wir den Punkt des Gebietes $G(\Theta_0)$, den wir erhalten, wenn wir den variablen Punkt $\Theta \in \sigma(\Theta_0)$ projizieren. Sei $f(\Theta)$ eine auf der Sphäre S_1 definierte Funktion. Wir setzen $F(y) = f(\Theta)$, $\Theta \in \sigma(\Theta_0)$. Wir sagen, daß $f \in C^{(k)}(S_1)$, wenn $F \in C^{(k)}(G(\Theta_0))$ für jeden beliebigen Punkt $\Theta_0 \in S_1$ gilt.

Für die Klasse $C^{(k)}(S_1)$ kann man noch eine andere, äquivalente Definition geben. Sei $f(\Theta)$ eine auf S_1 definierte Funktion. Wir betrachten die Kugelschicht $\sum = \{x\colon \varrho_1 \leqq |x| \leqq \varrho_2\}$, wobei ϱ_1 und ϱ_2 beliebige, jedoch fixierte positive Zahlen sind. Man kann $\varrho_1 < 1 < \varrho_2$ annehmen, so daß $S_1 \subset \sum$ gilt. Die Funktion $f(\Theta)$ setzen wir auf die Schicht $\sum$ mittels der Formel $f^*(x) = f\left(\frac{x}{|x|}\right)$ fort, wobei $f^*(x)$ die fortgesetzte Funktion ist. Offenbar ist die Funktion $f^*(x)$ auf jedem Strahl, der durch den Ursprung geht, eine Konstante und hängt somit nicht von $\varrho = |x|$ ab. Die Klasse $C^{(k)}(S_1)$ kann man nunmehr so definieren:

$$f \in C^{(k)}(S_1)\,, \quad \text{wenn} \quad f^* \in C^{(k)}(\textstyle\sum)\,.$$

2. Die Mittelung auf der Sphäre

Für auf der Sphäre S_1 definierte Funktionen kann man einen Apparat der Mittelung ähnlich zu dem ausarbeiten, der in Kapitel 2 entwickelt wurde. Dabei ergeben sich hier im Vergleich zu dem Fall des euklidischen Raumes einige Vereinfachungen, weil die Sphäre eine kompakte Mannigfaltigkeit ohne Rand ist.

Es seien Θ und Θ' Punkte auf der Sphäre sowie die ihnen entsprechenden Vektoren im euklidischen Raum E_m, sei ferner $\delta = |\Theta - \Theta'| = ||\Theta - \Theta'||_{E_m}$. Mittelungskern nennen wir eine Funktion $\omega_h(\delta)$, die den Bedingungen 1 und 2 des § 1, Kap. 2, sowie der Bedingung

$$\int_{S_1} \omega_h(\delta)\, \mathrm{d}_{\Theta'} S_1 = \int_{\delta \leqq h} \omega_h(\delta)\, \mathrm{d}_{\Theta'} S_1 = 1 \tag{1}$$

genügt. Die letzte Bedingung ersetzt die Bedingung 3 des § 1, Kap. 2. Als $\omega_h(\delta)$ kann man die Funktion

$$\omega_h(\delta) = \begin{cases} c_h\, \mathrm{e}^{-h^2/(h^2-\delta^2)}, & \delta < h, \\ 0, & \delta \geqq h \end{cases} \tag{2}$$

wählen, wobei c_h durch die Beziehung (1) definiert wird.

Wenn die Funktion $f(\Theta)$ auf S_1 summierbar ist, wird ihre Mittelfunktion durch die Formel

$$f_h(\Theta) = \int_{S_1} \omega_h(\delta)\, f(\Theta')\, \mathrm{d}_{\Theta'} S_1 \tag{3}$$

definiert.

Wir führen nun die folgenden Eigenschaften der Mittelfunktionen auf der Sphäre an; sie werden genau wie im Kap. 2 bewiesen.

a) $f_h \in C^{(\infty)}(S_1)$; b) wenn $1 \leqq p < \infty$ ist und $f \in L_p(S_1)$, so gilt $||f_h - f||_{L_p(S_1)} \xrightarrow[h \to \infty]{} 0$; c) ist $f \in C(S_1)$, so gilt $f_h(\Theta) \to f(\Theta)$ gleichmäßig auf S_1.

Aus den Eigenschaften a) und b) folgt, daß die Menge $C^{(\infty)}(S_1)$ für beliebiges p mit $1 \leqq p < \infty$ dicht in $L_p(S_1)$ ist.

3. Die Markowsche Ungleichung

Es sei t eine reelle Veränderliche, $f(t)$ ein Polynom vom Grade n und $M = \max_{a \leqq t \leqq b} |f(t)|$. Dann hat die Markowsche Ungleichung

$$\max_{a \leqq t \leqq b} |f'(t)| \leqq \frac{2M}{b-a} n^2 \tag{4}$$

Gültigkeit.

Aus der Ungleichung (4) folgt auch eine ähnliche Abschätzung für die höheren Ableitungen:

$$\max_{a \leqq t \leqq b} |f^{(s)}(t)| \leqq \frac{2^s M}{(b-a)^s} n^{2s}. \tag{5}$$

§ 4. Der Operator δ und seine Potenzen. Die Orthogonalität der Kugelfunktionen

Den Operator δ definieren wir auf der Menge $C^{(2)}(S_1)$. Wir zeigen, daß im Raum $L_2(S_1)$ dieser Operator symmetrisch ist. In der Tat, sein Definitionsgebiet ist dicht

---

[1]) Den Beweis findet man z. B. bei I. P. Natanson, Konstruktive Funktionentheorie, Akademie-Verlag, Berlin 1955, S. 125.

in $L_2(S_1)$, weil es die dichte (s. Pkt. 2, § 3) Menge $C^{(\infty)}(S_1)$ enthält. Ist $f, g \in C^{(2)}(S_1)$, so gilt

$$(\delta f, g) = (\delta f, g)_{L_2(S_1)} = \int_{S_1} g\delta f \, dS_1 = \int_{S_1} g^* \, \delta f \, dS_1;$$

das Sternchen kennzeichnet hier und weiter unten die Fortsetzung der Funktion auf die Kugelschicht $\sum$ (Pkt. 1, § 3).

Aus der Formel (2.1) ergibt sich leicht die Beziehung

$$\delta f = - [\varrho^2 \, \Delta f^*]_{\varrho=1} = - [\Delta f^*]_{\varrho=1} \, .$$

Daraus folgt

$$(\delta f, g) - (f, \delta g) = \int_{S_1} (f^* \, \Delta g^* - g^* \, \Delta f^*) \, dS_1 \, .$$

Wenn wir dies mit $\varrho^{m-1} \, d\varrho$ multiplizieren und in den Grenzen $\varrho_1 < \varrho < \varrho_2$ integrieren, erhalten wir

$$(\delta f, g) - (f, \delta g) = \frac{m}{\varrho_2^m - \varrho_1^m} \int_{\Sigma} (f^* \, \Delta g^* - g^* \, \Delta f^*) \, dx \, . \tag{1}$$

Die Greenſsche Formel (6.10) des Kap. 10 liefert fernerhin

$$\int_{\Sigma} (f^* \, \Delta g^* - g^* \, \Delta f^*) \, dx = \int_{S_{\varrho_1} \cup S_{\varrho_2}} \left(f^* \frac{\partial g^*}{\partial \nu} - g^* \frac{\partial f^*}{\partial \nu} \right) dS \, .$$

Die bezüglich $\sum$ äußere Normale ν ist auf S_{ϱ_2} wie der Radius gerichtet und auf S_{ϱ_1} dem Radius entgegengesetzt gerichtet. Deshalb gilt z. B.

$$\left.\frac{\partial g^*}{\partial \nu}\right|_{S_{\varrho_1}} = - \left.\frac{\partial g^*}{\partial \varrho}\right|_{\varrho=\varrho_1}, \qquad \left.\frac{\partial g^*}{\partial \nu}\right|_{S_{\varrho_2}} = \left.\frac{\partial g^*}{\partial \varrho}\right|_{\varrho=\varrho_2},$$

und in beiden Fällen ist diese Ableitung gleich Null, weil g^* nicht von ϱ abhängt. Nunmehr folgt aus der Formel (1) die Beziehung $(\delta f, g) = (f, \delta g)$ und unsere Behauptung ist bewiesen.

Unschwer kann auch gezeigt werden, daß der Operator δ nicht negativ ist, d. h., daß er der Ungleichung $(\delta f, f) \geqq 0$ genügt. Wenn wir nämlich die vorangegangenen Überlegungen wiederholen, erhalten wir

$$(\delta f, f) = - \frac{m}{\varrho_2^m - \varrho_1^m} \int_{\Sigma} f^* \, \Delta f^* \, dx$$

und nach der Greenschen Formel (6.7), Kap. 10,

$$(\delta f, f) = \frac{m}{\varrho_2^m - \varrho_1^m} \left[\int_{\Sigma} (\operatorname{grad} f^*)^2 \, dx - \int_{S_{\varrho_1} \cup S_{\varrho_2}} f^* \frac{\partial f^*}{\partial \nu} \, dS \right] = \frac{m}{\varrho_2^m - \varrho_1^m} \int_{\Sigma} (\operatorname{grad} f^*)^2 \, dx \geqq 0 \, .$$

Aus dem Gesagten folgt unter anderem, daß alle Eigenwerte des Operators δ nicht negativ sind.

Auf der Menge $C^{(2l)}(S_1)$ ist der Operator δ^l definiert; aus der Gleichung (2.3) folgt sofort, daß die Kugelfunktionen Eigenfunktionen dieses Operators sind, die dem Eigenwert $n^l(n + m - 2)^l$ entsprechen. Daraus ergibt sich, daß für beliebiges natürliches l die Kugelfunktionen der Differentialgleichung

$$\delta^l Y_{n,m}(\Theta) - n^l(n + m - 2)^l \, Y_{n,m}(\Theta) = 0 \tag{2}$$

genügen.

Da die Kugelfunktionen Eigenfunktionen des symmetrischen Operators δ sind, sind die Kugelfunktionen verschiedener Ordnung zueinander orthogonal in $L_2(S_1)$. Die linear unabhängigen Kugelfunktionen von ein und derselben Ordnung orthogonalisieren wir mittels des SCHMIDTschen Orthogonalitätsprozesses. Somit gilt

$$\int_{S_1} Y_{n,m}^{(k)}(\Theta)\, Y_{n',m}^{(k')}(\Theta)\, dS_1 = \begin{cases} 0, & n \neq n' \quad \text{oder} \quad k \neq k', \\ 1, & n = n' \quad \text{und} \quad k = k'. \end{cases} \tag{3}$$

Hieraus folgt wie gewöhnlich, daß jeder Funktion $f \in L_2(S_1)$ ihre orthogonale Reihe bezüglich der Kugelfunktionen zugeordnet werden kann:

$$f(\Theta) \sim \sum_{n=0}^{\infty} \sum_{k=1}^{k_{n,m}} a_n^{(k)} Y_{n,m}^{(k)}(\Theta), \tag{4}$$

dabei ist

$$a_n^{(k)} = \int_{S_1} f(\Theta)\, Y_{n,m}^{(k)}(\Theta)\, dS_1 . \tag{5}$$

Die Reihe (4) konvergiert in der Metrik von $L_2(S_1)$. Unten (§ 7) wird gezeigt, daß das System der Kugelfunktionen dicht in $L_2(S_1)$ ist und folglich das Zuordnungszeichen $\sim$ in der Beziehung (4) durch das Gleichheitszeichen ersetzt werden kann.

§ 5. Die Entwicklung der singulären Lösung in eine Reihe von Polynomen

Wir betrachten die Funktion r^{2-m}, $r = |\xi - x|$, die sich nur durch einen konstanten Faktor von der singulären Lösung der LAPLACE-Gleichung unterscheidet. Wir setzen $|\xi| = R$, $|x| = \varrho$, und es sei $\varrho < R$. Dann gilt $r^2 = R^2 - 2\varrho R \cos\gamma + \varrho^2$, wobei γ der Winkel zwischen den Vektoren x und ξ ist. Wenn wir ferner $\cos\gamma = t$ setzen, erhalten wir

$$\frac{1}{r^{m-2}} = \frac{1}{(R^2 - 2\varrho R t + \varrho^2)^{(m-2)/2}} .$$

Wir hatten $\varrho < R$ vorausgesetzt, deshalb gilt eine Entwicklung der Gestalt

$$\frac{1}{r^{m-2}} = \frac{1}{R^{m-2}} \frac{1}{\left(1 - 2\frac{\varrho}{R} + \frac{\varrho^2}{R^2}\right)^{(m-2)/2}} = \frac{1}{2^{m-2}} \sum_{n=0}^{\infty} I_{n,m}(t) \frac{\varrho^n}{R^n} . \tag{1}$$

Diese konvergiert für $\varrho < R$, weil die Singularitäten der Funktion $(1 - 2zt + z^2)^{-(m-2)/2}$ die Punkte $e^{\pm i\gamma}$ sind und diese auf dem Rand des Einheitskreises liegen. Wenn wir $\frac{\varrho}{R} = \sigma$ setzen und unmittelbar die TAYLORschen Koeffizienten berechnen, können wir uns leicht davon überzeugen, daß das Produkt $I_{n,m}(t)\,\varrho^n = I_{n,m}(\cos\gamma)\,\varrho^h$ ein homogenes Polynom vom Grade n bezüglich der cartesischen Koordinaten des Punktes x ist.

Wir untersuchen nunmehr den Charakter der Entwicklung (1) ausführlicher. Wir setzen $R = 1$ voraus; somit gilt $\varrho < 1$. Dadurch vereinfacht sich die Reihe (1) etwas:

$$\frac{1}{r^{m-2}} = \sum_{n=0}^{\infty} I_{n,m}(t)\, \varrho^n . \tag{1a}$$

Zuerst betrachten wir den Fall, daß die Zahl m ungerade ist: $m = 2s + 3$. Dann ist

$$\frac{1}{r^{m-2}} = \frac{1}{(1 = 2\varrho t + \varrho^2)^{s+1/2}} = \frac{2^s s!}{(2s)!\,\varrho^s} \frac{d^s}{dt^s} \frac{1}{(1 - 2\varrho t + \varrho^2)^{1/2}} . \tag{2}$$

Aus der Theorie der LEGENDREschen Polynome ist die Entwicklung

$$\frac{1}{(1-2\varrho t+\varrho^2)^{1/2}}=\sum_{n=0}^{\infty} P_n(t)\,\varrho^n \tag{3}$$

bekannt, wobei P_n ein LEGENDREsches Polynom n-ten Grades ist. Für den Fall $m = 3$, der besonders für die Anwendungen interessant ist, liefert die Formel (3) sofort die gesuchte Entwicklung für die singuläre Lösung. Im allgemeinen Fall setzen wir die Reihe (3) in die Beziehung (2) ein:

$$\frac{1}{r^{m-2}}=\frac{2^s s!}{(2s)!\,\varrho^s}\frac{d^s}{dt^s}\sum_{n=0}^{\infty} P_n(t)\,\varrho^n\,.$$

Wir zeigen, daß unter dem Summenzeichen differenziert werden darf. Dazu genügt es zu zeigen, daß die Reihe

$$\sum_{n=0}^{\infty}\frac{d^s P_n(t)}{dt^s}\varrho^n\,, \tag{4}$$

die nach der Differentiation erhalten wird, gleichmäßig in dem Rechteck $-1\leqq t\leqq 1$, $0\leqq\varrho\leqq\varrho'$ konvergiert, wobei ϱ' eine beliebige Zahl zwischen Null und Eins ist. Bekanntlich gilt $|P_n(t)|\leqq 1$, falls $-1\leqq t\leqq 1$ ist. Auf Grund der MARKOWschen Ungleichung (Pkt. 3, § 3) gilt

$$\left|\frac{d^s P_n(t)}{dt^s}\right|\leqq n^{2s}\,,$$

und die Reihe (4) wird durch die konvergente Zahlenreihe $\sum\limits_{n=0}^{\infty} n^{2s}\varrho^n$ majoriert und konvergiert folglich gleichmäßig.

Nunmehr gilt

$$\frac{1}{r^{m-2}}=\frac{2^s s!}{(2s)!\,\varrho^s}\sum_{n=0}^{\infty}\frac{d^s P_n(t)}{dt^s}\varrho^n=\frac{2^s s!}{(2s)!\,\varrho^s}\sum_{n=s}^{\infty}\frac{d^s P_n(t)}{dt^s}\varrho^n=\sum_{n=0}^{\infty} C_n^{s+1/2}(t)\,\varrho^n\,, \tag{5}$$

wobei

$$C_n^{s+1/2}(t)=\frac{2^s s!}{(2s)!}\frac{d^s P_{n+s}(t)}{dt^s} \tag{6}$$

gesetzt wurde.

Sei nunmehr m geradzahlig, $m = 2s + 2$. In diesem Falle gilt

$$\frac{1}{r^{m-2}}=\frac{1}{(1-2\varrho t-\varrho^2)^s}=\frac{1}{2^{s-1}(s-1)!\,\varrho^{s-1}}\frac{d^{s-1}}{dt^{s-1}}\frac{1}{1-2\varrho t+\varrho^2}\,. \tag{7}$$

Weil $t=\cos\gamma=\frac{1}{2}(\zeta+\zeta^{-1})$ mit $\zeta=e^{i\gamma}$ ist, ergibt sich

$$\frac{1}{1-2\varrho t+\varrho^2}=\left(\zeta-\frac{1}{\zeta}\right)^{-1}\left(\frac{1}{\frac{1}{\zeta}-\varrho}-\frac{1}{\zeta-\varrho}\right)=\sum_{n=0}^{\infty}\frac{\sin(n+1)\gamma}{\sin\gamma}\varrho^n\,. \tag{8}$$

Weiterhin gilt

$$\frac{\sin(n+1)\gamma}{\sin\gamma}=\frac{1}{n+1}\frac{d\cos(n+1)\gamma}{d\cos\gamma}=\frac{1}{n+1}\frac{d}{dt}\cos[(n+1)\arccos t]=$$
$$=\frac{1}{n+1}\frac{dT_{n+1}(t)}{dt}\,,$$

wobei T_k das TSCHEBYSCHEW-Polynom vom Grade k ist. Wenn wir wiederum die MARKOWsche Ungleichung sowie die offensichtliche Ungleichung $|T_k(t)| = |\cos k \arccos t| \leqq 1$, $-1 \leqq t \leqq 1$, benutzen, so können wir nach dem Einsetzen der Reihe (8) in die Beziehung (7) gliedweise differenzieren. Dadurch gelangen wir zu der Entwicklung

$$\frac{1}{r^{m-2}} = \sum_{n=0}^{\infty} C_n^s(t)\,\varrho^n\,, \qquad m = 2s + 2\,, \tag{9}$$

wobei

$$C_n^s(t) = \frac{1}{2^{s-1}(s-1)!\,(n+s)}\,\frac{d^s T_{n+s}(t)}{dt^s} \tag{10}$$

ist.

Die Polynome $C_n^{s+1/2}(t)$ und $C_n^s(t)$ sind Spezialfälle der sogenannten GEGENBAUERschen Polynome; die Reihen (5) und (9) wurden von E. HEINE [8] erhalten. Aus den von uns ermittelten Ausdrücken folgt, daß gilt

$$I_{n,m}(t) = \begin{cases} C_n^{s+1/2}(t)\,, & m = 2s+3\,, \\ C_n^s(t)\,, & m = 2s+2\,. \end{cases} \tag{11}$$

Aus den Formeln (6) und (10) ist ersichtlich, daß $I_{n,m}(t)$ ein Polynom vom Grade n bezüglich t ist. Wir ermitteln jetzt Abschätzungen für dieses Polynom und seine Ableitungen. Sei zuerst m ungerade, $m = 2s + 3$. Dann gilt nach Formel (6)

$$I_{n,m}(t) = C_n^{s+1/2}(t) = \frac{2^s s!}{(2s)!}\,\frac{d^s P_{n+s}(t)}{dt^s}\,.$$

Weiterhin liefert die MARKOWsche Ungleichung

$$\max_{-1\leqq t\leqq 1} |I_{n,m}(t)| \leqq c'(n+s)^{2s} \max_{-1\leqq t\leqq 1} |P_{n+s}(t)| \leqq c n^{2s} \max_{-1\leqq t\leqq 1} |P_{n+s}(t)|\,.$$

Wie wir schon vermerkten, gilt $\max\limits_{-1\leqq t\leqq 1} |P_{n+s}(t)| = 1$, und wir erhalten schließlich

$$\max_{-1\leqq t\leqq 1} |I_{n,m}(t)| \leqq c n^{m-3}\,. \tag{12}$$

Wenn m gerade ist, $m = 2s + 2$, so gilt nach Formel (10)

$$I_{n,m}(t) = C_n^s(t) = \frac{1}{2^{s-1}(s-1)!\,(n+s)}\,\frac{d^s T_{n+s}(t)}{dt^s}\,.$$

Daraus folgt nach der MARKOWschen Ungleichung

$$\max_{-1\leqq t\leqq 1} |I_{n,m}(t)| \leqq c'' n^{2s-1} \max_{-1\leqq t\leqq 1} |T_{n+s}(t)| = c'' n^{m-3} \max_{-1\leqq t\leqq 1} |T_{n+s}(t)|\,.$$

Weil aber $\max\limits_{-1\leqq t\leqq 1} |T_{n+s}(t)| = 1$ gilt, so gelangen wir wiederum zur Ungleichung (12), die sich somit als gültig sowohl für ungerade als auch für gerade m erweist. Die MARKOWsche Ungleichung ermöglicht zusammen mit der Ungleichung (12) sofort eine Abschätzung für die Ableitungen:

$$\left|\frac{d^k I_{n,m}(t)}{dt}\right| \leqq c_k n^{m+2k-3}\,; \qquad -1 \leqq t \leqq 1\,, \qquad c_k = \text{const.} \tag{13}$$

Wir zeigen jetzt, daß die Reihe (1a) beliebig oft gliedweise nach den Kugelkoordinaten des Punktes x differenziert werden kann. Dies ist offensichtlich, wenn von der

Koordinate ϱ die Rede ist. Wir betrachten deshalb nur die Differentiation nach den Winkelkoordinaten. Es seien $\vartheta_1, \vartheta_2, \dots, \vartheta_{m-1}$ die Winkelkoordinaten des Punktes x. Wir differenzieren die Reihe (1a) formal nach ϑ_j und erhalten die neue Reihe

$$\sum_{n=0}^{\infty} \varrho^n I'_{n,m}(t) \frac{\partial t}{\partial \vartheta_j}. \tag{14}$$

Wenn $|\xi| = R = 1$ ist, gilt

$$\frac{\partial t}{\partial \vartheta_j} = \frac{\partial \cos\gamma}{\partial \vartheta_j} = \frac{1}{\varrho} \frac{\partial \xi_k x_k}{\partial \vartheta_j} = \frac{1}{\varrho} \xi_k \frac{\partial x_k}{\partial \vartheta_j}.$$

Aus der Formel (2.1) des Kap. 1 folgt offenbar, daß die Größe $\frac{\partial t}{\partial \vartheta_j}$ beschränkt ist. Die Ungleichung (13) zeigt, daß für $0 \leqq \varrho \leqq \varrho'$ mit $\varrho' = \text{const} < 1$ die Reihe (14) durch die konvergente Zahlenreihe

$$\sum_{n=0}^{\infty} n^{m-1} \varrho'^n$$

majoriert wird und somit die Reihe (14) gleichmäßig konvergiert. Damit ist gezeigt, daß die Reihe (1a) einmal gliedweise nach den Winkelkoordinaten differenziert werden kann. Analog wird die Möglichkeit der gliedweisen Differentiation von beliebiger höherer Ordnung gezeigt.

Aus dem Bewiesenen folgt unter anderem die Beziehung

$$\sum_{n=0}^{\infty} \Delta_x[I_{n,m}(\cos\gamma)\, \varrho^n] = \Delta_x \frac{1}{r^{m-2}} = 0\,.$$

Wenn wir uns erinnern, daß γ nicht von ϱ abhängt, und wenn wir den Ausdruck für den Laplace-Operator in Kugelkoordinaten berücksichtigen (Formel (2.1)), so erhalten wir

$$\Delta[I_{n,m}(\cos\gamma)\, \varrho^n] = -\varrho^{n-2}[\delta I_{n,m}(\cos\gamma) - n(n+m-2)\, I_{n,m}(\cos\gamma)]$$

und folglich

$$\sum_{n=0}^{\infty} [\delta I_{n,m}(\cos\gamma) - n(n+m-2)\, I_{n,m}(\cos\gamma)]\, \varrho^{n-2} = 0\,.$$

Hieraus folgt, daß der Ausdruck in den eckigen Klammern gleich Null ist, das homogene Polynom $I_{n,m}(\cos\gamma)\, \varrho^n$ vom Grade n harmonisch ist und für einen fixierten Punkt ξ die Funktion $I_{n,m}(\cos\gamma)$ eine Kugelfunktion der Ordnung n ist. Wenn wir $\xi = (1, 0, \dots, 0)$ setzen, so überzeugen wir uns davon, daß $I_{n,m}(\cos\vartheta_1)$ eine Kugelfunktion der Ordnung n ist. Diese Kugelfunktionen heißen *zonale Kugelfnnktionen.*

§ 6. Die Integralgleichung der Kugelfunktionen

Es sei $Y_{n,m}(\Theta)$ irgendeine Kugelfunktion der Ordnung n. Für die harmonische Funktion $u_n(x) = \varrho^n Y_{n,m}(\Theta)$ schreiben wir die Integraldarstellung (3.5) des Kap. 12 für die Kugel mit dem Radius R und dem Mittelpunkt im Koordinatenursprung nieder:

$$u_n(x) = \frac{1}{(m-2)\,|S_1|} \int\limits_{S_R} \left(\frac{1}{r^{m-2}} \frac{\partial u_n(\xi)}{\partial \nu} - u_n(\xi) \frac{\partial}{\partial \nu} \frac{1}{r^{m-2}} \right) dS_R\,. \tag{1}$$

Wir setzen $\frac{\xi}{R} = \frac{\xi}{|\xi|} = \Theta'$. Dann ist $u_n(\xi) = R^n Y_{n,m}(\Theta')$ und $\frac{\partial u_n(\xi)}{\partial \nu} = n R^{n-1} Y_{n,m}(\Theta')$.
Nach der Formel (5.1) ist

$$\frac{1}{r^{m-2}} = \sum_{k=0}^{\infty} I_{k,m}(\cos\gamma)\,\frac{\varrho^k}{R^{k+m-2}} \tag{2}$$

und folglich

$$\frac{\partial}{\partial\nu}\frac{1}{r^{m-2}} = -\sum_{k=0}^{\infty}(k+m-2)\,I_{k,m}(\cos\gamma)\,\frac{\varrho^k}{R^{k+m-1}}. \tag{3}$$

Wenn $\varrho < \varrho'$ ist, wobei $\varrho' < R$ und $\varrho' = \text{const}$ gilt, so gestatten auf Grund der Ungleichung (4.10) die allgemeinen Glieder der Reihen (2) und (3) entsprechend die Abschätzungen $c_1 n^{m-3}\left(\frac{\varrho'}{R}\right)^n$ und $c_2 n^{m-2}\left(\frac{\varrho'}{R}\right)^n$, wobei c_1 und c_2 gewisse Konstanten sind. Daraus folgt, daß die erwähnten Reihen bezüglich ϱ und t für $\varrho \leqq \varrho'$ und $|t| \leqq 1$ gleichmäßig konvergieren. Wenn wir diese Reihen in die Formel (1) einsetzen, die Reihenfolge der Summation und der Integration vertauschen und danach $R = 1$ setzen, so erhalten wir

$$\varrho^n Y_{n,m}(\Theta) = \frac{1}{(m-2)\,|S_1|}\sum_{k=0}^{\infty}(k+n+m-2)\,\varrho^k \int_{S_1} I_{n,m}(\cos\gamma)\,Y_{k,m}(\Theta')\,d_{\Theta'}S_1 .$$

Nunmehr setzen wir die Koeffizienten bei ein und denselben Potenzen von ϱ einander gleich und erhalten die Beziehung

$$Y_{n,m}(\Theta) = \frac{2n+m-2}{(m-2)\,|S_1|}\int_{S_1} I_{n,m}(\cos\gamma)\,Y_{n,m}(\Theta')\,d_{\Theta'}S_1; \tag{4}$$

$$\int_{S_1} I_{k,m}(\cos\gamma)\,Y_{n,m}(\Theta')\,d_{\Theta'}S_1 = 0\,, \qquad k \neq n\,. \tag{5}$$

Die Gleichung (4) ist eine Integralgleichung für die Kugelfunktionen. Die Gleichung (5) ergibt nichts Neues: Sie folgt aus der Orthogonalität der Kugelfunktionen. In der Tat, es gilt $\cos\gamma = \Theta \cdot \Theta'$, wobei der Punkt das Skalarprodukt in E_m bedeutet. Die Funktion $I_{k,m}(\cos\gamma) = I_{k,m}(\Theta\cdot\Theta')$ ist bezüglich Θ und Θ' symmetrisch und ist deshalb für den fixierten Punkt Θ eine Kugelfunktion der Ordnung k von Θ', und für $k \neq n$ ist diese zu $Y_{n,m}(\Theta')$ orthogonal.

Die Integralgleichung (4) ermöglicht es, für das Weitere wichtige Abschätzungen für die Absolutbeträge der Kugelfunktionen zu erhalten.

Es sei $Y_{n,m}(\Theta)$ eine beliebige Kugelfunktion der Ordnung n. Nach der Cauchy-Bunjakowskischen Ungleichung gilt

$$|Y_{n,m}(\Theta)| \leqq \frac{2n+m-2}{(m-2)\,|S_1|}\,\|Y_{n,m}\|_{L_2(S_1)}\left\{\int_{S_1} I^2_{n,m}(\Theta\cdot\Theta')\,d_{\Theta'}S_1\right\}^{1/2}.$$

Wenn Θ ein fixierter und Θ_1 ein variabler Punkt auf S_1 ist, ist $I_{n,m}(\Theta\cdot\Theta_1)$ eine Kugelfunktion der Ordnung n bezüglich des Punktes Θ_1, und die Gleichung (4) liefert

$$I_{n,m}(\Theta\cdot\Theta_1) = \frac{2n+m-2}{(m-2)\,|S_1|}\int_{S_1} I_{n,m}(\Theta_1\cdot\Theta')\,I_{n,m}(\Theta\cdot\Theta')\,d_{\Theta'}S_1 .$$

Wenn wir hier $\Theta_1 = \Theta$ setzen, erhalten wir

$$I_{n,m}(1) = \frac{2n+m-2}{(m-2)\,|S_1|} \int\limits_{S_1} I_{n,m}^2(\Theta \cdot \Theta')\, \mathrm{d}_{\Theta'} S_1 \tag{6}$$

und folglich

$$|Y_{n,m}(\Theta)| \leqq \sqrt{\frac{2n+m-2}{(m-2)\,|S_1|}}\, ||Y_{n,m}||\, \sqrt{I_{n,m}(1)} \leqq c_1\, ||Y_{n,m}||\, \sqrt{I_{n,m}(1)}\, \sqrt{n}; \quad c_1 = \text{const.} \tag{7}$$

Nach Formel (4.10) gilt $I_{n,m}(1) \leqq cn^{m-3}$; setzen wir dies in (7) ein, so erhalten wir die gesuchte Abschätzung:

$$|Y_{n,m}(\Theta)| \leqq C\, ||Y_{n,m}||\, n^{m/2-1}; \qquad C = \text{const.} \tag{8}$$

Wenn im besonderen $\{ Y_{n,m}^{(k)}(\Theta)\}$ die im § 3 eingeführte orthonormierte Folge von Kugelfunktionen ist, so gilt

$$|Y_{n,m}^{(k)}(\Theta)| \leqq C n^{m/2-1}\,. \tag{9}$$

Es sei noch darauf hingewiesen, daß die Konstante C von m abhängt.

§ 7. Die Vollständigkeit des Systems der Kugelfunktionen

Das Ziel dieses Paragraphen besteht darin zu beweisen, daß das System der Kugelfunktionen für beliebiges p mit $1 \leqq p < \infty$ vollständig in $L_p(S_1)$ ist. Den Beweis führen wir in vier Schritten durch.

1°. Es gelte $\varphi \in C^{(2l)}(S_1)$, wobei l eine hinreichend große Zahl ist. In der Kugel $\varrho = |x| < 1$ konstruieren wir eine harmonische Funktion $u(x)$, die auf der Sphäre S_1 (bei $x = \Theta$) mit $\varphi(\Theta)$ übereinstimmt. Nach der Poissonschen Formel (Formel (9.4) des Kap. 13) ist

$$u(x) = \frac{1}{|S_1|} \int\limits_{S_1} \varphi(\Theta')\, \frac{1-\varrho^2}{r^m}\, \mathrm{d}_{\Theta'} S_1\,, \qquad |x| = \varrho < 1; \tag{1}$$

dabei haben wir hier in der Bezeichnung ξ durch Θ' ersetzt.

Den Poissonschen Kern $\dfrac{1-\varrho^2}{r^m}$ kann man in eine Reihe nach Potenzen von ϱ entwickeln. Dazu entwickeln wir r^{-m} in eine Reihe, die analog zu der in § 5 entwickelten ist:

$$\frac{1}{r^m} = \sum_{n=0}^{\infty} I_{n,m+2}(t)\, \varrho^n\,,$$

wobei $t = \cos\gamma = \Theta \cdot \Theta'$, $\Theta = \dfrac{x}{\varrho}$ ist. Nunmehr gilt

$$\frac{1-\varrho^2}{r^m} = \sum_{n=0}^{\infty} J_{n,m}(t)\, \varrho^n; \tag{2}$$

hier ist $J_{0,m}(t) = I_{0,m+2}(t)$, $J_{1,m}(t) = I_{1,m+2}(t)$ und $J_{n,m}(t) = I_{n,m+2}(t) - I_{n-2,m+2}(t)$, $n \geqq 2$.

Ebenso wie im § 5 kann man sich davon überzeugen, daß das Produkt $\varrho^n J_{n,m}(t)$ ein homogenes harmonisches Polynom vom Grade n ist und folglich $J_{n,m}(\Theta \cdot \Theta')$ eine Kugelfunktion der Ordnung n bezüglich des Punktes Θ bei fixiertem Θ' ist. Daraus folgt die Gültigkeit folgender Darstellung:

$$J_{n,m}(\Theta \cdot \Theta') = \sum_{k=1}^{k_{n,m}} \alpha_n^k(\Theta')\, Y_{n,m}^{(k)}(\Theta) .$$

Indem wir die Überlegungen des § 5 wiederholen, überzeugen wir uns davon, daß die Reihe (2) gleichmäßig konvergiert. Diese setzen wir in die Formel (1) ein und ändern die Reihenfolge der Summation und der Integration:

$$u(x) = \sum_{n=0}^{\infty} \varrho^n \frac{1}{|S_1|} \int_{S_1} \varphi(\Theta')\, J_{n,m}(\Theta \cdot \Theta')\, \mathrm{d}_{\Theta'} S_1 . \tag{3}$$

Der Faktor bei ϱ^n in der letzten Formel ist eine Kugelfunktion der Ordnung n:

$$\frac{1}{|S_1|} \int_{S_1} \varphi(\Theta')\, J_{n,m}(\Theta \cdot \Theta')\, \mathrm{d}_{\Theta'} S_1 = \sum_{k=1}^{k_{n,m}} a_n^{(k)} Y_{n,m}^{(k)}(\Theta) ,$$

wobei

$$a_n^{(k)} = \frac{1}{|S_1|} \int_{S_1} \alpha_n^k(\Theta')\, \varphi(\Theta')\, \mathrm{d}S_1 \tag{4}$$

ist. Mithin gilt

$$u(x) = \sum_{n=0}^{\infty} \varrho^n \sum_{k=1}^{k_{n,m}} a_n^{(k)} Y_{n,m}^{(k)}(\Theta) . \tag{5}$$

2°. Wir schätzen die Koeffizienten $a_n^{(k)}$ ab. Aus Formel (5) ist ersichtlich, daß die Größen $\varrho^n a_n^{(k)}$ die Fourier-Koeffizienten der Funktion $u(x)$, $x = \varrho\Theta$, bezüglich des orthonormierten Systems der Kugelfunktionen $Y_{n,m}^{(k)}(\Theta)$ sind. Daraus folgt

$$\varrho^n a_n^{(k)} = \int_{S_1} u(\varrho\Theta)\, Y_{n,m}^{(k)}(\Theta)\, \mathrm{d}S_1 . \tag{6}$$

Es gelte $\varrho \to 1$. Im § 4 des Kap. 13 wurde gezeigt, daß $u(\varrho\Theta) \xrightarrow[\varrho\to 1]{} u(\Theta)$ gleichmäßig bezüglich Θ gilt; in der Formel (6) kann man deshalb unter dem Integralzeichen zum Grenzwert übergehen, und wir erhalten

$$a_n^{(k)} = \int_{S_1} \varphi(\Theta)\, Y_{n,m}^{(k)}(\Theta)\, \mathrm{d}S_1 . \tag{7}$$

Die Funktion φ gehört zu $C^{(2l)}(S_1)$, und folglich gilt $\varphi \in D(\delta^l)$. Der Operator δ und seine Potenzen sind symmetrisch. Auf Grund der Formel (4.2) gilt dann

$$a_n^{(k)} = \frac{1}{n^l(n+m-2)^l} \int_{S_1} \varphi(\Theta)\, \delta^l Y_{n,m}^{(k)}(\Theta)\, \mathrm{d}S_1 = \frac{1}{n^l(n+m-2)^l} \int_{S_1} \delta^l \varphi(\Theta)\, Y_{n,m}^{(k)}(\Theta)\, \mathrm{d}S_1 . \tag{8}$$

Das Integral in der Formel (8) ist der Fourier-Koeffizient der stetigen Funktion $\delta^l\varphi(\Theta)$ bezüglich des orthonormierten Systems der Kugelfunktionen; die Reihe der Quadrate dieser Koeffizienten konvergiert. Dies bedeutet, daß diese Koeffizienten auf jeden Fall beschränkt sind. Aus Formel (8) folgt nunmehr

$$|a_n^{(k)}| \leqq \frac{c}{n^{2l}} , \qquad c = \text{const.} \tag{9}$$

Dies liefert eine Abschätzung für den Koeffizienten bei ϱ^n in der Formel (5). Auf Grund der Ungleichungen (6.9) und (1.4) gilt

$$\sum_{k=1}^{k_{n,m}} |a_n^{(k)}|\,|Y_n^{(k)}(\Theta)| \leqq \frac{c'}{n^{2l+3-\frac{3m}{2}}}, \qquad c' = \text{const.}$$

3°. Sei l so groß, daß $2l + 3 - \frac{3m}{2} > 1$ gilt. Wenn wir die Reihe (5) als Potenzreihe bezüglich ϱ betrachten, so sehen wir, daß sie den Voraussetzungen des Satzes von Tauber[1]) genügt: Die Koeffizienten dieser Reihe fallen schneller als n^{-1}, und die Summe dieser Reihe hat für $\varrho \to 1$ einen Grenzwert, der gleich $\varphi(\Theta)$ ist. Aus dem Satz von Tauber folgt, daß die Reihe (5) für $\varrho = 1$ konvergiert und daß gilt

$$\sum_{n=0}^{\infty} \sum_{k=1}^{k_{n,m}} a_n^{(k)} Y_{n,m}^{(k)}(\Theta) = \varphi(\Theta)\,. \tag{10}$$

Wir weisen noch darauf hin, daß für $2l + 3 - \frac{3m}{2} > 1$ die Reihe (10) absolut und gleichmäßig konvergiert; dann konvergiert sie erst recht in der Metrik des Raumes $L_p(S_1)$.

4°. Es sei nunmehr $f \in L_p(S_1)$, $1 \leqq p < \infty$. Die Menge $C^{(\infty)}(S_1)$ ist dicht in $L_p(S_1)$. Deshalb kann man eine solche Funktion $\varphi \in C^{(\infty)}(S_1)$ finden, daß $||f - \varphi||_{L_p(S_1)} < \frac{\varepsilon}{2}$ gilt, wobei ε eine beliebig vorgegebene positive Zahl ist. Nach dem im Punkt 3° Bewiesenen kann die Funktion $\varphi(\Theta)$ in die Reihe (10) entwickelt werden, die in der Metrik von $L_p(S_1)$ konvergiert. Folglich kann man eine solche Zahl N finden, daß

$$\left\| \varphi - \sum_{n=1}^{N} \sum_{k=1}^{k_{n,m}} a_n^{(k)} Y_{n,m}^{(k)} \right\|_{L_p(S_1)} < \frac{\varepsilon}{2}$$

gilt. Auf Grund der Dreiecksungleichung ist jetzt

$$\left\| f - \sum_{n=1}^{N} \sum_{k=1}^{k_{n,m}} a_n^{(k)} Y_{n,m}^{(k)} \right\|_{L_p(S_1)} < \varepsilon;$$

die letztere Ungleichung zeigt, daß das System der Kugelfunktionen vollständig in $L_p(S_1)$ ist.

Wir vermerken noch zwei Eigenschaften, die auf offensichtliche Weise aus der Vollständigkeit des Systems der Kugelfunktionen folgen.

1. Die Kugelfunktionen bilden ein vollständiges System von Eigenfunktionen des Operators δ.
2. Jede beliebige schwache Lösung der Gleichung (2.3), die der Klasse $L_2(S_1)$ angehört, ist eine Kugelfunktion der Ordnung n.

§ 8. Über das Symbol des singulären Integrals

Wir führen hier einen wichtigen Sachverhalt aus der Theorie der mehrdimensionalen singulären Integrale an; den Beweis kann man in dem Buch [20] finden.

---

[1]) Man vergleiche z. B. A. I. Markuschewitsch, Funktionentheorie, Moskau, 1950, S. 266.

Wir betrachten das singuläre Integral

$$\int\limits_{E_m} \frac{f(x, \Theta)}{r^m} u(y)\, dy; \qquad \Theta = \frac{y - x}{r}. \tag{1}$$

Sei seine Charakteristik $f(x, \Theta)$ in eine Reihe nach den Kugelfunktionen entwickelt:

$$f(x, \Theta) = \sum_{n=1}^{\infty} \sum_{k=1}^{k_{n,m}} a_n^{(k)}(x)\, Y_{n,m}^{(k)}(\Theta); \tag{2}$$

auf Grund der für die Existenz des Integrals (1) notwendigen Bedingung (2.5) des Kap. 8 tritt das freie Glied in der Reihe (2) nicht auf. Es erweist sich, daß das Symbol $\Phi(x, \Theta)$ (s. § 4, Kap. 8) des singulären Operators (1) folgende Entwicklung gestattet:

$$\Phi(x, \Theta) = \sum_{n=1}^{\infty} \sum_{k=1}^{k_{n,m}} \gamma_{n,m} a_n^{(k)}(x)\, Y_{n,m}^{(k)}(\Theta), \tag{3}$$

wobei

$$\gamma_{n,m} = \frac{i^n \pi^{m/2} \Gamma(n/2)}{\Gamma\left(\dfrac{n+m}{2}\right)} \tag{4}$$

ist; Γ bedeutet hier die Eulersche Funktion. Daraus ergibt sich unter anderem: Wenn die Charakteristik des Integrals (1) ein Kugelpolynom ist, so ist das Symbol dieses Integrales ein Kugelpolynom derselben Ordnung.

KAPITEL 15

ELEMENTARE METHODEN ZUR LÖSUNG DER GRUNDPROBLEME

Im vorliegenden Kapitel werden wir in der Regel formale Lösungen der betrachteten Probleme konstruieren. Das Wort „formal" bedeutet hier, daß wir die Konvergenz von Reihen, die Möglichkeit der gliedweisen Differentiation, des Grenzüberganges usw. nicht untersuchen werden. Wenn die konstruierten Reihen konvergieren und alle auf sie angewandten Operationen erlaubt sind, so ist die formale Lösung des Problems auch seine Lösung.

§ 1. Die Dirichletschen und Neumannschen Probleme für den Kreis

In diesem und den nächstfolgenden Paragraphen wird die homogene Laplace-Gleichung in der zweidimensionalen Ebene betrachtet. Im Unterschied zu den in den übrigen Kapiteln dieses Buches benutzten Bezeichnungen werden wir hier die cartesischen Koordinaten des variablen Punktes mit x und y bzw. mit ξ und η bezeichnen; die Punkte selbst werden entsprechend mit (x, y) bzw. (ξ, η) bezeichnet. Gelegentlich werden wir auch von den Bezeichnungen $z = x + iy$, $\zeta = \xi + i\eta$ mit $i = \sqrt{-1}$ Gebrauch machen.

Wie hinreichend bekannt ist, besteht zwischen den harmonischen und den analytischen Funktionen die folgende Beziehung: Wenn die Funktion $f(z) = u(x, y) + iv(x, y)$ in einem gewissen Gebiet holomorph ist, dann sind ihr Realteil $u(x, y)$ und ihr Imaginärteil $v(x, y)$ in demselben Gebiet harmonische Funktionen. Wenn umgekehrt die reelle Funktion $u(x, y)$ in einem *einfach zusammenhängenden Gebiet* harmonisch ist, dann läßt sich eine in demselben Gebiet harmonische Funktion $v(x, y)$ finden (sie wird die zu $u(x, y)$ *konjugiert-harmonische Funktion* genannt) derart, daß die Summe $u(x, y) + iv(x, y)$ in dem genannten Gebiet eine holomorphe Funktion von z darstellt. Wenn das Gebiet mehrfach zusammenhängend ist, dann ist die oben angegebene Summe im allgemeinen eine mehrdeutige Funktion.

Für jede natürliche Zahl n ist z^n eine in einem beliebigen beschränkten Gebiet harmonische Funktion; ist dagegen n eine negative ganze Zahl, dann ist die Funktion z^n harmonisch in einem beliebigen Gebiet, welches nicht den Koordinatenursprung enthält. Daraus folgt, daß die Polynome

$$\mathrm{Re}(z^n), \mathrm{Im}(z^n), \qquad n \geqq 0 \tag{1}$$

in einem beliebigen beschränkten Gebiet und die rationalen Ausdrücke

$$\mathrm{Re}\,(z^{-n}), \mathrm{Im}\,(z^{-n}), \qquad n \geqq 1 \tag{2}$$

in jedem Gebiet, welches den Koordinatenursprung nicht enthält, harmonisch sind.

Wir führen die Polarkoordinaten ϱ und Θ mit dem Pol im Koordinatenursprung ein. Dann gilt $z = \varrho\, e^{i\Theta}$, und die Funktionen (1) und (2) nehmen entsprechend die Gestalt

$$\varrho^n \cos n\Theta, \varrho^n \sin n\Theta, \qquad n \geqq 0 \tag{1'}$$

bzw.

$$\frac{\cos n\Theta}{\varrho^n}, -\frac{\sin n\Theta}{\varrho^n}, \qquad n \geqq 1 \tag{2'}$$

an.

1. Wir formulieren das DIRICHLETsche Problem für den Kreis. Gesucht sei eine Funktion $u(x, y)$, welche im Kreis $|z| < R$ harmonisch ist und auf dem Rande dieses Kreises mit einer vorgegebenen stetigen Funktion $\varphi(\Theta)$ übereinstimmt:

$$u|_{\varrho=R} = \varphi(\Theta)\,. \tag{3}$$

Wir nehmen an, die Funktion $\varphi(\Theta)$ lasse sich in eine FOURIER-Reihe entwickeln, welche für alle Θ konvergiert. Es sei

$$\varphi(\Theta) = a_0 + \sum_{n=1}^{\infty} (a_n \cos n\Theta + b_n \sin n\Theta)\,. \tag{4}$$

Dann läßt sich leicht eine formale Lösung des betrachteten Problems angeben:

$$u(x, y) = a_0 + \sum_{n=1}^{\infty} \frac{\varrho^n}{R^n} (a_n \cos n\Theta + b_n \sin n\Theta)\,. \tag{5}$$

Die Reihe (5) konvergiert im Kreis $|z| < R$, und ihre Summe stellt eine in diesem Kreis harmonische Funktion dar (man beweise dies!). Wenn nun in dieser Reihe der gliedweise Grenzübergang für $\varrho \to R$ möglich ist, dann ergibt sich

$$u(x, y)_{\varrho=R} = a_0 + \sum_{n=1}^{\infty} (a_n \cos n\Theta + b_n \sin n\Theta) = \varphi(\Theta)\,,$$

und die durch die Formel (5) definierte Funktion $u(x, y)$ ist tatsächlich eine Lösung des Problems.

Nach einem bekannten Satz von ABEL ist ein derartiger Grenzübergang für diejenigen Werte Θ möglich, für die die Reihe (4) konvergiert. Diese Reihe konvergiert gegen $\varphi(\Theta)$ für alle Θ, wenn z. B. die Funktion $\varphi(\Theta)$ eine 2π-periodische und absolut stetige Funktion ist und eine Ableitung $\varphi'(\Theta) \in L_2(0, 2\pi)$ besitzt. Für derartige Randfunktionen liefert die Reihe (5) tatsächlich eine Lösung des DIRICHLETschen Problems.

Wir bestimmen jetzt die Summe der Reihe (5). Auf Grund bekannter Formeln gilt für die FOURIER-Koeffizienten

$$a_0 = \frac{1}{2\pi}\int_0^{2\pi} \varphi(\omega)\, d\omega\,, \qquad a_n = \frac{1}{\pi}\int_0^{2\pi} \varphi(\omega) \cos n\omega\, d\omega\,, \qquad b_n = \frac{1}{\pi}\int_0^{2\pi} \varphi(\omega) \sin n\omega\, d\omega\,.$$

Durch Einsetzen in die Reihe (5) erhalten wir

$$u(x, y) = \frac{1}{2\pi}\int_0^{2\pi} \varphi(\omega) \left[1 + 2 \sum_{n=1}^{\infty} \frac{\varrho^n}{R^n} \cos n(\omega - \Theta)\right] d\omega\,.$$

Die hierbei vorgenommene Änderung der Reihenfolge von Summation und Integration ist, wie man leicht beweist, für $\varrho < R$ möglich. Es gilt $\varrho\, e^{i\Theta} = z$. Setzen wir schließlich $R\, e^{i\omega} = \zeta$, dann ergibt sich

$$\sum_{n=1}^{\infty} \frac{\varrho^n}{R^n} \cos n(\omega - \Theta) = \operatorname{Re} \sum_{n=1}^{\infty} \frac{z^n}{\zeta^n} = \operatorname{Re} \frac{z}{\zeta - z}$$

und somit

$$u(x, y) = \frac{1}{2\pi} \int_0^{2\pi} \varphi(\omega) \operatorname{Re} \frac{\zeta + z}{\zeta - z} \, d\omega = \operatorname{Re} \frac{1}{2\pi i} \int_{|\zeta| = R} \varphi(\omega) \frac{(\zeta + z)\, d\zeta}{(\zeta - z)\, \zeta} .$$

Die letzte Formel ist allgemein unter der Bezeichnung SCHWARZ*sche Formel* bekannt.

Des weiteren gilt

$$\operatorname{Re} \frac{\zeta + z}{\zeta - z} = \operatorname{Re} \frac{(\zeta + z)\,(\bar{\zeta} - \bar{z})}{|\zeta - z|^2} = \frac{R^2 - \varrho^2}{r^2} , \qquad r = |\zeta - z| ,$$

und mithin

$$u(x, y) = \frac{1}{2\pi} \int_0^{2\pi} \frac{R^2 - \varrho^2}{r^2} \varphi(\omega)\, d\omega . \tag{6}$$

Dies ist die POISSONsche Formel für den Kreis. Wie man leicht sieht, gilt $r^2 = R^2 + \varrho^2 - 2R\varrho \cos(\omega - \Theta)$, und wir gelangen schließlich zu der üblichen Gestalt der POISSONschen Formel:

$$u(x, y) = \frac{1}{2\pi} \int_0^{2\pi} \frac{R^2 - \varrho^2}{R^2 + \varrho^2 - 2R\varrho \cos(\omega - \Theta)} \varphi(\omega)\, d\omega .$$

2. Die Lösung des DIRICHLETschen Problems für das Außengebiet des Kreises $|z| > R$ wird durch die Reihe

$$u(x, y) = a_0 + \sum_{n=1}^{\infty} \frac{R^n}{\varrho^n} (a_n \cos n\Theta + b_n \sin n\Theta) \tag{5_1}$$

dargestellt.

Man kann nun die Summe der Reihe (5_1) bestimmen und erhält somit die POISSONsche Formel für das Außengebiet des Kreises:

$$u(x, y) = \frac{1}{2\pi} \int_0^{2\pi} \frac{\varrho^2 - R^2}{r^2} \varphi(\omega)\, d\omega = \frac{1}{2\pi} \int_0^{2\pi} \frac{\varrho^2 - R^2}{R^2 + \varrho^2 - 2R\varrho \cos(\omega - \Theta)} \varphi(\omega)\, d\omega . \tag{6_1}$$

3. Das NEUMANNsche Problem für den Kreis $|z| < R$ mit der Randbedingung

$$\left. \frac{\partial u}{\partial \nu} \right|_{\varrho = R} = \psi(\Theta) \tag{7}$$

läßt sich wie folgt lösen. Wir entwickeln die Funktion $\psi(\Theta)$ in eine FOURIER-Reihe:

$$\psi(\Theta) = \alpha_0 + \sum_{n=1}^{\infty} (\alpha_n \cos n\Theta + \beta_n \sin n\Theta) .$$

Wenn aber eine Lösung $u(x, y)$ existiert, dann gilt auf Grund der Formel (2.11) des Kap. 13:

$$\alpha_0 = \frac{1}{2\pi} \int_0^{2\pi} \psi(\Theta)\, d\Theta = \frac{1}{2\pi R} \int_{\varrho = R} \psi(\Theta)\, d\Gamma = \frac{1}{2\pi R} \int_{\varrho = R} \frac{\partial u}{\partial \nu}\, d\Gamma = 0; \tag{8}$$

dabei bedeutet $d\Gamma$ das Bogenelement des Kreises $|z| = R$, d. h. $d\Gamma = R\, d\Theta$. Somit ergibt sich

$$\psi(\Theta) = \sum_{n=1}^{\infty} (\alpha_n \cos n\Theta + \beta_n \sin n\Theta) . \tag{9}$$

Unter Berücksichtigung der für den Kreis $\varrho = |z| = R$ gültigen Formel

$$\frac{\partial}{\partial \nu} = \frac{\partial}{\partial \varrho}\bigg|_{\varrho = R}$$

läßt sich jetzt eine formale Lösung des NEUMANNschen Problems in der folgenden Gestalt angeben:

$$u(x, y) = C + \sum_{n=1}^{\infty} \frac{\varrho^n}{n R^{n-1}} (\alpha_n \cos n\Theta + \beta_n \sin n\Theta); \tag{10}$$

dabei ist C eine willkürliche Konstante. Wenn die Funktion $\psi(\Theta)$ z. B. den oben an die Funktion $\psi(\Theta)$ gestellten Bedingungen genügt, dann konvergiert die Reihe (10) in dem abgeschlossenen Kreis $|z| \leqq R$ und ist hier gliedweise differenzierbar; außerdem muß natürlich die Funktion $\psi(\Theta)$ die Gleichung (8) erfüllen. Unter diesen Bedingungen liefert die Reihe (10) die Lösung des NEUMANNschen Problems für den Kreis $|z| < R$.

4. Wenn die Funktion $\psi(\Theta)$ den soeben formulierten Bedingungen genügt, dann läßt sich die Lösung des NEUMANNschen Problems für das Außengebiet des Kreises $|z| > R$ mit derselben Randbedingung (7) in der Form

$$u(x, y) = C - \sum_{n=1}^{\infty} \frac{R^{n+1}}{n \varrho^n} (\alpha_n \cos n\Theta + \beta_n \sin n\Theta) \tag{11}$$

darstellen, wobei wiederum C eine beliebige Konstante ist.

5. Die Summe der Reihe (10) läßt sich leicht bestimmen. Auf Grund der Formeln für die FOURIER-Koeffizienten gilt

$$\alpha_n = \frac{1}{\pi} \int_0^{2\pi} \psi(\omega) \cos n\omega \, d\omega, \qquad \beta_n = \frac{1}{\pi} \int_0^{2\pi} \psi(\omega) \sin n\omega \, d\omega .$$

Durch Einsetzen in (10) und Änderung der Reihenfolge von Summation und Integration (die Vertauschbarkeit läßt sich leicht beweisen) ergibt sich

$$u(x, y) = C + \frac{1}{\pi} \int_0^{2\pi} \psi(\omega) \sum_{n=1}^{\infty} \frac{\varrho^n}{n R^{n-1}} \cos n(\omega - \Theta) \, d\omega =$$

$$= C + \frac{R}{\pi} \int_0^{2\pi} \psi(\omega) \sum_{n=1}^{\infty} \frac{1}{n} \operatorname{Re} \left\{ \frac{\varrho^n}{R^n} e^{in(\Theta - \omega)} \right\} d\omega =$$

$$= C + \frac{R}{\pi} \int_0^{2\pi} \psi(\omega) \operatorname{Re} \sum_{n=1}^{\infty} \frac{z^n}{n \zeta^n} \, d\omega; \qquad \zeta = R\, e^{i\omega} .$$

Unter Berücksichtigung von

$$\sum_{n=1}^{\infty} \frac{t^n}{n} = \ln \frac{1}{1 - t}, \qquad |t| < 1 ,$$

und $\operatorname{Re} \ln \tau = \ln |\tau|$ erhalten wir schließlich

$$u(x, y) = C + \frac{R}{\pi} \int_0^{2\pi} \ln \frac{R}{r} \psi(\omega) \, d\omega = C + \frac{R}{\pi} \int_0^{2\pi} \ln \frac{1}{r} \psi(\omega) \, d\omega . \tag{12}$$

Die Formel (12) heißt DINIsche *Formel.*

Analog läßt sich die Summe der Reihe (11) berechnen.

§ 2. Das DIRICHLETsche Problem für das Kreisringgebiet

Das Ringgebiet wird durch die Ungleichungen $R_0 < \varrho < R_1$ mit $\varrho = |z|$ definiert. Die Werte der Randfunktion auf den Kreisperipherien $\varrho = R_0$ und $\varrho = R_1$ bezeichnen wir entsprechend mit $\varphi_0(\Theta)$ und $\varphi_1(\Theta)$. Dann lassen sich die Randbedingungen für die gesuchte harmonische Funktion $u(x, y)$ in folgender Form schreiben:

$$u|_{\varrho = R_0} = \varphi_0(\Theta) , \qquad u|_{\varrho = R_1} = \varphi_1(\Theta) . \tag{1}$$

Die harmonische Funktion $u(x, y)$ stellt den Realteil einer gewissen analytischen Funktion $f(z)$ dar:

$$u(x, y) = \operatorname{Re} f(z) .$$

Da das Kreisringgebiet ein zweifach zusammenhängendes Gebiet ist, so ist die Funktion $f(z)$ im allgemeinen nicht holomorph. Es läßt sich beweisen, daß

$$f(z) = C \ln z + \sum_{n=-\infty}^{+\infty} C_n z^n$$

mit einer gewissen reellen Konstanten C gilt. Indem man

$$C_n = A_n - iB_n$$

setzt, wird ersichtlich, daß sich die Funktion $u(x, y)$ in folgender Form darstellen läßt:

$$u(x, y) = C \ln \varrho + A_0 + \sum_{n=1}^{\infty} \{(A_n \varrho^n + A_{-n} \varrho^{-n}) \cos n\Theta + (B_n \varrho^n - B_{-n} \varrho^{-n}) \sin n\Theta\} . \tag{2}$$

Die Funktionen $\varphi_0(\Theta)$ und $\varphi_1(\Theta)$ entwickeln wir in FOURIER-Reihen; es sei

$$\begin{aligned} \varphi_0(\Theta) &= a_0 + \sum_{n=1}^{\infty} (a_n \cos n\Theta + b_n \sin n\Theta) , \\ \varphi_1(\Theta) &= \alpha_0 + \sum_{n=1}^{\infty} (\alpha_n \cos n\Theta + \beta_n \sin n\Theta) . \end{aligned} \tag{3}$$

Indem wir die Entwicklungen (2) und (3) in die Randbedingung (1) einsetzen und die Koeffizienten bei $\cos n\Theta$ und $\sin n\Theta$ vergleichen, gelangen wir zu einer Folge algebraischer Systeme zweiter Ordnung:

$$\begin{aligned} C \ln R_0 + A_0 &= a_0 , & C \ln R_1 + A_0 &= \alpha_0 ; \\ A_n R_0^n + A_{-n} R_0^{-n} &= a_n , & A_n R_1^n + A_{-n} R_1^{-n} &= \alpha_n ; \\ B_n R_0^n - B_{-n} R_0^{-n} &= b_n , & B_n R_1^n - B_{-n} R_1^{-n} &= \beta_n . \end{aligned}$$

Da die Determinanten dieser Systeme von Null verschieden sind, lassen sich alle Koeffizienten der Entwicklung (2) bestimmen. Damit ist die formale Lösung des

Problems konstruiert. Die genaue Begründung dieser Lösung überlassen wir dem Leser.

Mit derselben Methode läßt sich auch das NEUMANNsche Problem für das Kreisringgebiet lösen.

§ 3. Die Anwendung der konformen Abbildungen

Im § 2 des Kap. 12 haben wir gesehen, daß eine konforme Abbildung eine harmonische Funktion wieder in eine harmonische Funktion überführt. Es erweist sich nun, daß die konforme Abbildung auch jedes DIRICHLETsche Problem in ein DIRICHLETsches Problem und jedes NEUMANNsche Problem wieder in ein NEUMANNsches Problem überführt.

In der Tat, es sei im Gebiet Ω folgendes DIRICHLETsche Problem gestellt:

$$\Delta u = 0\,, \qquad u|_\Gamma = \varphi(s)\,. \tag{1}$$

Dabei sei Γ die Randkurve des Gebietes Ω und s der Parameter, der die Lage des Punktes auf Γ festlegt.

Die Funktion $z(\zeta)$, welche die konforme Abbildung des Gebietes D auf das Gebiet Ω herstellt, sei im abgeschlossenen Gebiet[1]) $\bar{D} = D \cup \Gamma_1$ stetig; dabei bedeutet Γ_1 die Randkurve des Gebietes D. Da, wie wir bereits gesehen haben, die konforme Abbildung die LAPLACE-Gleichung invariant läßt, so genügt die transformierte Funktion $\tilde{u}$ der Gleichung

$$\Delta_\zeta \tilde{u} = \frac{\partial^2 \tilde{u}}{\partial \xi^2} + \frac{\partial^2 \tilde{u}}{\partial \eta^2} = 0\,. \tag{2}$$

Da bekanntlich bei einer konformen Abbildung zwischen den Randkurven eine eindeutige Beziehung besteht, kann derselbe Parameter s auch als Kurvenparameter für Γ_1 dienen. Dann ändert sich aber die Randbedingung (1) bei einer konformen Abbildung nicht, und wir erhalten

$$u|_{\Gamma_1} = \varphi(s)\,. \tag{3}$$

Die Gleichungen (2) und (3) zeigen, daß die transformierte Funktion $\tilde{u}$ eine Lösung des DIRICHLETschen Problems für das Gebiet D ist.

Wir wenden uns jetzt dem NEUMANNschen Problem zu. Bekanntlich bleibt die Ableitung $z'(\zeta)$ auf Kurvenstücken mit stetiger Krümmung stetig. Des weiteren genügt die transformierte Funktion wiederum der Gleichung (2); es bleibt noch zu klären, welcher Randbedingung diese Funktion genügt.

Die Funktion $u(x, y)$ genüge der Randbedingung des NEUMANNschen Problems

$$\left.\frac{\partial u}{\partial \nu}\right|_\Gamma = \psi(s)\,. \tag{4}$$

Wir bezeichnen mit ν_1 die Normale zur Kurve Γ_1 in dem Punkt, der dem Parameterwert s entspricht. Bei einer konformen Abbildung geht die Randkurve wieder in die Randkurve und folglich auch die Tangentenrichtung wieder in die Tangentenrichtung über; da dabei die Winkel erhalten bleiben, geht die Normalenrichtung ν in die Nor-

[1]) Dafür ist notwendig und hinreichend, daß das Gebiet D durch eine JORDAN-Kurve begrenzt wird.

malenrichtung ν_1 über. Wir erläutern die letzte Behauptung. Es seien z und ζ die bei der konformen Abbildung einander entsprechenden Punkte der Randkurven Γ und Γ_1. Wenn man im Gebiet Ω die Normale ν errichtet, welche die Randkurve Γ im

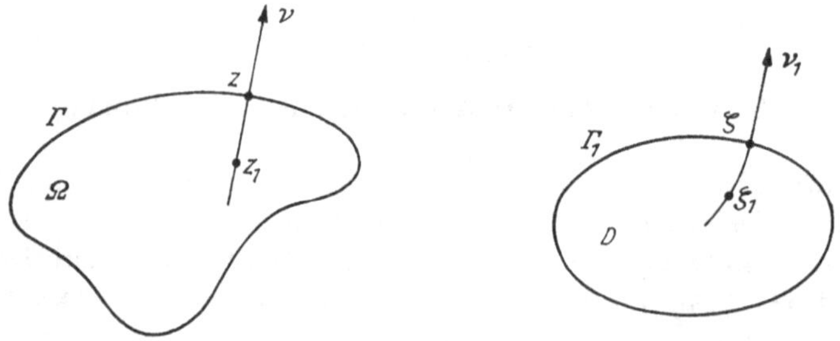

Abb. 26

Punkt z schneidet, dann geht diese Normale bei der konformen Abbildung in eine Kurve über, welche die Normale ν_1 im Punkt ζ berührt (s. Abb. 26). Auf der Normalen ν wählen wir einen Punkt $z_1 = x_1 + iy_1$. Diesem entspreche im Gebiet D der Punkt $\zeta_1 = \xi_1 + i\eta_1$. Wir setzen $h = |z - z_1|$, $k = |\zeta - \zeta_1|$. Dann gilt

$$\frac{\partial u}{\partial \nu} = \lim_{z_1 \to z} \frac{u(x, y) - u(x_1, y_1)}{h} = \lim_{\zeta_1 \to \zeta} \frac{\tilde{u}(\xi, \eta) - \tilde{u}(\xi_1, \eta_1)}{k} \frac{k}{h} = \frac{\partial \tilde{u}}{\partial \nu_1} \lim_{\zeta_1 \to \zeta} \frac{k}{h}.$$

Da die Abbildung konform ist, ergibt sich

$$\lim_{\zeta_1 \to \zeta} \frac{k}{h} = \frac{1}{|z'(\zeta)|}$$

und schließlich

$$\frac{\partial \tilde{u}}{\partial \nu_1} = \frac{\partial u}{\partial \nu} |z'(\zeta)|. \tag{5}$$

Wenn also die Funktion u der Randbedingung (4) genügt, dann genügt die transformierte Funktion $\tilde{u}$ der Randbedingung

$$\left.\frac{\partial \tilde{u}}{\partial \nu_1}\right|_{\Gamma_1} = \psi(s)\, |z'(\zeta)|, \tag{6}$$

d. h. wiederum der Randbedingung eines NEUMANNschen Problems.

Die Lösungen der DIRICHLETschen und NEUMANNschen Probleme für den Kreis und das Kreisringgebiet sind uns bekannt, sie wurden in den vorangegangenen Paragraphen konstruiert. Aus dem soeben Bewiesenen ergibt sich nun: Wenn die konforme Abbildung eines vorgegebenen Gebietes auf einen Kreis oder auf ein Kreisringgebiet bekannt ist, dann lassen sich für dieses Gebiet die Lösungen der DIRICHLETschen und NEUMANNschen Probleme angeben. Wir wollen jetzt einige solcher Gebiete aufzählen.

1. Die Halbebene läßt sich mittels einer gebrochen-linearen Abbildung auf einen Kreis abbilden.

2. Das Außengebiet der Ellipse läßt sich mittels einer Abbildung der Gestalt

$$z = a\zeta + \frac{b}{\zeta} \tag{7}$$

(a und b sind Konstanten) auf einen Kreis abbilden.

3. Ein Vieleck läßt sich mit Hilfe des SCHWARZ-CHRISTOFFELschen Integrals auf einen Kreis abbilden.

4. Ein von zwei Kreisperipherien berandetes Gebiet läßt sich mittels einer gebrochen-linearen Abbildung auf ein Kreisringgebiet abbilden.

5. Mit Hilfe der Funktion (7) läßt sich ein zwischen zwei konfokalen Ellipsen gelegenes Ringgebiet auf ein Kreisringgebiet abbilden.

Die Aufzählung solcher Beispiele könnte man noch weiter fortsetzen.

§ 4. Die Anwendung der Kugelfunktionen

1. Das DIRICHLETsche Problem für die Kugel

Gesucht sei eine Funktion $u(x)$, die in der Kugel $\varrho = |x| < R$ harmonisch ist und auf der Kugeloberfläche $\varrho = R$ mit der vorgegebenen Funktion $\varphi(x)$ übereinstimmt. Da die Größe ϱ auf der Kugeloberfläche $\varrho = R$ einen konstanten Wert annimmt, wird die Lage des Punktes x allein durch die Vorgabe seiner Winkelkoordinaten be-

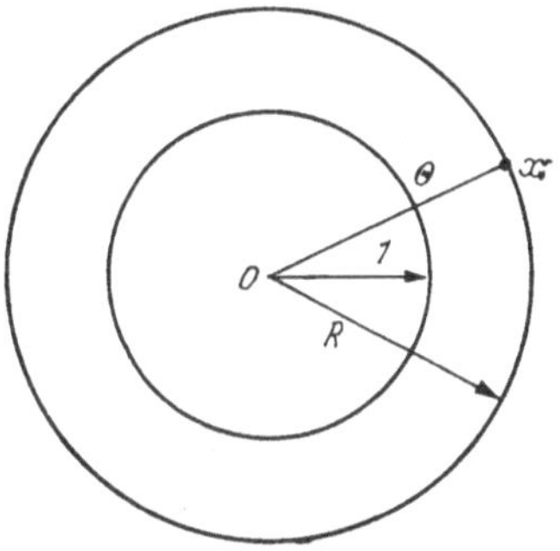

Abb. 27

stimmt, d. h. durch die Vorgabe jenes Punktes Θ auf der Einheitssphäre, der auf dem durch den Punkt x gehenden Strahl liegt (s. Abb. 27). Letzteres gestattet, $\varphi(x)$ als Funktion des Punktes Θ zu betrachten; wir werden deshalb $\varphi(\Theta)$ anstelle $\varphi(x)$ schreiben und somit der Randbedingung des DIRICHLETschen Problems die Gestalt

$$u|_{\varrho=R} = \varphi(\Theta) \tag{1}$$

geben. Die Funktion $\varphi(\Theta)$ sei nun in eine FOURIER-Reihe nach den Kugelfunktionen entwickelbar:

$$\varphi(\Theta) = \sum_{n=0}^{\infty} \sum_{k=1}^{k_{n,m}} a_n^{(k)} Y_{n,m}^{(k)}(\Theta) . \tag{2}$$

Dann wird die Lösung des DIRICHLETschen Problems für die Kugel $\varrho < R$ durch folgende Reihe dargestellt:

$$u(x) = \sum_{n=0}^{\infty} \frac{\varrho^n}{R^n} \sum_{k=1}^{k_{n,m}} a_n^{(k)} Y_{n,m}^{(k)}(\Theta) . \tag{3}$$

2. Das DIRICHLETsche Problem für das Außengebiet der Kugel

Gesucht sei eine Funktion $u(x)$, die im Gebiet $\varrho = |x| > R$ harmonisch ist und der Randbedingung (1) genügt. Wenn sich die Funktion $\varphi(\Theta)$ in die Reihe (2) entwickeln läßt, dann wird die gesuchte Funktion durch die folgende Reihe dargestellt:

$$u(x) = \sum_{n=0}^{\infty} \frac{R^{n+m-2}}{\varrho^{n+m-2}} \sum_{k=1}^{k_{n,m}} a_n^{(k)} Y_{n,m}^{(k)}(\Theta) . \tag{4}$$

3. Das Neumannsche Problem für die Kugel

Gesucht sei eine Funktion $u(x)$, die in der Kugel $\varrho < R$ harmonisch ist und der Randbedingung

$$\left.\frac{\partial u}{\partial \nu}\right|_{\varrho=R} = \psi(\Theta) \tag{5}$$

genügt. Dabei bedeutet ν die äußere Normale zur Kugeloberfläche $\varrho = R$. Da deren Richtung mit der Richtung des Radiusvektors des Punktes x übereinstimmt, gilt $\frac{\partial}{\partial \nu} = \left.\frac{\partial}{\partial \varrho}\right|_{\varrho=R}$, und die Bedingung (5) läßt sich somit in der Form

$$\left.\frac{\partial u}{\partial \varrho}\right|_{\varrho=R} = \psi(\Theta) \tag{6}$$

darstellen. Auf Grund der Formel (2.11) des Kap. 13 ist es notwendig, daß gilt

$$\int_{\varrho=R} \psi(\Theta)\, dS_R = 0 .$$

Nun gilt aber $dS_R = R^{m-1}\, dS_1$, wobei S_1 die Einheitssphäre bedeutet; die letzte Bedingung ist deshalb der folgenden äquivalent

$$\int_{S_1} \psi(\Theta)\, dS_1 = 0 . \tag{7}$$

Die Funktion $\psi(\Theta)$ entwickeln wir in eine Fourier-Reihe nach den Kugelfunktionen:

$$\psi(\Theta) = \sum_{n=1}^{\infty} \sum_{k=1}^{k_{n,m}} b_n^{(k)} Y_{n,m}^{(k)}(\Theta) . \tag{8}$$

Das Glied mit dem Index $n = 0$ tritt hier auf Grund der Formel (7) nicht auf.

Die Lösung des Neumannschen Problems wird dann durch die Reihe

$$u(x) = C + \sum_{n=1}^{\infty} \frac{\varrho^n}{n R^{n-1}} \sum_{k=1}^{k_{n,m}} b_n^{(k)} Y_{n,m}^{(k)}(\Theta) \tag{9}$$

dargestellt, dabei ist C eine willkürliche Konstante.

4. Das Neumannsche Problem für das Außengebiet der Kugel

Gesucht sei eine Funktion $u(x)$, die im Gebiet $\varrho > R$ harmonisch ist und der Randbedingung (5) genügt. Da die Bedingung (2.11) aus Kap. 13 im Falle eines unbeschränkten Gebietes nicht notwendig ist, so kann jetzt die Fourier-Entwicklung der Funktion $\psi(\Theta)$ nach den Kugelkoordinaten auch ein nulltes Glied enthalten. Es gelte

$$\psi(\Theta) = \sum_{n=0}^{\infty} \sum_{k=1}^{k_{n,m}} b_n^{(k)} Y_{n,m}^{(k)}(\Theta) . \tag{10}$$

Dann wird die Lösung des Neumannschen Problems durch die folgende Formel geliefert:

$$u(x) = - \sum_{n=0}^{\infty} \frac{R^{n+m-1}}{(n+m-2)\varrho^{n+m-2}} \sum_{k=1}^{k_{n,m}} b_n^{(k)} Y_{n,m}^{(k)}(\Theta) . \tag{11}$$

5. Die DIRICHLETschen und NEUMANNschen Probleme für die Kugelschicht

Wir suchen jetzt eine Funktion, die in der Kugelschicht $R_0 < \varrho < R_1$ harmonisch ist und den Randbedingungen des DIRICHLETschen Problems

$$u\big|_{\varrho=R_0} = \varphi_0(\Theta)\,, \qquad u\big|_{\varrho=R_1} = \varphi_1(\Theta) \tag{12}$$

genügt.

Die Funktionen $\varphi_0(\Theta)$ und $\varphi_1(\Theta)$ entwickeln wir in FOURIER-Reihen nach den Kugelfunktionen:

$$\varphi_0(\Theta) = \sum_{n=0}^{\infty} \sum_{n=1}^{k_{n,m}} a_{0n}^{(k)} Y_{n,m}^{(k)}(\Theta)\,, \qquad \varphi_1(\Theta) = \sum_{n=0}^{\infty} \sum_{k=1}^{k_{n,m}} a_{1n}^{(k)} Y_{n,m}^{(k)}(\Theta)\,. \tag{13}$$

Die Lösung des Problems suchen wir in Gestalt der Reihe

$$u(x) = \sum_{n=0}^{\infty} \sum_{k=1}^{k_{n,m}} \left(A_n^{(k)} \varrho^n + \frac{B_n^{(k)}}{\varrho^{n+m-2}} \right) Y_{n,m}^{(k)}(\Theta)\,. \tag{14}$$

Wir setzen jetzt in der Formel (14) $\varrho = R_0$ und $\varrho = R_1$ und vergleichen die sich daraus ergebenden Reihen mit den Reihen (13). Dann erhalten wir folgendes Gleichungssystem für die unbekannten Koeffizienten $A_n^{(k)}$ und $B_n^{(k)}$:

$$A_n^{(k)} R_0^n + B_n^{(k)} R_0^{2-m-n} = a_{0n}^{(k)}\,, \qquad A_n^{(k)} R_1^n + B_n^{(k)} R_1^{2-m-n} = a_{1n}^{(k)}\,. \tag{15}$$

Die Determinante des Systems (15) ist gleich

$$R_0^n R_1^n (R_0^{2-m-2n} - R_1^{2-m-2n})$$

und somit verschieden von Null. Folglich lassen sich die Koeffizienten $A_n^{(k)}$, $B_n^{(k)}$ bestimmen, und wir gelangen damit zur Lösung des DIRICHLETschen Problems.

Im Falle des NEUMANNschen Problems haben die Randbedingungen die Gestalt

$$\frac{\partial u}{\partial \nu}\bigg|_{\varrho=R_0} = \psi_0(\Theta)\,, \qquad \frac{\partial u}{\partial \nu}\bigg|_{\varrho=R_1} = \psi_1(\Theta)\,. \tag{16}$$

Die Beziehung (2.11) aus Kap. 13 bedeutet in diesem Falle, daß die Funktionen $\psi_0(\Theta)$ und $\psi_1(\Theta)$ folgender Gleichung genügen müssen:

$$R_0^{m-1} \int_{S_1} \psi_0(\Theta)\, \mathrm{d}S_1 + R_1^{m-1} \int_{S_1} \psi_1(\Theta)\, \mathrm{d}S_1 = 0\,; \tag{17}$$

dies ist eine notwendige Bedingung für die Lösbarkeit des NEUMANNschen Problems.

Die Funktionen $\psi_0(\Theta)$ und $\psi_1(\Theta)$ entwickeln wir in FOURIER-Reihen nach den Kugelfunktionen:

$$\psi_0(\Theta) = \sum_{n=0}^{\infty} \sum_{k=1}^{k_{n,m}} b_{0n}^{(k)} Y_{n,m}^{(k)}(\Theta)\,, \qquad \psi_1(\Theta) = \sum_{n=0}^{\infty} \sum_{k=1}^{k_{n,m}} b_{1n}^{(k)} Y_{n,m}^{(k)}(\Theta)\,. \tag{18}$$

Gleichung (17) führt unter Berücksichtigung der Formel (4.7) zu folgender Beziehung zwischen den Anfangsgliedern der Reihen (18):

$$R_0^{m-1} b_{00}^{(1)} + R_1^{m-1} b_{10}^{(1)} = 0\,. \tag{19}$$

Die Lösung des Problems suchen wir wiederum in Gestalt der Reihe (14). Wir berücksichtigen jetzt, daß $\dfrac{\partial}{\partial \nu} = -\dfrac{\partial}{\partial \varrho}\bigg|_{\varrho=R_0}$ auf der inneren Kugeloberfläche und $\dfrac{\partial}{\partial \nu} = \dfrac{\partial}{\partial \varrho}\bigg|_{\varrho=R_1}$ auf der äußeren Kugeloberfläche gilt. Durch Differentiation der Reihe (14) nach der Normalen und anschließenden Koeffizientenvergleich in den sich ergebenden Reihen und den Reihen (18) erhalten wir folgendes Gleichungssystem:

$$-nR_0^{n-1}A_n^{(k)} + \frac{n+m-2}{R_0^{n+m-1}}B_n^{(k)} = b_{0n}^{(k)}, \qquad nR_1^{n-1}A_n^{(k)} - \frac{n+m-2}{R_1^{n+m-1}}B_n^{(k)} = b_{1n}^{(k)}. \tag{20}$$

Die Determinante des Systems (20) ist gleich

$$\frac{n(n+m-2)}{(R_0R_1)^{n+m-1}}(R_0^{2n+m-2} - R_1^{2n+m-2})$$

und somit für $n \neq 0$ verschieden von Null. Daraus folgt, daß sich die Koeffizienten $A_n^{(k)}$ und $B_n^{(k)}$ für $n > 0$ eindeutig bestimmen lassen. Für $n = 0$ liefert das System (20) zwei Werte für ein und dieselbe Größe $B_0^{(1)}$:

$$B_0^{(1)} = R_0^{m-1}\frac{b_{00}^{(1)}}{m-2}, \qquad B_0^{(1)} = -R_1^{m-1}\frac{b_{10}^{(1)}}{m-2}.$$

Diese Werte stimmen auf Grund der Beziehung (19) überein. Der Koeffizient $A_0^{(1)}$ bleibt, wie auch zu erwarten war, willkürlich wählbar.

KAPITEL 16

POTENTIALTHEORIE

§ 1. Ljapunow-Flächen

Nach Definition (s. Einleitung, § 2) sind Ljapunow-*Flächen* Flächen der Klasse $C^{(1,\alpha)}$, $0 < \alpha \leqq 1$. Wir erinnern daran, daß dies folgendes bedeutet. Wenn Γ eine Ljapunow-Fläche ist, so besitzt diese vor allem in jedem ihrer Punkte eine bestimmte Normale. Fernerhin existieren derartige Konstanten d, a, α mit $d > 0$, $a > 0$, $0 < \alpha \leqq 1$, daß für jeden beliebigen Punkt x auf Γ die Sphäre $S_d(x)$ mit dem Radius d und dem Mittelpunkt in x aus Γ einen Teil $\Gamma(x)$ herausschneidet, der in dem mit dem Punkt x assoziierten Ortskoordinatensystem $\xi_1, \xi_2, \dots, \xi_m$ durch eine Gleichung der Gestalt

$$\xi_m = f(\xi') \tag{1}$$

gegeben werden kann; hier und später bedeutet der Strich die Projektion des gegebenen Punktes auf die im Punkt x an Γ angelegte Tangentialebene, d. h. auf die Ebene $\xi_m = 0$. Man kann ξ' auch als Punkt des $(m - 1)$-dimensionalen Raumes mit den Koordinaten $\xi_1, \xi_2, \dots, \xi_{m-1}$ betrachten. Wenn ξ und ζ zwei Punkte des Stücks $\Gamma(x)$ sind und t eine beliebige Richtung in der Ebene $\xi_m = 0$ ist, so gilt

$$\left|\frac{\partial f(\xi')}{\partial t} - \frac{\partial f(\zeta')}{\partial t}\right| \leqq a\left[\sum_{k=1}^{m-1} (\xi_k - \zeta_k)^2\right]^{\alpha/2}. \tag{2}$$

Die Sphäre $S_d(x)$ werden wir Ljapunow-Sphäre nennen. (Im weiteren wird gelegentlich auch von der Ljapunow-*Kugel* die Rede sein.) Wir wollen noch darauf hinweisen, daß der Radius d durch jeden beliebigen kleineren ersetzt werden kann.

Die Ebene $\xi_m = 0$ ist die an die Fläche Γ im Punkte x angelegte Tangentialebene. Weil x der Ursprung des Ortskoordinatensystems ist, so folgt hieraus

$$f(0, 0, \dots, 0) = 0\,; \qquad \frac{\partial}{\partial t} f(0, 0, \dots, 0) = 0\,.$$

Wir vereinbaren nunmehr folgende Bezeichnungen. Sei ξ ein Punkt des Teils $\Gamma(x)$. Den Abstand von x zu ξ bezeichnen wir mit r, den von x zu ξ' mit dem Buchstaben ϱ. Offenbar gilt

$$\varrho^2 = \sum_{k=1}^{m-1} \xi_k^2\,, \qquad r^2 = \sum_{k=1}^{m} \xi_k^2 = \varrho^2 + \xi_m^2\,.$$

Wenn wir in (2) $\zeta = x$ setzen, so finden wir für die partiellen Ableitungen der Funktion f

$$\left|\frac{\partial f}{\partial t}\right| \leqq a\varrho^\alpha \tag{3}$$

und dann erst recht

$$\left|\frac{\partial f}{\partial \xi_k}\right| \leqq a r^\alpha\,, \qquad k = 1, 2, \dots, m-1\,. \tag{4}$$

Wir schätzen noch die Größe $\xi_m = f(\xi')$, $\xi \in \Gamma(x)$, ab. Dazu betrachten wir das Geradenstück, das die Punkte x und ξ' miteinander verbindet und bezeichnen mit $\zeta' = (\zeta_1, \zeta_2, \dots, \zeta_{m-1})$ einen variablen Punkt dieses Geradenstücks. Es sei ϱ' der Abstand zwischen den Punkten x und ζ':

$$\varrho'^2 = \sum_{k=1}^{m-1} \zeta_k^2 .$$

Nach der Ungleichung (3) ergibt sich

$$|f(\xi')| = \left| \int_0^{\varrho} \frac{\partial f}{\partial \varrho'} \, d\varrho' \right| \leqq \int_0^{\varrho} \left| \frac{\partial f}{\partial \varrho'} \right| d\varrho' \leqq a \int_0^{\varrho} \varrho'^{\alpha} \, d\varrho' = c\varrho^{\alpha+1}, \qquad c = \frac{a}{\alpha + 1} \tag{5}$$

und folglich

$$|f(\xi')| \leqq cr^{\alpha+1} . \tag{6}$$

Die Ungleichung (5) ermöglicht es, r durch ϱ abzuschätzen. Es gilt nämlich

$$r^2 = \varrho^2 + \xi_m^2 \leqq \varrho^2 + c^2\varrho^{2\alpha+2} \leqq (1 + c^2 d^{2\alpha})\, \varrho^2 .$$

Wie schon oben bemerkt wurde, kann der Radius d beliebig klein gewählt werden. Deshalb kann angenommen werden, daß

$$ad^{\alpha} \leqq 1 \tag{7}$$

gilt. Dann hat erst recht die Beziehung

$$cd^{\alpha} = \frac{a}{1 + \alpha} d^{\alpha} < 1$$

Gültigkeit, und daraus folgt schließlich

$$r \leqq \sqrt{2}\, \varrho \leqq 2\varrho . \tag{8}$$

Mit n und ν bezeichnen wir die Normalen an Γ entsprechend in den Punkten x und ξ. Wir nehmen $\xi \in \Gamma(x)$ an und leiten eine Abschätzung für die Größe $|\cos(n, r)|$ her; hierbei bezeichnet r den Vektor, der in x beginnt und in ξ endet. Es gilt

$$\cos(n, r) = \cos(\xi_m, r) = \frac{\xi_m}{r}$$

und nach Ungleichung (6)

$$|\cos(n, r)| \leqq cr^{\alpha} . \tag{9}$$

Wenn wir die Rollen von x und ξ vertauschen (was offenbar zulässig ist), so erhalten wir noch eine wichtige Ungleichung:

$$|\cos(\nu, r)| \leqq cr^{\alpha} . \tag{10}$$

Für das Weitere werden sich noch Abschätzungen der Richtungscosinuse der Normalen ν als nützlich erweisen. Nach einer bekannten Formel der Differentialgeometrie gilt

$$\cos(\nu, \xi_m) = \left[1 + \sum_{k=1}^{m-1} \left(\frac{\partial f}{\partial \xi_k}\right)^2\right]^{-1/2} = \left[1 + \left(\frac{\partial f}{\partial \tau}\right)^2\right]^{-1/2},$$

wobei τ die Richtung des Gradienten der Funktion f ist. Die Ungleichungen (3) und (7) liefern nunmehr

$$\cos(\nu, \xi_m) \geqq (1 + a^2\varrho^{2\alpha})^{-1/2} \geqq (1 + a^2 d^{2\alpha})^{-1/2} \geqq \frac{1}{\sqrt{2}} \geqq \frac{1}{2} . \tag{11}$$

Wenn $k = 1, 2, \dots, n-1$ ist, liefert dieselbe Formel der Differentialgeometrie

$$\cos(\nu, \xi_k) = \pm \frac{\partial f}{\partial \xi_k}\left[1 + \sum_{k=1}^{m-1}\left(\frac{\partial f}{\partial \xi_k}\right)^2\right]^{-1/2},$$

und nach Ungleichung (3) gilt

$$|\cos(\nu, \xi_k)| \leqq \left|\frac{\partial f}{\partial \xi_k}\right| \leqq a\varrho^\alpha \leqq ar^\alpha\,; \qquad k = 1, 2, \dots, m-1\,. \tag{12}$$

§ 2. Der Raumwinkel

Wir betrachten eine stückweise glatte Fläche Γ, die nicht notwendig geschlossen zu sein braucht und auf der eine positive Richtung der Normalen festgelegt ist.

Mit ξ bezeichnen wir einen beliebigen Punkt der Fläche Γ und mit ν die im Punkt ξ an die Fläche Γ errichtete Normale. Es sei $x \in E_m$ ein Punkt mit der Eigenschaft, daß in einem beliebigen Punkt $\xi \in \Gamma$ der von x nach ξ gerichtete Ortsvektor r mit der Normalen ν einen spitzen oder höchstens einen rechten Winkel bildet; es gilt demnach

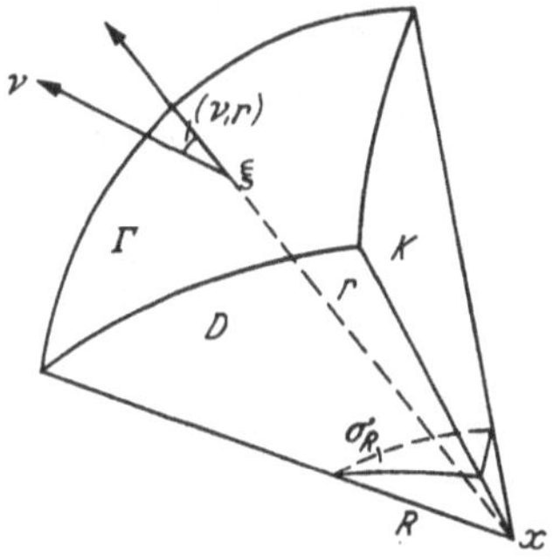

Abb. 28

$\cos(r, \nu) \geqq 0$. Aus dem Punkt x errichten wir jetzt die Ortsvektoren nach sämtlichen Punkten der Fläche Γ. Diese Ortsvektoren füllen dann ein gewisses Gebiet aus, das von der Fläche Γ und der Kegelfläche K, deren Erzeugenden die in den Randpunkten der Fläche Γ endenden Ortsvektoren sind, berandet wird (s. Abb. 28).

Um den Punkt x beschreiben wir jetzt eine Kugel von beliebigem Radius R. Mit σ_R bezeichnen wir den Teil der Kugeloberfläche, der sich innerhalb des oben erwähnten Konus befindet. Dann heißt der von R unabhängige Quotient

$$\omega_x(\Gamma) = \frac{|\sigma_R|}{R^{m-1}} \tag{1}$$

Raumwinkel, unter dem die Fläche Γ vom Punkt x aus sichtbar ist.

Die soeben beschriebene Konstruktion ist auch dann möglich, wenn auf der Fläche Γ die Beziehung $\cos(r, \nu) \leqq 0$ gilt. In diesem Fall nennt man den Raumwinkel $\omega_x(\Gamma)$, unter dem die Fläche vom Punkt x aus sichtbar ist, den mit dem negativen Vorzeichen versehenen Quotienten (1).

Im allgemeinen Fall, wo sich das Vorzeichenn von $\cos(r, \nu)$ ändert, wollen wir annehmen, daß sich die Fläche Γ in gewisse Teile $\Gamma_1, \Gamma_2, \dots$ zerlegen läßt, auf denen

$\cos(r, \nu)$ ein konstantes Vorzeichen besitzt. Für eine solche Fläche wird der Raumwinkel durch die Formel

$$\omega_x(\Gamma) = \sum \omega_x(\Gamma_k) \tag{2}$$

definiert, wenn nur die Reihe (2) absolut konvergiert (letzteres ist z. B. im Falle endlich vieler Teile Γ_k garantiert).

Wir beweisen jetzt, daß in allen genannten Fällen für den Raumwinkel $\omega_x(\Gamma)$ die folgende Formel gilt:

$$\omega_x(\Gamma) = -\frac{1}{m-2}\int_\Gamma \frac{\partial}{\partial \nu}\frac{1}{r^{m-2}}\,\mathrm{d}_\xi \Gamma . \tag{3}$$

Offensichtlich genügt es, den Fall zu betrachten, wo sich auf der Fläche Γ das Vorzeichen von $\cos(r, \nu)$ nicht ändert.

Zunächst leiten wir eine vorbereitende Formel her, die auch im weiteren von Nutzen sein wird. Es gilt

$$\frac{\partial}{\partial \nu}\frac{1}{r^{m-2}} = -\frac{m-2}{r^{m-1}}\frac{\partial r}{\partial \xi_k}\cos(\nu, \xi_k) .$$

Unter Berücksichtigung der Beziehung

$$\frac{\partial r}{\partial \xi_k} = \frac{\xi_k - x_k}{r} = \cos(r, \xi_k)$$

ergibt sich daraus

$$\frac{\partial}{\partial \nu}\frac{1}{r^{m-2}} = -\frac{m-2}{r^{m-1}}\cos(r, \xi_k)\cdot\cos(\nu, \xi_k)$$

oder schließlich

$$\frac{\partial}{\partial \nu}\frac{1}{r^{m-2}} = -\frac{m-2}{r^{m-1}}\cos(r, \nu) . \tag{4}$$

Es sei $x \notin \Gamma$ und $\cos(r, \nu) \geqq 0$. Den Radius R wählen wir hinreichend klein, so daß die Flächen σ_R und Γ keine gemeinsamen Punkte besitzen (vgl. Abb. 28).

Wir betrachten das Gebiet D, das durch die Flächen Γ und σ_R sowie durch den zwischen diesen beiden Flächen liegenden Teil der Konusfläche K berandet wird. Da in diesem Gebiet $\frac{1}{r^{m-2}}$ eine harmonische Funktion des Punktes ξ ist, so gilt (vgl. Formel (6.9) des Kap. 10)

$$\int_\Gamma \frac{\partial}{\partial \nu^*}\frac{1}{r^{m-2}}\,\mathrm{d}_\xi\Gamma + \int_{\sigma_R} \frac{\partial}{\partial \nu^*}\frac{1}{r^{m-2}}\,\mathrm{d}_\xi\sigma_R + \int_K \frac{\partial}{\partial \nu^*}\frac{1}{r^{m-2}}\,\mathrm{d}_\xi K = 0 .$$

Dabei bezeichnet ν^* die in bezug auf D äußere Normale an die Fläche; wegen $\cos(r, \nu) \geqq 0$ gilt $\nu^* = \nu$ auf der Fläche Γ.

Auf der Fläche K ist $\cos(r, \nu^*) = 0$, da r die Richtung der Erzeugenden hat und ν^* auf dieser senkrecht steht. Auf Grund der Formel (4) verschwindet dann das Integral über K, so daß wir erhalten

$$\int_\Gamma \frac{\partial}{\partial \nu}\frac{1}{r^{m-2}}\,\mathrm{d}_\xi\Gamma = -\int_{\sigma_R} \frac{\partial}{\partial \nu^*}\frac{1}{r^{m-2}}\,\mathrm{d}_\xi\sigma_R .$$

Da auf der Fläche σ_R die Normale ν^* entgegengesetzt zum Vektor r gerichtet ist, gilt

$$\frac{\partial}{\partial \nu^*} \frac{1}{r^{m-2}} = - \frac{\partial}{\partial r} \frac{1}{r^{m-2}} \bigg|_{r=R} = \frac{m-2}{R^{m-1}} .$$

Damit ergibt sich

$$\int_\Gamma \frac{\partial}{\partial \nu} \frac{1}{r^{m-2}} \, d_\xi \Gamma = - \frac{m-2}{R^{m-1}} \int_{\sigma_R} d_\xi \sigma_R = -(m-2) \frac{|\sigma_R|}{R^{m-1}} = -(m-2)\, \omega_x(\Gamma) ,$$

was zu beweisen war.

Im Falle $\cos(r, \nu) \leqq 0$ ist $\nu^* = -\nu$ auf Γ. Auf Grund der obigen Überlegungen finden wir dann

$$\int_\Gamma \frac{\partial}{\partial \nu} \frac{1}{r^{m-2}} \, d_\xi \Gamma = \frac{m-2}{R^{m-1}} \int_{\sigma_R} d_\xi \sigma_R = (m-2) \frac{|\sigma_R|}{R^{m-1}} = -(m-2)\, \omega_x(\Gamma) .$$

Wenn die Fläche Γ in die Teile $\Gamma_1, \Gamma_2, \ldots$ zerlegt ist, auf denen sich das Vorzeichen von $\cos(r, \nu)$ nicht ändert, dann ist offensichtlich

$$\Sigma \, |\omega_x(\Gamma_k)| = \int_\Gamma \left| \frac{\partial}{\partial \nu} \frac{1}{r^{m-2}} \right| d_\xi \Gamma . \tag{5}$$

Satz 16.2.1. *Es sei Γ eine geschlossene* LJAPUNOW-*Fläche. Dann existiert eine Konstante C derart, daß gilt*

$$\int_\Gamma \left| \frac{\partial}{\partial \nu} \frac{1}{r^{m-2}} \right| d_\xi \Gamma \leqq C , \qquad \forall x \in E_m . \tag{6}$$

Beweis. Es sei d der Radius der LJAPUNOW-Kugel für die Fläche Γ. Wenn der Abstand zwischen dem Punkt x und der Fläche Γ nicht kleiner als $\frac{d}{2}$ ist, dann gilt $r = |x - \xi| \geqq \frac{d}{2}$, und nach der Formel (4) ergibt sich

$$\left| \frac{\partial}{\partial \nu} \frac{1}{r^{m-2}} \right| = (m-2) \frac{|\cos(r, \nu)|}{r^{m-1}} \leqq \frac{2^{m-1}(m-2)}{d^{m-1}}$$

und somit

$$\int_\Gamma \left| \frac{\partial}{\partial \nu} \frac{1}{r^{m-2}} \right| d_\xi \Gamma \leqq \frac{2^{m-1}(m-2)}{d^{m-1}} |\Gamma| . \tag{7}$$

Der Abstand zwischen dem Punkt x und der Fläche Γ sei jetzt kleiner als $\frac{d}{2}$. Dann existiert ein Punkt $x_0 \in \Gamma$ mit der Eigenschaft

$$|x - x_0| = \min_{\xi \in \Gamma} |x - \xi| < \frac{d}{2} . \tag{8}$$

Dabei liegt bekanntlich der Punkt x auf der im Punkt x_0 errichteten Normalen n_0 an die Fläche Γ.

Wir betrachten die LJAPUNOW-Kugel $S(x_0)$. Mit $\Gamma'(x_0)$ und $\Gamma''(x_0)$ bezeichnen wir entsprechend den innerhalb bzw. außerhalb der Kugel $S(x_0)$ liegenden Teil der Fläche Γ (s. Abb. 29). Wenn $\xi \in \Gamma''(x_0)$, ist, dann gilt $|\xi - x_0| \geqq d$ und somit

$$|\xi - x| \geqq |\xi - x_0| - |x - x_0| > \frac{d}{2} .$$

Daraus ergibt sich

$$\int\limits_{\Gamma''(x_0)} \left| \frac{\partial}{\partial \nu} \frac{1}{r^{m-2}} \right| \mathrm{d}_\xi \Gamma \leqq \frac{2^{m-1}(m-2)\,|\Gamma''(x_0)|}{d^{m-1}} < \frac{2^{m-1}(m-2)\,|\Gamma|}{d^{m-1}}. \tag{9}$$

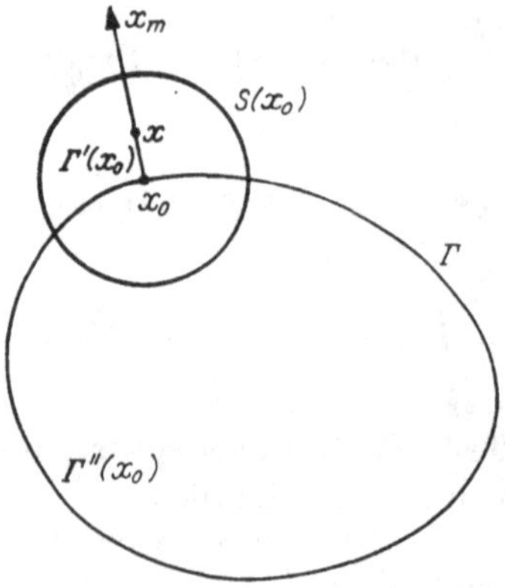

Abb. 29

Wir haben also noch das Integral

$$\int\limits_{\Gamma'(x_0)} \left| \frac{\partial}{\partial \nu} \frac{1}{r^{m-2}} \right| \mathrm{d}_\xi \Gamma = (m-2) \int\limits_{\Gamma'(x_0)} \frac{|\cos(r,\nu)|}{r^{m-1}} \mathrm{d}_\xi \Gamma$$

zu betrachten.

Wir wählen ein Ortskoordinatensystem mit dem Punkt x_0 als Ursprung; die x_m-Achse richten wir entlang der Normalen an die Fläche Γ im Punkt x_0. Wir setzen $|x - x_0| = \delta$; dann ist $\delta < \frac{d}{2}$, und im Ortskoordinatensystem gilt $x = (0, 0, \dots, 0, \pm\delta)$. Mit $G'(x_0)$ bezeichnen wir die Projektion der Fläche $\Gamma'(x_0)$ auf die Tangentialebene im Punkt x_0. Unter Berücksichtigung der Abschätzung (1.11) erhalten wir dann

$$\int\limits_{\Gamma'(x_0)} \frac{|\cos(r,\nu)|}{r^{m-1}} \mathrm{d}_\xi \Gamma = \int\limits_{G'(x_0)} \frac{|\cos(r,\nu)|\, \mathrm{d}\xi_1\, \mathrm{d}\xi_2 \dots \mathrm{d}\xi_{m-1}}{r^{m-1}\cos(\nu,\xi_m)} \leqq 2 \int\limits_{G'(x_0)} \frac{|\cos(r,\nu)|}{r^{m-1}} \mathrm{d}\xi_1\, \mathrm{d}\xi_2 \dots \mathrm{d}\xi_{m-1}. \tag{10}$$

Wir setzen jetzt $\varrho^2 = \xi_1^2 + \xi_2^2 + \dots + \xi_{m-1}^2$; offensichtlich ist ϱ der Abstand zwischen dem Punkt x_0 und der Projektion des Punktes ξ auf die Tangentialebene in x_0. Aus der Formel

$$r^2 = \sum_{k=1}^{m} (\xi_k - x_k)^2 = \sum_{k=1}^{m-1} \xi_k^2 + (\xi_m - x_m)^2 = \varrho^2 + (\xi_m \pm \delta)^2$$

ergibt sich $r \geqq \varrho$. Da andererseits das Gebiet $G'(x_0)$ durch die Ungleichung $r < d$ definiert ist, so gilt auch $\varrho < d$. Letzteres bedeutet, daß das Gebiet $G'(x_0)$ in der $(m-1)$-dimensionalen Kugel $\varrho \leqq d$ liegt; aus Formel (10) schließen wir nun

$$\int\limits_{\Gamma'(x_0)} \frac{|\cos(r,\nu)|}{r^{m-1}} \mathrm{d}_\xi \Gamma \leqq 2 \int\limits_{\varrho<d} \frac{|\cos(r,\nu)|}{r^{m-1}} \mathrm{d}\xi_1\, \mathrm{d}\xi_2 \dots \mathrm{d}\xi_{m-1}. \tag{11}$$

Wenn $\delta = 0$ (d. h. $x = x_0 \in \Gamma$) gilt, dann ergibt sich auf Grund der Ungleichung (1.10)

$$\frac{|\cos(r, \nu)|}{r^{m-1}} \leqq \frac{C}{r^{m-1-\alpha}} \leqq \frac{C}{\varrho^{m-1-\alpha}} \tag{12}$$

und folglich

$$\int_{\Gamma'(x_0)} \frac{|\cos(r, \nu)|}{r^{m-1}} \, d_\xi \Gamma \leqq 2c \int_{\varrho<d} \frac{d\xi_1 \, d\xi_2 \ldots d\xi_{m-1}}{\varrho^{m-1-\alpha}} = \text{const}\,. \tag{13}$$

Damit haben wir gleichzeitig bewiesen, daß das Integral (6) für beliebiges $x \in \Gamma$ existiert.

Es sei jetzt $\delta > 0$. Unter Berücksichtigung der Abschätzungen (1.6) und (1.12) sowie der Bezeichnung $r_0 = |\xi - x_0|$ erhalten wir

$$|\cos(r, \nu)| = |\cos(r, \xi_k) \cos(\nu, \xi_k)| \leqq a(m-1)\, r_0^\alpha + \frac{|\xi_m \pm \delta|}{r} \leqq$$

$$\leqq a(m-1)\, r_0^\alpha + c\frac{r_0^{\alpha+1}}{r} + \frac{\delta}{r} \leqq a(m-1)\, r_0^\alpha + a\frac{r_0^{\alpha+1}}{r} + \frac{\delta}{r}\,.$$

Nunmehr gilt

$$2\int_{\varrho<d} \frac{|\cos(r, \nu)|}{r^{m-1}} \, d\xi_1 \, d\xi_2 \ldots d\xi_{m-1} \leqq 2a(m-1) \int_{\varrho<d} \frac{r_0^\alpha}{r^{m-1}} \, d\xi_1 \, d\xi_2 \ldots d\xi_{m-1} +$$

$$+ 2a \int_{\varrho<d} \frac{r_0^{\alpha+1}}{r^m} \, d\xi_1 \, d\xi_2 \ldots d\xi_{m-1} + 2\delta \int_{\varrho<d} \frac{1}{r^m} \, d\xi_1 \, d\xi_2 \ldots d\xi_{m-1}\,. \tag{14}$$

Wir wollen nun eine Abschätzung der Größen r_0 und r durch die Größe ϱ geben. Der Abstand r_0 läßt sich nach Formel (1.8) abschätzen, da in dieser Formel r den Abstand zwischen dem Punkt und dem Ursprung des Ortskoordinatensystems bedeutet. Folglich ist $r_0 \leqq 2\varrho$. Um den Abstand r abzuschätzen, betrachten wir zunächst die Beziehung

$$r^2 = \varrho^2 + \xi_m^2 + \delta^2 \pm 2\xi_m \delta\,.$$

Auf Grund der Ungleichung $|2\xi_m \delta| \leqq \frac{1}{2}\delta^2 + 2\xi_m^2$ erhalten wir dann

$$r^2 \geqq \varrho^2 + \tfrac{1}{2}\delta^2 - \xi_m^2\,.$$

Nach Formel (1.5) ergibt sich

$$|\xi_m| \leqq c\varrho^{\alpha+1} \leqq cd^\alpha \varrho\,.$$

Da man den Radius d beliebig klein wählen kann, können wir

$$cd^\alpha \leqq \frac{1}{\sqrt{2}}$$

voraussetzen. Dann gilt

$$r^2 \geqq \tfrac{1}{2}(\varrho^2 + \delta^2)\,.$$

Jetzt lassen sich die Integrale auf der rechten Seite in (14) leicht abschätzen. Für die ersten beiden Integrale ergibt sich ganz einfach

$$\int_{\varrho<d} \frac{r_0^\alpha \, d\xi_1 \, d\xi_2 \ldots d\xi_{m-1}}{r^{m-1}} \leqq \int_{\varrho<d} \frac{2^{m-1+\alpha} \varrho^\alpha \, d\xi_1 \, d\xi_2 \ldots d\xi_{m-1}}{(\varrho^2 + \delta^2)^{(m-1)/2}} \leqq$$

$$\leqq 2^{m-1+\alpha} \int_{\varrho<d} \frac{d\xi_1 \, d\xi_2 \ldots d\xi_{m-1}}{\varrho^{m-1-\alpha}} = \text{const}$$

und analog

$$\int\limits_{\varrho<d} \frac{r_0^{\alpha+1}\,\mathrm{d}\xi_1\,\mathrm{d}\xi_2 \dots \mathrm{d}\xi_{m-1}}{r^m} \leqq 2^{m+1+\alpha} \int\limits_{\varrho<d} \frac{\mathrm{d}\xi_1\,\mathrm{d}\xi_2 \dots \mathrm{d}\xi_{m-1}}{\varrho^{m-1-\alpha}} = \text{const.}$$

Wir betrachten jetzt das letzte Integral in der Ungleichung (14). Indem wir die Abschätzung für r benutzen, finden wir

$$\delta \int\limits_{\varrho<d} \frac{\mathrm{d}\xi_1\,\mathrm{d}\xi_2 \dots \mathrm{d}\xi_{m-1}}{r^m} \leqq 2^{m/2}\delta \int\limits_{\varrho<d} \frac{\mathrm{d}\xi_1\,\mathrm{d}\xi_2 \dots \mathrm{d}\xi_{m-1}}{(\varrho^2+\delta^2)^{m/2}} < 2^{m/2}\delta \int\limits_{E_{m-1}} \frac{\mathrm{d}\xi_1\,\mathrm{d}\xi_2 \dots \mathrm{d}\xi_{m-2}}{(\varrho^2+\delta^2)^{m/2}},$$

dabei bedeutet E_{m-1} den $(m-1)$-dimensionalen euklidischen Raum. Im letzten Integral setzen wir

$$\xi_k = \delta\eta_k\,, \qquad k = 1, 2, \dots, m-1\,; \qquad \sum_{k=1}^{m-1} \eta_k^2 = \varrho_1^2\,.$$

Dann ergibt sich

$$\delta \int\limits_{E_{m-1}} \frac{\mathrm{d}\xi_1\,\mathrm{d}\xi_2 \dots \mathrm{d}\xi_{m-1}}{(\varrho^2+\delta^2)^{m/2}} = \int\limits_{E_{m-1}} \frac{\mathrm{d}\eta_1\,\mathrm{d}\eta_2 \dots \mathrm{d}\eta_{m-1}}{(\varrho_1^2+1)^{m/2}}\,.$$

Das letzte Integral konvergiert und ist folglich eine Konstante.

Jetzt ist offensichtlich, daß für $0 < \delta < \dfrac{d}{2}$ das Integral (14) nicht größer als eine gewisse Konstante ist. Diese Behauptung gilt aber auch im Falle $\delta = 0$ (vgl. Formel (13)). Folglich existiert eine Konstante C' mit der Eigenschaft

$$\int\limits_{\Gamma'(x_0)} \frac{|\cos(r,\nu)|}{r^m}\,\mathrm{d}_\xi\Gamma \leqq C'\,, \qquad 0 \leqq \delta < \frac{d}{2}\,.$$

Unter Berücksichtigung der Ungleichung (9) sehen wir nun, daß der Satz 16.2.1 auch im Falle $\delta < \dfrac{d}{2}$ gilt; dabei kann

$$C = \frac{2^{m-1}(m-2)\,|\Gamma|}{d^{m-1}} + C'$$

gewählt werden. Der Satz 16.2.1 ist damit vollständig bewiesen.

§ 3. Der direkte Wert des Potentials der Doppelschicht

Das Potential der Doppelschicht haben wir im § 4 des Kap. 12 als ein Integral der Gestalt

$$W(x) = \int\limits_{\Gamma} \sigma(\xi)\,\frac{\partial}{\partial\nu}\,\frac{1}{r^{m-2}}\,\mathrm{d}_\xi\Gamma \tag{1}$$

definiert, wobei ν die äußere Normale an die Fläche Γ im Punkt ξ bedeutet. Es wurde bewiesen, daß $W(x)$ sowohl im Inneren als auch im Äußeren von Γ eine harmonische Funktion darstellt; auf der Fläche Γ ist das Potential (1) nicht definiert worden.

Wir nehmen jetzt an, daß Γ eine geschlossene Ljapunow-Fläche sei und die Dichtefunktion $\sigma(\xi)$ auf dieser Fläche stetig ist. Unter diesen Voraussetzungen gilt der folgende Satz.

Satz 16.3.1. *Das Potential der Doppelschicht* (1) *existiert in einem beliebigen Punkt x auf der Fläche Γ und ist eine stetige Funktion dieses Punktes $x \in \Gamma$.*

Beweis. Die Existenz des Integrals (1) in den Punkten $x \in \Gamma$ läßt sich einfach beweisen. Die Dichte $\sigma(\xi)$ ist auf der abgeschlossenen, kompakten Menge Γ stetig und folglich beschränkt. Es sei $|\sigma(\xi)| \leqq M = \text{const}$. Dann gilt

$$\left|\sigma(\xi)\frac{\partial}{\partial\nu}\frac{1}{r^{m-2}}\right| \leqq M\left|\frac{\partial}{\partial\nu}\frac{1}{r^{m-2}}\right|. \tag{2}$$

Im vorangegangenen Paragraphen wurde bewiesen, daß das Integral (2.6) für beliebiges $x \in \Gamma$ existiert; letzteres bedeutet, daß für $x \in \Gamma$ die Funktion $\left|\frac{\partial}{\partial\nu}\frac{1}{r^{m-2}}\right|$ auf Γ summierbar ist. Dann ist aber auch die linke Seite der Ungleichung (2) auf Γ summierbar, und folglich existiert für die genannten Punkte x das Integral (1).

Wir beweisen jetzt, daß das Integral (1) eine stetige Funktion des Punktes $x \in \Gamma$ ist. Die Abschätzung (1.10) zeigt, daß das Potential (1) einen Integraloperator mit schwacher Singularität über der Funktion $\sigma(\xi)$ darstellt. Dem Kern

$$\frac{\partial}{\partial\nu}\frac{1}{r^{m-2}} = -\frac{(m-2)\cos(r,\nu)}{r^{m-1}}$$

dieses Operators geben wir die Form

$$\frac{\partial}{\partial\nu}\frac{1}{r^{m-2}} = -\frac{(m-2)\,r^{-\alpha/2}\cos(r,\nu)}{r^{m-1-\alpha/2}}.$$

Der Zähler, den wir mit $A(x,\xi)$ bezeichnen wollen, ist für $x \neq \xi$ eine stetige Funktion des Punktes (x,ξ) $(x,\xi \in \Gamma)$. Für $x \in \Gamma$ und $x \to \xi$ gilt auf Grund der Ungleichung (1.17) $A(x,\xi) \to 0$. Setzen wir also $A(x,x) = 0$, dann ist die Funktion $A(x,\xi)$ stetig auf $\Gamma \times \Gamma$. Nach dem Satz 1.3.1 überführt der Operator (1) jede Funktion der Klasse $L_p(\Gamma)$ in eine stetige Funktion, wenn nur p groß genug ist. Eine auf dem Kompaktum Γ stetige Funktion ist beschränkt und damit zu jeder beliebigen Potenz summierbar. Deshalb überführt der Operator (1) stetige Funktionen in stetige. Da nun $\sigma(\xi)$ nach Voraussetzung stetig ist, ist auch das Potential der Doppelschicht eine stetige Funktion des Punktes $x \in \Gamma$. Der Satz ist damit bewiesen.

Der Wert des Potentials der Doppelschicht heißt für $x \in \Gamma$ *direkter Wert* dieses Potentials. Den Satz 16.3.1 kann man offenbar auch so formulieren:

Wenn Γ eine geschlossene LJAPUNOW-*Fläche und die Dichte $\sigma(\xi)$ stetig auf Γ sind, so ist der direkte Wert des Potentials der Doppelschicht* (1) *stetig auf Γ.*

§ 4. Das GAUSSsche Integral

So nennt man das Potential der Doppelschicht, dessen Dichte identisch Eins ist, d. h. also das folgende Integral:

$$W_0(x) = \int\limits_{\Gamma} \frac{\partial}{\partial\nu}\frac{1}{r^{m-2}}\,\mathrm{d}_\xi\Gamma. \tag{1}$$

Dabei bedeutet Γ eine geschlossene Fläche und ν die äußere Normale an Γ im Punkt ξ. Für dieses Integral gilt der folgende Satz.

Satz 16.4.1. *Wenn Γ eine geschlossene* Ljapunow-*Fläche ist, dann gilt für das* Gauss*sche Integral die folgende Formel:*

$$W_0(x) = \begin{cases} -(m-2)\,|S_1| = \dfrac{-2(m-2)\,\pi^{m/2}}{\Gamma\left(\dfrac{m}{2}\right)}, & \textit{falls } x \textit{ innerhalb } \Gamma, \\ 0, & \textit{falls } x \textit{ außerhalb } \Gamma, \\ -\dfrac{m-2}{2}\,|S_1| = -\dfrac{(m-2)\,\pi^{m/2}}{\Gamma\left(\dfrac{m}{2}\right)}, & \textit{falls } x \textit{ auf } \Gamma \textit{ gelegen ist}. \end{cases} \tag{2}$$

Beweis. Wir bemerken zunächst, daß sich die ersten beiden Gleichungen von (2) für eine beliebige geschlossene stückweise glatte Fläche Γ beweisen lassen. Davon wollen wir uns jetzt überzeugen.

Es sei also Γ eine stückweise glatte geschlossene Fläche und x ein im Inneren von Γ gelegener Punkt. Wir beschreiben um diesen Punkt eine Sphäre S_ε vom Radius ε;

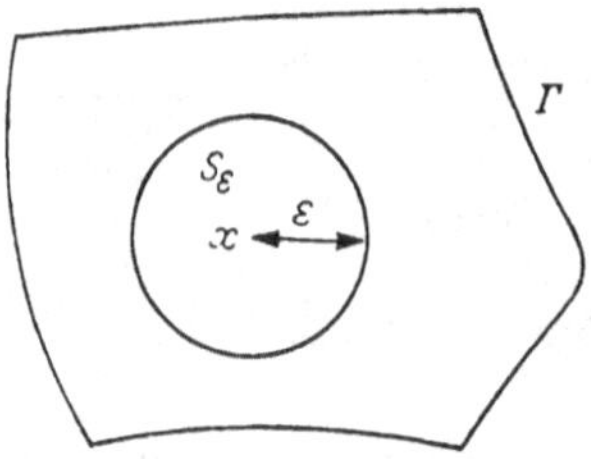

Abb. 30

dabei soll ε so klein gewählt werden, daß die Sphäre S_ε ebenfalls im Inneren von Γ liegt (s. Abb. 30). In dem durch die Flächen Γ und S_ε begrenzten Gebiet ist die Funktion $\dfrac{1}{r^{m-2}}$ harmonisch. Folglich gilt auf Grund der Formel (6.9) des Kap. 10

$$\int_\Gamma \frac{\partial}{\partial \nu} \frac{1}{r^{m-2}}\, d\Gamma + \int_{S_\varepsilon} \frac{\partial}{\partial \nu} \frac{1}{r^{m-2}}\, dS_\varepsilon = 0. \tag{3}$$

Da auf S_ε die Normale ν entgegengesetzt zum Radiusvektor gerichtet ist, ergibt sich

$$\int_{S_\varepsilon} \frac{\partial}{\partial \nu} \frac{1}{r^{m-2}}\, dS_\varepsilon = \int_{S_\varepsilon} \frac{m-2}{\varepsilon^{m-1}}\, dS_\varepsilon = (m-2)\frac{|S_\varepsilon|}{\varepsilon^{m-1}} = (m-2)\,|S_1|, \tag{4}$$

womit die erste Gleichung von (2) bewiesen ist. Noch einfacher gestaltet sich der Beweis der zweiten Formel aus (2). Wenn der Punkt x außerhalb von Γ liegt, dann ist die Funktion $\dfrac{1}{r^{m-2}}$ im Inneren von Γ harmonisch, und folglich gilt

$$\int_\Gamma \frac{\partial}{\partial \nu} \frac{1}{r^{m-2}}\, d\Gamma = 0.$$

Wir beschäftigen uns jetzt mit dem dritten Integral von (2). Es sei Γ eine geschlossene Ljapunow-Fläche und $x \in \Gamma$. Die Existenz des Gaussschen Integrals im Punkt x

folgt aus dem Satz des vorangegangenen Paragraphen. Wir wollen jetzt den Wert dieses Integrals berechnen und verfahren dabei wie folgt.

Wir wählen eine Zahl ε, $0 < \varepsilon < d$, und beschreiben um den Punkt $x \in \Gamma$ eine Sphäre S_ε vom Radius ε. Den Teil der Fläche Γ, der außerhalb dieser Sphäre liegt,

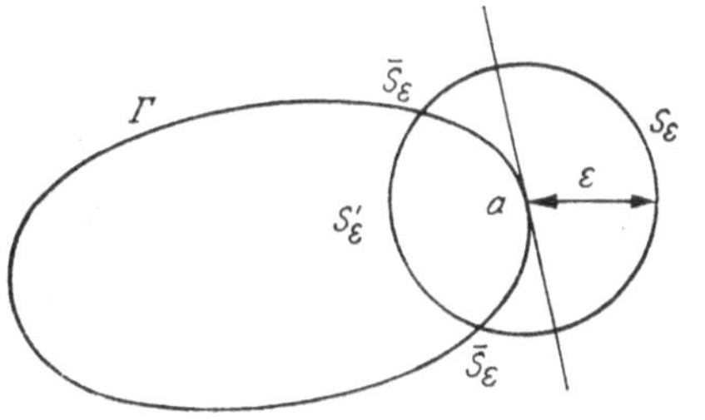

Abb. 31

bezeichnen wir mit Γ'_ε; der im Inneren von Γ gelegene Teil der Sphäre S_ε soll mit S'_ε bezeichnet werden (s. Abb. 31). Da das Gausssche Integral für $x \in \Gamma$ konvergiert, ist

$$W_0(x) = \lim_{\varepsilon \to 0} \int_{\Gamma'_\varepsilon} \frac{\partial}{\partial \nu} \frac{1}{r^{m-2}} \, d_\xi \Gamma . \tag{5}$$

Da der Punkt x außerhalb des Gebietes liegt, das durch die Flächen Γ'_ε und S'_ε berandet wird, so ist in diesem Gebiet die Funktion $\frac{1}{r^{m-2}}$ harmonisch, und folglich gilt

$$\int_{\Gamma'_\varepsilon} \frac{\partial}{\partial \nu} \frac{1}{r^{m-2}} \, d_\xi \Gamma + \int_{S'_\varepsilon} \frac{\partial}{\partial \nu} \frac{1}{r^{m-2}} \, d_\xi S_\varepsilon = 0 .$$

Dann ergibt sich aber

$$W_0(x) = - \lim_{\varepsilon \to 0} \int_{S'_\varepsilon} \frac{\partial}{\partial \nu} \frac{1}{r^{m-2}} \, d_\xi S_\varepsilon . \tag{6}$$

Da in dem Integral (6) die Normale ν entgegengesetzt zum Radiusvektor gerichtet ist, erhalten wir schließlich

$$\int_{S'_\varepsilon} \frac{\partial}{\partial \nu} \frac{1}{r^{m-2}} \, d_\xi S_\varepsilon = \frac{m-2}{\varepsilon^{m-1}} \int_{S'_\varepsilon} d_\xi S_\varepsilon = (m-2) \frac{|S'_\varepsilon|}{\varepsilon^{m-1}} . \tag{7}$$

Für hinreichend kleines ε stimmt die Fläche S'_ε nahezu mit der durch die Tangentialebene gebildeten Halbsphäre überein (s. Abb. 31); die Größe $|S'_\varepsilon|$ unterscheidet sich vom Flächeninhalt der Halbsphäre $\frac{\pi^{m/2} \varepsilon^{m-1}}{\Gamma\left(\frac{m}{2}\right)}$ lediglich durch den Flächeninhalt des zwischen Γ und der Tangentialebene eingeschlossenen Flächenstreifens $\bar{S}_\varepsilon$. Die Höhe dieses Streifens ist gleich dem Maximalwert von $|\xi_m|$ in den Schnittpunkten der Flächen Γ und S_ε. Wegen $\varepsilon < d$ liegen diese Punkte im Inneren der Ljapunow-Kugel, und für sie gilt folglich die Abschätzung (1.6):

$$|\xi_m| \leqq c r^{\alpha+1} = c \varepsilon^{\alpha+1} .$$

Mit h bezeichnen wir den schon oben erwähnten größten Wert von $|\xi_m|$. Dann gilt $h \leqq \varepsilon^{\alpha+1}$. Der Flächeninhalt der Oberfläche des Streifens $\bar{S}_\varepsilon$ übersteigt nicht den Flächeninhalt der Oberfläche des sphärischen Streifens Σ der Höhe $2h$, der symmetrisch bezüglich der Diameterebene gelegen ist. Wenn wir die Koordinatenachsen so um-

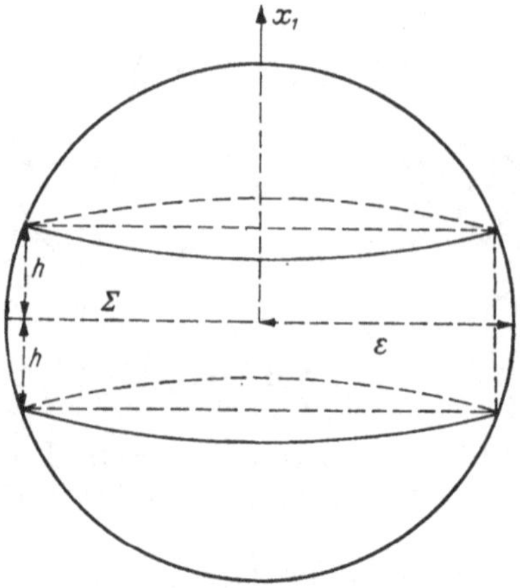

Abb. 32

numerieren, wie dies auf Abb. 32 gezeigt wird, und die entsprechenden Kugelkoordinaten einführen, so finden wir, daß der Flächeninhalt $|\Sigma|$ der Oberfläche des Streifens Σ gleich dem Integral

$$\int_\Sigma dS_\varepsilon = \varepsilon^{m-1} \int_{\pi/2 - \arcsin(h/\varepsilon)}^{\pi/2 + \arcsin(h/\varepsilon)} \sin^{m-2} \vartheta_1 \, d\vartheta_1 \left\{ \int_0^\pi \dots \int_0^\pi \int_0^{2\pi} \sin^{m-3} \vartheta_2 \dots \sin \vartheta_{m-2} d\vartheta_2 \dots d\vartheta_{m-1} \right\}$$

ist.

Der rechte Teil besitzt die offensichtliche Abschätzung $O\left(\varepsilon^{m-1} \arcsin \frac{h}{\varepsilon}\right) = O(\varepsilon^{m-1+\alpha})$. Hieraus ist ersichtlich, daß

$$\int_{S_\varepsilon} \frac{\partial}{\partial \nu} \frac{1}{r^{m-2}} d_\xi S_\varepsilon = \frac{(m-2)\,\pi^{m/2}}{\Gamma\left(\frac{m}{2}\right)} O(\varepsilon^\alpha)$$

und folglich

$$W_0(x) = -\frac{(m-2)\,\pi^{m/2}}{\Gamma\left(\frac{m}{2}\right)}, \qquad x \in \Gamma,$$

gilt. Der Satz ist damit vollständig bewiesen.

§ 5. Die Grenzwerte des Potentials der Doppelschicht

Am Beispiel des Gaussschen Integrals ist ersichtlich, daß das Potential der Doppelschicht im allgemeinen eine Unstetigkeit erfährt, wenn der Punkt x durch die Fläche Γ hindurchgeht. Wie wir aber sofort sehen werden, existieren unter hinreichend allgemeinen Voraussetzungen die Grenzwerte des Potentials der Doppelschicht, wenn der Punkt x einem beliebigen Punkt $x_0 \in \Gamma$ von innen oder von außen her zustrebt.

Wir wollen mit $W_i(x_0)$ und $W_e(x_0)$ entsprechend die Grenzwerte des Potentials der Doppelschicht $W(x)$ im Punkt $x_0 \in \Gamma$ bezeichnen, wenn der Punkt x von innen bzw. von außen her gegen den Punkt x_0 strebt. Den Wert dieses Potentials im Punkt x_0 werden wir mit $\overline{W(x_0)}$ bezeichnen.

Satz 16.5.1. *Es sei Γ eine geschlossene* Ljapunow-*Fläche und $\sigma(\xi)$ eine auf Γ stetige Dichtefunktion. Dann gelten für das Potential der Doppelschicht* (3.1) *die folgenden Grenzwertbeziehungen:*

$$\left.\begin{aligned} W_i(x_0) &= -\frac{(m-2)\,|S_1|}{2}\,\sigma(x_0) + \overline{W(x_0)}\,, \\ W_e(x_0) &= \frac{(m-2)\,|S_1|}{2}\,\sigma(x_0) + \overline{W(x_0)}\,, \end{aligned}\right\} \quad x_0 \in \Gamma\,. \tag{1}$$

Beweis. Die Formel (3.1) schreiben wir in der Form

$$W(x) = W_1(x) + \sigma(x_0)\, W_0(x)\,. \tag{2}$$

Dabei bedeutet W_0 das Gausssche Integral und

$$W_1(x) = \int\limits_{\Gamma} [\sigma(\xi) - \sigma(x_0)]\, \frac{\partial}{\partial \nu} \frac{1}{r^{m-2}}\, d_\xi \Gamma\,. \tag{3}$$

$W_1(x)$ ist das Potential der Doppelschicht mit der Dichte $\sigma(\xi) - \sigma(x_0)$; letztere ist gleich Null für $\xi = x_0$. Wir beweisen jetzt die Stetigkeit dieses Potentials im Punkt x_0.

Um den Punkt x_0 beschreiben wir eine Kugel von einem gewissen Radius η; die Fläche Γ wird dadurch in zwei Teile Γ' und Γ'' zerlegt, von denen der erste innerhalb der Kugel und der zweite außerhalb der Kugel gelegen ist. Für das Potential $W_1(x)$ ergibt sich dann entsprechend

$$W_1(x) = W_1'(x) + W_1''(x)$$

mit

$$W_1'(x) = \int\limits_{\Gamma'} [\sigma(\xi) - \sigma(x_0)]\, \frac{\partial}{\partial \nu} \frac{1}{r^{m-2}}\, d_\xi \Gamma\,, \qquad W_1''(x) = \int\limits_{\Gamma''} [\sigma(\xi) - \sigma(x_0)]\, \frac{\partial}{\partial \nu} \frac{1}{r^{m-2}}\, d_\xi \Gamma\,.$$

Wir betrachten die offensichtliche Ungleichung

$$|W_1(x) - \overline{W_1(x_0)}| \leqq |W_1'(x)| + |\overline{W_1'(x_0)}| + |W_1''(x) - \overline{W_1''(x_0)}|\,; \tag{4}$$

der Strich über einer Funktion bedeutet stets den direkten Wert des entsprechenden Potentials auf der Fläche Γ.

Wir schätzen nun die rechte Seite der Ungleichung (4) ab. Zunächst wählen wir die Zahl η derart, daß für $|\xi - x_0| < \eta$ die Ungleichung

$$|\sigma(\xi) - \sigma(x_0)| < \frac{\varepsilon}{3C}$$

erfüllt ist; dabei bedeuten ε eine beliebig vorgegebene positive Zahl und C die in die Ungleichung (2.6) eingehende Konstante. Eine derartige Wahl der Zahl η ist auf Grund der Stetigkeit der Dichte $\sigma(\xi)$ möglich. Dann gilt für beliebiges $x \in E_m$

$$\begin{aligned} |W_1'(x)| &\leqq \int\limits_{\Gamma'} |\sigma(\xi) - \sigma(x_0)| \left| \frac{\partial}{\partial \nu} \frac{1}{r^{m-2}} \right| d\Gamma < \\ &< \frac{\varepsilon}{3C} \int\limits_{\Gamma'} \left| \frac{\partial}{\partial \nu} \frac{1}{r^{m-2}} \right| d\Gamma \leqq \frac{\varepsilon}{3C} \int\limits_{\Gamma} \left| \frac{\partial}{\partial \nu} \frac{1}{r^{m-2}} \right| d\Gamma \leqq \frac{\varepsilon}{3}\,. \end{aligned} \tag{5}$$

Insbesondere ist

$$|\overline{W_1'(x_0)}| < \frac{\varepsilon}{3}. \tag{6}$$

Wir halten jetzt die Zahl η fest und betrachten nur solche Punkte x, für die $|x - x_0| \leqq \frac{1}{2}\eta$ gilt. Dann erhalten wir für die Fläche Γ'':

$$r = |\xi - x| \geqq |\xi - x_0| - |x - x_0| \geqq \eta - \tfrac{1}{2}\eta = \tfrac{1}{2}\eta .$$

Da der Integrand im Integral $W_1''(x)$ stetig ist, so ist auch die Funktion $W_1''(x)$ stetig; folglich gibt es eine Zahl $\delta > 0$ mit der Eigenschaft, daß für $|x - x_0| < \delta$ die Ungleichung

$$|W_1''(x) - W_1''(x_0)| = |W_1''(x) - \overline{W_1''(x_0)}| < \frac{\varepsilon}{3} \tag{7}$$

erfüllt ist.

Aus den Beziehungen (4) bis (7) folgt jetzt

$$|W_1(x) - \overline{W_1(x_0)}| < \varepsilon \tag{8}$$

für alle x mit der Eigenschaft $|x - x_0| < \delta$; letzteres bedeutet die Stetigkeit des Potentials $W_1(x)$ im Punkt x_0. Folglich stimmen in diesem Punkt die Grenzwerte des Potentials $W_1(x)$ mit dem Wert $\overline{W_1(x_0)}$ überein:

$$W_{1i}(x_0) = W_{1e}(x_0) = \overline{W_1(x_0)} . \tag{9}$$

Die Formel (4.2) liefert für das Gausssche Integral $W_0(x)$ die Grenzwerte

$$W_{0i}(x_0) = -(m - 2)\,|S_1| , \qquad W_{0e}(x_0) = 0$$

sowie den Wert

$$\overline{W_0(x_0)} = -\frac{m-2}{2}\,|S_1| .$$

Jetzt folgt aus den Formeln (2) und (9) die Existenz der Grenzwerte $W_i(x_0)$ und $W_e(x_0)$:

$$\begin{aligned} W_i(x_0) &= \overline{W_1(x_0)} + \sigma(x_0)\, W_{0i}(x_0) = \overline{W_1(x_0)} - (m - 2)\,|S_1|\,\sigma(x_0) , \\ W_e(x_0) &= \overline{W_1(x_0)} + \sigma(x_0)\, W_{0e}(x_0) = \overline{W_1(x_0)} . \end{aligned} \tag{10}$$

Des weiteren gilt

$$\overline{W_1(x_0)} = \int\limits_{\Gamma} [\sigma(\xi) - \sigma(x_0)] \frac{\partial}{\partial \nu} \frac{1}{r_0^{m-2}}\, d_\xi\Gamma = \overline{W(x_0)} + \frac{(m-2)\,|S_1|}{2}\sigma(x_0) , \quad r_0 = |\xi - x_0| , \tag{11}$$

und die Formeln (1) ergeben sich unmittelbar aus den Beziehungen (10) und (11). Der Satz ist damit bewiesen.

Aus den Formeln (1) erhält man eine einfache Beziehung, die die Werte der Dichtefunktion des Potentials der Doppelschicht mit dessen Grenzwerten verknüpft:

$$W_i(x_0) - W_e(x_0) = -(m - 2)\,|S_1|\,\sigma(x_0) . \tag{12}$$

Bemerkung 1. Wenn die Dichte $\sigma(\xi)$ auf Γ nicht stetig, sondern nur summierbar ist, dann erweist es sich, daß die Grenzwerte des Potentials der Doppelschicht fast überall auf Γ existieren und durch dieselben Formeln (1) geliefert werden.

Bemerkung 2. Für die Normalableitung des Potentials der Doppelschicht gilt der folgende Satz von Ljapunow. Es sei Γ eine geschlossene Ljapunow-Fläche und $\sigma(\xi)$ eine auf

Γ stetige Dichtefunktion. Wenn die Normalableitung des Potentials der Doppelschicht einen Grenzwert für $x \to x_0 \in \Gamma$ von innen (bzw. von außen) her besitzt, dann existiert auch der Grenzwert dieser Ableitung von außen (bzw. von innen) her und beide stimmen überein.

Satz 16.5.2. *Es sei Γ eine geschlossene* LJAPUNOW-*Fläche und $\sigma(\xi)$ eine auf Γ stetige Dichtefunktion. Dann konvergiert das Potential der Doppelschicht gleichmäßig gegen seine Grenzwerte sowohl von innen als auch von außen her.*

Beweis. Wir behalten hier die beim Beweis des Satzes 16.5.1 eingeführten Bezeichnungen bei. Als stetige Funktion ist $\sigma(\xi)$ gleichmäßig stetig auf Γ. Folglich kann der Radius η unabhängig von der Lage des Punktes x_0 auf der Fläche Γ gewählt werden. Des weiteren bemerken wir, daß das Potential $W_1''(x)$ in Wirklichkeit eine Funktion der beiden Punkte $x \in E_m$ und $x_0 \in \Gamma$ ist. Wenn der Radius η fest ist, dann ist die genannte Funktion auf der durch die Beziehungen

$$x_0 \in \Gamma\,, \qquad |x - x_0| \leqq \tfrac{1}{2}\eta$$

definierten abgeschlossenen beschränkten Punktmenge stetig und damit auch gleichmäßig stetig. Folglich kann die in die Ungleichung (8) eingehende Zahl δ so gewählt werden, daß sie nur von ε abhängt. Dann folgt aus dieser Beziehung (8), daß $W_1(x) \to$ $\to W_1(x_0)$ gleichmäßig bezüglich des Punktes $x_0 \in \Gamma$ gilt.

Das Potential $W_0(x)$ ist sowohl innerhalb als auch außerhalb von Γ konstant; folglich konvergiert $W_0(x)$ für $x \to x_0$ sowohl von innen als auch von außen her gleichmäßig gegen seine Grenzwerte. Aus der Formel (2) ist dann ersichtlich, daß dieselbe Eigenschaft auch das Potential $W(x)$ besitzt. Der Satz ist bewiesen.

§ 6. Die Stetigkeit des Potentials der einfachen Schicht

Satz 16.6.1. *Es sei Γ eine geschlossene* LJAPUNOW-*Fläche und $\mu(\xi)$ eine auf Γ meßbare und beschränkte Dichtefunktion. Dann ist das Potential der einfachen Schicht*

$$V(x) = \int\limits_{\Gamma} \mu(\xi) \frac{1}{r^{m-2}} \, \mathrm{d}_\xi \Gamma \tag{1}$$

im gesamten Raum E_m stetig.

Beweis. Die Stetigkeit des Potentials (1) ist für $x \notin \Gamma$ offensichtlich; es ist also nur der Fall $x \in \Gamma$ zu betrachten.

Wir beweisen zunächst, daß das Integral (1) für $x \in \Gamma$ konvergiert und folglich das Potential der einfachen Schicht $V(x)$ auf der Fläche Γ definiert ist. Wir betrachten die LJAPUNOW-Kugel $S(x)$ und bezeichnen mit $\Gamma'(x)$ den Teil der Fläche Γ, der im Inneren von $S(x)$ gelegen ist. Dann gilt

$$V(x) = \int\limits_{\Gamma'(x)} \mu(\xi) \frac{1}{r^{m-2}} \, \mathrm{d}_\xi \Gamma + \int\limits_{\Gamma \setminus \Gamma'(x)} \mu(\xi) \frac{1}{r^{m-2}} \, \mathrm{d}_\xi \Gamma \,.$$

Da der Integrand des zweiten Integrals stetig ist, genügt es, das erste Integral zu betrachten. Wir führen ein Ortskoordinatensystem $\xi_1, \xi_2, \dots, \xi_m$ mit dem Ursprung im Punkt x ein, wobei die ξ_m-Achse entlang der Normalen an Γ im Punkt x gerichtet sein soll. Des weiteren sei

$$\varrho^2 = \xi_1^2 + \xi_2^2 + \dots + \xi_{m-1}^2 \,.$$

Indem wir die Projektion der Fläche $\Gamma'(x)$ auf die Tangentialebene $\xi_m = 0$ an Γ im Punkt x mit $G'(x)$ bezeichnen, erhalten wir

$$\int\limits_{\Gamma'(x)} \mu(\xi) \frac{1}{r^{m-2}} \mathrm{d}\xi = \int\limits_{G'(x)} \mu(\xi) \frac{\mathrm{d}\xi_1 \, \mathrm{d}\xi_2 \dots \mathrm{d}\xi_{m-2}}{r^{m-2} \cos(\nu, \xi_m)} . \tag{2}$$

Wenn nun $|\mu(\xi)| \leqq M = \text{const}$ gilt, dann ist der Integrand durch

$$\frac{2M}{\varrho^{m-2}}$$

beschränkt, woraus die Konvergenz des Integrals (2) unmittelbar folgt.

Wir beweisen jetzt, daß das Potential (1) in einem beliebigen Punkt $x \in \Gamma$ stetig ist. Es sei y ein beliebiger Punkt des Raumes E_m. Wir beschreiben um den Punkt x eine Kugel vom Radius $\eta < d$ und bezeichnen mit Γ_η' und Γ_η'' die Teile der Fläche Γ, die innerhalb bzw. außerhalb dieser Kugel gelegen sind. Dementsprechend zerlegen wir das Integral (1) in zwei Integrale, über Γ_η' und über Γ_η''; diese Integrale bezeichnen wir mit V' und V''. Dann gilt offenbar

$$|V(y) - V(x)| \leqq |V'(y)| + |V'(x)| + |V''(y) - V''(x)| . \tag{3}$$

Wir schätzen zunächst den ersten Summanden in (3) ab. Wegen $\eta < d$ ergibt sich $\Gamma_\eta' \subset \Gamma'(x)$. Auf Γ_η' führen wir ein Ortskoordinatensystem mit dem Ursprung in x ein.

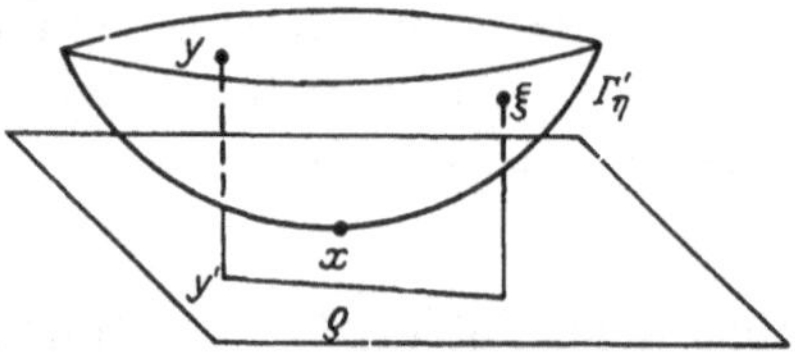

Abb. 33

Mit y' bezeichnen wir die Projektion des Punktes y auf die Tangentialebene im Punkt x (s. Abb. 33); im Ortskoordinatensystem hat y' die Gestalt $(y_1, y_2, \dots, y_{m-1}, 0)$. Wir setzen

$$\varrho^2 = \sum_{k=1}^{m-1} (\xi_k - y_k)^2 .$$

Dann ist ϱ der Abstand zwischen den Projektionen der Punkte ξ und y auf die Tangentialebene im Punkt x, und folglich gilt $\varrho \leqq |\xi - y|$. Nun ergibt sich

$$|V'(y)| = \left| \int\limits_{\Gamma_\eta'} \mu(\xi) \frac{\mathrm{d}_\xi \Gamma}{|\xi - y|^{m-2}} \right| \leqq M \int\limits_{G_\eta'} \frac{\mathrm{d}\xi_1 \, \mathrm{d}\xi_2 \dots \mathrm{d}\xi_{m-1}}{\varrho^{m-2} \cos(\nu, \xi_m)} \leqq 2M \int\limits_{G_\eta'} \frac{\mathrm{d}\xi_1 \, \mathrm{d}\xi_2 \dots \mathrm{d}\xi_{m-1}}{\varrho^{m-2}} ,$$

dabei bedeutet G_η' die Projektion der Fläche Γ_η' auf die Tangentialebene im Punkt x.

Wir wählen jetzt den Punkt y in einer solchen Umgebung des Punktes x, daß $|y - x| < \frac{1}{2}\eta$ gilt. Dann erhalten wir für $\xi \in \Gamma_\eta'$

$$\varrho \leqq |\xi - y| \leqq |\xi - x| + |x - y| < \tfrac{3}{2}\eta .$$

Letzteres bedeutet, daß das Gebiet G_η' ganz in der $(m-1)$-dimensionalen Kugel $\varrho < \frac{3}{2}\eta$ enthalten ist, und folglich gilt

$$|V'(y)| \leqq 2M \int\limits_{\varrho < \frac{3}{2}\eta} \frac{\mathrm{d}\xi_1 \, \mathrm{d}\xi_2 \dots \mathrm{d}\xi_{m-1}}{\varrho^{m-2}} . \tag{4}$$

Im $(m-1)$-dimensionalen Raum führen wir Kugelkoordinaten mit dem Ursprung im Punkt y' ein. Dann ist $d\xi_1 \dots d\xi_{m-1} = \varrho^{m-2}\, d\varrho\, d\sigma_1$, wobei σ_1 die Einheitssphäre im $(m-1)$-dimensionalen Raum und $d\sigma_1$ das Flächenelement derselben bezeichnet. Die Formel (4) nimmt dann die Gestalt

$$|V'(y)| \leqq 2M \int\limits_{\sigma_1} d\sigma_1 \int\limits_0^{3\eta/2} d\varrho = 3M\, |\sigma_1|\, \eta$$

an.

Es sei jetzt ε eine beliebig vorgegebene positive Zahl und $\eta = \dfrac{\varepsilon}{9M\,|\sigma_1|}$. Dann folgt aus $|y-x| < \dfrac{\varepsilon}{18M\,|\sigma_1|}$ die Ungleichung $|V'(y)| \leqq \dfrac{\varepsilon}{3}$.

Offensichtlich gilt aber auch für $y = x$

$$|V'(x)| \leqq \frac{\varepsilon}{3}.$$

Die Ungleichung (3) liefert jetzt

$$|V(y) - V(x)| \leqq \tfrac{2}{3}\varepsilon + |V''(y) - V''(x)|.$$

Die Zahl $\delta > 0$ wählen wir nun derart, daß die folgenden beiden Bedingungen gleichzeitig erfüllt sind: $\delta < \dfrac{\varepsilon}{18M\,|\sigma_1|}$ und

$$|V''(y) - V''(x)| < \frac{\varepsilon}{3} \quad \text{für} \quad |y-x| < \delta.$$

Dann ergibt sich $|V(y) - V(x)| < \varepsilon$, und der Satz ist bewiesen.

§ 7. Die Normalableitung des Potentials der einfachen Schicht

Wir betrachten wiederum das Potential der einfachen Schicht (6.1) unter der Voraussetzung, daß Γ eine geschlossene Ljapunow-Fläche ist.

Es sei x ein beliebiger Punkt des Raumes E_m und n die durch x führende äußere Normale an die Fläche Γ. Wenn $x \notin \Gamma$ ist, dann kann man die Ableitung des Potentials (6.1) nach der Richtung der Normalen n berechnen, indem man einfach unter dem Integral differenziert

$$\frac{\partial V(x)}{\partial n} = \int\limits_\Gamma \mu(\xi) \frac{\partial}{\partial n} \frac{1}{r^{m-2}}\, d_\xi \Gamma. \tag{1}$$

Eine analoge Überlegung wie im § 2 liefert die Formel

$$\frac{\partial}{\partial n} \frac{1}{r^{m-2}} = \frac{m-2}{r^{m-1}} \cos(r, n). \tag{2}$$

Daraus ergibt sich

$$\frac{\partial V(x)}{\partial n} = (m-2) \int\limits_\Gamma \mu(\xi) \frac{\cos(r, n)}{r^{m-1}}\, d_\xi \Gamma. \tag{3}$$

Es sei jetzt $x \in \Gamma$. In diesem Fall konvergiert das Integral (3), wenn die Dichtefunktion $\mu(\xi)$ meßbar und beschränkt ist. Diese Behauptung wollen wir jetzt beweisen. Es sei also $|\mu(\xi)| \leqq M = \text{const}$. Wenn man mit $\Gamma(x)$ den im Inneren der Ljapunow-

Kugel $S'(x)$ gelegenen Teil der Fläche Γ bezeichnet, dann genügt es, die Konvergenz des Integrals

$$\int\limits_{\Gamma'(x)} \mu(\xi) \frac{\cos(r, n)}{r^{m-1}} \, d_\xi \Gamma$$

zu beweisen.

Indem wir ein Ortskoordinatensystem mit dem Ursprung im Punkt x einführen, bringen wir das letzte Integral auf die Gestalt

$$\int\limits_{G'(x)} \mu(\xi) \frac{\cos(r, n) \, d\xi_1 \dots d\xi_{m-1}}{r^{m-1} \cos(\nu, \xi_m)}, \tag{4}$$

dabei bedeutet $G'(x)$ die Projektion der Fläche $\Gamma'(x)$ auf die Tangentialebene im Punkt x. Der Integrand in (4) ist beschränkt durch

$$\frac{2M}{\varrho^{m-1}} |\cos(r, n)|, \qquad \varrho^2 = \xi_1^2 + \xi_2^2 + \dots + \xi_{m-1}^2 .$$

Da nun auf Grund der Ungleichungen (1.9) und (1.8)

$$|\cos(r, n)| \leqq c r^\alpha \leqq 2^\alpha c \varrho^\alpha$$

ist, erhalten wir für den Integranden in (4) eine Abschätzung durch die Funktion

$$\frac{2^\alpha M c}{\varrho^{m-1-\alpha}} . \tag{5}$$

Letztere sichert die Konvergenz des Integrals (3).

Etwas später werden wir sehen, daß man den Wert des Integrals (3) für $x \in \Gamma$ nicht als Normalableitung des Potentials (6.1) ansehen kann; wir bezeichnen diesen Wert mit $\dfrac{\overline{\partial V(x)}}{\partial n}$.

Wenn die Grenzwerte der Normalableitung $\dfrac{\partial V(x)}{\partial n}$ für $x \to x_0$ von innen und entsprechend von außen her existieren, dann bezeichnen wir diese mit $\dfrac{\partial V(x_0)}{\partial n_i}$ bzw. $\dfrac{\partial V(x_0)}{\partial n_e}$.

Satz 16.7.1. *Es sei Γ eine geschlossene* LJAPUNOW-*Fläche und $\mu(\xi)$ eine auf Γ stetige Dichtefunktion. Dann besitzt das Potential der einfachen Schicht (6.1) auf der Fläche Γ sowohl von innen als auch von außen her eine gleichmäßige Normalableitung. Für die Grenzwerte der Normalableitung des Potentials der einfachen Schicht gelten die folgenden Beziehungen:*

$$\frac{\partial V(x_0)}{\partial n_i} = \frac{(m-2)\,|S_1|}{2} \mu(x_0) + \frac{\overline{\partial V(x_0)}}{\partial n}, \qquad \frac{\partial V(x_0)}{\partial n_e} = -\frac{(m-2)\,|S_1|}{2} \mu(x_0) + \frac{\overline{\partial V(x_0)}}{\partial n} . \tag{6}$$

Beweis. Wir betrachten das Potential der Doppelschicht

$$W(x) = \int\limits_\Gamma \mu(\xi) \frac{\partial}{\partial \nu} \frac{1}{r^{m-2}} \, d_\xi \Gamma \tag{7}$$

und bilden die Summe

$$\frac{\partial V(x)}{\partial n} + W(x) = \int\limits_\Gamma \mu(\xi) \left[\frac{\partial}{\partial n} \frac{1}{r^{m-2}} + \frac{\partial}{\partial \nu} \frac{1}{r^{m-2}} \right] d_\xi \Gamma .$$

Zunächst beweisen wir, daß diese Summe eine stetige Funktion des Punktes x auf der Normalen an die Fläche Γ darstellt.

Es seien x_0 ein Punkt auf der Fläche Γ, n die Normale an Γ in diesem Punkt und x ein beliebiger Punkt auf der Normalen n, der sich innerhalb oder außerhalb von Γ befindet. Wir beschreiben um den Punkt x_0 eine Kugel vom Radius $\eta < d$ und bezeichnen mit Γ'_η den Teil der Fläche Γ, der im Inneren dieser Kugel gelegen ist. Die Überlegungen aus dem vorangegangenen Paragraphen zeigen, daß es hinreichend ist, die folgende Behauptung zu verifizieren: Für beliebig vorgegebenes positives ε und hinreichend kleines η gilt die Ungleichung

$$A = \left| \int_{\Gamma'_\eta} \mu(\xi) \left[\frac{\partial}{\partial n} \frac{1}{r^{m-2}} + \frac{\partial}{\partial \nu} \frac{1}{r^{m-2}} \right] \mathrm{d}_\xi \Gamma \right| < \frac{\varepsilon}{3}.$$

Wir finden zunächst

$$\frac{\partial}{\partial n} \frac{1}{r^{m-2}} = \frac{m-2}{r^{m-1}} \frac{\xi_k - x_k}{r} \cos(n, \xi_k), \qquad \frac{\partial}{\partial \nu} \frac{1}{r^{m-2}} = \frac{-(m-2)}{r^{m-1}} \frac{\xi_k - x_k}{r} \cos(\nu, \xi_k).$$

Jetzt führen wir ein Ortskoordinatensystem mit dem Ursprung im Punkt x_0 ein. In diesem System ist $x_k = 0$, $\cos(n, \xi_k) = 0$ für $1 \leqq k \leqq m-1$ und $\cos(n, \xi_m) = 1$. Somit erhalten wir

$$\frac{\partial}{\partial n} \frac{1}{r^{m-2}} + \frac{\partial}{\partial \nu} \frac{1}{r^{m-2}} = \frac{m-2}{r^{m-1}} \frac{\xi_m - x_m}{r} [1 - \cos(\nu, \xi_m)] - \frac{m-2}{r^{m-1}} \sum_{k=1}^{m-1} \frac{\xi_k}{r} \cos(\nu, \xi_k).$$

Nun gilt auf Grund der Ungleichung (1.12) $|\cos(\nu, \xi_k)| \leqq a r_0^\alpha$, $k = 1, 2, \ldots, m-1$, wobei $r_0 = |\xi - x_0|$ gesetzt wurde. Die Beziehung (1.11) liefert

$$1 - \cos(\nu, \xi_m) \leqq \frac{a^2 \varrho^{2\alpha}}{\sqrt{1 + a^2 \varrho^{2\alpha}}\,(1 + \sqrt{1 + a^2 \varrho^{2\alpha}})} \leqq \frac{a^2 r_0^{2\alpha}}{2} \leqq \frac{a d^\alpha a \cdot r_0^\alpha}{2}$$

und unter Berücksichtigung der Beziehung (1.7)

$$1 - \cos(\nu, \xi_m) \leqq a_1 r_0^\alpha, \qquad a_1 = \text{const.}$$

Jetzt schließt man leicht auf die Beziehung

$$\left| \frac{\partial}{\partial n} \frac{1}{r^{m-2}} + \frac{\partial}{\partial \nu} \frac{1}{r^{m-2}} \right| \leqq \frac{c_1 r_0^\alpha}{r^{m-1}}, \qquad c_1 = \text{const.} \tag{8}$$

Wir setzen $\varrho^2 = \xi_1^2 + \xi_2^2 + \cdots + \xi_{m-1}^2$ und bezeichnen mit G'_η die Projektion der Fläche Γ'_η auf die Tangentialebene im Punkt x_0. Nach Formel (1.8) ist dann $r_0 \leqq 2\varrho$. Andererseits gilt

$$r^2 = \sum_{k=1}^{m} (\xi_k - x_k)^2 = \sum_{k=1}^{m-1} \xi_k^2 + (\xi_m - x_m)^2 \geqq \varrho^2$$

und somit $r \geqq \varrho$. Aus Formel (8) ergibt sich jetzt

$$\left| \frac{\partial}{\partial n} \frac{1}{r^{m-2}} + \frac{\partial}{\partial \nu} \frac{1}{r^{m-2}} \right| \leqq \frac{2^\alpha c_1}{\varrho^{m-1-\alpha}}. \tag{9}$$

Es sei nun $|\mu(\xi)| \leqq M$. Dann finden wir

$$A \leqq 2^\alpha c_1 M \int_{\Gamma'_\eta} \frac{\mathrm{d}_\xi \Gamma}{\varrho^{m-1-\alpha}} = 2^\alpha c_1 M \int_{G'_\eta} \frac{\mathrm{d}\xi_1\, \mathrm{d}\xi_2 \ldots \mathrm{d}\xi_{m-1}}{\varrho^{m-1-\alpha} \cos(\nu, \xi_m)} \leqq 2^{\alpha+1} c_1 M \int_{G'_\eta} \frac{\mathrm{d}\xi_1\, \mathrm{d}\xi_2 \ldots \mathrm{d}\xi_{m-1}}{\varrho^{m-1-\alpha}}.$$

Da im Gebiet G'_η die Ungleichung $\varrho \leqq r \leqq \eta$ erfüllt ist, so ist dieses Gebiet ganz in der Kugel $\varrho < \eta$ enthalten, und folglich gilt

$$A \leqq 2^{\alpha+1} c_1 M \int\limits_{\varrho<\eta} \frac{d\xi_1\, d\xi_2 \dots d\xi_{m-1}}{\varrho^{m-1-\alpha}} = 2^{\alpha+1} c_1 M \int\limits_{\sigma_1} d\sigma_1 \int\limits_0^\eta \varrho^{\alpha-1}\, d\varrho = \frac{2^{\alpha+1} c_1 M\, |\sigma_1|}{\alpha} \eta^\alpha ;$$

dabei ist σ_1 die Einheitssphäre im $(m-1)$-dimensionalen Raum. Es genügt jetzt

$$\eta < \left[\frac{\alpha\varepsilon}{3 \cdot 2^{\alpha+1} c_1 M\, |\sigma_1|}\right]^{1/\alpha}$$

zu wählen, dann erhalten wir

$$A < \frac{\varepsilon}{3}. \tag{10}$$

Indem wir die Überlegungen aus den §§ 3 und 6 wiederholen und die Abschätzung (10) benutzen, überzeugen wir uns davon, daß die Summe $\frac{\partial V(x)}{\partial n} + W(x)$ stetig ist, wenn der Punkt x durch die Fläche Γ hindurchgeht. Dann stimmen also die Grenzwerte dieser Summe mit den Werten auf Γ überein:

$$\frac{\partial V(x_0)}{\partial n_i} + W_i(x_0) = \frac{\partial V(x_0)}{\partial n_e} + W_e(x_0) = \overline{\frac{\partial V(x_0)}{\partial n}} + \overline{W(x_0)}.$$

Daraus ergeben sich die gesuchten Beziehungen

$$\frac{\partial V(x_0)}{\partial n_i} = \overline{W(x_0)} - W_i(x_0) + \overline{\frac{\partial V(x_0)}{\partial n}} = \frac{(m-2)\,|S_1|}{2} \mu(x_0) + \overline{\frac{\partial V(x_0)}{\partial n}},$$

$$\frac{\partial V(x_0)}{\partial n_e} = \overline{W(x_0)} - W_e(x_0) + \overline{\frac{\partial V(x_0)}{\partial n}} = -\frac{(m-2)\,|S_1|}{2} \mu(x_0) + \overline{\frac{\partial V(x_0)}{\partial n}}.$$

Durch Subtraktion der Gleichungen (6) erhalten wir eine Formel, die die Dichte des Potentials der einfachen Schicht mit den Grenzwerten der Normalableitung dieses Potentials verknüpft:

$$\frac{\partial V(x_0)}{\partial n_i} - \frac{\partial V(x_0)}{\partial n_e} = (m-2)\,|S_1|\,\mu(x_0). \tag{11}$$

Es bleibt noch zu zeigen, daß die Grenzwerte $\frac{\partial V(x)}{\partial n_i}$ und $\frac{\partial V(x)}{\partial n_e}$ gleichmäßige sind. Zunächst ist

$$\frac{\partial V(x)}{\partial n} = \left[\frac{\partial V(x)}{\partial n} + W(x)\right] - W(x). \tag{12}$$

Nach dem bereits Bewiesenen ist der Ausdruck in den eckigen Klammern stetig und konvergiert folglich gleichmäßig gegen seinen Grenzwert; dabei ist es gleichgültig, ob sich der Punkt x von innen oder von außen her dem Punkt x_0 nähert. Des weiteren strebt auf Grund des Satzes 16.5.2 das Potential der Doppelschicht $W(x)$ gleichmäßig gegen seinen Grenzwert, wenn x entweder von innen oder von außen her gegen x_0

strebt. Auf Grund der Formel (12) besitzt dieselbe Eigenschaft auch die Funktion $\frac{\partial V(x)}{\partial n}$. Der Satz ist damit bewiesen.

Bemerkung. Es sei die geschlossene Fläche Γ keine LJAPUNOW-Fläche, sie bestehe aber aus einer endlichen Anzahl von LJAPUNOW-Flächen. Die Formeln (5.1) und (7.6) für die Grenzwerte des Potentials der einfachen Schicht sowie der Doppelschicht behalten für jene Punkte der Fläche ihre Gültigkeit, für die eine Umgebung existiert, in der diese Fläche eine LJAPUNOW-Fläche ist; es muß nur noch gefordert werden, daß die Ungleichung

$$\int_\Gamma \left| \frac{\partial}{\partial \nu} \frac{1}{r^{m-2}} \right| d_\xi \Gamma \leqq C = \text{const.} \qquad \forall x \in E_m ,$$

erfüllt ist.

KAPITEL 17

DIE INTEGRALGLEICHUNGEN DER POTENTIALTHEORIE

§ 1. Zurückführung der DIRICHLETschen und NEUMANNschen Probleme auf Integralgleichungen

Wir betrachten eine geschlossene LJAPUNOW-Fläche Γ; diese berandet zwei Gebiete: ein Innengebiet Ω und ein Außengebiet Ω'. Für die homogene LAPLACE-Gleichung kann man dann vier Randwertaufgaben gleichzeitig formulieren: Gesucht sei eine Funktion $u(x)$, die im Gebiet Ω bzw. Ω' harmonisch ist und die entweder die Randbedingung des DIRICHLETschen Problems

$$u|_\Gamma = \varphi(x) \tag{1}$$

oder die Randbedingung des NEUMANNschen Problems

$$\left.\frac{\partial u}{\partial n}\right|_\Gamma = \psi(x) \tag{2}$$

erfüllt. Die Funktionen $\varphi(x)$ und $\psi(x)$ seien auf Γ stetig. Mit D_i und D_e bezeichnen wir das DIRICHLETsche Problem für das Innen- bzw. Außengebiet, mit N_i und N_e entsprechend das NEUMANNsche Problem für das Innen- bzw. Außengebiet. Die Lösungen dieser Probleme suchen wir in Form eines gewissen Potentials. Genauer gesagt suchen wir die Lösung des DIRICHLETschen Problems als Potential der Doppelschicht

$$u(x) = \int_\Gamma \sigma(\xi) \frac{\partial}{\partial \nu} \frac{1}{r^{m-2}} \, d_\xi \Gamma \,, \tag{3}$$

die Lösung des NEUMANNschen Problems als Potential der einfachen Schicht

$$u(x) = \int_\Gamma \mu(\xi) \frac{1}{r^{m-2}} \, d_\xi \Gamma; \tag{4}$$

von den gesuchten Dichtefunktionen $\sigma(\xi)$ und $\mu(\xi)$ fordern wir die Stetigkeit auf der Fläche Γ.

Bei einer solchen Lösungsdarstellung erhalten wir von vornherein Funktionen, die in den entsprechenden Gebieten harmonisch sind, so daß lediglich die Randbedingungen erfüllt werden müssen. Wir bemerken allerdings, daß wir beim Problem D_e auf einige Schwierigkeiten treffen werden. Eine Lösung dieses Problems kann nämlich im Unendlichen von der Ordnung $O(|x|^{2-m})$ sein; das Potential (3) hingegen nimmt mit der Ordnung $O(|x|^{1-m})$ schneller ab. Demzufolge kann nicht jede in Ω' harmonische Funktion in der Form (3) dargestellt werden.

Betrachten wir z. B. das DIRICHLETsche Problem D_i. Die Randbedingung (1) ist dann wie folgt zu verstehen: Für $x \in \Omega$ und $x \to x_0 \in \Gamma$ gilt

$$\lim_{x \to x_0} u(x) = \varphi(x_0) \,. \tag{5}$$

Da nun $u(x)$ ein Potential der Doppelschicht darstellt, dessen Dichte nach Voraussetzung stetig ist, so ergibt sich in diesem Fall auf Grund der Formel (5.1)

$$\lim_{x \to x_0} u(x) = -\frac{(m-2)\,|S_1|}{2}\,\sigma(x_0) + \int_\Gamma \sigma(\xi)\,\frac{\partial}{\partial \nu}\,\frac{1}{|\xi - x_0|^{m-2}}\,\mathrm{d}_\xi \Gamma\,.$$

Wenn man dies in die Formel (5) einsetzt, x_0 durch x ersetzt und anschließend durch $-\frac{(m-2)\,|S_1|}{2}$ dividiert, dann erhält man für die gesuchte Funktion $\sigma(x)$ die folgende Integralgleichung:

$$\sigma(x) - \frac{2}{(m-2)\,|S_1|}\int_\Gamma \sigma(\xi)\,\frac{\partial}{\partial \nu}\,\frac{1}{r^{m-2}}\,\mathrm{d}_\xi \Gamma = -\frac{2}{(m-2)\,|S_1|}\,\varphi(x)\,.$$

Unter Berücksichtigung der Formeln (5.1) und (7.6) des Kap. 16 für die Grenzwerte sowie der Randbedingungen (1) und (2) ergeben sich auch für die übrigen drei Probleme entsprechende Integralgleichungen. Wir wollen alle vier Integralgleichungen nacheinander aufschreiben:

$$(D_i) \quad \sigma(x) - \frac{2}{(m-2)\,|S_1|}\int_\Gamma \sigma(\xi)\,\frac{\partial}{\partial \nu}\,\frac{1}{r^{m-2}}\,\mathrm{d}_\xi \Gamma = -\frac{2}{(m-2)\,|S_1|}\,\varphi(x)\,, \qquad (6)$$

$$(D_e) \quad \sigma(x) + \frac{2}{(m-2)\,|S_1|}\int_\Gamma \sigma(\xi)\,\frac{\partial}{\partial \nu}\,\frac{1}{r^{m-2}}\,\mathrm{d}_\xi \Gamma = \frac{2}{(m-2)\,|S_1|}\,\varphi(x)\,, \qquad (7)$$

$$(N_i) \quad \mu(x) + \frac{2}{(m-2)\,|S_1|}\int_\Gamma \mu(\xi)\,\frac{\partial}{\partial n}\,\frac{1}{r^{m-2}}\,\mathrm{d}_\xi \Gamma = \frac{2}{(m-2)\,|S_1|}\,\psi(x)\,, \qquad (8)$$

$$(N_e) \quad \mu(x) - \frac{2}{(m-2)\,|S_1|}\int_\Gamma \mu(\xi)\,\frac{\partial}{\partial n}\,\frac{1}{r^{m-2}}\,\mathrm{d}_\xi \Gamma = -\frac{2}{(m-2)\,|S_1|}\,\psi(x)\,. \qquad (9)$$

In den Gleichungen (6) bis (9) ist $x \in \Gamma$. Dabei gelten folgende Eigenschaften der Gleichungen (6) bis (9):

1. Die Formeln (1.10), (7.2), (7.5) des Kap. 16 zeigen, daß die Gleichungen (6) bis (9) Integralgleichungen mit schwacher Singularität darstellen.
2. Jeder der Kerne

$$\frac{\partial}{\partial \nu}\,\frac{1}{r^{m-2}}\,, \qquad \frac{\partial}{\partial n}\,\frac{1}{r^{m-2}}$$

   entsteht aus dem anderen durch Vertauschung der Argumente x und ξ. Da diese Kerne außerdem reell sind, sind sie zueinander adjungiert. Folglich sind die Gleichungen (6) und (9) sowie die Gleichungen (7) und (8) paarweise zueinander adjungiert.
3. Jede quadratisch summierbare Lösung der Gleichungen (6) bis (9) ist auf Γ stetig. Der Beweis dieser Behauptung stützt sich auf den folgenden Satz aus der Theorie der Integralgleichungen (s. das Buch des Verfassers, Vorlesungen über lineare Integralgleichungen, VEB Deutscher Verlag der Wissenschaften, Berlin 1962, § 16):

Sei D eine kompakte Mannigfaltigkeit der Dimension m und seien in der Integralgleichung mit schwacher Singularität

$$u(x) - \int_D \frac{A(x, y)}{r^{m-\lambda}} u(y) \, dy = f(x); \qquad x \in D, \qquad r = |x - y|, \tag{10}$$

die Funktionen $A(x, y)$ und $f(x)$ entsprechend auf $D \times D$ und D stetig; außerdem bedeute in der Integralgleichung dy ein Maßelement auf D. Dann ist jede auf D quadratisch summierbare Lösung der Gleichung (10) auf D stetig.

Es genügt nachzuweisen, daß die Gleichungen (6) bis (9) den Voraussetzungen des letzten Satzes genügen, wenn in diesen Voraussetzungen m durch $m - 1$ ersetzt wird. Zunächst ist Γ eine kompakte Mannigfaltigkeit der Dimension $m - 1$, und die rechten Seiten der Gleichungen (6) bis (9) sind stetig auf Γ. Des weiteren gilt, wie im § 3 des Kap. 16 gezeigt wurde,

$$\frac{\partial}{\partial \nu} \frac{1}{r^{m-2}} = \frac{A(x, \xi)}{r^{m-1-\alpha/2}},$$

wobei die Funktion $A(x, \xi)$ auf $\Gamma \times \Gamma$ stetig ist. Wenn wir die Argumente x und ξ vertauschen, erhalten wir

$$\frac{\partial}{\partial n} \frac{1}{r^{m-2}} = \frac{A(\xi, x)}{r^{m-1-\alpha/2}},$$

und die Funktion $A(\xi, x)$ ist ebenfalls stetig auf $\Gamma \times \Gamma$. Die Gleichungen (6) bis (9) nennt man gewöhnlich die *Integralgleichungen der Potentialtheorie*.

§ 2. Die Dirichletschen und Neumannschen Probleme im Halbraum

Bis jetzt haben wir noch nicht definiert, was wir unter einer harmonischen Funktion im Halbraum oder allgemein in einem Gebiet mit unbeschränktem Rand verstehen wollen. Wir erweitern auf diesen Fall die früher für ein beschränktes Gebiet gegebene Definition: In einem Gebiet mit unbeschränktem Rand heißt eine Funktion *harmonisch*, wenn sie in diesem Gebiet stetige Ableitungen zweiter Ordnung besitzt und die homogene Laplace-Gleichung erfüllt.

Die im vorangegangenen Paragraphen erhaltenen Integralgleichungen ermöglichen die Lösung der Dirichletschen und Neumannschen Probleme für die homogene Laplace-Gleichung im Halbraum; dabei muß man lediglich fordern, daß die vorgegebenen Funktionen $\varphi(x)$ und $\psi(x)$ mit einer bestimmten Ordnung im Unendlichen abnehmen. Ausführlicher kommen wir darauf etwas später zu sprechen.

Unter gewissen natürlichen Voraussetzungen lassen sich die im Kap. 16 bewiesenen Sätze über die Potentiale auch auf den Fall einer unbeschränkten Fläche Γ übertragen. Wenn z. B. Γ die Hyperebene $\xi_m = 0$ darstellt, dann muß man zusätzlich fordern, daß die Dichte $\sigma(\xi)$ des Potentials der Doppelschicht im Unendlichen die Ordnung

$$\sigma(\xi) = O(\varrho^{-\beta}), \qquad \varrho^2 = \sum_{k=1}^{m-1} \xi_k^2, \qquad \beta = \text{const} > 0, \tag{1}$$

die Dichte $\mu(\xi)$ des Potentials der einfachen Schicht hingegen die Ordnung

$$\mu(\xi) = O(\varrho^{-\beta-1}) \tag{2}$$

besitzt; unter diesen Voraussetzungen konvergieren die Integrale (3.1) und (6.1) des Kap. 16.

Im Falle des Halbraumes genügt es, sich etwa auf das Randwertproblem für das Innengebiet zu beschränken und lediglich die Gleichungen (1.6) und (1.8) zu betrachten. Nach der Formel (2.4) des Kap. 16 hat der Kern der Gleichung (1.6) die Gestalt

$$\frac{\partial}{\partial \nu} \frac{1}{r^{m-2}} = -\frac{(m-2)}{r^{m-1}} \cos(r, \nu) .$$

Im vorliegenden Fall ist die in bezug auf den Halbraum $\xi_m > 0$ äußere Normale ν der ξ_m-Achse entgegen gerichtet. Wenn nun beide Punkte x und ξ in der Ebene $\xi_m = 0$ liegen, dann liegt in dieser Ebene auch der Vektor r, und folglich gilt $\cos(r, \nu) = 0$. Also ist der Kern der Gleichung (1.6) und damit auch der zu ihm adjungierte Kern der Gleichung (1.8) identisch Null. Die genannten Gleichungen ergeben jetzt

$$\sigma(x) = -\frac{2}{(m-2)\,|S_1|} \varphi(x) , \qquad \mu(x) = \frac{2}{(m-2)\,|S_1|} \psi(x) .$$

Folglich wird die Lösung des Dirichletschen Problems für den Halbraum $x_m > 0$ durch die Formel

$$u(x) = \frac{2}{(m-2)\,|S_1|} \int_{-\infty}^{+\infty} \cdots \int_{-\infty}^{+\infty} \varphi(\xi) \frac{\partial}{\partial \xi_m} \frac{1}{r^{m-2}}\, d\xi_1 \ldots d\xi_{m-1} \tag{3}$$

geliefert; die Lösung des Neumannschen Problems hat die Gestalt

$$u(x) = \frac{2}{(m-2)\,|S_1|} \int_{-\infty}^{+\infty} \cdots \int_{-\infty}^{+\infty} \psi(\xi) \frac{1}{r^{m-2}}\, d\xi_1 \ldots d\xi_{m-1} . \tag{4}$$

Dabei muß für die Dichten der Potentiale (3) und (4) im Unendlichen

$$\varphi(\xi) = O(\varrho^{-\beta}) , \qquad \psi(\xi) = O(\varrho^{-\beta-1}) , \qquad \beta = \text{const} > 0 ,$$

gelten.

Führt man in der Formel (3) die Differentiation durch, dann ergibt sich

$$u(x) = \frac{2x_m}{|S_1|} \int_{-\infty}^{+\infty} \cdots \int_{-\infty}^{+\infty} \varphi(\xi) \frac{1}{r_m}\, d\xi_1 \ldots d\xi_{m-1} , \qquad r^2 = \sum_{k=1}^{m-1} (\xi_k - x_k)^2 + x_m^2 . \tag{3$_1$}$$

§ 3. Untersuchung des ersten Paares adjungierter Gleichungen

Im vorliegenden Paragraphen wollen wir beweisen, daß die Integralgleichungen (1.6) und (1.9), welche dem Dirichletschen Problem D_i für das Innengebiet bzw. dem Neumannschen Problem N_e für das Außengebiet entsprechen, für beliebige stetige Funktionen $\varphi(x)$ und $\psi(x)$ eindeutig lösbar sind. Dazu betrachten wir die homogene Integralgleichung des Neumannschen Problems für das Außengebiet; die gesuchte Funktion bezeichnen wir mit $\mu_0(x)$:

$$\mu_0(x) - \frac{2}{(m-2)\,|S_1|} \int_\Gamma \mu_0(\xi) \frac{\partial}{\partial n} \frac{1}{r^{m-2}}\, d_\xi \Gamma = 0 . \tag{1}$$

Es sei $\mu_0 \in L_2(\Gamma)$ irgendeine Lösung der Gleichung (1). Wie im § 1 bewiesen wurde, ist dann μ_0 eine stetige Funktion auf Γ. Wir betrachten jetzt das Potential der einfachen Schicht mit der Dichte μ_0:

$$V_0(x) = \int_\Gamma \mu_0(\xi) \frac{1}{r^{m-2}} \, d_\xi \Gamma . \tag{2}$$

Die Gleichung (1) bedeutet, daß der Grenzwert von außen her der Normalableitung des Potentials (2) gleich Null ist:

$$\frac{\partial V_0(x)}{\partial n_e} \equiv 0 . \tag{3}$$

Auf Grund des Eindeutigkeitssatzes des NEUMANNschen Problems für das Außengebiet gilt dann

$$V_0(x) \equiv 0 , \qquad x \in \Omega' . \tag{4}$$

Da aber das Potential der einfachen Schicht eine im ganzen Raum stetige Funktion darstellt, erhalten wir

$$V_0(x) \equiv 0 , \qquad x \in \Gamma . \tag{5}$$

Wir betrachten jetzt das Potential $V_0(x)$ im Innengebiet Ω. Hier ist $V_0(x)$ eine harmonische Funktion, und infolge der Beziehung (5) verschwindet diese auf dem Rand Γ. Nach dem Eindeutigkeitssatz des DIRICHLETschen Problems für das Innengebiet ergibt sich

$$V_0(x) \equiv 0 , \qquad x \in \Omega . \tag{6}$$

Damit gilt in Ω auch

$$\frac{\partial V_0(x)}{\partial n_i} \equiv 0 .$$

Daraus folgt zusammen mit den Formeln (3) und (7.11), Kap. 16, $\mu_0(x) \equiv 0$.

Die homogene Integralgleichung (1) besitzt also nur die triviale Lösung. Auf Grund der FREDHOLMschen Alternative ist dann die Integralgleichung (1.9) des NEUMANNschen Problems für das Außengebiet für eine beliebige Funktion $\psi \in L_2(\Gamma)$ und folglich auch für eine beliebige stetige Funktion $\psi(x)$ eindeutig lösbar.

Damit ist der Parameterwert

$$\lambda = \frac{2}{(m-2)\,|S_1|}$$

ein regulärer Wert des Kernes $\frac{\partial}{\partial n} \frac{1}{r^{m-2}}$; nach einem bekannten FREDHOLMschen Satz gilt dasselbe auch für den adjungierten Kern $\frac{\partial}{\partial \nu} \frac{1}{r^{m-2}}$. Daraus ergibt sich, daß die Integralgleichung des DIRICHLETschen Problems für das Innengebiet für eine beliebige Funktion $\varphi \in L_2(\Gamma)$ und damit erst recht für eine beliebige stetige Funktion $\varphi(x)$ eine eindeutige Lösung besitzt.

Da nun die Lösbarkeit der Integralgleichungen der Randwertprobleme D_i und N_e die Lösbarkeit dieser Probleme zur Folge hat, gelangen wir zu folgenden Aussagen:

1. Wenn Γ eine LJAPUNOW-Fläche ist, dann ist das DIRICHLETsche Problem für das Innengebiet dieser Fläche bei beliebigen stetigen Randbedingungen lösbar, und die Lösung läßt sich als Potential der Doppelschicht darstellen.

2. Wenn Γ eine LJAPUNOW-Fläche ist, dann ist das NEUMANNsche Problem für das Außengebiet dieser Fläche bei beliebigen stetigen Randbedingungen lösbar, und die Lösung läßt sich als Potential der einfachen Schicht darstellen.

§ 4. Untersuchung des zweiten Paares adjungierter Gleichungen

Der in die Integralgleichungen der Randwertprobleme D_e und N_i (d. h. in die Gleichungen (1.7) und (1.8)) eingehende Parameterwert

$$\lambda = -\frac{2}{(m-2)\,|S_1|} \tag{1}$$

ist eine charakteristische Zahl für jeden der Kerne

$$\frac{\partial}{\partial \nu}\frac{1}{r^{m-2}}, \qquad \frac{\partial}{\partial n}\frac{1}{r^{m-2}}.$$

In der Tat, wie die dritte der Gleichungen (4.2) des Kap. 16 zeigt, besitzt die homogene Integralgleichung des Problems D_e

$$\sigma_0(x) + \frac{2}{(m-2)\,|S_1|}\int\limits_\Gamma \sigma_0(\xi)\,\frac{\partial}{\partial \nu}\frac{1}{r^{m-2}}\,\mathrm{d}_\xi\Gamma = 0 \tag{2}$$

die nicht triviale Lösung $\sigma_0(x) \equiv 1$. Letzteres bedeutet, daß (1) eine charakteristische Zahl des Kernes $\frac{\partial}{\partial \nu}\frac{1}{r^{m-2}}$ ist. Auf Grund eines bekannten FREDHOLMschen Satzes ist dann diese Zahl auch eine charakteristische Zahl des adjungierten Kernes $\frac{\partial}{\partial n}\frac{1}{r^{m-2}}$. Folglich besitzt die homogene Integralgleichung des Problems N_i

$$\mu_0(x) + \frac{2}{(m-2)\,|S_1|}\int\limits_\Gamma \mu_0(\xi)\,\frac{\partial}{\partial n}\frac{1}{r^{m-2}}\,\mathrm{d}_\xi\Gamma = 0 \tag{3}$$

wenigstens eine von Null verschiedene Lösung; wir bezeichnen diese mit $\mu_0(x)$. Wir beweisen jetzt, daß die Gleichungen (2) und (3) keine nicht trivialen Lösungen besitzen, die zu den oben genannten Lösungen $\sigma_0(x)$ bzw. $\mu_0(x)$ linear unabhängig sind. Auf Grund der FREDHOLMschen Sätze genügt es, diese Eigenschaften für die Gleichung (3) nachzuweisen. Wir betrachten das Potential der einfachen Schicht mit der Dichte $\mu_0(\xi)$

$$V_0(x) = \int\limits_\Gamma \mu_0(\xi)\,\frac{1}{r^{m-2}}\,\mathrm{d}_\xi\Gamma\,. \tag{4}$$

Aus Gleichung (3) folgt

$$\frac{\partial V_0}{\partial n_i} \equiv 0\,. \tag{5}$$

Da $V_0(x)$ eine im Innengebiet Ω harmonische Funktion ist, so gilt nach dem Eindeutigkeitssatz für das Problem N_i

$$V_0(x) \equiv c_0 = \text{const}, \qquad x \in \Omega\,. \tag{6}$$

Dabei ist $c_0 \neq 0$. In der Tat, aus $c_0 = 0$ würde $V_0(x) \equiv 0$ für $x \in \Omega$ folgen. Auf Grund der Stetigkeit des Potentials der einfachen Schicht gilt dann $V_0(x) \equiv 0$, $x \in \Gamma$, und aus dem Eindeutigkeitssatz des DIRICHLETschen Problems für das Außengebiet schließen wir $V_0(x) \equiv 0$, $x \in \Omega'$. Dann ist aber

$$\frac{\partial V_0(x)}{\partial n_e} \equiv 0 . \tag{7}$$

Aus den Beziehungen (5) und (7) sowie der Formel (7.11) des Kap. 16 ergibt sich schließlich $\mu_0(x) \equiv 0$. Letzteres bedeutet aber einen Widerspruch zu der früher getroffenen Annahme, daß $\mu_0(x)$ eine nicht triviale Lösung sei.

Damit haben wir gleichzeitig die folgende Behauptung bewiesen: Wenn das Potential der einfachen Schicht im Inneren der Fläche Γ identisch Null ist, dann ist auch seine Dichte identisch Null.

Wir nehmen jetzt an, Gleichung (3) besitze noch eine weitere Lösung $\mu_1(x)$. Wir bilden das Potential

$$V_1(x) = \int_\Gamma \mu_1(\xi) \frac{1}{r^{m-2}} \mathrm{d}_\xi \Gamma .$$

Indem wir die vorangegangenen Überlegungen wiederholen, finden wir $V_1(x) \equiv$ $\equiv c_1 = \text{const}$ für $x \in \Omega$. Wir setzen

$$\mu_2(x) = c_1 \mu_0(x) - c_0 \mu_1(x) . \tag{8}$$

Offensichtlich ist $\mu_2(x)$ eine Lösung derselben Gleichung (3). Jetzt betrachten wir das Potential

$$V_2(x) = \int_\Gamma \mu_2(\xi) \frac{1}{r^{m-2}} \mathrm{d}_\xi \Gamma = c_1 V_0(x) - c_0 V_1(x) .$$

Für $x \in \Omega$ gilt $V_2(x) = c_1 c_0 - c_0 c_1 = 0$. Nach dem bereits Bewiesenen ist dann $\mu_2(x) \equiv 0$, woraus

$$\mu_1(x) = \frac{c_1}{c_0} \mu_0(x) \tag{9}$$

folgt.

Somit unterscheidet sich eine beliebige Lösung der Gleichung (3) nur durch einen konstanten Faktor von $\mu_0(x)$, was zu beweisen war.

Wir betrachten jetzt die inhomogene Gleichung (1.8) des Problems N_i. Auf Grund der FREDHOLMschen Sätze ist diese Gleichung dann und nur dann lösbar, wenn die Funktion $\psi(x)$ zu sämtlichen Lösungen der adjungierten homogenen Gleichung (8.7) orthogonal ist. Die letzte Gleichung besitzt aber nur eine linear unabhängige Lösung $\sigma_0(x) \equiv 1$. Folglich ist für die Lösbarkeit der Gleichung (1.8) notwendig und hinreichend, daß die Beziehung $(\psi, 1) = 0$ oder, was dasselbe dedeutet, die Bedingung

$$\int_\Gamma \psi(x) \, \mathrm{d}_x \Gamma = 0 \tag{10}$$

erfüllt ist.

Wenn die Gleichung (1.8) eine Lösung besitzt, dann ist offensichtlich auch das Problem N_i lösbar. Folglich ist die Bedingung (10) hinreichend für die Lösbarkeit des Problems N_i, und wir gelangen zu folgendem Schluß: Wenn die Fläche Γ eine LJAPUNOW-Fläche ist, die Funktion ψ in $C(\Gamma)$ enthalten und die Bedingung (10) erfüllt ist, so existiert eine Lösung des inneren NEUMANNschen Problems, und diese kann als Potential der einfachen Schicht mit einer stetigen Dichte dargestellt werden. Wir erinnern noch einmal daran (s. Kap. 13, § 2), daß die Bedingung (10) für die Existenz einer hinreichend glatten Lösung des inneren NEUMANNschen Problems notwendig ist.

Es bleibt noch die Integralgleichung (1.7) des DIRICHLETschen Problems für das Außengebiet zu betrachten.

Für diese Gleichung lassen sich leicht die notwendigen und hinreichenden Lösbarkeitsbedingungen angeben:

$$(\varphi, \mu_0) = \int_\Gamma \varphi(x)\, \mu_0(x)\, d_x\Gamma = 0\,. \tag{11}$$

Ist die Bedingung (11) erfüllt, dann ist die Integralgleichung (1.7) lösbar. In diesem Fall existiert eine Lösung des DIRICHLETschen Problems für das Außengebiet, die sich als Potential der Doppelschicht darstellen läßt und folglich im Unendlichen wie $|x|^{1-m}$ abnimmt.

Wenn die Bedingung (11) verletzt ist, dann existiert keine Lösung der Gleichung (1.7). Das bedeutet jedoch nicht, daß auch das DIRICHLETsche Problem für das Außengebiet unlösbar ist; in diesem Fall kann man lediglich behaupten, daß dieses Problem keine Lösung besitzt, die sich als Potential der Doppelschicht darstellen läßt.

§ 5. Die Lösung des DIRICHLETschen Problems für das Außengebiet

Wir legen den Koordinatenursprung in das Innere der Fläche Γ. Die Funktion $\dfrac{1}{|x|^{m-2}}$ ist in einem beliebigen Gebiet, das den Koordinatenursprung nicht enthält, insbesondere also im Gebiet Ω', harmonisch.

Die Lösung des Problems D_e suchen wir in der Form

$$u(x) = \int_\Gamma \sigma(\xi) \frac{\partial}{\partial \nu} \frac{1}{r^{m-2}}\, d_\xi\Gamma + \frac{1}{|x|^{m-2}} \int_\Gamma \sigma(\xi)\, d_\xi\Gamma\,. \tag{1}$$

Für ein beliebige stetige Funktion $\sigma(\xi)$ stellt die rechte Seite der Formel (1) eine in Ω' harmonische Funktion dar; es genügt demnach, $\sigma(\xi)$ so zu bestimmen, daß die Randbedingung (1.1) erfüllt wird.

Dieselben Überlegungen wie im § 1 führen uns auf die folgende Integralgleichung für die unbekannte Funktion $\sigma(x)$:

$$\sigma(x) + \frac{2}{(m-2)\,|S_1|} \int_\Gamma \left[\frac{\partial}{\partial \nu} \frac{1}{r^{m-2}} + \frac{1}{|x|^{m-2}}\right] \sigma(\xi)\, d_\xi\Gamma = \frac{2}{(m-2)\,|S_1|}\, \varphi(x)\,, \quad x \in \Gamma\,. \tag{2}$$

Der Kern der Gleichung (2)

$$\frac{\partial}{\partial \nu} \frac{1}{r^{m-2}} + \frac{1}{|x|^{m-2}}$$

besitzt, ebenso wie der Kern $\dfrac{\partial}{\partial \nu} \dfrac{1}{r^{m-2}}$, eine schwache Singularität, und folglich läßt sich auf (2) die FREDHOLMsche Theorie anwenden.

Wir betrachten jetzt die homogene Integralgleichung, die sich aus der Gleichung (2) für $\varphi(x) \equiv 0$ ergibt:

$$\sigma_0(x) + \frac{2}{(m-2)\,|S_1|} \int_\Gamma \left[\frac{\partial}{\partial \nu} \frac{1}{r^{m-2}} + \frac{1}{|x|^{m-2}}\right] \sigma_0(\xi)\, d_\xi\Gamma = 0\,. \tag{3}$$

Es sei $\sigma_0 \in L_2(\Gamma)$ eine beliebige Lösung der Gleichung (3). Analog zum § 1 läßt sich dann nachweisen, daß diese Lösung stetig ist. Wir bilden nun die in Ω' harmonische Funktion

$$u_0(x) = \int_\Gamma \sigma_0(\xi) \frac{\partial}{\partial \nu} \frac{1}{r^{m-2}} \mathrm{d}_\xi \Gamma + \frac{1}{|x|^{m-2}} \int_\Gamma \sigma_0(\xi) \, \mathrm{d}_\xi \Gamma . \tag{4}$$

Aus Gleichung (3) folgt $u_0(x)|_\Gamma \equiv 0$, und nach dem Eindeutigkeitssatz des Dirichletschen Problems für das Außengebiet ergibt sich $u_0(x) \equiv 0$, $x \in \Omega'$. Wir multiplizieren jetzt beide Seiten von (4) mit $|x|^{m-2}$ und lassen $|x| \to \infty$ streben. Da das Potential der Doppelschicht im Unendlichen wie $|x|^{1-m}$ abnimmt, strebt der erste Summand gegen Null, und wir erhalten folglich

$$\int_\Gamma \sigma_0(\xi) \, \mathrm{d}_\xi \Gamma = 0 . \tag{5}$$

Somit genügt jede Lösung der Gleichung (3) der Beziehung (5). Die Gleichung (3) nimmt folglich die einfachere Gestalt

$$\sigma_0(x) + \frac{2}{(m-2)|S_1|} \int_\Gamma \frac{\partial}{\partial \nu} \frac{1}{r^{m-2}} \sigma_0(\xi) \, \mathrm{d}_\xi \Gamma = 0 \tag{6}$$

an, die wiederum mit Gleichung (5.2) übereinstimmt. Wie im § 5 gezeigt wurde, besitzt Gleichung (6) die Eins als einzige linear unabhängige Lösung; somit ergibt sich für die allgemeine Lösung dieser Gleichung $\sigma_0(\xi) \equiv C = \text{const.}$ Setzen wir das in (5) ein, so erhalten wir $C\,|\Gamma| = 0$ und folglich $C = 0$. Also besitzt die Gleichung (3) nur die triviale Lösung $\sigma_0(\xi) \equiv 0$. Auf Grund der Fredholmschen Alternative ist dann die inhomogene Gleichung (2) für eine beliebige stetige Funktion $\varphi(x)$ lösbar. Folglich ist für eine beliebige stetige Randfunktion $\varphi(x)$ das Dirichletsche Problem für das Außengebiet lösbar, wobei deren Lösung in der Form (1) dargestellt werden kann.

Bemerkung 1. Die Untersuchung der Integralgleichungen der Potentialtheorie wird um einiges erschwert, wenn das Gebiet Ω (oder Ω') nicht nur durch eine, sondern durch mehrere geschlossene Ljapunow-Flächen berandet wird; die Ergebnisse lauten dann etwas anders als im Falle einer einzigen Randfläche. Ausführlicher sind diese Fragen in dem Buch von N. M. Günther [15] behandelt.

Bemerkung 2. Die potentialtheoretische Methode läßt sich auch auf einige andere Randwertaufgaben anwenden. Es sei z. B. eine Funktion $u(x)$ gesucht, die entweder innerhalb oder außerhalb einer geschlossenen regulären Fläche Γ harmonisch ist und die eine Randbedingung der Gestalt

$$\left[\frac{\partial u}{\partial n} + \beta(x)\, u\right]_\Gamma = \omega(x) \tag{7}$$

erfüllt; dabei seien $\beta(x)$ und $\omega(x)$ stetige Funktionen auf Γ und n bedeute die äußere Normale an Γ im Punkt $x \in \Gamma$. Ein solches Problem nennt man des öfteren eine *dritte Randwertaufgabe*. Die Lösung suchen wir in Form eines Potentials der einfachen Schicht

$$u(x) = \int_\Gamma \mu(\xi) \frac{1}{r^{m-2}} \mathrm{d}_\xi \Gamma . \tag{8}$$

Unter Benutzung des Satzes über die Grenzwerte der Normalableitung des Potentials (8) erhalten wir für $\mu(\xi)$ eine schwach singuläre Integralgleichung

$$\mu(x) \pm \frac{2}{(m-2)|S_1|} \int_\Gamma \left[\frac{\partial}{\partial n} \frac{1}{r^{m-2}} + \frac{\beta(x)}{r^{m-2}}\right] \mu(\xi) \, \mathrm{d}_\xi \Gamma = \pm \frac{2}{(m-2)|S_1|} \omega(x) , \quad x \in \Gamma . \tag{9}$$

Dabei entspricht das Vorzeichen „+“ dem Randwertproblem für das Innengebiet, das Vorzeichen „−“ dem Randwertproblem für das Außengebiet.

Wenn das Problem (7) für die harmonische Funktion höchstens eine Lösung besitzt, dann ist Gleichung (9) und folglich auch das betrachtete Problem für eine beliebige Funktion $\omega(x)$ lösbar. Ist dagegen die Lösung nicht eindeutig bestimmt (besitzt etwa das dem Problem (7) entsprechende homogene Problem k linear unabhängige Eigenfunktionen), dann existiert dann und nur dann eine Lösung des inhomogenen Problems, wenn die Funktion $\omega(x)$ k Orthogonalitätsbedingungen erfüllt. Nach dem FREDHOLMschen Satz ist die Zahl k endlich. Das betrachtete Problem besitzt im Falle des Innengebietes (entsprechend im Falle des Außengebietes) eine eindeutige Lösung, wenn $\beta(x) \geqq 0$ und auf einer Teilmenge von Γ mit positivem Maß $\beta(x) > 0$ gilt (entsprechend, wenn $\beta(x) \leqq 0$ und auf einer Teilmenge von Γ mit positivem Maß $\beta(x) < 0$ gilt). Man beweise die letzte Behauptung!

§ 6. Der Fall zweier unabhängiger Veränderlicher

Im Falle $m = 2$ ist die singuläre Lösung der LAPLACE-Gleichung die Funktion $\ln \frac{1}{r}$ mit $r = |\xi - x|$. Dementsprechend werden die Potentiale der einfachen und der Doppelschicht in der zweidimensionalen Ebene durch folgende Formeln definiert:

$$V(x) = \int_\Gamma \mu(\xi) \ln \frac{1}{r} \, d_\xi \Gamma , \tag{1}$$

$$W(x) = \int_\Gamma \sigma(\xi) \frac{\partial}{\partial \nu} \ln \frac{1}{r} \, d_\xi \Gamma . \tag{2}$$

Hierbei ist Γ eine geschlossene Kurve, von der wir voraussetzen, daß sie die LJAPUNOW-Bedingungen erfüllt. Die Ungleichung (2.6) des Kap. 1 ist jetzt durch die folgende zu ersetzen:

$$\int_\Gamma \left| \frac{\partial}{\partial \nu} \ln \frac{1}{r} \right| d_\xi \Gamma \leqq C = \text{const.} \tag{3}$$

Die Dichten $\sigma(\xi)$ und $\mu(\xi)$ setzen wir als stetige Funktionen voraus.

Die Potentiale (1) und (2) heißen gewöhnlich *logarithmische Potentiale*. Das logarithmische Potential einer Doppelschicht ist sowohl innerhalb als auch außerhalb von Γ harmonisch; im Unendlichen hat es die Ordnung $O(|x|^{-1})$.

Das logarithmische Potential der einfachen Schicht ist innerhalb von Γ harmonisch; außerhalb von Γ ist es (im Gegensatz zum Fall $m > 2$) im allgemeinen nicht harmonisch, denn eine Funktion, die in einem unbeschränkten Gebiet der zweidimensionalen Ebene harmonisch sein soll, muß im Unendlichen beschränkt sein, das Potential der einfachen Schicht jedoch wächst im allgemeinen im Unendlichen wie $\ln |x|$.

Für die Potentiale (1) und (2) gelten Sätze, die den im Fall $m > 2$ bewiesenen Sätzen analog (jedoch mit diesen nicht immer identisch) sind: Das Potential der einfachen Schicht ist in der gesamten Ebene, mit möglicher Ausnahme des unendlich fernen Punktes, stetig; für das Potential einer Doppelschicht gelten die Grenzwertbeziehungen

$$\begin{aligned} W_i(x) &= -\pi\sigma(x) + \overline{W(x)} , \\ W_e(x) &= \quad \pi\sigma(x) + \overline{W(x)} \end{aligned} \tag{4}$$

und für die Normalableitung des Potentials der einfachen Schicht die Gleichungen

$$\frac{\partial V(x)}{\partial n_i} = \pi\mu(x) + \overline{\frac{\partial V(x)}{\partial n}}, \qquad \frac{\partial V(x)}{\partial n_e} = -\pi\mu(x) + \overline{\frac{\partial V(x)}{\partial n}}. \tag{5}$$

Dabei handelt es sich in (5) um eine gleichmäßige Normalableitung.

Das GAUSSsche Integral läßt sich jetzt nach der folgenden Formel berechnen:

$$\int_\Gamma \frac{\partial}{\partial\nu} \ln\frac{1}{r}\, d_\xi\Gamma = \begin{cases} -2\pi & \text{innerhalb von } \Gamma, \\ 0 & \text{außerhalb von } \Gamma, \\ -\pi & \text{auf } \Gamma. \end{cases} \tag{6}$$

Die DIRICHLETschen und die NEUMANNschen Probleme werden wie gewöhnlich gestellt; wir behalten auch die Bezeichnungen $\varphi(x)$ und $\psi(x)$ für die in diesen Problemen gegebenen Funktionen bei. Wesentlich ist, daß sich das NEUMANNsche Problem N_e für das Außengebiet im Falle $m = 2$ durch einige Besonderheiten auszeichnet. Der Eindeutigkeitssatz für das Problem N_e läßt sich im vorliegenden Fall genauso formulieren wie für das Problem N_i: Zwei Lösungen dieses Problems können sich lediglich um eine additive Konstante unterscheiden. Es gilt auch die Umkehrung: Zwei Funktionen, die außerhalb von Γ harmonisch sind und sich nur um eine additive Konstante unterscheiden, sind Lösungen ein und desselben Problems N_e.

Eine andere Besonderheit des Problems N_e in der zweidimensionalen Ebene kommt in folgendem Hilfssatz zum Ausdruck.

Hilfssatz 17.6.1. *Notwendig für die Lösbarkeit des Problems N_e im Falle $m = 2$ ist die Bedingung*

$$\int_\Gamma \psi(x)\, dx = 0. \tag{7}$$

Beweis. Wir nehmen an, daß eine Lösung $u(x)$ des Problems N_e existiert. Um den Koordinatenursprung beschreiben wir einen Kreis S_R von solch großem Radius R, daß die Kurve Γ im Inneren von S_R gelegen ist. Da die Funktion $u(x)$ außerhalb von S_R harmonisch und in dem entsprechenden abgeschlossenen Gebiet stetig ist, so gilt die POISSONsche Formel (s. Formel (1.6_1) des Kap. 15)

$$u(x) = \frac{1}{2\pi}\int_0^{2\pi} \frac{\varrho^2 - R^2}{\varrho^2 - 2R\varrho\cos(\omega - \Theta) + R^2}\, u(R, \omega)\, d\omega; \tag{8}$$

hierbei bedeuten R, ω die Polarkoordinaten des Punktes ξ, $u(R, \omega) = u(\xi)$, und ϱ, Θ sind die Polarkoordinaten des Punktes x, wobei $\varrho > R$.

Wir differenzieren jetzt beide Seiten der Formel (8) nach den cartesischen Koordinaten des Punktes x, indem wir wie folgt verfahren. Wir setzen $z = x_1 + ix_2$, $\zeta = \xi_1 + i\xi_2$, wobei x_1, x_2 und ξ_1, ξ_2 die cartesischen Koordinaten der Punkte x und ξ bedeuten. Dann gilt $z = \varrho\, e^{i\Theta}$, $\zeta = R\, e^{i\omega}$ und

$$\frac{\varrho^2 - R^2}{\varrho^2 - 2R\varrho\cos(\omega - \Theta) + R^2} = \operatorname{Re}\frac{z + \zeta}{z - \zeta}$$

(vgl. hierzu § 1 des Kap. 13). Daraus ergibt sich

$$\frac{\partial}{\partial x_1}\frac{\varrho^2 - R^2}{\varrho^2 - 2R\varrho\cos(\omega - \Theta) + R^2} = \frac{\partial}{\partial x_1}\operatorname{Re}\frac{z + \zeta}{z - \zeta} = \operatorname{Re}\frac{\partial}{\partial z}\frac{z + \zeta}{z - \zeta} = -\operatorname{Re}\frac{2\zeta}{(z - \zeta)^2}.$$

Folglich ist

$$\frac{\partial u}{\partial x_1} = -\frac{1}{\pi}\int_0^{2\pi} u(R,\omega)\,\mathrm{Re}\,\frac{\zeta}{(z-\zeta)^2}\,\mathrm{d}\omega = O\left(\frac{1}{|x|^2}\right).$$

Analog finden wir $\frac{\partial u}{\partial x_2} = O\left(\frac{1}{|x|^2}\right)$, wobei die letzten beiden Abschätzungen für hinreichend große $|x|$ gelten.

Die Anwendung der Formel (2.7) des Kap. 13 auf das durch die Kurven Γ und $S_{\overline{R}}(\overline{R} > R)$ berandete Gebiet $\Omega_{\overline{R}}$ ergibt

$$-\int_\Gamma \frac{\partial u}{\partial n}\,\mathrm{d}_x\Gamma + \int_{S_{\overline{R}}} \frac{\partial u}{\partial n}\,\mathrm{d}_x S_{\overline{R}} = 0\,;$$

dabei ist n die äußere Normale an Γ bzw. an $S_{\overline{R}}$ im Punkt x. Vor dem ersten Integral tritt das negative Vorzeichen auf, da die Normale n auf Γ für das Gebiet $\Omega'_{\overline{R}}$ die innere Normale ist.

Der letzten Formel kann man jetzt die Gestalt

$$-\int_\Gamma \psi(x)\,\mathrm{d}_x\Gamma + \int_{S_{\overline{R}}} \frac{\partial u}{\partial n}\,\mathrm{d}_x S_{\overline{R}} = 0 \tag{9}$$

geben. Weiter folgt aus den oben erhaltenen Abschätzungen, daß für hinreichend großes $\overline{R}$ auf der Kreisperipherie $S_{\overline{R}}$ die Ungleichung

$$\left|\frac{\partial u}{\partial n}\right| = \left|\frac{\partial u}{\partial x_1}\cos(n,x_1) + \frac{\partial u}{\partial x_2}\cos(n,x_2)\right| \leqq \frac{c}{\overline{R}^2}, \qquad c = \text{const},$$

erfüllt ist. Folglich gilt

$$\left|\int_{S_{\overline{R}}} \frac{\partial u}{\partial n}\,\mathrm{d}_x S_{\overline{R}}\right| \leqq \frac{c}{\overline{R}^2}\,2\pi\overline{R} = \frac{2\pi c}{\overline{R}} \xrightarrow[\overline{R}\to\infty]{} 0\,.$$

Indem wir nun in der Formel (9) $\overline{R} \to \infty$ streben lassen, gelangen wir zu der Beziehung (7).

Damit ist der Hilfssatz bewiesen.

Wie auch im allgemeinen Fall werden wir die Lösung des Dirichletschen Problems als Potential einer Doppelschicht (2) und die Lösung des Neumannschen Problems als Potential einer einfachen Schicht (1) suchen. Diese Ansätze führen für das Dirichletsche Problem auf die Integralgleichungen

$$\sigma(x) \mp \frac{1}{\pi}\int_\Gamma \sigma(\xi)\,\frac{\partial}{\partial \nu}\ln\frac{1}{r}\,\mathrm{d}_\xi\Gamma = \mp\frac{1}{\pi}\,\varphi(x) \tag{D}$$

und für das Neumannsche Problem auf die Integralgleichungen

$$\mu(x) \pm \frac{1}{\pi}\int_\Gamma \mu(\xi)\,\frac{\partial}{\partial n}\ln\frac{1}{r}\,\mathrm{d}_\xi\Gamma = \pm\frac{1}{\pi}\,\psi(x)\,. \tag{N}$$

Die Kerne dieser Gleichungen besitzen eine schwache Singularität. Im vorliegenden Fall läßt sich leicht nachweisen, daß die Kerne beschränkt sind, wenn der Ljapunow-

Exponent $\alpha = 1$ ist, und stetig, wenn die Kurve Γ eine stetige Krümmung besitzt. Wiederum bilden die Gleichungen der Probleme D_i und N_e sowie der Probleme D_e und N_i Paare zueinander adjungierter Gleichungen. Im weiteren setzen wir voraus, daß die Kurve Γ eine LJAPUNOW-Kurve ist.

Bei der Untersuchung der Integralgleichungen (D) und (N) stützen wir uns auf folgenden Hilfssatz.

Hilfssatz 17.6.2. *Wenn die Integralgleichung des Problems N_e*

$$\mu(x) - \frac{1}{\pi} \int_\Gamma \mu(\xi) \frac{\partial}{\partial n} \ln \frac{1}{r} \, d_\xi \Gamma = -\frac{1}{\pi} \psi(x) \tag{10}$$

lösbar ist und die Funktion $\psi(x)$ der Bedingung (7) *genügt, dann liefert das Potential der einfachen Schicht* (1) *eine Lösung des Problems N_e.*

Beweis. Die Integralgleichung (10) sei lösbar. Nehmen wir ihre Lösung als Dichte des Potentials (1), so erhalten wir eine Funktion, die der Randbedingung des Problems N_e genügt und die außerhalb von Γ überall harmonisch ist, außer möglicherweise im unendlich fernen Punkt, wo diese Funktion unbeschränkt sein kann. Es bleibt zu zeigen, daß das Potential (1) unter der Bedingung (7) im Unendlichen beschränkt ist.

Zu diesem Zweck multiplizieren wir beide Seiten der Gleichung (10) mit $d_x\Gamma$ und integrieren längs Γ. Unter Berücksichtigung der Bedingung (7) erhalten wir

$$\int_\Gamma \mu(x) \, d_x\Gamma - \frac{1}{\pi} \int_\Gamma \int_\Gamma \mu(\xi) \frac{\partial}{\partial n} \ln \frac{1}{r} \, d_\xi \Gamma \, d_x \Gamma = 0 \,. \tag{11}$$

Im Doppelintegral vertauschen wir x und ξ; dabei geht n in ν über. Unter Benutzung der dritten Gleichung von (6) finden wir dann

$$\frac{1}{\pi} \int_\Gamma \int_\Gamma \mu(\xi) \frac{\partial}{\partial n} \ln \frac{1}{r} \, d_\xi \Gamma \, d_x \Gamma = \frac{1}{\pi} \int_\Gamma \int_\Gamma \mu(x) \frac{\partial}{\partial \nu} \ln \frac{1}{r} \, d_\xi \Gamma \, d_x \Gamma =$$

$$= \frac{1}{\pi} \int_\Gamma \mu(x) \left\{ \int_\Gamma \frac{\partial}{\partial \nu} \ln \frac{1}{r} \, d_\xi \Gamma \right\} d_x \Gamma = - \int_\Gamma \mu(x) \, d_x \Gamma \,.$$

Nunmehr folgt aus der Gleichung (11)

$$\int_\Gamma \mu(x) \, d_x \Gamma = 0 \,. \tag{12}$$

Jetzt ersetzen wir in Gleichung (12) x durch ξ, multiplizieren diese Gleichung mit $\ln |x|$ und addieren die erhaltene Gleichung zu (1). Als Resultat erhalten wir einen neuen Ausdruck für das Potential (1):

$$V(x) = \int_\Gamma \mu(\xi) \ln \frac{|x|}{r} \, d_\xi \Gamma \,. \tag{13}$$

Das Integral (13) ist für $|x| \to \infty$ beschränkt (es strebt sogar gegen Null), und der Hilfssatz ist damit bewiesen.

Die folgende Untersuchung der Integralgleichungen (D) und (N) verläuft im wesentlichen wie in den §§ 3—5; wir können uns daher kurz fassen.

Zunächst beweisen wir, daß die Gleichung (10) des Problems N_e für eine beliebige stetige Funktion $\psi(x)$ lösbar ist. Gemäß der FREDHOLMschen Alternative betrachten wir dazu die homogene Gleichung

$$\mu_0(x) - \frac{1}{\pi}\int\limits_{\Gamma} \mu_0(\xi)\frac{\partial}{\partial n}\ln\frac{1}{r}\,\mathrm{d}_\xi\Gamma = 0\,. \tag{14}$$

Es sei $\mu_0(x)$ eine Lösung von (14). Die rechte Seite der Gleichung (14) ist gleich Null, genügt also offenbar der Bedingung (7); auf Grund des Hilfssatzes 17.6.2 ist dann das Potential

$$V_0(x) = \int\limits_{\Gamma} \mu_0(\xi)\ln\frac{1}{r}\,\mathrm{d}_\xi\Gamma$$

eine Lösung des homogenen Problems N_e. Nach dem Eindeutigkeitssatz des Problems N_e gilt deshalb $V_0(x) \equiv C = \text{const}$ außerhalb von Γ. Wegen der Stetigkeit des Potentials $V_0(x)$ in der gesamten Ebene ist dann $V_0(x) \equiv C$ auch auf Γ. Aus dem Eindeutigkeitssatz des Problems D_i schließen wir, daß $V_0(x) \equiv C$ auch innerhalb von Γ ist. Dann gilt aber

$$\frac{\partial V_0(x)}{\partial n_i} = \frac{\partial V_0(x)}{\partial n_e} = 0\,,$$

und aus den Formeln (5) folgt

$$\mu_0(x) = \frac{1}{2\pi}\left[\frac{\partial V_0(x)}{\partial n_i} - \frac{\partial V_0(x)}{\partial n_e}\right] \equiv 0\,.$$

Aus Hilfssatz 17.6.2 folgt jetzt, daß die Bedingung (7) nicht nur notwendig, sondern auch hinreichend für die Lösbarkeit des Problems N_e in der zweidimensionalen Ebene ist.

Zusammen mit Gleichung (10) ist auch die zu ihr adjungierte Integralgleichung des Problems D_i stets lösbar. Daraus folgt, daß auch in der zweidimensionalen Ebene das Problem D_i stets lösbar ist.

Die Untersuchung der Integralgleichungen der Probleme D_e und N_i verläuft genauso wie im allgemeinen Fall und führt zu denselben Resultaten: Die Bedingung (7) ist notwendig und hinreichend für die Lösbarkeit des Problems N_i; die homogene Integralgleichung des Problems D_e

$$\sigma_0(x) + \frac{1}{\pi}\int\limits_{\Gamma} \sigma_0(\xi)\frac{\partial}{\partial \nu}\ln\frac{1}{r}\,\mathrm{d}_\xi\Gamma = 0 \tag{15}$$

besitzt als Lösung nur eine Konstante.

Die Lösung des Problems D_e in der zweidimensionalen Ebene läßt sich durch den Lösungsansatz

$$u(x) = \int\limits_{\Gamma} \sigma(\xi)\frac{\partial}{\partial \nu}\ln\frac{1}{r}\,\mathrm{d}_\xi\Gamma + \int\limits_{\Gamma} \sigma(\xi)\,\mathrm{d}_\xi\Gamma \tag{16}$$

bestimmen. Dieser Ansatz führt auf die Integralgleichung

$$\sigma(x) + \frac{1}{\pi}\int\limits_{\Gamma}\left[\frac{\partial}{\partial \nu}\ln\frac{1}{r} + 1\right]\sigma(\xi)\,\mathrm{d}_\xi\Gamma = \frac{1}{\pi}\varphi(x)\,. \tag{17}$$

Genauso wie im § 5 kann man beweisen, daß Gleichung (17) stets lösbar ist.

§ 7. Die Gleichungen der Potentialtheorie für den Kreis

Es sei jetzt Γ der Kreis $x_1^2 + x_2^2 = R^2$. Wir bestimmen den Kern des Potentials der Doppelschicht unter der Voraussetzung, daß beide Punkte $x = (x_1, x_2)$ und $\xi = (\xi_1, \xi_2)$ auf dem Kreis liegen. Es gilt

$$\frac{\partial}{\partial \nu} \ln \frac{1}{r} = -\frac{1}{r}\frac{\partial r}{\xi_1} \cos(\nu, \xi_1) - \frac{1}{r}\frac{\partial r}{\xi_2} \cos(\nu, \xi_2) = -\frac{\cos(\nu, r)}{r}.$$

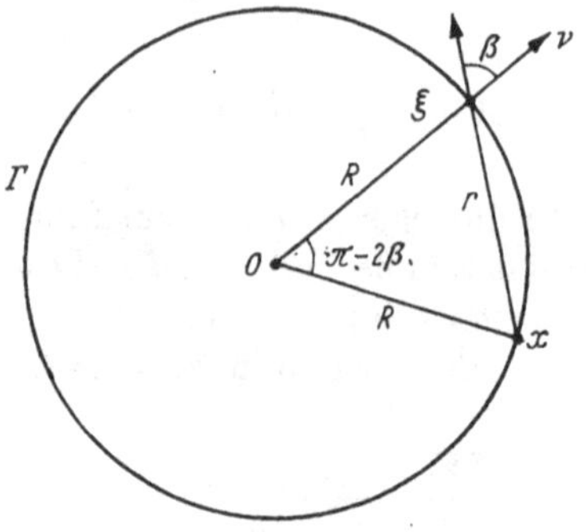

Abb. 34

Auf dem Kreis stimmt die Richtung der Normalen ν mit der Richtung des zum Punkt ξ führenden Radiusvektors überein. Wie aus Abb. 34 ersichtlich ist, gilt

$$r = 2R \sin \frac{\pi - 2\beta}{2} = 2R \cos \beta\,,$$

wobei β den Winkel (ν, r) bedeutet. Daraus folgt

$$\frac{\partial}{\partial \nu} \ln \frac{1}{r} = -\frac{1}{2R}\,; \qquad x, \xi \in \Gamma\,. \tag{1}$$

Vertauschen wir jetzt x und ξ, dann erhalten wir

$$\frac{\partial}{\partial n} \ln \frac{1}{r} = -\frac{1}{2R}\,; \qquad x, \xi \in \Gamma\,. \tag{2}$$

Im vorliegenden Fall sind also die Kerne der Gleichungen (D) und (N) entartet, diese Gleichungen lassen sich folglich elementar lösen. Wir untersuchen hier die Gleichungen der Randwertaufgaben für das Innengebiet; die Lösung der Integralgleichungen der Probleme für das Außengebiet überlassen wir dem Leser.

Wir bezeichnen mit Θ und ω die Winkel, die die Radiusvektoren $0x$ und 0ξ mit der x_1-Achse bilden. Dann ist $d_\xi \Gamma = R\, d\omega$. Weiter kann man eine Funktion des Punktes $x \in \Gamma$ auch als Funktion von Θ betrachten. Dementsprechend werden wir z. B. $\sigma(\Theta)$ an Stelle von $\sigma(x)$ schreiben.

Die Gleichung des Dirichletschen Problems für das Innengebiet nimmt dann folgende Gestalt an:

$$\sigma(\Theta) + \frac{1}{2\pi} \int_{-\pi}^{\pi} \sigma(\omega)\, d\omega = -\frac{1}{\pi} \varphi(\Theta)\,. \tag{3}$$

Wir setzen $\frac{1}{2\pi}\int\limits_{-\pi}^{\pi}\sigma(\omega)\,d\omega = c$ und erhalten somit

$$\sigma(\Theta) + c = -\frac{1}{\pi}\varphi(\Theta)\,.$$

Durch Integration ergibt sich

$$c = -\frac{1}{4\pi^2}\int\limits_{-\pi}^{\pi}\varphi(\omega)\,d\omega\,.$$

Damit finden wir $\sigma(\Theta) = -\frac{1}{\pi}\varphi(\Theta) - c$ und folglich

$$u(x) = -\int\limits_{\Gamma}\left[\frac{1}{\pi}\varphi(\omega) + c\right]\frac{\partial}{\partial\nu}\ln\frac{1}{r}\,d_\xi\Gamma = -\frac{R}{\pi}\int\limits_{-\pi}^{\pi}\varphi(\omega)\frac{\partial}{\partial\nu}\ln\frac{1}{r}\,d\omega - c\int\limits_{\Gamma}\frac{\partial}{\partial\nu}\ln\frac{1}{r}\,d_\xi\Gamma\,.$$

Da der Punkt x innerhalb von Γ liegt, erhalten wir nach der Formel (6.6)

$$u(x) = -\frac{R}{\pi}\int\limits_{-\pi}^{\pi}\varphi(\omega)\frac{\partial}{\partial\nu}\ln\frac{1}{r}\,d\omega + 2\pi c = -\frac{1}{2\pi}\int\limits_{-\pi}^{\pi}\left[2R\frac{\partial}{\partial\nu}\ln\frac{1}{r} - 1\right]\varphi(\omega)\,d\omega\,.$$

Des weiteren gilt

$$\frac{\partial}{\partial\nu}\ln\frac{1}{r} = -\frac{1}{r^2}\left[(\xi_1 - x_1)\cos(\nu, \xi_1) + (\xi_2 - x_2)\cos(\nu, \xi_2)\right] =$$

$$= -\frac{1}{r^2R}\left[(\xi_1 - x_1)\,\xi_1 + (\xi_2 - x_2)\,\xi_2\right] = -\frac{R^2 - (\xi_1x_1 + \xi_2x_2)}{r^2R}\,.$$

Unter Berücksichtigung der Beziehungen

$$r^2 = (\xi_1 - x_1)^2 + (\xi_2 - x_2)^2 = R^2 + \varrho^2 - 2(\xi_1x_1 + \xi_2x_2)\,, \qquad \varrho^2 = x_1^2 + x_2^2$$

ergibt sich

$$-\left[2R\frac{\partial}{\partial\nu}\ln\frac{1}{r} - 1\right] = \frac{R^2 - \varrho^2}{r^2}\,,$$

und damit gilt

$$u(x) = \frac{1}{2\pi}\int\limits_{-\pi}^{\pi}\varphi(\omega)\frac{R^2 - \varrho^2}{r^2}\,d\omega\,. \tag{4}$$

Wir sind somit zum POISSONschen Integral für den Kreis gelangt.

Die Gleichung des Problems N_i hat für den Kreis die Gestalt

$$\mu(\Theta) - \frac{1}{2\pi}\int\limits_{-\pi}^{\pi}\mu(\omega)\,d\omega = \frac{1}{\pi}\psi(\Theta)\,. \tag{5}$$

Setzen wir hier $\frac{1}{2\pi}\int\limits_{-\pi}^{\pi}\mu(\omega)\,d\omega = c_1$, dann finden wir

$$\mu(\Theta) - c_1 = \frac{1}{\pi}\psi(\Theta)\,.$$

Die Integration der letzten Gleichung führt auf die bereits bekannte notwendige Lösbarkeitsbedingung

$$\int_{-\pi}^{\pi} \psi(\Theta)\,\mathrm{d}\Theta = 0\,; \tag{6}$$

die Konstante c_1 ist beliebig wählbar. Wenn die Bedingung (6) erfüllt ist, dann ist die Lösung der Gleichung (5) von der Form

$$\mu(\Theta) = \frac{1}{\pi}\,\psi(\Theta) + c_1\,;$$

die Lösung des Problems N_i wird durch die Formel

$$u(x) = \frac{R}{\pi}\int_{-\pi}^{\pi} \psi(\omega)\ln\frac{1}{r}\,\mathrm{d}\omega + c_1 R\int_{-\pi}^{\pi}\ln\frac{1}{r}\,\mathrm{d}\omega$$

geliefert. Das zweite Integral ist, wie man leicht nachweist, eine Konstante, und wir gelangen folglich zu der Dinischen Formel

$$u(x) = \frac{R}{\pi}\int_{-\pi}^{\pi} \psi(\omega)\ln\frac{1}{r}\,\mathrm{d}\omega + C\,, \qquad C = \text{const}\,.$$

§ 8. Über die Korrektheit des Dirichletschen Problems

Es sei Γ eine Ljapunow-Fläche und Ω das Gebiet, welches sich innerhalb oder außerhalb von Γ befindet. Wir formulieren das Dirichletsche Problem für die homogene Laplace-Gleichung

$$\Delta u = 0\,, \qquad u|_\Gamma = \varphi(x)\,. \tag{1}$$

Man kann leicht ein Paar von Räumen angeben, in denen diese Aufgabe korrekt ist. Wir setzen $B_1 = G(\overline{\Omega})$, $B_2 = C(\Gamma)$. Hierbei bezeichnen wir mit $G(\overline{\Omega})$ den Unterraum von $C(\overline{\Omega})$, der durch alle in Ω harmonischen und in $\overline{\Omega}$ stetigen Funktionen gebildet wird (s. Folgerung 12.8.1). In der Tat, für jede Funktion $\varphi \in C(\Gamma)$ besitzt die Aufgabe (1) eine eindeutige und in $\overline{\Omega}$ stetige Lösung. Im weiteren sei von dem inneren Dirichletschen Problem die Rede. Aus dem Maximum-Prinzip folgt

$$\max_{x\in\overline{\Omega}} |u(x)| = \max_{x\in\Gamma} |u(x)| = \max_{x\in\Gamma} |\varphi(x)|$$

oder

$$||u||_{B_1} = ||\varphi||_{B_2}\,. \tag{2}$$

Wenn durch R der Operator bezeichnet wird, der die gegebene Funktion $\varphi(x)$ in die gesuchte Funktion $u(x)$ überführt, $u = R\varphi$, so folgt aus der Identität (2) die Gleichung $||R|| = 1$. Folglich ist die Aufgabe (1) korrekt gestellt.

Wir gehen nun zum äußeren Dirichletschen Problem über. Es sei zuerst $m > 2$. Aus der Bedingung $u(x) = O(|x|^{2-m})$, $|x| \to \infty$, folgt dann $u(x) \to 0$. Wir betrachten die Kugeloberfläche S_R mit dem hinreichend großen Radius R (Abb. 24, S. 248), so daß die Fläche Γ innerhalb der Kugeloberfläche liegt. Im beschränkten Gebiet Ω_R, das durch die Oberflächen Γ und S_R berandet wird, hat das Maximum-Prinzip Gültigkeit:

$$\max_{x\in\Omega_R} |u(x)| = \max\left\{\max_{x\in\Gamma} |u(x)|, \max_{x\in S_R} |u(x)|\right\} = \max\left\{\max_{x\in\Gamma} |\varphi(x)|, \max_{x\in S_R} |u(x)|\right\}.$$

Nunmehr gelte $R \to \infty$. Daraus erhalten wir die Beziehung

$$\max_{x\in\Omega} |u(x)| = \max\left\{\max_{x\in\Gamma} |\varphi(x)|, 0\right\} = \max_{x\in\Gamma} |\varphi(x)| .$$

Im weiteren sind die gleichen Überlegungen wie für das innere DIRICHLETsche Problem durchzuführen.

Wenn $m = 2$ und das Gebiet Ω nicht beschränkt ist, so können wir das äußere DIRICHLETsche Problem auf das innere zurückführen, indem wir Ω auf ein beschränktes Gebiet konform abbilden und somit die Korrektheit des äußeren DIRICHLETschen Problems nachweisen.

Wir geben nunmehr ein Beispiel eines Paares von Räumen an, in dem das DIRICHLETsche Problem nicht korrekt gestellt ist. In einer Anzahl von Fällen ist es wichtig, den Wert des DIRICHLETschen Integrals der gesuchten Funktion zu kennen:

$$D(u) = \int_\Omega \sum_{k=1}^{m} \left(\frac{\partial u}{\partial x_k}\right)^2 dx ;$$

dieses Integral ist gewöhnlich der Energie des Zustandes proportional, welcher durch die Funktion u beschrieben wird. In diesem Zusammenhang stellen wir die Frage nach der Korrektheit des DIRICHLETschen Problems für die homogene LAPLACE-Gleichung im Raumpaar $(W_2^{(1)}(\Omega), C(\Gamma))$. Leicht überzeugt man sich davon, daß die Antwort auf diese Frage negativ ausfällt. Wir betrachten das bekannte *Beispiel von* HADAMARD. Es sei Ω der Kreis $x_1^2 + x_2^2 < 1$. Wir formulieren folgendes Problem:

Es ist eine in Ω harmonische Funktion $u(x_1, x_2)$ zu finden, die der Randbedingung

$$u|_{\varrho=1} = \varphi(\Theta) , \qquad \varphi(\Theta) = \sum_{n=1}^{\infty} \frac{1}{2^n} \cos (2^{2n}\Theta) \tag{3}$$

genügt. Hier sind ϱ und Θ die Polarkoordinaten des Punktes (x_1, x_2).

Die Glieder der Reihe (3) sind auf der Kreislinie $\Gamma = \{\varrho = 1\}$ stetig. Die Reihe selbst konvergiert gleichmäßig, da sie die konvergente Majorante $\sum_{n=1}^{\infty} \frac{1}{2^n}$ besitzt. Daraus folgt $\varphi \in C(\Gamma)$. Die Lösung des Problems (3) kann in Gestalt der Reihe (s. § 1 des Kap. 15)

$$u(x_1, x_2) = \sum_{n=1}^{\infty} \frac{1}{2^n} \varrho^{2^{2n}} \cos (2^{2n}\Theta) \tag{4}$$

dargestellt werden.

Das DIRICHLETsche Integral der Funktion (4) divergiert. In der Tat, man kann unschwer nachprüfen, daß für $0 < \varrho_0 < 1$

$$\iint_{\varrho<\varrho_0} \left[\left(\frac{\partial u}{\partial x_1}\right)^2 + \left(\frac{\partial u}{\partial x_2}\right)^2\right] dx_1\, dx_2 = \pi \sum_{n=1}^{\infty} \varrho_0^{2^{2n+1}} \tag{5}$$

gilt. Die Summe der Reihe (5) strebt für $\varrho_0 \to 1$ gegen Unendlich. In der Tat, wir geben uns eine beliebige natürliche Zahl N vor und wählen $\varrho_1 < 1$ dergestalt, daß

$\varrho_1^{2^{2N+1}} > \frac{1}{2}$ gilt. Dann ergibt sich für $\varrho_0 > \varrho_1$ die Beziehung

$$\sum_{n=1}^{\infty} \varrho_0^{2^{2n+1}} > \sum_{n=1}^{N} \varrho_0^{2^{2n+1}} > \frac{N}{2} \xrightarrow[N\to\infty]{} \infty .$$

Würde das DIRICHLETsche Integral der Funktion (4) über dem Kreis mit dem Radius 1 konvergieren, so wäre das kleinere Integral (5) beschränkt.

Somit gehört die Lösung des Problems (3) nicht dem Raum $W_2^{(1)}(\Omega)$ an. Wir betrachten jetzt den Operator R, der die Funktion $\varphi(\Theta)$ in die Lösung $u(x_1, x_2)$ des DIRICHLETschen Problems überführt. Wenn dieser Operator als Operator von $C(\Gamma)$ in $W_2^{(1)}(\Omega)$ betrachtet wird, so ist er nicht auf dem gesamten Raum $C(\Gamma)$ definiert. Daraus folgt schon, daß das DIRICHLETsche Problem im Raumpaar $(W_2^{(1)}(\Omega), C(\Gamma))$ nicht korrekt gestellt ist.

§ 9. Über die Korrektheit des äußeren NEUMANNschen Problems

Das unbeschränkte Gebiet Ω sei durch die LJAPUNOW-Fläche Γ berandet. Wir nehmen an, daß die Dimension des Raumes größer als zwei ist. Wenn die Funktion $\psi(x)$ auf Γ stetig ist, so besitzt das äußere NEUMANNsche Problem

$$\Delta u = 0 , \quad \left.\frac{\partial u}{\partial n}\right|_{\Gamma} = \psi(x) \tag{1}$$

eine und nur eine in $\bar{\Omega}$ stetige Lösung, die in der Gestalt eines Potentials der einfachen Schicht

$$u(x) = \int_{\Gamma} \mu(\xi) \frac{1}{r^{m-2}} \, d_\xi \Gamma \tag{2}$$

mit der stetigen Dichte $\mu(\xi)$ darstellbar ist. Diese Dichte genügt der Integralgleichung (§ 8, Kap. 18)

$$\mu(x) - \frac{2}{(m-2)\,|S_1|} \int_{\Gamma} \mu(\xi) \frac{\partial}{\partial n} \frac{1}{r^{m-2}} \, d_\xi \Gamma = - \frac{2}{(m-2)\,|S_1|} \psi(x) . \tag{3}$$

Wie in Kap. 17 nachgewiesen worden ist, besitzt diese Gleichung eine und nur eine auf Γ stetige Lösung, falls $\psi(x)$ auf Γ stetig ist. Diese Lösung kann man in der Gestalt

$$\mu = Q\psi \tag{4}$$

darstellen, wobei Q bis auf eine Konstante der Umkehroperator zu dem auf der linken Seite der Gleichung (3) stehenden Operator ist. Aus dem oben Gesagten folgt, daß der Operator Q auf dem ganzen Raum $C(\Gamma)$ der auf Γ stetigen Funktionen definiert ist. Wir zeigen, daß der Operator Q auf $C(\Gamma)$ beschränkt ist.

Wir nehmen das Gegenteil an. Dann existiert eine Folge von Funktionen $\psi_n \in C(\Gamma)$ dergestalt, daß

$$\|\mu_n\| \geqq n \|\psi_n\| , \qquad \mu_n = Q\psi_n$$

gilt. Wir setzen

$$\frac{\psi_n(x)}{\|\mu_n\|} = \psi_n^*(x) , \qquad \frac{\mu_n(x)}{\|\mu_n\|} = \mu_n^*(x) .$$

Dann gilt $\mu_n^* = Q\psi_n^*$, $||\mu_n^*|| = 1$, $||\psi_n^*|| \to 0$. Die erste Gleichung bedeutet, daß μ_n^* der Gleichung

$$\mu_n^*(x) - \frac{2}{(m-2)\,|S_1|}\int\limits_{\Gamma} \mu_n^*(\xi)\,\frac{\partial}{\partial n}\frac{1}{r^{m-2}}\,\mathrm{d}_\xi\Gamma = -\frac{2}{(m-2)\,|S_1|}\,\psi_n^*(x)$$

genügt. Wenn wir der Kürze halber die Bezeichnung

$$\frac{2}{(m-2)\,|S_1|}\int\limits_{\Gamma} \mu(\xi)\,\frac{\partial}{\partial n}\frac{1}{r^{m-2}}\,\mathrm{d}_\xi\Gamma = (K\mu)\,(x)$$

einführen, nimmt die letzte Gleichung die folgende Gestalt an:

$$\mu_n^* - K\mu_n^* = -\frac{2}{(m-2)\,|S_1|}\,\psi_n^*\,. \tag{5}$$

Der Operator K ist als Operator mit einer schwachen Singularität vollstetig in $C(\Gamma)$ (siehe § 3, Kap. 1), und die Folge $\{\mu_n^*\}$ ist beschränkt ($||\mu_n^*|| = 1$). In diesem Fall kann man eine Teilfolge $\mu_{n_k}^*$ finden, für die der Grenzwert

$$\lim K\mu_{n_k}^* = \mu^*$$

existiert. Gleichzeitig gilt $\psi_n^* \to 0$, so daß aus Gleichung (5) die Relation $\mu_{n_k}^* \to \mu^*$ folgt. Wenn wir jetzt in (5) zum Grenzwert übergehen, finden wir, daß μ^* der homogenen Integralgleichung

$$\mu^* - K\mu^* = 0 \tag{6}$$

genügt. Gleichung (3) besitzt eine eindeutige Lösung, das bedeutet, daß die entsprechende homogene Gleichung (6) nur die triviale Lösung besitzt. Daraus folgt $\mu^* = 0$. Andererseits gilt aber

$$||\mu^*|| = \lim ||\mu_{n_k}^*|| = 1\,.$$

Der erhaltene Widerspruch zeigt, daß der Operator Q beschränkt ist. Folglich existiert eine solche Konstante α, für die

$$||\mu|| \leqq \alpha||\psi|| \tag{7}$$

gilt. Hierbei ist μ die Lösung der Gleichung (3), die Norm ist die Norm des Raumes $C(\Gamma)$.

Aus Formel (2) folgt

$$|u(x)| \leqq \max_{\eta\in\Gamma} |\mu(\eta)| \int\limits_{\Gamma} \frac{\mathrm{d}_\xi\Gamma}{r^{m-2}}\,, \qquad x \in \overline{\Omega}\,.$$

Das letztere Integral ist ein Potential der einfachen Schicht mit einer stetigen Dichte, die gleich Eins ist. Ein derartiges Potential ist im gesamten Raum E_m stetig und im Unendlichen gleich Null. Daraus folgt, daß das erwähnte Potential beschränkt ist:

$$\int\limits_{\Gamma} \frac{\mathrm{d}_\xi\Gamma}{r^{m-2}} \leqq \beta = \mathrm{const}\,.$$

In einem solchen Fall gilt

$$|u(x)| \leqq \beta \max_{\xi\in\Gamma} |\mu(\xi)| = \beta\,||\mu|| \leqq \alpha\beta\,||\psi||\,.$$

Wenn wir auf der linken Seite zum Maximum übergehen, erhalten wir abschließend

$$||u||_{G(\overline{\Omega})} \leqq \alpha\beta \, ||\psi_{C(\Gamma)}|| \,. \tag{8}$$

Nunmehr ist offensichtlich, daß für $m > 2$ das äußere NEUMANNsche Problem im Raumpaar $(G(\overline{\Omega}), C(\Gamma))$ korrekt gestellt ist. In der Tat, wenn wir mit R den Operator bezeichnen, der die Funktion $\psi(x)$ in die Funktion $u(x)$ (die Lösung des äußeren NEUMANNschen Problems) überführt, so gilt:

1. Der Operator R existiert (die Lösung ist eindeutig bestimmt);
2. er ist auf dem gesamten Raum $C(\Gamma)$ definiert (die Lösung existiert für jede stetige Funktion $\psi(x)$);
3. er ist als Operator von $C(\Gamma)$ in $G(\overline{\Omega})$ beschränkt (Ungleichung (8)).

§ 10. Über die Korrektheit des inneren NEUMANNschen Problems

Die Resultate dieses Paragraphen behalten ihre Gültigkeit auch für das äußere NEUMANNsche Problem im Falle $m = 2$, da dieses durch eine konforme Abbildung in das innere NEUMANNsche Problem übergeführt wird.

Wie auch früher seien Γ eine LJAPUNOW-Fläche und Ω das Gebiet, das innerhalb von Γ liegt. Das Problem besteht darin, eine in Ω harmonische Funktion zu ermitteln, die der Randbedingung

$$\left.\frac{\partial u}{\partial n}\right|_{\Gamma} = \psi(x) \tag{1}$$

genügt. Im Raumpaar $(G(\overline{\Omega}), C(\Gamma))$ ist das innere NEUMANNsche Problem schon deshalb nicht korrekt gestellt, weil es nicht immer lösbar ist und die Lösung (wenn sie existiert) nicht eindeutig ist. Wir führen in unsere Betrachtungen den Raum $C^{\perp}(\Gamma)$ ein, der ein Unterraum des Raumes $C(\Gamma)$ ist und durch die zusätzliche Beziehung

$$\int_{\Gamma} \psi(\xi) \, d_{\xi}\Gamma = 0 \tag{2}$$

definiert wird.

Gilt für die Funktion ψ in der Randbedingung (1) die Relation $\psi \in C^{\perp}(\Gamma)$, so ist das innere NEUMANNsche Problem lösbar, allerdings nicht eindeutig. Wir müssen dafür Sorge tragen, daß aus der unendlichen Menge von Lösungen eine ausgewählt wird. Die Lösung des inneren NEUMANNschen Problems kann in der Gestalt (siehe § 4, Kap. 17) eines Potentials der einfachen Schicht

$$u(x) = \int_{\Gamma} \mu(\xi) \frac{d_{\xi}\Gamma}{r^{m-2}} \tag{3}$$

mit der stetigen Dichte $\mu(\xi)$ dargestellt werden. Als $\mu(\xi)$ kann jede Lösung der Integralgleichung

$$\mu(x) + \frac{2}{(m-2)\,|S_1|} \int_{\Gamma} \mu(\xi) \frac{\partial}{\partial n} \frac{1}{r^{m-2}} \, d_{\xi}\Gamma = \frac{2}{(m-2)\,|S_1|} \psi(x) \tag{4}$$

dienen. Wenn $m = 2$ ist, muß man $u(x)$ in Gestalt eines logarithmischen Potentials darstellen; entsprechend wird auch Gleichung (4) verändert. Auf die folgenden Überlegungen hat dies keinen Einfluß.

Gleichung (4) ist lösbar, wenn $\psi \in C^{\perp}(\Gamma)$ gilt, und ihre Lösungen sind stetig. Deren Anzahl ist unendlich, da die homogene Gleichung eine linear unabhängige Lösung $\mu_0(x)$ besitzt. Wenn wir irgendeine partikuläre Lösung der Gleichung (4) mit $\hat{\mu}(x)$ bezeichnen, so ist

$$\mu(x) = \hat{\mu}(x) + c\mu_0(x) \tag{5}$$

die allgemeine Lösung dieser Gleichung; dabei ist c eine beliebige Konstante. Verschiedenen Werten c entsprechen verschiedene Lösungen des NEUMANNschen Problems, alle diese Lösungen sind stetig in $\bar{\Omega}$.

Wir legen uns auf die folgende Methode der Auswahl der Konstanten c in der Formel (5) fest: Wir fordern, daß $\mu(x)$ in der Metrik des Raumes $L_2(\Omega)$ zu $\mu_0(x)$ orthogonal ist. Daraus ergeben sich für c und $\mu(x)$ die folgenden Werte:

$$C = -\frac{(\hat{\mu}, \mu_0)_{L_2}}{||\mu_0||^2_{L_2}} = -\frac{\int\limits_\Gamma \hat{\mu}(x)\, \mu_0(x)\, \mathrm{d}\Gamma}{\int\limits_\Gamma \mu_0^2(x)\, \mathrm{d}\Gamma}, \qquad \mu(x) = \hat{\mu}(x) - \frac{(\hat{\mu}, \mu_0)_{L_2}}{||\mu_0||^2_{L_2}} \mu_0(x). \tag{6}$$

Unschwer kann man sich davon überzeugen, daß die durch die Formel (6) definierte Funktion $\mu(x)$ nicht von der Wahl der partikulären Lösung $\hat{\mu}(x)$ abhängt und folglich eindeutig bestimmt wird.

Im folgenden verstehen wir unter $\mu(x)$ die Funktion (6), unter der Lösung des inneren NEUMANNschen Problems das Potential (3), dessen Dichte mit der Funktion (6) übereinstimmt. Eine derartige Lösung ist eindeutig bestimmt. Wir weisen jetzt nach, daß bei einer solchen Wahl der Lösung das innere NEUMANNsche Problem im Raumpaar $(G(\bar{\Omega}), C^{\perp}(\Gamma))$ korrekt gestellt ist. Wir überzeugten uns schon davon, daß in diesem Paar von Räumen das innere NEUMANNsche Problem eine und nur eine Lösung besitzt. Uns verbleibt nur noch die Beschränktheit des Operators R zu zeigen, der die Funktion $\psi(x)$ in die Lösung $u(x)$ des inneren NEUMANNschen Problems überführt.

Vorerst weisen wir die Existenz einer Konstanten α nach dergestalt, daß

$$||\mu||_{C(\Gamma)} \leqq \alpha\, ||\psi||_{C(\Gamma)} \tag{7}$$

gilt. Wir nehmen das Gegenteil an. Dann überzeugen wir uns genauso wie im vorangegangenen Paragraphen davon, daß zwei durch die Gleichung (4) verknüpfte Folgen $\{\psi_n^*\}$ und $\{\mu_n^*\}$ existieren, für die

$$||\mu_n^*|| = 1\,, \qquad ||\psi_n^*|| \underset{n\to\infty}{\longrightarrow} 0$$

gilt. Wenn wir die Bezeichnung K für den Integraloperator beibehalten, die in dem vorangegangenen Paragraphen eingeführt worden ist, können wir Gleichung (4) für die Funktionen μ_n^* und ψ_n^* in der Gestalt

$$\mu_n^* + K\mu_n^* = \frac{2}{(m-2)\,|S_1|}\,\psi_n^*$$

schreiben. Die weiteren Überlegungen verlaufen wie im § 9. Wir wählen eine Teilfolge $\mu_{n_k}^*$ so aus, daß der Gren zwert

$$\mu^* = \lim K\mu_{n_k}^* = -\lim \mu_{n_k}^*$$

existiert. Dieser Grenzwert genügt der homogenen Gleichung

$$\mu^* + K\mu^* = 0\,.$$

Daraus ergibt sich notwendigerweise

$$\mu^*(x) = C\mu_0(x) .$$

Weiter findet man

$$(\mu^*, \mu_0)_{L_2(\Gamma)} = -\lim (\mu_{nk}^*, \mu_0)_{L_2(\Gamma)} = 0 .$$

Dann ist aber $C = 0$ und $\mu^*(x) = 0$. Dies ist nicht möglich, da $||\mu^*|| = \lim ||\mu_{nk}^*|| = 1$ gilt.

Die Ungleichung (7) ist damit nachgewiesen. Wie auch im § 9 folgt aus ihr die Gültigkeit der Beziehung

$$||u||_{C(\overline{\Omega})} \leqq \alpha\beta \, ||\psi||_{C^\perp(\Gamma)} .$$

Die letzte Ungleichung zeigt, daß der Operator R beschränkt und das innere NEUMANNsche Problem in der oben gegebenen Formulierung korrekt gestellt ist.

KAPITEL 18

DAS PROBLEM DER RICHTUNGSABLEITUNG

§ 1. Aufgabenstellung

Die im vorangegangenen Kapitel betrachteten Randwertaufgaben besaßen „FREDHOLMsche Eigenschaften“: Diese Probleme hatten entweder eine und nur eine Lösung (so die Probleme D_i und D_e sowie das Problem N_e im Falle $m > 2$), oder es galt nicht der Eindeutigkeitssatz und das homogene Problem besaß linear unabhängige Lösungen — dann war die Anzahl dieser Lösungen endlich, und das inhomogene Problem war dann und nur dann lösbar, wenn die gegebene Randfunktion ebenso vielen Orthogonalitätsbedingungen genügte (so das Problem N_i sowie das Problem N_e im Falle $m = 2$). Im vorliegenden Kapitel werden wir eine neue Randwertaufgabe betrachten, die im allgemeinen kein FREDHOLMsches Problem darstellt. Es handelt sich dabei um das *Problem der Richtungsableitung*.

Im m-dimensionalen euklidischen Raum E_m betrachten wir ein Gebiet Ω, von dem wir der Bestimmtheit halber annehmen wollen, daß es beschränkt ist und sein Rand eine LJAPUNOW-Fläche darstellt.

Wir betrachten jetzt eine gewisse Umgebung der Fläche Γ. Jedem Punkt x' dieser Umgebung ordnen wir eine gewisse Richtung $\lambda = \lambda(x')$ zu; dabei wollen wir voraussetzen, daß $\lambda(x')$ eine stetige Funktion von x' ist. Wir stellen folgendes Problem: Gesucht ist im Gebiet Ω eine Lösung der elliptischen Differentialgleichung

$$-\frac{\partial}{\partial x_j}\left(A_{jk}\frac{\partial u}{\partial x_k}\right) + B_k\frac{\partial u}{\partial x_k} + Cu = f(x)\,, \tag{1}$$

die die Randbedingung

$$\lim_{x'\to x}\frac{\partial u(x')}{\partial \lambda} + \sigma(x)\,u(x) = \psi(x)\,; \qquad x \in \Gamma\,, \tag{2}$$

erfüllt, wobei $\sigma(x)$ eine auf Γ vorgegebene Funktion ist.

Die Randwertaufgabe (1), (2) heißt Problem der Richtungsableitung. Wenn auf der Fläche Γ die Richtungskosinus $\cos(\lambda, x_k)$ den Größen

$$A_{jk}\cos(\nu, x_j)$$

proportional sind, wobei ν die Normale an Γ bedeutet, dann geht das Problem der Richtungsableitung in das NEUMANNsche Problem über.

Das Problem der Richtungsableitung werden wir unter folgenden, wesentlich spezielleren Voraussetzungen lösen. Wir nehmen an, daß Ω ein einfach zusammenhängendes und beschränktes Gebiet der zweidimensionalen Ebene (im weiteren werden wir einfach von der „Ebene“ sprechen) mit den Koordinaten x_1, x_2 ist und daß die Gleichung (1) die homogene LAPLACE-Gleichung

$$\Delta u = \frac{\partial^2 u}{\partial x_1^2} + \frac{\partial^2 u}{\partial x_2^2} = 0 \tag{3}$$

ist. Fernerhin setzen wir noch voraus, daß der Rand Γ des Gebietes Ω eine einfache geschlossene Kurve mit stetiger Krümmung ist. Das Gebiet Ω kann man konform auf den Einheitskreis abbilden. Eine konforme Abbildung verändert die Gleichung (3) nicht (s. § 2, Kap. 12); man kann auch unschwer einsehen, daß sich dabei die Gestalt der Randbedingung (2) ebenfalls nicht ändert. Wenn wir dies berücksichtigen, so können wir im folgenden annehmen, daß Ω der Kreis

$$x_1^2 + x_2^2 < 1 \tag{4}$$

ist. Im weiteren verwenden wir die Bezeichnungen

$$x_1 + ix_2 = z = \varrho\, e^{i\Theta}, \qquad i = \sqrt{-1}, \quad e^{i\Theta} = t;$$

wenn $\xi = (\xi_1, \xi_2)$ ein Punkt der Peripherie Γ des Kreises (4) ist, dann schreiben wir

$$\xi_1 + i\xi_2 = \zeta = e^{i\omega}.$$

Ist fernerhin $g(x)$ irgendeine Funktion des Punktes $x = (x_1, x_2)$ und $t = x_1 + ix_2$, so werden wir $g(t)$ statt $g(x)$ schreiben. Die Randbedingung (2) kann man in der Gestalt

$$\cos\lambda(t)\frac{\partial u}{\partial x_1} + \sin\lambda(t)\frac{\partial u}{\partial x_2} + \sigma(t)\, u = \psi(t) \tag{5}$$

schreiben (das Symbol für den Limes haben wir hier weggelassen).

Dabei bedeutet $\lambda(t)$ den Winkel zwischen der in der Randbedingung (2) auftretenden Richtung λ und der Achse x_1. Aus der Formulierung des Problems ergibt sich, daß die Funktionen $e^{i\lambda(t)}$, $\sigma(t)$ und $\psi(t)$ bezüglich Θ 2π-periodisch sind. Zusätzlich nehmen wir an, daß $\sigma(t), \psi(t) \in \mathrm{Lip}_\alpha(\Gamma)$, $0 < \alpha < 1$, und $e^{i\lambda(t)} \in C^{(2)}(\Gamma)$ gilt.

§ 2. Der Fall zweier Variabler. Der Index des Problems

Wenn wir das Problem der Richtungsableitung betrachten, so werden wir seine Lösung suchen, die der Klasse $C^{(1)}(\bar{\Omega})$ angehört. Wenn eine derartige Lösung existiert, so besitzt diese auf $\Gamma = \partial\Omega$ eine stetige Normalableitung; aus den Resultaten des § 6, Kap. 17, ergibt sich, daß die gesuchte Lösung als Potential der einfachen Schicht dargestellt werden kann. Sei

$$u(x_1, x_2) = \frac{1}{\pi}\int_\Gamma \mu(\zeta)\ln\frac{1}{r}\, d_\xi\Gamma = \frac{1}{\pi}\int_\Gamma \mu(\zeta)\ln\frac{1}{r}\, d\omega, \qquad r = |\zeta - z|, \quad z \in \Omega; \tag{1}$$

wir schreiben hier $\frac{1}{\pi}\mu(\zeta)$ statt der in den Kapiteln 16 und 17 benutzten Schreibweise $\mu(\xi)$.

Die Funktion u ist der Realteil der in Ω homolorphen Funktion

$$f(z) = \frac{1}{\pi}\int_\Gamma \mu(\zeta)\ln\frac{1}{\zeta - z}\, d\omega. \tag{2}$$

Wir setzen $f(z) = u(x_1, x_2) + iv(x_1, x_2)$ und differenzieren die Beziehung (2) nach x_1. Wenn wir die Cauchy-Riemannsche Gleichung $\frac{\partial v}{\partial x_1} = -\frac{\partial u}{\partial x_2}$ berücksichtigen, so erhalten wir

$$\frac{\partial u}{\partial x_1} - i\frac{\partial u}{\partial x_2} = \frac{1}{\pi}\int_\Gamma \mu(\zeta)\frac{d\omega}{\zeta - z} = \frac{1}{\pi i}\int_\Gamma \frac{\mu(\zeta)}{\zeta}\frac{d\zeta}{\zeta - z}, \qquad z \in \Omega. \tag{3}$$

In der Formel (3) lassen wir z gegen einen gewissen auf der Kreislinie Γ gelegenen Punkt t streben. Nach den Formeln von SOCHOZKI-PLEMELJ (Formeln (5.5) des Kap. 7) erhalten wir

$$\frac{\partial u}{\partial x_1} - i\,\frac{\partial u}{\partial x_2} = \frac{\mu(t)}{t} + \frac{1}{\pi}\int\limits_{\Gamma} \mu(\zeta)\,\frac{d\omega}{\zeta - t}\,, \qquad t \in \Gamma\,. \tag{4}$$

Wir lösen nunmehr den Realteil und den Imaginärteil heraus. Dazu setzen wir $\zeta - t = r\,e^{i\gamma}$; wir erinnern noch einmal daran, daß $\zeta = e^{i\omega}$, $t = e^{i\vartheta}$ gilt und daß nach Definition die Funktion $\mu(\zeta)$ reellwertig ist. Denkbar einfache Überlegungen liefern

$$\frac{\partial u}{\partial x_1} = \mu(t)\cos\vartheta + \frac{1}{\pi}\int\limits_{\Gamma} \mu(\zeta)\,\frac{\cos\gamma}{r}\,d\omega\,, \qquad \frac{\partial u}{\partial x_2} = \mu(t)\sin\vartheta + \frac{1}{\pi}\int\limits_{\Gamma} \mu(\zeta)\,\frac{\sin\gamma}{r}\,d\omega\,.$$

Weiterhin gilt

$$\frac{\cos\gamma}{r} = \operatorname{Re}\left(\frac{1}{\zeta - t}\right) = \frac{1}{2}\left(\frac{1}{\zeta - t} + \frac{1}{\bar\zeta - \bar t}\right) = \frac{1}{2}\left(\frac{1}{\zeta - t} + \frac{1}{\dfrac{1}{\zeta} - \dfrac{1}{t}}\right) = \frac{1}{2}\,\frac{1 - \zeta t}{\zeta - t}$$

und folglich

$$\frac{\cos\gamma}{r}\,d\omega = \frac{1}{2i}\,\frac{1 - \zeta t}{\zeta - t}\,\frac{d\zeta}{\zeta} = -\frac{\sin\vartheta}{\zeta - t}\,d\zeta - \frac{d\zeta}{2i\zeta t}\,.$$

Hieraus ergibt sich

$$\frac{\partial u}{\partial x_1} = \mu(t)\cos\vartheta - \frac{\sin\vartheta}{\pi}\int\limits_{\Gamma} \mu(\zeta)\,\frac{d\zeta}{\zeta - t} - \frac{1}{2\pi i t}\int\limits_{\Gamma} \frac{\mu(\zeta)}{\zeta}\,d\zeta\,. \tag{5}$$

Analog dazu erhält man

$$\frac{\partial u}{\partial x_2} = \mu(t)\sin\vartheta + \frac{\cos\vartheta}{\pi}\int\limits_{\Gamma} \mu(\zeta)\,\frac{d\zeta}{\zeta - t} - \frac{1}{2\pi i t}\int\limits_{\Gamma} \frac{\mu(\zeta)}{\zeta}\,d\zeta\,. \tag{6}$$

Wenn wir die Ausdrücke (5) und (6) in die Randbedingung (1.5) einsetzen, erhalten wir eine eindimensionale singuläre Integralgleichung bezüglich der unbekannten Dichte μ:

$$\cos(\lambda - \vartheta)\,\mu(t) + i\sin(\lambda - \vartheta)\,(S\mu)(t) -$$
$$- \frac{e^{i(\lambda - \vartheta)}}{2\pi i}\int\limits_{\Gamma} \frac{\mu(\zeta)}{\zeta}\,d\zeta + \frac{\sigma(t)}{\pi}\int\limits_{\Gamma} \mu(\zeta)\ln\frac{1}{r}\,d\mu = \psi(t); \tag{7}$$

hier bedeutet S den CAUCHYschen singulären Operator

$$(S\mu)(t) = \frac{1}{\pi i}\int\limits_{\Gamma} \mu(\zeta)\,\frac{d\zeta}{\zeta - t}\,.$$

Das Symbol (s. Kap. 7, §§ 4 und 7) der Gleichung (7)

$$\cos(\lambda - \vartheta) + i\Theta\sin(\lambda - \vartheta) = \begin{cases} e^{i(\lambda - \vartheta)}\,, & \Theta = +1\,, \\ e^{-i(\lambda - \vartheta)}\,, & \Theta = -1\,, \end{cases}$$

verschwindet nirgends. Daraus folgt, daß im Raum $L_2(\Gamma)$ die Gleichung (7) normal auflösbar ist und einen endlichen Index besitzt. Diesen Index bezeichnen wir mit $\varkappa$ und erhalten nach Formel (8.1) des Kap. 7

$$\varkappa = \frac{1}{2\pi i}\int\limits_{\Gamma} d\ln e^{-2i(\lambda(t) - \vartheta)} = 2 - \frac{1}{\pi}\,[\lambda(t)]_{\Gamma}\,. \tag{8}$$

Das Symbol $[\ ]_\Gamma$ bedeutet hier den Zuwachs der in den Klammern stehenden Größe, wenn die Kurve Γ in positiver Richtung durchlaufen wird. Wir wollen noch darauf hinweisen, daß der Index (8) eine gerade Zahl ist.

§ 3. Über die Stetigkeit der Lösung

Die im Kap. 7 aufgebaute Theorie der singulären Integralgleichungen ermöglicht es, Aussagen über die Lösungen dieser Gleichungen zu treffen, die der Klasse $L_2(\Gamma)$ angehören. Die Methoden der Potentialtheorie aber — deren wir uns am Anfang des vorigen Paragraphen bedienten — erfordern die Stetigkeit der Dichte $\mu(t)$. Wir zeigen, daß unter den am Ende des § 1 getroffenen Voraussetzungen jede der Klasse $L_2(\Gamma)$ angehörende Lösung der Gleichung (2.7) eine LIPSCHITZ-Bedingung mit den Exponenten $\beta = \min(\alpha, \frac{1}{2})$ erfüllt; im speziellen genügen dieser Bedingung die Lösungen der homogenen Gleichung, die erhalten wird, wenn wir die Funktion $\psi(t)$ durch Null ersetzen.

Auf beide Seiten der Gleichung (2.7) wenden wir den Regularisator an (s. § 7 des Kap. 7), der im gegebenen Fall die Gestalt

$$R = \cos(\lambda - \vartheta)\, I - i \sin(\lambda - \vartheta)\, S \tag{1}$$

hat; I ist dabei der identische Operator. Wir erhalten dann eine FREDHOLMsche Gleichung, der alle Lösungen der Gleichung (2.7) genügen:

$$\mu(t) = \frac{b(t)}{\pi} \int_\Gamma \frac{a(\zeta) - a(t)}{\zeta - t}\, \mu(\zeta)\, d\zeta - \frac{b(t)}{\pi i} \int_\Gamma \frac{b(\zeta) - b(t)}{\zeta - t}\, (S\mu)(\zeta)\, d\zeta +$$
$$+ \frac{1}{2\pi i} \int_\Gamma \frac{\mu(\zeta)}{\zeta}\, d\zeta\, R(e^{i(\lambda-\vartheta)})\,(t) - R\left(\frac{\sigma}{\pi} \int_0^{2\pi} \mu(\zeta) \ln \frac{1}{r}\, d\omega\right)(t) + R(\psi)\,(t)\,; \tag{2}$$

der Kürze halber benutzen wir hier die Bezeichnungen $\cos(\lambda - \vartheta) = a(t)$, $\sin(\lambda - \vartheta) = b(t)$.

Nach dem Satz von PRIWALOW (s. § 5 des Kap. 7) genügen die Funktionen $R(\psi)\,(t)$ und $R(e^{i(\lambda-\vartheta)})\,(t)$ einer LIPSCHITZ-Bedingung mit dem Exponenten α. Der Satz 8.6.2 liefert, daß die Funktion

$$\chi(t) = \frac{1}{\pi} \int_\Gamma \mu(\zeta) \ln \frac{1}{r}\, d\omega \tag{3}$$

eine verallgemeinerte Ableitung

$$\frac{d\chi}{d\vartheta} = \frac{1}{\pi} \int_0^{2\pi} \mu(\zeta) \frac{d \ln \frac{1}{r}}{d\vartheta}\, d\omega = \frac{1}{2\pi} \int_0^{2\pi} \mu(\zeta) \cot \frac{\omega - \vartheta}{2}\, d\omega =$$
$$= \frac{1}{\pi} \int_\Gamma \frac{\mu(\zeta)}{\zeta - t}\, d\zeta + \frac{1}{2\pi i} \int_0^{2\pi} \mu(\zeta)\, d\omega \tag{4}$$

besitzt; hierbei haben wir benutzt, daß Γ die Einheitskreislinie und deshalb $r = 2\left|\sin\frac{\omega - \vartheta}{2}\right|$ ist.

Der CAUCHYsche singuläre Operator ist im Raume $L_2(\Gamma)$ beschränkt, und Formel (4) zeigt, daß $\frac{d\chi}{d\vartheta} \in L_2(\Gamma)$ gilt. Daraus folgt $\chi \in \mathrm{Lip}_{1/2}(\Gamma)$. In der Tat, sei z. B. $\vartheta_1 > \vartheta_2$ und $t_1 = e^{i\vartheta_1}$, $t_2 = e^{i\vartheta_2}$. Dann gilt

$$|\chi(t_1) - \chi(t_2)| = \left|\int_{\vartheta_2}^{\vartheta_1} \frac{d\chi}{d\vartheta}\, d\vartheta\right| \leq \sqrt{\vartheta_1 - \vartheta_2}\sqrt{\int_{\vartheta_2}^{\vartheta_1}\left|\frac{d\chi}{d\vartheta}\right|^2 d\vartheta} \leq \left\|\frac{d\chi}{d\vartheta}\right\|\sqrt{\vartheta_1 - \vartheta_2}\,. \quad (5)$$

Nunmehr ist die Beziehung $\sigma\chi \in \mathrm{Lip}_\beta(\Gamma)$ offensichtlich; nach dem Satz von PRIWALOW gilt $R(\sigma\chi) \in \mathrm{Lip}_\beta(\Gamma)$.

Die Bedingung $e^{i\lambda(t)} \in C^{(2)}(\Gamma)$ liefert, daß der Kern

$$\frac{a(\zeta) - a(t)}{\zeta - t}$$

stetige erste Ableitungen bezüglich t und ζ besitzt. Daraus folgt, daß das Produkt

$$b(t)\int_\Gamma \frac{a(\zeta) - a(t)}{\zeta - t}\,\mu(\zeta)\, d\zeta$$

stetig nach t differenzierbar ist und folglich der Klasse $\mathrm{Lip}_1(\Gamma)$ angehört. Analog wird das zweite Integral in (2) untersucht. Somit erfüllt jeder Summand rechts in (2) eine LIPSCHITZ-Bedingung mit einem der Exponenten 1, α, β. In diesem Falle genügt die Summe $\mu(t)$ einer LIPSCHITZ-Bedingung mit dem kleinsten dieser Exponenten, d. h., es gilt $\mu(t) \in \mathrm{Lip}_\beta(\Gamma)$.

Bemerkung. Die Behauptung dieses Paragraphen kann man etwas verstärken: Jede Lösung der Gleichung (2.7) gehört zur Klasse $\mathrm{Lip}_\alpha(\Gamma)$. In der Tat, wenn die Beziehung $\mu \in \mathrm{Lip}_\beta(\beta)$ bewiesen ist, so folgt nach Satz 8.6.1 $\frac{d\chi}{d\vartheta} \in \mathrm{Lip}_\beta(\Gamma)$. Dann ist diese Ableitung erst recht beschränkt und deshalb gilt $\chi \in \mathrm{Lip}_1(\Gamma)$. Die Summanden rechts in (2) erfüllen LIPSCHITZ-Bedingungen mit den Exponenten 1 und α. Dies liefert $\mu \in \mathrm{Lip}_\alpha(\Gamma)$.

§ 4. Ein etwas einfacherer Fall

Wenn in der Randbedingung (1.5) $\sigma(t) \equiv 0$ gilt, so kann man das Problem der Richtungsableitung vollständig lösen. Anstelle der Gleichung (2.7) erhält man die etwas einfachere Gleichung

$$\cos(\lambda - \vartheta)\,\mu(t) + i\sin(\lambda - \vartheta)\,(S\mu)(t) - \frac{e^{i(\lambda - \vartheta)}}{2\pi i}\int_\Gamma \frac{\mu(\zeta)}{\zeta}\, d\zeta = \psi(t)\,. \quad (1)$$

Die Methode, die wir zu ihrer Lösung benutzen werden, wurde erstmals von CARLEMAN 1922 vorgeschlagen und fand im folgenden in der Theorie der eindimensionalen singulären Integralgleichungen breite Anwendung.

Wir betrachten die Funktion der komplexen Veränderlichen

$$F(z) = \frac{1}{2\pi i}\int_\Gamma \frac{\mu(\zeta)}{\zeta - z}\, d\zeta\ ;$$

der Punkt z kann sich sowohl innerhalb als auch außerhalb von Γ befinden. Wie im Kap. 7 werden wir die Funktion $F(z)$ durch $F_i(z)$ (entsprechend $F_e(z)$) bezeichnen, wenn der Punkt z innerhalb (entsprechend außerhalb) von Γ liegt; die Grenzwerte der Funktionen $F_i(z)$ und $F_e(z)$ für $z \to t \in \Gamma$ werden wir mit $F_i(t)$ und $F_e(t)$ bezeichnen. Aus den Formeln (5.8) des Kap. 7 folgt

$$\mu(t) = F_i(t) - F_e(t)\,, \qquad (S\mu)\,(t) = F_i(t) + F_e(t)\,.$$

Wenn wir dies in (1) einsetzen, erhalten wir die neue Gleichung

$$F_i(t) - e^{-2i(\lambda-\vartheta)}\, F_e(t) - \frac{1}{2\pi i}\int_\Gamma \frac{\mu(\zeta)}{\zeta}\, d\zeta = e^{-i(\lambda-\vartheta)}\, \psi(t)\,. \tag{2}$$

Wir führen nunmehr die neuen analytischen Funktionen

$$G_i(z) = F_i(z) - \frac{1}{2\pi i}\int_\Gamma \frac{\mu(\zeta)}{\zeta}\, d\zeta\ ; \qquad G_e(z) = F_e(z) \tag{3}$$

ein. Offenbar ist $G_i(z)$ innerhalb von Γ und $G_e(z)$ außerhalb von Γ holomorph. Außerdem gilt

$$G_i(0) = 0\,. \tag{4}$$

Die Gleichung (2) nimmt jetzt die einfachere Gestalt

$$G_i(t) - e^{-2i(\lambda-\vartheta)}\, G_e(t) = e^{-i(\lambda-\vartheta)}\, \psi(t) \tag{5}$$

an.

Die Formel (2.8), die den Index des Problems angibt, liefert unter anderem

$$-2i(\lambda - \vartheta) = i\varkappa\vartheta + \lambda_0(t)\,, \tag{6}$$

wobei die Funktion $\lambda_0(t)$ auf Γ eindeutig und stetig ist. Aus der Voraussetzung (s. § 1) $e^{i\lambda(t)} \in C^{(2)}(\Gamma)$ folgt $\lambda_0 \in C^{(1)}(\Gamma)$. Wir vereinbaren die Bezeichnung

$$\beta(z) = \frac{1}{2\pi i}\int_\Gamma \frac{\lambda_0(\zeta)}{\zeta - z}\, d\zeta\,, \qquad z \notin \Gamma\,.$$

Aus den Formeln von Sochozki-Plemelj ergibt sich $\beta_i(t) - \beta_e(t) = \lambda_0(t)$.

Wir setzen nunmehr

$$\Phi_i(z) = G_i(z)\, e^{-\beta_i(z)}\,, \qquad \Phi_e(z) = G_e(z)\, e^{-\beta_e(z)}\,. \tag{7}$$

Wenn wir dies in (5) einsetzen, erhalten wir

$$\Phi_i(t) - t^\varkappa \Phi_e(t) = \psi_1(t)\,, \tag{8}$$

wobei der Kürze halber

$$\psi_1(t) = e^{-i(\lambda-\vartheta)+\beta_i(t)}\, \psi(t) \tag{9}$$

gesetzt wurde. Vorerst untersuchen wir die homogene Gleichung

$$\Phi_i^{(0)}(t) - t^\varkappa \Phi_e^{(0)}(t) = 0\ ; \tag{10}$$

mit der oben geschriebenen Null werden wir ganz allgemein die Größen kennzeichnen, die mit dem homogenen Problem verknüpft sind.

Die Gleichung (10) zeigt, daß die Funktion $z^\varkappa \Phi_e^0(z)$ die analytische Fortsetzung der Funktion $\Phi_i^{(0)}(z)$ in das Gebiet $|z| > 1$ ist. Das Weitere hängt von dem Wert der Größe $\varkappa$ ab. Wir vermerken noch, daß $\Phi_e^{(0)}(\infty) = G_e^{(0)}(\infty) = F_e^{(0)}(\infty) = 0$ ist.

a) Wenn $\varkappa \leqq 0$ gilt, so verschwindet die Funktion $\Phi_i^{(0)}(z) = z^\varkappa \Phi_e^{(0)}(z)$ im Unendlichen. Dann ist aber diese Funktion auf der gesamten komplexen Ebene holomorph. Der Satz von LIOUVILLE liefert $\Phi_i^{(0)}(z) \equiv \text{const}$. Aus $\Phi_i^{(0)}(\infty) = 0$ folgt nunmehr $\Phi_i^{(0)}(z) \equiv 0$. Dies bedeutet, daß auch $\Phi_e^{(0)}(z) \equiv 0$ ist und folglich $G_i^{(0)}(z) \equiv 0$, $G_e^{(0)}(z) \equiv 0$ gilt oder

$$F_i^{(0)}(z) \equiv \frac{1}{2\pi i} \int\limits_\Gamma \frac{\mu_0(\zeta)}{\zeta} \,\mathrm{d}\zeta\,, \qquad F_e^{(0)}(z) \equiv 0$$

ist. Daraus ergibt sich

$$\mu_0(t) = F_i^{(0)}(t) = F_e^{(0)}(t) = \frac{1}{2\pi i} \int\limits_\Gamma \frac{\mu_0(\zeta)}{\zeta} \,\mathrm{d}\zeta\,. \tag{11}$$

Der Gleichung (11) genügt die Funktion $\mu_0(t) \equiv \text{const}$; andere Lösungen besitzt diese Gleichung nicht. Wenn also $\varkappa \leqq 0$ ist, so besitzt das homogene Problem der Richtungsableitung nur eine linear unabhängige Lösung; man kann unschwer feststellen, daß dies die Lösung $u(x_1, x_2) \equiv \text{const}$ ist. Die Dimension des Teilraumes der Lösungen des adjungierten Problems oder, was dasselbe ist, die Anzahl der Lösungsbedingungen für das inhomogene Problem der Richtungsableitung ist gleich $1 - \varkappa$.

b) Es sei nun $\varkappa > 0$. Die Funktion $\Phi_i^{(0)}(z) = z^\varkappa \Phi_e^{(0)}(z)$ ist in der ganzen komplexen Ebene holomorph und wächst im Unendlichen nicht schneller als ein Polynom vom Grade $\varkappa - 1$. Nach einem anderen Satz von LIOUVILLE ist $\Phi_i^{(0)}(z)$ ein Polynom vom Grade $\leqq \varkappa - 1$; der Teilraum dieser Polynome hat die Dimension $\varkappa$. Die Bedingung (4) liefert $\Phi_i^{(0)}(0) = 0$; dies bedeutet, daß in dem erwähnten Polynom das freie Glied nicht auftreten darf, und die Dimension des Teilraumes der Funktionen $\Phi^{(0)}(z)$ verringert sich auf $\varkappa - 1$. Diese Dimension weist auch der Teilraum der Funktionen $G^{(0)}(z)$ auf. Wenn diese letzteren Funktionen schon konstruiert sind, so gilt

$$F_i^{(0)}(z) = G_i^{(0)}(z) + \frac{1}{2\pi i} \int\limits_\Gamma \frac{\mu_0(\zeta)}{\zeta} \,\mathrm{d}\zeta\,; \qquad F_e^{(0)}(z) = G_e^{(0)}(z)\,,.$$

und nach den Formeln von SOCHOZKI-PLEMELJ ist

$$\mu_0(t) - \frac{1}{2\pi i} \int\limits_\Gamma \frac{\mu_0(\zeta)}{\zeta} \,\mathrm{d}\zeta = G_i^{(0)}(t) - G_e^{(0)}(t)\,. \tag{12}$$

Wenn wir dies mit $\mathrm{d}t/t$ multiplizieren und über Γ integrieren, erhalten wir eine notwendige und hinreichende Bedingung für die Lösbarkeit der Gleichung (12):

$$\int\limits_\Gamma \frac{G_i^{(0)}(t) - G_e^{(0)}(t)}{t} \,\mathrm{d}t = 0\,. \tag{13}$$

Auf Grund der Bedingung (4) gilt $G_i^{(0)}(t) = 0$, außerdem ist $G_e^{(0)}(\infty) = 0$. Daraus folgt, daß die Bedingung (13) immer erfüllt ist und die Gleichung (12) lösbar ist. Die Dimension des Teilraumes der Funktionen μ_0 ist offensichtlich um Eins größer als die Dimension des Teilraumes der Funktionen $G_i^{(0)}$ und gleich $\varkappa$. Anders ausgedrückt, im Falle $\varkappa > 0$ besitzt das homogene Problem der Richtungsableitung $\varkappa$ linear unabhängige Lösungen; Lösbarkeitsbedingungen treten nicht auf.

Wir kehren zur Gleichung (8) zurück. Hier müssen wir drei Fälle untersuchen: $\varkappa = 0$, $\varkappa < 0$ und $\varkappa > 0$.

1. Wenn $\varkappa = 0$ ist, so nimmt die Gleichung (8) die Gestalt $\Phi_i(t) - \Phi_e(t) = \psi_1(t)$ an; die Formeln von SOCHOZKI-PLEMELJ liefern, daß eine Lösung der letzteren Gleichung die Funktion

$$\Phi(z) = \frac{1}{2\pi i}\int_\Gamma \frac{\psi_1(\zeta)}{\zeta - z}\,d\zeta \tag{14}$$

ist. Die homogene Gleichung (10) hat in diesem Falle (s. Punkt a)) nur die triviale Lösung, und die Formel (14) liefert die im gegebenen Fall einzige Lösung der Gleichung (8). Da wir $\Phi(z)$ kennen, können wir auf Grund der Formeln (7) $G(z)$ berechnen. Die Formeln (4) und (7) liefern eine notwendige Bedingung für die Lösbarkeit des Problems:

$$\Phi_{(0)}(0) = 0 \quad \text{oder} \quad \int_\Gamma \frac{\psi_1(\zeta)}{\zeta}\,d\zeta = 0\,. \tag{15}$$

Diese Bedingung sei erfüllt. Aus den Formeln (3) ergibt sich

$$F_i(z) = G_i(z) + \frac{1}{2\pi i}\int_\Gamma \frac{\mu(\zeta)}{\zeta}\,d\zeta\,, \qquad F_e(z) = G_e(z)\,.$$

Die Formel $\mu(t) = F_i(t) - F_e(t)$ führt auf eine Integralgleichung für μ:

$$\mu(t) - \frac{1}{2\pi i}\int_\Gamma \frac{\mu(\zeta)}{\zeta}\,d\zeta = G_i(t) - G_e(t)\,. \tag{16}$$

Wie auch im Punkt b) können wir zeigen, daß diese Gleichung lösbar ist. Somit ist für $\varkappa = 0$ die Bedingung (15) notwendig und hinreichend für die Lösbarkeit des Problems der Richtungsableitung.

2. Sei nunmehr $\varkappa < 0$. Wir führen die Funktionen $\tilde{\Phi}_i(z)$ und $\tilde{\Phi}_e(z)$ ein mit

$$\tilde{\Phi}_i(z) = \Phi_i(z)\,, \qquad \tilde{\Phi}_e(z) = z^\varkappa \Phi_e(z)\,.$$

Offenbar ist $\tilde{\Phi}_i(z)$ im Kreis $|z| < 1$ und $\tilde{\Phi}_e(z)$ im Außengebiet $|z| > 1$ des Kreises holomorph. Außerdem gilt $\tilde{\Phi}_e(\infty) = 0$. Die Gleichung (8) führt auf die Gleichung

$$\tilde{\Phi}_i(t) - \tilde{\Phi}_e(t) = \psi_1(t)\,,$$

deren einzige Lösung, wie wir sahen, die Funktion

$$\tilde{\Phi}(z) = \frac{1}{2\pi i}\int_\Gamma \frac{\psi_1(\zeta)}{\zeta - z}\,d\zeta; \qquad |z| = 1\,,$$

ist. Daraus folgt

$$\Phi_i(z) = \frac{1}{2\pi i}\int_\Gamma \frac{\psi_1(\zeta)}{\zeta - z}\,d\zeta\,, \quad |z| < 1\,, \qquad \Phi_e(z) = \frac{1}{2\pi i z^\varkappa}\int_\Gamma \frac{\psi_1(\zeta)}{\zeta - z}\,d\zeta\,, \quad |z| > 1\,. \tag{17}$$

Im Unendlichen muß $\Phi_e(z)$ eine Nullstelle von mindestens erster Ordnung aufweisen. Dies liefert $-\varkappa$ notwendige Bedingungen:

$$\int \psi_1(\zeta)\,\zeta^k\,d\zeta = 0\,; \qquad k = 0, 1, \dots, -\varkappa - 1\,. \tag{18}$$

Wenn diese Bedingungen erfüllt sind, so können wir die Funktionen $\Phi_i(z)$, $\Phi_e(z)$ und danach nach den Formeln (7) die Funktionen $G_i(z)$ und $G_e(z)$ konstruieren. Wie schon früher führt die Bedingung (4) auf die notwendige Bedingung (15); wir werden annehmen, daß diese erfüllt ist. Nunmehr können die Funktionen $F_i(z)$ und $F_e(z)$ ermittelt werden, und für μ erhalten wir wiederum die lösbare Gleichung (16).

Somit sind im Falle $\varkappa < 0$ die Bedingungen (15) und (18) nicht nur notwendig, sondern auch hinreichend für die Lösbarkeit des Problems der Richtungsableitung. Die Anzahl dieser Bedingungen ist gleich $-\varkappa + 1$, und die Anzahl der Lösungen für das homogene Problem der Richtungsableitung ist gleich 1.

3. Es verbleibt noch, den Fall $\varkappa > 0$ zu betrachten. In diesem Falle werden wir eine partikuläre Lösung $\Phi^1(z)$ der Gleichung (8) suchen, die im Unendlichen die Ordnung $\Phi^1(z) = O(|z|^{-\varkappa-1})$ hat. Wir setzen

$$\hat{\Phi}_i(z) = \Phi_i^1(z)\,, \qquad \hat{\Phi}_e(z) = z^\varkappa \Phi_e^1(z)\,.$$

Dann hat $\hat{\Phi}_e(z)$ im Unendlichen eine Nullstelle, deren Ordnung nicht kleiner Eins ist. Außerdem gilt $\hat{\Phi}_i(t) - \hat{\Phi}_e(t) = \psi_1(t)$. Eine Lösung der letzteren Gleichung ist

$$\hat{\Phi}(z) = \frac{1}{2\pi i}\int_\Gamma \frac{\psi_1(\zeta)}{\zeta - z}\,\mathrm{d}\zeta\,.$$

Dies führt auf eine partikuläre Lösung der Gleichung (8):

$$\Phi_i^1(z) = \frac{1}{2\pi i}\int_\Gamma \frac{\psi_1(\zeta)}{\zeta - z}\,\mathrm{d}\zeta\,, \qquad \Phi_e^1(z) = \frac{1}{2\pi i z^\varkappa}\int_\Gamma \frac{\psi_1(\zeta)}{\zeta - z}\,\mathrm{d}\zeta\,. \tag{19}$$

Die allgemeine Lösung erhalten wir, indem wir zu der Funktion (19) die allgemeine Lösung der Gleichung (10) (s. Punkt b)) addieren, welche die aus der Beziehung (4) folgende Bedingung $\Phi_i(0) = 0$ erfüllt. Wie schon im Punkt b) ermittelt wurde, treten in diesem Fall Lösbarkeitsbedingungen nicht auf. Somit hat das Problem der Richtungsableitung für jede Funktion eine Lösung, und das homogene Problem hat $\varkappa$ linear unabhängige Lösungen.

§ 5. Der Fall mehrerer Veränderlicher

Wir wollen kurz auf den Fall eingehen, wenn die Dimension des Raumes größer als Zwei ist. Unter ziemlich allgemeinen Voraussetzungen (s. z. B. das Buch von K. Miranda [9]) existiert eine singuläre Lösung des auf der rechten Seite der Gleichung (1.1) stehenden Differentialoperators. Diese Lösung besitzt für $m > 2$ die Gestalt

$$H(x, \xi) = \Psi(x, \xi) + \Psi_1(x, \xi)\,, \tag{1}$$

wobei

$$\Psi(x, \xi) = \frac{1}{(m-2)\,|S_1|\,\sqrt{A(x)}}\,[C_{jk}(x)\,(x_j - \xi_j)\,(x_k - \xi_k)]^{-(m-2)/2}\,. \tag{2}$$

Dabei ist $A(x)$ die Determinante der aus den Koeffizienten A_{jk} bestehenden Matrix, und $C_{jk}(x)$ sind die Elemente der entsprechenden inversen Matrix. Die Funktion Ψ_1 hat für $x = \xi$ eine schwächere Singularität als die Funktion Ψ. Wir nehmen an, daß der Rand Γ hinreichend glatt ist, das freie Glied der Gleichung (1.1) gleich Null ist und daß jede zur Klasse $C^{(1)}(\overline{\Omega})$ gehörende Lösung des Problems dargestellt werden kann als „Potential der einfachen Schicht"

$$u(x) = \int_{\Gamma} H(x, \xi)\, \mu(\xi)\, \mathrm{d}_{\xi}\Gamma\,. \tag{3}$$

In diesem Falle führt das Problem der Richtungsableitung auf eine äquivalente singuläre Integralgleichung

$$-\frac{\mu(x)}{2a^{(\lambda)}(x)} + \int_{\Gamma} \frac{\partial H}{\partial \lambda}\, \mu(\xi)\, \mathrm{d}_{\xi}\Gamma + \sigma(x) \int_{\Gamma} H(x, \xi)\, \mu(\xi)\, \mathrm{d}_{\xi}\Gamma = \psi(x)\,, \qquad x \in \Gamma\,, \tag{4}$$

der Kürze halber wurde

$$a^{(\lambda)}(x) = \frac{1}{\cos(\nu, \lambda)} A_{jk}(x) \cos(\nu, x_j) \cos(\nu, x_k)$$

gesetzt, wobei ν die äußere Normale zu Γ ist.

Verhältnismäßig einfach konnte der Fall untersucht werden, wenn die Richtung λ den Rand Γ nirgends tangiert. Dieser Fall wurde zuerst von G. Giraud im Jahre 1934 untersucht; seine Untersuchungen wurden durch den Verfasser dieses Buches etwas vereinfacht (s. [16]). Es erwies sich, daß in diesem Fall das Problem der Richtungsableitung im Raum $L_p(\Gamma)$, $1 < p < \infty$, wie auch in den Räumen von Funktionen, die eine Lipschitz-Bedingung erfüllen, Fredholmschen Charakter trägt; in den genannten Räumen ist dieses Problem normal auflösbar und sein Index ist gleich Null. Wenn die Richtung der Differentiaton wenigstens in einem Punkt den Rand des Gebietes tangiert, so ist in den oben genannten Räumen das Problem der Richtungsableitung nicht mehr Fredholmsch, es ist nicht einmal mehr Noethersch: Es ist entweder nicht normal auflösbar oder sein Index ist unendlich oder beide Fälle treten gleichzeitig auf.

KAPITEL 19

DIE VARIATIONSMETHODE. SCHWACHE LÖSUNGEN

§ 1. Das Dirichletsche Problem mit einer homogenen Randbedingung

Wir betrachten das erste Randwertproblem für eine elliptische Gleichung zweiter Ordnung, die wir für die Dauer dieses Kapitels als formal selbstadjungiert voraussetzen:

$$-\frac{\partial}{\partial x_j}\left(A_{jk}(x)\frac{\partial u}{\partial x_k}\right)+C(x)\,u=f(x)\,,\qquad x\in\Omega;\qquad u|_{\partial\Omega}=\varphi(x)\,.$$

Dieses Problem zerfällt auf natürliche Weise in zwei Probleme: Man kann $u = u_1 + u_2$ setzen, wobei u_1 und u_2 die Lösungen der etwas einfacheren Probleme

$$-\frac{\partial}{\partial x_j}\left(A_{jk}(x)\frac{\partial u_1}{\partial x_k}\right)+C(x)\,u_1=f(x)\,,\qquad x\in\Omega;\qquad u_1|_{\partial\Omega}=0$$

und

$$-\frac{\partial}{\partial x_j}\left(A_{jk}(x)\frac{\partial u_2}{\partial x_k}\right)+C(x)\,u_2=0\,,\qquad x\in\Omega;\qquad u_2|_{\partial\Omega}=\varphi(x)$$

sind.

Im vorliegenden Paragraphen betrachten wir das erste dieser Probleme, und zwar das mit der homogenen Randbedingung; dem zweiten Problem ist der § 3 gewidmet.

Wir formulieren die Bedingungen, die wir den genannten Problemen auferlegen; diese Bedingungen werden in den nächsten drei Kapiteln eine wichtige Rolle spielen. Es sei

$$Lu=-\frac{\partial}{\partial x_j}\left(A_{jk}(x)\frac{\partial u}{\partial x_k}\right)+C(x)\,u \tag{1}$$

ein Differentialausdruck, dessen Koeffizienten in einem gewissen beschränkten Gebiet Ω des m-dimensionalen euklidischen Raumes E_m definiert sind. Den Rand Γ des Gebietes Ω setzen wir als stückweise glatt voraus. Des weiteren nehmen wir $A_{jk}\in C^{(1)}(\bar{\Omega})$ und $C\in C(\bar{\Omega})$ an.

Wir setzen voraus, daß der Differentialausdruck (1) im abgeschlossenen Gebiet $\bar{\Omega}$ elliptisch ist. In diesem Falle besitzen sämtliche Eigenwerte $\lambda_1(x), \lambda_2(x), \dots, \lambda_m(x)$ der Koeffizienten-Matrix des Hauptteiles $\|A_{jk}(x)\|$ in $\bar{\Omega}$ ein und dasselbe Vorzeichen. Indem man gegebenenfalls das Vorzeichen des Ausdrucks L ändert, läßt sich stets erreichen, daß $\lambda_k(x)>0$, $x\in\bar{\Omega}$, gilt.

Die Gleichung

$$\begin{vmatrix} A_{11}-\lambda & A_{12} & \dots A_{1m} \\ A_{21} & A_{22}-\lambda & \dots A_{2m} \\ \dots & \dots & \dots \\ A_{m1} & A_{m2} & \dots A_{mm}-\lambda \end{vmatrix}=0$$

besitzt als höchsten Koeffizienten $(-1)^m$, der konstant und verschieden von Null ist; die übrigen Koeffizienten dieser Gleichung sind stetige Funktionen in $\bar{\Omega}$. Daraus folgt, daß auch die Wurzeln $\lambda_k(x)$ dieser Gleichung in $\bar{\Omega}$ stetige Funktionen von x sind. Als positive Funktionen in dem kompakten Gebiet $\bar{\Omega}$ sind sie durch eine gewisse positive Konstante, welche wir mit μ_0 bezeichnen, nach unten beschränkt:

$$\lambda_k(x) \geqq \mu_0\,, \qquad \forall x \in \bar{\Omega}; \qquad \mu_0 = \text{const} > 0\,. \tag{2}$$

Eine elliptische Differentialgleichung, welche die Ungleichung (2) erfüllt, heißt *nicht entartet*[1]) in Ω.

Es seien $t_1, t_2, \dots, t_m$ beliebige reelle Zahlen. Wenn $\lambda_1(x)$ den kleinsten Eigenwert der Matrix $\|A_{jk}\|_{j,k=1}^m$ bedeutet, dann gilt bekanntlich

$$A_{jk}(x)\, t_j t_k \geqq \lambda_1(x) \sum_{k=1}^m t_k^2\,.$$

Unter Benutzung der Ungleichung (2) erhalten wir dann

$$A_{jk}(x)\, t_j t_k \geqq \mu_0 \sum_{k=1}^m t_k^2\,. \tag{3}$$

Die Ungleichung (3) ist nun charakteristisch für einen nichtentarteten elliptischen Differentialausdruck. Diese Ungleichung wird im weiteren eine wichtige Rolle spielen.

Von dem Differentialausdruck (1) fordern wir außerdem, daß gilt

$$C(x) \geqq 0\,, \qquad \forall x \in \bar{\Omega}\,. \tag{4}$$

Wir betrachten jetzt das Dirichletsche Problem mit einer homogenen Randbedingung

$$Lu = -\frac{\partial}{\partial x_j}\left(A_{jk}\frac{\partial u}{\partial x_k}\right) + Cu = f(x)\,, \tag{5}$$

$$u|_\Gamma = 0\,. \tag{6}$$

Wir nehmen an, daß $f \in L_2(\Omega)$ gilt und suchen eine Lösung des Problems (5), (6), welche ebenfalls dem Raum $L_2(\Omega)$ angehört. Wie jede Randwertaufgabe erzeugt auch das Problem (5), (6) einen gewissen Operator, den wir mit $\mathfrak{A}$ bezeichnen. Dieser wird durch die Formel

$$\mathfrak{A}u = Lu = -\frac{\partial}{\partial x_j}\left(A_{jk}\frac{\partial u}{\partial x_k}\right) + Cu$$

definiert; als sein Definitionsgebiet $D(\mathfrak{A})$ kann man die Menge derjenigen Funktionen aus $C^{(2)}(\bar{\Omega})$ annehmen, die der Randbedingung (6) genügen. Es ist einsichtig, daß man $\mathfrak{A}$ als Operator im Raum $L_2(\Omega)$ betrachten kann.

Wir beweisen, daß *der Operator $\mathfrak{A}$ in $L_2(\Omega)$ positiv-definit* ist. Entsprechend der Definition (vgl. Kap. 5, § 2) genügt es, die folgenden drei Tatsachen nachzuweisen: 1. Die Menge $D(\mathfrak{A})$ ist dicht in $L_2(\Omega)$; 2. der Operator $\mathfrak{A}$ ist symmetrisch:

$$(\mathfrak{A}u, v) = (u, \mathfrak{A}v)\,, \qquad u, v \in D(\mathfrak{A})\,; \tag{7}$$

3. der Operator $\mathfrak{A}$ erfüllt die Ungleichung der positiven Definitheit

$$(\mathfrak{A}u, u) \geqq \gamma^2 \|u\|^2\,, \qquad \gamma^2 = \text{const} > 0\,. \tag{8}$$

---

[1]) Nicht entartete elliptische Gleichungen werden auch gleichmäßig elliptisch genannt.

Die Dichtheit der Menge $D(\mathfrak{A})$ im Raum $L_2(\Omega)$ ergibt sich unmittelbar aus der Folgerung 2.3.1, da $D(\mathfrak{A})$ offenbar die Menge aller in Ω finiten Funktionen enthält.

Wir beweisen jetzt die Symmetrie des Operators $\mathfrak{A}$. Es seien $u, v \in D(\mathfrak{A})$. Letzteres bedeutet: $u, v \in C^{(2)}(\bar{\Omega})$ und

$$u|_\Gamma = v|_\Gamma = 0 . \tag{9}$$

Wir bilden die Differenz

$$(\mathfrak{A}u, v) - (u, \mathfrak{A}v) = (Lu, v) - (u, Lv) = \int_\Omega (vLu - uLv)\, dx .$$

Durch Anwendung der zweiten GREENschen Formel [Formel (6.6) aus Kap. 10] auf das letzte Integral erhalten wir

$$(\mathfrak{A}u, v) - (u, \mathfrak{A}v) = -\int_\Gamma A_{jk}\left(v\frac{\partial u}{\partial x_k} - u\frac{\partial v}{\partial x_k}\right)\cos(\nu, x_j)\, d\Gamma .$$

Auf Grund der Gleichungen (9) ist das Integral auf der rechten Seite gleich Null. Damit ist die Beziehung (7), d. h. die Symmetrie des Operators $\mathfrak{A}$, bewiesen.

Es bleibt noch die Ungleichung (8) zu beweisen. Es gilt

$$(\mathfrak{A}u, u) = (Lu, u) = -\int_\Omega u\frac{\partial}{\partial x_j}\left(A_{jk}\frac{\partial u}{\partial x_k}\right) dx + \int_\Omega Cu^2\, dx .$$

Auf das erste Integral wenden wir jetzt die erste GREENsche Formel [Formel (6.5) aus Kap. 10] an. Da das Oberflächenintegral auf Grund der Randbedingung (6) verschwindet, so erhalten wir

$$(\mathfrak{A}u, u) = \int_\Omega \left[A_{jk}\frac{\partial u}{\partial x_j}\frac{\partial u}{\partial x_k} + Cu^2\right] dx . \tag{10}$$

Das Integral (10) schätzen wir nach unten ab. Zunächst lassen wir den nichtnegativen Summanden Cu^2 weg. Danach benutzen wir die Ungleichung (3), in der wir jetzt $t_k = \dfrac{\partial u}{\partial x_k}$ setzen:

$$A_{jk}\frac{\partial u}{\partial x_j}\frac{\partial u}{\partial x_k} \geqq \mu_0 \sum_{k=1}^{m}\left(\frac{\partial u}{\partial x_k}\right)^2 .$$

Dann ergibt sich

$$(\mathfrak{A}u, u) \geqq \mu_0 \int_\Omega \sum_{k=1}^{m}\left(\frac{\partial u}{\partial x_k}\right)^2 dx . \tag{11}$$

Da nun für die Funktion $u \in D(\mathfrak{A})$ offensichtlich die FRIEDRICHSsche Ungleichung (s. § 6, Kap. 4)

$$\int_\Omega u^2\, dx \leqq \varkappa \int_\Omega \sum_{k=1}^{m}\left(\frac{\partial u}{\partial x_k}\right)^2 dx , \qquad \varkappa = \text{const} > 0$$

gilt, so finden wir schließlich

$$(\mathfrak{A}u, u) \geqq \frac{\mu_0}{\varkappa}\int_\Omega u^2\, dx = \frac{\mu_0}{\varkappa}\|u\|^2 . \tag{12}$$

Mithin ist die Ungleichung (8) $\left(\text{mit dem Konstantenwert } \gamma^2 = \frac{\mu_0}{\varkappa}\right)$ aufgestellt; damit ist auch gleichzeitig bewiesen, daß der Operator $\mathfrak{A}$ positiv-definit ist.

Bemerkung. Der Operator $\mathfrak{A}$ ist auch dann noch positiv-definit, wenn $C(x) \equiv 0$ ist. Dies ermöglicht eine gewisse Abschwächung der Bedingung (4).

Wir bezeichnen mit $\mathfrak{A}_0$ den Spezialfall des Operators $\mathfrak{A}$ für $C(x) \equiv 0$; $\gamma_0^2 > 0$ sei die untere Grenze des Operators $\mathfrak{A}_0$. Dann gilt

$$(\mathfrak{A}_0 u, u) \geqq \gamma_0^2 \, ||u||^2 . \tag{13}$$

Offensichtlich ist $\mathfrak{A}u = \mathfrak{A}_0 u + C(x)\, u$. Daraus ergibt sich

$$(\mathfrak{A}u, u) = (\mathfrak{A}_0 u, u) + (Cu, u) \geqq \gamma_0^2 \, ||u||^2 + (Cu, u) . \tag{14}$$

Wir nehmen an, daß $C(x)$ die Ungleichung

$$C(x) \geqq \varepsilon - \gamma_0^2 , \qquad \forall x \in \bar{\Omega} , \tag{15}$$

für eine gewisse positive Konstante ε erfüllt. Dann gilt

$$(Cu, u) = \int_\Omega C(x)\, u^2(x)\, dx \geqq (\varepsilon - \gamma_0^2) \int_\Omega u^2(x)\, dx = (\varepsilon - \gamma_0^2)\, ||u||^2 .$$

Durch Einsetzen in (14) finden wir

$$(\mathfrak{A}u, u) \geqq \varepsilon \, ||u||^2 ,$$

d. h., der Operator $\mathfrak{A}$ ist positiv-definit. Damit ist gezeigt: Die Bedingung (4) kann durch die etwas schwächere Bedingung (15) ersetzt werden.

Somit ist also unter den oben genannten Bedingungen der Operator $\mathfrak{A}$ des DIRICHLETschen Problems (5), (6) im Raum $L_2(\Omega)$ positiv-definit. Das Problem (5), (6) kann man in Gestalt einer Operatorgleichung

$$\mathfrak{A}u = f \tag{*}$$

schreiben; weil wir $\mathfrak{A}$ als einen in $L_2(\Omega)$ wirkenden Operator betrachten, kann man natürlicherweise $f \in L_2(\Omega)$ annehmen. Es ist leicht einzusehen, daß in diesem Fall die Gleichung (*) im allgemeinen nicht lösbar ist: wenn $u \in D(\mathfrak{A})$ ist, so gilt notwendigerweise $f \in C(\Omega)$. Nun ist aber $\mathfrak{A}$ ein positiv-definiter Operator. Nach dem im § 5, Kap. 5, Bewiesenen hat dann das Problem (5), (6) für jede beliebige Funktion $f \in L_2(\Omega)$ eine und nur eine verallgemeinerte Lösung $u_0 \in H_\mathfrak{A}$, wobei $H_\mathfrak{A}$ der energetische Raum des Operators $\mathfrak{A}$ ist. Diese verallgemeinerte Lösung realisiert das Minimum des Funktionals

$$F(u) = |u|_\mathfrak{A}^2 - 2(u, f) = \int_\Omega \left[A_{jk} \frac{\partial u}{\partial x_j} \frac{\partial u}{\partial x_k} + Cu^2 - 2fu \right] dx \tag{16}$$

bei der Randbedingung (6). Wenn wir auf den gegebenen Fall die allgemeine Beziehung (5.5a) anwenden, so können wir uns davon überzeugen, daß die verallgemeinerte Lösung $u_0(x)$ des DIRICHLETschen Problems als die Funktion aus dem Raum $H_\mathfrak{A}$ definiert werden kann, die der Beziehung

$$[u_0, \eta]_\mathfrak{A} = (f, \eta) , \qquad \forall \eta \in H_\mathfrak{A} \tag{17}$$

genügt.

Die verallgemeinerte Lösung des DIRICHLETschen Problems, die der Beziehung (17) genügt, werden wir auch *schwache Lösung* dieses Problems nennen. Eine analoge Terminologie werden wir auch für die anderen Randwertaufgaben (zum Beispiel für das Neumannsche Problem, s. unten, §§ 7–9) benutzen.

Wenn im betrachteten Gebiet die schwache Lösung alle möglichen verallgemeinerten Ableitungen derselben Ordnung besitzt, von der die Gleichung ist, so heißt diese Lösung *starke Lösung.*

Die schwache Lösung $u_0(x)$ des Dirichletschen Problems kann man (s. § 5, Kap. 5) in Gestalt der in der Metrik des Raumes $H_{\mathfrak{A}}$ konvergenten Reihe

$$u_0(x) = \sum_{n=1}^{\infty} \omega_n(x) \int_{\Omega} f(\xi)\, \omega_n(\xi)\, d\xi \tag{18}$$

darstellen; hierbei ist $\{\omega_n(x)\}$ ein beliebiges in $H_{\mathfrak{A}}$ vollständiges und orthonormiertes System.

Wir betrachten nunmehr ein Beispiel, das später (s. Kap. 21) eine wichtige Rolle spielt. Es sei das Dirichletsche Problem für die inhomogene Laplace-Gleichung

$$-\Delta u = f(x)\,, \qquad u|_{\partial\Pi} = 0 \tag{19}$$

im Parallelepiped Π zu lösen, welches durch die Ungleichungen

$$0 \leqq x_k \leqq a_k; \qquad k = 1, 2, \ldots, m\,, \tag{20}$$

gegeben ist. Für Funktionen der Klasse $D(\mathfrak{A})$ kann man mittels partieller Integration leicht die Formel

$$[u, v]_{\mathfrak{A}} = (\mathfrak{A}u, v) = \int_{\Pi} \frac{\partial u}{\partial x_k} \frac{\partial v}{\partial x_k}\, dx$$

aufstellen. Folglich gilt

$$|u|_{\mathfrak{A}}^2 = (\mathfrak{A}u, u) = \int_{\Pi} \sum_{k=1}^{m} \left(\frac{\partial u}{\partial x_k}\right)^2 dx\,.$$

Man überzeugt sich unschwer davon, daß im betrachteten Fall das Funktionensystem

$$\frac{\alpha^{m/2}}{\pi \sqrt{|\Pi|}} \left\{\sum_{k=1}^{m} \frac{n_k^2}{a_k^2}\right\}^{-1/2} \prod_{k=1}^{m} \sin \frac{n_k \pi x_k}{a_k}\,, \qquad n_k = 1, 2, 3, \ldots\,,$$

im Raum $H_{\mathfrak{A}}$ orthonormiert und vollständig ist; dabei ist $|\Pi| = a_1 a_2 \ldots a_m$ das Volumen des Parallelepipeds (20). Nach Formel (18) finden wir die schwache Lösung des Problems (19):

$$\left.\begin{aligned} u_0(x) &= \frac{2^m}{\pi^2 |\Pi|} \sum_{n_1, n_2, \ldots, n_m = 1}^{\infty} \left(\sum_{k=1}^{m} \frac{n_k^2}{a_k^2}\right)^{-1} a_{n_1 n_2 \ldots n_m} \prod_{k=1}^{m} \sin \frac{n_k \pi x_k}{a_k}\,;\\ a_{n_1 n_2 \ldots n_m} &= \int_{\Pi} f(x) \prod_{k=1}^{m} \sin \frac{n_k \pi x_k}{a_k}\, dx\,. \end{aligned}\right\} \tag{21}$$

Man überzeugt sich auch leicht davon, daß die Lösung (21) eine starke Lösung ist, d. h., daß $u_0 \in W_2^{(2)}(\Pi)$ gilt. Dieser Frage wenden wir uns im Kap. 21 zu.

§ 2. Der energetische Raum des Dirichletschen Problems

Satz 19.2.1. *Der energetische Raum $H_{\mathfrak{A}}$ des Operators des* Dirichlet*schen Problems besteht aus den und nur den Elementen des Raumes*[1]) $\mathring{W}_2^{(1)}(\Omega)$, *die folgende Eigen-*

[1]) Die Definition des Raumes $\mathring{W}_2^{(1)}(\Omega)$ wurde im § 6 des Kap. 4 gegeben.

schaft besitzen: Es existiert eine derartige Folge $u_n \in D(\mathfrak{A})$, $n = 1, 2, \ldots$, für die gilt

$$\int_\Omega (u_n - u)^2 \, dx \xrightarrow[n\to\infty]{} 0, \int_\Omega \sum_{k=1}^m \left(\frac{\partial u_n}{\partial x_k} - \frac{\partial u}{\partial x_k}\right) dx \xrightarrow[n\to\infty]{} 0 . \tag{1}$$

Das energetische Produkt und die energetische Norm im Raum $H_\mathfrak{A}$ werden durch die folgenden Formeln definiert

$$[u, v]_\mathfrak{A} = \int_\Omega \left(A_{jk} \frac{\partial u}{\partial x_j} \frac{\partial v}{\partial x_k} + Cuv\right) dx , \tag{2}$$

$$|u|_\mathfrak{A}^2 = \int_\Omega \left(A_{jk} \frac{\partial u}{\partial x_j} \frac{\partial u}{\partial x_k} + Cu^2\right) dx . \tag{3}$$

Die Normen in den Räumen $H_\mathfrak{A}$ und $\mathring{W}_2^{(1)}(\Omega)$ sind äquivalent.

Beweis. Um die Beweisführung zu vereinfachen, setzen wir $C(x) \geqq 0$ voraus.

1°. Es gelte $u \in H_\mathfrak{A}$. Dann ist $u \in L_2(\Omega)$. Dies folgt aus Satz 5.3.1, auf Grund dessen der energetische Raum eines positiv-definiten Operators in den Ausgangsraum eingebettet ist.

So wie jeder vervollständigte Raum besteht auch der energetische Raum $H_\mathfrak{A}$ aus den ursprünglichen Elementen — im vorliegenden Fall sind dies die Elemente des Definitionsbereichs $D(\mathfrak{A})$ — und den idealen Elementen. Wenn u ein ursprüngliches Element ist, so gilt offenbar $u \in \mathring{W}_2^{(1)}(\Omega)$, und für diesen Fall ist die erste Behauptung des Satzes bewiesen. Seien u und v ursprüngliche Elemente. Durch Anwendung der ersten Greenschen Formel (Formel (6.5) des Kap. 10) erhalten wir unter Berücksichtigung der Beziehungen (1.9)

$$[u, v]_\mathfrak{A} = (\mathfrak{A}u, v) = \int_\Omega \left(A_{jk} \frac{\partial u}{\partial x_k} \frac{\partial v}{\partial x_j} + Cuv\right) dx .$$

Da nun $A_{jk} = A_{kj}$ gilt, stimmt das letzte Integral mit dem Integral der Formel (2) überein; folglich ist die Formel (2) für die ursprünglichen Elemente gültig.

Indem wir in Formel (2) $v = u$ setzen, überzeugen wir uns davon, daß auch die Formel (3) für die ursprünglichen Elemente gilt. Es sei jetzt u ein ideales Element des Raumes $H_\mathfrak{A}$. Nach Satz 5.3.2 existiert eine Folge von Funktionen $u_n \in D(\mathfrak{A})$ derart, daß

$$\|u_n - u\| \xrightarrow[n\to\infty]{} 0 , \qquad |u_n - u_k|_\mathfrak{A} \xrightarrow[n,k\to\infty]{} 0 \tag{4}$$

gilt. Die zweite der Beziehungen (4) bedeutet, daß

$$|u_n - u_s|_\mathfrak{A}^2 = (\mathfrak{A}(u_n - u_s), u_n - u_s) =$$
$$= \int_\Omega \left[A_{jk} \left(\frac{\partial u_n}{\partial x_j} - \frac{\partial u_s}{\partial x_j}\right)\left(\frac{\partial u_n}{\partial x_k} - \frac{\partial u_s}{\partial x_k}\right) + C(u_n - u_s)^2\right] dx \xrightarrow[n,s\to\infty]{} 0$$

gilt. Jetzt ergibt sich aus der Ungleichung (1.11)

$$\int_\Omega \left(\frac{\partial u_n}{\partial x_k} - \frac{\partial u_s}{\partial x_k}\right)^2 dx = \left\|\frac{\partial u_n}{\partial x_k} - \frac{\partial u_s}{\partial x_k}\right\|^2 \xrightarrow[n,s\to\infty]{} 0, \qquad k = 1, 2, \ldots, m,$$

d. h., die Folgen der Ableitungen $\frac{\partial u_n}{\partial x_k}$, $n = 1, 2, \ldots$, konvergieren in sich in der Metrik des Raumes $L_2(\Omega)$.

Daraus folgt nun die Existenz der Grenzfunktionen

$$v_k = \lim_{n\to\infty} \frac{\partial u_n}{\partial x_k}, \qquad k = 1, 2, \ldots, m; \qquad v_k \in L_2(\Omega)\,.$$

Nach dem Satz 3.3.1 erhalten wir auf Grund der ersten Beziehung (4):

$$v_k = \frac{\partial u}{\partial x_k} \tag{5}$$

und folglich $u \in W_2^{(1)}(\Omega)$. Die Existenz der Folge $\{u_n\}$ mit der Eigenschaft (4) liefert nunmehr $u \in \mathring{W}_2^{(1)}(\Omega)$.

Es bleibt noch zu beweisen, daß die Formeln (2) und (3) auch für die idealen Elemente gelten. Sei u ein ideales Element, und die Folge $u_n \in D(\mathfrak{A})$ erfülle die Beziehungen (4). Dann gilt $|u_n - u| \underset{n\to\infty}{\rightrightarrows} 0$ und folglich

$$|u|_{\mathfrak{A}}^2 = \lim_{n\to\infty} |u_n|_{\mathfrak{A}}^2 = \lim_{n\to\infty} \int_\Omega \left[A_{jk} \frac{\partial u_n}{\partial x_j}\frac{\partial u_n}{\partial x_k} + C u_n^2\right] \mathrm{d}x\,. \tag{6}$$

Wir beweisen, daß der letzte Grenzwert gleich

$$\int_\Omega \left[A_{jk} \frac{\partial u}{\partial x_j}\frac{\partial u}{\partial x_k} + C u^2\right] \mathrm{d}x$$

ist. Zu diesem Zweck schätzen wir den Ausdruck

$$J_n = \left|\int_\Omega \left[A_{jk}\left(\frac{\partial u_n}{\partial x_j}\frac{\partial u_n}{\partial x_k} - \frac{\partial u}{\partial x_j}\frac{\partial u}{\partial x_k}\right) + C(u_n^2 - u^2)\right] \mathrm{d}x\right|$$

ab. Als stetige Funktionen im abgeschlossenen Gebiet sind $A_{jk}(x)$ und $C(x)$ beschränkt. Sei $|A_{jk}(x)| \leqq M$, $|C(x)| \leqq M$; $M = \text{const}$. Dann gilt

$$J_n \leqq M \int_\Omega \sum_{j,k=1}^{m} \left|\frac{\partial u_n}{\partial x_j}\frac{\partial u_n}{\partial x_k} - \frac{\partial u}{\partial x_j}\frac{\partial u}{\partial x_k}\right| \mathrm{d}x + M \int_\Omega |u_n^2 - u^2|\, \mathrm{d}x\,. \tag{7}$$

Das zweite Integral schätzen wir wie folgt ab:

$$\int_\Omega |u_n^2 - u^2|\,\mathrm{d}x = \int_\Omega |u_n + u| \cdot |u_n - u|\,\mathrm{d}x \leqq$$

$$\leqq \left\{\int_\Omega (u_n + u)^2\,\mathrm{d}x\right\}^{1/2} \cdot \left\{\int_\Omega (u_n - u)^2\,\mathrm{d}x\right\}^{1/2} = ||u_n + u|| \cdot ||u_n - u||\,.$$

Der zweite Faktor auf der rechten Seite strebt gegen Null und der erste gegen den Grenzwert $2\,||u||$; folglich strebt auch der zweite Summand in (7) gegen Null.

Auf analoge Weise läßt sich auch der erste Summand abschätzen:

$$\int_\Omega \sum_{j,k=1}^{m} \left|\frac{\partial u_n}{\partial x_j}\frac{\partial u_n}{\partial x_k} - \frac{\partial u}{\partial x_j}\frac{\partial u}{\partial x_k}\right| \mathrm{d}x = \int_\Omega \sum_{j,k=1}^{m} \left|\frac{\partial u_n}{\partial x_j}\left(\frac{\partial u_n}{\partial x_k} - \frac{\partial u}{\partial x_k}\right) + \frac{\partial u}{\partial x_k}\left(\frac{\partial u_n}{\partial x_j} - \frac{\partial u}{\partial x_j}\right)\right| \mathrm{d}x \leqq$$

$$\leqq \sum_{j,k=1}^{m} \left\{\left\|\frac{\partial u_n}{\partial x_j}\right\| \cdot \left\|\frac{\partial u_n}{\partial x_k} - \frac{\partial u}{\partial x_k}\right\| + \left\|\frac{\partial u}{\partial x_k}\right\| \cdot \left\|\frac{\partial u_n}{\partial x_j} - \frac{\partial u}{\partial x_j}\right\|\right\}.$$

Auf der rechten Seite der letzten Ungleichung sind die ersten Faktoren jeweils beschränkt, während die zweiten Faktoren gegen Null konvergieren; folglich strebt der gesamte Ausdruck gegen Null. Somit ergibt sich

$$|u|_{\mathfrak{A}}^2 = \int_\Omega \left[A_{jk} \frac{\partial u}{\partial x_j} \frac{\partial u}{\partial x_k} + Cu^2\right] dx\,,$$

womit die Formel (3) für die idealen Elemente des energetischen Raumes bewiesen ist.

Sind jetzt u und v zwei ideale Elemente, dann gilt

$$[u, v]_{\mathfrak{A}} = \tfrac{1}{4}\{|u+v|_{\mathfrak{A}}^2 - |u-v|_{\mathfrak{A}}^2\}\,.$$

Ersetzt man rechts die Normen nach der Formel (3), dann gelangt man nach einigen elementaren Umformungen zu der Formel (2), welche damit auch für die idealen Elemente nachgewiesen ist.

Es bleibt zu zeigen, daß für die Funktionen des Raumes $H_{\mathfrak{A}}$ die Normen (2) und (6.12) des Kap. 4 äquivalent sind. Sei $u \in H_{\mathfrak{A}}$. Aus den Formeln (2) und (1.3) folgt

$$|u|_{\mathfrak{A}}^2 \geqq \mu_0 \int_\Omega \sum_{k=1}^m \left(\frac{\partial u}{\partial x_k}\right)^2 dx\,.$$

Fernerhin ist $\mathfrak{A}$ positiv-definit. Deshalb gilt

$$|u|_{\mathfrak{A}}^2 \geqq \varkappa^2 \,||u||^2 = \varkappa^2 \int_\Omega u^2\, dx\,.$$

Wenn wir addieren, erhalten wir

$$||u||_{\overset{\circ}{W}{}_2^{(1)}} \leqq C\,|u|_{\mathfrak{A}}^2\,, \qquad 2C^{-2} = \min(\mu_0, \varkappa^2)\,. \tag{8}$$

Die Koeffizienten A_{jk} sind, wie oben schon vermerkt wurde, beschränkt. Dann ist auch der größte Eigenwert $\lambda_n(x)$ der aus diesen Koeffizienten gebildeten Matrix beschränkt. Es sei die oben eingeführte Konstante M so groß, daß $\lambda_n(x) \leqq M$ gilt. Dann ist

$$|u|_{\mathfrak{A}} = \left\{\int_\Omega \left(A_{jk} \frac{\partial u}{\partial x_j} \frac{\partial u}{\partial x_k} + Cu^2\right) dx\right\}^{1/2} \leqq \sqrt{M}\left\{\int_\Omega \left[\sum_{k=1}^m \left(\frac{\partial u}{\partial x_k}\right)^2 + u^2\right] dx\right\}^{1/2} = \sqrt{M}\,||u||_{\overset{\circ}{W}{}_2^{(1)}}. \tag{9}$$

Die Ungleichungen (8) und (9) zeigen, daß die uns interessierenden Normen äquivalent sind.

2°. Wir zeigen jetzt die umgekehrte Behauptung: Wenn die Funktion $u \in L_2(\Omega)$ verallgemeinerte Ableitungen $\frac{\partial u}{\partial x_k} \in L_2(\Omega)$ besitzt und wenn außerdem eine Folge $\{u_n\}$, $u_n \in D(\mathfrak{A})$, existiert, welche die Beziehungen (1) erfüllt, dann gilt $u \in H_{\mathfrak{A}}$.

Zunächst ist klar, daß $u \in \overset{\circ}{W}{}_2^{(1)}(\Omega)$ gilt. Die Folge $\{u_n\}$ konvergiert in sich in der energetischen Metrik. Es gilt nämlich

$$|u_n - u_s|_{\mathfrak{A}}^2 = \int_\Omega \left[A_{jk}\left(\frac{\partial u_n}{\partial x_j} - \frac{\partial u_s}{\partial x_j}\right)\left(\frac{\partial u_n}{\partial x_k} - \frac{\partial u_s}{\partial x_k}\right) + C(u_n - u_s)^2\right] dx\,.$$

Die Koeffizienten A_{jk} und C sind beschränkt durch die Konstante M. Als stetige Funktionen der Koeffizienten A_{jk} sind die Eigenwerte der Koeffizienten-Matrix des

Hauptteiles ebenfalls beschränkt; es sei $N = \text{const}$ eine obere Schranke für diese Eigenwerte. Dann ergibt sich

$$A_{jk}t_j t_k \leqq N \sum_{k=1}^{m} t_k^2$$

und somit

$$|u_n - u_s|_{\mathfrak{A}}^2 \leqq N \int_\Omega \sum_{k=1}^{m} \left(\frac{\partial u_n}{\partial x_k} - \frac{\partial u_s}{\partial x_k}\right)^2 dx + M \int_\Omega (u_n - u_s)^2 \, dx; \tag{10}$$

die rechte Seite strebt auf Grund der Beziehungen (1) für $n, s \to \infty$ gegen Null.

Da der energetische Raum vollständig ist, gibt es darin ein Element w derart, daß $|w - u_n|_{\mathfrak{A}} \to 0$ gilt. Aus der ersten Beziehung (1) folgt nun $w = u$. Damit erhalten wir schließlich $u \in H_{\mathfrak{A}}$, und der Satz ist bewiesen.

Bemerkung. Wenn $\partial \Omega \in C^{(2)}$ gilt, so kann man zeigen, daß für jede Funktion $u \in \mathring{W}_2^{(1)}(\Omega)$ eine der Bedingung (1) genügende Folge $u_n \in D(\mathfrak{A})$ existiert. In diesem Falle bestehen $H_{\mathfrak{A}}$ und $\mathring{W}_2^{(1)}(\Omega)$ aus ein und denselben Elementen.

Satz 19.2.2. *Die schwache Lösung des* DIRICHLET*schen Problems* (1.5), (1.6) *ist auch eine lokal summierbare verallgemeinerte Lösung der Gleichung* (1.5).

Beweis. Indem wir die Formel (3) benutzen, können wir der Beziehung (1.17) die Gestalt

$$\int_\Omega \left(A_{jk} \frac{\partial u_0}{\partial x_j} \frac{\partial \eta}{\partial x_k} + C u_0 \eta - f\eta\right) dx = 0 , \qquad \forall \eta \in H_{\mathfrak{A}} , \tag{11}$$

verleihen.

Die Klasse $\mathfrak{M}^{(2)}(\Omega)$ ist offensichtlich in $H_{\mathfrak{A}}$ enthalten; wir werden annehmen, daß in der Identität (11) $\eta \in \mathfrak{M}^{(2)}(\Omega)$ gilt. Dann ist $\dfrac{\partial \eta}{\partial x_k} \in \mathfrak{M}^{(1)}(\Omega)$, und nach Definition der verallgemeinerten Ableitung gilt

$$\int_\Omega A_{jk} \frac{\partial u_0}{\partial x_j} \frac{\partial \eta}{\partial x_k} \, dx = - \int_\Omega u_0 \frac{\partial}{\partial x_j}\left(A_{jk} \frac{\partial \eta}{\partial x_k}\right) dx .$$

Nunmehr folgt aus der Beziehung (11)

$$\int_\Omega (u_0 L\eta - f\eta) \, dx = 0 , \qquad \forall \eta \in \mathfrak{M}^{(2)}(\Omega) ,$$

oder $(u_0, L\eta) = (f, \eta)$, $\forall \eta \in \mathfrak{M}^{(2)}(\Omega)$. Der Operator L ist formal selbstadjungiert, und die letzte Formel stimmt (für $s = 2$) mit der Formel (14) aus Kap. 11 überein, durch die die lokal summierbare verallgemeinerte Lösung einer Differentialgleichung definiert wird.

Folgerung 19.2.1. *Die schwache Lösung des Problems* (1.5), (1.6) *ist eine verallgemeinerte Lösung der Gleichung* (1.5) *im Sinne der Theorie der verallgemeinerten Funktionen.*

§ 3. Das DIRICHLETsche Problem für die homogene Gleichung

Das Gebiet Ω sowie die Koeffizienten A_{jk} und $C(x)$ mögen den Bedingungen des § 1 genügen, und es sei $\varphi(x)$ eine auf dem Rande Γ des Gebietes Ω definierte Funktion.

Wir betrachten im Gebiet Ω das DIRICHLETsche Problem für die homogene elliptische Differentialgleichung

$$\frac{\partial}{\partial x_j}\left(A_{jk}\frac{\partial v}{\partial x_k}\right) - Cv = 0 \tag{1}$$

mit der inhomogenen Randbedingung

$$v|_\Gamma = \varphi(x)\,. \tag{2}$$

Wir betrachten das Minimumproblem für das homogene quadratische Funktional

$$\Phi(v) = \int_\Omega \left[A_{jk}\frac{\partial v}{\partial x_j}\frac{\partial v}{\partial x_k} + Cv^2\right] dx \tag{3}$$

auf der Menge $D(\Phi)$ derjenigen Funktionen der Klasse $W_2^{(1)}(\Omega)$, die die Randbedingung (2) erfüllen. Dafür, daß ein solches Problem eine Lösung besitzt, ist vor allem notwendig, daß die Menge $D(\Phi)$ nicht leer ist. Wir werden deshalb voraussetzen, daß wenigstens eine Funktion $\psi \in W_2^{(1)}(\Omega)$ mit der Eigenschaft $\psi|_\Gamma = \varphi(x)$ existiert. Die hier formulierte Voraussetzung werden wir *Fortsetzbarkeitsbedingung* nennen; wir kehren zu ihr im § 5 zurück.

Die Problemstellung der Aufgabe (2), (3) ändern wir etwas ab: Wenn wir sagen, daß $v(x)$ der Randbedingung (2) genügt, so wollen wir darunter verstehen, daß

$$v - \psi \in H_{\mathfrak{A}} \tag{4}$$

gilt; dabei bedeutet $H_{\mathfrak{A}}$ den energetischen Raum des DIRICHLETschen Problems (2.5), (2.6). Wir setzen nun $v(x) - \psi(x) = u(x)$. Dann gilt $u \in H_{\mathfrak{A}}$ und

$$\Phi(v) = \Phi(u) + 2\Phi(u, \psi) + \Phi(\psi);$$

hierbei bezeichnet $\Phi(u, \psi)$ das bilineare Funktional

$$\Phi(u, \psi) = \int_\Omega \left[A_{jk}\frac{\partial u}{\partial x_j}\frac{\partial \psi}{\partial x_k} + Cu\psi\right] dx\,, \tag{5}$$

welches in u offensichtlich linear ist.

Da $\Phi(\psi)$ eine gewisse Konstante darstellt, so ist das Variationsproblem (2), (3) dem folgenden Problem äquivalent: Im Raum $H_{\mathfrak{A}}$ ist diejenige Funktion u gesucht, die dem Funktional

$$\Phi(u) + 2\Phi(u, \psi) \tag{6}$$

den kleinsten Wert erteilt.

Wir beweisen jetzt, daß die zuletzt formulierte Aufgabe eine eindeutige Lösung besitzt. Aus den Bedingungen (1.3) und (1.4) folgt, daß das homogene quadratische Funktional Φ nicht negativ ist und somit die CAUCHYsche Ungleichung

$$|\Phi(u, \psi)| \leqq \sqrt{\Phi(u)} \cdot \sqrt{\Phi(\psi)} \tag{7}$$

gilt. Für $u \in H_{\mathfrak{A}}$ ergibt sich nun $\sqrt{\Phi(u)} = |u|_{\mathfrak{A}}$ [vgl. Formel (2.3)] und folglich

$$|\Phi(u, \psi)| \leqq \sqrt{\Phi(\psi)}\, |u|_{\mathfrak{A}}\,. \tag{8}$$

Da ψ eine fest vorgegebene Funktion ist, ist $\sqrt{\Phi(\psi)}$ eine Konstante; Ungleichung (8) zeigt also, daß das Funktional $\Phi(u, \psi)$ im Raum $H_{\mathfrak{A}}$ beschränkt ist. Jetzt ergibt sich aus den Ergebnissen des § 9 von Kap. 5, daß das Minimumproblem für das Funktional (6) im Raum $H_{\mathfrak{A}}$ eine und nur eine Lösung besitzt.

Wir bezeichnen diese Lösung mit $u_0(x)$ und setzen $v_0(x) = u_0(x) + \psi(x)$. Offenbar ist die Funktion $v_0(x)$ Lösung des Variationsproblems (2), (3).

Satz 19.3.1. *Die Lösung des Variationsproblems* (3), (4) *ist eine lokal summierbare verallgemeinerte Lösung der Gleichung* (1).

Beweis. Sei $\eta \in \mathfrak{M}^{(2)}(\Omega)$ und t eine beliebige reelle Zahl. Dann gilt $v_0 + t\eta \in D(\Phi)$ und deshalb $\Phi(v_0 + t\eta) \geqq \Phi(v_0)$. Somit ist $\mathrm{d}\Phi(v_0 + t\eta)/\mathrm{d}t|_{t=0} = 0$ oder

$$\int_\Omega \left(A_{jk} \frac{\partial v_0}{\partial x_j} \frac{\partial \eta}{\partial x_k} + C v_0 \eta\right) \mathrm{d}x = 0\,. \tag{9}$$

Die Funktion v_0 besitzt in Ω verallgemeinerte erste Ableitungen; der Definition entsprechend gilt

$$\int_\Omega A_{jk} \frac{\partial v_0}{\partial x_j} \frac{\partial \eta}{\partial x_k} \mathrm{d}x = -\int_\Omega v_0 \frac{\partial}{\partial x_j}\left(A_{jk} \frac{\partial \eta}{\partial x_k}\right) \mathrm{d}x\,.$$

Daraus folgt

$$\int_\Omega v_0 \left[-\frac{\partial}{\partial x_j}\left(A_{jk} \frac{\partial \eta}{\partial x_k}\right) + C\eta\right] \mathrm{d}x = 0\,, \qquad \forall \eta \in \mathfrak{M}^{(2)}(\Omega)\,.$$

Nach Definition (§ 1, Kap. 11) ist v_0 eine lokal summierbare verallgemeinerte Lösung der Gleichung (1).

Hieraus ergibt sich als Folgerung: *Wenn die Lösung des Variationsproblems* (3), (4) *in Ω stetige zweite Ableitungen besitzt, so genügt sie der Gleichung* (1) *im gewöhnlichen Sinne.*

§ 4. Über die Existenz der zweiten Ableitungen der schwachen Lösung der LAPLACE-Gleichung

Satz 19.4.1. *Die schwache Lösung des* DIRICHLET*schen Problems für die homogene* LAPLACE-*Gleichung mit einer inhomogenen Randbedingung in einem beschränkten Gebiet Ω stellt eine in Ω harmonische Funktion dar.*

Beweis. Für die LAPLACE-Gleichung gilt $A_{jk} = \delta_{jk}$, $C = 0$, so daß die Beziehung (3.9) folgende Gestalt annimmt:

$$\int_\Omega \frac{\partial v_0}{\partial \xi_k} \frac{\partial \eta}{\partial \xi_k} \mathrm{d}\xi = 0\,. \tag{1}$$

Dabei wurde in der früheren Bezeichnung x durch ξ ersetzt.

Wir nehmen einen beliebigen Punkt $x \in \Omega$ und setzen in Gleichung (1) $\eta = \omega_h(r)$; dabei bedeutet $r = |\xi - x|$, und ω_h ist der Mittelungskern (vgl. § 1, Kap. 2). Den Mittelungsradius h wählen wir kleiner als den Abstand zwischen dem Punkt x und dem Rand Γ des Gebietes Ω; dann gilt $\omega_h(r)|_\Gamma = 0$. Da die Funktion $\omega_h(r)$ nur von der Differenz $\xi - x$ abhängt, so gilt

$$\frac{\partial \omega_h(r)}{\partial \xi_k} = -\frac{\partial \omega_h(r)}{\partial x_k}\,,$$

und der Beziehung (1) kann man die folgende Gestalt geben:

$$\frac{\partial}{\partial x_k} \int_\Omega \frac{\partial v_0}{\partial \xi_k} \omega_h(r)\, d\xi = 0 .$$

Aus dem Satz 3.2.1 ergibt sich nun

$$\int_\Omega \frac{\partial v_0}{\partial \xi_k} \omega_h(r)\, d\xi = \frac{\partial v_{0h}(x)}{\partial x_k}$$

und somit

$$\Delta v_{0h} = 0 . \tag{2}$$

Für $h \to 0$ konvergiert $v_{0h} \to v_0$ in der Metrik des Raumes $L_2(\Omega)$ (vgl. Satz 2.3.3). Auf Grund des Satzes 12.8.2 ist dann die Funktion $v_0(x)$ im Gebiet Ω harmonisch. Der Satz ist damit bewiesen.

Satz 19.4.2. *Wenn $f \in L_2(\Omega)$ gilt und $u_0(x)$ die schwache Lösung des Problems*

$$-\Delta u = f(x) , \qquad u|_\Gamma = 0 \tag{3}$$

ist, so gilt $u \in W_2^{(2)}(\Omega')$, wobei Ω' ein beliebiges inneres Teilgebiet von Ω ist.

Beweis. Wir betrachten das Volumenpotential

$$\psi(x) = \frac{1}{(m-2)\,|S_1|} \int_\Omega f(\xi) \frac{1}{r^{m-2}}\, d\xi .$$

Der Satz 12.5.3 liefert $\psi \in W_2^{(2)}(\Omega)$ und $-\Delta\psi = f(x)$.

Die Funktion $u_0(x)$ löst das Minimumproblem für das Funktional

$$F(u) = \int_\Omega \left[\sum_{k=1}^m \left(\frac{\partial u}{\partial \xi_k}\right)^2 - 2f(\xi)\, u(\xi)\right] d\xi .$$

Deshalb gilt für jede beliebige Funktion η aus dem Raum $H_\mathfrak{A}$: $dF(u_0 + t\eta)/dt|_{t=0} = 0$, oder

$$\int_\Omega \left[\frac{\partial u_0}{\partial \xi_k}\frac{\partial \eta}{\partial \xi_k} - f\eta\right] d\xi = 0 , \qquad \forall \eta \in H_\mathfrak{A} .$$

Substituieren wir hier $u_0 = v_0 + \psi$, dann ergibt sich

$$\int_\Omega \left[\frac{\partial v_0}{\partial \xi_k}\frac{\partial \eta}{\partial \xi_k} + \frac{\partial \psi}{\partial \xi_k}\frac{\partial \eta}{\partial \xi_k} - f\eta\right] d\xi = 0 . \tag{4}$$

In der Beziehung (4) setzen wir jetzt $\eta = \omega_h(r)$, wobei ω_h den Mittelungskern, $r = |\xi - x|$ und x einen Punkt des Gebietes Ω bedeuten; den Mittelungsradius h wählen wir kleiner als den Abstand zwischen dem Punkt x und dem Rand Γ des Gebietes Ω.

Das zweite Integral in (4) integrieren wir partiell:

$$\int_\Omega \frac{\partial \psi}{\partial \xi_k}\frac{\partial \eta}{\partial \xi_k}\, d\xi = -\int_\Omega \eta\, \Delta\psi\, d\xi + \int_\Gamma \eta \frac{\partial \psi}{\partial \nu}\, d\Gamma = \int_\Omega f\eta\, d\xi;$$

das Integral über Γ verschwindet offenbar. Die Beziehung (4) nimmt dann folgende Gestalt an:

$$\int_{\Omega} \frac{\partial v_0}{\partial \xi_k} \frac{\omega_h(r)}{\partial \xi_k} d\xi = 0 .$$

Dieselben Umformungen wie im Beweis des vorangegangenen Satzes ergeben $\Delta v_{0h} = 0$. Die Funktion v_0 ist somit in Ω harmonisch, und mithin gilt $v_0 \in W_2^{(2)}(\Omega')$. Dann gilt aber auch $u_0 = v_0 + \psi \in W_2^{(2)}(\Omega')$. Der Satz ist bewiesen.

Aus den Sätzen dieses Paragraphen ergibt sich folgende Behauptung: Für die homogene wie auch für die inhomogene LAPLACE-Gleichung ist die schwache Lösung des DIRICHLETschen Problems auch eine starke Lösung.

Bemerkung 1. Satz 12.5.3 ermöglicht es, auch noch folgenden Schluß zu ziehen: Wenn in der Gleichung (3) die Funktion $f(x)$ in $\bar{\Omega}$ eine LIPSCHITZ-Bedingung mit dem Exponenten α, $0 < \alpha < 1$, erfüllt, dann genügen die zweiten Ableitungen der schwachen Lösung derselben Bedingung mit dem gleichen Exponenten in einem beliebigen inneren abgeschlossenen Teilgebiet $\bar{\Omega}'$.

Bemerkung 2. Es gilt auch noch folgende Behauptung: Für $f \in L_p(\Omega)$, $1 < p < \infty$, besitzt die Funktion u_0 — die schwache Lösung des Problems (3) — sämtliche verallgemeinerten zweiten Ableitungen $\frac{\partial^2 u_0}{\partial x_j \partial x_k} \in L_p(\Omega')$. Diese Behauptung ergibt sich aus den Eigenschaften des Volumenpotentials, wie sie in einer Bemerkung zum § 5 des Kap. 12 (S. 227) formuliert wurden.

§ 5. Die Fortsetzbarkeitsbedingung

Satz 19.5.1. *Das beschränkte Gebiet $\Omega \subset E_m$ sei durch die Fläche $\Gamma \in C^{(1)}$ berandet. Dann ist für die Existenz einer Funktion $\psi \in W_2^{(1)}(\Omega)$, die die Randbedingung $\psi(x)|_\Gamma = \varphi(x)$ erfüllt, die Beziehung $\varphi \in W^{(1/2)}(\Gamma)$*[1] *hinreichend und notwendig.*

Beweis. Den Beweis führen wir für den einfachsten Fall $m = 2$ und $\Omega = \{\varrho < 1\}$ durch; mit ϱ und ϑ bezeichnen wir hier die Polarkoordinaten. Wenn irgendeine Funktion ψ existiert, von der im Satz die Rede ist, so existiert auch eine harmonische Funktion mit der gleichen Eigenschaft. Wenn nämlich ψ existiert, so besitzt das Variationsproblem (3.3), (3.4) eine schwache Lösung $v_0(x)$, die zur Klasse $W_2^{(1)}(\Omega)$ gehört und die auf dem Rand Γ des Gebietes Ω mit $\varphi(x)$ zusammenfällt; nach Satz 19.4.1 ist diese schwache Lösung in Ω harmonisch.

Auf der Peripherie $\Gamma = \{\varrho = 1\}$ des Kreises wird die Lage eines Punktes vollständig durch den Polarwinkel ϑ bestimmt. Deshalb werden wir $\varphi(\vartheta)$ anstelle von $\varphi(x)$ schreiben. Wir entwickeln $\varphi(\vartheta)$ in eine FOURIER-Reihe

$$\varphi(\vartheta) = a_0 + \sum_{n=1}^{\infty} (a_n \cos n\vartheta + b_n \sin n\vartheta) . \tag{1}$$

Wir zeigen vorerst, daß die Bedingung $\varphi \in W_2^{(1/2)}(\Gamma)$ der folgenden äquivalent ist:

$$B(\varphi) = \sum_{n=1}^{\infty} n(a_n^2 + b_n^2) < \infty ; \tag{2}$$

[1]) Man vergleiche dazu den Artikel von W. M. BABITSCH und L. N. SLOBODEZKI, Über die Beschränktheit des DIRICHLETschen Integrals, Doklady AN SSSR, 106(4), 1956, wo ein allgemeinerer Satz bewiesen wurde, und den Artikel [24].

dabei gilt noch

$$c_1[a_0^2 + B(\varphi)] \leqq ||\varphi||^2_{W_2^{(1/2)}} \leqq c_2[a_0^2 + B(\varphi)] , \tag{3}$$

wobei c_1 und c_2 positive Konstanten sind.

Dafür, daß $\varphi \in W_2^{(1/2)}(\Gamma)$ gilt, ist die Beziehung (s. Formeln (1.2) und (1.3) des Kap. 4)

$$J(\varphi) = \int_0^{2\pi}\int_0^{2\pi} \frac{[\varphi(\Theta) - \varphi(\vartheta)]^2}{(\Theta - \vartheta)^2}\, d\Theta\, d\vartheta < \infty$$

notwendig und hinreichend. Wenn wir $\Theta = \vartheta + h$ setzen und die Periodizität der Funktion berücksichtigen, erhalten wir

$$J(\varphi) = \int_0^{2\pi} \frac{1}{h^2} \left\{ \int_0^{2\pi} [\varphi(\vartheta + h) - \varphi(\vartheta)]^2\, d\vartheta \right\} dh . \tag{4}$$

Wenn wir die Entwicklung (1) benutzen, so erhalten wir für $J(\varphi)$ den folgenden Ausdruck

$$J(\varphi) = 4\pi \sum_{n=1}^{\infty} (a_n^2 + b_n^2) \int_0^{2\pi} \frac{\sin^2 \frac{nh}{2}}{h^2}\, dh$$

oder, wenn wir $\frac{nh}{2} = t$ substituieren,

$$J(\varphi) = 2\pi \sum_{k=1}^{\infty} n(a_n^2 + b_n^2) \int_0^{n\pi} \frac{\sin^2 t}{t^2}\, dt .$$

Wenn wir

$$c' = \int_0^{\pi} \frac{\sin^2 t}{t^2}\, dt , \qquad c'' = \int_0^{\infty} \frac{\sin^2 t}{t^2}\, dt = \pi$$

setzen, so ergibt sich

$$2\pi c' B(\varphi) \leqq J(\varphi) \leqq 2\pi c'' B(\varphi) . \tag{5}$$

Die Ungleichung (5) liefert, daß die Inklusion $\varphi \in W_2^{(1/2)}(\Gamma)$ und die Ungleichung (2) äquivalent sind.

Im Raum $W_2^{(1/2)}(\Gamma)$ kann man die Norm durch die Formel

$$||\varphi||^2_{W_2^{(1/2)}(\Gamma)} = ||\varphi||^2_{L_2(\Gamma)} + J(\varphi) \tag{6}$$

erklären. Diese Norm ist offenbar der Norm (1.3) des Kap. 4 äquivalent, wenn in der letzteren $p = 2$, $l = 0$ und $\lambda = \frac{1}{2}$ gesetzt wird. Die Formel (3) folgt nunmehr aus (5) und (6).

Wir betrachten die Funktionen

$$\varphi_n(\vartheta) = a_0 + \sum_{k=1}^{n} (a_k \cos k\vartheta + b_k \sin k\vartheta) , \tag{7}$$

$$\psi_n(\varrho, \vartheta) = a_0 + \sum_{k=1}^{n} \varrho^k (a_k \cos k\vartheta + b_k \sin k\vartheta) , \tag{8}$$

$$\psi(\varrho, \vartheta) = a_0 + \sum_{k=1}^{\infty} \varrho^k (a_k \cos k\vartheta + b_k \sin k\vartheta) . \tag{9}$$

Die Funktionen φ_n sind auf Γ stetig. Die Funktionen $\psi_n(\varrho, \vartheta)$ sind für $\varrho < 1$ harmonisch und erfüllen die Randbedingung $\psi_n(1, \vartheta) = \varphi_n(\vartheta)$. Offensichtlich ist außerdem, daß $\psi_n \in W_2^{(1)}(\Omega)$ gilt und $\varphi_n(\vartheta)$ als Wert $\psi_n(1, \vartheta)$ entsprechend dem Satz 4.3.2 betrachtet werden kann. Diesen Wert werden wir *Spur* der Funktion $\psi_n(\varrho, \vartheta)$ für $\varrho = 1$ nennen.

Man kann sich leicht davon überzeugen, daß $\psi \in W_2^{(1)}(\Omega)$ gilt. Dafür ist nämlich hinreichend und notwendig, daß das DIRICHLETsche Integral

$$D(\psi) = \iint_{\Omega} \left[\left(\frac{\partial \psi}{\partial x_1}\right)^2 + \left(\frac{\partial \psi}{\partial x_2}\right)^2\right] dx_1\, dx_2 = \int_0^1 \left\{\int_0^{2\pi} \left[\left(\frac{\partial \psi}{\partial \varrho}\right)^2 + \frac{1}{\varrho^2}\left(\frac{\partial \psi}{\partial \vartheta}\right)^2\right] d\vartheta\right\} \varrho\, d\varrho$$

endlich ist. Dieses Integral kann leicht ausgerechnet werden und führt auf die Beziehung

$$D(\psi) = \pi \sum_{n=1}^{\infty} n(a_n^2 + b_n^2) = \pi B(\varphi)\,, \tag{10}$$

welche zeigt, daß die Größe $B(\varphi)$ endlich ist.

Als Funktion der Klasse $W_2^{(1)}(\Omega)$ besitzt die Funktion $\psi(\varrho, \vartheta)$ eine Spur, die wir mit $\varphi_0(\vartheta)$ bezeichnen. Nach dem schon erwähnten Satz 4.3.2 ist der Operator, der einer Funktion ihre Spur zuordnet, ein beschränkter Operator von $W_2^{(1)}(\Omega)$ in $L_2(\Gamma)$. Folglich existiert eine Konstante c derart, daß

$$\|\varphi_n - \varphi_0\|_{L_2(\Gamma)}^2 \leqq c\,\|\psi_n - \psi\|_{W_2^{(1)}}^2 = cD(\psi - \psi_n) + c\,\|\psi - \psi_n\|_{L_2(\Omega)}^2 =$$
$$= c\pi \sum_{k=n+1}^{\infty} k(a_k^2 + b_k^2) + \frac{c\pi}{2} \sum_{k=n+1}^{\infty} \frac{a_k^2 + b_k^2}{k+1} \xrightarrow[n\to\infty]{} 0\,.$$

Nun gilt aber noch $\|\varphi_n - \varphi\|_{L_2(\Gamma)} \xrightarrow[n\to\infty]{} 0$. Daraus folgt $\varphi_0 = \varphi$, und die Funktion $\varphi(\vartheta)$ genügt der Fortsetzbarkeitsbedingung.

Es genüge nun umgekehrt die Funktion $\varphi(\vartheta)$ der Fortsetzbarkeitsbedingung: Es existiert eine harmonische Funktion $\psi(\varrho, \vartheta) \in W_2^{(1)}(\Omega)$, deren Spur $\psi(1, \vartheta) = \varphi(\vartheta)$ ist. Nach Satz 4.3.2 ist die Funktion $\varphi(\vartheta)$ in jeder beliebigen Potenz summierbar. Im speziellen gilt somit $\varphi \in L_2(\Gamma)$. Wir betrachten für die Funktion $\psi(\varrho, \vartheta)$ ihre Reihenentwicklung (9) und definieren die Funktionen $\varphi_n(\vartheta)$ und $\psi_n(\varrho, \vartheta)$ durch die Formeln (7) und (8).

Wir setzen noch

$$\varphi_0(\vartheta) = a_0 + \sum_{k=1}^{\infty} (a_k \cos k\vartheta + b_k \sin k\vartheta)\,, \tag{11}$$

wobei a_0, a_k, b_k die Koeffizienten der Reihe (9) sind. Wie bereits oben finden wir $\|\varphi_n - \varphi_0\|_{L_2(\Gamma)} \xrightarrow[n\to\infty]{} 0$ und $\|\varphi_n - \varphi\|_{L_2(\Gamma)} \xrightarrow[n\to\infty]{} 0$. Daraus folgt $\varphi = \varphi_0$. Die Formel (10) liefert nunmehr, daß $B(\varphi) < \infty$ und folglich $\varphi \in W_2^{(1/2)}(\Gamma)$ gilt. Für den betrachteten Fall ist der Satz vollständig bewiesen.

§ 6. Die GREENsche Funktion

Der Bestimmtheit halber werden wir das DIRICHLETsche Problem für die LAPLACE-Gleichung betrachten. Bezüglich des Gebietes, in dem wir die Lösung bestimmen, setzen wir voraus, daß es beschränkt ist und einen stückweise glatten Rand besitzt.

Wir wollen noch darauf hinweisen, daß die GREENsche Funktion für wesentlich allgemeinere Gleichungen und für andere Randwertprobleme bestimmt werden kann.

Wir betrachten das Problem

$$-\Delta u = f(x)\,, \qquad x \in \Omega; \qquad u|_{\partial\Omega} = 0; \qquad f \in L_2(\Omega)\,. \tag{1}$$

Den Operator dieses Problems bezeichnen wir wie bereits in den vorangegangenen Paragraphen mit $\mathfrak{A}$. Wie schon ermittelt wurde, ist der Operator $\mathfrak{A}$ im Raume $L_2(\Omega)$ positiv-definit; wenn $\{\omega_n(x)\}$ ein im energetischen Raum $H_{\mathfrak{A}}$ vollständiges und orthonormiertes Funktionensystem ist, so ist (s. § 1) die schwache Lösung $u_0(x)$ des Problems (1) in der Gestalt

$$u_0(x) = \sum_{n=1}^{\infty} (f, \omega_n)\, \omega_n(x) = \sum_{n=1}^{\infty} \omega_n(x) \int_\Omega f(\xi)\, \omega_n(\xi)\, d\xi \tag{2}$$

darstellbar.

Die Funktionen der Klasse $C^{(2)}(\bar{\Omega})$, die auf dem Rand $\partial\Omega$ verschwinden, bilden das Definitionsgebiet des Operators $\mathfrak{A}$; hieraus folgt, daß die Menge dieser Funktionen im Raum $H_{\mathfrak{A}}$ dicht ist und daß die Funktionen ω_n aus der genannten Menge genommen werden können. Deshalb werden wir unten $\omega_n \in C^{(2)}(\bar{\Omega})$ annehmen sowie — selbstredend — $\omega_n(x) = 0$, $x \in \partial\Omega$.

Wir betrachten den Raum der Grundfunktionen $D(\Omega) = \mathfrak{M}^{(\infty)}(\Omega)$ sowie den entsprechenden Raum der verallgemeinerten Funktionen $D'(\Omega)$. Ferner betrachten wir die Reihe

$$\sum_{n=1}^{\infty} \omega_n(\xi)\, \omega_n(x)\,, \tag{3}$$

in der wir x als Parameter und ξ als unabhängige Variable ansehen werden.

Satz 19.6.1. *Für beliebiges fixiertes $x \in \Omega$ stellt die Reihe* (3) *eine verallgemeinerte Funktion aus dem Raum $D'(\Omega)$ dar, deren Wert auf einer beliebigen Grundfunktion durch die Formel* (2) *bestimmt ist.*

Beweis. Sei $f \in D(\Omega)$; dann gilt erst recht $f \in L_2(\Omega)$, und die Reihe (2) liefert die Lösung des Problems (1). Es genügt zu zeigen, daß die Summe dieser Reihe für jedes fixierte $x \in \Omega$ ein stetiges lineares Funktional auf $D(\Omega)$ ist.

Die Lösung des Problems (1) kann man wie folgt erhalten. Wir betrachten das Volumenpotential

$$\psi(x) = \frac{1}{(m-2)\,|S_1|} \int_\Omega f(\xi)\, \frac{1}{r^{m-2}}\, d\xi\,. \tag{4}$$

Die Dichte $f(\xi)$ dieses Potentials ist offenbar in jeder beliebigen Potenz summierbar, und aus Satz 12.5.2 folgt, daß die Funktion $\psi(x)$ stetig ist. Wir zeigen, daß sogar $\psi \in C^{(\infty)}(\Omega)$ gilt. In der Tat, zunächst hat die Beziehung

$$\frac{\partial\psi}{\partial x_j} = \frac{1}{(m-2)\,|S_1|} \int_\Omega f(\xi)\, \frac{\partial}{\partial x_j} \frac{1}{r^{m-2}}\, d\xi = -\frac{1}{(m-2)\,|S_1|} \int_\Omega f(\xi)\, \frac{\partial}{\partial \xi_j} \frac{1}{r^{m-2}}\, d\xi$$

Gültigkeit; wenn wir partiell integrieren und berücksichtigen, daß f in Ω finit ist, so erhalten wir

$$\frac{\partial\psi}{\partial x_j} = \frac{1}{(m-2)\,|S_1|} \int_\Omega \frac{\partial f}{\partial \xi_j}\, \frac{1}{r^{m-2}}\, d\xi\,.$$

Somit ist die Ableitung $\frac{\partial \psi}{\partial \xi_j}$ ein Volumenpotential mit der finiten Dichte $\frac{\partial f}{\partial \xi_j}$. Die vorigen Überlegungen liefern $\frac{\partial \psi}{\partial x_j} \in C^{(1)}(\bar{\Omega})$ oder $\psi \in C^{(2)}(\bar{\Omega})$ und

$$\frac{\partial^2 \psi}{\partial x_i \, \partial x_j} = \frac{1}{(m-2)\,|S_1|} \int\limits_{\Omega} \frac{\partial^2 f}{\partial \xi_i \, \partial \xi_j} \frac{1}{r^{m-2}} \, d\xi .$$

Analog dazu finden wir, daß für jeden beliebigen Multiindex α

$$\psi \in C^{(|\alpha|)}(\Omega) \qquad \text{und} \qquad D_x^\alpha \psi = \frac{1}{(m-2)\,|S_1|} \int\limits_{\Omega} D_\xi^\alpha f(\xi) \frac{1}{r^{m-2}} \, d\xi \tag{5}$$

gilt. Unsere Behauptung ist bewiesen.

Wir setzen jetzt

$$u_0(x) = \psi(x) - v(x) ,$$

wobei $u_0(x)$ die schwache Lösung des Problems (1) ist. Dann ist $v(x)$ die schwache Lösung des Problems

$$\Delta v = 0 , \qquad v - \psi \in H_{\mathfrak{A}} .$$

Die Funktion v ist, wie im § 4 gezeigt wurde, in Ω harmonisch. Nunmehr ist klar, daß $u_0 \in C^{(\infty)}(\Omega)$ gilt; dann ist diese Funktion erst recht in Ω stetig und deshalb in jedem Punkt $x \in \Omega$ vollständig erklärt. Dies bedeutet, daß die bei fixiertem $x \in \Omega$ betrachtete Reihe (3) jeder Grundfunktion f eine wohlbestimmte Zahl zuordnet, und zwar den Wert von $u_0(x)$ in diesem Punkt. Somit definiert die Reihe (3) bei fixiertem $x \in \Omega$ ein Funktional (das offenbar linear ist) auf $D(\Omega)$. Es verbleibt zu zeigen, daß das Funktional (3) stetig auf $D(\Omega)$ ist.

Es gelte $f_n(x) \xrightarrow[n\to\infty]{D} f(x)$. Wir setzen

$$u_n(x) = \sum_{k=1}^{\infty} (f_n, \omega_k)\, \omega_k(x) ,$$

$$\psi_n(x) = \frac{1}{(m-2)\,|S_1|} \int\limits_{\Omega} f_n(\xi) \frac{1}{r^{m-2}} \, d\xi , \qquad v_n(x) = \psi_n(x) - u_n(x) .$$

Der Kern mit der schwachen Singularität r^{2-m} erzeugt einen in $C(\bar{\Omega})$ stetigen Operator (Satz 1.3.1). Deshalb konvergiert für $n \to \infty$ nun $\psi_n(x)$ gleichmäßig gegen $\psi(x)$. Dann gilt erst recht für jedes $x \in \Omega$ $\psi_n(x) \xrightarrow[n\to\infty]{} \psi(x)$. Die Funktion $v_n(x) - v(x)$ ist die schwache Lösung des Problems

$$\Delta(v_n - v) = 0 , \qquad [(v_n - v) - (\psi_n - \psi)] \in H_{\mathfrak{A}} .$$

Wir beweisen jetzt, daß $v_n(x) \xrightarrow[n\to\infty]{} v(x)$ für jedes beliebige fixierte $x \in \Omega$ gilt. Setzen wir $v_n - v = w$, $\psi_n - \psi = \varphi$, so gilt $\Delta w = 0$, $(w - \varphi) \in H_{\mathfrak{A}}$. Dann realisiert die Funktion $z = w - \varphi$ das Minimum des Funktionals (s. § 3) $\Phi(z) + 2\Phi(z, \varphi)$, wobei Φ das DIRICHLETsche Integral ist; die genannte Funktion genügt für jedes Element $\eta \in H_{\mathfrak{A}}$ der Beziehung $[z, \eta]_{\mathfrak{A}} = -\Phi(\varphi, \eta)$. Setzen wir hier $\eta = z$, so erhalten wir

$$|z_{\mathfrak{A}}^2| = -\Phi(z, \varphi) \leqq \sqrt{\Phi(z)}\,\sqrt{\Phi(\varphi)} = \sqrt{\Phi(\varphi)}\,|z|_{\mathfrak{A}} .$$

Daraus folgt $|z|_{\mathfrak{A}} \leqq \sqrt{\Phi(\varphi)}$, oder $\sqrt{\Phi(w - \varphi)} \leqq \sqrt{\Phi(\varphi)}$.

Die Norm in $L_2(\Omega)$ bezeichnen wir mit $\|\cdot\|$. Dann gilt $\|w\| = \|z + \varphi\| \leqq \|z\| + \|\varphi\|$. Es sei γ^2 die untere Grenze des Operators $\mathfrak{A}$. Dann ist $\|z\| \leqq \frac{1}{\gamma} |z|_{\mathfrak{A}} \leqq \frac{1}{\gamma} \sqrt{\Phi(\varphi)}$ und

$$\|w\| \leqq \frac{1}{\gamma} \sqrt{\Phi(\varphi)} + \|\varphi\| .$$

Die Funktion w ist harmonisch in Ω. Deshalb ist (s. § 6 des Kap. 12)

$$w(x) = w_h(x) = \int_\Omega w(\xi)\, \omega_h(r)\, d\xi ,$$

falls für den Mittelungsradius $h < \frac{\delta}{2}$ gilt, wobei δ den Abstand von x zu $\partial\Omega$ darstellt.

Wenn wir den Punkt x und den Radius h als fixiert annehmen, so finden wir daraus

$$|w(x)| \leqq c\, \|w\| \leqq c\left(\frac{1}{\gamma} \sqrt{\Phi(\varphi)} + \|\varphi\|\right); \qquad c = \text{const} ,$$

oder, wenn wir w und φ durch die entsprechenden Größen ersetzen,

$$|v_n(x) - v(x)| \leqq c\left(\frac{1}{\gamma} \sqrt{\Phi(\psi_n - \psi)} + \|\psi_n - \psi\|\right) =$$

$$= \frac{c}{\gamma}\left\{\int_\Omega \sum_{k=1}^{m} \left(\frac{\partial\psi_n}{\partial\xi_k} - \frac{\partial\psi}{\partial\xi_k}\right)^2 d\xi\right\}^{1/2} + c\left\{\int_\Omega (\psi_n - \psi)^2\, d\xi\right\}^{1/2} .$$

Aus der Formel (5) folgt, daß die rechte Seite der letzten Beziehung für $n \to \infty$ gegen Null konvergiert und deshalb $v_n(x) \to v(x)$ gilt. Außerdem gilt, wie wir oben sahen, $\psi_n(x) \to \psi(x)$. Somit ergibt sich $u_n(x) = \psi_n(x) - v_n(x) \to \psi(x) - v(x) = u_0(x)$. Der Satz ist bewiesen.

Die verallgemeinerte Funktion (3) heißt Green*sche Funktion* des Dirichletschen Problems für die Laplace-Gleichung im Gebiet Ω. Die Greensche Funktion bezeichnet man gewöhnlich mit $G(x, \xi)$:

$$G(x, \xi) = \sum_{n=1}^{\infty} \omega_n(\xi)\, \omega_n(x) . \tag{6}$$

Die Greensche Funktion ist offenbar symmetrisch:

$$G(x, \xi) = G(\xi, x) \tag{7}$$

und gleich Null auf dem Rand des Gebietes:

$$G(x, \xi) = 0 , \qquad x \in \partial\Omega . \tag{8}$$

Wir wollen nun die Differentialgleichung ermitteln, der die Greensche Funktion genügt. Sei $f(x)$ eine beliebige Grundfunktion. Nach Definition der Ableitungen einer verallgemeinerten Funktion gilt

$$\big(\Delta_\xi G(x, \xi), f(\xi)\big) = \big(G(x, \xi), \Delta_\xi f(\xi)\big) .$$

Die rechte Seite dieser Beziehung ist eine Funktion von x, auf die der Laplace-Operator angewandt $- \Delta f(x)$ ergibt und die auf $\partial\Omega$ verschwindet. Dann ist diese Funktion gleich $- f(x) = \big(- \delta(x - \xi), f(\xi)\big)$. Somit ist

$$\big(\Delta_\xi G(x, \xi), f(\xi)\big) = \big(-\delta(x - \xi), f(\xi)\big), \qquad \forall f \in D(\Omega)$$

und folglich

$$-\Delta_\xi G(x, \xi) = \delta(x - \xi)\,. \tag{9}$$

Hieraus ist ersichtlich, daß $G(x, \xi)$ diejenige unter den singulären Lösungen des Operators $-\Delta$ ist, die auf $\partial\Omega$ verschwindet. Wir setzen nunmehr

$$G(x, \xi) = \frac{1}{(m-2)\,|S_1|}\left[\frac{1}{r^{m-2}} - g(x, \xi)\right]. \tag{10}$$

Die Funktion $g(x, \xi)$ ist eine verallgemeinerte Lösung der homogenen LAPLACE-Gleichung

$$\Delta_\xi g(x, \xi) = 0\,; \tag{11}$$

dabei gilt

$$g(x, \xi) = \frac{1}{r^{m-2}}\,, \qquad x \in \partial\Omega\,. \tag{12}$$

Die Funktion $g(x, \xi)$ ist offenbar symmetrisch, deshalb gilt auch

$$\Delta_x g(x, \xi) = 0\,, \tag{13}$$

und die Randbedingung (12) ist auch für $\xi \in \partial\Omega$ erfüllt.

Im § 8 des Kap. 12 wurde gezeigt, daß eine verallgemeinerte Lösung der homogenen LAPLACE-Gleichung in einem gewissen Gebiet eine in diesem Gebiet harmonische Funktion ist. Daraus folgt, daß $g(x, \xi)$ als eine Funktion definiert werden kann, die für fixiertes $\xi \in \Omega$ harmonisch in Ω bezüglich x und für fixiertes $x \in \Omega$ harmonisch in Ω bezüglich ξ ist und außerdem die Randbedingung (12) erfüllt. Wenn $\partial\Omega$ eine LJAPUNOW-Fläche ist, so kann man die Funktion $g(x, \xi)$ als Potential der Doppelschicht erhalten (s. Kap. 17), dessen Dichte der entsprechenden Integralgleichung genügt. Wenn der Rand von Ω stückweise stetig ist, so kann man $g(x, \xi)$ als schwache Lösung des Problems (12), (13) erhalten. Eine derartige Lösung existiert: Als Funktion $\psi \in W_2^{(1)}(\Omega)$ (s. § 3) kann das Produkt $r^{2-m}\eta\left(\frac{r}{\varepsilon}\right)$ gewählt werden, wobei ε eine hinreichend kleine positive Zahl ist und $\eta \in C^{(\infty)}[0, \infty)$ gilt mit

$$\eta(t) = \begin{cases} 0, & 0 \leqq t \leqq 1\,, \\ 1, & t \geqq 2\,. \end{cases}$$

Die Beziehung (12) liefert $g(x, \xi) > 0$ für $x \in \partial\Omega$. Nach dem Maximumprinzip gilt dann $g(x, \xi) > 0$ überall in Ω. Aus dem Gebiet Ω trennen wir nunmehr die Kugel $r = |x - \xi| < \varepsilon$ mit dem hinreichend kleinen Radius ε heraus. In dem verbleibenden Gebiet ist die GREENsche Funktion $G(x, \xi)$ harmonisch, und auf dem Teil des Randes $r = \varepsilon$ ist offenbar $G(x, \xi) > 0$. Auf dem anderen Teil des Randes – auf $\partial\Omega$ – gilt dagegen $G(x, \xi) = 0$. Nach dem Maximumprinzip ist dann $G(x, \xi) \geqq 0$. Daraus folgt nunmehr $0 \leqq g(x, \xi) \leqq r^{2-m}$ und schließlich

$$0 \leqq G(x, \xi) \leqq \frac{1}{(m-2)\,|S_1|}\,\frac{1}{r^{m-2}}\,. \tag{14}$$

Für die Kugel haben wir die GREENsche Funktion faktisch schon ermittelt. Um dies zu belegen, betrachten wir die Funktion (die Bezeichnungen s. § 3 des Kap. 13)

$$\left(\frac{R}{|x|}\right)^{m-2}\frac{1}{r'^{\,m-2}}\,.$$

Diese Funktion ist in Ω bezüglich des Punktes ξ harmonisch und stimmt, wie im § 3 des Kap. 13 gezeigt wurde, mit r^{2-m} überein, falls $\xi \in S_R$. Hieraus ist ersichtlich, daß für die Kugel des Radius R

$$g(x, \xi) = \left(\frac{R}{|x|}\right)^{m-2} \frac{1}{r'^{m-2}} \tag{15}$$

gilt und folglich

$$G(x, \xi) = \frac{1}{(m-2)\,|S_1|} \left[\frac{1}{r^{m-2}} - \left(\frac{R}{|x|}\right)^{m-2} \frac{1}{r'^{m-2}}\right] \tag{16}$$

ist. Im gegebenen Falle kann man unschwer nachprüfen, daß die GREENsche Funktion symmetrisch ist. Es genügt, die Gültigkeit der Beziehung $g(x, \xi) = g(\xi, x)$ nachzuweisen. Letzteres wird auf die Verifizierung der Identität $|x|^2\,|\xi - x'|^2 = |\xi|^2\,|x - \xi'|^2$ zurückgeführt, wobei ξ' der bezüglich der Sphäre S_R zu dem Punkt ξ symmetrische Punkt ist. Die letzte Beziehung kann leicht auf die folgende zurückgeführt werden:

$$|x|^2\,(\xi, x') = |\xi|^2\,(\xi', x)\,. \tag{17}$$

Nun gilt aber

$$x' = \frac{x\,|x'|}{|x|}\,, \qquad \xi' = \frac{\xi|\xi'|}{|\xi|}\,,$$

und beide Seiten der Beziehung (17) sind ein und derselben Größe $R^2(x, \xi)$ gleich.

Es sei der Rand $\Gamma = \partial\Omega$ des Gebietes Ω derart, daß für fixiertes $x \in \Omega$ gilt $g(x, \xi) \in C^{(2)}(\bar{\Omega})$, und die in Ω harmonische Funktion u gehöre zu $C^{(2)}(\bar{\Omega})$. Die Formel (6.10) aus Kap. 10 liefert

$$0 = \int\limits_{\Gamma} \left(u\,\frac{\partial g}{\partial \nu} - g\,\frac{\partial u}{\partial \nu}\right) \mathrm{d}_\xi \Gamma\,.$$

Wenn wir dies von der Formel (3.5) des Kap. 12 abziehen — letztere stellt die Integraldarstellung für eine harmonische Funktion dar — erhalten wir

$$u(x) = \int\limits_{\Gamma} u(\xi)\,\frac{\partial G(x, \xi)}{\partial \nu}\,\mathrm{d}_\xi \Gamma\,. \tag{18}$$

Die Formel (18) löst das DIRICHLETsche Problem für die homogene LAPLACE-Gleichung bei einer inhomogenen Randbedingung; die Gültigkeit dieser Formel kann man auch unter Voraussetzungen, die weitaus allgemeiner sind als die oben aufgezeigten, nachweisen.

§ 7. Das NEUMANNsche Problem. Der Fall $C(x) > 0$

Wir betrachten wie schon im § 1 die formal selbstadjungierte Gleichung vom elliptischen Typ

$$-\frac{\partial}{\partial x_j}\left(A_{jk}(x)\,\frac{\partial u}{\partial x_k}\right) + C(x)\,u = f(x)\,. \tag{1}$$

Die Lösung dieser Gleichung wird im beschränkten Gebiet $\Omega \subset E_m$ mit dem stückweise glatten Rand Γ gesucht.

Wir setzen voraus, daß

$$A_{jk} \in C^{(1)}(\bar{\Omega})\,, \qquad C \in C(\bar{\Omega})$$

gilt und daß die Gleichung (1) in $\bar{\Omega}$ nicht entartet ist, d. h., für beliebige reelle Zahlen $t_1, t_2, \dots, t_m$ ist die Ungleichung

$$A_{jk}(x)\, t_j t_k \geqq \mu_0 \sum_{k=1}^{m} t_k^2 \tag{2}$$

für eine gewisse positive Konstante μ_0 erfüllt.

Für die Gleichung (1) formulieren wir die homogene Randbedingung des NEUMANNschen Problems

$$A_{jk} \frac{\partial u}{\partial x_k} \cos(\nu, x_j)\Big|_\Gamma = 0\,; \tag{3}$$

dabei bedeutet ν die äußere Normale an Γ.

Den durch das NEUMANNsche Problem erzeugten Operator bezeichnen wir mit $\mathfrak{N}$. Als sein Definitionsgebiet $D(\mathfrak{N})$ wählen wir die Menge der Funktionen aus $C^{(2)}(\bar{\Omega})$, die der Bedingung (3) genügen; auf dieser Menge ist dann der Operator $\mathfrak{N}$ durch die Formel

$$\mathfrak{N}u = -\frac{\partial}{\partial x_j}\left(A_{jk} \frac{\partial u}{\partial x_k}\right) + Cu$$

definiert.

Wir betrachten $\mathfrak{N}$ als Operator im Raum $L_2(\Omega)$ und beweisen zunächst seine Symmetrie. Sein Definitionsgebiet ist in $L_2(\Omega)$ dicht, da dieses offenbar die im Raum $L_2(\Omega)$ dichte Menge der finiten Funktionen enthält.

Wir bilden jetzt das Skalarprodukt

$$(\mathfrak{N}u, v) = -\int_\Omega v \frac{\partial}{\partial x_j}\left(A_{jk} \frac{\partial u}{\partial x_k}\right) dx + \int_\Omega Cuv\, dx\,; \qquad u, v \in D(\mathfrak{N})\,.$$

Das erste Integral integrieren wir partiell:

$$(\mathfrak{N}u, v) = -\int_\Gamma v A_{jk} \frac{\partial u}{\partial x_k} \cos(\nu, x_j)\, d\Gamma + \int_\Omega A_{jk} \frac{\partial u}{\partial x_k} \frac{\partial v}{\partial x_j} dx + \int_\Omega Cuv\, dx\,.$$

Das erste Integral auf der rechten Seite verschwindet auf Grund der Randbedingung (3), während die letzten beiden Integrale offensichtlich symmetrisch sind. Damit ist die Symmetrie des Operators $\mathfrak{N}$ bewiesen. Gleichzeitig ergibt sich die Formel

$$(\mathfrak{N}u, v) = \int_\Omega \left[A_{jk} \frac{\partial v}{\partial x_j} \frac{\partial u}{\partial x_k} + Cuv\right] dx\,. \tag{4}$$

Wenn wir in dieser Formel $v = u$ setzen, dann erhalten wir

$$(\mathfrak{N}u, u) = \int_\Omega \left[A_{jk} \frac{\partial u}{\partial x_j} \frac{\partial u}{\partial x_k} + Cu^2\right] dx\,. \tag{5}$$

Da offenbar

$$\int_\Omega A_{jk} \frac{\partial u}{\partial x_j} \frac{\partial u}{\partial x_k} dx \geqq \mu_0 \int_\Omega \sum_{k=1}^{m} \left(\frac{\partial u}{\partial x_k}\right)^2 dx \geqq 0$$

gilt, ergibt sich leicht folgende hinreichende Bedingung für die positive Definitheit des Operators $\mathfrak{N}$:

$$C(x) = C_0 = \text{const} > 0\,. \tag{6}$$

Ist diese Bedingung erfüllt, dann gilt

$$(\mathfrak{N}u, u) \geqq C_0 \int_\Omega u^2 \, dx = C_0 \, ||u||^2 .$$

Dies ist die Ungleichung für die positive Definitheit mit der Konstanten $\gamma = \sqrt{C_0}$. Da sich natürlich im Falle solcher Koeffizienten $C(x)$ die früher entwickelte Theorie anwenden läßt, so besitzt das NEUMANNsche Problem eine und nur eine schwache Lösung.

§ 8. Der Fall $C(x) \equiv 0$

Sei nunmehr $C(x) \equiv 0$. Dann gilt

$$\mathfrak{N}u = -\frac{\partial}{\partial x_j}\left(A_{jk}\frac{\partial u}{\partial x_k}\right) \tag{1}$$

und

$$(\mathfrak{N}u, u) = \int_\Omega A_{jk}\frac{\partial u}{\partial x_j}\frac{\partial u}{\partial x_k}\, dx \; ; \tag{2}$$

die Randbedingung (1.3) bleibt unverändert.

Im vorliegenden Fall ist der Operator $\mathfrak{N}$ nicht nur nicht positiv-definit, sondern auch nicht positiv. Um sich davon zu überzeugen, genügt es, die Funktion $u_0(x) \equiv 1$ zu betrachten. Diese besitzt sämtliche Ableitungen und erfüllt die Randbedingung (1.3), so daß folglich $u_0 \in D(\mathfrak{N})$ gilt; offensichtlich ist auch $||u_0|| > 0$. Gleichzeitig gilt $(\mathfrak{N}u_0, u_0) = 0$, was aber nicht der Fall sein könnte, wenn $\mathfrak{N}$ ein positiver Operator wäre.

Das NEUMANNsche Problem

$$\mathfrak{N}u = f \tag{3}$$

oder in der ausführlicheren Form

$$-\frac{\partial}{\partial x_j}\left(A_{jk}(x)\frac{\partial u}{\partial x_k}\right) = f(x)\,, \qquad A_{jk}(x)\frac{\partial u}{\partial x_k}\cos(\nu, x_j)|_\Gamma = 0\,, \tag{3_1}$$

ist nicht lösbar, wenn $f(x)$ nicht eine spezielle Bedingung erfüllt, die wir jetzt herleiten wollen.

Wir nehmen an, das Problem (3) besitze eine Lösung $u \in D(\mathfrak{N})$. Beide Seiten der Differentialgleichung (3_1) integrieren wir über das Gebiet Ω. Indem wir auf der linken Seite partiell integrieren und die Randbedingung von (3_1) benutzen, erhalten wir die gesuchte Bedingung

$$\int_\Omega f(x)\, dx = (f, 1) = 0\,. \tag{4}$$

Somit ist es zweckmäßig, Gleichung (3) nicht für beliebige $f \in L_2(\Omega)$, sondern nur für solche f zu betrachten, die dem zur Eins orthogonalen Unterraum angehören. Diesen Unterraum bezeichnen wir mit $\tilde{L}_2(\Omega)$. Die soeben gewonnene Bedingung (4) gestattet dann folgende Formulierung: Im Falle $C(x) \equiv 0$ bildet der Operator $\mathfrak{N}$ jede Funktion $D(\mathfrak{N})$ in eine Funktion aus $\tilde{L}_2(\Omega)$ ab.

Andererseits ist die Lösung des Problems (3), wenn sie existiert, nicht eindeutig: Wenn $u_0(x)$ eine Lösung des Problems (3) ist, dann ist auch die Funktion $u_0(x) + c$ für eine beliebige Konstante c eine solche Lösung. Andere Lösungen gibt es nicht.

Wenn nämlich $u_0(x)$ und $u_1(x)$ zwei Lösungen des Problems (3) sind, dann genügt die Differenz $v(x) = u_0(x) - u_1(x)$ der homogenen Gleichung $\mathfrak{N}v = 0$. Aus der Formel (7.5) erhalten wir für $C(x) \equiv 0$ die Beziehung

$$\int_\Omega A_{jk} \frac{\partial v}{\partial x_j} \frac{\partial v}{\partial x_k} \, dx = 0 .$$

Da aber die Koeffizientenmatrix A_{jk} positiv-definit ist, muß notwendigerweise $\frac{\partial v}{\partial x_k} \equiv 0$ $(k = 1, 2, \dots, m)$ und somit $v(x) \equiv \text{const}$ gelten, was zu beweisen war.

Man kann die Eindeutigkeit der Lösung des NEUMANNschen Problems garantieren, wenn man verlangt, daß diese dem oben eingeführten Unterraum $\tilde{L}_2(\Omega)$ angehört; durch diese Bedingung ist nämlich die Konstante c eindeutig bestimmt.

Die zuletzt ausgesprochene Forderung kann man auch wie folgt formulieren: Wir gehen zur Einengung des Operators $\mathfrak{N}$ über, indem wir sein Definitionsgebiet $D(\mathfrak{N})$ durch die Teilmenge $D(\mathfrak{N}) \cap \tilde{L}_2(\Omega)$ ersetzen. Den auf diese Weise eingeengten Operator bezeichnen wir mit $\mathfrak{N}_0$. Sein Definitionsgebiet ist die Menge $D(\mathfrak{N}_0) = D(\mathfrak{N}) \cap \tilde{L}_2(\Omega)$, und sein Wertebereich gehört, ebenso wie der des Operators $\mathfrak{N}$, zu $\tilde{L}_2(\Omega)$.

Somit gehören sowohl das Definitionsgebiet als auch der Wertebereich des Operators $\mathfrak{N}_0$ zum Unterraum $\tilde{L}_2(\Omega)$. Folglich kann man $\tilde{L}_2(\Omega)$ als einen Raum betrachten, den der Operator $\mathfrak{N}_0$ in sich abbildet. Wir werden ferner voraussetzen, daß das Gebiet Ω die Vereinigung einer endlichen Anzahl von Gebieten ist, von denen jedes sternförmig bezüglich einer gewissen Kugel ist. Unter diesen Voraussetzungen beweisen wir, daß der Operator $\mathfrak{N}_0$ positiv-definit ist. In der Tat, für diesen Operator behält die Formel (7.5) offensichtlich ihre Gültigkeit. Im gegebenen Fall nimmt diese die Gestalt

$$(\mathfrak{N}_0 u, u) = \int_\Omega A_{jk} \frac{\partial u}{\partial x_j} \frac{\partial u}{\partial x_k} \, dx \tag{5}$$

an.

Nach der Ungleichung (7.2) gilt

$$(\mathfrak{N}u, u) \geqq \mu_0 \int_\Omega \sum_{k=1}^{m} \left(\frac{\partial u}{\partial x_k}\right)^2 dx. \tag{6}$$

Wir betrachten nunmehr die Ungleichung von POINCARÉ (§ 6, Kap. 4)

$$\int_\Omega u^2 \, dx \leqq C\left[\left(\int_\Omega u \, dx\right)^2 + \int_\Omega \sum_{k=1}^{m} \left(\frac{\partial u}{\partial x_k}\right)^2 dx\right].$$

Für Funktionen der Klasse $\tilde{L}_2(\Omega)$ verschwindet das erste Integral auf der rechten Seite, und die Ungleichung von POINCARÉ nimmt die Gestalt

$$||u||^2 = \int_\Omega u^2 \, dx \leqq C \int_\Omega \sum_{k=1}^{m} \left(\frac{\partial u}{\partial x_k}\right)^2 dx$$

an.

Wenn wir dies in die Beziehung (6) einsetzen, erhalten wir die Ungleichung

$$(\mathfrak{N}_0 u, u) \geqq \gamma^2 \, ||u||^2 ; \qquad \gamma^2 = \frac{\mu_0}{C} . \tag{7}$$

Letztere Ungleichung zeigt, daß der Operator $\mathfrak{N}_0$ im Raum $\tilde{L}_2(\Omega)$ positiv-definit ist. Hieraus folgt, daß das NEUMANNsche Problem (3_1) in $\tilde{L}_2(\Omega)$ eine und nur eine schwache Lösung besitzt, falls die Bedingung (4) erfüllt ist. Diese Lösung ist wie immer ein Element des entsprechenden energetischen Raumes $H_{\mathfrak{N}_0}$. Wenn man die Überlegungen des § 2 wiederholt, so kann man unschwer zeigen, daß $H_{\mathfrak{N}_0}$ in den Raum $W_2^{(1)}(\Omega)$ eingebettet ist und daß das energetische Produkt und die Norm in $H_{\mathfrak{N}_0}$ durch die Formeln

$$[u, v]_{\mathfrak{N}_0} = \int\limits_\Omega A_{jk} \frac{\partial v}{\partial x_j} \frac{\partial u}{\partial x_k} \, dx , \qquad |u|^2_{\mathfrak{N}_0} = \int\limits_\Omega A_{jk} \frac{\partial u}{\partial x_j} \frac{\partial u}{\partial x_k} \, dx$$

definiert werden.

Die schwache Lösung des NEUMANNschen Problems realisiert das Minimum des auf $H_{\mathfrak{N}_0}$ gegebenen Funktionals

$$|u|^2_{\mathfrak{N}_0} - 2(u, f) = \int\limits_\Omega \left(A_{jk} \frac{\partial u}{\partial x_j} \frac{\partial u}{\partial x_k} - 2uf \right) dx . \tag{8}$$

Man kann sogar leicht zeigen, daß die schwache Lösung des NEUMANNschen Problems eine verallgemeinerte Lösung der Differentialgleichung (3_1) ist.

Die weiteren Untersuchungen führen wir für die LAPLACE-Gleichung

$$-\Delta u = f(x) \tag{9}$$

durch. Die Randbedingung nimmt die einfachere Form

$$\left. \frac{\partial u}{\partial \nu} \right|_\Gamma = 0 \tag{10}$$

an. Die Bedingung

$$\int\limits_\Omega f(x) \, dx = \int\limits_\Omega u(x) \, dx = 0$$

bleibt nach wie vor erhalten. Wie auch im allgemeinen Fall existiert die schwache Lösung $u_0(x)$ des Problems (9), (10); diese realisiert das Minimum des Funktionals

$$F(u) = \int\limits_\Omega \left[\sum_{k=1}^m \left(\frac{\partial u}{\partial x_k} \right)^2 - 2uf \right] dx , \qquad u \in H_{\mathfrak{N}_0} . \tag{11}$$

Wenn $\eta(x)$ eine beliebige Funktion aus $H_{\mathfrak{N}_0}$ ist, so gilt

$$F(u_0 + t\eta) \geqq F(u_0) \qquad \text{und} \qquad \frac{d}{dt} F(u_0 + t\eta)|_{t=0} = 0 .$$

Dies liefert die Beziehung

$$\int\limits_\Omega \left(\frac{\partial u_0}{\partial x_k} \frac{\partial \eta}{\partial x_k} - f\eta \right) dx = 0 , \qquad \forall \eta \in H_{\mathfrak{N}_0} . \tag{12}$$

Die Beziehung (12) behält ihre Gültigkeit, wenn man in ihr η durch eine beliebige Funktion der Klasse $C^{(2)}(\bar{\Omega})$ ersetzt, die die Bedingung (10) erfüllt. In der Tat, sei ζ eine derartige Funktion. Wir setzen

$$\eta = \zeta - \frac{1}{|\Omega|} \int\limits_\Omega \zeta \, dx = \zeta - c .$$

Dann gilt $\eta \in D(\mathfrak{N}_0) = H_{\mathfrak{N}_0}$, und die Beziehungen (4) und (12) liefern

$$\int\limits_\Omega \left(\frac{\partial u_0}{\partial x_k}\frac{\partial \zeta}{\partial x_k} - f(\zeta)\right) dx = \int\limits_\Omega \left(\frac{\partial u_0}{\partial x_k}\frac{\partial \eta}{\partial x_k} - f\eta\right) dx + c\int\limits_\Omega f\, dx = 0 . \tag{13}$$

Satz 19.8.1. *Wenn $f \in \widetilde{L}_2(\Omega)$ ist, so gilt $u_0 \in W_2^{(2)}(\Omega')$, wobei Ω' ein beliebiges inneres Teilgebiet von Ω ist.*

Beweis. Wir betrachten das Volumenpotential

$$\psi(x) = \frac{1}{(m-2)\,|S_1|}\int\limits_\Omega f(\xi)\,\frac{1}{r^{m-2}}\, d\xi .$$

Wir wissen, daß gilt $\psi \in W_2^{(2)}(\Omega)$ und $-\Delta\psi = f(x)$. Sei $x \in \Omega'$ und h eine positive Zahl, die kleiner als die kürzeste Entfernung zwischen den Punkten der Ränder $\partial\Omega$ und $\partial\Omega'$ ist. In der Beziehung (13) schreiben wir ξ statt x und setzen $\zeta = \omega_h(r)$, wobei $r = |\xi - x|$ und ω_h der Mittelungskern ist. Außerdem setzen wir $u_0 = \psi + v_0$. Einfache Umformungen überführen dann die Beziehung (13) in die Gestalt $\Delta v_{0h}(x)$. Die weiteren Überlegungen verlaufen wie im Beweis des Satzes 19.4.2 und liefern das gleiche Resultat. Damit ist der Satz bewiesen.

Für die schwache Lösung des NEUMANNschen Problems behalten die Bemerkungen 1 und 2 des § 4 ihre Gültigkeit.

§ 9. Das NEUMANNsche Problem mit der inhomogenen Randbedingung

Wir betrachten das Problem

$$\frac{\partial}{\partial x_j}\left(A_{jk}\frac{\partial u}{\partial x_k}\right) = 0\,, \qquad x \in \Omega\,, \tag{1}$$

$$\left[A_{jk}\frac{\partial u}{\partial x_k}\cos(\nu, x_j)\right]_\Gamma = h(x)\,, \qquad \Gamma = \partial\Omega\,. \tag{2}$$

Wir nehmen an, daß Ω die Vereinigung einer endlichen Anzahl sternförmiger Gebiete ist und daß die Koeffizienten A_{jk} den Bedingungen des § 1 genügen.

Wir setzen zunächst voraus, daß das Problem (1), (2) eine Lösung $u_0 \in C^{(2)}(\overline{\Omega})$ besitzt. Die Beziehung

$$\frac{\partial}{\partial x_j}\left(A_{jk}\frac{\partial u_0}{\partial x_k}\right) = 0$$

integrieren wir über Ω, und das Integral auf der linken Seite formen wir nach der GAUSS-OSTROGRADSKIschen Formel um. Unter Berücksichtigung der Randbedingung (2) erhalten wir eine notwendige Lösbarkeitsbedingung des Problems:

$$\int\limits_\Gamma h(x)\, d\Gamma = 0\,. \tag{3}$$

Wenn eine Lösung $u_0(x)$ des Problems (1), (2) existiert, so ist sie nicht eindeutig; neben $u_0(x)$ ist auch $u_0(x) + c$ eine Lösung, wobei c eine beliebige Konstante ist. Um die Eindeutigkeit der Lösung zu gewährleisten, verlangen wir, daß diese der Bedingung

$$\int\limits_\Omega u_0(x)\, dx = 0 \tag{4}$$

genügt.

Man kann leicht zeigen, daß — falls die Lösung $u_0 \in C^{(2)}(\overline{\Omega})$ existiert — $u_0(x)$ auch eine Lösung des folgenden Variationsproblems ist: Es ist das Minimum des Funktionals

$$F(u) = \int_\Omega A_{jk} \frac{\partial u}{\partial x_j} \frac{\partial u}{\partial x_k} \,\mathrm{d}x - 2 \int_\Gamma h(x)\; u(x)\,\mathrm{d}x \tag{5}$$

auf der Menge der Funktionen aus $C^{(1)}(\overline{\Omega})$ zu ermitteln, die der Beziehung (4) genügen.

Wir beweisen jetzt, daß auch die umgekehrte Behauptung Gültigkeit hat: Wenn die Funktion $u_0 \in C^{(2)}(\overline{\Omega})$ eine Lösung des erwähnten Variationsproblems ist, so ist diese Funktion auch eine Lösung des NEUMANNschen Problems (1), (2). Es sei $u_0(x)$ eine Lösung unseres Variationsproblems und sei $\eta(x)$ eine beliebige Funktion der Klasse $C^{(1)}(\overline{\Omega})$, die der Beziehung (4) genügt. Dann ist für beliebiges reelles t die Ungleichung $F(u_0 + t\eta) \geqq F(u_0)$ gültig. Daraus folgt

$$\frac{\mathrm{d}}{\mathrm{d}t} F(u_0 + t\eta)|_{t=0} = 0$$

oder

$$\int_\Omega A_{jk} \frac{\partial \eta}{\partial x_j} \frac{\partial u_0}{\partial x_k} \,\mathrm{d}x - \int_\Gamma h(x)\, \eta(x)\,\mathrm{d}\Gamma = 0\,.$$

Partielle Integration liefert nunmehr

$$-\int_\Omega \eta \frac{\partial}{\partial x_j}\left(A_{jk}\frac{\partial u_0}{\partial x_k}\right)\mathrm{d}x + \int_\Gamma \eta \left[A_{jk}\frac{\partial u_0}{\partial x_k}\cos(\nu, x_j) - h\right]\mathrm{d}\Gamma = 0\,. \tag{6}$$

Sei $\zeta(x)$ eine beliebige Funktion der Klasse $C^{(1)}(\overline{\Omega})$. Wir setzen

$$a = \frac{1}{|\Omega|}\int_\Omega \zeta(x)\,\mathrm{d}x\,.$$

Die Funktion $\zeta(x) - a$ genügt der Bedingung (4). Wir setzen in (6) $\eta(x) = \zeta(x) - a$:

$$-\int_\Omega \zeta \frac{\partial}{\partial x_j}\left(A_{jk}\frac{\partial u_0}{\partial x_k}\right)\mathrm{d}x + \int_\Gamma \zeta \left[A_{jk}\frac{\partial u_0}{\partial x_k}\cos(\nu, x_j) - h\right]\mathrm{d}\Gamma +$$

$$+ a\int_\Omega \frac{\partial}{\partial x_j}\left(A_{jk}\frac{\partial u_0}{\partial x_k}\right)\mathrm{d}x - a\int_\Gamma \left[A_{jk}\frac{\partial u_0}{\partial x_k}\cos(\nu, x_j) - h\right]\mathrm{d}\Gamma = 0\,.$$

Das dritte Integral formen wir nach der GAUSS-OSTROGRADSKIschen Formel um. Auf Grund der Formel (3) verschwinden das dritte und vierte Integral in der Summe, und wir erhalten die Beziehung

$$-\int_\Omega \zeta \frac{\partial}{\partial x_j}\left(A_{jk}\frac{\partial u_0}{\partial x_k}\right)\mathrm{d}x + \int_\Gamma \zeta \left[A_{jk}\frac{\partial u_0}{\partial x_k}\cos(\nu, x_j) - h\right]\mathrm{d}\Gamma = 0\,, \quad \forall \zeta \in C^{(1)}(\overline{\Omega})\,. \tag{7}$$

In (7) ersetzen wir x durch ξ und setzen $\zeta = \omega_{h_0}(r)$, $r = |\xi - x|$, wobei $x \in \Omega$ und h_0 kleiner ist als der Abstand von x zu Γ. Die Beziehung (7) geht dann in die folgende über:

$$\left[\frac{\partial}{\partial x_j}\left(A_{jk}\frac{\partial u_0}{\partial x_k}\right)\right]_{h_0} = 0\,.$$

Wir lassen nun h_0 gegen Null streben. Da die Mittelfunktion stetig ist, so gilt nach Satz 2.3.1 $\frac{\partial}{\partial x_j}\left(A_{jk}\frac{\partial u_0}{\partial x_k}\right) = 0$. Somit genügt die Funktion $u_0(x)$ — die Lösung des Variationsproblems — der Gleichung (1).

In der Beziehung (7) verschwindet das Volumenintegral, und deshalb gilt

$$\int_\Gamma \zeta(\xi)\left[A_{jk}(\xi)\frac{\partial u_0}{\partial \xi_k}\cos(\nu, x_j) - h(\xi)\right] d_\xi\Gamma = 0 .$$

Als x wählen wir einen beliebigen Punkt auf Γ mit der Eigenschaft, daß in diesem Punkt und in einer seiner Umgebungen die Fläche Γ glatt ist. Außerdem setzen wir erneut $\zeta = \omega_{h_0}(r)$. Mit Γ' bezeichnen wir den Teil von Γ, der in der Kugel $r < h_0$ enthalten ist. Dann erhalten wir

$$\int_{\Gamma'} \omega_{h_0}(r)\left[A_{jk}(\xi)\frac{\partial u_0}{\partial \xi_k}\cos(\nu, x_j) - h(\xi)\right] d_\xi\Gamma = 0 .$$

Auf Γ' ist der Kern $\omega_{h_0}(r)$ positiv. Deshalb muß der Ausdruck in der Klammer sein Vorzeichen ändern. Als stetige Funktion muß dieser Ausdruck in einem gewissen Punkt x', $|x' - x| < h_0$, verschwinden. Wenn wir h_0 gegen Null streben lassen und wiederum die Stetigkeit des in den Klammern stehenden Ausdrucks benutzen, so finden wir, daß dieser Ausdruck im Punkte x gleich Null ist und die Funktion $u_0(x)$ ebenfalls der Randbedingung (2) genügt.

Das oben Gesagte läßt folgende Definition natürlich erscheinen: *Schwache Lösung* des NEUMANNschen Problems (1), (2) heißt eine Funktion $u_0 \in W_2^{(1)}(\Omega)$, die das Minimum des Funktionals (5) in der Klasse der Funktionen aus $W_2^{(1)}(\Omega)$ realisiert, die der Bedingung (4) genügen.

Wir zeigen, daß die schwache Lösung des NEUMANNschen Problems existiert, wenn $h(x)$ der Bedingung (3) genügt und $h \in L_{q'}(\Omega)$ gilt, wobei $\frac{1}{q} + \frac{1}{q'} = 1$ und $q < \frac{2(m-1)}{m-2}$ ist.

Die Norm in $W_2^{(1)}(\Omega)$ erklären wir durch die Formel

$$||u||_{2,1}^2 = \left(\int_\Omega u\, dx\right)^2 + \int_\Omega A_{jk}\frac{\partial u}{\partial x_j}\frac{\partial u}{\partial x_k}\, dx . \tag{8}$$

Man kann leicht beweisen, daß die Norm (8) der Norm (6.8) aus Kap. 4 äquivalent ist. Für Funktionen, die der Bedingung (4) genügen, erhalten wir

$$||u||_{2,1}^2 = \int_\Omega A_{jk}\frac{\partial u}{\partial x_j}\frac{\partial u}{\partial x_k}\, dx .$$

Das Funktional (5) ersetzen wir durch folgendes:

$$F(u) = ||u||_{2,1}^2 - 2lu\,; \qquad lu = \int_\Gamma h(x)\, u(x)\, d\Gamma , \tag{9}$$

wobei die Norm $||u||_{2,1}$ durch (8) definiert ist. Das lineare Funktional l ist in $W_2^{(1)}(\Omega)$ beschränkt. Nach der HÖLDERschen Ungleichung gilt nämlich

$$|lu| \leqq ||h||_{L_{q'}(\Gamma)} \cdot ||u||_{L_q(\Gamma)} ,$$

und nach Satz 4.3.2 ist

$$||u||_{L_q(\Gamma)} \leqq C\, ||u||_{2,1}\,; \qquad C = \text{const}\,.$$

Nach dem Satz von RIESZ existiert eine solche Funktion $u_0 \in W_2^{(1)}(\Omega)$, daß $lu = (u, u_0)_{2,1}$ gilt. Daraus erhalten wir

$$F(u) = ||u - u_0||_{2,1}^2 - ||u_0||_{2,1}^2\,,$$

und es ist klar, daß auf der Funktion u_0 das Minimum von $F(u)$ realisiert wird.

Das Element u_0 genügt der Integralbeziehung

$$\int_\Omega A_{jk} \frac{\partial u_0}{\partial x_k} \frac{\partial \eta}{\partial x_j} \, dx + \int_\Omega u_0(x)\, dx \int_\Omega \eta(x)\, dx - \int_\Gamma h(x)\, \eta(x)\, d\Gamma = 0\,, \qquad \forall \eta \in W_2^{(1)}(\Omega)\,.$$

Es genüge h der Bedingung (4). Setzt man in der letzten Gleichung $\eta \equiv 1$, so erhalten wir $\int_\Omega u_0(x)\, dx = 0$. Für u_0 ergibt sich die neue Beziehung

$$\int_\Omega A_{jk} \frac{\partial u_0}{\partial x_k} \frac{\partial \eta}{\partial x_j} \, dx - \int_\Gamma h\eta\, d\Gamma = 0\,, \qquad \forall \eta \in W_2^{(1)}(\Omega)\,.$$

Diese zeigt, daß u_0 das Minimum des Funktionals (5) realisiert, und folglich ist u_0 eine schwache Lösung des NEUMANNschen Problems.

Wir wollen nunmehr kurz auf das NEUMANNsche Problem für die Gleichung

$$-\frac{\partial}{\partial x_j}\left(A_{jk} \frac{\partial u}{\partial x_k}\right) + Cu = 0\,, \qquad x \in \Omega\,, \tag{10}$$

eingehen. Die Randbedingung habe nach wie vor die Gestalt (2); wir nehmen ferner $C(x) \geqq C_0 = \text{const}$ an. In diesem Falle besteht nicht die Notwendigkeit, daß die Funktionen h und u die Bedingungen (3) und (4) erfüllen. Die schwache Lösung wird als eine Funktion definiert, die im Raum $W_2^{(1)}(\Omega)$ das Minimum des Funktionals

$$\int_\Omega \left(A_{jk} \frac{\partial u}{\partial x_j} \frac{\partial u}{\partial x_k} - Cu^2\right) dx - 2 \int_\Gamma hu\, d\Gamma \tag{11}$$

realisiert oder — was das Gleiche ist — die der folgenden Integralbeziehung genügt:

$$\int_\Omega \left(A_{jk} \frac{\partial \eta}{\partial x_j} \frac{\partial u}{\partial x_k} + Cu\eta\right) dx - \int_\Gamma h\eta\, d\Gamma = 0\,, \qquad \forall \eta \in W_2^{(1)}(\Omega)\,. \tag{12}$$

Wenn die schwache Lösung des NEUMANNschen Problems zur Klasse $C^{(2)}(\overline{\Omega})$ gehört, so ist sie auch eine gewöhnliche Lösung dieses Problems. Dies wird wie für das Problem (1), (2) gezeigt, allerdings mit einigen Vereinfachungen. Es besteht nicht die Notwendigkeit, die Funktion ζ einzuführen. Die Existenz und Unität der schwachen Lösung wird genauso wie für das Problem (1), (2) bewiesen.

§ 10. Elliptische Differentialgleichungen höherer Ordnung und Gleichungssysteme

Die Variationsmethode gestattet es, die schwache Lösung auch für Probleme zu ermitteln, die weit allgemeiner als die oben betrachteten sind. Als Beispiel betrachten wir die erste Randwertaufgabe (mit einer homogenen Randbedingung) für eine elliptische Differentialgleichung von höherer als zweiter Ordnung. Mit α und β werden wir Multiindizes der Ordnung m bezeichnen. Wir betrachten die formal selbstadjungierte Gleichung der Ordnung $2s$

$$\sum_{k=0}^{s} \sum_{|\alpha|=|\beta|=k} (-1)^k D^\alpha\big(A_{\alpha\beta}(x)\, D^\beta u\big) = f(x)\,; \qquad A_{\alpha\beta} = A_{\beta\alpha}\,. \tag{1}$$

Genauso wie im Falle einer Gleichung zweiter Ordnung wird die Zugehörigkeit der Gleichung (1) zum elliptischen Typ durch das Verhalten ihrer höchsten Koeffizienten, welche dem Indexwert $k = s$ entsprechen, bestimmt. Gleichung (1) heißt *nicht entartete elliptische Gleichung* (oder gleichmäßig elliptisch) im Gebiet $\Omega \subset E_m$, wenn eine Konstante $\mu_0 > 0$ derart existiert, daß für beliebiges $x \in \Omega$ und für beliebige Werte der reellen Variablen t_α die Ungleichung

$$\sum_{|\alpha|=|\beta|=s} A_{\alpha\beta} t_\alpha t_\beta \geqq \mu_0 \sum_{|\alpha|=s} t_\alpha^2 \tag{2}$$

gilt. Im weiteren setzen wir voraus, daß diese Bedingung erfüllt ist.

Erste Randwertaufgabe (mit homogenen Randbedingungen) für die Gleichung (1) heißt das Problem der Integration der Gleichung (1) in einem vorgegebenen Gebiet Ω bei folgenden Randbedingungen:

$$\Gamma = \partial\Omega\,, \qquad D^\gamma u|_\Gamma = 0\,, \qquad 0 \leqq |\gamma| \leqq s-1\,. \tag{3}$$

Mit dem Problem (1), (3) verknüpft man auf natürliche Weise einen Operator, welchen wir mit $\mathfrak{A}_s$ bezeichnen. Als sein Definitionsgebiet $D(\mathfrak{A}_s)$ wählen wir die Menge aller Funktionen, welche zur Klasse $C^{(2s)}(\overline{\Omega})$ gehören und den Bedingungen (3) genügen; der Operator selbst wird durch die Formel

$$\mathfrak{A}_s u = \sum_{k=0}^{s} \sum_{|\alpha|=|\beta|=k} (-1)^k D^\alpha(A_{\alpha\beta} D^\beta u)$$

definiert. Wir beweisen jetzt, daß der Operator $\mathfrak{A}_s$ im Raum $L_2(\Omega)$ positiv-definit ist, wenn die die niedrigeren Ableitungen enthaltenden Glieder der Gleichung (1) die Ungleichungen

$$\sum_{|\alpha|=|\beta|=k} A_{\alpha\beta} t_\alpha t_\beta \geqq 0\,; \qquad k = 0, 1, \ldots, s-1\,, \tag{4}$$

erfüllen.

Zunächst ist das Definitionsgebiet des Operators $\mathfrak{A}_s$ dicht in $L_2(\Omega)$, weil es die dichte Menge der finiten Funktionen enthält. Wir setzen $u, v \in D(\mathfrak{A}_s)$ voraus und bilden das Skalarprodukt

$$(\mathfrak{A}_s u, v) = \int_\Omega v \sum_{k=0}^{s} \sum_{|\alpha|=|\beta|=k} (-1)^k D^\alpha(A_{\alpha\beta} D^\beta u)\, dx\,.$$

Indem man partiell integriert und berücksichtigt, daß die Oberflächenintegrale infolge der Randbedingungen (3) verschwinden, erhält man

$$(\mathfrak{A}_s u, v) = \int_\Omega \sum_{k=0}^{s} \sum_{|\alpha|=|\beta|=k} A_{\alpha\beta} D^\alpha v D^\beta u\, dx\,. \tag{5}$$

Der Ausdruck rechts in (5) ist symmetrisch bezüglich u und v. Dies zeigt die Symmetrie des Operators $\mathfrak{A}_s$. Wir setzen nunmehr in (5) $v = u$. Wenn man auf der rechten Seite die nicht negativen Summen, welche den Indexwerten $k = 0, 1, \ldots, s-1$ entsprechen, unberücksichtigt läßt und die verbleibende Summe nach der Ungleichung (2) abschätzt, dann gelangt man zu der Beziehung

$$(\mathfrak{A}_s u, u) \geqq \mu_0 \int_\Omega \sum_{|\alpha|=s} (D^\alpha u)^2 \, dx \,. \tag{6}$$

Wie aus den Bedingungen (3) ersichtlich ist, gilt für die Funktion $u(x)$ sowie für jede in diese Bedingungen eingehende Ableitung dieser Funktion die FRIEDRICHSsche Ungleichung. Dies ergibt nun die folgende Kette von Ungleichungen:

$$\|u\|^2 = \int_\Omega u^2 \, dx \leqq \varkappa \int_\Omega \sum_{|\alpha|=1} (D^\alpha u)^2 \, dx \leqq \varkappa^2 \int_\Omega \sum_{|\alpha|=2} (D^\alpha u)^2 \, dx \leqq \ldots \leqq \varkappa^s \int_\Omega \sum_{|\alpha|=s} (D^\alpha u)^2 \, dx \,. \tag{7}$$

Durch Vergleich der Beziehungen (6) und (7) erhalten wir die Ungleichung

$$(\mathfrak{A}_s u, u) \geqq \gamma^2 \|u\|^2 \,, \qquad \gamma = \sqrt{\frac{\mu_0}{\varkappa^s}} \,, \tag{8}$$

welche zeigt, daß der Operator $\mathfrak{A}_s$ positiv-definit ist. Daraus folgt nun, daß das Problem (1), (3) eine und nur eine verallgemeinerte Lösung besitzt; diese kann man als Lösung des Minimumproblems für das Funktional

$$\int_\Omega \left[\sum_{k=0}^{s} \sum_{|\alpha|=|\beta|=k} A_{\alpha\beta} D^\alpha u D^\beta u - 2fu \right] dx \tag{9}$$

erhalten. In der Gestalt (1) läßt sich auch jedes System von gewissen N Gleichungen in N unbekannten Funktionen schreiben; dann sind $u(x)$ und $f(x)$ N-dimensionale Vektor-Funktionen und $A_{\alpha\beta}(x)$ quadratische Matrizen der Ordnung N. Wir nehmen an, daß bei der Permutation der Multiindizes α und β die Matrix $A_{\alpha\beta}$ in die adjungierte übergeht: $A_{\beta\alpha} = A^*_{\alpha\beta}$. Die Bedingung (2) hat man für ein solches System wie folgt zu formulieren:

$$\sum_{|\alpha|=|\beta|=s} A_{\alpha\beta}(x) \, t_\alpha t_\beta \geqq \mu_0 \sum_{|\alpha|=s} |t_\alpha|^2 \,. \tag{10}$$

Dabei ist μ_0 eine positive Konstante und t_α ein beliebiger N-dimensionaler Vektor; die Symbole $(\cdot\,,\cdot)$ und $|\cdot|$ bedeuten entsprechend das Skalarprodukt und die Norm im N-dimensionalen euklidischen Raum. In entsprechender Weise ändert sich auch die Bedingung (4).

Systeme der Gestalt (1), welche der Bedingung (10) genügen, gehören zur Klasse der sogenannten „stark elliptischen“ Systeme.[1]

Auf Systeme der Gestalt (1), welche der Bedingung (10) sowie der in entsprechender Weise abgewandelten Bedingung (4) genügen, lassen sich sämtliche Ergebnisse des vorliegenden Paragraphen ohne Schwierigkeit übertragen.

§ 11. Das DIRICHLETsche Problem für ein unbeschränktes Gebiet

In der elliptischen Differentialgleichung

$$-\frac{\partial}{\partial x_j}\left(A_{jk}\frac{\partial u}{\partial x_k}\right) + Cu = f(x)$$

---

[1]) Ausführlicher kann man sich mit stark elliptischen Systemen in dem Artikel [10] von M. I. VIŠIK bekannt machen.

sei die Matrix der Koeffizienten $A_{jk}(x)$ positiv, und der Koeffizient $C(x)$ genüge der Ungleichung

$$C(x) \geqq C_0 = \text{const} > 0 .$$

Dann ist der Operator des entsprechenden DIRICHLETschen Problems, wie man leicht nachprüft, auch im Falle eines unendlichen Gebietes positiv-definit, und somit besitzt dieses Problem (bei einer homogenen Randbedingung) eine schwache Lösung.

Von Interesse ist der Fall $C(x) \equiv 0$.

Der Einfachheit halber beschränken wir uns auf die LAPLACE-Gleichung mit einer homogenen Randbedingung. Ausführlicher ist der Fall unbeschränkter Gebiete in [27] betrachtet.

Es sei Ω ein unbeschränktes Gebiet mit einem beschränkten, stückweise glatten Rand Γ. In diesem Gebiet betrachten wir das DIRICHLETsche Problem

$$-\Delta u = f(x) , \tag{1}$$

$$u|_\Gamma = 0 . \tag{2}$$

Den durch diese Aufgabe definierten Operator bezeichnen wir mit $\mathfrak{B}$. Als sein Definitionsgebiet $D(\mathfrak{B})$ nimmt man am zweckmäßigsten die Menge derjenigen Funktionen aus der Klasse $C^{(2)}(\bar{\Omega})$, die auf dem Rande Γ sowie in einer gewissen (und für jede Funktion eigenen) Umgebung des unendlich fernen Punktes verschwinden; der Operator $\mathfrak{B}$ wird dann durch die Formel $\mathfrak{B}u = -\Delta u$ definiert. Wir betrachten $\mathfrak{B}$ als Operator im Raum $L_2(\Omega)$. Dann kann man beweisen, daß dieser Operator positiv, aber nicht positiv-definit ist. Zu diesem Zweck bilden wir das Skalarprodukt

$$(\mathfrak{B}u, v) = -\int_\Omega v\,\Delta u\,dx ; \qquad u, v \in D(\mathfrak{B}) . \tag{3}$$

Die Funktion $u(x)$ ist nur in einem gewissen endlichen Gebiet, über das in (3) auch faktisch integriert wird, von Null verschieden. Somit läßt sich auf das Integral (3) die GREENsche Formel (Formel (6.7) aus Kap. 10) anwenden. Berücksichtigt man dabei, daß auf dem Rande des genannten Gebietes $u = 0$ ist, dann erhält man

$$(\mathfrak{B}u, v) = \int_\Omega \frac{\partial u}{\partial x_k}\frac{\partial v}{\partial x_k}\,dx ,$$

der Operator $\mathfrak{B}$ ist also symmetrisch. Für $v = u$ ergibt sich

$$(\mathfrak{B}u, u) = \int_\Omega \sum_{k=1}^m \left(\frac{\partial u}{\partial x_k}\right)^2 dx \geqq 0 . \tag{4}$$

Wenn $(\mathfrak{B}u, u) = 0$ ist, dann gilt offenbar

$$\frac{\partial u}{\partial x_k} \equiv 0, \quad k = 1, 2, \ldots , m ,$$

und somit

$$u(x) \equiv \text{const} .$$

Wegen $u|_\Gamma = 0$ ergibt sich schließlich $u(x) \equiv 0$. Damit ist bewiesen, daß $\mathfrak{B}$ ein positiver Operator ist.

In einem unbeschränkten Gebiet Ω mit einem beschränkten Rand läßt sich stets ein Kubus mit beliebig großer Kantenlänge a unterbringen. Das Koordinatensystem wählen wir nun so, daß der Kubus durch die Ungleichungen

$$0 \leqq x_k \leqq a\,, \qquad k = 1, 2, \ldots, m\,,$$

definiert wird.

Wir betrachten das Funktionensystem

$$u_a(x) = \begin{cases} \prod_{k=1}^{m} \sin^3 \dfrac{\pi x_k}{a} & \text{innerhalb des Kubus}\,, \\ 0 & \text{außerhalb des Kubus}\,. \end{cases} \tag{5}$$

Offenbar ist $u_a(x) \in D(\mathfrak{B})$. Eine einfache Rechnung zeigt, daß

$$\frac{(\mathfrak{B}u_a, u_a)}{||u_a||^2} = \frac{c}{a^2}\,, \qquad c = \text{const}\,,$$

gilt. Daraus ergibt sich nun

$$\lim_{a \to \infty} \frac{(\mathfrak{B}u_a, u_a)}{||u_a||^2} = 0$$

und somit

$$\inf_{u \in D(\mathfrak{B})} \frac{(\mathfrak{B}u, u)}{||u||^2} = 0\,. \tag{6}$$

Gleichung (6) bedeutet aber, daß der Operator $\mathfrak{B}$ nicht positiv-definit ist.

Entsprechend den Ausführungen des § 10 von Kap. 5 läßt sich mit dem Operator $\mathfrak{B}$ der energetische Raum $H_{\mathfrak{B}}$ verknüpfen. Da der Operator $\mathfrak{B}$ nur positiv ist, gehören nicht alle Elemente des Raumes $H_{\mathfrak{B}}$ zum Ausgangsraum $L_2(\Omega)$. Man kann nun beweisen (was wir allerdings dem Leser überlassen), daß der Raum $H_{\mathfrak{B}}$ aus den und nur den Funktionen besteht, die 1. fast überall in Ω definiert sind, 2. in Ω quadratisch summierbare verallgemeinerte erste Ableitungen besitzen und 3. der Randbedingung (2) in folgendem Sinne genügen: Für $u \in H_{\mathfrak{B}}$ existiert eine Folge von Funktionen $\{u_n(x)\}$, $u_n \in C^{(2)}(\overline{\Omega})$, derart, daß $u_n(x) = 0$ auf dem Rande Γ sowie für hinreichend große $|x|$ gilt und die Beziehung

$$\int_{\Omega} \sum_{k=1}^{m} \left(\frac{\partial u_n}{\partial x_k} - \frac{\partial u}{\partial x_k}\right)^2 dx \xrightarrow[n \to \infty]{} 0$$

erfüllt ist.

Wie im § 10 von Kap. 5 bewiesen wurde, besitzt das Problem (1), (2) dann und nur dann eine verallgemeinerte Lösung, wenn das Funktional (u, f) $(u \in H_{\mathfrak{B}})$ im Raum $H_{\mathfrak{B}}$ beschränkt ist. Man kann beweisen, daß dafür wiederum notwendig und hinreichend ist, daß ein Vektor $F(x)$ existiert derart, daß gilt: $f(x) = \operatorname{div} F(x)$ und $|F(x)| \in L_2(\Omega)$. Dabei wird die Divergenz im verallgemeinerten Sinne verstanden (analog zur verallgemeinerten Ableitung); das Symbol $|F(x)|$ bedeutet die Norm des Vektors $F(x)$ im m-dimensionalen euklidischen Raum.

Es läßt sich auch eine einfachere, aber nur hinreichende Bedingung angeben: Es existiert eine verallgemeinerte Lösung des Problems (1), (2), wenn die Dimension des Raumes $m > 2$ ist und wenn das Integral $\int_{\Omega} |x|^2 f^2(x)\, dx$ konvergiert.

KAPITEL 20

DAS SPEKTRUM DES DIRICHLETSCHEN UND DES NEUMANNSCHEN PROBLEMS

§ 1. Ein Einbettungssatz

Satz 20.1.1. *Wenn $\Omega \subset E_m$ ein beliebiges beschränktes Gebiet ist, so ist der Raum $\overset{\circ}{W}{}_2^{(1)}(\Omega)$ vollstetig in $L_2(\Omega)$ eingebettet.*

Beweis. Die Definition des Raumes $\overset{\circ}{W}{}_2^{(1)}(\Omega)$ wurde in § 6 des Kap. 4 gegeben. Wir weisen noch darauf hin, daß in dem Fall, wenn Ω die Vereinigung einer endlichen Anzahl von sternförmigen Gebieten ist, der Satz 20.1.1 eine offensichtliche Folgerung aus dem Satz 4.3.3 ist.

Wir betrachten nunmehr eine Kugel D, die das Gebiet Ω gänzlich enthält. Die Funktionen der Klasse $\overset{\circ}{W}{}_2^{(1)}(\Omega)$ setzen wir auf diese Kugel fort, indem wir sie auf $D \backslash \Omega$ gleich Null setzen. Wir zeigen, daß die so fortgesetzten Funktionen zur Klasse $W_2^{(1)}(\Omega)$ gehören.

Sei $u \in \overset{\circ}{W}{}_2^{(1)}(\Omega)$ und u^* die fortgesetzte Funktion:

$$u^*(x) = \begin{cases} u(x), & x \in \Omega\,, \\ 0\,, & x \in D\backslash\Omega\,. \end{cases} \tag{1}$$

Nach Definition gilt $u \in L_2(\Omega)$ und somit auch $u^* \in L_2(D)$; dann gilt erst recht $u^* \in L_1(D)$.

Wir bezeichnen mit $\varphi(x)$ eine beliebige Funktion der Klasse $\mathfrak{M}^{(1)}(D)$ (s. Einführung, § 2) und betrachten das Integral

$$\int_D u^*(x)\,\frac{\partial\varphi(x)}{\partial x_k}\,dx = \int_\Omega u(x)\,\frac{\partial\varphi(x)}{\partial x_k}\,dx\,; \tag{2}$$

$$1 \leqq k \leqq m\,.$$

Es sei nun $\{u_n(x)\}$ eine Folge von Funktionen, die der Bedingung (6.11) aus Kap. 4 genügen. Dann gilt

$$\int_\Omega u(x)\,\frac{\partial\varphi(x)}{\partial x_k}\,dx = \lim_{n\to\infty}\int_\Omega u_n(x)\,\frac{\partial\varphi}{\partial x_k}\,dx = -\lim_{n\to\infty}\int_\Omega \varphi(x)\,\frac{\partial u_n(x)}{\partial x_k}\,dx = -\int_\Omega \varphi(x)\,\frac{\partial u}{\partial x_k}\,dx\,. \tag{3}$$

Wir setzen

$$v_k(x) = \begin{cases} \dfrac{\partial u(x)}{\partial x_k}, & x \in \Omega\,, \\ 0\,, & x \in D\backslash\Omega\,. \end{cases}$$

Aus den Beziehungen (2) und (3) folgt nunmehr

$$\int_D u^*\,\frac{\partial\varphi(x)}{\partial x_k}\,dx = -\int_D \varphi(x)\,v_k(x)\,dx\,.$$

Hieraus ist ersichtlich, daß die verallgemeinerten Ableitungen $\frac{\partial u^*}{\partial x_k} = v_k(x)$, $k = 1, 2, \ldots, m$, existieren und daß $\frac{\partial u^*}{\partial x_k} \in L_2(D)$. Wenn wir die Definition der Klasse $W_p^{(k)}$ (§ 1, Kap. 4) berücksichtigen, so sehen wir, daß $u^* \in W_2^{(1)}(D)$ gilt, und unsere Behauptung ist bewiesen.

Es sei nun M eine beliebige Menge aus $\overset{\circ}{W}{}_2^{(1)}(\Omega)$, die in der Metrik dieses Raumes beschränkt ist. Jede der Funktionen aus der Menge M setzen wir nach der Formel (1) fort und bezeichnen die durch diese Fortsetzung erhaltene Menge der neuen Funktionen mit M^*; offenbar ist die Menge M^* in der Metrik von $W_2^{(1)}(D)$ beschränkt. Nach Satz 4.3.3 kann man aus M^* eine Folge auswählen, die in der Metrik von $L_2(D)$ konvergiert; das Gesagte ist der Behauptung äquivalent, daß man aus der Menge M eine Folge auswählen kann, die in der Metrik von $L_2(\Omega)$ konvergiert. Der Satz ist bewiesen.

§ 2. Das Spektrum des DIRICHLETschen Problems für das beschränkte Gebiet

Satz 20.2.1. *Im Falle eines beschränkten Gebietes besitzt der Operator des* DIRICHLET*schen Problems für eine nicht entartete selbstadjungierte elliptische Gleichung ein diskretes Spektrum.*

Beweis. Sei M eine beschränkte Menge im Raum $H_{\mathfrak{A}}$, wobei $\mathfrak{A}$ der in der Formulierung des Satzes erwähnte Operator des DIRICHLETschen Problems ist:

$$\forall u \in M\,, \qquad |u|_{\mathfrak{A}} \leqq c = \text{const}\,. \tag{1}$$

Zunächst vermerken wir, daß auf Grund des Satzes 19.2.1 $M \subset \overset{\circ}{W}{}_2^{(1)}$ gilt. Aus der Ungleichung (1) folgt

$$\forall u \in M\,, \qquad \|u\| \leqq \frac{c}{\gamma}\,, \tag{2}$$

wobei γ die Konstante der positiven Definitheit des Operators $\mathfrak{A}$ ist. Auf Grund der Formel (2.3) des Kap. 19 erhalten wir

$$\int\limits_{\Omega} \left[A_{jk} \frac{\partial u}{\partial x_j} \frac{\partial u}{\partial x_k} + Cu\right] dx \leqq c^2\,.$$

Aus der Beziehung (1.3) des Kap. 19 ergibt sich dann die Ungleichung

$$\int\limits_{\Omega} \sum_{k=1}^{m} \left(\frac{\partial u}{\partial x_k}\right)^2 dx \leqq \frac{c^2}{\mu_0}\,. \tag{3}$$

Die Ungleichungen (2) und (3) liefern, daß die Menge M in $\overset{\circ}{W}{}_2^{(1)}(\Omega)$ beschränkt ist; auf Grund des Satzes 20.1.1 ist sie relativ kompakt in $L_2(\Omega)$. Somit ist jede in $H_{\mathfrak{A}}$ beschränkte Menge relativ kompakt in $L_2(\Omega)$. Nach Satz 6.6.1 ist dann das Spektrum des Operators $\mathfrak{A}$ diskret. Der Satz ist bewiesen.

Aus dem soeben bewiesenen Satz und dem Satz 6.6.1 ergibt sich die folgende Behauptung:

Es existiert eine abzählbare Menge von Parameterwerten $\{\lambda_n\}$, für die das Problem

$$\Delta u + \lambda u = 0\,, \qquad x \in \Omega\,, \qquad u|_{\Gamma} = 0 \tag{4}$$

eine nicht triviale Lösung besitzt. Die Werte λ_n sind die Eigenwerte des Operators des DIRICHLETschen Problems (kurz Eigenwerte des DIRICHLETschen Problems genannt); die entsprechenden nicht trivialen Lösungen des Problems (4) sind die zum Eigenwert λ_n gehörigen Eigenfunktionen. Jedem Eigenwert entsprechen nur endlich viele linear unabhängige Eigenfunktionen. Jeden Eigenwert wiederholen wir so oft, wie ihm Eigenfunktionen entsprechen. Sämtliche Eigenwerte sind positiv, und es gilt

$$\lambda_n \xrightarrow[n\to\infty]{} \infty \, . \tag{5}$$

Das System der Eigenfunktionen $\{u_n\}$ kann man als orthonormiert in $L_2(\Omega)$ annehmen:

$$(u_j, u_k) = \delta_{jk} \; ; \qquad j, k = 1, 2, \ldots \, . \tag{6}$$

Im Raum $H_{\mathfrak{A}}$ ist dieses System ebenfalls orthogonal, jedoch nicht normiert; es gilt nämlich

$$[u_j, u_k]_{\mathfrak{A}} = 0 \, , \qquad j \neq k \; ; \qquad [u_k, u_k]_{\mathfrak{A}} = |u_k|^2_{\mathfrak{A}} = \lambda_k \, . \tag{7}$$

In jedem der Räume $L_2(\Omega)$ und $H_{\mathfrak{A}}$ ist das System der Eigenfunktionen $\{u_n\}$ vollständig.

§ 3. Einige Elementarfälle

Es ist außerordentlich schwierig, mit Hilfe des Satzes 6.6.1 das Spektrum eines positiv-definiten Operators effektiv zu bestimmen. Das sieht man schon allein daran, daß man bei einer solchen Methode gezwungen ist, aus der Minimalfolge eine konvergente Teilfolge auszuwählen. Deshalb sind solche Spezialfälle von Interesse, in denen sich das Spektrum des DIRICHLETschen Problems explizit angeben läßt. Im folgenden geben wir einige Beispiele für Gebiete an, die eine elementare Darstellung der Eigenwerte und Eigenfunktionen des DIRICHLETschen Problems für die LAPLACE-Gleichung zulassen.

1. Das Parallelepiped im m-dimensionalen Raum

Wenn n eine natürliche Zahl bedeutet, dann genügt die Funktion

$$u_n(t) = \sin \frac{n\pi t}{a} \tag{1}$$

der reellen Veränderlichen t der Differentialgleichung

$$u_n'' + \frac{n^2\pi^2}{a^2} u_n = 0$$

sowie den Randbedingungen $u_n(0) = u_n(a) = 0$. Daraus folgt, daß die Funktion

$$u_{n_1 n_2 \ldots n_m}(x) = c \prod_{k=1}^{m} \sin \frac{n_k \pi x_k}{a_k} \, , \qquad c = \text{const} \, , \tag{2}$$

die Differentialgleichung

$$\Delta u + \lambda u = 0 \, , \qquad \lambda = \pi^2 \sum_{k=1}^{m} \frac{n_k^2}{a_k^2}$$

erfüllt und auf der Oberfläche des Parallelepipeds

$$0 < x_k < a_k \, , \qquad k = 1, 2, \ldots, m \, , \tag{3}$$

verschwindet. Somit sind die Funktionen (2) Eigenfunktionen des DIRICHLETschen Problems für den LAPLACE-Operator im Parallelepiped (3); die zugehörigen Eigenwerte haben die Gestalt

$$\lambda_{n_1 n_2 \ldots n_m} = \pi^2 \sum_{k=1}^{m} \frac{n_k^2}{a_k^2}. \tag{4}$$

Das System (2) ist orthogonal in der Metrik des Raumes $L_2(\Omega)$, wobei jetzt Ω das Parallelepiped (3) bedeutet; es ist normiert, wenn

$$c = 2^{m/2} \prod_{k=1}^{m} a_k^{-1/2} \tag{5}$$

gesetzt wird.

Das System (2) ist im Raum $L_2(\Omega)$ auch vollständig; letzteres kann man leicht beweisen, indem man die Vollständigkeit des Systems (1) im Raum $L_2(0, a)$ benutzt. Daraus folgt insbesondere, daß mit dem System (2) das System der Eigenfunktionen des DIRICHLETschen Problems für die LAPLACE-Gleichung im Parallelepiped erschöpft ist.

2. Die Kugel im m-dimensionalen Raum

Die Eigenfunktionen und Eigenwerte des DIRICHLETschen Problems für die m-dimensionale Kugel D: $\varrho = |x| < 1$ genügen der Gleichung $\Delta u + \lambda u = 0$ oder wenn, man zu den Kugelkoordinaten übergeht, der Gleichung

$$\frac{\partial^2 u}{\partial \varrho^2} + \frac{m-1}{\varrho} \frac{\partial u}{\partial \varrho} - \frac{1}{\varrho^2} \delta u + \lambda u = 0 \tag{6}$$

mit der Randbedingung

$$u|_{\varrho=1} = 0. \tag{7}$$

Wir suchen nichttriviale Lösungen des Problems (6), (7) nach der Methode der Separation der Variablen. Man sucht dabei diejenigen Lösungen auf, welche sich in der Gestalt

$$u = f(\varrho)\, \varphi(\Theta) \tag{8}$$

darstellen lassen.

Die Bedingung (7) führt dann auf folgende Randbedingung für die Funktion $f(\varrho)$:

$$f(1) = 0. \tag{9}$$

Setzt man die Funktion (8) in die Gleichung (6) ein, dann erhält man leicht die Gleichung

$$\frac{\varrho^2}{f}\left(f'' + \frac{m-1}{\varrho} f' + \lambda f\right) = \frac{\delta \varphi}{\varphi}. \tag{10}$$

In der Gleichung (10) hängt die linke Seite nicht von Θ und die rechte Seite nicht von ϱ ab; da beide Seiten gleich sind, so hängen sie weder von ϱ noch von Θ ab und sind folglich einer Konstanten gleich, die wir mit μ bezeichnen wollen. Anstelle der Gleichung (10) erhalten wir jetzt zwei Differentialgleichungen

$$\delta \varphi - \mu \varphi = 0 \tag{11}$$

und

$$f''(\varrho) + \frac{m-1}{\varrho} f'(\varrho) + \left(\lambda - \frac{\mu}{\varrho^2}\right) f(\varrho) = 0. \tag{12}$$

Als $\varphi(\Theta)$ erhalten wir auf der Sphäre glatte Funktionen von Θ, wenn wir

$$\mu = n(n + m - 2)\,, \qquad n = 0, 1, 2, \ldots\,,$$

voraussetzen. Dann stimmt die Gleichung (11) mit der Differentialgleichung für die Kugelfunktionen überein und man darf $\varphi(\Theta) = Y^{(k)}_{n,m}(\Theta)$ setzen. Durch die Substitution $f = \varrho^{-(m-2)/2}\, y$ wird die Gleichung (12) in die Besselsche Differentialgleichung

$$y'' + \frac{1}{\varrho} y' + \left(\lambda - \frac{\left(n + \frac{m-2}{2}\right)^2}{\varrho^2}\right) y = 0 \tag{13}$$

überführt.

Die für $\varrho = 0$ beschränkte Lösung dieser Gleichung hat die Gestalt $y = CJ_{n+(m-2)/2}(\sqrt{\lambda}\,\varrho)$, wobei C eine Konstante ist und J_ν die Bessel-Funktion erster Art der Ordnung ν ist. Die Randbedingung (7) liefert nunmehr

$$\lambda = j^2_{n+(m-2)/2,\,l}\,, \tag{14}$$

wobei $j_{\nu,l}$ die l-te positive Wurzel der Bessel-Funktion J_ν ist.

Wir erhalten somit folgendes System von Eigenfunktionen des Dirichletschen Problems für die Laplace-Gleichung in der Einheitskugel:

$$U_{n,k,l} = C_{n,k,l}\, \varrho^{-(m-2)/2} J_{n+(m-2)/2}(j_{n+(m-2)/2,\,l})\; Y^{(k)}_{n,m}(\Theta)\,; \tag{15}$$

$$n = 0, 1, 2, \ldots; \qquad k = 1, 2, \ldots, k_{n,m}; \qquad l = 0, 1, 2, 3, \ldots\,.$$

Die Funktionen (15) sind in der Einheitskugel paarweise orthogonal; den Faktor $C_{n,k,l}$ kann man so wählen, daß die genannten Funktionen in dieser Kugel normiert sind.

Man kann leicht zeigen, daß das System (15) in $L_2(D)$ vollständig ist; wir werden uns nicht mit dem Beweis dieser Tatsache befassen.

In der Ebene (d. h. für $m = 2$) nehmen die Funktionen (15) die Gestalt

$$C_{n,l} J_n(j_{n,l}\varrho) \cos n\Theta\,,\; C'_{n,l} J_n(j_{n,l}\varrho) \sin n\Theta\,, \qquad n = 0, 1, 2, 3, \ldots; \qquad l = 1, 2, 3, \ldots \tag{16}$$

an.

§ 4. Die Wachstumsordnung der Eigenwerte

1. Die Laplace-Gleichung im *m*-dimensionalen Kubus

Im m-dimensionalen Kubus Q, der durch die Ungleichungen

$$0 \leqq x_k \leqq a\,, \qquad k = 1, 2, \ldots, m\,,$$

erklärt sei, lassen sich die Eigenwerte des Dirichletschen Problems für die Laplace-Gleichung wie folgt darstellen [vgl. Formel (3.4)]:

$$\lambda_{n_1 n_2 \ldots n_m} = \frac{\pi^2}{a^2} \sum_{k=1}^{m} n_k^2\,. \tag{1}$$

Die Eigenwerte (1) ordnen wir nach ihrer Größe; bezeichnen wir in einer solchen Anordnung den n-ten Eigenwert mit λ_n, dann erhalten wir eine nichtfallende Folge $\lambda_1 \leqq \lambda_2 \leqq \ldots$ Unsere Aufgabe besteht jetzt darin, die Wachstumsordnung der Größe λ_n für $n \to \infty$ zu bestimmen.

Es erweist sich dabei als günstiger, nicht die Eigenwerte λ_n selbst, sondern die Zahlen

$$\lambda_n' = \frac{a^2}{\pi^2}\lambda_n = \sum_{k=1}^{m} n_k^2 \tag{2}$$

abzuschätzen.

Dazu betrachten wir im m-dimensionalen euklidischen Raum eine Kugel D_N vom Radius N mit dem Mittelpunkt im Koordinatenursprung; die Zahl N wählen wir hinreichend groß und derart, daß für eine der Zahlen (2) gilt: $\lambda_n' = N^2$. Von solchen Zahlen λ_n' kann es mehrere geben. Wir bezeichnen mit ν_1 und ν_2 entsprechend den kleinsten bzw. den größten Wert n, für den $\lambda_n' = N^2$ gilt. Die Größe ν_2 gibt an, wieviel Zahlen

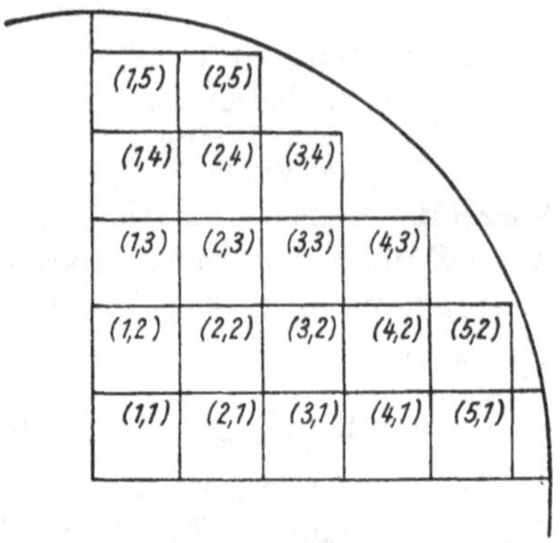

Abb. 35

der Gestalt (2) in der abgeschlossenen Kugel $\overline{D}_N$ liegen. Aus derselben Formel (2) ist auch ersichtlich, daß ν_2 gleich der Anzahl der Punkte mit positiven ganzzahligen Koordinaten ist, die in der Kugel $\overline{D}_N$ enthalten sind. Die genannte Anzahl ist gleich dem Volumen des kubischen Gitters T_m mit der Seitenlänge 1, das sich in den ersten Oktanten der Kugel D_N einschreiben läßt (in Abb. 35 ist der zweidimensionale Fall dargestellt). Das Volumen des Gitters T_m ist offenbar kleiner als das Volumen des Oktanten:

$$\nu_2 < \frac{|S_1|}{2^m m} N^m . \tag{3}$$

Wir betrachten jetzt die Kugel D_{N-2} vom Radius $N - 2$ mit dem Mittelpunkt im Koordinatenursprung. Man überzeugt sich leicht davon, daß der erste Oktant dieser Kugel im Gitter T_m enthalten ist. Dafür genügt es zu zeigen, daß für einen beliebigen Eckpunkt $(n_1, n_2, \ldots, n_m)$ des Gitters T_m gilt

$$\sum_{k=1}^{m} n_k^2 > (N-2)^2 . \tag{4}$$

Ein Eckpunkt des Gitters ist dadurch charakterisiert, daß für ihn die folgenden beiden Ungleichungen gleichzeitig erfüllt sind:

$$\sum_{k=1}^{m} n_k^2 \leqq N^2 ,$$

$$\sum_{k=1}^{m} (n_k + 1)^2 = \sum_{k=1}^{m} n_k^2 + 2\sum_{k=1}^{m} n_k + m > N^2 . \tag{5}$$

Aus der zweiten der Ungleichungen (5) ergibt sich

$$\sum_{k=1}^{m} n_k^2 > N^2 - 2\sum_{k=1}^{m} n_k - m > N^2 - 2Nm - m = (N - m)^2 - m^2 - m;$$

für hinreichend großes N ist die rechte Seite der letzten Ungleichung größer als $(N - m - 1)^2$. Wir erhalten somit

$$\nu_2 > \frac{|S_1|}{2^m m}(N - m - 1)^m. \tag{6}$$

Die Ungleichungen (3) und (6) zeigen nun, daß für hinreichend großes N die folgende Abschätzung gilt:

$$\nu_2 = \frac{|S_1|}{2^m m} N^m + o(N^m) = \frac{\pi^{m/2} N^m}{2^{m-1} m \Gamma\left(\frac{m}{2}\right)} + o(N^m)\,. \tag{7}$$

Wir schätzen jetzt die Größe ν_1 ab. Offenbar gilt $\nu_1 = \nu_2 - \sigma$, wobei σ die Anzahl der Punkte mit positiven ganzzahligen Koordinaten bezeichnet, die auf der Kugeloberfläche

$$\sum_{k=1}^{m} n_k^2 = N^2$$

von D_N gelegen sind. Durch die genannten Punkte legen wir Geraden, die zur m-ten Koordinatenachse parallel sind. Auf diesen Geraden sind dann die ersten $m - 1$ Koordinaten positiv und ganzzahlig; die Schnittpunkte der genannten Geraden mit der Ebene $n_m = 0$ erzeugen ein kubisches Gitter T_{m-1}, das ähnlich wie das Gitter T_m beschaffen ist, jedoch eine um Eins niedrigere Dimension besitzt. Daraus ergibt sich, daß die Zahl σ nicht größer als das Volumen des ($(m - 1)$-dimensionalen) Gitters T_{m-1} ist und somit eine zu (7) analoge Formel gilt:

$$\sigma = \frac{\pi^{(m-1)/2} N^{m-1}}{2^{m-2}(m-1)\,\Gamma\left(\frac{m-1}{2}\right)} + o(N^{m-1})\,. \tag{8}$$

Aus den Beziehungen (7) und (8) sowie der Gleichung $\nu_1 = \nu_2 - \sigma$ erhalten wir

$$\nu_1 = \frac{\pi^{m/2} N^m}{2^{m-1} m \Gamma\left(\frac{m}{2}\right)} + o(N^m)\,. \tag{9}$$

Wir erinnern schließlich daran, daß n eine beliebige natürliche Zahl bezeichnet, für die $\lambda_n' = N^2$ und $\nu_1 \leqq n \leqq \nu_2$ gilt. Die Gleichungen (7) und (9) liefern dann

$$n = \frac{\pi^{m/2} N^m}{2^{m-1} m \Gamma\left(\frac{m}{2}\right)} + o(N^m)\,.$$

Daraus ergibt sich

$$\lambda_n = c_m n^{2/m} + o(n^{2/m})\,, \tag{10}$$

wobei c_m eine Konstante bedeutet, die sich unschwer berechnen läßt.

2. Der allgemeine Fall

Wir betrachten den Operator $\mathfrak{A}$ des DIRICHLETschen Problems (vgl. Kap. 14, § 1); die Koeffizienten A_{jk} und C sollen die Bedingungen (1.3) und (1.4) aus Kap. 19 erfüllen, so daß die Ungleichung (1.11) desselben Kapitels gilt. Für das Weitere ist wichtig, daß auch die umgekehrte Ungleichung gilt.

Die Koeffizienten $A_{jk}(x)$ sind im abgeschlossenen Gebiet $\overline{\Omega}$ stetig und folglich beschränkt. Daraus ergibt sich, daß der größte Eigenwert der Koeffizientenmatrix $A_{jk}(x)$ ebenfalls beschränkt ist. Es sei M_0 eine seiner oberen Schranken. Dann gilt

$$A_{jk}(x)\, t_j t_k \leqq M_0 \sum_{k=1}^{m} t_k^2 \,. \tag{11}$$

Der Koeffizient $C(x)$ ist in $\overline{\Omega}$ ebenfalls stetig und beschränkt; es sei etwa $C(x) \leqq M_1$. Dann ergibt sich für $u \in D(\mathfrak{A})$ die Ungleichung

$$(\mathfrak{A}u, u) \leqq M_0 \int_\Omega \sum_{k=1}^{m} \left(\frac{\partial u}{\partial x_k}\right)^2 \mathrm{d}x + M_1 \int_\Omega u^2 \,\mathrm{d}x \,.$$

Durch Anwendung der FRIEDRICHSschen Ungleichung auf das zweite Integral erhalten wir schließlich

$$(\mathfrak{A}u, u) \leqq \mu_1 \int_\Omega \sum_{k=1}^{m} \left(\frac{\partial u}{\partial x_k}\right)^2 \mathrm{d}x; \qquad \mu_1 = M_0 + \varkappa M_1 \,. \tag{12}$$

Wir konstruieren jetzt zwei Kuben Q_1 und Q_2, von denen der erste das Gebiet Ω enthält und der zweite im Gebiet Ω enthalten ist. Mit $\mathfrak{A}_1$ und $\mathfrak{A}_2$ bezeichnen wir entsprechend die Operatoren des DIRICHLETschen Problems für die LAPLACE-Gleichung in den Gebieten Q_1 und Q_2.

Des weiteren bezeichnen wir mit λ_n, $\lambda_n^{(1)}$, $\lambda_n^{(2)}$ die der Größe nach geordneten Eigenwerte der Operatoren $\mathfrak{A}$, $\mathfrak{A}_1$, $\mathfrak{A}_2$. Die genannten Operatoren sind durch folgende Ungleichungen verknüpft:

$$\mu_0 \mathfrak{A}_1 \leqq \mathfrak{A} \leqq \mu_1 \mathfrak{A}_2 \,.$$

(Man beweise diese Beziehungen!) Dabei bedeutet μ_0 die Konstante aus der Ungleichung (1.11) von Kap. 19. Auf Grund des Mini-Max-Prinzips gilt

$$\mu_0 \lambda_n^{(1)} \leqq \lambda_n \leqq \mu_1 \lambda_n^{(2)} \,. \tag{13}$$

Da aber die Zahlen $\lambda_n^{(1)}$ und $\lambda_n^{(2)}$ Beziehungen der Gestalt (10) genügen, ergibt sich für die Eigenwerte λ_n des Operators folgende zweiseitige Abschätzung:

$$c_1 n^{2/m} \leqq \lambda_n \leqq c_2 n^{2/m}; \qquad c_1, c_2 = \mathrm{const} > 0 \,. \tag{14}$$

Bemerkung. In Wirklichkeit gilt eine schärfere Aussage: Es existiert der Grenzwert

$$\lim \frac{n}{\lambda_n^{2/m}} \,,$$

und dieser ist gleich der Größe

$$c_m' \int_\Omega \frac{\mathrm{d}x}{\sqrt{\mathrm{Det}\, A(x)}} \,, \qquad c_m' = \mathrm{const} \,.$$

Dabei bedeutet $A(x)$ die Koeffizientenmatrix $\{A_{jk}(x)\}$, und c_m' hängt nur von der Dimension m des Raumes ab (vgl. T. CARLEMAN [11] sowie W. I. SMIRNOW [25], Bd. IV).

§ 5. Das Spektrum des Neumannschen Problems für ein beschränktes Gebiet

Der Einfachheit halber beschränken wir uns auf den im § 8 des Kap. 19 betrachteten Fall:

$$\mathfrak{N}_0 u = -\frac{\partial}{\partial x_j}\left(A_{jk}\frac{\partial u}{\partial x_k}\right), \qquad \left[A_{jk}\frac{\partial u}{\partial x_k}\cos(\nu, x_j)\right]_\Gamma = 0\,, \tag{1}$$

$$\int_\Omega u\,dx = 0\,. \tag{2}$$

Wir fordern, daß das Gebiet Ω die Vereinigung einer endlichen Anzahl sternförmiger Gebiete ist. Im Kap. 19 wurde bewiesen, daß der energetische Raum $H_{\mathfrak{N}_0}$ stetig in den Teilraum des Raumes $W_2^{(1)}(\Omega)$ eingebettet ist, der durch die Bedingung (2) definiert ist, und daß die Normen in $H_{\mathfrak{N}_0}$ und in dem genannten Teilraum äquivalent sind. Nun ist nach Satz 4.3.3 der Raum $W_2^{(1)}(\Omega)$ vollstetig in den Raum $L_2(\Omega)$ eingebettet. Dann ist auch $H_{\mathfrak{N}_0}$ vollstetig in den Raum $L_2(\Omega)$ eingebettet (genauer gesagt, in den zur Eins orthogonalen Teilraum $\tilde{L}_2(\Omega)$). Auf Grund des Satzes 6.6.1 hat der Operator $\mathfrak{N}_0$ ein diskretes Spektrum: Es existiert eine Folge $0 < \mu_1 \leqq \mu_2 \leqq \dots$ von Eigenwerten mit $\mu_n \xrightarrow[n\to\infty]{} \infty$, und das entsprechende System der Eigenfunktionen $w_1(x), w_2(x), \dots$ ist in $L_2(\Omega)$ orthonormiert, in $H_{\mathfrak{N}_0}$ orthogonal und in beiden Räumen vollständig.

Bemerkung 1. Wenn man auf die Bedingung (2) verzichtet und den Operator

$$\mathfrak{N}u = -\frac{\partial}{\partial x_j}\left(A_{jk}\frac{\partial u}{\partial x_k}\right), \qquad \left[A_{jk}\frac{\partial u}{\partial x_k}\cos(\nu, x_j)\right]_\Gamma = 0$$

betrachtet, so unterscheidet sich sein Spektrum von dem des Operators $\mathfrak{N}_0$ durch das Hinzufügen noch eines Eigenwertes, nämlich $\mu_0 = 0$. Diesem Eigenwert entspricht die Eigenfunktion $w_0(x) = \text{const}$. Hieraus folgt leicht, daß der Operator

$$\mathfrak{N}_1 u = -\frac{\partial}{\partial x_j}\left(A_{jk}\frac{\partial u}{\partial x_k}\right) + u;\ \left[A_{jk}\frac{\partial u}{\partial x_k}\cos(\nu, x_j)\right]_\Gamma = 0 \tag{3}$$

ein diskretes Spektrum besitzt. Die Eigenwerte des Operators (3) sind $1, \mu_1 + 1, \mu_2 + 1, \dots$, und die entsprechenden Eigenfunktionen sind $w_0 = \text{const}, w_1(x), w_2(x), \dots$, wobei $\mu_1, \mu_2, \dots$ und $w_1, w_2, \dots$ die Eigenwerte und Eigenfunktionen des Operators $\mathfrak{N}_0$ sind.

Bemerkung 2. Unschwer kann man die positive Definitheit und die Diskretheit des Spektrums des Operators

$$\mathfrak{N}u = -\frac{\partial}{\partial x_j}\left(A_{jk}\frac{\partial u}{\partial x_k}\right) + Cu;\ \left[A_{jk}\frac{\partial u}{\partial x_k}\cos(\nu, x_j)\right]_\Gamma = 0 \tag{4}$$

nachweisen, wobei $C(x) \geqq 0$ und auf einer Menge vom positiven Maße $C(x) \neq 0$ gilt.

§ 6. Nicht selbstadjungierte Gleichungen

Wir betrachten die Gleichung

$$(A + \lambda K)\,u = f\,, \qquad f \in H\,, \tag{1}$$

wobei λ ein skalarer Parameter und A ein im separablen Hilbert-Raum H positiv-definiter Operator ist. Außerdem sei das Spektrum dieses Operators diskret. Ferner sei K ein Operator, der stetig von H_A in H wirkt, wobei H_A der energetische Raum des Operators A ist.

Vorerst betrachten wir die selbstadjungierte Gleichung

$$Au = f. \tag{2}$$

Die verallgemeinerte Lösung u_0 dieser Gleichung wird (s. Kap. 5) als ein Element des Raumes H_A definiert, das die Beziehung

$$[u_0, \eta]_A = (f, \eta), \qquad \forall \eta \in H_A \tag{3}$$

erfüllt. Ein solches Element existiert und ist eindeutig bestimmt, wie das Element $f \in H$ auch gewählt sein mag. Somit wird durch die Beziehung (3) jedem Element $f \in H$ ein und nur ein Element $u_0 \in H_A$ zugeordnet. Mit anderen Worten, die Beziehung (3) definiert einen Operator, den wir mit G bezeichnen und der nach der Vorschrift $Gf = u_0$ wirkt. Dieser Operator wirkt von H in H_A und genügt der Beziehung

$$[Gf, \eta]_A = (f, \eta); \qquad \forall \eta \in H_A, \qquad \forall f \in H. \tag{4}$$

Dem Operator A kann man, wie im § 5 des Kap. 5 ermittelt wurde, auch eine explizite Darstellung geben: Wenn ω_n ein vollständiges Orthonormalsystem in H_A ist, dann gilt

$$Gf = \sum_{n=1}^{\infty} (f, \omega_n)\, \omega_n. \tag{5}$$

Wir kehren nun zur Gleichung (1) zurück, die wir in der Gestalt

$$Au = f - \lambda Ku$$

schreiben. Wenn eine Lösung dieser Gleichung existiert, so genügt diese der Beziehung

$$u = Gf - \lambda GKf. \tag{6}$$

Wir setzen $Gf = F$, $GK = T$. Aus dem oben Gesagten folgt $F \in H_A$ und daß der Operator T im Raum H_A wirkt. Mithin genügt die Lösung der Gleichung (1) und — wenn sie existiert — auch der Gleichung

$$u + \lambda Tu = F. \tag{7}$$

Wir führen folgende Definition ein: *Verallgemeinerte Lösung* der Gleichung (1) nennen wir (wenn es existiert) ein Element des Raumes H_A, das die Gleichung (7) erfüllt.

Hilfssatz 20.6.1. *Der Operator G ist vollstetig in H.*

Beweis. Es seien $\lambda_1 \leqq \lambda_2 \leqq \dots \leqq \lambda_n \leqq \dots$ die Eigenwerte des Operators A und $u_1, u_2, \dots u_n, \dots$ die entsprechenden Eigenelemente, die im Raum H orthonormiert sind. Dann gilt (s. Satz 6.4.2): $[u_j, u_k]_A = 0$, $j \neq k$, $|u_k|_A^2 = \lambda_k$, das System $\{u_n/\sqrt{\lambda_n}\}$ ist orthonormiert in H_A und nach Satz 6.6.1 vollständig in diesem Raum. In der Formel (7) setzen wir $\omega_n = u_n/\sqrt{\lambda_n}$. Dies ergibt folgende Darstellung für den Operator G:

$$Gf = \sum_{n=1}^{\infty} \frac{(f, u_n)}{\lambda_n} u_n. \tag{8}$$

Wir führen jetzt die nachfolgenden Bezeichnungen ein:

$$G = G_n' + G_n'', \qquad G_n'f = \sum_{k=1}^{n} \frac{(f, u_k)}{\lambda_k} u_k, \qquad G_n''f = \sum_{k=n+1}^{\infty} \frac{(f, u_k)}{\lambda_k} u_k. \tag{9}$$

Der erste Operator ist endlichdimensional und somit vollstetig. Für den zweiten Operator erhalten wir eine Abschätzung der Norm:

$$||G_n''f|| = \sum_{k=n+1}^{\infty} \frac{(f, u_k)^2}{\lambda_k^2} \leqq \frac{1}{\lambda_{n+1}^2} \sum_{k=n+1}^{\infty} (f, u_k)^2 .$$

Auf Grund der BESSELschen Ungleichung gilt dann

$$||G_n''f|| \leqq \frac{1}{\lambda_{n+1}^2} ||f||^2 .$$

Daraus ergibt sich

$$||G_n''|| \leqq \frac{1}{\lambda_{n+1}^2} \xrightarrow[n\to\infty]{} 0$$

und folglich

$$||G - G_n'|| \xrightarrow[n\to\infty]{} 0 .$$

Als Grenzwert (im Sinne der Normkonvergenz) einer Folge vollstetiger Operatoren ist dann der Operator G im Raum $L_2(\Omega)$ vollstetig. Die Behauptung ist damit bewiesen.

Satz 20.6.1. *Der Operator $T = GK$ ist im Raum H_A vollstetig.*

Beweis. Der Operator G ist vollstetig in H. Folglich läßt sich aus jeder beschränkten Menge $M \subset H$ eine Folge $\{v_n\}$ auswählen derart, daß die Folge $\{Gv_n\}$ konvergiert und somit folgende Beziehung erfüllt ist:

$$||Gv_n - Gv_k|| \xrightarrow[n,k\to\infty]{} 0 .$$

Wir betrachten jetzt eine beliebige Menge $N \subset H_A$, die in der energetischen Metrik beschränkt ist:

$$|u|_A \leqq a = \text{const}, \qquad \forall u \in N .$$

Weil der Operator K stetig aus H_A in H wirkt, ist die Menge $K(N)$ in der Norm von H beschränkt. Sei $||Ku|| \leqq c, \forall u \in N$. Aus der im Raum H beschränkten Menge $K(N)$ läßt sich eine Folge $\{Kv_n\}$ auswählen derart, daß gilt

$$||GKv_n - GKv_k|| = ||Tv_n - Tv_k|| \xrightarrow[n,k\to\infty]{} 0 . \tag{10}$$

Die Beziehung (10) bedeutet nun, daß T als Operator von H_A in H vollstetig ist. Es bleibt noch zu zeigen, daß T auch als Operator von H_A in H_A vollstetig ist. Dafür genügt es wiederum, die folgende Beziehung nachzuweisen:

$$|Tv_n - Tv_k|_A \xrightarrow[n,k\to\infty]{} 0 . \tag{11}$$

Wir schätzen das Quadrat der Norm in (4) ab. Unter Benutzung der Formel (6.6) erhalten wir

$$\begin{aligned} |Tv_n - Tv_k|_A^2 &= [T(v_n - v_k), T(v_n - v_k)]_A = \\ &= [GK(v_n - v_k), T(v_n - v_k)]_A = (Kv_n - Kv_k, Tv_n - Tv_k) \leqq \\ &\leqq ||Kv_n - Kv_k|| \cdot ||Tv_n - Tv_k|| \leqq 2c\, ||Tv_n - Tv_k|| \xrightarrow[n,k\to\infty]{} 0 . \end{aligned}$$

Damit ist der Satz bewiesen.

Aus Satz 20.6.1 folgt, daß für die Gleichung (7) die FREDHOLMschen Sätze Gültigkeit haben:

1. Die Gleichung (7) hat eine und nur eine Lösung für alle Werte λ mit möglicher Ausnahme einer abzählbaren Menge dieser Werte, die sich nur im Unendlichen häufen können.

2. Die Teilräume der Lösungen für die homogenen Gleichungen $u + \lambda Tu = 0$ und $v + \bar{\lambda} T^* v = 0$ sind endlichdimensional und haben die gleiche Dimension.
3. Die Gleichung (7) ist dann und nur dann lösbar, wenn

$$[F, v]_A = 0 \tag{12}$$

gilt, wobei v eine beliebige Lösung der Gleichung $v + \bar{\lambda} T^* v = 0$ ist.

In den Punkten 2 und 3 ist T^* der zu T adjungierte Operator. Die Bedingung (12) kann man etwas vereinfachen. Es gilt nämlich $[F, v]_A = [Gf, v]_A$. Die Formel (4) liefert nunmehr $[F, v]_A = (f, v)$, und wir erhalten die einfachere hinreichende und notwendige Bedingung für die Existenz der verallgemeinerten Lösung für die Gleichung (1)

$$(f, v) = 0\,. \tag{13}$$

§ 7. Das DIRICHLETsche und das NEUMANNsche Problem für eine nicht selbstadjungierte Gleichung

Wir betrachten die Gleichung

$$-\frac{\partial}{\partial x_j}\left(A_{jk}(x)\frac{\partial u}{\partial x_k}\right) + \lambda\left(B_k(x)\frac{\partial u}{\partial x_k} + C(x)\,u\right) = f(x) \tag{1}$$

und formulieren für sie das DIRICHLETsche Problem

$$u|_\Gamma = 0\,, \tag{2}$$

wobei Γ der stückweise glatte Rand eines beschränkten Gebietes Ω im Raume E_m der Veränderlichen $x_1, x_2, \dots, x_m$ ist. Wir setzen ferner voraus, daß $A_{jk} \in C^{(1)}(\bar{\Omega})$ gilt, die Funktionen B_k und C in Ω beschränkt und meßbar sind, und daß unsere Gleichung eine nicht entartete elliptische Gleichung in $\bar{\Omega}$ ist — mithin also

$$A_{jk}(x)\,t_j t_k \geqq \mu_0 \sum_{k=1}^{m} t_k^2\,, \qquad \mu_0 = \text{const} > 0$$

gilt.

Wir führen die Bezeichnungen

$$Au = -\frac{\partial}{\partial x_j}\left(A_{jk}\frac{\partial u}{\partial x_k}\right); \quad u|_\Gamma = 0, \tag{3}$$

$$Ku = B_k\frac{\partial u}{\partial x_k} + Cu; \qquad u|_\Gamma = 0 \tag{4}$$

ein.

Der Operator A ist positiv-definit im Raum $L_2(\Omega)$ (Kap. 19, § 1) und besitzt ein diskretes Spektrum (dieses Kapitel, § 2). Offensichtlich ist auch, daß K von H_A in $L_2(\Omega)$ wirkt. Wir zeigen die Beschränktheit dieses Operators. Sei $|B_k(x)| \leqq Q$, $|C(x)| \leqq Q$, $Q = \text{const}$. Dann gilt

$$\|Ku\| \leqq Q\left\{\sum_{k=1}^{m}\left\|\frac{\partial u}{\partial x_k}\right\| + \|u\|\right\}. \tag{5}$$

Die CAUCHYsche Ungleichung liefert

$$\sum_{k=1}^{m} \left\| \frac{\partial u}{\partial x_k} \right\| \leqq \sqrt{m} \left[\sum_{k=1}^{m} \left\| \frac{\partial u}{\partial x_k} \right\|^2 \right]^{1/2} =$$

$$= \sqrt{m} \left\{ \int_{\Omega} \sum_{k=1}^{m} \left(\frac{\partial u}{\partial x_k} \right)^2 \mathrm{d}x \right\}^{1/2} \leqq \sqrt{\frac{m}{\mu_0}} \left\{ \int_{\Omega} A_{jk} \frac{\partial u}{\partial x_j} \frac{\partial u}{\partial x_k} \mathrm{d}x \right\}^{1/2} = \sqrt{\frac{m}{\mu_0}} |u|_A .$$

Wenn γ die Konstante der positiven Definitheit des Operators (3) ist, so gilt $\|u\| \leqq \leqq \gamma^{-1} |u|_A$, und aus der Ungleichung (5) erhalten wir

$$\|Ku\| \leqq Q \left(\sqrt{\frac{m}{\mu_0}} + \frac{1}{\gamma} \right) |u|_A . \tag{6}$$

Die Ungleichung (6) zeigt, daß der Operator K ein von H_A in $L_2(\Omega)$ beschränkter Operator ist. Unsere Behauptung ist damit bewiesen.

Mithin sind alle Voraussetzungen des § 6 erfüllt, und für die verallgemeinerte Lösung des Problems (1), (2) gelten die FREDHOLMschen Sätze, die am Schluß des § 6 formuliert wurden. Die erwähnte verallgemeinerte Lösung werden wir auch *schwache Lösung* des Problems (1), (2) nennen.

Es erweist sich als günstiger, das NEUMANNsche Problem für die in der folgenden Gestalt geschriebene Gleichung zu formulieren:

$$-\frac{\partial}{\partial x_j} \left(A_{jk} \frac{\partial u}{\partial x_k} \right) + u + \lambda \left(B_k \frac{\partial u}{\partial x_k} + Cu \right) = f(x) . \tag{7}$$

Die Randbedingung schreiben wir wie üblich

$$\left[A_{jk} \frac{\partial u}{\partial x_k} \cos(\nu, x_j) \right]_{\Gamma} = 0 . \tag{8}$$

Vorteilhafterweise setzt man

$$Au = -\frac{\partial}{\partial x_j} \left(A_{jk} \frac{\partial u}{\partial x_k} \right) + u , \qquad Nu = 0 \tag{9}$$

und

$$Ku = B_k \frac{\partial u}{\partial x_k} + Cu , \qquad Nu = 0; \tag{10}$$

mit Nu wurde hier die linke Seite der Beziehung (8) bezeichnet. Für die schwache Lösung des Problems (7), (8) gelten ebenfalls die Behauptungen des § 6.

KAPITEL 21

STARKE LÖSUNGEN

Das Hauptziel dieses Kapitels besteht darin zu beweisen, daß die schwache Lösung des ersten oder zweiten Randwertproblems für eine nicht entartete elliptische Gleichung zweiter Ordnung auch eine starke Lösung ist; wir setzen dabei voraus, daß die Koeffizienten und die rechten Seiten der Gleichungen und der Randbedingungen sowie die betrachteten Gebiete die Voraussetzungen erfüllen, die im Kapitel 19 formuliert wurden.

Es sei daran erinnert, daß nach der im Kapitel 19 gegebenen Definition die schwache Lösung die Lösung des entsprechenden Variationsproblems ist (oder, was gleichbedeutend ist, die Funktion, die der entsprechenden Integralbeziehung genügt). Von dieser Lösung ist bekannt, daß sie dem energetischen Raum des durch das entsprechende Problem gegebenen Operators angehört. Daraus folgt, daß im Falle einer Gleichung zweiter Ordnung die schwache Lösung verallgemeinerte erste Ableitungen besitzt, die im gegebenen Gebiet quadratisch summierbar sind. Nach der ebenfalls im Kapitel 19 gegebenen Definition besitzt die starke Lösung verallgemeinerte zweite Ableitungen (die Rede geht hierbei nach wie vor über Gleichungen zweiter Ordnung). Wir zeigen, daß im allgemeinen Falle die schwache Lösung des DIRICHLETschen sowie des NEUMANNschen Problems in dem betrachteten Gebiet verallgemeinerte zweite Ableitungen besitzt (und somit eine starke Lösung ist), und daß diese Ableitungen in jedem beliebigen inneren Teilgebiet quadratisch summierbar sind. Im Kapitel 19, § 4, wurde diese Behauptung für die LAPLACE-Gleichung bewiesen. Schließlich wird bewiesen, daß die zweiten Ableitungen im gesamten Gebiet quadratisch summierbar sind, wenn der Rand dieses Gebietes hinreichend glatt ist.

Im letzten Paragraphen dieses Kapitels wird ein kurzer Überblick über die Resultate gegeben, die in Beziehung stehen zu allgemeinen Randwertproblemen und allgemeinen elliptischen Systemen beliebiger Ordnung.

§ 1. Die Lösung der LAPLACE-Gleichung für das Parallelepiped

Im § 1 des Kap. 19 wurde die schwache Lösung $u_0(x)$ des DIRICHLETschen Problems für die LAPLACE-Gleichung

$$-\Delta u = f(x)\,, \qquad u|_{\partial\Pi} = 0\,, \qquad f \in L_2(\Pi)$$

im Parallelepiped $\Pi = \{x : 0 < x_k < a_k\}$ ermittelt. Diese Lösung hat die Gestalt (s. Formel (1.21) aus Kap. 19)

$$u_0(x) = \frac{2^m}{\pi^2\,|\Pi|} \sum_{n_1, n_2, \ldots, n_m = 1}^{\infty} \left(\sum_{k=1}^{m} \frac{n_k^2}{a_k^2}\right)^{-1} a_{n_1 n_2 \ldots n_m} \prod_{k=1}^{m} \sin\frac{n_k \pi x_k}{a_k}\,, \tag{1}$$

wobei

$$a_{n_1 n_2 \dots n_m} = \int\limits_{\Pi} f(x) \prod_{k=1}^{m} \sin \frac{n_k \pi x_k}{a_k} \, dx \tag{2}$$

ist.

Das Anliegen dieses Paragraphen besteht darin zu zeigen, daß $u_0 \in W_2^{(2)}(\Pi)$ gilt.

Wir setzen

$$\frac{2^m}{\pi^2 |\Pi|} \left(\sum_{k=1}^{m} \frac{n_k^2}{a_k^2} \right)^{-1} a_{n_1 n_2 \dots n_m} = b_{n_1 n_2 \dots n_m}, \tag{3}$$

so daß

$$u_0(x) = \sum_{n_1, n_2, \dots, n_m = 1}^{\infty} b_{n_1 n_2 \dots n_m} \prod_{k=1}^{m} \sin \frac{n_k \pi x_k}{a_k} \tag{4}$$

gilt.

Indem wir die Reihe (4) formal nach x_j differenzieren, erhalten wir die neue Reihe

$$\frac{\pi}{a_j} \sum_{n_1, n_2, \dots, n_m = 1}^{\infty} n_j b_{n_1 n_2 \dots n_m} \cos \frac{n_j \pi x_j}{a_j} \prod_{k=1, k \neq j}^{m} \sin \frac{n_k \pi x_k}{a_k}. \tag{5}$$

Die Größen $a_{n_1 n_2 \dots n_m}$ sind bis auf den Faktor $2^{m/2}/\sqrt{|\Pi|}$ die FOURIER-Koeffizienten der Funktion $f(x)$ bezüglich des in $L_2(\Pi)$ orthonormierten Systems $\left\{ \frac{2^{m/2}}{\sqrt{|\Pi|}} \sin \frac{n_k \pi x_k}{a_k} \right\}$. Hieraus ergibt sich die Konvergenz der Reihe

$$\sum_{n_1, n_2, \dots, n_m = 1}^{\infty} a_{n_1 n_2 \dots n_m}^2. \tag{6}$$

Gleichzeitig konvergieren auch die Reihen

$$\sum_{n_1, n_2, \dots, n_m = 1}^{\infty} n_j^2 b_{n_1 n_2 \dots n_m}^2; \qquad j = 1, 2, \dots, m, \tag{7}$$

und

$$\sum_{n_1, n_2, \dots, n_m = 1}^{\infty} n_j^2 n_l^2 b_{n_1 n_2 \dots n_m}^2; \qquad j, l = 1, 2, \dots, m. \tag{8}$$

Die Konvergenz der Reihe (7) bedeutet, daß in der Norm von $L_2(\Pi)$ die Reihe (5) konvergiert; ihre Summe bezeichnen wir mit $v_j(x)$. In dieser Norm konvergiert offenbar auch die Reihe (4). Aus der Konvergenz der hier erwähnten Reihen ergibt sich folgendes: Setzt man

$$u_N(x) = \sum_{n_1, n_2, \dots, n_m = 1}^{N} b_{n_1 n_2 \dots n_m} \prod_{k=1}^{m} \sin \frac{n_k \pi x_k}{a_k}, \tag{9}$$

so gilt $u_N(x) \underset{N \to \infty}{\longrightarrow} u_0(x)$ und $\frac{\partial u_N}{\partial x_j} \underset{N \to \infty}{\longrightarrow} v_j$ in der Norm von $L_2(\Pi)$, $j = 1, 2, \dots, m$. Satz 3.3.1 liefert $u_0 \in W_2^{(1)}(\Pi)$ (dies folgt auch aus den allgemeinen Eigenschaften der schwachen Lösung), außerdem gilt

$$\frac{\partial u_0}{\partial x_j} = \frac{\pi}{a_j} \sum_{n_1, n_2, \dots, n_m = 1}^{\infty} n_j b_{n_1 n_2 \dots n_m} \cos \frac{n_j \pi x_j}{a_j} \prod_{k=1, k \neq j}^{m} \sin \frac{n_k \pi x_k}{a_k}. \tag{10}$$

Nunmehr differenzieren wir formal die Reihe (10) nach x_i. Berücksichtigen wir die Konvergenz der Reihe (8), so können wir genauso beweisen, daß $u_0 \in W_2^{(2)}(\Pi)$ gilt und die zweiten Ableitungen durch zweimaliges gliedweises Differenzieren der Reihe (4) gewonnen werden können:

$$\frac{\partial^2 u_0}{\partial x_i\, \partial x_j} = \frac{\pi^2}{a_i a_j} \sum_{n_1, n_2, \ldots, n_m = 1}^{\infty} n_i n_j b_{n_1 n_2 \ldots n_m} \cos\frac{n_i \pi x_i}{a_i} \cos\frac{n_j \pi x_j}{a_j} \prod_{k=1, k \neq i, j}^{m} \sin\frac{n_k \pi x_k}{a_k}, \quad i \neq j, \tag{11}$$

$$\frac{\partial^2 u_0}{\partial x_0^2} = -\frac{\pi^2}{a_j^2} \sum_{n_1, n_2, \ldots, n_m} n_j^2 b_{n_1 n_2 \ldots n_m} \prod_{k=1}^{m} \sin\frac{n_k \pi x_k}{a_k}.$$

Abschließend beweisen wir die Ungleichung

$$||u_0||_{2,2} \leqq K\, ||f||\,, \qquad K = \text{const}\,. \tag{12}$$

Die Norm in $W_2^{(2)}(\Pi)$ definieren wir durch die Formel

$$||u||_{2,2}^2 = ||u||^2 + \sum_{i,j=1}^{m} \left|\left| \frac{\partial^2 u}{\partial x_i\, \partial x_j} \right|\right|^2. \tag{13}$$

Aus der Formel (1.21) des Kap. 19 folgt

$$||f||^2 = \frac{2^m}{|\Pi|} \sum_{n_1, n_2, \ldots, n_m = 1}^{\infty} a_{n_1 n_2 \ldots n_m}^2\,. \tag{14}$$

Andererseits liefern die Formeln (11) und (3)

$$\left|\left| \frac{\partial^2 u_0}{\partial x_i\, \partial x_j} \right|\right|^2 = \frac{2^m}{|\Pi|} \sum_{n_1, n_2, \ldots, n_m = 1}^{\infty} \frac{n_i^2 n_j^2}{a_i^2 a_j^2} \left(\sum_{k=1}^{m} \frac{n_k^2}{a_k^2} \right)^{-2} a_{n_1 n_2 \ldots n_m}^2\,.$$

Offenbar gilt

$$\frac{n_i^2 n_j^2}{a_i^2 a_j^2} \left(\sum_{k=1}^{m} \frac{n_k^2}{a_k^2} \right)^{-2} < \frac{1}{4}$$

und folglich

$$\left|\left| \frac{\partial^2 u_0}{\partial x_i\, \partial x_j} \right|\right|^2 \leqq \frac{2^{m-2}}{|\Pi|} \sum_{n_1, n_2, \ldots n_m = 1}^{\infty} a_{n_1 n_2 \ldots n_m}^2 = \frac{1}{4}\, ||f||^2\,. \tag{15}$$

Nach Formel (1) gilt fernerhin

$$||u_0||^2 = \frac{2^m}{\pi^4 |\Pi|} \sum_{n_1, n_2, \ldots, n_m = 1}^{\infty} a_{n_1 n_2 \ldots n_m}^2 \left(\sum_{k=1}^{m} \frac{n_k^2}{a_k^2} \right)^{-2} \leqq$$

$$\leqq \frac{2^m}{\pi^4 |\Pi|} \left(\sum_{k=1}^{m} \frac{1}{a_k^2} \right)^{-2} \sum_{n_1, n_2, \ldots, n_m = 1}^{\infty} a_{n_1 n_2 \ldots n_m}^2 = \frac{1}{\pi^4} \left(\sum_{k=1}^{m} \frac{1}{a_k^2} \right)^{-2} ||f||^2\,. \tag{16}$$

Die Ungleichung (12) folgt nunmehr offenbar aus den Beziehungen (15) und (16) für

$$K^2 = \frac{m^2}{4} + \frac{1}{\pi^4} \left(\sum_{k=1}^{m} \frac{1}{a_k^2} \right)^{-2}. \tag{17}$$

Für das Folgende ist es wichtig, daß die Größe K beschränkt bleibt, wenn $a_k \to 0$. Im besonderen gilt für $a_k \leqq 1$

$$K^2 \leqq \frac{m^2}{4} + \frac{1}{m^2 \pi^2} = K_0^2\,. \tag{18}$$

§ 2. Das Produkt der schwachen Lösung mit einer glatten Funktion

Wir betrachten die Gleichung

$$Lu = -\frac{\partial}{\partial x_j}\left(A_{jk}\frac{\partial u}{\partial x_k}\right) + Cu = f(x); \qquad x \in \Omega, \qquad f \in L_2(\Omega) \tag{1}$$

bei den Randbedingungen des DIRICHLETschen und des NEUMANNschen Problems. Es gelte $\sigma \in C^{(2)}(\bar{\Omega})$. Wenn $u(x)$ in Ω sämtlichen verallgemeinerte Ableitungen erster und zweiter Ordnung besitzt und der Gleichung (1) genügt, so ist — wie einfache Rechnungen zeigen — die Funktion $v(x) = \sigma(x)\,u(x)$ eine Lösung der Gleichung

$$-\frac{\partial}{\partial x_j}\left(A_{jk}\frac{\partial v}{\partial x_k}\right) = F(x)\,, \tag{2}$$

wobei

$$F = \sigma f - 2A_{jk}\frac{\partial\sigma}{\partial x_j}\frac{\partial u}{\partial x_k} - u\frac{\partial}{\partial x_j}\left(A_{jk}\frac{\partial\sigma}{\partial x_k}\right) - C\sigma u \tag{3}$$

ist.

Wir nehmen jetzt an, daß $\sigma \in \mathfrak{M}^{(2)}(\Omega_1)$, $\bar{\Omega}_1 \subset \Omega$, $\partial\Omega_1 \subset C^{(0,1)}$, gilt und daß u die schwache Lösung des DIRICHLETschen oder NEUMANNschen Problems der Gleichung (1) im Gebiet Ω ist. Wir zeigen, daß in diesem Falle das Produkt $v = \sigma u$ die schwache Lösung des Problems

$$-\frac{\partial}{\partial x_j}\left(A_{jk}\frac{\partial v}{\partial x_k}\right) = F(x)\,, \qquad x \in \Omega_1; \qquad v|_{\partial\Omega_1} = 0 \tag{4}$$

ist. Wir setzen dabei voraus, daß die Koeffizienten A_{jk} und C den im Kap. 19 formulierten Voraussetzungen genügen. Wir behalten auch die im genannten Kapitel vereinbarten Bezeichnungen bei.

Nach dem im § 2 und in den §§ 7, 8 des Kap. 19 Bewiesenen gilt $u \in W_2^{(1)}(\Omega)$. Hieraus folgt $F \in L_2(\Omega)$, mithin erst recht $F \in L_2(\Omega_1)$. Es hat die Beziehung Gültigkeit, die die schwache Lösung definiert:

$$[u, \eta]_A = (f, \eta)\,, \qquad \forall \eta \in H_A\,,$$

wobei A der Operator

$$-\frac{\partial}{\partial x_j}\left(A_{jk}\frac{\partial u}{\partial x_k}\right) + Cu$$

des DIRICHLETschen oder NEUMANNschen Problems bei einer homogenen Randbedingung ist.

Ausführlicher geschrieben gilt

$$\int_\Omega A_{jk}\frac{\partial u}{\partial x_k}\frac{\partial \eta}{\partial x_j}\,dx = \int_\Omega (f - Cu)\,\eta\,dx; \qquad \forall \eta \in H_A\,. \tag{5}$$

Wir bezeichnen mit H_0 den energetischen Raum des Problems (4); das entsprechende Skalarprodukt und die entsprechende Norm bezeichnen wir mit $[\ ,\ ]_0$ und $|\cdot|_0$. Offenbar gilt $v \in H_0$.

Wir betrachten den Ausdruck

$$\forall \eta \in H_0; \qquad [v, \eta]_0 = \int_{\Omega_1} A_{jk}\frac{\partial(\sigma u)}{\partial x_k}\frac{\partial \eta}{\partial x_j}\,dx = \int_{\Omega_1}\left[A_{jk}\sigma\frac{\partial u}{\partial x_k}\frac{\partial \eta}{\partial x_j} + A_{jk}u\frac{\partial\sigma}{\partial x_k}\frac{\partial \eta}{\partial x_j}\right]dx\,.$$

Das erste Glied formen wir wie folgt um:

$$\int_{\Omega_1} A_{jk}\sigma \frac{\partial u}{\partial x_k}\frac{\partial \eta}{\partial x_j}\,dx = \int_{\Omega_1} A_{jk}\frac{\partial u}{\partial x_k}\frac{\partial(\sigma\eta)}{\partial x_j}\,dx - \int_{\Omega_1} A_{jk}\frac{\partial u}{\partial x_k}\frac{\partial \sigma}{\partial x_j}\eta\,dx\,.$$

Nunmehr ist

$$[v,\eta]_0 = \int_{\Omega_1} A_{jk}\frac{\partial u}{\partial x_k}\frac{\partial(\sigma\eta)}{\partial x_j}\,dx + \int_{\Omega_1} A_{jk}\left(u\frac{\partial \sigma}{\partial x_k}\frac{\partial \eta}{\partial x_j} - \eta\frac{\partial \sigma}{\partial x_k}\frac{\partial u}{\partial x_j}\right)dx\,.$$

Die Funktion η setzen wir auf das gesamte Gebiet Ω fort, indem wir $\eta(x) = 0$ setzen für $x \in \Omega \setminus \Omega_1$. Offensichtlich gehört die so fortgesetzte Funktion η zu H_A. Die letzte Beziehung kann man auch so schreiben:

$$[v,\eta]_0 = \int_{\Omega} A_{jk}\frac{\partial u}{\partial x_k}\frac{\partial(\sigma\eta)}{\partial x_j}\,dx + \int_{\Omega_1} A_{jk}\left(u\frac{\partial \sigma}{\partial x_k}\frac{\partial \eta}{\partial x_j} - \eta\frac{\partial \sigma}{\partial x_k}\frac{\partial u}{\partial x_j}\right)dx\,. \qquad (6)$$

Offenbar gilt $\sigma\eta \in H_A$; das erste Integral in (6) ist gleich $[u, \sigma\eta]_A$. Die Beziehung (5) liefert dann

$$[u,\sigma\eta]_A = (f - Cu, \sigma\eta) = \int_{\Omega} (f - Cu)\,\sigma\eta\,dx = \int_{\Omega_1} (f - Cu)\,\sigma\eta\,dx\,,$$

und wir erhalten

$$[v,\eta]_0 = \int_{\Omega_1}\left[(f - Cu)\,\sigma - A_{jk}\frac{\partial u}{\partial x_k}\frac{\partial \sigma}{\partial x_j}\right]\eta\,dx + \int_{\Omega_1} A_{jk}u\frac{\partial \sigma}{\partial x_k}\frac{\partial \eta}{\partial x_j}\,dx. \qquad (7)$$

Für Funktionen der Klasse $W_2^{(1)}$ ist die Formel der partiellen Integration gültig (s. § 7 des Kap. 4). Diese wenden wir auf das zweite Integral in (7) so an, daß die Ableitungen von η nicht mehr auftreten. Dabei verschwindet das Oberflächenintegral, weil $\eta \in H_0$ ist und folglich $\eta\,|_{\partial\Omega_1} = 0$ gilt. Somit erhält die Formel (7) die Gestalt

$$[v,\eta]_0 = \int_{\Omega_1}\left[[(f - Cu)\sigma - 2A_{jk}\frac{\partial u}{\partial x_k}\frac{\partial \sigma}{\partial x_j} - u\frac{\partial}{\partial x_j}\left(A_{jk}\frac{\partial \sigma}{\partial x_k}\right)\right]\eta\,dx = (F,\eta)\,.$$

Die letzte Beziehung bedeutet aber, daß v die schwache Lösung des Problems (4) ist.

§ 3. Starke Lösungen in beliebigen Gebieten

Im beschränkten Gebiet $\Omega \subset E_m$ mit dem stückweise glatten Rand $\partial\Omega = \Gamma$ betrachten wir die schwache Lösung des Dirichletschen oder des Neumannschen Problems für die Gleichung

$$-\frac{\partial}{\partial x_j}\left(A_{jk}\frac{\partial u}{\partial x_k}\right) + Cu = f(x)\,, \qquad f \in L_2(\Omega)\,. \qquad (1)$$

Die Randbedingung des Problems wird als homogen vorausgesetzt. Die Koeffizienten A_{jk} und C mögen den Voraussetzungen des Kap. 19 genügen. Im Falle des Neumannschen Problems für $C(x) \equiv 0$ nehmen wir an, daß Ω die Vereinigung einer endlichen Anzahl von sternförmigen Gebieten ist.

Das Anliegen dieses Paragraphen besteht darin zu zeigen, daß unter den aufgezählten Voraussetzungen folgender Satz gilt:

Satz 21.3.1. *Es sei $u(x)$ die schwache Lösung des* DIRICHLET*schen oder des* NEUMANN*schen Problems bei einer homogenen Randbedingung für die Gleichung* (1) *im Gebiet Ω, und sei Ω_1 ein beliebiges inneres Teilgebiet von Ω. Dann gilt $u \in W_2^{(2)}(\Omega_1)$.*

Beweis. Der Beweis zerfällt in fünf Punkte.

1°. Es sei x_0 ein beliebiger Punkt des Gebietes Ω. Wir betrachten den Kubus Q, dessen Kanten zu den Koordinatenachsen parallel und von der Länge 4ε sind; sein Mittelpunkt sei x_0, und ε wählen wir so klein, daß der genannte Kubus zusammen mit seinem Rand in Ω liegt.

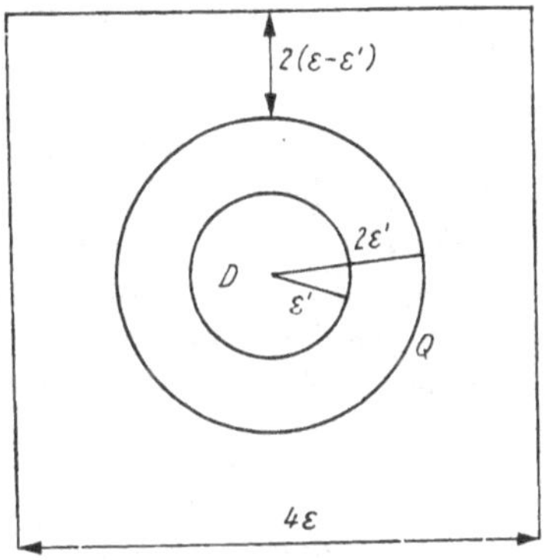

Abb. 36

Wir konstruieren nunmehr eine Funktion $\sigma \in \mathfrak{M}^{(2)}(Q)$ derart, daß $\sigma(x) = 1$ gilt für $x \in D$, wobei D eine Kugel vom Radius ε', $\varepsilon' < \varepsilon$, mit dem Mittelpunkt in x_0 ist. Diese Konstruktion kann man z.B. so vornehmen: Wir wählen eine Zahl ε' mit $0 < \varepsilon' < \varepsilon$ und setzen

$$\forall x \in E_m\colon \sigma_0(x) = \begin{cases} 1, & |x - x_0| < 2\varepsilon' , \\ 0, & |x - x_0| \geqq 2\varepsilon' . \end{cases}$$

Die Funktion $\sigma_0(x)$ mitteln wir, wobei wir den Mittelungsradius kleiner als jede der Zahlen ε' und $2(\varepsilon - \varepsilon')$ wählen. Die so erhaltene Mittelfunktion können wir als $\sigma(x)$ wählen.

Nach dem im § 2 Bewiesenen ist das Produkt $v = \sigma u$ die schwache Lösung des Problems

$$-\frac{\partial}{\partial x_j}\left(A_{jk}\frac{\partial v}{\partial x_k}\right) = F(x)\,, \qquad x \in Q; \qquad v|_{\partial Q} = 0\,, \tag{2}$$

wobei die Funktion F durch die Formel (2.3) definiert ist.

2°. Wir formen die Differentialgleichung (2) um: Wir öffnen zuerst die Klammern und überführen dann die Gleichung durch eine nicht entartete lineare Transformation (s. Kap. 10, § 3) im Punkt x_0 in die kanonische Form. Wenn $\xi_1, \xi_2, \dots, \xi_m$ die neuen Koordinaten sind, so erhält die Gleichung (2) die Gestalt

$$-\tilde{A}_{jk}(\xi)\frac{\partial^2 v}{\partial \xi_j\, \partial \xi_k} + \tilde{A}_k \frac{\partial v}{\partial \xi_k} = F(x) = F_1(\xi)\,.$$

Wir bezeichnen mit ξ_0 den Punkt, in den x_0 überführt wurde. Dann gilt $\tilde{A}_{jk}(\xi_0) = \nu_k \delta_{jk}$, $\nu_k = \text{const} > 0$. Dabei behalten die Beziehungen $\tilde{A}_{jk} \in C^{(1)}(\bar{\Omega})$ und $\tilde{A}_k \in C(\bar{\Omega})$ ihre

Gültigkeit. Wenn wir nunmehr $y_k = \sqrt{\nu_k}\,\xi_k$ setzen, überführen wir die Gleichung (2) in

$$- B_{jk}(y) \frac{\partial^2 v}{\partial y_j\, \partial y_k} + B_k \frac{\partial v}{\partial y_k} = F_1(\xi) = F_2(y); \tag{3}$$

hierbei ist $B_{jk}(y) = (\nu_j \nu_k)^{-1/2}\, \tilde{A}_{jk}(\xi)$ und folglich $B_{jk}(y_0) = \delta_{jk}$, wobei y_0 der Punkt ist, in den ξ_0 überführt wurde. Wenn wir schließlich links den LAPLACE-Operator heraustrennen, erhalten wir die Gleichung

$$- \Delta_y v - [B_{jk}(y) - \delta_{jk}] \frac{\partial^2 v}{\partial y_j\, \partial y_k} + B_k \frac{\partial v}{\partial y_k} = F_2(y)\,. \tag{4}$$

Im Resultat des Übergangs von den Koordinaten x_k zu den Koordinaten y_k werden der Kubus Q und die Kugel D entsprechend in ein schiefes Parallelepiped Q' und in ein Ellipsoid D' transformiert. Wenn ε hinreichend klein ist, kann man im Raum der Koordinaten y_k ein derartiges rechteckiges Parallelepiped Π konstruieren, daß $D' \subset \Pi \subset Q'$ gilt. Die Funktion v (die nach obigen Transformationen von den Veränderlichen y_k abhängt) ist die schwache Lösung der Gleichung (4) bei der Randbedingung

$$v|_{\partial \Pi} = 0\,. \tag{5}$$

3°. Wir bezeichnen mit G den zu dem Operator des DIRICHLETschen Problems für die LAPLACE-Gleichung im Parallelepiped Π inversen Operator. Die explizite Darstellung des Operators G wird durch die Formeln (1.1) und (1.2) gegeben. Wir konnten uns schon davon überzeugen (Formel (1.12)), daß der Operator G ein beschränkter Operator von $L_2(\Pi)$ in $W_2^{(2)}(\Pi)$ ist. Wenn wir auf beide Seiten der Gleichung (4) den Operator G anwenden, erhalten wir die neue Gleichung

$$v(y) - Pv - Tv = \Phi(y)\,, \tag{6}$$

wobei der Kürze halber

$$Pv = G\left[(B_{jk} - \delta_{jk}) \frac{\partial^2 v}{\partial y_j\, \partial y_k}\right], \qquad Tv = G\left(B_k \frac{\partial v}{\partial y_k}\right), \qquad \Phi(y) = GF_2 \tag{7}$$

gesetzt wurde.

Weil $F_2 \in L_2(\Pi)$ gilt, ist auch $\Phi \in W_2^{(2)}(\Pi)$. Wir zeigen, daß die Operatoren P und T in $W_2^{(2)}(\Pi)$ erklärt sind, wobei T vollstetig ist, P stetig ist und für hinreichend kleines ε eine beliebige klein Norm hat.

Es sei M eine Menge von Funktionen aus $W_2^{(2)}(\Pi)$, die in der Norm dieses Raumes beschränkt ist. Die Einbettung von $W_2^{(2)}(\Pi)$ in $W_2^{(1)}(\Pi)$ ist vollstetig. Deshalb ist die Menge der Ableitungen der Gestalt $\partial v/\partial y_k$, $v \in M$, relativ kompakt in $L_2(\Pi)$. Weil die Funktionen B_k beschränkt sind, ist die Menge der Funktionen $B_k\, \partial v/\partial y_k$ ebenfalls relativ kompakt in $L_2(\Pi)$. Der Operator G schließlich, der ein beschränkter Operator von $L_2(\Pi)$ in $W_2^{(2)}(\Pi)$ ist, bildet die letzte Menge in eine neue Menge ab, die schon relativ kompakt in $W_2^{(2)}(\Pi)$ ist. Damit ist gezeigt, daß der Operator T vollstetig im Raum $W_2^{(2)}(\Pi)$ ist.

Wir wenden uns dem Operator P zu. Die Koeffizienten $B_{jk}(y)$ sind stetig und $B_{jk}(y_0) = \delta_{jk}$. Wenn daher ε hinreichend klein ist, so gilt $|B_{jk}(y) - \delta_{jk}| < \sigma$, wobei σ eine beliebig vorgegebene positive Zahl ist. Nach der Dreiecksungleichung und der

CAUCHYschen Ungleichung ergibt sich jetzt

$$\left\|(B_{jk}(y) - \delta_{jk}) \frac{\partial^2 v}{\partial y_j \, \partial y_k}\right\|_{L_2(\Pi)} \leqq \sigma \sum_{j,k=1}^{m} \left\|\frac{\partial^2 v}{\partial y_j \, \partial y_k}\right\|_{L_2(\Pi)} \leqq$$

$$\leqq \sigma \sqrt{m} \left\{ \sum_{j,k=1}^{m} \left\|\frac{\partial^2 v}{\partial y_j \, \partial y_k}\right\|^2 \right\}^{1/2} \leqq \sigma \sqrt{m} \, ||v||_{W_2^{(2)}(\Pi)}$$

Die Größe ε können wir beliebig klein wählen. Deshalb können wir ohne Einschränkung der Allgemeinheit $\varepsilon < 1$ annehmen. Die Formeln (1.12) und (1.18) liefern nunmehr

$$||Pv||_{W_2^{(2)}(\Pi)} \leqq \sigma \sqrt{m} \, K_0 \, ||v||_{W_2^{(2)}(\Pi)} \, .$$

Hieraus ist ersichtlich, daß P ein in $W_2^{(2)}(\Pi)$ beschränkter Operator ist und seine Norm für hinreichend kleines ε beliebig klein ist. Sei ε so klein, daß $\sigma \sqrt{m} \, K_0 \leqq \frac{1}{2}$ ist. Dann gilt $||P|| \leqq \frac{1}{2}$, der Operator $(I - P)^{-1}$ existiert (I — der identische Operator) und ist auf dem gesamten Raum $W_2^{(2)}(\Pi)$ definiert und beschränkt, und zwar gilt $||(I - P)^{-1}|| \leqq 2$.

4°. Wir zeigen, daß die Gleichung (6) eine und nur eine Lösung im Raum $W_2^{(2)}(\Pi)$ besitzt. Dazu wenden wir den Operator $(I - P)^{-1}$ auf beide Seiten der Gleichung (6) an:

$$v(y) - (I - P)^{-1} \, Tv = (I - P)^{-1} \, \Phi \, . \tag{8}$$

Der Operator $(I - P)^{-1}$ ist als Produkt eines beschränkten Operators mit einem vollstetigen Operator vollstetig, somit gilt für die Gleichung (8) die FREDHOLMsche Theorie. Diese Gleichung besitzt nicht mehr als eine Lösung. Wir nehmen an, daß sie zwei Lösungen hat. Jede Lösung der Gleichung (8) ist eine starke Lösung und somit auch eine schwache Lösung des Problems (4), (5). Wenn wir zu den Veränderlichen x_k zurückkehren, so erhalten wir zwei schwache Lösungen des Problems (2). Letzteres ist unmöglich, weil der Operator des letzten Problems positiv-definit ist.

Folglich besitzt die Gleichung (8) in $W_2^{(2)}(\Pi)$ nicht mehr als eine Lösung. Die FREDHOLMsche Theorie liefert mithin, daß diese Gleichung lösbar ist. Sei v ihre Lösung. Wenn wir zu den Koordinaten x_k zurückkehren, so finden wir, daß die Funktion v eine starke Lösung des Problems (2) in $\tilde{\Pi}$ ist, wobei $\tilde{\Pi}$ das Bild des Parallelepipeds Π beim Übergang von den Koordinaten y_k zu den Koordinaten x_k ist; mehr noch, v ist eine Funktion der Klasse $W_2^{(2)}(\tilde{\Pi})$. Wir setzen die Funktion v durch Null auf die Menge $Q \setminus \tilde{\Pi}$ fort; wir erhalten somit eine schwache Lösung des Problems (2) in Q. Nun besitzt das Problem (2) in Q nur eine Lösung $v = u(x) \, \sigma(x)$. Daraus folgt $u(x) \, \sigma(x) = v(x)$ und $u\sigma \in W_2^{(2)}(\tilde{\Pi})$. Ferner gilt $D \subset \tilde{\Pi}$ und somit erst recht $u\sigma \in W_2^{(2)}(D)$. Für $x \in D$ gilt $\sigma(x) = 1$ und deshalb $u \in W_2^{(2)}(D)$.

Außerdem hat die Beziehung

$$||u||_{W_2^{(2)}(D)} \leqq N \, ||f||_{L_2(\Omega)} \tag{9}$$

Gültigkeit, wobei N eine gewisse Konstante ist. Wir beweisen dies. Aus der eindeutigen Lösbarkeit der Gleichung (8) folgt, daß die Resolvente dieser Gleichung existiert und stetig ist. Sei N_1 ihre Norm. In diesem Falle gilt

$$||v||_{W_2^{(2)}(\Pi)} \leqq N_1 \, ||(I - P)^{-1} \, \Phi||_{W_2^{(2)}(\Pi)} \leqq 2N_1 \, ||\Phi||_{W_2^{(2)}(\Pi)} \, .$$

Auf Grund der Formel (7) und der Ungleichung (1.18) erhalten wir ferner

$$||v||_{W_2^{(2)}(\Pi)} \leqq 2N_1 K_0 \, ||F_2||_{L_2(\Pi)} \, . \tag{10}$$

Eine lineare Transformation der cartesischen Koordinaten ändert den Raum $W_p^{(k)}$ nicht und führt höchstens dazu, daß die Norm durch eine äquivalente ersetzt wird. Im speziellen gilt

$$\|F_2\|_{L_2(\Pi)} \leqq c\,\|F\|_{L_2(\Pi)} \leqq c\,\|F\|_{L_2(\Pi)}\,, \qquad c = \text{const}\,, \tag{11}$$

und

$$\|v\|_{W_2^{(2)}(\tilde{\Pi})} \leqq c_1\,\|v\|_{W_2^{(2)}(\Pi)}\,, \qquad c_1 = \text{const}\,. \tag{12}$$

Aus den Ungleichungen (10) bis (12) folgt

$$\|v\|_{W_2^{(2)}(\tilde{\Pi})} \leqq 2cc_1N_1K_0\,\|F\|_{L_2(\Omega)}\,. \tag{13}$$

Wir schätzen nun die rechts stehende Norm ab. Wenn wir berücksichtigen, daß die Funktionen $\sigma(x)$ und $A_{jk}(x)$ stetig differenzierbar sind und die Funktion $C(x)$ beschränkt ist, so erhalten wir auf Grund der Formel (2.3)

$$\|F\|_{L_2(\Omega)} \leqq c_2\,\|f\|_{L_2(\Omega)} + c_3\,\|u\|_{L_2(\Omega)} + c_4\,|u|\,; \tag{14}$$

$|\cdot|$ bedeutet hierbei die energetische Norm des DIRICHLETschen oder NEUMANNschen Problems, dessen Lösung die Funktion $u(x)$ ist. Auf Grund der Ungleichungen (5.9) und (5.10) des Kap. 5 gilt

$$\|u\|_{L_2(\Omega)} \leqq \gamma^{-2}\,\|f\|_{L_2(\Omega)}; \qquad |u| \leqq \gamma^{-1}\,\|f\|_{L_2(\Omega)}\,,$$

wobei γ die Konstante der positiven Definitheit des betrachteten Problems ist. Wenn wir dies in (14) einsetzen, so erhalten wir

$$\|F\|_{L_2(\Omega)} \leqq c_5\,\|f\|; \qquad c_5 = \text{const}\,.$$

Aus der Ungleichung (13) folgt nunmehr

$$\|v\|_{W_2^{(2)}(\tilde{\Pi})} \leqq N\,\|f\|_{L_2(\Omega)}; \qquad N = 2cc_1c_5N_1K_0\,.$$

Ersetzen wir in dieser Beziehung die Größe $\|v\|_{W_2^{(2)}(\tilde{\Pi})}$ durch die sie nicht übersteigende Größe $\|v\|_{W_2^{(2)}(D)} = \|u\|_{W_2^{(2)}(D)}$, so erhalten wir die Ungleichung (9).

5°. Es sei Ω_1 ein inneres Teilgebiet von Ω. Nach dem im Punkt 4 Bewiesenen kann um jeden Punkt $x \in \Omega_1$ eine Kugel D beschrieben werden, in der die schwache Lösung $u(x)$ auch eine starke Lösung ist, d. h., es gilt $u \in W_2^{(2)}(D)$ und die Ungleichung (9). Nach dem HEINE-BORELschen Überdeckungssatz kann das abgeschlossene Gebiet Ω_1 durch eine endliche Anzahl solcher Kugeln überdeckt werden.

Wir beweisen jetzt, daß die schwache Lösung $u(x)$ auch eine starke Lösung in Ω_1 ist, d. h., daß $u \in W_2^{(2)}(\Omega_1)$ und die Ungleichung

$$\|u\|_{W_2^{(2)}(\Omega_1)} \leqq N_0\,\|f\|_{L_2(\Omega)}; \qquad N_0 = \text{const}\,, \tag{15}$$

gilt.

Es seien $D^{(1)}$ und $D^{(2)}$ irgendwelche, nicht durchschnittsfremde Kugeln aus der Überdeckung des Gebietes Ω_1. Satz 4.7.2 liefert $u \in W_2^{(2)}\,(D^{(1)} \cup D^{(2)})$. Wenn $D^{(3)}$ eine weitere Kugel aus dieser Überdeckung ist, deren Durchschnitt mit der Vereinigung $D^{(1)} \cup D^{(2)}$ nicht leer ist, so folgt aus dem eben genannten Satz $u \in W_2^{(2)}\left(\bigcup_{n=1}^{3} D^{(n)}\right)$. Wenn wir diesen Prozeß fortsetzen, so überzeugen wir uns von der Gültigkeit der Beziehung $u \in W_2^{(2)}\left(\bigcup_{n=1}^{k} D^{(n)}\right)$, wobei k die Anzahl der Kugeln in der Überdeckung ist. Nun ist aber das Gebiet Ω_1 in seiner Überdeckung enthalten; auf Grund des Satzes

3.2.2 gilt dann $u \in W_2^{(2)}(\Omega_1)$. Fernerhin ist

$$||u||_{W_2^{(2)}(\Omega_1)} \leqq \sum_{n=1}^{k} ||u||_{W_2^{(2)}(D^{(k)})} ,$$

und die Ungleichung (9) liefert

$$||u||_{W_2^{(2)}(\Omega_1)} \leqq N_0 \, ||f||_{L_2(\Omega)}; \qquad N_0 = kN .$$

Der Satz ist bewiesen.

Nebenbei wurde die Abschätzung (15) für die $W_2^{(2)}$-Norm aufgestellt. Da Ω_1 ein beliebiges Teilgebiet ist, ist die schwache Lösung $u(x)$ auch eine starke Lösung im Gebiet Ω.

§ 4. Inhomogene Randbedingungen

Wir betrachten die homogene elliptische Differentialgleichung

$$-\frac{\partial}{\partial x_j}\left(A_{jk}(x)\,\frac{\partial u}{\partial x_k}\right) + C(x)\,u = 0 \tag{1}$$

mit der inhomogenen Randbedingung des Dirichletschen Problems

$$u|_\Gamma = \varphi(x) \tag{2}$$

oder des Neumannschen Problems

$$\left[A_{jk}\,\frac{\partial u}{\partial x_k}\cos(\nu, x_j)\right]_\Gamma = h(x) . \tag{3}$$

Wir setzen voraus, daß für beide Probleme die Vorgaben den Bedingungen des Kap. 19 genügen. Im speziellen erfüllt die Funktion φ die Fortsetzbarkeitsbedingung: Es existiert eine solche Funktion $\psi \in W_2^{(1)}(\Omega)$, daß $\psi(x)|_\Gamma = \varphi(x)$.

Unter diesen Voraussetzungen gilt folgender Satz:

Satz 21.4.1. *Es sei $u_0(x)$ die schwache Lösung des* Dirichlet*schen Problems* (1), (2) *oder des* Neumann*schen Problems* (1), (3). *Wenn Ω_1 ein beliebiges inneres Teilgebiet von Ω ist, so gilt $u_0 \in W_2^{(2)}(\Omega_1)$.*

Der Beweis dieses Satzes verläuft nach dem Schema des Beweises für den Satz des vorigen Paragraphen. Wir wollen den Beweis kurz andeuten.

Die schwache Lösung $u_0(x)$ des Dirichletschen Problems (1), (2) wird durch die Integralbeziehung

$$\int_\Omega \left(A_{jk}\,\frac{\partial \eta}{\partial x_j}\,\frac{\partial u_0}{\partial x_k} + C u_0 \eta\right) dx = 0 , \qquad \forall \eta \in H_{\mathfrak{A}} \tag{4}$$

definiert (s. Formel (3.9) aus Kap. 19). Genauso wird die schwache Lösung des Neumannschen Problems durch die Integralbeziehung

$$\int_\Omega \left(A_{jk}\,\frac{\partial \eta}{\partial x_j}\,\frac{\partial u_0}{\partial x_k} + C u_0 \eta\right) dx - \int_\Gamma h\eta \, d\Gamma = 0 , \qquad \forall \eta \in W_2^{(1)}(\Omega) , \tag{5}$$

definiert (s. §§ 7 bis 9, Kap. 19).

Wie im § 3 konstruieren wir einen Kubus, der im Inneren von Ω enthalten ist und setzen $v = \sigma u_0$. Wie auch früher ist v die schwache Lösung des Problems (3.2), allerdings mit der etwas einfacheren Funktion F: Im gegebenen Falle ist

$$F(x) = -2A_{jk}\frac{\partial\sigma}{\partial x_j}\frac{\partial u}{\partial x_k} - u\frac{\partial}{\partial x_j}\left(A_{jk}\frac{\partial\sigma}{\partial x_k}\right) - C\sigma u\,. \tag{6}$$

Die weiteren Überlegungen verlaufen ohne jegliche Änderungen genauso wie im § 3.

§ 5. Der Fall eines hinreichend glatten Randes

Wenn wir voraussetzen, daß die auf dem Rand des Gebietes vorgegebenen Funktionen hinreichend glatt sind, so kann man in diesem Fall beweisen, daß die schwache Lösung des DIRICHLETschen oder des NEUMANNschen Problems im gesamten betrachteten Gebiet zur Klasse $W_2^{(2)}$ gehört. Wir werden hier nur das DIRICHLETsche Problem mit der homogenen Randbedingung betrachten und folgenden Satz beweisen:

Satz 21.5.1. *Es mögen die Koeffizienten $A_{jk}(x)$ und $C(x)$ die Voraussetzungen des* § 1, Kap. 19, *erfüllen und sei $\Omega \subset E_m$ ein beschränktes Gebiet, für dessen Rand $\partial\Omega = \Gamma \in C^{(2)}$ gilt. Dann gehört die schwache Lösung des Problems*

$$-\frac{\partial}{\partial x_j}\left(A_{jk}(x)\frac{\partial u}{\partial x_k}\right) + C(x)\,u = f(x); \qquad f \in L_2(\Omega)\,, \tag{1}$$

zur Klasse $W_2^{(2)}(\Omega)$.

Beweis. Es möge die Zahl δ der Ungleichung $0 < \delta < \frac{1}{3}d$ genügen, wobei d der Radius der LJAPUNOW-Kugel für die Fläche Γ ist. Wie üblich werden wir mit Ω_h den Randstreifen der Breite h bezeichnen. Nach Satz 21.3.1 gilt für die schwache Lösung des Problems (1) $u \in W_2^{(2)}(\Omega \setminus \Omega_{\delta/2})$, und es genügt $u \in W_2^{(2)}(\Omega_\delta)$ zu zeigen; aus Satz 4.7.2 folgt dann $u \in W_2^{(2)}(\Omega)$.

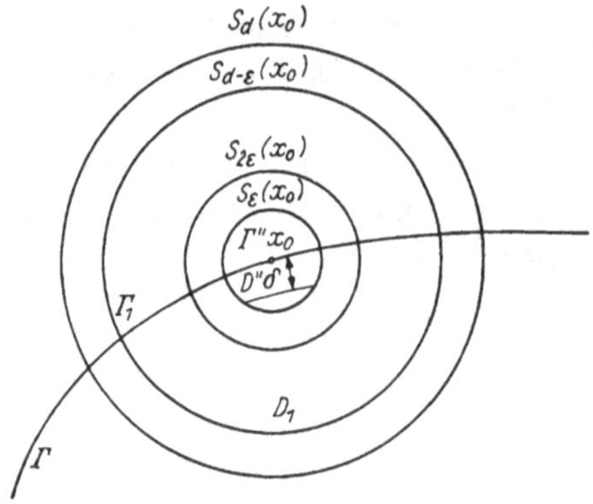

Abb. 37

Wir betrachten einen beliebigen Punkt $x_0 \in \Gamma$ und beschreiben um diesen die LJAPUNOW-Kugel $S_d(x_0)$; wie üblich bezeichnen wir mit $S_r(x)$ die Kugel vom Radius r mit dem Zentrum im Punkt x. Mit D_1 und Γ_1 bezeichnen wir entsprechend den Teil des Gebietes Ω und den Teil der Fläche Γ, der sich in der Kugel $S_d(x_0)$ befindet (s. Abb. 37). Fernerhin beschreiben wir um den Punkt x_0 die Kugel $S_\varepsilon(x_0)$, deren Radius ε hinreichend klein ist, und sei Γ'' der in der neuen Kugel enthaltene Teil der Fläche Γ sowie D'' der Teil des Randstreifens Ω_δ, der in dieser Kugel liegt.

Wir betrachten eine Funktion $\sigma(x)$ mit folgenden Eigenschaften:

a) $\sigma \in C^{(2)}(\Omega)$;

b) auf der Kugel $S_{2\delta}(x_0)$ und auf dem Rand dieser Kugel gilt $\sigma(x) = 1$;

c) außerhalb der Kugel $S_{d-\varepsilon}(x_0)$ und auf ihrem Rand gilt $\sigma(x) = 0$.

Offenbar gilt $\sigma(x) = 1$ für $x \in D''$. Die Funktion $\sigma(x)$ kann man folgendermaßen konstruieren: Wir mitteln die Funktion

$$\sigma_0(x) = \begin{cases} 1, & |x - x_0| \leqq 3\varepsilon\,, \\ 0, & |x - x_0| > 3\varepsilon\,, \end{cases} \tag{2}$$

wobei der Mittelungsradius kleiner als jede der Zahlen ε und $d - 4\varepsilon$ genommen wird; die Einschränkung der so erhaltenen Funktion kann als $\sigma(x)$ gewählt werden.

Wie im § 2 wird bewiesen, daß das Produkt $v(x) = \sigma(x)\, u(x)$ eine schwache Lösung des Problems

$$-\frac{\partial}{\partial x_j}\left(A_{jk}(x)\,\frac{\partial v}{\partial x_k}\right) = F(x); \qquad u|_{\partial D_1} = 0 \tag{3}$$

im Gebiet D_1 ist; die Funktion F wird hierbei durch die Formel (2.3) definiert.

Die Gleichung des Flächenteils Γ_1 habe im Ortskoordinatensystem die Gestalt

$$\xi_m = f(\xi_1, \xi_2, \ldots, \xi_{m-1}); \tag{4}$$

offenbar gilt $f \in C^{(2)}$. Durch die Formeln

$$y_k = \xi_k\,, \quad 1 \leqq k \leqq m-1; \qquad y_m = \xi_m - f(\xi_1, \ldots, \xi_{m-1}) \tag{5}$$

erklären wir die neuen unabhängigen Veränderlichen $y_1, y_2, \ldots, y_m$. Die Transformation (5) bildet das Gebiet D_1 in ein gewisses neues Gebiet $\widetilde{D}_1$ ab, ein Teil dessen Randes ist das ebene Gebiet $\widetilde{\Gamma}_1$ — das Bild der Fläche Γ_1 — welches in der Ebene $y_m = 0$ liegt. Wir vermerken noch, daß der Punkt x_0 in den Koordinatenursprung des Raumes der Veränderlichen y_k übergeht. Die Ränder der Kugeln $S_\varepsilon(x_0)$ und $S_d(x_0)$ gehen in gewisse Flächen $\sum_\varepsilon$ und $\sum_d$ über; wenn man den Radius d hinreichend klein wählt, so können diese Flächen durch Sphären mit dem Mittelpunkt im Koordinatenursprung und den Radien ε und d entsprechend beliebig genau approximiert werden.

Im Gebiet D_1 ist die Transformation (5) eineindeutig, zweimal stetig differenzierbar und besitzt eine JACOBIsche Funktionaldeterminante, die identisch Eins ist. Eine solche Transformation erhält offenbar die Klasse $W_2^{(2)}$.

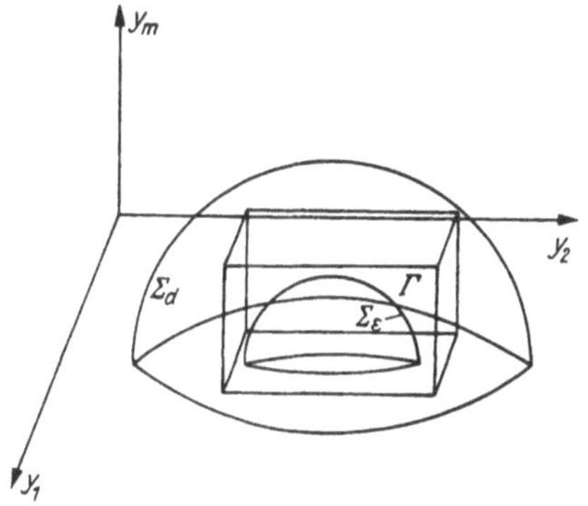

Abb. 38

Wenn ε hinreichend klein ist, kann man ein Parallelepiped Π mit folgenden Eigenschaften konstruieren (Abb. 38): eine seiner Seitenflächen liegt in der Ebene $y_m = 0$; es liegt in dem durch die Fläche $\sum_d$ und durch die Ebene $y_m = 0$ berandeten Gebiet; es enthält das durch die Ebene $y_m = 0$ und durch die Fläche $\sum_\varepsilon$ berandete Gebiet. Im besonderen enthält es das Gebiet D''. Dabei verschwindet die Funktion σ auf den Seitenflächen des Parallelepipeds, auf denen $y_m < 0$ gilt. Daraus folgt

$$v|_{\partial\Pi} = 0\,. \tag{6}$$

Durch die Koordinatentransformation (von x_k zu y_k) geht die Differentialgleichung (3) in eine Gleichung der Gestalt (man vergleiche § 3)

$$-B_{jk}\frac{\partial^2 v}{\partial y_j\,\partial y_k} + B_k\frac{\partial v}{\partial y_k} = F_2(y) \tag{7}$$

über. Mithin ist die Funktion v die schwache Lösung des Problems (6), (7) im Parallelepiped Π. Die weiteren Überlegungen verlaufen genauso wie im § 3 und zeigen, daß $u \in W_2^{(2)}(\Omega_\delta)$ gilt. Der Satz ist bewiesen.

§ 6. Elliptische Systeme

In diesem Paragraphen geben wir die allgemeine Definition eines elliptischen Systems beliebiger Ordnung und formulieren, allerdings ohne Beweise, einige der wichtigsten Eigenschaften dieser Systeme.

1. Die Definition elliptischer Systeme

Eine erste derartige Definition wurde von I. G. Petrowski[1]) gegeben.

Wir betrachten ein System von N linearen partiellen Differentialgleichungen mit N unbekannten Funktionen $u_1, u_2, \ldots, u_N$ und m unabhängigen Veränderlichen $x_1, x_2, \ldots, x_m$. Dieses System kann man wie folgt schreiben:

$$\sum_{k=1}^{N} L_{jk}u_k = f_j(x)\,, \qquad j = 1, 2, \ldots, N\,. \tag{1}$$

Hierbei sind L_{jk} gewisse lineare Differentialausdrücke; x kennzeichnet, wie üblich, einen Punkt des m-dimensionalen euklidischen Raumes mit den Koordinaten $x_1, x_2, \ldots, x_m$.

Wenn die Ordnung des Differentialausdruckes L_{jk} gleich s_{jk} ist, so kann man offensichtlich

$$L_{jk}u_k = \sum_{|\alpha| \leq s_{jk}} A_{jk}^{(\alpha)}(x)\, D^\alpha u_k$$

schreiben.

Wir führen die Bezeichnung

$$\sum_{|\alpha| \leq s_{jk}} A_{jk}^{(\alpha)}(x)\, D^\alpha = L_{jk}(x, D) \tag{2}$$

---

[1]) Man vergleiche dazu den Artikel von I. G. Petrowski, Über einige Probleme der Theorie der partiellen Differentialgleichungen, Uspechi matem. nauk, **1**(3–4), 1946, S. 44–70.

ein. Offenbar ist $L_{jk}(x, D)$ ein Polynom bezüglich $D_1, D_2, \dots, D_m$. Jetzt kann man das System (1) in der Gestalt

$$\sum_{k=1}^{N} L_{jk}(x, D)\, u_k = f_j(x)\,, \qquad j = 1, 2, \dots, N\,,$$

darstellen, oder, wenn man die Matrix der Ordnung N

$$L(x, D) = ||L_{jk}(x, D)||_{j,k=1}^{j,k=N}$$

und die aus N Komponenten bestehenden Vektoren

$$u = (u_1, u_2, \dots, u_N)\,, \qquad f = (f_1, f_2, \dots, f_N)$$

einführt, ergibt sich

$$L(x, D)\, u = f(x)\,. \tag{3}$$

Mit $L^0_{jk}(x, D)$ bezeichnen wir den sogenannten *Hauptteil* der polynomialen Matrix $L(x, D)$. Man erhält ihn, wenn man im linken Teil der Formel (2) nur die Summanden beibehält, für die $|\alpha| = s_k$ gilt; mit s_k wird hier die Ordnung der höchsten Ableitungen der Funktion u_k bezeichnet, die in das System (1) eingehen. Offenbar ist

$$L^0_{jk}(x, D) = \sum_{|\alpha| = s_k} A^{(\alpha)}_{jk}(x)\, D^\alpha\,. \tag{4}$$

Es sei $\xi = (\xi_1, \xi_2, \dots, \xi_m)$ ein beliebiger Punkt des Raumes E_m. Wir setzen

$$L^0_{jk}(x, \xi) = \sum_{|\alpha| = s_k} A^{(\alpha)}_{jk}(x)\, \xi^\alpha\,. \tag{5}$$

Das System (1) (oder (3)) wird *elliptisch* nach I. G. Petrowski [5] im Punkt x genannt, wenn in diesem Punkt die Determinante Det $L^0(x, \xi)$, wobei

$$L^0(x, \xi) = \left\| \begin{matrix} L^0_{11}(x, \xi) & L^0_{12}(x, \xi) & \dots & L^0_{1N}(x, \xi) \\ L^0_{21}(x, \xi) & L^0_{22}(x, \xi) & \dots & L^0_{2N}(x, \xi) \\ \dots & \dots & \dots & \dots \\ L^0_{N1}(x, \xi) & L^0_{N2}(x, \xi) & \dots & L^0_{NN}(x, \xi) \end{matrix} \right\| \tag{6}$$

gilt, nur für $\xi_1 = \xi_2 = \dots = \xi_m = 0$ verschwindet. Das System (1) heißt auf einer gewissen Menge elliptisch, wenn es in jedem Punkt dieser Menge elliptisch ist.

Man sieht leicht ein, daß im Falle einer Gleichung zweiter Ordnung die Definition der Elliptizität nach I. G. Petrowski mit der Definition des § 2 aus Kap. 9 übereinstimmt. Eine allgemeinere Definition elliptischer Systeme ist in [11] gegeben worden.

Beispiel 1. Die Gleichung

$$\Delta^n u = f(x)\,, \tag{7}$$

wobei Δ der Laplace-Operator und n eine natürliche Zahl sind, ist elliptisch nach I. G. Petrowski. In der Tat, im betrachteten Fall gilt $N = 1$, die Matrix (6) reduziert sich auf ein einziges Element

$$L^0_{11}(x, \xi) = L_{11}(x, \xi) = (\xi_1^2 + \xi_2^2 + \dots + \xi_m^2)^n\,.$$

Offenbar verschwindet der letzte Ausdruck nur für $\xi_1 = \dots = \xi_m = 0$.

Beispiel 2. Das Gleichungssystem der statischen Elastizitätstheorie hat die Gestalt

$$\Delta u + \omega \operatorname{grad} \operatorname{div} u = f(x)\,. \tag{8}$$

Hierbei sind $u = (u_1, \dots, u_m)$ und $f = (f_1, \dots, f_m)$ aus m Komponenten bestehende Vektoren, ω ist ein Zahlenparameter. Die Matrix (6) nimmt im gegebenen Fall die Gestalt

$$\left\| \begin{matrix} \xi^2 + \omega\xi_1^2 & \omega\xi_1\xi_2 & \dots & \omega\xi_1\xi_m \\ \omega\xi_2\xi_1 & \xi^2 + \omega\xi_2^2 & \dots & \omega\xi_2\xi_m \\ \dots & \dots & \dots & \dots \\ \omega\xi_m\xi_1 & \omega\xi_m\xi_2 & \dots & \xi^2 + \omega\xi_m^2 \end{matrix} \right\|$$

an, wobei $\xi^2 = \xi_1^2 + \xi_2^2 + \dots \xi_m^2$ gilt. Die Determinante der letzteren Matrix läßt sich leicht ermitteln, sie nimmt den Wert

$$(1 + \omega)\, \xi^{2m}$$

an.

Nunmehr ist offensichtlich, daß das System (8) mit Ausnahme von $\omega = -1$ für alle Werte des Parameters ω elliptisch ist. Wenn man $f(x)$ durch $\omega f(x)$ ersetzt, so erhalten wir für $\omega = \infty$ das System

$$\operatorname{grad} \operatorname{div} u = f(x) .$$

Dieses System ist nicht elliptisch, denn seine Determinante ist gleich Null. Man kann deshalb sagen, daß das Gleichungssystem der statischen Elastizitätstheorie mit Ausnahme der Werte $\omega = -1$ und $\omega = \infty$ für alle Werte des Parameters ω elliptisch ist.

Eine allgemeinere Definition wurde von S. Agmon, A. Douglis und L. Nierenberg in [2] gegeben. Wir setzen

$$L_{jk}(x, \xi) = \sum_{|\alpha| \leq s_{ij}} A_{jk}^{(\alpha)}(x)\, \xi^\alpha . \tag{9}$$

Wir nehmen an, daß es gelungen ist, zwei Systeme ganzer Zahlen q_j, t_k derart zu konstruieren, daß der Grad des Polynoms $L_{jk}(x, \xi)$ die Zahl $q_j + t_k$ nicht übersteigt. Dabei setzen wir $L_{jk} \equiv 0$ voraus, wenn $q_j + t_k < 0$ gilt. Es möge noch $q_j \leqq 0$, $t_k \geqq 0$ gelten. Wir setzen $t' = \max t_k$. Es sei jetzt $L'_{jk}(x, \xi)$ das Polynom, welches man erhält, wenn man im Polynom (9) nur die Glieder beibehält, deren Grad genau $q_j + t_k$ ist. Dieses Mal bezeichnen wir mit $L^0(x, \xi)$ die Matrix, die aus den Polynomen L'_{jk} gebildet wird. Das System (1) heißt *elliptisch* im Punkt x, wenn $\operatorname{Det} L^0(x, \xi) \neq 0$ ist für jeden von Null verschiedenen reellen Vektor ξ; dieses System heißt auf einer gewissen Menge elliptisch, wenn es in jedem Punkt dieser Menge elliptisch ist.

Man kann zeigen, daß jedes nach I. G. Petrowski elliptische System auch im Sinne der neuen Definition elliptisch ist.

Die Wahl der Zahlen q_j und t_j ist nicht immer offensichtlich, und das Nachprüfen der Gültigkeit der oben gegebenen Definition kann sich als schwierig erweisen. Man kann eine andere, äquivalente Definition geben, die in Termini der unmittelbar gegebenen Größen formuliert werden kann. Wir werden bei dieser Problemstellung nicht länger verweilen.

2. Die Formulierung der Randwertaufgabe. Die Komplementärbedingung

Wenn die Dimension des Raumes größer oder gleich 3 ist, so ist die Determinante der Matrix $L^0(x, \xi)$ ein Polynom geraden Grades bezüglich ξ; wenn dabei ξ und ξ' linear unabhängige Vektoren im Raum E_m sind, so besitzt das Polynom $\operatorname{Det} L^0(x, \xi + \tau\xi')$ bezüglich τ die gleiche Anzahl von Nullstellen mit positiven und negativen Realteilen (vgl. [2] und auch den Artikel von Ja. B. Lopatinski, Ukr. mathem. Journal, B. 5, Nr. 2, 1953, S. 123–151).

Wenn $m = 2$ ist, so betrachten wir nur solche elliptischen Systeme, für die die Determinante der Matrix (6) die beiden hier angeführten Eigenschaften besitzt.

Es sei Ω ein beschränktes Gebiet des Raumes E_m, dessen Rand eine $(m - 1)$-dimensionale Fläche ist. Der Einfachheit halber nehmen wir diese als beliebig oft differenzierbar an. Weiterhin betrachten wir Randbedingungen der Gestalt

$$\left[\sum_{k=1}^{N} B_{jk}(x, D)\, u_k\right]_\Gamma = \varphi_j(x) , \qquad j = 1, 2, \dots , N_1 , \tag{9a}$$

wobei die Ausdrücke B_{jk} Polynome bezüglich D sind. Folglich stellen die linken Seiten der Gleichungen (9a) die auf der Fläche Γ ermittelten Werte gewisser Differentialausdrücke von den Funktionen u_k dar.

Weiter nehmen wir an, daß die Koeffizienten der Polynome $L_{jk}(x, D)$ und $B_{jk}(x, D)$ beliebig oft differenzierbare Funktionen von x in $\overline{\Omega}$ sind. Die Ausdrücke B_{jk} mögen der folgenden Bedingung genügen, die von S. Agmon, A. Douglis und L. Nierenberg [2] *Komplementärbedingung* genannt wurde. In einer etwas anderen Form haben diese Bedingung für im Sinne von I. G. Petrowski elliptische Systeme im Jahre 1953 unabhängig voneinander Ja. B. Lopatinski und S. Ja. Schapiro formuliert. Mit $B_{jk}(x, \xi)$ bezeichnen wir das Polynom, welches man erhält, wenn man in dem Operator $B_{jk}(x, D)$ den Operator D durch den Vektor $\xi \in E_m$ ersetzt. Mit β_{jk} bezeichnen wir noch den Grad des Polynoms $B_{jk}(x, \xi)$ und $r_j = \max_k (\beta_{jk} - t_k)$. Dann übersteigt der Grad des Polynoms $B_{jk}(x, \xi)$ nicht die Zahl $r_j + t_k$; dabei ist $B_{jk}(x, \xi) \equiv 0$, falls $r_j + t_k < 0$. Sei fernerhin $B'_{jk}(x, \xi)$ die Summe der Glieder des Polynoms $B_{jk}(x, \xi)$, deren Grad genau $r_j + t_k$ ist. Mit $B^0(x, \xi)$ bezeichnen wir die aus den Elementen $B'_{jk}(x, \xi)$ gebildete Matrix, mit $\hat{L}(x, \xi)$ die Matrix, die zu der Matrix transportiert ist, deren Elemente die algebraischen Ergänzungen der Matrix $L^0(x, \xi)$ sind. Es seien $x \in \Gamma$ und ξ' ein beliebiger, von Null verschiedener Tangentenvektor zu Γ im Punkt x. Weiterhin sei ν der Normaleneinheitsvektor im gleichen Punkt. Mit $\tau_k(x, \xi')$, $k = 1, 2, \ldots, p$, bezeichnen wir die Wurzeln der Gleichung $\operatorname{Det} L^0(x, \xi' + \tau\nu) = 0$, deren Imaginärteile positiv sind, und mit $M(x, \xi', \tau)$ das Polynom bezüglich der Variablen τ:

$$M(x, \xi', \tau) = \prod_{k=1}^{p} \left(\tau - \tau_k(x, \xi')\right).$$

Die Komplementärbedingung besteht im folgenden: *Die Zeilen der Matrix* $B^0(x, \xi' + \nu\tau)\, \hat{L}(x, \xi' + \nu\tau)$ *sollen modulo* $M(x, \xi', \tau)$ *linear unabhängig sein.*

Beispiel 3. Das System (1) stelle eine einzige nicht entartete elliptische Differentialgleichung zweiter Ordnung dar. Für das Dirichletsche und das Neumannsche Problem dieser Gleichung ist die Komplementärbedingung erfüllt. Wenn die Dimension des Raumes größer oder gleich 3 ist, so wird für das Problem der Richtungsableitung die Komplementärbedingung genau in den Punkten des Randes erfüllt, in denen die Richtung der Differentiation nicht tangential zum Rand ist. Wenn $m = 2$ ist, so wird für das Problem der Richtungsableitung die Komplementärbedingung auf dem gesamten Rand erfüllt.

Beispiel 4. Für das System (8) der Gleichungen der statischen Elastizitätstheorie formulieren wir das Dirichletsche Problem, d. h. $u|_\Gamma = \varphi(x)$, wobei $\varphi(x)$ eine auf dem Rand Γ des elastischen Körpers gegebene Vektorfunktion ist. Den Raum setzen wir als dreidimensional voraus, $m = 3$. Die Komplementärbedingung wird für $\omega \neq -2$ erfüllt und für $\omega = -2$ verletzt. Dabei versteht es sich von selbst, daß wir die Werte $\omega = \infty$ und $\omega = -1$ nicht betrachten, da für sie das System (8) nicht elliptisch ist.

Zur Komplementärbedingung kann man auf folgende Weise gelangen. Wir halten einen Punkt $x_0 \in \Gamma$ fest und legen in diesen Punkt den Ursprung eines Ortskoordinatensystems $J_1, J_2, \ldots, J_m$. Wie üblich legen wir fest, daß die J_m-Achse entlang der Normalen auf Γ gerichtet ist, die restlichen Achsen befinden sich dann in der Tangentialebene. Im System (1) und in den Randbedingungen (9) behalten wir nur die Hauptglieder bei und „frieren" in ihnen die Koeffizienten ein, indem wir den Punkt x durch x_0 ersetzen. Das System (1) wandeln wir in ein homogenes System um, indem wir die rechten Seiten $f_j(x)$ durch Null ersetzen. Schließlich ersetzen wir noch das Gebiet Ω durch den Halbraum $J_m > 0$. Wir gelangen somit zu dem weitgehend vereinfachten Randwertproblem: Die Gleichungen und die Randbedingungen sind bezüglich der Ordnung der Differentiation homogen und ihre Koeffizienten sind Konstanten, die Differentialgleichungen sind auch im üblichen Sinne homogen und die Lösung wird im einfachsten Gebiet, im Halbraum, gesucht. Wenn wir die FOURIER-Transformation bezüglich $J_1, J_2, \ldots, J_{m-1}$ durchführen, ergibt sich ein gewisses Randwertproblem für ein System gewöhnlicher Differentialgleichungen mit konstanten Koeffizienten auf der Halbachse $J_m > 0$. Die Komplementärbedingung ist notwendig und hinreichend dafür, daß die letztere Aufgabe eine und nur eine Lösung besitzt, die für $J_m \to \infty$ gegen Null strebt.

3. Koerzitive Randwertprobleme

Das Randwertproblem (1), (9) wird in Ω *elliptisch* oder *koerzitiv* genannt, wenn

1. das System (1) im abgeschlossenen Gebiet $\overline{\Omega}$ elliptisch ist;
2. in allen Punkten des Randes von Ω die Komplementärbedingung erfüllt ist.

Wir nehmen an, daß das Problem (1), (9) koerzitiv ist und daß alle Vorgaben des Problems (d. h. die Koeffizienten, die rechten Seiten der in das System eingehenden Gleichungen sowie der Randbedingungen und der Rand des Gebietes) hinreichend glatt sind. Dann kann folgende apriori-Abschätzung der Lösung angegeben werden (diese Abschätzung heißt auch koerzitiv):

$$\|u_j\|_{W_p^{(l+t_j)}(\Omega)} \leqq C\left\{\sum_{k=1}^{N} \|f_k\|_{W_p^{(l-q_j)}(\Omega)} + \sum_{k=1}^{N} \|\varphi_k\|_{W_p^{(l-r_k-1/p)}(\Gamma)} + \sum_{k=1}^{N} \|u_k\|_{L_p(\Omega)}\right\}. \quad (10)$$

Hierbei ist l eine hinreichend große Zahl und p eine beliebige Zahl mit $1 < p < \infty$.

Wir betrachten nunmehr die Räume

$$H_{p,l} = \prod_{j=1}^{N} W_p^{(l-q_j)}(\Omega) \times \prod_{k=1}^{N_1} W_p^{(l-r_k-1/p)}(\Gamma); \qquad V_{p,l} = \prod_{j=1}^{N} W_p^{(l+t_j)}(\Omega).$$

Die linken Seiten der Gleichungen (1), (9) erzeugen einen Operator, den wir mit A bezeichnen; auf Grund der Koerzitivität der Abschätzung (10) ist der Operator A ein beschränkter Operator von $V_{p,l}$ in $H_{p,l}$.

Mittels der Abschätzung (10) gelingt es auch, für den Operator A einen beidseitigen Regularisator anzugeben. Aus den Resultaten des Kap. 7 folgt dann, daß für den Operator A die NOETHERschen Sätze gelten: Dieser Operator ist normal auflösbar und besitzt einen endlichen Index.

Eine ausführliche Darstellung der in diesem Paragraphen angeschnittenen Problemkreise kann man in den Artikeln [2], [3], [7], [27] finden.

4. Über den Index der koerzitiven Aufgabe

Von großem Interesse ist das Problem der Berechnung dieses Index und die Untersuchung seiner Eigenschaften.

Eine recht allgemeine Formel für den Index, die für eine große Klasse von Aufgaben, insbesondere für die koerzitive Aufgabe (1), (9) anwendbar ist, wurde von M. F. ATIYAH und I. M. SINGER[1]) aufgestellt. Es ist allerdings schwierig, den Index nach dieser Formel auszurechnen. Deshalb sind die Fälle von Interesse, für die man über den Index diese oder jene Behauptungen aussagen kann, die sich einfacher formulieren lassen. Wir führen eine solche Behauptung an.[2])

---

1) M. F. ATIYAH, I. M. SINGER, The index of elliptic operators on compact manifolds, Bull. Amer. Math. Society, **69**, 3 (1963), pp. 422–433.

2) M. S. AGRANOWITSCH und A. S. DYNIN, Allgemeine Randwertaufgaben für elliptische Systeme in mehrdimensionalen Gebieten, Doklady AN SSSR, **146**, 2 (1962), S. 511–514.

Es mögen sich zwei koerzitive Aufgaben des Typs (1), (9) *nur durch die Randbedingungen unterscheiden. Dann ist die Differenz der Indizes dieser Aufgaben gleich dem Index eines gewissen Systems von singulären Integralgleichungen, das vollständig durch die Vorgaben beider Aufgaben bestimmt wird.*

Den Index eines Systems von singulären Integralgleichungen kann man verhältnismäßig einfach berechnen. Deshalb kann man, wenn für ein gegebenes elliptisches System (1) der Index bei irgendwelchen Randbedingungen bekannt ist, diesen unschwer auch bei beliebigen anderen Randbedingungen, die der Komplementärbedingung genügen, ausrechnen.

5. Nichtkoerzitive Aufgaben für elliptische Systeme

Die Untersuchung dieser Aufgaben trifft auf große Schwierigkeiten. Am weitesten ist das Problem der Richtungsableitung für eine nicht entartete elliptische Differentialgleichung zweiter Ordnung in dem Fall ausgearbeitet, wenn die Richtung der Differentiation zur Oberfläche des Randes auf einer Mannigfaltigkeit niedrigerer Dimension tangential ist. Von den dieser Frage gewidmeten Arbeiten wollen wir nur den in jüngster Zeit erschienenen Artikel von W. G. Mazja, ,,Über das ausgeartete Problem der Richtungsableitung", Matem. Sborn., B. 87 (129), Nr. 3, 1972, S. 417 bis 454, erwähnen, in dem das Problem unter recht allgemeinen Voraussetzungen bezüglich des Richtungsfeldes der Differentiation gelöst wird. In diesem Artikel sind auch ziemlich ausführliche bibliografische Angaben enthalten.

TEIL IV

NICHT STATIONÄRE GLEICHUNGEN

Im vorliegenden Teil werden Gleichungen vom parabolischen und hyperbolischen Typ studiert. Es werden — genauer gesagt — zwei Klassen von Gleichungen untersucht, die man als Verallgemeinerung der Wärmeleitungsgleichung und der Wellengleichung auf den Fall von Medien mit komplizierten physikalischen Eigenschaften (inhomogene und anisotrope Medien) im Raume beliebiger Dimension betrachten kann. Wie in der Wärmeleitungsgleichung, so bedeutet auch in der Wellengleichung eine der unabhängigen Veränderlichen die Zeit, die anderen sind Raumkoordinaten. In diesem Zusammenhang benutzen wir folgende Bezeichnungen, die sich von den Bezeichnungen der Teile II und III etwas unterscheiden. Die Anzahl der unabhängigen Veränderlichen wird nicht mit m, sondern mit $m + 1$ bezeichnet; die ersten m Veränderlichen werden mit $x_1, x_2, \dots, x_m$, die letzte Veränderliche mit t bezeichnet. Die Zahlen $x_1, x_2, \dots, x_m$ werden als cartesische Koordinaten eines gewissen Punktes betrachtet, der dem m-dimensionalen euklidischen Raum E_m angehört. Die in den vorangegangenen Teilen verwendete Schreibweise für eine Summe werden wir beibehalten: Wenn in einem eingliedrigen Ausdruck ein variabler Index, der sich in den Grenzen von 1 bis m ändert, doppelt auftritt, so wird über diesen Index in den Grenzen von 1 bis m summiert.

Bisweilen werden wir der Einfachheit halber x_{m+1} statt t schreiben.

KAPITEL 22

DIE WÄRMELEITUNGSGLEICHUNG

§ 1. Die Wärmeleitungsgleichung und ihre Charakteristiken

Wir betrachten die Differentialgleichung zweiter Ordnung mit $m + 1$ unabhängigen Veränderlichen

$$\frac{\partial u}{\partial t} - A_{jk}(x, t)\frac{\partial^2 u}{\partial x_j \partial x_k} + A_k(x, t)\frac{\partial u}{\partial x_k} + A_0(x, t)\, u = f(x, t)\,, \qquad A_{jk} = A_{kj}\,. \tag{1}$$

Die Koeffizientenmatrix des Hauptteils hat die Gestalt

$$\left\|\begin{matrix} -A_{11} & -A_{12} & \dots & -A_{1n} & 0 \\ -A_{21} & -A_{22} & \dots & -A_{2n} & 0 \\ \cdot & \cdot & \cdot & \cdot & \cdot \\ -A_{1n} & -A_{2n} & \dots & -A_{nn} & 0 \\ 0 & 0 & & 0 & 0 \end{matrix}\right\|.$$

Einer der Eigenwerte dieser Matrix ist gleich Null, die anderen unterscheiden sich nur durch das Vorzeichen von den Eigenwerten der Koeffizientenmatrix $\|A_{jk}\|$. Wenn diese Eigenwerte alle das gleiche Vorzeichen haben, so gehört die Gleichung (1) zum Typ $(m, 0, 1)$ und ist folglich parabolisch. In diesem Falle nennen wir die Gleichung (1) *Wärmeleitungsgleichung.*

Hierbei ist wichtig, daß der in die Wärmeleitungsgleichung eingehende Differentialausdruck

$$- A_{jk}\frac{\partial^2 u}{\partial x_j \partial x_k} + A_k\frac{\partial u}{\partial x_k} + A_0 u \tag{2}$$

in den Veränderlichen $x_1, x_2, \dots, x_m$ elliptisch ist.

Im folgenden setzen wir voraus, daß die Matrix der Koeffizienten A_{jk} positive Eigenwerte hat, d. h. daß diese Matrix positiv-definit ist.

Wir ermitteln nun die Charakteristiken der Gleichung (1). Wenn $\omega(x, t) = \text{const}$ die Gleichung einer charakteristischen Fläche ist, so (s. § 2, Kap. 10) genügt die Funktion ω der Gleichung

$$A_{jk}\frac{\partial \omega}{\partial x_j}\frac{\partial \omega}{\partial x_k} = 0\,.$$

Da aber die Matrix $\|A_{jk}\|_{j,k=1}^{j,k=m}$ positiv-definit ist, so gilt notwendigerweise $\dfrac{\partial \omega}{\partial x_k} = 0$, $k = 1, 2, \dots, m$; die Funktion ω hängt also nur von t ab, und die Gleichung der charakteristischen Fläche nimmt die Gestalt $\omega(t) = \text{const}$ an. Wenn auf einem gewissen Intervall die Beziehung $\omega'(t) \equiv 0$ erfüllt ist, so ist ω auf diesem Intervall eine Konstante, und die Gleichung $\omega = \text{const}$ definiert keine Fläche. Ist jedoch $\omega'(t) \not\equiv 0$, so kann man in einer Umgebung eines beliebigen Wertes t, für den $\omega(t) \neq 0$ erfüllt ist, die Gleichung $\omega(t) = \text{const}$ nach t auflösen und findet

$$t = \text{const} . \tag{3}$$

Somit *sind die Charakteristiken der Wärmeleitungsgleichung m-dimensionale Ebenen, auf denen die t-Achse senkrecht steht.* Im weiteren betrachten wir die Wärmeleitungsgleichung unter folgenden enger gefaßten Voraussetzungen.

1. Der elliptische Differentialausdruck (2) habe die Form

$$-\frac{\partial}{\partial x_j}\left(A_{jk}\frac{\partial u}{\partial x_k}\right), \tag{4}$$

so daß die Wärmeleitungsgleichung die Gestalt

$$\frac{\partial u}{\partial t} - \frac{\partial}{\partial x_j}\left(A_{jk}\frac{\partial u}{\partial x_k}\right) = f(x, t) \tag{5}$$

annimmt. Gelegentlich werden wir voraussetzen, daß $f(x, t) \equiv 0$ ist. In diesem Falle betrachten wir die homogene Wärmeleitungsgleichung

$$\frac{\partial u}{\partial t} - \frac{\partial}{\partial x_j}\left(A_{jk}\frac{\partial u}{\partial x_k}\right) = 0 . \tag{6}$$

2. Die Koeffizienten A_{jk} hängen nicht von t ab und sind nach $x_1, x_2, \ldots, x_m$ stetig differenzierbar.

3. Der elliptische Ausdruck (4) ist nicht entartet.

§ 2. Das Maximumprinzip

In der Ebene $t = 0$ (d. h. also im m-dimensionalen euklidischen Raum E_m) betrachten wir ein Gebiet Ω mit dem Rand Γ. Wir konstruieren die Zylinderfläche mit der Leitlinie Γ, deren Erzeugenden zur t-Achse parallel sind. Den zwischen den Ebenen $t = 0$ und $t = T$ eingeschlossenen Teil dieser Fläche nennen wir B_T; hierbei ist T eine positive Konstante. Ferner bezeichnen wir mit Ω_T die Projektion des Gebietes Ω auf die Ebene $t = T$ und mit Q_T das Gebiet des Raumes $(x_1, x_2, \ldots, x_m, t)$ mit dem Rand $\Omega \cup B_T \cup \Omega_T$ (Abb. 39).

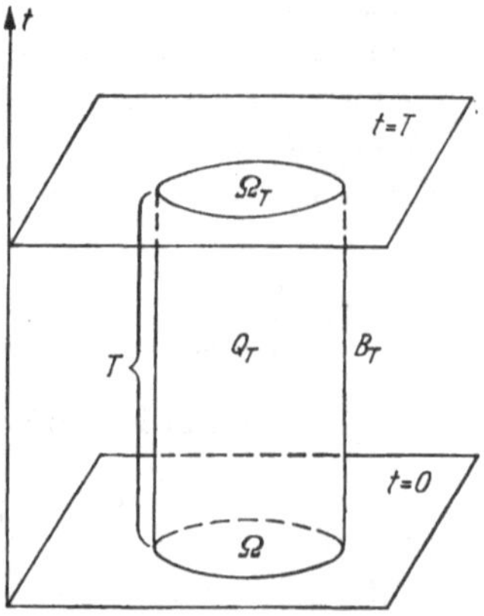

Abb. 39.

Wir führen folgende Bezeichnung ein: Wenn D eine gewisse Menge im Raum der Veränderlichen $(x_1, x_2, \dots, x_m, t)$ ist, so werden wir die Klasse der Funktionen, die auf der Menge D stetige Ableitungen nach $x_1, x_2, \dots, x_m$ der Ordnung $\leqq p$ und stetige Ableitungen nach t der Ordnung $\leqq q$ haben, mit $C^{(p,q)}(D)$ bezeichnen.

Satz 22.2.1. *Die Funktion $u(x, t)$ gehöre dem Durchschnitt*

$$C(\overline{Q}_T) \cap C^{(2,1)}(Q_T \cup \Omega_T) \tag{1}$$

an und genüge in Q_T der homogenen Wärmeleitungsgleichung (1.6). *Dann nimmt die Funktion $u(x, t)$ im abgeschlossenen Gebiet $\overline{Q}_T$ sowohl ihren größten als auch ihren kleinsten Wert auf $\Omega \cup B_T$ an.*

Der Satz 22.2.1 heißt das *Maximumprinzip für die Wärmeleitungsgleichung.*

Beweis. Es genügt, den Satz für den Fall des Maximums zu beweisen: Wenn die im Satz genannte Funktion $u(x, t)$ in einem gewissen Punkt ihr Minimum erreicht, so nimmt in diesem Punkt die Funktion $-u(x, t)$ ihr Maximum an, und diese erfüllt ebenfalls die Bedingungen des Satzes.

Wir führen die Bezeichnung

$$M = \max_{(x,t)\in\overline{Q}_T} u(x, t)\,, \qquad \mu = \max_{(x,t)\in\Omega\cup B_T} u(x, t)$$

ein. Offensichtlich gilt $\mu \leqq M$. Der Satz behauptet, daß $\mu = M$ ist. Wir nehmen das Gegenteil an, d. h., es sei $\mu < M$. Dann nimmt die in $\overline{Q}_T$ stetige Funktion $u(x, t)$ ihr Maximum in einem gewissen Punkt (x_0, t_0) an, der entweder in $\overline{Q}_T$ oder auf Ω_T liegt:

$$u(x_0, t_0) = M\,, \qquad (x_0, t_0) \in Q \cup \Omega_T\,.$$

Für die weitere Beweisführung benötigen wir die Hilfsfunktion

$$v(x, t) = u(x, t) + \frac{M - \mu}{2T}(t_0 - t)\,. \tag{2}$$

Wenn $(x, t) \in \Omega \cup B_T$ ist, so gilt $t_0 - t \leqq t_0 \leqq T$ und folglich auch

$$v(x, t)\big|_{(x,t)\in\Omega\cup B_T} \leqq \mu + \frac{M - \mu}{2} = \frac{M + \mu}{2} < M\,.$$

Andererseits gilt

$$v(x_0, t_0) = u(x_0, t_0) = M\,.$$

Somit existiert außerhalb von $\Omega \cup B_T$ ein Punkt, in dem die Funktion v den Wert M annimmt, während die Werte von v auf $\Omega \cup B_T$ streng kleiner als M sind. Daraus folgt, daß $v(x, t)$ auf $\overline{Q}_T$ das Maximum in einem Punkt annimmt, der entweder zu Ω_T oder zu Q_T gehört. Wir bezeichnen mit (x^0, t^0) den Punkt, in dem die Funktion $v(x, t)$ das Maximum annimmt. Zuerst nehmen wir an, daß $(x^0, t^0) \in Q_T$ ist. Bei beliebiger Wahl der orthogonalen Koordinatenachsen $0x_1, 0x_2, \dots, 0x_m$ sind im Punkte (x^0, t^0) die notwendigen Bedingungen für das Maximum erfüllt:

$$\frac{\partial v}{\partial t} = 0\,, \qquad \frac{\partial v}{\partial x_k} = 0\,, \qquad \frac{\partial^2 v}{\partial x_k^2} \leqq 0\,, \qquad k = 1, 2, \dots, m\,. \tag{3}$$

Der Kürze halber bezeichnen wir mit L den Differentialausdruck auf der linken Seite der Wärmeleitungsgleichung (6). Wir bestimmen nun den Wert von Lv im Punkt

(x^0, t^0):

$$Lv|_{(x^0,t^0)} = \left[\frac{\partial v}{\partial t} - \frac{\partial A_{jk}}{\partial x_j}\frac{\partial v}{\partial x_k} - A_{jk}\frac{\partial^2 v}{\partial x_j\,\partial x_k}\right]_{(x^0,t^0)} = - A_{jk}\frac{\partial^2 v}{\partial x_j\,\partial x_k}\bigg|_{(x^0,t^0)}.$$

Nunmehr wählen wir die Richtung der Koordinatenachsen $0x_k$ derart, daß die Matrix $||A_{jk}||_{j,k=1}^{j,k=m}$ im Punkte x^0 die Diagonalform annimmt; dies ist möglich, da die Matrix symmetrisch ist. Sie ist außerdem noch positiv-definit, und folglich haben im oben gewählten Koordinatensystem die Beziehungen

$$A_{jj}(x^0) > 0\,, \qquad A_{jk}(x^0) = 0\,, \qquad j \neq k$$

und

$$Lv\bigg|_{(x^0,t^0)} = -\sum_{j=1}^{m} A_{jj}\frac{\partial^2 v}{\partial x_j^2}\bigg|_{(x^0,t^0)} \geqq 0$$

Gültigkeit. Andererseits finden wir

$$Lv = Lu + \frac{M-\mu}{2T}L(t_0 - t) = -\frac{M-\mu}{2T} < 0\,,$$

und aus dem erhaltenen Widerspruch folgt, daß $(x^0, t^0) \notin Q_T$ ist. Sei jetzt $(x^0, t^0) \in \Omega_T$; dies bedeutet, daß $t^0 = T$, $x^0 \in \Omega$ gilt. Dann ist t^0 Randpunkt des Intervalls $(0, T)$ und x^0 innerer Punkt des Gebietes Ω. Die notwendigen Bedingungen für das Maximum im Punkte (x^0, t^0) haben die Gestalt

$$\frac{\partial v}{\partial t} \geqq 0\,, \qquad \frac{\partial v}{\partial x_k} = 0\,, \qquad \frac{\partial^2 v}{\partial x_k^2} \leqq 0\,, \qquad k = 1, 2, \dots, m\,.$$

Nach wie vor gilt

$$Lv\bigg|_{(x^0,t^0)} = \frac{\partial v}{\partial t}\bigg|_{(x^0,t^0)} - \left[\sum_{j=1}^{m} A_{jj}\frac{\partial_v^2}{\partial x_j^2}\right]_{(x^0,t^0)} \geqq 0\,.$$

Andererseits ist, wie auch oben, $Lv < 0$. Dieser neue Widerspruch zeigt, daß $(x^0, t^0) \notin Q_T$.

Folglich liegt der Punkt (x^0, t^0), der der Vereinigung $Q_T \cup \Omega_T$ angehören soll, weder in Q_T noch in Ω_T. Aus diesem Widerspruch schließen wir, daß die Annahme $\mu < M$ falsch ist, mithin also $\mu = M$ gilt. Der Satz ist damit bewiesen.

Aus der Beweisführung ergibt sich, daß der Beweis für den Fall des Maximums auch dann seine Gültigkeit behält, wenn die Gleichung $Lu = 0$ durch die Ungleichung $Lu \leqq 0$ ersetzt wird. Deshalb gilt das folgende verschärfte Maximumprinzip:

Satz 22.2.2. *Die Funktion $u(x, t)$ gehöre dem Durchschnitt* (1) *an. Wenn $Lu \leqq 0$ überall in Q_T ist, so nimmt die Funktion $u(x, t)$ ihr Maximum auf $\Omega \cup B_T$ an. Wenn aber $Lu \geqq 0$ überall in Q_T ist, so nimmt die Funktion $u(x, t)$ ihr Minimum auf $\Omega \cup B_T$ an.*

§ 3. Das Cauchysche Problem und das gemischte Problem

In § 2, Kap. 10, wurde gezeigt, daß man für die Wärmeleitungsgleichung nur einen der Cauchyschen Anfangswerte vorzugeben braucht. Das Cauchysche Problem für die Wärmeleitungsgleichung (1.5) wird deshalb wie folgt gestellt:

Es ist die Lösung dieser Gleichung für beliebige $x \in E_m$ und beliebiges $t > 0$ zu finden, wenn der Wert dieser Lösung für $t = 0$

$$u|_{t=0} = \varphi(x)\,, \qquad x \in E_m\,, \tag{1}$$

bekannt ist.

Das CAUCHYsche Problem gestattet eine einfache physikalische Interpretation. Nehmen wir an, daß das wärmeleitende Medium (welches im allgemeinen inhomogen und anisotrop ist) den ganzen Raum ausfüllt. Weiter nehmen wir an, daß in diesem Medium Wärmequellen von der Intensität (bei geeigneter Wahl der Maßeinheiten) $f(x, t)$ verteilt sind; die Intensität $f(x, t)$ wird als bekannt vorausgesetzt. Schließlich sei zum Zeitpunkt $t = 0$ die Temperatur des Mediums in jedem Punkt bekannt. Das CAUCHYsche Problem besteht darin, die Temperatur in einem beliebigen Punkt des Mediums zu einem beliebigen Zeitpunkt, der auf den Anfangszeitpunkt folgt, zu bestimmen.

Eine wichtige Rolle spielen die sogenannten gemischten Probleme, die wie folgt formuliert werden.

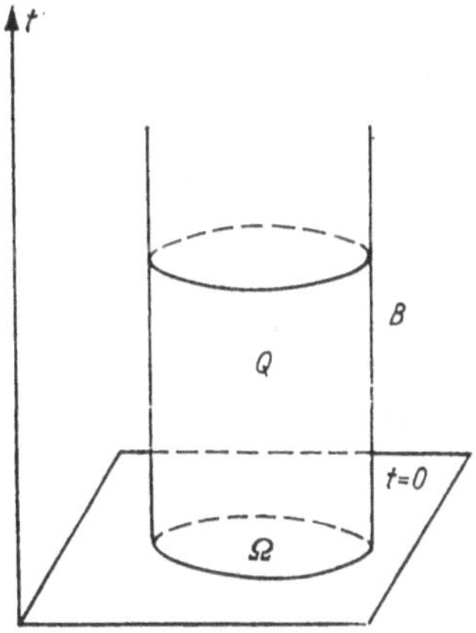

Abb. 40

Es sei Ω ein Gebiet des euklidischen Raumes E_m (Abb. 40), Γ sei sein Rand und B die Zylinderfläche mit der Leitlinie Γ, deren Erzeugenden zur t-Achse parallel sind; genauer gesagt bezeichnen wir mit B den Teil dieser Fläche, für den $t > 0$ gilt. Das gemischte Problem für die Gleichung (1.5) wird folgendermaßen gestellt: Gesucht ist die Lösung dieser Gleichung, die im halbbeschränkten Gebiet des Raumes der Veränderlichen $x_1, x_2, \ldots, x_m, t$ mit dem Rand $\Omega \cup B$ definiert ist; für $t = 0$ soll diese Lösung der CAUCHYschen Anfangsbedingung

$$u|_{t=0} = \varphi(x), \qquad x \in \Omega \tag{2}$$

und auf der Zylinderfläche B dieser oder jener Randbedingung genügen.

Verschiedene Arten von Randbedingungen führen zu verschiedenen gemischten Problemen.

Von größtem Interesse sind die folgenden drei Typen von Randbedingungen:

1. die Randbedingung der ersten Randwertaufgabe

$$u|_B = \psi(x, t); \tag{3}$$

2. die Randbedingung der zweiten Randwertaufgabe

$$\left[A_{jk} \frac{\partial u}{\partial x_k} \cos(n, x_j)\right]_B = \chi(x, t); \tag{4}$$

3. die Randbedingung der dritten Randwertaufgabe

$$\left[A_{jk}\frac{u}{x_k}\cos(n, x_j) + \sigma(x, t)\,u\right]_B = \omega(x, t)\,. \tag{5}$$

In den Bedingungen (3) bis (5) sind ψ, χ, ω, σ auf B vorgegebene und etwa stetige Funktionen; n ist die Normale zu Γ im Punkt x.

Die hier aufgeführten gemischten Aufgaben gestatten eine physikalische Interpretation. In allen drei Fällen geht es um ein wärmeleitendes Medium, das im Raum ein Gebiet Ω ausfüllt. In diesem Medium sind Wärmewellen von der gegebenen Intensität $f(x, t)$ verteilt; außerdem ist die Temperatur in jedem Punkt des Mediums zum Zeitpunkt $t = 0$ gegeben. Ferner wird eine gewisse Information über das Zusammenwirken des wärmeleitenden Mediums mit dem dieses umgebenden Medium als bekannt vorausgesetzt. Dieses Zusammenwirken wird durch die Oberfläche Γ verwirklicht; die Information darüber wird in Gestalt einer Randbedingung formuliert.

Die Bedingung (3) bedeutet, daß die Temperatur in jedem Punkt des Randes Γ zu jedem beliebigen Zeitpunkt bekannt ist, der auf den Anfangszeitpunkt folgt. Eine solche Information kann man im Prinzip dann erhalten, wenn der Rand des wärmeleitenden Mediums für Beobachtungen zugängig ist.

Die linke Seite der Gleichung (4) ist der Intensität des Wärmeflusses durch eine kleine Umgebung des Punktes $x \in \Gamma$ zum Zeitpunkt t proportional. Somit bedeutet die Bedingung der zweiten Randwertaufgabe, daß in jedem Zeitpunkt, der auf den Anfangszeitpunkt folgt, der Wärmefluß durch den Rand des wärmeleitenden Mediums bekannt ist.

In der Bedingung (5) der dritten Randwertaufgabe ist die Funktion $\omega(x, t)$ der Temperatur des umgebenden Mediums im Punkt x zum Zeitpunkt t proportional; diese Bedingung beschreibt den Prozeß des Wärmeaustausches mit dem umgebenden Medium unter der Voraussetzung, daß die Temperatur des umgebenden Mediums bekannt ist.

Im weiteren werden wir nur eine der gemischten Aufgaben betrachten, und zwar die erste [Randbedingung (3)].

§ 4. Eindeutigkeitssätze

Satz 22.4.1. *Das gemischte Problem für die Wärmeleitungsgleichung*

$$\frac{\partial u}{\partial t} - \frac{\partial}{\partial x_j}\left(A_{jk}\frac{\partial u}{\partial x_k}\right) = f(x, t) \tag{1}$$

hat unter den Anfangs- und Randbedingungen

$$u|_{t=0} = \varphi(x)\,, \qquad x \in \Omega\,; \qquad u|_B = \psi(x, t) \tag{2}$$

in der Klasse

$$C(\bar{\Omega} \times [0, \infty)) \cap C^{(2,1)}(\Omega \times (0, \infty)) \tag{3}$$

höchstens eine Lösung.

Beweis. Wir nehmen an, daß zwei Lösungen des Problems (1), (2) existieren. Die Differenz $w(x, t)$ dieser Lösungen genügt der homogenen Wärmeleitungsgleichung (1.6) und gehört der Klasse (3) an. Nach dem Maximumprinzip nimmt die Funktion $w(x, t)$ sowohl ihren größten als auch ihren kleinsten Wert entweder in Ω oder auf der Zylinderfläche B an. Die Funktion w genügt aber noch den homogenen Anfangs- und Randbedingungen.

$$w|_{t=0} = 0 , \qquad x \in \Omega ; \qquad w|_B = 0 .$$

Daraus folgt, daß sowohl der größte als auch der kleinste Wert der Funktion $w(x, t)$ gleich Null ist. Somit gilt in diesem Falle $w(x, t) \equiv 0$, und beide Lösungen des Problems (1), (2) stimmen überein. Damit ist der Satz bewiesen.

Die Eindeutigkeit der Lösung des CAUCHYschen Problems untersuchen wir für den einfachsten Fall, wenn $A_{jk} = \delta_{jk}$ ist, so daß der elliptische Ausdruck, der in die Wärmeleitungsgleichung eingeht, in den LAPLACE-Operator übergeht.

Satz 22.4.2. *Die Gleichung*

$$Lu = \frac{\partial u}{\partial t} - \Delta u = f(x, t) \tag{4}$$

besitzt in der Klasse

$$C(E_m \times [0, \infty)) \cap C^{(2,1)}(E_m \times (0, \infty)) \tag{5}$$

höchstens eine beschränkte Lösung, die der CAUCHY-*Bedingung*

$$u|_{t=0} = \varphi(x)$$

mit der gegebenen Funktion $\varphi(x)$ genügt.

Beweis. Wenn zwei derartige Lösungen existieren, so genügt ihre Differenz $w(x, t)$ dem homogenen CAUCHYschen Problem

$$Lw = \frac{\partial w}{\partial t} - \Delta w = 0 , \tag{6}$$

$$w|_{t=0} = 0 \tag{7}$$

und gehört der Klasse (5) an. Sie ist beschränkt als Differenz zweier beschränkter Funktionen; möge $|w(x, t)| \leq M$ sein. In der Ebene $t = 0$ (d. h. im euklidischen Raum E_m) betrachten wir die Kugel D_R mit dem Radius R und dem Mittelpunkt im Koordinatenursprung; die Kugeloberfläche dieser Kugel bezeichnen wir mit S_R. Nunmehr konstruieren wir die Zylinderfläche mit der Leitlinie S_R, deren Erzeugenden zur t-Achse parallel sind; den Teil der Zylinderfläche, auf dem $t > 0$ gilt, bezeichnen wir mit B. Das Gebiet des Raumes $(x_1, x_2, \dots, x_m, t)$ mit dem Rand $D_R \cup B$ bezeichnen wir mit Q.[1])

In unsere Betrachtungen führen wir die Hilfsfunktion

$$v_R(x, t) = \frac{2Mm}{R^2}\left(\frac{x^2}{2m} + t\right), \qquad x^2 = \sum_{k=1}^{m} x_k^2 \tag{8}$$

ein. Man überzeugt sich leicht davon, daß die Funktion v_R der homogenen Wärmeleitungsgleichung genügt. Weiter gilt

$$v_R|_{t=0} = \frac{2Mx^2}{R^2} \geqq 0 ;$$

aus der Gleichung (7) folgt

$$v|_{Rt=0} \geqq |w||_{t=0} .$$

[1]) Die hier beschriebene Konstruktion entspricht der Abb. 40 (S. 409) für $\Omega = D_R$.

Schließlich hat noch die Beziehung

$$v_R|_B = v_R|_{x^2=R^2} \geqq M \geqq ||w|_B$$

Gültigkeit. Die letzten beiden Beziehungen bedeuten, daß

$$v_R|_{D_R \cup B} \geqq |w||_{D_R \cup B}$$

gilt; folglich ist jede der Größen $v_R + w$ und $v_R - w$ auf $D_R \cup B$ nicht negativ. Außerdem erfüllt jede dieser Größen die Gleichung (6). Nach dem Maximumprinzip nimmt dann sowohl die Summe $v_R + w$ als auch die Differenz $v_R - w$ im abgeschlossenen Gebiet $\overline{Q}_T$, in dem $x \notin \overline{\Omega}$, $0 \leqq t \leqq T$, $T = \text{const}$ ist (Abb. 39, S. 406), ihr Minimum auf $D_R \cup B$ an; außerdem sind diese Minima nicht negativ.

Daraus folgt die Gültigkeit von

$$v_R + w \geqq 0\,, \qquad v_R - w \geqq 0\,, \qquad x^2 \leqq R^2\,, \qquad t \geqq 0\,.$$

Somit wird für $x^2 \leqq R^2$, $t \geqq 0$ die Ungleichung $-v_R \leqq w \leqq v_R$ oder, was dasselbe ist, die Ungleichung

$$|w(x, t)| \leqq \frac{2Mm}{R^2}\left(\frac{x^2}{2m} + t\right)$$

erfüllt.

Wir fixieren beliebig x und t, weiterhin strebe $R \to \infty$. Aus der letzten Ungleichung folgt dann die Beziehung $|w(x, t) \leqq 0$, d. h. $w(x, t) = 0$. Damit ist der Satz bewiesen.

§ 5. Abstrakte Funktionen einer reellen Veränderlichen

Wir sagen, daß auf einer Menge E der Zahlengeraden eine *abstrakte Funktion* $u(t)$ mit Werten im Raume X definiert ist, wenn jeder Zahl $t \in E$ nach einer gewissen Vorschrift ein und nur ein Element $u(t) \in X$ zugeordnet wird. Im folgenden werden wir voraussetzen, daß der Raum X ein Banach-Raum ist.

Im Banach-Raum existieren zwei Arten von Konvergenz: die starke oder Normkonvergenz und die schwache Konvergenz. Dementsprechend kann man für abstrakte Funktionen einer reellen Veränderlichen den Begriff der starken und schwachen Stetigkeit, der starken und schwachen Ableitung usw. einführen. Unter Berücksichtigung der späteren Anwendungen beschränken wir uns auf die Betrachtung der starken Stetigkeit und der starken Ableitung; das Wort „starke" werden wir im folgenden weglassen. Eine abstrakte Funktion $u(t)$ ist im Punkt $t = t_0$ stetig, wenn

$$\lim_{t \to t_0} ||u(t) - u(t_0)||_X = 0$$

ist; sie ist stetig auf einer gewissen Menge von Werten t, wenn sie in jedem Punkt dieser Menge stetig ist.

Eine abstrakte Funktion $u(t)$ besitzt im Punkt t die Ableitung $u'(t)$, wenn

$$\lim_{h \to 0} \left\| \frac{u(t+h) - u(t)}{h} - u'(t) \right\|_X = 0$$

ist. Eine Funktion, die in einem gewissen Punkt eine Ableitung besitzt, heißt, wie üblich, differenzierbar in diesem Punkt. Es ist offensichtlich, daß eine in einem gewissen Punkt differenzierbare Funktion in diesem Punkt stetig ist. Auf natürliche Weise werden auch die höheren Ableitungen einer abstrakten Funktion definiert.

Im weiteren spielt die Formel der Differentiation des Skalarproduktes eine wichtige Rolle; wenn $u(t)$ und $v(t)$ abstrakte Funktionen mit Werten im HILBERT-Raum sind und wenn diese Funktionen im Punkt t differenzierbar sind, so gilt

$$\frac{\mathrm{d}}{\mathrm{d}t}\big(u(t), v(t)\big) = \big(u'(t), v(t)\big) + \big(u(t), v'(t)\big) . \tag{1}$$

In der Tat, wir erhalten

$$\frac{\mathrm{d}}{\mathrm{d}t}(u(t), v(t)) = \lim_{h\to 0}\frac{1}{h}\,[(u(t+h), v(t+h)) - (u(t), v(t))] =$$

$$= \lim_{h\to 0}\left[\left(\frac{u(t+h)-u(t)}{h}, v(t+h)\right) + \left(u(t), \frac{v(t+h)-v(t)}{h}\right)\right];$$

wenn wir zum Grenzwert unter dem Zeichen des Skalarproduktes übergehen, so finden wir die Formel (1).

Auf natürliche Weise wird auch der Begriff des Integrals einer abstrakten Funktion eingeführt.

Weiter unten werden wir uns folgender Bezeichnungen bedienen. Wir betrachten abstrakte Funktionen, deren Werte einer gewissen Klasse von Objekten $\mathfrak{K}$ angehören, und diese Funktionen mögen auf der Menge E von Werten der Veränderlichen t stetig sein. Die Menge dieser Funktionen bezeichnen wir mit $C(E; \mathfrak{K})$. Wenn die genannten Funktionen auf E k-mal stetig differenzierbar sind, so werden wir die Menge dieser Funktionen mit $C^{(k)}(E, \mathfrak{K})$ bezeichnen.

§ 6. Die schwache Lösung des gemischten Problems

Wir betrachten das gemischte Problem für die Wärmeleitungsgleichung

$$\frac{\partial u}{\partial t} - \frac{\partial}{\partial x_j}\left(A_{jk}\frac{\partial u}{\partial x_k}\right) = f(x, t)\,, \qquad x \in \Omega\,, \qquad t > 0 \tag{1}$$

mit der homogenen Randbedingung

$$u|_B = 0 \tag{2}$$

und der im allgemeinen inhomogenen Anfangsbedingung

$$u|_{t=0} = \varphi(x)\,, \qquad x \in \Omega\,. \tag{3}$$

Das Gebiet Ω werden wir als beschränkt, seinen Rand Γ als stückweise glatt voraussetzen.

Wir nehmen an, daß die gesuchte Lösung $u(x, t)$ der Klasse $C(\overline{\Omega} \times (0, \infty)) \cup \cup\, C^{(2,1)}(\overline{\Omega} \times (0, \infty))$ angehört. Bei festem $t \geqq 0$ bedeutet die Bedingung (2), daß

$$u|_\Gamma = 0 \tag{4}$$

gilt, und man kann $u(x, t)$ bei festem t als Element des Definitionsbereichs $D(\mathfrak{A})$ des Operators $\mathfrak{A}$ des DIRICHLETschen Problems für den elliptischen Differentialausdruck

$$-\frac{\partial}{\partial x_j}\left(A_{jk}\frac{\partial u}{\partial x_k}\right), \qquad x \in \Omega$$

auffassen. Um so mehr kann man es als Element des entsprechenden energetischen Raumes $H_{\mathfrak{A}}$ auffassen.

Die oben gestellte gemischte Aufgabe kann man auch anders formulieren, wenn man den Begriff der abstrakten Funktion benutzt. Die Funktion $f(x, t)$ betrachten wir als abstrakte Funktion $f(t)$ mit Werten in $L_2(\Omega)$, die Funktion $\varphi(x)$ als Element des Raumes $L_2(\Omega)$. Die gesuchte Funktion $u(x, t)$ fassen wir schließlich als abstrakte Funktion $u(t)$ mit Werten in $D(\mathfrak{A})$ auf; die Werte dieser Funktion sind folglich gleichzeitig Elemente der beiden Räume $L_2(\Omega)$ und $H_{\mathfrak{A}}$. Die Aufgabe (1)—(3) ist damit auf folgendes abstrakte CAUCHYsche Problem zurückgeführt worden: Es ist die abstrakte gewöhnliche Differentialgleichung erster Ordnung

$$\frac{du}{dt} + \mathfrak{A}u = f(t)\,, \qquad t > 0 \tag{5}$$

mit der Anfangsbedingung

$$u|_{t=0} = \varphi \tag{6}$$

zu integrieren.

Nehmen wir an, daß die Gleichung (5), (6) eine Lösung besitzt. Wir wählen eine beliebige abstrakte Funktion $\eta(t)$ mit Werten in $H_{\mathfrak{A}}$ und multiplizieren beide Seiten der Gleichung (5) skalar (im Sinne der Metrik von $L_2(\Omega)$) mit $\eta(t)$. Unter Benutzung der Definition des energetischen Produkts erhalten wir

$$\left(\frac{du}{dt}, \eta\right) + [u, \eta] = (f, \eta)\,; \tag{7}$$

das Symbol $\mathfrak{A}$ an dem energetischen Produkt oder an der Norm lassen wir hier und im folgenden weg.

Wenn umgekehrt $u \in C^{(1)}((0, \infty); D(\mathfrak{A}))$ gilt und diese Funktion die Gleichung (7) erfüllt, so genügt sie auch der Gleichung (5). In der Tat, wenn $u \in D(\mathfrak{A})$ ist, so gilt $[u, \eta] = (\mathfrak{A}u, \eta)$, und der Gleichung (7) kann man die Gestalt

$$\left(\frac{du}{dt} + \mathfrak{A}u - f, \eta\right) = 0\,, \qquad \forall \eta \in H_{\mathfrak{A}}$$

geben. Weil die Elemente des Raumes $H_{\mathfrak{A}}$ eine in $L_2(\Omega)$ dichte Menge bilden, finden wir

$$\frac{du}{dt} + \mathfrak{A}u - f = 0\,.$$

Die abstrakte Funktion $u(t)$ werden wir *schwache Lösung des gemischten Problems* (1)—(3) nennen, wenn sie folgende Forderungen erfüllt:

1. $u(t)$ gehört den Klassen $C([0, \infty); L_2(\Omega))$, $C([0, \infty); H_{\mathfrak{A}})$ und $C^{(1)}((0, \infty); L_2(\Omega))$ gleichzeitig an, d. h., diese Funktion ist für $t \geqq 0$ stetig und für $t > 0$ stetig differenzierbar als abstrakte Funktion mit Werten in $L_2(\Omega)$; gleichzeitig ist sie für $t > 0$ stetig als abstrakte Funktion mit Werten in $H_{\mathfrak{A}}$;

2. $u(t)$ genügt der Gleichung (7) für beliebiges $t > 0$ und für eine beliebige abstrakte Funktion $\eta(t)$ mit Werten in $H_{\mathfrak{A}}$;

3. $u(t)$ genügt der Anfangsbedingung (6).

Die letzte Forderung ist in folgendem Sinne zu verstehen:

$$\lim_{t\to 0} ||u(t) - \varphi||_{L_2(\Omega)} = 0\,.$$

Aus dem oben Bewiesenen folgt, daß die schwache Lösung $u(t)$ auch gewöhnliche Lösung ist, wenn für beliebiges $t > 0$ die Funktion $u(t)$ Element von $D(\mathfrak{A})$ ist und wenn $u(x, t) \underset{t\to 0}{\rightrightarrows} \varphi(x)$ nicht nur in der Metrik von $L_2(\Omega)$, sondern auch noch gleichmäßig konvergiert.

Satz 22.6.1. *Die schwache Lösung des gemischten Problems für die Wärmeleitungsgleichung ist eindeutig.*

Beweis. Es mögen zwei Funktionen existieren, die der Gleichung (7) und der Anfangsbedingung (6) genügen. Ihre Differenz, die wir mit $w(t)$ bezeichnen, genügt der Gleichung

$$\left(\frac{\mathrm{d}w}{\mathrm{d}t}, \eta\right) + [w, \eta] = 0 \tag{8}$$

und der Anfangsbedingung

$$w|_{t=0} = 0\,. \tag{9}$$

Nachdem wir in der Gleichung (8) $\eta = w$ gesetzt haben, erhalten wir unter Benutzung der Formel (5.1) die Beziehung

$$\frac{\mathrm{d}}{\mathrm{d}t}\,||w(t)||^2 + 2\,|w|^2 = 0\,.$$

Daraus ist ersichtlich, daß $\frac{\mathrm{d}}{\mathrm{d}t}\,||w(t)||^2 \leqq 0$ ist; folglich nimmt die reelle Funktion $||w(t)||^2$ bei wachsendem t nicht zu. Aber nach der Beziehung (9) finden wir $||w(0)||^2 = 0$. Daraus ergibt sich $||w(t)||^2 = 0$ für $t > 0$. Damit ist der Satz bewiesen.

KAPITEL 23

DIE WELLENGLEICHUNG

§ 1. Der Begriff der Wellengleichung

Wellengleichung nennt man eine Gleichung zweiter Ordnung der Gestalt

$$\frac{\partial^2 u}{\partial t^2} - A_{jk}(x, t) \frac{\partial^2 u}{\partial x_j \, \partial x_k} + A_k(x, t) \frac{\partial u}{\partial x_k} + A_0(x, t) \, u = f(x, t) \, , \tag{1}$$

für die die Matrix der Koeffizienten A_{jk} positiv-definit ist. Die Koeffizientenmatrix des Hauptteils der Gleichung (1) hat die Gestalt

$$\left\| \begin{matrix} -A_{11} & -A_{12} & \ldots & -A_{1m} & 0 \\ -A_{21} & -A_{22} & \ldots & -A_{2m} & 0 \\ \cdot & \cdot & \cdot & \cdot & \cdot \\ -A_{m1} & -A_{m2} & \ldots & -A_{mm} & 0 \\ 0 & 0 & & 0 & 1 \end{matrix} \right\| . \tag{2}$$

Einer der Eigenwerte der Matrix (2) ist gleich 1, die anderen stimmen mit den Eigenwerten der Matrix $-A_{jk}$ überein und sind folglich negativ. Daraus folgt, daß die Wellengleichung zum Typ $(m, 1, 0)$, d. h. zum hyperbolischen Typ gehört.

Die Charakteristikengleichung der Wellengleichung hat die Gestalt

$$\left(\frac{\partial \omega}{\partial t}\right)^2 - A_{jk} \frac{\partial \omega}{\partial x_j} \frac{\partial \omega}{\partial x_k} = 0 \, . \tag{3}$$

Gleichung (1) besitzt wie jede andere hyperbolische Gleichung auch reelle Charakteristiken. Wie man leicht nachweisen kann, genügt die Funktion $\omega(x, t) \equiv t$ nicht der Gleichung (3). Deshalb sind die Ebenen $t =$ const keine charakteristischen Flächen der Wellengleichung, und man kann folglich für $t =$ const beide CAUCHYschen Anfangswerte vorgeben.

Wir betrachten weiter unten die etwas speziellere Wellengleichung

$$\frac{\partial^2 u}{\partial t^2} - \frac{\partial}{\partial x_j}\left(A_{jk} \frac{\partial u}{\partial x_k}\right) = f(x, t) \, . \tag{4}$$

Physikalisch gesehen beschreibt die Gleichung (4) kleine Schwingungen eines Mediums unter Einwirkung stetig verteilter Quellen, deren Intensität der Größe $f(x, t)$ proportional ist. Im allgemeinen Fall ist das schwingende Medium inhomogen und anisotrop, und seine physikalischen Eigenschaften ändern sich mit der Zeit. Wenn die Eigenschaften des Mediums in der Zeit unveränderlich sind, dann hängen die Koeffizienten A_{jk} nicht von t ab. Im weiteren werden wir nur diesen Fall betrachten. Wenn das Medium homogen ist, so gilt $A_{jk} =$ const. In diesem Fall kann man die Matrix $\|A_{jk}\|$ durch eine geeignete affine Koordinatentransformation in die Einheitsmatrix überführen. Wir erhalten dann die einfachste Gestalt einer Wellengleichung

$$\frac{\partial^2 u}{\partial t^2} - \Delta u = f(x, t) . \tag{5}$$

Für physikalische Anwendungen ist die etwas komplizierte Gleichung

$$\frac{\partial^2 u}{\partial t^2} - a^2 \Delta u = f(x, t) , \qquad a^2 = \text{const} , \tag{6}$$

von großem Interesse.

Wir weisen darauf hin, daß die Gleichung (6) die Gestalt (5) annimmt, wenn man die Zeiteinheit ändert, d. h. wenn man die Transformation $t' = at$ vornimmt.

Wie bereits bemerkt, nehmen wir an, daß in Gleichung (4) die Koeffizienten A_{jk} nicht von der Zeit abhängen. Außerdem setzen wir voraus, daß diese Koeffizienten stetig differenzierbar sind und die Matrix $||A_{jk}||$ nicht entartet.

§ 2. Das gemischte Problem und seine schwache Lösung

Die Problemstellung des gemischten Problems für die Wellengleichung ist mit der des gemischten Problems für die Wärmeleitungsgleichung eng verwandt.

Wir formulieren dieses Problem ausführlicher. In der Ebene $t = 0$ (d. h. im Raum E_m) ist ein beschränktes Gebiet Ω mit dem stückweise glatten Rand Γ gegeben. Im Gebiet Q der Abb. 40 (Seite 409) ist die Lösung der Wellengleichung

$$\frac{\partial^2 u}{\partial t^2} - \frac{\partial}{\partial x_j}\left(A_{jk}(x) \frac{\partial u}{\partial x_k}\right) = f(x, t) \tag{1}$$

zu ermitteln, die den Anfangsbedingungen

$$u\Big|_{t=0} = \varphi_0(x) , \qquad \frac{\partial u}{\partial t}\Big|_{t=0} = \varphi_1(x) \tag{2}$$

und einer der unten aufgezählten Randbedingungen genügt:

$$u|_B = \psi(x, t) \tag{3}$$

(erstes Problem);

$$\left[A_{jk} \frac{\partial u}{\partial x_k} \cos (n, x_j)\right]_B = \chi(x, t) \tag{4}$$

(zweites Problem);

$$\left[A_{jk} \frac{\partial u}{\partial x_k} \cos (n, x_j) + \sigma(x, t)\, u\right]_B = \omega(x, t) \tag{5}$$

(drittes Problem). Es sind natürlich auch andere Arten von Randbedingungen möglich.

Im folgenden beschränken wir uns auf den Fall des ersten Problems mit der homogenen Randbedingung

$$u|_B = 0 . \tag{6}$$

Wie für die Wärmeleitungsgleichung kann man das gemischte Problem für die Wellengleichung ebenfalls in Operatorform formulieren. Vorläufig nehmen wir an, daß die Lösung $u(x, t)$ des gemischten Problems der Klasse

$$C(\overline{\Omega} \times [0, \infty)) \cap C^{(2,2)}(\overline{\Omega} \times [0, \infty))$$

angehört. Dann kann man diese Lösung als abstrakte Funktion $u(t)$ mit Werten in $D(\mathfrak{A})$ auffassen, wobei $\mathfrak{A}$ der Operator des DIRICHLETschen Problems ist; diese Funktion hat zwei stetige Ableitungen im Intervall $(0, \infty)$. Die Funktion $f(x, t)$ betrachten wir als abstrakte Funktion mit Werten in $L_2(\Omega)$. Schließlich nehmen wir an, daß die Funktion $\varphi_0(x)$ ein Element φ_0 des energetischen Raumes $H_{\mathfrak{A}}$ und die Funktion $\varphi_1(x)$ ein Element φ_1 des Raumes $L_2(\Omega)$ ist. Jetzt kann man das gemischte Problem für die Gleichung (1) mit den Anfangsbedingungen (2) und der Randbedingung (6) als CAUCHYsches Problem für die abstrakte gewöhnliche Differentialgleichung zweiter Ordnung

$$\frac{d^2u}{dt^2} + \mathfrak{A}u = f(t) \tag{7}$$

mit den Anfangsbedingungen

$$u(0) = \varphi_0\,, \qquad u'(0) = \varphi_1 \tag{8}$$

auffassen.

Es sei $\eta(t)$ eine beliebige Funktion, die dem Durchschnitt

$$K = C\big([0, \infty); H\big) \cup C^{(1)}\big([0, \infty); L_2(\Omega)\big) \tag{9}$$

angehört. Beide Seiten der Gleichung (7) multiplizieren wir skalar (in der Metrik von $L_2(\Omega)$) mit der Funktion $\eta(t)$

$$\left(\frac{d^2u(t)}{dt^2}, \eta(t)\right) + \big(\mathfrak{A}u(t), \eta(t)\big) = \big(f(t), \eta(t)\big)$$

und erhalten dann[1])

$$\left(\frac{d^2u(t)}{dt^2}, \eta(t)\right) + [u(t), \eta(t)] = \big(f(t), \eta(t)\big)\,, \qquad \eta \in K\,. \tag{10}$$

Die Identität (10) könnte für die Definition der verallgemeinerten Lösung benutzt werden. Dies ist jedoch nicht zweckmäßig, da eine solche verallgemeinerte Lösung eine zweite Ableitung nach t besitzen müßte. Deshalb verfahren wir folgendermaßen. Wir wählen einen beliebigen Zeitpunkt $T > 0$ und fordern, daß $\eta(T) = 0$ ist. Nunmehr integrieren wir beide Seiten der Beziehung (10) nach t über das Intervall $(0, T)$. Nach der Formel (5.1) von Kap. 22 gilt die Beziehung

$$\left(\frac{d^2u(t)}{dt^2}, \eta(t)\right) = \frac{d}{dt}\left(\frac{du(t)}{dt}, \eta(t)\right) - \left(\frac{du(t)}{dt}, \frac{d\eta(t)}{dt}\right).$$

Unter Benutzung der Gleichungen $\eta(T) = 0$ und $u'(0) = \varphi_1$ finden wir

$$-\int_0^T \left(\frac{du(t)}{dt}, \frac{d\eta(t)}{dt}\right) dt + \int_0^T [u(t), \eta(t)]\, dt - \big(\varphi_1, \eta(0)\big) = \int_0^T \big(f(t), \eta(t)\big)\, dt\,, \qquad \eta \in K_T\,. \tag{11}$$

Mit K_T bezeichnen wir hier die Klasse der Funktionen $\eta(t) \in K$ mit $\eta(T) = 0$. Beziehung (11) benutzen wir nun, um den Begriff der verallgemeinerten Lösung einzuführen.

---

[1]) Auf das Zeichen $\mathfrak{A}$ am energetischen Produkt oder an der Norm wird hier und im weiteren verzichtet.

Wir nennen die abstrakte Funktion $u(t)$ schwache Lösung des gemischten Problems (1), (2), (6), wenn gilt:

1. $u \in K$;
2. $u(0) = \varphi_0$, wobei diese Gleichheit in folgendem Sinne zu verstehen ist:

$$\lim_{t\to 0} |u(t) - \varphi_0| = 0 ;$$

3. $u(t)$ genügt der Beziehung (11), in der $\eta(t)$ eine beliebige Funktion der Klasse K_T ist.

Man überzeugt sich leicht davon, daß eine dem Durchschnitt

$$C^{(1)}\big([0, \infty); D(\mathfrak{A})\big) \cap C^{(2)}\big((0, \infty); D(\mathfrak{A})\big)$$

angehörende verallgemeinerte Lösung auch eine gewöhnliche Lösung der gemischten Aufgabe für die Wellengleichung ist.

Satz 23.2.1. *Das gemischte Problem für die Wellengleichung hat höchstens eine schwache Lösung.*

Beweis. Die Differenz $w(t)$ zweier verallgemeinerter Lösungen ein und derselben gemischten Aufgabe für die Wellengleichung (1) ist ein Element der Klasse K, das der Beziehung

$$-\int_0^T \left(\frac{dw(t)}{dt}, \frac{d\eta(t)}{dt}\right) dt + \int_0^T [w(t), \eta(t)]\, dt = 0\,, \qquad \forall \eta \in K_T \tag{12}$$

und der Anfangsbedingung

$$w(0) = 0 \tag{13}$$

genügt. In der Beziehung (12) setzen wir

$$\eta(t) = \int_t^T w(\tau)\, d\tau\,. \tag{14}$$

Dies ist möglich, weil dabei offensichtlich $\eta \in K_T$ gilt. Aus Formel (14) folgt $w(t) = -\dfrac{d\eta(t)}{dt}$, und wir erhalten

$$\int_0^T \left(\frac{d^2\eta(t)}{dt^2}, \frac{d\eta(t)}{dt}\right) dt - \int_0^T \left[\frac{d\eta(t)}{dt}, \eta(t)\right] dt = 0\,. \tag{15}$$

Weiter ergibt sich

$$\left(\frac{d^2\eta(t)}{dt^2}, \frac{d\eta(t)}{dt}\right) = \frac{1}{2}\cdot\frac{d}{dt}\left(\frac{d\eta(t)}{dt}, \frac{d\eta(t)}{dt}\right) = \frac{1}{2}\cdot\frac{d}{dt}\left\|\frac{d\eta(t)}{dt}\right\|^2 = \frac{1}{2}\cdot\frac{d}{dt}\|w(t)\|^2\,,$$

$$\left[\frac{d\eta(t)}{dt}, \eta(t)\right] = \frac{1}{2}\cdot\frac{d}{dt}[\eta(t), \eta(t)] = \frac{1}{2}\cdot\frac{d}{dt}|\eta(t)|^2\,.$$

Wenn wir diese Ausdrücke in (15) einsetzen, so finden wir

$$\|w(T)\|^2 - \|w(0)\|^2 - |\eta(T)|^2 + |\eta(0)|^2 = 0\,.$$

Aus $w(0) = 0$, $\eta(T) = 0$ folgt dann die Gültigkeit der Beziehung

$$\|w(T)\|^2 + |\eta(0)|^2 = 0\,.$$

Somit gilt $w(T) = 0$. Da T beliebig gewählt worden war, ist die Behauptung bewiesen.

§ 3. Die Wellengleichung mit konstanten Koeffizienten. Das Cauchysche Problem. Der charakteristische Kegel

Im vorliegenden Kapitel betrachten wir im weiteren die Wellengleichung in ihrer einfachsten Gestalt

$$\frac{\partial^2 u}{\partial t^2} - \Delta u = f(x, t) . \tag{1}$$

Wie wir im Paragraphen 1 gefunden haben, ist die Fläche $t = 0$ für die Gleichung (1) keine charakteristische Fläche. Das Cauchysche Problem für diese Gleichung wird wie folgt gestellt: Für beliebiges $x \in E_m$ und beliebiges $t > 0$ ist die Lösung der Gleichung (1) zu ermitteln, die den Anfangsbedingungen

$$u|_{t=0} = \varphi_0(x) , \qquad \left.\frac{\partial u}{\partial t}\right|_{t=0} = \varphi_1(x) \tag{2}$$

genügt.

Ein wichtiges Instrument für die Untersuchung und die Lösung des Cauchyschen Problems für die Wellengleichung ist der sogenannte *charakteristische Kegel.*

Wir nehmen einen gewissen Punkt (x_0, t_0) und betrachten die durch die Gleichung

$$t_0 - t = r , \qquad r = |x - x_0| \tag{3}$$

definierte Fläche. Dies ist der untere Mantel des Doppelkegels mit der Spitze im Punkte (x_0, t_0), dessen Achse zur t-Achse parallel ist. Man erkennt leicht, daß die Fläche (3) eine charakteristische Fläche für die Wellengleichung (1) ist. In der Tat, wenn wir $\omega(x, t) = t_0 - t - r$ setzen, so können wir die Gleichung (3) in der Gestalt $\omega(x, t) = 0$ schreiben. Die Charakteristikengleichung für die Gleichung (1) hat die Gestalt

$$\left(\frac{\partial \omega}{\partial t}\right)^2 - \sum_{k=1}^{m} \left(\frac{\partial \omega}{\partial x_k}\right)^2 = 0 . \tag{4}$$

Im gegebenen Falle erhalten wir zunächst

$$\frac{\partial \omega}{\partial t} = -1 , \qquad \frac{\partial \omega}{\partial x_k} = -\frac{\partial r}{\partial x_k} = -\frac{x_k - x_{k0}}{r} ,$$

wobei x_{k0} die k-te Koordinate des Punktes x_0 ist. Nunmehr ergibt sich offenbar

$$\left(\frac{\partial \omega}{\partial t}\right)^2 - \sum_{k=1}^{m} \left(\frac{\partial \omega}{\partial x_k}\right)^2 = 1 - \frac{1}{r^2} \sum_{k=1}^{m} (x_k - x_{k0})^2 = 0 .$$

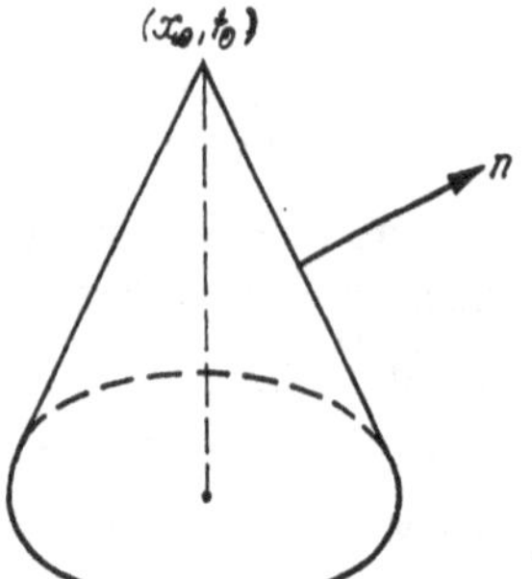

Abb. 41

Der Kegel (3) heißt *charakteristixcher Kegel* der Wellengleichung.

Wir ermitteln jetzt die Richtung der äußeren Normalen n des charakteristischen Kegels (Abb. 41). Die äußere Normale bildet mit der t-Achse einen spitzen Winkel, und der Kosinus dieses Winkels ist positiv. Eine bekannte Formel aus der Differentialgeometrie liefert

$$\cos(n, t) = -\frac{\frac{\partial\omega}{\partial t}}{\sqrt{\left(\frac{\partial\omega}{\partial t}\right)^2 + \sum_{k=1}^{m}\left(\frac{\partial\omega}{\partial x_y}\right)^2}} = \frac{1}{\sqrt{2}}. \tag{5}$$

Daraus folgt noch eine weitere Beziehung:

$$\sum_{k=1}^{m} \cos^2(n, x_k) = 1 - \cos^2(n, t) = \frac{1}{2}. \tag{6}$$

§ 4. Der Eindeutigkeitssatz für das CAUCHYsche Problem. Das Abhängigkeitsgebiet

Satz 23.4.1. *Es seien die beiden* CAUCHY*schen Probleme*

$$\frac{\partial^2 u}{\partial t^2} - \Delta u = f(x, t), \qquad u|_{t=0} = \varphi_0(x), \quad \left.\frac{\partial u}{\partial t}\right|_{t=0} = \varphi_1(x);$$

$$\frac{\partial^2 v}{\partial t^2} - \Delta v = g(x, t), \qquad v|_{t=0} = \psi_0(x), \quad \left.\frac{\partial v}{\partial t}\right|_{t=0} = \psi_1(x)$$

gestellt. Es mögen in dem charakteristischen Kegel $|x - x_0| \leqq t_0 - t$ *mit der Spitze* (x_0, t_0) *die rechten Seiten zusammenfallen:* $f(x, t) \equiv g(x, t)$, *und es mögen in der Kugel* $|x - x_0| \leqq t_0$, *die durch den genannten Kegel aus dem Raum* $t = 0$ *herausgeschnitten wird, die entsprechenden Anfangsfunktionen zusammenfallen:*

$$\varphi_0(x) \equiv \psi_0(x), \qquad \varphi_1(x) \equiv \psi_1(x).$$

Wenn beide Probleme Lösungen besitzen, die zusammen mit ihren Ableitungen erster und zweiter Ordnung stetig sind, dann stimmen diese Lösungen im Inneren und auf dem Rand des Kegels $|x - x_0| \leqq t_0 - t$ *überein.*

Beweis. Die Differenz $w(x, t)$ der Lösungen der beiden im Satz erwähnten CAUCHYschen Probleme genügt der homogenen Wellengleichung

$$\frac{\partial^2 w}{\partial t^2} - \Delta w = 0 \tag{1}$$

sowie Anfangsbedingungen der Gestalt

$$w|_{t=0} = 0, \qquad \left.\frac{\partial w}{\partial t}\right|_{t=0} = 0, \qquad |x - x_0| \leqq t_0. \tag{2}$$

Die Werte von $w|_{t=0}$ und $\left.\frac{\partial w}{\partial t}\right|_{t=0}$ außerhalb der Kugel $|x - x_0|^2 \leqq t_0^2$ sind für die weiteren Überlegungen ohne Interesse.

Wir betrachten das Gebiet D des Raumes $(x_1, x_2, \dots, x_m, t)$, das durch die Ebene $t = 0$ und den charakteristischen Kegel $t_0 - t = |x - x_0|$ begrenzt wird (Abb. 42). Innerhalb oder auf dem Rand dieses Gebietes fixieren wir einen beliebigen Punkt $(\tilde{x}, \tilde{t})$ und konstruieren einen neuen charakteristischen Kegel $\tilde{t} - t = |\tilde{x} - x|$. Mit $\tilde{D}$ bezeichnen wir das durch die Ebene $t = 0$ und den neuen Kegel begrenzte Gebiet. Der Wichtigkeit halber sei bemerkt, daß das Gebiet $\tilde{D}$ in der Ebene $t = 0$ durch die Kugel $|x - \tilde{x}|^2 \leqq \tilde{t}^2$ begrenzt wird, die ein Teil der ursprünglichen Kugel $|x - x_0|^2 \leqq t_0^2$ ist. Daraus folgt für die neue Kugel die Gültigkeit der Beziehungen (2).

Beide Seiten der Gleichung (1) multiplizieren wir mit $\frac{\partial w}{\partial t}$ und integrieren das Ergebnis über das Gebiet $\tilde{D}$.

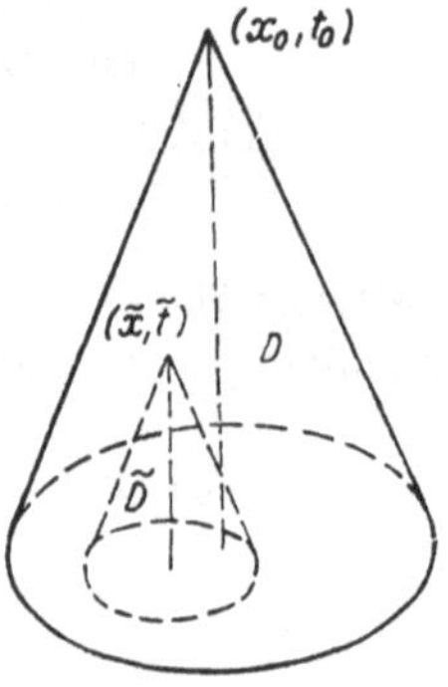

Abb. 42

Unter Benutzung der offensichtlichen Identitäten

$$\frac{\partial w}{\partial t}\frac{\partial^2 w}{\partial t^2} = \frac{1}{2}\cdot\frac{\partial}{\partial t}\left(\frac{\partial w}{\partial t}\right)^2, \qquad \frac{\partial w}{\partial t}\frac{\partial^2 w}{\partial x_k^2} = \frac{\partial}{\partial x_k}\left(\frac{\partial w}{\partial t}\frac{\partial w}{\partial x_k}\right) - \frac{1}{2}\cdot\frac{\partial}{\partial t}\left(\frac{\partial w}{\partial x_k}\right)^2$$

sowie des Gaussschen Integralsatzes erhalten wir

$$\int\limits_{\tilde{D}} \frac{\partial w}{\partial t}\left(\frac{\partial^2 w}{\partial t^2} - \Delta w\right) dx\, dt =$$

$$= \frac{1}{2}\int\limits_{S\cup K}\left\{\left[\left(\frac{\partial w}{\partial t}\right)^2 + \sum_{k=1}^{m}\left(\frac{\partial w}{\partial x_k}\right)^2\right]\cos(n, t) - 2\sum_{k=1}^{m}\frac{\partial w}{\partial t}\frac{\partial w}{\partial x_k}\cos(n, x_k)\right\} dS = 0\,. \qquad (3)$$

Mit S bezeichnen wir hier die Kugel $|x - \tilde{x}| \leqq \tilde{t}$, mit K den charakteristischen Kegel $\tilde{t} - t = |x - \tilde{x}|$ und mit dS das Flächenelement auf dem Rand $S \cup K$ des Gebietes D. Infolge der Bedingungen (2) sind in der Kugel S die Gleichungen $\frac{\partial w}{\partial t} \equiv 0$ und $w \equiv 0$ erfüllt. Wird die letzte Gleichung nach x_k differenziert, so erhält man außerdem noch $\frac{\partial w}{\partial x_k} \equiv 0$, $k = 1, 2, \dots, m$. Im mittleren Glied der Gleichung (3) verschwindet das Integral über S, und es ergibt sich die einfachere Gleichung

$$\int\limits_{K}\left\{\left[\left(\frac{\partial w}{\partial t}\right)^2 + \sum_{k=1}^{m}\left(\frac{\partial w}{\partial x_k}\right)^2\right]\cos(n, t) - 2\sum_{k=1}^{m}\frac{\partial w}{\partial t}\frac{\partial w}{\partial x_k}\cos(n, x_k)\right\} dS = 0\,.$$

Wir multiplizieren nun beide Seiten der letzten Gleichung mit der Konstanten $\frac{1}{\sqrt{2}} = \cos(n, t)$ und schreiben diese unter das Integralzeichen. Unter Benutzung der Beziehung (3.6) finden wir

$$\int_{K} \sum_{k=1}^{m} \left[\frac{\partial w}{\partial t} \cos(n, x_k) - \frac{\partial w}{\partial x_k} \cos(n, t)\right]^2 dS = 0 .$$

Hieraus folgt die Gültigkeit von

$$\frac{\partial w}{\partial t} \cos(n, x_k) - \frac{\partial w}{\partial x_k} \cos(n, t) \equiv 0 , \qquad k = 1, 2, \dots, m ,$$

auf dem Kegel K; somit gilt

$$\frac{\partial w}{\partial x_1} : \cos(n, x_1) = \dots = \frac{\partial w}{\partial x_m} : \cos(n, x_m) = \frac{\partial w}{\partial t} : \cos(n, t) .$$

Diese Gleichungen bedeuten, daß auf dem Kegel K der Vektor grad w zur Normalen parallel ist.

Es sei l eine beliebige Erzeugende auf dem Kegel K. Offensichtlich steht der Vektor grad w senkrecht auf l. In diesem Falle gilt

$$\frac{\partial w}{\partial t} = \mathrm{Pr}_l \operatorname{grad} w = 0 .$$

Folglich ist $w = \text{const}$ längs jeder beliebigen Erzeugenden des Kegels K. Insbesondere fällt der Wert von w in der Spitze $(\tilde{x}, \tilde{t})$ mit dem Wert von w in dem Punkt der Erzeugenden zusammen, der in der Ebene $t = 0$ liegt. Nach den Bedingungen (2) ist in diesem Punkt $w = 0$. Daraus folgt $w(\tilde{x}, \tilde{t}) = 0$. Da der Punkt $(\tilde{x}, \tilde{t})$ in D beliebig gewählt worden war, ergibt sich $w(x, t) = 0$, $(x, t) \in \bar{D}$. Somit ist der Satz bewiesen.

Sei $u(x, t)$ die Lösung des CAUCHYschen Problems für die Wellengleichung (1) bei beliebigen Anfangsbedingungen. Wie aus den Sätzen dieses Paragraphen hervorgeht, wird der Wert der Funktion u in einem beliebigen Punkt (x_0, t_0) allein durch den Wert der Anfangsfunktionen in der Kugel $|x - x_0| \leqq t_0$ bestimmt.

Abhängigkeitsgebiet für den Punkt (x_0, t_0) nennen wir jene Punktmenge auf der Ebene $t = 0$, auf der die Kenntnis der Werte der Anfangsfunktionen dafür ausreichend ist, um die Größe $u(x_0, t_0)$ zu bestimmen. Aus dem oben Gesagten ist ersichtlich, daß man als Abhängigkeitsgebiet die Kugel $|x - x_0| \leqq t_0$ wählen kann. Unten (Kap. 27) wird gezeigt, daß man im Falle ungerader $m > 1$ das Abhängigkeitsgebiet einengen kann: Im genannten Fall braucht man als Abhängigkeitsgebiet nicht die erwähnte Kugel zu nehmen, sondern nur deren Rand — die Sphäre $|x - x_0| = t_0$.

Wenn man statt der Gleichung (1) die Gleichung

$$\frac{\partial^2 u}{\partial t^2} - a^2 \Delta u = 0 , \qquad a = \text{const}$$

betrachtet, so ist das Abhängigkeitsgebiet für den Punkt (x_0, t_0) die Kugel $|x - x_0| \leqq at_0$ (die Sphäre $|x - x_0| = at_0$ für ungerades $m > 1$).

§ 5. Die Erscheinung der Wellenausbreitung

Aus dem im vorigen Paragraphen bewiesenen Eindeutigkeitssatz (genauer gesagt, aus dem Fakt der Existenz des Abhängigkeitsgebietes und dem Charakter dieses Gebietes) ergeben sich einige Folgerungen physikalischen Charakters, die wir hier kurz streifen wollen.

$$\frac{\partial^2 u}{\partial t^2} - a^2 \Delta u = 0 , \qquad a = \text{const} , \tag{1}$$

mit den Anfangsbedingungen

$$u|_{t=0} = \varphi_0(x) , \qquad \left.\frac{\partial u}{\partial t}\right|_{t=0} = \varphi_1(x) , \qquad x \in E_m . \tag{2}$$

Wir nehmen an, daß die Anfangswerte $\varphi_0(x)$ und $\varphi_1(x)$ außerhalb eines gewissen beschränkten Gebietes $D \subset E_m$ verschwinden (Abb. 43); im Inneren dieses Gebietes werden die Anfangswerte im allgemeinen als von Null verschieden vorausgesetzt.

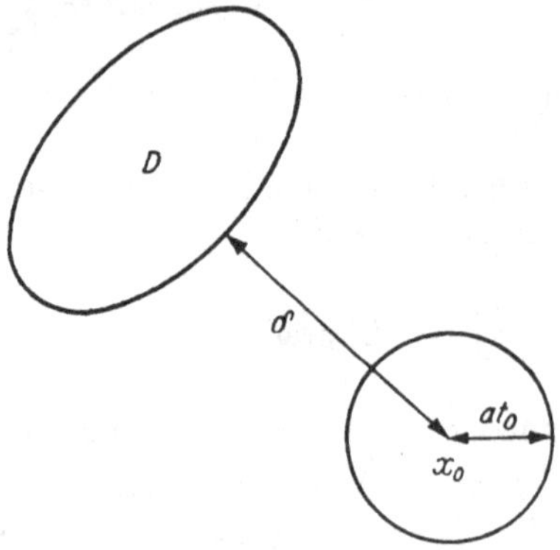

Abb. 43

Weiter nehmen wir an, daß das hier gestellte Cauchysche Problem lösbar ist. Wir fixieren einen beliebigen Punkt $x_0 \in E_m$, der außerhalb des Gebietes D liegt. Im Anfangsmoment ist, wie aus den Anfangsbedingungen ersichtlich, der Wert von u im Punkt x_0 gleich Null; in diesem Moment befindet sich der Punkt x_0 im Ruhezustand. Nun betrachten wir einen zum Anfangsmoment genügend nahen Zeitpunkt t_0, und zwar sei

$$t_0 < \frac{\delta}{a} ,$$

wobei δ die kürzeste Entfernung des Punktes x_0 zum Rand des Gebietes D ist. Das Abhängigkeitsgebiet für den Punkt x_0 zum Zeitpunkt t_0 — die Kugel vom Radius at_0 mit dem Mittelpunkt in x_0 — und das Gebiet D sind durchschnittsfremd. In diesem Falle verschwinden also die Anfangswerte im Abhängigkeitsgebiet des Punktes x_0. Nach dem Satz des vorigen Paragraphen ist $u(x_0, t_0) = 0$, und der Punkt x_0 verbleibt zum Zeitpunkt t_0 im Ruhezustand, solange $t_0 < \frac{\delta}{a}$ gilt.

Es sei nun $t_0 > \frac{\delta}{a}$. Der Durchschnitt des Abhängigkeitsgebietes mit dem Gebiet D ist nicht leer (in Abb. 44 ist dieser Durchschnitt schraffiert dargestellt); in diesem

Gebiet sind die Anfangswerte von Null verschieden, und es gilt im allgemeinen $u(x_0, t_0) \neq 0$. Somit kann man den Zeitpunkt $t_0 = \frac{\delta}{a}$ als den Zeitpunkt ansehen, in dem die Erregung den Punkt x_0 erreicht. Bis zu diesem Zeitpunkt befindet sich der erwähnte Punkt im Ruhezustand, nach diesem im Zustand der Erregung.

Ohne große Schwierigkeiten kann man auch auf folgende Frage antworten: Welche Gebiete befinden sich zu einem gegebenen Zeitpunkt t_0 im Zustand der Ruhe bzw. der Erregung?

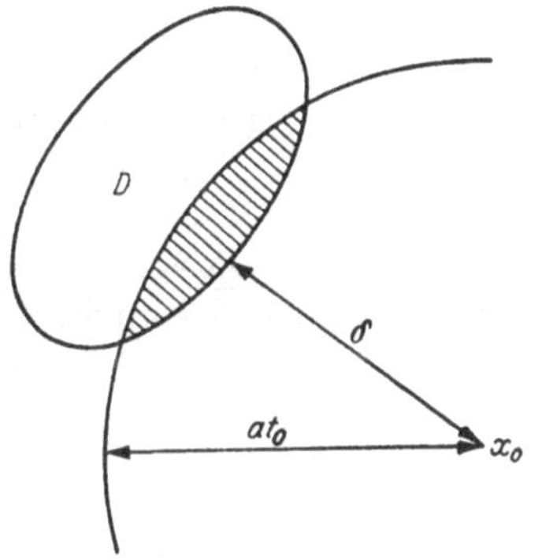

Abb. 44

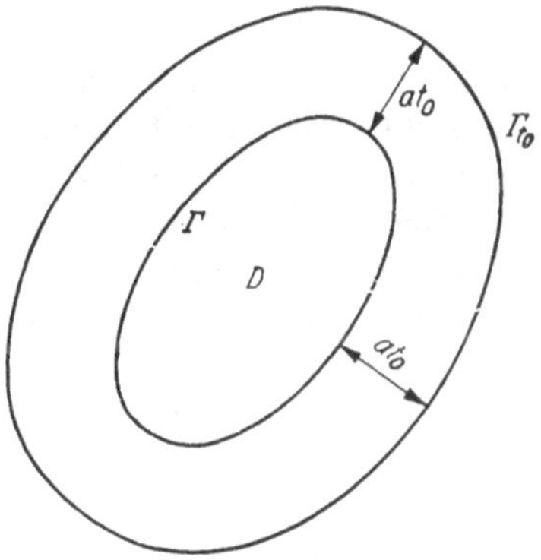

Abb. 45

Sei Γ der Rand des Gebietes D, in dem die Erregung im Anfangsmoment hervorgerufen wurde. Um jeden Punkt des Randes Γ beschreiben wir eine Kugel mit dem Radius at_0. Die Einhüllende Γ_{t_0} dieser Kugeln (genauer gesagt, der geometrische Ort aller Punkte, die außerhalb D liegen und deren Abstand zu Γ at_0 beträgt) grenzt das sich im Ruhezustand befindliche Gebiet von dem Gebiet ab, dessen Punkte sich im allgemeinen im Zustand der Erregung befinden (Abb. 45). Die Fläche Γ_{t_0} nennt man *vordere Wellenfront*. *Welle* nennt man den Prozeß der Erregungsausbreitung. Offensichtlich breitet sich die Erregung mit der Geschwindigkeit a in Richtung der Normalen von Γ aus.

Bemerkung. Wenn die Dimension des Raumes ungerade und größer Eins ist, dann wird im homogenen Medium unter gewissen Bedingungen die sogenannte *hintere Wellenfront* beobachtet: Die Erregung verschwindet in jedem Punkt nach einer gewissen Zeit. Wir kehren zu dieser Frage in Kap. 26 zurück.

KAPITEL 24

DIE FOURIERSCHE METHODE

Ihrem Wesen nach ist die FOURIERsche Methode eine Lösungsmethode für gemischte Probleme und CAUCHYsche Probleme, die sich auf die Benutzung von Spektraleigenschaften des in die Gleichung eingehenden elliptischen Operators stützt. In den klassischen Arbeiten von FOURIER und seinen Nachfolgern wurde die FOURIERsche Methode mit der Separation der Variablen in der Differentialgleichung in Zusammenhang gebracht; letztere Methode wurde in § 3, Kap. 20, benutzt. In diesem Kapitel wird auf der Grundlage der FOURIERschen Methode die Lösung der gemischten Probleme für die Wärmeleitungs- und Wellengleichung gegeben.

§ 1. Die FOURIERsche Methode für die Wärmeleitungsgleichung

Im vorliegenden Paragraphen wird eine Methode zur Konstruktion der schwachen Lösung für das gemischte Problem der Wärmeleitungsgleichung gegeben; daraus erhalten wir als Folgerung den Beweis für die Existenz dieser Lösung. Der Begriff der schwachen Lösung und der Beweis ihrer Eindeutigkeit wurde in § 6, Kap. 22, gegeben. Wir erinnern, daß die schwache Lösung im vorliegenden Fall eine abstrakte Funktion von t der Klasse

$$C\big([0, \infty); L_2(\Omega)\big) \cap C\big((0, \infty); H_{\mathfrak{A}}\big) \cap C^{(1)}\big((0, \infty); L_2(\Omega)\big) \tag{*}$$

ist, die der Beziehung

$$\left(\frac{\mathrm{d}u(t)}{\mathrm{d}t}, \eta(t)\right) + [u(t), \eta(t)]_{\mathfrak{A}} = \big(f(t), \eta(t)\big) \tag{1}$$

und der Anfangsbedingung

$$u(0) = \varphi \tag{2}$$

genügt.

Hierbei ist $\mathfrak{A}$ der Operator des DIRICHLETschen Problems (vgl. § 1, Kap. 19) für das beschränkte Gebiet $\Omega \subset E_m$ mit einem stückweise glatten Rand Γ; $\eta(t)$ ist eine beliebige abstrakte Funktion von t mit Werten im energetischen Raum $H_{\mathfrak{A}}$ und φ ein Element des Raumes $L_2(\Omega)$. Die Funktion $f(t)$ ist schließlich eine abstrakte Funktion von t mit Werten in $L_2(\Omega)$; wir nehmen an, daß sie zur Klasse $C^{(1)}\big([0, \infty); L_2(\Omega)\big)$ gehört.

Es existiere die Lösung $u(t) = u(x, t)$ des Problems (1), (2). Für beliebiges $t = 0$ ist diese ein Element des Raumes $L_2(\Omega)$, und man kann sie nach jedem in $L_2(\Omega)$ vollständigen orthonormierten System in eine FOURIER-Reihe entwickeln, d. h. also auch nach dem System der Eigenelemente des Operators $\mathfrak{A}$. Wir bezeichnen diese Elemente mit $u_n = u_n(x)$, die ihnen entsprechenden Eigenwerte mit λ_n. Wenn wir die Bezeichnung

$$\big(u(t),\, u_n\big) = c_n(t) \tag{3}$$

vornehmen, so ergibt sich

$$u(t) = \sum_{n=1}^{\infty} c_n(t)\, u_n\,. \tag{4}$$

Die Aufgabe wird somit auf die Berechnung der Koeffizienten $c_n(t)$ zurückgeführt. Dazu setzen wir in der Beziehung (1) $\eta(t) = u_k$. Das Element u_k hängt nicht von t ab, und nach der Formel (5.1) aus Kap. 22 finden wir

$$\left(\frac{\mathrm{d}u(t)}{\mathrm{d}t},\, u_k\right) = \frac{\mathrm{d}}{\mathrm{d}t}\big(u(t),\, u_k\big) = c_k'(t)\,.$$

Nach Definition der (verallgemeinerten) Eigenfunktion (vgl. Formel (3.2), Kap. 6) gilt

$$[u(t),\, u_k] = \lambda_k\big(u(t),\, u_k\big) = \lambda_k c_k(t)\,.$$

Indem wir

$$\big(f(t),\, u_k\big) = f_k(t) \tag{5}$$

setzen, erhalten wir schließlich

$$c_k'(t) + \lambda_k c_k(t) = f_k(t)\,. \tag{6}$$

Das ist eine gewöhnliche Differentialgleichung erster Ordnung mit reellwertigen Funktionen: der gegebenen Funktion $f_k(t)$ und der gesuchten Funktion $c_k(t)$. Das allgemeine Integral dieser Gleichung hat die Gestalt

$$c_k(t) = \mathrm{e}^{-\lambda_k t}\left[C_k + \int_0^t \mathrm{e}^{\lambda_k \tau} f_k(\tau)\,\mathrm{d}\tau\right], \qquad C_k = \text{const}\,.$$

Aus den Formeln (2) und (3) ergibt sich für die Gleichung (6) die Anfangsbedingung

$$c_k(0) = (\varphi,\, u_k)\,.$$

Daraus folgt $C_k = (\varphi, u_k)$ und

$$c_k(t) = (\varphi,\, u_k)\,\mathrm{e}^{-\lambda_k t} + \int_0^t \mathrm{e}^{-\lambda_k(t-\tau)} f_k(\tau)\,\mathrm{d}\tau\,. \tag{7}$$

Es genügt jetzt, (7) in die Formel (4) einzusetzen, und wir kommen zu folgendem Schluß: Wenn das gemischte Problem (1), (2) für die Wärmeleitungsgleichung eine schwache Lösung besitzt, so ist diese als Reihe

$$u(x,t) = \sum_{n=1}^{\infty} (\varphi,\, u_n)\,\mathrm{e}^{-\lambda_n t}\, u_n(x) + \sum_{n=1}^{\infty} u_n(x) \int_0^t \mathrm{e}^{-\lambda_n(t-\tau)} f_n(\tau)\,\mathrm{d}\tau \tag{8}$$

darstellbar.

Daraus erhalten wir, nebenbei bemerkt, noch einmal die bereits in § 6, Kap. 22, bewiesene Eindeutigkeit der schwachen Lösung.

§ 2. Die Begründung der Methode

Wir zeigen jetzt, daß die Reihe (1.8) wirklich die schwache Lösung der Wärmeleitungsgleichung darstellt. Der Beweis wird auf die Überprüfung der unten formulierten Behauptung zurückgeführt.

a) *Die Reihe* (1.8) *konvergiert in der Metrik von* $L_2(\Omega)$ *gleichmäßig bezüglich t auf einem beliebigen Intervall* $[0, T]$.

Beweis. Die Reihe (1.8) ist eine Orthogonalreihe in $L_2(\Omega)$. Es genügt also zu zeigen, daß auf dem Intervall $[0, T]$ die Reihe aus den Quadraten der Koeffizienten

$$\sum_{n=1}^{\infty} \left\{(\varphi, u_n)\, e^{-\lambda_n t} + \int_0^t e^{-\lambda_n(t-\tau)} f_n(\tau)\, d\tau\right\}^2 \leqq$$

$$\leqq 2 \sum_{n=1}^{\infty} (\varphi, u_n)^2\, e^{-2\lambda_n t} + 2 \sum_{n=1}^{\infty} \left\{\int_0^t e^{-\lambda_n(t-\tau)} f_n(\tau)\, d\tau\right\}^2 \tag{1}$$

gleichmäßig konvergiert.

Die abstrakte Funktion $f(t)$ ist für $t \geqq 0$ stetig; daraus folgt die Stetigkeit der Größe $\|f(t)\|$ auf dem Intervall $[0, T]$. Nunmehr zeigt man leicht, daß die zweite Reihe auf der rechten Seite in (1) gleichmäßig konvergiert. In der Tat, unter Benutzung der CAUCHY-BUNJAKOWSKIschen Ungleichung ergibt sich

$$\left\{\int_0^t e^{-\lambda_n(t-\tau)} f_n(\tau)\, d\tau\right\}^2 \leqq \int_0^t e^{-2\lambda_n(t-\tau)}\, d\tau \int_0^t f_n^2(\tau)\, d\tau =$$

$$= \frac{1 - e^{-2\lambda_n t}}{2\lambda_n} \int_0^t f_n^2(\tau)\, d\tau < \frac{1}{2\lambda_n} \int_0^t f_n^2(\tau)\, d\tau\,. \tag{2}$$

Indem wir hier die Größe λ_n durch ihren kleinsten Wert λ_1 ersetzen, finden wir für das allgemeine Glied der oben erwähnten Reihe die Abschätzung

$$\frac{1}{2\lambda_1} \int_0^t f_n^2(\tau)\, d\tau\,.$$

Die Identität

$$\sum_{n=1}^{\infty} f_n^2(\tau) = \|f(\tau)\|^2 \tag{3}$$

zeigt, daß die Reihe (3) mit nicht negativen stetigen Gliedern konvergiert und ihre Summe stetig ist. Nach einem bekannten Satz von DINI konvergiert die Reihe (3) gleichmäßig auf dem Intervall $[0, T]$ für beliebiges $T > 0$. Somit konvergiert auch die zweite Reihe auf der rechten Seite in (1).

Einfacher kann man die Konvergenz der ersten Reihe in (1) nachweisen. Es gilt

$$2(\varphi, u_n)^2\, e^{-2\lambda_k t} \leqq 2(\varphi, u_n)^2\,,$$

und die Reihe $2 \sum_{n=1}^{\infty} (\varphi, u_n)^2$ konvergiert nach der BESSELschen Ungleichung.

Aus dem Bewiesenen folgt für die Summe der Reihe (1.8) die Beziehung

$$u(x, t) = u(t) \in C\big([0, \infty);\, L_2(\Omega)\big)\,.$$

b) *Die Reihe* (1.8) *konvergiert in der Metrik von* $H_{\mathfrak{A}}$ *gleichmäßig bezüglich t auf einem beliebigen Intervall* $[\bar{t}, T]$, *wobei* $0 < \bar{t} < T < \infty$ *gilt.*

Beweis. In der Metrik $H_{\mathfrak{A}}$ sind die Funktionen $\frac{u_n}{\sqrt{\lambda_n}}$ orthonormiert. Die Reihe (1.8) kann man in der Gestalt

$$u(x,t) = \sum_{n=1}^{\infty} \sqrt{\lambda_n}\left\{(\varphi, u_n)\, e^{-\lambda_n t} + \int_0^{\infty} e^{-\lambda_n(t-\tau)} f_n(\tau)\, d\tau\right\} \frac{u_n(x)}{\sqrt{\lambda_n}} \tag{4}$$

darstellen. Es genügt wiederum nachzuweisen, daß die Reihe aus den Quadraten der Koeffizienten gleichmäßig konvergiert. Die letzteren schätzen wir ab. Es gilt

$$\sqrt{\lambda_n}\, e^{-\lambda_n t} = \frac{1}{t\sqrt{\lambda_n}} \lambda_n t\, e^{-\lambda_n t} \leqq \frac{1}{t\sqrt{\lambda_n}} \max z\, e^{-z} = \frac{1}{t\, e \sqrt{\lambda_n}}. \tag{5}$$

Nunmehr finden wir

$$\lambda_n c_n^2(t) \leqq 2\left(\sqrt{\lambda_n}\, e^{-\lambda_n t}\right)^2 (\varphi, u_n)^2 + 2\lambda_n \left(\int_0^t e^{-\lambda_n(t-\tau)} f_n(\tau)\, d\tau\right)^2 \leqq$$

$$\leqq \frac{2}{t^2 e^2 \lambda_n} (\varphi, u_n)^2 + \int_0^t f_n^2(\tau)\, d\tau; \tag{6}$$

dabei benutzten wir die Abschätzung (2). Die Reihe mit dem allgemeinen Glied (6) konvergiert gleichmäßig, und damit ist die Behauptung b) bewiesen. Aus ihr folgt die Beziehung

$$u(x,t) = u(t) \in C\big((0,\infty); H_{\mathfrak{A}}\big).$$

c) *Die Reihe, die wir erhalten, indem wir die Reihe* (1.8) *nach t differenzieren, konvergiert in der Metrik von* $L_2(\Omega)$ *gleichmäßig bezüglich t auf einem beliebigen Intervall* $[\bar{t}, T]$, *wobei* $0 < \bar{t} < T < \infty$ *gilt.*

Beweis. Wenn wir die Reihe (1.8) nach t differenzieren, so erhalten wir die folgende Reihe:

$$\sum_{n=1}^{\infty} \left\{-\lambda_n(\varphi, u_n)\, e^{-\lambda_n t} + f_n(t) - \lambda_n \int_0^t e^{-\lambda_n(t-\tau)} f_n(\tau)\, d\tau\right\} u_n(x)$$

oder, wenn wir partiell integrieren, die Reihe

$$\sum_{n=1}^{\infty} \left\{-\lambda_n(\varphi, u_n)\, e^{-\lambda_n t} + f_n(0)\, e^{-\lambda_n t} + \int_0^t e^{-\lambda_n(t-\tau)} f_n'(\tau)\, d\tau\right\} u_n(x). \tag{7}$$

Das ist ebenfalls eine Reihenentwicklung nach dem in $L_2(\Omega)$ vollständigen orthonormierten System $\{u_n(x)\}$. Wir schätzen nun ihre Koeffizienten ab. Nach der CAUCHYschen Ungleichung übersteigt in der Reihe (7) das Quadrat des zu $u_n(x)$ gehörenden Koeffizienten nicht die Größe

$$3(\lambda_n e^{-\lambda_n t})^2 (\varphi, u_n)^2 + 3 f_n^2(0)\, e^{-2\lambda_n t} + 3\left(\int_0^t e^{-\lambda_n(t-\tau)} f_n'(\tau)\, d\tau\right)^2 \leqq$$

$$\leqq \frac{3}{(\bar{t}\, e)^2} (\varphi, u_n)^2 + 3 f_n^2(0) + \frac{3}{2\lambda_n} \int_0^{\bar{t}} [f_n'(\tau)]^2\, d\tau. \tag{8}$$

Aus den für die Funktionen $\varphi(x)$ und $f(x, t)$ formulierten Voraussetzungen folgt, daß die Reihe mit dem allgemeinen Glied (8) konvergiert. Somit konvergiert die Reihe (7) in der Metrik von $L_2(\Omega)$ gleichmäßig auf dem Intervall $[\bar{t}, T]$. Die Behauptung c) ist bewiesen. Aus ihr folgt die Gültigkeit der Beziehung

$$u(x, t) = u(t) \in C^{(1)}\big((0, \infty); L_2(\Omega)\big) .$$

d) *Die Summe der Reihe* (1.8) *genügt der Anfangsbedingung* (1.2).

Beweis. In der Tat, aus dem im Punkt a) Bewiesenen folgt, daß man in dieser Reihe für $t \to 0$ gliedweise zum Grenzwert übergehen kann. Deshalb gilt

$$\lim_{t\to 0} \|u(t) - \varphi\|_{L_2} = \Big\|\sum_{n=1}^{\infty} (\varphi, u_n)\, u_n - \varphi\Big\| = 0 .$$

e) *Die Summe der Reihe* (1.8) *erfüllt die Integralbeziehung* (1.1).

Beweis. Es sei $\eta(t)$ eine beliebige abstrakte Funktion von t $(0 < t < \infty)$ mit Werten in $H_{\mathfrak{A}}$. Wir differenzieren beide Seiten der Reihe (1.8) nach t und multiplizieren das Ergebnis skalar $\big($in der Metrik von $L_2(\Omega)\big)$ mit $\eta(t)$:

$$\left(\frac{\mathrm{d}u(t)}{\mathrm{d}t}, \eta(t)\right) = \sum_{n=1}^{\infty} c_n'(t)\, \big(u_n, \eta(t)\big) .$$

Wenn wir für $c_n'(t)$ den sich aus der Formel (1.6) ergebenden Wert einsetzen, finden wir

$$\left(\frac{\mathrm{d}u(t)}{\mathrm{d}t}, \eta(t)\right) = \sum_{n=1}^{\infty} f_n(t)\, \big(u_n, \eta(t)\big) - \sum_{n=1}^{\infty} \lambda_n c_n(t)\, \big(u_n, \eta(t)\big) =$$

$$= \sum_{n=1}^{\infty} f_n(t)\, \big(u_n, \eta(t)\big) - \sum_{n=1}^{\infty} c_n(t)\, [u_n, \eta(t)] =$$

$$= \big(f(t), \eta(t)\big) - \left[\sum_{n=1}^{\infty} c_n(t)\, u_n, \eta(t)\right] = \big(f(t), \eta(t)\big) - [u(t), \eta(t)] .$$

Damit ist unsere Behauptung bewiesen.

Bemerkung. Die FOURIERsche Methode kann ohne jegliche Änderungen auf Probleme der Gestalt

$$\frac{\partial u}{\partial t} + \mathfrak{A}u = f(t), \qquad u(0) = \varphi \tag{9}$$

übertragen werden, wobei $\mathfrak{A}$ ein positiv-definiter Operator mit diskretem Spektrum ist, der in einem gewissen HILBERT-Raum H definiert ist, und die gegebene Funktion $f(t)$ sowie die gesuchte Funktion $u(t)$ abstrakte Funktionen mit Werten in demselben Raum sind. Die schwache Lösung des Problems (9) wird wie früher als eine abstrakte Funktion definiert, die die Beziehung (1.1) erfüllt sowie der Bedingung (1.2) genügt; diese Lösung existiert, ist eindeutig und kann nach der Formel (1.8) berechnet werden. Im besonderen können so (bei geeigneter Wahl des Raumes H) die schwachen Lösungen konstruiert werden, die den Randbedingungen (3.4) und (3.5) des Kap. 22 entsprechen, wenn in diesen Bedingungen die rechten Seiten gleich Null sind.

Eine andere Bemerkung behält auch dann ihre Gültigkeit, wenn von der Anwendung der FOURIERschen Methode auf die Wellengleichung (s. unten, §§ 6—8) die Rede ist.

§ 3. Die Korrektheit des gemischten Problems für die Wärmeleitungsgleichung

Die Lösung des Problems (1.1), (1.2) betrachten wir im Gebiet Q_T (Abb. 39, S. 406), d. h. im Gebiet $\Omega \times [0, T]$. Die Überlegungen der §§ 1, 2 können ohne Schwierigkeiten für den Fall modifiziert werden, wenn sich t nur auf dem beschränkten Segment $[0, T]$ ändert; dabei genügt es $f \in C^{(1)}\big([0, T]; L_2(\Omega)\big)$ vorauszusetzen. Man kann dann zeigen, daß die Lösung des Problems (1.1), (1.2) in der Klasse $C^{(1)}\big((c, T]; H_{\mathfrak{A}}\big) \cap C\big([0, T]; L_2(\Omega)\big)$ existiert und eindeutig ist. Man kann verschiedene Raumpaare angeben, in denen das hier betrachtete Problem korrekt gestellt ist. Ausführlicher betrachten wir folgendes Paar. Als B_1 wählen wir den Raum $C([0, T]; L_2(\Omega))$, in dem wir die Norm wie folgt erklären:

$$||u||_1 = \max_{0 \leq t \leq T} ||u(t)||_{L_2(\Omega)} \,. \tag{1}$$

Als B_2 wählen wir den Raum von Paaren der Gestalt

$$\Phi = \big(\varphi(x); f(x, t)\big) \,, \tag{2}$$

wobei $\varphi \in L_2(\Omega)$ und $f \in C\big([0, T]; L_2(\Omega)\big)$ gilt; die Norm in diesem neuen Raum definieren wir durch die Formel

$$||\Phi||_2 = ||\varphi||_{L_2(\Omega)} + \max_{0 \leq t \leq T} ||f(t)||_{L_2(\Omega)} \,. \tag{3}$$

Wir beweisen, daß das Problem (1.1), (1.2) im Raumpaar (B_1, B_2) korrekt gestellt ist. Über die Existenz und die Eindeutigkeit der Lösung wurden schon Aussagen getroffen, und es genügt, sich von der Beschränktheit des Operators R zu überzeugen, der von B_2 in B_1 wirkt und das Element Φ in die Lösung u überführt.

Wir wenden uns der Formel (1.8) zu. Das System $\{u_n\}$ ist in $L_2(\Omega)$ orthonormiert. Deshalb gilt

$$||u||^2_{L_2(\Omega)} = \sum_{n=1}^{\infty} [(\varphi, u_n)\, e^{-\lambda_n t} + \int_0^t e^{-\lambda_n (t-\tau)} f_n(\tau)\, d\tau]^2 \,.$$

Die letzte Reihe stimmt mit der Reihe (2.1) überein; aus den im § 2 durchgeführten Abschätzungen ergibt sich sofort, daß die Summe dieser Reihe folgende Größe nicht übersteigt:

$$2 \sum_{n=1}^{\infty} (\varphi, u_n)^2 + \frac{1}{\lambda_1} \int_0^{\infty} \sum_{n=1}^{\infty} f_n^2(\tau)\, d\tau = 2\, ||\varphi||^2_{L_2(\Omega)} + \frac{1}{\lambda_1} \int_0^t ||f(\tau)||^2_{L_2(\Omega)}\, d\tau \,.$$

Daraus folgt

$$||u(t)||^2_{L_2(\Omega)} \leqq 2\, ||\varphi||^2_{L_2(\Omega)} + \frac{T}{\lambda_1} \max_{0 \leq t \leq T} ||f(t)||^2_{L_2(\Omega)} = \alpha^2\, ||\Phi||_2^2 \,,$$

wobei $\alpha^2 = \max\left(2, \dfrac{T}{\lambda_1}\right)$. Wenn wir das Maximum über die linke Seite nehmen, finden wir

$$||u||_1^2 \leqq \alpha\, ||\Phi||_2$$

und somit

$$||R||_{B_2 \to B_1} \leqq \alpha \,.$$

§ 4. Über die Stabilisierung der Lösung

Satz 24.4.1. *Sei $\mathfrak{A}$ ein positiv-definiter Operator mit diskretem Spektrum, der im* HILBERT-*Raum H definiert ist, und in der Gleichung*

$$\frac{du}{dt} + \mathfrak{A}u = f(t), \qquad f \in C^{(1)}\left([0, \infty); H\right)$$

konvergiere die rechte Seite $f(t)$ für $t \to \infty$ gegen einen gewissen Grenzwert g derart, daß

$$||f(t) - g|| \xrightarrow[t \to \infty]{} 0 \tag{1}$$

und

$$\int_0^\infty ||f'(t)||^2 \, dt < \infty . \tag{2}$$

Dann konvergiert die schwache Lösung des Problems (2.9) *in der Metrik des Raumes H für $t \to \infty$ gegen die schwache Lösung des Problems*

$$\mathfrak{A}v = g . \tag{3}$$

Überall in diesem Paragraphen wird durch das Normsymbol die Norm im Raum H bezeichnet.

Beweis. Wir behalten die Voraussetzungen und Bezeichnungen der § 1, 2 dieses Kapitels bei.

Das System $\{u_n/\sqrt{\lambda_n}\}$ ist im energetischen Raum $H_{\mathfrak{A}}$ des Operators $\mathfrak{A}$ vollständig. Deshalb gilt (s. Formel (5.11) aus Kap. 5)

$$v = \sum_{n=1}^{\infty} \left(g, \frac{u_n}{\sqrt{\lambda_n}}\right) \frac{u_n}{\sqrt{\lambda_n}} = \sum_{n=1}^{\infty} \frac{g_n}{\lambda_n} u_n . \tag{4}$$

Die Lösung des Problems (2.9) kann man auf Grund der Formel (1.8) in der Gestalt $u(t) = u'(t) + u''(t)$ darstellen, wobei

$$u'(t) = \sum_{n=1}^{\infty} (\varphi, u_n)\, e^{-\lambda_n t} u_n , \qquad u''(t) = \sum_{n=1}^{\infty} u_n \int_0^t e^{-\lambda_n(t-\tau)} f_n(\tau)\, d\tau$$

ist. Es gilt

$$||u(t) - v|| \leqq ||u'(t)|| + ||u''(t) - v|| . \tag{5}$$

Fernerhin ist die Beziehung

$$||u'(t)||^2 = \sum_{n=1}^{\infty} e^{-2\lambda_n t} (\varphi, u_n)^2 \leqq e^{-2\lambda_1 t} \sum_{n=1}^{\infty} (\varphi, u_n)^2 = e^{-2\lambda_1 t} ||\varphi||^2 \xrightarrow[t \to \infty]{} 0$$

gültig.

Das Integral in dem Ausdruck für $u''(t)$ integrieren wir partiell. Dies führt uns auf die Formel

$$u''(t) = \sum_{n=1}^{\infty} \frac{1}{\lambda_n} \left[f_n(t) - e^{-\lambda_n t} f_n(0) - \int_0^t e^{-\lambda_n(t-\tau)} f_n'(\tau)\, d\tau \right] u_n .$$

Dies liefert

$$||u''(t) - v||^2 = \sum_{n=1}^{\infty} \frac{1}{\lambda_n^2} \left[\left(f_n(t) - g_n\right) - e^{-\lambda_n t} f_n(0) - \int_0^t e^{-\lambda_n(t-\tau)} f_n'(\tau)\, d\tau \right]^2$$

und folglich nach der CAUCHYschen Ungleichung

$$||u''(t) - v||^2 \leqq 3 \sum_{n=1}^{\infty} \frac{1}{\lambda_n^2} (f_n(t) - g_n)^2 +$$

$$+ 3 \sum_{n=1}^{\infty} \frac{e^{-2\lambda_n t}}{\lambda_n^2} f_n^2(0) + 3 \sum_{n=1}^{\infty} \frac{1}{\lambda_n^2} \left(\int_0^t e^{-\lambda_n(t-\tau)} f_n'(\tau) \, d\tau \right)^2. \tag{6}$$

Die ersten beiden Summanden rechts in (6) werden wie folgt abgeschätzt:

$$\sum_{n=1}^{\infty} \frac{1}{\lambda_n^2} (f_n(t) - g_n)^2 \leqq \frac{1}{\lambda_1^2} \sum_{n=1}^{\infty} (f_n(t) - g_n)^2 = \frac{1}{\lambda_1^2} ||f(t) - g||^2 \xrightarrow[t \to \infty]{} 0;$$

$$\sum_{n=1}^{\infty} \frac{e^{-2\lambda_n t}}{\lambda_1^2} f_n(0) \leqq \frac{e^{-2\lambda_1 t}}{\lambda_1^2} \sum_{n=1}^{\infty} f_n^2(0) = \frac{e^{-2\lambda_1 t}}{\lambda_1^2} ||f(0)|| \xrightarrow[t \to \infty]{} 0 .$$

Wir schätzen nunmehr den dritten Summanden in (6) ab. Wir wählen eine Zahl $\bar{t}$ derart, daß

$$\int_{\bar{t}}^{\infty} ||f(\tau)||^2 \, d\tau \leqq \frac{\varepsilon \lambda_1^3}{2},$$

wobei ε eine beliebig vorgegebene positive Zahl ist. Nach der CAUCHY-BUNJAKOWSKIschen Ungleichung ist

$$\left(\int_0^t e^{-\lambda_n(t-\tau)} f_n'(\tau) \, d\tau \right)^2 \leqq 2 \left(\int_0^{\bar{t}} e^{-\lambda_n(t-\tau)} f_n'(\tau) \, d\tau \right)^2 + 2 \left(\int_{\bar{t}}^t e^{-\lambda_n(t-\tau)} f_n'(\tau) \, d\tau \right)^2 \leqq$$

$$\leqq \frac{e^{-2\lambda_n(t-\bar{t})} - e^{-2\lambda_n t}}{\lambda_n} \int_0^{\bar{t}} f_n'^2(\tau) \, d\tau + \frac{1 - e^{-2\lambda_n(t-\bar{t})}}{\lambda_n} \int_{\bar{t}}^t f_n'^2(\tau) \, d\tau <$$

$$< \frac{e^{-2\lambda_1(t-\bar{t})}}{\lambda_1} \int_0^{\bar{t}} f_n'^2(\tau) \, d\tau + \frac{1}{\lambda_1} \int_{\bar{t}}^{\infty} f_n'^2(\tau) \, d\tau .$$

Hieraus folgt eine Abschätzung für die dritte Summe in (6):

$$\frac{e^{-2\lambda_1(t-\bar{t})}}{\lambda_1^3} \sum_{n=0}^{\infty} \int_0^{\bar{t}} f_n'^2(\tau) \, d\tau + \frac{1}{\lambda_1^3} \sum_{n=1}^{\infty} \int_{\bar{t}}^{\infty} f_n'(\tau) \, d\tau =$$

$$= \frac{e^{-2\lambda_1(t-\bar{t})}}{\lambda_1^3} \int_0^{\bar{t}} ||f'(\tau)||^2 \, d\tau + \frac{1}{\lambda_1^3} \int_{\bar{t}}^{\infty} ||f'(\tau)||^2 \, d\tau < \frac{e^{-2\lambda_1(t-\bar{t})}}{\lambda_1^3} \int_0^{\bar{t}} ||f'(\tau)||^2 \, d\tau + \frac{\varepsilon}{2} .$$

Nunmehr braucht man t_0 nur noch so groß zu wählen, daß für $t > t_0$ gilt

$$\frac{e^{-2\lambda_1(t-\bar{t})}}{\lambda_1^3} \int_0^{\bar{t}} ||f'(\tau)||^2 \, d\tau < \frac{\varepsilon}{2}.$$

Dann ist $||u''' - v|| < \varepsilon$, wobei mit u''' die dritte Summe in dem Ausdruck (6) bezeichnet worden ist. Der Satz ist bewiesen.

§ 5. Über die Existenz der klassischen Lösung. Ein Spezialfall

Nachdem unter ziemlich allgemeinen Bedingungen die Existenz der schwachen Lösung für das gemischte Problem der Wärmeleitung bewiesen wurde, ist es an der Zeit, folgende Frage zu stellen: Welche Bedingungen hat man an die Vorgaben zu stellen, damit sich eine „klassische" Lösung ergibt: darunter verstehen wir, daß diese Lösung in $Q \cup B \cup \Omega$ (Abb. 40, S. 409) stetig ist und in Q eine stetige erste Ableitung nach t sowie stetige zweite Ableitungen nach den Raumkoordinaten besitzt. Eine Antwort auf diese Frage geben wir für den einfachsten Fall an, wenn $m = 1$, das Gebiet Ω das Intervall $(0, 1)$ der x-Achse ist und die Wärmeleitungsgleichung die Gestalt

$$\frac{\partial u}{\partial t} - \frac{\partial^2 u}{\partial x^2} = 0 \tag{1}$$

annimmt. Für die Anfangs- und Randbedingungen gilt dann

$$u(x, 0) = \varphi(x)\,, \qquad 0 \leqq x \leqq 1 \tag{2}$$

und

$$u(0, t) = u(1, t) = 0; \tag{3}$$

die Lösung ist auf dem Halbstreifen (Abb. 46) definiert.

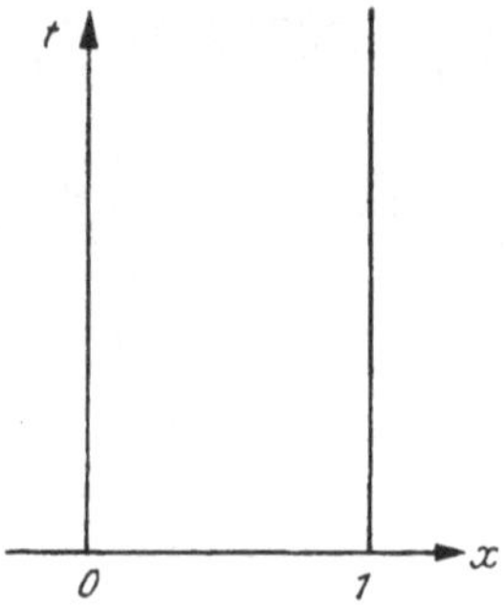

Abb. 46

Wenn die Lösung unseres Problems im Halbstreifen $0 \leqq x \leqq 1$, $t \geqq 0$ stetig ist, so muß notwendigerweise erst einmal $\varphi(x)$ stetig sein. Ferner muß die Funktion $u(x, t)$ in den Punkten $x = 0$, $t = 0$ und $x = 1$, $t = 0$ stetig sein. In jedem dieser Punkte kann man die Werte von $u(x, t)$ berechnen, wobei man sowohl von der Anfangsbedingung als auch von den Randbedingungen (3) ausgehen kann. Beide Möglichkeiten müssen ein und dasselbe Resultat liefern. Folglich muß die Funktion $\varphi(x)$ notwendigerweise den *Verträglichkeitsbedingungen*

$$\varphi(0) = \varphi(1) = 0 \tag{4}$$

genügen.

Jetzt können wir die Antwort auf die oben gestellte Frage formulieren: *Die schwache Lösung des Problems* (1)—(3) *ist auch klassische Lösung dieses Problems, wenn der*

Anfangswert $\varphi(x)$ auf dem Intervall [0, 1] *absolut stetig ist, seine Ableitung φ' dem Raume $L_2(0, 1)$ angehört und die Verträglichkeitsbedingungen* (4) *erfüllt sind.*

Beweis. Im gegebenen Fall wirkt der Operator $\mathfrak{A}$ nach der Formel $\mathfrak{A}u = -\dfrac{\partial^2 u}{\partial x^2}$ und ist auf den Funktionen der Klasse $C^{(2)}(0, 1)$ definiert, die für $x = 0$ und $x = 1$ verschwinden. Aus den Formeln (9.3) und (9.4a) des Kap. 8 erhalten wir die Eigenwerte und Eigenfunktionen des Operators $\mathfrak{A}$:

$$\lambda_n = n^2\pi^2,\ u_n(x) = \sqrt{2}\sin n\pi x\,.$$

Die Formel (1.8) liefert

$$u(x, t) = \sum_{n=1}^{\infty} b_n\, e^{-n^2\pi^2 t} \sin n\pi x\,, \tag{5}$$

wobei

$$b_n = 2\int_0^1 \varphi(x)\sin n\pi x\, dx \tag{6}$$

gesetzt ist.

Wir zeigen zu Beginn, daß für $0 \leqq x \leqq 1$, $t \geqq 0$ die Reihe (5) gleichmäßig konvergiert. Dazu integrieren wir das Integral (6) partiell. Unter Beachtung der Bedingung (4) ergibt sich $b_n = \dfrac{\beta_n}{n}$, wobei

$$\beta_n = \frac{2}{\pi}\int_0^1 \varphi'(x)\cos n\pi x\, dx$$

der n-te FOURIER-Koeffizient der Funktion $\dfrac{1}{\pi}\varphi'(x)$ ist, wenn wir diese nach dem orthonormierten System $\{\sqrt{2}\cos n\pi x\}$ in eine Reihe entwickeln. Die Reihe $\sum\limits_{n=1}^{\infty}\beta_n^2$ konvergiert; somit konvergiert nach der Ungleichung $|b_n| \leqq \dfrac{1}{2}\left(\beta_n^2 + \dfrac{1}{n^2}\right)$ auch die Reihe

$$\sum_{n=1}^{\infty} |b_n|\,. \tag{7}$$

Nun stellt die Reihe (7) eine Majorante für die Reihe (5) dar, welche deshalb absolut und gleichmäßig konvergiert. Da die Glieder der Reihe (5) stetig sind, ist die Summe dieser Reihe für $0 \leqq x \leqq 1$, $t \geqq 0$ ebenfalls stetig.

Wir zeigen jetzt, daß die Funktion $u(x, t)$ als die Summe der Reihe (5) für $t > 0$ Ableitungen beliebiger Ordnung nach x und t besitzt. Dafür genügt es zu zeigen, daß die Reihe, die wir erhalten, indem wir die Reihe (5) beliebig oft nach t und x differenzieren, für $0 \leqq x \leqq 1$, $t \geqq \bar{t}$ gleichmäßig konvergiert; dabei ist $\bar{t}$ eine beliebige positive Konstante. Indem wir die Reihe (5) p-mal nach x und q-mal nach t differenzieren, erhalten wir die Reihe

$$(-1)^q \sum_{n=1}^{\infty} n^{p+2q}\pi^{p+2q} b_n\, e^{-n^2\pi^2 t} \sin\left(n\pi x + p\,\frac{\pi}{2}\right). \tag{8}$$

Die FOURIER-Koeffizienten b_n sind offenbar beschränkt, und für die Reihe (8) ist die Reihe

$$C\sum_{n=1}^{\infty} n^{2s}\, e^{-n^2\pi^2\bar{t}}, \qquad C = \text{const},\ 2s \geqq p + 2q,\ s = \text{const}$$

eine Majorante.

Weiter gilt

$$n^{2s}\,e^{-n^2\pi^2\bar{t}} < \frac{n^{2s}}{1 + n^2\pi^2\bar{t} + \dots + \dfrac{n^{2s+2}}{(2s+2)!}(\pi^2\bar{t})^{2s+2}} < \frac{(2s+2)!}{(\pi^2\bar{t})^{2s+2}\,n^2},$$

und man kann somit die noch bessere Majorante

$$C_1 \sum_{n=1}^{\infty} \frac{1}{n^2}, \qquad C_1 = \text{const}$$

angeben, die offensichtlich konvergiert. Damit ist unsere Behauptung bewiesen.

Wie aus der Beweisführung ersichtlich ist, konnten wir die Existenz der Ableitungen beliebig hoher Ordnung für $t > 0$ unter der einzigen Voraussetzung nachweisen, daß $\varphi \in L(0, 1)$ ist. Die zusätzlichen Bedingungen, die der Funktion $\varphi(x)$ auferlegt wurden, benötigten wir nur für den Beweis der Stetigkeit der Lösung im Punkte $t = 0$.

§ 6. Der Fall des nicht selbstadjungierten elliptischen Teils

Die Wärmeleitungsgleichung habe die Gestalt

$$\frac{\partial u}{\partial t} - \frac{\partial}{\partial x_j}\left(A_{jk}(x)\frac{\partial u}{\partial x_k}\right) + B_k(x)\frac{\partial u}{\partial x_k} + C(x)\,u = f(x, t) \tag{1}$$

Im Gebiet Q, Abb. 40 (S. 409), formulieren wir für die Gleichung (1) das gemischte Problem bei der Randbedingung

$$u|_B = 0 \tag{2}$$

und der Anfangsbedingung

$$u|_{t=0} = \varphi(x)\,. \tag{3}$$

Wir setzen voraus, daß $A_{jk} \in C^{(1)}(\bar{\Omega})$ gilt und daß B_k und C in Ω beschränkt und meßbar sind. Es gelte noch $f \in C^{(1)}([0, \infty); L_2(\Omega))$. Wie schon oben bezeichnen wir mit $\mathfrak{A}$ den durch

$$\mathfrak{A}u = -\frac{\partial}{\partial x_j}\left(A_{jk}\frac{\partial u}{\partial x_k}\right), \qquad u|_{\partial\Omega} = 0\,,$$

definierten Operator. Wir setzen noch

$$Ku = B_k\frac{\partial u}{\partial x_k} + Cu\,, \qquad u|_{\partial\Omega} = 0\,.$$

Wenn man $u(x, t)$ und $f(x, t)$ als abstrakte Funktionen von t betrachtet, so kann man dem Problem (1)–(3) die Gestalt

$$\frac{du}{dt} + \mathfrak{A}u + Ku = f(t)\,, \qquad u(0) = \varphi \tag{4}$$

geben.

Wenn wir dies skalar mit einer beliebigen abstrakten Funktion $\eta(t)$ mit Werten in $H_{\mathfrak{A}}$ multiplizieren, erhalten wir die Beziehung

$$\left(\frac{du}{dt}, \eta\right) + [u, \eta]_{\mathfrak{A}} + (Ku, \eta) = (f, \eta)\,. \tag{5}$$

Eine Funktion $u(t)$, die der Beziehung (5) und der Anfangsbedingung (3) genügt, werden wir *schwache Lösung* des Problems (1)—(3) nennen. Nach wie vor werden wir annehmen, daß die schwache Lösung eine abstrakte Funktion von t ist, die zur Klasse (*), § 1, gehört.

Wie schon im § 6 des Kap. 20 bezeichnen wir mit G den Operator, der der Funktion $f \in L_2(\Omega)$ die schwache Lösung u_0 des Problems $\mathfrak{A}u = f$ zuordnet. Unter Benutzung der Formel (6.4) des Kap. 20 geben wir der Beziehung (5) die Gestalt

$$\left(\frac{\mathrm{d}u}{\mathrm{d}t}, \eta\right) + [u, \eta]_{\mathfrak{A}} + [Vu, \eta]_{\mathfrak{A}} = (f, \eta)\,, \tag{6}$$

wobei $V = GK$ ist. Anstelle des im Kap. 20 benutzten Buchstaben T bezeichnen wir dieses Produkt mit dem Buchstaben V. Der Buchstabe T wird hier eine andere Rolle spielen. Wir erinnern daran (s. § 6, Kap. 20), daß der Operator V im Raum H vollstetig ist.

Wenn die schwache Lösung unseres Problems existiert, so ist diese für jedes beliebige fixierte t Element eines jeden der Räume $L_2(\Omega)$ und $H_{\mathfrak{A}}$. Wenn wir die Bezeichnungen λ_n und u_n für die Eigenwerte und Eigenfunktionen des Operators $\mathfrak{A}$ beibehalten, ergibt sich die sowohl in der Metrik des Raumes $L_2(\Omega)$ als auch in der Metrik des Raumes $H_{\mathfrak{A}}$ konvergente Entwicklung

$$u(t) = \sum_{n=1}^{\infty} c_k(t)\, u_k\,, \qquad c_k(t) = \big(u(t), u_k\big)\,. \tag{7}$$

Setzen wir diese Entwicklung in die Beziehung (6) ein und setzen in ihr $\eta = u_n$, so erhalten wir ein unendliches Gleichungssystem für die Koeffizienten der Reihe (7):

$$c_n'(t) + \lambda_n c_n(t) + \sum_{k=1}^{\infty} [Vu_k, u_n]_{\mathfrak{A}}\, c_k(t) = f_n(t)\,, \qquad f_n(t) = \big(f(t), u_n\big)\,.$$

Wenn wir die Anfangsbedingung benutzen, so finden wir daraus

$$c_n(t) + \int_0^t \mathrm{e}^{-\lambda_n(t-\tau)} \sum_{n=1}^{\infty} [Vu_k, u_n]_{\mathfrak{A}}\, c_k(\tau)\, \mathrm{d}\tau = (\varphi, u_n)\, \mathrm{e}^{-\lambda_n t} + \int_0^t \mathrm{e}^{-\lambda_n(t-\tau)} f_n(\tau)\, \mathrm{d}\tau\,,$$
$$n = 1, 2, 3, \ldots\,. \tag{8}$$

Wir betrachten nunmehr den BANACH-Raum B, dessen Elemente Folgen $z = \{z_n(t)\}$ skalarer Funktionen sind, für die

$$\sup_{0 \le t \le T} \left\{\sum_{n=1}^{\infty} z_n^2(t)\right\}^{1/2} < \infty \tag{9}$$

gilt. Als Norm des Elements z nehmen wir den Wert der rechten Seite in (9). Man kann sich leicht davon überzeugen, daß die Folge der rechten Seiten im unendlichen System (8) ein Element des Raumes B ist; wir zeigen, daß die Folge der gesuchten Funktionen $c_n(t)$ auch diesem Raum angehört, wenn sie existiert. In der Tat, die schwache Lösung u gehört zur Klasse $C\big([0, \infty);\, L_2(\Omega)\big)$, und deshalb ist die Größe $\|u(t)\|_{L_2(\Omega)}$ eine stetige Funktion von t auf dem Segment $[0, T]$. In diesem Fall ist sie beschränkt:

$$\sup_{0 \le t \le T} \|u(t)\|_{L_2(\Omega)} = \sup_{0 \le t \le T} \left\{\sum_{n=1}^{\infty} c_n^2(t)^{1/2}\right\} < \infty\,.$$

Unsere Behauptung ist damit bewiesen.

Die Folge der rechten Seiten des Systems (8) bezeichnen wir mit $g = \{g_n(t)\}$, die Folge $\{c_n(t)\}$ mit c. Im Raum B erklären wir zwei Operatoren. Der eine, den wir mit W bezeichnen wollen, wird durch die Matrix $[Vu_k, u_n]_{\mathfrak{A}}$ erzeugt. Der andere, den wir mit P bezeichnen, wird durch die Formel

$$(Pz)_n = \int\limits_0^t e^{-\lambda_n(t-\tau)} z_n(\tau)\, d\tau$$

definiert. Diese beiden Operatoren sind in B beschränkt. Für P ist dies offensichtlich. Die Beschränktheit von W folgt leicht aus dem Fakt, daß der Operator V vollstetig in $H_{\mathfrak{A}}$ und somit in diesem Raum auch beschränkt ist. Offensichtlich ist auch, daß die Operatoren P und W miteinander kommutieren: $PW = WP$.

Das System (8) kann man jetzt in der Gestalt

$$c = PWc + g \tag{10}$$

schreiben. Wir zeigen jetzt, daß die Gleichung (10) eine und nur eine Lösung im Raum B besitzt. Der Beweis beruht auf folgendem Hilfssatz, der sich im wesentlichen aus dem VOLTERRAschen Charakter des Operators P ergibt:

Hilfssatz 24.6.1. *Die Reihe*

$$\sum_{s=0}^{\infty} (PW)^s \tag{11}$$

konvergiert in der Norm des Raumes B.

Beweis. Weil die Operatoren P und W kommutieren, gilt $(PW)^s = P^s W^s$ und $||(PW)^s z|| \leqq ||P^s||\, ||W||^s\, ||z||$. Wir ermitteln jetzt den Ausdruck P^s. Es gilt

$$(P^2 z)_n = \int\limits_0^t e^{-\lambda_n(t-\sigma)} (Pz_n)(\sigma)\, d\sigma = \int\limits_0^t e^{-\lambda_n(t-\sigma)} \left\{\int\limits_0^\tau e^{-\lambda_n(\sigma-\tau)} z_n(\tau)\, d\tau\right\} d\sigma =$$
$$= \int\limits_0^t z_n(\tau) \left\{\int\limits_\tau^t e^{-\lambda_n(t-\tau)}\, d\sigma\right\} d\tau = \int\limits_0^t (t-\tau)\, e^{-\lambda_n(t-\tau)} z_n(\tau)\, d\tau\,.$$

Mittels Induktion finden wir leicht

$$(P^s z)_n = \frac{1}{(s-1)!} \int\limits_0^t (t-\tau)^{s-1}\, e^{-\lambda_n(t-\tau)}\, z_n(\tau)\, d\tau\,. \tag{12}$$

Für das Weitere erweist sich folgende grobe Abschätzung als ausreichend. Nach der Definition der Norm in B ist

$$||P^s z||^2 = \sup_{0 \leqq t \leqq T} \sum_{n=1}^{\infty} [(P^s z)_n\,(t)]^2\,.$$

Aus der Formel (12) erhalten wir nunmehr

$$[(P^s z)_n\,(t)]^2 \leqq \frac{T^{2s-2}}{[(s-1)!]^2} \left(\int\limits_0^T |z_n(\tau)|\, d\tau\right)^2 \leqq \frac{T^{2s-1}}{[(s-1)!]^2} \int\limits_0^T z_n^2(\tau)\, d\tau\,. \tag{13}$$

Daraus ergibt sich

$$\sum_{n=1}^{\infty} [(P^s z)_n\,(t)]^2 \leqq \frac{T^{2s-2}}{[(s-1)!]^2} \int\limits_0^T \sum_{n=1}^{\infty} z_n^2(\tau)\, d\tau \leqq \frac{T^{2s}}{[(s-1)!]^2}\, ||z||^2\,.$$

Wenn wir das Supremum über die linke Seite bilden, erhalten wir eine Normabschätzung für den Operator P^s:

$$\|P^s\| \leqq \frac{T^s}{(s-1)!}.$$

Daraus folgt, daß die Reihe (11) in der Norm durch die konvergente Zahlenreihe

$$\sum_{s=1}^{\infty} \frac{T^s \|W\|^s}{(s-1)!}$$

majoriert wird. Das Lemma ist bewiesen.

Man kann nun unschwer nachweisen, daß die Reihe

$$c = \sum_{s=0}^{\infty} (PW)^s g \tag{14}$$

eine Lösung der Gleichung (10) darstellt. Diese Lösung ist eindeutig bestimmt: Wenn $c^{(0)}$ und $c^{(1)}$ zwei Lösungen der Gleichungen (10) sind, so genügt ihre Differenz $\tilde{c} = c^{(0)} - c^{(1)}$ der homogenen Gleichung $\tilde{c} = PW\tilde{c}$. Daraus folgt

$$\tilde{c} = (PW)^2 \tilde{c} = \ldots = (PW)^s \tilde{c},$$

wobei s eine beliebige natürliche Zahl ist. Nunmehr gilt

$$\|\tilde{c}\| = \|(PW)^s \tilde{c}\| \leqq \|P\|^s \|W\|^s \|\tilde{c}\| \leqq \frac{T^s \|W\|^s}{(s-1)!} \|\tilde{c}\| \underset{s\to\infty}{\longrightarrow} 0 .$$

Dies bedeutet $\tilde{c} = 0$ und $c^{(0)} = c^{(1)}$.

Wenn wir also die Gleichung (10) lösen, finden wir eine und nur eine Folge von Koeffizienten c, und die Formel (7) zeigt, daß die schwache Lösung des Problems (1)—(3) eindeutig ist. Andererseits können wir uns auf Grund von wie im § 2 durchgeführten Überlegungen davon überzeugen, daß die durch die Reihe (7) definierte Funktion, in der die Koeffizienten $c_k(t)$ aus der Gleichung (10) ermittelt wurden, die schwache Lösung des Problems (1)—(3) darstellt. Man kann auch unschwer beweisen, daß dieses Problem in dem im § 3 angegebenen Raumpaar korrekt gestellt ist.

§ 7. Die FOURIERsche Methode für die Wellengleichung

Die schwache Lösung $u(x, t) = u(t)$ des gemischten Problems für die Wellengleichung (s. § 2, Kap. 23) ist eine abstrakte Funktion von t, die der Klasse K (Formel (2.9), Kap. 23) angehört und die die Beziehung

$$-\int_0^T \left(\frac{du(t)}{dt}, \frac{d\eta(t)}{dt}\right) dt + \int_0^T [u(t), \eta(t)]\, dt - (\varphi_1, \eta(0)) = \int_0^T (f(t), \eta(t))\, dt, \qquad \eta \in K_T, \tag{1}$$

sowie die Anfangsbedingung

$$u(0) = \varphi_0 \tag{2}$$

erfüllt. Dabei gilt $\varphi_0 \in H_{\mathfrak{A}}$, $\varphi_1 \in L_2(\Omega)$. Wir setzen voraus, daß $f(t) = f(x, t)$ eine abstrakte Funktion der Klasse $C([0, \infty); L_2(\Omega))$ ist. Die Bedingung (2) ist im Sinne des Grenzüberganges in der energetischen Metrik

$$\lim_{t\to 0} |u(t) - \varphi_0| = 0$$

zu verstehen.

Wir nehmen an, daß die Lösung des Problems (1), (2) existiert. Wir entwickeln sie in der Metrik von $L_2(\Omega)$ in eine Reihe nach dem System der Eigenelemente des Operators $\mathfrak{A}$:

$$u(t) = \sum_{n=1}^{\infty} c_n(t)\, u_n\,, \qquad c_n(t) = (u(t), u_n)\,. \tag{3}$$

Dieselbe Reihe, geschrieben in der Gestalt

$$u(t) = \sum_{n=1}^{\infty} \sqrt{\lambda_n}\, c_n(t) \frac{u_n}{\sqrt{\lambda_n}}\,,$$

stellt die Reihenentwicklung der Lösung $u(t)$ in der Metrik von $H_{\mathfrak{A}}$ nach dem vollständigen orthonormierten System $\dfrac{u_n}{\sqrt{\lambda_n}}$ dar.

In der Beziehung (1) setzen wir $\eta(t) = (T - t)\, u_n$. Unter Benutzung von

$$[u(t), u_n] = \lambda_n \big(u(t), u_n\big) = \lambda_n c_n(t)$$

erhalten wir die folgende Gleichung für den unbekannten Koeffizienten $c_n(t)$:

$$\int_0^T c_n'(t)\, \mathrm{d}t - T(\varphi_1, u_n) + \lambda_n \int_0^T (T - t)\, c_n(t)\, \mathrm{d}t = \int_0^T (T - t)\, f_n(t)\, \mathrm{d}t\,, \tag{4}$$

wobei

$$f_n(t) = f\big((t), u_n\big) \tag{5}$$

ist.

Gleichung (4) differenzieren wir nach T und schreiben statt T und t entsprechend t und τ:

$$c_n'(t) - (\varphi_1, u_n) + \lambda_n \int_0^t c_n(\tau)\, \mathrm{d}\tau = \int_0^t f_n(\tau)\, \mathrm{d}\tau\,. \tag{6}$$

Aus Gleichung (6) ersieht man, daß die zweite Ableitung $c_n''(t)$ existiert. Indem wir differenzieren, stellen wir fest, faß $c(t)$ der gewöhnlichen Differentialgleichung zweiter Ordnung mit konstanten Koeffizienten

$$\frac{\mathrm{d}^2 c_n(t)}{\mathrm{d}t^2} + \lambda_n c_n(t) = f_n(t) \tag{7}$$

genügt; die Anfangsbedingungen für diese Gleichung

$$c_n(0) = (\varphi_0, u_n),\; c_n'(0) = (\varphi_1, u_n) \tag{8}$$

erhalten wir aus den Beziehungen (2), (3) und (6). Die Lösung dieser Aufgabe hat die Gestalt

$$c_n(t) = (\varphi_0, u_n) \cos \sqrt{\lambda_n}\, t + \frac{(\varphi_1, u_n)}{\sqrt{\lambda_n}} \sin \sqrt{\lambda_n}\, t + \frac{1}{\sqrt{\lambda_n}} \int_0^t \sin \sqrt{\lambda_n}(t - \tau)\, f_n(\tau)\, \mathrm{d}\tau\,. \tag{9}$$

Daraus ergibt sich

$$u(x, t) = \sum_{n=1}^{\infty} \left\{ (\varphi_0, u_n) \cos \sqrt{\lambda_n}\, t + \frac{(\varphi_1, u_n)}{\sqrt{\lambda_n}} \sin \sqrt{\lambda_n}\, t + \frac{1}{\sqrt{\lambda_n}} \int_0^t \sin \sqrt{\lambda_n}\, (t - \tau)\, f_n(\tau)\, \mathrm{d}\tau \right\} u_n(x)\,. \tag{10}$$

Wenn also die schwache Lösung des gemischten Problems für die Wellengleichung existiert, so hat diese notwendigerweise die Gestalt (10). Wie auch für die Wärmeleitungsgleichung folgt daraus die Eindeutigkeit der schwachen Lösung.

Die Formel (10) ist etwas unhandlich, deshalb führen wir ihre Begründung auf die folgende Weise durch. Die Funktionen $v(x, t)$ und $w(x, t)$ seien schwache Lösungen folgender Probleme:
der homogenen Wellengleichung mit inhomogenen Anfangsbedingungen

$$\frac{d^2v}{dt^2} + \mathfrak{A}v = 0\,, \qquad v|_{t=0} = \varphi_0\,, \qquad \left.\frac{dv}{dt}\right|_{t=0} = \varphi_1 \tag{11}$$

bzw. der inhomogenen Wellengleichung mit homogenen Anfangsbedingungen

$$\frac{d^2w}{dt^2} + \mathfrak{A}w = f(t)\,, \qquad w|_{t=0} = 0\,, \qquad \left.\frac{dw}{dt}\right|_{t=0} = 0\,. \tag{12}$$

Dann gilt offensichtlich $u = v + w$. Die allgemeine Formel (10) liefert für v und w die Formeln

$$v(x, t) = \sum_{n=1}^{\infty} \left\{(\varphi_0, u_n) \cos\sqrt{\lambda_n}\, t + \frac{(\varphi_1, u_n)}{\sqrt{\lambda_n}} \sin\sqrt{\lambda_n}\, t\right\} u_n(x)\,, \tag{13}$$

$$w(x, t) = \sum_{n=1}^{\infty} \frac{u(x)}{\sqrt{\lambda_n}} \int_0^t \sin\sqrt{\lambda_n}\,(t - \tau)\, f_n(\tau)\, d\tau\,. \tag{14}$$

In den folgenden zwei Paragraphen führen wir die Begründung der Fourierschen Methode für jede der Aufgaben (11) und (12) getrennt durch.

§ 8. Die Begründung der Methode für die homogene Gleichung

Wie auch im Falle der Wärmeleitungsgleichung (§ 2) wird die Begründung der Fourierschen Methode auf die Überprüfung einiger Behauptungen zurückgeführt.

a) *Die Reihe* (7.13) *konvergiert in der Metrik von $H_{\mathfrak{A}}$ gleichmäßig bezüglich t auf der ganzen Zahlengeraden.*

Beweis. Wir schreiben die Reihe (7.13) in der Gestalt

$$v(x, t) = \sum_{n=1}^{\infty} \{\sqrt{\lambda_n}\,(\varphi_0, u_n) \cos\sqrt{\lambda_n}\, t + (\varphi_1, u_n) \sin\sqrt{\lambda_n}\, t\} \frac{u_n(x)}{\sqrt{\lambda_n}} =$$

$$= \sum_{n=1}^{\infty} \left\{\left[\varphi_0, \frac{u}{\sqrt{\lambda_n}}\right] \cos\sqrt{\lambda_n}\, t + (\varphi_1, u_n) \sin\sqrt{\lambda_n}\, t\right\} \frac{u_n(x)}{\sqrt{\lambda_n}}\,. \tag{1}$$

Diese Formel ist eine Reihenentwicklung nach dem in der Metrik von $H_{\mathfrak{A}}$ orthonormierten Funktionensystem $\left\{\frac{u_n}{\sqrt{\lambda_n}}\right\}$. Es genügt somit, die gleichmäßige Konvergenz bezüglich t für die Reihe aus den Quadraten der Koeffizienten

$$\sum_{n=1}^{\infty} \left\{\left[\varphi_0, \frac{u_n}{\sqrt{\lambda_n}}\right] \cos\sqrt{\lambda_n}\, t + (\varphi_1, u_n) \sin\sqrt{\lambda_n}\, t\right\}^2 \tag{2}$$

nachzuweisen.

Die Summe dieser Reihe übersteigt nicht die Größe

$$2 \sum_{n=1}^{\infty} \left[\varphi_0, \frac{u_n}{\sqrt{\lambda_n}}\right]^2 + 2 \sum_{n=1}^{\infty} (\varphi_1, u_n)^2 .$$

Nach der Besselschen Ungleichung konvergieren beide Reihen. Ihre Glieder hängen nicht von t ab, und nach einem Satz von Weierstrass konvergiert die Reihe (2) gleichmäßig.

Daß die Reihe (7.13) gleichmäßig nach t in der Metrik von $L_2(\Omega)$ konvergiert, folgt unmittelbar aus der Ungleichung der positiven Definitheit [Ungleichung (3.5), Kap. 5].

Aus der Behauptung dieses Punktes folgt außerdem noch

$$v(x, t) = v(t) \in C\big([0, \infty); H_{\mathfrak{A}}\big) .$$

Der Punkt a) ist somit bewiesen.

b) *die Reihe*

$$\sum_{n=1}^{\infty} \{- \sqrt{\lambda_n}\, (\varphi_0, u_n) \sin \sqrt{\lambda_n}\, t + (\varphi_1, u_n) \cos \sqrt{\lambda_n}\, t\}\; u_n(x) =$$

$$= \sum_{n=1}^{\infty} \left\{- \left[\varphi_0, \frac{u_n}{\sqrt{\lambda_n}}\right] \sin \sqrt{\lambda_n}\, t + (\varphi_1, u_n) \cos \sqrt{\lambda_n}\, t\right\} u_n(x)', \tag{3}$$

die wir erhalten, wenn wir die Reihe (4.13) *nach t differenzieren, konvergiert gleichmäßig bezüglich t in der Metrik von* $L_2(\Omega)$.

Es genügt jetzt, die Ungleichung

$$\left\{- \left[\varphi_0, \frac{u_n}{\sqrt{\lambda_n}}\right] \sin \sqrt{\lambda_n}\, t + (\varphi_1, u_n) \cos \sqrt{\lambda_n}\, t\right\}^2 \leqq 2 \left[\varphi_0, \frac{u_n}{\sqrt{\lambda_n}}\right]^2 + 2(\varphi_1, u_n)^2$$

aufzuschreiben und sich genau wie im Punkte a) auf die Besselsche Ungleichung und auf den Satz von Weierstrass zu berufen.

Aus dem in Punkt a) und b) Bewiesenen ergibt sich

$$v(x, t) = v(t) \in C^{(1)}([0, \infty); L_2(\Omega)) ,$$

folglich gilt $v(t) \in K$.

c) *Die Summe der Reihe* (4.13) *genügt den Anfangsbedingungen* (4.11).

Beweis. Wie aus Punkt a) folgt, können wir in der Reihe (1) den Grenzübergang (in der Metrik von $H_{\mathfrak{A}}$) für $t \to 0$ gliedweise vollziehen. Folglich erhalten wir

$$\lim_{t \to 0} |v(t) - \varphi_0| = \left| \sum_{n=1}^{\infty} \left[\varphi_0, \frac{u_n}{\sqrt{\lambda_n}}\right] \frac{u_n}{\sqrt{\lambda_n}} - \varphi_0 \right| = 0 .$$

Nach dem im Punkt b) Bewiesenen ist die Summe der Reihe (3) gleich $\frac{\mathrm{d}v(t)}{\mathrm{d}t}$, und in dieser Reihe kann man ebenfalls für $t \to 0$ gliedweise zum Grenzwert übergehen, d. h.

$$\lim_{t \to 0} \left\| \frac{\mathrm{d}v(t)}{\mathrm{d}t} - \varphi_1 \right\| = \left\| \sum_{n=1}^{\infty} (\varphi_1, u_n)\, u_n - \varphi_1 \right\| = 0 .$$

d) *Die Summe der Reihe* (7.13) *erfüllt die Gleichung*

$$- \int_0^T \left(\frac{\mathrm{d}v(t)}{\mathrm{d}t}, \frac{\mathrm{d}\eta(t)}{\mathrm{d}t}\right) + \int_0^T [v(t), \eta(t)]\, \mathrm{d}t - \big(\varphi_1, \eta(0)\big) = 0 , \qquad \forall \eta \in K_T , \tag{4}$$

die sich aus der Beziehung (4.1) *für* $f = 0$ *ergibt.*

Beweis. Der Kürze halber bezeichnen wir die Koeffizienten der Reihe (7.13) mit

$$\gamma_n(t) = (\varphi_0, u_n) \cos \sqrt{\lambda_n}\, t + \frac{(\varphi_1, u_n)}{\sqrt{\lambda_n}} \sin \sqrt{\lambda_n}\, t .$$

Somit können wir

$$v(x, t) = v(t) = \sum_{n=1}^{\infty} \gamma_n(t)\, u_n$$

schreiben.

Die Koeffizienten $\gamma_n(t)$ genügen der Differentialgleichung (7.7), wenn wir in dieser $f_n(t) \equiv 0$ setzen:

$$\gamma_n''(t) + \lambda_n \gamma_n(t) = 0 . \tag{5}$$

Es gilt

$$-\int_0^T \left(\frac{dv}{dt}, \frac{d\eta}{dt}\right) dt = -\sum_{n=1}^{\infty} \int_0^T \gamma_n'(t) \left(u_n, \frac{d\eta(t)}{dt}\right) dt .$$

Die gliedweise Integration ist gestattet, da die Reihe (3) gleichmäßig bezüglich t konvergiert. Wenn wir partiell integrieren, erhalten wir

$$-\int_0^T \gamma_n'(t) \left(u_n, \frac{d\eta(t)}{dt}\right) dt = \int_0^T \gamma_n''(t)\, \big(u_n, \eta(t)\big)\, dt - \gamma_n'(t)(u_n, \eta(t))\big|_{t=0}^{t=T} =$$

$$= \int_0^T \gamma_n''(t)\, \big(u_n, \eta(t)\big)\, dt + (\varphi_1, u_n)\, \big(u_n, \eta(0)\big) .$$

Daraus ergibt sich

$$-\int_0^T \left(\frac{dv(t)}{dt}, \frac{d\eta(t)}{dt}\right) dt = \sum_{n=1}^{\infty} \int_0^T \gamma_n''(t)\, \big(u_n, \eta(t)\big)\, dt + \sum_{n=1}^{\infty} (\varphi_1, u_n)\, \big(u_n, \eta(0)\big) .$$

Die PARSEVALsche Gleichung liefert

$$\sum_{n=1}^{\infty} (\varphi_1, u_n)\, \big(u_n, \eta(0)\big) = \big(\varphi_1, \eta(0)\big) ,$$

und folglich gilt

$$-\int_0^T \left(\frac{dv(t)}{dt}, \frac{d\eta(t)}{dt}\right) dt = \sum_{n=1}^{\infty} \int_0^T \gamma_n''(t)\, \big(u_n, \eta(t)\big)\, dt + \big(\varphi_1, \eta(0)\big) . \tag{6}$$

Somit ist

$$\int_0^T [u(t), \eta(t)]\, dt = \sum_{n=1}^{\infty} \int_0^T \gamma_n(t)\, [u_n, \eta(t)]\, dt = \sum_{n=1}^{\infty} \int_0^T \lambda_n \gamma_n(t)\, \big(u_n, \eta(t)\big)\, dt . \tag{7}$$

Wenn man jetzt die Gleichungen (6) und (7) unter Benutzung der Gleichung (5) addiert, so erhält man die Beziehung (4).

Damit ist der Beweis abgeschlossen.

§ 9. Die Begründung der Methode für homogene Anfangsbedingungen

Wir beweisen jetzt, daß die Summe der Reihe (7.14) die schwache Lösung des Problems (7.12) ist. Unter dieser Zielstellung zeigen wir, daß für die Reihe (7.14) alle Behauptungen a)—d) des vorangegangenen Paragraphen gelten, allerdings mit dem Unterschied, daß die gleichmäßige Konvergenz nicht auf der gesamten Zahlengeraden t vorliegt, sondern nur auf einem beliebigen Intervall $[0, \bar{t}]$, $\bar{t} = \text{const} > 0$.

Für den Beweis der Bedingung a) genügt es zu überprüfen, ob die Reihe

$$\sum_{n=1}^{\infty} \left\{ \int_0^t \sin \sqrt{\lambda_n}\,(t-\tau)\, f_n(\tau)\, d\tau \right\}^2 \tag{1}$$

auf dem Intervall $[0, \bar{t}]$ gleichmäßig konvergiert. Nach der CAUCHY-BUNJAKOWSKIschen Ungleichung finden wir

$$\left\{ \int_0^t \sin \sqrt{\lambda_n}\,(t-\tau)\, f_n(\tau)\, d\tau \right\}^2 \leqq \left\{ \int_0^t |f_n(t)|\, dt \right\}^2 \leqq \bar{t} \int_0^t f_n^2(\tau)\, d\tau\,. \tag{2}$$

Die PARSEVALsche Gleichung liefert

$$\sum_{n=1}^{\infty} f_n^2(\tau) = ||f(\tau)||^2\,. \tag{3}$$

Die Reihe (3) mit stetigen und nicht negativen Gliedern konvergiert gegen eine stetige Funktion. Nach einem Satz von DINI konvergiert die Reihe (3) gleichmäßig. Dann konvergiert aber auch die integrierte Reihe gleichmäßig. Aus der Ungleichung (2) folgt jetzt, daß die Reihe (1) ebenfalls gleichmäßig konvergiert.

Aus dem Bewiesenen ergibt sich, daß die Reihe (7.14) auf dem Intervall $[0, \bar{t}]$ in der Metrik von $L_2(\Omega)$ gleichmäßig konvergiert und außerdem $w(x, 0) = 0$ ist.

Wir wenden uns jetzt der Behauptung b) zu. Wenn wir die Reihe (7.14) formal nach t differenzieren, so erhalten wir die neue Reihe

$$\sum_{n=1}^{\infty} u_n(x) \int_0^t \cos \sqrt{\lambda_n}\,(t-\tau)\, f_n(\tau)\, d\tau\,.$$

Wir beweisen die gleichmäßige Konvergenz der Reihe in der Metrik von $L_2(\Omega)$, indem wir die gleichmäßige Konvergenz der Reihe

$$\sum_{n=1}^{\infty} \left\{ \int_0^t \cos \sqrt{\lambda_n}\,(t-\tau)\, f_n(\tau)\, d\tau \right\}^2$$

auf dem Intervall $[0, \bar{t}]$ nachweisen. Dieser Beweis wird aber genau wie im Punkt a) geführt. Nunmehr ist klar, daß

$$\frac{dw(t)}{dt} = \sum_{n=1}^{\infty} u_n(x) \int_0^t \cos \sqrt{\lambda_n}\,(t-\tau)\, f_n(\tau)\, d\tau$$

und

$$\left.\frac{dw(t)}{dt}\right|_{t=0} = 0$$

gilt. Die Behauptungen des Punktes c) wurden gleichzeitig mit bewiesen.

Wir gehen nun zum Punkt d) über. Wir zeigen, daß $w(x, t)$ der Beziehung (4.1) genügt, welche im gegebenen Fall die Gestalt

$$-\int_0^T \left(\frac{\mathrm{d}w(t)}{\mathrm{d}t}, \frac{\mathrm{d}\eta(t)}{\mathrm{d}t}\right) \mathrm{d}t + \int_0^T [w(t), \eta(t)]\, \mathrm{d}t = \int_0^T (f(t), \eta(t))\, \mathrm{d}t\,, \qquad \eta \in K_T\,, \tag{4}$$

annimmt. Es gilt

$$\int_0^T \left(\frac{\mathrm{d}w(t)}{\mathrm{d}t}, \frac{\mathrm{d}\eta(t)}{\mathrm{d}t}\right) \mathrm{d}t = \sum_{n=1}^{\infty} \int_0^T \left(u_n, \frac{\mathrm{d}\eta(t)}{\mathrm{d}t}\right) \left\{\int_0^t \cos\sqrt{\lambda_n}\,(t-\tau)\, f_n(\tau)\, \mathrm{d}\tau\right\} \mathrm{d}t\,.$$

Das äußere Integral integrieren wir partiell:

$$\int_0^T \left(u_n, \frac{\mathrm{d}\eta(t)}{\mathrm{d}t}\right) \left\{\int_0^t \cos\sqrt{\lambda_n}\,(t-\tau)\, f_n(\tau)\, \mathrm{d}\tau\right\} \mathrm{d}t =$$

$$= \left[(u_n, \eta(t)) \int_0^t \cos\sqrt{\lambda_n}\,(t-\tau)\, f_n(\tau)\, \mathrm{d}\tau\right]_{t=0}^{t=T} -$$

$$- \int_0^T (u_n, \eta(t)) \left\{f_n(t) - \int_0^t \sqrt{\lambda_n}\sin\sqrt{\lambda_n}\,(t-\tau)\, f_n(\tau)\, \mathrm{d}\tau\right\} \mathrm{d}t\,.$$

Der erste Summand auf der rechten Seite verschwindet, da $\eta(T) = 0$ ist. Unter Benutzung von

$$\sum_{n=1}^{\infty} f_n(t)\, u_n = f(t)$$

und

$$\sqrt{\lambda_n}\,(u_n, \eta(t)) = \frac{1}{\sqrt{\lambda_n}} [u_n, \eta(t)]$$

ermitteln wir

$$\int_0^T \left(\frac{\mathrm{d}w(t)}{\mathrm{d}t}, \frac{\mathrm{d}\eta(t)}{\mathrm{d}t}\right) \mathrm{d}t = -\int_0^T (f(t), \eta(t))\, \mathrm{d}t + \int_0^T [w(t), \eta(t)]\, \mathrm{d}t\,.$$

Damit ist die Beziehung (4) bewiesen.

Abschließend bemerken wir, daß die Korrektheit des gemischten Problems für die Wellengleichung nach demselben Schema wie für die Wärmeleitungslgleichung untersucht wird. Die Formulierung und den Beweis der entsprechenden Behauptungen überlassen wir dem Leser.

§ 10. Die Saitenschwingungsgleichung. Bedingungen für die Existenz der klassischen Lösung

Die Frage, unter welchen Bedingungen die schwache Lösung des gemischten Problems für die Wellengleichung gleichzeitig auch klassische Lösung ist, untersuchen wir nur für den einfachsten Fall der Saitenschwingungsgleichung[1])

$$\frac{\partial^2 u}{\partial t^2} - \frac{\partial^2 u}{\partial x^2} = 0\,, \qquad 0 \leqq x \leqq 1\,, \qquad t \geqq 0\,. \tag{1}$$

Wir lösen diese Gleichung unter den Randbedingungen

$$u(0, t) = u(1, t) = 0 \tag{2}$$

und den Anfangsbedingungen

$$u|_{t=0} = \varphi_0(x)\,, \qquad \left.\frac{\partial u}{\partial t}\right|_{t=0} = \varphi_1(x)\,. \tag{3}$$

Im vorliegenden Fall ist $\lambda_n = n^2\pi^2$, $u_n(x) = \sqrt{2}\sin n\pi x$. Nach der allgemeinen Formel (4.13) hat die verallgemeinerte Lösung die Gestalt

$$u(x, t) = \sum_{n=1}^{\infty} \left(a_n \cos n\pi t + \frac{b_n}{n\pi} \sin n\pi t\right) \sin n\pi x\,, \tag{4}$$

wobei

$$a_n = 2\int_0^1 \varphi_0(x) \sin n\pi x \, dx\,, \qquad b_n = 2\int_0^1 \varphi_1(x) \sin n\pi x \, dx \tag{5}$$

ist.

Die Lösung (4) nennen wir klassisch, wenn sie für $0 \leqq x \leqq 1$, $t > 0$ zusammen mit ihren Ableitungen bis einschließlich zur zweiten Ordnung stetig ist. Das wird dann der Fall sein, wenn die Reihe (4) und die Reihen, die sich aus ihr durch einmalige bzw. zweimalige Differentiation ergeben, gleichmäßig konvergieren.

Wir zeigen, daß eine derartige gleichmäßige Konvergenz auftritt, wenn folgende Bedingungen erfüllt sind:

1. Die Funktionen

$$\varphi_0^{(k)}(x)\,, \qquad k = 0, 1, 2; \qquad \varphi_1^{(k)}(x)\,, \qquad k = 0, 1\,,$$

sind auf dem Intervall [0, 1] absolut stetig.

2. Es gilt

$$\varphi_0''' \in L_2(0, 1)\,, \qquad \varphi_1'' \in L_2(0, 1)\,.$$

3. Die Verträglichkeitsbedingungen

$$\varphi_0(0) = \varphi_0(1) = 0\,, \qquad \varphi_1(0) = \varphi_1(1) = 0\,, \qquad \varphi_0''(0) = \varphi_0''(1) = 0 \tag{6}$$

sind erfüllt.

Wir bemerken, daß die Verträglichkeitsbedingungen notwendig sind, damit die Lösung (4) eine klassische Lösung ist. Die ersten beiden Bedingungen (6) folgen aus der Stetigkeit der Funktion $u(x, t)$ in den Punkten $x = 0$, $t = 0$ und $x = 1$, $t = 0$; die beiden mittleren Bedingungen (6) ergeben sich aus der Stetigkeit der Ableitung $\frac{\partial u}{\partial t}$ in denselben Punkten. Das dritte Paar von Bedingungen kann man wie folgt erhalten. Wir setzen in Gleichung (1) $t = 0$ und erhalten

$$\left.\frac{\partial^2 u}{\partial t^2}\right|_{t=0} - \varphi_0''(x) = 0\,.$$

---

[1]) Der allgemeine Fall wird z. B. im Buch [10] behandelt.

Wenn wir die Beziehung (2) differenzieren, so finden wir

$$\left.\frac{\partial^2 u}{\partial t^2}\right|_{x=0} = \left.\frac{\partial^2 u}{\partial t^2}\right|_{x=1} = 0\,.$$

Setzen wir hier $t = 0$ und in der vorangegangenen Beziehung $x = 0$ und $x = 1$, so ergibt sich das dritte Paar der Bedingungen (6).

Durch partielle Integration erhalten wir

$$a_n = -\frac{2}{n^3\pi^3}\int_0^1 \varphi_0'''(x)\cos n\pi x\,\mathrm{d}x\,, \qquad b_n = -\frac{2}{n^2\pi^2}\int_0^1 \varphi_1''(x)\sin n\pi x\,\mathrm{d}x\,.$$

Wenn wir die Bezeichnungen

$$\alpha_n = -\frac{2}{\pi^3}\int_0^1 \varphi_0'''(x)\cos n\pi x\,\mathrm{d}x\,, \qquad \beta_n = -\frac{2}{\pi^3}\int_0^1 \varphi_1''(x)\sin n\pi x\,\mathrm{d}x$$

einführen, erhalten wir

$$a_n = \frac{\alpha_n}{n^3}\,, \qquad b_n = \frac{\beta_n}{n^2}\,.$$

Die Größen α_n und β_n sind die Fourier-Koeffizienten der Funktionen $\varphi_0'''(x)/\pi^3$ und $-\varphi_1''(x)/\pi^3$ die dem Raum $L_2(0, 1)$ angehören. Daraus folgt die Konvergenz der Reihen $\sum\limits_{n=1}^{\infty} \alpha_n^2$ und $\sum\limits_{n=1}^{\infty} \beta_n^2$. Die Formel (4) nimmt die Gestalt

$$u(x, t) = \sum_{n=1}^{\infty} \frac{1}{n^3}(\alpha_n \cos n\pi t + \beta_n \sin n\pi t)\sin n\pi x \tag{7}$$

an. Für die Reihe (7) und die Reihen ihrer ersten und zweiten Ableitungen stellen die Reihen

$$\sum_{n=1}^{\infty}\frac{|\alpha_n| + |\beta_n|}{n^3}\,, \qquad C'\sum_{n=1}^{\infty}\frac{|\alpha_n| + |\beta_n|}{n^2}\,, \qquad C''\sum_{n=1}^{\infty}\frac{|\alpha_n| + |\beta_n|}{n}\,, \qquad C', C'' = \text{const}\,,$$

Majoranten dar, die sämtlich konvergieren. Somit folgt, daß die Summe der Reihe (4) — die Funktion $u(x, t)$ — zusammen mit ihren Ableitungen bis einschließlich zur zweiten Ordnung stetig ist, was auch zu beweisen war.

KAPITEL 25

DAS CAUCHYSCHE PROBLEM FÜR DIE WÄRMELEITUNGSGLEICHUNG

§ 1. Die Herleitung der Poissonschen Formel

Wir betrachten die inhomogene Wärmeleitungsgleichung

$$Lu = \frac{\partial u}{\partial t} - \Delta u = f(x, t) \tag{1}$$

bei der Anfangsbedingung

$$u|_{t=0} = \varphi(x) . \tag{2}$$

Der Einfachheit halber setzen wir die Funktionen $f(x, t)$ und $\varphi(x)$ als stetig und beschränkt voraus. Wir suchen die ebenfalls beschränkte Lösung des Cauchyschen Problems (1), (2).

Wir betrachten die durch die Formel (6.8) des Kap. 11 definierte Funktion $v(x - y, t - \tau)$:

$$v(x - y, t - \tau) = \begin{cases} \dfrac{1}{(2\sqrt{\pi(t-\tau)})^m} e^{-(r^2/4(t-\tau))}, & t > \tau \\ 0 \qquad\qquad , & t \leqq \tau ; \end{cases} \qquad r = |x - y| .$$

Es sei daran erinnert, daß für $t \neq \tau$, $x \neq y$ die Funktion v den Gleichungen

$$\frac{\partial v}{\partial t} - \Delta_x v = 0 , \qquad -\frac{\partial v}{\partial \tau} - \Delta_y v = 0$$

genügt.

Wir werden annehmen, daß x ein beliebiger Punkt des Raumes E_m und t eine beliebige positive Zahl ist. Es sei $u(y, \tau)$ eine Funktion der Klasse $C^{(2,1)}(E_m \times [0, \infty))$ (bezüglich der Bezeichnung s. § 2, Kap. 22). Wir setzen noch voraus, daß u und $\partial u/\partial x_j$, $j = 1, 2, \dots, m$, beschränkt sind. Auf die Funktionen u und v wenden wir die Greensche Formel (6.12) des Kap. 10 an. Entsprechend den am Anfang dieses Teils vereinbarten Bezeichnungen muß in der erwähnten Formel m durch $m + 1$ ersetzt werden; außerdem werden wir y statt x und τ statt x_{m+1} schreiben. Das Integrationsgebiet wählen wir wie folgt. In der Ebene $\tau = 0$ betrachten wir die Kugel D_R mit dem Radius R und dem Zentrum im Koordinatenursprung. Wir fixieren nunmehr einen Punkt $x \in E_m$ und wählen R so groß, daß $x \in D_R$ gilt. Wir konstruieren jetzt die zylindrische Fläche mit der Leitlinie $S_R = \partial D_R$, deren Erzeugenden zur t-Achse parallel sind. Diese Fläche schneiden wir durch die Ebene $\tau = t - \varepsilon$, wobei die Zahlen t und ε durch die Beziehung $0 < \tau < t$ miteinander verknüpft, ansonsten aber beliebig sind. Die Kugel, die durch die erwähnte Fläche aus dieser Ebene herausgeschnitten wird, bezeichnen wir mit $D_R^{(\varepsilon)}$. Das Gebiet $Q_t^{(\varepsilon)}$ (s. Abb. 47), dessen Rand die Vereinigung $D_R \cup B_t^{(\varepsilon)} \cup D_R^{(\varepsilon)}$ ist, wählen wir als Integrationsgebiet in der Greenschen Formel. Unter Berücksichtigung der Identität $Mv = 0$ erhalten wir folgende Beziehung:

$$\int_{Q_t^{(\varepsilon)}} v(x-y, t-\tau)\, u(y,\tau)\, dy\, d\tau =$$

$$= -\int_{D_R} v(x-y,t)\, u(y,0)\, dy + \int_{D_R^{(\varepsilon)}} v(x-y,\varepsilon)\, u(y,t-\varepsilon)\, dy -$$

$$- \int_{B_t^{(\varepsilon)}} \left(v\frac{\partial u}{\partial y_k} - u\frac{\partial v}{\partial y_k}\right) \cos(\nu, y_k)\, dS_R\, d\tau\,. \tag{3}$$

Dabei kann man im zweiten Integral rechts D_R statt $D_R^{(\varepsilon)}$ schreiben.

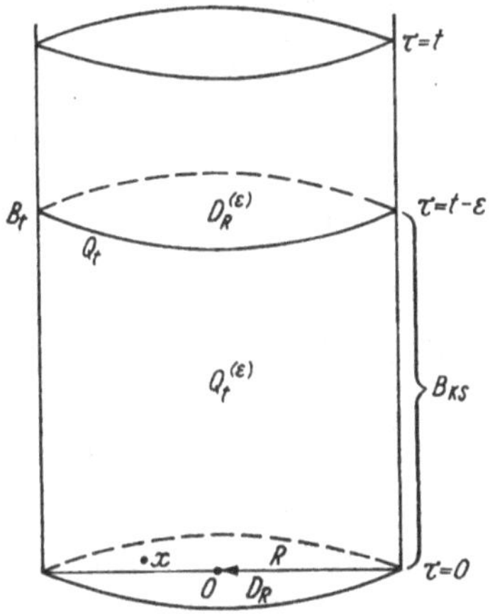

Abb. 47

Es gelte $\varepsilon \to 0$. Der Grenzübergang kann in den Integralen über $Q_t^{(\varepsilon)}$ und $B_t^{(\varepsilon)}$ offensichtlich vollzogen werden, und es muß nur der Grenzwert des Integrals

$$\int_{D_R} v(x-y,\varepsilon)\, u(y,t-\varepsilon)\, dy = \frac{1}{2^m(\pi\varepsilon)^{m/2}} \int_{D_R} u(y,t-\varepsilon)\, e^{-r^2/4\varepsilon}\, dy =$$

$$= \frac{1}{2^m(\pi\varepsilon)^{m/2}} \int_{r<\varepsilon^{1/4}} u(y,t-\varepsilon)\, e^{-r^2/4\varepsilon}\, dy + \frac{1}{2^m(\pi\varepsilon)^{m/2}} \int_{D_R\setminus(r<\varepsilon^{1/4})} u(y,t-\varepsilon)\, e^{-r^2/4\varepsilon}\, dy \tag{4}$$

untersucht werden.

Der zweite Summand konvergiert zusammen mit ε gegen Null. Weil nämlich $u(y,\tau)$ beschränkt ist, übersteigt der genannte Summand nicht das Produkt einer gewissen Konstanten mit der Größe

$$\frac{1}{2^m\varepsilon^{m/2}} \int_{D_R\setminus(r<\varepsilon^{1/4})} e^{-r^2/4\varepsilon}\, dy < \frac{1}{2^m\varepsilon^{m/2}} \int_{r>\varepsilon^{1/4}} e^{-r^2/4\varepsilon} dy\,.$$

Im letzten Integral substituieren wir

$$y = x + 2\sqrt{\varepsilon}\, z\,, \tag{5}$$

und die Größe rechts nimmt die Gestalt

$$\int\limits_{|z| > (2\varepsilon^{1/4})^{-1}} e^{-|z|^2}\, dz$$

an; diese Größe strebt für $\varepsilon \to 0$ gegen Null, weil das Integral

$$\int\limits_{E_m} e^{-|z|^2}\, dx$$

konvergiert.

Es verbleibt also, den Grenzwert des ersten Integrals rechts in (4) zu finden. Wir schreiben dieses in der Gestalt

$$\frac{u(x, t)}{2^m (\pi\varepsilon)^{m/2}} \int\limits_{r<\varepsilon^{1/4}} e^{-r^2/4\varepsilon}\, dy + \frac{1}{2^m (\pi\varepsilon)^{m/2}} \int\limits_{r<\varepsilon^{1/4}} [u(y, t-\varepsilon) - u(x, t)]\, e^{-r^2/4\varepsilon}\, dy\,. \tag{6}$$

Um den Grenzwert des ersten Summanden in (6) zu finden, führen wir noch einmal die Substitution (5) durch. Dadurch wird der erwähnte Summand in die Gestalt

$$\frac{u(x, t)}{\pi^{m/2}} \int\limits_{|z|<(2\varepsilon^{1/4})^{-1}} e^{-|z|^2}\, dz \xrightarrow[\varepsilon\to 0]{} \frac{u(x, t)}{\pi^{m/2}} \int\limits_{E_m} e^{-|z|^2}\, dz$$

überführt. Das letzte Integral ist gleich

$$\int e^{-|z|^2}\, dz = \prod_{k=1}^{m} \int\limits_{-\infty}^{\infty} e^{-z_k^2}\, dz_k = \pi^{m/2}\,, \tag{7}$$

und der Grenzwert des ersten Summanden in (6) ist gleich $u(x, t)$. Der zweite Summand in (6) konvergiert für $\varepsilon \to 0$ gegen Null. In der Tat, wie klein die Zahl $\eta > 0$ auch gewählt sein mag, immer kann man eine Zahl $\varepsilon_0 > 0$ derart finden, daß für $\varepsilon < \varepsilon_0$ und $r < \sqrt[4]{\varepsilon}$ gilt $|u(y, t-\varepsilon) - u(x, t)| < \eta$. Nunmehr kann der zweite Summand in (6) wie folgt abgeschätzt werden:

$$\frac{\eta}{2^m \pi^{m/2}} \int\limits_{r<\varepsilon^{1/4}} e^{-r^2/4\varepsilon}\, dy = \int\limits_{|z|<(2\varepsilon^{1/4})^{-1}} e^{-|z|^2}\, dz < \frac{\eta}{\pi^{m/2}} \int\limits_{E_m} e^{-|z|^2}\, dz = \eta\,,$$

und unsere Behauptung ist bewiesen. Somit erhalten wir schließlich

$$\lim_{\varepsilon\to 0} \int\limits_{D_R} v(x-y, \varepsilon)\, u(y, t-\varepsilon)\, dy = u(x, t)\,,$$

und aus der Beziehung (3) ergibt sich durch Grenzübergang

$$u(x, t) = \int\limits_{Q_t} v(x-y, t-\tau)\, Lu(y, \tau)\, dy\, d\tau +$$

$$+ \int\limits_{D_R} u(y, 0)\, v(x-y, t)\, dy + \int\limits_{B_t} \left(v \frac{\partial u}{\partial y_k} - u \frac{\partial v}{\partial y_k} \right) \cos(\nu, y_k)\, dS_R\, d\tau\,, \tag{8}$$

wobei die Bezeichnungen in der Abb. 47 zu finden sind.

Wir betrachten nun einen Spezialfall. Die Funktion $u(x, t)$ sei finit. Wenn wir, falls erforderlich, den Koordinatenursprung auf der t-Achse verschieben, so können wir annehmen, daß der Träger der Funktion u im Halbraum $t > 0$ enthalten ist. Den Radius R wählen wir so groß, daß die Projektion von supp u auf die Ebene $t = 0$ im Inneren der Kugel D_R liegt. Dann verschwinden in der Formel (8) die Integrale über D_R und B_t. Fernerhin gilt außerhalb von Q_t entweder $u = 0$ (für $|y| > R$ und für $\tau < 0$) oder $v = 0$ (für $\tau > t$). Die Integration über Q_t kann nunmehr durch die Integration über den gesamten Raum E_{m-1} ersetzt werden, und wir erhalten die Formel

$$u(x, t) = \int_{E_{m+1}} v(x - y, t - \tau)\, Lu(y, \tau)\, dy\, d\tau\,, \tag{9}$$

welche zeigt, daß die Funktion $v(x - y, t - \tau)$ tatsächlich eine singuläre Lösung des Operators $-\frac{\partial}{\partial \tau} - \Delta$ ist (s. § 6, Kap. 11). Wir verzichten jetzt auf die Voraussetzung, daß die Funktion u finit ist. Wenn wir $R \to \infty$ setzen, so können wir leicht zeigen, daß in der Formel (8) das Integral über B_t gegen Null strebt; das Integral über D_R konvergiert offenbar gegen ein analoges Integral über den Raum E_m und das Integral über Q_t gegen das Integral über die Schicht $E_m \times (0, t)$. Als Resultat erhalten wir die Formel

$$u(x, t) = \frac{1}{(2\sqrt{\pi})^m} \int_0^t \int_{E_m} \frac{1}{(t-\tau)^{m/2}} e^{-r^2/4(t-\tau)}\, Lu(y, \tau)\, dy\, d\tau + \frac{1}{(2\sqrt{\pi t})^m} \int_{E_m} u(y, 0)\, e^{-r^2/4t} dy\,. \tag{10}$$

Wir kehren zu dem Problem (1), (2) zurück und nehmen an, daß es eine Lösung $u(x, t) \in C^{(2,1)}(E_m \times [0, \infty))$ besitzt. Auf diese Funktion wenden wir die Formel (10) an und finden, daß die Lösung des CAUCHYschen Problems für die Wärmeleitungsgleichung notwendigerweise die Gestalt

$$u(x, t) = \frac{1}{(2\sqrt{\pi})^m} \int_0^t \int_{E_m} \frac{1}{(t-\tau)^{m/2}} e^{-r^2/4(t-\tau)}\, f(y, \tau)\, dy\, d\tau + \frac{1}{(2\sqrt{\pi t})^m} \int_{E_m} e^{-r^2/4t}\, \varphi(y)\, dy \tag{11}$$

annimmt.

Die Formel (1) heißt POISSON*sche Formel.* Wir verweisen noch auf den Spezialfall, der dem Fall der homogenen Wärmeleitungsgleichung entspricht $(f(x, t) \equiv 0)$:

$$u(x, t) = \frac{1}{(2\sqrt{\pi t})^m} \int_{E_m} e^{-r^2/4t}\, \varphi(y)\, dy\,. \tag{12}$$

§ 2. Eine andere Herleitung der POISSONschen Formel

In diesem Paragraphen geben wir noch eine andere Möglichkeit für die Herleitung der POISSONschen Formel an, die sich auf die FOURIER-Transformation stützt. Zwecks

Vereinfachung der Überlegungen beschränken wir uns auf den Fall der homogenen Wärmeleitungsgleichung.

Wir betrachten die homogene Wärmeleitungsgleichung

$$\frac{\partial u}{\partial t} - \Delta u = 0 \tag{1}$$

bei der Anfangsbedingung

$$u|_{t=0} = \varphi(x)\,. \tag{2}$$

Wir werden voraussetzen, daß alle im weiteren auszuführenden Operationen gesetzmäßig sind. Unter dieser Voraussetzung leiten wir die Formel für die Lösung des CAUCHYschen Problems (1), (2) her.

Auf beide Seiten der Gleichung (1) wenden wir die FOURIER-Transformation bezüglich x an:

$$(2\pi)^{-m/2} \int\limits_{E_m} \frac{\partial u(y,t)}{\partial t} \mathrm{e}^{-i(x,y)}\, dy - (2\pi)^{-m/2} \int\limits_{E_m} \sum_{k=1}^{m} \frac{\partial^2 u(y,t)}{\partial y_k^2} \mathrm{e}^{-i(x,y)}\, dy = 0\,. \tag{3}$$

Weil die Integration bezüglich y und die Differentiation bezüglich t unabhängig sind, können wir im ersten Summanden die Differentiation nach t vor das Integralzeichen ziehen. Als Resultat erhalten wir

$$(2\pi)^{-m/2} \int\limits_{E_m} \frac{\partial u(y,t)}{\partial t} \mathrm{e}^{-i(x,y)}\, dy = (2\pi)^{-m/2} \frac{\partial}{\partial t} \int\limits_{E_m} u(y, t\, \mathrm{e}^{-i(x,y)}\, dy = \frac{\partial \tilde{u}(x,t)}{\partial t}\,,$$

wobei $\tilde{u}(x, t)$ die FOURIER-Transformierte der Funktion $u(x, t)$ bedeutet:

$$\tilde{u}(x,t) = (2\pi)^{-m/2} \int\limits_{E_m} u(y,t)\, \mathrm{e}^{-i(x,y)}\, dy\,.$$

Jedes der Integrale im zweiten Summanden von (8) integrieren wir partiell

$$(2\pi)^{-m/2} \int\limits_{E_R} \frac{\partial^2 u(y,t)}{\partial y_k^2} \mathrm{e}^{-i(x,y)}\, dy = -(2\pi)^{-m/2} x_k^2 \int u(y,t)\, \mathrm{e}^{-i(x,y)}\, dy = -\, x_k^2 \tilde{u}(x,t)\,.$$

Die Gleichung (3) nimmt dann die Gestalt

$$\frac{\partial \tilde{u}}{\partial t} + |x|^2\, u = 0 \tag{4}$$

an. Das ist eine gewöhnliche Differentialgleichung erster Ordnung mit der unabhängigen Veränderlichen t; die Koordinaten $x_1, \ldots, x_m$ übernehmen die Rolle von Parametern.

Wir integrieren die Gleichung (4) und finden

$$\tilde{u}(x,t) = C(x)\, \mathrm{e}^{-|x|^2 t}\,.$$

Wenn wir hier $t = 0$ setzen, so erhalten wir

$$C(x) = \tilde{u}(x, 0)\,.$$

Somit ist die Funktion $C(x)$ die FOURIER-Transformierte des Anfangswertes der Funktion $u(x, t)$. Nach Bedingung (2) gilt $u(x, 0) = \varphi(x)$, folglich auch

$$C(x) = \tilde{\varphi}(x) = (2\pi)^{-m/2} \int\limits_{E_m} \varphi(y)\, \mathrm{e}^{-i(x,y)}\, dy$$

und

$$\tilde{u}(x, t) = \tilde{\varphi}(x)\, e^{-|x|^2 t}\,.$$

Die Umkehrformel (1.4) des Kap. 8 für die Fourier-Transformation liefert

$$u(x, t) = (2\pi)^{-m/2} \int_{E_m} \tilde{\varphi}(y)\, e^{-|y|^2 t + i(x, y)}\, dy\,.$$

Hierin ersetzen wir $\tilde{\varphi}(y)$ durch den entsprechenden Integralausdruck und ändern danach die Reihenfolge der Integration

$$u(x, t) = (2\pi)^{-m} \int_{E_m} \varphi(z) \left\{ \int_{E_m} e^{-|y|^2 t + i(x-z, y)}\, dy \right\} dz\,. \tag{5}$$

Nunmehr nehmen wir die Berechnung des inneren Integrals in der Formel (5) vor. Es gilt

$$\int_{E_m} e^{-|y|^2 t + i(x-z, y)}\, dy = \int_{-\infty}^{+\infty} \cdots \int_{-\infty}^{+\infty} e^{\sum_{k=1}^{m} [-y_k^2 t + i(x_k - z_k) y_k]}\, dy_1\, dy_2 \ldots dy_m =$$

$$= \prod_{k=1}^{m} \int_{-\infty}^{+\infty} e^{-y^2 t + i(x_k - z_k) y}\, dy\,. \tag{6}$$

Im Integral auf der rechten Seite ist y eine reelle Veränderliche, die in den Grenzen $-\infty < y < +\infty$ variiert. Wir greifen den k-ten Faktor im Produkt (6) heraus und führen der Kürze halber die Bezeichnung $x_k - z_k = \alpha$ ein. Die Aufgabe wird also auf die Berechnung des Integrals

$$I(\alpha) = \int_{-\infty}^{+\infty} e^{-y^2 t + i\alpha y}\, dy = e^{-\alpha^2/4t} \int_{-\infty}^{\infty} e^{-t(y - (i\alpha/2t))^2}\, dy$$

zurückgeführt.

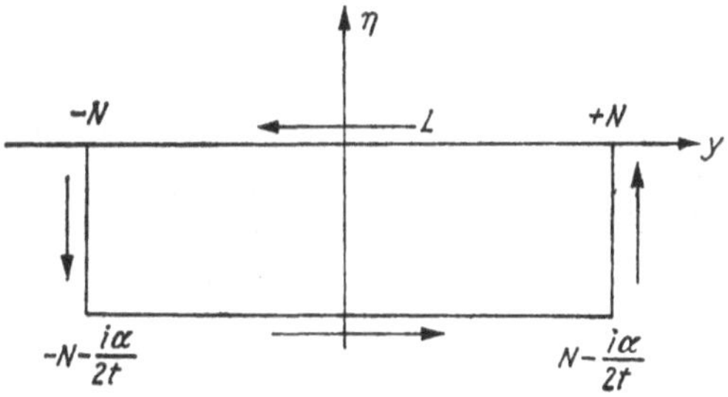

Abb. 48

Wir betrachten die komplexe Ebene der Veränderlichen $\zeta = y + i\eta$. Der Bestimmtheit halber sei $\alpha > 0$. Wir konstruieren das in Abb. 48 dargestellte Rechteck, das durch die Randkurve L begrenzt wird. Der Cauchysche Integralsatz liefert

$$\int_L e^{-t\zeta^2}\, d\zeta = 0$$

oder, ausführlicher geschrieben,

$$\int_{-N}^{+N} e^{-t(y - i\alpha/2t^2)}\, dy + \int_{-\alpha/2t}^{0} e^{-t(N+i\eta)^2}\, i\, d\eta - \int_{-N}^{N} e^{-ty^2}\, dy - \int_{-\alpha/2t}^{0} e^{-t(-N+i\eta)^2}\, i\, d\eta = 0\,.$$

Es strebe nun $N \to \infty$. Dabei konvergiert das zweite und vierte Integral gegen Null. In der Tat, es gilt

$$\left| \int_{-\alpha/2t}^{0} e^{-t(N \pm i\eta)^2}\, i\, d\eta \right| \leq \int_{-\alpha/2t}^{0} e^{-t(N^2 - \eta^2)}\, d\eta = e^{-tN^2} \int_{-\alpha/2t}^{0} e^{t\eta^2}\, d\eta \xrightarrow[N\to\infty]{} 0\,.$$

Daraus folgt

$$\int_{-\infty}^{+\infty} e^{-t(y-i\alpha/2t)^2}\, dy = \int_{-\infty}^{+\infty} e^{-ty^2}\, dy\,.$$

Es ist leicht einzusehen, daß sich im Falle $\alpha < 0$ das gleiche Ergebnis ergibt.

Die Substitution $y\sqrt{t} = s$ liefert weiterhin

$$\int_{-\infty}^{+\infty} e^{-ty^2}\, dy = \frac{1}{\sqrt{t}} \int_{-\infty}^{\infty} e^{-s^2}\, ds = \sqrt{\frac{\pi}{t}}\,.$$

Nunmehr gilt

$$e^{-\alpha^2/4t} \int_{-\infty}^{\infty} e^{-t(y-i\alpha^2 t)^2}\, dy = \sqrt{\frac{\pi}{t}}\, e^{-(x_k-z_k)^2/4t}\,,$$

und es erweist sich, daß das Integral (6) gleich der Größe

$$\left(\frac{\pi}{t}\right)^{m/2} e^{-(1/4t)\sum\limits_{k=1}^{m}(x_k-z_k)^2} = \left(\frac{\pi}{t}\right)^{m/2} e^{-r^2/4t}\,, \qquad r = |x - z|\,,$$

ist.

Indem wir dieses Resultat in die Formel (5) einsetzen, erhalten wir die POISSON*sche Formel*

$$u(x, t) = \frac{1}{(2\sqrt{\pi t})^m} \int_{E_m} \varphi(z)\, e^{-(r^2/4t)}\, dz\,. \tag{7}$$

§ 3. Die Begründung der POISSONschen Formel

Die Begründung der POISSONschen Formel nehmen wir der Einfachheit halber unter der Voraussetzung vor, daß die Wärmeleitungsgleichung homogen ist. Wir versuchen hier weder die Gültigkeit der Voraussetzungen des § 1 bezüglich der gesuchten Lösung noch die Gesetzmäßigkeit der im § 2 ausgeführten Operationen zu beweisen. Statt dessen weisen wir unmittelbar nach, daß durch die POISSONsche Formel eine beschränkte Lösung des CAUCHYschen Problems für die Wärmeleitungsgleichung (2.1) geliefert wird unter der einzigen Voraussetzung, daß die Anfangsfunktion $\varphi(x)$ im Raum E_m stetig und beschränkt ist. Zuerst zeigen wir, daß die POISSONsche Formel eine Funktion definiert, die für $t > 0$ stetig ist.

Im $(m+1)$-dimensionalen Raum der Veränderlichen $x_1, x_2, \dots, x_m, t$ betrachten wir ein Gebiet, das durch die Ungleichungen

$$|x|^2 \leqq a^2\,, \qquad 0 \leqq t \leqq T \tag{1}$$

definiert wird, wobei a und T positive Konstanten sind. Wir zeigen, daß das in die POISSONsche Formel eingehende Integral

$$\int_{E_m} \varphi(z)\, e^{-r^2/4t}\, dz \tag{2}$$

im Gebiet (1) gleichmäßig bezüglich x und t konvergiert. Wir nehmen eine hinreichend große Zahl R und schätzen das Integral

$$\int_{|z|>R} \varphi(z)\, e^{-r^2/4t}\, dz$$

ab.

Die Funktion $\varphi(z)$ ist beschränkt; es sei $|\varphi(z)| \leqq M = \text{const}$. Weiter gilt $r = |x - z| \geqq \geqq |z| - |x| \geqq |z| - a$. Wir nehmen an, daß $R > 2a$ ist. Dann ergibt sich $a < \frac{R}{2} \leqq \frac{|z|}{2}$ und $r > \frac{|z|}{2}$. Nunmehr gilt

$$e^{-r^2/4t} < e^{-|z|^2/16T}$$

und folglich

$$\left|\int_{|z|>R} \varphi(z)\, e^{-r^2/4t}\, dz\, M\right| < \int_{|z|>R} e^{-|z|^2/16T}\, dz = M|S_1| \int_R^\infty e^{-\varrho^2/16T}\, \varrho^{m-1}\, d\varrho\,. \tag{3}$$

Da das Integral

$$\int_0^\infty \varrho^{m-1}\, e^{-\varrho^2/16T}\, d\varrho$$

konvergiert, ist das Integral auf der rechten Seite in (3) beliebig klein bei hinreichend großem R. Da es weder von x noch von t abhängt, konvergiert das Integral (2) gleichmäßig. Daraus folgt, daß die durch die POISSONsche Formel definierte Funktion für $t > 0$ stetig ist.

Wir zeigen, daß für $t > 0$ die Funktion $u(x, t)$ nach t und nach den Koordinaten des Punktes x beliebig oft differenzierbar ist und daß man alle Ableitungen erhalten kann, indem man die POISSONsche Formel unter dem Integralzeichen differenziert.

Wir betrachten zum Beispiel die Ableitung $\frac{\partial u}{\partial t}$. Wenn man die rechte Seite der POISSONschen Formel formal nach t differenziert, so ergibt sich der Ausdruck

$$-\frac{m}{2^{m+1}\pi^{m/2}t^{(m+2)/2}} \int_{E_m} \varphi(z)\, e^{-r^2/4t}\, dz + \frac{1}{2^{m+2}\pi^{m/2}t^{(m+4)/2}} \int_{E_m} r^2\varphi(z)\, e^{-r^2/4t}\, dz\,. \tag{4}$$

Wie wir bereits sahen, konvergiert das erste Integral gleichmäßig im Gebiet (1). Genauso überprüft man, daß in diesem Gebiet auch das zweite Integral gleichmäßig konvergiert. Wie üblich folgert man nun, daß die Ableitung existiert, stetig ist und mit dem Ausdruck (4) übereinstimmt. Die Existenz der übrigen Ableitungen wird analog nachgewiesen.

Durch unmittelbare Differentiation wird bewiesen, daß die durch die POISSONsche Formel gelieferte Funktion der Wärmeleitungsgleichung (2.1) genügt.

Abschließend zeigen wir, daß die Funktion $u(x, t)$ beschränkt ist und die Anfangsbedingung (2.2)

$$\lim_{t\to 0} u(x, t) = \lim_{t\to 0} \frac{1}{(2\sqrt{\pi t})^m} \int_{E_m} \varphi(z)\, e^{-r^2/4t}\, dz = \varphi(x)$$

erfüllt. Nach der Variablensubstitution $z = x + 2\sqrt{t}\,\xi$ erhält die POISSONsche Formel die Gestalt

$$u(x, t) = \pi^{-m/2} \int_{E_m} \varphi(x + 2\sqrt{t}\,\xi)\, e^{-|\xi|^2}\, d\xi\,. \tag{5}$$

Bekanntlich gilt

$$\int_{-\infty}^{\infty} e^{-\varrho^2}\, d\varrho = \sqrt{\pi}\,.$$

Nunmehr ergibt sich leicht

$$\pi^{-m/2} \int_{E_m} e^{-|\xi|^2}\, d\xi = 1\,. \tag{6}$$

Aus Formel (5) folgt jetzt

$$|u(x, t)| \leqq M\pi^{-m/2} \int_{E_m} e^{-|\xi|^2} d\xi = M ,$$

die Funktion $u(x, t)$ ist somit beschränkt. Nach den Formeln (5) und (6) finden wir

$$u(x, t) - \varphi(x) = \pi^{-m/2} \int_{E_m} [\varphi(x + 2\sqrt{t}\,\xi) - \varphi(x)]\, e^{-|\xi|^2} d\xi . \qquad (7)$$

Das Integral in der Formel (7) zerlegen wir in zwei Integrale, deren Integrationsbereiche die Gebiete $|\xi| > R$ und $|\xi| < R$ sind; hierbei ist R eine gewisse Konstante. Wir erhalten

$$\left| \pi^{-m/2} \int_{|\xi|>R} [\varphi(x + 2\sqrt{t}\,\xi) - \varphi(x)]\, e^{-|\xi|^2} d\xi \right| \leqq$$

$$\leqq 2M\pi^{-m/2} \int_{|\xi|>R} e^{-|\xi|^2} d\xi = 2M\pi^{-m/2}|S_1| \int_R^\infty \varrho^{m-1} e^{-\varrho^2} d\varrho .$$

Das Integral

$$\int_0^\infty \varrho^{m-1} e^{-\varrho^2} d\varrho$$

konvergiert, und man kann ein $R_0(\varepsilon)$ so auswählen, daß für $R > R_0(\varepsilon)$

$$2M\pi^{-m/2}|S_1| \int_R^\infty \varrho^{m-1} e^{-\varrho^2} d\varrho < \frac{\varepsilon}{2}$$

gilt. Wir fixieren irgendein $R > R_0(\varepsilon)$. Dann kann man ein $t_0(\varepsilon)$ finden, so daß für $0 < t < t_0(\varepsilon)$ und für beliebiges ξ, $|\xi| \leqq R$, die Beziehung

$$|\varphi(x + 2\sqrt{t}\,\xi) - \varphi(x)| < \frac{\varepsilon}{2}$$

Gültigkeit hat. Somit ergibt sich

$$\left| \pi^{-m/2} \int_{|\xi|<R} [\varphi(x + 2\sqrt{t}\,\xi) - \varphi(x)]\, e^{-|\xi|^2} d\xi \right| < \pi^{-m/2} \frac{\varepsilon}{2} \int_{E_m} e^{-|\xi|^2} d\xi = \frac{\varepsilon}{2}$$

und

$$|u(x, t) - \varphi(x)| < \varepsilon , \qquad 0 < t < t_0(\varepsilon) .$$

Damit ist die Begründung der POISSONschen Formel beendet.

Zum Abschluß dieses Paragraphen wollen wir kurz auf die Korrektheit des CAUCHYschen Problems für die homogene Wärmeleitungsgleichung eingehen; die Übertragung der Resultate auf den Fall der inhomogenen Wärmeleitungsgleichung stellt keine Schwierigkeit dar.

Als B_2 wählen wir den Raum der in E_m stetigen und beschränkten Funktionen mit der Norm

$$||\varphi||_2 = \sup_{x \in E_m} |\varphi(x)| . \qquad (8)$$

B_1 sei der Raum der Funktionen, die in $E_m \times [0, \infty)$ stetig und beschränkt sind, mit der Norm

$$||u||_1 = \sup_{x \in E_m,\, t \geqq 0} |u(x, t)| . \qquad (9)$$

Wenn $\varphi \in B_2$ gilt, so existiert die Lösung der Aufgabe

$$\frac{\partial u}{\partial t} - \Delta u = 0\,, \qquad u|_{t=0} = \varphi(x)$$

im Raume B_1, und diese ist eindeutig. Das bedeutet, daß der Operator R, der die Anfangsfunktion φ in die Lösung überführt, existiert und auf dem gesamten Raum B_2 definiert ist. Weiterhin folgt aus der POISSONschen Formel

$$u(x, t) = \pi^{-m/2} \int_{E_m} \varphi(x + 2\sqrt{t}\,\xi)\, e^{-\xi^2}\, d\xi\,,$$

die in Gestalt der Formel (5) aufgeschrieben wurde, die Beziehung

$$|u(x, t)| \leq \sup_{z\in E_m} |\varphi(z)|\, \pi^{-(m/2)} \int_{E_m} e^{-\xi^2}\, d\xi = \sup_{z\in E_m} | = \varphi(z)|\; ||\varphi||_2\,.$$

Diese Ungleichung bleibt erhalten, wenn wir ihre linke Seite durch die obere Grenze ersetzen:

$$||u||_1 = ||R\varphi||_1 \leq ||\varphi||_2\,.$$

Folglich gilt $||R|| \leq 1$. Somit ist das CAUCHYsche Problem für die Wärmeleitungsgleichung im Raumpaar (B_1, B_2) korrekt gestellt. Die Normen in B_1 und B_2 werden dabei durch die Formeln (9) und (8) definiert.

§ 4. Die unendliche Geschwindigkeit der Wärmeübertragung

Aus der POISSONschen Formel folgt, daß sich die Wärme mit unendlich großer Geschwindigkeit ausbreitet. In der Tat, stellen wir uns vor, daß das wärmeabgebende Medium den ganzen Raum E_m ausfüllt. Im Anfangszeitpunkt habe das gesamte Medium mit Ausnahme eines gewissen endlichen Gebietes D die Temperatur Null $(\varphi(x) \equiv 0)$, die Punkte des Gebietes D hingegen seien auf die Temperatur $\varphi(x) > 0$ erhitzt. In einem beliebigen Punkt $x \in E_m$ wird zu einem beliebigen Zeitpunkt $t > 0$ die Temperatur des Mediums $u(x, t)$ durch die POISSONsche Formel

$$u(x, t) = \frac{1}{(2\sqrt{\pi t})^m} \int_D \varphi(z)\, e^{-r^2/4t}\, dz \tag{1}$$

gegeben. Das Integral über $E_m \backslash D$ verschwindet, da in diesem Gebiet $\varphi(x) = 0$ ist. Aus der Formel (1) geht hervor, daß $u(x, t) > 0$ ist. Somit gelangt im Zeitraum t Wärme aus dem Gebiet D in den Punkt x, wie klein t und wie weit x von D auch immer entfernt sein mögen. Das bedeutet aber, daß sich die Wärme mit unendlich großer Geschwindigkeit ausbreitet.

Dieses physikalisch widersprüchliche Ergebnis führt in der Praxis nicht zu Komplikationen. Wenn $|x|$ groß, aber t klein ist, so ist in der Formel (1) der negative Exponent $-\dfrac{r^2}{4t}$ dem Betrag nach groß, und der Wert der Temperatur $u(x, t)$ ist derart klein, daß er vernachlässigt werden kann. Praktisch liefert also die POISSONsche Formel (bis auf zu vernachlässigende kleine Größen) eine gewisse endliche Geschwindigkeit der Wärmeausbreitung.

KAPITEL 26

DAS CAUCHYSCHE PROBLEM FÜR DIE WELLENGLEICHUNG

§ 1. Die Anwendung der FOURIER-Transformation

Wir suchen die Lösung der Wellengleichung

$$\frac{\partial^2 u}{\partial t^2} - \Delta u = 0 \tag{1}$$

im gesamten Raum E_m und zum Zeitpunkt $t > 0$. Die gesuchte Funktion genüge den Anfangsbedingungen

$$u|_{t=0} = \varphi_0(x) , \qquad \left.\frac{\partial u}{\partial t}\right|_{t=0} = \varphi_1(x) . \tag{2}$$

Wir nehmen an, daß alle nachfolgend ausgeführten Operationen gesetzmäßig sind. Auf beide Seiten der Gleichungen (1) und (2) wenden wir die FOURIER-Transformation an. Wenn wir genauso wie im Fall der Wärmeleitungsgleichung verfahren, so erhalten wir das folgende CAUCHYsche Problem für eine gewöhnliche lineare Differentialgleichung zweiter Ordnung mit konstanten Koeffizienten

$$\frac{d^2\tilde{u}}{dt^2} + |x|^2 \tilde{u} = 0 , \tag{3}$$

$$\tilde{u}|_{t=0} = \tilde{\varphi}_0(x) , \qquad \left.\frac{d\tilde{u}}{dt}\right|_{t=0} = \tilde{\varphi}_1(x) ; \tag{4}$$

hierbei bedeutet das Symbol $\sim$ die FOURIER-Transformation.

Das allgemeine Integral der Gleichung (3) hat die Gestalt

$$\tilde{u}(x, t) = A(x) \cos |x|\, t + B(x) \sin |x|\, t .$$

Für $t = 0$ finden wir

$$\tilde{\varphi}_0(x) = A(x) , \qquad \tilde{\varphi}_1(x) = |x|\, B(x) ,$$

und wir erhalten die Lösung der Aufgabe (3), (4)

$$\tilde{u}(x, t) = \tilde{\varphi}_0(x) \cos |x|\, t + \tilde{\varphi}_1(x) \frac{\sin |x|\, t}{|x|} . \tag{5}$$

Nach Anwendung der inversen FOURIER-Transformation ergibt sich folgende Formel für die gesuchte Lösung:

$$u(x, t) = (2\pi)^{-m/2} \int_{E_m} \left[\tilde{\varphi}_0(y) \cos |y|\, t + \tilde{\varphi}_1(y) \frac{\sin |y|\, t}{|y|}\right] e^{i(x,y)}\, dy . \tag{6}$$

Die Begründung der Formel (6) nehmen wir unter folgenden Annahmen vor: Wir setzen voraus, daß die Funktion $\varphi_0(x)$ im gesamten Raum E_m stetige Ableitungen bis zur Ordnung $m + 3$ einschließlich und die Funktion $\varphi_1(x)$ stetige Ableitungen bis zur

Ordnung $m + 2$ einschließlich besitzt. Weiter nehmen wir an, daß die Anfangsfunktionen nur in einem gewissen endlichen Gebiet des Raumes E_m von Null verschieden sind.

Aus dem Satz 8.1.2 folgt für genügend große $|x|$ die Gültigkeit der Abschätzungen

$$\tilde{\varphi}_0(x) = O(|x|^{-m-3}), \qquad \tilde{\varphi}_1(x) = O(|x|^{-m-2}).$$

In diesem Falle besitzt der Integrand in (6) im Unendlichen die Abschätzung $O(|y|^{-m-3})$, die ersten und zweiten Ableitungen des Integranden nach $x_1, \ldots, x_m, t$ besitzen die Abschätzungen $O(|y|^{-m-2})$ und $O(|y|^{-m-1})$ entsprechend. In allen Fällen gelten diese Abschätzungen gleichmäßig bezüglich x und t. Daraus folgt, daß sowohl das Integral (6) als auch die Integrale, die aus diesem durch einmalige bzw. zweimalige Differentiation hervorgehen, gleichmäßig bezüglich x und t konvergieren. In diesem Falle ist aber die Funktion (6) stetig und zweimal stetig differenzierbar nach den Raumkoordinaten und der Zeit; außerdem kann man diese Ableitungen durch Differentiation unter dem Integralzeichen erhalten.

Nunmehr zeigt man ohne Schwierigkeiten, daß die Funktion (6) den Anfangsbedingungen (2) und der Wellengleichung (1) genügt. Wenn wir in (6) $t = 0$ setzen, so finden wir

$$u(x, 0) = (2\pi)^{-m/2} \int_{E_m} \tilde{\varphi}_0(y)\, e^{i(x,y)}\, dy = \varphi_0(x) ;$$

man sieht unschwer ein, daß die Bedingungen des Satzes 8.1.3 im vorliegenden Fall erfüllt sind. Wenn wir die Formel (6) nach t differenzieren und $t = 0$ setzen, dann finden wir außerdem

$$\left.\frac{\partial u(x,t)}{\partial t}\right|_{t=0} = (2\pi)^{-m/2} \int_{E_m} \tilde{\varphi}_1(y)\, e^{i(x,y)}\, dy = \varphi_1(x) .$$

Weiterhin ergibt sich

$$\frac{\partial^2 u}{\partial t^2} = -\,(2\pi)^{-m/2} \int_{E_m} |y|^2 \left[\tilde{\varphi}_0(y) \cos |y|\, t + \tilde{\varphi}_1(y) \frac{\sin |y|\, t}{|y|}\right] e^{i(x,y)}\, dy ,$$

$$\Delta u = -\,(2\pi)^{-m/2} \int_{E_m} |y|^2 \left[\tilde{\varphi}_0(y) \cos |y|\, t + \tilde{\varphi}_1(y) \frac{\sin |y|\, t}{|y|}\right] e^{i(x,y)}\, dy = \frac{\partial^2 u}{\partial t^2} .$$

Die Funktion (6) genügt folglich der Wellengleichung.

Die gleiche Methode, nämlich die Zurückführung auf eine gewöhnliche Differentialgleichung mit Hilfe der FOURIER-Transformation, kann man auch auf die inhomogene Wellengleichung

$$\frac{\partial^2 u}{\partial t^2} - \Delta u = f(x, t) \tag{7}$$

anwenden.

Es sei für diese Gleichung das CAUCHYsche Problem mit den Anfangsbedingungen (2) gestellt. Wir wenden die FOURIER-Transformation koordinatenweise an. Indem wir die Bezeichnung

$$\tilde{f}(x, t) = \frac{1}{(2\pi)^{m/2}} \int_{E_m} f(y, t)\, e^{-i(x,y)}\, dy$$

einführen, erhalten wir

$$\frac{d^2\tilde{u}}{dt^2} + |x|^2 \tilde{u} = \tilde{f}(x, t). \tag{8}$$

Die Lösung dieser Gleichung, die den Bedingungen (4) genügt, ist die Funktion

$$\tilde{u}(x, t) = \tilde{\varphi}_0(x) \cos |x| t + \tilde{\varphi}_1(x) \frac{\sin |x| t}{|x|} \int_0^t \tilde{f}(x, \tau) \sin \frac{|x| (t - \tau)}{|x|} d\tau . \tag{9}$$

Wenn die Funktionen $\varphi_0(x)$, $\varphi_1(x)$ und $f(x, t)$ eine genügende Anzahl von Ableitungen besitzen und nur in einem beschränkten Gebiet, das die unabhängigen Veränderlichen durchlaufen, von Null verschieden sind, so liefert die auf die Funktion (9) angewandte inverse FOURIER-Transformation die Lösung des CAUCHYschen Problems für die inhomogene Wellengleichung.

§ 2. Die Anwendung der singulären Lösung

Die Formel (1.6), welche die Lösung des CAUCHYschen Problems für die Wellengleichung liefert, ist nicht bequem genug. Vor allem erhält man $2m$-fache Integrale, wenn man die Funktionen $\tilde{\varphi}_0(y)$ und $\tilde{\varphi}_1(y)$ durch ihre Ausdrücke in Gestalt der FOURIER-Transformationen von φ_0 und φ_1 ersetzt; in Wirklichkeit kommt man mit Integralen wesentlich niedrigerer Vielfachheit aus.

Weiterhin mußten wir für die Begründung der Formel (1.6) die Existenz einer übermäßig großen Anzahl von Ableitungen fordern. Überflüssig ist außerdem auch die Forderung, daß diese Funktionen nur in einem beschränkten Gebiet verschieden von Null sind. Schließlich ist aus der Gestalt der Formel (1.6) nicht unmittelbar ersichtlich, daß der Wert $u(x, t)$ nur durch die Werte der Anfangsfunktionen im Abhängigkeitsgebiet bestimmt wird (s. § 4, Kap. 23).

Analoge Überlegungen sind auch für die Formel (1.9) gültig, die die Lösung des CAUCHYschen Problems für die inhomogene Wellengleichung liefert.

Unter diesen Gesichtspunkten werden wir das CAUCHYsche Problem mittels einer anderen Methode lösen, welche sich auf der Anwendung der singulären Lösung für die Wellengleichung gründet. Diese neue Methode ist aufwendiger als die mit der FOURIER-Transformation verknüpfte Methode des § 1, sie liefert uns aber eine neue Gestalt der Lösung, die von den aufgezeigten Unzulänglichkeiten frei ist.

Im § 7 des Kap. 11 wurde die Funktion $v(x - y, t - \tau)$ konstruiert, welche für $x \neq y$, $t \neq y$ der Wellengleichung sowohl bezüglich x, t als auch bezüglich y, τ genügt; diese Funktion wird durch die Formel (7.11) des Kap. 11 definiert. Wir erinnern noch daran, daß die Funktion $q_0(\lambda) = \frac{t - \tau}{r}$, die durch die Formel (7.9) aus Kap. 11 definiert wird, die Wellengleichung für $r \neq 0$ erfüllt. Hier ist $r = |x - y|$.

Im Halbraum $\tau > 0$ wählen wir einen Punkt (x, t) und betrachten das Gebiet D, das durch den unteren Mantel des charakteristischen Kegels $t - \tau = r$ und die in der Ebene $\tau = 0$ gelegene Kugel $r < t$ berandet wird. Aus D entfernen wir den Zylinder $r < \varepsilon$ und bezeichnen mit D_ε den verbleibenden Teil des Gebietes D; die anderen Bezeichnungen sind in der Abb. 49 gegeben.

Die Funktion u gehöre zu $C^{(2)}(E_m \times [0, \infty))$. Dann gehören im abgeschlossenen Gebiet $\overline{D}_\varepsilon$ beide Funktionen $u(y, \tau)$ und $q_0\left(\frac{t-\tau}{2}\right)$, betrachtet als Funktionen von y und τ, zur Klasse $C^{(2)}(\overline{D}_\varepsilon)$ und man kann auf sie die GREENsche Formel (6.14) aus

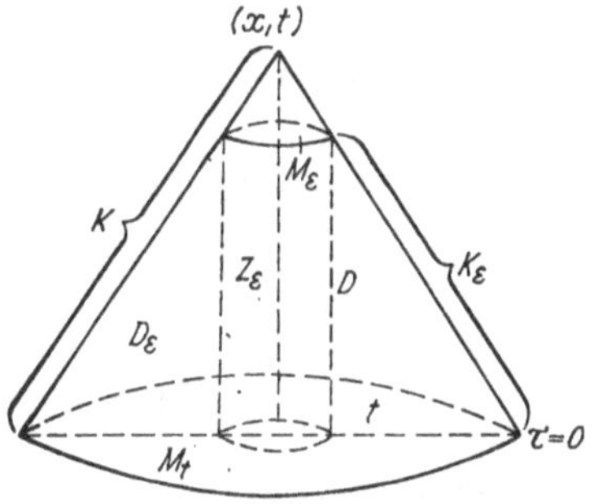

Abb. 49

Kap. 11 anwenden. Wenn wir $\square\, q_0 = 0$ berücksichtigen, so können wir die genannte Formel in der Gestalt schreiben:

$$\int_{D_\varepsilon} q_0\left(\frac{t-\tau}{r}\right) \square\, u(y, \tau)\, dy\, d\tau =$$

$$= \int_\Gamma \left\{ q_0 \left[\frac{\partial u}{\partial \tau} \cos(\nu, \tau) - \frac{\partial u}{\partial y_k} \cos(\nu, y_k)\right] - u \left[\frac{\partial q_0}{\partial \tau} \cos(\nu, \tau)\, \frac{\partial q_0}{\partial y_k} \cos(\nu, y_k)\right]\right\} d\Gamma\,. \quad (1)$$

In der Formel (1) ist $\Gamma = \partial D_\varepsilon = K_\varepsilon \cup Z_\varepsilon \cup (M_t \backslash M_\varepsilon)$. Dementsprechend zerfällt das Integral über Γ in drei Integrale, von denen jedes einzeln untersucht werden muß.

Auf dem charakteristischen Kegel K gilt $q_0 = 0$; außerdem ist auf diesem Kegel die Beziehung

$$\frac{\partial q_0}{\partial \tau} \cos(\nu, \tau) - \frac{\partial q_0}{\partial y_k} (\cos \nu, y_k) = 0 \qquad (2)$$

erfüllt. In der Tat, aus der Abb. 50 ist ersichtlich, daß die Richtungen r, ν und τ in einer zweidimensionalen Ebene liegen; deshalb ist auf dem Kegel K

$$\frac{\partial}{\partial \nu} = \frac{\partial}{\partial \tau} \cos(\nu, \tau) + \frac{\partial}{\partial r} \cos(\nu, r)\,.$$

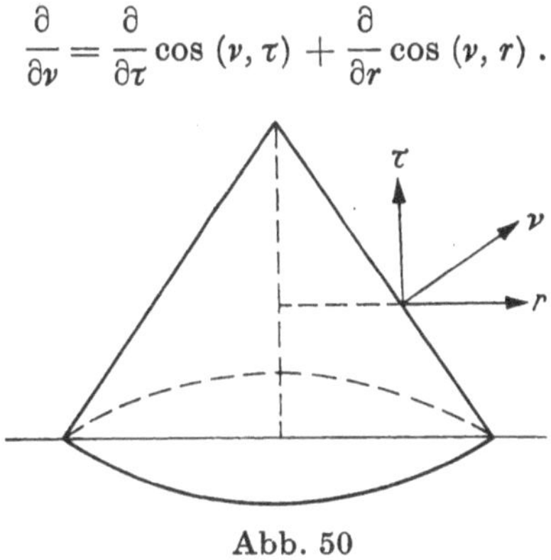

Abb. 50

Andererseits gilt

$$\frac{\partial}{\partial \nu} = \frac{\partial}{\partial \tau} \cos(\nu, \tau) + \frac{\partial}{\partial y_k} \cos(\nu, y_k) .$$

Hieraus folgt, daß auf dem Kegel K die Beziehung

$$\frac{\partial}{\partial y_k} \cos(\nu, y_k) = \frac{\partial}{\partial r} \cos(\nu, r)$$

Gültigkeit hat. Im § 3 des Kap. 23 wurde $\cos(\nu, \tau) = \frac{1}{\sqrt{2}}$ ermittelt. Auf der Abb. 50 ist dann ersichtlich, daß auch $\cos(\nu, r) = \frac{1}{\sqrt{2}}$ gilt und somit der Ausdruck (2) gleich ist

$$\frac{1}{\sqrt{2}} \left(\frac{\partial q_0}{\partial \tau} - \frac{\partial q_0}{\partial r} \right).$$

Wenn wir die Formel (7.9) aus Kap. 11 differenzieren und die Gleichung $t - \tau = r$ berücksichtigen, welche den Kegel K definiert, überzeugen wir uns davon, daß der Ausdruck (2) gleich Null ist. Aus dem Gesagten schließen wir, daß das Integral über K_ε in der Formel (1) verschwindet.

Auf der zylindrischen Fläche Z_ε wird die Beziehung $r = \varepsilon$ erfüllt, und die Funktion q_0 genügt einer aus der Formel (7.9) des Kap. 11 folgenden Abschätzung:

$$q_0\left(\frac{t-\tau}{r}\right) \leqq \frac{(t-\tau)^{m-2}}{\varepsilon^{m-2}} .$$

Auf der Fläche Z_ε gilt außerdem $\cos(\nu, \tau) = 0$ und $d\Gamma = d\tau\, dS_\varepsilon = \varepsilon^{m-1}\, d\tau\, dS_1$. Hieraus folgt

$$\lim_{\varepsilon \to 0} \left(\int_{Z_\varepsilon} q_0 \left[\frac{\partial u}{\partial \tau} \cos(\nu, \tau) - \frac{\partial u}{\partial y_k} \cos(\nu, y_k) \right] \right) dZ_\varepsilon = 0 .$$

Wir betrachten jetzt das Integral

$$- \int_{Z_\varepsilon} u(y, \tau) \left[\frac{\partial q_0}{\partial \tau} \cos(\nu, \tau) - \frac{\partial q_0}{\partial y_k} \cos(\nu, y_k) \right] dZ_\varepsilon =$$

$$= \int_0^{t-\varepsilon} \int_{S_\varepsilon} u(y, \tau) \frac{\partial q_0}{\partial y_k} \cos(\nu, y_k)\, dS_\varepsilon\, d\tau = - \int_0^{t-\varepsilon} \int_{S_\varepsilon} u(y, \tau) \frac{\partial}{\partial r} q_0 \left(\frac{t-\tau}{r} \right) dS_\varepsilon\, d\tau ; \quad (3)$$

die letzte Beziehung folgt daraus, daß auf der Fläche Z_ε die Richtungen ν und r entgegengesetzt sind.

Wenn wir die Formel (7.9) aus Kap. 11 differenzieren, finden wir, daß auf Z_ε

$$\frac{\partial}{\partial r} q_0 \left(\frac{t-\tau}{r} \right) = - \frac{t-\tau}{\varepsilon^2} \left[\frac{(t-\tau)^2}{\varepsilon^2} - 1 \right]^{(m-3)/2} = \frac{(t-\tau)^{m-2}}{\varepsilon^{m-1}} + O\left(\frac{1}{\varepsilon^{m-2}} \right)$$

gilt. Wenn wir jetzt $y = x + \varepsilon\Theta$ ($|\Theta| = 1$) setzen, so erhalten wir für das Integral (3) den Wert

$$\int_0^{t-\varepsilon} \int_{S_1} (t-\tau)^{m-2} u(x + \varepsilon\Theta, \tau)\, dS_1\, d\tau + O(\varepsilon) .$$

Hieraus ergibt sich sofort ein Ausdruck für den Grenzwert dieses Integrals bei $\varepsilon \to 0$:

$$|S_1| \int_0^t (t-\tau)^{m-2} u(x,\tau)\, d\tau\,. \tag{4}$$

Auf dem Teil des Randes $M_t \setminus M_\varepsilon$, auf dem $\tau = 0$ ist, gilt $\cos(\nu,\tau) = -1$, $\cos(\nu, y_k) = 0$; der Grenzwert des entsprechenden Integrals ist für $\varepsilon \to 0$ gleich

$$-\int_{M_t} \left[q_0\left(\frac{t}{r}\right) \frac{\partial u(y,\tau)}{\partial \tau}\bigg|_{\tau=0} - \frac{\partial}{\partial \tau} q_0\left(\frac{t-\tau}{r}\right)\bigg|_{\tau=0} u(y,0) \right] dy\,. \tag{5}$$

Ebenso einfach ist der Grenzübergang für $\varepsilon \to 0$ in der linken Seite der Formel (1): Es genügt, D_ε durch D zu ersetzen. Wenn wir alle Resultate zusammenstellen, erhalten wir folgende Formel:

$$|S_1| \int_0^t (t-\tau)^{m-2} u(x,\tau)\, d\tau =$$

$$= \int_D q_0\left(\frac{t-\tau}{r}\right) \Box\, u(y,\tau)\, dy\, d\tau + \int_{M_t} \left[\frac{\partial u(y,\tau)}{\partial \tau}\bigg|_{\tau=0} q_0\left(\frac{t}{r}\right) - \frac{\partial}{\partial \tau} q_0\left(\frac{t-\tau}{r}\right)\bigg|_{\tau=0} u(y,0) \right] dy\,. \tag{6}$$

Wir differenzieren nunmehr die Formel (6) $(m-1)$-mal nach t und erhalten die für das Weitere grundlegende Formel

$$u(x,t) = \frac{1}{(m-2)!\,|S_1|} \frac{\partial^{m-1}}{\partial t^{m-1}} \int_D q_0\left(\frac{t-\tau}{r}\right) \Box\, u(y,\tau)\, dy\, d\tau +$$

$$+ \frac{1}{(m-2)!\,|S_1|} \frac{\partial^{m-1}}{\partial t^{m-1}} \int_{M_t} \left[u_\tau(y,0)\, q_0\left(\frac{t}{r}\right) - u(y,0)\, q_{0\tau}\left(\frac{t-\tau}{r}\right)\bigg|_{\tau=0} \right] dy\,. \tag{7}$$

Wir wollen jetzt noch folgenden Spezialfall betrachten. Die Funktion $u(x,t)$ sei finit; wie schon im Fall der Wärmeleitungsgleichung kann man annehmen, daß supp u im Halbraum $t > 0$ liegt. Dann verschwindet in der Formel (7) das Integral über M_t, und man kann außerdem das Integrationsgebiet D durch den gesamten Raum E_{m+1} ersetzen, weil $u(y,\tau) = 0$ für $\tau < 0$ gilt und für $\tau > t$ die Funktion $q_0\left(\frac{t-\tau}{r}\right)$ außerhalb des Kegels K verschwindet. Mithin ist

$$u(x,t) = \frac{1}{(m-2)!\,|S_1|} \frac{\partial^{m-1}}{\partial t^{m-1}} \int_{E_{m+1}} q_0\left(\frac{t-\tau}{r}\right) \Box\, u(y,\tau)\, dy\, d\tau =$$

$$= \frac{1}{(m-2)!\,|S_1|} \int_{E_{m-1}} \Box\, u(y,\tau) \frac{\partial^{m-1}}{\partial t^{m-1}} q_0\left(\frac{t-\tau}{r}\right) dy\, d\tau\,. \tag{8}$$

Die Formel (8) zeigt, daß die durch die Ausdrücke (7.11) und (7.9) aus Kap. 11 definierte Funktion $v(x-y, t-\tau)$ tatsächlich eine singuläre Lösung der Wellengleichung ist.

§ 3. Der Fall einer ungeraden Anzahl von Koordinaten. Die verallgemeinerte KIRCHHOFFsche Formel

Wir betrachten das CAUCHYsche Problem für die Wellengleichung (1.7) bei den Anfangsbedingungen (1.2). Wir nehmen an, daß die Lösung dieses Problems existiert und der Klasse $C^{(2)}(E_m \times [0, \infty))$ angehört. Dann liefert die Formel (2.7) sofort diese Lösung:

$$u(x, t) = \frac{1}{(m-2)!\,|S_1|} \frac{\partial^{m-1}}{\partial t^{m-1}} \int\limits_D q_0\left(\frac{t-\tau}{r}\right) f(y, \tau)\, dy\, d\tau +$$

$$+ \frac{1}{(m-2)!\,|S_1|} \frac{\partial^{m-1}}{\partial t^{m-1}} \int\limits_{M_t} \left[\varphi_1(y)\, q_0\left(\frac{t}{r}\right) - \varphi_0(y)\, q_{0\tau}\left(\frac{t-\tau}{r}\right)\Big|_{\tau=0}\right] dy\,. \quad (1)$$

Der Einfachheit halber beschränken wir uns auf den Fall der homogenen Wellengleichung, so daß von dem Problem (1.1), (1.2) die Rede ist. Wir wollen jedoch sofort darauf hinweisen, daß das Studium der inhomogenen Gleichung auf keinerlei wesentliche Schwierigkeiten trifft. Die Formel (1) nimmt nun die einfachere Gestalt

$$u(x, t) = \frac{1}{(m-2)!\,|S_1|} \frac{\partial^{m-1}}{\partial t^{m-1}} \int\limits_{M_t} \left[\varphi_1(y)\, q_0\left(\frac{t}{r}\right) - \varphi_0(y)\, q_{0\tau}\left(\frac{t-\tau}{r}\right)\Big|_{\tau=0}\right] dy \quad (1a)$$

an.

Wir beschäftigen uns jetzt damit, die Formel (1a) zu vereinfachen. Wir beginnen zuerst mit dem Fall von ungeraden m. Es sei $m = 2s + 3$. Dann ist $q_0(\lambda)$ ein Polynom in λ vom Grade $m - 2$. Wir nehmen $s \geqq 0$ an, d. h., daß $m \geqq 3$ gilt. Der Fall $m = 1$ ist völlig elementar, muß jedoch gesondert betrachtet werden.

Wir setzen

$$T_\varphi(x, t) = \frac{1}{(m-2)!\,|S_1|} \frac{\partial^{m-1}}{\partial t^{m-1}} \int\limits_{M_t} \varphi(y)\, q_0\left(\frac{t}{r}\right) dy; \quad (2)$$

der Ausdruck (2) unterscheidet sich vom ersten Integral in (1a) nur dadurch, daß φ statt φ_1 geschrieben wurde. Wir setzen $\varphi \in C^{(s+2)}(E_m) = C^{([m/2]+1)}(E_m)$ voraus. Wir setzen $y = x + r\Theta$, $|\Theta| = 1$, und führen Kugelkoordinaten mit dem Ursprung in x ein. Der Ausdruck (2) nimmt dann folgende Gestalt an:

$$T_\varphi(x, t) = \frac{1}{(m-2)!\,|S_1|} \frac{\partial^{m-1}}{\partial t^{m-1}} \int\limits_0^t \left\{ \int\limits_{S_1} \varphi(x + r\Theta)\, q_0\left(\frac{t}{r}\right) dS_1 \right\} r^{m-1}\, dr\,. \quad (3)$$

Jede Differentiation nach t erzeugt zwei Summanden: das Integral der Ableitung nach t und den Wert des Integranden bei $r = t$. Die Formel (7.9) des Kap. 11 zeigt jedoch, daß die Funktion $q_0(x)$ in dem Punkt $\lambda = 1$ eine Wurzel der Vielfachheit $s + 1$ besitzt. Deshalb gilt für $r = t$: $q_0(1) = q_0'(1) = \ldots = q_0^{(s)}(1) = 0$. Somit verschwinden bei den ersten $s + 1$ Differentiationnen die oben erwähnten zweiten Summanden. Anders ausgedrückt, in der Formel (3) kann man die ersten $s + 1$ Differentiationen unter dem Integralzeichen ausführen. Wir vermerken noch, daß

$$\frac{\partial^{s+1}}{\partial t^{s+1}} q_0\left(\frac{t}{r}\right) = \frac{1}{r^{s+1}} \frac{d^{s+1}}{d\lambda^{s+1}} q_0(\lambda)\,, \qquad \lambda = \frac{t}{r}\,,$$

gilt oder nach Formel (7.9) des Kap. 11

$$\frac{\partial^{s+1}}{\partial t^{s+1}} q_0\left(\frac{t}{r}\right) = \frac{1}{r^{s+1}} \frac{d^s}{d\lambda^s} (\lambda^2 - 1)^s = \frac{2^s s!}{r^{s+1}} P_s\left(\frac{t}{r}\right) \tag{4}$$

gilt, wobei P_s das LEGENDREsche Polynom vom Grade s ist. Wir setzen dies in die Formel (3) ein:

$$T_\varphi(x, t) = \frac{2^s s!}{(2s+1)!\,|S_1|} \frac{\partial^{s+1}}{\partial t^{s+1}} \int_0^t \left\{ \int_{S_1} \varphi(x + r\Theta)\, dS_1 \right\} P_s\left(\frac{t}{r}\right) r^{s+1}\, dr\,. \tag{5}$$

Den Koeffizienten in der Formel (5) kann man vereinfachen, wenn man die Formel (2.9) aus Kap. 1 und die Rekursionsformel für die Gamma-Funktion $\Gamma(z+1) = z\Gamma(z)$ benutzt. Auf Grund dieser Formel ist

$$\Gamma\left(\frac{m}{2}\right) = \Gamma\left(s + \frac{3}{2}\right) = \left(s + \frac{1}{2}\right)\Gamma\left(s + \frac{1}{2}\right) = \ldots = \left(s + \frac{1}{2}\right)\left(s - \frac{1}{2}\right)\ldots\frac{1}{2}\,\Gamma\left(\frac{1}{2}\right) = \\ = \frac{(2s+1)!!\sqrt{\pi}}{2^{s+1}}$$

und somit

$$|\zeta_1| = \frac{2^{s+2}\pi^{s+1}}{(2s+1)!!}.$$

Berücksichtigt man noch die Beziehung $\frac{2^s s!}{(2s+1)!} = \frac{1}{(2s+1)!!}$, so ergibt sich für den Koeffizienten in der Formel (5) der Wert $[2(2\pi)^{s+1}]^{-1}$.

Wir führen nunmehr in dieser Formel die Differentiation aus und erhalten

$$T_\varphi(x, t) = \frac{1}{2(2\pi)^{s+1}} \sum_{k=0}^{s} \frac{\partial^k}{\partial t^k} t^{k+1} P_s^{(s-k)}(1) \int_{S_1} \varphi(x + t\Theta)\, dS_1\,. \tag{6}$$

Diesen Ausdruck können wir auch in folgender Gestalt darstellen:

$$T_\varphi(x, t) = \frac{1}{2(2\pi)^{s+1}} \sum_{k=0}^{s} \frac{\partial^k}{\partial t^k} \frac{P_s^{(s-k)}(1)}{t^{2s+1-k}} \int_{S_t} \varphi(y)\, d_y S_t\,, \tag{7}$$

wobei S_t die Sphäre von Radius t mit dem Mittelpunkt in x ist.

Aus der Bedingung $\varphi \in C^{(s+2)}(E_m)$ folgt, daß alle Differentiationen in der Formel (6) ausführbar sind und daß $T_\varphi \in C^{(2)}(E_m \times [0, \infty))$ gilt.

Wenn $m = 3$ ist, so gilt $s = 0$, und die Summe (7) besteht aus nur einem Summanden. Somit gilt

$$m = 3\,, \qquad T_\varphi(x, t) = \frac{1}{4\pi t} \int_{S_t} \varphi(y)\, d_y S_t\,. \tag{8}$$

Wir wenden uns nunmehr dem ersten Summanden in der Formel (1a) zu. Wenn wir in ihm φ statt φ_0 schreiben, so nimmt dieser die Gestalt

$$-\frac{1}{(m-2)!\,|S_1|} \frac{\partial^{m-1}}{\partial t^{m-1}} \int_{M_t} \varphi(y) \frac{\partial}{\partial \tau} q_0\left(\frac{t-\tau}{r}\right)\Bigg|_{\tau=0} dy \tag{9}$$

an. Nun gilt aber

$$\frac{\partial}{\partial \tau} q_0\left(\frac{t-\tau}{r}\right) = -\frac{\partial}{\partial t} q_0\left(\frac{t-\tau}{r}\right),$$

und das Integral (9) ist deshalb gleich

$$-\int\limits_{M_t} \frac{\partial}{\partial t} q_0\left(\frac{t}{r}\right) \varphi(y)\, dy\,.$$

Wie schon ermittelt wurde, kann man das Integral $\int\limits_{M_t} q_0\left(\frac{t}{r}\right) \varphi(y)\, dy$ nach t unter dem Integralzeichen differenzieren. Dies liefert

$$\int\limits_{M_t} \frac{\partial}{\partial t} q_0\left(\frac{t}{r}\right) \varphi(y)\, dy = \frac{\partial}{\partial t} \int\limits_{M_t} q_0\left(\frac{t}{r}\right) \varphi(y)\, dy\,,$$

und der Ausdruck nimmt die endgültige Gestalt

$$\frac{1}{(m-2)!\,|S_1|} \frac{\partial^m}{\partial t^m} \int\limits_{M_t} \varphi(y)\, q_0\left(\frac{t}{r}\right) dy = \frac{\partial}{\partial t} T_\varphi(x, t) \tag{10}$$

an. Die Funktion (10) gehört offenbar der Klasse $C^{(2)}(E_m \times [0, \infty))$ an, wenn $\varphi \in C^{(s+3)}(E_m) = C^{([m/2]+2)}(E_m)$.

Nunmehr wird die Lösung des Cauchyschen Problems (falls sie existiert) durch die Formel

$$u(x, t) = \frac{\partial}{\partial t} T_{\varphi_0}(x, t) + T_{\varphi_1}(x, t) \tag{11}$$

definiert, wobei T_φ seinerseits durch die Formel (6) oder (7) bestimmt wird. Dabei hat die Funktion $u(x, t)$ stetige zweite Ableitungen, wenn

$$\varphi_0 \in C^{([m/2]+2)}(E_m)\,, \qquad \varphi_1 \in C^{([m/2]+1)}(E_m) \tag{12}$$

gilt.

Auf Grund der Formel (7) schließen wir, daß im Falle ungerader m das Abhängigkeitsgebiet die Sphäre S_t: $|y - x| = t$ ist.

Die Gesamtheit der Formeln (11) und (7) (oder (6)) wird *verallgemeinerte* Kirchhoff*sche Formel* genannt; Kirchhoff selbst betrachtete nur den dreidimensionalen Fall, für den er die Formeln (11) und (8) erhielt.

§ 4. Die hintere Wellenfront

Die verallgemeinerte Kirchhoffsche Formel gestattet es, eine interessante Besonderheit der Erscheinung der Wellenausbreitung in Räumen mit ungerader Dimension aufzudecken, nämlich die Entstehung der sogenannten *hinteren Wellenfront*, die schon im § 5 des Kap. 23 erwähnt wurde. Diese Besonderheit kann man unschwer aufklären, wenn man davon ausgeht, daß im genannten Falle das Abhängigkeitsgebiet keine Kugel, sondern eine Sphäre ist.

Es ist offensichtlich, daß in der Kirchhoffschen Formel $u(x, t) = 0$ gilt, wenn $\varphi_0(z) = 0$ und $\varphi_1(z) = 0$ für $z \in S_t$ ist. Wir nehmen jetzt an, daß die Anfangsfunktionen nur in einem gewissen Gebiet D des Raumes E_m von Null verschieden sind (Abb. 51).

Der Punkt x befinde sich zum Beispiel außerhalb des Gebietes D. Mit δ und δ_1 bezeichnen wir entsprechend die kleinste bzw. größte Entfernung des Punktes x zu den Punkten des Randes von D. Zu Zeitpunkten, die dem Anfangszeitpunkt nahe sind, nämlich solange $t < \delta$ gilt, ist der Durchschnitt der Kugeloberfläche S_t mit dem Gebiet D leer (s. die Kugeloberfläche S_{t_1} in Abb. 51). Auf dieser Kugeloberfläche sind

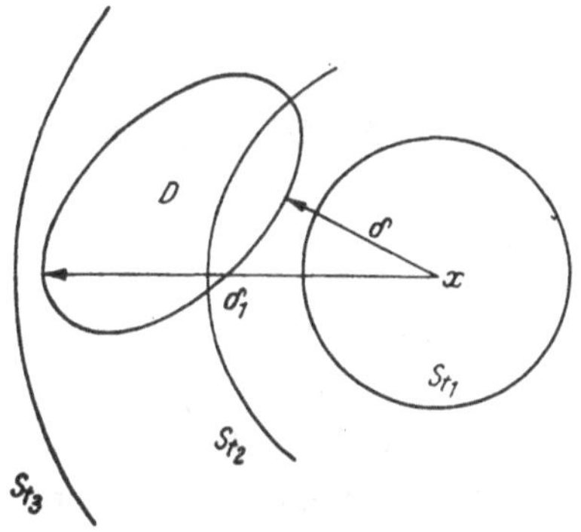

Abb. 51

die Anfangswerte gleich Null und $u(x, t) = 0$. Gilt dagegen $\delta < t < \delta_1$, so ist der Durchschnitt der Kugeloberfläche S_t mit dem Gebiet D nicht leer (s. die Kugeloberfläche S_{t_2} in Abb. 51). Auf dem Teil der Kugeloberfläche S_t, der innerhalb von D liegt, sind die Anfangswerte von Null verschieden, und es gilt im allgemeinen $u(x, t) \neq 0$. Diese beiden Fälle hatten wir im § 5, Kap. 23, für die Wellengleichung im Raum beliebiger Dimension aufgedeckt.

Es sei nun $t > \delta_1$. Die Kugeloberfläche S_t schneidet sich nicht mit dem Gebiet D (s. die Kugeloberfläche S_{t_3} in Abb. 51), und wiederum gilt $u(x, t) = 0$. Der Punkt x befand sich während des Zeitintervalls $\delta < t < \delta_1$ im Erregungszustand und kehrte danach in den Ruhezustand zurück.

Wenn wir das schwingende Medium zu einem Zeitpunkt betrachten, der dem Anfangszeitpunkt nicht allzu nahe ist, so stellen wir in diesem Medium dreierlei Punkte fest: die einen Punkte befinden sich im Ruhezustand, da die Erregung sie noch nicht erreicht hat, andere Punkte befinden sich im Erregungszustand, dritte Punkte befinden sich wieder im Ruhezustand, da die Erregung durch diese schon hindurchgegangen ist. Die vordere Wellenfront (siehe § 5, Kap. 23) grenzt das Gebiet, bis zu dem die Erregung noch nicht vorgedrungen ist, von dem Gebiet ab, das sich im Erregungszustand befindet. Die Oberfläche, die das sich in Erregung befindliche Gebiet von dem Gebiet abgrenzt, durch das die Erregung schon hindurchgegangen ist, nennt man *hintere Wellenfront*. Wenn man, wie wir das oben bereits getan haben, mit δ_1 die größte Entfernung des Punktes x zum Rand des Gebietes D bezeichnet, so geht die hintere Wellenfront im Zeitpunkt $t = \delta_1$ durch den Punkt x hindurch.

Wenn die Wellengleichung in der Gestalt

$$\frac{\partial^2 u}{\partial t^2} - a^2 \Delta u = 0 , \qquad a = \text{const}$$

vorliegt, so behält alles in diesem Paragraphen Gesagte seine Gültigkeit, wenn man t durch at ersetzt.

§ 5. Die Begründung der KIRCHHOFFschen Formel

Wir beweisen jetzt, daß die Formel (3.11) die Lösung des CAUCHYschen Problems (1.1), (1.2) liefert, wenn die Anfangsfunktionen den Bedingungen (3.12) genügen.

Wir stellten schon fest, daß bei Erfüllung der Bedingungen (3.12) die Funktion (3.11) stetige zweite Ableitungen besitzt. Wir zeigen, daß diese Funktion der Wellengleichung (1.1) und den Anfangsbedingungen (1.2) genügt.

Wenn wir alle Differentiationen in der Formel (3.6) ausführen, ergibt sich eine Summe von Gliedern, von denen jedes t in einer positiven Potenz enthält. Daraus folgt

$$T_\varphi(x, 0) = 0\,. \tag{1}$$

Wir ermitteln jetzt die Größe $\frac{\partial}{\partial t} T_\varphi(x, t)\big|_{t=0}$. Wenn wir die Formel (3.6) differenzieren und danach $t = 0$ setzen, erhalten wir

$$\frac{\partial}{\partial t} T_\varphi(x, t)\big|_{t=0} = \frac{\varphi(x)\,|S_1|}{2(2\pi)^{s+1}} \sum_{k=0}^{s} (k+1)!\, P_s^{(s-k)}(1)\,. \tag{2}$$

Um den Koeffizienten bei $\varphi(x)$ zu berechnen, stellen wir das folgende CAUCHYsche Problem:

$$\frac{\partial^2 w}{\partial t^2} - \Delta w = 0\,; \qquad w(x, 0) = 1\,, \qquad w_t(x, 0) = 0\,.$$

Die (eindeutige) Lösung dieses Problems existiert — sie ist gleich Eins, und für sie ist die Formel (3.11) gültig. Im gegebenen Fall ist $T_{\varphi_1}(x, t) \equiv 0$, und nach Formel (3.6) gilt

$$T_{\varphi_0}(x, t) = \frac{|S_1|}{2(2\pi)^{s+1}} \sum_{k=0}^{s} \frac{\partial^k}{\partial t^k} t^{k+1} P_s^{(s-k)}(1)\,.$$

Auf Grund der Formel (3.11) gilt fernerhin

$$1 \equiv \frac{|S_1|}{2(2\pi)^{s+1}} \sum_{k=0}^{s} \frac{\partial^{k+1}}{\partial t^{k+1}} t^{k+1} P_s^{(s-k)}(1)\,.$$

Wenn wir hier differenzieren und $t = 0$ setzen, erhalten wir den Wert der un interessierenden Summe:[1])

$$\frac{|S_1|}{2(2\pi)^{s+1}} \sum_{k=0}^{s} (k+1)!\, P_s^{(s-k)}(1) = 1 \tag{3}$$

und schließlich

$$\frac{\partial}{\partial t} T_\varphi(x, t)\big|_{t=0} = \varphi(x). \tag{4}$$

Wir zeigen nunmehr, daß die Funktion $T_\varphi(x, t)$ der Wellengleichung (1.1) genügt. Dafür genügt es zu beweisen, daß dieser Gleichung die Funktion

$$U_\varphi(x, t) = \int_0^t q_0\left(\frac{t}{r}\right) r^{m-1} \left\{\int_{S_1} \varphi(x + r\Theta)\, dS_1\right\} dr = \int_{M_t} q_0\left(\frac{t}{r}\right) \varphi(y)\, dy \tag{5}$$

genügt (s. Formel (3.3)).

[1]) Die Beziehung (3) ist der Beziehung

$$\sum_{k=0}^{s} \frac{(k+1)\,(s+k)!}{2^k (s-k)!} = (2s+1)!!$$

äquivalent.

Den Beweis führen wir zunächst für den einfacheren Fall $s \geqq 1$ oder $m \geqq 5$. In diesem Fall gilt, wie wir im § 3 sahen, $q_0(1) = q_0'(1) = 0$. Deshalb kann man die zweimalige Differentiation nach t unter dem Integralzeichen ausführen:

$$\frac{\partial^2 U_\varphi}{\partial t^2} = \int_{M_t} \frac{1}{r^2} q_0''\left(\frac{t}{r}\right) \varphi(y)\, dy .$$

Weiterhin gilt

$$\frac{\partial U_\varphi}{\partial x_k} = \int_0^t q_0\left(\frac{t}{r}\right) r^{m-1} \left\{ \int_{S_1} \frac{\partial \varphi(s + r\Theta)}{\partial x_k}\, dS_1 \right\} dr = \int_{M_t} q_0\left(\frac{t}{r}\right) \frac{\partial \varphi(y)}{\partial y_k}\, dy .$$

Das letzte Integral integrieren wir partiell. Dabei verschwindet das Oberflächenintegral, weil $q_0\left(\frac{r}{t}\right) = q_0(1) = 0$ für $r = t$ gilt, und wir erhalten

$$\frac{\partial U_\varphi}{\partial x_k} = - \int_{M_t} \varphi(y) \frac{\partial}{\partial y_k} q_0\left(\frac{t}{r}\right) dy . \tag{6}$$

Genauso finden wir auch

$$\frac{\partial^2 U_\varphi}{\partial x_k^2} = \int_{M_t} \varphi(y) \frac{\partial^2}{\partial y_k^2} q_0\left(\frac{t}{r}\right) dy .$$

Mithin ist

$$\Box\, U_\varphi = \int_{M_t} \left[\frac{\partial^2}{\partial t^2} q_0\left(\frac{t}{r}\right) - \sum_{k=1}^{m} \frac{\partial^2}{\partial y_k^2} q_0\left(\frac{t}{r}\right) \right] \varphi(y)\, dy ,$$

und weil die Funktion $q_0\left(\frac{t}{r}\right)$ für $r \neq 0$ die Wellengleichung erfüllt, gilt $\Box\, U_\varphi = 0$.

Wir wenden uns nun dem Fall $m = 3$ zu. In diesem Fall gilt $q_0(\lambda) = \lambda - 1$, und die Formel (5) nimmt die Gestalt

$$U_\varphi(x, t) = \int_{M_t} \left(\frac{t}{r} - 1\right) \varphi(y)\, dy = \int_0^t r^2 \left(\frac{t}{r} - 1\right) dr \int_{S_1} \varphi(x + r\Theta)\, dS_1$$

an. Daraus ergibt sich

$$\frac{\partial^2 U}{\partial t^2} = t \int_{S_1} \varphi(x + t\Theta)\, dS_1 . \tag{7}$$

Für $m = 3$ gilt wie früher $q_0(1) = 0$, und die Formel (6) behält ihre Gültigkeit. Wenn wir in ihr zu den Veränderlichen r, Θ übergehen und nach x_k differenzieren, erhalten wir ferner

$$\frac{\partial^2 U_\varphi}{\partial x_k^2} = - t \int_0^t r^2\, dr \int_{S_1} \frac{\partial}{\partial y_k} \frac{1}{r} \frac{\partial \varphi(x + r\Theta)}{\partial x_k}\, dS_1 = -t \int_{M_t} \frac{\partial}{\partial y_k} \frac{1}{r} \frac{\partial \varphi}{\partial y_k}\, dy =$$

$$= t \int_{M_t} \varphi(y) \frac{\partial^2}{\partial y_k^2} \frac{1}{r}\, dy + t \int_{S_1} \cos^2 (r, y_k)\, \varphi(x + t\Theta)\, dS_1 .$$

Nunmehr summieren wir über k. Wenn wir $\Delta r^{-1} = 0$ berücksichtigen und Formel (7) benutzen, finden wir $\Box\, U_\varphi = 0$.

Somit erfüllt für jedes beliebige ungerade $m \geqq 3$ die durch die Formel (3.11) (die verallgemeinerte KIRCHHOFFsche Formel) definierte Funktion $u(x, t)$ die Wellengleichung (1.1). Wir zeigen, daß sie auch den Anfangsbedingungen (1.2) genügt. Wenn wir in (3.11) $t = 0$ setzen und die Beziehungen (1) und (4) benutzen, überzeugen wir uns von der Gültigkeit der Identität $u(x, 0) = \varphi_0(x)$. Nunmehr differenzieren wir die Formel (3.11) nach t und setzen $t = 0$. Auf Grund der Beziehung (4) gilt

$$u_t(x, 0) = \frac{\partial^2}{\partial t^2} T_{\varphi_0}(x, t)|_{t=0} + \varphi_1(x) .$$

Die Funktion $T_{\varphi_0}(x, t)$ genügt der Wellengleichung; wenn wir noch die Beziehung (1) benutzen, erhalten wir

$$\frac{\partial^2}{\partial t^2} T_{\varphi_0}(x, t)|_{t=0} = \Delta T_{\varphi_0}(x, 0) = 0$$

und somit

$$u_t(x, 0) = \varphi_1(x).$$

§ 6. Der Fall einer geraden Anzahl von Koordinaten

Man kann beweisen, daß auch bei geradem m die Formel (3.1a) die Lösung des CAUCHYschen Problems (1.1), (1.2) liefert; man kann ebenfalls die erwähnte Formel vereinfachen und ihr eine etwas anschaulichere Form geben. All dies läßt sich jedoch einfacher aus der verallgemeinerten KIRCHHOFFschen Formel (3.11) ableiten.

Vorläufig setzen wir voraus, daß $m = 2s + 3$ gilt und die Funktionen $\varphi_0(x)$ und $\varphi_1(x)$ die Bedingungen (3.12) erfüllen. Dann genügt nach dem oben Bewiesenen die Funktion (3.11) den Anfangsbedingungen (1.2) und der Wellengleichung

$$\frac{\partial^2 u}{\partial t^2} - \sum_{k=1}^{2s+3} \frac{\partial^2 u}{\partial x_k^2} = 0 . \tag{1}$$

Es mögen nun die Anfangsfunktionen $\varphi_0(x)$ und $\varphi_1(x)$ nicht von der Koordinate x_{2s+3} abhängen. Wir zeigen, daß dann auch $u(x, t)$ nicht von x_{2s+3} abhängt; damit wird gezeigt, daß die gesamte Funktion das CAUCHYsche Problem für die gerade Anzahl $2s + 2$ von Raumkoordinaten löst. Im weiteren werden wir m als gerade, $m = 2s + 2$, annehmen.

Es genügt, die folgende, etwas einfachere Behauptung zu beweisen: Wenn $\varphi(x)$ nicht von x_{2s+3} abhängt, so hängt $T_\varphi(x, t)$ nicht von x_{2s+3} ab. Dafür genügt es auf Grund der Formel (3.7) zu zeigen, daß das Integral

$$J(x, t) = \int_{S_t} \varphi(y)\, d_y S_t \tag{2}$$

nicht von der Koordinate x_{2s+3} abhängt.

Das Integral (2) stellen wir in Gestalt einer Summe von Integralen über die beiden Halbsphären dar, in die die Sphäre S_t durch die Ebene zerlegt wird, die durch den Punkt x führt und auf der die Achse x_{2s+3} senkrecht steht; jede Halbsphäre wird auf die genannte Ebene in Gestalt einer $(2s + 2)$-dimensionalen Kugel vom Radius t und mit dem Mittelpunkt im Punkt $(x_1, x_2, \dots, x_{2s+2})$ projiziert. Wir werden jetzt mit x

und y Punkte des Raumes $E_m = E_{2s+2}$ bezeichnen und wie früher $r = |x - y|$ schreiben. Wir dürfen die Bezeichnung $\varphi(y)$ beibehalten, weil diese Funktion nicht von y_{2s+3} abhängt. Die oben genannte Kugel wird jetzt durch die Ungleichung $r < t$ definiert.

Weil $\varphi(y)$ nicht von y_{2s+3} abhängt, stimmen die Integrale über die Halbsphären überein. Jedes dieser Integrale kann man durch ein Integral über die Kugel $r < t$ ersetzen, wenn man die Beziehung

$$d_y S_t = \frac{dy}{|\cos(\nu, y_{2s+3})|}$$

berücksichtigt, wobei ν die äußere Normale zur Sphäre S_t ist. Somit ist

$$J(x, t) = 2 \int\limits_{r<t} \frac{\varphi(y)\, dy}{|\cos(\nu, y_{2s+3})|}.$$

Weil die Normale an die Sphäre wie der Radius gerichtet ist, gilt

$$|\cos(\nu, y_{2s+3})| = \frac{|y_{2s+3} - x_{2s+3}|}{t} = \frac{1}{t}\sqrt{t^2 - \sum_{k=1}^{2s+2} (y_k - x_k)^2} = \frac{\sqrt{t^2 - r^2}}{t}.$$

Daraus folgt

$$J(x, t) = 2t \int\limits_{r<t} \frac{\varphi(y)\, dy}{\sqrt{t^2 - r^2}}. \tag{3}$$

Das Integral (3) hängt nicht von x_{2s+3} ab, und unsere Behauptung ist bewiesen. Somit wird die Lösung des CAUCHYschen Problems für gerades m, $m = 2s + 2$, ebenfalls durch die Formel (3.11) geliefert. Hierbei gilt jedoch

$$T_\varphi(x, t) = \frac{1}{2\pi^{s+1}} \sum_{k=0}^{s} \frac{\partial^k}{\partial t^k} \frac{P_s^{(s-k)}(1)}{t^{2s-k}} \int\limits_{r<t} \frac{\varphi(y)\, dy}{\sqrt{t^2 - r^2}}. \tag{4}$$

Wenn im besonderen $m = 2$ ist, so erhält man die Lösung des CAUCHYschen Problems für die Membranschwingungsgleichung

$$u(x, t) = u(x_1, x_2, t) = \frac{\partial}{\partial t} \frac{1}{2\pi} \iint\limits_{r<t} \frac{\varphi_0(y_1, y_2)\, dy_1\, dy_2}{\sqrt{t^2 - (y_1 - x_1)^2 - (y_2 - x_2)^2}} +$$

$$+ \frac{1}{2\pi} \iint\limits_{r<t} \frac{\varphi_1(y_1, y_2)\, dy_1\, dy_2}{\sqrt{t^2 - (y_1 - x_1)^2 - (y_2 - x_2)^2}}. \tag{5}$$

Die Formel (5) wird POISSON-PARSEVAL*sche Formel* genannt.

Wie schon im Falle einer ungeraden Anzahl von Koordinaten gehört die Lösung u des CAUCHYschen Problems zur Klasse $C^{(2)}(E_m \times [0, \infty))$, wenn die Anfangsfunktionen den Bedingungen (3.12) genügen. Wir wollen noch darauf hinweisen, daß sowohl für ungerades als auch für gerades m die Bedingungen (3.12) in einem gewissen Sinne notwendig sind: Wenn sie nicht erfüllt sind, so kann es sich erweisen, daß die Lösung des CAUCHYschen Problems keine stetigen zweiten Ableitungen besitzt.

Abschließend bemerken wir, ohne einen Beweis anzugeben, daß die Formel (3.11) eine Lösung des CAUCHYschen Problems (1.1), (1.2) liefert, wenn φ_0 und φ_1 beliebige verallgemeinerte Funktionen der Klasse $D'(E_m)$ sind; es versteht sich natürlich von selbst, daß im allgemeinen Fall die Lösung ebenfalls eine verallgemeinerte Funktion ist. Diese Behauptung gilt sowohl für eine gerade als auch für eine ungerade Anzahl von Koordinaten.

§ 7. Die Saitenschwingungsgleichung

Aus der POISSON-PARSEVALschen Formel (Formel (6.5)) kann man die Lösung des CAUCHYschen Problems für die Saitenschwingungsgleichung

$$\frac{\partial^2 u}{\partial t^2} - \frac{\partial^2 u}{\partial x^2} = 0 \tag{1}$$

erhalten, wenn man voraussetzt, daß $\varphi_0(x)$ und $\varphi_1(x)$ nicht von x_2 abhängen. Es ist allerdings einfacher, diese Lösung unmittelbar zu gewinnen.

Es ist nicht schwierig, eine Formel zu erhalten, die alle Lösungen der Saitenschwingungsgleichung liefert. Dazu führen wir die neuen Veränderlichen $\xi = x + t$ und $\eta = x - t$ ein. Die Gleichung (1) wird in die Gleichung $\frac{\partial^2 u}{\partial \xi\, \partial \eta} = 0$ überführt. Wenn wir die letzte Gleichung in der Gestalt $\frac{\partial}{\partial \eta}\left(\frac{\partial u}{\partial \xi}\right) = 0$ darstellen, erhalten wir daraus $\frac{\partial u}{\partial \xi} = \vartheta(\xi)$, wobei $\vartheta(\xi)$ eine beliebige Funktion ist. Wenn wir nach ξ integrieren, so ergibt sich

$$u = \Theta_1(\xi) + \Theta_2(\eta)\,, \qquad \Theta_1(\xi) = \int \vartheta(\xi)\, d\xi\,,$$

wobei Θ_1 und Θ_2 beliebige differenzierbare Funktionen sind. Wenn wir wieder die ursprünglichen Veränderlichen einführen, dann erhalten wir die allgemeine Lösung der Gleichung (1)

$$u(x, t) = \Theta_1(x + t) + \Theta_2(x - t)\,. \tag{2}$$

Die Formel (2) wird D'ALEMBERT*sches Integral* genannt.

Wir suchen die Lösung der Gleichung (1), die den CAUCHYschen Anfangsbedingungen

$$u|_{t=0} = \varphi_0(x)\,, \qquad \left.\frac{\partial u}{\partial t}\right|_{t=0} = \varphi_1(x)$$

genügt. Indem wir in Formel (2) $t = 0$ setzen, erhalten wir

$$\Theta_1(x) + \Theta_2(x) = \varphi_0(x)\,. \tag{3}$$

Wenn wir die Formel (2) nach t differenzieren und danach $t = 0$ setzen, finden wir noch

$$\Theta_1'(x) - \Theta_2'(x) = \varphi_1(x)\,.$$

Die letzte Gleichung integrieren wir und erhalten

$$\Theta_1(x) - \Theta_2(x) = \int_0^x \varphi_1(z)\, dz + C\,. \tag{4}$$

Aus den Beziehungen (3) und (4) ergibt sich

$$\Theta_1(x) = \frac{1}{2}\left[\varphi_0(x) + \int_0^x \varphi_1(z)\, dz + C\right], \qquad \Theta_2(x) = \frac{1}{2}\left[\varphi_0(x) - \int_0^x \varphi_1(z)\, dz - C\right].$$

Nunmehr liefert die Formel (2) die gesuchte Lösung

$$u(x, t) = \frac{\varphi_0(x + t) + \varphi_0(x - t)}{2} + \frac{1}{2} \int_{x-t}^{x+t} \varphi_1(z)\, dz \,. \tag{5}$$

Die Formel (5) wird D'ALEMBERT*sche Formel* genannt.

§ 8. Über die Korrektheit des CAUCHYschen Problems

Man kann unschwer ein Raumpaar aufzeigen, in dem das Problem (1.1), (1.2) korrekt gestellt ist. So kann man z. B. als B_1 den Raum $C^{(2)}(E_m \times [0, \infty))$ der Funktionen wählen, die für beliebiges $x \in E_m$ und beliebiges $t \geqq 0$ zusammen mit ihren ersten und zweiten Ableitungen stetig und beschränkt sind; als Norm eines Elementes u aus diesem Raum nehmen wir die Größe

$$||u||_1 = \sup_{\substack{x \in E_m \\ t \geqq 0}} \left\{ |u(x)| + \sum_{k=1}^{m+1} \left| \frac{\partial u}{\partial x_k} \right| + \sum_{j,k=1}^{m+1} \left| \frac{\partial^2 u}{\partial x_j\, \partial x_k} \right| \right\}, \qquad x_{m+1} = t \,. \tag{1}$$

Als B_2 wählen wir den Raum der Paare $\Phi = (\varphi_0, \varphi_1)$ mit der Norm

$$||\Phi||_2 = \sup_{x \in E_m} \left\{ \sum_{|\alpha|=0}^{[m/2]+2} |D^\alpha \varphi_0(x)| + \sum_{|\alpha|=0}^{[m/2]+1} |D^\alpha \varphi_1(x)| \right\}.$$

Mit R bezeichnen wir den Operator, der dem Paar der Anfangsfunktionen $\Phi = (\varphi_0, \varphi_1)$ die Lösung $u(x, t)$ des CAUCHYschen Problems (1.1), (1.2) zuordnet; dieser Operator wird durch die rechte Seite der verallgemeinerten KIRCHHOFFschen Formel erklärt.

Aus dem Unitätssatz für das CAUCHYsche Problem (§ 4, Kap. 23) folgt, daß der Operator R existiert, und aus dem Resultat der §§ 5, 6 dieses Kapitels ergibt sich, daß dieser Operator von B_2 in B_1 wirkt und auf dem gesamten Raum B_2 definiert ist. Auf Grund der Darstellungen (3.6) und (6.4) für die Funktion $T_\varphi(x, t)$ kann man sich unschwer davon überzeugen, daß R ein beschränkter Operator von B_2 in B_1 ist. Daraus folgt, daß im Raumpaar B_1 und B_2 das CAUCHYsche Problem für die Wellengleichung korrekt gestellt ist.

KAPITEL 27

DIE POTENTIALE NICHT STATIONÄRER GLEICHUNGEN

§ 1. Wärmepotentiale

Sei $Q_t = \Omega \times (0, t)$, wobei Ω ein beschränktes Gebiet des Raumes E_m ist, den wir auch noch als Ebene $t = 0$ im Raum E_{m+1} betrachten werden; die restlichen Bezeichnungen sind in der Abb. 52 gegeben. Der Einfachheit halber beschränken wir uns auf den Fall, daß der Rand $\Gamma = \partial\Omega$ zusammenhängend ist.

Es sei $u \in C^{(2)}(\overline{Q}_t)$. Wir wenden die GREENsche Formel (6.12) aus Kap. 10 auf die Funktionen $u(y, \tau)$ und $v(x - y, t - \tau)$ an, wobei v die singuläre Lösung der adjungierten Wärmeleitungsgleichung ist. Wenn wir die Überlegungen des § 2, Kap. 25, ohne Änderungen wiederholen, so gelangen wir zu einer Formel, die sich von der Formel (1.8) aus Kap. 25 nur dadurch unterscheidet, daß Ω anstelle von D_R geschrieben wird:

$$u(x, t) = \int_{Q_t} v(x - y, t - \tau)\, Lu(y, \tau)\, \mathrm{d}y\, \mathrm{d}\tau +$$
$$+ \int_{\Omega} u(y, 0)\, v(x - y, t)\, \mathrm{d}y + \int_{B_t} \left(v \frac{\partial u}{\partial y_k} - u \frac{\partial v}{\partial y_k}\right) \cos(\nu, y_k)\, \mathrm{d}_y\Gamma\, \mathrm{d}\tau\,. \tag{1}$$

Diese Formel bildet die Grundlage für die Einführung von vier Potentialen (ähnlich dazu, wie im § 4 des Kap. 12 die Potentiale für die LAPLACE-Gleichung eingeführt wurden). Für unsere Ziele sind die Potentiale von besonderem Interesse, die sich über B_t — die Seitenfläche des zylindrischen Gebietes Q_t — erstrecken. Das entsprechende Integral in der Formel (1) kann vereinfacht werden: Die Normale zur Fläche B_t stimmt mit der Richtung der Normalen zu Γ überein. Die letztere Normale werden wir ebenfalls mit ν bezeichnen.

Nunmehr gilt

$$\frac{\partial}{\partial y_k} \cos(\nu, y_k) = \frac{\partial}{\partial \nu},$$

und das letzte Integral in Formel (1) nimmt die folgende Gestalt an:

$$\int_{B_t} \left[v(x - y, t - \tau) \frac{\partial u(y, \tau)}{\partial \nu} - u(y, \tau) \frac{\partial v(x - y, t - \tau)}{\partial \nu}\right] \mathrm{d}_y\Gamma\, \mathrm{d}\tau\,.$$

Anstelle der Funktionen $u(y, \tau)$ und $\dfrac{\partial u(y, \tau)}{\partial \nu}$ setzen wir beliebige, auf $\Gamma \times [0, \infty)$ erklärte Funktionen $\mu(y, \tau)$ und $\sigma(y, \tau)$ in das Integral ein. Wir erhalten somit zwei Integrale

$$V(x, t) = \int_{B_t} \frac{\mu(y, \tau) \exp\left(-\dfrac{r^2}{4(t - \tau)}\right)}{(2\sqrt{\pi(t - \tau)})^m}\, \mathrm{d}_y\Gamma\, \mathrm{d}\tau \tag{2}$$

und

$$W(x,t) = \int\limits_{B_t} \frac{\sigma(y,\tau)}{\left(2\sqrt{\pi(t-\tau)}\right)^m} \frac{\partial}{\partial \nu} \exp\left(-\frac{r^2}{4(t-\tau)}\right) \mathrm{d}_y\Gamma \,\mathrm{d}\tau \,, \tag{3}$$

die entsprechend *Wärmepotentiale der einfachen und der doppelten Schicht* genannt werden; die Funktionen μ und σ heißen die *Dichten* dieser Potentiale.

Die Wärmepotentiale haben auch dann einen Sinn, wenn der Punkt x im Gebiet Ω' — der Ergänzung zu $\overline{\Omega}$ — liegt (Abb. 52). Wir nehmen an, daß die Dichten μ und σ

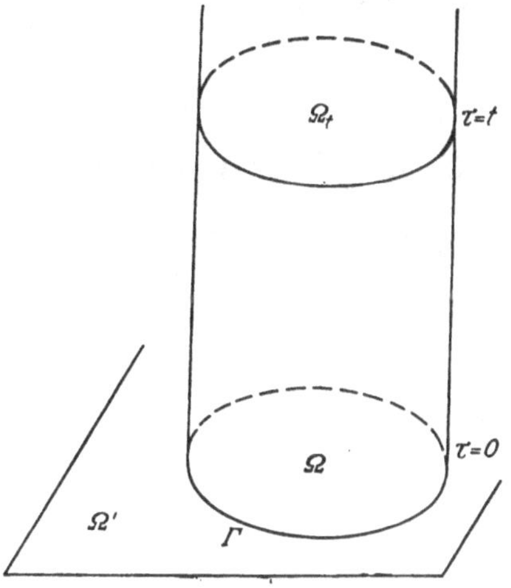

Abb. 52

stetig auf ihren Definitionsgebieten sind. Unter der Voraussetzung $x \notin \Gamma$ können wir uns leicht davon überzeugen, daß die Potentiale (2) und (3) beliebig oft differenzierbar sind und ihre Ableitungen durch Differentiation unter dem Integralzeichen ermittelt werden können. Wenn wir berücksichtigen, daß die singuläre Lösung v der homogenen Wärmeleitungsgleichung bezüglich der Variablen x und t genügt, so finden wir, daß jedes der Potentiale $V(x, t)$ und $W(x, t)$ der homogenen Wärmeleitungsgleichung sowohl innerhalb als auch außerhalb von Γ genügt.

Für die Wärmepotentiale haben zu den Sätzen der §§ 5—7, Kap. 16, analoge Grenzwertsätze Gültigkeit. Wir werden sie jetzt formulieren. Wir werden dabei annehmen, daß Γ eine geschlossene LJAPUNOW-Fläche ist. Im weiteren wird ein Strich über dem entsprechenden Ausdruck den direkten Wert des betrachteten Potentials kennzeichnen, d. h. den Wert für $x \in \Gamma$. Mit n wird die Normale zu Γ im Punkt x bezeichnet. Mit den Indizes i und e werden die Grenzwerte der betrachteten Größe bezeichnet, wenn die Argumente entsprechend von innen oder außen her gegen einen Punkt auf Γ streben.

Satz 27.1.1. *Für das Wärmepotential der Doppelschicht gelten die Grenzwertbeziehungen*

$$W_i(x,t) = -\frac{1}{2}\sigma(x,t) + \overline{W(x,t)} \,, \tag{4}$$

$$W_e(x,t) = \frac{1}{2}\sigma(x,t) + \overline{W(x,t)} \,. \tag{5}$$

Satz 27.1.2. *Für die Normalableitung des Wärmepotentials der einfachen Schicht gelten die Grenzwertbeziehungen*

$$\frac{\partial V(x,t)}{\partial n_i} = \frac{1}{2}\mu(x,t) + \overline{\frac{\partial V(x,t)}{\partial n}}, \tag{6}$$

$$\frac{\partial V(x,t)}{\partial n_e} = -\frac{1}{2}\mu(x,t) + \overline{\frac{\partial V(x,t)}{\partial n}}. \tag{7}$$

Wir beweisen den ersten dieser Sätze. Durch Differentiation unter dem Integralzeichen überführen wir das Potential (3) in die Gestalt

$$W(x,t) = \frac{1}{2(m-2)\,(2\sqrt{\pi})^m}\int\limits_\Gamma \left\{\int\limits_0^t \frac{\sigma(y,\tau)\exp\left(-\dfrac{r^2}{4(t-\tau)}\right)r^m}{(t-\tau)^{m/2+1}}\,d\tau\right\}\frac{\partial}{\partial\nu}\frac{1}{r^{m-2}}\,d_y\Gamma. \tag{8}$$

Sei $x_0 \in \Gamma$ und $r_0 = |y - y_0|$. Wir betrachten die Funktion, die man erhält, wenn man in dem inneren Integral (8) x durch x_0 ersetzt:

$$W_0(x, x_0, t) =$$

$$= \frac{1}{2(m-2)\,(2\sqrt{\pi})^m}\int\limits_\Gamma \left\{\int\limits_0^t \frac{\sigma(y,\tau)\exp\left(-\dfrac{r_0^2}{4(t-\tau)}\right)r_0^m}{(t-\tau)^{m/2+1}}\,d\tau\right\}\frac{\partial}{\partial\nu}\frac{1}{r^{m-2}}\,d_y\Gamma. \tag{9}$$

Dies ist ein gewöhnliches Potential der Doppelschicht, wie es im Kap. 16 studiert wurde. Die einzige Besonderheit besteht darin, daß seine Dichte von den Parametern x_0 und t abhängt. Für das Potential (9) hat Satz 16.5.1 Gültigkeit: Wenn $x^* \in \Gamma$, $x^* \neq x_0$ und $\varrho = |x^* - x_0|$ gilt, so ist

$$W_{0i}(x^*, x_0, t) = -\frac{|S_1|}{4(2\sqrt{\pi})^m}\int\limits_0^t \frac{\sigma(x^*,\tau)\exp\left(-\dfrac{\varrho^2}{4(t-\tau)}\right)\varrho^m}{(t-\tau)^{m/2+1}}\,d\tau + \overline{W_0(x^*, x_0, t)}, \tag{10}$$

$$W_{0e}(x^*, x_0, t) = +\frac{|S_1|}{4(2\sqrt{\pi})^m}\int\limits_0^t \frac{\sigma(x^*,\tau)\exp\left(-\dfrac{\varrho^2}{4(t-\tau)}\right)\varrho^m\,d\tau}{(t-\tau)^{m/2+1}} + \overline{W_0(x^*, x_0, t)}. \tag{11}$$

Es gelte nun $x^* \to x_0$. Dann ist $\overline{W_0(x_0, x_0, t)} = \overline{W(x_0, t)}$, und es verbleibt, den Grenzwert des ersten Integrals in den Formeln (10) und (11) zu bestimmen. Durch die Substitution $p = \varrho^2/4(t - \tau)$ wird das erste Glied in der Formel (10) in die Gestalt

$$-\frac{|S_1|}{4\pi^{m/2}}\int\limits_{\varrho^2/4t}^{\infty} \sigma\left(x^*, t - \frac{\varrho^2}{4p}\right)e^{-p}\,p^{m/2-1}\,dp \tag{12}$$

überführt.

Die Funktion σ ist stetig, und wenn sich die Variable p in den Integrationsgrenzen ändert, so ändert sich die Größe $t - \dfrac{\varrho^2}{4p}$ in den Grenzen von Null bis t. Hieraus ergibt sich sofort, daß man für $x^* \to x_0$ den Grenzübergang unter dem Integralzeichen (12) vollziehen darf. Als Grenzwert erhalten wir die Größe

$$-\frac{|S_1|}{4\pi^{m/2}}\sigma(x_0, t)\int\limits_0^\infty e^{-p}p^{m/2-1}\,dp = -\frac{1}{2}\sigma(x_0, t)\ ;$$

die Formeln (4) und (5) sind damit bewiesen.

Analog dazu wird auch Satz 27.1.2 bewiesen.

Bemerkung 1. Man kann unschwer nachweisen, daß das Potential der einfachen Schicht mit einer stetigen Dichte im Halbraum $t \geqq 0$ stetig ist.

Bemerkung 2. Die Fläche Γ sei keine LJAPUNOW-Fläche, bestehe jedoch aus der Vereinigung einer endlichen Anzahl von Teilen von LJAPUNOW-Flächen. Die Grenzwertbeziehungen (4)—(7) behalten ihre Gültigkeit für jene $x \in \Gamma$, in einer Umgebung derer die Fläche Γ eine LJAPUNOW-Fläche ist.

§ 2. Die Integralgleichungen der gemischten Probleme. Der Fall eines konvexen Randes

Die geschlossene Fläche Γ sei entweder eine LJAPUNOW-Fläche oder bestehe aus einer endlichen Anzahl von Stücken von LJAPUNOW-Flächen. Möge ferner diese Fläche den Raum E_m in zwei Gebiete teilen — in das innere Ω und das äußere Ω' (Abb. 52). Weiterhin sei $Q = \Omega \times (0, \infty)$ und $Q^1 = \Omega' \times (0, \infty)$. In jedem der Gebiete Q und Q^1 formulieren wir zwei gemischte Probleme für die Wärmeleitungsgleichung

$$\frac{\partial u}{\partial t} - \Delta u = 0\,. \tag{1}$$

Wir erhalten somit vier Probleme (im folgenden ist $B = \Gamma \times (0, \infty)$):

I. $\quad u|_{t=0} = \varphi(x)\,,\quad x \in \Omega\ ;\quad u|_B = \psi(x, t)\ ;$

II. $\quad u|_{t=0} = \varphi(x)\,,\quad x \in \Omega'\ ;\quad u|_B = \psi(x, t)\ ;$

III. $\quad u|_{t=0} = \varphi(x)\,,\quad x \in \Omega\ ;\quad \left.\frac{\partial u}{\partial n}\right|_B = \omega(x, t)\ ;$

IV. $\quad u|_{t=0} = \varphi(x)\,,\quad x \in \Omega'\ ;\quad \left.\frac{\partial u}{\partial n}\right|_B = \omega(x, t)\,.$

In den Problemen III und IV ist n die in bezug auf Ω äußere Normale zu Γ im Punkte x.

In allen Fällen setzen wir die Funktion $\varphi(x)$ in dem entsprechenden abgeschlossenen Gebiet als stetig voraus (und als beschränkt, wenn das Gebiet unbeschränkt ist); die Funktionen ψ und ω setzten wir auf B als stetig und beschränkt voraus.

Wir setzen die Funktion $\varphi(x)$ auf den gesamten Raum so fort, daß die fortgesetzte Funktion — die wir mit $\varphi^*(x)$ bezeichnen wollen — in E_m stetig und beschränkt ist; wir werden annehmen, daß eine solche Fortsetzung möglich ist. Mit $u_0(x, t)$ bezeichnen wir die Lösung des CAUCHYschen Problems für die Gleichung (1) bei der Randbedingung

$$u_0(x, 0) = \varphi^*(x)\,,\qquad x \in E_m\,. \tag{2}$$

Die Lösung der Probleme I und II suchen wir in der Gestalt

$$u(x, t) = u_0(x, t) + W(x, t) \tag{3}$$

und die Lösung der Probleme III und IV in der Gestalt

$$u(x, t) = u_0(x, t) + V(x, t) , \tag{4}$$

wobei V und W die Potentiale (1.2) und (1.3) sind. Die Anfangsbedingungen werden dabei erfüllt; weil die Randbedingungen erfüllt werden müssen, ergeben sich auf Grund der Grenzwertbeziehungen (1.4)—(1.7) die folgenden Integralgleichungen:

$$\sigma(x, t) - \frac{2}{(2\sqrt{\pi})^m} \int_{B_t} (t-\tau)^{-m/2} \frac{\partial}{\partial \nu} \exp\left(-\frac{r^2}{4(t-\tau)}\right) \sigma(y, \tau)\, \mathrm{d}_y\Gamma\, \mathrm{d}\tau = -2\psi_0(x, t); \tag{5.I}$$

$$\sigma(x, t) + \frac{2}{(2\sqrt{\pi})^m} \int_{B_t} (t-\tau)^{-m/2} \frac{\partial}{\partial \nu} \exp\left(-\frac{r^2}{4(t-\tau)}\right) \sigma(y, \tau)\, \mathrm{d}_y\Gamma\, \mathrm{d}\tau = 2\psi_0(x, t); \tag{5.II}$$

$$\mu(x, t) + \frac{2}{(2\sqrt{\pi})^m} \int_{B_t} (t-\tau)^{-m/2} \frac{\partial}{\partial n} \exp\left(-\frac{r^2}{4(t-\tau)}\right) \mu(y, \tau)\, \mathrm{d}_y\Gamma\, \mathrm{d}\tau = 2\omega_0(x, t); \tag{5.III}$$

$$\mu(x, t) - \frac{2}{(2\sqrt{\pi})^m} \int_{B_t} (t-\tau)^{-m/2} \frac{\partial}{\partial n} \exp\left(-\frac{r^2}{4(t-\tau)}\right) \mu(y, \tau)\, \mathrm{d}_y\Gamma\, \mathrm{d}\tau = -2\omega_0(x, t)\,. \tag{5.IV}$$

Dabei haben wir in den Gleichungen (5)

$$\psi_0(x, t) = \psi(x, t) - u_0(x, t)\,, \qquad \omega_0(x, t) = \omega(x, t) - u_0(x, t) \tag{6}$$

gesetzt.

Die Gleichungen (5.I)—(5.IV) werden alle nach dem gleichen Schema untersucht. Deshalb beschränken wir uns auf das Studium der ersten Gleichung. Wir zeigen, daß diese Gleichung (wie auch die restlichen der Gleichungen (5)) mittels sukzessiver Approximation lösbar ist, wenn die Fläche Γ konvex ist.

Die Näherungslösungen für die Gleichung (5.1) werden durch die Formeln

$$\sigma_0(x, t) = -2\psi_0(x, t)\,,$$

$$\sigma_n(x, t) = \frac{2}{(2\sqrt{\pi})^m} \int_{B_t} (t-\tau)^{-m/2} \frac{\partial}{\partial \nu} \exp\left(-\frac{r^2}{4(t-\tau)}\right) \sigma_{n-1}(y, \tau)\, \mathrm{d}_y\Gamma\, \mathrm{d}\tau\,, \qquad n > 0 \tag{7}$$

gegeben. Wenn die Reihe

$$\sum_{n=0}^{\infty} \sigma_n(x, t) \tag{8}$$

gleichmäßig konvergiert, so ist ihre Summe die Lösung der Gleichung (5.I).

Wir schätzen die Größe $|\sigma_n(x, t)|$ ab. Wir setzen voraus, daß $0 \leqq t \leqq t_0 = \text{const}$ gilt und setzen

$$A_k = \max_{(y,\tau)\in B_{t_0}} |\sigma_k(y, \tau)|\,, \qquad k = 0, 1, 2, \ldots\,. \tag{9}$$

Wenn wir wie bei der Herleitung der Formel (1.8) verfahren, können wir der Formel (7) die Gestalt

$$\sigma_n(x, t) = \frac{1}{(2\sqrt{\pi})^m\,(m-2)} \int_{\Gamma} \left\{ \int_0^t (t-\tau)^{-m/2-1} \exp\left(-\frac{r^2}{4(t-\tau)}\right) r^m \sigma_{n-1}(y, \tau)\, \mathrm{d}\tau \right\} \times$$
$$\times \frac{\partial}{\partial \nu} \frac{1}{r^{m-2}}\, \mathrm{d}_y\Gamma \tag{10}$$

geben. Auf Grund der Formel (2.4) aus Kap. 16 ist

$$\frac{\partial}{\partial \nu} \frac{1}{r^{m-2}} = - \frac{(m-2) \cos(r, \nu)}{r^{m-1}};$$

nach Voraussetzung ist Γ eine konvexe Fläche, deshalb gilt $\cos(r, \nu) > 0$, und die Größe $\frac{\partial}{\partial \nu} \frac{1}{r^{m-2}}$ ändert ihr Vorzeichen nicht — dieses ist negativ. Wir berücksichtigen dies und schätzen das Integral (10) dem Betrag nach ab:

$$|\sigma_n(x, t)| \leqq$$
$$\leqq - \frac{A_{n-1}}{(2\sqrt{\pi})^m (m-2)} \int_\Gamma \left\{ \int_0^t (t-\tau)^{-m/2-1} r^m \exp\left(-\frac{r^2}{4(t-\tau)}\right) d\tau \right\} \frac{\partial}{\partial \nu} \frac{1}{r^{m-2}} \, d_y\Gamma .$$

Das innere Integral kann mittels der Substitution $\frac{r^2}{4(t-\tau)} = p$ berechnet werden. Man erhält

$$\int_0^t (t-\tau)^{-m/2-1} r^m \exp\left(-\frac{r^2}{4(t-\tau)}\right) d\tau = 2^m \int_{r^2/4t}^{\infty} p^{m/2-1} e^{-p} \, dp .$$

Wir betrachten nunmehr den Quotienten

$$k(x, y, t) = \frac{\int_{r^2/4t}^{\infty} p^{m/2-1} e^{-p} \, dp}{\int_0^{\infty} p^{m/2-1} e^{-p} \, dp} = \frac{1}{\Gamma\left(\frac{m}{2}\right)} \int_{r^2/4t}^{\infty} p^{m/2-1} e^{-p} \, dp ;$$

wir werden dabei annehmen, daß $t > 0$ ist und x wie auch y variable Punkte auf Γ sind. Offenbar gilt $k(x, y, t) < 1$ für $x \neq y$ und außerdem $k(y, y, t) = 1$. Nunmehr ist

$$|\sigma_n(x, t)| \leqq - \frac{A_{n-1} \Gamma\left(\frac{m}{2}\right)}{(m-2) \pi^{m/2}} \int_\Gamma k(x, y, t) \frac{\partial}{\partial \nu} \frac{1}{r^{m-2}} \, d_y\Gamma . \tag{11}$$

Nach der Formel (2.3) aus Kap. 16 ist

$$- \frac{1}{m-2} \int_\Gamma \frac{\partial}{\partial \nu} \frac{1}{r^{m-2}} \, d_y\Gamma = \omega_x\Gamma$$

der Wert des Raumwinkels, unter dem die Fläche Γ vom Punkt x aus sichtbar ist. Wenn in einer Umgebung des Punktes x die Fläche Γ eine Ljapunow-Fläche ist, so ist dieser Winkel — wie die Formel (4.2) aus Kap. 16 zeigt — gleich $\frac{1}{2}|S_1|$. Da diese Fläche konvex ist, übersteigt für jedes $x \in \Gamma$ der genannte Winkel nicht die Größe $\frac{1}{2}|S_1| = \pi^{m/2} \Gamma^{-1}\left(\frac{m}{2}\right)$. Wir setzen nunmehr

$$q(t) = \sup_{x \in \Gamma} \left\{ - \frac{\Gamma\left(\frac{m}{2}\right)}{\pi^{m/2}(m-2)} \int_\Gamma k(x, y, t) \frac{\partial}{\partial \nu} \frac{1}{r^{m-2}} \, d_y\Gamma \right\} .$$

Offenbar ist $q(t)$ eine monoton wachsende Funktion von t; aus den Eigenschaften der Funktion $k(x, y, t)$ ergibt sich die Beziehung $q(t) < 1$. Formel (11) liefert $\max_{x \in \Gamma} |\sigma_n(x, t)| \leqq q(t) A_{n-1}$ oder $A_n \leqq q(t_0) A_{n-1}$.

Nach den Voraussetzungen für das betrachtete Problem ist die Funktion ψ_0 auf B_{t_0} beschränkt, d. h., es gilt $A_0 < \infty$. Folglich ist $A_n \leqq q^n(t_0) A_0$, und die Reihe (8) konvergiert gleichmäßig, da sie durch eine konvergente geometrische Reihe majorisiert wird.

§ 3. Der Fall einer Ljapunow-Fläche

Wenn die Fläche Γ eine Ljapunow-Fläche ist, so kann man die Konvergenz der Reihe (2.8) auch ohne die Voraussetzung nachweisen, daß Γ konvex ist. Die Konvergenzgeschwindigkeit ist sogar höher als in dem im § 2 betrachteten Fall.

Jeden Punkt $y \in \Gamma$ betrachten wir als Mittelpunkt einer Ljapunow-Kugel. Das Flächenstück, daß sich im Inneren dieser Kugel befindet, bezeichnen wir mit $\Gamma'(y)$. Diese Flächenstücke bilden eine Überdeckung der Fläche Γ; nach dem Heine-Borelschen Überdeckungsgesetz kann man eine endliche Anzahl solcher Flächenstücke auswählen, die ebenfalls eine Überdeckung für Γ bilden. Die Elemente der neuen Überdeckung bezeichnen wir mit $\Gamma_1', \dots, \Gamma_l'$.

Wir betrachten einen Punkt $x \in \Gamma$. Es möge die Überdeckung so durchnumeriert sein, daß $x \in \Gamma_1'$ gilt. Dabei kann es vorkommen, daß x auch anderen Mengen dieser Überdeckung angehört. Dann engen wir diese so ein, daß x nur der Menge Γ_1' angehört und die neuen Mengen, die wir wiederum mit $\Gamma_2', \dots, \Gamma_l'$ bezeichnen, zusammen mit Γ_1' ebenfalls eine Überdeckung von Γ bilden.

Um den Punkt x beschreiben wir eine Sphäre, deren Radius 2δ so klein sein möge, daß das Flächenstück Γ_0, das durch die genannte Sphäre aus Γ herausgeschnitten wird, keine gemeinsamen Punkte mit den Flächenstücken $\Gamma_2', \Gamma_3', \dots, \Gamma_l'$ besitzt. Wir setzen ferner

$$\Gamma_1 = (\Gamma_1' \backslash \Gamma_0) \cup \big(\Gamma \cap (\delta < r < 2\delta)\big) \; ; \qquad \Gamma_k = \Gamma_k' , \qquad k = 2, \dots, l ,$$

wobei $r = |y - x|$ ist. Wir erhalten somit eine Überdeckung der Fläche Γ, die aus $l + 1$ Flächenstücken $\Gamma_0, \Gamma_1, \dots, \Gamma_l$ besteht und folgende Eigenschaften aufweist:

a) Jedes der Flächenstücke Γ_i ist in einer gewissen Ljapunow-Kugel enthalten;

b) $x \in \Gamma_0$; wenn $y \in \Gamma_k$, $k > 0$, gilt, so ist $r = |y - x| \geqq \delta$; $\delta = \text{const} > 0$.

Wir wollen jetzt die Größe (2.7) abschätzen. Wir nehmen an, daß die Abschätzung

$$|\sigma_{n-1}(x, t)| \leqq A_{n-1} \cdot t^{\frac{(n-1)\alpha}{2}}, \qquad A_{n-1} = \text{const} \tag{1}$$

schon aufgestellt wurde; hierbei ist α der Ljapunow-Exponent der Fläche Γ. Wir suchen nun eine Abschätzung für $|\sigma_n(x, t)|$. Aus Formel (2.7) finden wir $\left(\text{hierbei ist } \beta = \frac{(n-1)\alpha}{2}\right)$

$$|\sigma_n(x, t)| \leqq \frac{2A_{n-1}}{(2\sqrt{\pi})^m} \int_0^t \frac{\tau^\beta}{(t-\tau)^{m/2+1}} \left\{ \int_\Gamma \exp\left(-\frac{r^2}{4(t-\tau)}\right) r \, |\cos(\nu, r)| \, \mathrm{d}_y\Gamma \right\} \mathrm{d}\tau \leqq$$

$$\leqq \frac{2\,A_{n-1}}{(2\sqrt{\pi})^m} \sum_{k=0}^{l} \int_0^t \frac{(t-\tau)^\beta}{\tau^{m/2+1}} \left\{ \int_{\Gamma_k} \exp\left(-\frac{r^2}{4\tau}\right) r \, |\cos(\nu, r)| \, \mathrm{d}_y\Gamma \right\} \mathrm{d}\tau \,. \tag{2}$$

Im weiteren werden mit ein und demselben Buchstaben C Konstanten bezeichnet, die im allgemeinen voneinander verschieden sind.

Wir betrachten jetzt den Term gesondert, für den $k = 0$ ist:

$$J_0(x, t) \overset{\text{def}}{=} \int_0^t \frac{(t-\tau)^\beta}{\tau^{m/2+1}} \left\{ \int_{\Gamma_0} e^{-r^2/4\tau} r \,|\cos(\nu, r)|\, d_y\Gamma \right\} d\tau . \tag{3}$$

Wenn $y \in \Gamma_0$ gilt, so liegen die Punkte x und y in ein und derselben LJAPUNOW-Kugel, und es gelten die Abschätzungen des § 1 aus Kap. 16. Wir führen das Ortskoordinatensystem $\xi_1, \xi_2, \ldots, \xi_{m-1}, \xi_m$ mit dem Ursprung im Punkte x ein und setzen $p^2 = \xi_1^2 + \xi_2^2 + \ldots + \xi_{m-1}^2$. Es sei G_0 die Projektion von Γ_0 auf die Ebene $\xi_m = 0$. Wenn wir die Abschätzungen des § 1 aus Kap. 16 benutzen, erhalten wir

$$I_0(x, \tau) \overset{\text{def}}{=} \int_{\Gamma_0} e^{-r^2/4\tau} r \,|\cos(\nu, r)|\, d_y\Gamma \leqq C \int_{G_0} e^{-\varrho^2/4\tau} \varrho^{1+\alpha}\, d\xi_1 \ldots d\xi_{m-1} .$$

Im Gebiet G_0 gilt $r < 2\delta$; dann gilt erst recht $\varrho < 2\delta$. Dies bedeutet, daß das Gebiet G_0 in der $(m-1)$-dimensionalen Kugel vom Radius 2δ und mit dem Mittelpunkt im Punkte $\xi_1 = \xi_2 = \ldots = \xi_{m-1} = 0$ liegt. Wenn wir $(m-1)$-dimensionale Kugelkoordinaten einführen, erhalten wir

$$I_0(x, \tau) \leqq C \int_{S_1^{(m-1)}} \left\{ \int_0^{2\delta} e^{-\varrho^2/4\tau} \varrho^{m-1+\alpha}\, d\varrho \right\} dS_1^{(m-1)} = C \int_0^{2\delta} e^{-\varrho^2/4\tau} \varrho^{m-1+\alpha}\, d\varrho ;$$

hierbei ist $S_1^{(m-1)}$ die Einheitssphäre im $(m-1)$-dimensionalen euklidischen Raum. Die Substitution $\varrho = p\sqrt{2\tau}$ liefert

$$I_0(x, \tau) \leqq C\tau^{(m+\alpha)/2} \int_0^{\delta\sqrt{2/\tau}} e^{-p^2} p^{m-1+\alpha}\, dp \leqq C\tau^{(m+\alpha)/2} \int_0^\infty e^{-p^2} p^{m-1+\alpha}\, dp = C\tau^{(m+\alpha)/2} .$$

Das innere Integral in der Formel (3) ersetzen wir durch die eben erhaltene Abc hätzung

$$J_0(x, t) \leqq C \int_0^t \tau^{\alpha/2-1}(t-\tau)^\beta\, d\tau = Ct^{\beta+\alpha/2} \int_0^1 p^{\alpha/2-1}(1-p)^\beta\, dp =$$

$$= Ct^{n\alpha/2} B\left(\frac{\alpha}{2}, \beta+1\right) = C \frac{\Gamma\left(\frac{\alpha}{2}\right)\Gamma\left(\frac{(n-1)\alpha}{2}+1\right)}{\Gamma(n\alpha/2+1)} t^{n\alpha/2} ; \tag{4}$$

hierbei sind B und Γ die EULERschen Funktionen.

Nunmehr schätzen wir die verbleibenden Terme in der Ungleichung (2) ab. Sei $k > 0$ und

$$J_k(x, t) = \int_0^t \frac{(t-\tau)^\beta}{\tau^{m/2+1}} \left\{ \int_{\Gamma_k} e^{-r^2/4\tau} r \,|\cos(\nu, r)|\, d_y\Gamma \right\} d\tau . \tag{5}$$

Wie schon vermerkt wurde, gilt $r \geqq \delta$ für $y \in \Gamma_k$. Offensichtlich ist auch die Beziehung $r \leqq H$, wobei H der Durchmesser der Fläche Γ ist. Das innere Integral in (5) kann durch

$H|\Gamma_k|\, e^{-\delta^2/4\tau}$ abgeschätzt werden. Daraus folgt

$$J_k(x, t) \leqq H\,|\Gamma_k| \int\limits_0^t \frac{(t-\tau)^\beta}{\tau^{m/2+1}}\, e^{-\delta^2/4\tau}\, d\tau = H_k|\Gamma_k|\, t^{\beta - m/2} \int\limits_0^1 p^{-m/2-1}\,(1-p)^\beta\, e^{-\delta^2/4pt}\, dp\,.$$

Fernerhin gilt — wie die natürliche Zahl q auch gewählt sein möge —

$$e^{-\delta^2/4pt} < \frac{4^q q!}{\delta^{2q}}\, p^q t^q$$

und deshalb auch

$$J_k(x, t) \leqq C t^{\beta - m/2 + q} \int\limits_0^1 p^{q - m/2 - 1}\,(1-p)^\beta\, dp\,.$$

Wir wählen $q = \left[\frac{m}{2}\right] + 1$. Unter Berücksichtigung von $0 \leqq t \leqq t_0$ $\Big($und unter Benutzung der Bezeichnung $\left\{\frac{m}{2}\right\} = \frac{m}{2} - \left[\frac{m}{2}\right]\Big)$ erhalten wir

$$t^{\beta - \{m/2\} + 1} = t_0^{\beta - \{m/2\}+1} \left(\frac{t}{t_0}\right)^{\beta - \{m/2\} + 1} \leqq$$

$$\leqq t_0^{\beta - \{m/2\}+1} \left(\frac{t}{t_0}\right)^{\beta + 1/2} \leqq t_0^{\beta - \{m/2\}+1} \left(\frac{t}{t_0}\right)^{\beta + \alpha/2} = C t^{n\alpha/2}$$

und folglich

$$J_k(x, t) \leqq C t^{n\alpha/2} \int\limits_0^1 p^{-\{m/2\}}\,(1-p)^\beta\, dp =$$

$$= C t^{n\alpha/2}\, B\left(1 - \left\{\frac{m}{2}\right\}, \beta + 1\right) = C\, \frac{\Gamma\left(1 - \left\{\frac{m}{2}\right\}\right) \Gamma\left(\frac{(n-1)\,\alpha}{2} + 1\right)}{\Gamma\left(\frac{(n-1)\,\alpha}{2} + 2 - \left\{\frac{m}{2}\right\}\right)}\, t^{n\alpha/2}\,.$$

Die Gamma-Funktion wächst für hinreichend große Werte ihres Argumentes.[1]) Deshalb und weil

$$\frac{(n-1)\,\alpha}{2} - \left\{\frac{m}{2}\right\} + 2 - \left[\frac{n\alpha}{2} + 1\right] = 1 - \frac{\alpha}{2} - \left\{\frac{m}{2}\right\} \geqq 0$$

gilt, ist

$$\Gamma\left(\frac{(n-1)\,\alpha}{2} + 2 - \left\{\frac{m}{2}\right\}\right) \geqq \Gamma\left(\frac{n\alpha}{2} + 1\right)$$

und

$$J_k(x, t) \leqq C\, \frac{\Gamma\left(1 - \left\{\frac{m}{2}\right\}\right) \Gamma\left(\frac{(n-1)\,\alpha}{2} + 1\right)}{\Gamma\left(\frac{n\alpha}{2} + 1\right)}\, t^{n\alpha}\,. \tag{6}$$

---

[1]) Man vergleiche z. B. G. M. Fichtenholz, Differential- und Integralrechnung, Bd. 2, Punkt 531, S. 783.

Wenn wir die Ungleichungen (6) in den Grenzen von 1 bis l über k summieren und dazu die Ungleichung (4) addieren, so erhalten wir leicht die Ungleichung $|\sigma_n(x, t)| \leqq \leqq A_n t^{n\alpha}$, wobei

$$A_n = \frac{C_0 A_{n-1}\, \Gamma\left(\frac{(n-1)\,\alpha}{2} + 1\right)}{\Gamma\left(\frac{n\alpha}{2} + 1\right)}; \qquad C_0 = \text{const} \tag{7}$$

ist.

Wenn in (7) die Zahl n nacheinander die Werte 1, 2, ... annimmt und wir die sich so ergebenden Ungleichungen miteinander multiplizieren, erhalten wir

$$A_n = \frac{C_0^n A_0}{\Gamma\left(\frac{n\alpha}{2} + 1\right)}, \qquad A_0 = \sup_{(x,t)\in B_{t_0}} |\sigma_0(x, t)| = \sup_{(x,t)\in B_{t_0}} |2\psi_0(x, t)|$$

und schließlich

$$|\sigma_n(x, t)| \leqq \frac{A_0 C_0^n t^{n\alpha/2}}{\Gamma\left(\frac{n\alpha}{2} + 1\right)}. \tag{8}$$

Wir beweisen jetzt die Konvergenz der Reihe (2.8). Dafür genügt es, die Konvergenz der Majorante

$$\sum_{n=0}^{\infty} \frac{A_0 C_0^n t^{n\alpha/2}}{\Gamma\left(\frac{n\alpha}{2} + 1\right)}$$

nachzuweisen. Dazu bilden wir den Grenzwert des Quotienten, der aus zwei aufeinander folgenden Gliedern dieser Reihe gebildet wird:

$$\lim_{n\to\infty} C_0 t^{\alpha} \frac{\Gamma(n\alpha/2 + 1)}{\Gamma\left(\frac{(n+1)\,\alpha}{2} + 1\right)} = \lim_{n\to\infty} C_0 t^{\alpha} \frac{\Gamma(n\alpha/2)}{\Gamma\left(\frac{(n+1)\,\alpha}{2}\right)} = C_0 t^{\alpha} \lim_{n\to\infty} \frac{\Gamma(n\alpha/2)}{\Gamma\left(\frac{(n+1)\,\alpha}{2}\right)}. \tag{9}$$

Nun benutzen wir die STIRLINGsche Formel für den Logarithmus der Gamma-Funktion[1]):

$$\ln \Gamma(z) = \left(z - \frac{1}{2}\right)\ln z - z + \frac{1}{2}\ln 2\pi + O\left(\frac{1}{z}\right).$$

Mittels dieser Formel erhalten wir

$$\ln\Gamma\left(\frac{n\alpha}{2}\right) - \ln\Gamma\left(\frac{(n+1)\,\alpha}{2}\right) = \left(\frac{n\alpha}{2} - \frac{1}{2}\right)\ln\frac{n}{n+1} - \frac{\alpha}{2}\ln\frac{(n+1)\,\alpha}{2} - \frac{\alpha}{2} + $$
$$+ O\left(\frac{1}{n}\right) \xrightarrow[n\to\infty]{} -\infty .$$

Hieraus folgt, daß der Grenzwert (9) gleich Null ist und die Reihe (2.8) für beliebiges $t_0 > 0$ auf B_{t_0} gleichmäßig konvergiert.

---

[1]) Man vergleiche z. B. DE LA VALLEE POUSSIN, Analysis unendlich kleiner Größen, Bd. 2, Gostechisdat, Moskau-Leningrad 1933, S. 196.

§ 4. Wellenpotentiale

Es möge in der Ebene $t = 0$ (anders ausgedrückt, im Raum E_m) ein Gebiet Ω gegeben sein, für dessen Rand $\partial\Omega = \Gamma \in C^{([m/2]+2)}$ gilt; dieser Rand kann sowohl beschränkt als auch unbeschränkt sein. Wir bilden die zylindrische Fläche mit der Leitlinie Γ und den Erzeugenden, die zur t-Achse parallel sind; den Teil dieser Fläche, auf dem $t \geqq 0$ gilt, bezeichnen wir mit B. Sei $x \in \Omega$ und $t > 0$. Wir betrachten die untere Mantelfläche des charakteristischen Kegels mit der Spitze im Punkt (x, t); diese Fläche schneidet aus Ω das Stück $\Sigma_{x,t}$ und aus der Fläche B das Stück $B_{x,t}$ heraus (Abb. 53). Wenn t hinreichend klein ist, so verschwindet $B_{x,t}$. Mit D bezeichnen

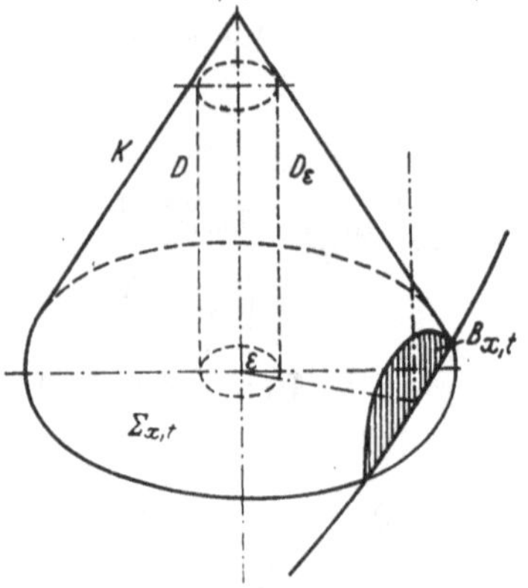

Abb. 53

wir das Gebiet im $(m + 1)$-dimensionalen Raum der Variablen $y_1, y_2, \ldots, y_m, \tau$, das durch die Flächen $B_{x,t}$, $\Sigma_{x,t}$ und einen Teil K der Oberfläche des charakteristischen Kegels berandet wird. Aus D entfernen wir einen Zylinder vom Radius ε, dessen Achse durch den Punkt (x, t) führt und zur t-Achse parallel ist; den verbleibenden Teil des Gebietes D bezeichnen wir mit D_ε. Es gelte nun $u \in C^{(2)}(\Omega \times [0, \infty))$. Auf die Funktionen $u(y, \varepsilon)$ und $q_0\left(\frac{t-\tau}{r}\right)$, $r = |y - x|$, wenden wir die Greensche Formel (6.14) aus Kap. 10 an; die Funktion q_0 wird durch die Formel (7.9) des Kap. 11 definiert.

Wenn wir die Überlegungen des § 2, Kap. 26, wiederholen, erhalten wir folgende Integraldarstellung:

$$u(x, t) = \frac{1}{(m-2)!\,|S_1|} \frac{\partial^{m-1}}{\partial t^{m-1}} \int_D q_0\left(\frac{t-\tau}{r}\right) \Box\, u(y, \tau)\, dy\, d\tau +$$

$$+ \frac{1}{(m-2)!\,|S_1|} \frac{\partial^{m-1}}{\partial t^{m-1}} \int_{\Sigma_{x,t}} \left[u_\tau(y, 0)\, q_0\left(\frac{t}{r}\right) - u(y, 0)\, q_{0\tau}\left(\frac{t-\tau}{r}\right)\Big|_{\tau=0}\right] dy +$$

$$+ \frac{1}{(m-2)\,|S_1|} \frac{\partial^{m-1}}{\partial t^{m-1}} \int_{B_{x,t}} \left[\frac{\partial u(y, \tau)}{\partial \nu} q_0\left(\frac{t-\tau}{r}\right) - u(y, \tau) \frac{\partial}{\partial \nu} q_0\left(\frac{t-\tau}{r}\right)\right] d_y\Gamma\, d\tau\,. \tag{1}$$

Genauso wie im § 1 liefert diese Darstellung die Grundlage für die Einführung gewisser neuer Potentiale (ihre Anzahl ist im gegebenen Fall gleich 5), von denen wir die folgenden zwei näher untersuchen wollen:

$$V(x, t) = \frac{1}{(m-2)!\,|S_1|} \frac{\partial^{m-1}}{\partial t^{m-1}} \int\limits_{B_{x,t}} \mu(y, \tau)\, q_0\left(\frac{t-\tau}{r}\right) \mathrm{d}_y\Gamma\, \mathrm{d}\tau \tag{2}$$

und

$$W(x, t) = \frac{1}{(m-2)!\,|S_1|} \frac{\partial^{m-1}}{\partial t^{m-1}} \int\limits_{B_{x,t}} \sigma(y, \tau) \frac{\partial}{\partial \nu} q_0\left(\frac{t-\tau}{r}\right) \mathrm{d}_y\Gamma\, \mathrm{d}\tau\,. \tag{3}$$

Wir nennen sie entsprechend *Wellenpotentiale der einfachen und der Doppelschicht.* Wenn t so klein ist, daß die Menge $B_{x,t}$ die leere Menge darstellt, werden wir annehmen, daß die Potentiale (2) und (3) gleich Null sind.

Die Potentiale (2) und (3) behalten ihren Sinn, wenn nur $t \geqq 0$ und $x \notin \Gamma$ gilt. Somit kann der Punkt x entweder dem Gebiet Ω oder der offenen Menge $\Omega' = E_m \setminus \overline{\Omega}$ angehören.

Für das gesamte Weitere dieses Kapitels werden wir annehmen, daß $\mu \in C^{([m/2]+2)}(B)$ und $\sigma \in C^{([m/2]+3)}(B)$ gilt. Man kann sich leicht davon überzeugen, daß unter diesen Voraussetzungen die Potentiale (2) und (3) in jedem der $(m+1)$-dimensionalen Gebiete $\Omega \times [0, \infty)$ und $\Omega' \times [0, \infty)$ stetige zweite Ableitungen besitzen, falls die Menge $B_{x,t}$ nicht verschwindet.

Satz 27.4.1. *Die Potentiale* (2) *und* (3) *sind verallgemeinerte Lösungen der Wellengleichung in jedem der Gebiete* $\Omega \times (0, \infty)$ *und* $\Omega' \times (0, \infty)$.

Beweis. Es genügt zu zeigen, daß die in die Formeln (2) und (3) eingehenden Integrale verallgemeinerte Lösungen der Gleichung

$$\Box u = \frac{\partial^2 u}{\partial t^2} - \Delta u = 0 \tag{4}$$

in den genannten Gebieten sind. Wir betrachten zunächst das Integral

$$P(x, t) \overset{\text{def}}{=} \int\limits_{B_{x,t}} \mu(y, \tau)\, q_0\left(\frac{t-\tau}{r}\right) \mathrm{d}_y\Gamma\, \mathrm{d}\tau\,. \tag{5}$$

Es sei $\eta(x, t)$ eine beliebige finite Funktion im Halbraum $t > 0$, deren Träger keine gemeinsamen Punkte mit der Fläche Γ hat. Sei ferner G ein Gebiet dieses Halbraums, das mit Γ ebenfalls keine gemeinsamen Punkte hat und $\operatorname{supp} \eta$ enthält: $\operatorname{supp} \eta \subset G$; ansonsten kann G beliebig sein.

Wir betrachten das Integral

$$I = \int\limits_G P \Box \eta \,\mathrm{d}x\, \mathrm{d}\tau = \int\limits_G \Box \eta \left\{ \int\limits_{B_{x,t}} \mu(y, \tau)\, q_0\left(\frac{t-\tau}{r}\right) \right\} \mathrm{d}_y\Gamma\, \mathrm{d}\tau\,. \tag{6}$$

Auf der rechten Seite der Formel (6) ändern wir die Reihenfolge der Integration. Dabei kann sich der Punkt (y, τ) in einem gewissen Teil $\tilde{B}$ der zylindrischen Fläche B ändern. Bezüglich des Punktes (x, t) können wir folgende Feststellung treffen: Das Gebiet, welches dieser Punkt durchläuft, wird durch folgende Bedingungen bestimmt: a) $(x, t) \in G$; b) die Koordinaten des Punktes (x, t) erfüllen die Ungleichung

$$|t - \tau| \geqq r = |x - y| \, . \tag{7}$$

Für einen fixierten Punkt (y, τ) definiert die letzte Ungleichung die obere Mantelfläche des charakteristischen Kegels mit der Spitze (y, τ).

Folglich ist das Gebiet, in dem sich der Punkt (x, t) ändert, der Teil G_0 des Gebietes G, der durch die obere Mantelfläche des Kegels (7) aus G herausgeschnitten wird. Der Rand ∂G_0 besteht aus einem Teil des Randes ∂G und dem Teil des Kegels $|t - \tau| = r$.

Wenn wir die Integrationsreihenfolge im Integral (6) ändern, erhalten wir

$$I = \int\limits_{\tilde{B}} \mu(y, \tau) \left\{ \int\limits_{G_0} q_0\left(\frac{t-\tau}{r}\right) \Box \eta(x, t) \, \mathrm{d}x \, \mathrm{d}t \right\} \mathrm{d}_y \Gamma \, \mathrm{d}\tau \, .$$

Nach der Formel (6.14) aus Kap. 10 gilt

$$\int\limits_{G_0} q_0 \, \Box \eta \, \mathrm{d}x \, \mathrm{d}t =$$

$$= \int\limits_{G_0} \eta \, \Box q_0 \, \mathrm{d}x \, \mathrm{d}t + \int\limits_{\partial G_0} \left[\left(q_0 \frac{\partial \eta}{\partial t} - \eta \frac{\partial q_0}{\partial t} \right) \cos(\nu, t) - \left(q_0 \frac{\partial \eta}{\partial x_k} - \eta \frac{\partial q_0}{\partial x_k} \right) \cos(\nu, x_k) \right] \mathrm{d}s \, , \tag{8}$$

wobei ν die äußere Normale zu ∂G_0 und $\mathrm{d}s$ ein Maßelement auf ∂G_0 ist.

Das erste Integral rechts in (8) ist gleich Null, weil $\Box q_0 = 0$ gilt. Auf ∂G verschwinden fernerhin die Funktion η und ihre Ableitungen, und auf der Mantelfläche des charakteristischen Kegels verschwindet sowohl die Funktion $q_0\left(\frac{t-\tau}{r}\right)$ als auch der Ausdruck

$$\frac{\partial q_0}{\partial t} \cos(\nu, t) - \frac{\partial q_0}{\partial x_k} \cos(\nu, x_k) \, ;$$

letzteres folgt aus der Formel (2.2) des Kap. 26, wenn man die Gültigkeit der Beziehung

$$\frac{\partial q_0}{\partial t} = - \frac{\partial q_0}{\partial \tau} , \qquad \frac{\partial q_0}{\partial x_k} = - \frac{\partial q_0}{\partial y_k}$$

berücksichtigt. Aus dem Gesagten folgt, daß die rechte Seite der Formel (8) gleich Null ist. Dann gilt aber $I = 0$, und $P(x, t)$ ist eine verallgemeinerte Lösung der Wellengleichung (4).

Wir wenden uns nun dem Integral in der Formel (3) zu. Wir setzen

$$\int\limits_{B_{x,t}} \sigma(y, \tau) \frac{\partial}{\partial \nu} q_0\left(\frac{t-\tau}{r}\right) \mathrm{d}_y \Gamma \, \mathrm{d}\tau = Q(x, t).$$

Offenbar gilt

$$Q(x, t) = \int\limits_{B_{x,t}} \sigma(y, \tau) \frac{\partial q_0}{\partial y_k} \cos(\nu, y_k) \, \mathrm{d}_y \Gamma \, \mathrm{d}\tau = - \int\limits_{B_{x,t}} \sigma(y, \tau) \frac{\partial q_0}{\partial x_k} \cos(\nu, y_k) \, \mathrm{d}_y \Gamma \, \mathrm{d}\tau \, .$$

Weil außerhalb des charakteristischen Kegels $q_0 = 0$ gilt, kann man in der letzten Formel über die gesamte Fläche B integrieren. Daraus folgt

$$Q(x, t) = -\int_B \sigma(y, \tau) \frac{\partial q_0}{\partial x_k} \cos(\nu, y_k) \, d_y\Gamma \, d\tau =$$

$$= -\frac{\partial}{\partial x_k} \int_B \sigma(y, \tau) \, q_0 \cos(\nu, y_k) \, d_y\Gamma \, d\tau = -\frac{\partial}{\partial x_k} \int_{B_{x,t}} \sigma(y, \tau) \, q_0 \cos(\nu, y_k) \, d_y\Gamma \, d\tau \,. \quad (9)$$

Im letzten Term der Beziehung (9) hat jedes Integral die Gestalt (5) und ist somit nach dem Bewiesenen eine verallgemeinerte Lösung der Wellengleichung. Damit weist auch $Q(x, t)$ diese Eigenschaft auf. Der Satz ist bewiesen.

Um die Rechnungen zu vereinfachen (und im Hinblick auf die folgenden Anwendungen) werden wir, obwohl die Sätze allgemein formuliert werden, in diesem und im folgenden Paragraphen die Beweise nur für den Fall führen, daß Γ die $(m-1)$-dimensionale Ebene $x_m = 0$ ist. In dem betrachteten Fall, wenn $\Gamma = \{x : x_m = 0\}$ ist, stellt B die m-dimensionale Halbebene $x_m = 0$, $t \geqq 0$ dar. Ferner ist $B_{x,t}$ das Innere der unteren Schale des $(m-1)$-dimensionalen Hyperboloids

$$(t-\tau)^2 - \varrho^2 \geqq x_m^2 \,, \qquad y_m = 0 \,; \qquad \varrho^2 = \sum_{k=1}^{m-1} (x_k - y_k)^2 \,. \quad (10)$$

Der Rand $\partial B_{x,t}$ besteht aus dem Teil des Hyperboloids

$$(t-\tau)^2 - \varrho^2 = x_m^2 \,, \qquad y_m = 0 \,, \qquad \tau \geqq 0 \quad (11)$$

und der $(m-1)$-dimensionalen Kugel

$$\varrho^2 \leqq t^2 - x_m^2 \,, \qquad y_m = 0 \,, \qquad \tau = 0 \,. \quad (12)$$

Satz 27.4.2. *Es sei $x \in \Gamma$, und t nehme derart ab, daß sich $B_{x,t}$ in einen Punkt zusammenzieht. Dann konvergieren die Potentiale* (2) *und* (3) *und ihre Ableitungen der ersten und zweiten Ordnung gegen Null.*

Beweis. Der Beweis wird — wie schon angekündigt — unter der Voraussetzung $\Gamma = \{x : x_m = 0\}$ geführt. Wir betrachten hier nur den Fall der Doppelschicht (3). Für das Potential (2) kann der Beweis analog geführt werden; dabei ist dieser sogar noch etwas einfacher.

Wir setzen noch folgendes voraus:

$$D^\alpha \sigma|_{\tau=0} = 0 \,, \qquad |\alpha| \leqq \left[\frac{m}{2}\right] + 3 \,; \quad (13)$$

für das Potential der einfachen Schicht genügt es,

$$D^\alpha \mu|_{\tau=0} = 0 \,, \qquad |\alpha| \leqq \left[\frac{m}{2}\right] + 2 \quad (13a)$$

zu fordern. In den Formeln (13) bedeutet α einen Multiindex der Ordnung m, $\alpha = (\alpha_1, \alpha_2, \dots, \alpha_m)$, und

$$D^\alpha = \frac{\partial^{|\alpha|}}{\partial y_1^{\alpha_1} \, \partial y_2^{\alpha_2} \dots \partial y_{m-1}^{\alpha_{m-1}} \, \partial \tau^{\alpha_m}} \,.$$

Der Bestimmtheit halber nehmen wir $x_m > 0$ an. Nach der Voraussetzung des Satzes gilt $t \downarrow x_m$ — dann zieht sich das Gebiet (10) in einen Punkt zusammen.

Wir werden folgende Bezeichnungen benutzen: Wenn z. B. $y = (y_1, \dots, y_{m-1}, y_m)$ ist, so werden wir mit y' den Punkt $(y_1, \dots, y_{m-1})$ des Raumes E_{m-1} bezeichnen. Einen analogen Sinn hat auch die Bezeichnung x'. Falls $\Gamma = \{x : x_m = 0\}$ gilt, kann man in den Formeln (2) und (3) y durch y' ersetzen.

In der Formel (3) führen wir die Differentiation aus. Außerhalb des charakteristischen Kegels gilt $q_0\left(\frac{t-\tau}{r}\right) = 0$. Deshalb kann man in der Formel (3) über die gesamte Halbebene B integrieren. Wir berücksichtigen noch, daß auf dieser Halbebene die Normale ν der y_m-Achse entgegengesetzt gerichtet ist. Mithin gilt

$$\frac{\partial}{\partial \nu} q_0\left(\frac{t-\tau}{r}\right) = -\frac{x_m(t-\tau)}{r^3} q_0'\left(\frac{t-\tau}{r}\right),$$

und wir erhalten für das Potential (3) folgende Darstellung:

$$W(x, t) = -\frac{x_m}{(m-2)!\,|S_1|} \frac{\partial^{m-1}}{\partial t^{m-1}} \int_B \sigma(y', \tau) \frac{t-\tau}{r^3} q_0'\left(\frac{t-\tau}{r}\right) dy'\, d\tau . \tag{14}$$

Wir betrachten den Fall ungerader m: $m = 2s + 3$, $s \geqq 0$. In diesem Falle ist

$$W(x, t) = -\frac{x_m}{(m-2)!\,|S_1|} \frac{\partial^{2s+2}}{\partial t^{2s+2}} \int_B \sigma(y', \tau) \frac{t-\tau}{r^3} q_0'\left(\frac{t-\tau}{r}\right) dy'\, d\tau . \tag{14a}$$

Wie schon im Kap. 26 vermerkt wurde, besitzt die Funktion $q_0(\lambda)$ eine Wurzel $\lambda = 1$ der Vielfachheit s. Dann hat die Funktion $p(\lambda) = \lambda q_0'(\lambda)$ im Punkte $\lambda = 1$ die Wurzel der Vielfachheit s, und der Integrand des Integrals (14a) besitzt $s - 1$ stetige Ableitungen und eine s-te beschränkte Ableitung nach τ. Das Integral (14a) kann folglich s-mal unter dem Integralzeichen differenziert werden:

$$W(x, t) = -\frac{x_m}{(m-2)!\,|S_1|} \frac{\partial^{s+2}}{\partial t^{s+2}} \int_B \sigma(y', \tau) \frac{\partial^s}{\partial t^s} p\left(\frac{t-\tau}{r}\right) \frac{1}{r^2} dy'\, d\tau =$$

$$= \frac{(-1)^{s-1} x_m}{(m-2)!\,|S_1|} \frac{\partial^{s+2}}{\partial t^{s+2}} \int_B \sigma(y', \tau) \frac{\partial^s}{\partial \tau^s} p\left(\frac{t-\tau}{r}\right) \frac{1}{r^2} dy'\, d\tau .$$

Das letzte Integral integrieren wir s-mal partiell. Auf Grund der Bedingungen (13) verschwinden dabei die Oberflächenintegrale, und wir erhalten

$$W(x, t) = -\frac{x_m}{(m-2)!\,|S_1|} \frac{\partial^{s+2}}{\partial t^{s+2}} \int_B \frac{\partial^s \sigma(y', \tau)}{\partial \tau^s} p\left(\frac{t-\tau}{r}\right) \frac{1}{r^2} dy'\, d\tau . \tag{15}$$

In dem Ausdruck (15) kann man noch einmal s-mal unter dem Integralzeichen differenzieren:

$$W(x, t) = -\frac{1}{(m-2)!\,|S_1|} \frac{\partial^2}{\partial t^2} \int_B \frac{\partial^s \sigma(y', \tau)}{\partial \tau^s} \frac{\partial^s}{\partial t^s} p\left(\frac{t-\tau}{r}\right) \frac{x_m}{r^2} dy'\, d\tau =$$

$$= \frac{(-1)^{s-1}}{(m-2)!\,|S_1|} \frac{\partial^2}{\partial t^2} \int_B \frac{\partial^s \sigma(y', \tau)}{\partial \tau^s} \frac{\partial^s}{\partial \tau^s} p\left(\frac{t-\tau}{r}\right) \frac{x_m}{r^2} dy'\, d\tau .$$

Das letzte Integral integrieren wir zweimal partiell; die Oberflächenintegrale verschwinden wiederum auf Grund der Bedingungen (13). Danach darf man unter dem Integralzeichen differenzieren. Wenn wir berücksichtigen, daß $p\left(\frac{t-\tau}{r}\right) = 0$ außerhalb $B_{x,t}$ gilt, erhalten wir schließlich

$$W(x, t) = \frac{(-1)^{s-1}}{(m-2)!\,|S_1|} \int\limits_{B_{x,t}} \frac{\partial^{s+2} \sigma(y', \tau)}{\partial \tau^{s+2}} \frac{\partial^s}{\partial \tau^s} p\left(\frac{t-\tau}{r}\right) \frac{x_m}{r^2} \, dy' \, d\tau . \tag{16}$$

Es gelte nunmehr $t \downarrow x_m$. Dabei bleibt der Integrand in (16) beschränkt, und das Integrationsgebiet $B_{x,t}$ zieht sich in einen Punkt zusammen. Daraus folgt $W(x, t) \to 0$.

Für die ersten und zweiten Ableitungen von $W(x, t)$ kann man zur Formel (16) analoge Formeln erhalten, wenn man das Integral in (16) zuerst zweimal partiell integriert und dann unter dem Integralzeichen differenziert; für $t \downarrow x_m$ wird genauso bewiesen, daß $D^\alpha W(x, t) \to 0$ gilt, wobei α ein Multiindex der Ordnung $m + 1$ und $|\alpha| = 1, 2$ ist. Für den Fall ungerader m ist der Satz bewiesen. Den Fall gerader m untersuchen wir nicht näher, da für diesen die Überlegungen analog sind.

Folgerung 27.4.1. *Wenn die Dichte σ zur Klasse $C^{([m/2]+3)}(B)$ gehört, besitzt das Potential der Doppelschicht im Gebiet $x_m > 0$, $t > 0$ stetige zweite Ableitungen. Es ist eine gewöhnliche Lösung der Wellengleichung und genügt den Anfangsbedingungen*

$$W(x, 0) = 0 , \qquad W_t(x, 0) = 0 . \tag{17}$$

Wenn $\mu \in C^{([m/2]+2)}(B)$ gilt, so behalten analoge Behauptungen auch für das Wellenpotential der einfachen Schicht ihre Gültigkeit.

§ 5. Grenzwertsätze für Wellenpotentiale

Es sei Γ die im § 4 beschriebene Fläche des Raumes E_m, Ω das durch diese Fläche berandete Gebiet und $\Omega' = E_m \setminus \overline{\Omega}$. Mit ν und n werden wir die in bezug auf Ω äußeren Normalen zu Γ entsprechend in den Punkten x und y bezeichnen. Wie gewöhnlich werden durch die Indizes i und e entsprechend die Grenzwerte bezeichnet, wenn die Argumente von innen oder außen her gegen einen Punkt auf Γ konvergieren, und mit einem oben angebrachten Querstrich der direkte Wert der betrachteten Größe, d. h. der Wert für $x \in \Gamma$.

Satz 27.5.1. *Für das Wellenpotential der Doppelschicht gelten die Grenzwertbeziehungen*

$$W_i(x, t) = -\tfrac{1}{2}\sigma(x, t) + \overline{W(x, t)} , \qquad W_e(x, t) = \tfrac{1}{2}\sigma(x, t) + \overline{W(x, t)} ; \qquad x \in \Gamma . \tag{1}$$

Satz 27.5.2. *Für die Normalableitung des Wellenpotentials der einfachen Schicht gelten die Grenzwertbeziehungen*

$$\frac{\partial V(x, t)}{\partial n_i} = \frac{1}{2}\mu(x, t) + \overline{\frac{\partial V(x, t)}{\partial n}} , \qquad \frac{\partial V(x, t)}{\partial n_e} = -\frac{1}{2}\mu(x, t) + \overline{\frac{\partial V(x, t)}{\partial n}} ; \qquad x \in \Gamma . \tag{2}$$

Beweis. Den Beweis führen wir für den Fall $\Gamma = \{x : x_m = 0\}$. Man kann leicht überprüfen, daß sich in diesem Falle die Kerne der Integrale $W(x, t)$ und $\frac{\partial V(x, t)}{\partial t}$

nur durch das Vorzeichen unterscheiden. Es genügt also, nur die Formel (1) zu beweisen. Fernerhin enthalten im betrachteten Falle die Integrale (4.2) und (4.3) den Faktor x_m. Deshalb sind die direkten Werte dieser Integrale gleich Null. Die Grenzwertbeziehungen (1) und (2) vereinfachen sich somit wesentlich:

$$W_i(x', t) = -\tfrac{1}{2}\sigma(x', t), \qquad W_e(x', t) = \tfrac{1}{2}\sigma(x', t); \tag{1a}$$

$$\frac{\partial V(x', t)}{\partial n_i} = \frac{1}{2}\mu(x', t); \qquad \frac{\partial V(x', t)}{\partial n_e} = -\frac{1}{2}\mu(x', t). \tag{2a}$$

Es genügt, die Formel (1a) zu beweisen.

Der Bestimmtheit halber sei $m = 2s + 3$; der Fall gerader m bringt keinerlei wesentliche Änderungen in den Überlegungen mit sich.

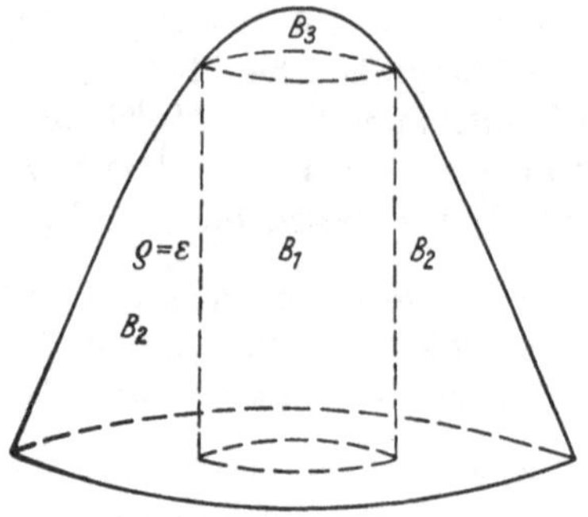

Abb. 54

Wir wenden uns der Formel (4.16) zu. Das Hyperboloid $B_{x,t}$ zerlegen wir mittels der zylindrischen Fläche $\varrho = \varepsilon$ und der Ebene $\tau = t - \sqrt{x_m^2 + \varepsilon^2}$ in drei Teile B_1, B_2, B_3 (Abb. 54). Das Potential W zerfällt entsprechend in die Summe dreier Ausdrücke, die wir entsprechend mit $W_k(x, t, \varepsilon)$, $k = 1, 2, 3$, bezeichnen. Wir ermitteln nunmehr die Grenzwerte dieser Ausdrücke für $x_m \to 0$.

In der Beziehung

$$W_2(x, t, \varepsilon) = -\frac{x_m}{(m-2)!\,|S_1|}\int\limits_{B_2} \frac{\partial^{s+2}\sigma(y', \tau)}{\partial\tau^{s+2}}\,\frac{\partial^s}{\partial\tau^s}p\left(\frac{t-\tau}{r}\right)\frac{1}{r^2}\,dy'\,d\tau \tag{3}$$

gilt $r = \sqrt{\varrho^2 + x_m^2} \geqq \varepsilon$, der Integrand ist stetig, und das Integral ist in jedem Fall beschränkt. Deshalb gilt $W_2(x, t, \varepsilon) \xrightarrow[x_m \to 0]{} 0$.

Wir wenden uns dem Term W_1 zu. Diesem geben wir die Gestalt

$$W_1(x, t, \varepsilon) = -\frac{x_m}{(m-2)!\,|S_1|}\int\limits_0^{t-\sqrt{\varepsilon^2+x_m^2}}\left\{\int\limits_{\varrho<\varepsilon}\frac{\partial^{s+2}\sigma(y', \tau)}{\partial\tau^{s+2}}\,\frac{\partial^s}{\partial\tau^s}p\left(\frac{t-\tau}{r}\right)\frac{1}{r^2}\,dy'\right\}d\tau =$$

$$= -\frac{x_m}{(m-2)!\,|S_1|}\int\limits_0^{t-\sqrt{\varepsilon^2+x_m^2}}\frac{\partial^{s+2}\sigma(x', \tau)}{\partial\tau^{s+2}}\left\{\int\limits_{\varrho<\varepsilon}\frac{\partial^s}{\partial\tau^s}p\left(\frac{t-\tau}{r}\right)\frac{1}{r^2}\,dy'\right\}d\tau +$$

$$+\frac{x_m}{(m-2)!\,|S_1|}\int\limits_0^{t-\sqrt{\varepsilon^2+x_m^2}}\left\{\int\limits_{\varrho<\varepsilon}\frac{\partial^{s+2}}{\partial\tau^{s+2}}[\sigma(x', \tau) - \sigma(y', \tau)]\times\right.$$

$$\left.\times\frac{\partial^s}{\partial\tau^s}p\left(\frac{t-\tau}{r}\right)\frac{1}{r^2}\,dy'\right\}d\tau = J_1 + J_2. \tag{4}$$

Wir untersuchen das Integral J_1. Es gilt zunächst

$$\frac{\partial^s}{\partial\tau^s} p\left(\frac{t-\tau}{r}\right) = \frac{(-1)^s}{r^s}\frac{(2s+1)!}{(s+1)!}\left(\frac{t-\tau}{r}\right)^{s+1} + \frac{1}{r^s}\tilde{p}\left(\frac{t-\tau}{r}\right), \tag{5}$$

wobei für hinreichend große $\lambda\, \tilde{p}(\lambda) = O(\lambda^s)$ ist. Entsprechend zerfällt J_1 in zwei Terme, von denen wir vorerst

$$J_{11} = \frac{(-1)^{s-1}\, x_m}{(s+1)!\,|S_1|} \int\limits_0^{t-\sqrt{\varepsilon^2+x_m^2}} (t-\tau)^{s+1} \frac{\partial^{s+2}\sigma(x',\tau)}{\partial\tau^{s+2}} \left\{ \int\limits_{\varrho<\varepsilon} \frac{dy'}{r^m} \right\} d\tau \tag{6}$$

betrachten.

Im inneren Integral führen wir Kugelkoordinaten mit dem Ursprung im Punkte x' ein. Dann ist ($S_1^{(m-1)}$ stellt hierbei die Einheitssphäre in E_{m-1} dar)

$$\int\limits_{\varrho<\varepsilon} \frac{dy'}{r^m} = |S_1^{(m-1)}| \int\limits_0^{\varepsilon} \frac{\varrho^{m-2}\, d\varrho}{(\varrho^2+x_m^2)^{m/2}}.$$

Wenn wir $\varrho = x_m z$ substituieren, finden wir ferner

$$\int\limits_0^{\varepsilon} \frac{\varrho^{m+2}\, d\varrho}{(\varrho^2+x_m^2)^{m/2}} = \frac{1}{x_m} \int\limits_0^{\varepsilon/x_m} \frac{z^{m-2}\, dz}{(z^2+1)^{m/2}}$$

und folglich

$$J_{11} = \frac{(-1)^{s-1}|S_1^{(m-1)}|}{(s+1)!\,|S_1|} \int\limits_0^{t-\sqrt{\varepsilon^2+x_m^2}} (t-\tau)^{s+1} \frac{\partial^{s+2}\sigma(x',\tau)}{\partial\tau^{s+2}} \left\{ \int\limits_0^{\varepsilon/x_m} \frac{z^{m-2}\, dz}{(1+z^2)^{m/2}} \right\} d\tau\,. \tag{7}$$

Wir substituieren $z = \tan\varphi$:

$$\int\limits_0^{\varepsilon/x_m} \frac{z^{m-2}\, dz}{(1+z^2)^{m/2}} = \int\limits_0^{\pi/2} \sin^{m-2}\varphi\, d\varphi - \int\limits_{\operatorname{arc\,tan}\varepsilon/x_m}^{\pi/2} \sin^{m-2}\varphi\, d\varphi =$$

$$= \frac{\sqrt{\pi}\,\Gamma((m-1)/2)}{2\Gamma\left(\frac{m}{2}\right)} - O\left(\frac{\pi}{2} - \operatorname{arc\,tan}\frac{\varepsilon}{x_m}\right).$$

Daraus folgt

$$\lim_{x_m\to 0} J_{11} = \frac{(-1)^{s+1}\, |S_1^{(m-1)}|\, \sqrt{\pi}\, \Gamma\left(\frac{m-1}{2}\right)}{2\,(s+1)!\,\Gamma(m/2)\,|S_1|} \int\limits_0^{t-\varepsilon} (t-\tau)^{s+1} \frac{\partial^{s+2}\sigma(x',\tau)}{\partial\tau^{s+2}}\, d\tau\,.$$

Wenn wir die Beziehung $|S_1| = 2\pi^{m/2}/\Gamma(m/2)$ berücksichtigen, finden wir für den Koeffizienten vor dem letzten Integral den Wert $\dfrac{(-1)^{s-1}}{2(s+1)!}$. Folglich gilt

$$\lim_{x_m\to 0} J_{11} = \frac{(-1)^{s-1}}{2(s+1)!} \int\limits_0^{t} (t-\tau)^{s+1} \frac{\partial^{s+2}\sigma(x',\tau)}{\partial\tau^{s+2}}\, d\tau + O(\varepsilon)\,.$$

Nunmehr integrieren wir $(s + 2)$-mal partiell und erhalten schließlich

$$\lim_{x_m \to 0} J_{11} = -\tfrac{1}{2}\,\sigma(x', t) + O(\varepsilon)\,. \tag{8}$$

Das zweite Glied in der Formel (5) liefert für J_1 noch den Term

$$J_{12} = -\frac{x_m}{(m-2)!\,|S_1|} \int\limits_0^{t-\sqrt{\varepsilon^2+x_m^2}} \frac{\partial^{s+2}\sigma(x', \tau)}{\partial \tau^{s+2}} \left\{ \int\limits_{\delta<\varepsilon} \tilde{p}\left(\frac{t-\tau}{r}\right) \frac{dy'}{r^{s+2}} \right\} d\tau\,;$$

letzterer Ausdruck übersteigt dem Betrag nach nicht die Größe

$$c x_m \int\limits_{\varrho<\varepsilon} \frac{dy'}{r^{2s+2}} = c x_m\,|S_1^{(m-1)}| \int\limits_0^{\varepsilon} \frac{\varrho^{m-2}\,d\varrho}{(\varrho^2 + x_m^2)^{(m-1)/2}} = c x_m\,|S_1^{(m-1)}| \int\limits_0^{\varepsilon/x_m} \frac{z^{m-2}\,dz}{(1+z^2)^{(m-1)/2}} =$$

$$= c\,|S_1^{(m-1)}| \left[\int\limits_0^1 \frac{z^{m-2}\,dz}{(1+z^2)^{(m-1)/2}} + \int\limits_0^{\varepsilon/x_m} \frac{z^{m-2}\,dz}{(1+z^2)^{(m-1)/2}} \right] x_m \leqq \left(c + c \ln \frac{\varepsilon}{x_m}\right) x_m \xrightarrow[x_m \to 0]{} 0\,; \tag{9}$$

hier und im weiteren werden mit ein und demselben Buchstaben c im allgemeinen verschiedene Konstanten bezeichnet.

Wenn wir die Formeln (8) und (9) addieren, erhalten wir

$$\lim_{x_m \to 0} J_1 = -\tfrac{1}{2}\,\sigma(x', t) + O(\varepsilon)\,. \tag{10}$$

Wir betrachten jetzt den Ausdruck J_2 in der Formel (4). Weil $\varrho < \varepsilon$ ist, gilt

$$\frac{\partial^{s+2}}{\partial \tau^{s+2}} [\sigma(x', \tau) - \sigma(y', \tau)] = O(\varepsilon)\,.$$

Außerdem gilt noch

$$\left| \frac{\partial^s}{\partial \tau^s} p\left(\frac{t-\tau}{r}\right) \right| \leqq \frac{c}{r^{m-2}}\,,$$

und deshalb ist

$$|J_2| \leqq c \varepsilon x_m \int\limits_{\varrho<\varepsilon} \frac{dy'}{r^m}\,.$$

Bei der Berechnung der Größe J_{11} wurde nebenbei ermittelt, daß

$$x_m \int\limits_{\varrho<\varepsilon} \frac{dy'}{r^m} = |S_1^{(m-1)}| \int\limits_0^{\varepsilon/x_m} \frac{z^{m-2}\,dz}{(z^2+1)^{m/2}} < |S_1^{(m-1)}| \int\limits_0^{\infty} \frac{z^{m-2}\,dz}{(z^2+1)^{m/2}} = c$$

gilt. Daraus folgt $J_2 \leqq c\varepsilon$. Zusammen mit Formel (10) liefert dies

$$\overline{\lim_{x_m \to 0}}\, W_1(x, t, \varepsilon) = -\tfrac{1}{2}\,\sigma(x', t) + O(\varepsilon) \tag{11a}$$

und

$$\underline{\lim_{x_m \to 0}}\, W_1(x, t, \varepsilon) = -\tfrac{1}{2}\,\sigma(x', t) + O(\varepsilon)\,. \tag{11b}$$

Es verbleibt, den Ausdruck

$$W_3(x, t, \varepsilon) = -\frac{x_m}{(m-2)\,|S_1|}\int\limits_{B_3} \frac{\partial^{s+2}\sigma(y', \tau)}{\partial\tau^{s+2}}\,\frac{\partial^s}{\partial\tau^s}p\left(\frac{t-\tau}{r}\right)\frac{1}{r^2}\,\mathrm{d}_{y'}\Gamma\,\mathrm{d}\tau$$

zu betrachten. Wie bereits oben finden wir

$$|W_3(x, t, \varepsilon)| \leqq c x_m \int\limits_{B_3} \frac{\mathrm{d}y'\,\mathrm{d}\tau}{r^m} = c x_m \int\limits_{t-\sqrt{\varepsilon^2+x_m^2}}^{t} \left\{ \int\limits_{\varrho<\sqrt{(t-\tau)^2-x_m^2}} \frac{\mathrm{d}y'}{r^m} \right\} \mathrm{d}\tau\,. \tag{12}$$

Wir schätzen das innere Integral ab. Dazu führen wir Kugelkoordinaten mit dem Ursprung im Punkt x' ein und substituieren $\varrho = x_m z$. Wir erhalten

$$\int\limits_{\varrho<\sqrt{(t-\tau)^2-x_m^2}} \frac{\mathrm{d}y'}{r^m} = \frac{|S_1^{(m-1)}|}{x_m} \int\limits_0^{\sqrt{((t-\tau)/x_m)^2-1}} \frac{z^{m-2}\,\mathrm{d}z}{(z^2+1)^{m/2}} < \frac{|S_1^{(m-1)}|}{x_m}\int\limits_0^{\infty} \frac{z^{m-2}\,\mathrm{d}z}{(z^2+1)^{m/2}} = \frac{c}{x_m}\,.$$

Mithin ergibt sich

$$|W_3(x, t, \varepsilon)| \leqq c\sqrt{\varepsilon^2 + x_m^2}\,.$$

Hieraus folgt

$$\overline{\lim_{x_m\to 0}}\, W_3(x, t, \varepsilon) = O(\varepsilon)\,, \qquad \underline{\lim_{x_m\to 0}}\, W_3(x, t, \varepsilon) = O(\varepsilon)\,.$$

Daraus, aus den Formeln (11) und aus der Beziehung $\lim\limits_{x_m\to 0} W_2(x, t, \varepsilon) = 0$ ergibt sich

$$\overline{\lim_{x_m\to 0}}\, W(x, t) = -\tfrac{1}{2}\,\sigma(x', t) + O(\varepsilon)\,, \qquad \underline{\lim_{x_m\to 0}}\, W(x, t) = -\tfrac{1}{2}\,\sigma(x', t) + O(\varepsilon)\,.$$

Die linken Seiten der letzten Beziehungen hängen nicht von ε ab. Für $\varepsilon \to 0$ finden wir deshalb

$$\overline{\lim_{x_m\to 0}}\, W(x, t) = \underline{\lim_{x_m\to 0}}\, W(x, t) = -\tfrac{1}{2}\,\sigma(x', t)$$

oder

$$\lim_{x_m\to 0} W(x, t) = -\tfrac{1}{2}\,\sigma(x', t)\,,$$

was zu beweisen war.

Wenn wir $x_m < 0$ vorausgesetzt hätten, könnten wir auf dieselbe Weise die Beziehung

$$\lim_{x_m\to 0} W(x, t) = \tfrac{1}{2}\,\sigma(x', t)$$

beweisen.

§ 6. Gemischte Probleme für den Halbraum

Im Halbraum $x_m > 0$ betrachten wir das gemischte Problem für die Wellengleichung

$$\Box u = \frac{\partial^2 u}{\partial t^2} - \sum_{k=1}^{m} \frac{\partial^2 u}{\partial x_k^2} = 0 \tag{1}$$

bei der Randbedingung

$$u(x', t) = u(x, t)|_{x_m=0} = \psi(x', t) \tag{2}$$

oder

$$\left.\frac{\partial u(x,t)}{\partial n}\right|_{x_m=0} = -\left.\frac{\partial u(x,t)}{\partial x_m}\right|_{x_m=0} = \chi(x',t) \tag{3}$$

und bei Anfangsbedingungen, die wir der Einfachheit wegen als homogen annehmen wollen:

$$u(x,0) = 0\,, \qquad u_t(x,0) = 0\,. \tag{4}$$

Die Lösung des Problems unter der Bedingung (2) suchen wir in Gestalt eines Wellenpotentials der Doppelschicht

$$u(x,t) = \frac{1}{(m-2)!\,|S_1|}\frac{\partial^{m-1}}{\partial t^{m-1}}\int\limits_{B_{x,t}} \sigma(y',\tau)\frac{\partial}{\partial\nu}q_0\left(\frac{t-\tau}{r}\right)dy'\,d\tau \tag{5}$$

und unter der Bedingung (3) in Gestalt eines Wellenpotentials der einfachen Schicht

$$u(x,t) = \frac{1}{(m-2)!\,|S_1|}\frac{\partial^{m-1}}{\partial t^{m-1}}\int\limits_{B_{x,t}} \mu(y',\tau)\,q_0\left(\frac{t-\tau}{r}\right)dy'\,d\tau\,. \tag{6}$$

Dabei werden die Wellengleichung (1) und die Anfangsbedingungen (4) erfüllt.

In der Formel (5) lassen wir x_m gegen Null streben; in der Formel (6) differenzieren wir nach n und lassen x_m ebenfalls gegen Null streben. Unter Benutzung der Formeln (5.1a) und (5.2a) erhalten wir

$$\sigma(x,t) = -2\psi(x',t)\,; \qquad \mu(x',t) = 2\chi(x',t)\,. \tag{7}$$

Die Lösungen der gemischten Probleme bei den Bedingungen (2) und (3) werden entsprechend durch die Formeln

$$u(x,t) = -\frac{2}{(m-2)\,|S_1|}\frac{\partial^{m-1}}{\partial t^{m-1}}\int\limits_{B_{x,t}} \psi(y',\tau)\frac{\partial}{\partial\nu}q_0\left(\frac{t-\tau}{r}\right)dy'\,d\tau \tag{8}$$

und

$$u(x,t) = \frac{2}{(m-2)!\,|S_1|}\frac{\partial^{m-1}}{\partial t^{m-1}}\int\limits_{B_{x,t}} \chi(y',\tau)\,q_0\left(\frac{t-\tau}{r}\right)dy'\,d\tau \tag{9}$$

geliefert.

Bei der Herleitung dieser Formeln benutzten wir die Sätze der §§ 4, 5, für die die Voraussetzungen $\sigma \in C^{([m/2]+3)}$, $\mu \in C^{([m/2]+2)}$ hinreichend sind. Sie sind erfüllt, wenn $\psi \in C^{([m/2]+3)}$ und $\chi \in C^{([m/2]+2)}$ gilt.

Wir wollen noch kurz etwas über den Fall sagen, wenn Γ keine Ebene mehr ist (s. die Arbeit des Verfassers [13], in der der Fall $m = 2$ dargelegt ist; die Resultate lassen sich auf den Fall beliebig vieler Variabler übertragen). Wenn die Lösung des gemischten Problems entsprechend in Gestalt eines Wellenpotentials der Doppelschicht oder der einfachen Schicht gesucht wird, so ergibt sich für die gesuchte Dichte eine Integro-Differentialgleichung, die für ein hinreichend kleines Zeitintervall gelöst werden kann, falls die Fläche Γ analytisch ist. Mit von der Potentialmethode verschiedenen Methoden wurde das gemischte Problem für die Wellengleichung in den Arbeiten von Ch. L. Smolizki und O. A. Ladyshenskaja untersucht; man vergleiche dazu auch das Buch [10].

KAPITEL 28

DAS CAUCHYSCHE PROBLEM FÜR DIE WELLENGLEICHUNG MIT VARIABLEN KOEFFIZIENTEN

In diesem Kapitel beweisen wir den Unitäts- und Existenzsatz für das CAUCHYsche Problem unter Voraussetzungen, die wesentlich allgemeiner als die des Kap. 26 sind. Der Unitätssatz ergibt sich für hinreichend allgemeine Wellengleichungen aus der sogenannten energetischen Ungleichung. Den Existenzsatz beweisen wir unter gewissen Einschränkungen (der elliptische Operator in der Wellengleichung soll positiv sein); wir benutzen dabei faktisch die FOURIERsche Methode, deren hauptsächliche Besonderheit — wie im Kapitel 24 gezeigt wurde — die Entwicklung nach dem Spektrum des elliptischen Operators ist, der in die Wellengleichung eingeht.

Wir vermerken noch, daß man genauso das CAUCHYsche Problem für die Wärmeleitungsgleichung studieren kann. Die entsprechende energetische Ungleichung und den entsprechenden Unitätssatz kann man im Buch [11] finden; die FOURIERsche Methode wird genau nach dem Schema wie für die Wellengleichung angewandt.

Am Schluß des Kapitels ist ein von W. M. BABITSCH verfaßter Paragraph untergebracht, der einen Überblick über Resultate enthält, die mit dem CAUCHYschen Problem für hyperbolische Gleichungen und hinreichend allgemeine Systeme in Verbindung stehen. Der Verfasser möchte W. M. BABITSCH an dieser Stelle dafür aufrichtig danken.

§ 1. Die energetische Ungleichung und der Eindeutigkeitssatz

Wir betrachten die homogene Wellengleichung der allgemeinsten Gestalt

$$Lu = \frac{\partial^2 u}{\partial t^2} - A_{jk} \frac{\partial^2 u}{\partial x_j \, \partial x_k} + B_j \frac{\partial u}{\partial x_j} + B_0 \frac{\partial u}{\partial t} + Cu = 0\,. \tag{1}$$

Wie üblich wird vorausgesetzt, daß über sich wiederholende Indizes in den Grenzen von 1 bis m summiert wird; alle Koeffizienten können sowohl von x als auch von t abhängen. Es wird vorausgesetzt, daß x den Raum E_m und t die Halbachse $t \geqq 0$ durchlaufen und daß in allen beschränkten Gebieten, in denen die Veränderlichen x und t variieren, die Koeffizienten A_{jk} stetig differenzierbar, die Koeffizienten B_j, B_0 und C meßbar und beschränkt sind.

Die quadratische Form $A_{jk}t_jt_k$ wird als positiv-definit vorausgesetzt, so daß

$$A_{jk}(x, t)\, t_j t_k \geqq \mu_0 \sum_{k=1}^{m} t_k^2\,, \qquad \mu_0 = \text{const} > 0 \tag{2}$$

gilt. Wir lassen dabei zu, daß μ_0 von dem gewählten Gebiet abhängt. Offenbar gilt gleichzeitig

$$A_{jk}(x, t)\, t_j t_k \leqq M_0 \sum_{k=1}^{m} t_k^2\,, \tag{3}$$

wobei M_0 eine Konstante ist, die ebenfalls von dem gewählten Gebiet abhängen kann.

Wir betrachten das zylindrische Gebiet $\Omega_0 \times (0, T)$, dessen Grundfläche die in der Ebene $t = 0$ gelegene Kugel Ω_0 ist; die Deckfläche liegt in der Ebene $t = T$ und die Erzeugenden sind der t-Achse parallel (Abb. 55). Die in die Ungleichungen (2) und (3)

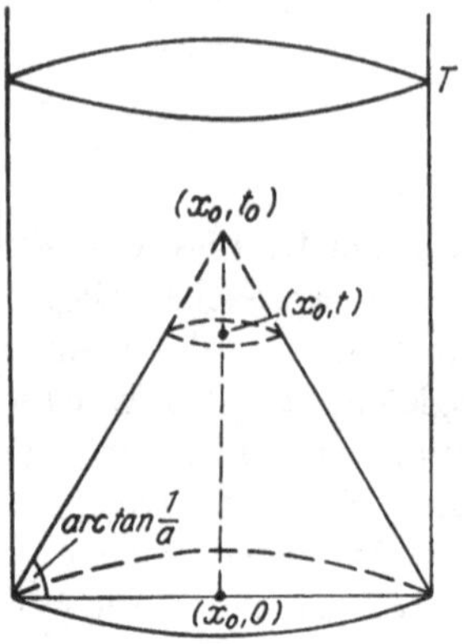

Abb. 55

eingehenden Zahlen μ_0 und M_0 bestimmen wir für dieses Gebiet. Es sei a eine Zahl, die der Ungleichung

$$a^2\mu_0 - M_0 \geqq 0 \tag{4}$$

genügt. Wir betrachten den Kegelstumpf (Abb. 55) der Höhe $t \leqq T$ mit der Grundfläche Ω, dessen Erzeugenden mit der Ebene $t = 0$ den Winkel arc tan a^{-1} bilden. Die Gleichung dieses Kegels wird durch $t_0 - t = \frac{r}{a}$ gegeben, wobei $r = |x - x_0|$, x_0 der Mittelpunkt der Kugel Ω_0, $t_0 = \frac{R}{a}$ und R der Radius dieser Kugel ist. Wir nehmen a als so groß an, daß $t_0 < T$ gilt. Den Schnitt des kegelförmigen Gebietes mit der Ebene $t = \tau$ bezeichnen wir mit Ω_τ; somit kann die Deckfläche des Kegelstumpfes mit Ω_t bezeichnet werden. Das sich im Innern des Kegelstumpfes befindliche Gebiet bezeichnen wir mit D.

Es sei $u(x, t)$ eine zweimal stetig differenzierbare Lösung der Gleichung (1). In dieser Gleichung ersetzen wir t durch τ, multiplizieren die Gleichung mit $\frac{\partial u}{\partial \tau}$ und integrieren über das Gebiet D:

$$\int\limits_D \frac{\partial u}{\partial \tau}\left[\frac{\partial^2 u}{\partial \tau^2} - A_{jk}\frac{\partial^2 u}{\partial x_j\, \partial x_k} + B_j \frac{\partial u}{\partial x_j} + B_0 \frac{\partial u}{\partial \tau} + Cu\right] dx\, d\tau = 0\,. \tag{5}$$

Die letzten drei Glieder links unter dem Integral bilden eine quadratische Form bezüglich $u, \frac{\partial u}{\partial \tau}, \frac{\partial u}{\partial x_j}$. Diese Form bezeichnen wir mit F_1.

Die ersten beiden Glieder links formen wir wie folgt um: zunächst gilt

$$\frac{\partial u}{\partial \tau}\frac{\partial^2 u}{\partial \tau^2} = \frac{1}{2}\frac{\partial}{\partial \tau}\left(\frac{\partial u}{\partial \tau}\right)^2.$$

Ferner ist

$$\frac{\partial u}{\partial \tau}\frac{\partial^2 u}{\partial x_j\,\partial x_k} = \frac{1}{2}\frac{\partial}{\partial x_j}\left(\frac{\partial u}{\partial \tau}\frac{\partial u}{\partial x_k}\right) + \frac{1}{2}\frac{\partial}{\partial x_k}\left(\frac{\partial u}{\partial \tau}\frac{\partial u}{\partial x_j}\right) - \frac{1}{2}\frac{\partial}{\partial \tau}\left(\frac{\partial u}{\partial x_j}\frac{\partial u}{\partial x_k}\right).$$

Wir multiplizieren dies mit A_{jk} und summieren auf:

$$\frac{\partial u}{\partial \tau} A_{jk}\frac{\partial^2 u}{\partial x_j\,\partial x_k} = A_{jk}\frac{\partial}{\partial x_j}\left(\frac{\partial u}{\partial \tau}\frac{\partial u}{\partial x_k}\right) - \frac{1}{2}A_{jk}\frac{\partial}{\partial \tau}\left(\frac{\partial u}{\partial x_j}\frac{\partial u}{\partial x_k}\right) =$$

$$= \frac{\partial}{\partial x_j}\left(A_{jk}\frac{\partial u}{\partial \tau}\frac{\partial u}{\partial x_k}\right) - \frac{1}{2}\frac{\partial}{\partial \tau}\left(A_{jk}\frac{\partial u}{\partial x_j}\frac{\partial u}{\partial x_k}\right) + F_2\,,$$

wobei F_2 eine quadratische Form mit beschränkten Koeffizienten bezüglich $u, \frac{\partial u}{\partial \tau}, \frac{\partial u}{\partial x_j}$ ist.

Die Resultate der letzten Umformungen setzen wir in die Formel (5) ein. Nach der Gauss-Ostrogradskischen Formel ergibt sich nun

$$\int\limits_{\Omega_t}\left[\left(\frac{\partial u}{\partial \tau}\right)^2 + A_{jk}\frac{\partial u}{\partial x_j}\frac{\partial u}{\partial x_k}\right]\mathrm{d}x - \int\limits_{\Omega_0}\left[\left(\frac{\partial u}{\partial \tau}\right)^2 + A_{jk}\frac{\partial u}{\partial x_j}\frac{\partial u}{\partial x_k}\right]\mathrm{d}x +$$

$$+ \int\limits_{K}\left\{\left[\left(\frac{\partial u}{\partial \tau}\right)^2 + A_{jk}\frac{\partial u}{\partial x_j}\frac{\partial u}{\partial x_k}\right]\cos(\nu,\tau) - 2A_{jk}\frac{\partial u}{\partial \tau}\frac{\partial u}{\partial x_j}\cos(\nu, x_k)\right\}\mathrm{d}K + \int\limits_{D} F_3\,\mathrm{d}x\,\mathrm{d}\tau = 0\,; \tag{6}$$

hierbei ist $F_3 = F_1 + F_2$, und K stellt den kegelförmigen Teil des Randes von D dar.

Eingehender betrachten wir das dritte Glied in der Formel (6). Wie man leicht sieht, gilt auf dem Kegel K

$$\cos(\nu,\tau) = \frac{a}{\sqrt{1+a^2}}\,, \qquad \cos(\nu, x_k) = -\frac{x_k - x_{0k}}{r\sqrt{1+a^2}}\,.$$

Somit ist $\cos(\nu,\tau)$ eine positive Konstante und

$$\sum_{k=1}^{m}\cos^2(\nu, x_k) = \frac{\cos^2(\nu,\tau)}{a^2}\,.$$

Den Integranden des uns interessierenden Integrals multiplizieren wir mit $\cos(\nu,\tau)$ und teilen anschließend das Resultat wieder durch $\cos(\nu,\tau)$. Dann können wir dem Integranden eine etwas andere Gestalt verleihen und ihn wie folgt abschätzen:

$$\frac{\sqrt{1+a^2}}{a}\left[a^2\left(\frac{\partial u}{\partial \tau}\right)^2\sum_{k=1}^{m}\cos^2(\nu, x_k) + A_{jk}\frac{\partial u}{\partial x_j}\frac{\partial u}{\partial x_k}\cos^2(\nu,\tau) - \right.$$

$$\left. - 2A_{jk}\frac{\partial u}{\partial \tau}\frac{\partial u}{\partial x_j}\cos(\nu, x_k)\cos(\nu,\tau)\right] \geqq$$

$$\geqq \frac{\sqrt{1+a^2}}{a}\left[a^2\left(\frac{\partial u}{\partial \tau}\right)^2\sum_{k=1}^{m}\cos^2(\nu, x_k) + \mu_0\sum_{k=1}^{m}\left(\frac{\partial u}{\partial x_k}\right)^2\cos^2(\nu,\tau) - \right.$$

$$\left. - 2\left|A_{jk}\frac{\partial u}{\partial x_j}\cos(\nu,\tau)\frac{\partial u}{\partial \tau}\cos(\nu, x_k)\right|\right]. \tag{7}$$

Die bilineare Form $A_{jk} \frac{\partial u}{\partial x_j} \cos(\nu, \tau) \frac{\partial u}{\partial \tau} \cos(\nu, x_k)$ kann durch eine entsprechende quadratische Form abgeschätzt werden, weil die letztere positiv-definit ist. Die uns interessierende Abschätzung hat die Gestalt

$$2\left| A_{jk} \frac{\partial u}{\partial x_j} \cos(\nu, \tau) \frac{\partial u}{\partial \tau} \cos(\nu, x_k) \right| \leqq$$
$$\leqq \frac{1}{\varepsilon} A_{jk} \frac{\partial u}{\partial x_j} \frac{\partial u}{\partial x_k} \cos^2(\nu, \tau) + \varepsilon \left(\frac{\partial u}{\partial \tau}\right)^2 A_{jk} \cos(\nu, x_j) \cos(\nu, x_k) ; \qquad \forall \varepsilon > 0 .$$

Der letzte Term rechts übersteigt seinerseits nicht die Größe

$$\varepsilon M_0 \left(\frac{\partial u}{\partial \tau}\right)^2 \sum_{k=1}^{m} \cos^2(\nu, x_k) ,$$

und wir erhalten schließlich

$$2\left| A_{jk} \frac{\partial u}{\partial x_j} \cos(\nu, \tau) \frac{\partial u}{\partial \tau} \cos(\nu, x_k) \right| \leqq$$
$$\leqq \frac{1}{\varepsilon} A_{jk} \frac{\partial u}{\partial x_j} \frac{\partial u}{\partial x_k} \cos^2(\nu, \tau) + \varepsilon M_0 \left(\frac{\partial u}{\partial t}\right)^2 \sum_{k=1}^{m} \cos^2(\nu, x_k) .$$

Wenn wir dies in die Ungleichung (7) einsetzen und gleichzeitig $\varepsilon = \mu_0/M_0$ setzen, so finden wir auf Grund der Ungleichung (4), daß die linke Seite des Ausdrucks (7) nicht negativ ist.

Somit ist das dritte Glied in der Formel (6) nicht negativ. Wenn wir es weglassen, ergibt sich die Ungleichung

$$\int_{\Omega_t} \left[\left(\frac{\partial u}{\partial t}\right)^2 + A_{jk} \frac{\partial u}{\partial x_j} \frac{\partial u}{\partial x_k}\right] dx \leqq \int_{\Omega_0} \left[\left(\frac{\partial u}{\partial t}\right)^2 + A_{jk} \frac{\partial u}{\partial x_j} \frac{\partial u}{\partial x_k}\right] dx + \int_D |F_3| \, dx \, d\tau .$$

Diese kann mittels der Beziehungen (2) und (3) vereinfacht werden:

$$\int_{\Omega_t} \left[\left(\frac{\partial u}{\partial t}\right)^2 + \mu_0 \sum_{k=1}^{m} \left(\frac{\partial u}{\partial x_k}\right)^2\right] dx \leqq \int_{\Omega_0} \left[\left(\frac{\partial u}{\partial t}\right)^2 + M_0 \sum_{k=1}^{m} \left(\frac{\partial u}{\partial x_k}\right)^2\right] dx + \int_D |F_3| \, dx \, d\tau . \tag{8}$$

Wir betrachten nun das zylindrische Gebiet Z, welches durch das Gebiet Ω_t, seine Projektion Ω_t' auf die Ebene $t = 0$ und durch die zylindrische Fläche berandet wird, deren Erzeugenden der t-Achse parallel sind und für die die Sphäre $\partial\Omega_t$ als Leitlinie dient. Es sei $(x, t) \in Z$. Dann gilt

$$u(x, t) = u(x, 0) + \int_0^t \frac{\partial u(x, \tau)}{\partial \tau} d\tau .$$

Daraus folgt

$$u^2(x, t) \leqq 2u^2(x, 0) + 2\left(\int_0^t \frac{\partial u(x, \tau)}{\partial \tau} d\tau\right)^2 \leqq 2u^2(x, 0) + 2T \int_0^t \left(\frac{\partial u}{\partial \tau}\right)^2 d\tau .$$

Wenn wir dies über Ω_t oder, was dasselbe ist, über Ω' integrieren, erhalten wir:

$$\int_{\Omega_t} u^2 \, dx \leqq 2 \int_{\Omega_t'} u^2 \, dx + 2T \int_Z \left(\frac{\partial u}{\partial \tau}\right)^2 dx \, d\tau \leqq 2 \int_{\Omega_0} u^2 \, dx + 2T \int_D \left(\frac{\partial u}{\partial \tau}\right)^2 dx \, d\tau .$$

Dies addieren wir zu der Ungleichung (8). Wir führen noch folgende Bezeichnungen ein:

$$E(\tau) = \int_{\Omega_\tau} \left[u^2 + \left(\frac{\partial u}{\partial \tau} \right)^2 + \sum_{k=1}^{m} \left(\frac{\partial u}{\partial x_k} \right)^2 \right] dx \; ;$$

$$\mu = \min(1, \mu_0) , \qquad M = \max\{2, M_0\} , \qquad b = \frac{M}{\mu} .$$

Als Resultat erhalten wir die Beziehung

$$E(t) \leqq bE(0) + \int_D \frac{1}{\mu} |F_3| \, dx \, d\tau . \tag{9}$$

Der Ausdruck $\mu^{-1}F_3$ ist eine quadratische Form bezüglich u, $\frac{\partial u}{\partial \tau}$, $\frac{\partial u}{\partial x_k}$. Weil die Koeffizienten dieser Form beschränkt sind, existiert eine Konstante c derart, daß

$$\frac{1}{\mu} |F_3| \leqq c \left[u^2 + \left(\frac{\partial u}{\partial \tau} \right)^2 + \sum_{k=1}^{m} \left(\frac{\partial u}{\partial x_k} \right)^2 \right]$$

gilt. Wir setzen dies in (9) ein und erhalten die neue Ungleichung

$$E(t) \leqq bE(0) + c \int_0^t E(\tau) \, d\tau . \tag{10}$$

Rechts ersetzen wir die Größe $E(\tau)$ durch ihre sich aus der Ungleichung (10) ergebenden Abschätzung

$$E(\tau) \leqq bE(0) + c \int_0^\tau E(\tau_1) \, d\tau_1 .$$

Wenn wir diese Operation wiederholen, so können wir uns davon überzeugen, daß für beliebiges natürliches n die Ungleichung

$$E(t) \leqq G_n(t) + \frac{c^n}{n!} \int_0^t (t - \tau)^n E(\tau) \, d\tau$$

Gültigkeit hat, wobei $G_n(t)$ eine Approximationslösung für die Lösung $G(t)$ der Volterraschen Integralgleichung

$$G(t) = bE(0) + c \int_0^t G(\tau) \, d\tau \tag{11}$$

ist.

Weil $u \in C^{(2)}(D)$ gilt, ist die Größe $E(\tau)$ beschränkt. Für $n \to \infty$ erhalten wir $E(t) \leqq G(t)$. Die Größe $G(t)$ kann leicht ermittelt werden: Aus (11) folgt

$$G'(t) = cG(t) , \qquad G(0) = bE(0) .$$

Daraus folgt $G(t) = bE(0) \, e^{ct}$ und schließlich

$$E(t) \leqq bE(0) \, e^{ct} . \tag{12}$$

Dies ist die gesuchte energetische Ungleichung.

Wir betrachten nun zwei Cauchysche Probleme:

$$Lu_1 = f_1(x, t) , \qquad u_1(x, 0) = \varphi_{01}(x) , \qquad \left. \frac{\partial u_1(x, t)}{\partial t} \right|_{t=0} = \varphi_{11}(x) ,$$

$$Lu_2 = f_2(x, t) , \qquad u_2(x, 0) = \varphi_{02}(x) , \qquad \left. \frac{\partial u_2(x, t)}{\partial t} \right|_{t=0} = \varphi_{12}(x) ,$$

wobei L durch die Formel (1) definiert ist.

Satz 28.1.1. *In einer gewissen Kugel $\Omega_0 \subset E_m$ gelte*

$$\varphi_{01}(x) = \varphi_{02}(x)\,, \qquad \varphi_{11}(x) = \varphi_{12}(x)\,,$$

und in dem entsprechenden Gebiet D sei $f_1(x, t) = f_2(x, t)$. Wenn zur Klasse $C^{(2)}(D)$ gehörende Lösungen u_1 und u_2 existieren, so gilt $u_1 = u_2$ in D.

Beweis. Dieser folgt unmittelbar aus der energetischen Ungleichung. Die Differenz $u = u_1 - u_2$ genügt im Gebiet D der homogenen Wellengleichung $Lu = 0$ und in der Kugel Ω_0 den homogenen Anfangsbedingungen $u(x, 0) = 0$, $\left.\frac{\partial u(x,t)}{\partial t}\right|_{t=0} = 0$. Für diese Differenz gilt $E(0) = 0$. Die Ungleichung (12) liefert $E(t) = 0$, $0 \leqq t \leqq t_0$. Daraus folgt $u_1 = u_2$ im Gebiet D.

§ 2. Der Existenzsatz[1])

Den Existenzsatz für das im vorangegangenen Paragraphen gestellte Cauchysche Problem beweisen wir unter einigen wesentlichen Einschränkungen.

Wir betrachten die Gleichung

$$\frac{\partial^2 u}{\partial t^2} - \frac{\partial}{\partial x_j}\left(A_{jk}(x)\,\frac{\partial u}{\partial x_k}\right) + C(x)\,u = 0 \tag{1}$$

und machen dabei folgende Voraussetzungen:

1. Die Koeffizienten A_{jk} sind stetig differenzierbar, und der Koeffizient C ist im gesamten Raum E_m stetig.
2. In diesem Raum sind die oben erwähnten Koeffizienten beschränkt.
3. $C(x) \geqq 0$.
4. Die Matrix $||A_{jk}(x)||_{j,k=1}^{j,k=m}$ ist für jedes $x \in E_m$ positiv-definit.

Im Raum $L_2(E_m)$ geben wir einen Operator $\hat{A}$ vor. Den Definitionsbereich $D(\hat{A})$ dieses Operators mögen die Funktionen bilden, die in E_m zweimal stetig differenzierbar sind und außerhalb einer gewissen Kugel (für jede Funktion ist diese Kugel im allgemeinen eine andere) verschwinden. Der Operator $\hat{A}$ selbst wirke nach der Formel

$$\hat{A}u = -\frac{\partial}{\partial x_j}\left(A_{jk}\,\frac{\partial u}{\partial x_k}\right) + Cu\,. \tag{2}$$

Man sieht leicht ein, daß der Operator $\hat{A}$ positiv ist. Er wird positiv-definit, wenn $C(x) \geqq C_0$ gilt, wobei C_0 eine positive Konstante ist. Den Operator $\hat{A}$ kann man nach Friedrichs (§ 7, Kap. 5) zu einem selbstadjungierten Operator[2]) erweitern. Diese selbstadjungierte Erweiterung bezeichnen wir mit A, und anstelle der Gleichung (1)

---

[1]) Für das Verständnis dieses Paragraphen muß man mit dem Satz über die Spektralzerlegung der Funktion eines selbstadjungierten Operators vertraut sein.

[2]) Wenn $\hat{A}$ ein positiv-definiter Operator ist, so ist, wie im § 7, Kap. 5, bemerkt wurde, seine Erweiterung nach Friedrichs eine selbstadjungierte Erweiterung. Wenn $\hat{A}$ nur positiv ist, dann betrachten wir den positiv-definiten Operator $\hat{B} = \hat{A} + I$ (I ist der identische Operator). Wenn B die selbstadjungierte Erweiterung des Operators $\hat{B}$ ist, so ist $A = B - I$ die selbstadjungierte Erweiterung des Operators $\hat{A}$.

betrachten wir die abstrakte gewöhnliche Differentialgleichung zweiter Ordnung

$$\frac{\partial^2 u}{\partial t^2} + Au = 0\,. \tag{3}$$

Wir suchen die Lösung dieser Gleichung, die den Anfangsbedingungen

$$u(0) = \varphi_0\,, \qquad u'(0) = \left.\frac{du(t)}{dt}\right|_{t=0} = \varphi_1 \tag{3_1}$$

genügt.

Wir werden annehmen, daß

$$\varphi_0 \in D(A)\,, \qquad \varphi_1 \in D(A^{1/2}) \tag{4}$$

gilt. Unschwer weist man nach, daß dabei die Lösung der Aufgabe (1), (2) die verallgemeinerte Lösung des CAUCHYschen Problems (siehe § 6, Kap. 21) für die Wellengleichung (1) unter den Anfangsbedingungen (3_1) ist. Wenn A ein konstanter Zahlenfaktor wäre, so würde die Lösung der Aufgabe (3), (3_1) durch die Formel

$$u(t) = \cos\sqrt{A}\,t\,\varphi_0 + \frac{\sin\sqrt{A}\,t}{\sqrt{A}}\,\varphi_1 \tag{5}$$

geliefert werden.

Wir zeigen, daß diese Formel auch in unserem Fall ihre Gültigkeit behält, man muß nur unter den Symbolen $\cos\sqrt{A}\,t$ und $\dfrac{\sin\sqrt{A}\,t}{\sqrt{A}}$ die entsprechenden Funktionen des Operators A verstehen.

Die reellen Funktionen $\cos\sqrt{\lambda}\;t$ und $\dfrac{\sin\sqrt{\lambda}\;t}{\sqrt{\lambda}}$ sind beschränkt, deshalb sind für beliebiges t auch die Operatoren $\cos\sqrt{A}\;t$ und $\dfrac{\sin\sqrt{A}\;t}{\sqrt{A}}$ beschränkt. Die Formel (5) definiert eine Funktion $u(t)$ mit Werten in $L_2(E_m)$. Man sieht leicht ein, daß $u(t) \in D(A)$ für jedes t gilt. In der Tat, ein selbstadjungierter Operator kommutiert mit jeder seiner beschränkten Funktionen, deshalb ergibt sich

$$A\left(\cos\sqrt{A}\;t + \frac{\sin\sqrt{A}\;t}{\sqrt{A}}\right) = (\cos\sqrt{A}\,t)\,A + (\sin\sqrt{A}\;t)\,\sqrt{A}\;;$$

unter Berücksichtigung von (4) finden wir, daß der Ausdruck

$$Au = A\left(\cos\sqrt{A}\;t\,\varphi_0 + \frac{\sin\sqrt{A}\;t}{\sqrt{A}}\,\varphi_1\right) = (\cos\sqrt{A}\;t)\,A\varphi_0 + (\sin\sqrt{A}\;t)\,\sqrt{A}\;\varphi_1 \tag{6}$$

sinnvoll ist.

Nun zeigen wir, daß die Funktion (5) die zweite Ableitung nach t besitzt, und wir bestimmen diese Ableitung. Es sei E_λ die Spektralfunktion des Operators A. Da der Operator A positiv ist, so liegt sein Spektrum auf der Halbachse $0 \leqq \lambda < \infty$. Es gilt

$$u(t) = \int_0^\infty \cos\sqrt{\lambda}\,t\,dE_\lambda\varphi_0 + \int_0^\infty \frac{\sin\sqrt{\lambda}\;t}{\sqrt{\lambda}}\,dE_\lambda\varphi_1\,. \tag{7}$$

Wir setzen

$$v(t) = \int_0^\infty \cos\sqrt{\lambda}\, t \,\mathrm{d}E_\lambda\varphi_0\,, \qquad w(t) = \int_0^\infty \frac{\sin\sqrt{\lambda}\, t}{\sqrt{\lambda}}\,\mathrm{d}E_\lambda\varphi_1 \tag{8}$$

und behaupten, daß jede der Funktionen $v(t)$ und $w(t)$ die erste und zweite Ableitung nach t besitzt und daß man diese Ableitungen durch formales Differenzieren der Integrale (8) erhalten kann. Den Beweis führen wir für die Funktion $v(t)$; für $w(t)$ verläuft dieser, von einigen offensichtlichen Veränderungen abgesehen, analog. Wir bezeichnen

$$v_1(t) = -\int_0^\infty \sqrt{\lambda}\sin\sqrt{\lambda}\, t\,\mathrm{d}E_\lambda\varphi_0\,. \tag{9}$$

Das Integral (9) konvergiert gleichmäßig bezüglich t, da

$$\left\|\int_{\lambda_1}^{\lambda_2}\sqrt{\lambda}\sin\sqrt{\lambda}\,t\,\mathrm{d}E_\lambda\varphi_0\right\|^2 = \int_{\lambda_1}^{\lambda_2}\lambda\sin^2\sqrt{\lambda}\,t\,\|\mathrm{d}E_\lambda\varphi_0\|^2 \leqq \int_{\lambda_1}^{\lambda_2}\lambda\,\|\mathrm{d}E_\lambda\varphi_0\|^2$$

gilt. Das letzte Integral konvergiert für $\lambda_1, \lambda_2 \to \infty$ gegen Null, da das Integral

$$\int_0^\infty \lambda^2\,\|\mathrm{d}E_\lambda\varphi_0\|^2 = \|A\varphi_0\|^2$$

konvergiert.

Jetzt kann man mit üblichen Mitteln leicht zeigen, daß

$$\left\|\frac{v(t+h)-v(t)}{h} - v_1(t)\right\|^2 \xrightarrow[h\to 0]{} 0$$

und folglich auch

$$\frac{\mathrm{d}v}{\mathrm{d}t} = v_1(t) = -\int_0^\infty \sqrt{\lambda}\,\sin\sqrt{\lambda}\,t\,\mathrm{d}E_\lambda\varphi_0$$

gilt. Analog wird die Gültigkeit von

$$\frac{\mathrm{d}^2v}{\mathrm{d}t^2} = -\int_0^\infty \lambda\cos\sqrt{\lambda}\,t\,\mathrm{d}E_\lambda\varphi_0\,, \qquad \frac{\mathrm{d}^2w}{\mathrm{d}t^2} = -\int_0^\infty \sqrt{\lambda}\,\sin\sqrt{\lambda}\,t\,\mathrm{d}E_\lambda\varphi_1$$

nachgewiesen. Dann existiert aber die zweite Ableitung $\frac{\mathrm{d}^2u}{\mathrm{d}t^2}$, und es ergibt sich

$$\frac{\mathrm{d}^2u}{\mathrm{d}t^2} = -\int_0^\infty \lambda\left[\cos\sqrt{\lambda}\,t\,\mathrm{d}E_\lambda\varphi_0 + \frac{\sin\sqrt{\lambda}\,t}{\sqrt{\lambda}}\,\mathrm{d}E_\lambda\varphi_1\right].$$

Die rechte Seite der letzten Gleichung ist gleich $-Au$, und die Funktion u genügt folglich der Gleichung (3).

Wir beweisen jetzt, daß die Funktion (6) die Anfangsbedingungen (4) im folgenden Sinne erfüllt:

$$\lim_{t\to 0}\|u(t)-\varphi_0\|_{L_2(E_m)} = 0\,, \qquad \lim_{t\to 0}\left\|\frac{\mathrm{d}u(t)}{\mathrm{d}t} - \varphi_1\right\|_{L_2(E_m)} = 0\,. \tag{10}$$

Wir beweisen zum Beispiel die zweite Beziehung in (10); für die erste Beziehung sind die Überlegungen analog. Oben wurde gezeigt, daß man die Ableitung $\frac{\partial u}{\partial t}$ erhalten kann, wenn man die Formel (7) unter dem Integralzeichen differenziert:

$$\frac{du(t)}{dt} = -\int_0^\infty \sqrt{\lambda}\,\sin\sqrt{\lambda}\,t\,dE_\lambda\varphi_0 + \int_0^\infty \cos\sqrt{\lambda}\,t\,dE_\lambda\varphi_1 .$$

Daraus folgt

$$\frac{du(t)}{dt} - \varphi_1 = -\int_0^\infty \sqrt{\lambda}\,\sin\sqrt{\lambda}\,t\,dE_\lambda\varphi_0 + \int_0^\infty (\cos\sqrt{\lambda}\,t - 1)\,dE_\lambda\varphi_1$$

und

$$\left\|\frac{du(t)}{dt} - \varphi_1\right\|^2 = 2\int_0^\infty \lambda\,\sin^2\sqrt{\lambda}\,t\,\|dE_\lambda\varphi_0\|^2 + 2\int_0^\infty (1 - \cos\sqrt{\lambda}\,t)^2\,\|dE_\lambda\varphi_1\|^2 . \quad (11)$$

Aus der Beziehung (5) folgt im besonderen

$$\int_0^\infty \lambda\,\|dE_\lambda\varphi_0\|^2 < \infty , \qquad \int_0^\infty \|dE_\lambda\varphi_1\|^2 < \infty ;$$

somit gilt für hinreichend großes $a > 0$

$$\int_a^\infty \lambda\,\|dE_\lambda\varphi_0\|^2 < \frac{\varepsilon^2}{16}, \qquad \int_a^\infty \|dE_\lambda\varphi_1\|^2 < \frac{\varepsilon^2}{16},$$

wobei ε eine willkürlich vorgegebene positive Zahl ist. Aus der Ungleichung (11) folgt dann

$$\left\|\frac{du(t)}{dt} - \varphi_1\right\|^2 \leqq 2\int_0^a \lambda\,\sin^2\sqrt{\lambda}\,t\,\|dE_\lambda\varphi_0\|^2 + 2\int_0^a (1 - \cos\sqrt{\lambda}\,t)^2\,\|dE_\lambda\varphi_1\|^2 + \frac{\varepsilon^2}{4}.$$

Jetzt hat man nur noch t_0 so klein zu wählen, daß für $t < t_0$ die Summe der Integrale auf der rechten Seite kleiner als $\frac{3\varepsilon^2}{4}$ wird.

Bemerkung 1. Analog wird gezeigt, daß die Funktion (6) den Anfangsbedingungen außerdem im folgenden Sinn genügt:

$$\lim_{t\to 0} \|Au(t) - A\varphi_0\| = 0 , \qquad \lim_{t\to 0} \left\|\sqrt{A}\,\frac{du(t)}{dt} - \sqrt{A}\,\varphi_1\right\| = 0 . \quad (12)$$

Bemerkung 2. Man kann die verallgemeinerte Lösung des Problems (1), (4) als die Funktion erhalten, die die Anfangsbedingungen im Sinne von (10) und die Integralbeziehung

$$-\int_0^T \left(\frac{du}{dt}, \frac{d\eta}{dt}\right) dt + \int_0^T [u(t), \eta(t)]\,dt - (\varphi_1, \eta(0)) = 0 \quad (13)$$

erfüllt, wobei T eine beliebige positive Zahl und $\eta(t)$ eine beliebige Funktion der Klasse

$$C^{(1)}([0, \infty); L_2(E_m)) \cap C([0, \infty); H_A) \quad (14)$$

ist, die für $t = T$ Null ist. Die verallgemeinerte Lösung, die der Klasse (14) angehört, wird ebenfalls durch die Formel (6) geliefert; es genügt dabei $\varphi_0 \in D(\sqrt{A}) = H_A$ und $\varphi_1 \in L_2(E_m)$ zu fordern.

Bemerkung 3. Die Methode und die Resultate dieses Paragraphen kann man unschwer auf die inhomogene Wellengleichung übertragen.

§ 3. Über das Cauchysche Problem für hyperbolische Gleichungen

1. Die Lösung des Cauchyschen Problems für die Wellengleichung

$$u_{tt} - a^2 \Delta u = 0$$

wurde im vorliegenden Buch für den Fall ermittelt, daß die Anfangswerte bei $t = 0$ vorgegeben wurden.

Man kann eine Formel herleiten, die die Lösung für das weitaus allgemeinere Cauchysche Problem

$$u_{tt} - a^2 \Delta u = f(x, t) , \qquad u|_S = u_0(t, x) , \qquad \left.\frac{\partial u}{\partial n}\right|_S = u_1(t, x) \tag{1}$$

liefert. Hierbei sind f, u_0, u_1 hinreichend glatte Funktionen, u_0 und u_1 sind auf der hinreichend glatten Fläche S definiert, und n ist die Richtung der Normalen zu S. Die Fläche S soll noch eine weitere wichtige Bedingung erfüllen: Es soll die Ungleichung

$$\cos^2 (n, t) - a^2 \sum_{i=1}^{m} \cos^2 (n, x_i) > 0 \tag{2}$$

erfüllt sein.

Eine Fläche S, die der Bedingung (2) genügt, wird *räumlich orientiert* oder *Fläche räumlichen Typs* genannt.

Wir weisen einen Weg, mit dessen Hilfe die Lösung des Problems (1) in Integralform gefunden werden kann.

Es sei m eine gerade Zahl und (x_0, t_0) der Punkt, in dem wir die Funktion u ermitteln wollen (wir setzen voraus, daß die Lösung des Problems (1) existiert). Der charakteristische Kegel mit der Spitze im Punkte (x_0, t_0)

$$a^2(t - t_0)^2 - \sum_{i=1}^{m} (x_i - x_i^0)^2 = 0 \tag{3}$$

schneide aus S den beschränkten Teil Q mit dem $(m - 1)$-dimensionalen glatten Rand σ aus. Indem man die Bedingung (2) benutzt, kann man leicht nachweisen, daß die letzte Voraussetzung erfüllt ist, wenn der Punkt (x_0, t_0) in der Nähe der Fläche S liegt.

Wir wenden die Greensche Formel

$$\int_{\Xi} uLv \, d\Xi = \int_{F} (uPv - vPu) \, dF + \int_{\Xi} vLu \, d\Xi ,$$

$$L = \frac{\partial^2}{\partial t^2} - a^2 \Delta , \qquad P = \cos (n, t) \frac{\partial}{\partial t} - \sum_{i=1}^{m} \cos (n, x_i) \frac{\partial}{\partial x_i} \tag{4}$$

auf die gesuchte Lösung der Aufgabe (1) und auf die Funktion

$$v = v_\lambda(x, t, x_0, t_0) = \frac{(-1)^{(m-2)/2} \Gamma\left(\frac{m-1}{2}\right)}{2\pi^{(m+1)/2} a} \left[a^2(t - t_0)^2 - \sum_{i=1}^{m} (x_i - x_i^0)^2\right]_+^\lambda \tag{5}$$

an. Hierbei sei Γ die Eulersche Gammafunktion, λ eine komplexe Zahl, $\zeta_+^\lambda = \zeta^\lambda$ für $\zeta > 0$ und $\zeta_+^\lambda = 0$ für $\zeta \leq 0$. Der Integrationsbereich Ξ ist durch die Oberfläche des Kegels (3) und durch den Teil Q, den dieser Kegel aus S ausschneidet, begrenzt. Den Rand dieses Gebietes bezeichnen wir mit F. Beide Teile der Gleichung (4) sind reguläre Funktionen von λ für $\operatorname{Re}\lambda > 2$. Indem wir beide Teile der Formel (5) analytisch in den Punkt $\lambda = -\frac{m-1}{2}$ fortsetzen (man kann beweisen, daß eine solche analytische Fortsetzung möglich ist), erhalten wir auf der linken Seite der Formel (4) den Wert $u(x_0, t_0)$, auf der rechten Seite jedoch einen Ausdruck, der die unbekannten Funktionen nicht enthält.

In der Tat, für $\operatorname{Re}\lambda > 2$ verschwinden v und Pv auf der Oberfläche des Kegels, weiterhin gilt $Lu = f$, $u|_S = u_0$; $P(u)$ kann man unschwer durch $u|_S = u_0$ und $\left.\frac{\partial u}{\partial n}\right|_S = u_1$ ausdrücken.

Die Formel, die wir mit Hilfe des aufgezeigten Weges erhalten, liefert die Lösung der Aufgabe (1), was man durch unmittelbares Nachprüfen zeigen kann.

Die Funktion (5), die mit Null in das Gebiet $a^2(t - t_0)^2 - \sum_{i=1}^{m} (x_i - x_i^0)^2 < 0$ und in den Halbraum $t > t_0$ (oder $t < t_0$) fortgesetzt wird, ist für $\lambda = -\frac{m-1}{2}$ die singuläre Lösung (auch Fundamentallösung genannt) für die Wellengleichung.

2. Für die hyperbolische Gleichung

$$Lu = \sum_{i,j=0}^{m} a_{ij}(x) \frac{\partial^2 u}{\partial x_i \, \partial x_j} + \sum_{i=0}^{m} b_i(x) \frac{\partial u}{\partial x_i} + c(x)\, u = f(x)\,, \qquad x = (x_0, x_1, \ldots, x_m)\,, \quad (6)$$

ist das CAUCHYsche Problem

$$Lu = f\,, \qquad u|_S = u_0\,, \qquad \left.\frac{\partial u}{\partial n}\right|_S = u_1 \quad (7)$$

ausführlich untersucht worden, wenn S eine Fläche vom räumlichen Typ ist.

In jedem Punkt x_0 konstruieren wir den Kegel

$$\sum_{i,j=0}^{m} A_{ij}(x_0)\,(x_i - x_i^0)\,(x_j - x_j^0) = 0\,. \quad (8)$$

Die Matrix $A_{ij}(x_0)$ ist die inverse Matrix von $a_{ij}(x_0)$. Den Kegel (8) kann man durch eine affine Transformation aus dem Kegel (3) erhalten. Der Kegel (8) teilt den Raum in drei Gebiete: in zwei „innere" und ein „äußeres". Die Fläche S ist in dem und nur dem Fall räumlich orientiert, wenn für jeden Punkt $x_0 \in S$ die Normale in diesem Punkt keine gemeinsamen Punkte mit dem Kegel (8) (selbstverständlich außer dem Punkt x_0) noch mit dessen Außengebiet besitzt.

Für den Differentialoperator (6) kann man den Begriff der Fundamentallösung für das CAUCHYsche Problem einführen.

Fundamentallösung des CAUCHYschen Problems wird in diesem Falle die verallgemeinerte Funktion v genannt, die auf einer gewissen Fläche (räumlichen Typs) homogenen Anfangsbedingungen und in einer Umgebung von S der Gleichung

$$Lv = \delta(x_0 - x_0^0, \ldots, x_m - x_m^0) \qquad (x_0 = (x_0^0, \ldots, x_m^0) \notin S)$$

genügt.

Die Singularitäten der Fundamentallösung liegen auf dem charakteristischen Konoid des Punktes x_0 (so wird die charakteristische Fläche genannt, die im Punkt x_0 einen konischen singulären Punkt besitzt).

Im Falle des Wellenoperators und des Operators (7) haben die Singularitäten der Fundamentallösungen beider Operatoren bei gleichem m einen ähnlichen analytischen

Charakter, wenn das charakteristische Konoid des Operators (7) außer dem Punkt x_0 keine Singularitäten aufweist.

Wenn das charakteristische Konoid singuläre Punkte hat, so besitzt in deren Umgebungen die Fundamentallösung eine sehr komplizierte Struktur. Wir wollen noch bemerken, daß die Fundamentallösung des Operators (7) im Falle $m = 1$ RIEMANN*sche Funktion* und bei geradem m HADAMARD*sche Elementarlösung* genannt wird.

3. Intensiv wurden unstetige Lösungen (Lösungen im verallgemeinerten Sinne oder im Sinne verallgemeinerter Funktionen) der Gleichung (7) untersucht. Unter natürlichen Voraussetzungen kann man zeigen, daß die Lösung der Gleichung (7) bei glatten a_{ij}, b_i, c, f nur auf den Charakteristiken Unstetigkeiten haben kann.

Wir nehmen an, daß die Gleichung (7) ($m = 3$) den physikalischen Prozeß der Wellenausbreitung beschreibt.

Die Charakteristik $F(x_1, x_2, x_3, t) = 0$, $t = x_0$, auf der u eine Unstetigkeit besitzt, stellt vom Standpunkt eines sich im Koordinatensystem x_1, x_2, x_3 befindlichen Beobachters eine sich fortbewegende Fläche dar, entlang derer sich die Funktion u besonders schnell ändert. Diese Fläche wird *Wellenfront* genannt. Im Falle der Wellengleichung mit veränderlicher Geschwindigkeit

$$\frac{1}{c^2(x)} u_{tt} - \Delta u = 0\,, \qquad x = (x_1, x_2, x_3) \tag{9}$$

werden die zur Wellenfront orthogonalen Trajektorien *Strahlen* genannt; die Strahlen genügen dem FERMATschen Prinzip: Längs des Strahls ist die Variation des FERMAT*schen Funktionals*

$$\int \frac{\mathrm{d}s}{c(x)} = \int \frac{\sqrt{\mathrm{d}x_1^2 + \mathrm{d}x_2^2 + \mathrm{d}x_3^2}}{c(x_1, x_2, x_3)} \tag{10}$$

gleich Null.

Es ist eine formale Methodik zur Bestimmung der Singularitäten für die Lösung der Aufgabe (9) ausgearbeitet worden, in der ein wichtiges Teilgebiet die Konstruktion der Strahlen, d. h. der Extremalen des Integrals (10), darstellt. Diese Methodik, die unter dem Namen *Strahlenmethode* bekannt ist, wird, allerdings ohne strenge Begründung, bereits seit vielen Jahren in der Theorie der nicht stationären Wellen häufig angewandt. In der letzten Zeit konnte in vielen wichtigen Fällen die mathematische Begründung der Strahlenmethode erbracht werden.

4. Wir kehren zur Wellengleichung mit $c(x) = a = \text{const}$ zurück. Wir nehmen an, daß die Anfangswerte $u_0(x_1, \ldots, x_m) = u|_{t=0}$ und $u_1(x_1, \ldots, x_m) = u_1|_{t=0}$ außerhalb eines gewissen Gebietes Ξ verschwinden. Wir konstruieren den charakteristischen Kegel (s. Formel (3)) mit der Spitze im Punkt $(0, x_1^0, x_2^0, \ldots, x_m^0)$, wobei $(x_1^0, \ldots, x_m^0) \in \Xi$ gilt. Durch die Formel

$$F = \bigcup_{(x_1^0, \ldots, x_m^0) \in \Xi} \left\{ (t, x_1, \ldots, x_m) : a^2 t^2 = \sum_{i=1}^{m} (x_i - x_i^0)^2 \right\} \tag{11}$$

definieren wir die Menge F, die die Vereinigung aller Punkte der charakteristischen Kegel ist, deren Spitzen auf der Ebene $t = 0$ in den Punkten des Gebietes Ξ liegen. Die Menge F besteht offenbar nur aus dem charakteristischen Kegel

$$a^2 t^2 = (x - x_0)^2\,, \tag{12}$$

wenn die Menge Ξ nur aus einem Punkt besteht.

Wie aus der KIRCHHOFFschen Formel für ungerades $m \geqq 1$ (s. § 3, Kap. 26) folgt, verschwindet die Lösung des CAUCHYschen Problems außerhalb der Menge F. Gewöhnlich drückt man diesen Fakt durch die Worte „für die Wellengleichung tritt bei ungeradem $m > 1$ keine Wellendiffusion auf" aus.

Der Begriff einer Gleichung ohne Wellendiffusion wird leicht auf den allgemeinen Fall der Gleichung (6) erweitert. Die Rolle der charakteristischen Kegel spielen hier die charakteristischen Konoide.

Wie schon gesagt wurde, tritt für ungerades $m \geqq 3$ im Falle der Wellengleichung keine Wellendiffusion auf; es kann aber leicht gezeigt werden, daß für gerades m und für $m = 1$ die Funktion u außerhalb von F im allgemeinen nicht verschwindet. Genauer, u verschwindet außerhalb der Menge

$$F_1 = \bigcup_{(x_1^0, \dots, x_m^0) \in \Xi} \left\{ (t, x_1, \dots, x_m) : a^2 t^2 \geqq \sum_{i=1}^{m} (x - x_i^0)^2 \right\} \tag{13}$$

und ist auf der Menge F_1 von Null verschieden.

Das Verschwinden von u außerhalb der Menge F_1 ist eine Folge der Endlichkeit des Abhängigkeitsgebietes für die Lösung des CAUCHYschen Problems (s. Punkt 7). Ein genaues Analogon zu diesem Fakt gilt für sehr allgemeine hyperbolische Gleichungen, während das Fehlen der Wellendiffusion im gewissen Sinne eine Ausnahmeerscheinung ist.

Im Falle einer hyperbolischen Gleichung mit veränderlichen Koeffizienten tritt bei geradem m immer eine Diffusion auf. Es ist offensichtlich, daß bei ungeradem m für Gleichungen, die sich durch eine Transformation der Variablen in die Wellengleichung überführen lassen, ebenfalls keine Diffusion auftritt. Im Falle eines beliebigen ungeraden $m \geqq 3$ existieren Gleichungen ohne Diffusion, die sich nicht durch eine Variablensubstitution in eine Wellengleichung überführen lassen.[1])

Die Fragen, die wir hier kurz streiften, werden in der klassischen Arbeit von HADAMARD [1], im Artikel von M. RIESZ [17] und in der Monographie von R. COURANT [8] behandelt. Der Strahlenmethode und ihren Anwendungen ist ein großer Teil der Arbeiten der Artikelsammlung [5] gewidmet.

5. Wir betrachten die partielle Differentialgleichung mit konstanten Koeffizienten

$$Lu = \sum_{\Sigma \alpha_i = p} a_{\alpha_0 \alpha_1 \dots \alpha_m} \frac{\partial^p u}{\partial t^{\alpha_0} \partial x_1^{\alpha_1} \dots \partial x_m^{\alpha_m}}, \tag{14}$$

$$a_{p0\dots 0} = 1, \qquad a_{\alpha_0 \dots \alpha_m} = \text{const}.$$

Gleichung (14) heißt *hyperbolisch nach* I. G. PETROWSKI, wenn für beliebige und nicht gleichzeitig verschwindende Zahlen $\omega_1, \omega_2, \dots, \omega_m$ das Polynom bezüglich λ (mit Koeffizienten, die von $\omega = (\omega_1, \omega_2, \dots, \omega_m)$ abhängen)

$$\Delta(\lambda, \omega) = \sum_{\Sigma \alpha_i = p} a_{\alpha_0 \alpha_1 \dots \alpha_m} \lambda^{\alpha_0} \omega_1^{\alpha_1} \dots \omega_m^{\alpha_m}$$

---

[1]) Man vergleiche K. STELLMACHER, Math. Ann., **130**, 3 (1955), 219–233; N. Ch. IBRAGIMOW, Doklady AN SSSR, **194**, 1 (1960), 24–27; P. GÜNTHER, Arch. of Rational Mechanics, **18**, 2 (1965).

genau p reelle und paarweise verschiedene Wurzeln hat. Wir suchen die Lösung der Gleichung (14) in der Gestalt

$$u = f\left(vt + \sum_{i=1}^{m} \omega_i x_i\right), \qquad \sum_{i=1}^{m} \omega_i^2 = 1, \tag{15}$$

wobei f eine beliebige Funktion ist.

Die Lösung der Gleichung (14), die die Gestalt (15) annimmt, nennt man *Lösung vom Typ einer ebenen Welle*, die sich mit der Geschwindigkeit v in der Richtung $-\omega$ ausbreitet. Offensichtlich ergibt sich

$$u = f\left(vt + \sum_{i=1}^{m} \omega_i x_i\right) = \text{const},$$

wenn

$$vt + \sum_{i=1}^{m} \omega_i x_i = C = \text{const} \tag{16}$$

gilt, d. h., die Lösung vom Typ einer ebenen Welle (15) behält einen konstanten Wert auf den Ebenen bei, die zum Vektor ω orthogonal sind und sich mit der Geschwindigkeit v in der Richtung $-\omega$ bewegen.

Wenn wir den Ausdruck (15) in die Gleichung (14) einsetzen, erhalten wir

$$Lf\left(vt + \sum_{i=1}^{m} \omega_i x_i\right) = \Delta(v, \omega)\, f^{(p)}\left(vt + \sum_{i=1}^{m} \omega_i x_i\right).$$

Dafür, daß die Gleichung (14) für eine beliebige Funktion f gilt, ist die Beziehung

$$\Delta(v, \omega) = 0$$

notwendig und hinreichend. Somit ist die Aussage, daß die Gleichung (14) hyperbolisch nach I. G. Petrowski ist, mit der Behauptung gleichbedeutend, daß für jede Richtung ω genau p ebene Wellen mit verschiedenen Geschwindigkeiten existieren, die sich in der Richtung $-\omega$ ausbreiten.

Fundamentallösung des Cauchyschen Problems für die Gleichung (14) wird die verallgemeinerte Funktion h genannt, die den Bedingungen

$$Lh = \delta(x - x_0, t - t_0), \qquad h|_{t > t_0} = 0$$

genügt.

Die Fundamentallösung h gestattet, für $p \geqq 2$ die Lösung der Aufgabe

$$Lv = F(x), \qquad v|_{t=0} = v_0(x), \ldots, \left.\frac{\partial^{p-1} v}{\partial t^{p-1}}\right|_{t=0} = v_{p-1}(x)$$

in geschlossener Form anzugeben (F, v_i sind hinreichend glatte Funktionen).

Die Fundamentallösung h kann man mit Hilfe der Überlagerung von ebenen Wellen für beliebige $m = 1, 2, 3, \ldots$ und $p = 1, 2, 3, \ldots$ konstruieren. So gilt zum Beispiel bei ungeradem m und für $p \geqq m + 1$

$$h = -\frac{(-1)^{(m-1)/2}}{2(2\pi)^{m-1}(p - m - 1)!} \int_{\Xi} \left(\sum_{k=1}^{m} X_k \xi_k + t - t_0\right)^{p-m-1} \operatorname{sgn}\left(\sum_{k=1}^{m} X_k \xi_k + t - t_0\right) d\Xi,$$

$$d\Xi = \frac{d\sigma}{|\operatorname{grad} H| \operatorname{sgn} \sum_{k=1}^{m} \xi_k H \xi_k}.$$

Hierbei gilt $H(\xi_1, \xi_2, \dots, \xi_m) \equiv \Delta(1, \xi_1, \xi_2, \dots, \xi_m)$, $X_k = x_k - x_k^0$; $d\sigma$ ist das Flächenelement der Fläche $H = 0$.

Die Herleitung der Formeln für die Fundamentallösungen kann man in [1] finden.

6. *Charakteristik* der Gleichung (14) nennt man eine Fläche $\gamma(t, x_1, \dots, x_m) = 0$, in deren Punkten die Beziehung

$$\Delta\left(\frac{\partial\gamma}{\partial t}, \frac{\partial\gamma}{\partial x_1}, \dots, \frac{\partial\gamma}{\partial x_m}\right) = 0$$

gilt. Interessant ist der Umstand, daß die Fundamentallösungen nur auf dem charakteristischen Konoid Singularitäten aufweisen. Charakteristisches Konoid¹) wird im Raume der Koordinaten $x_1, x_2, \dots, x_m, t$ die Fläche genannt, die die Schar der Ebenen

$$v(t - t_0) + \sum_{i=1}^{m} \omega_i(x_i - x_i^0) = 0$$

einhüllt, wobei

$$\Delta(v, \omega) = 0\,, \qquad \omega = (\omega_1, \dots, \omega_m)$$

gilt. Im Falle

$$m = 2 \quad \text{und} \quad \Delta(v, \omega) = v^2 - a^2 \sum_{i=1}^{m} \omega_i^2$$

stimmt die Gleichung (14) mit der Wellengleichung und das charakteristische Konoid mit dem Kegel (3) überein. Im allgemeinen Fall ist das charakteristische Konoid eine charakteristische Fläche der Gleichung (14) mit einem singulären Punkt $x_i = x_i^0$, $t = t_0$. Das charakteristische Konoid stellt im allgemeinen $\left[\frac{p-1}{2}\right] + 1$ Kegel dar, die den Punkt $x = x_i^0$, $t = t_0$ als gemeinsame Spitze besitzen ([...] ist das Zeichen für entier). Die Singularitäten der Fundamentallösung wurden in der Umgebung eines regulären Punktes des charakteristischen Konoids in [2] untersucht. Es erwies sich, daß diese nur algebraischen, logarithmischen oder „deltaförmigen" Charakter tragen.

In den Umgebungen singulärer Punkte des charakteristischen Konoids haben die Singularitäten der Fundamentallösungen einen sehr komplizierten Charakter und sind noch nicht bis zu Ende untersucht worden.

7. Außerhalb des „umfassendsten" der Kegel, aus denen das charakteristische Konoid besteht, verschwindet die Fundamentallösung. Diese Tatsache ist mit einer sehr wichtigen Eigenschaft der hyperbolischen Gleichungen verbunden.

Wenn die Anfangswerte des CAUCHYschen Problems für die Wellengleichung $u_{tt} - a^2 \Delta u = 0$ bei $t = 0$ vorgegeben sind, so hängt die Lösung im Punkt $x_i = x_i^0$, $t = t_0, t_0 > 0$, nur von den Anfangswerten in dem durch die Kugeloberfläche $(x_i - x_i^0)^2 = a^2 t_0^2$ begrenzten Gebiet ab. Somit ist im Falle der Wellengleichung das Abhängig-

¹) Für eine hyperbolische Gleichung zweiter Ordnung mit im allgemeinen nicht konstanten Charakteristiken wurde eine andere Definition des charakteristischen Konoids (s. Punkt 2) gegeben. Beide Definitionen sind nur im Fall einer hyperbolischen Gleichung mit konstanten Koeffizienten der Gestalt

$$u_{tt} = a_{ij} \frac{\partial^2 u}{\partial x_i\, \partial x_j}, \; a_{ij} = \text{const}$$

gleichzeitig anwendbar, wo sie auf ein und dasselbe charakteristische Konoid führen:

$$(t - t_0)^2 = A_{ij}(x_i - x_i^0)(x_j - x_j^0)\,, \qquad \|A_{ij}\|_{i,j=1}^{i,j=m} = \|a_{ij}\|^{-1}\,.$$

keitsgebiet der Lösung des CAUCHYschen Problems für jeden Punkt endlich. Für nicht hyperbolische Gleichungen existiert kein endliches Abhängigkeitsgebiet.

Zum Beispiel hängt die Lösung $u(x_0, t_0)$ des CAUCHYschen Problems für die Wärmeleitungsgleichung $u_t = \Delta u$; $u|_{t=0} = \varphi(x)$, $x = (x_1, \dots, x_m)$, bei beliebigem $t_0 > 0$ von den Werten $\varphi(x)$ für alle x ab (d. h. für $-\infty < x_i < \infty$, $i = 1, 2, \dots, m$; s. die POISSONsche Formel im § 2, Kap. 23).

Im Falle des CAUCHYschen Problems für die Gleichung (14) kann man das Abhängigkeitsgebiet für den Punkt $x = x_0$, $t = t_0$ mit bei $t = 0$ vorgegebenen Anfangswerten wie folgt finden: Wir konstruieren das charakteristische Konoid mit der Spitze im Punkt $x = x_0$, $t = t_0$. Das Gebiet, das der „umfassendste" Kegel des Konoids aus der Ebene $t = 0$ herausschneidet, ist das Abhängigkeitsgebiet für den Punkt (x_0, t_0).

8. Das Gleichungssystem

$$\frac{\partial^{n_i} u_i}{\partial t^{n_i}} = \sum_{\substack{\Sigma\alpha_j = n_i \\ \alpha_0 < n_i \\ s = 1, 2, \dots, N}} a^{(s,i)}_{\alpha_0 \alpha_1 \dots \alpha_m} \frac{\partial^{n_i} u_s}{\partial t^{\alpha_0}\, \partial x_1^{\alpha_1} \dots \partial x_m^{\alpha_m}} \quad (a^{(s,i)}_{\alpha_0 \dots \alpha_m} = \text{const},\ s = 1, 2, \dots, N) \tag{17}$$

wird *hyperbolisch nach* I. G. PETROWSKI genannt, wenn für beliebige, nicht gleichzeitig verschwindende reelle Zahlen $\omega_1, \omega_2, \dots, \omega_m$ das Polynom bezüglich λ

$$\det \left\| \lambda^{n_i} \delta_{is} - \sum_{\substack{\Sigma\alpha_j = n_i \\ \alpha_0 < n_i}} a^{(s,i)}_{\alpha_0 \dots \alpha_m} \lambda^{\alpha_0} \omega_1^{\alpha_1} \dots \omega_m^{\alpha_m} \right\| \tag{18}$$

($s, i = 1, 2, \dots, N$; δ_{is} bezeichnet das KRONECKER-Symbol) nur reelle und verschiedene Wurzeln aufweist.

Für das System (17) seien die Anfangsbedingungen

$$u_i|_{t=0} = u_{i0}(x), \dots, \left.\frac{\partial^{n_i - 1} u_i}{\partial t^{n_i - 1}}\right|_{t=0} = u_{i\, n_i - 1}(x) \tag{19}$$

gegeben. Das CAUCHYsche Problem (17), (19) für nach I. G. PETROWSKI hyperbolische Systeme ist im folgenden Sinne korrekt gestellt: Erstens ist dieses Problem für beliebige hinreichend glatte Anfangsbedingungen $u_{is}(x)$ lösbar; zweitens konvergieren die Vektorfunktionen $\boldsymbol{u}^{\varkappa}(x_0, t_0)$ ($t_0 > 0$, t_0 hinreichend klein, $\boldsymbol{u}^{\varkappa} = (u_1^{\varkappa}, \dots, u_N^{\varkappa})$), die das CAUCHYsche Problem (17), (19) bei den Anfangsbedingungen $u_{is}^{\varkappa}(x)$ lösen, für $\varkappa \to \infty$ gegen die Lösung $\boldsymbol{u}(x_0, t_0)$ des CAUCHYschen Problems mit den Anfangsbedingungen $u_{is}(x)$, wenn die Anfangsbedingungen $u_{is}^{\varkappa}(x)$ für $\varkappa \to \infty$ zusammen mit einer hinreichend großen Anzahl von Ableitungen gegen $u_{is}(x)$ auf einem beliebigen Kompaktum der Hyperebene $t = 0$ konvergieren (s. [7]).

9. I. M. GELFAND und G. E. SCHILOW (s. [6]) nennen das System

$$\frac{\partial u_j}{\partial t} = \sum_{k=1}^{m} P_{jk}\left(i \frac{\partial}{\partial x_j}\right) u_k(x, t) \tag{20}$$

linearer Gleichungen mit konstanten Koeffizienten *hyperbolisch*, wenn die Funktion $\Lambda(s) = \max_j \operatorname{Re} \lambda_j(s)$ ($\lambda_j(s)$ sind die Eigenwerte der Matrix $\|P_{jk}(s)\, H\|$) den folgenden Bedingungen genügt:

1. $\Lambda(s) \leqq a|s| + b$, $a, b = \text{const}$;
2. für reelle $s = \sigma$ gilt

$$\Lambda(s) \leqq c\,, \qquad c = \text{const}\,.$$

Für derartige Systeme ist das CAUCHYsche Problem mit Anfangswerten für $t = 0$ in demselben Sinne korrekt gestellt, in dem auch das nach I. G. PETROWSKI hyperbolische System (17) korrekt gestellt ist (s. am Schluß des Punktes 8). Hierbei ist es nicht erforderlich, daß t klein ist.

Wenn wir uns auf Systeme der Gestalt (20) beschränken, dann sind die in diesem Punkt dem System auferlegten Einschränkungen für die Korrektheit des CAUCHYschen Problems nicht nur hinreichend (im Sinne des Punktes 8), sondern auch notwendig.

10. Wir betrachten das (allgemein nichtlineare) System aus N Gleichungen mit N unbekannten Funktionen $u_1, u_2, \ldots, u_N$:

$$\frac{\partial^{n_i} u_i}{\partial t^{n_i}} = F_i\left(x, t, u_s, \frac{\partial^r u_s}{\partial t^{\alpha_0}\, \partial x_1^{\alpha_1} \ldots \partial x_m^{\alpha_m}}\right), \tag{21}$$

$$\alpha_0 < n_i, \qquad r \leqq n_i; \qquad i, s = 1, 2, \ldots, N.$$

Es seien für $t = 0$ die Anfangsbedingungen (19) für dieses System vorgegeben. Wenn $u_{ij}(x)$ und F_i hinreichend glatte Funktionen sind, so kann man für $t = 0$ alle in das System (21) eingehenden Ableitungen von $u_i(x, t)$, $i = 1, 2, \ldots, N$, berechnen. Das System (2) wird bei $t = 0$ hyperbolisch nach I. G. PETROWSKI genannt, wenn die Determinante (18), in der

$$a^{si}_{\alpha_0\alpha_1\ldots\alpha_m} = \frac{\partial F_i}{\partial\left[\dfrac{\partial^r u}{\partial t^{\alpha_0}\, \partial x_1^{\alpha_1} \ldots \partial x_m^{\alpha_m}}\right]} \tag{22}$$

ist, bezüglich λ nur reelle und verschiedene Wurzeln besitzt. In diesem Fall ist das Problem (21), (19) für kleine positive t korrekt gestellt (ausführlicher siehe dazu den Artikel von I. G. PETROWSKI [15]).

LITERATURVERZEICHNIS

Literatur zu Teil I

[1] Babitsch, W. M. (Бабич, В. М.), К вопросу о теоремах вложения для случая предельного показателя, Вестник ЛГУ, **19** (1956), 186—188.

[2] Bochner, S., Lectures on Fourier integrals, Annals of Mathematical Studies, **42**, Princeton Univ. Press, 1959.

[3] Watson, G. N., A treatise on the theory of Bessel functions, Cambridge 1944.

[4] Zygmund, A., Trigonometric series, 2nd ed., Vol. II, Cambridge Univ. Press, New York 1959.

[5] Courant, R., und Hilbert, D., Methoden der mathematischen Physik, Bd. 2, 1. Aufl., Springer-Verlag, Berlin 1937.

[6] Michlin, S. G. (Михлин, С. Г.), Проблема минимума квадратичного функционала, Moskau 1950.

[7] Michlin, S. G. (Михлин, С. Г.), Многомерные сингулярные интегралы и интегральные уравнения, Moskau 1962.
(Engl. Übers. bei Pergamon Press, Oxford 1965).

[8] Muschelischwili, N. I. (Мусхелишвили, Н. И.), Singuläre Integralgleichungen, Akademie-Verlag, Berlin 1965 (Übers. a. d. Russ.).

[9] Slobodezki, L. N. (Слободецкий, Л. Н.), Обобщенные пространства С. Л. Соболева и их приложения к краевым задачам для дифференциальных уравнений в частных производных, Уч. зап. Ленингр. пед. ин-та им. Герцена **197** (1958), 54—112.

[10] Smirnow, W. I. (Смирнов, В. И.), Lehrgang der höheren Mathematik, Bd. V. 2, Auflage, VEB Deutscher Verlag der Wissenschaften Berlin 1967 (Übers. a. d. Russ.).

[11] Sobolew, S. L. (Соболев, С. Л.), Einige Anwendungen der Funktionalanalysis auf Gleichungen der mathematischen Physik, Akademie-Verlag, Berlin 1964 (Übers. a. d. Russ.).

[12] Sobolew, S. L. (Соболев, С. Л.), Уравнения математической физики, Moskau 1953.

[13] Titchmarsh, E. C., Introduction to the Theory of Fourier Integrals, Clarendon Press, Oxford 1962.

[14] Friedrichs, K., Spektralzerlegung halbbeschränkter Operatoren und Anwendung zu der Spektralzerlegung von Differentialoperatoren, Mathematische Annalen, **109**, 4—5 (1934), 465—487.

Literatur zu Teil II

[1] Vekua, I. N. (Векуа, И. Н.), Verallgemeinerte analytische Funktionen, Akademie-Verlag, Berlin 1963 (Übers. a. d. Russ.).

[2] Gelfand, I. M., und Schilow, G. E. (Гельфанд, И. М., Шилов, Г. Е.), Verallgemeinerte Funktionen (Distributionen) I, VEB Deutscher Verlag der Wissenschaften, Berlin 1967 (Übers. a. d. Russ.).

[3] Gelfand, I. M., und Schilow, G. E. (Гельфанд, И. М., Шилов, Г. Е.), Verallgemeinerte Funktionen (Distributionen) II, VEB Deutscher Verlag der Wissenschaften, Berlin 1962 (Übers. a. d. Russ.).

[4] Gelfand, I. M., und Schilow, G. E. (Гельфанд, И. М., Шилов, Г. Е.), Некоторые вопросы теории дифференциальных уравнений, Moskau 1958.
[5] Courant, R., and Hilbert, D., Methods of mathematical physics, volume II. Partial differential equations, New York, London, 1962.
[6] Olejnik, O. A., A boundary value problem for linear elliptic-parabolic equations, Univ. of Maryland, January, 1965.
[7] Petrowski, I. G. (Петровский, И. Г.), Vorlesungen über partielle Differentialgleichungen, B. G. Teubner-Verlagsgesellschaft, Leipzig 1955 (Übers. a. d. Russ.).
[8] Smirnow, M. M. (Смирнов, М. М.), Вырождающиеся эллиптические и гиперболические уравнения, Moskau 1966.
[9] Sobolew, S. L. (Соболев, С. Л.), Méthode nouvelle à resoudre le problème de Cauchy pour les équations linéaires hyperboliques normales, Матем. сб. **1(43)** (1936), 39–72.
[10] Treves, F., Lectures on linear partial differential equations with constant coefficients, Rio de Janeiro, 1961 (Russ. Übers. Moskau, „Mir", 1965).
[11] Tricomi, F., Sulle equazioni lineari alle derivate parziali di seconde ordine, di tipo misto, Rend. reale accad. lincei, Ser. 5, **14** (1923).
[12] Schwartz, L., Théorie des distributions, Paris, Hermann & Cie, 1950.
[13] Schilow, G. E. (Шилов, Г. Е.), Математический анализ, второй специальный курс, Moskau 1965.
[14] Hörmander, L., Linear partial differential operators, Springer-Verlag, Berlin, Göttingen, Heidelberg 1963.

Literatur zu Teil III

[1] Agmon, S., Lectures on elliptic boundary value problems, Princeton 1965.
[2] Agmon, S., Douglis, A., and Nirenberg, L., Estimates near the boundary for solutions of elliptic differential equations satisfying general boundary conditions, I–II. Communications on pure and applied Math., **XII** (1959), 623–727; **XVII** (1964), 35–92.
[3] Agranowitsch, M. S. (Агранович, М. С.), Эллиптические сингулярные интегродифференциальные операторы, Успехи матем. наук, **XV, 5** (1965) 3—120.
[4] Alexandrow, A. D. (Александров, А. Д.), a) Исследования о принципе максимума, I—VI. Изв. высш. уч. зав., матем. **5** (1958); **3, 5** (1959); **3, 5** (1960); **1** (1961). b) О мажорантах решений и условиях единственности для эллиптических уравнений, Вестн. ЛГУ **7** (1966).
[4*] Bernstein, S. N. (Бернштейн, С. Н.), Собрание сочинений, т. III (Уравнения в частных производных), Изд-во АНСССР, 1960.
[5] Wilenkin, N. J. (Виленкин, Н. Я.), Специальные функции и теория представлений групп, Moskau 1965.
[6] Wischik, M. I. (Вишик, М. И.), О сильно эллиптических системах дифференциальных уравнений, Матем. сб. **29(71)** (1951), 615—676.
[7] Wolewitsch, R. L. (Волевич, Р. Л.), Разрешимость краевых задач для общих эллиптических систем, Матем. Сб. **68(3)** 1965, 373—416.
[8] Heine, E., Die speziellen Laméschen Funktionen erster Art von beliebiger Ordnung. Journal für reine und angewandte Mathematik, **62** (1863), 110–141.
[9] Hobson, E. W., The theory of spherical and ellipsoidal harmonics, Cambridge 1931.
[10] Günther, N. M., Die Potentialtheorie und ihre Anwendungen auf Grundaufgaben der mathematischen Physik, B. G. Teubner-Verlagsgesellschaft, Leipzig 1957.
[11] Carleman, T., Über die asymptotische Verteilung der Eigenwerte partieller Differentialgleichungen, Berichte der Sächsischen Akademie der Wissenschaften zu Leipzig, Math.-Phys. Klasse, Bd. LXXXVIII, 1936.
[12] Courant, R., and Hilbert, D., Methods of mathematical physics, volume II. Partial differential equations, New York, London 1962.
[13] Courant, R., und Hilbert, D., Methoden der mathematischen Physik, Bd. 1, 2. Auflage; Bd. 2, 1. Auflage, Springer-Verlag, Berlin 1931 bzw. 1937.

[14] Ladyshenskaja, O. A. (Ладыженская, О. А.), Смешанная задача для гиперболического уравнения, Moskau 1953.

[15] Ladyshenskaja, O. A. und Ubalzewa, N. N. (Ладыженская, О. А., Уральцева, Н. Н.) Линейные иквазилинейные уравнения эллиптического типа, 2. Aufl., Moskau 1973.

[16] Landkof, N. S. (Ландкоф, Н. С.), Основы современной теории потенциала, Moskau 1966.

[17] Laray, J., und Schauder, J., Topologie et équations fonctionnelles, Ann. Sci. de l'Ecole norm. sup. **51** (1934), 45—78.

[18] Miranda, G., Equazioni alle derivate parziali di tipo ellittico, Springer-Verlag, Berlin, Göttingen, Heidelberg 1955.

[19] Michlin, S. G. (Михлин, С. Г.), Проблема минимума квадратичного функционала, Moskau 1952.

[20] Michlin, S. G. (Михлин, С. Г.), Многомерные сингулярные интегралы и интегральные уравнения, Moskau 1962.

[21] Michlin, S. G. (Михлин, С. Г.), Numerische Realisierung von Variationsmethoden, Akademie-Verlag, Berlin 1969 (Übers. a. d. Russ.).

[22] Necas, J., Les méthodes directes en théorie des equations élliptiques, Ed. de l'Acad. Tschecoslovaque des Sciences, 1967.

[23] Petrowski, I. G. (Петровский, И. Г.), Vorlesungen über partielle Differentialgleichungen, B. G. Teubner-Verlagsgesellschaft, Leipzig 1955 (Übers. a. d. Russ.).

[24] Slobodezki, L. N. (Слободецкий, Л. Н.), Обобщенные пространства С. Л. Соболева и их приложения к краевым задачам для дифференциальных уравнений в частных производных, Уч. зап. Ленингр. пед. ин-та им. Герцена **197** (1958), 54—112.

[25] Smirnow, W. I. (Смирнов, В. И.), Lehrgang der höheren Mathematik, Bd. III, VEB Deutscher Verlag d. Wissensch., Berlin 1954; Bd. IV, 4. Aufl. VEB Deutscher Verlag d. Wissensch., Berlin 1967 (Übers. a. d. Russ.).

[26] Sobolew, S. L. (Соболев, С. Л.), Einige Anwendungen der Funktionalanalysis auf Gleichungen der mathematischen Physik, Akademie-Verlag, Berlin 1964 (Übers. a. d. Russ.).

[27] Solonnikow, W. A. (Солонников, В. А.), Об общих краевых задачах для систем, эллиптических в смысле А. Даглиса-Л. Ниренберга (I-Изв. АН СССР, серия матем., **28(3)** (1964), 665—706; II-Труды Матем. ин-та им. Стеклова, т. XCII, **4** (1966), 233—296).

Literatur zu Teil IV

[1] Hadamard, J., Le problème de Cauchy et les équations aux dérivées partielles linéaires hyperboliques, Paris, Hermann et Cie, 1932.

[2] Hadamard, J., La theorie des equations aux derivees partielles, Editions Scientifiques, Pekin 1964.

[3] Babitsch, W. M. (Бабич, В. М.), Фундаментальные решения гиперболических уравнений с переменными коэффициентами, Мат. сб. **52 (94)** (1960).

[4] Borowikow, W. A. (Боровиков, В. А.), Фундаментальные решения уравнений с постоянными коэффициентами, Труды Моск. матем. о-ва **8** (1949), 199—257.

[5] Вопросы динамической теории распространения сейсмических волн, V, ЛГУ, 1961.

[6] Gelfand, I. M., und Schilow, G. E. (Гельфанд, И. М., Шилов, Г. Е.), Некоторые вопросы теории дифференциальных уравнений, Moskau 1958.

[7] Gårding, L., Cauchy's problem for hyperbolic equations, Winter and Spring Quarters, 1957, University of Chicago.

[8] Courant, R., and Hitbert, D., Methods of mathematical physics, volume II. Partial differential equations, New York, London 1962.

[9] Courant, R., und Hilbert, D., Methoden der mathematischen Physik, Bd. 2, 1. Auflage, Springer-Verlag, Berlin 1937.

[10] Ladyshenskaja, O. A. (Ладыженская, O. A.), Смешанная задача для гиперболического уравнения, Moskau 1953.

[11] Ladyshenskaja, O. A., Solonnikow, W. A., und Uralzewa, N. N. (Ладыженская, O. A., Солонников, B. A., Уральцева, H. H.), Линейные и квазилинейные уравнения параболического типа, Moskau 1967.

[12] Michlin, S. G. (Михлин, C. Г.), Некоторые элементарные краевые задачи для волнового уравнения, Труды Сейсмолог. ин-та АН СССР, **101**, (1940).

[13] Michlin, S. G. (Михлин, C. Г.), Основные краевые задачи для волнового уравнения, Доклады АН СССР, **29(4)** 1940, 281—285. Распространение волн в областях с криволинейной границей, Труды Сейсмолог. ин-та АН СССР, **110** (1940).

[14] Müntz, G., Интегральные уравнения, ч. I, Moskau 1934.

[15] Petrowski, G. I. (Петровский Г. И.), О задаче Коши для систем уравнений с частными производными, Матем. Сб., **2(44)** 1937, 815—870.

[16] Petrowski, I. G. (Петровский, И. Г.), Vorlesungen über partielle Differentialgleichungen, B. G. Teubner-Verlagsgesellschaft, Leipzig 1955 (Übers. a. d. Russ.).

[17] Riesz, M., L'intégrale de Riemann-Liouville et le problème de Cauchy, Acta Mathem., **81** (1949).

[18] Smirnow, W. I. (Смирнов, B. И.), Lehrgang der höheren Mathematik, Bd. II, 8. Auflage, VEB Deutscher Verlag d. Wissensch. Berlin 1967; Bd. IV, 4. Auflage, VEB Deutscher Verlag d. Wissensch., Berlin 1967 (Übers. a. d. Russ.).

[19] Sobolew, S. L. (Соболев, C. Л.), Einige Anwendungen der Funktionalanalysis auf Gleichungen der mathematischen Physik, Akademie-Verlag, Berlin 1964 (Übers. a. d. Russ.).

[20] Sobolew, S. L. (Соболев, C. Л.), Уравнения математической физики, Moskau 1954.

SACHVERZEICHNIS

Einige Klassen singulärer Gleichungen

Von Siegfried Prössdorf

(Mathematische Lehrbücher und Monographien, Abt. II/Bd. 37)

1974. XII, 353 Seiten — gr. 8° — Leinen 48,— M
Bestell-Nr. 761 7702 (6164)

Zu den in diesem Buch behandelten Klassen singulärer Gleichungen gehören die singulären Integralgleichungen mit Chauchyschen und Hilbertschen Kernen, die Wiener-Hopfschen Integralgleichungen, deren diskretes Analogon sowie verschiedene paarige Gleichungen mit Differenzkernen. Den Schwerpunkt bilden die Gleichungen vom nicht normalen Typ, deren Symbol in einzelnen Punkten entartet. Für diese Gleichungen, über die in den letzten Jahren eine umfangreiche Literatur erschienen ist, wird in der Monographie erstmalig eine zusammenhängende und geschlossene Theorie aufgebaut. Der Autor macht vornehmlich von funktionalanalytischen Methoden Gebrauch.

Bestellungen durch eine Buchhandlung erbeten

AKADEMIE-VERLAG
DDR-108 Berlin, Leipziger Str. 3—4